U0186070

国家科学技术学术著作出版基金资助出版

寄生叶蜂的姬蜂科天敌昆虫

盛茂领　孙淑萍　李　涛　著

科学出版社

北　京

内 容 简 介

本书介绍了我国林木食叶害虫叶蜂的天敌姬蜂，共包括12亚科86属348种，其中新种81种、中国新纪录属12属、中国新纪录种45种。详细介绍了姬蜂科的形态学，提供了每种姬蜂的详细形态描述或引证文献，各阶元附有检索表，并附有520余幅珍贵的彩色形态特征照片，便于读者鉴定时参考。文后附有主要参考文献，以及英文摘要、寄主和姬蜂的中名及学名索引、彩图。

本书可供从事生物防治的科技人员及农林业大中专院校师生使用，也可作为森林保护、植物保护、环境保护等行业的科研人员和生产、防治第一线人员的参考工具书。

图书在版编目（CIP）数据

寄生叶蜂的姬蜂科天敌昆虫/盛茂领，孙淑萍，李涛著. —北京：科学出版社，2020.6

ISBN 978-7-03-065470-0

Ⅰ. ①寄… Ⅱ. ①盛… ②孙… ③李… Ⅲ. ①姬蜂科 Ⅳ. ①Q969.54

中国版本图书馆CIP数据核字（2020）第098749号

责任编辑：韩学哲 郝晨扬 /责任校对：郑金红

责任印制：肖 兴 /封面设计：刘新新

科学出版社 出版

北京东黄城根北街16号

邮政编码：100717

http://www.sciencep.com

中国科学院印刷厂 印刷

科学出版社发行 各地新华书店经销

*

2020年6月第 一 版 开本：787×1092 1/16

2020年6月第一次印刷 印张：34 1/4

字数：812 000

定价：368.00元

（如有印装质量问题，我社负责调换）

前　言

叶蜂隶属于膜翅目 Hymenoptera，包括叶蜂总科 Tenthredinoidea 和扁蜂总科 Pamphilioidea，是一类以植物组织为食的害虫，大部分种类以取食植物叶片为主，也有形成虫瘿、蛀茎、蛀干等对植物造成伤害的种类。全世界已知 8800 余种（Taeger et al.，2018）。我国已知 2400 余种（Taeger et al.，2010），已造成严重危害的有 20 余种（萧刚柔等，1991；罗俊根等，2005）。这类害虫分布广，对植物（特别是林木）生长危害很大，在暴发的年份，大面积的林木树叶全部被吃光，造成巨大的经济损失（萧刚柔等，1983，1991；张真等，2003），对我国林木生长的威胁越来越严重，对有限的森林资源，特别是林业生态环境脆弱的地区产生很大影响。1995 年，山西省靖远松叶蜂暴发成灾，发生面积达 200 多万亩[①]，成灾面积达 100 多万亩（张真和周淑芷，1996）。伊藤厚丝叶蜂 *Pachynematus itoi* Okutani、落叶松叶蜂 *Pristiphora erichsonii* (Hartig)、松阿扁叶蜂 *Acantholyda posticalis* Matsumura、杨扁角叶蜂 *Stauronematus platycerus* (Hartig) 等分别在辽宁东部山区、甘肃小陇山、河南三门峡等地都有不同程度的类似危害情况发生。这类害虫的发生及危害具有“突然”大面积暴发成灾、在自然状态下又突然“消失”的显著特点（通常在大暴发的第 2 年）（盛茂领等，2002；Sheng and Chen，2001）。在目前的防治工作中，由于还没有确实有效的生物防治措施，大多仍采取化学防治的方法，以求速战速决，但常常出现年年防治、年年发生、面积不断扩大的情况。这类害虫的暴发危害显示出“天敌种类及种群数量”（制约它们的因素之一）的失调，以及与其相关的生物食物链的扭曲或断裂。要从根本上解决这类害虫暴发危害问题，必须首先弄清楚制约这类害虫种群消长变化的因子。根据多年的野外调查、研究及国内外专家、学者的相关报道（盛茂领等，2002；Sheng and Chen，2001；Babendreier and Hoffmeister，2003；Lejeune and Hildahl，1954），在自然状态下，这类害虫暴发成灾的主要因子是其天敌的自然控制作用失调。

姬蜂隶属于膜翅目姬蜂科 Ichneumonidae，是膜翅目中最大的类群，全部为寄生性，相当一部分种类是森林害虫的重要天敌，也是抑制森林害虫暴发危害的重要因子，对林业生产具有重要的经济意义。在姬蜂科中，一些类群的寄主为叶蜂类（何俊华等，1996；Townes，1969；Yu and Horstmann，1997；Yu et al.，2016），如栉足姬蜂亚科（Ctenopelmatinae）、缝姬蜂亚科（Campopleginae）的一部分、秘姬蜂亚科（Cryptinae）的一部分、柄卵姬蜂亚科（Tryphoninae）的一部分、寡节姬蜂属（*Adelognathus* Holmgren）等。但是，由于

---

① 1 亩≈666.7m^2

世界上对这些类群的研究进展很不平衡，特别是很多研究成果用不同语种的文字发表，交流或引用出现不同程度的困难，而且这些模式标本分别保存在不同国家的博物馆中，使得鉴定、核对模式标本非常不易。

作者团队从事姬蜂科分类研究 30 多年，对我国 31 个省（自治区、直辖市）主要林区的害虫寄生性天敌姬蜂进行了深入调查。通过广泛的野外考察和采集、大量的室内饲养，获得了大批量的叶蜂类寄生性天敌姬蜂标本，并对各类群的标本进行了整理和鉴定。在检阅和鉴定研究标本的基础上，完成了本书的编写。

在研究过程中，先后检阅了英国自然历史博物馆、德国慕尼黑国家博物馆、俄罗斯科学院动物研究所及日本北海道大学博物馆等收藏的相关类群的标本或模式标本，对完成本书的撰写具有巨大的帮助。

本书系统地介绍了我国叶蜂类寄生性天敌姬蜂的分类地位和形态特征，记述了我国林木叶蜂天敌姬蜂的主要类群和种类资源，姬蜂共包括 12 亚科 86 属 348 种，其中新种 81 种（含 1 亚种）、中国新纪录属 12 属、中国新纪录种 45 种。各阶元附有分类检索表，并附有 64 版 525 幅珍贵的彩色形态特征照片。文后附有主要参考文献，新种和中国新纪录种附有英文摘要，以便国际同行参考。

尽管栉足姬蜂亚科 Ctenopelmatinae 的已知寄主种类较少，但由于其已知的寄主主要是叶蜂类，因此本书详细介绍该亚科的种类。例如，栉足姬蜂（*Ctenopelma* spp.）全世界已知 50 种，我国已知 11 种，都是通过对叶蜂类的室内饲养而获得的标本。本书还介绍了一些目前尚不清楚寄主的种类，这是因为已获知它们隶属类群的寄主是叶蜂类，为了读者和研究人员使用方便，将这些种类纳入书内一并介绍，如堪姬蜂（*Campodorus* spp.），全世界已知 145 种，我国仅知 10 种，该属姬蜂的很多种类寄生于林木叶蜂类（Kasparyan and Kopelke，2009；Yu et al.，2016）。

亚科、族和属的鉴别特征在此前出版的著作中已有部分介绍，为了避免重复，本书将尽量简化，或者仅附注出处或引文；种的引证也是如此。对于此前介绍甚少而难以参考鉴定的种类，将尽量给予详细的形态描述或附彩色特征图。各阶元的定义主要以 Townes（1969，1970a，1970b，1971）的著作为基础，一些分类阶元采纳了国际同行的最新研究论著，主要是何俊华等（1996）、Gauld（1991）、Kasparyan 和 Khalaim（2007）、Quicke 等（2009）、Wahl 和 Gauld（1998）及 Broad 等（2018）等的著作。为了节省篇幅，各阶元仅给出原始引证。模式标本保存在国家林业和草原局森林和草原病虫害防治总站标本馆。

在研究项目实施和林区的科考采集过程中，我们使用自制的“拦截收集昆虫网”（以下简称“集虫网”）进行了标本补充收集。室内和林间叶蜂的饲养设备主要是我们自行设计研制的昆虫收集器。用作比较研究的标本主要由俄罗斯、英国、德国、日本、波兰等同行专家提供。为了节约篇幅，部分参考文献未列入。在作者团队以前的著作（盛茂领和孙淑萍，2009，2010，2011，2014；盛茂领等，2016）中出版过的种类特征照片，除不清晰者外，本书不再重复提供。

在研究过程中，加拿大农业与农业食品部国家昆虫、蜘蛛和线虫博物馆 D. Yu 博士，英国自然历史博物馆昆虫馆膜翅目部主任 G. R. Broad 博士，俄罗斯科学院动物研究所

D. R. Kasparyan 研究员、A. Khalaim 博士、A. Humala 博士，德国慕尼黑国家博物馆昆虫所 K. Schönitzer 教授、S. Schmidt 博士、E. Diller 博士，法国 J. F. Aubert 博士，日本北海道大学 M. Ohara 教授，芬兰图尔库大学 R. Jussila 博士等曾提供或借给研究用的标本和大量鉴定用的资料，北京林业大学骆有庆教授、中国林业科学研究院杨忠岐教授和河南省农业科学院申效诚研究员曾多次给予指导和帮助，中南林业科技大学魏美才教授提供了部分研究用标本并帮助鉴定叶蜂标本，北京林业大学宗世祥教授、西北大学谭江丽教授、中南林业科技大学肖炜老师、牛耕耘老师、丽水市林业科学研究院李泽建博士提供部分研究标本；东北林业大学李成德教授和东北师范大学任炳忠教授给与大力支持；本研究多年来一直得到国家林业局森林病虫害防治总站领导和同事的大力支持，在叶蜂的采集和饲养过程中，得到辽宁、吉林、河南、江西、福建、宁夏、青海、内蒙古、山西、陕西、广东、湖北、山东、湖南、四川、西藏、新疆等省（自治区）林业有害生物防治检疫局(站)同行的大力支持和帮助，得到了国家自然科学基金项目(NSFC，No.30872035、No. 31010103057、No. 31110103062、No. 31501887)、“十二五”国家科技支撑计划项目（2012BAD19B0701）和国家科学技术学术著作出版基金（2019-C-054）的资助，在此一并致以衷心谢意！

在本书编写过程中，尽量根据实物标本进行详细描述，并附彩色照片，但由于作者的水平有限，书中不足之处在所难免，敬请读者批评指正。

作　者

2019 年 9 月

目　录

姬蜂科的形态

本书陈述用的成虫的形态学名词参考 Townes（1969）、Broad 等（2018）、何俊华等（1996）及盛茂领和孙淑萍（2013，2014）的著作中使用的分类学名词。各部分主要形态特征如图 1～图 8 所示。

图 1　成虫整体侧面观（威宁驼姬蜂 *Goryphus weiningicus* Sheng, Li & Sun, sp.n.）

1. 头部；2. 胸部；3. 腹部；4. 触角；5. 前翅；6. 后翅；7. 前足；8. 中足；9. 后足；10. 产卵器鞘；11. 产卵器

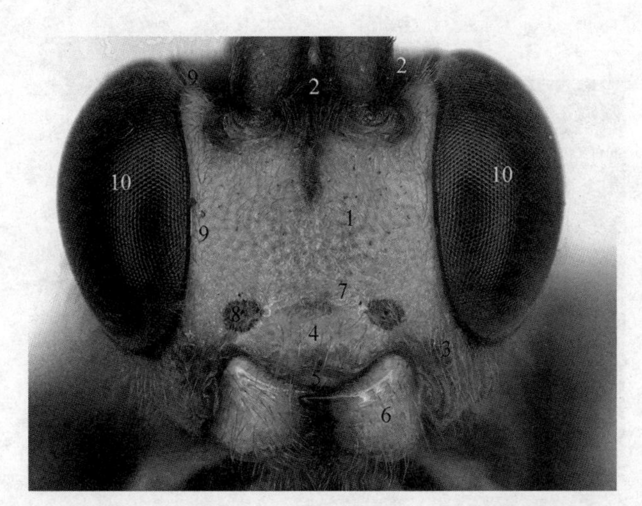

图 2　头部正面观（褐前姬蜂 *Protarchus testatorius* (Thunberg, 1822)）

1. 颜面；2. 额；3. 颊；4. 唇基；5. 上唇；6. 上颚；7. 唇基沟；8. 唇基凹；9. 眼眶；10. 复眼

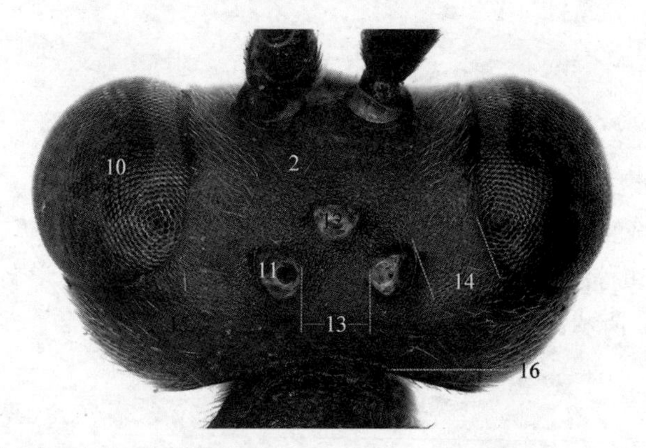

图 3　头部背面观（多利姬蜂 *Sympherta polycolor* Sheng, Sun & Li, sp.n.）

2. 额；10 复眼；11. 侧单眼；12. 中单眼；13. 侧单眼距；14. 单复眼距；15.头顶；16. 后头脊

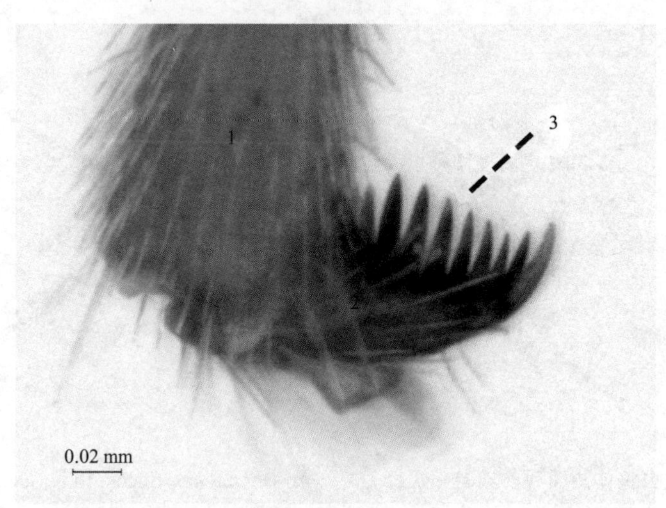

图 4　产卵器侧面观（柄壮姬蜂 *Rhorus petiolatus* Sheng, Sun & Li, sp.n.）

1. 末跗节；2. 爪；3. 栉齿

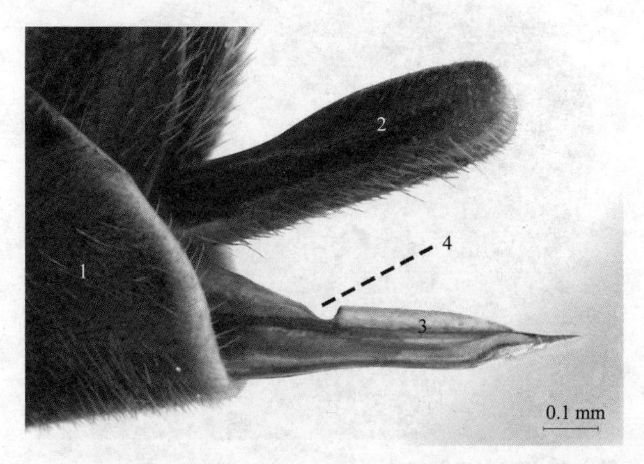

图 5　产卵器侧面观（京拉加姬蜂 *Lagarotis beijingensis* Sheng, Sun & Li, sp.n.）

1. 下生殖板；2. 产卵器鞘；3. 产卵器；4. 背缺刻

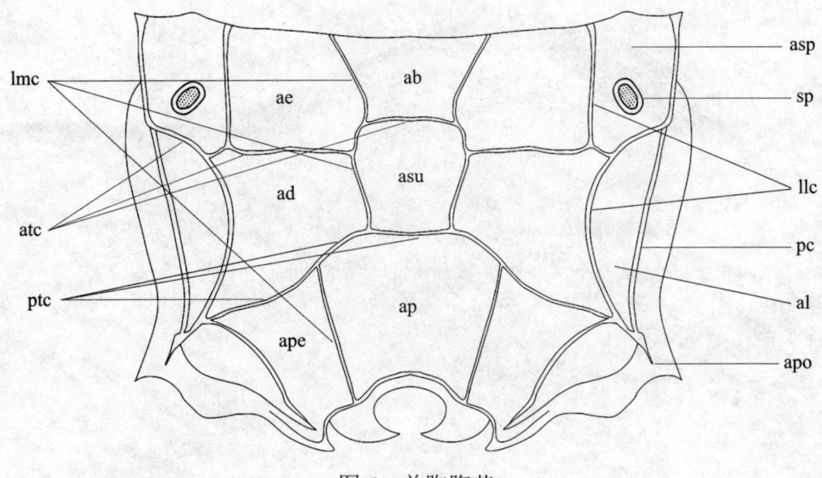

图6 并胸腹节

ab. 基区；ad. 第 2 侧区；ae. 第 1 侧区；al. 第 2 外侧区；ap. 端区；ape. 第 3 侧区；apo. 并胸腹节侧突；asp. 第 1 外侧区；asu. 中区；atc. 并胸腹节基横脊；lmc. 并胸腹节中纵脊；llc. 并胸腹节侧纵脊；pc. 并胸腹节外侧脊； ptc. 并胸腹节端横脊；sp. 气门

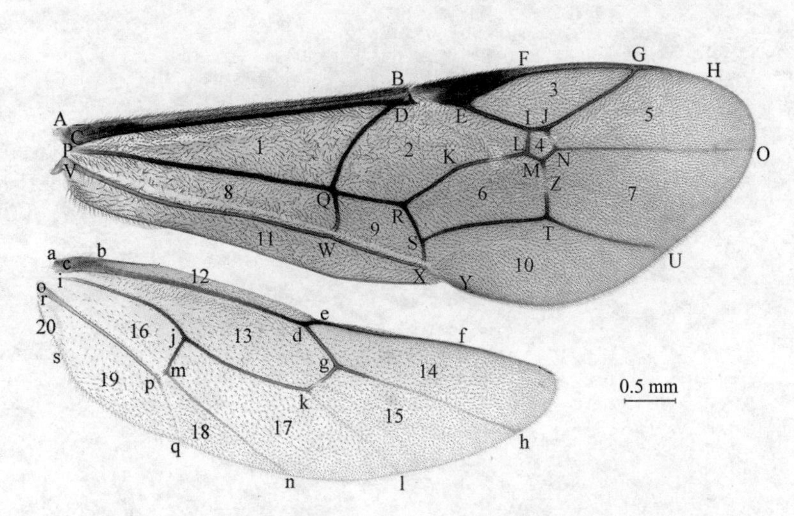

图7 翅（全黑卷唇姬蜂 *Aptesis melana* Li & Sheng, 2013）

1. 中室；2. 盘肘室；3. 径室；4. 小翅室；5. 第 3 肘室；6. 第 2 盘室；7. 第 3 盘室；8. 亚中室；9. 第 1 臂室；10. 第 2 臂室；11. 臂室；12. 后缘室；13. 后中室；14. 后径室；15. 后肘室；16. 后亚中室；17. 后盘室；18. 后臂室；19. 后臂室；20. 后腋室；AB. 前缘脉；BEF. 翅痣；CD. 亚缘脉；DQ. 基脉；EIJG. 径脉；FG. 痣外脉；IL. 第 1 肘间横脉；JN. 第 2 肘间横脉；K. 残脉（缺）；KLMNQ. 肘脉；MT. 第 2 回脉；PQ. 中脉；QRSX. 盘脉；QW. 小脉；RK. 第 1 回脉；RKL. 盘肘脉；RSX. 外小脉；STU. 亚盘脉；VW. 亚中脉；WXY. 臂脉；XY. 伪脉（消失）； Z. 弱点； ab. 后缘脉；cde. 后胫脉；dgh. 后痣外脉；ef. 后亚缘脉；ij. 后中脉；jkl. 后肘脉；jmp. 后小脉；kg. 后肘间脉；mn. 后盘脉；op. 后亚中脉；pq. 后臂脉；rs. 腋脉

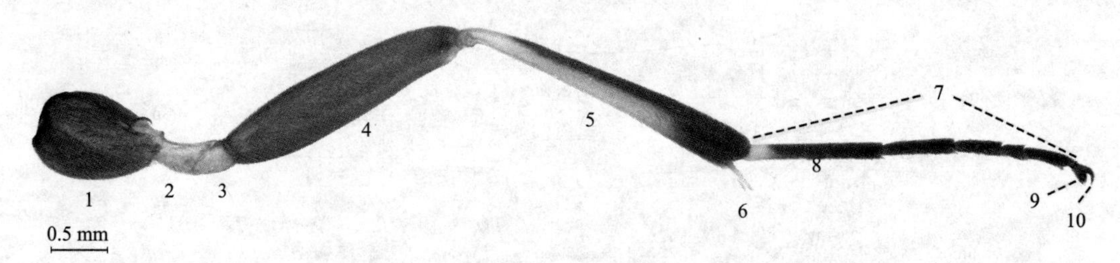

图 8 后足（印度德姬蜂 *Delomerista indica* Gupta, 1982）

1. 基节；2. 第 1 转节；3. 第 2 转节；4. 腿节；5. 胫节；6. 胫距；7. 跗节；8. 基跗节；9. 爪；10. 爪间突

姬蜂科分类

姬蜂科是一个非常大的科，亚科的变化较大（Townes，1969；赵修复，1976；何俊华等，1996；Kasparyan and Khalaim，2007；Broad et al.，2018），在 Yu 等（2005）的数据库中，该科含有 39 亚科；在 2012 年的数据库中，该科被划分为 48 亚科（含化石亚科）；2016 年则为 44 亚科。据权威数据库记录（Yu et al.，2016），全世界已知 25 285 种。亚科的界定可参考相关文献（盛茂领等，2013；盛茂领和孙淑萍，2014；Broad，2011，2018；Kasparyan and Khalaim，2007）。

姬蜂科分亚科检索表[①]

1. 无翅或翅退化，通常不超过腹部第 1 节背板……2
   翅存在且不退化……4
2. 唇基沟缺；颜面和唇基呈强烈的凸起；触角柄节长约为端宽的 2 倍；腹部第 1 节背板的气门位于中部或中部之前，背板不特别窄（基部除外）；个体较小，体长约 2.5 mm……拱脸姬蜂亚科 Orthocentrinae（狭姬蜂属 *Stenomacrus*）
   唇基沟明显；颜面平或稍隆起，具或无眼下沟；触角柄节短；腹部第 1 节背板的气门位于端部 1/3 处，背板向基部明显收窄；个体较大（沟姬蜂属 *Gelis* 的部分种，体长约 2.5 mm）……3
3. 唇基宽且平，端缘平截；腹部第 2 节背板的窗疤深凹；雌性为短翅型……姬蜂亚科 Ichneumoninae
   唇基宽不超过长的 1.5 倍，隆起，端缘具窄边；腹部第 2 节背板的窗疤小，不深凹；雌雄为短翅，微翅或无翅型……秘姬蜂亚科 Cryptinae（部分）
4. 前翅第 2 回脉缺失或非常弱……5
   前翅第 2 回脉存在……8
5. 前翅胫分脉和中脉在小翅室处不愈合，第 1 肘间横脉存在且非常短；盘肘室较大，且长大于宽……6
   前翅径分脉和中脉短距离愈合，无小翅室；盘肘室小且几乎方形……7
6. 唇基宽，端缘具 1 排长刚毛；前翅第 1 肘间横脉增厚，该脉较短……短须姬蜂亚科 Tersilochinae（少数种）
   唇基宽不大于长，端缘无 1 排刚毛；前翅第 1 肘间横脉不增厚，该脉明显……秘姬蜂亚科 Cryptinae（少数种）
7. 腹部第 1~3 节背板具颗粒状表面，中部之后具横凹和一些纵条纹；第 1 腹板骨化部分未达气门；唇基宽大于长；上颚具 2 齿……简脉姬蜂亚科 Neorhacodinae
   腹部第 1~2 节背板具长纵皱，缺少横凹；第 1 腹板骨化部分超过气门；唇基长大于宽；上颚退化，无齿……前腹茧蜂亚科 Hybrizontinae
8. 中胸盾片表面具明显横皱……皱背姬蜂亚科 Rhyssinae

---

① 参考 Broad 等（2018）的检索表编制

中胸盾片缺横皱……………………………………………………………………………………9

9. 颊（腹面观）相接或几乎相接；颊（侧面观）宽于复眼宽度；上颚下端齿长且宽于上端齿；前足无转节……………………………………………………………………圆孔姬蜂亚科 Alomyinae

颊不相接；颊（侧面观）不那么长………………………………………………………………10

10. 腹部第 1 节背板气门位于中部之后，通常位于后部 1/3 处，基部较窄而端部较宽；第 1 节腹板伸达端部 1/3 处……………………………………………………………………………………11

腹部第 1 节背板气门位于中部或中部之前，基部向端部渐宽或两侧缘几乎平行；第 1 节腹板通常不超过背板中部，若超过背板中部，则气门位于中部……………………………………………31

11. 前翅无小翅室，肘间横脉位于第 2 回脉外侧，盘肘室扩展至第 2 回脉外侧………………………12

前翅具或无小翅室，若缺，则肘间横脉位于第 2 回脉内侧或与第 2 回脉对叉，盘肘室不扩展至第 2 回脉外侧…………………………………………………………………………………………14

12. 前翅第 2 臂室内具 1 伪脉，与翅缘平行；体灰褐色或黄褐色，有时具黑斑；产卵器几乎不伸出腹部末端………………………………………………………………………瘦姬蜂亚科 Ophioninae

前翅无伪脉；头和胸部黑色或褐色，有时具浅色斑；产卵器明显伸出腹末…………………………13

13. 并胸腹节缺少分区，具网皱状表面；前翅肘间横脉不增厚；唇基端缘无 1 排刚毛………………………………………………………………………………肿跗姬蜂亚科 Anomaloninae（部分种）

并胸腹节具分区，无网状皱；前翅肘间横脉增厚；唇基宽，端缘具 1 排长刚毛………………………………………………………………………………短须姬蜂亚科 Tersilochinae（部分种）

14. 并胸腹节无分区，呈网皱状表面；产卵器端部收缩，呈细尖状………………………………………………………………………………………………肿跗姬蜂亚科 Anomaloninae（大部分）

并胸腹节具分区，若无脊，则无网状皱；产卵器具背结、背缺刻或端部简单，不呈尖状………15

15. 中胸短，驼背状，侧面观几乎呈圆形；前翅小脉远位于基脉外侧，二者之间的距离大于小脉长的 1/2；后翅后胫脉远长于后肘间脉；腹部第 1 节背板和腹板愈合………草蛉姬蜂亚科 Brachycyrtinae

中胸长，非驼背状；前翅小脉位于基脉稍外侧；后翅后胫脉短于后肘间脉；腹部第 1 节背板与腹板之间至少有缝分隔……………………………………………………………………………………16

16. 腹板侧沟存在，几乎为中胸侧板长度一半……………………………………………………………17

腹板侧沟缺，但有时具 1 斜沟（部分短须姬蜂亚科），其前端位于中胸侧板较上方………………19

17. 上颚非常大，具明显的 2 齿；颜面和唇基形成完整的凸表面…………………………………………………………………………姬蜂亚科 Ichneumoninae（灰蝶姬蜂族 Listrodromini）

上颚不大；唇基沟有时弱，但颜面和唇基不形成完整的凸表面…………………………………18

18. 上颚下端齿明显短于上端齿；并胸腹节中区较大，后缘凹，前面观略呈心形；产卵器鞘短、硬且直…………………………………………………姬蜂亚科 Ichneumoninae（双雕姬蜂属 *Dicaelotus*）

上颚下端齿通常等长于上端齿，有时或短或长；并胸腹节中区不呈心形，通常开放，有时缺；产卵器鞘通常较长且柔软……………………………………………………秘姬蜂亚科 Cryptinae（大部分）

19. 后翅中脉强烈拱曲且弱，有时末端缺，后小脉直；腹部第 3 节背板侧缘无折缝………………………………………………………………………………短须姬蜂亚科 Tersilochinae（大部分）

后翅中脉通常骨化，稍拱曲或直，若强烈拱曲且弱，则后小脉弯曲；腹部第 3 节背板侧缘具折缝20

20. 唇基端缘中央具 1 强齿突……………………………………………………………………………21

唇基端缘中央无齿突或仅具小齿……………………………………………………………………………… 22

21. 后足胫节具 1 胫距；跗爪栉齿状；腹部黑色具黄条纹………………………………………………………
……………………………………………… 柄卵姬蜂亚科 Tryphoninae（单距姬蜂族 Sphinctini）
后足胫节具 2 胫距；跗爪简单；腹部黑色至红褐色……………………………………………………………
………………………………………… 栉足姬蜂亚科 Ctenopelmatinae（突唇姬蜂属 *Ischyrocnemis*）

22. 后足胫节具 1 胫距；触角鞭节棒状，端部数节宽大于长…………………………………………………………
……………………………………………………………… 盾脸姬蜂亚科 Metopiinae（坡姬蜂属 *Periope*）
后足胫节具 2 胫距；触角非棒状…………………………………………………………………………………… 23

23. 前翅第 2 回脉具 1 个弱点………………………………………………………………………………………… 24
前翅第 2 回脉具 2 个弱点………………………………………………………………………………………… 27

24. 触角鞭节 12 节；上唇明显外露 ……………………………… 寡节姬蜂亚科 Adelognathinae（部分）
触角鞭节多于 16 节；上唇不明显 ………………………………………………………………………………… 25

25. 下颚须长，伸抵前足基节之后；唇基亚基部抬高，端部平；中胸腹板后横脊缺；跗爪无栉齿；产卵器非常短，不伸出腹末；产卵器鞘阔，宽约等于长………………………… 奥克姬蜂亚科 Oxytorinae
下颚须正常，很少伸抵前足基节；唇基隆起，端部不平；中胸腹板后横脊完整；跗爪栉齿状；产卵器伸出腹末；产卵器鞘细长，长约为宽的 2 倍以上………………………………………………………… 26

26. 后足胫距着生在胫节末端共同的膜质区域上；腹部第 2 节背板质地多样，但无长纵皱；唇基沟弱或缺；唇基和颜面形成完整的弱隆起面，具明显的银色刚毛；前翅翅痣窄；头部通常黑色………
……………………………………………………………………………………… 缝姬蜂亚科 Campopleginae
后足胫距着生在胫节末端不同的膜质区域，二者之间具骨化的"桥"；腹部第 2 节背板具细长纵皱；唇基沟明显；唇基侧面观强隆起；前翅翅痣宽；头部通常灰褐色，具黑斑，或至少颜面具明显的黄斑……………………………………………………………………………… 分距姬蜂亚科 Cremastinae

27. 复眼向下强烈收敛；上颚细，向端部强烈变窄；唇基宽不大于长；后足胫节内侧端缘具浓密刚毛；腹部具浅窗疤………………………………………………… 拱脸姬蜂亚科 Orthocentrinae（部分）
复眼不收敛；上颚不细或强烈向端部变窄，通常扭曲，看上去很细；唇基宽大于长；若上颚强烈变窄，则唇基宽约等于长；后足胫节内侧端缘的刚毛很短；腹部具明显窗疤……………………… 28

28. 前翅小翅室具柄；前足胫节外侧端缘具齿；上颚下端齿通常长于上端齿；唇基宽大于长，强烈隆起………………………………………………………………… 栉足姬蜂亚科 Ctenopelmatinae（部分）
前翅小翅室无柄，四边形或五边形；前足胫节外侧端缘无齿，若有小齿则腹部具蓝黑色金属光泽和小白点；上颚下端齿短于或等长于上端齿；唇基平或隆起，宽不大于长………………………… 29

29. 小翅室五边形，第 2 回脉在小翅室中央之后与之相接；唇基宽，端缘突然平截，具硬毛；上颚端半部宽，下端齿长于上端齿……………………………………………………… 圆孔姬蜂亚科 Alomyinae
小翅室菱形或五边形，第 2 回脉在小翅室中央与之相接；唇基端缘不明显平截；上颚端半部不变宽，下端齿几乎不长于上端齿，若长，则不宽于上端齿……………………………………………………… 30

30. 唇基宽且平，端缘平截，光亮，具刻点；上唇通常暴露，具长毛；腹部第 2 节背板具明显窗疤和腹陷，腹陷通常具皱；前翅翅痣颜色一致，有时端部稍灰白色；上颚通常扭曲，下端齿短于上端齿；产卵器鞘硬且直，通常很少露出腹末……………………… 姬蜂亚科 Ichneumoninae（大部分）
唇基隆起，端缘弧形，细革质状，几乎无刻点；上唇通常隐蔽，无长毛；腹部第 2 节背板窗疤小且浅，腹陷无刻纹；前翅翅痣通常端部灰白色；上颚不扭曲，下端齿等长于上端齿或稍短；产卵器鞘细且柔软……………………………………………………………秘姬蜂亚科 Cryptinae（部分）

31\. 产卵器明显附卵………………………………………………… 柄卵姬蜂亚科 Tryphoninae（部分）

产卵器不附卵……………………………………………………………………………………………… 32

32\. 小翅室长约为高的 1.5 倍；中胸腹板后横脊完整；后臂脉缺…………………末姬蜂亚科 Ateleutinae

小翅室长不大于高，形状多样或开放；中胸侧板后横脊不完整；后臂脉明显存在 ……………… 33

33\. 触角鞭节 12 或 13 节；上唇明显暴露于唇基下方；前翅第 2 回脉具 2 弱点…………………………

……………………………………………………………寡节姬蜂亚科 Adelognathinae（大部分）

触角鞭节多于 13 节，若上唇明显暴露于唇基下方，则鞭节多于 16 节；前翅第 2 回脉具 1 或 2 个弱点…………………………………………………………………………………………………… 34

34\. 中后足胫节无或具 1 胫距……………………………………………………………………………… 35

中后足胫节具 2 胫距 …………………………………………………………………………………… 37

35\. 颜面具脊围成的盾状表面………………………… 盾脸姬蜂亚科 Metopiinae（盾脸姬蜂属 *Metopius*）

颜面无脊围成的盾状表面…………………………………………………………………………… 36

36\. 中足胫节具 1 胫距，后足胫节无胫距；触角非棒状，鞭节长大于宽…… 柄卵姬蜂亚科 Tryphoninae

中足胫节具 2 胫距，后足胫节具 1 胫距；触角棒状，末端数节宽大于长……………………………

……………………………………………………………盾脸姬蜂亚科 Metopiinae（坡姬蜂属 *Periope*）

37\. 雌性下生殖板通常伸达或超过腹末；雄性（大部分雌性）前足爪 2 齿；上颚具 2 齿；唇基通常亚端部呈横脊状隆起；触角窝之间具纵脊…………………………… 犁姬蜂亚科 Acaenitinae（部分）

雌性下生殖板非常短；前足爪简单，叶状或栉齿状，绝无 2 齿，若 2 齿则上颚单齿；唇基亚端部无横脊；触角窝之间很少具弱纵脊…………………………………………………………………… 38

38\. 腹板侧沟长约为中胸侧板长的一半………………………………………………………………… 39

中胸侧板无腹板侧沟或腹板侧沟长不足中胸侧板长的 1/3 ……………………………………… 40

39\. 腹部第 1 节背板具深的基侧凹；唇基端缘具 1 排刚毛，无中齿…………………………………………

…………………………………………………柄卵姬蜂亚科 Tryphoninae（犀唇姬蜂族 Oedemopsini）

腹部第 1 节背板无基侧凹；唇基端缘无刚毛，具中齿…………………………………………………

……………………………………………………………秘姬蜂亚科 Cryptinae（端脊姬蜂属 *Echthrus*）

40\. 前胸背板背面具双叶状凸起；雄性触角鞭节中部膨大，宽大于长；产卵器和产卵器鞘小，退化…

……………………………………………………………优姬蜂亚科 Eucerotinae（优姬蜂属 *Euceros*）

前胸背板背面非双叶状；触角中部不膨大；产卵器长，产卵器鞘完整，通常隐藏于下生殖板内侧

…… 41

41\. 产卵器鞘坚硬，长大于宽；产卵器细长，针状；雄性阳茎基侧突延长，棍棒状；腹部第 1 节背板具深的基侧凹，仅由透明膜分隔；前翅小翅室较大，菱形，若斜四边形则爪栉齿状…………

…………………………………………………………………………………菱室姬蜂亚科 Mesochorinae

产卵器鞘不伸出腹末，若坚硬则长不大于宽；雄性阳茎基侧突不延长或呈棍棒状；腹部第 1 节背板有或无基侧凹；前翅小翅室不大且非菱形，若斜菱形则爪栉齿稀疏……………………………… 42

42\. 唇基与颜面稍分开，颜面背面在触角窝之间无突起；颚眼距约为上颚基部宽的 2 倍；前足第 2~4 跗节明显短于第 5 跗节；前翅小翅室近菱形；腹部第 1 节背板具深的基侧凹；下生殖板大，几乎

达腹末；产卵器鞘非常短，隐蔽；产卵器细长，简单……盾脸姬蜂亚科 Metopiinae（*Scolomus*）

唇基和颜面由唇基沟分隔，若唇基和颜面愈合，则特征不如上述；若前足跗节不如上述，则基侧凹不深凹；颜面上缘通常具三角形突起或脊……………………………………………………………………43

43. 唇基沟缺；颜面和唇基形成稍微隆起或强隆凸的面……………………………………………………44

唇基沟存在；颜面不强隆凸……………………………………………………………………………48

44. 复眼表面具明显的长毛；雌性爪具基叶…………瘤姬蜂亚科 Pimplinae（裂臀姬蜂属 *Schizopyga*）

复眼光裸，或具非常稀疏的毛；雌性爪无基叶，有时栉齿状或简单……………………………………45

45. 前足第 2~4 跗节明显短于第 5 跗节，且第 2~4 跗节明显宽大于长或等于长；前足转节与腿节无明显不同；颜面上缘在触角窝之间常三角形隆起或脊状；腹部第 1 节背板具 1 对强背中脊…………………………………………………………………………………………………盾脸姬蜂亚科 Metopiinae

前足各跗节明显长大于宽；前足转节与腿节明显不同；颜面上缘简单；腹部第 1 节背板通常无成对的背中脊……………………………………………………………………………………………46

46. 触角柄节圆柱形，长约为宽的 3 倍；颚眼距长，约为上颚基部宽的 3~4 倍，具眼下沟；上颚小，细，向端部逐渐变细，下端齿短于上端齿；爪简单……………………………………………………………………………………拱脸姬蜂亚科 Orthocentrinae（拱脸姬蜂属 *Orthocentrus*）

触角柄节稍球形，长为宽的 1~2 倍；颚眼距短，约为上颚基部宽的 1.5 倍，无眼下沟；上颚强壮，不明显向端部变细；爪通常栉齿状……………………………………………………………………47

47. 中胸盾片光亮，无刻纹，盾纵沟明显且窄；腹部第 1 节背板非常粗糙；爪简单；触角各鞭节宽大于长；颜面侧面观强烈凸起；雄性触角第 4~5 鞭节具强烈深凹的触角瘤……………………………………………………………………………………洼唇姬蜂亚科 Cylloceriinae（*Hyperacmus*）

中胸盾片具刻纹，盾纵沟弱；腹部第 1 节背板光亮，或具弱刻纹；爪栉齿状；触角各鞭节长大于宽；颜面不隆凸；雄性触角无触角瘤…………栉足姬蜂亚科 Ctenopelmatinae（壮姬蜂属 *Rhorus*）

48. 腹部至少第 2~4 节背板具由沟围成的三角形或菱形区域；后胸侧板下缘脊通常前部扩展呈叶状………49

腹部第 2~4 节背板无三角形或菱形区域，至多第 2~3 节背板具弱沟，在前部形成较宽的区域，后胸侧板下缘脊无叶状凸………………………………………………………………………………………51

49. 腹部第 2~4 节背板具由沟围成的菱形区域；后胸侧板下缘脊前方不扩大；前足第 5 跗节明显宽于前面各节，爪垫长于爪；爪具基叶；产卵器无齿或缺刻……………………………………………………………………………瘤姬蜂亚科 Pimplinae（多印姬蜂属 *Zatypota*）

腹部第 2~4 节背板具由沟围成的三角形区域；后胸侧板下缘脊前方扩大呈叶状；前足第 5 跗节不明显变宽；爪垫不长于爪；爪简单或栉齿状，无基叶；产卵器具缺刻或腹瓣具齿………………50

50. 腹部第 2~4 节背板的三角形区域仅具基缘向侧后方延伸的斜沟，横沟缺；并胸腹节有或无端横脊，有时具弱横脊围成的中区；产卵器无齿，具背缺刻……………………………………………………………………………栉姬蜂亚科 Banchinae（雕背姬蜂族 Glyptini）

腹部第 2~4 节背板的三角形区域位于中央；并胸腹节基区和中区具明显的脊；产卵器具齿……………………………………………………………………………壕姬蜂亚科 Lycorininae（壕姬蜂属 *Lycorina*）

51. 腹部第 1 节腹板（骨化部分）长约为背板长的 0.75 倍，气门位于中部或中部之前；背板侧缘近平行，狭窄，呈圆筒形……………………………………………………………………………………52

腹部第 1 节腹板（骨化部分）未超过气门；背板几乎向后变宽，不呈圆筒形……………………55

52. 腹板强烈骨化，圆筒形；小盾片具向后延伸的长刺；具浓密的银色毛………潜水姬蜂亚科 Agriotypinae

腹板膜质，腹部较平；小盾片无长刺；毛较稀疏……………………………………………………53

53. 前翅小翅室斜四边形；腹部背板从第 2 节起具灰白色端带………………完脊姬蜂亚科 Diacritinae

前翅无小翅室；腹部背板无明显的端带……………………………………………………………54

54. 头部（正面观）下端在上颚基部形成强烈的角度而呈方形；上唇很少外露；上颚呈弱的 2 齿或近单齿；后足胫节端缘具 1 斜排浓密的毛；中胸盾片侧脊的末端终止于盾前沟；腹部第 1 节背板气门位于中部；产卵器短，不外露，下生殖板三角形……………………小姬蜂亚科 Microleptinae

头部（正面观）不呈方形；复眼向下收敛；上唇外露，呈半圆形；上颚扭曲，强烈变窄，具 2 尖齿；后足胫节端缘无浓密的毛；中胸盾片侧脊的末端超过盾前沟；腹部第 1 节背板气门位于前部 1/3 处；产卵器超过腹末，下生殖板短……………………………显唇姬蜂亚科 Orthopelmatinae

55. 雌性触角第 1 鞭节细长，长为宽的 7~10 倍；产卵器长，具不明显的亚背缺刻；雄性触角具明显的半圆形触角瘤……………………………洼唇姬蜂亚科 Cylloceriinae（洼唇姬蜂属 *Cylloceria*）

雌性触角第 1 鞭节不那么长；产卵器多样，若长则具齿，但无亚背缺刻；雄性触角鞭节无深的半圆形触角瘤……………………………………………………………………………………………56

56. 后翅小脉在中央上方曲折………………………………………………………………………57

后翅小脉不曲折或在中央下方曲折……………………………………………………………64

57. 胸腹侧脊缺……………………………………………………………………………………58

胸腹侧脊在腹面存在，通常侧面也存在…………………………………………………………59

58. 跗爪具栉齿；上颚上端齿明显宽于下端齿，上端齿呈分齿状，使上颚呈 3 齿状；小盾片通常具 1 向后的小凸起；产卵器短，未达腹末，具亚背缺刻………………………………………………………………………栉姬蜂亚科 Banchinae（栉姬蜂属 *Banchus*、长栉姬蜂属 *Rhynchobanchus*）

跗爪简单或具 1 辅齿；上颚单齿或 2 齿；小盾片无齿；产卵器超过腹末，腹瓣具齿…………………………………………………………………………………牧姬蜂亚科 Poemeniinae（大部分）

59. 前翅小翅室斜四边形，具长柄；唇基无刻纹，光亮；产卵器长于腹部………………………………………………………………………………………犁姬蜂亚科 Acaenitinae（部分种）

前翅小翅室缺，无柄或具短柄；唇基不光亮；产卵器短…………………………………………60

60. 并胸腹节具强壮且直的中纵脊和侧纵脊，无横脊；唇基具弱中齿；颜面具纵脊；产卵器下弯，腹瓣具弱齿………………………………………………………………………茎姬蜂亚科 Collyriinae

并胸腹节无强壮的侧纵脊，具横脊，中区存在，或无脊；唇基无齿；触角窝之间无纵脊；产卵器直或近端部下弯，有或无强齿，腹瓣无弱齿……………………………………………………61

61. 上颚强烈扭曲，下端齿几乎不可见；腹部第 1 节背板具深的基侧凹；产卵器短（不长于腹部之半），简单，无背缺刻和齿；跗爪具长栉齿；主要为黄褐色种类………………………………………………………………………柄卵姬蜂亚科 Tryphoninae（拟瘦姬蜂属 *Netelia*）

上颚不扭曲，可见 2 齿；腹部第 1 节背板具浅的基侧凹或缺；产卵器腹瓣具齿或具背缺刻或背结；跗爪简单，若具栉齿，则较短且稀疏；主要为黑色种类，具或无灰白斑……………………62

62. 前足胫节末端外侧具 1 小齿；产卵器通常不长于腹末，具背缺刻……………………………

……………………………………………………………………栉足姬蜂亚科 Ctenopelmatinae（部分）

前足胫节末端外侧无齿；产卵器多样……………………………………………………………………63

63. 腹部从第 2 节背板开始具粗刻纹且端缘无刻纹；唇基平，光亮，通常中部凹；产卵器明显超过腹末，具齿；前翅小翅室非常小……………………………………………瘤姬蜂亚科 Pimplinae（部分）

腹部背板质地单一，具弱刻纹；唇基平，通常革质状，中部不凹；产卵器通常不超过腹末，具亚缺刻；前翅小翅室大………………………………栉姬蜂亚科 Banchinae（黑茧姬蜂属 *Exetastes*）

64. 上颚上端齿分为 2 齿，因此上颚 3 齿状；前足胫节无端齿；无前沟缘脊；腹部第 1 节背板侧缘直，呈方形或矩形………………………………………………………………蚜蝇姬蜂亚科 Diplazontinae

上颚 2 齿或单齿，若 3 齿则前足胫节外侧具齿，前沟缘脊存在，第 1 节背板长且窄；第 1 节背板很少方形，通常向端部渐宽……………………………………………………………………65

65. 并胸腹节仅具强壮的端横脊或无脊；后胸侧板下缘脊强壮，通常前部扩大呈叶状；唇基亚中部强烈隆起，端缘平…………………………………栉姬蜂亚科 Banchinae（缩姬蜂族 Atrophini）

并胸腹节多样，但无强壮的端横脊；后胸侧板下缘脊前部不扩大呈叶状，或稍微扩大；唇基多样，通常圆形……………………………………………………………………………………66

66. 跗爪栉齿状……………………………………………………………………………………67

跗爪非栉齿状，有时具基叶……………………………………………………………………70

67. 并胸腹节仅具端横脊或无脊；前足胫距长，毛状梳仅达中部；产卵器具明显的背结；胫节具明显的刺；前翅小翅室三角形…………………柄卵姬蜂亚科 Tryphoninae（短梳姬蜂属 *Phytodietus*）

并胸腹节至少具基横脊的痕迹和纵脊；前足胫距的毛状梳达中部之后；产卵器缺背结；胫节通常无刺；前翅小翅室通常方形或开放式…………………………………………………………68

68. 上颚细，端部窄；腹部第 1 节背板端缘较宽；唇基宽约等于长，端缘稍平且光亮；产卵器背瓣具齿………………………………………………………………绒脸姬蜂亚科 Stibopinae（*Panteles*）

上颚宽；腹部第 1 节背板端缘窄；唇基通常宽，多样；产卵器背瓣缺齿…………………………69

69. 前足胫节端缘外侧具齿；唇基端缘无刚毛，通常侧叶较平；第 2 回脉具 1 个弱点；产卵器具亚背缺刻或细长……………………………………………………栉足姬蜂亚科 Ctenopelmatinae（部分）

前足胫节端缘外侧无齿；唇基端缘具 1 排刚毛，无侧叶；第 2 回脉具 2 个弱点；产卵器无亚背缺刻………………………………………………柄卵姬蜂亚科 Tryphoninae（柄卵姬蜂族 Tryphonini）

70. 前足胫节端缘外侧具齿……………………………………………………………………………71

前足胫节端缘外侧无齿……………………………………………………………………………72

71. 触角柄节等长于梗节，鞭节 14 节；腹部第 2 节背板无折缝；前翅第 2 肘间横脉几乎缺，径室非常短……………………………………………………短须姬蜂亚科 Tersilochinae（*Pygmaeolus*）

触角柄节长于梗节，鞭节 16 节以上；腹部第 2 节背板具折缝；前翅第 2 肘间横脉长，径室长……………………………………………………………………………栉足姬蜂亚科 Ctenopelmatinae

72. 前翅第 2 回脉具 1 弱点…………………………………………………………………………73

前翅第 2 回脉具 2 弱点，或具 1 长弱点且呈角度………………………………………………82

73. 雌性，若产卵器不可见，下生殖板明显且腹末被骨化的背板和腹板包裹…………………………74

雄性……………………………………………………………………………………………76

74. 下生殖板大，几乎达腹末；产卵器非常短，几乎不超过腹末……………………………………75

下生殖板小，未达腹末；若下生殖板大，则呈三角形；产卵器明显超过腹末……………………77

75. 下颚须长，伸达前足基节之后；唇基端部平；上唇不外露；产卵器鞘宽约等于长……奥克姬蜂亚科 Oxytorinae

下颚须短，未达前足基节；唇基强隆起，端缘稍凹；上唇裸露；产卵器鞘窄……………………76

76. 唇基端缘强烈凹入；上颚不扭曲；并胸腹节端区较宽………………………………………………………………………………………………秘姬蜂亚科 Cryptinae（胡姬蜂属 *Sphecophaga*）

唇基端缘中部稍凹；上颚下弯，稍扭曲，下端齿为上端齿的 0.5 倍；并胸腹节端区较窄…………………………………………………………………………拱脸姬蜂亚科 Orthocentrinae（*Hemiphanes*）

77. 并胸腹节无纵脊，仅具单一横脊，呈“V”形；雌性前足胫节膨大；产卵器具明显的齿…………………………………………………………………………………………秘姬蜂亚科 Cryptinae（*Helcostizus*）

并胸腹节至少具纵脊的痕迹，无“V”形横脊；雌性前足胫节不膨大；产卵器具亚背缺刻或简单……78

78. 雌性；前足胫节端缘外侧的小齿不易观察；唇基均匀隆起或亚端部隆起…………………………………………………………………………………………栉足姬蜂亚科 Ctenopelmatinae（部分）

雄性………………………………………………………………………………………………79

79. 唇基均匀隆起，端缘平截，中部稍凹；上颚下弯，稍扭曲，下端齿为上端齿的 0.5 倍…………………………………………………………………………………拱脸姬蜂亚科 Orthocentrinae（Hemiphanes）

唇基均匀隆起，亚端部膨大，或端缘突然倾斜；上颚直，下端齿等长或短于或长于上端齿……80

80. 唇基端缘稍凹，端部 1/3 突然倾斜 ………………秘姬蜂亚科 Cryptinae（胡姬蜂属 *Sphecophaga*）

唇基端缘直，均匀隆起或基部或亚端部隆起…………………………………………………81

81. 下颚须长，伸达前足基节之后；唇基基部隆起或平；腹部第 1 节背板无基侧凹…………………………………………………………………………奥克姬蜂亚科 Oxytorinae（奥克姬蜂属 *Oxytorus*）

下颚须未达或几乎达前足基节；唇基均匀隆起或亚端部隆起；腹部第 1 节背板具或无基侧凹……………………………………………………………………………栉足姬蜂亚科 Ctenopelmatinae（部分）

82. 中胸盾片在盾前沟前侧具 1 横沟，通常盾前沟内具中纵脊；腹部第 1 节背板和腹部愈合，无基侧凹；后足腿节腹面具 1 大齿，或上颚单齿，或额具 1 中角……………………凿姬蜂亚科 Xoridinae

中胸盾片在盾前沟前侧无横沟，盾前沟内无脊；后足腿节腹面无齿；额无中角，若有，则上颚非单齿，腹部第 1 节背板与腹板分离，具基侧凹…………………………………………………83

83. 腹部从第 2 节背板开始各节背板具粗刻纹，端缘无刻纹；唇基平，通常中央凹入；产卵器无背缺刻，腹瓣具齿，有时具背结；产卵器鞘长，强壮，具浓密的毛……瘤姬蜂亚科 Pimplinae（部分）

腹部背板通常具均匀刻纹；唇基隆起，很少中央凹入；产卵器腹瓣无齿，通常缺背结，有时具亚背缺刻；产卵器鞘的毛较短…………………………………………………………………………84

84. 唇基宽且短；上颚宽，背侧和腹侧具脊；产卵器长于腹部，具弱背结……………………………………………………………………柄卵姬蜂亚科 Tryphoninae（异姬蜂族 Idiogrammatini）

唇基窄且长；上颚窄，背侧和腹侧无脊；产卵器通常短于腹部，无背结……………………85

85. 雌性……………………………………………………………………………………………86

雄性………………………………………………………………………………………………91

86. 产卵器无亚背缺刻…………………………………………………………………………87

产卵器具亚背缺刻（若产卵器短，隐藏于产卵器鞘下，接第 89 联）……………………………… 89

87. 跗爪具基叶；第 5 跗节明显变宽，爪垫明显长于爪；产卵器细，上弯，产卵器鞘长，具浓密的长毛；腹部第 2~3 节背板中部抬高……………………瘤姬蜂亚科 Pimplinae（长尾姬蜂族 Ephialtini）

跗爪无基叶；第 5 跗节不明显变宽，爪垫未长于爪；产卵器直，若上弯则细长，产卵器鞘具短毛，或产卵器不长于腹末且末端明显上弯；腹部第 2~3 节背板中部不隆起……………………………… 88

88. 唇基小，宽约等于长，隆起，但端缘稍平且光亮，端缘无毛；触角鞭节末端数节明显长；口后脊与颊脊在上颚基部相接；颚眼距通常长，约等于上颚基部宽；颜面通常具浓密银色长毛…………………………………………………………………… 绒脸姬蜂亚科 Stilbopinae（绒脸姬蜂属 *Stilbops*）

唇基通常宽大于长，端缘不平和光亮，端缘具 1 排毛；触角鞭节末端数节不明显长或宽；口后脊与颊脊在上颚基部后方相接；颚眼距短于上颚基部宽；颜面无浓密银色长毛……………………………………………………………………………………… 柄卵姬蜂亚科 Tryphoninae（部分）

89. 上颚阔，下端齿不短于上端齿；后足胫节端缘通常无浓密的毛……………………………………………………………………………………… 栉足姬蜂亚科 Ctenopelmatinae（部分）

上颚薄，端缘窄，通常下端齿短于上端齿；后足胫节端缘具浓密的毛……………………………… 90

90. 颜面内眼眶的黄斑与触角窝相接；腹部第 1~2 节背板具革质状表面；产卵器上弯；唇基宽大于长；无眼下沟………………………………………………………洼唇姬蜂亚科 Cylloceriinae（*Allomacrus*）

颜面内眼眶无黄斑，大部分灰白色；腹部第 1~2 节背板无明显的革质状表面；产卵器不上弯；若第 1~2 节背板具革质状或条纹状，则具眼下沟且唇基宽约等于长…………………………………………………………………………………………拱脸姬蜂亚科 Orthocentrinae（部分）

91. 腹部从第 2 节背板开始，端缘刻纹不明显，与基部明显不同；跗爪通常具基叶……………………………………………………………………………………… 瘤姬蜂亚科 Pimplinae（部分）

腹部背板质地无差异；跗爪无基叶……………………………………………………………………… 92

92. 上颚薄，端部窄，下端齿通常短于上端齿；后足胫节端缘具浓密的毛；阳茎背腹面平，均匀弯曲……………………………………………………………………………………………………… 93

上颚端缘不窄，下端齿等长或长或短于上端齿；后足胫节端缘无毛；阳茎不平，变宽，末端呈角度……………………………………………………………………………………………………… 94

93. 唇基宽且平；并胸腹节、腹部第 1~2 节背板具革质状表面；颜面在内眼眶处的黄斑与触角窝相连，或大部分黄色………………………………………………洼唇姬蜂亚科 Cylloceriinae（*Allomacrus*）

唇基窄，通常强烈隆起；若唇基宽且平，则并胸腹节和第 1~2 节背板无革质状表面，颜面无黄斑…………………………………………………………………………………………拱脸姬蜂亚科 Orthocentrinae（部分）

94. 唇基小，宽约等于长，端缘平且光亮；前翅小脉内斜，位于基脉外侧，二者之间的距离约为小脉长的 1/3；腹部至少第 1 节背板具强刻点；颜面通常具浓密的银色毛 ……………………………………………………………………… 绒脸姬蜂亚科 Stilbopinae（绒脸姬蜂属 *Stilbops*）

唇基宽；前翅小脉垂直或稍内斜，位于基脉外侧，二者之间的距离小于小脉长的 1/3；腹部背板通常无刻纹，或弱革质状，或具刻点，很少具粗刻点或粗条纹；颜面的毛较稀疏……………… 95

95. 盾纵沟强壮，通常伸达中胸盾片中部；腹部背板有时具强刻纹……………………………………………………………………………………… 柄卵姬蜂亚科 Tryphoninae（部分）

盾纵沟短或弱；腹部背板具弱刻纹或无刻纹…………………………………………………………… 96

96. 唇基端缘具 1 排直立的毛；前翅第 2 回脉位于小翅室下方，具 1 长且弯曲的弱点，几乎为第 2 回脉长度的一半……………………………… 柄卵姬蜂亚科 Tryphoninae（柄卵姬蜂族 Tryphonini）

唇基端缘无 1 排直立的毛；前翅第 2 回脉的弱点直，短于第 2 回脉长度的一半………………………………………………………………………………………… 栉足姬蜂亚科 Ctenopelmatinae

一、寡节姬蜂亚科 Adelognathinae

本亚科仅 1 属，已知的寄主是叶蜂类。亚科的鉴别特征可参考相关著作（盛茂领和孙淑萍，2014；Shaw and Wahl，2014；Townes，1969）。

1. 寡节姬蜂属 *Adelognathus* Holmgren, 1857

Adelognathus Holmgren, 1857. Kongliga Svenska Vetenskapsakademiens Handlingar, N.F.1 (1)(1855): 196. Type-species: *Adelognathus brevicornis* Holmgren; designated by Viereck, 1912.

本属已知 48 种，我国仅知 1 种。

生物学：据报道（Shaw and Wahl, 2014；Yu et al., 2016），已知的寄主约 36 种，隶属于膜翅目 Hymenoptera 扁叶蜂总科 Pamphilioidea 和叶蜂总科 Tenthredinoidea，是幼虫的外寄生蜂。

(1) 宽甸寡节姬蜂 *Adelognathus kuandianicus* Sheng & Sun, 2014

Adelognathus kuandianicus Sheng & Sun, 2014. Ichneumonid Fauna of Liaoning, p.20.

分布：中国（辽宁）。

观察标本：1♂（正模），辽宁宽甸，2007-Ⅵ-24，集虫网。

二、栉姬蜂亚科 Banchinae

主要鉴别特征：唇基沟或多或少明显；并胸腹节端横脊通常较强壮；后胸侧板下缘脊完整或至少前部存在，前部强度隆起呈片状；雌虫下生殖板大，侧面观呈三角形；产卵器鞘背瓣具缺刻。

该亚科含 3 族，全世界分布。检索表可参考相关著作（何俊华等，1996；盛茂领和孙淑萍，2010；盛茂领等，2013）。

2. 刻姬蜂属 *Arenetra* Holmgren, 1859

Lasiops Holmgren, 1856. Kongliga Vetenskaps-Akademiens Handlingar, p.68. Type-species: *Tryphon pilosellus* Gravenhorst; monobasic. Name preoccupied by Meigen, 1838.

Arenetra Holmgren, 1859. Öfversigt af Kongliga Vetenskaps-Akademiens Förhandlingar, 16: 127. New name.

主要鉴别特征：体被直立长毛；唇基宽约为长的 2.5 倍；颚眼距约为上颚基部宽的 0.75 倍；前沟缘脊缺；中胸盾片具粗大刻点，刻点直径大于刻点间距；并胸腹节气门圆形或椭圆形；小翅室斜四边形；后小脉在中部下方曲折；腹部第 1 节背板气门约位于基部 0.4 处，背中脊、背侧脊缺；产卵器鞘长约等长于后足胫节长。

全世界已知 13 种，我国已知 1 种，分布于辽宁和吉林。

(2) 狭颊刻姬蜂 *Arenetra genangusta* Sheng, Zhang & Yang, 1997

Arenetra genangusta Sheng, Zhang & Yang, 1997. Entomologia Sinica, 4(1): 15.

寄主：伊藤厚丝叶蜂 *Pachynematus itoi* Okutani。

分布：中国（辽宁、吉林）。

观察标本：1♀，辽宁沈阳，1992-Ⅵ-28，盛茂领；2♀♀，辽宁沈阳，1996-Ⅵ-08～14，盛茂领；1♂，吉林辉南，1992-Ⅵ-21，孙淑萍；1♀（正模）1♀2♂♂（副模），吉林通化，1992-Ⅵ-30，盛茂领。

三、缝姬蜂亚科 Campopleginae

主要鉴别特征：无唇基沟，颜面与唇基合并成为 1 个面；中胸腹板后横脊完整（个别属在中足基节前中断）；第 2 回脉具 1 个弱点；后小脉在近中央或中央下方曲折，也有部分不曲折；腹部第 1 节背板细长至较细长，气门位于中部后方，无背中脊；腹部端部通常有些侧扁。

该亚科含 70 属，我国已知 26 属。据报道，寄主主要为鳞翅目、膜翅目、鞘翅目等昆虫，一些种类是叶蜂科 Tenthredinidae、松叶蜂科 Diprionidae 等叶蜂类的主要寄生性天敌。分属检索表可参考何俊华等（1996）、Townes（1970b）、Khalaim 和 Kasparyan（2007）、Gupta 和 Maheshwary（1977）等的著作。

3. 凹眼姬蜂属 *Casinaria* Holmgren, 1859

Casinaria Holmgren, 1859. Öfversigt af Kongliga Vetenskaps-Akademiens Förhandlingar, 15(1858): 325. Type-species: *Campoplex tenuiventris* Gravenhorst; original designation.

主要鉴别特征：复眼内缘在触角窝上方具较深的凹刻；颚眼距非常短；上颊向后强烈收敛；具小翅室；后小脉不曲折；腹部第 1 节背板基部圆柱形，或稍扁；背腹缝位于侧面中部或中部上方；产卵器鞘长为腹部末端厚的 0.8～1.4 倍。

全世界已知约 100 种，中国已知 12 种。

(3) 黑足凹眼姬蜂 *Casinaria nigripes* (Gravenhorst, 1829)

Campoplex nigripes Gravenhorst, 1829. Ichneumonologia Europaea, 3: 598.

寄主：广西新松叶蜂 *Neodiprion guangxiicus* Xiao & Zhou 等。

分布：中国（黑龙江、吉林、辽宁、北京、河北、山东、安徽、湖北、江西、江苏、浙江、湖南、四川、广东、广西、福建）；日本，俄罗斯，乌克兰，法国，芬兰，德国，匈牙利，荷兰，波兰，瑞士等。

观察标本：1♀1♂，辽宁朝阳，1993-XI-10，李兰珍。

4. 弯尾姬蜂属 *Diadegma* Förster, 1869

Diadegma Förster, 1869. Verhandlungen des Naturhistorischen Vereins der Preussischen Rheinlande und Westfalens, 25(1868): 153. Type-species: *Campoplex crassicornis* Gravenhorst. Included by Schmiedeknecht, 1907.

主要鉴别特征：复眼内缘在触角窝上方稍凹；唇基中等大小，稍隆起，端缘平截或稍隆起；上颚中等长，下端齿等于或稍短于上端齿；小翅室存在或无；外小脉在中部下方曲折；后盘脉未与后小脉相接；并胸腹节短至较长，中区长大于宽，通常与端区合并；并胸腹节气门圆形；基侧凹常存在；产卵器鞘通常长于腹末厚度的 2.0 倍，若等长则产卵器强烈上弯；爪短至中等长，通常具栉齿。

该属是一个大属，全世界分布，已知 215 种（Yu et al.，2016），我国已知 13 种。寄生于很多类群的昆虫中，一些种类是叶蜂科和松叶蜂科的主要天敌。我国已知种检索表可查看相关著作（何俊华等，1996）。

(4) 台湾弯尾姬蜂 *Diadegma akoense* (Shiraki, 1917)

Eripternus akoensis Shiraki, 1917. Report Taihoku Agricultural Experiment Station. Formosa, 15(109): 145.

分布：中国（江西、安徽、河南、上海、浙江、福建、湖北、湖南、广东、广西、云南、贵州、海南、四川、台湾）；日本。

(5) 环弯尾姬蜂 *Diadegma armillata* (Gravenhorst, 1829)

Campoplex armillatus Gravenhorst, 1829. Ichneumonologia Europaea, 3: 514.

寄主：据记载（Yu et al.，2016），寄主达 64 种，林农业主要寄主害虫有欧洲新松叶蜂 *Neodiprion sertifer* (Geoffroy)、美国白蛾 *Hyphantria cunea* Drury、微红梢斑螟 *Dioryctria rubella* Hampson、苍白毒蛾 *Calliteara pudibunda* L.、欧洲梢小卷蛾 *Rhyacionia buoliana* (Denis & Schiffermüller)、欧洲落叶松鞘蛾 *Coleophora laricella* (Hübner)、山杨麦蛾 *Anacampsis populella* Clerck、地中海粉螟 *Ephestia kuehniella* Zeller、网锥额野螟 *Loxostege sticticalis* L.、梨小食心虫 *Grapholita molesta* (Busck)、苹果巢蛾 *Yponomeuta padella* L.、稠李巢蛾 *Y. evonymella* L.等。

分布：中国（辽宁、山西、新疆）；朝鲜，欧洲等。

(6) 窄弯尾姬蜂 *Diadegma combinatum* (Holmgren, 1860)

Limeria combinatum Holmgren, 1860. Kongliga Svenska Vetenskapsakademiens Handlingar, 2(8): 62.

♀ 体长约 8.0 mm。前翅长约 6.0 mm。

颜面宽约为长的 1.5 倍，表面呈细革质粒状，具弱皱和白色短毛；中央稍均匀隆起。唇基基部质地同颜面；无唇基沟。上颚基部具稠密的细刻点和白色短毛；上端齿约等于下端齿。颊区呈细革质状表面，颚眼距约为上颚基部宽的 0.5 倍。上颊光滑光亮，具稠密的细刻点和白色短毛。头顶呈细革质状表面；单眼区稍抬高，中央具弱纵沟；侧单眼间距约等于单复眼间距。额区质地和刻点与颜面近似。触角柄节长柱形，鞭节 39 节，第 1～5 鞭节长度之比依次约为 9.0∶6.0∶6.0∶5.5∶5.0。后头脊完整。

前胸背板前缘具弱皱；侧凹具不规则短皱；前胸背板后上部具稠密的细刻点。中胸盾片稍呈圆形隆起，具稠密的细刻点和不规则短皱。小盾片的刻点较中胸盾片稀疏；后小盾片横形，稍隆起，几乎无刻点。中胸侧板稍隆起，具稠密的细刻点（上部具短皱）；胸腹侧脊伸抵中胸侧板前缘；镜面区大，光滑无刻点；镜面区上方具清晰横皱；中胸侧板凹横沟状。后胸侧板稍隆起，具与中胸侧板相似的刻点；后胸侧板下缘脊完整。足正常；胫节具短棘刺状毛（后胫节较明显）；后足跗节第 1～5 节长度之比依次约为 21.0∶8.0∶6.0∶4.0∶5.0；爪具栉齿。翅透明；小脉与基脉对叉；小翅室四边形，具短柄，第 2 回脉在小翅室下外角的内侧与之相接；外小脉约在中央处曲折；后小脉直。并胸腹节稍隆起；中纵脊弱；分脊消失；基区小；中区中央稍凹，具稠密的细刻点和短弱皱；中区和端区合并，端区刻点及皱同中区基部；侧区基部具细革质粒状表面，端部具稠密的细刻点；外侧区具稠密的细刻点和白色短毛；并胸腹节气门圆形。

腹部第 1 节背板长约为端宽的 3.1 倍；腹柄细长，后柄部稍宽，具细革质状表面；气门小，圆形，位于端部约 0.3 处；具基侧凹；腹侧脊完整。第 2 节背板长约为端宽的 1.3 倍；具细革质状表面；亚基部具圆形窗疤；气门小，圆形，约位于背板中部。第 3 节及以后各节背板侧扁。产卵器鞘长约为后足胫节的 0.6 倍；产卵器几乎直，具背缺刻。

体黑色，下列部分除外：下颚须褐色；下唇须黑褐色；前足（基节、转节、腿节腹面黑褐色）和中足（基节、转节黑褐色）暗红褐色；翅痣和翅脉黑褐色。

♂ 体长 7.0～9.0 mm。前翅长 5.0～6.0 mm。触角鞭节 38 节。体黑色。前足（基节、转节、末跗节、爪黑褐色）和中足（基节、转节、末跗节、爪黑褐色）红褐色；后足跗节、爪、翅痣、翅脉、下唇须黑褐色；下颚须黄褐色。

寄主：丹巴腮扁叶蜂 *Cephalcia danbaica* Xiao（寄主新纪录）。

分布：中国（青海、新疆）；奥地利，阿塞拜疆，比利时，保加利亚，芬兰，法国，德国，希腊，格陵兰岛，匈牙利，爱尔兰，意大利，摩尔多瓦，挪威，波兰，罗马尼亚，俄罗斯，西班牙，瑞典，英国。

观察标本：1♀1♂，青海互助，2011-Ⅵ-18～23，李涛；11♂♂，青海民和，2011-Ⅵ-07～11，李涛。

(7) 叶蜂弯尾姬蜂，新种 *Diadegma neodiprionis* Sheng, Li & Sun, sp.n.（彩图 1）

♀ 体长约 8.0 mm。前翅长约 6.0 mm。

颜面宽约为长的 1.5 倍，呈细革质状表面，具稠密的细刻点和弱皱，密生白色短毛。唇基稍平，无唇基沟，刻点及毛同颜面，端缘平截。上颚基部具稀疏的细刻点，上端齿稍长于下端齿。颊区呈细革质状表面，颚眼距约为上颚基部宽的 0.5 倍。上颊呈细革质状表面，具稠密的细刻点，中部稍隆起。头顶质地同上颊，在单眼区后斜截。单眼区稍抬高，具不规则弱皱和刻点，单眼区外侧凹陷，侧单眼间距约为单复眼间距的 2.5 倍。额刻点及皱纹同单眼区。触角柄节圆筒形，端截面稍平；鞭节 36 节，第 1～5 鞭节长度之比依次约为 10.0∶7.0∶6.0∶5.0∶5.0。后头脊完整。

前胸背板前缘具弱皱和细刻点，侧凹具短横皱，后上部具稠密的细刻点。中胸盾片稍隆起，具稠密的细刻点和不规则弱皱；小盾片具稠密的细刻点；后小盾片横形，刻点较小盾片稍粗。中胸侧板具稠密的细刻点；胸腹侧脊几乎达中胸侧板前缘；镜面区小，上方表面细革质状；中胸侧板凹横沟形。后胸侧板刻点同中胸侧板，具弱皱；后胸侧板下缘脊完整。翅透明，小脉位于基脉稍外侧；小翅室四边形，第 2 肘间横脉明显长于第 1 肘间横脉，第 2 回脉在小翅室下外角约 0.2 处与之相接；外小脉约在中央处曲折；后小脉直，不曲折。后足第 1～5 跗节长度之比依次约为 15.0∶7.0∶4.5∶3.0∶4.0。并胸腹节密生短白毛，圆形隆起，具稠密的细刻点和不规则短皱；基区“U”形，具弱皱；基横脊强壮；中区和端区合并，具不规则皱纹；第 1 侧区具稠密的刻点，端部具弱皱；第 2 侧区皱纹较第 1 侧区粗；并胸腹节气门近圆形，位于基部约 0.1 处。

腹部第 1 节光滑光亮，长约为端宽的 2.8 倍；背中脊近平行；气门小，圆形，位于端部约 0.4 处；气门前具小的基侧凹。第 2 节背板长约为端宽的 1.2 倍；基部表面细革质状，中间及端部具稠密的细刻点；窗疤长形；气门小，圆形，位于该背板中央。第 3 节背板端部及以后各节强烈侧扁，具稠密的细刻点。产卵器鞘长约为腹末厚度的 0.5 倍。产卵器细长，上弯。

体黑色，下列部分除外：上颚（端齿黑色），下颚须，下唇须，触角柄节腹面，翅基片，翅基黄色。前足（基节基部黑色；端部，转节黄色）和中足（基节基部黑色；端部，转节黄色）红褐色；后足（基节，腿节黑色），爪，翅脉，翅痣黑褐色；腹部第 2 节亚端部、第 3 节及以后各节红色。

寄主：会泽新松叶蜂 *Neodiprion huizeensis* Xiao & Zhou。

分布：中国（贵州）。

正模 ♀，贵州威宁，2012-Ⅱ-25，盛茂领。

词源：新种名源于寄主属名。

本新种与黄柄弯尾姬蜂 *D. adelungi* (Kokujev, 1915) 近似，可通过下列特征区分：本种第 2 节背板端缘及其后的所有背板红褐色；后足胫节黑色。黄柄弯尾姬蜂：第 2 节及其后的所有背板后缘黑色；后足胫节至少中部黄色。

5. 都姬蜂属 *Dusona* Cameron, 1901

Dusona Cameron, 1901. Transactions of the New Zealand Institute, 33: 107. Type-species: *Dusona stramineipes* Cameron. Original designation.

主要鉴别特征：复眼在触角窝稍上方或多或少凹陷；唇基稍隆起，端缘平截或近于平截；上颚上端齿通常比下端齿长；前翅小翅室较大，第 2 回脉在它的下方约中央处相接；腹部第 1 节背板基侧凹存在、退化或消失；产卵器长通常为腹末厚度的 1.0～1.5 倍。

寄主：已知寄主约 260 种，主要为鳞翅目 Lepidoptera 和膜翅目 Hymenoptera 昆虫，叶蜂类为三节叶蜂科 Argidae、锤角叶蜂科 Cimbicidae、松叶蜂科 Diprionidae、扁叶蜂科 Pamphiliidae，已知的叶蜂种类主要是落叶松叶蜂 *Pristiphora erichsonii* (Hartig)、欧洲赤松叶蜂 *Diprion pini* (L.)、欧洲新松叶蜂 *Neodiprion sertifer* (Geoffroy) 等。

该属全世界已知 442 种，我国已知 22 种。

(8) 叶蜂都姬蜂 *Dusona pristiphorae* Li, Sheng & Wang, 2013

Dusona pristiphorae Li, Sheng & Wang, 2013. Acta Zootaxonomica Sinica, 38(1): 148.

♀ 体长约 12.5 mm。前翅长约 9.0 mm。

头部约与胸部等宽。颜面几乎平，宽约为长的 1.2 倍，具稠密的细网状皱。唇基宽约为长的 3.1 倍，稍隆起，具与颜面相似的刻点，亚端缘稍呈横凹状。上颚宽短，基部具细浅的刻点。颊区短，具细革质粒状表面，颚眼距约为上颚基部宽的 0.4 倍。上颊非常短，向后强烈收敛，显得头部极短，具细刻点。头顶具细革质状表面，后部中央具细横皱，侧单眼外侧刻点稀且细；单眼区隆起，表面粗糙，具较稠密的浅细刻点，中央具浅中纵沟；侧单眼间距约为单复眼间距的 1.2 倍。额几乎平，具不清晰的细皱表面。触角短于体长；鞭节 47 节，第 1～5 鞭节长度之比依次约为 25.0∶17.0∶17.0∶16.0∶14.0。后头脊完整。

前胸背板前缘具细革质粒状表面；侧凹内具稠密且均匀的细横皱；后上部具稠密的细刻点；前沟缘脊存在。中胸盾片稍隆起，具稠密的细刻点，后部中央具细网状皱及细刻点，无盾纵沟。小盾片均匀隆起，具侧脊，质地与中胸盾片相近。后小盾片具稠密的细皱表面。中胸侧板具稠密的细刻点，翅基下脊下方具模糊的细横皱；镜面区处具细革质状表面，它的前方具稠密的细纵皱；胸腹侧脊背端高于中胸侧板前缘高的 1/2 处；中胸侧板凹沟状。后胸侧板具稠密的细网状皱刻点；后胸侧板下缘脊完整。翅稍带褐色，透明；小脉位于基脉外侧，二者之间的距离约为小脉长的 0.5 倍；小翅室几乎四边形；第 2 肘间横脉长于第 1 肘间横脉，下段稍向外弯曲；第 2 回脉约在小翅室下方中央与之相接；外小脉约在中央处曲折；后小脉约在下方 0.25 处曲折。爪具细栉齿；后足第 1～5 跗节长度之比依次约为 31.0∶13.0∶10.0∶6.0∶8.0。并胸腹节基区小，方形；中纵脊“八”字形自中央向侧后方 0.3 处斜伸；脊之前具稠密的细网状皱刻点，脊之后具稠密的斜细横皱；侧方具稠密的细皱表面；后部中央浅纵凹；侧纵脊仅基段具弱的痕迹；外侧脊细弱，完整；气门靠近基缘，斜椭圆形，下方具短脊，与外侧脊相连。

腹部第 1 节细长，长约为端宽的 4.7 倍，背板较光滑，后柄部稍粗糙，端部稍膨大；背中脊基半部明显；气门小，圆形，约位于端部 0.3 处。第 2 节及之后各节背板侧扁。产卵器鞘长约为腹末厚度的 0.5 倍。

体黑色，下列部分除外：上颚中部，下唇须，下颚须黄褐色至暗褐色；前足腿节外侧、胫节和跗节，中足腿节外侧、胫节下侧黄褐色至红褐色；后足胫节下侧或多或少和基跗节基缘带红褐色；腹部第 3、4 节背板侧方及腹板红褐色；翅脉黑褐色，翅痣黄褐色。

寄主：落叶松叶蜂 *Pristiphora erichsonii* (Hartig)。

分布：中国（陕西）。

观察标本：1♀（正模），陕西宝鸡嘉陵江源头，2009-Ⅴ-05，李涛。

6. 尚姬蜂属 *Enytus* Cameron, 1905（中国新纪录）

Enytus Cameron, 1905. Invertebrata Pacifica, 1: 132. Type-species: *Enytus maculipes* Cameron.

主要鉴别特征：复眼内缘在触角窝处稍凹刻；唇基稍隆起，端缘中部平截或稍前隆；上颚下缘的突边较窄，二端齿等长，或上端齿稍长于下端齿；颚眼区非常短；上颊较长且隆起；后头脊在上颚基部上方与口后脊相接；中胸腹板后横脊完整；前翅无小翅室，肘间横脉与第 2 回脉之间的距离等于或长于肘间横脉；后小脉不曲折；爪简单；后足跗节下侧无特殊的毛；并胸腹节较隆起，脊非常弱，中区短并与端区合并，气门圆形；腹部第 1 节背板无基侧凹；窗疤亚圆形，靠近基缘（具基缘的距离为直径的 0.5～1.2 倍）；产卵器鞘长约为腹端厚度的 1.2 倍；产卵器向上弯曲。

全世界已知 19 种，我国尚无纪录。这里介绍 2 种，其中 1 新种，另 1 种是在吉林发现的落叶松叶蜂的寄生天敌。落叶松叶蜂

(9) 阿尚姬蜂 *Enytus apostatus* (Gravenhorst, 1829)（中国新纪录）

Campoplex apostatus Gravenhorst, 1829. Ichneumonologia Europaea, 3: 510.

♀ 体长约 5.0 mm。前翅长约 4.0 mm。

颜面宽约为长的 1.9 倍，具稠密的细皱粒状表面和白色短毛；中央稍均匀隆起；上缘中央具 1 小瘤突。无唇基沟。唇基与颜面在同一表面，表面特征相同；端部两侧稍下凹，端缘中段几乎平直。上颚基部较光滑，稍具弱皱；上端齿明显长于下端齿。颊区呈细革质状表面，颚眼距约为上颚基部宽的 0.5 倍。上颊具细革质微皱状表面和稀疏的白色短毛，上下缘近平行。头顶呈细革质状表面，后部具微细刻点，后部中央稍凹；单眼区稍抬高，中央浅纵凹；侧单眼间距约为单复眼间距的 1.4 倍。额区质地与颜面近似。触角窝中央具 1 细中纵脊。触角柄节近杯形，端缘较平，鞭节 30 节，第 1～5 鞭节长度之比依次约为 1.9∶1.4∶1.2∶1.1∶1.0。后头脊完整，后缘中央具压痕。

前胸背板呈细革质状表面，中下部具非常稠密的平行细纵纹；侧凹不明显；前沟缘脊具弱痕。中胸盾片圆形隆起，具细革质微皱状表面，盾纵沟不明显。小盾片稍隆起，具细革质状表面，较光滑；后小盾片横形，稍隆起，具革质细粒状表面。中胸侧板表面细革质状，上半部具微细纹，下半部具不明显的微细刻点；胸腹侧脊伸抵中胸侧板前缘上方约 0.4 处；腹板侧沟前部较明显；镜面区小而光亮；中胸侧板凹坑状，由 1 短横沟与中胸侧缝相连。后胸侧板稍隆起，具细革质皱粒状表面，刻点不明显；后胸侧板下缘脊完整，前角稍突出。后足跗节第 1～5 节长度之比依次约为 3.8∶1.9∶1.3∶1.0∶1.0；爪简单。翅稍带褐色，透明；小脉位于基脉外侧，二者之间的距离约为小脉长的 0.3 倍；无小翅室，第 2 回脉位于肘间横脉外侧，二者之间的距离稍长于肘间横脉脉长；外小脉明显内斜，约在上方 0.35 处曲折；后小脉垂直，无后盘脉。并胸腹节稍隆起；基横脊外段和端横脊中段缺失；基区小，倒梯形，较光滑；中区和端区合并区类长葫芦状，表面具稠密不规则的粗横皱；分脊不完整，仅存基半段，在中区和端区合并区上方伸出；侧区和外侧区均具细革质弱皱状表面；并胸腹节气门非常小，圆形，约位于基部 0.2 处，由 1 细横脊连接外侧脊。

腹部第 1 节背板长约为端宽的 2.2 倍；腹柄强壮，后部明显缢缩；后柄部增宽；背板表面呈细革质状，几乎无刻点；无背中脊，背侧脊伸达气门；气门小，圆形，位于端部约 0.3 处；气门处稍凹陷。第 2 节背板长梯形，长约等于端宽；具细革质微皱状表面；亚基部两侧具近矩形腹陷。第 3 节及以后各节背板强烈侧扁，具细革质状表面和稠密的白色短毛。产卵器鞘极短。

体黑色，下列部分除外：触角柄节和梗节腹侧，上颚（端齿红褐色），下颚须，下唇须，前胸背板后上角，翅基片，翅基，前中足基节（背侧带黄褐色）、转节，后足转节均为乳黄色；足黄褐色至红褐色（后足色深），后足基节黑色，胫节端部及各跗节端部带暗褐色；翅痣黑色，翅脉褐色；腹部第 1 节背板端部、第 2 节背板亚端部的侧斑及腹陷红褐色。

寄主：落叶松叶蜂 *Pristiphora erichsonii* (Hartig)（寄主新纪录）。

分布：中国（吉林）；蒙古国，俄罗斯远东地区，欧洲，南非，斯里兰卡等。

观察标本：1♂，吉林延边帽儿山，400 m，2009-Ⅴ-18，李涛。

(10) 赣尚姬蜂，新种 *Enytus ganicus* Sheng, Sun & Li, sp.n.（彩图 2）

♀ 体长约 8.3 mm。前翅长约 5.8 mm。产卵器鞘长约 0.8 mm，稍露出腹末。

复眼内缘近平行，在触角窝处明显凹陷。颜面宽约为长的 1.4 倍，中央稍隆起，呈细革质粒状表面，具稠密的黄白色短毛，靠近复眼眼眶稍光亮。唇基沟缺。唇基和颜面质地相同，稍隆起，端缘稍弧形。上颚强壮，基半部具稀疏的黄褐色短毛，下缘脊片状隆起；端齿光亮，上端齿稍大于下端齿。颊呈细革质状表面，颚眼距约为上颚基部宽的 0.8 倍。上颊中等阔，向后均匀斜截；呈细纹状表面，具均匀的细毛点和黄褐色短毛。头顶质地同上颊，在单眼区后方斜截。单眼区明显抬高，中央均匀凹陷，相对平，具细纹状表面和稀疏的黄褐色短毛；单眼中等大小，强隆起；侧单眼间距约为单复眼间距的 1.4 倍。额稍凹，呈细粒状表面。触角线状，鞭节 37 节，第 1～5 鞭节长度之比依次约为 1.4∶

1.1∶1.0∶1.0∶1.0。后头脊完整，在上颚基部与口后脊相接。

前胸背板前缘呈细粒状表面，具稠密的细毛点和黄褐色短毛；侧凹深阔，光亮，呈细斜皱状表面直达后缘；后上部呈细粒状表面。中胸盾片圆形稍隆起，呈细粒状表面，具稠密的黄褐色短毛；盾纵沟缺，该区域呈细网皱状表面，向后稍收窄，直达中后部的网状区域。盾前沟深阔，近光滑光亮。小盾片圆形稍隆起，呈细网皱状表面，具稠密的黄褐色短毛。后小盾片横向隆起，呈细网皱状表面；前缘外侧圆形深凹，光滑光亮。中胸侧板下半部稍隆起，呈粗粒状表面，靠近上部呈粗网状；中上部呈粗网皱状表面，在镜面区前方呈长皱状；镜面区中等大小，呈细纹状表面；中胸侧板凹深凹状；胸腹侧脊强壮，末端靠近中胸侧板前缘，约为中胸侧板高的 0.6 倍。后胸侧板圆形隆起，质地和刻点同中胸侧板下半部；后胸侧板下缘脊完整。翅褐色，透明；小脉位于基脉外侧，二者之间的距离约为小脉长的 0.2 倍；无小翅室，第 2 回脉位于肘间横脉外侧，二者之间的距离约为肘间横脉长的 0.8 倍；外小脉约在中央处曲折；后小脉直。后足第 1～5 跗节长度之比依次约为 5.0∶2.1∶1.4∶1.0∶1.1；爪具栉齿。并胸腹节阔，纵向稍长；基横脊强壮，在靠近侧纵脊处稍弱，侧纵脊仅在基横脊外侧强壮，端横脊在中央处稍弱；分区近完整；基区呈倒三角形，近光亮；中区中等大，呈粗网皱状表面；端区斜，呈粗网皱状表面，中央纵向稍凹，具稠密的黄褐色短毛；第 1 侧区呈细粒状表面；第 2 侧区呈细网皱状表面，具稠密的黄褐色短毛；外侧区质地和毛点同第 2 侧区，气门中等大小，椭圆形，与外侧脊之间由强脊相连，约位于基部 0.1 处。

腹部第 1 节背板长约为端宽的 2.8 倍，基部光亮，中后部呈细纹状表面，端缘光亮；基侧凹位于中央处，中等大小，深凹；气门小，近圆形，约位于端部 0.4 处。第 2 节背板梯形，长约为基部宽的 2.0 倍，约为端宽的 1.2 倍；基部呈细纹状表面，中后部光亮，具均匀的细毛点和黄褐色微毛，端缘光滑无毛。第 3 节背板光亮，具均匀的细毛点和黄褐色微毛，端半部侧扁。第 4 节及以后各节背板侧扁，光亮，具均匀的细毛点和黄褐色微毛。产卵器鞘细长，稍露出腹末。产卵器强壮，稍侧扁，微上弯，末端尖细。

体黑色，下列部分除外：上颚（端齿红褐色），翅基片，翅基，前足（跗节黄褐色；爪褐色），中足（第 1～4 跗节黄褐色；末跗节、爪褐色），后足（基节、转节黑色；腿节基部及端缘、胫节基部和端部暗褐色；第 1 跗节大部黄褐色、端缘褐色，第 2 跗节基半部黄褐色、端缘褐色；第 3～5 跗节、爪暗褐色）黄色；下颚须，下唇须黄白色；触角鞭节黑褐色；翅痣和翅脉暗褐色。

♂ 体长约 9.6 mm。前翅长约 5.6 mm。触角鞭节 40 节。体黑色，下列部分除外：触角梗节、柄节（外侧暗褐色），上颚（端齿红褐色），翅基，前足（末跗节黄褐色；爪褐色），中足（基节基缘黑褐色，其余黄褐色至褐色；末跗节、爪褐色），后足（基节、转节黑色；胫节基部和端缘暗褐色，中央大部黄褐色；跗节各节大部褐色，端缘暗褐色；爪暗褐色）黄色；其他特征同正模。

正模 ♀，江西全南，700 m，2008-Ⅺ-26，李石昌。副模：1♂，江西全南，650 m，2008-Ⅵ-10，李石昌。

词源：本新种名源于模式标本采集地名。

本新种与阿尚姬蜂 *E. apostatus* (Gravenhorst, 1829)相近，可通过下列特征区分：本种上端齿几乎等长于下端齿；并胸腹节端横脊几乎完整，中纵脊在横脊之间缺；后小脉明显内斜；腹部第 2 节背板长明显大于端宽；前中足和后足腿节（两端黑色）几乎完全黄色。阿尚姬蜂：上端齿明显长于下端齿；并胸腹节中纵脊强壮，伸至并胸腹节后部 0.8 处，端横脊在中纵脊之间缺；后小脉垂直；腹部第 2 节背板长约等于端宽；所有的腿节褐色至红褐色。

7. 镶颚姬蜂属 *Hyposoter* Förster, 1869

Hyposoter Förster, 1869. Verhandlungen des Naturhistorischen Vereins der Preussischen Rheinlande und Westfalens, 25(1868): 152. Type-species: *Limnerium* (*Hyposoter*) *parorgyiae* Viereck, 1910.

主要鉴别特征：复眼内缘在靠近触角窝处稍微至较强凹陷；唇基强烈隆起；上颚短，下缘基部呈片状隆起；下端齿稍短于上端齿；上颊短或特别短；后头脊在上颚基部上方与口后脊相遇；爪栉状；第 2 回脉约在小翅室的下外角处相接；后小脉垂直或稍外斜，不曲折；并胸腹节中区与端区合并，或由不规则的脊分开；并胸腹节气门圆形或椭圆形；腹部侧扁；第 2 节背板窗疤横椭圆形，明显或较大；产卵器鞘长为腹端厚度的 1.0～1.5 倍，直或稍向上弯曲。

寄主：榆童锤角叶蜂 *Agenocimbex elmina* Li & Wu、欧洲赤松叶蜂 *Diprion pini* (L.)、栎扁叶蜂 *Pamphilius sylvaticus* (L.)、*Macrodiprion nemoralis* (Enslin)、结肠叶蜂 *Tenthredo colon* Klug、欧洲柳潜叶小黑叶蜂 *Heterarthrus microcephalus* (Klug)等；还有一些鳞翅目昆虫。

全世界已知 120 种，我国已知 9 种。

(11) 天水镶颚姬蜂 *Hyposoter tianshuiensis* Sheng, 2004

Hyposoter tianshuiensis Sheng, 2004. Acta Zootaxonomica Sinica, 29(3): 549.

♀ 体长 8.0～10 mm。前翅长 5.5～7.0 mm。

颜面几乎平坦，具稠密的白色柔毛。唇基具细粒状表面和不清晰的细刻点。上颚下缘基部约 0.6 处具非常宽的突缘，端齿等长。颊区具细粒状表面，颚眼距约为上颚基部宽的 0.6 倍。上颊较明显向后收敛，具细革质粒状表面。侧单眼间距约为单复眼间距的 1.3 倍。额平坦，具细粒状表面。触角鞭节 34～36 节。

前胸背板具革质状表面。中胸盾片具与头顶相似的质地。中胸侧板表面细革质粒状，具稀且弱的细刻点。翅透明，小脉与基脉对叉，或稍位于基脉的外侧；小翅室具柄，第 2 回脉在小翅室下方中央稍外侧与之相接。后小脉稍外斜，不曲折。爪栉状。

并胸腹节端半部中央具深纵沟，沟的侧面具脊；中纵脊中段消失；气门圆形，小。腹部背板具细革质状表面；第 2 节背板长约等于端宽，端宽约为基宽的 1.64 倍；其余的背板横形。产卵器鞘短，端部变宽，几乎不伸过腹部末端。产卵器稍上弯，背缺刻深。

体黑色，下列部分除外：上颚（端齿除外），下颚须，下唇须，柄节下侧的斑，翅基片，前中足基节（基部除外）和转节，后足第 2 转节均为黄色；前中足（跗节的颜色较淡）的其余部分，后足胫节基部的小环，后足跗节（第 2～4 节的端部黑褐色除外）黄褐色；后足腿节、胫节前侧和后侧大部分红褐色；前翅翅脉褐黑色；后翅翅脉大部分褐色。

♂ 体长 7.0～8.0 mm。前翅长 5.0～5.5 mm。触角鞭节 33～35 节。腹部第 2 节背板长大于端宽，第 3、4 节背板近方形，其余背板横形。

变异：个别雄性个体末节背板后缘的狭边白色。

寄主：榆童锤角叶蜂 *Agenocimbex elmina* Li & Wu。

分布：中国（甘肃）。

观察标本：1♀（正模），甘肃天水，2001-Ⅳ-12，武星煜；8♀♀9♂♂（副模），甘肃天水，2001-Ⅳ-12，武星煜；24♀♀12♂♂（副模），甘肃天水，2002-Ⅳ-08，盛茂领。

8. 宽唇姬蜂属 *Lathrostizus* Förster, 1869

Lathrostizus Förster, 1869. Verhandlungen des Naturhistorischen Vereins der Preussischen Rheinlande und Westfalens, 25(1868): 154. Type-species: *Lathrostizus sternocera* Thomson, 1887. Designated by Viereck, 1914.

主要鉴别特征：复眼内缘在触角窝上方凹陷；唇基阔，稍隆起，端缘平截；上颚端齿等长；并胸腹节气门圆形；小翅室具柄，第 2 回脉在小翅室下外角处与之相接；小脉位于基脉外侧，二者之间的距离约为小脉长的 0.25 倍；后小脉几乎垂直；腹部第 1 节背板基侧凹大；爪相当短，具强栉齿；产卵器长为腹末厚度的 2.0～3.0 倍，强烈上弯。

全世界已知 16 种，我国仅知 1 种。已知寄主主要是叶蜂科害虫（Yu et al.，2016）。

(12) 沈阳宽唇姬蜂 *Lathrostizus shenyangensis* Xu & Sheng, 1994

Lathrostizus shenyangensis Xu & Sheng, 1994. Scientia Silvae Sinicae, 30(4): 332.

♀ 体长 6.0～7.0 mm，前翅长 4.5～5.0 mm。

复眼在触角窝处稍凹。颜面宽为长的 1.6～1.8 倍，呈细革质粒状表面，具稠密的细刻点和白色短毛；中央稍均匀隆起，上方中央在触角窝处稍凹。唇基微隆起，质地同颜面，刻点相对较大，端缘略呈弧形平截。上颚光滑光亮，具稀疏的细毛点，端齿等长。颊区呈细革质粒状表面，颚眼距为上颚基部宽的 0.7～0.9 倍。上颊质地同颊区，具稠密的细刻点，中央稍隆起。头顶呈细革质粒状表面；单眼区稍抬高，中间稍凹，刻点相对粗糙，侧单眼间距为单复眼间距的 1.8～2.0 倍。额具细革质粒状表面；基部在触角窝处刻点相对较大，具 1 明显的中纵脊和弱横皱。触角鞭节 28～29 节，第 1～5 鞭节长度之比依次约为 8.0∶7.0∶6.0∶5.0∶5.0。后头脊完整，颊脊与口后脊在上颚基部上方相接。

前胸背板前缘具弱皱和细刻点，侧凹具细横皱；后上部呈细革质粒状表面，具均匀稠密的细刻点。中胸盾片圆形隆起，具细革质粒状表面和稠密的细刻点；小盾片质地同中胸盾片；后小盾片横形隆起。中胸侧板稍平，质地同中胸盾片；胸腹侧脊高约为中胸侧板的 0.6 倍，末端伸抵中胸侧板前缘；镜面区小，光滑光亮；镜面区前方具细斜皱；

中胸侧板凹深凹状。后胸侧板均匀隆起，质地同中胸侧板，后胸侧板下缘脊完整。足正常，爪栉状；后足第1～5跗节长度之比依次约为16.0∶7.0∶5.0∶3.5∶5.0。翅透明，小脉与基脉对叉；外小脉内斜，在中央稍上方曲折；小翅室斜四边形，具短柄或无，第2回脉在小翅室下外角约0.2处与之相接；后小脉直，不曲折。并胸腹节稍隆起，具稠密的细刻点；分区完整；基区“U”形；中区和端区间的横脊消失，合并的区域中央纵向稍凹，具明显的细横皱和刻点；第1侧区具细革质粒状表面和稠密的细刻点；第2侧区刻点较第1侧区粗大；并胸腹节气门椭圆形，位于基部约0.2处。

腹部第1节背板长为端宽的2.0～2.2倍，具细革质粒状表面；气门小，圆形，位于端部约0.3处；具基侧凹。第2节背板梯形，长为端宽的0.7～0.8倍，质地同第1节背板，具窗疤。第3～8节质地同第1节背板，第4节及以后各节强烈侧扁。产卵器弓形上弯，末端尖细，具背凹。

体黑色，下列部分除外：上颚（端齿黑褐色），下颚须，下唇须，触角柄节腹面，翅基片，翅基黄白色；前足，中足（基节基半部黑褐色，端半部黄白色；转节黄白色；末跗节褐色）黄褐色稍带红色；后足基节、第1转节黑褐色，第2转节黄白色；腿节、跗节（基部少许黄褐色）红色，基跗节大部黄白色，基跗节端缘、第2～4跗节黄褐色，第5跗节黑褐色；腹部第2节背板端缘、窗疤、第3节背板（中央的斑纹黑褐色）、第4节背板基半部红褐色；翅痣，翅脉黑褐色。

♂ 体长6.0～7.0 mm，前翅长约5.0 mm。触角鞭节28～29节。体黑色。腹部黑色（个别种第2节背板端缘少许、第3节背板端缘暗红褐色）。其他特征同雌虫。

寄主：柳瘿叶蜂 *Pontania* sp.。

寄主植物：柳树 *Salix* spp.。

分布：中国（辽宁）。

观察标本：1♀（正模）14♀♀8♂♂（副模），辽宁沈阳，1992-Ⅴ-12，徐公天；1♀（养），辽宁沈阳，2012-Ⅺ-24，李涛；23♀♀17♂♂（养），辽宁沈阳，2013-Ⅰ-25～Ⅱ-14，李涛。

9. 呐姬蜂属 *Nemeritis* Holmgren, 1860（中国新纪录）

Nemeritis Holmgren, 1860. Kongliga Svenska Vetenskapsakademiens Handlingar, 2(8): 104. Type-species: *Campoplex macrocentrus* Gravenhorst. Designated by Viereck, 1914.

主要鉴别特征：唇基凹处有些凹，开放；唇基几乎平，端缘阔隆，端缘中央稍角状抬高；上颚长，下端齿稍长于上端齿；上颊宽；后头脊在上颚基部上方与口后脊相接；中胸腹板后横脊完整；并胸腹节较长，分区完整，但中区与端区合并；并胸腹节气门圆形；爪基部具栉齿；第2回脉在小翅室中部外侧相接；腹部第1节背板非常长，相对直，无基侧凹；窗疤长椭圆形，距背板基缘的距离约为自身长的2倍；产卵器鞘长为前翅长的0.6～1.5倍。产卵器非常细。

全世界已知42种（Yu et al.，2016；Vas，2020），迄今为止我国尚无纪录。这里介绍2新种，其中含寄生于会泽新松叶蜂的1新种。

呐姬蜂属中国已知种检索表

并胸腹节中区长约为分脊处宽的 1.4 倍；腹部第 1 节背板长约为端宽的 3.0 倍；第 2 节背板长约等于端宽；产卵器鞘长约为后足胫节长的 0.6 倍；第 3 节及其后的背板主要为红褐色（背面或多或少黑色）……………………………………………毛呐姬蜂，新种 *N. pilosa* Sheng, Li & Sun, sp.n.

并胸腹节中区长约为分脊处宽的 2.5 倍；腹部第 1 节背板长约为端部最宽处的 3.6 倍；第 2 节背板长约为端宽的 1.8 倍；产卵器鞘长约为后足胫节长的 1.6 倍；腹部背板完全黑色 …………………………………………………………………………… 黑呐姬蜂，新种 *N. niger* Sheng, Li & Sun, sp.n

(13) 毛呐姬蜂，新种 *Nemeritis pilosa* Sheng, Li & Sun, sp.n.（彩图 3）

♀ 体长约 7.5 mm，前翅长约 4.9 mm。产卵器鞘长约 0.6 mm。

复眼内缘向下稍收窄，在触角窝外侧稍凹。颜面宽约为长的 1.5 倍，呈细粒状表面，具稠密的细毛点和白色短毛；基半部中央微隆起，触角窝外侧方微凹；上缘中央具 1 小瘤突。唇基沟缺。唇基凹近圆形，深凹；唇基横阔，中央微隆起，质地和毛点同颜面；端半部的毛点相对细小，亚端部稍凹；端缘平截。上颚强壮，基半部具均匀的细毛点和黄褐色短毛，端半部光滑光亮；上端齿稍大于下端齿；上颚下缘靠近基部片状隆起。颊区呈细粒状表面，靠近上颚基部近光亮，具稠密的细毛点；颚眼距约为上颚基部宽的 0.5 倍。上颊中等阔，中央纵向圆形稍隆起，向后均匀收窄；呈细纹状表面，具稠密的细毛点和白色短毛。头顶质地同上颊，单复眼之间的区域细纹相对细密，毛点相对稀疏；在单眼区后方均匀斜截。单眼区稍抬高，中央稍凹，呈弱细皱状表面，具稀疏的白色短毛；单眼大，强隆起，侧单眼外侧沟明显；侧单眼间距约为单复眼间距的 1.7 倍。额稍平，呈细皱状表面，具稠密的细毛点和白色短毛，中部的毛相对细；中单眼前方具长皱，基半部中央具纵皱；下半部在触角窝后方稍凹。触角线状，鞭节 36 节，第 1～5 节长度之比依次约为 1.7∶1.2∶1.1∶1.0∶1.0。后头脊完整。

前胸背板前缘光亮，具稠密的细毛点和白色短毛；侧凹浅阔，呈网皱状表面，具稀疏的细毛点和白色短毛；后上部呈细粒状表面，具稠密的细毛点和白色细毛。中胸盾片圆形隆起，呈细粒状表面，具稀疏的白色短毛；盾纵沟缺，但该区域呈细网皱状表面，直达中后部。盾前沟浅阔，近光亮，具短纵皱。小盾片圆形稍隆起，呈细纹状表面，具均匀的细毛点和白色短毛。后小盾片横向隆起，呈细皱状表面，具稀疏的白色短毛。中胸侧板中下部较平，呈细纹状表面，具均匀的细毛点和白色短毛；上部中央均匀稍隆起，质地和刻点同中下部，隆起后方呈斜细长皱状表面；翅基下脊下方呈细皱状表面；镜面区非常小，光滑光亮；中胸侧板凹横坑状；胸腹侧脊完整，末端弯曲伸达中胸侧板前缘，约为中胸侧板高的 0.5 倍。后胸侧板圆形稍隆起，具稠密的粗刻点和白色短毛；后胸侧板下缘脊完整。翅无色透明；小脉位于基脉稍外侧；小翅室斜四边形，具短柄，柄长约为第 1 肘间横脉长的 0.4 倍；第 2 肘间横脉稍长于第 1 肘间横脉，端部具弱点；第 2 回脉约在小翅室下外角 0.25 处与之相接；外小脉在上方约 0.4 处曲折；后小脉直，不曲折。爪基部具稀疏的栉齿；后足跗节第 1～5 节长度之比依次约为 6.0∶2.5∶1.8∶1.0∶1.6。并胸腹节圆形隆起，呈网皱状表面；中区和端区之间无横脊分隔，分脊清晰，其他脊完整；基区小，近倒梯形；中区和端区的合并区呈粗网皱状表面，基半部稍隆起，端半部均匀斜截，中纵脊向端部渐开阔；第1侧区的皱相对弱，具粗大毛窝和稠密的白色短毛；第2侧区呈细网皱状表面；外侧区靠近侧纵脊的皱相对粗，其余部分的皱较弱；气门中等大，斜椭圆形，与外侧脊之间由脊相连，位于基部约0.1处。

腹部第1节背板长约为端宽的3.0倍；背板基半部侧缘近平行，中部稍缢缩，端半部膨大；基部光滑光亮，中部具非常稀疏的细毛点，端半部呈细纹状表面；背中脊、背侧脊消失，腹侧脊完整；气门小，圆形，位于端部约0.3处。腹部第2节背板梯形，长约等于端宽，呈细粒状表面，具均匀的细毛点和黄褐色微毛；基部横向微凹，窗疤中等大，近椭圆形。第3节背板光亮，呈细纹状表面，具稠密的细毛点和黄褐色微毛；端半部侧扁。第4节及以后各节背板强烈侧扁，光亮，呈微细纹状表面，具稠密的细毛点和黄褐色微毛。产卵器鞘细长，稍上弯。产卵器粗壮，稍侧扁，微向上弯曲，末端尖，具亚背瓣缺刻。

体黑色，下列部分除外：上颚（端齿暗红褐色），下颚须，下唇须，触角柄节腹面，翅基片，翅基，前足（基节基半部、爪褐色；腿节、胫节、跗节黄褐色），中足（基节基半部、爪褐色；腿节黄褐色至红褐色；胫节、跗节黄褐色）黄色；后足（基节、第1转节黑色；第2转节黄色；胫节基缘黄色，基半、端半部背面暗褐色；跗节、爪黑褐色），腹部第2节背板端半部（端缘黑褐色）、第3节背板（基半部延伸至中部的斑黑色）、第4～7节背板（中部的纵斑黑色）红褐色；触角鞭节（基半部黑褐色；端半部腹面褐色），产卵器鞘，翅脉，翅痣暗褐色。

♂ 体长约7.7 mm，前翅长约4.9 mm。触角鞭节37节。体黑色，下列部分除外：腹部第6节背板侧缘黄褐色至红褐色，第7节背板黑色。

寄主：新松叶蜂 *Neodiprion* sp.（寄主新纪录）。

正模 ♀，贵州威宁，2013-Ⅴ-16，盛茂领。副模：1♂，贵州威宁，2013-Ⅳ-15，李涛。

词源：本新种名源于颜面具稠密的毛。

本新种与镜呐姬蜂 *Nemeritis specularis* Horstmann, 1975 近似，可通过下列特征区分：本种并胸腹节中区长约为分脊处宽的1.4倍；腹部第1节背板长约为端宽的3.0倍；产卵器鞘长约为后足胫节长的0.6倍。镜呐姬蜂：并胸腹节中区长约为分脊处宽的1.9倍；腹部第1节背板长约为端宽的2.7倍；产卵器鞘长约为后足胫节长的1.2倍。

(14) 黑呐姬蜂，新种 *Nemeritis niger* Sheng, Li & Sun, sp.n.（彩图4）

♀ 体长约7.9 mm。前翅长约5.0 mm。产卵器鞘长约2.8 mm。

复眼内缘向下稍收窄，在触角窝外侧稍凹。颜面宽约为长的1.2倍，呈细粒状表面，具稠密的细毛点和白色短毛；中央微隆起，上缘中央具1小瘤突。唇基凹近圆形，深凹。唇基横阔，基半部稍隆起，呈细纹状表面，具稠密的细毛点和白色短毛；端缘稍呈弧形，稍上卷。上颚强壮，基部呈不规则纵皱状表面，中部细横皱状，具稀疏的黄褐色短毛；端半部光滑光亮；上端齿稍大于下端齿。颊区呈细粒状表面，靠近上颚基部具短皱；颚眼距约为上颚基部宽的0.5倍。上颊中等阔，光亮，呈细纹状表面，具稠密的细毛点和黄褐色短毛；上半部向后均匀斜截；下部靠近上颚基部呈短皱状。头顶质地同上颊，毛点相对稀疏；在单眼区后方斜截。单眼区稍抬高，中央稍凹，呈粒状表面，具稀疏的白色短毛；单眼大，强隆起，侧单眼外侧沟明显；侧单眼间距约为单复眼间距的 1.3 倍。额在触角窝后方均匀凹，呈细粒状表面，具稠密的细毛点和白色短毛。触角线状，鞭节 35 节，第 1～5 节长度之比依次约为 1.6∶1.1∶1.1∶1.0∶1.0。后头脊完整，在上颚基部与口后脊相接。

前胸背板前缘光亮，具稠密的细毛点和黄白色短毛；侧凹浅阔，光亮，上部具弱纵皱，中下部具细纵皱直达后缘；后上部呈细粒状表面，具稠密的细毛点和黄白色短毛。中胸盾片圆形稍隆起，呈细粒状表面，具稀疏的黄褐色短毛，中后部呈细网皱状表面；盾纵沟基部的痕迹存在，该区域呈细网皱状表面。盾前沟浅阔，近光亮，具短纵皱。小盾片圆形稍隆起，呈细粒状表面；端半部具短皱。后小盾片稍隆起，呈细网皱状表面。中胸侧板中下部稍隆起，呈细粒状表面，具稠密的细毛点和黄白色短毛；上部在翅基下脊下方光亮，呈不规则细皱状表面；中部呈细纵皱状表面；镜面区中等大，光滑光亮；中胸侧板凹深凹，凹下方具细斜皱直达后缘；胸腹侧脊完整，上半部后方具短皱，末端弯曲伸达中胸侧板前缘，约为中胸侧板高的 0.5 倍。后胸侧板圆形隆起，呈细粒状表面，具稠密的细刻点和黄白色短毛；下后角具短斜皱；后胸侧板下缘脊完整。翅浅褐色透明；小脉与基脉对叉；小翅室斜四边形，具柄，柄长约为第 1 肘间横脉长的 0.6 倍；第 2 肘间横脉稍长于第 1 肘间横脉，端部具弱点；第 2 回脉约在小翅室下外角 0.3 处与之相接；外小脉约在中央处曲折；后小脉直，不曲折。爪具稀疏的栉齿；后足跗节第 1～5 节长度之比依次约为 5.8∶2.4∶1.7∶1.0∶1.3。并胸腹节均匀隆起，分区相对完整；基区小，近倒三角形，呈细粒状表面；中区和端区的合并区向端部渐宽，中央纵向凹入，基部呈粗粒状表面，边缘具短皱，中后部具粗横皱；第 1 侧区呈细粒状表面，具稀疏的黄褐色短毛；第 2 侧区呈细网皱状表面，具稀疏的黄褐色短毛；外侧区呈细粒状表面，气门中等大小，斜椭圆形，与外侧脊之间由脊相连，位于基部约 0.15 处。

腹部第 1 节背板长约为端宽的 3.6 倍；背板基半部侧缘近平行，背板光滑光亮，具非常稀疏的黄白色微毛；在气门后球形膨大，呈细纹状表面，具非常稀疏的黄白色微毛；端缘光滑光亮；腹侧脊完整；气门小，圆形，位于端部约 0.4 处。腹部第 2 节背板梯形，长约为基部宽的 3.1 倍，约为端宽的 1.9 倍，呈细粒状表面，具均匀的细毛点和黄白色微毛，端半部呈细纹状表面，端缘光滑光亮；窗疤小，近圆形，呈细纹状表面，靠近外缘。第 3 节背板光亮，呈微细纹状表面，具稠密的细毛点和黄白色微毛；端半部侧扁。第 4 节及以后各节背板强烈侧扁，光亮，呈微细纹状表面，具稠密的细毛点和黄白色微毛。产卵器鞘细长。产卵器细长，均匀上弯，稍侧扁，末端尖，具亚背瓣缺刻。

体黑色，下列部分除外：上颚（基部黑褐色，端齿暗红褐色），下颚须，下唇须，翅基片，翅基，前足（基节大部黑褐色，端缘暗褐色；末跗节、爪褐色），中足（基节黑褐色；末跗节、爪褐色）黄褐色；后足基节黑色，第 1 转节（端缘黄褐色）、第 2 转节（腹面黄褐色）暗褐色至黑褐色，腿节红褐色，胫节（中央大部黄褐色至褐色）、跗节、爪褐色至暗褐色；翅痣，翅脉，触角鞭节端部褐色至暗褐色。

正模 ♀，北京门头沟，2008-Ⅸ-12，王涛。

词源：本新种名源于体完全黑色。

本种与移呐姬蜂 *N. detersa* Dbar, 1984 近似，可通过下列特征区分：唇基具革质状质地，无刻点；第 2 节背板长为端宽的 1.8 倍，窗疤紧靠第 2 节背板前缘；产卵器鞘长约为后足胫节长的 1.6 倍；腹部第 2 节背板完全黑色。移呐姬蜂：唇基基半部具清晰且稠密的刻点，端部的刻点稀且细；第 2 节背板长为端宽的 1.6 倍，窗疤远离背板前缘，至前缘的距离为自身直径的 3 倍；产卵器鞘长约为后足胫节长的 3.4 倍；腹部第 2 节背板端部具宽的红色边。

10. 除蠋姬蜂属 *Olesicampe* Förster, 1869

Olesicampe Förster, 1869. Verhandlungen des Naturhistorischen Vereins der Preussischen Rheinlande und Westfalens, 25(1868): 153. Type-species: *Ichneumon longipes* Müller. Designated by Viereck, 1912.

主要鉴别特征：复眼内缘在近触角窝处凹陷；唇基端缘平截或稍向前隆起，有时稍凹；上颚下缘较强凸出呈脊状，下端齿长于或等长于上端齿；中胸腹板后横脊完整；腹部第 1 节背板通常具基侧凹；并胸腹节中区拉长；产卵器直，长为腹末厚度的 1.0～1.5 倍。

寄主：已知叶蜂类寄主有欧洲赤松叶蜂 *Diprion pini* (L.)、类欧松叶蜂 *D. similis* (Hartig)、欧洲赤松吉松叶蜂 *Gilpinia frutetorum* (Fabricius)、欧洲云杉吉松叶蜂 *G. hercyniae* (Hartig)、北美松吉松叶蜂 *G. pallida* (Klug)、云杉吉松叶蜂 *G. polytoma* (Hartig)、灰腿小松叶蜂 *Microdiprion pallipes* (Fallén)、阿博特新松叶蜂 *Neodiprion abbotii* (Leach)、欧洲新松叶蜂 *N. sertifer* (Geoffroy)、史氏新松叶蜂 *N. swainei* Middleton、红头阿扁叶蜂 *Acantholyda erythrocephala* (L.)、云杉腮扁叶蜂 *Cephalcia abietis* (L.)、落叶松腮扁叶蜂 *C. lariciphila* (Wachtl)、长颊扁叶蜂 *Pamphilius hortorum* (Klug)、栎扁叶蜂 *P. sylvaticus* (L.)、桤木锤角叶蜂 *Cimbex conatus* (Schrank)、柳黄锤角叶蜂 *C. luteus* (L.)、异色棒锤角叶蜂 *Pseudoclavellaria amerinae* (L.)、平顶毛锤角叶蜂 *Trichiosoma lucorum* (L.)、黑胸尖腹叶蜂 *Aglaostigma aucupariae* (Klug)、黄足钝颊叶蜂 *Aglaostigma fulvipes* (Scopoli)、柳伯氏丝角叶蜂 *Nematus bergmanni* Dahlbom、*N. corylus* Cresson、柳黑头丝角叶蜂 *N. melanocephalus* Hartig、柳寡针丝角叶蜂 *N. oligospilus* Förster、普通云杉锉叶蜂 *Pristiphora abietina* (Christ)、杨黄褐锉叶蜂 *P. conjugata* (Dahlbom)、落叶松叶蜂 *P. erichsonii* (Hartig)、红角锉叶蜂 *P. ruficornis* (Olivier) 等 (Hinz, 1961; Quednau and Lim, 1983; Yu et al., 2016)。

迄今为止，全世界已记载的有 133 种，此前我国仅知 4 种（Yu et al.，2016）。这里介绍除蠋姬蜂属寄生于落叶松叶蜂 *Pristiphora erichsonii*、靖远松叶蜂 *Diprion jingyuanensis* Xiao & Zhang、油松吉松叶蜂 *Gilpinia tabulaeformis* Xiao 和北京杨锉叶蜂 *Pristiphora beijingensis* Zhou & Zhang 等之外的种类（包含 4 新种）。由于没有镜检到膝除蠋姬蜂 *O. geniculata* (Uchida, 1932a) 和天山除蠋姬蜂 *O. tianschanica* (Kokujev, 1915) 的标本，下面的检索表中未将其包括在内，它们的鉴定可参考相关文献（Kokujev, 1915; Uchida, 1932）。

中国除蠋姬蜂属已知种检索表

1. 颜面黄色……………………………………………………………黄颜除蠋姬蜂 *O. flavifacies* Kasparyan
   颜面黑色…………………………………………………………………………………………………2
2. 上颚端齿等长；颚眼距约为上颚基部宽的 0.6 倍；侧单眼间距约等长于单复眼间距；小翅室具柄，第 2 回脉在其下方中央处与之相接；腹部第 1 节背板长约为端宽的 2.8 倍；产卵器鞘长约为腹末厚的 0.8 倍………………………………………………黑除蠋姬蜂，新种 *O. melana* Sheng, Li & Sun, sp.n.
   上颚上端齿稍长于下端齿；颚眼距不大于上颚基部宽的 0.5 倍；其他非完全同上述………………3
3. 小脉位于基脉外侧，二者之间的距离约为小脉长的 0.2 倍；颚眼距约为上颚基部宽的 0.3 倍；颜面宽约为长的 1.6 倍；侧单眼间距约为单复眼间距的 1.8 倍；触角鞭节 37 节；腹部第 1 节背板长约为端宽的 2.3 倍…………………………靖远除蠋姬蜂，新种 *O. jingyuanensis* Sheng, Li & Sun, sp.n.
   小脉与基脉对叉或位于基脉稍外侧；颚眼距约为上颚基部宽的 0.5 倍；其他特征非完全同上述…4
4. 侧单眼间距约为单复眼间距的 1.7 倍；第 2 回脉在小翅室下外角处相接；小脉与基脉对叉；触角鞭节 26～27 节；后足跗节第 4 节明显短于第 5 节；腹部第 1 节背板长约为端宽的 2.1 倍…………
   ……………………………………………………杨除蠋姬蜂，新种 *O. populnea* Sheng, Li& Sun, sp.n.
   侧单眼间距明显小于或明显大于单复眼间距(1.3/2.0 倍)；第 2 回脉明显在小翅室下外角内侧相接；其他特征不完全如上述……………………………………………………………………………………5
5. 触角鞭节 29～30 节；第 2 回脉在小翅室下外角内侧约 0.2 处与之相接；腹部第 1 节背板长为端宽的 2.1～2.3 倍……………………………………………………尾除蠋姬蜂 *O. erythropyga* (Holmgren)
   触角鞭节 37～39 节；第 2 回脉在小翅室下外角内侧约 0.4 处与之相接；腹部第 1 节背板长为端宽的 1.8～1.9 倍………………………………白基除蠋姬蜂，新种 *O. albibasalis* Sheng, Li & Sun, sp.n.

(15) 白基除蠋姬蜂，新种 *Olesicampe albibasalis* Sheng, Li & Sun, sp.n.（彩图 5）

♀ 体长 7.0～8.0 mm。前翅长 5.0～6.0 mm。

颜面向下方稍收窄，宽为长的 1.8～1.9 倍，具细革质状表面和稠密的细刻点，端部具弱皱纹。唇基较平，具弱皱纹和稀细的刻点，端缘平截。上颚具稠密的细刻点，下端齿稍短于上端齿。颊区具细革质状表面，颚眼距约为上颚基部宽的 0.5 倍。上颊具稠密的稀刻点，中央稍隆起，向后逐渐收敛。头顶表面细革质状，具稀的细刻点，在单眼区后稍倾斜；单眼区稍抬高，表面较头顶稍粗糙，具弱皱，侧单眼间距约为单复眼间距的 2.0 倍。额向触角窝均匀凹陷，具不规则皱纹和弱中纵脊。触角鞭节 37～39 节，第 1～5 鞭节长度之比依次约为 8.0∶6.0∶5.0∶5.0∶4.0。

前胸背板前缘具稠密的细刻点，侧凹具弱皱和细刻点，后上部具弱细皱和稠密的细刻点。中胸盾片较隆起，具稠密的细刻点和不规则皱纹；小盾片圆形隆起，具均匀稠密的细刻点，后部刻点较粗；后小盾片稍宽，刻点同中胸盾片。中胸侧板刻点较稠密，胸腹侧脊约伸达中胸侧板前缘中央；翅脊下脊下方具不规则皱纹；镜面区小，周围具弱细皱和细密的刻点；中胸侧板凹横沟状。后胸侧板具稠密的细刻点，中下部具不规则皱纹，后胸侧板下缘脊完整。翅透明，小脉与基脉对叉或位于基脉稍外侧；小翅室四边形，第 2 回脉在它的下外角约 0.4 处与之相接；外小脉内斜，在中央处曲折；后小脉直。后足第

1～5 跗节长度之比依次约为 16.0∶7.0∶5.0∶3.0∶4.0。并胸腹节纵脊明显强壮；基区消失，端横脊中段消失，中区和端区合并，具不规则皱纹和较中胸盾片稍粗的刻点；分脊基部存在，端部弱；侧区刻点同中区；外侧区具稠密的细刻点；并胸腹节气门卵圆形，位于基部约 0.2 处。

腹部第 1 节背板具稠密的细刻点，长为端宽的 1.8～1.9 倍；背中脊不明显，中间光滑光亮；气门小，圆形，位于端部约 0.4 处；基侧凹小或仅具痕迹。第 2 节背板长约等于端宽，具稠密的细刻点。第 3 节背板端部及以后各节强度侧扁。产卵器粗壮，端部渐尖，具亚端背缺刻；产卵器鞘长约为腹末厚度的 0.8 倍。

体黑色，下列部分除外：上颚（端齿黑褐色），前足基节端部少许、转节，中足转节，翅基片黄褐色；下颚须，下唇须，前足腿节及以后各节，中足（基节、末跗节黑褐色），后足（基节、转节、胫节大部、跗节黑褐色），腹部第 2 节背板侧端缘、第 3 节背板基部（基部中央黑色）、第 4 节背板侧面基部少许红褐色；触角鞭节，翅痣，翅脉黑褐色。

♂ 体长 7.0～8.0 mm。前翅长 5.0～6.0 mm。触角鞭节 35～38 节。上颚（端齿黑褐色），下颚须，下唇须，前足基节大部、转节，中足转节，触角梗节腹面均为浅黄褐色。

寄主：油松吉松叶蜂 *Gilpinia tabulaeformis* Xiao。

正模 ♀（养），甘肃靖远哈思山，2215 m，2011-Ⅰ-10，李涛。副模：1♀2♂♂（养），甘肃靖远哈思山，2215 m，2010-Ⅵ-09～20，李涛。

词源：本新种名源自后足胫节基部白色。

本新种与黄角除蠋姬蜂 *O. flavicornis* (Thomson, 1887) 相似，可通过下列特征区分：本种上端齿稍长于下端齿；并胸腹节中区和端区的合并区具不规则皱纹；腹部第 2 节背板长约等于端宽。黄角除蠋姬蜂：上颚下端齿明显长于上端齿；并胸腹节中区具 1 中纵脊；腹部第 2 节背板长于端宽。

(16) 尾除蠋姬蜂 *Olesicampe erythropyga* (Holmgren, 1860)

Limneria erythropyga Holmgren, 1860. Kongliga Svenska Vetenskapsakademiens Handlingar, 2(8): 91.

♀ 体长 5.5～7.5 mm。前翅长 4.0～5.5 mm。

体被白色短毛。颜面宽约为长的 2.0 倍，具稠密的细刻点，中央稍隆起。唇基基部平坦，刻点同颜面，端缘平截。上颚基部几乎光滑光亮，具不明显的弱细皱，下端齿稍短于上端齿。颊区具细革质状表面，眼下沟明显，颚眼距约为上颚基部宽的 0.5 倍。上颊呈细革质状表面，刻点不明显，向后均匀收敛。头顶质地同上颊相似，侧单眼间距约为单复眼间距的 1.3 倍。额平坦，刻点较头顶的刻点稍粗，下部具弱皱。触角鞭节 29～30 节，第 1～5 鞭节长度之比依次约为 1.8∶1.3∶1.3∶1.1∶1.0。后头脊完整。

前胸背板侧凹具弱横皱，达前胸背板后缘；后上部具细革质状表面。中胸盾片圆形隆起，呈细革质粒状表面，刻点不明显，无盾纵沟。小盾片稍隆起，质地同中胸盾片，基半部唇基明显。后小盾片具稍粗的粒状表面。中胸侧板质地与中胸盾片相同，腹侧具稀疏的细刻点；胸腹侧脊达中胸侧板高的 0.7 处；镜面区小，光滑光亮。后胸侧板稍隆起，质地和刻点同中胸侧板腹侧；后胸侧板下缘脊完整。翅透明；小脉位于基脉稍外侧；

小翅室四边形，具柄，第 2 肘间横脉明显长于第 1 肘间横脉；第 2 回脉在小翅室下外角约 0.2 处与之相接。足强壮，后足第 1～5 节跗节长度之比依次约为 2.4∶1.2∶0.9∶0.5∶0.5。并胸腹节稍隆起；基区倒梯形，具弱皱；中区六边形，端横脊在中区和端区间消失，中区与端区合并，具稠密的不规则弱横皱；中纵脊、侧纵脊、外侧脊明显；第 1 和第 2 侧区间的基横脊弱或消失，合并的侧区基部稍光滑，端部具弱皱；外侧区具稠密模糊的弱细皱（基横脊外段消失）；气门卵圆形，位于基部约 0.2 处。

腹部第 1 节背板长为端宽的 2.1～2.3 倍，具细革质状表面；基侧凹大，气门小，圆形，位于端部约 0.4 处。第 2 节背板长约等于端宽，表面质地同第 1 节。第 3 节及以后各节背板侧扁。产卵器鞘长约为腹末厚度的 0.8 倍；产卵器直，末端稍上弯，具亚端背凹。

体黑色，下列部分除外：触角柄节腹面，上颚（端齿黑褐色），下颚须，下唇须，前胸背板后上角，翅基片及前翅翅基，前足基节、转节，中足基节大部、转节，后足第 2 转节黄白色；足（后足基节、第 1 转节黑色，胫节端部黑褐色，基跗节基部黄白色，以后各节黑褐色）红褐色；翅痣和翅脉褐色。

♂ 体长约 6.0 mm。前翅长约 4.0 mm。触角鞭节 33 节。体黑色，下列部分除外：上颚（端齿红褐色），下颚须，下唇须，翅基片，翅基，前足（腿节及以后各节浅黄褐色），中足（腿节及以后各节浅黄褐色）黄白色；后足基节黑色，第 1 转节基部黑褐色，第 2 转节、胫节基部、基跗节基部、胫距黄白色，腿节黄褐色，胫节端部、基跗节端部及以后各跗节浅褐色；翅痣，翅脉黑褐色。

寄主：落叶松叶蜂 *Pristihora erichsonii* (Hartig)。国外报道的寄主还包括杨黄褐锉叶蜂 *P. conjugata* (Dahlbom)、深山锉叶蜂 *P. geniculata* (Hartig)、*Nematus pavidus* Serville (Yu et al., 2016)。

分布：中国（吉林、河北）；芬兰，法国，德国，匈牙利，爱尔兰，意大利，荷兰，波兰，俄罗斯，瑞典，英国。

观察标本：2♀♀（从落叶松叶蜂越冬茧养出），河北秦皇岛老岭，1996-Ⅵ-06，盛茂领；7♀♀1♂（从落叶松叶蜂越冬茧养出），吉林延吉帽儿山，400 m，2009-Ⅴ-14～29，李涛。

(17) 黄颜除蠋姬蜂 *Olesicampe flavifacies* Kasparyan, 1976

Olesicampe flavifacies Kasparyan, 1976. Trudy Zoologicheskogo Instituta, 64: 71.

本种是本属所有种类中唯一颜面黄色的种，易与本属其他种区分。

♀ 体长约 7.5 mm。前翅长约 6.0 mm。触角约与前翅等长，鞭节 33 节。后足腿节长约为自身宽的 6.0 倍；跗节长约为胫节的 1.08 倍。

分布：中国（四川）。

(18) 膝除蠋姬蜂 *Olesicampe geniculata* (Uchida, 1932)

Holocremnus geniculata Uchida, 1932. Journal of the Faculty of Agriculture, Hokkaido Imperial University, 33(2): 208.

分布：中国（台湾）。

(19) 靖远除蠋姬蜂，新种 *Olesicampe jingyuanensis* Sheng, Li & Sun, sp.n.（彩图 6）

♀ 体长 7.0～8.0 mm。前翅长 5.0～6.0 mm。

颜面向下方稍收窄，宽约为长的 1.6 倍，呈细革质状表面，具不规则弱皱和稠密的刻点。唇基平坦，具较颜面稀疏的粗刻点，端缘平截。上颚基部呈细革质状表面，下端齿稍短于上端齿。颊区表面细革质状，具弱皱纹，颚眼距约为上颚基部宽的 0.3 倍。上颊光滑光亮，向后方收敛，具稠密的细刻点。头顶具细革质状表面，单眼区刻点稍粗且具弱皱，侧单眼间距约为单复眼间距的 1.8 倍。额质地和刻点同颜面。触角鞭节 37 节，第 1～5 鞭节长度之比依次约为 7.0∶4.5∶4.0∶4.0∶3.0。后头脊完整。

前胸背板侧凹具不规则皱纹和刻点，后上部具稠密的细刻点。中胸盾片稍隆起，具不规则皱纹和稠密的细刻点；小盾片刻点较中胸盾片清晰细密，端下部具弱皱。后小盾片刻点同小盾片。中胸侧板刻点与中胸盾片相近，胸腹侧脊背端约达中胸侧板高的 0.6～0.7 倍；中胸侧板在翅脊下脊下方具明显的细皱纹；镜面区小，周围具弱细皱；中胸侧板凹横沟状。后胸侧板质地同中胸侧板，后胸侧板下缘脊完整。翅透明，小脉位于基脉外侧，二者之间的距离约为小脉长的 0.2 倍。小翅室四边形，具长柄（约为小翅室高的 0.8 倍），第 2 回脉在它的下外角约 0.3 处与之相接；外小脉内斜，约在上方 0.6 处曲折；后小脉直。后足第 1～5 跗节长度之比依次约为 12.0∶6.0∶4.0∶2.5∶3.0。并胸腹节稍隆起；中纵脊在基区处靠拢，合并成一条脊；中区五边形，具横皱，高约为分脊处宽的 1.4 倍，分脊从其基部约 0.3 处伸出；端横脊中段消失，端区斜截，具不规则皱纹；第 1 侧区和外侧区具不规则弱皱及细刻点；第 2 侧区具较第 1 侧区粗糙的表面；并胸腹节气门近圆形，位于基部约 0.1 处。

腹部第 1 节背板光滑光亮，后柄部中央稍凹陷，端部刻点稍稀粗，长约为端宽的 2.3 倍；背侧脊在气门前存在；具基侧凹；气门小，圆形，位于端部约 0.4 处。第 2 节背板长约为端宽的 0.9 倍，具稠密的细刻点；窗疤近圆形，位于基部 0.2～0.3 处；气门小，圆形，位于基部 0.45～0.5 处。第 3 节背板刻点同第 2 节，端部及以后各节背板强烈侧扁。产卵器均匀变细，稍上弯；产卵器鞘长度约等于腹末厚度。

体黑色，下列部分除外：上颚（端齿黑褐色），下颚须，下唇须黄色；前足（基节基部黑褐色；端部少许、转节黄色），触角（鞭节黑褐色）黄褐色；中足（转节黄色），后足（基节黑色，转节黑褐色），腹部第 1 节背板末端少许、第 2 节背板端部（端缘黑色）、第 3 节背板（基部中间黑色）及以后各节红褐色；翅痣，翅脉黑褐色。

寄主：靖远松叶蜂 *Diprion jingyuanensis* Xiao & Zhang。

正模 ♀，甘肃靖远哈思山，2215 m，2010-Ⅵ-14，李涛。副模：2♀♀，甘肃靖远哈思山，2215 m，2010-Ⅵ-13～14，李涛。

词源：本新种名源自模式标本采集地。

本新种与讹除蠋姬蜂 *Olesicampe errans* (Holmgren, 1860) 相似，可通过下列特征与后者区分：本种侧单眼间距约为单复眼间距的 1.8 倍；颜面具细密不清晰的浅刻点；并胸腹节中区较长，长约为最大宽的 1.4 倍；腹部第 2 节背板（除端缘）和第 3 节基部中央黑色；产卵器鞘黄褐色。讹除蠋姬蜂：侧单眼间距约等长于单复眼间距；颜面具较粗糙且不清晰的皱；并胸腹节中区长约等于最大宽；腹部第 2、3 节背板红褐色；产卵器鞘黑色。

(20) 黑除蠋姬蜂，新种 *Olesicampe melana* Sheng, Li & Sun, sp.n.（彩图 7）

♀ 体长 8.0～8.5 mm。前翅长 5.5～6.0 mm。

复眼内缘在触角窝上方稍凹。颜面宽约为长的 1.6 倍，呈细革质粒状表面，具稠密的白色短毛；中央稍隆起。唇基质地同颜面，端缘弧形稍上卷，中央平截。上颚强壮，基部具细革质状表面，上端齿约等长于下端齿。颊区具细革质粒状表面，颚眼距约为上颚基部宽的 0.6 倍。上颊具细革质粒状表面，具均匀稠密的细毛点，向后上方显著收窄。头顶质地同上颊；侧单眼中间区域相对粗糙，具 1 中纵沟；侧单眼间距约等于单复眼间距。额较平，具稠密的细刻点，在触角窝上方微凹。触角鞭节 37～39 节，第 1～5 鞭节长度之比依次约为 12.0∶8.5∶7.5∶7.0∶7.0。后头脊完整。

前胸背板前缘具弱斜皱和细刻点，侧凹具斜皱，后上部具细革质状表面，中央区域刻点相对均匀。中胸盾片均匀隆起，具细革质粒状表面和均匀稠密的细刻点；小盾片圆形隆起，光滑光亮，表面具均匀稠密的细毛点；后小盾片质地同小盾片。中胸侧板具均匀稠密的细刻点，胸腹侧脊弧形弯曲，背端达中胸侧板前缘；镜面区大，光滑光亮，周围具弱细横皱；中胸侧板凹深凹。后胸侧板均匀隆起，质地同中胸侧板，后胸侧板下缘脊完整。足正常，爪栉状，后足第 1～5 跗节长度之比依次约为 25.0∶9.5∶7.0∶4.5∶6.0。翅褐色透明，小脉位于基脉稍外侧；小翅室四边形，具柄，第 2 回脉在它的下方中央处与之相接；外小脉内斜，在中央稍上方曲折；后小脉直，不曲折。并胸腹节均匀隆起，基区小，侧面的纵脊相互靠近；中区长且与端区合并，合并区刻点稍粗，具不规则皱纹；中纵脊显著；并胸腹节气门大，近圆形，位于基部约 0.2 处。

腹部第 1 节背板长约为端宽的 2.8 倍；腹柄光滑光亮，无刻点；后柄部表面细革质状；具基侧凹；气门小，圆形，位于端部约 0.45 处；无背中脊，背侧脊在基侧凹和气门间存在。第 2 节背板长约为端宽的 1.5 倍，表面细革质状，具窗疤。第 3 节及以后背板强度侧扁，表面细革质状，具褐色短毛。产卵器鞘长约为腹末厚度的 0.8 倍。

体黑色，下列部分除外：上颚（端齿黑褐色），下颚须，下唇须，前足（基节、转节黑褐色），中足（基节、转节黑褐色），后足（基节、转节、腿节黑褐色）褐色；触角，爪栉齿，翅脉黑褐色。

寄主：落叶松叶蜂 *Pristiphora erichsonii* (Hartig)。

正模 ♀，黑龙江林口，2003-Ⅶ-13。副模：2♀♀，黑龙江林口，2003-Ⅶ-13，郝德君。

词源：本新种名源于体完全黑色。

本种与除蠋姬蜂 *O. erythropyga* (Holmgren, 1860) 相似，可通过上述检索表予以区分。

(21) 杨除蠋姬蜂，新种 *Olesicampe populnea* Sheng, Li & Sun, sp.n.（彩图 8）

♀ 体长 5.5～6.5 mm。前翅长 4.0～4.5 mm。

复眼内缘在触角窝上方稍凹。颜面宽约为长的 1.9 倍；具细革质粒状表面和稠密的白色短毛，中央均匀隆起；上缘中央具1小瘤突。无唇基沟。唇基稍平，质地同颜面，亚端部稍凹，几乎光滑，端缘平截。上颚较长，光滑光亮，具稀疏的细毛点，下端齿稍短于上端齿。颊区表面细革质粒状，颚眼距约为上颚基部宽的0.5倍。上颊较光滑光亮，具均匀稠密的细毛点和白色短毛，中央稍隆起，向后收窄。头顶在侧单眼后方质地同上颊，侧单眼外侧具细革质粒状表面，单眼区内粒点稍粗；侧单眼间距约为单复眼间距的1.7倍。额具细革质粒状表面，在触角窝上方稍凹。触角鞭节26～27节，第1～5鞭节长度之比依次约为6.0∶5.0∶5.0∶4.0∶4.0。后头脊完整，颊脊与口后脊在上颚基部上方相接。

前胸背板具细革质粒状表面和稠密的细毛点，侧凹具细横皱。中胸盾片均匀隆起，具细革质粒状表面和均匀稠密的细刻点；小盾片质地同中胸盾片，刻点相对稀细；后小盾片横形，质地同小盾片。中胸侧板具细革质粒状表面，中下部稍均匀隆起；胸腹侧脊明显，背端约达中胸侧板高的0.6倍；镜面区大，光滑光亮，无刻点；中胸侧板凹浅沟状；镜面区前面及翅基下脊下方具细斜皱。后胸侧板光滑光亮，具均匀稠密的细毛点，后胸侧板下缘脊完整。足正常，爪栉状，后足第1～5跗节长度之比依次约为18.0∶8.0∶6.0∶4.0∶5.0。翅透明；小脉与基脉对叉；小翅室斜四边形（几乎三角形），第2肘间横脉稍长于第1肘间横脉，第2回脉在其下外角处与之相接；外小脉内斜，约在上方0.4处曲折；后小脉直，不曲折；后盘脉消失。并胸腹节圆形隆起，具细革质粒状表面和稠密的细刻点；中纵脊明显，中区和端区合并，合并区具稠密的细刻点和细横皱；气门卵圆形，位于基部约0.2处。

腹部第1节背板长约为端宽的2.1倍，背板中央光滑光亮、几乎无刻点，其他区域表面细革质粒状；背侧脊在气门前存在，腹侧脊完整；具基侧凹；气门小，圆形，位于端部约0.3处。第2节背板长约为端宽的0.8倍，表面细革质粒状，具稀疏的细刻点，窗疤小，圆形。第3节背板长约为基部宽的0.8倍，质地同第2节背板。第4节及以后各节背板侧扁，具均匀稀疏的细毛点和褐色短毛。产卵器鞘长约为腹末厚度的0.8倍，约为后足胫节长的0.6倍；产卵器稍粗，末端尖，稍上弯，具明显的亚端背凹。

体黑色，下列部分除外：上颚（亚端部红褐色，端齿黑褐色），下颚须，下唇须，翅基片，翅基黄白色；前足（基节、转节黄白色），中足（基节、转节黄白色），后足（转节黄褐色；胫节端缘、第1～2跗节端缘、末跗节少许暗褐色），腹部第1节背板端部、第2节背板亚端部、第3节背板亚端部及侧面、第4～7节背板侧面红褐色；触角柄节腹面褐色；鞭节，翅痣，翅脉，爪暗褐色。

寄主：北京杨锉叶蜂 *Pristiphora beijingensis* Zhou & Zhang。

正模 ♀，辽宁沈阳，2012-Ⅸ-23，李涛。副模：2♀♀，记录同正模。

词源：新种名源于寄主植物名。

本新种与尾除蠋姬蜂 *O. erythropyga* (Holmgren, 1860) 近似，可通过下列特征区分：本种颜面具弱而不明显的短毛；第2回脉在小翅室的下外角相接；后足跗节第4节为第5节长的0.8倍。尾除蠋姬蜂：颜面具非常稠密的灰白色毛；第2回脉明显在小翅室下外角内侧与之相接；后足跗节第4节与第5节等长。

(22) 天山除蠋姬蜂 *Olesicampe tianschanica* (Kokujev, 1915)

Anilastus tianschanica Kokujev, 1915. Annales du Musée Zoologique. Académie Imperiale des Sciences, 19: 546.

分布：中国（新疆、青海）。

四、分距姬蜂亚科 Cremastinae

主要鉴别特征：胫距和跗节着生于不同的膜质区，二者间由骨化的几丁质片分隔；并胸腹节分区完整，或几乎完整；腹部中等至强度侧扁（部分种类除外），第 2 节背板具纵皱。

该亚科含 36 属，我国已知 5 属。中国已知属检索表可参考相关著作（盛茂领和孙淑萍，2010）。

11. 离缘姬蜂属 *Trathala* Cameron, 1899

Trathala Cameron, 1899. Memoirs and Proceedings of the Manchester Literary and Philosophical Society, 43(3):122. Type-species: *Trathala striata* Cameron; monobasic.

主要鉴别特征：上颚向端部渐尖；小盾片具侧脊，该脊有时完整；无小翅室；翅痣宽；腹部强烈侧扁；第 1 节背板侧边（腹缘）在柄部处平行，不接触；雄性腹部第 3 节背板具褶缝；雄性生殖器的阳茎基侧突简单，无背基突。

全世界已知 102 种，中国已知 3 种。我国的已知种检索表请参考何俊华等（1996）和盛茂领等（2013）的著作。

(23) 黄眶离缘姬蜂 *Trathala flavoorbitalis* (Cameron, 1907)

Trathala flavo-orbitalis Cameron, 1907. Journal of the Bombay Natural History Society, 17: 589.

寄主：已记录的寄主达 80 多种，叶蜂类寄主为杨扁角叶蜂 *Stauronematus platycerus* (Hartig) 等。

分布：中国（辽宁、江西、河南、河北、陕西、北京、天津、吉林、安徽、上海、江苏、浙江、福建、广东、香港、广西、云南、贵州、湖北、湖南、四川、台湾）；俄罗斯，美国，东南亚等。

观察标本：4♂♂，江西全南，2008-Ⅶ-18～Ⅸ-10，集虫网；1♀，江西吉安天河林场，2008-Ⅷ-30，集虫网；2♂♂，江西全南，2010-Ⅴ-31～Ⅶ-07，集虫网；1♂，江西安福，180～230 m，2010-Ⅶ-04，集虫网；2♀♀，江西全南，2010-Ⅹ-07，集虫网；1♀，江西安福，180～200 m，2010-Ⅺ-01，集虫网；3♀♀1♂（由杨扁角叶蜂老熟幼虫化蛹并羽化），河南三门峡，2009-Ⅸ-10～11，张改香；1♀，北京怀柔喇叭沟门，2011-Ⅶ-23，田斌；4♀♀（自桃蛀螟老熟幼虫化蛹并羽化），江西资溪马头山，2017-Ⅳ-24～Ⅴ-09，李涛。

五、秘姬蜂亚科 Cryptinae

主要鉴别特征：前翅长 2.0～27.0 mm；唇基和颜面由唇基沟分隔；唇基明显隆起，端缘圆形；上颚下端齿等长于上端齿，有时或短或长；腹板侧沟长度通常长于中胸侧板长度的 1/2；爪简单；并胸腹节中区小，后部无齿；腹部第 1 节背板无基侧凹；第 2 节背板通常具窗疤；产卵器常伸出腹末，无背凹。

该亚科含 3 族，我国均有分布。分族检索表可参考相关著作（Kasparyan and Khalaim, 2007；Townes, 1970a；何俊华等, 1996；盛茂领等, 2013；赵修复, 1976）。

（一）秘姬蜂族 Cryptini

本族含 16 亚族 2743 种（Yu et al.，2016），一些种类是叶蜂的重要天敌。

田猎姬蜂亚族 Agrothereutina

主要鉴别特征：前翅长 2.8～11.0 mm（田猎姬蜂属 *Agrothereutes* 部分雌虫无翅或短翅）；唇基端缘平截或稍隆起，具中齿或无；上颚短，下端齿等长或稍短于上端齿；盾纵沟（有时缺）短或中等长，有时伸达中胸盾片中部之后；腹板侧沟长度短于中胸侧板长度的 1/2；并胸腹节端横脊完整或中部中断，具弱至强侧突或齿；并胸腹节气门圆形或椭圆形；肘间横脉平行或稍收窄；后中脉弱至强烈拱起；后小脉在中部下方曲折，有时在上部曲折；产卵器鞘为后足胫节长的 0.35～3.8 倍；产卵器稍侧扁或亚圆筒形，通常具背结。

12. 田猎姬蜂属 *Agrothereutes* Förster, 1850

Agrothereutes Förster, 1850. Archiv für Naturgeschichte, 16(1): 71. Type-species: *Ichneumon abbreviates* Gravenhorst.

主要鉴别特征：唇基中等大小，适度至强烈隆起；盾纵沟明显，伸达中胸盾片中部之后；小翅室大，高约为第 2 回脉长的 0.5 倍，五边形，肘间横脉平行或几乎平行；后中脉强烈拱起；并胸腹节基横脊完整或中部弱；并胸腹节气门圆形或椭圆形；腹部第 1 节背板基部具强壮基侧齿，气门位于背板中部之后；第 7 节背板通常具白斑；产卵器鞘约等长于后足胫节长；产卵器直。

全世界已知 40 种，我国已知 5 种。本文介绍 4 种，其中 1 新种。

田猎姬蜂属中国已知种检索表

1. 雌性前翅退化，仅具翅根，端部通常不超过并胸腹节末端；触角黑色，基部红褐色，近中部背面白色；腹部第 1 节端部、第 2～3 节部分红至红褐色 ……… 短翅田猎姬蜂 *A. abbreviatus* (Fabricius)

雌性前翅正常，向后远超过并胸腹节末端；其他特征非完全同上述……………………………………2

2. 腹部第 1 节背板大部分，第 2～3 节背板红色或红褐色 ………………………………………………3

腹部背板黑色，或仅背板后缘的狭边红色…………………………………………………………………4

3. 并胸腹节端横脊完整；前翅残脉粗且长；并胸腹节气门较大，长椭圆形；第 2 节背板约方形，长约等于端宽……………………………………………………………………枝田猎姬蜂 *A. ramuli* (Uchida)

并胸腹节端横脊仅侧突处存在；前翅无残脉；并胸腹节气门小，圆形；第 2 节背板梯形，长约为端宽的 0.7 倍……………………………… 叶蜂田猎姬蜂，新种 *A. aprocerius* Sheng, Li & Sun, sp.n.

4. 颚眼距约为上颚基部宽的 1.1 倍；触角鞭节 24 节（♀）27 节（♂）；镜面区光滑无皱；后足跗节黑褐色，各节基部近白色………………………………………… 大田猎姬蜂 *A. macroincubitor* (Uchida)

颚眼距约为上颚基部宽的 0.6 倍(最大不超过 1.0 倍)；触角鞭节 30～33 节；镜面区具皱；后足跗节第 2～4 节白色 ……………………………………………… 黄杨斑蛾田猎姬蜂 *A. minousubae* Nakanishi

(24) 短翅田猎姬蜂 *Agrothereutes abbreviatus* (Fabricius, 1794)

Ichneumon abbreviatus Fabricius, 1794. Entomologia systematica emendata et aucta adjectis synonymis, locis observationibus, descriptionibus, 4: 456.

♀ 体长 4.5～5.0 mm。

颜面宽为长的 1.8～1.9 倍，粗糙，中央稍隆起。唇基光滑，具稀刻点和长毛。上颚自基部向端部强烈变狭；下端齿约等长于上端齿。颊区具革质粒状表面。颚眼距为上颚基部宽的 1.1～1.2 倍。上颊向后均匀收敛，无明显的刻点。头顶具与上颊相似的表面。侧单眼间距约为单复眼间距的 0.7 倍。额具与头顶相似的质地。触角粗短；鞭节 17 节，基部较细，第 1 节长为端部直径的 2.5～2.7 倍，约等长于第 2 节。后头脊完整，强壮。

前胸背板侧面具稠密的斜皱；前沟缘脊短。中胸盾片具非常细且不清晰的皱。中胸侧板短，具不明显的斜纹或无斜纹；胸腹侧脊背端伸达翅基下脊；镜面区小；腹板侧沟抵达中足基节。中胸腹板后横脊完整，强壮。小盾片小，具几个不清晰的刻点。后胸侧板具不清晰的斜纹。翅退化为极短的小翅根。并胸腹节较强大，几乎与中胸等长；具端横脊和弱的外侧脊；中央具一向后变宽（抵达端横脊）的短纵沟；前部无刻点，稍粗糙；后部（端横脊之后）具弱且不清晰的横皱（上部）和斜皱（下部）；气门小且圆形。

腹部第 1～2 节背板具稠密的细纵皱，其余背板具稀且细的刻点。第 1 节背板长为端部宽的 1.3～1.4 倍，弓形拱起，背中脊和背侧脊仅基部存在，腹侧脊完整；气门小，位于中部之后。产卵器鞘约为后足胫节长的 0.85 倍，侧扁，背结上具 1 小缺刻。

体为黑、褐、红褐三色。头，前胸侧板边缘，中、后胸腹面，第 1 节背板基部，第 2 节背板端半部，第 3 节背板大部分，第 4～5 节背板均为黑色。触角端半部、下颚须、下唇须褐黑色。触角基半部和足褐色（后足颜色较深）。第 1 节背板端部、第 2 节基部、第 3 节基部的狭边红褐色。胸部红褐色或暗红褐色。

寄主：伊藤厚丝叶蜂 *Pachynematus itoi* Okutani、落叶松叶蜂 *Pristiphora erichsonii* (Hartig)。

分布：中国（辽宁、吉林）；朝鲜，俄罗斯，阿塞拜疆，拉脱维亚，比利时，芬兰，法国，德国，英国，爱尔兰，匈牙利，奥地利，挪威，荷兰，波兰，瑞典，保加利亚，捷克，斯洛伐克，土耳其，罗马尼亚，西班牙。

观察标本：1♀，辽宁本溪，1997-Ⅷ-20，盛茂领；3♀♀（由伊藤厚丝叶蜂茧羽化），辽宁本溪，1998-Ⅲ-31～Ⅳ-06，盛茂领；2♀♀（由伊藤厚丝叶蜂茧羽化），辽宁本溪，1998-Ⅴ-18～Ⅵ-18，盛茂领。

(25) 叶蜂田猎姬蜂，新种 *Agrothereutes aprocerius* Sheng, Li & Sun, sp.n.（彩图 9）

♀ 体长 5.0～6.0 mm。前翅长 4.5～5.0 mm。

颜面呈细革质粒状表面，宽约为长的 1.5 倍；中央稍隆起，刻点相对较大。唇基中部横形隆起；基部刻点同颜面，端部光滑光亮、无刻点；端缘稍平。上颚强壮，基部具稠密的细刻点和弱横皱，端齿几乎等长。颊区表面细革质粒状，颚眼距约为上颚基部宽的 0.5 倍。上颊光滑光亮，表面细革质状，向后均匀收敛。头顶刻点同上颊，在侧单眼后斜截；侧单眼间距约等长于单复眼间距。额呈细革质状表面，上部具不规则短皱；触角窝上方稍凹，具明显横皱。触角柄节末端斜截，鞭节 25 节，第 1～5 节长度之比依次约为 12.0∶10.0∶9.0∶6.0∶4.0。后头脊完整。

前胸背板前缘具弱纵皱，侧凹内具短横皱，后上部具稠密的细刻点和不规则短皱。中胸盾片稍隆起，具均匀稠密的细刻点，盾纵沟达中胸盾片中央稍后；小盾片圆形隆起，具较中胸盾片稀的细刻点；后小盾片横形，光滑光亮。中胸侧板稍平，具不规则皱纹（下方具清晰横皱）；胸腹侧脊明显，背端约达中胸侧板高的 0.7 倍；腹板侧沟前部明显。后胸侧板均匀隆起，刻点及皱同中胸侧板。翅淡褐色透明；小脉与基脉对叉；小翅室五边形，肘间横脉向上略收窄，第 2 回脉在其下方中央与之相接；外小脉内斜，在下方约 0.4 处曲折；后中脉强烈弓曲，后小脉在下方约 0.2 处曲折。足正常，后足第 1～5 跗节长度之比依次约为 21.0∶9.0∶6.0∶3.0∶6.0。并胸腹节稍隆起，刻点及皱同中胸侧板；脊弱至消失；并胸腹节侧突明显；气门小，圆形，位于基部约 0.2 处。

腹部纺锤形。第 1 节背板具细革质粒状表面，长约为端宽的 0.6 倍；气门小，圆形，位于端部约 0.4 处；背中脊完整，略平行，伸抵气门后；背侧脊在气门前不明显，腹侧脊完整。第 2 节背板梯形，长约为端宽的 0.7 倍，刻点同第 1 节背板。第 3 节及以后各节背板刻点同前。产卵器鞘长约为后足胫节的 0.8 倍；产卵器直，粗壮，具背结，腹瓣亚端部具 6 条脊。

体黑色，下列部分除外：触角（第 5 节端部、第 6～8 节、第 9 节基部少许白色），下颚须，下唇须，翅痣，翅脉黑褐色；前足（基节、转节、腿节基部少许黑褐色），中足（基节、转节、腿节背面大部黑褐色），后足（第 1 转节、第 2 转节基部、腿节端部、胫节背面和端部、跗节黑褐色），腹部第 1～3 节背板黄褐色稍带红色；腹部第 7 节背板斑纹白色。

寄主：斑背近脉三节叶蜂 *Aproceros maculatus* Wei。

正模 ♀，河北丰宁，2010-Ⅷ-23，李涛。副模：1♀，记录同正模。

词源：本新种名源自其寄主属名。

本新种与大田猎姬蜂 *A. macroincubitor* (Uchida) 相似，可通过上述检索表区分。

(26) 大田猎姬蜂 *Agrothereutes macroincubitor* (Uchida, 1931)

Spilocryptus macroincubitor Uchida, 1931. Chosen Ringyo Shikenjo Hokoku, p.26, 52.

♀ 体长约 8.0 mm。前翅长约 6.5 mm。

颜面具稠密的细刻点。唇基具稀刻点，端缘隆起。上颚端齿约等长。颚眼距约为上颚基部宽的 1.1 倍。上颊向后收敛，具稀的细刻点。额具稠密的刻点；触角端半部稍粗，鞭节 24 节。中胸盾片具稠密的刻点；小盾片具细刻点，基部具侧脊；中胸侧板和后胸侧板具稠密的皱。并胸腹节具稠密不规则的皱，基横脊存在；气门小，近圆形。翅中部微弱变暗；小脉约与基脉对叉；小翅室五边形，肘间横脉平行；后小脉在中央下方约 0.3 处曲折。腹部第 1 节背板光滑，后柄部横形。第 2 节、第 3 节背板具刻点。产卵器鞘约与后足胫节等长。

体黑色，下列部分除外：触角鞭节第 5～9 节背面、中后足胫节基部、腹部第 7 节背面的大斑白色；前中足前侧及所有腿节的基部红褐色；后足跗节黑褐色，各节基部近白色；腹部第 2 节、第 3 节背板后缘的狭边带红色；翅痣暗褐色。

♂ 体长 7.0～7.5 mm；前翅长 5.0～5.5 mm。触角鞭节 27 节。

寄主：落叶松叶蜂 *Pristiphora erichsonii* (Hartig)、伊藤厚丝叶蜂 *Pachynematus itoi* Okutani。

分布：中国（辽宁）；朝鲜。

观察标本：1♀2♂♂（由伊藤厚丝叶蜂茧羽化），辽宁本溪，1998-Ⅳ-01～Ⅴ-09，盛茂领。

(27) 枝田猎姬蜂 *Agrothereutes ramuli* (Uchida, 1935)

Spilocryptus ramuli Uchida, 1935. Insects of Jehol (VII), Family Ichneumonidae, p.2, 8.

Agrothereutes ramuli (Uchida, 1935). Sheng & Sun, 2014: 96.

分布：中国（辽宁）。

秘姬蜂亚族 Cryptina

该亚族含 20 属 380 多种，我国已知 6 属 30 种。一些种类是叶蜂类的重要寄生天敌，很多寄生叶蜂的种类尚待进一步研究。这里介绍 1 属。

13. 锥唇姬蜂属 *Caenocryptus* Thomson, 1873

Caenocryptus Thomson, 1873. Opuscula Entomologica. Lund, 5: 494. Type-species: *Cryptus rufiventris* Gravenhorst, Thomson. Designated by Viereck,1914.

主要鉴别特征：唇基小，强烈隆起；盾纵沟深凹，后端超过中胸盾片中部；并胸腹节气门圆形或椭圆形；腹部第1节背板无基侧齿，背中脊伸达气门之后；产卵器鞘长为后足胫节的0.6～1.8倍。

寄主：已知的叶蜂类寄主有云杉吉松叶蜂 *Gilipinia polytoma* (Hartig)、铁杉新松叶蜂 *Neodiprion tsugae* Middleton 等。

全世界已知19种（Yu et al., 2016），我国已知4种（含1新种）。

锥唇姬蜂属中国已知种检索表

1. 产卵器鞘长约为后足胫节长的0.9倍；颜面中央“T”形斑纹黄色；后足基跗节端部、第2～4跗节白色……纹锥唇姬蜂 *C. striatus* Jonathan
   不完全如上述，产卵器鞘更短（小于0.7倍）或更长（大于1.1倍）；颜面黑色或侧缘黄色，无黄色“T”形中斑或后足第2～4跗节非白色……2
2. 侧单眼间距为单复眼间距的2.0～2.1倍；产卵器鞘约为后足胫节长的1.7倍；产卵器端部有些向上弯……柳锥唇姬蜂 *C. salicius* Sheng, Wang & Shi
   侧单眼间距为单复眼间距的1.5倍或1.6～1.8倍；产卵器鞘为后足胫节长的1.1～1.2倍或0.6~0.7倍……3
3. 并胸腹节端横脊中段（侧突之间）缺；产卵器端部粗壮，突然强度变尖；中后足、中胸侧板、并胸腹节、腹部背板完全黑色……威宁锥唇姬蜂，新种 *C. weiningicus* Sheng, Li & Sun, sp.n.
   并胸腹节端横脊中段（侧突之间）存在且强壮；产卵器端部呈矛状，逐渐向端部变尖；中后足、中胸侧板、并胸腹节、腹部背板均具浅黄色大斑……白斑锥唇姬蜂 *C. albimaculatus* Sheng, Wang & Shi

(28) 白斑锥唇姬蜂 *Caenocryptus albimaculatus* Sheng, Wang & Shi, 1998

Caenocryptus albimaculatus Sheng, Wang & Shi, 1998. Acta Zootaxonomica Sinica, 23(1): 53.

♀ 体长6.5～8.0 mm。前翅长5.0～6.0 mm。

头具革状质地。颜面宽约为长的2.0倍，具稠密的灰白色毛。唇基强烈凸起，前缘稍向前突。上颚两端齿等长。颚眼距约等于上颚基部宽。额具弱中纵沟。侧单眼间距约为单复眼间距的1.5倍。触角鞭节24～26节。

前胸背板侧凹具稠密的横皱；具前沟缘脊。中胸侧板中部粗糙，镜面区光亮；腹板侧沟深，几乎抵达中足基节。中胸腹板具清晰的细刻点。并胸腹节具强壮横脊，两横脊之间具粗纵皱；端部具不规则的皱。前翅小脉与基脉对叉或位于基脉稍内侧；小翅室向前稍收敛。后小脉在下方约0.3处曲折。

腹部背板具革状质地；第1节背板长为端宽的1.7～1.8倍；气门非常小，圆形。产卵器鞘为后足胫节长的1。1～1.2倍。

体黑色，下列部分除外：触角鞭节第(5)6～9节背面，眼眶，唇基中央，下唇须，下颚须，前胸背板背面中央、前缘中央及后上缘，中胸盾片中央的斑，中后胸侧板的大斑，小盾片的斑，后小盾片的斑，翅基下脊，并胸腹节中央的大斑，基节的斑，腹部各背板后缘均为黄白色；前足（基节除外）、中后足腿节、后足跗节各小节基部褐色；中后足胫节及跗节深褐色；翅痣和翅脉黑褐色。

♂ 体长约 6.0 mm。前翅长约 4.5 mm。触角鞭节 24 节，无白环。颜面、唇基、中胸侧板下方的斑和后胸侧板上方的斑近白色。

分布：中国（辽宁）。

观察标本：1♀（正模）5♀♀1♂，辽宁沈阳，1992-Ⅵ-22，盛茂领。

(29) 柳锥唇姬蜂 *Caenocryptus salicius* Sheng, Wang & Shi, 1998

Caenocryptus salicius Sheng, Wang & Shi, 1998. Acta Zootaxonomica Sinica, 23(1): 52.

寄主：柳树。

分布：中国（辽宁、山西）。

观察标本：1♀（正模），辽宁沈阳，1993-Ⅵ-19，盛茂领；3♀♀5♂♂（副模），山西太原，1994-Ⅵ-06～19，盛茂领。

(30) 纹锥唇姬蜂 *Caenocryptus striatus* Jonathan, 1999

Caenocryptus striatus Jonathan, 1999. Records of the Zoological Survey of India, 97(2): 8.

分布：中国（台湾）；印度。

(31) 威宁锥唇姬蜂，新种 *Caenocryptus weiningicus* Sheng, Li & Sun, sp.n.（彩图 10）

♀ 体长 8.0～9.0 mm。前翅长 6.5～7.0 mm。

颜面宽为长的 1.7～1.8 倍，具细革质粒状表面；中央隆起，具稠密的细刻点。唇基中央横形隆起，基部具稠密的刻点，端部光滑具弱皱，端缘平截；宽为长的 1.8～2.0 倍。上颚基部具稠密的细刻点和弱皱，上端齿稍长于下端齿。颊区呈细革质粒状表面，颚眼距约等长于上颚基部宽。上颊具均匀稠密的细刻点，中央稍隆起，向后均匀收敛。头顶具细革质粒状表面，侧单眼间距为单复眼间距的 1.6～1.8 倍。额质地同头顶，具明显的中纵沟，触角窝上方具弱横皱和稀疏的刻点。触角柄节端部斜截，鞭节 30 节，第 1～5 鞭节长度之比依次约为 16.0∶14.0∶13.0∶9.0∶6.5。后头脊完整，颊脊与口后脊在上颚基部上方相接。

前胸背板前缘具弱皱，侧凹具细横皱，后上部具稠密的细刻点；前沟缘脊强壮。中胸盾片均匀隆起，具细革质粒状表面和稠密的细刻点；盾纵沟明显，其长超过中胸盾片长度的 1/2；小盾片具稠密的细刻点；后小盾片横形，光滑，几乎无刻点。中胸侧板稍平，具稠密的细刻点和不规则短皱；胸腹侧脊背端约达中胸侧板高的 0.6 倍；镜面区小，周围刻点稀疏；腹板侧沟几乎达中足基节，末端位于中胸侧板下后角的下方。后胸侧板稍隆起，刻点同中胸侧板；后胸侧板下缘脊完整。足正常；后足第 1～5 跗节长度之比依次约为 20.0∶10.0∶6.0∶3.0∶6.0。翅浅褐色透明，小脉与基脉对叉；小翅室五边形，2 肘间横脉明显向上收敛，第 1 肘间横脉稍长于第 2 肘间横脉；第 2 回脉在其下方中央处与之相接；外小脉内斜，在下方约 0.4 处曲折；后小脉在下方约 0.3 处曲折。并胸腹节具稠密的细刻点，基区倒梯形，基横脊明显，端横脊缺失；端区向后明显倾斜，具粗刻点和不规则皱；并胸腹节气门圆形，位于基部约 0.2 处。

腹部具细革质粒状表面和稠密的细刻点；第 1 节背板长为端宽的 1.7～1.8 倍；背中脊平行，伸抵气门后；背侧脊、腹侧脊完整；气门小，圆形，位于端部约 0.4 处。腹部第 2 节背板长为端宽的 0.6～0.7 倍，第 3 节背板长为端宽的 0.5～0.6 倍。产卵器粗壮，直，侧扁，背瓣末端钝尖，腹瓣具清晰的齿；产卵器鞘为后足胫节长的 0.6～0.7 倍。

体黑色，下列部分除外：复眼周围眼眶，前胸背板前缘的条斑，前胸背板后上缘的条斑，翅基，触角鞭节第 6～8 节、第 9 节基半部的背面，小盾片中央的斑纹（个别种无）黄白色；前中足胫节和跗节、后足跗节、翅痣、翅脉黑褐色。

♂ 体长 7.0～8.0 mm。前翅长约 6.0 mm。触角鞭节 29 节。体黑色，下列部分除外：颜面，上唇，唇基，上颚（端齿黑褐色），下颚须，下唇须，额眼眶，头顶眼眶，颊区，上颊的大斑，触角柄节腹面，前胸背板前缘、上缘及后上角，翅基片，翅基，翅基下脊，前胸侧板的斑，中胸盾片中央小斑，小盾片，并胸腹节弯月形斑，腹部第 1 节背板端部斑纹黄白色；前足基节、转节黄白色，腿节背面黑褐色、腹面黄褐色，胫节、第 1～2 跗节褐色，第 3～5 跗节黑褐色；中足基节、转节黄白色，腿节腹面黄褐色，背面黑褐色；后足基节背面斑纹、第 2 转节腹面黄白色。

寄主：会泽新松叶蜂 *Neodiprion huizeensis* Xiao & Zhou。

正模 ♀（养），贵州威宁，2012-Ⅱ-24，盛茂领。副模：1♂（养），贵州威宁，2012-Ⅱ-20，李涛；3♀♀1♂（养），贵州威宁，2013-Ⅱ-03～08，李涛。

词源：本新种名源自模式标本采集地。

本新种与白斑锥唇姬蜂 *C. albimaculatus* Sheng, Wang & Shi, 1998 相近，可通过上述检索表区分。

驼姬蜂亚族 Goryphina

该亚族含41属530多种；我国已知15属48种。已知寄主110多种（Yu et al.，2016）。这里介绍1属。

14. 驼姬蜂属 *Goryphus* Holmgren,1868

Goryphus Holmgren,1868. Kongliga Svenska Fregatten Eugenies Resa omkring jorden. Zoologi, 6: 398.
Type-species: *Goryphus basilaris* Holmgren. Designated by Viereck, 1914.

主要鉴别特征：额具中纵脊；上颚上端齿稍长或等长于下端齿；前沟缘脊强壮；腹板侧沟伸抵中足基节；并胸腹节基横脊完整，具明显的侧突；小翅室较大，高约为第 2 回脉上段（弱点至小翅室）的 0.5 倍；第 2 回脉约垂直；后中脉稍拱起；后小脉在下方 0.3 处曲折；腹部第 1 节背板具基侧齿，长未达端宽的 2.0 倍；产卵器鞘几乎与前翅等长，产卵器具背结。

该属全世界已知 118 种，此前我国已知 15 种。本文介绍已知寄生叶蜂的种类，其中含 2 新种。

中国寄生叶蜂类的驼姬蜂属已知种检索表

1. 前翅具深色大斑；中胸侧板、中胸腹板、后胸侧板和并胸腹节红色……………………………………………………………………………………………横带驼姬蜂 *G. basilaris* Holmgren
   前翅无深色大斑；胸部黑色……………………………………………………………………………2
2. 小翅室宽大于高；后小脉在下方 0.2 处曲折；并胸腹节侧突非常弱，仅具痕迹；触角鞭节第 1～2 节褐色；后足基节、转节、腿节基半部红褐色，端半部和胫节黑色，胫节基部白色………………………………………………………………………叶蜂驼姬蜂，新种 *G. pristiphorae* Sheng, Li & Sun, sp.n.
   小翅室高稍大于或几乎等于宽；后小脉在下方 0.35 处曲折；并胸腹节侧突明显，扁片状隆起；触角鞭节第 1～2 节黑色；后足基节和转节黑色，腿节和胫节红褐色，仅顶端稍带褐黑色…………………………………………………………………威宁驼姬蜂，新种 *G. weiningicus* Sheng, Li & Sun, sp.n.

(32) 横带驼姬蜂 *Goryphus basilaris* Holmgren, 1868

Goryphus basilaris Holmgren, 1868. Kongliga Svenska Fregatten Eugenies Resa, 2: 398.

♀ 体长 7.0～12.0 mm。前翅长 6.0～8.0 mm。产卵器鞘长 2.0～2.5 mm。

颜面中央具稠密不清晰的细皱。唇基隆起，亚端缘稍凹。上颚上端齿约等长于下端齿。颚眼距为上颚基部宽的 0.75～0.8 倍。上颊后部明显向后收敛。侧单眼间距为单复眼间距的 0.6～0.75 倍。额下半部凹内具细横皱和细中纵脊；上半部具稠密的细纵皱。触角鞭节 23～27 节。后头脊完整。

前胸背板下部及后部具稠密的纵皱；上部具稠密的粗横皱；后上角处具稠密的短横皱；前沟缘脊强壮。中胸盾片具稠密不清晰的细刻点；后部中央具网状皱。盾前沟内具纵皱。中胸侧板具稠密不规则的细皱；胸腹侧脊背端伸达翅基下脊；镜面区具浅细刻点。后胸侧板具稠密的网状皱。前翅小脉明显位于基脉内侧；第 2 回脉在小翅室下方中央稍外侧与之相接；后小脉在中央稍下方曲折。前足胫节端部膨大，基部呈细柄状。并胸腹节具稠密不规则的皱；中纵脊仅基部明显；侧突宽扁；气门椭圆形。

腹部第 1 节背板长约为端宽的 1.5 倍；背中脊约伸达端部 0.2 处；气门隆起，圆形。第 2 节背板长约为端宽的 0.8 倍；以后的背板横形。产卵器鞘长为后足胫节长的 0.7～0.8 倍。

体黑色，下列部分除外：触角鞭节第 6（7）～9 节背面白色；下唇须和下颚须暗褐至黑褐色；小盾片，中胸侧板和中胸腹板大部分，后胸侧板，并胸腹节及腹部第 1 节背板均为红色。前足基节和转节黑色，胫节前侧黄色；中足胫节和跗节背侧黑褐色；后足胫节和跗节背侧黑色，第（2）3 跗节白色；腹部第 1～2 节背板端部和第 7～8 节背板中央黄白色；翅痣下方具深色大斑。

♂ 体长 11.0～12.0 mm。前翅长 8.0～8.5 mm。触角鞭节 33～34 节，无白环。

寄主：已知寄主 29 种，其中叶蜂为马尾松吉松叶蜂 *Gilpinia massoniana* Xiao。

分布：中国（陕西、四川、河南、安徽、湖北、湖南、江西、江苏、浙江、福建、广东、广西、贵州、香港、海南、台湾等）；印度，缅甸，印度尼西亚，马来西亚，日本。

观察标本：1♀，江西弋阳，1977-Ⅵ，匡海源；1♀，江西永修，1980-Ⅴ-29；1♂，江西全南内山，2008-Ⅳ-15，集虫网；1♂，江西全南，700 m，2008-Ⅷ-31，集虫网；4♀♀，江西全南，320～335 m，2009-Ⅳ-14～Ⅴ-20，集虫网；4♀♀，江西九连山，580～680 m，2011-Ⅳ-12～14，盛茂领、孙淑萍；2♀♀3♂♂，江西资溪马头山，290 m，2017-Ⅳ-10～Ⅴ-17，李涛。

(33) 叶蜂驼姬蜂，新种 *Goryphus pristiphorae* Sheng, Li & Sun, sp.n.（彩图 11）

♀ 体长约 8.0 mm。前翅长约 6.0 mm。

复眼内缘几乎平行。颜面宽约为中线处长的 2.2 倍，具细革质粒状表面，中央均匀稍隆起，隆起处具稍清晰的细刻点；侧面下部具不清晰的细刻点；上缘中部（在触角窝之间）稍隆起呈脊状，中央凹。唇基宽约为长的 1.6 倍，均匀凸起，光滑光亮，基部具稀疏的细刻点；亚端部稍横形隆起；端缘中部平截。颊区具细革质粒状表面，颚眼距约为上颚基部宽的 1.2 倍。上颚基部粗糙，具不规则且不清晰的网状皱，上端齿稍长于下端齿。上颊前部具细革质状表面，后部光亮，具细刻点；后部明显向后内侧收窄。头顶较短，具模糊的细革质粒状表面，沿侧单眼后缘强烈向下（几乎陡直）斜截；侧单眼间距约为单复眼间距的 0.9 倍。额上半部具与头顶相似的质地；中部具横皱；下部在触角窝上方深凹，光亮无刻点。触角匀称，鞭节 24 节，第 1～5 鞭节长度之比依次约为 12.0∶11.0∶8.0∶6.0∶5.0。后头脊完整，颊脊与口后脊在上颚基部上方相接。

前胸背板前缘具稠密的细刻点；侧凹具清晰的斜纵皱，下部皱达后缘；后上部具不规则细皱；前沟缘脊强壮。中胸盾片稍均匀隆起，中叶具稠密的粗刻点且中央相对较粗，侧叶具稠密的细刻点；盾纵沟明显，超过中胸盾片长度的 1/2。盾前沟宽阔，具细纵皱。小盾片均匀稍隆起，具均匀稠密的细刻点。后小盾片横形隆起，光滑光亮，具稀疏的细点。中胸侧板稍平，胸腹侧脊几乎伸抵翅基下脊；胸腹侧脊中央后方具清晰纵皱，翅基下脊下方具清晰横皱；中央及下方稍隆起，具不规则皱纹；腹板侧沟基部明显；镜面区小，具均匀稠密的细刻点，镜面区前方具细纵皱；中胸侧板凹浅沟状。后胸侧板均匀隆起，具不规则粗皱。足正常，后足第 1～5 跗节长度之比依次约为 18.0∶8.0∶5.0∶3.0∶6.5。翅褐色透明，小脉位于基脉稍内侧；小翅室五边形，肘间横脉向上稍收窄，第 2 回脉在其下方中央稍内侧与之相接；外小脉内斜（上段在中央处弯曲），在下方约 0.4 处曲折；后中脉强烈弓曲，后小脉在下方约 0.2 处曲折。并胸腹节横形隆起，宽阔；基横脊存在，端横脊仅后部粗壮，侧突明显；基区倒梯形，光滑光亮，具细皱；中区具不规则粗皱；端区阔，斜截，具不规则的粗皱；第 1 侧区呈细革质粒状，后缘具短皱；第 2 侧区质地同中区；气门近圆形，位于基部约 0.2 处。

腹部第 1 节背板长约为端宽的 1.6 倍，光滑光亮，几乎无刻点，具稀疏的短毛；背中脊间距较宽，伸达气门之后；背侧脊在气门至端缘之间仅具痕迹；腹侧脊完整；气门小，圆形，位于端部约 0.25 处。第 2 节背板长约为端宽的 0.6 倍，表面呈细革质粒状，端缘相对光滑光亮。第 3 节背板基部约为端部宽的 2.5 倍，长约为基部宽的 2.3 倍，光滑光亮，具细褐色短毛。第 4 节及以后各节背板具褐色短毛。产卵器鞘长约为后足胫节长的 0.8 倍；产卵器粗壮，具背结，腹瓣具 7 条清晰的纵脊。

体黑色，下列部分除外：前足（基节、转节黑褐色；腿节基部少许暗褐色，其余部分褐色），下颚须，触角鞭节第 1～2 节及其余节的腹面褐色；中足（基节基部少许、转节、腿节端部背面、胫节背面黑褐色；胫节基部黄褐色；胫节腹面、跗节黄褐色），后足（腿节端半部、胫节大部、基跗节黑至黑褐色；胫节基部黄色；第 2～5 跗节黄褐色），腹部第 1 节背板后柄部、第 2 节背板、第 3 节背板基半部红褐色；触角第 5～8 节和第 9 节基半部的背面，翅基片，翅基，第 7 节背板端缘黄白色；触角鞭节背面黑褐色；翅痣，翅脉褐色。

寄主：落叶松叶蜂 *Pristiphora erichsonii* (Hartig)。

正模 ♀，甘肃天水小陇山，2010-Ⅴ-05，李涛。

词源：本新种名源自其寄主属名。

本新种与依驼姬蜂 *G. isshikii* (Uchida, 1931) 相似，可通过以下特征予以区分：本种颜面具细革质粒状表面，中央具细刻点；中胸盾片中叶具稠密的粗刻点且中央相对较粗，侧叶具稠密的细刻点；腹部第 2 节背板具细革质粒状表面，中央大部具不规则细皱；后足胫节黑色，基部白色。依驼姬蜂：颜面具稀疏的细刻点；中胸盾片具细革质状表面；腹部第 2 节背板具稠密的细刻点；后足胫节黄褐色，基端褐黑色。

(34) 威宁驼姬蜂，新种 *Goryphus weiningicus* Sheng, Li & Sun, sp.n.（图 1，彩图 12）

♀ 体长 7.0～8.0 mm。前翅长 6.0～7.0 mm。

体被白色短毛。头部比胸部宽。颜面宽为长的 1.7～1.8 倍；具细革质状表面和稠密的细刻点；中间弱隆起部分刻点稍粗；上部中央深凹。唇基宽约为长的 1.5 倍，隆起，光滑光亮，刻点稀疏。唇基沟明显。上颚基部具稀疏的细毛点，上端齿稍长于下端齿。颊区具细革质状表面，刻点稠密；颚眼距约为上颚基部宽的 0.9 倍。上颊具稠密的细毛点，向后方微斜。头顶刻点同上颊；单眼区稍抬高，侧单眼间距约等长于单复眼间距。额上半部具不规则皱纹；下半部稍凹，光滑光亮。触角鞭节 26 节，第 1～5 节长度之比依次约为 10.0∶9.0∶7.0∶6.0∶4.0。后头脊完整。

前胸背板前缘具弱皱；侧凹内具明显的细横皱和稀疏的刻点；后上角刻点稠密。中胸盾片稍隆起，刻点稠密且稍粗；盾纵沟明显；小盾片具稀疏的细毛点；后小盾片横形，光滑无刻点。中胸侧板刻点较中胸背板粗密；胸腹侧脊高度超过中胸侧板长度的 1/2；镜面区小，具稀疏的细刻点；腹板侧沟伸抵中足基节，末端位于中胸侧板下后角上方。后胸侧板稍隆起，刻点同中胸侧板。足正常；后足第 1～5 跗节长度之比依次约为 20.0∶9.0∶6.0∶3.0∶6.0；爪简单。翅无色透明，小脉与基脉对叉或位于基脉稍内侧；小翅室五边形，肘间横脉向上方稍收窄，第 2 回脉约在其下方中央处与之相接；外小脉强度内斜，在下方约 0.4 处曲折；后小脉直，在下方约 0.35 处曲折。并胸腹节稍隆起；基区倒梯形，具弱横皱；中区六边形，具不规则皱纹；端区在端横脊外侧陡斜，刻点及皱纹同中区；第 1 侧区表面细革质状，端部具弱皱；第 2 侧区刻点及皱同中区；并胸腹节侧突明显；并胸腹节气门近圆形，位于基部约 0.2 处。

腹部第 1 节背板具细革质状表面，光滑，几乎无刻点，长约为端宽的 1.7 倍；腹侧脊完整；气门小，圆形，位于端部约 0.3 处。第 2 节背板长约为端宽的 0.6 倍，具细革质状表面和稀疏的刻点，端部光滑无刻点。产卵器强壮，直，末端尖细，背结小，腹瓣具 7 条弱纵脊；产卵器鞘约为后足胫节长的 0.8 倍。

体黑色，下列部分除外：触角第 5 鞭节端部、第 6～8 鞭节、第 9 鞭节基半部，腹部第 7 节背板黄白色；前足、中足（基节、转节、腿节背面中间大部黑色），后足（基节、转节黑色），腹部第 1 节（基半部黑色）、第 2 节背板、第 3 节背板基部红褐色；下颚须，下唇须，翅脉，翅痣黑褐色。

♂ 体长约 7.0 mm。前翅长 5.0～6.0 mm。触角鞭节 25 节。体黑色，下列部分除外：下颚须黄褐色；前足，中足腿节端部、胫节、跗节，后足胫节（端部黑褐色）、第 1～4 跗节，后柄部，第 2～4 节腹部背板红褐色。

寄主：会泽新松叶蜂 *Neodiprion huizeensis* Xiao & Zhou。

正模 ♀（养），贵州威宁，2012-Ⅱ-16，盛茂领。副模：2♀♀，贵州威宁，2011-Ⅷ-06～10，蒲恒浒；1♀2♂♂（养），贵州威宁，2012-Ⅱ-10～18，李涛，盛茂领；2♀♀（养），贵州威宁，2013-Ⅱ-02～04，李涛。

词源：本新种名源自模式标本采集地。

本新种与目驼姬蜂 *G. muelleri* Betrem, 1941 相似，可通过下列特征区分：本种额中部具不清晰的细横皱，侧面具细革质状质地，无刻点；腹部第 2 节背板具细革质状质地，无刻点；颜面和翅基片黑色。目驼姬蜂：额中部具纵皱纹，侧面具稀刻点；腹部第 2 节背板具刻点；颜面和翅基片白色。

（二）甲腹姬蜂族 Hemigasterini

本族含 26 属 409 种，我国已知 14 属 39 种。已知寄主 190 多种。这里介绍 2 属寄生叶蜂的重要种类。

15. 卷唇姬蜂属 *Aptesis* Förster, 1850

Aptesis Förster 1850. Archiv für Naturgeschichte, 16(1): 71. Type species: *Ichneumon sudeticus* Gravenhorst, 1815. Designated by Viereck, 1914.

主要鉴别特征：体较粗短，强壮；唇基端缘平截，或宽，均匀隆起，中段较薄，显得锐利，通常或多或少卷曲，有时具中齿；触角第 2 节长为端径的 1.3～3.2 倍（雄）或 1.3～2.6 倍（雌）；雄性触角具触角瘤；并胸腹节分脊通常完整，气门圆形至短椭圆形；前翅小翅室长大于宽；腹部第 2、3 节背板光亮；产卵器鞘约为前翅长的 0.35 倍。

全世界已知 73 种，我国已知 6 种。已知寄主约 56 种，其中叶蜂类主要包括三节叶蜂科 Argidae、松叶蜂科 Diprionidae、叶蜂科 Tenthredinidae 等。

卷唇姬蜂属中国已知种检索表

1. 两条肘间横脉平行或几乎平行……2
   两条肘间横脉明显向上收敛……3
2. 颜面宽约为长的 2.8 倍；端齿约等长；侧单眼间距约为单复眼间距的 1.3 倍；产卵器鞘约为后足胫节长的 0.6 倍；腹部黑色……大卷唇姬蜂 *A. grandis* Sheng
   颜面宽为长的 2.0～2.1 倍；上端齿稍长于下端齿；侧单眼间距约为单复眼间距的 1.5 倍；产卵器鞘约为后足胫节长的 0.7 倍；腹部第 1 节背板端部、第 2～3 节背板红褐色……黑基卷唇姬蜂 *A. nigricoxa* Li & Sheng
3. 颜面、额全部黑色……4
   颜面眼眶、额眼眶的斑黄白色……5
4. 颚眼距约为上颚基部宽的 1.4 倍；侧单眼间距约为单复眼间距的 1.4 倍；第 1 节背板长约为端宽的 1.3 倍；后足胫节基部暗红褐色……全黑卷唇姬蜂 *A. melana* Li & Sheng
   颚眼距约为上颚基部宽的 0.9 倍；侧单眼间距约等长于单复眼间距；第 1 节背板长约为端宽的 1.7 倍；后足胫节基部白色……白基卷唇姬蜂 *A. albibasalis* (Uchida)
5. 后小脉在下方约 0.2 处曲折；并胸腹节中区明显较长，长为最大宽的 1.3 倍；第 1 节背板长约为端宽的 1.5 倍；第 2 节背板基半部具不清晰的细横皱，端半部光滑光亮；基节黑色……长卷唇姬蜂 *A. elongata* Li & Sheng
   后小脉在下方约 0.35 处曲折；并胸腹节中区不明显拉长，长约等长于最大宽；第 1 节背板长约为端宽的 0.6 倍；第 2 节背板皮革质状；基节红褐色……突角卷唇姬蜂 *A. corniculata* Sheng

(35) 白基卷唇姬蜂 *Aptesis albibasalis* (Uchida, 1930)

Plectocryptus albibasalis Uchida, 1930. Journal of the Faculty of Agriculture, Hokkaido Imperial University, 25(4): 327.

♀ 体长 7.0～8.5 mm。前翅长 5.0～6.0 mm。

颜面宽约为长的 2.6 倍，具稠密的刻点。唇基端缘平截。上颚端齿等长。颚眼距约为上颚基部宽的 0.9 倍。上颊具稠密的刻点。侧单眼间距约等于单复眼间距。额具稠密的刻点和中纵脊。触角鞭节 27～28 节。

前胸背板侧凹具横皱，后上部具刻点。中胸盾片具细刻点。中胸侧板中央具弱皱；胸腹侧脊背端伸抵翅基下脊；腹板侧沟伸达中足基节。翅稍带褐色，透明；肘间横脉向前方稍收敛；外小脉在中央下方曲折；后小脉在下方约 1/3 处曲折。并胸腹节无分脊。

腹部第 1 节背板长约为端宽的 1.7 倍；后柄部具刻点和弱皱；气门小，圆形。第 2 节背板长约为端宽的 0.65 倍，具稀细的刻点。产卵器鞘约为后足胫节长的 0.9 倍。

体黑色，下列部分除外：触角鞭节第 6 节端部、第 7～11 节，胫节基部，腹部第 8 节背板的大斑白色；前中足跗节，翅痣和翅脉黑褐色。

♂ 体长 6.0～8.0 mm。前翅长 6.0～7.0 mm。触角鞭节 30～33 节，第 13～19 节具角下瘤。柄节腹面，小盾片，后小盾片，前中足胫节外侧及跗节大部分，后足第 2～4 跗节黄白色。

寄主：玫瑰三节叶蜂 *Arge pagana* (Panzer)、榆红胸三节叶蜂 *Arge captiva* (Smith)。

分布：中国（山东、河南、甘肃）；日本、朝鲜、俄罗斯。

观察标本：1♀，山东济南，2004-Ⅹ-07，盛茂领；10♀♀4♂♂，山东济南，2004-Ⅻ-21～26，王西南、盛茂领；6♀♀，河南中牟，2011-Ⅳ-04～14，李涛；4♀♀5♂♂，甘肃天水，2019-V-23，李永刚。

(36) 突角卷唇姬蜂 *Aptesis corniculata* Sheng, 2003

Aptesis corniculata Sheng, 2003. Entomotaxonomia, 25(2): 148.

♀ 体长 5.0～6.5 mm。前翅长 4.5～6.0 mm。

复眼内缘在触角窝上方凹陷。颜面呈细革质粒状，具均匀稠密的细刻点，宽约为长的 2.0 倍；中央均匀隆起，光滑光亮，具稠密的细刻点，上方中央"V"形凹陷，中央具 1 小瘤突；唇基光滑光亮，宽约为长的 2.2 倍，均匀隆起，具均匀稠密的细刻点；亚端部光滑光亮，无刻点，端缘平截。上颚光滑光亮，具均匀稠密的细刻点，2 端齿等长。颊区表面细革质粒状，颚眼距约为上颚基部宽的 1.2 倍。上颊光滑、光亮，具均匀稠密的细毛点，向后稍收敛。头顶质地同上颊，侧单眼与复眼之间区域具细革质粒状表面；侧单眼间距约为单复眼间距的 1.5 倍。额具细革质粒状表面，具均匀稠密的细刻点。触角鞭节 20～21 节，第 1～5 节长度之比依次约为 9.0∶9.0∶7.0∶6.0∶5.0。后头脊完整，颊脊与口后脊在上颚基部上方相接。

前胸背板前缘具稠密的细刻点和细纵皱，侧凹具清晰的短横皱；后上部具稠密的细毛点。中胸盾片均匀隆起，光滑光亮，具均匀稠密的细刻点；盾纵沟明显；小盾片稍隆起，光滑光亮，具均匀稠密的细毛点；后小盾片横形，光滑光亮无刻点。中胸侧板稍隆起，质地同中胸盾片，中胸侧板下后角具不规则皱；胸腹侧脊明显，伸抵翅基下脊；腹板侧沟明显，伸抵中胸侧板下后角；中胸侧板凹横沟状。后胸侧板稍隆起，上部具细革质粒状表面，下部具明显的皱纹；基间脊完整。足正常；后足第 1～5 跗节长度之比依次约为 20.0∶9.0∶7.0∶4.0∶7.0；爪简单。翅褐色，透明，小脉与基脉对叉或位于基脉稍外侧，二者之间的距离约为小脉长的 0.3 倍；小翅室五边形，肘间横脉上端明显收敛，第 2 回脉在其下外角约 0.4 处与之相接；外小脉内斜，在下方约 0.4 处曲折；后小脉在下方约 0.35 处曲折。并胸腹节稍隆起，基横脊在基区和中区间存在，分脊消失；基区倒梯形，具弱横皱；中区几乎呈四边形，具稠密的细刻点和弱纵皱；端横脊强壮，端区斜截，具稠密的细刻点和横皱；第 1 侧区和第 2 侧区合并，基部光滑光亮、具均匀稠密的细刻点，端部具不规则皱；气门小，圆形，位于基部约 0.3 处。

腹部纺锤形，背板表面细革质粒状。第 1 节背板长约为端宽的 0.6 倍；背中脊在气门前明显；背侧脊、腹侧脊完整；气门小，圆形，位于端部约 0.3 处。第 2 节背板长约为端宽的 2.0 倍，基部侧角呈角状突出。产卵器鞘为后足胫节长的 1.0～1.2 倍；产卵器直，粗壮，具背结，腹瓣端部具齿。

体黑色，下列部分除外：触角鞭节第 6～9 节，翅基，额眼眶的斑，触角外侧的斑，腹部第 6 节背板中央少许、第 7 节背板中央黄白色；唇基，上颚（端齿黑褐色），下颚须，下唇须，前足（腿节背面暗褐色），中足（腿节、胫节腹面褐色）黄褐色；后足（腿节端部背面少许暗褐色；胫节大部、基跗节黑褐色；第2～5跗节黄褐色），腹部第1节背板后柄部、第2节背板、第3节背板基部红褐色；翅痣，翅脉黑褐色。

♂ 体长约6.0 mm。前翅长约5.0 mm。鞭节22节，触角瘤位于第10～14（15）节。并胸腹节分区完整，脊强壮。体黑色，下列部分除外：颜面，唇基，上唇，上颚（端齿黑褐色），颊区，额眼眶，下颚须，下唇须，柄节腹面的斑纹，前胸背板后上角，翅基片，翅基，前中足基节和转节白色。前足腿节、胫节、跗节，中足腿节、胫节（跗节黑褐色），后足（基节、第1转节、腿节大部、跗节黑褐色），第2节背板端缘及窗疤，第3节背板端缘红褐色。

寄主：突瓣叶蜂 *Nematus* sp.。

分布：中国（甘肃）。

观察标本：1♀（正模）2♀♀（副模），甘肃天水，2001-Ⅲ-26，武星煜；1♀2♂♂（副模），甘肃天水，2001-Ⅳ-05～06，武星煜。

(37) 长卷唇姬蜂 *Aptesis elongata* Li & Sheng, 2013

Aptesis elongata Li & Sheng, 2013. ZooKeys, 290: 59.

♀ 体长5.0～7.0 mm。前翅长4.0～6.0 mm。

颜面宽约为长的1.7倍，具细革质粒状表面和均匀稠密的细刻点；中央圆形隆起，上方在触角窝之间“V”形深凹，中间具1光滑的瘤突。唇基稍均匀隆起，基半部质地同颜面，具弱横皱；亚端部光滑光亮，无刻点，端缘平截；宽约为长的1.6倍。上颚基部具稠密的细刻点，上端齿稍长于下端齿。颊区具细革质粒状表面，颚眼距约为上颚基部宽的1.3倍。上颊光滑光亮，具均匀稠密的细刻点，中央稍隆起，向上收敛。头顶具均匀稠密的细刻点，单眼区外侧表面细革质粒状；侧单眼间距约为单复眼间距的1.6倍。额上半部具细革质粒状表面，稍平；下半部在触角窝上方稍凹，表面细革质状。触角鞭节21～23节，第1～5节长度之比依次约为7.0∶8.0∶6.5∶5.5∶5.0。后头脊完整，颊脊与口后脊在上颚基部上方相接。

前胸背板前缘具细皱和稠密的细刻点，侧凹具斜细横皱和细刻点，后上部光滑光亮、具细革质粒状表面和稠密的细刻点。中胸盾片稍隆起，光滑光亮，具均匀稠密的刻点；盾纵沟较明显，长约为中胸盾片长度的一半；小盾片均匀隆起，光滑光亮，具均匀稠密的细刻点；后小盾片横形隆起，质地同小盾片。中胸侧板中央稍隆起，光滑光亮，具均匀稠密的细刻点，中下部稍平，具不规则细皱和稠密的细刻点；胸腹侧脊明显，几乎伸抵翅基下脊；翅基下脊下方稍凹，具细横皱；腹板侧沟明显，伸抵中胸侧板后缘，末端位于中胸侧板下后角下方；镜面区大，光滑光亮，无刻点；中胸侧板凹深沟状。后胸侧板稍隆起，上部光滑光亮，具稠密的细毛点，下方具不规则皱；具基间脊，基间区表面呈细革质粒状；后胸侧板下缘脊完整。足正常，后足第1～5跗节长度之比依次约为19.0∶9.0∶6.5∶4.0∶7.0。翅褐色，透明，小脉与基脉对叉或稍前叉或后叉；小翅室五边形，肘间横脉向上收敛，第2回脉在小翅室下外角约0.3处与之相接；外小脉内斜，在下方约 0.3 处曲折；后小脉在下方约 0.2 处曲折。并胸腹节稍隆起，基区小，倒梯形；中区长形，具清晰的粗横皱，中央稍凹，长约为分脊处宽的 1.3 倍，分脊在中区中央处与之相接；端横脊强壮，端区稍斜截，具不规则横皱；第 1 侧区表面细革质粒状；第 2 侧区具不规则斜皱；气门中等大小，圆形，靠近外侧脊，位于基部约 0.2 处。

腹部纺锤形。第 1 节背板具细革质状表面，光滑光亮，无刻点；长约为端宽的 1.5 倍；背中脊明显，伸达气门后，背侧脊、腹侧脊完整；气门小，圆形，位于端部约 0.3 处。第 2 节背板梯形，长约为端宽的 0.7 倍，表面呈细革质粒状，中央具弱细皱，具窗疤。第 3 节背板长约为基部宽的 0.6 倍，表面细革质状，具稠密的褐色短毛；基部光滑光亮，无刻点。第 4 节及以后各节质地同第 3 节背板。产卵器鞘约为后足胫节长的 0.7 倍；产卵器直，细长，末端尖，具背结，腹瓣端部具弱齿。

体黑色，下列部分除外：额眼眶的斑黄褐色；下颚须，下唇须，触角鞭节第 5 节端半部、第 6～9 节，翅基片外侧，翅基黄色；前足（基节、转节、腿节大部黑褐色），中足（基节、转节、腿节大部黑褐色），后足（基节、第 1 转节、腿节大部、胫节端部少许黑褐色）黄褐色带红褐色；腹部第 2 节背板端半部、窗疤、第 3 节背板（中央部分暗红褐色）、第 4 节背板基半部红褐色；触角鞭节，翅痣，翅脉黑褐色。

寄主：落叶松叶蜂 *Pristiphora erichsonii* (Hartig)、西北槌缘叶蜂 *Pristiphora xibei* Wei & Xia。

分布：中国（陕西）。

观察标本：1♀（正模），陕西嘉陵江，2010-Ⅴ-18，2025 m，李涛；1♀（副模），陕西嘉陵江，2010-Ⅴ-10，2025 m，李涛；2♀♀（副模），陕西平河梁，2009-Ⅹ-29，李涛；1♀（副模），陕西平河梁，2010-Ⅳ-06，李涛。

(38) 大卷唇姬蜂 *Aptesis grandis* Sheng, 1998

Aptesis grandis Sheng, 1998. Acta Entomologica Sinica, 41(3): 316.

寄主：靖远松叶蜂 *Diprion jingyuanensis* Xiao & Zhang，丰宁新松叶蜂 *Neodiprion fengningensis* Xiao et Zhou，会泽新松叶蜂 *N. huizeensis* Xiao et Zhou。

分布：中国（辽宁、山西、甘肃、贵州）。

观察标本：1♀，辽宁清原，1985-Ⅵ，宋友文；1♀2♂♂（副模），山西沁源，1994-Ⅵ-13，盛茂领；1♀（正模）10♀♀38♂♂（副模），山西沁源，1995-Ⅵ-20，陈国发、张庆贺；6♀♀2♂♂，甘肃靖远哈思山，2010-Ⅵ-04～30，李涛；130♀♀101♂♂（养），贵州威宁，2012-Ⅱ-19～Ⅲ-30，李涛、盛茂领；31♀♀24♂♂（养），贵州威宁，2013-Ⅱ-06～15，李涛。

(39) 全黑卷唇姬蜂 *Aptesis melana* Li & Sheng, 2013

Aptesis melana Li & Sheng, 2013. ZooKeys, 290: 62.

♀ 体长 6.0～9.0 mm。前翅长 5.0～7.0 mm。

颜面宽约为长的 2.7 倍；具稠密的细刻点，中央隆起处较其他区域刻点细密。唇基基部具稠密的细刻点，端部具弱皱，端缘平截，宽约为长的 1.7 倍。上颚基部具稠密的刻点，端齿近等长。颊区狭长，表面细革质状，颚眼距约为上颚基部宽的 1.4 倍。上颊具均匀稠密的细刻点，向后均匀收敛。头顶刻点同上颊，在单眼区外侧刻点相对稀疏，侧单眼间距约为单复眼间距的 1.4 倍。额刻点同单眼区，在触角窝上方光滑光亮。触角粗壮，鞭节 25 节，第 1～5 节长度之比依次约为 12.0∶11.0∶10.0∶9.0∶7.0。后头脊完整。

前胸背板前缘具弱皱，侧凹具短横皱，后上部具稠密的刻点。中胸盾片平坦，具稠密的刻点，盾纵沟基部存在；小盾片刻点较中胸盾片稀疏；后小盾片横形，光滑无刻点。中胸侧板刻点同中胸盾片，具不规则皱纹；胸腹侧脊强壮，伸抵翅基下脊；中胸侧板凹坑状；腹板侧沟明显，伸抵中足基节，末端位于中胸侧板下后角下方。后胸侧板刻点及皱纹同中胸侧板，基间脊仅基部可见，后胸侧板下缘脊完整。后足第 1～5 跗节长度之比依次约为 13.0∶5.0∶4.0∶2.0∶4.0。翅褐色，透明，小脉与基脉对叉；小翅室五边形，肘间横脉向上方稍收敛，第 2 回脉在其下方中央处与之相接；外小脉内斜，在下方约 0.4 处曲折；后小脉在下方约 0.2 处曲折。并胸腹节中纵脊仅基部存在，基横脊消失，中部具不规则皱纹；侧区基部具稀疏的刻点和弱皱，端部具不规则短皱；端横脊强壮，端区斜截，中间稍凹，具不规则皱纹；并胸腹节侧突明显；气门近圆形，位于基部约 0.2 处。

腹部纺锤形。第 1 节背板基部光滑，后柄部具弱皱；长约为端宽的 1.3 倍；背中脊明显，基部略平行；背侧脊和腹侧脊完整；气门小，圆形，位于端部约 0.3 处。第 2 节及以后背板光滑光亮，第 2 节背板长约为端宽的 0.5 倍。产卵器强壮，直，末端尖细，腹瓣具 2 条脊；产卵器鞘约为后足胫节长的 0.8 倍。

体黑色，下列部分除外：触角鞭节第 6～9 节（个别种类第 10 节基部），翅基黄白色；唇基端部，上颚（基部、端齿黑褐色），前足（基节部分黑色，第 1 转节、腿节侧面黑褐色），中足（基节、腿节黑褐色），后足（基节、腿节、胫节端部、第 1 跗节黑褐色）红褐色；下颚须，下唇须，翅痣，翅脉黑褐色。

♂ 体长 7.0～8.0 mm。前翅长 5.0～7.0 mm。体黑色，下列部分除外：颜面，唇基，上颚（端齿黑色），下颚须，下唇须，翅基黄白色；前足（基节大部、转节、第 2～4 跗节黄白色；末跗节褐色），中足（基节部分、转节、第 2～4 跗节黄白色；腿节大部黑褐色；第 1 跗节大部、末跗节褐色），后足（基节、转节、腿节、胫节大部黑褐色；第 1 跗节基部、末跗节褐色；第 1 跗节端部、第 2～4 跗节黄白色）红褐色。

寄主：会泽新松叶蜂 *Neodiprion huizeensis* Xiao & Zhou，落叶松叶蜂 *Pristiphora erichsonii* (Hartig)。

分布：中国（贵州、陕西、宁夏、甘肃）。

观察标本：1♀（正模）（养），贵州威宁，2012-Ⅱ-20，盛茂领；2♀♀（副模），陕西嘉陵江，2010-Ⅴ-08，李涛；2♀♀（副模），陕西平河梁，2010-Ⅴ-16～24，李涛；6♀♀（副模）（养），甘肃天水，2010-Ⅴ-08～24，李涛；34♀♀15♂♂（副模）（养），宁夏六盘山，2011-Ⅴ-08～23，李涛；1♀（副模），宁夏六盘山，2011-Ⅷ-01，李涛；13♀♀5♂♂（副模）（养），宁夏六盘山，2012-Ⅴ-17～23，李涛；339♀♀199♂♂（副模），贵州威宁，2012-Ⅱ-17～Ⅳ-03，李涛，盛茂领；17♀♀35♂♂（副模）（养），贵州威宁，2013-Ⅰ-23～31，李涛；266♀♀108♂♂（副模）（养），贵州威宁，2013-Ⅱ-01～15，李涛。

(40) 黑基卷唇姬蜂 *Aptesis nigricoxa* Li & Sheng, 2013

Aptesis nigricoxa Li & Sheng, 2013. ZooKeys, 290: 66.

♀ 体长 6.0～8.5 mm。前翅长 6.0～7.0 mm。

颜面具褐色短毛和稠密的刻点；中央稍圆形隆起，刻点相对稀细；宽为长的 2.0～2.1 倍。唇基刻点较颜面稀细；基半部均匀隆起，端半部较平，具横皱，端缘平截；宽为长的 1.9～2.0 倍。唇基沟明显。上颚强壮，基部具稠密的细刻点，上端齿稍长于下端齿。颊区具细革质状表面，颚眼距为上颚基部宽的 1.2～1.4 倍。上颊光滑光亮，具稠密的细刻点，中央稍隆起。头顶具稠密的刻点，侧单眼外侧具细革质状表面、刻点较稀；侧单眼间距约为单复眼间距的 1.5 倍；头顶在侧单眼后斜截。额具稠密的刻点，中央横形稍隆起；在触角窝上方均匀凹陷，光滑光亮，具弱横皱；侧缘刻点相对稀细。触角柄节端面斜截，鞭节 30～31 节，第 1～5 节长度之比依次约为 7.0∶8.0∶7.0∶6.0∶5.0。后头脊强壮完整，颊脊与口后脊在上颚基部上方相接。

前胸背板前缘具弱皱和细刻点，侧凹具短横皱，后上部具稠密的刻点。中胸盾片稍隆起，具较前胸背板后上部稍粗的刻点，盾纵沟明显；小盾片刻点较中胸盾片稀疏；后小盾片横形，具稀疏的细毛点。中胸侧板稍平，刻点同中胸盾片；胸腹侧脊末端伸抵翅基下脊；腹板侧沟伸达中胸侧板下后角，末端位于下后角下方；镜面区非常小，中胸侧板凹深沟状。后胸侧板刻点同中胸侧板，中下部具不规则皱纹；基间脊明显。足强壮，后足第 1～5 跗节长度之比依次约为 21.0∶10.0∶6.0∶4.0∶6.0。翅褐色，透明；小脉与基脉对叉；小翅室五边形，2 肘间横脉略平行，第 2 回脉在其下方中央处与之相接；外小脉内斜，在下方约 0.4 处曲折；后小脉在下方约 0.2 处曲折。并胸腹节具不规则皱纹；基横脊消失，端横脊强壮；基区和中区的合并区域具不规则皱纹；端区斜截；气门近圆形，位于基部约 0.2 处。

腹部纺锤形。第 1 节背板长约为端宽的 1.5 倍；表面光滑光亮，具弱皱；背中脊略平行，伸抵气门后；背侧脊、腹侧脊完整；气门小，圆形，位于端部约 0.3 处。第 2 节背板梯形，长约为端宽的 0.6 倍；表面大部具细纵皱，端部光滑光亮，具细毛点。第 3 节及以后背板光滑光亮，具稠密的细毛点。产卵器鞘约为后足胫节长的 0.7 倍；产卵器直，粗壮，末端尖细。

体黑色，下列部分除外：颜面眼眶，额眼眶的斑纹，翅基，触角第 5 节端部、第 6～10 节、第 11 节基部黄白色；上颚（基部、端齿黑褐色），腹部第 1 节背板端缘少许、第 2～3 节背板、第 4 节背板（端缘黑褐色）红褐色；前足（基节黑褐色，稍带红褐色；转节黑褐色），中足（基节、转节黑褐色），后足（基节、第 1 转节、胫节末端及跗节黑褐色）红色；爪，翅痣，翅脉黑褐色。

寄主：会泽新松叶蜂 *Neodiprion huizeensis* Xiao & Zhou。

分布：中国（贵州）。

观察标本：1♀（正模）（养），贵州威宁，2012-Ⅱ-26，盛茂领；1♀（副模）（养），贵州威宁，2012-Ⅲ-01，李涛。

16. 瘤角姬蜂属 *Pleolophus* Townes, 1962

Pleolophus Townes, 1962. Memoirs of the American Entomological Institute, 2: 223. Type-species: *Phygadeuon basizonus* Gravenhorst.

主要鉴别特征：唇基通常明显隆起，端缘中段平截，或几乎平截；上颚端齿等长；触角鞭节具触角瘤；腹板侧沟前部明显，后部弱或不明显；小翅室五边形；并胸腹节气门圆形；产卵器直，端部稍侧扁。

全世界已知 31 种，我国已知 5 种。这里介绍我国寄生叶蜂的该属种类，其中 1 新种和 2 中国新纪录种。

寄主：已知寄主 52 种，叶蜂类有松叶蜂科 Diprionidae、扁叶蜂科 Pamphiliidae、叶蜂科 Tenthredinidae 等。

中国寄生叶蜂类的瘤角姬蜂属已知种检索表

1. 翅退化，仅留翅芽；产卵器鞘约为后足胫节长的 0.8 倍；体红褐色；腹部第 2 节背板主要黄褐色，第 3～5 节背板暗褐至黑褐色色 ……………………………… 短翅瘤角姬蜂 *P. vestigialis* (Förster)
   翅正常，不退化…………………………………………………………………………………………2
2. 上颚端齿约等长；腹部背板黑色或稍带暗褐色…………………………………………………………3
   上颚上端齿稍长于下端齿；腹部至少部分背板红色或红褐色………………………………………4
3. 侧单眼间距约为单复眼间距的 1.7 倍；触角鞭节 29～31 节；前翅小翅室侧脉几乎平行，第 2 回脉在它的下方中央相接…………………………………………… 水原瘤角姬蜂 *P. suigensis* (Uchida)
   侧单眼间距稍大于单复眼间距；触角鞭节 20～25 节；前翅小翅室明显向前方收敛，第 2 回脉在它的中部内侧相接……………………………………………………毛瘤角姬蜂 *P. setiferae* (Uchida)
4. 腹部第 1 节背板后柄部光滑，无刻点，也无皱；基节暗褐色…………………………………………
   ………………………………………………………………………拉瘤角姬蜂 *P. larvatus* (Gravenhorst)
   腹部第 1 节背板后柄部具清晰的细纵皱；基节黑色…………………………………………………
   ……………………………………………… 皱瘤角姬蜂，新种 *P. rugulosus* Sheng, Sun & Li, sp.n.

(41) 拉瘤角姬蜂 *Pleolophus larvatus* (Gravenhorst, 1829)（中国新纪录）

Phygadeuon larvatus Gravenhorst, 1829. Ichneumonologia Europaea. 2: 662.

♀ 体长 5.0～7.0 mm。前翅长 4.0～5.0 mm。

颜面中央圆形隆起，具稠密的细刻点；亚侧缘在触角窝下方微凹，刻点相对稀疏；宽约为长的 2.1 倍。唇基均匀隆起，基部具均匀稠密的细毛点，亚端部相对稀疏，端缘平截；宽约为长的 1.9 倍。上颚强壮，基部具稠密的细毛点，上端齿稍长于下端齿。颊区具细革质粒状表面，颚眼距约为上颚基部宽的 1.3 倍。上颊光滑光亮，具均匀稀疏的细毛点，向上均匀收敛。头顶质地同上颊，侧单眼间距约为单复眼间距的 1.3 倍。额质地同头顶，在触角窝上方凹陷，光滑光亮无刻点。触角鞭节20～21节，第1～5节长度之比依次约为10.0∶9.0∶8.0∶6.5∶5.0。后头脊完整，颊脊在上颚基部上方与口后脊相接。

前胸背板前缘具稀疏的细毛点和弱皱，侧凹具稠密的横皱和细刻点，后上部具均匀稠密的稀刻点。中胸盾片稍平，具均匀稠密的细刻点，盾纵沟基部存在。小盾片稍平，质地同中胸盾片。后小盾片横形，光滑光亮无刻点。中胸侧板稍隆起，具稠密的细刻点，胸腹侧脊强壮，几乎伸抵翅基下脊；腹板侧沟明显，几乎达中胸侧板后缘，末端位于中胸侧板下后角下方；无镜面区；中胸侧板凹深沟状。后胸侧板稍隆起，上部具均匀稠密的刻点，下部具不规则短皱，具基间脊；后胸侧板下缘脊完整。足正常，后足第1～5跗节长度之比依次约为20.0∶8.0∶6.0∶4.0∶8.0。翅褐色，透明，小脉位于基脉外侧，二者之间的距离约为小脉长的0.3倍；小翅室五边形，肘间横脉向上方稍收敛，第2回脉在其下方中央与之相接；外小脉内斜，在下方约0.4处曲折；后小脉在下方约0.25处曲折。并胸腹节分区完整；中纵脊（几乎平行）、侧纵脊、外侧脊、端横脊强壮，基横脊消失；基区和中区的合并区具短横皱；侧区基部光滑光亮、具稀疏的细毛点，端部具细革质粒状表面和不规则短皱；端区斜截，中部稍凹，具不规则短皱；气门大，圆形，位于基部约0.2处。

腹部纺锤形，背板光滑光亮，几乎无刻点。第1节背板长约为端宽的1.4倍；背中脊、背侧脊、腹侧脊完整；气门小，圆形，位于端部约0.3倍。第2节背板梯形，长约为端宽的0.5倍。第3节及以后背板具较稠密的褐色短毛。产卵器鞘约为后足胫节长的0.9倍。产卵器直，粗壮，末端尖，具背结，腹瓣端部具齿。

体黑色，下列部分除外：唇基端缘，上颚（端齿黑褐色），下颚须，下唇须，触角鞭节（第5节端缘、第6～9节黄白色），前足（基节、转节、腿节黑褐色），中足（基节、转节、腿节、胫节端部少许黑褐色），后足（基节暗褐色；腿节基半部红褐色，端部黑褐色；后足胫节和跗节几乎完全褐色），翅痣，翅脉黄褐色；翅基片黑褐色；翅基，末腹节背板少许黄白色；腹部第1节背板端缘、第2～3节背板红色。

寄主：伊藤厚丝叶蜂 *Pachynematus itoi* Okutani。

分布：中国（辽宁）。

观察标本：2♀♀，辽宁新宾，1993-Ⅷ，孙建文。

(42) 皱瘤角姬蜂，新种 *Pleolophus rugulosus* Sheng, Sun & Li, sp.n.（彩图13）

♀ 体长7.0～8.0 mm。前翅长4.5～5.0 mm。

颜面宽约为长的1.8倍，光滑光亮，中央稍隆起，具均匀稠密的细刻点；亚侧缘稍平坦，具细革质粒状表面。唇基光滑光亮，具稀疏的细刻点，稍隆起；端缘平截；宽约为长的1.9倍。上颚长，基部具稠密的细刻点，上端齿稍长于下端齿。颚眼区具细革质粒状表面，颚眼距约为上颚基部宽的1.2倍。上颊宽，光滑光亮，具均匀稠密的细刻点，中央稍隆起，向后稍收敛。头顶质地及刻点同上颊，侧单眼外侧具细革质粒状表面和稀疏的细刻点；侧单眼间距约为单复眼间距的1.1倍。额具均匀稠密的细刻点，上半部较平；下半部深凹，光滑光亮，具细横皱。触角鞭节21节，第1～5节长度之比依次约为8.0∶8.0∶7.0∶6.0∶5.0。后头脊完整，颊脊与口后脊在上颚基部上方相接。

前胸背板前缘具弱细纵皱和细刻点，侧凹内具短横皱；后上部具稠密的细刻点和网纹状。中胸盾片稍隆起，具均匀稠密的细刻点，盾纵沟基部明显。小盾片稍平，刻点较中胸盾片稀疏。后小盾片横形隆起，具稀的细毛点。中胸侧板稍隆起，具稠密的粗刻点；胸腹侧脊强壮，几乎伸抵翅基下脊；腹板侧沟明显，几乎伸抵中胸侧板后缘，末端位于中胸侧板下后角上方；镜面区极小，具稠密的细刻点；中胸侧板凹深沟状。后胸侧板稍隆起，质地及刻点同中胸侧板，基间脊弱，后胸侧板下缘脊完整。足正常，后足第1～5跗节长度之比依次约为23.0∶10.0∶7.5∶3.0∶9.0。翅褐色，透明，小脉位于基脉外侧，二者之间的距离约为小脉长的0.2倍；小翅室五边形，肘间横脉向上收敛，第2回脉在它的下方中央与之相接；外小脉内斜，在下方约0.4处曲折；后中脉弓曲，后小脉在下方约0.2处曲折。并胸腹节稍平，基横脊消失，端横脊强壮；基区和中区的合并区具不规则皱；第1侧区和第2侧区的合并区基部具细革质状表面，具弱横皱；端部具不规则粗皱；端区斜截，具不规则粗皱；气门圆形，位于基部约0.2处。

腹部纺锤形，表面光滑光亮。第1节背板长约为端宽的1.7倍，具清晰的细纵皱，端缘光滑光亮无刻点；背中脊完整、几乎达气门后；背侧脊在气门后明显，腹侧脊完整；气门小，圆形，位于端部约0.2处。第2节背板长约为端宽的0.6倍，具均匀稠密的细毛点。产卵器鞘约为后足胫节长的0.8倍，产卵器直，末端尖，具背结，腹瓣具清晰的齿。

体黑色，下列部分除外：唇基端缘，上颚（基部少许、端齿黑褐色），腹部第2节背板（亚侧缘的斑黑褐色）、第3节背板中央的斑红褐色；触角鞭节（第1～4节、第5节大部、第10～21节暗褐色），翅基，腹部第7节背板中央少许黄白色；前足（基节、转节、腿节大部黑褐色），中足（基节黑色；转节、腿节黑褐色；胫节末端暗褐色），下颚须，下唇须，翅痣，翅脉褐色；后足基节黑色，转节、腿节基部暗红褐色，腿节端半部黑褐色，胫节大部暗红褐色、端部黑褐色，基跗节黑褐色，第2～5跗节暗褐色。

寄主：落叶松叶蜂 *Pristiphora erichsonii* (Hartig)、丰宁新松叶蜂 *Neodiprion fengningensis* Xiao & Zhou。

正模 ♀，山西五台山，2008-V-28，盛茂领。副模：1♀，山西五台山，1995-V-26，侯占魁；1♀，记录同正模；1♂，甘肃靖远哈思山，1999-Ⅵ-02，郭秉堂；1♀，甘肃靖远哈思山，1999-IV-22，郭秉堂；1♀（室内羽化），宁夏彭阳六盘山，2300 m，2003-Ⅻ-10，盛茂领。

词源：本种种名源自腹部第1节后柄部具清晰的纵皱。

本种与拉瘤角姬蜂 *P. larvatus* (Gravenhorst) 近似，可通过下列特征区分：腹部第1节背板长约为端宽的1.7倍，后柄部具清晰的纵皱；中后足基节黑色；后足胫节端部和跗节黑色。拉瘤角姬蜂：腹部第1节背板长约为端宽的1.4倍，后柄部光滑，无纵皱；中后足基节暗褐色；后足胫节和跗节几乎完全褐色。

(43) 毛瘤角姬蜂 *Pleolophus setiferae* (Uchida, 1936)

Microcryptus setiferae Uchida, 1936. Insecta Matsumurana, 10: 118.

寄主：落叶松叶蜂 *Pristiphora erichsonii* (Hartig)、伊藤厚丝叶蜂 *Pachynematus itoi*

Okutani、丰宁新松叶蜂 *Neodiprion fengningensis* Xiao & Zhou、欧洲新松叶蜂 *N. sertifera* (Geoffroy)、日本松叶蜂 *Diprion nipponicus* Rohwer。

分布：中国（辽宁、山西）；朝鲜，日本。

观察标本：2♀♀，辽宁新宾，1993-Ⅵ，孙建文；1♀，山西五台山，1995-Ⅴ-26，盛茂领。

(44) 水原瘤角姬蜂 *Pleolophus suigensis* (Uchida, 1930)

Phygadeuon suigensis Uchida, 1930. Journal of Faculty of Agriculture, Hokkaido Imperial University, 25(4): 336.

♀ 体长 7.0～11.0 mm。前翅长 7.0～9.0 mm。

颜面宽约为长的 2.3 倍，具稠密的细刻点和褐色短毛，中央稍圆形隆起，上缘中央在触角窝之间具 1 小瘤突。唇基宽约为长的 2.1 倍，基部具稠密的刻点，中部横形稍隆起，端部光滑光亮无刻点，端缘平截。上颚强壮，基部具均匀稠密的刻点，端齿约等长。颊区具细革质粒状表面，颚眼距约为上颚基部宽的 1.3 倍。上颊宽阔，具均匀稠密的细刻点，向上稍收敛。头顶刻点同上颊，侧单眼外侧具细革质粒状表面，侧单眼间距约为单复眼间距的 1.7 倍。额上部具均匀稠密的细刻点，下部在触角窝上方均匀凹陷、光滑光亮无刻点，侧缘具细革质粒状表面。触角粗壮，鞭节 29～31 节，第 1～5 节长度之比依次约为 13.0∶13.0∶12.0∶11.0∶8.5。后头脊完整。

前胸背板前缘具不规则短纵皱，侧凹具短横皱和不规则刻点，后上部具粗刻点和不规则短皱。中胸盾片均匀隆起，具均匀稠密的细刻点；盾纵沟明显，超过中胸盾片长度的一半。小盾片刻点同中胸盾片，相对稀疏。后小盾片横形隆起，光滑光亮，无刻点。中胸侧板稍隆起，具粗刻点和不规则斜皱；胸腹侧脊强壮，伸抵翅基下脊；腹板侧沟明显，几乎伸抵中胸侧板后缘；后下角具不规则短皱；镜面区大，光滑光亮，无刻点；中胸侧板凹深沟状。后胸侧板稍隆起，具不规则短皱；具基间脊；后胸侧板下缘脊完整。足正常；后足第 1～5 跗节长度之比依次约为 25.0∶12.0∶8.5∶4.5∶7.0。翅浅褐色，透明；小脉与基脉对叉或位于基脉稍外侧；小翅室五边形，肘间横脉向上方稍收敛，第 2 回脉约在其下方中央处与之相接；外小脉内斜，约在中央稍下方曲折；后小脉在下方约 0.3 处曲折。并胸腹节均匀隆起，具不规则短皱；基横脊弱，中纵脊、侧纵脊、端横脊强壮，侧突明显；第 1 侧区兼具细刻点，第 2 侧区短皱相对粗壮；气门大，圆形，靠近侧纵脊，位于基部约 0.3 处。

腹部纺锤形。第 1 节背板腹柄光滑光亮，具弱细皱；后柄部具细革质粒状表面，具不规则短皱，端缘光滑光亮无刻点；长约为端宽的 1.6 倍；背中脊基部存在且平行，背侧脊在气门前存在，腹侧脊完整；气门小，圆形，位于端部约 0.3 处。第 2 节背板梯形，长约为端宽的 0.6 倍；基部光滑光亮，具细横皱，靠近中间部分呈斜皱，中间大部具细革质粒状表面，端缘光滑光亮无刻点；窗疤大，稍凹，具细革质状表面。第 3 节及以后背板具较光滑的细革质状表面和均匀稠密的细毛点。产卵器鞘约为后足胫节长的 0.7 倍；产卵器直，粗壮，末端尖，腹瓣具弱齿。

体黑色，下列部分除外：触角鞭节第 6 节端部少许、第 7～10 节，腹部第 6～8 节背板少许黄褐色；下颚须，下唇须，前足、中足胫节及跗节，翅痣，翅脉黑褐色。

♂ 体长 8.0～9.0 mm。前翅长 6.5～7.0 mm。触角鞭节 26 节。体黑色，下列部分除外：颜面，触角柄节腹面少许，唇基，上颚（端齿黑褐色），颊区，下颚须，下唇须，翅基片，翅基，翅基下脊的斑纹黄白色；前足（基节、转节黄白色；腿节黄褐色稍带红色），中足（基节、转节黄白色；腿节红褐色），后足（基节、腿节黑色；胫节黑褐色）黄褐色；腹部第 2 节背板基部、端缘、窗疤红褐色；翅痣，翅脉黑褐色。

寄主：靖远松叶蜂 *Diprion jingyuanensis* Xiao & Zhang、落叶松叶蜂 *Pristiphora erichsonii* (Hartig)、桦三节叶蜂 *Arge pullata* (Zaddach)。

分布：中国（黑龙江、山西、湖北）；朝鲜。

观察标本：1♀，山西沁源，1994-Ⅵ-14，盛茂领；1♀，黑龙江柴河，2005-Ⅳ-06，盛茂领；5♂♂，湖北神农架，2009-Ⅴ-12～13，盛茂领；1♀，湖北神农架，2009-Ⅴ-25，盛茂领；1♀，湖北神农架，2009-Ⅵ-05，盛茂领。

(45) 短翅瘤角姬蜂 *Pleolophus vestigialis* (Förster, 1850)（中国新纪录）

Aptesis vestigialis Förster,1850. Archiv für Naturgeschichte, 16(1): 88.

♀ 体长 5.0～6.0 mm。翅退化。

复眼内缘在触角窝上方稍凹。颜面宽约为长的 1.7 倍，具细革质粒状表面。唇基宽约为长的 1.8 倍，质地同颜面，端缘较平。唇基沟明显。上颚光滑光亮，端齿等长。颊区具细革质粒状表面，颚眼距约为上颚基部宽的 1.4 倍。上颊质地同颊区，向上收敛。头顶刻点同上颊；侧单眼间距约为单复眼间距的 0.8 倍。额上半部质地与头顶相同，下半部在触角窝上方稍凹陷且光滑无刻点。触角鞭节 18 节，第 1～5 节长度之比依次约为 9.0∶9.0∶8.0∶5.0∶4.0。后头脊完整。

前胸背板具细革质粒状表面，前沟缘脊强壮。中胸盾片稍平，刻点同前胸背板；盾纵沟明显；小盾片稍突出，质地同中胸盾片；后小盾片横形，光滑光亮，无刻点。中胸侧板刻点同前胸背板；胸腹侧脊直且强壮，背端伸抵翅基下脊，与中胸侧板前缘平行且靠近；腹板侧沟基部明显；中胸侧板凹深沟状。后胸侧板较平，质地同中胸侧板，后胸侧板下缘脊完整。翅仅留翅芽。足正常，后足第 1～5 跗节长度之比依次约为 20.0∶8.0∶5.0∶3.0∶5.0。并胸腹节稍隆起，具细革质状表面；中纵脊仅留残痕，分脊弱，端横脊强壮，侧突明显；侧纵脊、外侧脊明显；气门小，圆形，稍靠近侧纵脊，位于基部约 0.25 处。

腹部纺锤形，具细革质状表面。第 1 节背板长约为端宽的 2.1 倍，具纵皱；背中脊存在，背侧脊在气门前完整，腹侧脊完整；气门小，圆形，位于中央处。第 2 节背板梯形，长约为端宽的 0.6 倍。产卵器鞘约为后足胫节长的 0.8 倍；产卵器直，粗壮，具背结。

体红褐色，下列部分除外：上颚（端齿黑褐色）暗红褐色；颊区，头顶大部，上颊眼眶的斑纹，腹部第 3 节及以后各节背板，爪暗褐至黑褐色；下颚须，下唇须，触角（第 4～8 节鞭节黄褐色），足，翅芽褐色；翅基黄色；腹部第 2 节背板主要为黄褐色。

寄主：落叶松叶蜂 *Pristiphora erichsonii* (Hartig)。

分布：中国（宁夏）；奥地利，芬兰，德国，匈牙利，拉脱维亚，荷兰，波兰，英国等。

观察标本：2♀♀，宁夏六盘山，2012-Ⅴ-20，李涛。

（三）粗角姬蜂族 Phygadeuontini

该族含 12 亚族、125 属，已知 1900 多种；我国已知 32 属 107 种。寄主类群较多，很多种类是叶蜂类的重要寄生天敌。

泥甲姬蜂亚族 Bathytrichina

主要鉴别特征：前翅长 2.5～11.0 mm；唇基中等大小或大，弱至适度隆起，端缘具（或无）2 或 3 个中齿或瘤；上颚中等长至较长，下端齿等长于或短于上端齿；盾纵沟缺或长且明显，通常伸达或超过中胸盾片中部；腹板侧沟约为中胸侧板长的 0.7 倍（多棘姬蜂属 *Apophysius* 仅为中胸侧板长的 0.4 倍）；小盾片无侧脊；小翅室五边形，有时第 2 肘间横脉缺（多棘姬蜂属肘间横脉平行）；第 2 回脉具 1 或 2 个弱点，内斜（多棘姬蜂属第 2 回脉垂直）；产卵器鞘为前翅长的 0.25～1.15 倍；产卵器细长，侧扁，通常具背结，腹瓣具齿。

该亚族含 6 属，我国已知 3 属。已知寄主甚少。

17. 泥甲姬蜂属 *Bathythrix* Förster, 1869

Bathythrix Förster, 1869. Verhandlungen des Naturhistorischen Vereins der Preussischen Rheinlande und Westfalens, 25(1868): 176. Type-species: *Bathythrix meteori* Howard, designated by Viereck, 1914.

主要鉴别特征：唇基端缘较薄，通常具 1 对小齿或小突起；上颚下端齿约等长于上端齿；盾纵沟通常超过中胸盾片中部，但部分种类盾纵沟弱，未伸达中胸盾片中部；并胸腹节无明显侧突；侧纵脊基段（在气门上方）存在；小翅室小，肘间横脉向上收敛；第 2 回脉具 2 弱点，内斜；腹部第 1 节背板的气门通常位于中部之后；背侧脊、腹侧脊完整，或几乎完整，背中脊弱或不明显。

寄主：已知叶蜂类有锤角叶蜂科 Cimbicidae、松叶蜂科 Diprionidae、切叶蜂科 Megachilidae、叶蜂科 Tenthredinidae、茎蜂科 Cephidae。

全世界已知 57 种，此前我国仅知 4 种。

中国寄生叶蜂类的泥甲姬蜂属已知种检索表

1. 腹部第 1 节背板长约为端宽的 3.1 倍，具稠密的细纵皱；后足跗节第 3 节为第 5 节长的 1.4 倍；产卵器鞘约为后足胫节长的 0.8 倍；小盾片红色至红褐色……………………………………………

……………………………………………………红盾泥甲姬蜂，新种 *B. rufiscuta* Sheng, Li & Sun, sp. n.

腹部第 1 节背板长至少为端宽的 3.6 倍，光滑，无纵皱，具刻点；产卵器鞘至少为后足胫节长的 1.2 倍；小盾片黑色 ……………………………………………………………………………………2

2. 后足跗节第 3 节为第 5 节长的 2 倍；腹部第 1 节背板长约为端宽的 5.0 倍；产卵器鞘约为后足胫节长的 1.5 倍；腹部背板黑色………………………………………毛头泥甲姬蜂 *B. hirticeps* (Cameron)

非完全同上述，或后足跗节第 3 节小于第 5 节长的 2 倍，腹部第 1 节背板长小于端宽的 5.0 倍；或产卵器鞘更短；腹部背板至少具浅色斑……………………………………………………………………3

3. 颜面具相对细且短的毛；颚眼距为上颚基部宽的 0.25 倍；并胸腹节中区长约为宽的 2 倍；腹部第 2 节及其后的背板棕黄色，第 2～4 节背板基部具 1 对三角形黑斑；第 5～6 节背板基部黑色……

……………………………………………………………………负泥虫沟姬蜂 *B. kuwanae* Viereck

颜面具稠密的银白色长毛；颚眼距为上颚基部宽的 0.4 倍；并胸腹节中区长为最大宽的 0.7 倍；腹部第 2～4 节背板红褐色，第 5 节及其后的背板黑色 …………… 毛面泥甲姬蜂 *B. cilifacialis* Sheng

(46) 毛面泥甲姬蜂 *Bathythrix cilifacialis* Sheng, 1998

Bathythrix cilifacialis Sheng, 1998. Scientia Silvae Sinicae, 34(5): 79.

寄主：伊藤厚丝叶蜂 *Pachynematus itoi* Okutani。

分布：中国（辽宁）。

观察标本：1♀（正模），辽宁本溪，1997-Ⅷ-16，盛茂领；3♀♀1♂（副模），辽宁本溪，1997-Ⅷ-16～09-22，盛茂领；2♀♀，辽宁本溪，1998-Ⅴ-10～12，盛茂领。

(47) 毛头泥甲姬蜂 *Bathythrix hirticeps* (Cameron, 1909)

Agenora hirticeps Cameron, 1909. Journal of the Bombay Natural History Society, 19: 722.

♀ 体长 8.5～9.0 mm。前翅长 5.8～6.0 mm。

颜面宽为长的 1.6～1.8 倍；侧缘向下方稍收敛，具细革质状表面和稠密的短白毛。唇基平坦，宽约等于长，基部刻点同颜面，端部光滑光亮，刻点较稀，端缘中央具 2 个小瘤突。上颚强壮，基部光滑具弱皱，上端齿明显长于下端齿。颊区具细革质粒状表面，颚眼距约为上颚基部宽的 0.3 倍。上颊具稀疏的细毛点，向上渐阔。头顶宽阔，光滑光亮，具稀疏的细毛点；单眼区稍抬高，侧单眼外侧凹陷，侧单眼间距约为单复眼间距的 0.4 倍。额平坦，具稀疏的细刻点，中纵沟明显。触角柄节端缘平截，鞭节 29～32 节，第 1～5 节长度之比依次约为 12.0∶10.0∶10.0∶9.0∶8.0。后头脊完整。

前胸背板前缘具稠密的细刻点，侧凹及前胸背板后上部光滑光亮、无刻点；前沟缘脊强壮。中胸盾片稍隆起，光滑光亮，具稠密的细毛点；盾纵沟明显，长约达盾片端部 0.2 处。小盾片刻点同中胸盾片。后小盾片稍隆起，刻点同小盾片。中胸侧板稍隆起，具稀疏的细毛点；胸腹侧脊强壮，达翅基下脊；镜面区大，光滑光亮；中胸侧板凹横沟状；腹板侧沟伸抵中足基节，末端位于中胸侧板下后角上方。后胸侧板刻点同中胸侧板，后胸侧板下缘脊完整。足细长；后足第 1～5 跗节长度之比依次约为 25.0∶10.0∶6.0∶2.5∶3.0。翅透明；小脉与基脉对叉；小翅室五边形，第 2 回脉在其下外角约 0.2 处与之相接；

外小脉在上方约 0.4 处曲折；后小脉在下方约 0.3 处曲折。并胸腹节具白色短毛，稍隆起，分区完整，脊强壮；基区倒梯形，具稠密的细毛点；中区大，六边形，长约为分脊处宽的 1.1 倍，具稠密的细毛点；分脊从中区基部约 0.3 处与之相接；端区、侧区及外侧区具稠密的细毛点；气门小，圆形，位于基部约 0.1 处。

腹部细长，光滑光亮。第 1 节背板长约为端宽的 5.0 倍，侧缘具 1 排白色短毛；气门小，圆形，位于中央处。第 2 节背板长约为端宽的 2.0 倍，具稠密的细毛点。第 3 节背板长约为端宽的 1.3 倍，第 4 节背板长约为端宽的 0.9 倍，第 5 节及以后各节背板侧扁。产卵器鞘约为后足胫节长的 1.5 倍；下生殖板远离腹末；产卵器细长且直。

体黑色，下列部分除外：上颚（端齿黑褐色），下颚须，下唇须黄色；前足（基节、转节黄色；末跗节及爪黑褐色），中足（基节、转节黄色；跗节及爪黑褐色），翅基片，翅基黄褐色；前胸背板前缘上方部分、后上角，后足（转节、腿节基部少许、胫节及以后各节黑褐色）红褐色；翅痣，翅脉暗褐色。

寄主：会泽新松叶蜂 *Neodiprion huizeensis* Xiao & Zhou。

分布：中国（贵州、河南）；印度。

观察标本：3♀♀，河南西峡老界岭，1550 m，1998-Ⅶ-17～18，盛茂领；1♀（养），贵州威宁，2012-Ⅲ-20，李涛。

(48) 负泥虫沟姬蜂 *Bathythrix kuwanae* Viereck, 1912

Bathythrix kuwanae Viereck, 1912. Proceedings of the United States National Museum, 43: 584.

分布：中国 [辽宁、江西、河南、吉林、黑龙江、山东、陕西，以及长江流域及以南（除西藏）各省（自治区、直辖市）]；朝鲜，日本。

观察标本：2♀♀，辽宁沈阳，1990-Ⅴ-25～Ⅵ-01，盛茂领；1♀，辽宁沈阳，1990-Ⅸ-16，盛茂领。

(49) 红盾泥甲姬蜂，新种 *Bathythrix rufiscuta* Sheng, Li & Sun, sp.n.（彩图 14）

♀ 体长 5.0～5.5 mm。前翅长 4.0～5.0 mm。

颜面向下明显收敛，宽约为长的 1.6 倍；具稠密的细刻点和白色短毛；中央稍圆形隆起，亚侧缘稍凹。唇基沟明显。唇基宽约为长的 1.5 倍；光滑光亮，几乎无细毛点；中央稍隆起；唇基端缘弧形。上颚基部光滑光亮，具细毛点；上端齿稍长于下端齿。颊区具细革质粒状表面，颚眼距约为上颚基部宽的 0.5 倍。上颊光滑光亮，具稀疏的细毛点和白色短毛。头顶质地同上颊，单眼区外侧稍凹，侧单眼间距约为单复眼间距的 0.5 倍。额质地同头顶，中央稍凹且具明显的中纵沟。触角鞭节 26～27 节，第 1～5 节长度之比依次约为 8.0∶7.0∶6.5∶6.0∶6.0。后头脊完整，颊脊在上颚基部与口后脊相接。

前胸背板前缘光滑光亮；侧凹具明显的短斜皱；后上部光滑光亮，几乎无刻点；前沟缘脊强壮。中胸盾片稍隆起，具稠密的细毛点和白色短毛；盾纵沟明显，后端稍靠拢，超过中胸盾片长度的一半；小盾片稍圆形隆起，具稠密的细毛点；后小盾片稍圆形隆起，质地同小盾片。中胸侧板具稠密的细毛点，中央大部均匀隆起，光滑光亮，无刻点；胸腹侧脊强壮，几乎伸抵翅基下脊；腹板侧沟明显，超过中胸侧板长度的一半；镜面区大，稍隆起，光滑光亮，无刻点；中胸侧板凹横沟状。后胸侧板稍隆起，具稠密的细刻点和白色短毛，后胸侧板下缘脊完整。足正常，后足第1～5跗节长度之比依次约为21.0∶10.0∶6.5∶3.5∶4.5。翅透明；小脉与基脉对叉；小翅室开放，第2回脉与肘间横脉间距约为肘间横脉长的0.8倍；外小脉内斜，约在中央稍上方曲折；后小脉在下方约0.25处曲折。并胸腹节具均匀的细毛点和白色短毛；分区完整；基区倒梯形；中区阔，六边形，高约为分脊处宽的1.1倍，分脊约从中区上方0.3处与之相接；端区扇形，具不规则斜皱；气门小，圆形，位于基部约0.1处。

腹部第1节背板长约为端宽的3.1倍，具稠密的细纵皱；背中脊基部存在、背侧脊在气门前完整、腹侧脊完整；气门小，圆形稍凸出，位于端部约0.45处。第2节背板长约为端宽的0.9倍；基部具短纵皱，其余大部光滑光亮，具稠密的细毛点；窗疤中央呈细革质粒状。第3节及以后背板光滑光亮，具稠密的细毛点。产卵器鞘约为后足胫节长的0.8倍；产卵器直，较细，末端尖。

体黑色，下列部分除外：上颚（端齿黑褐色），触角（鞭节中央及端部褐色），前胸背板（前缘黄褐色），后足（基节黄褐色；胫节基部和端部、跗节暗褐色），小盾片，后小盾片，腹部第2节背板端部、第3节背板端部少许红褐色；下颚须，下唇须，前足，中足（基跗节端部、第2～5跗节褐色），翅基片，翅基黄色至黄褐色；爪，翅痣，翅脉褐色。

寄主：落叶松叶蜂 *Pristiphora erichsonii* (Hartig)。

分布：中国（宁夏）。

正模 1♀，宁夏六盘山，2012-Ⅴ-20，盛茂领。副模：2♀♀，宁夏六盘山，2012-Ⅴ-20～25，盛茂领，李涛。

词源：本种种名源自小盾片红色。

本种与负泥虫沟姬蜂 *B. kuwanae* Viereck, 1912 相似，可通过下列特征与后者区分：腹部第1节背板具明显长纵皱；小盾片、后小盾片红色至红褐色。负泥虫沟姬蜂：腹部第1节背板光滑；小盾片、后小盾片黑色。

恩姬蜂亚族 Endaseina

该亚族含10属，我国已知6属。我国已知属检索表可参考相关文献（盛茂领等，2013；Townes，1970a）。

18. 恩姬蜂属 *Endasys* Förster, 1869

Endasys Förster, 1869. Verhandlungen des Naturhistorischen Vereins der Preussischen Rheinlande und Westfalens, 25(1868): 184. Type-species: *Stylocryptus analis* Thomson. Included by Roman, 1909.

主要鉴别特征：颜面上缘中央凹陷；唇基小，端缘均匀向前隆起；上颚下端齿短于上端齿；复眼具柔毛；盾纵沟未伸达中胸盾片中部；盾前沟具1强壮的中纵脊，通常还有其他相对较弱但明显的纵脊；腹部第1节背板背中脊在基部强壮；产卵器鞘约为前翅长的0.38倍。

寄主：已知的寄主叶蜂主要隶属于三节叶蜂科 Agridae、松叶蜂科 Diprionidae、叶蜂科 Tenthredinidae（闵水发等，2010；Sheng and Chen，2001；Yu et al.，2016）。

全世界已知131种，我国已知9种。

恩姬蜂属中国已知种检索表

下面的检索表未包括桑恩姬蜂 *Endasys morulus* (Kokujev, 1909)。

1. 胫节黄褐色，无白色纵带；后足胫节暗红褐色，端部褐黑色；镜面区具刻点……2
   胫节黑色或仅前足胫节稍带褐色，或前中足胫节的外侧具分界清晰的白色纵带；镜面区光滑光亮，或具皱纹，或具刻点……6
2. 触角鞭节具白环，基部1～3(4)节黑色或褐黑色；后足基节黑色；腹部第1节背板黑色……5
   触角鞭节无白环，基半部浅褐色；后足基节浅色或黑褐色；腹部第1节背板红褐色、黄褐色或黑色……3
3. 后足基节和腿节黑褐色，胫节和跗节均匀的暗褐色；腹部第1节背板至少基部黑色……申恩姬蜂 *E. sheni* Sheng
   后足基节褐色至红褐色，胫节和跗节不均匀的褐色或暗褐色，至少胫节端部褐黑色；腹部第1节背板完全褐色或红褐色……4
4. 小翅室宽约等于长，第2回脉在靠近它的中部相接；后足胫节粗壮；后足腿节基部约0.7红褐色，端部0.3褐黑色……螟恩姬蜂，新种 *E. proteuclastae* Sheng, Sun & Li, sp.n.
   小翅室宽明显大于长，约为长的1.7倍，第2回脉在它的外侧约0.3处相接；后足胫节相对较细长；后足腿节褐黑色，基部黄褐色……叶蜂恩姬蜂 *E. pristiphorae* Sheng
5. 小翅室宽约等长于高，或稍宽，第2回脉在小翅室的中部或中部稍外侧相接；后小脉在下方0.2处曲折；后足胫节和跗节黑褐色至褐色；腹部中部背板褐黑色或褐色……辽宁恩姬蜂 *E. liaoningensis* Wang, Sun, Ma & Sheng
   小翅室横行，宽明显大于高，第2回脉在它的外侧约0.3处相接；后小脉约在下方0.4处曲折；后足完全黑色；腹部背板几乎完全黑色……日本恩姬蜂 *E. parviventris nipponicus* (Uchida)
6. 前中足胫节的外侧具分界清晰的白色纵带；腹部背板黑色或仅端部稍带褐黑色……7
   前中足胫节无白色纵带；腹部背板自第2节至末节褐色至红褐色……苏恩姬蜂 *E. sugiharai* (Uchida)
7. 额具弱且不清晰的细刻点；中区宽约为长的2.1倍，约为基区长的1.8倍；后足胫节完全黑色……新宾恩姬蜂 *E. xinbinicus* Sheng & Sun
   额具稠密清晰的粗刻点；中区后端宽约为长的1.8倍，并胸腹节基区约与中区等长；后足胫节外侧具分界清晰的白色纵带……白斑恩姬蜂 *E. albimaculatus* Sheng & Sun

(50) 白斑恩姬蜂 *Endasys albimaculatus* Sheng & Sun, 2014

Endasys albimaculatus Sheng & Sun, 2014. Ichneumonid Fauna of Liaoning, p.137.

♀ 体长约 7.5 mm。前翅长约 5.0 mm。

头部具稠密的粗刻点。颜面较宽，宽约为长的 1.9 倍。触角鞭节 21 节。后头脊完整。胸部具刻点和皱；前沟缘脊存在。中胸盾片具稠密的粗刻点。盾前沟具强壮的中纵脊。小盾片光亮光泽，具细刻点。中胸侧板中后部具清晰的斜纵皱；镜面区具粗刻点。后胸侧板具完整的基间脊。小翅室五边形；后小脉在中央下方曲折。并胸腹节具稠密的皱和刻点；中区宽约为长的 1.8 倍，分脊位于中央后方。腹部背板光亮。第 1 节背板中纵脊伸达端部约 0.2 处；气门圆形，位于端部约 0.3 处。产卵器鞘约为后足胫节长的 0.4 倍。

体黑色，下列部分除外：触角鞭节近中部，各足胫节基部背侧的纵斑；前中足腿节端部、胫节、跗节和后足胫节、跗节黑色，但跗节稍带红褐或黄褐色；腹部背板（第 1 节除外）带深红色。

♂ 体长 6.5～7.5 mm。前翅长 4.5～5.0 mm。触角鞭节 23～24 节，无白环。

分布：中国（北京、辽宁）。

观察标本：1♀（正模），北京门头沟，2012-Ⅷ-25，宗世祥；5♂♂（副模），辽宁新宾，2009-Ⅵ-24～Ⅸ-10，集虫网；1♂（副模），辽宁宽甸白石砬子，2011-Ⅷ-11，集虫网。

(51) 叶蜂恩姬蜂 *Endasys pristiphorae* Sheng, 2020

Endasys pristiphorae Sheng, 2020. Zootaxa, 4743(1): 113.

♀ 体长 3.5～6.0 mm。前翅长 3.0～4.0 mm。

颜面宽为长的 1.4～1.7 倍，表面均匀稍隆起，具稠密的细刻点。唇基沟明显。唇基宽为长的 1.8～2.0 倍，稍平，光滑光亮，具稀细毛点，端缘稍弧形突出。上颚基部具稀疏的细毛点，上端齿长于下端齿。颊区具稀疏的细刻点，颚眼距为上颚基部宽的 0.8～1.0 倍。上颊阔，光滑光亮，具稀疏的细刻点。头顶质地同上颊，侧单眼间距约等长于单复眼间距。额质地同上颊，刻点相对稍粗，上半部较平，下半部在触角窝上方凹陷。触角柄节圆筒形，末端稍斜；鞭节 19 节，第 1～5 节长度之比依次约为 4.0∶4.0∶4.0∶3.5∶3.0。后头脊完整。

前胸背板前缘具 1 明显纵脊，侧凹具短纵皱，后上部具均匀稠密的细刻点。中胸盾片稍平，具稀疏的细刻点，中央刻点较粗；盾纵沟基部存在；盾前沟具 1 短中纵脊；小盾片稍隆起，光滑光亮，具稀细毛点；后小盾片横形，光滑光亮，无刻点。中胸侧板稍隆起，具稀的细刻点；胸腹侧脊几乎伸抵翅基下脊；腹板侧沟基部弱；中下部具细纵皱；中胸侧板凹浅沟状；镜面区小，具稀疏的细刻点。足正常，后足第 1～5 跗节长度之比依次约为 10.0∶4.0∶3.0∶2.0∶4.0。翅褐色，透明，小脉位于基脉外侧，二者之间的距离约为小脉长的 0.3 倍；小翅室五边形，肘间横脉向上稍收敛，第 2 回脉在其下方中央处与之相接；外小脉内斜，在下方约 0.3 处曲折；后小脉在下方约 0.2 处曲折。并胸腹节稍隆起，光滑光亮，分区完整；基区倒梯形；中区六边形，长约为分脊处宽的 0.9 倍，分脊在中区中央稍后方与之相接；端区斜截，中央稍凹，具不规则粗刻点和短皱；侧区光滑光亮，无刻点；外侧区具清晰的短横皱；气门小，圆形，靠近侧纵脊，位于基部约 0.3 处。

腹部纺锤形，光滑光亮。第 1 节背板长为端宽的 1.7～1.8 倍；背中脊伸抵气门后，背侧脊、腹侧脊完整；气门小，圆形，位于端部约 0.4 处。第 2 节背板梯形，长为端宽的 0.5～0.6 倍。第 3 节背板长约为基部宽的 0.8 倍，端半部向后收敛。第 4 节及以后背板向后显著收敛。产卵器鞘为后足胫节长的 0.7～0.8 倍；产卵器直，细长，末端尖细，呈矛状。

体黑色，下列部分除外：上颚（基部、端齿黑褐色）暗红褐色；下颚须，下唇须，触角（第 10 节及以后各节黑褐色），前中足，后足（腿节大部黑褐色；胫节末端少许褐色），翅基黄褐色；翅基片，翅痣，翅脉褐色；腹部第 1～2 节背板、第 3 节（端半部黑褐色）红褐色，第 4 节及以后各节褐黑色。

寄主：杨扁角叶蜂 *Stauronematus platycerus* (Hartig)、落叶松叶蜂 *Pristiphora erichsonii* (Hartig)、西北槌缘叶蜂 *Pristiphora xibei* Wei & Xia。

观察标本：1♀（正模），山东费县，2007-Ⅷ-07，盛茂领；1♀（副模），陕西安康平河梁，2010-Ⅴ-12，李涛；1♀（副模），宁夏六盘山，2011-Ⅴ-18，盛茂领；2♂♂（副模），宁夏六盘山，2011-Ⅴ-13～18，李涛、盛茂领；1♀1♂（副模），甘肃兴隆山，2011-Ⅵ-01～10，盛茂领。

本种与木下恩姬蜂 *E. kinoshitai* Uchida, 1955 相似，可通过以下特征予以区分：小盾片隆起；并胸腹节中区宽约为长的 1.1 倍；颜面和胸部黑色；翅基片褐色；腹部端部褐黑色。木下恩姬蜂：小盾片平坦；并胸腹节中区明显较宽，约为长的 1.7 倍；颜面红褐色；胸部具不均匀的红褐色；腹部几乎完全黄褐色。

(52) 辽宁恩姬蜂 *Endasys liaoningensis* Wang, Sun, Ma & Sheng, 1996

Endasys liaoningensis Wang, Sun, Ma & Sheng, 1996. Entomotaxonomia, 18(3): 230.

寄主：伊藤厚丝叶蜂 *Pachynematus itoi* Okutani。

分布：中国（辽宁、河南）；朝鲜。

观察标本：1♀（正模）36♀♀30♂♂（副模），辽宁新宾，1993-Ⅵ-20，孙建文；3♀♀，辽宁新宾，1997-Ⅵ，刘清俊；1♀，辽宁新宾，1997-Ⅷ-05，盛茂领；2♀♀，辽宁新宾，1998-Ⅴ-04；155♀♀537♂♂（养），辽宁本溪连山关，1998-Ⅵ-24～Ⅷ-27，盛茂领；5♂♂，辽宁新宾，2005-Ⅵ-09～23，集虫网；1♂，辽宁宽甸，2007-Ⅷ-06，盛茂领；4♂♂，辽宁新宾，2009-Ⅵ-10～Ⅹ-18，集虫网；2♀♀18♂♂，辽宁桓仁老秃顶子，2011-Ⅵ-07～Ⅷ-17，集虫网；4♀♀1♂，辽宁宽甸白石砬子，2011-Ⅵ-23～Ⅷ-04，集虫网；1♂，辽宁本溪，2012-Ⅵ-02，盛茂领。

(53) 桑恩姬蜂 *Endasys morulus* (Kokujev, 1909)

Bathymetis morulus Kokujev, 1909. Annales du Musée Zoologique, 14: 45.

分布：中国（西藏）。

(54) 日本恩姬蜂 *Endasys parviventris nipponicus* (Uchida, 1930)

Stylocryptus parviventris nipponicus Uchida, 1930. Journal of the Faculty of Agriculture, Hokkaido Imperial University, 25(4): 332.

♀ 体长约 8.0 mm。前翅长约 6.5 mm。

复眼具非常稀疏弱细的短毛。颜面宽约为长的 1.5 倍，具均匀稠密的粗刻点和白色短毛；中央强度隆起，上缘中央具“V”形凹陷。唇基沟较明显。唇基均匀隆起，宽约为长的 2.0 倍，质地与颜面相同，刻点较颜面稍稀疏；端缘微弱隆起呈弧形。上颚强壮，稍短，基部具稀疏刻点，上端齿稍长于下端齿。颊区具稠密的细刻点，颚眼距约等长于上颚基部宽。上颊宽阔，光滑光亮，刻点同颜面，但相对稀疏，几乎不向后收敛。头顶刻点稍粗，质地同颜面，侧单眼间距约为单复眼间距的 0.8 倍。额刻点同头顶，上半部平坦；下半部在触角窝上方稍凹，光滑光亮。触角粗短，柄节圆筒形，末端平截；鞭节 25 节；第 1～5 节长度之比依次约为 9.0∶8.0∶7.0∶6.0∶6.0。后头脊完整。

前胸背板前缘具稠密的粗刻点，侧凹具短斜皱和粗刻点，后上部具均匀稠密的粗刻点。中胸盾片稍隆起，具均匀稠密的粗刻点，盾纵沟基部明显。盾前沟内具 1 强壮中纵脊，两侧短纵皱较稠密。小盾片稍平，刻点较中胸盾片的刻点稀疏。后小盾片具稠密的细毛点。中胸侧板稍隆起，具较中胸盾片稍细的刻点，中部具弱斜横皱；胸腹侧脊强壮，几乎伸抵翅基下脊；翅基下脊强壮；镜面区小，具稀疏的粗刻点；中胸侧板凹浅沟状；腹板侧沟伸达中胸侧板后缘（前部较清晰），末端位于中胸侧板下后角上方。后胸侧板较平，具稠密且不规则的粗皱。足正常，后足第 1～5 跗节长度之比依次约为 21.0∶8.0∶6.0∶4.0∶7.0。翅褐色，透明；小脉位于基脉外侧，二者之间的距离约为小脉长的 0.2 倍；小翅室五边形，肘间横脉向上收敛，第 2 回脉在它的下外角约 0.3 处与之相接；外小脉内斜，在下方约 0.3 处曲折；后小脉约在下方 0.4 处曲折。并胸腹节稍隆起，脊强壮，分区完整；基区较宽，倒梯形，相对光滑，具稀疏的细毛点；中区六边形，约呈扇状，具斜纵皱，长约为分脊处宽的 0.5 倍，分脊在其下方约 0.3 处与之相接；端横脊均匀向前拱起；侧突强壮；端区斜截，深凹，具稠密的细横皱；第 1 侧区质地同基区；第 2 侧区具不规则粗皱；外侧区具粗横皱；气门中等大小，椭圆形，位于基部约 0.2 处。

腹部纺锤形，光滑光亮。第 1 节背板长约为端宽的 1.6 倍，端部的刻点非常细；背中脊伸达气门后，端部较弱；背侧脊在气门后较弱，腹侧脊完整；气门小，圆形，位于端部 0.3～0.4 处。第 2 节背板梯形，长约为端宽的 0.6 倍，基部和端缘具稀细毛点和褐色短毛。第 3 节背板长约为基部宽的 0.7 倍，质地同第 2 节背板，仅中央光滑光亮无刻点。第 4～8 节背板向后显著收敛，具均匀稠密的细毛点。产卵器直，细长，端部尖细，呈矛状；产卵器鞘约为后足胫节长的 0.9 倍。

体黑色，下列部分除外：触角鞭节第 5～9 节及第 10 节基部黄白色，端半部腹面暗褐色；上颚（基部、端齿黑褐色）褐红色；足的关节处，前中足胫节、跗节前侧多少带红褐色；下颚须，下唇须，翅痣（基缘具黄色斑），翅脉黑褐色；腹部第 2～3 节背板稍带暗红色。

♂ 体长 5.5～7.0 mm。前翅长 5.0～5.5 mm。触角鞭节 25～27 节。体黑色，下列部

分除外：下颚须，下唇须黄白色；前足（基节、第1转节、腿节大部黑褐色；胫节褐色），中足（基节、第1转节大部、腿节黑褐色；胫节褐色）黄褐色；后足转节、胫节、跗节，翅痣，翅脉，翅基暗褐色。

寄主：桦三节叶蜂 *Arge pullata* (Zaddach)。

分布：中国（湖北）；日本。

观察标本：1♀，湖北神农架，2009-Ⅴ-24，盛茂领；2♂♂，湖北神农架，2010-Ⅵ-07～09，盛茂领。

(55) 螟恩姬蜂，新种 *Endasys proteuclastae* Sheng, Sun & Li, sp.n.（彩图15）

♀ 体长约5.0 mm。前翅长约3.8 mm。

头胸部及腹端部具稠密的黄褐色短毛。颜面宽约为长的1.8倍，表面均匀隆起，具稠密的粗刻点，上缘中央显著宽“V”形下凹。唇基沟明显。唇基宽约为长的2.3倍，具稠密不清晰的浅细刻点，基部中央稍隆起，端缘稍弧形突出。上颚基部具细刻点，上端齿长于下端齿。颊区具稍稀疏的细刻点，眼下沟明显，颚眼距约为上颚基部宽的0.8倍。上颊阔，具稠密清晰的细刻点，中部宽约为复眼横径的1.3倍，后上部明显收敛。头顶质地同上颊，较宽阔，后部中央较隆起；单眼区稍抬高，侧单眼外侧沟明显；侧单眼间距约为单复眼间距的0.8倍。额具稠密模糊的细刻点和细横皱，上半部较平，下半部在触角窝上方明显凹陷。触角柄节圆筒形，末端几乎平；鞭节20节，卷曲，第1～5节长度之比依次约为1.0∶0.9∶0.9∶0.8∶0.7。后头脊完整。

前胸背板前缘具细纵脊，侧凹具稠密的细横皱，后上部具稠密的皱状粗刻点。中胸盾片稍平，具稠密的细刻点，后部中央刻点较粗；盾纵沟基部细而明显；盾前沟具1强中纵脊。小盾片稍隆起，具稍稀疏的细刻点。后小盾片横形，具浅细的刻点。中胸侧板稍隆起，具稠密的斜细纵皱和细刻点；胸腹侧脊伸抵翅基下脊前缘；腹板侧沟基部明显；中胸侧板凹浅沟状；镜面区非常小，光滑无刻点。后胸侧板稍隆起，具稠密的斜粗皱，后胸侧板下缘脊完整。足粗壮，后足第1～5跗节长度之比依次约为3.2∶1.3∶1.0∶0.7∶1.2。翅褐色，透明，小脉位于基脉外侧，二者之间的距离约为小脉长的0.25倍；小翅室五边形，肘间横脉向上微弱收敛，第2回脉在其下方中央稍外侧与之相接；外小脉内斜，在下方约0.25处曲折；后小脉在下方约0.2处曲折。并胸腹节稍隆起，脊和分区完整；基区倒梯形，横宽，具模糊的浅细刻点和弱皱；中区六边形，具稠密的弱皱，长约为分脊处宽的0.7倍；分脊在中区下方约0.35处伸出；端区斜截，中央明显凹，具稠密的细横皱及刻点；侧区表面特征与中区相近，具稠密的弱皱；外侧区具清晰的粗横皱；并胸腹节侧突显著，端部尖；气门小，圆形，靠近侧纵脊，位于基部约0.3处。

腹部纺锤形，光滑光亮，几乎无刻点。第1节背板基部细柄状，长约为端宽的1.7倍；背中脊未伸抵气门处，背侧脊细弱完整；后柄部中央具1细中纵脊；气门小，圆形，位于端部约0.3处。第2节背板梯形，长约为端宽的0.6倍。第3节背板倒梯形，长约为基部宽的0.7倍，约为端宽的1.1倍，显著向后收敛。第4节及以后背板窄小，向后强烈收敛。产卵器鞘约为后足胫节长的0.7倍；产卵器直，细针状。

头胸部黑色，腹部和足红褐色。触角基半部红褐色，端半部黑褐色。上颚（端齿黑褐色）端半部，下颚须，下唇须，翅基片红褐色。后足腿节端部、胫节端缘带黑褐色。翅痣黄褐色，翅脉褐色。腹部第3节背板端半部向后暗褐色。

正模 ♀，宁夏灵武，2007-Ⅷ-28，盛茂领。副模：1♀，山东淄博毫山林场，2018-Ⅴ-10，集虫网；2♂♂，山东徂徕山中军帐里峪，2018-Ⅴ-04，集虫网。

词源：本新种名源于寄主名。

寄主：旱柳原野螟 *Proteuclasta stotzneri* (Caradja)。

本新种与申恩姬蜂 *E. sheni* Sheng, 1999 相似，可通过上述检索表予以区分。

(56) 申恩姬蜂 *Endasys sheni* Sheng, 1999

Endasys sheni Sheng, 1999. The Fauna and Taxonomy of Insects in Henan. Vol. 4. Insects of the Mountains Funiu and Dabie Regions p.75.

♀ 体长 3.0～5.5 mm。前翅长 3.0～4.5 mm。

复眼具稀疏的弱短毛。颜面宽约为长的 1.7 倍，均匀隆起，具均匀稠密的刻点和白色短毛；在触角窝之间稍凹。唇基宽约为长的 2.0 倍，稍隆起，质地同颜面，刻点相对稀疏。上颚强壮，基部具细毛点，上端齿稍长于下端齿。颊区光滑光亮，具稀疏的细刻点，颚眼距为上颚基部宽的 1.0～1.1 倍。上颊阔，光滑光亮，具稀疏的细毛点。头顶质地同上颊，侧单眼间距约为单复眼间距的 0.8 倍。额上部质地同头顶，相对较平，在触角窝上方稍凹，光滑光亮，几乎无刻点。触角粗壮，柄节圆筒形，末端稍斜；鞭节 18～20 节，第 1～5 节长度之比依次约为 4.0∶3.5∶3.0∶3.0∶3.0。后头脊完整。

前胸背板前缘具稠密的细刻点，侧凹具短横皱，后上部具均匀稠密的细刻点。中胸盾片稍平，具均匀稠密的刻点，相对较粗；盾前沟具 1 明显短纵皱；小盾片平坦，刻点相对中胸盾片稀细；后小盾片横形，隆起，光滑光亮，具弱细毛点。中胸侧板稍隆起，具均匀稠密的细刻点，中央具细横皱；胸腹侧脊完整，伸抵翅基下脊；镜面区小，光滑光亮，具稀细毛点；中胸侧板凹浅沟状；腹板侧沟基部明显，几乎伸抵中胸侧板后缘，末端位于中胸侧板下后角上方。后胸侧板稍隆起，具细刻点和不规则短皱；具基间脊；后胸侧板下缘脊完整。足正常，后足第 1～5 跗节长度之比依次约为 11.0∶4.0∶3.5∶2.0∶4.0。翅褐色，透明，小脉位于基脉外侧，二者之间的距离约为小脉长的 0.5 倍；小翅室五边形，肘间横脉向前方稍收敛，第 2 回脉在其下外角约 0.3 处与之相接；外小脉内斜，在下方约 0.3 处曲折；后小脉在下方约 0.2 处曲折。并胸腹节稍平，光滑光亮，脊强壮；基区倒梯形，光滑光亮，具稀的细刻点；中区近梯形，具不规则横皱，分脊处宽为长的 1.4～1.5 倍，分脊从中区下方约 0.3 处与之相接；端横脊拱形；侧突明显；端区斜截，中间深凹，具稠密的刻点和不规则短皱；侧区质地同中区；外侧区具短横皱；气门小，圆形，位于基部约 0.2 处。

腹部纺锤形，光滑光亮，无刻点。第 1 节背板长约为端宽的 1.5 倍；背中脊平行，末端伸达气门后；背侧脊、腹侧脊完整；气门小，圆形，位于端部约 0.4 处。第 2 节背板长约为端宽的 0.5 倍，基部和端缘具稀疏的褐色短毛。第 3 节背板长约为基部宽的 1.5 倍，质地同第 2 节背板，基部和端缘具褐色短毛。第 4 节及以后背板具稠密的褐色短毛。

产卵器鞘为后足胫节长的 0.8～0.9 倍；产卵器细长，直，末端尖细，呈矛状。

体黑色，下列部分除外：上颚（基部，端齿黑褐色），下颚须，下唇须，翅基片，翅基，前足，中足（基节暗褐色），后足（基节，腿节黑褐色），触角鞭节（第 10～20 节褐色）黄褐色；翅痣，翅脉褐色；腹部第 1 节背板端缘、第 2 节背板、第 3 节背板（端缘红褐色）红色；第 4 节及以后各节背板红褐色。

♂ 体长 4.0～4.5 mm。前翅长 3.5～4.0 mm。触角鞭节 23～24 节。体黑色，下列部分除外：下颚须，下唇须，翅基黄色；腹部第 2～3 节背板暗红褐色；后足基节、第 1 转节、腿节（基部少许红褐色）黑褐色，第 2 转节、胫节（背面褐色）黄褐色，跗节黑褐色。

寄主：落叶松锉叶蜂 *Pristiphora laricis* (Hartig)。

分布：中国（河南、河北）。

观察标本：1♀（正模）1♂，河南内乡宝天曼自然保护区，1300～1500 m，1998-Ⅶ-11，盛茂领；1♀，河北围场塞罕坝，2010-Ⅵ-16，1673 m，李涛；9♀♀，河北围场塞罕坝，2010-Ⅵ-16～2011-Ⅰ-10，1673 m，李涛；3♂♂，河北围场塞罕坝，2010-Ⅵ-16～Ⅶ-18，1673 m，李涛。

(57) 苏恩姬蜂 *Endasys sugiharai* (Uchida, 1936)

Stylocryptus (*Stylocryptus*) *sugiharai* Uchida, 1936. Insecta Matsumurana, 11: 18.

♂ 体长约 6.5 mm。前翅长约 4.0 mm。

体被稠密的黄褐色短毛。头背面观近似圆形。头部具稠密的粗刻点。颜面宽约为长的 1.6 倍。唇基沟稍清晰。唇基宽约为长的 2.3 倍。上颚下端齿稍比上端齿短。复眼较小，具非常稀且短的毛。具眼下沟。颚眼距约为上颚基部宽的 0.25 倍。上颊较厚，侧面观约为复眼横径的 1.1 倍。侧单眼间距约为单复眼间距的 1.4 倍。触角鞭节 21 节，第 1～5 节长度之比依次约为 1.4∶1.0∶1.0∶1.0∶0.9，具 2 触角瘤，位于鞭节第 10、11 节。后头脊完整。

胸部具稠密的细刻点；前沟缘脊可见。中胸盾片后缘中央具 1 横脊。盾纵沟前部清晰。盾前沟宽阔，具 1 强壮的中纵脊和侧脊，侧面具一些弱的脊状纵皱。前翅小脉位于基脉外侧，二者之间的距离约为小脉长的 0.5 倍；小翅室五边形；第 2 回脉在它的下方外侧约 0.4 处与之相接；外小脉明显内斜，在下方约 0.3 处曲折；后小脉在下方约 0.2 处曲折。后足第 1～5 跗节长度之比依次约为 3.8∶1.7∶1.2∶0.7∶1.0。并胸腹节具较完整的脊和分区；基区横宽，倒梯形，光滑；中区六边形，底边中央弧形前突，皱较弱，宽约为长的 1.5 倍，分脊位于它的中央稍后方；端横脊拱形，强烈向前拱起；端区强度下斜，中央稍凹，具非常稠密的平行粗横皱；第 1 侧区具弱皱，第 2 侧区具较强的斜横皱；外侧区具强横皱；侧突强壮；气门卵圆形，约位于基部 0.25 处。

腹部背板光滑光亮，具稀疏的细毛点。第 1 节背板长约为端宽的 2.3 倍，基部细柄状。第 2 节背板梯形，长约为端宽的 0.74 倍；第 3 节背板倒梯形，长约为基部宽的 0.87 倍，约为端宽的 1.1 倍。抱握器较强壮。

体黑色，下列部分除外：触角柄节、梗节及第 1 鞭节腹侧黄褐色，鞭节黑褐色（腹侧色浅）；上颚中段橙红色；下颚须及下唇须乳黄色；前中足基节端部、转节和腿节（背侧大部分褐黑色）、胫节黄褐色，跗节浅黄色（末跗节褐色）；后足第 1 转节端缘及第 2 转节带黄褐色，胫节外侧及跗节多少带红褐色；腹部第 1 节背板端部及第 2～6 节背板橙红色；翅基片红褐色，翅脉暗褐色，翅痣褐色。

分布：中国（辽宁）；朝鲜，日本。

观察标本：1♂，辽宁新宾，2005-Ⅵ-23，集虫网；1♂，辽宁新宾，2005-Ⅸ-08，集虫网。

(58) 新宾恩姬蜂 *Endasys xinbinicus* Sheng & Sun, 2014

Endasys xinbinicus Sheng & Sun, 2014. Ichneumonid Fauna of Liaoning, p.141.

♀ 体长约 8.5 mm。前翅长约 5.0 mm。头胸部及腹端部具稠密的黄褐色短毛。

颜面宽约为长的 2.0 倍。唇基宽约为长的 1.8 倍。上颚下端齿与上端齿几乎等长。颚眼距约为上颚基部宽的 0.8 倍。侧单眼间距约为单复眼间距的 1.3 倍。触角鞭节 25 节，第 1～5 节长度之比依次约为 2.0∶1.6∶1.5∶1.3∶1.2。后头脊完整。

前胸背板前沟缘脊可见。中胸盾片具稠密的粗刻点；后缘中央具 1 横脊。盾前沟具 1 强壮的中纵脊和侧脊。小脉位于基脉外侧，二者之间的距离约为小脉长的 0.35 倍；小翅室五边形；外小脉明显内斜，在下方约 0.3 处曲折；后小脉在下方约 0.3 处曲折。后足第 1～5 跗节长度之比依次约为 4.5∶2.0∶1.5∶1.0∶1.7。并胸腹节基区横宽，倒梯形，具弱纵皱；中区约为基区长的 1.8 倍，呈不规则横六边形，宽约为长的 2.1 倍，具弱皱；分脊位于它的中央后方；端横脊拱形，强烈向前拱起；端区强度下斜、凹陷，具稠密的细横皱；第 1 侧区相对光滑，外侧区具稠密的粗横皱，其他区具弱皱；侧突强壮、侧扁；气门椭圆形，位于基部约 0.2 处。

腹部背板光滑光亮，第 3 节及以后背板端部具稠密的细刻点和黄褐色短毛。第 1 节背板长约为端宽的 1.4 倍，基部细柄状。第 2 节背板梯形，长约为端宽的 0.55 倍；第 3 节背板倒梯形，长约为基部宽的 0.75 倍，约为端宽的 1.1 倍；第 4 节及以后背板向后显著收敛。产卵器鞘约等于后足胫节长。

体黑色，下列部分除外：触角鞭节 4～9 节，前中足胫节背侧基部的长纵斑，腹部腹面基半部中央白色；上颚中部黄红色；下颚须及下唇须端部带红褐色；前中足多多少少带暗红褐色；腹部第 2 节背板端部及以后背板基半部带深红色；翅基片内侧带暗红色，翅脉暗褐色，翅痣近黑色。

♂ 体长 6.5～8.5 mm。前翅长 4.5～5.0 mm。触角鞭节 23～26 节，中段无白环，向端部逐渐变细；触角瘤纵瘤状，位于鞭节第 10～11 节。触角腹侧，下唇须和下颚须（除基部），前中足腿节前侧及端部、胫节、跗节或多或少黄褐或红褐色（前足红褐色显著）；腹部大部分黑色，端部多少带模糊不清的深红色。

分布：中国（辽宁）。

观察标本：1♀（正模），辽宁新宾，2009-Ⅸ-10，集虫网；2♂♂（副模），辽宁新宾，

2005-Ⅷ-18～Ⅸ-08，集虫网；13♂♂（副模），辽宁宽甸，2008-Ⅵ-30～Ⅸ-01，集虫网；20♂♂（副模），辽宁新宾，2009-Ⅵ-02～Ⅸ-10，集虫网；12♂♂（副模），辽宁桓仁老秃顶子，2011-Ⅵ-22～Ⅸ-24，集虫网。

19. 离距姬蜂属 *Glyphicnemis* Förster, 1869

Glyphicnemis Förster, 1869. Verhandlungen des Naturhistorischen Vereins der Preussischen Rheinlande und Westfalens, 25(1868): 181. Type-species: *Phygadeuon vagabundus* Gravenhoust. Designated by Ashmead, 1990.

主要鉴别特征：体强壮；复眼表面通常具稀疏毛；上颚下端齿长于上端齿；小盾片前凹具清晰的中纵脊；胫节粗，外侧具稠密的刚毛；后足胫节端部非常斜，胫距远位于端部前方。

全世界已知13种，我国知3种。已知的寄主主要为叶蜂类（Meyer，1927；Yu et al.，2016）。

离距姬蜂属中国已知种检索表

1. ♀♀ ……………………………………………………………………………………………2
   ♂♂ ……………………………………………………………………………………………3
2. 腹部第1节背板后柄部的前部具横皱，后部具纵皱；第2节背板具清晰且相对稠密的细刻点；后足基节和腿节几乎完全黑色……………………………………………………萨离距姬蜂 *G. satoi* (Uchida)
   腹部第1～3节背板光滑光亮，无皱，无或几乎无刻点；后足基节和腿节红褐色 ……………………………………………………………………………………………赣离距姬蜂 *G. ganica* Sheng & Li
3. 唇基完全黑色；后足腿节背侧红褐色，腹侧褐黑色；后足跗节黑色（雌蜂不详）………………………………………………………………………………………秦离距姬蜂 *G. qinica* Sheng, Li & Sun, sp.n.
   唇基黄色，或至少端部红褐色，或后足基节和腿节红褐色………………………………………………4
4. 腹部第1节背板后柄部无明显的皱；第2节背板几乎光滑，无明显的刻点；后足腿节红褐色……………………………………………………………………………………………赣离距姬蜂 *G. ganica* Sheng & Li
   腹部第1节背板后柄部具纵皱；第2节背板具清晰的刻点；后足腿节背侧黑色……………………………………………………………………………………………………萨离距姬蜂 *G. satoi* (Uchida)

(59) 赣离距姬蜂 *Glyphicnemis ganica* Sheng & Li, 2017

Glyphicnemis ganica Sheng & Li, 2017. ZooKeys, 678: 132.

♀ 体长约8.5 mm。前翅长约6.0 mm。产卵器鞘长约1.2 mm。

头胸部及腹端部具稠密的黄褐色短毛。头背面观近似矩形。头部具稠密且不均匀的粗大刻点。颜面横宽，宽约为长的2.8倍；均匀稍隆起。唇基沟清晰。唇基宽约为长的4.0倍；较平，具不规则的强皱，基部呈波曲的长横皱、端部呈不规则的短纵皱；端缘具薄边，弱弧形，中段几乎平；端缘具一排较长的黄褐色长毛。上颚基部具纵皱和长刻点，下端齿显著长（约 3.7 倍）且强于上端齿。复眼较小，具非常稀且短的毛。颚眼距约为上颚基部宽的 0.4 倍。上颊较厚，稍均匀隆起，侧面观约为复眼横径的 1.38 倍，向后下方渐宽延；刻点较颜面粗大、边缘不整齐。头顶刻点不均匀；侧单眼间距约为单复眼间距的 1.2 倍。额相对较平，具稠密的粗大刻点；触角窝之间具中纵脊。触角粗短，卷曲；柄节圆筒形，长大于自身直径；鞭节 19 节，第 2 节长约为最大直径的 1.25 倍，第 1～5 节长度之比依次约为 1.4∶1.0∶0.9∶0.8∶0.7；1～4 节端部明显粗于基部，以后鞭节向端部逐渐稍膨粗。后头脊完整。

胸部具粗刻点和粗皱。前胸背板前部具不规则粗皱，侧凹大致具粗横皱，后上部具稠密的粗大刻点；前沟缘脊明显。中胸盾片均匀隆起，具稠密的粗刻点；后部中央稍凹，具稠密的纵皱；后缘中央具 1 横脊。盾纵沟前部清晰。盾前沟宽阔，具 1 强壮的中纵脊，侧面具一些弱的脊状纵皱。小盾片弱隆起，具相对稀疏的粗刻点。后小盾片平，具细刻点。中胸侧板具稠密的粗刻点，中后部具稠密的斜纵皱；胸腹侧脊伸达翅基下脊前缘；镜面区小而光亮；腹板侧沟前部较清晰；中胸侧板凹沟状。后胸侧板具稠密的粗网皱，上部中央刻点较清晰；后胸侧板下缘脊完整，前部强烈耳状突出。翅黄褐色半透明；小脉位于基脉外侧，二者之间的距离约为小脉长的 0.25 倍；小翅室五边形，第 2 肘间横脉稍短于第 1 肘间横脉；第 2 回脉位于它的下方中央稍外侧与之相接；外小脉内斜，在下方约 0.3 处曲折；后小脉在下方约 0.25 处曲折。足粗短；基节短锥形膨大，腿节显著膨粗，胫节向端部显著膨大，后足尤其明显；前中足胫节外侧（端部更为显著）散生很多强壮的棘刺，后足胫节外侧密生很多粗长的鬃毛；后足胫距着生处远离该节末端，该节末端截面甚斜，胫节的外侧面具密集的粗棘刺；后足第 1～5 跗节长度之比依次约为 2.0∶1.0∶0.7∶0.4∶1.0；爪简单。并胸腹节具相对完整的脊和分区；基区倒梯形，横宽，光滑，基部具稀刻点；中区六边形，不规则，分脊约在它的下方 1/3 处相接；中区中部具稠密的横皱，周围具向外分散的短皱；端横脊中段强烈前突；端区显著下斜，具稠密的横皱；第 1 侧区刻点清晰，具弱皱；第 2 侧区和外侧区具不规则的粗网皱；中纵脊和侧纵脊的端部弱；端区两侧具不规则的粗网皱；具弱侧突；气门长椭圆形，约位于基部 0.3 处。

腹部背板光滑光亮，第 1 节背板端部两侧具非常稀疏的细刻点，第 2 节背板基部具几个稀疏不明显的微细刻点，第 4 节及以后背板端部具较稠密的毛细刻点。第 1 节背板长约为端宽的 1.7 倍，基部细柄状，后部强烈变宽，背表面中央强烈拱起；中纵脊伸达背板中央；背侧脊、腹侧脊完整；气门小，圆形，稍突出，位于端部约 0.3 处。第 2 节背板梯形，长约为端宽的 0.6 倍；第 3 节背板倒梯形，长约为基部宽的 0.7 倍，约为端宽的 0.9 倍；第 4 节及以后背板向后显著收敛。产卵器鞘约为后足胫节长的 0.9 倍。产卵器直，中部向端部渐细尖。

体黑色，下列部分除外：唇基，上颚（端齿暗红褐色）红褐色；触角柄节和梗节腹侧、鞭节腹侧红褐色，鞭节第 5～9 节黄白色；下颚须和下唇须浅黄褐色；足背侧红褐色，腹侧稍带黄褐色，后足胫节端部及跗节褐黑色；腹部第 1 节背板后柄部红褐色，其余背板黑色，稍带暗褐色；翅基片红褐色，翅带灰褐色，翅脉暗褐色，翅痣褐黑色。

♂ 体长约 7.5 mm。前翅长约 5.8 mm。触角鞭节 28 节，无触角瘤。唇基黄色，具稠密的浅黄色毛；触角柄节腹侧黄色，背侧黑色；鞭节腹侧棕褐色；背侧褐黑色；后足基节、腿节和胫节褐色，跗节黑色。

分布：中国（江西、贵州）。

观察标本：3♂♂，贵州天柱，1996-Ⅳ，李宜汉；1♀（正模），江西武功山红岩谷，530 m，2016-Ⅴ-24，集虫网。

(60) 秦离距姬蜂，新种 *Glyphicnemis qinica* Sheng, Li & Sun, sp.n.（彩图 16）

♂ 体长约 9.0 mm。前翅长 6.1～6.3 mm。

复眼内缘稍呈弧形。颜面宽约为长的 1.7 倍；光亮，具稠密的粗刻点和黄褐色短毛；中央纵向稍隆起；上缘弧形，中央具 1 小瘤突。唇基沟弱。唇基横阔，横向稍隆起，宽约为长的 2.3 倍；光亮，具稠密的粗刻点和黄褐色短毛，基半部的刻点相对稀疏；亚端缘具 1 排黄褐色短毛；端缘弧形，中央褶状增厚且上卷。上颚强壮，基半部具稠密的细毛点和黄褐色短毛，中部的毛相对长；端齿光亮，下端齿远大于上端齿。颊区光亮，具稠密的细毛点和黄褐色短毛；颚眼距约为上颚基部宽的 0.3 倍。上颊中等阔，向上稍变宽；中央纵向稍隆起；光亮，具均匀稠密的细毛点和黄褐色短毛。头顶质地同上颊，在侧单眼外侧方光滑无毛。单眼区中间几乎平，具稀疏的细毛点；单眼小，圆形隆起，侧单眼外侧沟明显；侧单眼间距约为单复眼间距的 0.8 倍。额稍凹，在触角窝后方均匀凹，具稠密的粗刻点和黄褐色短毛；在触角窝之间光滑光亮。触角线状，柄节长圆筒形，端缘稍斜；鞭节 29 节，第 1～5 节长度之比依次约为 1.2∶1.1∶1.1∶1.0∶1.0；无触角瘤。后头脊完整，在上颚基部与口后脊相接。

前胸背板前缘光亮，呈短皱状表面，后方具稠密的细毛点和黄褐色短毛；侧凹浅阔，光亮，具非常稀疏的细毛点和黄褐色短毛，下后角的粗短皱伸达后缘；后上部光亮，具分布不均的细毛点和黄褐色短毛，靠近上缘的毛点非常稠密；前沟缘脊强壮。中胸盾片稍隆起，具稠密的细毛点和黄褐色短毛，中后部的毛点相对较大且稀疏，侧叶中后部的毛点相对稀疏；盾纵沟明显，向后均匀收敛，几乎达中胸侧板中部。盾前沟深阔，光亮，呈弱皱状表面，具稠密的细毛点和黄褐色短毛；中央具 1 粗纵脊。小盾片稍隆起，光亮，具稀疏的细毛点和黄褐色短毛；中部的毛点相对稀疏，端缘光滑无毛。后小盾片横向隆起，光亮，具稀疏的细毛点。后胸背板后缘亚侧处具齿状突，与并胸腹节侧纵脊相对。中胸侧板稍隆起，光亮，具稀疏的细毛点和黄褐色短毛，上半部中央的毛点非常稀疏；中下部具细横皱；镜面区非常小；中胸侧板凹横坑状；胸腹侧脊强壮，伸达翅基下脊，后缘具短皱；腹板侧沟完整，基半部具短皱，末端伸达下后角上方；下后角处呈网皱状表面。后胸侧板稍隆起，光亮，具稠密的细毛点和黄褐色短毛；靠近前缘具粗短皱，靠近基间脊具斜皱；基间脊、后胸侧板下缘脊完整。翅黄褐色，透明；小脉位于基脉外侧，二者之间的距离约为小脉长的 0.3 倍；小翅室五边形，肘间横脉向上收敛；第 2 回脉在小翅室下外角内侧约 0.4 处与之相接；外小脉在下方约 0.3 处曲折，后小脉在下方约 0.4 处曲折。足胫节前侧端半部具刺棘，距远位于胫节内侧；爪简单；后足第 1～5 跗节长度之比依次约为 4.3∶2.2∶1.6∶1.0∶1.5。并胸腹节圆形稍隆起，分区完整，脊强壮；基区倒梯形，光亮，基半部深凹，具稠密的细毛点和黄褐色短毛；中区六边形，光滑光亮；

分脊在中区基部约 0.2 处与之相接；端区斜截，光亮，靠近外侧缘具长纵皱；第 1～2 侧区近光滑光亮，具稠密的细毛点和黄褐色短毛；外侧脊在气门后呈网皱状表面；气门斜椭圆形，长径约为短径的 1.9 倍，靠近侧纵脊，外围由脊包围，位于基部约 0.2 处。

腹部第 1 节背板长约为端宽的 2.7 倍；光亮，基半部几乎无毛点，端半部具稠密的细毛点和黄褐色短毛；背中脊几乎平行，伸达亚端部；背侧脊、腹侧脊完整；气门小，圆形，强隆起，位于端部约 0.4 处。第 2 节背板梯形，长约为基部宽的 1.7 倍，约等长于端宽；光亮，具稠密的细毛点和黄褐色微毛；窗疤小，呈细粒状表面。第 3 节及以后背板光亮，具稠密的细毛点和黄褐色微毛。

体黑色，下列部分除外：上颚（基部暗褐色；端齿红褐色），下颚须（第 1 节暗褐色），翅基，前足（基节、第 1 转节暗褐色至黑褐色；腿节后面稍带褐色；第 2～5 跗节背面褐色），中足（基节、第 1 转节暗褐色至黑褐色；腿节腹面暗红褐色；跗节褐色）黄褐色至褐色；后足基节、第 1 转节暗褐色至黑褐色，第 2 转节、胫节褐色至红褐色，腿节背面稍带红褐色，其余部分暗红褐色至黑褐色，跗节、爪暗褐色；触角鞭节黑褐色；翅基片，翅脉，翅痣暗褐色至黑褐色。

正模 ♂，陕西安康秦岭平河梁，33º29′N，108º29′E，2382 m，2010-Ⅶ-12，李涛。副模：1♂，记录同正模。

词源：本种种名源于模式标本采集地名。

本种与赣离距姬蜂 *G. ganica* Sheng & Li, 2017 近似，可通过上述检索表鉴别。

(61) 萨离距姬蜂 *Glyphicnemis satoi* (Uchida, 1930)

Stylocryptus satoi Uchida, 1930. Journal of the Faculty of Agriculture, Hokkaido Imperial University, 25(4): 333.

分布：中国（黑龙江）；朝鲜。

沟姬蜂亚族 Gelina

主要鉴别特征：前翅长 2.4～9.0 mm（沟姬蜂属 *Gelis* 翅通常缺）；唇基小至中等大，强烈隆起或平；上颚下端齿等长于或稍短于上端齿；小翅室开放或封闭；第 2 回脉内斜或垂直，具 1～2 个弱点；后小脉曲折，垂直或内斜或外斜；产卵器鞘为前翅长的 0.1～0.7 倍。

全世界已知 8 属近 400 种；我国已知 6 属 20 种。

20. 沟姬蜂属 *Gelis* Thunberg, 1827

Gelis Thunberg, 1827. Gelis insecti genus descriptum. Nova Acta Regias Societatis Scientiarum Upsaliensis, 9: 199. Type-species: *Mutilia acarorum* (L.). Designated by Viereck,1914.

主要鉴别特征：雌蜂通常无翅或翅退化；唇基端缘中央通常具 2 个小齿或突起；无

前沟缘脊；中胸侧板通常较粗糙；小翅室外侧开放，或具弱脉；第 2 回脉具 2 弱点；具翅个体的并胸腹节分区明显，中区六边形，无翅个体脊退化或无脊；腹部第 1 节背板气门位于中部之后。

寄主：已知寄主 680 多种，叶蜂类主要包括叶蜂科 Tenthredinidae、松叶蜂科 Diprionidae、锤角叶蜂科 Cimbicidae 等，很多种类也是重寄生蜂。

全世界已知 295 种（Yu et al.，2016），我国已知 12 种。本部分介绍寄生会泽新松叶蜂 *Neodiprion huizeensis* Xiao & Zhou 的该属 1 新种。

(62) 威宁沟姬蜂，新种 *Gelis weiningicus* Sheng, Li & Sun, sp.n.（彩图 17）

♀ 体长 4.0～6.0 mm。前翅长 3.0～4.0 mm。

头稍宽于胸部。颜面向上方稍收敛，宽为长的 1.4～1.5 倍；具细革质状表面和稠密的细刻点；中央稍隆起。唇基微隆起，呈革质状表面，基部刻点稍稀疏；端缘薄，几乎平截；宽约为长的 2.0 倍；唇基沟明显。上颚基部光滑，具微细刻点，2 端齿约等长。颊区具稠密的细粒点，颚眼距约为上颚基部宽的 0.8 倍；上颊具细革质状表面，中部稍隆起。头顶表面刻点同上颊；单眼区略抬高，单眼区及周围刻点更加细密，侧单眼间距为单复眼间距的 1.9～2.0 倍。额区上半部刻点同头顶，触角窝上方稍凹，基缘光滑。触角鞭节 25 节，第 1～5 节长度之比依次约为 9.0∶9.0∶8.5∶6.0∶5.0。后头脊完整。

前胸背板前缘光滑光亮，侧凹内具弱细横皱夹杂细粒点；后缘具弱皱纹；后上角呈细革质状表面，具稠密的细刻点。中胸盾片隆起，表面细革质状，后外角显著收敛；盾纵沟前部明显。小盾片圆形隆起，刻点较中胸盾片细密。后小盾片横形，较平，表面细粒状。中胸侧板光滑光亮，具弱细纵皱；胸腹侧脊完整，达翅基下脊；镜面区大，光亮；腹板侧沟前部显著。后胸侧板光滑光亮，几乎无刻点；基间脊和后胸侧板下缘脊完整。后足基节明显短锥形膨大，第 1～5 跗节长度之比依次约为 12.0∶6.0∶4.0∶2.0∶3.0。翅无色，透明，小脉位于基脉稍外侧，二者之间的距离小于小脉长度的 1/2；外小脉强度内斜，在下方约 0.3 处曲折；小翅室开放，第 2 回脉位于肘间横脉外侧，二者之间的距离约为肘间横脉长的 0.7 倍；后中脉强度弓曲；后小脉在下方约 0.2 处曲折。并胸腹节明显隆起；基区倒梯形，具稠密的细刻点；中区六边形，具不规则的细皱刻点，长约为分脊处宽的 0.8 倍；分脊从中区端部约 0.25 处伸出；端区长形，具稀疏的细刻点；第 1、2 侧区具稠密的细刻点和弱细皱纹；外侧区和第 1、2 侧区质地近似；第 3 侧区具弱皱纹；并胸腹节气门圆形，位于基部约 0.3 处。

腹部纺锤形。第 1 节背板长为端宽的 1.5～1.6 倍，具稠密的细纵皱，后部具稠密的细粒点；背中脊较明显；腹侧脊完整。第 2 节背板长为端宽的 0.6～0.7 倍，具细革质粒状表面。产卵器直而强壮，具亚端背缺刻；产卵器鞘为后足胫节长的 0.6～0.7 倍。

体主要由黑色和红色组成。颜面亚中央纵斑，唇基两侧，颊，上颊基缘，上颚端齿，头三角区及周围并连接头顶后部中央，上颊后部上方部分，腹部中胸盾片表面大部分，盾前沟，小盾片，后小盾片腋下槽，并胸腹节，中胸侧板前缘，翅基下脊下方横斑，腹板侧沟处横斑，中胸侧板凹小斑，中胸腹板腹面大部分黑色。腹部第 1 节背板后缘、第 2 节背板基部两侧红棕色。足红色；前足，中足腿节、胫节背侧、末跗节，后足大部分或多或少带黑色。触角鞭节红褐色，端部带黑褐色。翅基片内侧黄褐色，外侧黑褐色，翅脉，翅痣（基部黄褐色）暗褐色。

♂ 体黑色。触角鞭节 25 节，端部暗褐色。唇基端缘两侧红棕色，上颚（端齿黑色），前足（末跗节黑褐色），中足（基节稍带褐色，末跗节黑褐色），后足（基节黑褐色，末跗节黑褐色），触角柄节、梗节、鞭节基部数节红褐色。翅脉，翅痣（基部黄褐色）暗褐色。

寄主：会泽新松叶蜂 *Neodiprion huizeensis* Xiao & Zhou。

正模 ♀，贵州威宁，2012-Ⅱ-15，李涛。副模：27♀♀9♂♂，贵州威宁，2012-Ⅱ-15～22，李涛、盛茂领。从会泽新松叶蜂越冬茧饲养。

词源：本种种名源自模式标本采集地名。

本种与云南沟姬蜂 *G. yunnanensis* Schwarz, 2009 相似，可通过以下特征予以区分：颚眼距约为上颚基部宽的 0.8 倍；并胸腹节中区长约为宽的 0.8 倍，分脊在它的端部 0.25 处相接；翅基片内侧黄褐色，外侧黑褐色；腹部第 3 节及其后的背板完全黑色。云南沟姬蜂：颚眼距约等长于上颚基部宽；并胸腹节中区长约为宽的 1.1 倍，分脊在它的中部相接；翅基片白色；腹部第 3 节及其后的背板主要为橘红至红褐色。

搜姬蜂亚族 Mastrina

主要鉴别特征：前翅长 2.5～11.0 mm；唇基弱至适度隆起，端缘通常具 1 个或 1 对中齿或瘤；上颚下端齿等长或长于上端齿；小盾片无侧脊；并胸腹节分区完整或有些属的纵脊部分或全部缺失；小翅室小至中等大，第 2 肘间横脉存在或缺失；第 2 回脉通常弱至强烈内斜，具 1～2 个弱点；后小脉内斜，通常曲折；产卵器鞘为前翅长的 0.25～1.7 倍；产卵器短至中等长，通常具背结。

该亚族含 19 属，我国仅知 4 属。

21. 墨线姬蜂属 *Distathma* Townes, 1970（中国新纪录）

Distathma Townes, 1970. Memoirs of the American Entomological Institute, 12(1969): 63. Type-species: *Distathma tumida* Townes. Original designation.

主要鉴别特征：前翅长 3.5～5.0 mm；盾纵沟明显，抵达或超过中胸盾片中部；并胸腹节分区完整；第 2 回脉具 2 个弱点；腹部第 1 节背板狭长，纵脊明显，背中脊至少伸达后柄部基部，气门位于第 1 节背板端部约 0.4 处；第 2 节背板光滑（雌性个体几乎无毛，雄性个体具稍浓密毛）；产卵器鞘约为前翅长的 0.33 倍；产卵器强烈侧扁，稍下弯，端部长矛状，具弱背结，无明显齿。

寄主：负泥虫茧、长腿水叶甲茧（云南水稻害虫天敌资源调查协作组，1986）；国外报道的寄主：草地贪夜蛾 *Spodoptera frugiperda* (J. E. Smith)（Yu et al., 2016）。

全世界已知 8 种。这里介绍从落叶松叶蜂 *Pristiphora erichsonii* (Hartig) 越冬茧饲养获得的该属 1 新种。

(63) 宁墨线姬蜂，新种 *Distathma ningxiaica* Sheng, Li & Sun, sp.n.（彩图 18）

♀ 体长 4.5～5.0 mm。前翅长 3.8～4.0 mm。

颜面宽约为长的 2.0 倍，具均匀稠密的细刻点，中央稍圆形隆起；在触角窝之间“V”形深凹。唇基沟明显。唇基光滑光亮，具非常稀疏的细刻点；靠近上颚基部具细横皱；宽约为长的 2.5 倍；亚端部稍凹，端缘平截，中央具 2 个小瘤突。上颚基部具稀疏的刻点，2 端齿等长。颊区具细革质粒状表面，颚眼距约等长于上颚基部宽。上颊光滑光亮，具均匀稠密的细刻点，中央稍隆起。头顶质地同上颊，刻点相对稍稀，侧单眼外侧光滑光亮，侧单眼间距约为单复眼间距的 0.75 倍。额质地同头顶，上半部稍平，下半部在触角窝上方凹陷，光滑光亮，无刻点。触角鞭节 19 节，第 1～5 节长度之比依次约为 5.0∶7.0∶5.0∶4.0∶3.0。后头脊完整，颊脊与口后脊在上颚基部稍上方相接。

前胸背板前缘具稠密的细刻点，侧凹内光滑光亮，具细横皱；后上部光滑光亮，具稠密的细毛点。中胸盾片稍隆起，光滑光亮，具均匀稠密的细刻点；盾纵沟略明显，长度超过中胸盾片的一半；盾前沟浅、稍阔，中央光滑光亮，亚侧缘具细纵皱；小盾片稍隆起，质地同中胸盾片，刻点相对细小；后小盾片横形，质地同小盾片。中胸侧板中央均匀隆起，具稠密的细刻点，中央稍下方具细横皱；胸腹侧脊完整，末端伸抵翅基下脊；翅基下脊下方稍凹，具斜横皱；腹板侧沟明显，具清晰的短纵皱，几乎伸抵中胸侧板后缘，末端位于中胸侧板下后角上方；镜面区大，光滑光亮，具稀疏的细刻点；中胸侧板凹浅沟状。后胸侧板稍隆起，光滑光亮，具稠密的细毛点，下方具 1 短斜皱；基间脊、后胸侧板下缘脊完整；基间区具细横皱。足正常，后足第 1～5 跗节长度之比依次约为 20.0∶8.0∶5.0∶3.0∶7.0。翅褐色，透明，小脉位于基脉稍外侧，二者之间的距离约为小脉长的 0.3 倍；小翅室五边形，肘间横脉向上收敛，第 2 回脉在其下方中央处与之相接；外小脉内斜，在其下方约 0.4 处曲折；后小脉直，在下方约 0.3 处曲折。并胸腹节分区完整，脊强壮；基区倒梯形，较宽，前缘具深沟，光滑光亮，具细皱；中区六边形，呈扇状，光滑光亮，长约为分脊处宽的 0.3 倍，分脊在中央稍后方与之相接；端横脊在中区处强烈凸起，端区斜截，具不规则横皱和稠密的细刻点；第 1、2 侧区质地同中区；外侧区具不规则短皱；气门小，圆形，位于基部约 0.2 处。

腹部纺锤形。第 1 节背板长约为端宽的 1.7 倍，具不规则短皱和稠密的细刻点；端区具稠密的细刻点和细纵皱；背中脊、背侧脊、腹侧脊完整；气门小，圆形，位于端部约 0.3 处。第 2 节背板长约为端宽的 0.6 倍，具细革质状表面，光滑光亮。第 3 节背板长约为基部宽的 0.5 倍，质地同第 2 节背板。第 4 节及以后各节质地同第 2 节背板，具稠密的褐色短毛。产卵器鞘约为后足胫节长的 0.35 倍；产卵器直，稍细，末端尖。

体黑色，下列部分除外：上颚（基部，端齿黑褐色）暗红褐色；下颚须，下唇须黄褐色；翅基黄色；前足（基节基半部、第 1 转节少许、腿节大部、末跗节黑褐色），中足（基节基半部、腿节大部、末跗节黑褐色），后足（基节、第 1 转节、腿节大部、跗节黑褐色）黄褐色稍带红色；腹部第 2、3 节背板，第 4 节背板（端缘褐色）红褐色；翅痣，翅脉黑褐色。

寄主：落叶松叶蜂 *Pristiphora erichsonii* (Hartig)。

正模 ♀，宁夏六盘山，2012-V-20，李涛、盛茂领。副模：1♀，宁夏六盘山，2012-V-19，李涛、盛茂领。

词源：本种种名源自模式标本采集地名。

本种与胀墨线姬蜂 *D. tumida* Townes, 1970 相似，可通过以下特征予以区分：唇基亚端部稍凹；盾纵沟长度超过中胸盾片长度的一半；中胸盾片具均匀稠密的细刻点；腹部第 2、3 节背板红褐色。胀墨线姬蜂：唇基亚端缘不凹陷；盾纵沟伸达中胸盾片中央；中胸盾片后部中央具长纵皱；腹部背板黑色。

22. 依沙姬蜂属 *Isadelphus* Förster, 1869

Isadelphus Förster, Verhandlungen des Naturhistorischen Vereins der Preussischen Rheinlande und Westfalens. 25(1868): 177. Type-species: *Hemiteles inimicus* Gravenhorst. Designated by Viereck, 1914.

主要鉴别特征：唇基平或稍隆起，端缘通常具 2 齿；盾纵沟未达中胸盾片中部；第 2 肘间横脉缺；第 2 回脉内斜，具 1 个弱点；并胸腹节分区基本完整；基区和第 1 侧区有时分界不明显；产卵器鞘为后足胫节长的 1.1～3.5 倍；产卵器长，向下弯曲。

全世界已知 14 种，我国仅知 1 种。

(64) 窄依沙姬蜂 *Isadelphus compressus* Sheng, 2001

Isadelphus compressus Sheng, 2001. Entomofauna, 22: 414.

♀ 体长约 5.0 mm。前翅长约 3.8 mm。

颜面宽约为长的 1.85 倍，平坦，中央稍隆起。唇基稍隆起，端部 3/4 光滑，具几个大刻点，端缘稍呈弱的稀锯齿状，中央具 2 个不明显的小齿。上颚长，具 2 个尖锐的端齿，上端齿长于下端齿。颚眼距约等于上颚基部宽。侧单眼间距约为单复眼间距的 0.9 倍。触角鞭节 23 节，各节的长均大于自身的直径。后头脊强壮，下方与口后脊相接。

前胸背板前沟缘脊明显。盾纵沟明显，长约为中胸盾片长的 1/3。腹板侧沟深，后端抵达中胸侧板后缘。基间脊完整。前翅小脉稍向后弓，位于基脉外侧；基脉稍向前弓；小翅室开放；翅痣大；第 2 回脉下方强烈外斜，具 1 个弱点；后小脉强烈内斜，约在下方 0.33 处曲折。并胸腹节分区完整。足强壮；后足第 3 跗节约为第 5 跗节长的 1.45 倍。

腹部端部（从第 3 节起）强烈侧扁；第 1 节背板长约为端部宽的 1.7 倍；后柄部两侧平行；第 2、3 节背板具革质粒状表面（第 3 节较弱）；其余各节光滑，具稀且细的毛刻点。产卵器鞘长约等于腹部长，约为后足胫节长的 1.8 倍。产卵器向下弯曲，背结弱，腹瓣端部具稀且弱的斜脊。

体黑色，下列部分除外：触角柄节，上颚中部，下颚须，下唇须，足（后足胫节及各足第 5 跗节暗褐色除外），腹部第 2 节背板、第 3 节背板基半部（分界不明显）、第 4 节背板基缘褐色；触角腹面黑褐色；背面及翅基片褐黑色；翅痣浅褐色；翅脉深褐色；腹部第 6 节背板后缘中央的狭边、第 7 和第 8 节背板中央白色。

寄主：伊藤厚丝叶蜂 *Pachynematus itoi* Okutani。

分布：中国（辽宁）。

观察标本：1♀（正模），辽宁本溪，1997-Ⅷ-20，盛茂领。

23. 搜姬蜂属 *Mastrus* Förster, 1869

Mastrus Förster, 1869. Verhandlungen des Naturhistorischen Vereins der Preussischen Rheinlande und Westfalens, 25(1868): 176. Type-species: *Phygadeuon* (*Mastrus*) *neodiprioni* Viereck = *aciculatus* Provancher. Included by Viereck, 1911.

主要鉴别特征：唇基微弱隆起，亚端缘通常凹陷；端缘薄，中央具1对小齿或瘤突，稀具1中齿或突起；盾纵沟伸至中胸盾片中部，有时不明显；小翅室外侧开放，无第2肘间横脉；第2回脉内斜，具2弱点；并胸腹节分区完整；第1节背板背中脊消失至强壮，背侧脊强壮且完整；气门位于该节中部稍后方；产卵器端部具清晰的背结和齿。

寄主：已知91种，叶蜂类寄主有松叶蜂科 Diprionidae、锤角叶蜂科 Cimbicidae、三节叶蜂科 Argidae、叶蜂科 Tenthredinidae 等。

该属全世界已知53种，此前我国已知4种。这里介绍1新种。

中国搜姬蜂属已知种检索表

1. 腹部第1～5节背板黑色；触角黑色至褐黑色 ……………………………………………………2
   腹部第2～3节背板褐色至红褐色；触角黄褐色，至少基半部褐色，端半部黑褐色 ………………3
2. 颚眼距约等长于上颚基部宽；侧单眼间距约为单复眼间距的0.7倍；中胸侧板具稠密且强壮的横皱；翅基片、后足腿节（基部除外）和胫节黑色……………………全黑搜姬蜂 *M. nigrus* Sheng & Zeng
   颚眼距约为上颚基部宽的1.2倍；侧单眼间距约为单复眼间距的1.1倍；中胸侧板中部几乎光滑；翅基片带黄色和红色；后足腿节端部黄褐色，胫节黄褐色 ………… 缺搜姬蜂 *M. ineditus* (Kokujev)
3. 腹部第1节背板长约为端宽的0.8倍；第2节背板光滑，明显粒状且暗，或部分具粒状斜线纹；翅基片黑褐色；腹部第4及以后各节背板黑褐色……………………………………………………4
   腹部第1节背板长为端宽的1.4～1.6倍；腹部第2节背板具或多或少明显的纵皱；翅基片黑色；第6、7节背板后缘及第8节背板大部分白色 ……………纹背搜姬蜂 *M. rugotergalis* Sheng & Zeng
4. 触角鞭节23节，第1节长于第2节；腹部第1节背板长约为端宽的0.8倍；第2节背板粗糙，具长纵皱；后足跗节红褐色……………………………………………… 小搜姬蜂 *M. deminuens* (Hartig)
   触角鞭节18～20节，第1节明显短于第2节；腹部第1节背板长约为端宽的2.0～2.1倍；第2节背板光滑光亮，具非常稀且细科刻点；后足跗节褐黑色……………………………………………
   ……………………………………………………… 鲁搜姬蜂，新种 *M. luicus* Sheng, Sun & Li, sp.n.

(65) 小搜姬蜂 *Mastrus deminuens* (Hartig, 1838)

Hemiteles deminuens Hartig, 1838. Jahresber. Fortschr. Forstwiss. Forstl. Naturk. Berlin, 1: 264.

♀ 体长6.0～6.5 mm。前翅长4.0～4.5 mm。

颜面具均匀稠密的细刻点，宽约为长的 2.0 倍；中央稍隆起，在触角窝中间稍凹。唇基宽约为长的 1.8 倍，光滑光亮；基部刻点稀细，中央稍横形隆起，具横皱；亚端缘稍凹，光滑光亮，端缘平截。上颚基部具稀疏的细毛点，上端齿约等于下端齿。颊区具细革质状表面，颚眼距约为上颚基部宽的 1.1 倍。上颊具均匀稠密的细刻点，中央稍隆起，向上稍收敛。头顶呈细革质粒状表面，具稀疏的细刻点，侧单眼间距约等长于单复眼间距。额质地同颜面，刻点相对稍粗，上部平坦，在触角窝上方均匀凹陷，光滑光亮，具横皱；触角窝之间具 1 光滑光亮的中纵沟。触角鞭节 23 节，第 1～5 节长度之比依次约为 11.0∶10.0∶8.0∶6.0∶5.0。后头脊完整，颊脊与口后脊在上颚基部相接。

前胸背板前缘光滑光亮，几乎无刻点；侧凹具明显的斜皱，下方的斜皱达前胸背板后缘；后上部具均匀稠密的细刻点。中胸盾片稍隆起，具细革质粒状表面，刻点均匀，较前胸背板后上部刻点小；盾纵沟基部存在。小盾片圆形隆起，光滑光亮，刻点稀且细。后小盾片横形，几乎无刻点。中胸侧板稍平，具明显的长横皱和细刻点，横皱几乎从胸腹侧脊伸抵前胸背板后缘；胸腹侧脊强壮，伸抵翅基下脊；腹板侧沟完整，末端位于中胸侧板下后角上方；中胸侧板凹浅沟状；镜面区小，稍隆起，光滑光亮，无刻点。后胸侧板稍隆起，具稠密的细刻点和不规则短皱，基间脊、后胸侧板下缘脊完整。足正常，后足第 1～5 跗节长度之比依次约为 2.3∶1.0∶0.7∶0.4∶0.5。翅褐色，透明；小脉位于基脉外侧，二者之间的距离约为小脉长的 0.3 倍；无小翅室，第 2 回脉位于肘间横脉外侧，二者之间的距离约为肘间横脉长的 0.9 倍；外小脉内斜，在下方约 0.3 处曲折；后小脉在下方约 0.2 处曲折。并胸腹节均匀隆起，分区完整，脊强壮；基区倒梯形，中央稍凹；中区六边形，具细刻点和不规则短皱，长约为分脊处宽的 0.7 倍，分脊在中区中央稍后方与之相接；端区斜截，具不规则短皱，中央稍凹；第 1 侧区大，光滑光亮，具弱皱；第 2 侧区具明显的不规则短皱；侧突明显；气门小，圆形，靠近侧纵脊，位于基部约 0.2 处。

腹部第 1 节背板长约为端宽的 0.8 倍，基部光滑光亮，端部具纵皱；背中脊伸抵气门后，背侧脊、腹侧脊完整；气门小，圆形突出，位于端部约 0.45 处。第 2 节背板梯形，长约为端宽的 0.7 倍，呈粒状表面，具长纵皱，端缘光滑光亮，无刻点。第 3 节背板具细革质状表面，光滑光亮，中央部分粒状。第 4 节及以后各节背板光滑光亮，具稀疏的细毛点。产卵器鞘长约为后足胫节长的 1.2 倍；产卵器直，细长，末端尖细，具背结，腹瓣具弱齿。

体黑色，下列部分除外：上颚（端齿黑褐色），触角梗节腹面，鞭节（第 5～23 节褐色），前足（基节暗红褐色），中足（基节暗红褐色），后足（腿节及以后各节黑褐色），腹部第 1 节背板端缘、第 2～3 节背板红褐色；下颚须，下唇须，翅基片，翅痣，翅脉，腹部第 4 节及以后各节背板黑褐色；翅基黄褐色。

寄主：靖远松叶蜂 *Diprion jingyuanensis* Xiao & Zhang、伊藤厚丝叶蜂 *Pachynematus itoi* Okutani。

分布：中国（山西、吉林）；奥地利，比利时，保加利亚，捷克，斯洛伐克，芬兰，法国，德国，匈牙利，爱尔兰，拉脱维亚，摩尔多瓦，荷兰，挪威，波兰，俄罗斯，西班牙，瑞典，瑞士，乌克兰，英国。

观察标本：2♀♀，山西沁源，1995-Ⅵ，陈国发；52♀♀2♂♂，山西沁源，1997-Ⅶ，盛茂领；1♀，山西沁源，1999-Ⅸ-12，陈国发；1♀，吉林东丰，2004-Ⅴ-15，盛茂领。

(66) 缺搜姬蜂 *Mastrus ineditus* (Kokujev, 1909)

Hemiteles ineditus Kokujev, 1909. Annales du Musée Zoologique, 14: 89.

♀ 体长约 22.0 mm。产卵器鞘长约 10.5 mm。

颜面稍宽于额，二者的表面稍呈细粒状。唇基具非常细的刻点；基部具细粒状质地，端部质地光滑；端缘具 2 不明显的钝齿。上颚 2 端齿等长。颚眼距为上颚基部宽的 1.2 倍。上颊和头顶具非常细且稀的刻点。复眼无毛。侧单眼间距为单复眼间距的 1.1 倍。触角 23 节；柄节端斜面与平截面的夹角为 40°；鞭节第 1～4 节长度之比依次为 1.3∶1.2∶1.1∶0.95。后头脊明显在上颚基部上方与口后脊相接。

前胸背板背面具细网皱，下部具细纹状皱；具弱前沟缘脊。中胸盾片和小盾片几乎光滑。中胸侧板中部几乎光滑；周缘具细皱。后胸侧板具明显的皱。翅透明；前翅小脉稍后叉；小翅室开放；第 2 回脉内斜，具 2 清晰的弱点；后小脉强烈内斜，在下方约 0.3 处曲折；足粗壮；后足腿节是宽的 3.8 倍。爪短，无栉齿。并胸腹节脊强壮，除第 1 侧区几乎光滑光亮外，各区具皱；基区宽约 3 倍于长；端区具不规则的皱。

腹部第 1 节背板宽短，背面细粒状；后柄部向后变宽，具细纹状表面，长为端宽的 0.6 倍；背中脊退化，背侧脊完整；腹板未伸达气门。第 2 节背板长为端宽的 0.5 倍，前部表面细粒状，后部光滑；折缘长约 2 倍于宽。其余背板光滑。产卵器鞘约为后足胫节长的 1.5 倍。产卵器直，具明显的背结。

体黑色；下列部分除外：下唇须、下颚须褐色；上颚中部红褐色；翅基片黄色；翅痣中部褐色，基部白色；转节和腿节暗褐色，腿节外侧褐色；胫节黄褐色；跗节褐色。

分布：中国（青海、西藏）。

观察标本：1♀，“v. b. oz. Srin-nor, bas. Xuanxä, 13.900', Koslov, k V - n VI 01”。

(67) 鲁搜姬蜂，新种 *Mastrus luicus* Sheng, Sun & Li, sp.n.（彩图 19）

♀ 体长 6.5～7.0 mm。前翅长 3.5～4.0 mm。产卵器鞘短，稍露出腹末。

颜面宽为长的 1.9～2.0 倍，较平，具稠密不规则的粗皱刻点和黄褐色短毛；上部中央稍隆起，皱刻点较外围稍细，上缘中央稍浅凹，凹底具 1 弱瘤突。唇基沟弱。唇基横长形、稍隆起，宽约为长的 4.0 倍；基部具与颜面相似的刻点，向中部逐渐稀疏，端部光滑；亚端部横向隆起，端缘呈微弱弧形，端缘中央具 2 个小突起。上颚具稠密的粗刻点，上端齿明显长于下端齿。颊区中部具细绒毡状纵带，后侧具粗刻点；颚眼距约等于上颚基部宽。上颊光亮，具不均匀的细刻点和稀疏的黄褐色短毛；向后渐收敛，宽（在复眼中部处）约为复眼横径的 1.1 倍。头顶具与上颊相似的质地，后部中央的刻点非常细密且具不清晰弱皱；单眼区稍抬高，具细密的刻点；侧单眼外侧的刻点稀细不均；侧单眼间距约等于单复眼间距。额的上半部几乎平坦，具非常稠密的粗皱刻点；下部深凹，光滑光亮，中央具弱脊状分隔。触角粗短，端部不变细；鞭节 18～20 节，第 1～5 节长度之比依次约为1.2∶1.8∶1.6∶1.1∶0.9。后头脊完整。

前胸背板前缘具粗皱刻点；侧凹下半部具直达后缘的粗横皱；后上部具稠密不规则的粗皱刻点；前沟缘脊细而显著。中胸盾片均匀隆起，具相对稀疏且清晰的粗刻点（两侧刻点细弱），盾纵沟仅前部具弱痕。盾前沟光亮，深且宽阔，内具非常弱的纵皱。小盾片均匀隆起，具非常稠密的细皱刻点，基部具侧脊。后小盾片非常短，呈横棱状隆起，具模糊稠密的微细刻点。中胸侧板上部质地同中胸盾片，具稀疏不均的粗刻点，前上角和后下角（较多）具短斜纵皱；下部具稠密模糊的粗皱刻点；胸腹侧片呈模糊的细皱状；胸腹侧脊强壮，背端伸达翅基下脊；镜面区小而光亮；中胸侧板凹深，由横沟与中胸侧缝连接；腹板侧沟阔且深显，伸达中胸侧板后缘。后胸侧板粗糙，上部具窝眼状粗皱，后下部呈模糊的粗网皱；基间脊较弱但明显可见；后胸侧板下缘脊完整且强壮。翅褐色，透明，中部具不均匀暗褐色斑；小脉位于基脉稍外侧（或几乎对叉），二者之间的距离约为小脉长的0.2倍；小翅室五边形，向上方渐收敛，第2肘间横脉明显短于第1肘间横脉；第2回脉在其下方中央处与之相接；外小脉明显内斜，在下方0.25～0.3处曲折；后中脉微弱拱起；后小脉强烈内斜，在下方0.25～0.3处曲折。足较强壮，后足第1～5跗节长度之比依次约为4.2∶1.8∶1.2∶0.8∶1.2。爪简单。并胸腹节基横脊中段强壮、其余较弱，端横脊完整强壮，2横脊中段均明显前凸；中纵脊（基部较显著）和侧纵脊在端横脊之前明显，外侧脊完整；基区倒梯形，基部较光滑，端部具弱纵皱；中区（侧边下段较弱）具稠密的粗纵皱；分脊约位于它的后下方1/3处；端后部区强烈下斜；端区具稠密的斜纵皱（端部的侧纵脊细弱可辨）；第1侧区光滑光亮；第2侧区及第1、2外侧区具稠密不规则的粗横皱；第3侧区及第3外侧区具较强的斜横皱；气门非常小，圆形；侧突较短且扁平。

腹部第1节背板长为端宽的2.0～2.1倍，具细革质微皱状表面，后柄部具稠密的细纵皱；背中脊不明显，背侧脊和腹侧脊完整；气门非常小，圆形，稍突起，约位于后部0.3处。第2节及以后背板光滑光亮，具非常稀疏不明显的微细毛点，端后部的微毛渐密。第2节背板梯形，长约为端宽的0.7倍，基部两侧具外斜的窗疤，窗疤之间具稠密的弱细纵皱。第3节背板侧缘近平行，长约为宽的0.4倍；第4节及以后的背板向后强烈收敛。产卵器鞘约为后足胫节长的0.3倍。产卵器细长，稍微侧扁，端部尖长，腹瓣具弱纵脊，基部5条纵脊与产卵器呈40°～45°。

体黑色，下列部分除外：触角基半部黄褐色；下颚须及下唇须黑褐色；上颚（基缘褐黑色，端齿黑色），各足（后足腿节和胫节端部及跗节褐黑色），腹部第2～3节背板（第3节背板后部带褐黑色）暗红褐色；翅痣（基缘具白斑）褐黑色，翅脉褐色。

♂ 体长约7.0 mm。前翅长约4.5 mm。鞭节21节，触角瘤线状，位于第11～13节。触角全黑色。各足基节和转节黑色。腹部第1节背板端部及第4节背板基缘与第2、3节背板呈一致的红褐色。其余特征同雌虫。

正模 ♀，山东淄博毫山林场，2018-Ⅵ-01，集虫网。副模：1♀，山东徂徕山查山口，2018-Ⅴ-19，集虫网；1♂，山东淄博毫山林场，2018-Ⅴ-25，集虫网。

词源：本新种名源于标本采集地名。

本新种与 *M. tenuibasalis* (Uchida, 1940) 近似，可通过下列特征区分：产卵器鞘约为后足胫节长的 0.3 倍（后者约与后足胫节等长），基节红褐色（后者黑色），后足跗节黑色（后者褐色）；也可通过上述检索表鉴别。

(68) 全黑搜姬蜂 *Mastrus nigrus* Sheng & Zeng, 2010

Mastrus nigrus Sheng & Zeng, 2010. Zookeys, 57: 65.

♀ 体长 5.5～7.0 mm。前翅长 5.0～6.0 mm。产卵器鞘长 2.5～2.8 mm。

颜面宽为长的 1.9～2.1 倍，具革质状表面和稠密但不太清晰的细刻点，刻点间距约为刻点直径的 0.5 倍；中央均匀隆起，上缘中央呈“V”形浅凹。唇基沟弱。唇基稍隆起，宽约为长的 2.5 倍；基部具与颜面相似的刻点，向中部逐渐稀疏，端部光滑；亚端部横向隆起，端缘呈微弱弧形，端缘中央具 2 个小突起。上颚具稠密的刻点，上端齿稍长于下端齿。颊区中部具细绒毡状纵带，后侧具细刻点；颚眼距约等于上颚基部宽。上颊具细革质状表面和不清晰的细刻点；几乎不向后收敛，长（在复眼中部处）约等于复眼宽。头顶具与颜面相似的质地，刻点非常细且不明显，后部呈不清晰的短斜纹状；侧单眼间距为单复眼间距的 0.6～0.7 倍。额的上部几乎平坦，具与颜面相似的表面；下部凹，光亮，具细横皱。触角粗短，端部不变细；鞭节 27～29 节，第 1～5 节长度之比依次约为 6.0∶6.0∶5.3∶4.1∶3.3；第 1、2 节长约为自身端部最大直径的 3.75 倍。后头脊完整。

前胸背板光亮，前缘上半部具弱纵皱纹及刻点；中部具稠密的斜横皱；后上部具稠密但较弱的斜纵皱；前沟缘脊较弱，但清晰可见。中胸盾片均匀隆起，呈细粒状粗糙的表面，无明显的刻点，盾纵沟仅前部明显。盾前沟光亮，内具非常弱的纵皱。小盾片均匀隆起，具细革质状表面和非常细的刻点，刻点间距为刻点直径的 0.5～1.0 倍。后小盾片非常短，呈横棱状隆起，具细刻点。中胸侧板具稠密的横皱，前上角具短斜纵皱，胸腹侧片具细刻点，刻点间距约等长于刻点直径；胸腹侧脊强壮，背端伸达翅基下脊；镜面区小，具非常弱的横细纹；中胸侧板凹深，由横沟与中胸侧缝连接；腹板侧沟深，伸达中胸侧板后缘。后胸侧板粗糙，具多多少少清晰的横皱纹，但后下部不明显；基间脊较弱但明显可见；后胸侧板下缘脊完整且强壮。翅透明；小脉位于基脉外侧，二者之间的距离约为小脉长的 0.3 倍；第 2 肘间横脉消失；第 1 肘间横脉与第 2 回脉之间的距离为第 1 肘间横脉长的 0.7～0.9 倍；外小脉约在下方 1/3 处曲折；后中脉微弱拱起；后小脉强烈内斜，在下方 1/5～1/4 处曲折。足较强壮，后足第 1～5 跗节长度之比依次约为 10.0∶4.0∶3.0∶1.7∶2.0。并胸腹节分区完整，脊较强壮；基区倒梯形，相对光滑，具细弱的纵皱纹；中区六边形，宽稍大于长，具非常弱的细横皱，分脊约位于它的后方 1/3 处；端区强烈下斜，具稠密的斜横皱（下部较强壮）；第 1 侧区稍呈革质状表面；第 2 侧区及第 1、2 外侧区具弱且不规则的细皱；第 3 侧区及第 3 外侧区具强壮的纵皱；气门非常小，圆形；侧突较短且扁平。

腹部第 1 节背板长约为端宽的 1.8 倍，具细粒状表面，后柄部具不清晰的细纵皱；背中脊不明显，背侧脊和腹侧脊完整；气门非常小，圆形，约位于后部 0.4 处。第 2 节背板长约为端宽的 0.7 倍，具与中胸盾片相似的表面。第 3 节背板长约为基部宽的 0.6 倍，几乎光滑，具非常弱的细粒状表面；第 4 节及以后的背板向后强烈收敛。产卵器鞘为后足胫节长的1.1～1.2倍。产卵器稍微侧扁，端部长，腹瓣具弱纵脊，基部的4条相距较远。

体黑色，下列部分除外：触角梗节端缘带黄色，鞭节端部腹面稍带暗褐色；上颚上缘带红褐色；下颚须及下唇须褐黑色；前中足转节两端、腿节端部、胫节（至少腹面）、中足胫节腹面、腿节基端褐色；跗节多多少少带褐色；腹部第6、7节背板后部白色；翅痣（基缘具白斑）褐黑色，翅脉黑褐色。

♂ 体长约6.0 mm。前翅长约4.8 mm。鞭节23节，触角瘤线状，位于第10、11节。触角柄节下侧，上颚（端齿除外），下颚须，下唇须，前胸背板后上角，翅基片，前中足基节及转节浅黄色；前中足（跗节端部稍暗）浅褐色；后足腿节及胫节基部约2/3红褐色，跗节各小节的端部带褐色。

寄主：落叶松叶蜂 *Pristiphora erichsonii* (Hartig)、桦三节叶蜂 *Arge pullata* (Zaddach)。

寄主植物：红桦 *Betula albo-sinensis* Burkill (桦木科 Betulaceae)、落叶松 *Larix gmelinii* (Rupr.) Kuzen.。

分布：中国（湖北、宁夏）。

观察标本：1♀（正模），湖北神农架，2009-Ⅳ-15，王满囷；3♀♀1♂，湖北神农架，2009-Ⅳ-15～20，王满囷；1♀，宁夏六盘山，2011-Ⅴ-18，李涛、盛茂领。

(69) 纹背搜姬蜂 *Mastrus rugotergalis* Sheng & Zeng, 2010

Mastrus rugotergalis Sheng & Zeng, 2010. Zookeys, 57: 68.

♀ 体长5.5～6.5 mm。前翅长3.8～4.0 mm。产卵器鞘长2.0～2.2 mm。

颜面宽为长的1.9～2.0倍，具革质状表面和不清晰的细刻点，刻点间距为刻点直径的0.5～2.0倍；中央隆起，上缘中央具1小突起。唇基沟弱。唇基几乎不隆起，宽约为长的2.2倍；基缘具模糊的细刻点，其余光滑，具非常稀疏的粗刻点；端缘呈微弱弧形，端缘中央具2个或多或少清晰的小突起。上颚具稀且不清晰的浅刻点，上端齿明显长于下端齿。颊区具革质细粒状表面；颚眼距为上颚基部宽的1.1～1.2倍。上颊具细革质状表面和细浅的刻点；均匀向后收敛，长（复眼中部）约为复眼宽的0.9倍。头顶和单眼区具与上颊相似的质地，但侧单眼与复眼之间的质地更加细密；侧单眼间距等长于单复眼间距。额的上部几乎平坦，具与颜面相似的表面，但刻点较清晰；下部凹，靠近触角窝处稍光滑。触角端部不变细；鞭节23～24节，第1～5节长度之比依次约为5.2∶5.0∶4.2∶3.3∶2.9；第1、2节长分别约为自身端部最大直径的3.7倍和3.3倍。后头脊完整。

前胸背板前部光亮，上方具刻点；中部的纵凹内具稠密的斜横皱；后上部具细革质状表面和细刻点；前沟缘脊较弱，但清晰可见。中胸盾片具细革质状表面和不清晰的细刻点，盾纵沟仅前部明显。盾前沟几乎光亮，内具非常细弱的短纵皱。小盾片光亮，均匀隆起，具清晰的细刻点，刻点间距为刻点直径的0.3～1.0倍。后小盾片横形，具不清晰的细刻点，前侧角具深凹。中胸侧板具稠密的斜横皱（前上角处横向且较弱），胸腹侧片具不清晰的细刻点；胸腹侧脊强壮，背端伸达翅基下脊；镜面区小，前部具非常弱的横细纹；中胸侧板凹深，由横沟与中胸侧缝连接；腹板侧沟深，伸达中胸侧板后缘。后胸侧板稍粗糙，具不清晰的横斜皱纹；基间脊和后胸侧板下缘脊完整且强壮。翅带灰褐色，透明；小脉位于基脉外侧，二者之间的距离约为小脉长的 0.3 倍；第 2 肘间横脉消失；第 1 肘间横脉与第 2 回脉之间的距离约为第 1 肘间横脉长的 0.8 倍；外小脉约在下方 1/3 处曲折；后中脉稍拱起；后小脉强烈内斜，约在下方 0.2 处曲折。足较强壮，后足第 1～5 跗节长度之比依次约为 10.0∶4.2∶3.0∶1.7∶3.0。并胸腹节分区完整，脊强壮；基区倒梯形；中区六边形，宽为长的 1.3～1.7 倍，分脊约位于它的后部 1/3 处；端区强烈下斜；基区或多或少光滑；第 1 侧区、中区稍微粗糙；第 2 侧区具不清晰且不规则的细皱纹；端区中央粗糙，周围具短斜皱；第 3 侧区具不规则的粗皱；外侧区具不规则的横皱；气门小，圆形；侧突较短且扁平。

腹部第 1 节背板长为端宽的 1.4～1.6 倍，后柄部强烈变宽；柄部具不清晰的细粒状表面，后柄部具清晰的细纵皱；无背中脊，背侧脊和腹侧脊完整；气门非常小，圆形，稍隆起，约位于后部 0.4 处。第 2 节背板长约为端宽的 0.6 倍，约为基部宽的 0.7 倍，具多多少少可见的细纵皱。第 3 节背板长约为基部宽的 0.6 倍，几乎光滑；第 4 节及以后的背板向后强烈收敛。产卵器鞘为后足胫节长的 1.1～1.2 倍。产卵器不侧扁，端部长，具非常弱的背结；腹瓣具非常弱的斜纵脊，基部 2 条纵脊相距较远。

体黑色，下列部分除外：触角柄节及梗节下侧，鞭节基部第 1～4（5）节，足（后足胫节及跗节稍带深色除外）褐色；上颚黄褐色；下颚须及下唇须暗灰褐色；腹部第 1 节柄部中央的纵带及后柄部的后半部，第 2、3 节及第 4 节背板基部中央红色；第 6、7 节背板后缘及第 8 节背板大部分白色；翅痣（基缘具白斑）及翅脉黑褐色。

♂ 体长约 5.0 mm。前翅长约 4.0 mm。鞭节 21 节，触角瘤线状隆起，位于第 10～11 节。颜面具稠密清晰的细刻点。触角鞭节几乎完全黑色；翅基片浅黄色；中后足基节黑褐色；腹部第 2、3 节背板褐色具多多少少带深色的不规则斑。

变异：腹部第 2 节背板的纵皱清晰至几乎缺；上颚黄褐色至几乎黑色。

寄主：靖远松叶蜂 *Diprion jingyuanensis* Xiao & Zhang、落叶松尺蛾 *Erannis ankeraria* Staudinger。

分布：中国（山西、河北）。

观察标本：2♀♀2♂♂（副模），山西沁源，1995-Ⅵ-05～06，盛茂领；1♀（正模），山西沁源，1996-Ⅶ-06，盛茂领；1♀（副模），山西沁源，1999-Ⅵ-12，陈国发；1♀（副模），河北围场，1673 m，2010-Ⅵ-16，李涛。

粗角姬蜂亚族 Phygadeuontina

全世界已知 18 属，我国已知 5 属。这里介绍寄生叶蜂类的本亚族 1 属。

24. 粗角姬蜂属 *Phygadeuon* Gravenhorst, 1829

Phygadeuon Gravenhorst, 1829. Ichneumonologia Europaea. Pars II. Vratislaviae, 2: 635. Type-species: *Phygadeuon flavimanus* Gravenhorst. Designated by Viereck, 1914.

主要鉴别特征：部分种类雌性翅短；唇基端缘弱至中等强度隆起，端缘钝具 1 对小齿或瘤突；颚眼距通常短于上颚基部宽；上颚下端齿为上端齿长的 0.5～0.95 倍；盾纵沟深，约伸至中胸盾片中部；小盾片无侧脊；并胸腹节分区完整；腹部第 1 节背板通常细长，气门位于中部之后；第 2 节背板通常光滑，部分稍平，基部具纵皱；产卵器鞘为前翅长的 0.1～0.2 倍。

全世界已知 205 种，我国已知 13 种。

寄主：已知 113 种，很多种类为重寄生。这里介绍落叶松叶蜂 *Pristiphora erichsonii* (Hartig) 的 3 种重寄生粗角姬蜂。

中国寄生叶蜂类的粗角姬蜂属已知种检索表（雄虫）

1. 颜面宽约为长的 2.5 倍；后小脉在下方约 0.3 处曲折；中胸侧板具相对较稀且粗的刻点，无或几乎无皱；后足黑色……………………………………………………双齿粗角姬蜂 *P. bidentatus* (Uchida)

   颜面宽约为长的 2.0 倍；后小脉在下方约 0.4 处曲折；中胸侧板布满粗斜皱，或至少一部分具粗斜皱；后足至少部分黄褐色或红褐色……………………………………………………………………2

2. 颚眼距约为上颚基部宽的 0.8 倍；侧单眼间距约为单复眼间距的 0.5 倍；腹部第 1 节背板在气门前突然变窄，气门明显隆起，后柄部具清晰的纵皱；后足腿节端部和胫节黑色……………………………………………………………………………多皱粗角姬蜂 *P. rugulosus* Gravenhorst

   颚眼距约等长于上颚基部宽；侧单眼间距约等长于单复眼间距；腹部第 1 节背板均匀向基部收敛，气门处平，不隆起，后柄部稍粗糙，无明显的皱；后足腿节（端部北侧稍带黑色）红褐色，胫节基部至少 0.7 褐黄色………………………延吉粗角姬蜂，新种 *Ph. yanjiensis* Sheng, Li & Sun, sp.n.

(70) 双齿粗角姬蜂 *Phygadeuon bidentatus* (Uchida, 1930)

Kaltenbachia bidentata Uchida, 1930. Journal of the Faculty of Agriculture, Hokkaido Imperial University, 25(4): 312.

♂ 体长约 8.0 mm。前翅长约 5.0 mm。

颜面长约为宽的 0.4 倍，具稠密的细刻点。唇基略平，基部刻点同颜面，端部光滑光亮，长约为宽的 0.5 倍。上颚强壮，2 端齿约等长。颊区具细革质状表面，颚眼距约为上颚基部宽的 0.6 倍。上颊刻点同颜面，相对较稀。头顶具稀的细刻点，侧单眼间距约为单复眼间距的 0.8 倍。额中央刻点稠密，边缘相对稀细，在触角窝基部稍凹，光滑光亮。触角鞭节 25 节，第 1～5 节长度之比依次约为 9.0∶9.0∶8.0∶6.0∶6.0。后头脊完整。

前胸背板前缘具弱皱；侧凹内具短横皱；后上部具稠密的细刻点。中胸盾片稍隆起，盾纵沟基部存在，刻点同前胸背板。小盾片刻点同中胸盾片。后小盾片横形，刻点稀细。中胸侧板稍隆起，具稠密的细刻点；胸腹侧脊达翅基下脊；中胸侧板后上部具弱皱；腹板侧沟几乎达中胸侧板后下角上方；镜面区小。后胸侧板具稠密的细刻点，后胸侧板下缘脊完整。足正常；后足第 1～5 跗节长度之比依次约为 16.0∶7.0∶5.0∶3.0∶5.0。翅褐色，透明；小脉与基脉对叉，外小脉在下方约 0.4 处曲折；小翅室五边形，第 2 肘间横脉弱，第 2 回脉在其下方约 0.4 处与之相接；后小脉在下方约 0.3 处曲折。并胸腹节稍均匀隆起；基区小；中区六边形，具稠密的细刻点和弱皱，分脊约在中央处与之相接；端横脊明显；端区刻点同中区；并胸腹节气门小，卵圆形，位于基部约 0.2 处。

腹部近纺锤形，具均匀稠密的细刻点。第 1 节背板长约为端宽的 0.6 倍；背中脊存在，背侧脊在气门后完整，腹侧脊完整；气门小，圆形，位于背板中央稍后。第 2 节背板梯形，长约为端宽的 0.7 倍，背板具弱纵皱，窗疤明显。第 3 节背板矩形，长约为端宽的 0.6 倍。第 4 节背板长约为端宽的 0.5 倍。第 5 节及以后背板向后收敛。

体黑色，下列部分除外：下颚须，下唇须，翅基片黄褐色；前足腿节端部、胫节、跗节黄褐色；中足胫节、跗节，后足转节，翅痣，翅脉黑褐色。

寄主：重寄生于被撵寄蝇 *Myxexoristops stolida* (Stein)。

分布：中国（吉林）。

观察标本：1♂，吉林延吉帽儿山，400 m，2009-V-27，李涛。

(71) 多皱粗角姬蜂 *Phygadeuon rugulosus* Gravenhorst, 1829

Phygadeuon rugulosus Gravenhorst, 1829. Ichneumonologia Europeaea, 2: 686.

♂ 体长约 5.0 mm。前翅长约 4.5 mm。

颜面长约为宽的 0.4 倍，具稠密的细刻点，中央刻点较边缘粗大。唇基长约为宽的 0.5 倍，基部具较颜面稀疏的刻点，端部光滑光亮，几乎无刻点。上颚强壮，上下端齿约等长。颊具细革质状表面，颚眼距约为上颚基部宽的 0.8 倍。上颊光滑光亮，具均匀稀疏的细刻点，中央稍隆起，向后方稍收敛。头顶光滑光亮，具较上颊稀疏的刻点，侧单眼间距约为单复眼间距的 0.5 倍。额刻点同颜面。触角鞭节 23 节，第 1～5 节长度之比依次约为 9.0∶8.0∶7.0∶6.0∶6.0。后头脊完整。

前胸背板前缘具弱皱，侧凹内具短横皱，后上部具稠密的细刻点。中胸盾片稍隆起，具均匀稠密的细刻点，盾纵沟无。小盾片刻点同中胸盾片。后小盾片横形，光滑光亮。中胸侧板稍平；胸腹侧脊达翅基下脊；中胸侧板上部具稠密的细刻点，中部光滑光亮，几乎无刻点，下部具稠密的细刻点；腹板侧沟明显，几乎达中胸侧板后下角上方；无镜面区。后胸侧板具稠密的细刻点，基间脊和后胸侧板下缘脊存在。足正常；后足第 1～5 跗节长度之比依次约为 12.0∶5.0∶4.0∶2.0∶3.0。翅浅褐色，透明；小脉位于基脉稍外侧；外小脉在下方约 0.3 处曲折；小翅室五边形，第 2 肘间横脉弱，第 2 回脉在其下方约中央处与之相接；后小脉在下方约 0.1 处曲折。并胸腹节稍隆起，脊弱；基区小；中区具横皱；端区、侧区具稠密的细刻点和不规则短皱；气门小，圆形，位于基部约 0.1 处。

腹部近纺锤形。第 1 节背板长约为端宽的 0.6 倍；背中脊约平行，背侧脊在气门前明显，腹侧脊完整；后柄部背板具短纵皱和稠密的细刻点；气门小，圆形，位于端部约 0.4 处。第 2 节背板梯形，长约为端宽的 0.6 倍，基半部具细纵皱和稠密的刻点，端半部刻点较稀，窗疤小。第 3 节背板长约为端宽的 0.5 倍，基半部光滑光亮，端半部具弱纵皱和细刻点。第 4 节及以后背板光滑光亮。

体黑色，下列部分除外：下颚须，下唇须，翅基，前足（基节大部、爪黑色），中足（基节大部黑色），后足（基节大部黑色；腿节大部及以后各部分黑褐色），触角柄节基部下方黄褐色；上颚（基部、端齿黑色）红褐色；翅痣，翅脉黑褐色。

寄主：重寄生于被撵寄蝇 *Myxexoristops stolida* (Stein)。

分布：中国（吉林）。

观察标本：1♂，吉林延吉帽儿山，400 m，2009-Ⅴ-25，李涛。

(72) 延吉粗角姬蜂，新种 *Phygadeuon yanjiensis* Sheng, Li & Sun, sp.n.（彩图 20）

♂ 体长约 5.0 mm。前翅长约 4.0 mm。

颜面长约为宽的 0.5 倍，具稠密的细刻点和白色短毛，中央稍隆起。唇基长约为宽的 0.5 倍，基半部具横皱和稠密的细刻点。上颚上端齿稍长于下端齿。颊区具细革质状表面，颚眼距约等长于上颚基部宽。上颊具稠密的细刻点，中央稍隆起。头顶具细革质状表面，具稠密的细刻点，侧单眼间距约等长于单复眼间距。额相对较平，刻点同头顶，在触角窝上方稍凹陷。触角鞭节 20 节，第 1～5 节长度之比依次约为 9.0∶8.0∶7.0∶7.0∶6.0。后头脊完整。

前胸背板前缘具弱皱，侧凹具短横皱和不规则斜皱，后上部具不规则斜皱和稠密的细刻点。中胸盾片稍隆起，具稠密的细刻点，盾纵沟基部存在；小盾片刻点较中胸盾片稀细；后小盾片横形，光滑光亮。中胸侧板稍隆起，胸腹侧脊达翅基下脊；中胸侧板具清晰的横皱；腹板侧沟明显，达中胸侧板后下角基部上方。后胸侧板具稠密的细刻点和不规则短皱。足正常；后足第 1～5 跗节长度之比依次约为 19.0∶9.0∶7.0∶5.0∶5.0。翅淡灰色，透明；小脉位于基脉稍外侧；外小脉在下方约 0.4 处曲折；小翅室开放，第 2 回脉与肘间横脉之间的距离约为肘间横脉长的 0.9 倍；后小脉在下方约 0.15 处曲折。并胸腹节稍隆起，具稠密的细刻点和不规则短皱；基区长形；中区近六边形，分脊从中区下方约 0.4 处与之相接；端横脊强壮，端区具清晰的短横皱和稠密的刻点；气门小，圆形，位于基部约 0.1 处。

腹部第 1 节背板长约为端宽的 1.3 倍，具稠密的细刻点和弱皱；背侧脊和腹侧脊完整；气门小，圆形，位于端部约 0.4 处。第 2 节背板长约为端宽的 0.7 倍，刻点及皱纹同第 1 节背板。第 3 节背板长约为端宽的 0.6 倍，刻点及皱纹同第 1 节背板，端部相对稀疏。第 4 节及以后各节背板稍收敛，具稠密的细刻点。

体黑色，下列部分除外：上颚（基部黄褐色，端齿黑色）暗红褐色；下颚须，下唇须，前足（基节黑色），中足（基节黑色），后足（基节、腿节端部少许、胫节端部、跗节黑褐色），翅基，触角柄节腹面红褐至黄褐色。

寄主：重寄生于暗尖胸青蜂 *Cleptes semiauratus* (L.)。

分布：中国（吉林）。

正模 ♂，吉林延吉帽儿山，400 m，2009-Ⅴ-25，李涛。

词源：本种种名源于标本采集地名。

本种与多皱粗角姬蜂 *P. rugulosus* Gravenhorst, 1829 近似，可通过上述检索表鉴别。

六、栉足姬蜂亚科 Ctenopelmatinae

主要鉴别特征：颜面与唇基之间具唇基沟（壮姬蜂属 *Rhorus* 例外）；唇基亚端部通常或多或少隆起，端缘凹；中胸腹板后横脊不完整；前足胫节端缘外侧具 1 小齿；下生殖板大；产卵器通常具背凹。

该亚科含 8 族，我国均有分布。分族检索表可参考 Townes（1970b）和盛茂领等（2013）的著作。

（四）栉足姬蜂族 Ctenopelmatini

主要鉴别特征：前翅长 6.5～12.5 mm；唇基宽短；上颚长且阔，下端齿等长或长于上端齿；并胸腹节短，光滑，或具强脊；爪简单，或具强壮的栉齿；前翅有小翅室或无；腹部第 2 节背板基部和气门之间具 1 纵脊；雌虫下生殖板大；第 8 节背板在尾须和产卵器鞘之间明显向后突出。

该族含 6 属，我国已知 4 属。

栉足姬蜂族中国已知属检索表

1\. 后头脊下端未伸抵上颚基部，在上颚基部上方与口后脊相接；腹部第 1 节背板无基侧凹；爪简单或具栉齿……2

后头脊下端伸达上颚基部；腹部第 1 节背板具基侧凹；爪满具栉齿（个别种类仅基部具栉齿）……栉足姬蜂属 *Ctenopelma*

2\. 前胸背板上缘具平行的沟；并胸腹节无侧纵脊，或在脊位置呈圆隆起状；爪简单；腹部末端侧扁……跃姬蜂属 *Xenoschesis*

前胸背板上缘无平行的沟；并胸腹节具清晰的侧纵脊；爪具栉齿；腹部末端约呈圆形或扁……3

3\. 腹部第 2 节背板长约等于端宽；腹部第 6 节腹板非常大，端部圆形，下侧强烈突起；产卵器向上弯曲……背臀姬蜂属 *Notopygus*

腹部第 2 节背板长至少为端宽的 1.3 倍；腹部第 6 节腹板不特别大，端部亚平截，下侧几乎直；产卵器向下弯曲……拟姬蜂属 *Homaspis*

25. 栉足姬蜂属 *Ctenopelma* Holmgren, 1857

Ctenopelma Holmgren, 1857. Kongliga Svenska Vetenskapsakademiens Handlingar, N.F, 1 (1)(1855): 117. Type-species: *Ctenopelma nigra* Holmgren; Designated by Viereck, 1912.

全世界已知44种；此前，我国已知5种。已知寄主20多种，全部为叶蜂类。这里介绍11种。

中国栉足姬蜂属已知种 (♀) 检索表

1. 产卵器鞘较长，长至少为最大宽的 10.0 倍，均匀地向端部变尖，背瓣亚端部具明显的缺刻……2
   产卵器鞘短，长小于最大宽的 4.0 倍……………………………………………………………4
2. 腹部第 1 节背板气门强烈突起；后柄部稍隆至强烈隆起，长明显短于端宽；第 2 节背板长小于自身端宽；后小脉在上方 0.4 处曲折……………………… 孔栉足姬蜂 *C. spiraculare* Sheng, Sun & Li
   腹部第 1 节背板的气门不突起；后柄部正常，无特别隆起，长明显大于端宽；第 2 节背板长约等于或稍大于端宽；后小脉在中央下方或中央或稍上方曲折…………………………………………3
3. 唇基端缘明显凹；腹部第 1 节背板长约为端宽的 2.2 倍；腹部至少第 2～3 节背板完全红褐色……
   ……………………………………………………………亮栉足姬蜂 *C. lucifer* (Gravenhorst)
   唇基端缘平截；腹部第 1 节背板长为端宽的 2.6～2.7 倍；腹部仅第 2 节背板红褐色………………
   ……………………………………………………… 单栉足姬蜂 *C. rufofasciatum* Sheng, Sun & Li
4. 产卵器基部特别粗，自中部突然向端部变细，无背凹；爪几乎无栉齿；头（唇基端部和上颚除外）、胸（翅基片除外）、腹部和所有的基节黑色 ……………………………………………………5
   产卵器相对匀称，亚端部具背凹；爪具明显的栉齿；头或胸或腹部或基节黄色，或红褐色，或具黄色或红褐色大斑………………………………………………………………………………6
5. 腹部第 1 节后柄部、第 2 节、第 3 节背板几乎全部光亮，具清晰的刻点；后足完全黑色…………
   ………………………………………………………… 松栉足姬蜂 *C. pineatum* Sheng, Sun & Li
   腹部第 1 节后柄部、第 2 节、第 3 节背板基部粗糙，无刻点；后足至少腿节红褐色………………
   ……………………………………………………………… 黑栉足姬蜂 *C. nigrum* Holmgren
6. 唇舌大，下垂并强烈裸露于上颚下方；小翅室非常小，具长柄，柄长约为小翅室高的 1.7 倍；并胸腹节中纵脊在端横脊与并胸腹节基缘之间平行，具侧脊；爪基部 0.6 具明显的栉齿………………
   ……………………………………………………… 唇栉足姬蜂 *C. labiatum* Sheng, Sun & Li
   唇舌小，隐藏在上颚内侧，至少不明显外露；小翅室较大，无柄，若具柄，则柄长不大于小翅室的高；并胸腹节中纵脊向基部收敛，或中部收缩，无或具侧脊；爪几乎无栉齿，或满布栉齿·····7
7. 并胸腹节在基部至端横脊之间具完整强壮的侧脊；颜面稍粗糙，具稠密的刻点；头（唇基和上颚除外）、胸（翅基片除外）和腹部完全黑色；基节和后足腿节红褐色 ………………………………
   ……………………………………………………………红基栉足姬蜂 *C. ruficoxator* Aubert
   并胸腹节在基部至端横脊之间无侧脊，或仅端部具不明显的侧脊；颜面具革质状质地和较稀的细刻点………………………………………………………………………………………………8
8. 头部黑色（或仅颜面黄色）；胸部黑色 ………………………………………………………9
   头主要红褐色，具黑斑；胸部红褐色或黄褐色，具不规则的黑色大斑；腹部红褐或黄褐色………
   ………………………………………………………………褐栉足姬蜂 *C. rufescentis* Sheng
9. 并胸腹节中区与端区合并，二者之间无横脊，基部至端横脊之间无侧脊；颜面黑色………………
   ………………………………………………………… 毛栉足姬蜂 *C. tomentosum* (Desvignes)
   并胸腹节中区与端区由明显的脊分隔，靠近端横脊处具弱侧脊或无；颜面黄色…………………… 10
10. 产卵器鞘为后足第 1 跗节长的 0.7 倍；前中足基节黄褐色，后足基节大部分及后足腿节全部褐色至红褐色……………………………………………… 黑胸栉足姬蜂 *C. melanothoracicum* Sheng

产卵器鞘与后足第 1 跗节等长；所有的基节和后足腿节完全黑色……………………………………
……………………………………………………………………李栉足姬蜂 *C. lii* Sheng, Sun & Li

(73) 唇栉足姬蜂 *Ctenopelma labiatum* Sheng, Sun & Li, 2019

Ctenopelma labiatum Sheng, Sun & Li, 2019. European Journal of Taxonomy, 545: 4.

♀ 体长约 10.3 mm。前翅长约 7.6 mm。产卵器鞘长约 0.5 mm。

复眼内缘近平行，在触角窝外侧微凹。颜面中央纵向稍隆起，宽约为长的 1.5 倍；具稠密的细毛点和黄褐色短毛，中央纵向毛点相对稀疏，端缘几乎无刻点；侧缘呈细革质粒状表面；上缘中央具 1 短纵瘤突。唇基沟明显。唇基阔，中央横向稍隆起，宽约为长的 2.8 倍；光亮，具稀疏细毛点和黄褐色长毛；端缘弧形，中央具 1 深纵凹。上颚强壮，基半部具稀疏的细毛点和黄褐色长毛，端半部光滑光亮；端齿等长。颊区呈细革质粒状表面。颚眼距约为上颚基部宽的 0.2 倍。上颊中等阔，中央微隆起，向上稍变宽，光滑光亮，具均匀稠密的细毛点和黄褐色短毛。头顶质地同上颊，刻点相对稀疏。单眼区稍隆起，中央微凹，光亮，具稠密的细毛点和黄褐色短毛；单眼中等大小，强隆起，单眼外侧沟明显；侧单眼间距约为单复眼间距的 0.8 倍。额呈细革质粒状表面，夹杂细刻点；在触角窝后方稍凹；触角窝之间具 1 长纵脊。触角线状，鞭节 34 节，第 1～5 节长度之比依次约为 1.4∶1.1∶1.0∶1.0∶1.0。后头脊完整，在上颚基部与口后脊相接。

前胸背板前缘具稠密的细毛点和黄褐色短毛；侧凹浅阔，具不规则皱状表面；后上部光亮，具均匀稠密的细毛点和黄褐色短毛。中胸盾片圆形隆起，光滑光亮，具均匀稠密的细毛点和黄褐色短毛；盾纵沟基部明显，中段弱。盾前沟深阔，光滑光亮，外侧具弱短皱。小盾片圆形稍隆起，光亮，具稀疏的细毛点和黄褐色短毛，端半部毛点相对稠密。后小盾片横形隆起，具细密的毛点。中胸侧板稍平，具稠密的细毛点和黄褐色短毛，靠近中央处毛点相对稀疏；中央大部光滑无毛；镜面区中等大，光滑光亮；中胸侧板凹浅凹状；胸腹侧脊强壮，约为中胸侧板高的 0.5 倍。后胸侧板稍隆起，光亮，具稠密的细毛点和黄褐色短毛；下后角具短皱；后胸侧板下缘脊强壮。翅浅褐色，透明；小脉位于基脉外侧，二者之间的距离约为小脉长的 0.4 倍；小翅室非常小，近三角形，具长柄，柄长约为小翅室高的 1.7 倍；肘间横脉近等长；第 2 回脉约在小翅室下外角 0.4 处与之相接；外小脉约在中央处曲折；后小脉在下方约 0.4 处曲折。爪具稀栉齿。后足第 1～5 跗节长度之比约为 4.3∶2.2∶1.7∶1.0∶1.5。并胸腹节圆形稍隆起；基横脊消失，其他脊完整；基区和中区的合并区近长方形，纵脊几乎平行，中央微凹，几乎光滑光亮，靠近后缘具细横皱；端区稍斜，近六边形，靠近上缘具细横皱，其余光滑光亮；第 1、2 侧区的合并区具稠密的细毛点和黄褐色短毛，亚端部的毛点相对稀疏；气门小，近圆形，靠近外侧脊，位于基部约 0.3 处。

腹部第 1 节背板长约为端宽的 1.9 倍；侧缘向后均匀变宽；具稠密的细毛点和黄褐色短毛；基部深凹；背板中央纵向稍凹，凹内光滑光亮，端缘光滑无毛；背中脊无，背侧脊、腹侧脊完整；基侧凹大；气门小，圆形，约位于背板中央。第 2 节背板梯形，长约为基部宽的 1.3 倍，约为端宽的 0.9 倍；光滑光亮，具均匀的细毛点和黄褐色短毛，端半部毛点相对稀疏，端缘光滑无毛；气门至背板基缘间无脊。第 3 节及以后各节背板光亮，具均匀的细毛点和黄褐色短毛。产卵器鞘稍露出腹末，约为自身最大宽的 2.6 倍。产卵器基部粗壮，端部极尖。

体黑色，下列部分除外：唇基（基缘黑褐色），上颚（基缘黑褐色；端齿暗红褐色），下颚须，下唇须，翅基片，翅基，前足，中足（基节基部及背面黑褐色，其余红褐色；转节，腿节黄褐色稍带红褐色；爪褐色）黄白色至黄褐色；触角（鞭节端部黄褐色），前胸背板后上角，小盾片，后小盾片，腹部第 8 节背板黄褐色至红褐色；后足（基节基部黑褐色；基跗节黄褐色，第 2～5 跗节黄色；爪褐色），腹部第 1 节背板亚端部中央及端缘、第 2 节背板（亚端部中央的斑暗红褐色）、第 3～5 节背板（中央稍带暗红褐色）、第 6～7 节背板，产卵器鞘红褐色；翅脉褐色，翅痣黄褐色。

观察标本：1♀（正模），六盘山，2005-Ⅵ-9，集虫网。

本种可通过下列特征与本属其他种区分：下唇大，唇舌较长下垂，裸露于上颚下方；小翅室非常小，具长柄，柄长约为小翅室高的 1.7 倍；并胸腹节中纵脊在端横脊与基部之间平行；爪基部 0.6 具明显的栉齿。

(74) 李栉足姬蜂 *Ctenopelma lii* Sheng, Sun & Li, 2019

Ctenopelma lii Sheng, Sun & Li, 2019. European Journal of Taxonomy, 545: 8.

♀ 体长约 8.5 mm。前翅长约 7.5 mm。产卵器鞘长约 0.5 mm。

头部扁平，复眼大。复眼内缘近平行，在触角窝上方微凹。颜面宽约为长的 1.4 倍，中央纵向稍隆起，触角窝外侧及侧缘纵凹；呈细革质状表面，具稀疏的褐色毛刻点，下方中央几乎无毛点，上方中央具 1 短纵瘤突。唇基沟明显。唇基阔，表面较光滑，具稀疏不明显的细毛点和褐色毛；宽约为长的 2.6 倍；基半部横向稍隆起，中部横向深凹；两侧具短弱皱；端缘中段直。上颚强壮，基半部具稀疏的褐色毛刻点，上端齿长于下端齿，下端齿平钝。颊极短，复眼下缘紧贴上颚基部。上颊中等阔，中央微隆起，向上稍变宽，光滑光亮，具较稀疏的毛细刻点。头顶质地同上颊，后部中央深凹。单眼区稍抬高，中央凹，光滑光亮；单眼中等大小，强隆起，外侧沟明显；侧单眼外侧呈细革质状，光滑光亮，几乎无刻点和毛；侧单眼间距约为单复眼间距的 0.8 倍。额较平，呈细革质状表面，光滑光亮，无刻点和毛。触角粗丝状，鞭节 33 节，第 1～5 节长度之比依次约为 2.4∶1.6∶1.5∶1.4∶1.3。后头脊完整强壮、在后方中央稍下沉，与口后脊在上颚基部相接。

前胸背板呈细革质状表面，光滑光亮，后上部具稀疏不明显的微细刻点；侧凹浅阔，仅在颈部具稠密的细横皱；前沟缘脊可见。中胸盾片圆形隆起，光滑光亮，具稀疏的细刻点和黄褐色短毛（中叶前部的刻点较稠密且不清晰）；盾纵沟基部明显。盾前沟深阔，光滑光亮。小盾片圆形稍隆起，光亮，具稀疏的细毛点和黄褐色短毛。后小盾片稍隆起，具稠密的细刻点。中胸侧板稍平，光滑光亮，上方及下部具稀疏的微细刻点和黄褐色短毛；镜面区大；胸腹侧脊细而明显，约达中胸侧板高的 0.7 处；中胸侧板凹浅凹状。后胸侧板稍隆起，光滑光亮，具非常稀疏的微细刻点和黄褐色短毛；下后角具短皱；后胸侧板下缘脊强壮。翅褐色，透明；小脉位于基脉外侧，二者之间的距离约为小脉长的 0.4 倍；小翅室近三角形，具短柄，柄长约为第 1 肘间横脉长的 0.4 倍；第 2 肘间横脉明显长于第 1 肘间横脉；第 2 回脉约在小翅室下外角 0.25 处与之相接；外小脉约在下方 0.4 处曲折；后小脉约在下方 0.4 处曲折。足基节和腿节光滑光亮，具非常稀疏的细刻点和黄褐色短毛；后足第 1～5 跗节长度之比依次约为 5.2∶2.6∶2.0∶1.3∶1.5。爪具稀栉齿。并胸腹节圆形隆起，光滑光亮，具非常稀疏的细刻点和黄褐色短毛；基横脊消失，其他脊完整；基区和中区的合并区近长方形，2 纵脊在中央稍收敛，端部稍宽于基部，几乎无刻点和毛；端区稍倾斜，近六边形，具稠密的细横皱；气门椭圆形，靠近外侧脊，位于基部约 0.35 处。

腹部光滑光亮，具非常稀疏的细刻点和黄褐色短毛。第 1 节背板长约为端宽的 2.5 倍；侧缘向后均匀变宽；基部中央深凹；基侧凹大；背板侧方中央纵向深凹，凹内光滑光亮；后柄部背板较强隆起，两侧的毛较长；背中脊无，背侧脊和腹侧脊完整；气门小，圆形，约位于端部 0.3 处。第 2 节、第 3 节背板均为梯形，长均约为端宽的 1.1 倍，基部两侧具窗疤，背板基部与气门之间具与侧缘近平行的细纵脊（第 3 节的纵脊较弱）。第 4 节背板侧缘近平行，长约等于端宽；以后各节背板向后逐渐稍收敛。产卵器鞘稍露出腹末，长约为自身最大宽的 3.6 倍。产卵器基部粗壮，端部极尖。

体黑色，下列部分除外：触角红褐色，仅端部约 1/3 褐黑色；颜面（上缘两侧及中央具暗褐色斑），唇基（基缘及端半部黄褐色），上颚（端齿黑色），颊及上颊前上部，翅基，小盾片（基部黑色），后小盾片，前中足腿节端部及胫节均为黄色；下颚须，下唇须，翅基片，前胸背板后上角，前中足（前足基节背侧黑色，中足基节和转节黑色），后足胫节基部约 0.6、第 1～4 跗节基缘多多少少、第 5 跗节全部，腹部背板（除第 1 节）均为红褐色；产卵器鞘褐黑色；翅脉褐色，翅痣黄褐色。

观察标本：1♀（正模），辽宁宽甸，2016-Ⅵ-27，李涛。

(75) 亮栉足姬蜂 *Ctenopelma lucifer* (Gravenhorst, 1829)

Mesochorus luciferum Gravenhorst, 1829. Ichneumonologia Europaea, 2: 963.

寄主：松阿扁叶蜂 *Acantholyda posticalis* (Matsumura)。

分布：中国（辽宁、吉林、山西、河南、甘肃）；日本，俄罗斯，立陶宛，拉脱维亚，奥地利，比利时，瑞士，瑞典，荷兰，芬兰，波兰，法国，德国，匈牙利，捷克，意大利，西班牙。

观察标本：1♀，辽宁宽甸白石砬子，400 m，2001-Ⅵ-01，盛茂领；1♀，辽宁新宾，2009-Ⅷ-26，集虫网；1♀，山西沁源，1997-Ⅵ-03，盛茂领；5♀♀，河南卢氏，2008-Ⅵ-13～28，盛茂领；2♀♀5♂♂，山西平陆，965 m，2012-Ⅳ-30～Ⅴ-07，李涛；10♀♀14♂♂，河南灵宝，600 m，2012-Ⅳ-29～Ⅴ-11，李涛。

(76) 黑胸栉足姬蜂 *Ctenopelma melanothoracicum* Sheng, 2009

Ctenopelma melanothoracica Sheng, 2009. Insect Fauna of Henan, Hymenoptera: Ichneumonidae, p.122.

♀ 体长约 11.5 mm。前翅长约 10.5 mm。产卵器鞘长约 1.2 mm。

头部具毛细刻点。颜面宽约为长的 1.45 倍，上部中央具 1 光滑的小瘤突。唇基沟清晰。上颚光亮，端齿尖锐，下端齿约等于上端齿。颚眼距非常短，长约为上颚基部宽的 0.18 倍。侧单眼间距约为单复眼间距的 0.75 倍。额较光滑，在触角窝后方稍凹入。触角丝状，鞭节 35 节，第 1～5 节长度之比依次约为 2.8∶1.9∶1.9∶1.8∶1.7。后头脊完整。

胸部具稀疏的细刻点。前沟缘脊非常弱。盾纵沟明显，向后伸达中胸盾片中央之后。小脉远位于基脉的外侧，二者之间的距离约为小脉长的 0.6 倍；小翅室斜四边形，具柄，第 2 回脉位于它的下外侧 1/3 处；外小脉在中央稍下方曲折；后小脉在中央稍下方曲折。后足第 1～5 跗节长度之比依次约为 6.3∶3.3∶2.8∶1.4∶1.9；爪具稠密的栉齿。并胸腹节光亮，侧面具清晰的细刻点，端横脊的中段处具少许不规则的横皱；具端横脊、中纵脊、侧纵脊的端段及外侧脊；基区和中区合并；第 3 外侧区完整；气门椭圆形。

腹部具非常稀疏且浅的细刻点和较长的褐色毛；第 1 节背板长约为端宽的 2.1 倍，具非常大且深的基侧凹。第 2 节背板长约为端宽的 0.8 倍；亚基侧缘由基部至气门之间具 1 明显的脊。第 3、第 4 节背板两侧近平行；第 3 节背板长约为端部宽的 0.95 倍，第 4 节背板长约为端宽的 0.9 倍。产卵器鞘上下缘几乎平行，长约为最大宽的 3.0 倍。产卵器背瓣亚端部具缺刻。

体黑色，下列部分除外：触角红褐色（柄节和梗节背侧黑褐色）；颜面（上缘两侧及瘤突处褐色），唇基，上颚（端齿黑色），下唇须，下颚须，颊，头顶眼眶前部，小盾片，翅基下脊均为黄白色；前中足（基节、爪尖带黑褐色）黄褐色；后足（基节背侧基部及末端黑色）及腹部背板（第 1 节基半部黑色）红褐色；前胸背板后上角的瘤突，翅基片及翅痣黄褐色；翅脉黑褐色。

分布：中国（黑龙江、江西、河南、陕西）。

观察标本：1♀（正模），内乡宝天曼，2006-Ⅵ-27，申效诚；1♀，黑龙江伊春丰林，2008-Ⅶ-20；1♀，江西宜丰（官山东河），2009-Ⅵ-01，集虫网；1♀，江西宜丰，2009-Ⅴ-09，集虫网；1♀，陕西安康（平河梁），2090 m，2010-Ⅶ-11，李涛。

(77) 单栉足姬蜂 *Ctenopelma rufofasciatum* Sheng, Sun & Li, 2019

Ctenopelma rufofasciatum Sheng, Sun & Li, 2019. European Journal of Taxonomy, 545: 12.

♀ 体长 8.0～11.0 mm。前翅长 8.0～10.0 mm。

复眼内缘在靠近触角窝稍上方处稍凹陷。颜面中间强烈隆起，隆起下缘具细弱皱，隆起处具稠密的粗刻点，其他部分具稀疏的细毛点；宽约为长的 1.8 倍。唇基宽短，中央横形隆起，具稀疏的细毛点，端缘平截，唇基宽约为长的 3.0 倍。上颚长，基部具稀疏的细毛点，端齿等长。颊区狭窄，具细革质状表面，颚眼距约为上颚基部宽的 0.2 倍。上颊具细革质状表面，具稀疏的细毛点，向上逐渐变宽。头顶刻点同上颊，在单眼区后斜截；单眼区稍抬高，单眼区外侧凹陷，单眼中间具弱皱；侧单眼间距约为单复眼间距的 0.8 倍。额区刻点较颜面中央处稍细密。触角柄节圆筒形，长径为最大短径的 1.8～2.0 倍；鞭节 42 节，第 1～5 节长度之比依次约为 6.0∶4.0∶3.5∶3.5∶3.5。后头脊完整，伸抵上颚基部。

前胸背板前缘具弱横皱，侧凹内具弱横皱和细毛点，后上部具稀疏的细毛点。中胸盾片隆起，具稠密的细刻点；盾纵沟基部稍明显。盾前沟具细弱皱。小盾片刻点同中胸盾片。后小盾片横形，刻点较小盾片稀细。中胸侧板中部光滑光亮，无刻点；镜面区大，光滑光亮，无刻点；其他区域刻点同中胸盾片；中胸侧板前缘具细斜皱；胸腹侧脊达中胸侧板高的 0.6 倍。后胸侧板刻点同中胸盾片，后胸侧板下缘脊完整。翅暗褐色，透明；小脉位于基脉外侧，二者之间的距离约为小脉长度的 0.3 倍；小翅室大，四边形，无柄，第 2 回脉约在其下方中央处与之相接；外小脉在下方约 0.4 处曲折；后小脉在下方约 0.3 处曲折。爪栉状。后足基节长锥状膨大，第 1～5 跗节长度之比依次约为 17.0∶8.0∶6.0∶3.5∶5.0。并胸腹节均匀隆起；中纵脊、侧纵脊、外侧脊明显；基区和中区合并，合并区光滑光亮，在中纵脊处具弱皱和细毛点；分脊弱；中区和端区分界弱，端区具弱皱和细毛点；端横脊在端区外强壮；侧区具稀疏的细毛点；外侧区刻点较侧区粗糙；并胸腹节气门长椭圆形，长径约为短径的 1.5 倍，位于基部约 0.2 处。

腹部前部的背板具稠密的灰褐色短毛，后部的背板具稠密的暗褐色短毛，第 3 节之后侧扁。第 1 节背板长为端宽的 2.6～2.7 倍，柄部光滑光亮无刻点，后柄部隆起，具清晰的细刻点；基侧凹甚大；气门圆形，位于端部约 0.4 处；腹侧脊完整。第 2 节背板长约等于端宽，具稠密的刻点，基部和气门之间沿亚基侧缘具明显的脊。产卵器粗壮，端部渐细，具亚端背缺刻；产卵器鞘长约为自身最大宽的 10.0 倍，约为后足胫节长的 0.8 倍。

体黑色，下列部分除外：颜面（中央隆起处黑色），唇基凹周缘，上颚（端齿红褐色）黄色；下唇须，下颚须，前足（基节，转节，腿节大部黑色，腿节前面端部红褐色，胫节黄褐色），中足（基节，转节，腿节黑色；胫节大部黄褐色），后足胫节端部（基部黄褐色）及跗节黑褐色；翅脉，翅痣黑褐色；腹部第 3 节背板红色。

♂ 触角鞭节 43 节。颜面（中央隆起处具 1 小斑黑色除外），上颚（端齿红褐色除外），下颚须，下唇须，前足（基节和转节后侧面黑色，腿节黑褐色除外），中足转节前侧面、腿节端缘、胫节，后足胫节大部黄色。中足跗节、后足胫节端部及跗节、翅脉、翅痣黑褐色。

寄主：落叶松腮扁叶蜂 *Cephalcia lariciphila* (Wachtl)。

分布：中国（北京）。

观察标本：1 ♀（正模）3♀♀（副模），北京门头沟，2011-VI-30，宗世祥；1♀1♂，2011-VII-22，北京门头沟，宗世祥；1♀9♂♂，北京门头沟，2012-V-19～27，李涛。

(78) 黑栉足姬蜂 *Ctenopelma nigrum* Holmgren, 1857

Ctenopelma nigrum Holmgren, 1857. Kongliga Svenska Vetenskapsakademiens Handlingar, N.F.1 (1)(1855): 120.

♀ 体长约 11.0 mm。前翅长约 7.0 mm。产卵器鞘长约 0.9 mm。

复眼内缘向下均匀收敛，在触角窝外侧微凹。颜面中央均匀稍隆起，宽约为长的 1.8 倍；呈细粒状表面，具稠密的细毛点和黄褐色短毛；上缘中央具 1 圆形小瘤突；触角窝外侧方稍凹。唇基沟明显。唇基明显抬高，横阔，宽约为长的 3.7 倍；中央纵向强隆起；

光亮，具非常稀疏的细毛点，中央大部光滑无毛；端缘平截，亚侧缘稍凸。上颚强壮，基半部具非常稀疏的细毛点和黄褐色长毛，端半部光滑光亮；端齿等长。颊区呈细革质粒状表面，具稀疏的细毛点。颚眼距约为上颚基部宽的 0.4 倍。上颊中等阔，中央微隆起，向上稍变宽，光滑光亮，具均匀稠密的细毛点和黄褐色短毛。头顶质地同上颊，单复眼之间刻点几乎无。单眼区稍隆起，中央微凹，光亮，具稠密的细毛点和黄褐色短毛；单眼中等大小，强隆起，单眼外侧沟明显；侧单眼间距约等长于单复眼间距。额稍凹，呈细革质粒状表面；在触角窝后方稍凹。触角线状，鞭节 42 节，第 1～5 节长度之比依次约为 1.6∶1.3∶1.2∶1.1∶1.0。后头脊完整，在上颚基部与口后脊相接。

前胸背板前缘具稠密的细毛点和黄褐色短毛；侧凹浅阔，近光亮；前沟缘脊在侧凹内明显；后上部光亮，具均匀稠密的细毛点和黄褐色短毛。中胸盾片圆形隆起，光滑光亮，具均匀稠密的细毛点和黄褐色短毛；盾纵沟基部存在。盾前沟深阔，光滑光亮。小盾片圆形稍隆起，光亮，具均匀的细毛点和黄褐色短毛。后小盾片稍隆起，具细密的毛点。中胸侧板稍隆起，中央大部微凹；具稠密的细毛点和黄褐色短毛，中央大部光滑无毛；镜面区中等大，光滑光亮；中胸侧板凹浅凹状；胸腹侧脊强壮，约为中胸侧板高的 0.5 倍。后胸侧板稍隆起，具稠密的细毛点和黄褐色短毛；下后角具短皱；后胸侧板下缘脊强壮。翅浅褐色，透明；小脉位于基脉外侧，二者之间的距离约为小脉长的 0.3 倍；小翅室斜三角形，具柄，柄长约为第 1 肘间横脉长的 0.5 倍；第 2 肘间横脉稍长于第 1 肘间横脉；第 2 回脉约在小翅室下外角 0.4 处与之相接；外小脉在下方约 0.4 处曲折；后小脉在上方约 0.4 处曲折。爪简单。后足第 1～5 跗节长度之比依次约为 5.1∶2.4∶1.6∶1.0∶1.2。并胸腹节圆形稍隆起；分脊消失，基横脊在基区和中区之间非常弱，其他脊完整；基区稍倒梯形，微凹，呈弱皱状表面；中区近长方形，靠近基部具弱皱，其他区域呈粒状表面；端区六边形；侧区呈粒状表面，具稠密的细毛点和黄褐色短毛；气门小，近圆形，稍靠近侧纵脊，位于基部约 0.25 处。

腹部第 1 节背板长约为端宽的 1.7 倍；侧缘向后均匀变宽；背中脊明显，伸达亚端部，向后微变宽，脊间凹，近光亮；背中脊和背侧脊之间较凹，呈弱粒状表面；端半部具弱皱状表面夹杂细毛点和黄褐色短毛，端缘光滑；背侧脊和腹侧脊完整；基侧凹大；气门小，圆形，约位于背板中央。第 2 节背板梯形，长约为基部宽的 1.5 倍，约为端宽的 1.1 倍；呈粒状表面，基半部相对粗，具稠密的细毛点和黄褐色短毛；气门和背板基部间具纵脊。第 3 节背板基半部呈细粒状表面，端半部光亮，具均匀的细毛点和黄褐色短毛。第 4 节及以后各节背板光亮，具均匀的细毛点和黄褐色短毛。产卵器鞘阔，长约为自身最大宽的 3.8 倍。产卵器基半部粗壮，端半部极尖细，无背凹。

体黑色，下列部分除外：下颚须（第 1 节暗褐色），头顶眼眶的小斑，前足（基节黑色；第 1 转节暗褐色，端缘黄褐色；第 3～5 跗节、爪褐色），中足（基节黑色；第 1 转节暗褐色，端缘及背端黄褐色；第 2～5 跗节、爪褐色）黄褐色；后足腿节褐色，胫节基部褐色（亚基部至端部暗褐色），跗节、爪暗褐色；下唇须，触角暗褐色；翅脉，翅痣褐色；翅基片，翅基，前胸背板后上角黄褐色。

寄主：松阿扁叶蜂 *Acantholyda posticalis* (Matsumura)、落叶松腮扁叶蜂 *Cephalcia lariciphila* (Wachtl) 等。

分布：中国（北京）；奥地利，比利时，芬兰，捷克，德国，匈牙利，哈萨克斯坦，拉脱维亚，波兰，俄罗斯，瑞士，瑞典，乌克兰。

观察标本：1♀，北京门头沟，2009-Ⅴ-25，王涛。

(79) 松栉足姬蜂 *Ctenopelma pineatum* Sheng, Sun & Li, 2019

Ctenopelma pineatum Sheng, Sun & Li, 2019. European Journal of Taxonomy, 545: 16.

♀ 体长 10.0～13.0 mm。前翅长 8.0～10.5 mm。

复眼内缘在触角窝上方处稍凹陷。颜面宽为长的 1.4～1.6 倍；中央大部强烈隆起，具均匀稠密的粗刻点；侧缘具细革质状表面，刻点相对稀细。唇基宽约为长的 3.0 倍；基部刻点同颜面中央，中间横形隆起，端部光滑光亮，端缘稍平。上颚强壮，基部具稀疏的细刻点；端齿等长。颊区具细革质状表面，颚眼距约为上颚基部宽的 0.1 倍。上颊光滑光亮，具均匀的细刻点；向上渐宽，中央稍隆起，向后稍收敛。头顶刻点同上颊，单眼区稍抬高，单眼区中央稍凹，光滑光亮；侧单眼外浅沟状；侧单眼间距约为单复眼间距的 1.0～1.1 倍。额稍平，刻点同头顶，中央具 1 中纵沟；在触角窝上方稍凹陷。触角柄节端缘平截，鞭节 49～53 节，第 1～5 节长度之比依次约为 17.0∶13.0∶12.0∶11.0∶11.0。后头脊完整，颊脊在上颚基部与口后脊相接。

前胸背板前缘具细纵皱和稀疏的细刻点，侧凹具不规则斜皱和细刻点，后上部具均匀稠密的细刻点。中胸盾片稍隆起，具均匀稠密的细刻点；小盾片圆形隆起，刻点同中胸盾片；后小盾片横形，刻点同中胸盾片。中胸侧板刻点同中胸盾片；胸腹侧脊约为中胸侧板高的 0.6 倍；镜面区大，光滑光亮，无刻点；中胸侧板凹浅沟状。后胸侧板稍隆起，刻点同中胸侧板，下部具弱皱；后胸侧板下缘脊强壮且完整。足正常；胫节具短刺，尤以中后足明显；后足第 1～5 跗节长度之比依次约为 23.0∶12.0∶8.0∶5.0∶6.0；爪简单。翅褐色，透明；小脉与基脉对叉；小翅室四边形，具短柄；第 2 回脉在小翅室下外角约 0.3 处与之相接；外小脉内斜，在下方约 0.4 处曲折；后小脉在上方约 0.4 处曲折。并胸腹节圆形隆起，具均匀稠密的细刻点；基横脊消失，其他各脊强壮；基区和中区的合并区中央稍凹陷，具不规则短皱；端区光滑光亮，具不规则短皱；第 3 外侧区具明显横皱；并胸腹节气门长形，长径约为短径的 2.5 倍，靠近侧纵脊，位于基部约 0.2 处。

腹部具褐色短毛；第 1 节背板具均匀稠密的细刻点，长约为端宽的 1.7 倍；背中脊平行，伸达气门后，中央稍凹；背侧脊、腹侧脊完整；气门小，圆形，位于中央稍前方；基侧凹大且深。第 2 节背板长为端宽的 1.1～1.2 倍；基部具不规则短皱，端部刻点同第 1 节背板；气门小，圆形，位于基部约 0.4 处，气门与第 2 节背板基部间具 1 短纵脊。第 3 节背板端部及以后各节稍收敛，刻点同第 2 节背板端部。产卵器鞘刀状，长约为自身最大宽的 2.5 倍，亚下缘呈细沟状；产卵器基半部非常粗，端半部非常细，无亚端背缺刻。

体黑色，下列部分除外：唇基端缘，上颚（基部，端齿黑褐色），下颚须，下唇须暗红褐色至黑褐色；前足（基节，转节黑褐色），中足（基节，转节黑褐色）红褐色；头顶眼眶的小斑浅黄色；爪，翅基片，翅基，翅痣，翅脉黑褐色。

♂ 体长 11.0～13.0 mm。前翅长 8.0～11.0 mm。触角鞭节 49～53 节。体黑色，下列

部分除外：颜面，唇基，上颚（端齿黑褐色），头顶眼眶的小斑，前胸背板后上角黄色；下唇须，下颚须暗褐色；前足基节部分、转节，中足基节少许、转节，翅基片黄褐色至褐色；前足腿节、胫节、跗节，中足腿节、胫节、跗节红褐色；后足胫节腹面，各跗节基部及端部少许暗红褐色；爪，翅痣，翅脉黑褐色。

寄主：松阿扁叶蜂 *Acantholyda posticalis* (Matsumura)、落叶松腮扁叶蜂 *Cephalcia lariciphila* (Wachtl)。

寄主植物：黑松 *Pinus thunbergii* Parlatore、油松 *Pinus tabulaeformis* Carrière。

分布：中国（河南、山西、陕西、北京、辽宁、吉林）。

观察标本：1♀（正模），河南卢氏东湾林场，1214，2012-Ⅳ-13，李涛；1♀，黑龙江林口，2003-Ⅶ-13；1♀（副模）（自松阿扁叶蜂茧羽化），河南灵宝，1059 m，2004-Ⅴ-22，盛茂领；1♀（副模）（自松阿扁叶蜂茧羽化），河南灵宝，2008-Ⅴ-10，盛茂领；1♀（副模）（自松阿扁叶蜂茧羽化），河南卢氏，2008-Ⅴ-22，盛茂领；22♀♀11♂♂（副模），北京门头沟，2009-Ⅴ-25～Ⅵ-09，王涛；3♀♀20♂♂（副模），河南灵宝，1050 m，2009-Ⅳ-30，盛茂领；1♀（正模）（室内由松阿扁叶蜂羽化），陕西永寿，2010-Ⅱ-02，李涛；1♀（副模），河南灵宝，2010-Ⅴ-11，李涛；1♀（副模），吉林露水河，600 m，2010-Ⅶ-06，孙淑萍；1♀（副模），北京门头沟，2012-Ⅵ-02，宗世祥；5♀♀9♂♂（副模），山西平陆，965 m，2012-Ⅳ-14～18，李涛；1♀（副模），辽宁宽甸，600 m，2017-Ⅵ-16，李涛。

本种与高山栉足姬蜂 *C. altitudinis* (Heinrich, 1953) 近似，可通过下列特征区分：小脉与基脉对叉；第 2 节背板长为最大宽的 1.1～1.2 倍；后足和腹部背板黑色，无明显的浅色班。高山栉足姬蜂：小脉位于基脉的内侧；第 2 节背板长约为最大宽的 0.85 倍；后足腿节、后足胫节至少基半部红褐色；腹部背板至少中部明显红褐色。

(80) 褐栉足姬蜂 *Ctenopelma rufescentis* Sheng, 2009

Ctenopelma rufescentis Sheng, 2009. Insect Fauna of Henan, Hymenoptera: Ichneumonidae, p.121.

♀ 体长约 12.5 mm。前翅长约 11.5 mm。产卵器鞘长约 1 mm。

头部具非常细的革质状表面和非常稀且细的毛刻点。复眼内缘在靠近触角稍上方稍凹陷。颜面宽约为长的 1.5 倍。唇基宽约为长的 2.8 倍；基部 1/3 处横向隆起。上颚下端齿约等长于上端齿，下端齿斜宽，上端齿尖。颚眼距几乎不到上颚基部宽的 0.1 倍。侧单眼间距约为单复眼间距的 0.6 倍。触角鞭节可见 31 节（端部断失），中部稍粗壮；第 1～5 节长度之比依次约为 3.0∶1.9∶1.8∶1.8∶1.8。后头脊完整，下端抵达上颚基部。

前胸背板光滑光亮；侧凹的上部具细弱的短横皱；后上部及上缘具非常细且不均匀的细刻点；前沟缘脊不明显。中胸盾片具非常细的毛刻点和稠密的短绒毛；盾纵沟非常弱。小脉位于基脉的外侧；小翅室四边形，具短柄；外小脉明显在中央下方曲折；后小脉约在中央（中央稍下方）曲折。后足胫距明显短于基跗节长度的一半，第 1～5 后跗节长度之比依次约为 7.4∶3.5∶2.9∶1.5∶2.1；爪具长且稠密的粗栉齿。并胸腹节均匀隆起，中纵脊完整，二者之间较宽，基段几乎平行；侧纵脊仅靠近端区处存在，外侧脊完整；

第3外侧区完整；中纵脊之间光滑光亮，无明显的刻点；其余部分具非常稀且细的毛刻点；并胸腹节气门斜椭圆形。

腹部光亮，具稀疏的细刻点，端部侧扁。第1节背板长约为端宽的2.1倍；基部中央深凹；基侧凹非常大且深；无背中脊。第2节背板长约为端宽的0.9倍。第3节背板长约为基部宽的1.1倍，端部稍窄于基部。产卵器鞘侧缘（基端除外）几乎平行。产卵器鞘长约为最大宽的2.9倍，背缘亚端部非常微弱地凹，腹缘逐渐向上收弯。产卵器背瓣亚端部具缺刻。

体棕褐色，下列部分除外：颜面，唇基（端缘褐色），上颚（端齿黑色），下唇须，下颚须，颊，上颊前部，额眼眶，小盾片，后小盾片均为鲜黄色；额中央（自触角窝后缘至两侧单眼后缘）及后头黑色；前胸前侧缘，中胸侧板凹，后胸侧板后部及并胸腹节后部中央具黑斑；前中足带黄色；后足基节腹侧末端及转节黑色；前胸背板后上角的瘤突，翅基片，翅基下脊黄白色；翅痣黄褐色；翅脉黑褐色；腹部第1节背板侧缘黑色。

分布：中国（北京、河南、湖北、江西）。

观察标本：1♀（正模），河南内乡宝天曼，1280 m，2006-Ⅶ-10，申效诚；1♀，江西吉安，174 m，2009-Ⅳ-28，集虫网；2♀♀，江西宜丰（官山东河），2010-Ⅴ-07～09，孙淑萍；1♂，北京门头沟，2008-Ⅵ-27，王涛；4♀♀，北京门头沟，2009-Ⅵ-16～Ⅶ-28，集虫网；3♀♀，湖北神农架阴峪河，2011-Ⅶ-04～Ⅷ-01，集虫网；3♀♀，北京门头沟，2011-Ⅶ-15～22，集虫网；1♀，北京门头沟，2014-Ⅶ-30，集虫网；1♀，江西武功山红岩谷，580 m，2016-Ⅳ-26，姚钰；2♀♀8♂♂，江西官山东河，2016-Ⅳ-20～Ⅴ-17，集虫网。

(81) 红基栉足姬蜂 *Ctenopelma ruficoxator* Aubert, 1987

Ctenopelma boreoalpina ruficoxator Aubert, 1987. Bulletin de la Société Entomologique de Mulhouse, 1987: 39.

♀ 体长约10.4 mm。前翅长约7.3 mm。产卵器鞘长约0.5 mm。

复眼内缘向下稍收敛，在触角窝外侧微凹。颜面中央均匀隆起，宽约为长的1.5倍；具均匀的细毛点和黄褐色短毛，侧缘毛点相对细小，端缘稍稀疏；上缘中央具1圆形光亮瘤突。唇基沟明显。唇基明显抬高，横阔，宽约为长的3.1倍；中央纵向强隆起；基部和端缘具稀疏的细毛点，中央大部光滑光亮；端缘平截。上颚强壮，基半部具稀疏的细毛点和黄褐色长毛，端半部光滑光亮；端齿等长。颊区呈细革质粒状表面。颚眼距约为上颚基部宽的0.2倍。上颊中等阔，中央宽，微隆起，光滑光亮，具均匀的细毛点和黄褐色短毛。头顶质地同上颊，侧单眼外侧稍凹且光滑无毛。单眼区稍抬高，中央微凹，光亮，具稀疏的细毛点和黄褐色短毛；单眼中等大小，微隆起，单眼外侧沟明显；侧单眼间距约为单复眼间距的0.9倍。额稍平，具稠密的细毛点；中央纵向具1弱脊；在触角窝后方稍凹，几乎无刻点。触角线状，鞭节35节，第1～5节节长度之比依次约为1.6∶1.1∶1.1∶1.0∶1.0。后头脊完整，在上颚基部与口后脊相接。

前胸背板前缘具稠密的细毛点和黄褐色短毛；侧凹浅阔，光亮，毛点相对稀疏；前沟缘脊在侧凹内明显；后上部光亮，具均匀的细毛点和黄褐色短毛。中胸盾片圆形隆起，光滑光亮，具均匀稠密的细毛点和黄褐色短毛，中后部毛点相对稀疏；盾纵沟基部痕迹存在。盾前沟深阔，光滑光亮。小盾片舌状稍隆起，光亮，具稀疏的细毛点和黄褐色短毛。后小盾片稍隆起，具稠密的细毛点。中胸侧板稍平，中央微凹；光亮，具均匀稀疏的细毛点和黄褐色短毛；中央大部光滑光亮；镜面区大，光滑光亮；中胸侧板凹浅横沟状；胸腹侧脊强壮，约为中胸侧板高的 0.5 倍。后胸侧板稍隆起，具稠密的细毛点和黄褐色短毛；下后角具短皱；后胸侧板下缘脊强壮。翅浅褐色，透明；小脉位于基脉外侧，二者之间的距离约为小脉长的 0.4 倍；小翅室斜四边形，具柄，柄长约为第 1 肘间横脉长的 0.7 倍；第 2 回脉在小翅室下外侧约 0.3 处与之相接；外小脉约在下方 0.4 处曲折；后小脉在中央处曲折。爪具稀栉齿。后足第 1～5 跗节长度之比依次约为 4.1∶1.9∶1.6∶1.0∶1.2。并胸腹节圆形稍隆起；基横脊消失，其他脊完整；基区和中区的合并区基半部的纵脊平行，端半部均匀开阔，几乎光滑光亮；侧区光亮，具稠密的细毛点和黄褐色长毛；端区斜，质地同中区；外侧区质地同侧区，气门小，近圆形，位于基部约 0.25 处。

腹部第 1 节背板长约为端宽的 1.7 倍；侧缘向后均匀变宽；背中脊达气门后，中央微凹；基部近光亮，中央大部分具皱状表面，夹杂粗刻点，亚端部刻点相对稀疏，端缘几乎无刻点；背侧脊和腹侧脊完整；基侧凹大；气门小，圆形，约位于背板中央稍后方。第 2 节背板梯形，长约为基部宽的 1.3 倍，约为端宽的 0.9 倍；基半部具稠密的细刻点；端半部具均匀的细毛点和黄褐色微毛；气门和背板基部间具纵脊。第 3 节背板具均匀的细毛点和黄褐色微毛，基半部毛点相对稠密；第 4 节及以后各节背板具均匀的细毛点和黄褐色微毛。产卵器鞘阔，长约为自身最大宽的 2.4 倍。产卵器基半部粗壮，向端部渐细，具背凹。

体黑色，下列部分除外：唇基（基缘黑褐色），上颚（基缘黑褐色；端齿暗红褐色），下颚须，下唇须，翅基片，翅基，前足（基节基部稍带红褐色；爪暗褐色），中足（基节基半部红褐色；末跗节，爪暗褐色），后足（基节红褐色；腿节黄褐色至红褐色；胫节端缘，第 1～3 跗节端缘、第 4 和第 5 跗节、爪暗褐色至黑褐色）黄褐色；前胸背板后上角褐色；触角鞭节腹面褐色，背面暗褐色至黑褐色；翅痣（中央大部褐色），翅脉暗褐色。

分布：中国（浙江）；俄罗斯。

观察标本：1♀，浙江临安西天目山仙人顶，N30°35′ N，119°42′ E，1506 m，2018-Ⅴ-11，李泽建、刘萌萌。

(82) 孔栉足姬蜂 *Ctenopelma spiraculare* Sheng, Sun & Li, 2019

Ctenopelma spiraculare Sheng, Sun & Li, 2019. European Journal of Taxonomy, 545: 20.

♀ 体长 9.3～13.3 mm。前翅长 8.0～10.9 mm。产卵器鞘长 2.8～3.5 mm。

复眼内缘向下稍收敛，在触角窝外侧微凹。颜面中央均匀隆起，宽约为长的 1.7 倍；光亮，具均匀稀疏的细毛点和黄褐色短毛，端缘和侧缘的毛相对细小；上缘中央具 1 小瘤突。唇基沟弱。唇基阔，中央横向强隆起；光滑光亮，具稀疏的细毛点和黄褐色长毛，中央大部几乎无毛，亚端部中央的毛相对稠密；端缘平截，中央稍凹，亚侧缘片状隆起；宽约为长的 2.8 倍。上颚强壮，基半部具稠密的细毛点和黄褐色长毛，端半部光滑光亮；

端齿几乎等长。颊区呈细革质粒状表面。颚眼距约为上颚基部宽的0.2倍。上颊中等阔，中央微隆起，向上稍变宽，光滑光亮，具均匀稠密的细毛点和黄褐色短毛。头顶质地同上颊，在单复眼之间毛点非常稀疏。单眼区强隆起，中央深凹，光亮，具稠密的细毛点和黄褐色短毛；单眼中等大小，强隆起，单眼外侧沟明显；侧单眼间距约为单复眼间距的0.8倍。额上半部在中单眼前方稍凹，光滑光亮；其余部分具稠密的细毛点和黄褐色短毛；下半部在触角窝后方均匀凹，呈细粒状表面；触角窝之间具1强脊。触角线状，鞭节43～44节，第1～5节节长度之比依次约为1.7∶1.3∶1.2∶1.1∶1.0。后头脊完整，在上方中央呈片状隆起，在上颚基部与口后脊相接。

前胸背板前缘光亮，具稠密的细毛点和黄白色短毛；侧凹阔，具细皱状表面（有时中央光滑光亮）；后上部光亮，具均匀稠密的细毛点和黄白色短毛。中胸盾片圆形隆起，光滑光亮，具稠密的细毛点和黄白色短毛，中后部的毛点相对粗大且稀疏；盾纵沟基半部的痕迹存在。盾前沟深阔，光滑光亮，外侧具短皱。小盾片圆形隆起，光亮，具稠密的细毛点和黄白色短毛，端部细纵皱状；外侧脊几乎达后缘。后小盾片横形隆起，呈细皱状表面，前凹深阔。中胸侧板稍隆起，中央大部均匀凹；光滑光亮，具均匀稠密的细毛点和黄白色短毛，中央大部光滑无毛；翅基下脊下后方具斜皱；镜面区大，光滑光亮；中胸侧板凹浅凹状；胸腹侧脊强壮，约为中胸侧板高的0.6倍。后胸侧板圆形隆起，光亮，具稠密的细毛点和黄白色短毛；周缘具短皱；后胸侧板下缘脊强壮。翅褐色，透明；小脉位于基脉外侧，二者之间的距离约为小脉长的0.6倍；小翅室大，斜四边形，第2肘间横脉明显长于第1肘间横脉；第2回脉约在小翅室下方中央稍内侧与之相接；外小脉在下方约0.3处曲折；后小脉在上方约0.4处曲折。爪栉齿状。后足第1～5跗节长度之比依次约为5.1∶2.2∶1.7∶1.0∶1.5。并胸腹节横阔，圆形稍隆起；分区近完整，基横脊中段缺，端横脊中段弱；基区稍凹，具稠密的细毛点；中区呈细横皱状表面；端区斜，呈不规则细皱状表面；第1侧区光亮，具均匀稠密的细毛点和黄白色短毛；第2侧区基部具稠密的细毛点，端部呈细斜皱状表面；气门大，斜椭圆形，长径约为短径的3.4倍，位于基部约0.3处。

腹部第1节背板在气门前近平行，光滑光亮，靠近背中脊处具细毛点；气门后陡升且近圆形隆起，具稀疏的细毛点和黄白色短毛，亚中部光滑无毛；背中脊在气门前完整；基侧凹非常大；气门小，圆形强隆起，位于端部约0.4处。第2节背板梯形，长约为基部宽的1.3倍，约为端宽的1.0倍；气门与背板基缘间具1短脊；光亮，具均匀的细毛点和黄褐色短毛。第3节及以后各节背板光亮，具均匀的细毛点和黄褐色短毛。产卵器鞘长，约为后足胫节长的0.9倍，为自身最大宽的9.2倍。产卵器粗壮，稍侧扁，向末端渐尖，具背凹。

体黑色，下列部分除外：颜面（上缘、中央的纵斑黑褐色），唇基（基部中央、中部至端缘黄褐色），上颚（亚端部黄褐色，端齿暗红褐色）黄白色；下颚须，下唇须，头顶的小斑，前胸背板后上角，前足（基节后部、转节、腿节腹面褐色至暗红褐色），中足（基节、转节、腿节除端缘少许外黑褐色），后足（基节、转节、腿节黑色；胫节端部、跗节、爪褐色），产卵器鞘（大部暗褐色至黑褐色）黄褐色；腹部第2节背板（中央大部暗红褐色至黑褐色）、第3节背板、第4节背板基缘红色；翅基片，翅脉暗褐色；翅痣黄褐色。

寄主：松阿扁叶蜂 *Acantholyda posticalis* (Matsumura)。

分布：中国（河南、山西）。

观察标本：1♀（正模），山西万荣，35°19′ N，110°47′ E，1157 m，2012-Ⅴ-07，李涛；1♀（副模），河南三门峡灵宝，229 m，2010-Ⅴ-11，李涛。

本种可通过下列特征与本属其他种区分：腹部第 1 节背板的气门强烈突起；柄部自气门向前强烈收缩，后柄部稍隆起至强烈隆起，长明显短于端宽；第 2 节背板长小于端宽；后小脉在中央上方曲折。

(83) 毛栉足姬蜂 *Ctenopelma tomentosum* (Desvignes, 1856)

Campoplex tomentosus Desvignes, 1856: 100.

寄主：珍珠梅纽扁叶蜂 *Neurotoma sibirica* Gussakovskij；国外报道的寄主：长颊扁叶蜂 *Pamphilius hortorum* (Klug, 1808)（Shaw et al.，2003）。

寄主植物：珍珠梅 *Sorbaria sorbifolia* (L.)。

分布：中国（辽宁、吉林、黑龙江）；日本，俄罗斯远东地区，欧洲。

观察标本：2♀♀，辽宁宽甸白石砬子，400 m，2001-Ⅵ-01～03，盛茂领；1♀，辽宁千山，2004-Ⅵ-15，盛茂领；1♀，辽宁新宾，2005-Ⅶ-08，盛茂领；1♀，辽宁新宾，2006-Ⅵ-23，集虫网；1♀，辽宁宽甸，2007-Ⅶ-16，盛茂领；1♀，辽宁新宾，2009-Ⅶ-08，集虫网；1♀，辽宁新宾，2009-Ⅷ-26，集虫网；1♀，黑龙江柴河，2004-Ⅵ-21，盛茂领；1♀，吉林长白山，1870 m，2008-Ⅶ-23，盛茂领；1♀，辽宁海城，2015-Ⅶ-11，李涛；1♀，辽宁本溪，2015-Ⅶ-15，盛茂领；5♀♀，辽宁本溪，2017-Ⅵ-13，盛茂领；1♀，辽宁宽甸，2017-Ⅵ-16，李涛；1♀，辽宁本溪，2018-Ⅵ-20，李涛。

26. 拟姬蜂属 *Homaspis* Foerster, 1869

Homaspis Foerster, 1869. Verhandlungen des Naturhistorischen Vereins der Preussischen Rheinlande und Westfalens, 25(1868): 198. Type species: *Mesoleptus rufinus* Gravenhorst; designated by Viereck, 1914.

全世界已知 22 种，我国已知 5 种。已知寄主为扁叶蜂类。

中国拟姬蜂属已知种检索表

1. 前翅无小翅室；后小脉在中部上方曲折；前中足的爪满布栉齿；腹部第 1 节背板后柄部无背中脊和背侧脊；第 2、3 节背板红色；产卵器均匀向端部变尖 ………… 离拟姬蜂 *H. divergator* Aubert
   前翅具小翅室，若无，则后小脉在中部曲折；其余特征非完全同上述 ……………………………… 2
2. 爪具栉齿；前翅无小翅室，或小翅室非常小或不明显 ……………………………………………… 3
   爪简单；前翅具明显且相对较大的小翅室 …………………………………………………………… 4
3. 额简单，无中突；前翅小脉位于基脉稍内侧或对叉；小翅室非常小或不明显；中胸侧板下部、中胸腹板、并胸腹节端部红褐或黄褐色 ……………………………… 异拟姬蜂 *H. varicolor* (Thomson)

额具强壮的中突；前翅小脉明显位于基脉外侧；无小翅室；胸部完全黑色……………………………………………………………………川拟姬蜂，新种 *H. sichuanica* Sheng, Sun & Li, sp.n.

4. 腹部第 6、7 节背板背面明显平；后足腿节褐色 …………………… 褐拟姬蜂 *H. rufina* (Gravenhorst)
腹部第 6、7 节背板正常，背面均匀隆起；后足腿节黑色 …… 梅拟姬蜂 *H. sorbariae* Sheng & Sun

(84) 离拟姬蜂 *Homaspis divergator* Aubert, 1987

Homaspis divergator Aubert, 1987. Bulletin de la Société Entomologique de Mulhouse, 1987: 40.

分布：中国（甘肃）。

(85) 褐拟姬蜂 *Homaspis rufina* (Gravenhorst, 1829)（中国新纪录）

Mesoleptus rufina Gravenhorst, 1829. Ichneumonologia Europaea, Pars 2, p.69.

♀ 体长约 10.5 mm。前翅长约 7.4 mm。产卵器鞘长约 0.4 mm。

复眼内缘平行，在触角窝外侧微凹。颜面宽约为长的 2.1 倍，光亮，具稠密的细毛点和黄褐色短毛，中央刻点相对稀疏，外缘刻点相对细小；基部均匀隆起，相对平，上缘中央具 1 瘤突；在触角窝下外侧稍凹。唇基沟明显；唇基凹圆形深凹。唇基横阔，宽约为长的 3.5 倍；光亮，具稀疏的细毛点和黄褐色短毛；端缘近平截。上颚阔且长，基部具稠密的细毛点和黄褐色短毛；端齿等长，光滑光亮。颊区呈细革质粒状表面。颚眼距约为上颚基部宽的 0.2 倍。上颊阔，向上均匀变宽，中央纵向圆形隆起，光滑光亮，具稠密的细毛点和黄褐色短毛，靠近眼眶几乎无毛。头顶质地同上颊，在单眼区后方均匀斜截；单复眼之间几乎光滑无毛。单眼区位于头顶最高处，中央稍凹，光亮，具稀疏的细毛点；单眼中等大小，强隆起；侧单眼间距约为单复眼间距的 0.9 倍。额相对平，光亮，具稠密的细毛点和黄褐色短毛；上半部在中单眼前方几乎无毛；下部在触角窝后方稍凹，近光滑；触角窝之间具细长皱，靠近颜面具 1 明显纵脊。触角线状，鞭节 33 节，第 1～5 节节长度之比依次约为 1.2∶1.2∶1.1∶1.1∶1.0。后头脊完整。

前胸背板前缘光亮，呈微细纹状；侧凹阔，呈不规则细皱状表面，光亮；后上部具均匀稀疏的细毛点和黄褐色短毛，光亮；前沟缘脊强壮。中胸盾片均匀隆起，光滑光亮，具均匀的细毛点和黄褐色短毛；中叶明显抬高，前缘近垂直；盾纵沟痕迹存在，中部区域均匀凹。盾前沟深凹，光滑光亮。小盾片舌状稍隆起，光亮，具稀疏的细毛点和黄褐色短毛；端半部外侧缘呈纵皱状表面，毛点相对稠密。后小盾片横向隆起，皱状表面夹杂细毛点，中央具 1 短横皱。中胸侧板光亮，具均匀的细毛点和黄褐色短毛；前半部稍隆起，毛点相对稀疏；中央大部光滑无毛；镜面区非常大，光滑光亮；中胸侧板凹浅横沟状；胸腹侧脊约为中胸侧板高的 0.5 倍。后胸侧板圆形隆起，光亮，具稠密的细毛点和黄褐色短毛；下后角呈细皱状表面；后胸侧板下缘脊完整，前缘稍隆起。翅黄褐色，透明；小脉与基脉对叉；小翅室斜四边形，具长柄，柄长约等长于第 1 肘间横脉；第 2 肘间横脉稍长于第 1 肘间横脉；第 2 回脉在小翅室下外角约 0.3 处与之相接；外小脉在下方约 0.4 处曲折；后小脉在上方约 0.3 处曲折。爪简单。前足胫节外侧端缘具 1 强齿状突；后足第 1～5 跗节长度之比依次约为 4.2∶2.2∶1.7∶1.0∶1.2。并胸腹节圆形隆起，基横脊消失，其他脊完整；光亮，具稠密的细毛点和黄褐色长毛；基区和中区的合并区中央微凹，光滑光亮，中部靠近中纵脊处具稀疏的黄褐色长毛，中纵脊在基半部近平行，向后稍变宽；端区近六边形，稍凹，光亮，具稀疏的弱皱，端缘中央具短皱；气门小，近圆形，位于基部约 0.25 处。

腹部第 1 节背板细长，长约为端宽的 4.3 倍；两侧缘近平行，仅端缘稍阔；具稀疏的细毛点和黄褐色短毛，基部毛点非常稀疏；气门小，圆形隆凸，约位于背板中央。第 2 节背板梯形，长约为基部宽的 2.9 倍，约为端宽的 1.8 倍；光滑光亮，具均匀的细毛点和黄褐色短毛，亚端部中央和端缘几乎无毛。第 3 节背板具稀疏的细毛点和黄褐色短毛，基半部毛点相对稠密。第 4 节背板中央具非常稀疏的细毛点和黄褐色短毛，侧方毛点相对稠密；端半部中央相对平。第 5～7 节背板背面几乎平，光亮，具非常稀疏的细毛点和黄褐色短毛。产卵器鞘短，稍露出腹末。

体黑色，下列部分除外：唇基（基部中央褐色），上颚（端齿红褐色），下颚须，下唇须，后足跗节（末跗节黄褐色），腹部第 5～7 节背板（侧缘黄褐色至褐色），产卵器鞘黄色；前足，中足，触角（柄节、梗节背面黑褐色，鞭节末端 4 节暗褐色），翅基片，翅基，小盾片端半部（基部褐色至红褐色）黄褐色；翅基下脊，后小盾片褐色；后足（基节背面少许黑褐色；胫节中央大部暗褐色，基部和端缘褐色），腹部第 1 节背板（亚端部黑褐色）、第 2～3 节背板、第 4 节背板（侧缘褐色，端半部黄褐色）红褐色；翅脉暗褐色，翅痣（中央大部黄褐色）褐色。

寄主：据报道（Eichhorn，1988；Hedwig，1962；Jahn，1978），寄主有红头阿扁叶蜂 *Acantholyda erythrocephala* (L.)、松阿扁叶蜂 *A. posticalis* Matsumura、云杉腮扁叶蜂 *Cephalcia abietis* (L.)、扁叶蜂 *Pamphilius* sp. 等。

分布：中国（辽宁、吉林）；俄罗斯远东地区，欧洲。

观察标本：1♀，吉林长白山，1999-Ⅷ-22，陈纪夫；1♀，辽宁本溪，2015-Ⅵ-12，集虫网。

(86) 川拟姬蜂，新种 *Homaspis sichuanica* Sheng, Sun & Li, sp.n.（彩图 21）

♀ 体长约 19.1 mm。前翅长约 12.9 mm。产卵器极短。

复眼内缘近平行，在触角窝外侧微凹。颜面宽约为长的 1.5 倍，光亮，中部均匀隆起，亚侧缘在触角窝外侧方深凹；上缘中部均匀凹陷，中央具 1 瘤突；具稠密的细毛点和黄褐色短毛，中部纵向毛点相对稀疏；亚侧缘纵向毛点相对稠密，外侧毛点稀疏。颜面和唇基分界明显。唇基横阔，宽约为长的 3.4 倍；横向强隆起，光亮，具非常稀疏的细毛点和黄褐色长毛；端缘平截。上颚强壮，基半部具稀疏的细毛点和黄褐色长毛；端半部光亮；下端齿稍长于上端齿。颊区呈细革质粒状表面。颚眼距约为上颚基部宽的 0.2 倍。上颊阔，向上均匀变宽，中央纵向圆形稍隆起，光滑光亮，具稠密的细毛点和黄褐色短毛，靠近眼眶光滑无毛。头顶质地同上颊，单复眼之间的毛点相对稀疏，侧单眼外侧方光滑无毛；在单眼区后方斜截。单眼区稍抬高，中央深凹，光亮，具 1 纵沟；单眼中等大小，强隆起；侧单眼外侧沟明显；侧单眼间距约为单复眼间距的 0.9 倍。额外侧缘相对平，具稠密的细毛点和黄褐色短毛，中央大部深凹；上半部中央在中单眼前方光滑光亮，侧缘具弱皱；在触角窝后方呈细横皱状表面，中央具1强角状突。触角线状，鞭节46节，第1～5节节长度之比依次约为1.5∶1.2∶1.1∶1.0∶1.0。后头脊完整，在上颚基部后方与口后脊相接。

前胸背板侧凹浅阔，光亮，呈不规则细皱状表面；后上部光亮，具稠密的细毛点和黄褐色短毛；前沟缘脊强壮。中胸盾片圆形隆起，光滑光亮，具稠密的细毛点和黄褐色短毛，中后部中央的毛点相对稀疏；盾纵沟痕迹存在，向后微收敛，伸达中胸盾片中部。盾前沟深凹，近光亮。小盾片圆形稍隆起，光亮，具稠密的细毛点和黄褐色短毛；端半部斜截，毛点非常稠密。后小盾片横向隆起，具稠密的细毛点和黄褐色短毛；前凹深阔。后胸背板侧缘具齿状突出，与并胸腹节侧纵脊相对。中胸侧板相对平，中下部中央微凹；光亮，具稀疏的细毛点和黄褐色短毛，中央大部光滑；镜面区中等大小，光滑光亮；中胸侧板凹浅横沟状；胸腹侧脊约为中胸侧板高的0.5倍。后胸侧板圆形隆起，光亮，具稠密的细毛点和黄褐色短毛，中部的毛点相对稀疏；靠近基间脊处呈细皱状；下后角呈强皱状表面；基间脊完整，基间区呈细皱状表面；后胸侧板下缘脊完整。翅黄褐色，透明；小脉位于基脉外侧，二者之间的距离约为小脉长的0.2倍；无小翅室，第2回脉位于肘间横脉外侧，二者之间的距离约为肘间横脉长的0.4倍；外小脉约在下方0.4处曲折；后小脉约在中央处曲折。爪几乎简单（仅基部具几个小栉齿）；后足第1～5跗节长度之比依次约为4.3∶2.2∶1.7∶1.0∶1.2。并胸腹节圆形隆起，基区和中区之间的横脊消失，分脊弱，其他脊强壮；基区和中区的合并区长形，中纵脊向端部渐阔，基半部呈弱横皱状表面，端半部光滑；端区六边形，斜截，基半部呈粗横皱状表面，端半部光滑；第1侧区光亮，具均匀的细毛点和黄褐色短毛；第2侧区光亮，具非常稀疏的细毛点和黄褐色短毛；第1、2外侧区的合并区光亮，具均匀的细毛点和黄褐色短毛，气门中等大小，近圆形，位于基部约0.3处；第3外侧区呈细皱状表面。

腹部第1节背板细长，长约为端宽的3.8倍；基半部光亮，端半部具稀疏的细毛点和黄褐色短毛，端缘光滑无毛；背中脊仅在亚中部存在，中央稍凹；背侧脊，腹侧脊完整；气门小，圆形隆凸，约位于背板中央。第2节背板近梯形，长约为基部宽的2.5倍，约为端宽的2.0倍；基半部中央相对平，具稠密的细毛点，外侧角呈三角形，光滑光亮；中后部光亮，具稀疏的细毛点和黄褐色微毛，中部的毛点相对稀疏，端缘光滑无毛。第3节背板光亮，基部具稠密的细毛点和黄褐色毛，中后部的毛点相对稀疏，端缘光滑无毛。第4节及以后各节背板光亮，具稠密的细毛点和黄褐色微毛。产卵器鞘短，伸达腹末。

体黑色，下列部分除外：颜面（亚侧缘及中部纵向的弱斑褐色），唇基，上颚（暗红褐色）黄色；下颚须，翅基，触角（柄节、梗节、第1节背面黑褐色，腹面褐色；鞭节基半部褐色），额眼眶下半部，上颊基缘，翅基下脊，中胸后侧片，翅痣黄褐色；额的角突末端，前胸背板后上角的小斑，中胸背板侧叶前缘的三角形斑，前足（基节基半部暗褐色；腿节端缘、胫节、第1～4跗节黄褐色；末跗节、爪褐色），中足（腿节端缘、第1～4跗节黄色；末跗节、爪黄褐色），后足（基节背面黑色；跗节黄色；爪褐色），胸腹侧脊末端的小斑，中胸腹板前缘少许，腹部第1节背板端半部及以后各节背板红褐色；翅脉褐色至暗褐色。

♂ 体长约15.4 mm。前翅长约10.5 mm。触角鞭节46节。体黑色，下列部分除外：

颜面，唇基，上颚（端齿暗红褐色），颊，上颊基部，下颚须，下唇须，翅基黄色；角突末端，额眼眶的斑，触角（柄节背面黑褐色，腹面黄色；梗节、鞭节第1～3节背面黑褐色，腹面褐色；鞭节基半部褐色，端部数节黑褐色），前胸背板后上角，翅基片，翅基下脊黄褐色；中胸盾片侧叶的斑，前足（基节基缘黑褐色，背面黄色；第1～2转节背面少许黄色；胫节、第1～4跗节黄褐色；末跗节、爪褐色），中足（转节前侧、腿节端缘、第1～4跗节黄褐色；末跗节、爪褐色），后足（基节背侧黑色；跗节黄色至黄褐色；爪褐色），腹部第1节背板端缘及以后各节背板（第5节背板基部中央、端部中央，第6节背板端半部中央暗褐色）红褐色。

正模 ♀，四川康定折多山，30º08′ N，101º36′ E，3590 m，2013-Ⅶ-03，李涛。副模：1♂，记录同正模。

词源：新种名源于模式标本采集地名。

本新种与褐拟姬蜂 *H. rufina* (Gravenhorst, 1829) 近似，可通过下列特征区分：无小翅室；腹部端部（♀）几乎圆筒形；颜面黄色（雌蜂具褐色斑）；后足基节背侧具黑色纵带，腹面红褐色。褐拟姬蜂：具小翅室；腹部端部（♀）背面明显平；颜面黑色；后足基节完全暗红褐色。本新种的额具强壮的中突，可与本属其他种区分。

(87) 梅拟姬蜂 *Homaspis sorbariae* Sheng & Sun, 2014

Homaspis sorbariae Sheng & Sun, 2014. Ichneumonid Fauna of Liaoning, p.151.

♀ 体长 7.0～7.5 mm。前翅长 5.5～6.0 mm。

头部具较稠密的浅粗刻点。颜面宽为长的1.6～1.7倍，上部中央具1非常小的瘤突。唇基沟细弱。唇基宽约为长的4.0倍，端缘弱弧形前突。上端齿稍短于下端齿。颚眼距约为上颚基部宽的0.17倍。单眼区明显抬高，具1中纵沟。侧单眼间距为单复眼间距的1.25～1.3倍。额几乎平坦。触角鞭节32～34节，第1～5节节长度之比依次约为1.6∶1.3∶1.2∶1.2∶1.2。后头脊完整。

胸部具清晰的细刻点和短毛。前沟缘脊具弱痕。盾纵沟前部具弱痕。盾前沟光滑。小脉位于基脉稍内侧（几乎相对）；小翅室三角形，具柄；外小脉内斜，约在下方0.4处曲折；后小脉约在中央曲折。足正常；后足第1～5跗节长度之比依次约为4.3∶2.8∶2.1∶1.3∶1.6。爪小，简单。并胸腹节具细革质状表面和模糊的弱细皱；中纵脊和侧纵脊明显，外侧脊稍弱；无基横脊，端横脊中段弱；中纵脊向后下方逐渐倾斜；2中纵脊之间的皱稍强；气门小，圆形，位于基部约0.2处。

腹部第1节背板长约为端宽的2.3倍，基半部呈扁平的柄状，自气门处向后逐渐加宽。第2节背板长梯形，长约为端宽的1.1倍，基部两侧具宽浅的基斜凹，基部中央具2短中纵脊（较弱，向外弧形弯曲）。第3节背板约等长于第2节背板，侧缘近平行（下方稍宽），长约为宽的1.1倍。产卵器鞘极短，稍露出腹末。

体黑色，下列部分除外：触角基半段红褐色，中段16～22节浅黄色，端部黑色；柄节和梗节腹侧，颜面及额前外角，唇基，颊（中央具黑斑）上颚基部（端部及端齿红色）下唇须和下颚须，前胸侧板前下角，翅基片，中胸侧板胸腹侧脊内侧、腹侧的纵条斑（或不明显），前中足（基节和转节色浅，外侧黄褐至红褐色），后足基节腹侧及转节，均为黄色；后足胫节及跗节，腹部第1节背板端部，第2、3节背板及第4节背板基部红褐色；翅痣黄色；翅脉褐色。

寄主：珍珠梅纽扁叶蜂 *Neurotoma sibirica* Gussakovskij。

寄主植物：珍珠梅 *Sorbaria sorbifolia* (L.)。

分布：中国（辽宁）。

观察标本：1♂（正模），辽宁海城，2005-Ⅵ-01，陈天林；1♀（副模），记录同正模。

(88) 异拟姬蜂 *Homaspis varicolor* (Thomson, 1894)

Notopygus (*Homaspis*) *varicolor* Thomson, 1894. Opuscula Entomologica, 19: 1984.

♀ 体长约 12.0 mm。前翅长约 8.5 mm。触角长约 9.0 mm。

颜面宽约为长的 2.0 倍，上缘中央具 1 不明显的小瘤突。唇基沟清晰。唇基宽约为长的 3.3 倍，端缘中段弱地弧形前突。上端齿稍短于下端齿。颚眼距约为上颚基部宽的 0.17 倍。侧单眼间距约等于单复眼间距。额在触角窝上方稍凹；中单眼前方具弱浅的中纵沟。触角鞭节 33 节，第1～5节长度之比依次约为 2.8∶1.2∶1.0∶0.9∶0.8。后头脊完整强壮。

前胸背板前沟缘脊明显。中胸盾片表面凹凸不平（或因体壁骨质化较弱）；盾纵沟显著。盾前沟显著。胸腹侧脊明显。具基间脊。后胸侧板下缘脊完整，前部稍突出。小脉与基脉几乎相对（稍外侧）；具小翅室；第2回脉在它的下外角内侧约 0.25 处与之相接；外小脉约在下方 0.4 处曲折；后小脉约在下方 0.35 处曲折。后足第1～5跗节长度之比依次约为 7.3∶4.3∶3.5∶1.8∶2.1。爪简单、端部尖细。并胸腹节均匀隆起；中纵脊明显，2 脊在基部近平行、在中部距离较基部稍远、向后逐渐伸向外下方；侧纵脊和外侧脊完整；无基横脊；基区与中区合并，相对光滑、稍纵凹，具弱皱；端横脊可见；侧区基部和外侧区刻点较清晰，端区皱粗糙，其余部分具弱皱和短毛；气门小，圆形，约位于基部 0.35 处。

腹部背板长形，表面相对光滑。第1节背板长约为端宽的 4.4 倍，长柄状，无背中脊。第2节背板长梯形，长约为端宽的 1.9 倍。第3节背板长梯形，长约为端宽的 1.3 倍。第4节背板侧缘近平行，长约为宽的 1.2 倍；第5节及以后背板逐渐向后收敛。抱握器鸟喙状。

头胸部主要为黑色。触角红褐色，柄节和梗节背侧及鞭节端部 2～3 节黑色。唇基，上颚（端齿暗红褐色），下唇须及下颚须（端部黄褐色）黄色。前胸背板后上角，翅基片及前翅翅基，翅基下脊，小盾片后部红褐色。腹部和足主要为红褐色。腹部第1节背板亚端部及侧缘，中后足基节背侧基部黑色。腹部第4节背板端部、第5～8节背板背面，后足跗节乳白色。翅痣（基部色淡）黄褐色，翅脉黑褐色。

分布：中国（辽宁）；俄罗斯，德国，芬兰，波兰，原捷克斯洛伐克，土耳其。

观察标本：1♀，辽宁新宾，2005-VI-23，集虫网。

27. 背臀姬蜂属 *Notopygus* Holmgren, 1857

Notopygus Holmgren, 1857. Kongliga Svenska Vetenskapsakademiens Handlingar. N.F, 1 (1)(1855): 115. Type-species: *Notopygus emarginatus* Holmgren. Designated by Viereck, 1912.

主要鉴别特征：上颚 2 端齿等长，或下端齿稍长于上端齿；爪无栉齿，或仅基部具弱栉齿；并胸腹节侧纵脊存在；腹部第 1 节背板无基侧凹；第 8 节背板后缘向上强烈隆起；雌性下生殖板非常大；产卵器鞘侧扁，短，后端几乎不超过腹部末端；产卵器向上弯曲。

全世界已知 17 种，我国已知 3 种。色背臀姬蜂 *N. raricolor* (Aubert, 1985) 仅知雄蜂，未编入下面的检索表。

背臀姬蜂属中国已知种检索表

唇基沟深，唇基自唇基沟强烈斜向隆起；并胸腹节中区与基区合并；腹部第 1 节自气门向基部均匀收敛；后足胫节明显短于后足跗节基部 3 节长度之和；产卵器向上弯曲，但不弯向背面………………………………………………………………………长腹背臀姬蜂 *N. longiventris* Sun & Sheng

唇基沟弱，不深，唇基自唇基沟向中部均匀隆起；并胸腹节中区与基区由明显的脊分隔；腹部第 1 节在气门之前突然强烈变窄；后足胫节约等长于后足跗节基部 3 节长度之和；产卵器明显向上弯曲至背面……………………………………………………………缘背臀姬蜂 *N. emarginatus* Holmgren

(89) 缘背臀姬蜂 *Notopygus emarginatus* Holmgren, 1857

Notopygus emarginatus Holmgren, 1857. Kongliga Svenska Vetenskapsakademiens Handlingar, 1(1) (1855): 115.

♀ 体长 7.5～11.0 mm。前翅长 6.0～9.0 mm。触角长 6.5～9.0 mm。

颜面宽为长的 2.4～2.5 倍。唇基沟非常弱，唇基与颜面分界不明显。唇基宽为长的 4.8～5.0 倍，端缘几乎平截。下端齿稍宽大且稍长于上端齿。颚眼距为上颚基部宽的 0.15～0.16 倍。侧单眼间距为单复眼间距的 0.83～1.0 倍。额较平。触角鞭节 33～36 节，第 1～5 节长度之比依次约为 2.0∶2.0∶1.8∶1.8∶1.6。后头脊完整，下端抵达上颚基部。

胸部具稠密的细刻点。前沟缘脊可见。盾纵沟约达盾片中央之后。盾前沟宽阔，光滑。小脉与基脉对叉或位于其稍外侧；小翅室斜四边形，明显具柄，第 2 回脉位于它的下外侧 0.25～0.3 处；外小脉明显内斜，在中央稍下方曲折；后小脉约在中央曲折。后足第 1～5 跗节长度之比依次约为 5.0∶3.0∶2.5∶1.6∶2.0；爪简单。并胸腹节明显隆起；中纵脊完整强壮；基区向基部稍收敛，具较弱的细皱表面；基横脊仅中段强而显著，弓状前突；无分脊；端横脊的中段缺；中区和端区合并呈大的拱门状，具较光滑的细革质状表面；侧纵脊及外侧脊完整；合并的第 1、2 侧区和外侧区具清晰的细刻点；第 3 外侧区完整，表面弱皱状；并胸腹节气门卵圆形，位于基部 0.25～0.3 处。

腹部第 1 节背板长为端宽的 1.9～2.1 倍，基部细柄状；背中脊伸达该节背板亚端部，。

第 2 节背板梯形，长为端宽的 0.8～1.0 倍；基半部中央具 2 条稍外斜的中纵脊（或不明显）。第 3 节背板长为宽的 0.86～1.0 倍；第 4 节背板长为基部宽的 0.5～0.6 倍，第 5 节背板长为基部宽的 0.3～0.34 倍；第 6 节背板横条形；第 7 节背板向基部中央大面积凹陷；第 8 节腹板向背上方翻卷，产卵器鞘嵌于该节腹板中央，刚好伸达腹末。

体黑色，下列部分除外：触角鞭节暗褐色至褐黑色，亚端部第（16）17～23（24 或 25）节黄色；下唇须及下颚须黄褐至红褐色，基半部外侧带黑色；唇基端缘，上颚（除端齿和基部中央），前中足（基节和转节黑色），后足胫节中段、各跗节基缘及腹侧（或多或少），腹部第 3 节背板基半部及两侧、有时第 2 节背板或多或少红褐色；翅基片暗红褐色，翅痣（基部带黄褐色）及翅脉褐黑色。

寄主：珍珠梅纽扁叶蜂 *Neurotoma sibirica* Gussakovskij。

寄主植物：珍珠梅 *Sorbaria sorbifolia* (L.)、山楂 *Crataegus pinnatifida* Bunge 等。

分布：中国（辽宁）；俄罗斯，乌克兰，奥地利，比利时，德国，英国，法国，芬兰，波兰，瑞典，瑞士。

观察标本：8♀♀，辽宁海城，2004-Ⅵ-05～30，陈天林；1♀，辽宁本溪，2006-Ⅵ-15，盛茂领；1♀，辽宁宽甸白石砬子，2011-Ⅶ-07，集虫网；1♀，辽宁本溪，2013-Ⅷ-12，集虫网；3♀♀，辽宁本溪，2017-Ⅵ-13，盛茂领。

(90) 长腹背臀姬蜂 *Notopygus longiventris* Sun & Sheng, 2014

Notopygus longiventris Sun & Sheng, 2014. ZooKeys, 387: 3.

♀ 体长约 15.0 mm。前翅长约 9.5 mm。触角长约 10.5 mm。

头部具稠密的刻点。颜面宽（触角窝下缘）约为长的 1.7 倍；上方中央具 1 弱瘤突；触角窝外侧具几乎光滑光亮的凹沟。唇基沟明显。唇基宽约为长的 3.3 倍。上端齿稍短于下端齿。颚眼距约为上颚基部宽的 0.17 倍。侧单眼间距约等于单复眼间距。额上半部较平，具模糊不规则的弱皱；下半部深凹，光滑光亮。触角鞭节 40 节，第 1～5 节长度之比依次约为 2.3∶2.2∶2.0∶1.8∶1.7。后头脊完整，下端伸抵上颚基部。

胸部具稠密的细刻点。前沟缘脊显著。盾纵沟浅痕状。胸腹侧脊约达中胸侧板高的 0.6 处。小脉位于基脉的稍外侧；小翅室亚四边形（近三角形），具短柄；第 2 回脉在它的下方外侧约 0.3 处与之相接；外小脉强烈内斜，约在下方 0.3 处曲折；后小脉下段稍外斜，约在下方 0.3 处曲折。前足腿节稍侧扁，胫节向端部显著膨大；胫距强、弯曲，长于基跗节的 1/2，内侧具 1 排短栉齿、与基跗节后侧凹内的栉毛相互啮合；基跗节长，后侧基半部具长的侧凹。后足第 1～5 跗节长度之比依次约为 2.7∶1.8∶1.3∶0.8∶1.1；爪仅基部具弱栉齿。并胸腹节基半部较强隆起；中纵脊非常显著，基部 0.27 近平行、其余呈长“八”字形伸至后端，基半部具较弱的细横皱，端半部呈光滑的细革质状质地；无基横脊；端横脊中段较细弱，强烈向上弓曲；侧纵脊和外侧脊完整、强壮；侧区具清晰的粗刻点，下侧较光滑；外侧区弱皱状，上半部具较清晰的粗刻点；气门卵圆形，约位于基部 0.3 处。

腹部第 1 节背板长约为端宽的 1.9 倍；背中脊显著，2 脊近平行。第 2 节背板梯形，长约为基部宽的 1.27 倍，约为端宽的 0.93 倍；基部约 0.35 具 1 对向后稍分散的中纵脊；侧面由基缘至气门之间的脊较强壮，该脊的内侧具明显的斜沟。第 3 节背板倒梯形，长约为基部宽的 0.95 倍，约为端宽的 1.03 倍，基部亦具腹陷和外侧脊；第 4、5、6 节背板两侧近平行，逐节稍细；第 7 节背板横形；第 8 节背板光滑光亮，基部中央凹陷；凹陷区基部中央具毛丛、两侧具尾突；背板端部中央稍上翘。第 2、3 节腹板稍几丁质化。第 4～6 节腹部强度几丁质化。下生殖板侧面观呈长三角形，端部向上半包被第 8 节背板。产卵器鞘短，藏于上翘的第 8 节背板端部中央。

体黑色，下列部分除外：触角鞭节第 18～27 节白色；唇基端部两侧的斑，上颚边缘及亚端部，下颚须和下唇须（基部黑色除外）黄褐色；上颚中部红褐色、基部黑褐色、端齿黑色；前胸背板后上角，翅基片及前翅翅基，翅基下脊不明显的小斑，前中足（基节黑色、末跗节背侧带黑色除外），后足转节端缘、腿节基缘、胫节（基部稍带褐黑色、端部褐黑色除外）、跗节（背侧稍带黑色），腹部第 1 节背板端部，第 2、3 节，第 4 节基部，第 5、6 节基部两侧红褐色；翅痣（基部色淡，后部黑色）黑褐色；翅脉褐黑色。

分布：中国（辽宁）。

观察标本：1♀（正模），辽宁本溪，2013-Ⅶ-04，集虫网。

(91) 色背臀姬蜂 *Notopygus raricolor* (Aubert, 1985)

Homaspis raricolor Aubert, 1985. Bulletin de la Société Entomologique de Mulhouse, 1985 (octobre-décembre): 58.

根据原文的报道（Kasparyan，2002），形态特征简单介绍如下。

♂ 前翅约 6.0 mm。唇基端缘顿。触角鞭节 32～34 节；胸部光滑，具清晰的刻点。并胸腹节基区具不清晰的横皱；中区与基区由脊分隔；中纵脊基部约平行；端区约为并胸腹节长的一半。腹部第 2、3 节背板光滑，具非常稀的刻点；第 2 节背板基部 0.25 具弱中纵脊。后足跗节基部 3 节之和稍长于（1.02 倍）后足胫节。前翅小脉与基脉对叉；后小脉在中部曲折。腿节和胫节强壮；跗节爪无栉齿。

黑色。唇基黄红色；触角端部 1/3 和上颚（基部暗）褐红色；翅基片红褐色；足（所有的基节、第 1 转节和后足腿节黑色除外）黄褐色；腹部第 2 节背板侧缘和后缘、第 3 节背板侧面和基半部、第 7 节和下生殖板褐红色。.

分布：中国（四川）。

28. 跃姬蜂属 *Xenoschesis* Förster, 1869

Xenoschesis Förster, 1869. Verhandlungen des Naturhistorischen Vereins der Preussischen Rheinlande und Westfalens, 25(1868):158. Type-species: *Exetastes fulvipes* Gravenhorst; included by Jemiller, 1894.

主要鉴别特征：唇基非常短且宽，侧面观几乎平，端缘明显凹，几乎平截；上颚端齿等长，或下端齿稍大于上端齿；后头脊下端在上颚基部上方与口后脊相遇；并胸腹节无侧纵脊；爪简单；前翅具小翅室；无基侧凹；腹部第 1 节背板非常宽，气门之后平；第 2 节背板长为端宽的 0.8～1.0 倍；雌性腹部端部侧扁；雌性下生殖板非常大，下侧面直，端缘弓形；产卵器鞘阔且几乎平；产卵器粗，直。

该属分 2 亚属，已知 18 种，我国已知 8 种。

跃姬蜂属中国已知种检索表

1. 并胸腹节光滑，无横脊，由基部至端部呈均匀的圆弧形面（无背面和后背面之分）；产卵器鞘长约为腹端高的 0.5 倍……2
   并胸腹节具端横脊，或横皱，以端横脊处为界，分为背面和后背面；产卵器鞘约等长于腹端厚……5
2. 前翅无小翅室；腹部第 1 节背板无纵沟；第 2～7 节背板具稠密且短的褐色毛；基节褐黑色……无室跃姬蜂 *X.* (*Polycinetis*) *inareolata* Sheng & Sun
   前翅具小翅室；腹部第 1 节背板中部具纵沟；至少后足基节红褐色或黑色……3
3. 头（上颚中部暗红色除外）、触角、体、翅基片、翅痣和所有的足完全黑色……黑跃姬蜂，新种 *X.* (*Polycinetis*) *melana* Sheng, Sun & Li, sp.n.
   至少触角、翅基片，或足的一部分红褐色或黄褐色；或体具浅色斑……4
4. 腹部第 1 节背板长约为端宽的 2.0 倍；腹部背板几乎光滑，具细且分散的刻点；触角和后足腿节黑褐色；后足基节黑色……截尾跃姬蜂 *X.* (*Polycinetis*) *truncata* Sheng & Sun
   腹部第 1 节背板长为端宽的 1.6～1.7 倍；腹部背板光亮，具细且稀而不明显的刻点；触角、后足基节和后足腿节红褐色……乌跃姬蜂 *X.* (*Polycinetis*) *ustulata* (Desvignes)
5. 后足黑色……6
   后足红色、黄色或黄褐色，至少基节、转节和腿节，或除基节外均为黄色至黄褐色……7
6. 并胸腹节端区光滑，由脊包围；后小脉在中央上方曲折；腹部第 1 节背板长约为端宽的 1.75 倍；前中足腿节和跗节暗红褐色……厚角跃姬蜂 *X.* (*Xenoschesis*) *crassicornis* Uchida
   并胸腹节端区稍粗糙，或具细且稀而不明显的刻点，由皱或不明显的脊包围；后小脉在中央曲折；腹部第 1 节背板长为端宽的 1.4～1.5 倍；前中足(基节除外)黄褐至红褐色……魏氏跃姬蜂 *X.* (*Xenoschesis*) *weii* Sheng & Sun
7. 并胸腹节端区由清晰的皱包围；颜面下中部具黄色斑；后足基节黑色，第 1 转节和腿节红色或红色稍带黄色；第 2 转节、腿节端部、胫节和跗节黄色至黄褐色……天柱跃姬蜂 *X.* (*Xenoschesis*) *tianzhuensis* Sheng & Sun
   并胸腹节端区由清晰的脊包围；颜面完全黑色；后足基节、转节和腿节红色至红褐色……黄跃姬蜂 *X.* (*Xenoschesis*) *fulvipes* (Gravenhorst)

(92) 无室跃姬蜂 *Xenoschesis* (*Polycinetis*) *inareolata* Sheng & Sun, 2013

Xenoschesis inareolata Sheng & Sun, 2013. Zootaxa, 3626 (4): 544.

♀ 体长约 7.5 mm。前翅长约 6.5 mm。触角长约 7.0 mm。产卵器鞘长约 0.2 mm。

颜面宽约为长的 1.6 倍，侧缘几乎平行；上缘中央呈“V”形下凹，凹底下方具 1 弱瘤突。唇基沟较明显。唇基横宽，端缘几乎平截。上端齿短于下端齿。颚眼距约为上颚基部宽的 0.4 倍。侧单眼间距约等于单复眼间距。额在触角窝上方稍凹。触角丝状，鞭节 34 节，第 1～5 节长度之比依次约为 2.1∶1.4∶1.4∶1.3∶1.3。后头脊完整强壮。

前胸背板前缘具斜细皱，侧凹具细刻点和不明显的细横皱；后上部光滑光亮，具稀疏不明显的细刻点；前沟缘脊明显。中胸盾片均匀隆起，具较稀疏的细刻点，后部中央的刻点相对密集；中叶和侧叶区分明显，中叶前部较强隆起，前方几乎垂直；盾纵沟基部明显。小盾片和后小盾片稍隆起，具不明显的细刻点。中胸侧板具稀疏的细刻点，镜面区大而光亮；胸腹侧脊明显，约达中胸侧板高的 0.65 处；中胸侧板凹浅沟状。中胸腹板明显膨大，具稠密的粗刻点。后胸侧板光滑光泽，基部具不明显的细刻点和弱细皱，下端具稠密的细横皱；后胸侧板下缘脊完整，宽边状。翅稍褐色，透明；小脉位于基脉的外侧，二者之间的距离约为小脉长的 0.3 倍；无小翅室；第 2 回脉位于肘间横脉的外侧，二者之间的距离约为肘间横脉长的 0.3 倍；外小脉稍内斜，约在中央处曲折；后小脉约在下方 0.4 处曲折。后足基节显著膨大；2 胫距粗壮，近等长；后足第 1～5 跗节长度之比依次约为 5.7∶2.9∶2.3∶1.4∶2.3。爪较小，简单。并胸腹节近圆形隆起；光滑光亮，侧方具细毛；侧纵脊（中段缺失）和外侧脊弱；气门近圆形，约位于基部 0.3 处。

腹部几乎梭形，具稀疏的细毛点，最宽处位于第 2 节端部。第 1 节背板长约为端宽的 1.6 倍，向基部显著收敛；基部中央和亚中央稍纵凹；背中脊基半部明显；背侧脊和腹侧脊完整；气门小，圆形，约位于第 1 节背板中央稍后。第 2 节背板梯形，长约为端宽的 0.8 倍，基部两侧具浅的斜纵凹；第 3 节及以后背板向后逐渐收敛，第 3 节背板长约为基部宽的 0.9 倍；第 2、3 节背板基部两侧具窗疤。产卵器鞘长约为腹端厚度的 0.5 倍。

体黑色，下列部分除外：触角鞭节红褐色（背侧稍暗）；唇基（除基缘），上颚（端齿暗褐色），下唇须，下颚须，翅基片及前翅翅基，前中足（基节和转节黑褐色）均为黄褐色；后足褐黑色，仅腿节和胫节腹侧带红褐色；翅脉褐色，翅痣中央黄色、周缘褐色。

分布：中国（辽宁）。

观察标本：1♀（正模），辽宁宽甸，500 m，2001-Ⅵ-04，盛茂领。

(93) 黑跃姬蜂，新种 *Xenoschesis* (*Polycinetis*) *melana* Sheng, Sun & Li, sp.n.（彩图 22）

♀ 体长约 12.8 mm。前翅长约 9.8 mm。产卵器鞘长约 0.6 mm。

复眼内缘近平行。颜面宽约为长的 1.5 倍，光亮，具微细纹状表面，具稠密的细毛点和黑褐色短毛，外侧方毛点相对稠密；中央均匀隆起；上缘中央具 1 瘤突；端缘微凹。唇基阔，横向稍隆起，具横皱，夹杂稀疏的黑褐色长毛，毛端部黄褐色；端缘平截。上颚强壮，基部光亮，具稠密的黑褐色长毛；中央呈细纵皱状，夹杂黑褐色长毛；端齿光亮，下端齿稍大于上端齿。颊区呈斜皱状表面，具稠密的黄褐色短毛。颚眼距约为上颚基部宽的 0.3 倍。上颊阔，中央微隆起，向后均匀收敛，光亮，稍呈细纹状表面，具均匀的细毛点和褐色短毛。头顶质地同上颊，细纹状表面稍清晰，刻点相对稀疏，在侧单眼外侧方无毛；单眼区后方均匀斜截。单眼区稍抬高，中央稍凹，光亮，具稠密的细毛点；单眼中等大，强隆起，侧单眼外侧沟存在；侧单眼间距约为单复眼间距的 0.9 倍。额均匀深凹，上半部呈粒状表面，具黑褐色短毛；下半部在触角窝上方深凹，光亮，凹内具细皱；中央纵向微隆起。触角线状，鞭节 38 节，第 1～5 节长度之比依次约为 1.6∶

1.1∶1.0∶1.0∶1.0。后头脊完整，在上颚基部上方与口后脊相接。

前胸背板前缘上半部光亮，具稠密的微细毛点，下半部光滑无毛；侧凹深阔，光亮，具稀疏的微细毛点；前沟缘脊强壮；下角具粗短皱；后上部光亮，具稀疏的微细毛点。中胸盾片圆形隆起，光亮，具稠密的细毛点和黄褐色短毛；盾纵沟基部存在。盾前沟深阔，光亮，具稀疏的黄褐色短毛。小盾片均匀稍隆起，光亮，具稀疏的细毛点和黄褐色短毛，中央毛点相对稀疏，端缘毛点相对稠密。后小盾片横向强隆起，基半部光亮，毛点非常稀疏，端半部相对稠密。中胸侧板微隆起，中后部稍平，光滑光亮，具均匀的细毛点和黄褐色短毛；中央大部光滑无毛；镜面区中等大，光滑光亮；中胸侧板凹浅横沟状；胸腹侧脊明显，背端约达中胸侧板高的 0.5 处。后胸侧板稍隆起，光滑光亮，具稀疏的细毛点和黄褐色短毛；下后角具短皱；后胸侧板下缘脊完整。翅透明，小脉位于基脉外侧，二者之间的距离约为小脉长的 0.5 倍；小翅室斜三角形，具短柄，柄长约为第 1 肘间横脉长的 0.5 倍；第 2 肘间横脉稍长于第 1 肘间横脉，端部具弱点；第 2 回脉在小翅室下外角约 0.2 处与之相接；外小脉内斜，约在中央处曲折；后小脉约在中央稍下方曲折；后臂脉明显。爪简单；后足第 1～5 跗节长度之比依次约为 4.4∶2.1∶1.7∶1.0∶1.9。并胸腹节圆形隆起，侧纵脊仅端部存在，外侧脊完整，其他脊消失；光亮，具稠密的细毛点和黄褐色短毛，中央纵向光滑无毛；气门中等大，圆形，靠近外侧脊，位于基部约 0.3 处。

腹部第 1 节背板长约为端宽的 1.7 倍，光亮；基半部在背中脊之间稍凹，具稀疏的黄褐色微毛；背中脊向后均匀收敛，几乎达气门；中部稍凹，近光滑；端部具均匀的细毛点和黄褐色微毛，端缘光滑光亮；背侧脊、腹侧脊完整；气门小，圆形，约位于背板中部。第 2 节背板近梯形，长约为基部宽的 1.4 倍，约等长于端宽；光滑光亮，具非常稀疏的细毛点和黄褐色微毛，端缘光滑无毛；亚基部均匀凹陷；亚中央侧缘具圆形小瘤突；气门与基缘之间具脊。第 3 节及以后各节背板光滑光亮，具非常稀疏的细毛点和黄褐色微毛。产卵器鞘短，伸达腹末，长约为自身宽的 2.4 倍。产卵器基半部粗壮，侧扁，末端尖，具亚背瓣缺刻。

体黑色，下列部分除外：上颚中部红褐色，端齿暗红褐色；前翅翅脉（亚中脉、臂脉黄褐色）暗褐色；后翅翅脉黄褐色。

正模 ♀，西藏米林县松林口，29º22′N，94º22′E，3900 m，2014-Ⅶ-28，肖炜、肖祎璘。

词源：本新种名源于体全部黑色。

本新种与乌跃姬蜂 *X.* (*Polycinetis*) *ustulata* (Desvignes, 1856) 近似，可通过下列特征区分：唇基（除端缘的狭边），触角，翅基片，所有的足完全黑色。乌跃姬蜂：唇基至少端半部黄褐色；触角暗褐色至红褐色；翅基片褐色至暗褐色；前中足腿节黄褐色；后足腿节红褐色。

(94) 截尾跃姬蜂 *Xenoschesis* (*Polycinetis*) *truncata* Sheng & Sun, 2013

Xenoschsis truncata Sheng & Sun, 2013. Zootaxa, 3626 (4): 546.

♀ 体长 9.5～13.5 mm。前翅长 7.0～10.0 mm。触角长 8.0～10.5 mm。产卵器鞘短，稍伸出或不伸出腹末。

复眼在触角窝上方稍凹。颜面宽为长的 1.5～1.6 倍，侧缘几乎平行。唇基沟较明显。唇基横宽；端缘中段稍弧形内凹，两侧角稍突出。上端齿稍短于下端齿。颚眼距为上颚基部宽的 0.26～0.3 倍。侧单眼间距约等于单复眼间距。额在触角窝上方稍凹。触角鞭节 36～38 节，第 1～5 节长度之比依次约为 2.4∶1.8∶1.7∶1.7∶1.6。后头脊完整强壮。

前胸背板前部相对光滑，具不明显的稀细刻点；侧凹具稠密的斜细皱；后上部具稠密的细刻点；前沟缘脊明显。中胸盾片均匀隆起，具稠密均匀的细刻点；中叶前部较强隆起；盾纵沟基部明显。小盾片和后小盾片稍隆起，具细刻点。中胸侧板前部和上部具稠密的细刻点，下部刻点稍粗且相对稀疏；镜面区大而光亮；胸腹侧脊明显，约达中胸侧板高的 0.5 处；中胸侧板凹浅沟状。中胸腹板明显膨大，具稠密的粗刻点。后胸侧板光滑光亮，仅上部具几个稀细的毛刻点；下后端具短纵皱；后胸侧板下缘脊完整，宽边状。翅褐色，透明；小脉位于基脉的外侧，二者之间的距离约为小脉长的 0.3 倍；小翅室亚三角形，具柄；第 2 回脉约在它的下外角稍内侧与之相接；外小脉稍内斜，约在下方 0.35 处曲折；后小脉约在下方 0.4 处曲折。后足第 1～5 跗节长度之比依次约为 7.3∶3.8∶2.8∶1.5∶2.3。爪小，简单。并胸腹节近圆形隆起；光滑光亮，中央具稀细的柔毛，侧方具稠密的微细刻点；侧纵脊仅端部可见，外侧脊完整但较弱；气门近圆形，位于基部 0.2～0.3 处，靠近外侧脊。

腹部几乎梭形，具稀弱不均匀的细刻点和细弱的短毛，最宽处位于第 2 节端部。第 1 节背板长约为端宽的 2.0 倍，向基部显著收敛。第 2 节背板梯形，长为端宽的 0.8～0.85 倍，基部两侧具浅的斜纵凹；第 3 节及以后背板向后显著收敛，第 3 节背板长为基部宽的 0.86～0.9 倍；第 2、3 节背板基部两侧具窗疤。产卵器鞘极短，几乎伸抵腹末；产卵器锥形，基部粗壮，具亚端背凹。

体黑色，下列部分除外：触角鞭节背侧黑褐色，端部及腹侧带红褐色；唇基（基部黑色），上颚（端齿黑褐色），下唇须，下颚须，翅基片及前翅翅基污黄色；前中足黄褐至红褐色（基节和转节黑色）；后足黑色，腿节和胫节带黑褐色；翅脉，翅痣（基部色淡、中央红褐色）黑褐色。

♂ 体长约 10.5 mm。前翅长约 8.0 mm。触角长约 8.5 mm。触角鞭节 37 节，红褐色。翅痣中央黄色。

分布：中国（辽宁、吉林、河南）。

观察标本：1♀（正模），吉林通化，1992-Ⅵ-30，盛茂领；1♀，辽宁沈阳，1993-Ⅵ-27，盛茂领；1♀（副模），吉林大兴沟，1994-Ⅶ-09，盛茂领；1♀（副模），辽宁新宾，1998-Ⅵ-20，盛茂领；1♂（副模），辽宁白石砬子，400 m，2001-Ⅵ-01，盛茂领；1♀（副模），河南嵩县白云山，1400 m，2003-Ⅶ-22，薛贵收；1♀，辽宁新宾，2005-Ⅵ-30，集虫网；1♀，吉林长白山，1870 m，2008-Ⅶ-23，盛茂领；1♀，辽宁本溪，2014-Ⅶ-7，集虫网。

(95) 乌跃姬蜂 *Xenoschesis* (*Polycinetis*) *ustulata* (Desvignes, 1856)

Tryphon ustulatus Desvignes, 1856. Catalogue of British Ichneumonidae in the collection of the British Museum, p.38.

♀ 体长约 14.5 mm。前翅长约 10.0 mm。产卵器鞘短，等于或稍长于腹末。

头部具细刻点。颜面宽约为长的 1.9 倍，侧缘几乎平行。唇基沟不明显。唇基横宽，端缘几乎平截。上端齿稍短于下端齿。颚眼距约为上颚基部宽的 0.3 倍。侧单眼间距约等于单复眼间距。额在触角窝上方稍凹。触角丝状，鞭节 38 节，第 1～5 节长度之比依次约为 2.8∶2∶1.9∶1.8∶1.8。后头脊完整强壮。

胸部刻点稀细。前沟缘脊明显。中胸盾片中叶前部较强隆起，盾纵沟基部明显。小脉位于基脉外侧，二者之间的距离约为小脉长的 1/2；小翅室近三角形，具柄；第 2 回脉在它的中央稍外侧相接；外小脉约在中央处曲折；后小脉约在中央稍下方曲折。后足第 1～5 跗节长度之比依次约为 8∶4∶3∶2∶3。并胸腹节圆形隆起，较光滑，具稀疏的细刻点；基部中央深凹；端部中央稍凹，光滑，稍具皱；气门圆形。

腹部几乎梭形，光滑光亮，具稀刻点和短毛，最宽处位于第 2 节端部。第 1 节背板长约为端宽的 1.6～1.7 倍；基部中央凹，两侧稍纵凹；背中脊明显；背侧脊和腹侧脊完整；气门小，圆形，约位于第 1 节背板中部。第 2 节背板梯形，长约为端宽的 0.8 倍，具窗疤。第 3 节背板长约为基部宽的 0.8 倍，约等于端宽。产卵器直，粗壮，端部尖细。

体黑色，下列部分除外：触角鞭节暗棕褐色；唇基，上颚（端齿黑褐色），上唇，下唇须，下颚须，前中足（基节除外）黄褐色；后足红褐色（基节和第 1 转节黑色，胫节端部及跗节褐黑色）；翅基片黄色；翅脉褐黑色；翅痣黑褐色。

分布：中国（辽宁、河南、黑龙江）；蒙古国，俄罗斯，乌克兰，拉脱维亚，立陶宛，爱沙尼亚，奥地利，比利时，保加利亚，原捷克斯洛伐克，芬兰，法国，德国，英国，匈牙利，荷兰，挪威，波兰，罗马尼亚，瑞典，瑞士。

观察标本：1♀，小兴安岭，1995-Ⅶ，孙淑萍；1♀，辽宁新宾，1998-Ⅵ-20，盛茂领；1♀，河南嵩县白云山，2003-Ⅶ-22，薛贵收；1♀，黑龙江柴河，2004-Ⅵ-21，盛茂领。

(96) 厚角跃姬蜂 *Xenoschesis* (*Xenoschesis*) *crassicornis* Uchida, 1928

Xenoschesis crassicornis Uchida, 1928. Journal of the Faculty of Agriculture, Hokkaido University, 21: 266.

♀ 体长约 12.0 mm。前翅长约 8.5 mm。触角长约 9.0 mm。产卵器鞘长约 1.0 mm。

颜面侧缘近平行，宽约为长的 1.75 倍。唇基沟较明显。唇基横宽，端缘几乎平截。上颚上端齿短于下端齿。颊短，颚眼距约为上颚基部宽的 0.4 倍。侧单眼间距约等于单复眼间距。额在触角窝上方稍凹。触角丝状，鞭节 40 节，第 1～5 节长度之比依次约为 2.9∶1.9∶1.8∶1.7∶1.6。后头脊完整强壮。

胸部具稠密的细刻点，前沟缘脊明显。中胸盾片中叶和侧叶区分明显，中叶前部较强隆起，盾纵沟基部明显；中胸盾片后端稍缢缩。小盾片和后小盾片具细刻点。胸腹侧脊约达中胸侧板高的 0.5 处。小脉位于基脉的外侧，二者之间的距离约为小脉长的 0.2

倍；小翅室亚三角形，具柄；第 2 回脉约在它的下外侧 0.2 处与之相接；外小脉稍内斜，约在下方 0.4 处曲折；后小脉约在上方 0.3 处曲折。后足基节显著膨大；2 胫距粗壮，近等长；后足第 1～5 跗节长度之比依次约为 3.0∶1.7∶1.3∶0.8∶1.1。爪较小，简单。并胸腹节近圆形隆起；中纵脊基部可见；基区深凹，向端部显著收敛，光滑；侧纵脊（中段不明显）和外侧脊弱；端横脊中段具弱的痕迹；端区大而宽阔，光滑光泽，稍具弱皱感；端后部明显向后倾斜；其余具不明显的细刻点；气门椭圆形，约位于基部 0.25 处。

腹部几乎梭形，具细革质状表面和不明显的细毛刻点，最宽处位于第 2 节端部。第 1 节背板长约为端宽的 1.75 倍，向基部显著收敛。第 2 节背板梯形，长约为端宽的 0.85 倍，基部两侧具浅的斜纵凹；第 3 节及以后背板向后显著收敛，第 3 节背板长约为基部宽的 0.64 倍；第 2、3 节背板基部两侧具窗疤。产卵器鞘长约为腹端厚度的 0.94 倍；产卵器直，粗壮，端部尖细，具较强的亚端背凹。

体黑色，下列部分除外：触角鞭节背侧黑褐色，腹侧带红褐色；唇基亚端部，上颚（端齿黑色），下唇须，下颚须，翅基片，前中足腿节腹侧、胫节和跗节暗红褐色；翅脉，翅痣褐黑色。

寄主：红头阿扁叶蜂 *Acantholyda erythrocephala* (L.)。

寄主植物：红松 *Pinus koraiensis* Siebold & Zucc.。

分布：中国（辽宁、吉林）；朝鲜。

观察标本：1♀，沈阳东陵，2000-Ⅴ-31，盛茂领；8♀♀15♂♂，辽宁海城，2004-Ⅴ-20～22，陈天林；1♀，辽宁新宾，2005-Ⅵ-23，盛茂领；6♀♀1♂，吉林伊通，2005-Ⅵ-01～17，赵长胜；1♀，辽宁新宾，2009-Ⅸ-24，盛茂领。

(97) 黄跃姬蜂 *Xenoschesis* (*Xenoschesis*) *fulvipes* (Gravenhorst, 1829)

Exetastes fulvipes Gravenhorst, 1829. Ichneumonologia Europaea, 3: 401.

♀ 体长 9.0～13.0 mm。前翅长 8.5～11.0 mm。触角长 8.5～11.0 mm。产卵器鞘长 1.2～1.5 mm。

颜面宽为长的 1.5～1.7 倍，侧缘几乎平行。唇基沟较明显。唇基横宽，端缘几乎平截（中央稍内凹）。上颚上端齿约等于下端齿。颚眼距约为上颚基部宽的 0.3 倍。侧单眼间距约为单复眼间距的 0.86 倍。额在触角窝上方稍凹。触角鞭节 41 节，第 1～5 节长度之比依次约为 2.0∶1.5∶1.3∶1.2∶1.1。后头脊完整强壮。

胸部具稠密的细刻点。前沟缘脊明显。中胸盾片中叶和侧叶区分明显，中叶前部较强隆起，盾纵沟基部明显，盾片后端稍缢缩。小盾片和后小盾片稍隆起。胸腹侧脊约达中胸侧板高的 0.6 处。小脉位于基脉的外侧，二者之间的距离约为小脉长的 0.25 倍；小翅室近三角形，具柄；第 2 回脉约在它的下外角或其稍内侧与之相接；外小脉稍内斜，约在下方 0.4 处曲折；后小脉约在中央处曲折。后足第 1～5 跗节长度之比依次约为 4.0∶2.2∶1.8∶1.0∶1.3。爪较小，简单。并胸腹节近圆形隆起；中纵脊基部可见；基区深凹，光滑；侧纵脊（中段不明显）和外侧脊弱地存在；端横脊中段具弱的痕迹；端横脊前方（中区位置，小梯形）具弱的细皱；端后部向后倾斜，光滑光泽，基部有弱皱；第 1 侧区具不清晰的细刻点；两侧稍光滑，具弱皱感和不明显的细刻点；气门卵圆形，位于基部 0.15～0.2 处。

腹部几乎梭形，端部侧扁；具细革质状表面和较稠密的弱细刻点，最宽处位于第 2 节端部。第 1 节背板长约为端宽的 1.5 倍，向基部显著收敛。第 2 节背板梯形，长约为端宽的 0.8 倍，基部两侧具浅的斜纵凹；第 3 节及以后背板向后显著收敛，第 3 节背板长约为基部宽的 0.8 倍；第 2、3 节背板基部中央具弱细皱，两侧具窗疤。产卵器鞘长约为腹端厚度的 0.9 倍；产卵器直，粗壮，端部尖细，具较强的亚端背凹。

体黑色，下列部分除外：唇基端部，上颚端部（端齿齿尖黑色），下唇须，下颚须，前胸背板后上角，翅基片及前翅翅基，翅基下脊，足黄褐至红褐色；中足跗节带黑褐色；后足腿节端缘、胫节和跗节黑色；翅脉和翅痣褐黑色。

♂ 体长约 9.0 mm。前翅长约 8.0 mm。触角长约 9.5 mm。触角鞭节 38 节。颜面下方中央的小三角斑，唇基（除基缘），上颚褐黄色。腹部端部不侧扁。

寄主：松阿扁叶蜂 *Acantholyda posticalis* (Matsumura)、帕克阿扁叶蜂 *A. parki* Shinohara & Byun、落叶松腮扁叶蜂 *Cephalcia lariciphila* (Wachtl)。

寄主植物：红松 *Pinus koraiensis* Siebold & Zucc.、油松 *P. tabulaeformis* Carr.、华北落叶松 *Larix principis-rupprechtii* Mayr.。

分布：中国（辽宁、吉林、北京）；日本，欧洲等。

观察标本：3♀♀，辽宁新宾，2005-Ⅵ-23，盛茂领；2♀♀1♂，吉林伊通，2005-Ⅵ-04～Ⅵ-17，赵常胜；18♀♀，北京门头沟，2011-Ⅵ-15～Ⅶ-08，集虫网；1♂，北京门头沟，2012-Ⅴ-20，李涛。

(98) 天柱跃姬蜂 *Xenoschesis* (*Xenoschesis*) *tianzhuensis* Sheng & Sun, 2013

Xenoschesis (*Xenoschesis*) *tianzhuensis* Sheng & Sun, 2013. Zootaxa, 3626 (4): 542.

♀ 体长 14.0～15.0 mm。前翅长 11.0～12.0 mm。触角长 11.5～13.5 mm。产卵器鞘长 1.5～1.8 mm。

颜面宽为长的 1.5～1.6 倍，侧缘几乎平行，具稠密的粗刻点；上部中央呈“V”形下凹，亚侧部及触角窝外侧稍纵凹。唇基沟较明显。唇基宽约为长的 3.1 倍，较平；具较粗的横刻点；端缘处凹，较薄；亚端部呈横脊状隆起；端缘几乎平截。上颚长而强壮，基部粗皱状，具较粗的刻点和褐色毛；上下边缘显著；下端齿稍长于上端齿。颊具弱的细粒状表面；颚眼距约为上颚基部宽的 0.3 倍。上颊相对光滑，具稠密的细刻点和红褐色短毛，均匀向后收敛，侧面观为复眼横径的 0.8～0.9 倍。头顶具稠密的细刻点，侧单眼外侧及中单眼周围刻点稀疏、呈细革质状表面；单眼区稍抬高，具稠密的细刻点，具中纵沟；头顶后部具与上颊相同的质地，呈斜坡状向下倾斜；侧单眼间距约等于单复眼间距。额在触角窝上方稍凹，具稠密清晰的细刻点（呈细横皱状）。触角丝状，端部明显变细，明显短于体长，鞭节 48 节，第 1～5 节长度之比依次约为 3.7∶2.4∶1.9∶2.1∶2.0。后头脊完整强壮。

前胸背板具稠密的刻点，前部刻点细小，侧凹刻点粗壮，后部刻点中等大小、较均匀；颈部具稠密的斜细横皱；前沟缘脊明显。中胸盾片均匀隆起，具稀疏均匀的中等刻点；中叶前部较强隆起，前方几乎垂直；盾纵沟基部明显；中胸盾片后端稍缢缩。小盾片隆起，具稠密均匀的细刻点，后缘中央向后突出呈隆起的边缘。后小盾片横向隆起，光滑光亮，具几个不清晰的弱细刻点。中胸侧板具稠密的皱状粗刻点，镜面区大而光亮，镜面区上方刻点稀疏；胸腹侧脊明显，约达中胸侧板高的 0.5 处；中胸侧板凹浅沟状。中胸腹板明显膨大，具稠密的粗刻点。后胸侧板具稠密的粗刻点，下端具稠密的细横皱；后胸侧板下缘脊完整，宽边状，前方突出。翅褐色，透明；小脉位于基脉的外侧，二者之间的距离约为小脉长的 0.3 倍；小翅室近三角形，具柄；第 2 回脉约在它的下外角稍内侧与之相接；外小脉稍内斜，约在下方 0.4 处曲折；后小脉约在上方 0.4 处曲折。后足基节显著膨大；2 胫距粗壮，近等长；后足第 1～5 跗节长度之比依次约为 5.8∶2.9∶2.0∶1.2∶1.7。爪较小，简单。并胸腹节近圆形隆起；中纵脊基部可见；基区深凹，光滑；侧纵脊的基部和端部弱地存在；端横脊中段具弱的痕迹；端横脊前方具弱的细横皱；两侧具稠密的细刻点；端后部向后倾斜，光滑光泽，稍具皱；气门斜椭圆形，位于基部 0.15～0.2 处。

腹部几乎梭形，具较稠密的细刻点和短毛，最宽处位于第 2 节端部。第 1 节背板长约为端宽的 1.7 倍，向基部显著收敛；基部中央和亚中央稍纵凹；背中脊基半部明显；背侧脊和腹侧脊完整；气门小，圆形，约位于第 1 节背板中央稍后。第 2 节背板梯形，长约为端宽的 0.7 倍，基部两侧具浅的斜纵凹；第 3 节及以后背板向后显著收敛，第 3 节背板长约为基部宽的 0.9 倍；第 2、3 节背板基部中央具弱皱，两侧具窗疤。产卵器鞘长约等于腹端厚度；产卵器直，粗壮，端部尖细，具较强的亚端背凹。

体黑色，下列部分除外：触角鞭节背侧黑褐色，腹侧红褐色；颜面下方中央的小三角斑，唇基，上颚（端齿黑褐色），下唇须，下颚须黄褐色；翅基下脊，中胸侧板前缘，腹部第 3 节背板的基缘带红褐色；足基节黑色，转节和腿节红褐色，转节的斑、腿节端部、胫节和跗节黄至黄褐色（背侧多少带红褐色）；翅基片及前翅翅基黄色；翅脉，翅痣褐黑色。

♂ 体长 13.5～15.0 mm。前翅长 10.0～12.0 mm。触角长 11.5～13.5 mm。鞭节 43～47 节。

分布：中国（安徽、山西）。

观察标本：1♀（正模）1♀5♂♂（副模），安徽天柱山，2006-Ⅵ-21～22，魏美才、朱小妮。1♀，山西沁源，1999-Ⅵ-12，盛茂领。

(99) 魏氏跃姬蜂 *Xenoschesis* (*Xenoschesis*) *weii* Sheng & Sun, 2013

Xenoschesis (*Xenoschesis*) *weii* Sheng & Sun, 2013. Zootaxa, 3626 (4): 554.

♀ 体长 14.5～17.5 mm。前翅长 11.0～12.5 mm。触角长 11.5～12.5 mm。产卵器鞘长 2.0～2.5 mm。

头部具细刻点。颜面宽为长的 1.6～1.7 倍，侧缘近平行。唇基沟较弱。唇基宽为长的 3.3～3.6 倍，几乎平，端缘处凹、较薄；亚端部呈横脊状隆起；端缘几乎平截。下端齿稍长于上端齿。颚眼距为上颚基部宽的 0.2～0.25 倍。侧单眼间距为单复眼间距的 0.85～1.0 倍。额在触角窝上方稍凹。触角鞭节 46 节，第 1～5 节长度之比依次约为 3.1∶2.0∶2.0∶1.9∶1.8。后头脊完整强壮。

胸部刻点不均匀。前沟缘脊明显。中胸盾片中叶前部较强隆起，盾纵沟基部明显。胸腹侧脊约达中胸侧板高的 0.5 处。小脉位于基脉的外侧，二者之间的距离为小脉长的 0.2～0.25 倍；小翅室亚三角形，具柄；第 2 回脉约在它的下外角的稍内侧与之相接；外小脉稍内斜，约在中央或中央稍下方曲折；后小脉约在中央曲折。后足第 1～5 跗节长度之比依次约为 4.2∶2.1∶1.6∶1.0∶1.7。爪较小，简单。并胸腹节近圆形隆起；中纵脊基部可见；基区深凹，光滑，向端部显著收敛；基区与中区之间具短横脊；端横脊中部具弱的痕迹；端横脊前方（中区位置、近梯形）具弱的细横皱；侧纵脊的基部纵棱状、端部弱地存在；外侧脊弱；两侧具稠密不规则的细皱刻点；端后部向后倾斜，光滑光泽，稍具皱；气门斜长，位于基部 0.2～0.3 处。

腹部第 1 节背板长为端宽的 1.4～1.5 倍，具模糊的细皱刻点，向基部显著收敛。第 2 节及以后背板相对光滑，具细革质状表面和稠密的细刻点；第 2 节背板梯形，长为端宽的 0.6～0.7 倍，基部两侧具浅的斜纵凹；第 3 节及以后背板向后显著收敛，第 3 节背板长为基部宽的 0.6～0.7 倍；第 2、3 节背板基部两侧具窗疤。产卵器鞘长为后足胫节长的 0.35～0.45 倍；产卵器直而粗壮，端部尖细，具较强的亚端背凹。

体黑色，下列部分除外：触角鞭节褐黑色；唇基（基部黑色），上颚（端齿黑色），下唇须，下颚须，翅基下脊，翅基片，前中足（基节黑色）黄褐至红褐色；翅痣，翅脉褐黑色。

♂ 体长 11.0～14.5 mm。前翅长 8.5～11.0 mm。触角长 8.0～11.0 mm。触角鞭节 43～44 节。

分布：中国（河南、安徽）。

观察标本：1♀（正模）2♀♀3♂（副模），河南新县连康山老庙，224 m，2006-Ⅵ-25，魏美才、廖芳均、张少冰；2♀♀1♂（副模），安徽天柱山，2006-Ⅵ-21～22，魏美才、张少冰。

（五）阔肛姬蜂族 Euryproctini

主要鉴别特征：唇基窄至非常阔；上颚端齿几乎等长，或下端齿稍短于或长于上端齿；触角鞭节第 1 节为第 2 节长度的 1.4～2.2 倍；并胸腹节气门圆形（*Cataptygma* 属椭圆形）；爪简单（*Occapes* 属具栉齿）；后小脉在中部或上方（下方）曲折，通常在下方曲折；无基侧凹；产卵器鞘短于腹末厚度；产卵器直或向下弯曲，具背缺刻；尾须长为自身宽的 0.2～2.0 倍。

该族含 19 属，我国已知 4 属。

29. 阔肛姬蜂属 *Euryproctus* Holmgren, 1857（中国新纪录）

Euryproctus Holmgren, 1857. Kongliga Svenska Vetenskapsakademiens Handlingar, N.F.1 (1)(1855): 109. Type: *Mesoleptus annulatus* Gravenhorst. Designated by Viereck, 1912.

主要鉴别特征：唇基与颜面分界不明显，宽约为长的 3.3 倍，基部稍凹，端缘强烈隆起；上颚长，下端齿等长于或稍长于上端齿；小翅室有或无，通常存在；后小脉在中部或上方曲折；腹部第 1 节背板基部窄，向端部变宽，明显拱起，无背中脊；雌虫下生殖板大，稍隆起，具直立毛。

该属已知 43 种，此前我国未见记载。这里介绍 4 种。

阔肛姬蜂属中国已知种检索表

1. 并胸腹节中纵脊不明显，或仅具痕迹；触角无白环；腹部第 2 节和其后的背板全部红褐色………
……………………………………………武功阔肛姬蜂，新种 *E. wugongensis* Sheng, Sun & Li, sp.n.
并胸腹节具强壮的中纵脊；触角具白环；腹部背板黑色，至少基部和端部黑色……………………2
2. 第 2 回脉在小翅室下方中央或中央稍外侧相接；颜面和腹部背板完全黑色………………………
……………………………………………………………………环阔肛姬蜂 *E. annulatus* (Gravenhorst)
第 2 回脉在小翅室的下外角或靠近下外角处相接；颜面具黄色斑，腹部第 2、3 节背板红褐色 …3
3. 颜面和唇基完全黑色；下唇须、下颚须、翅基片几乎完全黑色；腹部第 2、3 节背板红褐色；产卵器鞘黑色，端部稍带褐色……………………………………………凹阔肛姬蜂 *E. foveolatus* Uchida
颜面侧缘黄色；唇基侧面具黄斑；下唇须和下颚须至少部分浅黄色；翅基片浅黄色；腹部第 2、3 节背板黑色，第 2 节后缘、第 3 节部分具模糊且不均匀的暗褐色；产卵器鞘黄色…………………
…………………………………………………宗氏阔肛姬蜂，新种 *E. zongi* Sheng, Sun & Li, sp.n.

(100) 环阔肛姬蜂 *Euryproctus annulatus* (Gravenhorst, 1829)（中国新纪录）

Mesoleptus annulatus Gravenhorst, 1829. Ichneumonologia Europaea. 1: 11.

♀ 体长 8.3～12.7 mm。前翅长 6.7～10.4 mm。产卵器鞘长 0.5～0.6 mm。

复眼内缘近平行，在触角窝处微凹。颜面基半部中央稍隆起，上缘中央具 1 瘤突；宽约为长的 1.6 倍，具细粒状表面和稠密的毛窝，中央纵向毛窝相对稀疏，外侧缘相对细；具稠密的黄褐色短毛。唇基阔，横向均匀隆起，端缘平截；基半部呈细粒状表面，具弱细横纹，端半部几乎光滑；具非常稀疏的粗毛点和黄褐色长毛；唇基宽约为长的 3.8 倍。上颚阔且长，基部呈粒状表面，具细横纹和稀疏的黄褐色长毛；中央具细纵皱；端齿光滑光亮，下端齿长于或等长于上端齿。颊区呈细革质粒状表面，具稠密的黄褐色短毛。颚眼距约为上颚基部宽的 0.6 倍。上颊阔，向上稍变宽，中央纵向稍隆起，向后均匀收敛；表面细革质状，具稠密的黄褐色短毛。头顶质地同上颊，在单眼区后方均匀收敛。单眼中央区域凹，表面粒状，具短皱；单眼中等大小，明显隆凸；侧单眼间距约为单复眼间距的 0.6 倍。额相对平，表面粒状，稍粗糙；触角窝后方稍凹，具细皱纹。触角线状，鞭节 53～56 节，第 1～5 节长度之比依次约为 2.6∶1.5∶1.2∶1.2∶1.0。后头脊完整，在上颚基部后方与口后脊相接。

前胸背板前缘表面粒状，具稠密的黄白色短毛；侧凹阔，上部具粗皱，中下部具细网状皱；后上部呈细皱状表面；前胸背板后缘前侧具短皱；前沟缘脊强壮，脊后缘的皱直达上缘。中胸盾片圆形隆起，表面粒状，具稠密的细刻点和黄褐色短毛，后部中央表面细皱状，刻点相对粗大；盾纵沟基部明显。盾前沟深阔，具短皱。小盾片稍隆起，具稠密的细刻点和黄褐色短毛，基半部刻点相对稀疏。后小盾片中央横向隆起，表面细粒状。中胸侧板中下部具细网皱状表面，中部在镜面区前方具斜皱；翅基下脊下方具短纵皱，后部的皱相对粗；镜面区小，光滑光亮；胸腹侧脊存在，约为中胸侧板高的 0.5 倍；中胸侧板下后角具斜皱；中胸侧板凹横沟状。后胸侧板圆形隆起，表面细网状，下后角的斜皱相对粗；后胸侧板下缘脊强壮。翅黄褐色，透明；小脉与基脉对叉或位于基脉稍内侧；小翅室斜四边形，具短柄或无柄，若具柄则柄长约为第 1 肘间横脉长的 0.4 倍；第 2 回脉在小翅室下方中部或中部稍外侧与之相接；外小脉在中央或中央稍上方曲折；后小脉约在中央稍上方曲折。前足胫节具稀疏的棘刺，末端具 1 齿；中后足具非常密的棘刺。爪基部具栉齿；后足第 1～5 跗节长度之比依次约为 5.3∶2.4∶1.9∶1.0∶1.2。并胸腹节圆形稍隆起，基横脊近中部存在，其他脊完整；基区倒梯形，深凹，几乎光滑光亮；中区近梯形，光亮，表面粒状，具细横皱。端区半圆形，斜截，具细皱状表面，端部具粗皱或端区具斜皱。侧区表面粒状，具黄褐色短毛，后缘具细皱；第 1、第 2 外侧区的合并区呈细纹状表面，具黄褐色短毛；第 3 外侧区表面粗皱状；气门近圆形，靠近外侧脊，位于基部约 0.3 处。

腹部第 1 节背板基部光滑光亮，中央大部分表面呈细纹状，具黄褐色短毛；端缘光滑光亮；背板长约为基部宽的 5.1 倍，约为端宽的 1.8 倍；背中脊，背侧脊仅基部存在；气门小，圆形隆凸，约位于背板后方 0.45 处。第 2 节背板梯形，长约为基部宽的 1.1 倍，约为端宽的 0.7 倍；表面细纹状，具稠密的黄褐色短毛，端缘光滑光亮。第 3 节及以后各节背板表面呈微细纹状，具稠密的黄褐色微毛。产卵器鞘长约为自身宽的 2.2 倍；产卵器侧扁，末端尖，具亚端背缺刻。

体黑色，下列部分除外：颜面眼眶至触角窝外侧的斑（有时仅触角窝外侧的小斑，或无）黄褐色；上颚（基半部，中央下半部或全部黑褐色；端齿暗红褐色）黄褐色至红褐色；触角鞭节第 11 节（部分或全部）、第 12～18（19）节，后足第 2～4 跗节黄白色；前足腿节端半部背面黄褐色稍带红褐色，胫节（背面暗褐色至黑褐色）、跗节（背面褐色，末跗节背面、腹面端半部黑褐色或第 2、第 4 跗节黄褐色，第 3 跗节黄白色）黄褐色至褐色；中足腿节、基跗节（背面暗褐色至黑褐色）褐色，第 2 跗节（基半部褐色）、第 3 跗节、第 4 跗节（端半部黄褐色，有时无）黄白色至黄褐色；翅基褐色至暗褐色；翅基片（全部黄白色或近前缘和后缘黄白色至黄褐色）暗褐色至黑褐色；翅痣（前缘少许黄白色至黄褐色）、翅脉暗褐色至黑褐色。

分布：中国（辽宁、北京）；奥地利，比利时，捷克，斯洛伐克，法国，德国，匈牙利，爱尔兰，日本，拉脱维亚，波兰，俄罗斯，瑞典，瑞士，乌克兰，英国。

观察标本：1♀，北京门头沟，2009-Ⅸ-15，王涛；1♀，北京门头沟（落叶松林），2011-Ⅸ-17，集虫网；1♂，北京门头沟（天然林），2014-Ⅸ-14，集虫网；1♀，北京门头沟（天然林），2014-Ⅹ-15，集虫网；1♀，北京喇叭沟门，2016-Ⅹ-03，集虫网；1♀2♂♂，辽宁海城九龙川，2015-Ⅶ-07，李涛；1♀，辽宁本溪，2015-Ⅵ-12，盛茂领；1♀，辽宁本溪，2015-Ⅶ-15，盛茂领。

(101) 凹阔肛姬蜂 *Euryproctus foveolatus* Uchida, 1955（中国新纪录）

Euryproctus foveolatus Uchida, 1955. Journal of the Faculty of Agriculture, Hokkaido University, 50(2): 125

♀ 体长约 10.3 mm。前翅长约 6.4 mm。产卵器鞘长约 0.5 mm。

复眼近平行，在触角窝处微凹。颜面较平，宽约为长的 1.7 倍；上缘中央微隆起，具 1 小瘤突，亚侧缘基部在触角窝下外侧稍凹；表面粒状，具稠密的细刻点和黄褐色短毛，外侧靠近眼眶刻点相对稀疏。唇基阔，横向均匀隆起，端缘平截；基半部具细粒状表面，其余光亮；具非常稀疏的细刻点和黄褐色长毛；唇基宽约为长的 3.2 倍。上颚阔且长，基部表面粒状，具稠密的黄褐色短毛；中央大部具稠密的刻点和黄褐色长毛；端齿光滑光亮，下端齿长于上端齿。颊区具细革质粒状表面和稠密的黄褐色短毛。颚眼距约为上颚基部宽的 0.8 倍。上颊阔，中央稍隆起，向上稍变宽，表面微细网状，具均匀稠密的细毛点和黄褐色短毛。头顶质地同上颊，刻点相对粗。单眼区稍抬高，中央平，表面粒状，具稠密的细刻点；单眼中等大小，明显隆凸；侧单眼外侧沟明显；侧单眼间距约为单复眼间距的 0.9 倍。额相对平，表面粒状，稍粗糙；下半部在触角窝后方稍凹，具细横皱。触角线状，鞭节 48 节，第 1～5 节长度之比依次约为 2.4∶1.6∶1.2∶1.1∶1.0。后头脊完整，在上颚基部上方与口后脊相接。

前胸背板前缘具细纹状表面；侧凹阔，中央具不规则皱状表面，下半部的皱直达后缘；后上部表面粒状；前胸背板后缘前侧具短皱；前沟缘脊明显。中胸盾片圆形隆起，表面粒状，具均匀的稠密细刻点和黄褐色短毛，中后部刻点相对大，侧缘刻点相对稀细；盾纵沟基半部痕迹存在。盾前沟深，几乎光滑光亮。小盾片圆形稍隆起，表面粒状，具稀疏的粗刻点和黄褐色短毛；外侧脊在基半部存在。后小盾片近梯形，中央大部分纵向隆起，质地同小盾片；前缘具深凹；亚侧缘基部具脊。中胸侧板上半部中央均匀隆起，中下部相对平；表面粒状，具稠密的细刻点和黄褐色短毛，中下部的刻点相对粗大且稀疏；中央在隆起处下方呈网状表面；前缘具粗短皱；镜面区中等大，光滑光亮；镜面区前方具细皱，相对长，几乎达翅基下脊下方；胸腹侧脊存在，约为中胸侧板高的 0.5 倍；中胸侧板下后角具斜皱。后胸侧板圆形隆起，表面粒状，中后部呈细网状，具稠密的黄褐色短毛；下后角具粗皱；后胸侧板下缘脊强壮，前缘呈片状。翅黄褐色，透明；小脉位于基脉内侧，二者之间的距离约为小脉长的 0.3 倍；小翅室斜四边形，具长柄，柄长约为第 1 肘间横脉长的 0.7 倍；第 2 肘间横脉较弱，明显长于第 1 肘间横脉；第 2 回脉约在小翅室下外角 0.2 处与之相接；外小脉在中央处曲折；后小脉约在上方 0.4 处曲折。足胫节具刺棘；前足胫节末端具 1 齿，胫距内侧弧形弯曲，具 1 排稠密毛刷，约达胫距长的 0.6 倍，基跗节内侧的毛刷相对长；后足第 1～5 跗节长度之比依次约为 4.4∶2.1∶1.6∶1.0∶1.1。并胸腹节稍隆起，中纵脊强壮，基横脊消失，端横脊不完整；中纵脊在端区前面明显抬高，基半部近平行，端半部稍阔，中间区域稍凹，凹内光亮，具细横皱，亚基部具 1 粗横皱，端缘的皱相对粗；侧区表面粒状，基部内侧具细斜皱，靠近中纵脊具短皱；端区呈网皱状表面；第 1、第 2 外侧区质地同侧区，第 3 外侧区具粗网皱状表面；气门中等大，斜椭圆形，靠近外侧脊，位于基部约 0.3 处。

腹部第 1 节背板基部少许和端缘光滑光亮，基半部侧缘呈微细纹状表面，中央大部分具细粒状表面；背板长约为基部宽的 5.9 倍，约为端宽的 2.4 倍；气门小，圆形隆凸，约位于背板中央处。第 2 节背板梯形，长约为基部宽的 1.6 倍，约为端宽的 1.2 倍；表面细粒状，光亮，具稠密的黄褐色短毛。第 3 节背板质地同第 2 节背板；第 4 节及以后各节背板表面微细纹状，具均匀稠密的黄褐色短毛。雌虫下生殖板具直立毛。产卵器鞘长约为自身宽的 3.0 倍；产卵器侧扁，具亚端背缺刻。

体黑色，下列部分除外：上颚端半部暗红褐色至黑褐色；触角鞭节（第 8～9 节部分、第 10～15 节、第 16 节基部少许黄白色）背面暗褐色至黑褐色，第 1～7 节腹面暗褐色，第 16～48 节腹面黄褐色；前足胫节、跗节腹面黄褐色，背面暗褐色至黑褐色；中足腿节腹面大部褐色至暗褐色，端缘黑褐色；后足基跗节基部少许褐色，第 3 跗节亚端部褐色至暗褐色，第 4 跗节腹面黄白色；翅脉，翅面黄褐色；翅痣，翅基片几乎完全黑色；腹部第 1 节背板端缘、第 2 节背板、第 3 节背板（端缘暗红褐色）红褐色；第 4 节背板基部少许暗红褐色；第 2～3 节腹板、第 4 节腹板（暗红褐色至黑褐色）黄褐色；产卵器鞘大部黑色，端部黄褐色至褐色。

分布：中国（吉林）；朝鲜。

观察标本：1♀，吉林长白山，2008-Ⅸ-05，盛茂领。

(102) 武功阔肛姬蜂，新种 *Euryproctus wugongensis* Sheng, Sun & Li, sp.n.（彩图 23）

♀ 体长 8.0～9.0 mm。前翅长 6.5～7.5 mm。产卵器鞘短，稍露出腹末。

体被稠密的黄白色短毛。颜面宽为长的 1.4～1.5 倍，表面平坦，具细革质状表面和稠密不清晰的细刻点；触角窝下缘至唇基沟之间呈宽浅的纵凹；上缘中央具 1 小的弱瘤突。唇基沟不明显。唇基宽为长的 2.7～2.8 倍，具细革质状表面和稀疏的粗刻点，中央微弱隆起；端缘中央弱弧形前凸。上颚具较密的中等刻点；基部较宽阔、中部明显缢缩收敛，下端齿稍长于上端齿。颊呈细革质粒状表面；颚眼距为上颚基部宽的 0.7～0.8 倍。上颊具细革质微皱状表面，前部具不明显的浅细刻点，中央稍隆起，向后上部稍增宽；侧面观约为复眼横径的 0.8 倍。头顶具与上颊相似的质地，单眼区稍抬高，侧单眼外侧具细侧沟；侧单眼间距约为单复眼间距的 0.6 倍。额较平坦，具细革质状表面。触角鞭节 53 节，端部稍细，第 1～5 节长度之比依次约为 3.5∶2.0∶1.9∶1.5∶1.3。后头脊完整。

前胸背板具细革质状质地和稠密的白色短毛；侧凹内具细横皱，后上角显著突出。中胸盾片具细革质状表面，中叶前部明显突出；盾纵沟仅前部清晰。小盾片稍隆起，三角形，具细革质状表面；具完整的细侧脊。后小盾片稍隆起，表面同小盾片。中胸侧板具细革质弱皱状表面，腹侧具非常稠密的细刻点；胸腹侧脊细弱，背端（较弱）约达中胸侧板高的 0.6 处；无镜面区；中胸侧板凹横沟状。后胸侧板中部较隆起，具与中胸侧板上部相似的质地；后胸侧板下缘脊完整，前部稍突出。翅褐色，透明，小脉位于基脉稍外侧，二者之间的距离约为小脉长的 0.2 倍；小翅室亚三角形，第 2 回脉在其下外角内侧约 0.2 处与之相接；外小脉中央稍外弓，约在中央稍上方曲折；后小脉约在上方 0.35 处曲折。足细长；后足胫节约为腿节长的 1.2 倍，基跗节约为胫节长度的 0.5 倍；后足第 1～5 跗节长度之比依次约为 3.0∶1.5∶1.0∶0.6∶0.8；爪简单。并胸腹节具细革质微皱状表面，具中纵脊、侧纵脊和外侧脊；中纵脊在亚基部稍内敛，而后又向后外侧稍弧形倾斜；具端横脊，外段细弱不完整；端区大致呈扇面状，表面相对光滑光亮；第 3 外侧区质地与端区相近；并胸腹节气门卵圆形，约位于基部 0.2 处，距离侧纵脊较近。

腹部具细革质状表面和较密的毛，第 1～3 节背板折缘显著。第 1 节背板细柄状，稍下弯，端部稍加宽，长约为端宽的 3.2 倍，端半部中央浅纵凹；无背中脊，背侧脊完整但非常弱细；气门小，圆形，明显隆起，约位于第 1 节背板中央稍后。第 2 节背板长梯形，长为端宽的 1.1 倍；第 3 节背板几乎方形，长约等于宽；第 4 节及其余背板逐渐向后收敛。产卵器鞘长约为腹末厚度的 0.5 倍。产卵器端部尖细，具背凹。

体黑色，下列部分除外：触角鞭节背侧棕褐色（基部黑褐色），腹侧黄褐色；柄节和梗节腹侧，颜面（除上缘中央的小斑），唇基，上颚（端齿黑褐色），下颚须和下唇须（末节均褐色），前胸侧板下内角的拐状斑，前胸背板后上角，中胸盾片前侧缘的斜纵斑（不规则），翅基片及前翅翅基，翅基下脊，中胸侧板前侧片上的大斑，前中足基节（基缘带黑色）和转节均为浅黄色；后小盾片，腹部第 1 节背板端缘直至腹末，各足（后足基节和转节黑色）均为褐红色；翅痣褐色；翅脉暗褐色。

正模 ♀，江西武功山，2012-Ⅸ-03，盛茂领。副模：1♀，记录同正模；1♀1♂，江西武功山，2012-Ⅶ-18，盛茂领。

词源：本新种名源于标本采集地名。

本新种可通过下列特征和本属其他种区分：并胸腹节中纵脊较弱或仅具痕迹，具端横脊（侧面不完整）；颜面和唇基黄色；腹部第 2 节及其后各节背板完全褐红色。

(103) 宗氏阔肛姬蜂，新种 *Euryproctus zongi* Sheng, Sun & Li, sp.n.（彩图 24）

♀ 体长约 8.1 mm。前翅长约 6.4 mm。产卵器鞘长约 0.4 mm。

复眼近平行，在触角窝处微凹。颜面较平，宽约为长的 1.6 倍；上缘中央具 1 小瘤突，亚侧缘基部在触角窝下外侧微凹；表面粒状，具稠密的刻点和黄白色短毛，中央刻点相对大。唇基阔，横向均匀隆起，端缘平截；基半部具细横纹状表面，端缘近光滑；具非常稀疏的细刻点和黄褐色长毛，端缘的毛相对密；唇基宽约为长的 2.9 倍。上颚阔且长，基部具粒状表面，具稠密的黄褐色短毛；中央大部分呈细横皱状，具稠密的刻点和黄褐色长毛；端齿光滑光亮，下端齿明显长于上端齿。颊区具细革质粒状表面和稠密的黄褐色短毛。颚眼距约为上颚基部宽的 0.8 倍。上颊阔，中央稍隆起，向上稍变宽，表面微细网状，具均匀稠密的细毛点和黄褐色短毛。头顶在单眼区后方质地同上颊，单复眼之间具粒状表面，靠近复眼处具刻点。单眼区中央稍平，表面粒状；单眼中等大小，明显隆凸；侧单眼间距约为单复眼间距的 0.6 倍。额中央稍隆起，表面粒状，稍粗糙；

触角窝基部后方稍凹，触角窝之间细纹状。触角线状，鞭节 43 节，第 1～5 节长度之比依次约为 2.6∶1.4∶1.2∶1.1∶1.0。后头脊完整，在上颚基部上方与口后脊相接。

前胸背板前缘呈细粒状表面，光亮，具稠密的黄白色短毛；侧凹阔，上部沿前沟缘脊具细皱、直达背缘，中下部具细纹状皱；后上角表面粒状；前沟缘脊明显。中胸盾片圆形隆起，表面粒状，中央稍后方具细纹状表面，亚端部中央的刻点相对粗大；具稠密的黄褐色短毛。盾前沟深，光亮，具短皱。小盾片圆形隆起，表面粒状，具稀疏的粗刻点和黄褐色短毛；侧脊在基部存在。后小盾片横形隆起，质地同小盾片，刻点相对小。中胸侧板稍平，中央大部分呈不规则细网皱状表面，镜面区前面的横皱和翅基下脊下方的纵皱相对粗；具稠密的黄白色短毛；镜面区中等大小，光滑光亮；胸腹侧脊存在，几乎为中胸侧板高的 0.5 倍；中胸侧板下后角具斜皱。后胸侧板圆形隆起，表面粒状，具稠密的黄白色短毛；下后角具粗皱；后胸侧板下缘脊强壮。翅黄褐色，透明；小脉与基脉对叉；小翅室斜三角形，肘间横脉上方与胫脉交汇处宽大；第 2 肘间横脉端半部具弱点，明显长于第 1 肘间横脉；第 2 回脉约从小翅室下外角处与之相接；外小脉在中央稍上方曲折；后小脉约在中央稍上方曲折。足胫节具刺棘；前足胫节末端具 1 齿；后足第 1～5 跗节长度之比依次约为 4.8∶2.3∶1.8∶1.0∶1.5。并胸腹节稍隆起，基横脊消失；中纵脊基半部粗，亚基部稍收敛，向后渐宽；中区和基区合并，合并区的基部和中部具细粒状表面，端半部具细网状皱表面；侧区具细粒状表面，端半部呈微细网状，具稠密的黄白色长毛；端区具网皱状表面；第 1、第 2 外侧区质地同侧区，第 3 外侧区具粗横皱；气门中等大，斜椭圆形，斜上方由 1 脊与外侧脊相连，靠近外侧脊，位于基部约 0.25 处。

腹部第 1 节背板具细粒状表面，端缘光滑光亮，具稠密的黄白色短毛；背侧脊在气门前存在；背板长约为端宽的 2.2 倍；气门小，圆形隆凸，约位于背板中央稍后方。第 2 节背板梯形，长约为基部宽的 1.1 倍，约为端宽的 0.8 倍；背板大部分呈细粒状表面，亚端部微细纹状，端缘光滑光亮；具稠密的刻点和黄褐色短毛。第 3 节及以后各节背板呈微细纹状表面，具均匀稠密的黄褐色短毛。雌虫下生殖板具直立毛。产卵器鞘基部宽，向端部渐窄，长约为自身最大宽的 2.3 倍；产卵器侧扁，末端尖，具亚端背缺刻。

体黑色，下列部分除外：颜面眼眶延伸至触角窝外侧的纵斑，翅基，翅基片（亚后方外侧稍带褐色）黄色；唇基侧方的斑黄褐色；上颚基半部黑褐色，端齿暗红褐色至黑褐色，中央大部红褐色；触角鞭节第 1～11 节背面黑褐色，腹面暗褐色，第 11 节（基部稍暗褐色）、第 12～16 节黄白色，其余鞭节背面暗褐色，腹面黄褐色；下颚须（第 4～5 节褐色），下唇须（第 1～2 节，第 3 节端半部，第 4 节褐色）黄色至黄褐色；前足（基节、转节背面、末跗节黑色；转节腹面黄色至黄白色；胫节、第 1～4 跗节黄褐色至褐色），中足（基节、转节背面、腿节大部、末跗节黑色；转节腹面黄色至黄白色），后足（基节、转节、腿节、胫节末端、末跗节黑色；基跗节端半部背面稍带暗褐色；第 2～4 跗节黄白色）红褐色；翅脉，翅痣褐色至暗褐色；腹部第 2 节背板端缘和第 3 节背板基缘带红褐色至暗红褐色，第 3 节背板端半部稍带暗褐色；第 2～3 节腹板黄色至黄褐色；产卵器鞘基部及侧缘褐色，其余黄白色稍带黄褐色。

正模 ♀，北京怀柔喇叭沟门，2016-Ⅹ-03，宗世祥。

词源：本新种名源于标本采集人姓氏。

本新种与林阔肛姬蜂 *E. nemoralis* (Geoffroy, 1785) 相近，可通过下列特征区分：颜面侧缘黄色；唇基侧方具黄褐色斑；腹部第 2 节背板端缘和第 3 节背板基缘红褐色至暗红褐色，第 3 节背板端半部暗红褐色稍带暗褐色。林阔肛姬蜂：颜面和唇基黑色；腹部第 2～4 节背板完全红褐色。

30. 曲趾姬蜂属 *Hadrodactylus* Förster, 1869

Hadrodactylus Förster, 1869. Verhandlungen des Naturhistorischen Vereins der Preussischen Rheinlande und Westfalens, 25(1868): 199. Type-species: *Ichneumon typhae* Geoffroy, 1875; subsequent designated by Viereck, 1914.

主要鉴别特征：唇基宽短，具粗刻点，端缘钝；具小翅室；第 5 跗节弱至非常强地弯曲；并胸腹节无分脊；腹部第 1 节非常细长，3.5～4.0 倍长于端宽，无基侧凹。

全世界已知 47 种，我国已知 5 种。已知寄主：麦叶蜂 *Dolerus* spp.。

(104) 黄曲趾姬蜂 *Hadrodactylus flavofacialis* Horstmann, 2000

Hadrodactylus flavofacialis Horstmann, 2000. Mitteilungen Münchener Entomologischen Gesellschaft, 90: 43.

寄主：黑麦叶蜂 *Dolerus nigratus* (Müller) (Horstmann，2000)。

分布：中国（陕西）（Kasparyan，2011）；欧洲。

(105) 黑尾曲趾姬蜂 *Hadrodactylus nigricaudatus* Sheng, 1994

Hadrodactylus nigricaudatus Sheng, 1995. Journal of Shenyang Agricultural University, 26: 76.

分布：中国（河北）。

观察标本：1♀（正模），河北秦皇岛，1991-Ⅳ-21，盛茂领。

(106) 东方曲趾姬蜂 *Hadrodactylus orientalis* Uchida, 1930

Hadrodactylus typhae orientalis Uchida, 1930. Journal of the Faculty of Agriculture, Hokkaido University. 25: 285.

分布：中国（辽宁、北京、河南、陕西、江苏、江西、浙江）；朝鲜，日本，俄罗斯。

观察标本：1♀，北京门头沟落叶松林，2012-Ⅵ-08，宗世祥；1♀，北京延庆油松林，2012-Ⅵ-21，宗世祥；2♀♀，北京门头沟落叶松林，2012-Ⅵ-21～23，宗世祥；3♀♀2♂♂，江西铅山武夷山，2012-Ⅶ-14～Ⅸ-03，盛茂领；2♀♀，北京门头沟天然林，2013-Ⅵ-07～21，盛茂领；3♀♀2♂♂，北京喇叭沟门，2014-Ⅴ-19～Ⅶ-05，宗世祥；1♀♀1♂，北京门头沟落叶松林，2014-Ⅴ-28～Ⅷ-20，宗世祥；1♀，北京门头沟油松林，2014-Ⅵ-18，宗世祥；1♀，北京喇叭沟门，2016-Ⅴ-12，宗世祥。

(107) 柄曲趾姬蜂 *Hadrodactylus petiolaris* Sheng & sun, 2014

Hadrodactylus petiolaris Sheng & sun, 2014. Ichneumonid Fauna of Liaoning, p.163.

分布：中国（辽宁）。

观察标本：1♀（正模），辽宁宽甸，2007-Ⅵ-24，集虫网；：1♀（副模），辽宁新宾，1998-Ⅵ-20，盛茂领；1♀（副模），辽宁沈阳东陵，2000-Ⅴ-31，盛茂领；2♀♀（副模），辽宁抚顺猴石，2002-Ⅶ-08，盛茂领；2♀♀6♂♂（副模），辽宁宽甸，2007-Ⅵ-06～Ⅶ-21，集虫网；2♂♂（副模），辽宁桓仁，2011-Ⅴ-26，集虫网；2♀♀（副模），辽宁沈阳棋盘山，2012-Ⅴ-29，孙淑萍；3♀♀（副模），辽宁本溪，2013-Ⅵ-19～Ⅶ-04，集虫网；1♀（副模），辽宁沈阳棋盘山，2013-Ⅶ-10，张瑶琦。

(108) 天柱曲趾姬蜂 *Hadrodactylus tianzhuensis* Sheng, 2004

Hadrodactylus tianzhuensis Sheng, 2004. Entomofauna, 25(10): 158.

♀ 体长 7.5～8.5 mm。前翅长 6.1～6.5 mm。

头部具细刻点。颜面宽约为长的 2.0 倍。唇基宽约为长的 2.8 倍，端缘厚，圆弧形向前隆起。下端齿明显长于上端齿。颚眼距约为上颚基部宽的 0.4 倍。上颊长约为复眼长的 0.84 倍。侧单眼间距约为单复眼间距的 0.65 倍。额平坦，触角间具 1 光滑的浅纵沟。触角丝状，鞭节 36～37 节，各节长均大于自身的直径。后头脊完整。

前胸背板前缘具弱且不清晰的短纵纹，中部具短横皱，后部光滑，具清晰的细刻点。前沟缘脊不明显。中胸盾片具稠密的细刻点，盾纵沟明显。中胸侧板的前部及下部具清晰的刻点；在翅基下脊的下方具横皱；镜面区的下方粗糙，具不清晰的网状皱；镜面区明显。后胸侧板具稠密的细刻点，后缘具不规则的皱；后胸侧板下缘脊完整。小盾片稍隆起，具清晰的刻点。翅稍带褐色，透明；小脉几乎垂直，位于基脉的外侧；小翅室几乎三角形，第 2 回脉在它的下外角的稍内侧与之相接；外小脉在中央下方曲折；后小脉在下方 0.25～0.35 处曲折。足细长；后足基节具稠密的细刻点；后足第 5 跗节稍弯曲，约与第 4 节等长，短于第 3 节；爪小，简单。并胸腹节稍粗糙，刻点不清晰；中纵脊不明显，或具弱的中纵脊，若具弱的中纵脊，二者则平行，二者之间在亚端部具横皱；外侧脊弱，但明显；气门小，圆形，隆起。

腹部第 1 节背板粗糙（基部较粗），端缘近于光滑，较直且长，长约为端宽的 2.63 倍；背中脊不明显，或具清晰的背中脊，伸抵后柄部（气门与后缘之间）；气门强烈隆起，位于中部稍内侧。其余背板近于光滑，无刻点；第 2 节背板长约等于端宽；第 3 节背板长约为端宽的 0.8 倍；第 4 节背板长约为最宽处的 0.65 倍。产卵器鞘长约为腹末厚度的 0.45 倍。产卵器背瓣具较宽的缺刻。

体黑色，下列部分除外：颜面眼眶及触角下方与其相连的斑，唇基，上颚（端齿除外），颊区，有时上颊下方的小斑，触角腹面，前胸背板后角，中胸盾片前侧缘，翅基片，翅基下脊，前中足基节、转节的部分黄色；颜面中央及触角背面暗褐色；足褐色，后足基节（顶端除外）黑色；腹部背板（除第 1 节外）及产卵器鞘黄褐至红褐色，有时第 2

节侧面具不清晰的大暗斑，第 3 节具 2 个小暗斑。

♂ 黑色。颜面全部黄色，或上缘中央具 1 小黑点；胸腹侧片的下部及相连的腹面、前中足基节及后足基节端部、所有转节几乎全部黄色；前中足胫节及其跗节深褐色；后足腿节端部及其胫节和跗节黑褐色；腹部背板全部黑色。

分布：中国（贵州）。

观察标本：1♀（正模）4♀♀2♂♂（副模），贵州天柱，1996-Ⅳ，李宜汉。

31. 长颚姬蜂属 *Mesoleptidea* Viereck, 1912

Mesoleptidea Viereck, 1912. Proceedings of the Entomological Society of Washington, 14: 176. Type-species: *Mesoleptus cingulatus* Viereck; original designation.

主要鉴别特征：前翅长 4.8～8.7 mm；唇基宽为长的 2.3～3.8 倍，稍隆起，光滑或具细刻点，端缘突出，平截或具 1 弱中凹；上颚长，下端齿等长于或宽且长于上端齿；小翅室有或无；后小脉在中部下方曲折；腹部第 1 节背板中等长至非常长且纤细，无背中脊。

全世界已知 16 种，我国已知 2 种。

(109) 带长颚姬蜂 *Mesoleptidea cingulata* (Gravenhorst, 1829)

Mesoleptus cingulata Gravenhorst, 1829. Ichneumonologia Europaea, 2: 22.

寄主：齿唇叶蜂 *Rhogogaster* spp.；也有寄生卷蛾类害虫的记录。

分布：中国（辽宁）；俄罗斯，立陶宛，拉脱维亚，乌克兰，荷兰，挪威，英国，奥地利，波兰，法国，德国，意大利，瑞士，瑞典，芬兰，罗马尼亚，西班牙，保加利亚，丹麦，希腊，匈牙利，摩尔多瓦，土耳其。

(110) 斑长颚姬蜂，新种 *Mesoleptidea maculata* Sheng, Sun & Li, sp.n.（彩图 25）

♀ 体长约 8.9 mm。前翅长约 7.0 mm。产卵器鞘长约 0.5 mm。

复眼内缘近平行，在触角窝外侧稍凹。颜面中央纵向微隆起，基部相对高，亚中央端部稍凹，触角窝下外侧微凹；宽约为长的 1.5 倍；上缘中央具 1 强瘤突；呈细粒状表面，具稠密的黄色短毛。唇基沟弱。唇基凹近圆形；深凹。唇基稍抬高，横阔，宽约为长的 3.3 倍；中央横向稍隆起，亚端部凹；端缘弧形前隆，中部钝角形凹。上颚强壮，较长；基半部具稠密的黄褐色长毛，端半部光滑光亮；端齿等长。颊区呈细革质粒状表面，具稠密的黄褐色短毛。颚眼距约为上颚基部宽的 0.6 倍。上颊中等阔，向后均匀收敛；光亮，表面细纹状，具均匀的稠密细毛点和黄褐色短毛。头顶质地同上颊。单眼区稍抬高，中央凹，表面粒状；单眼中等大小，强隆起；侧单眼间距约为单复眼间距的 0.6 倍。额相对平，在中单眼前方稍凹；表面粒状，具稠密的黄褐色短毛；触角窝后方均匀凹，基部近光滑光亮。触角线状，鞭节 40 节，第 1～5 节长度之比依次约为 2.6∶1.3∶

1.2∶1.1∶1.0。后头脊完整，在上颚基部后方与口后脊相接。

前胸背板前缘呈细粒状表面，具稠密的黄褐色短毛；侧凹浅阔，表面斜皱状，夹杂细颗粒；后下角的长皱直达后缘；后上部呈细纹状表面，具稠密的黄褐色短毛；前沟缘脊明显。中胸盾片圆形隆起，光亮，具稠密的细毛点和黄褐色短毛，中后部的毛点相对粗大且稠密；盾纵沟基部痕迹存在。盾前沟深阔，光滑光亮。小盾片圆形隆起，光亮，具稠密的细毛点和黄褐色短毛，中央的毛点相对稀疏；端半部具细皱状表面。后小盾片圆形隆起，具细纹状表面。中胸侧板稍平，中央微凹，光亮，呈弱皱状表面；上半部中央大部具细斜皱状表面夹杂细毛点；翅基下脊下方光亮，具细毛点；中下部呈细纹状表面，具均匀的稀疏细毛点和黄白色短毛；镜面区小，光滑光亮；中胸侧板凹阔沟状，由1 脊延伸至亚中部，脊下方具细皱；胸腹侧脊明显，亚端部靠近中胸侧板前缘，末端弧形弯曲伸抵翅基下脊。后胸侧板圆突形隆起，具细粒状表面，中央呈细纹状，具稠密的黄白色短毛；下后角具短皱；后胸侧板下缘脊强壮，前缘强凸起。翅浅黄褐色，透明；小脉与基脉对叉；小翅室斜三角形，具柄，柄长约为第 1 肘间横脉长的 0.6 倍；第 2 肘间横脉明显长于第 1 肘间横脉，后段弱；第 2 回脉约在小翅室下外角处与之相接；外小脉约在下方 0.4 处曲折；后小脉在下方约 0.3 处曲折。爪简单；后足第 1～5 跗节长度之比依次约为 4.0∶2.2∶1.7∶1.0∶1.1。并胸腹节圆形稍隆起；中纵脊、侧纵脊仅端部存在，外侧脊完整，其他脊消失；表面细粒状，具稠密的细毛点和黄白色短毛；靠近端缘中央光滑无毛；气门小，圆形，位于基部约 0.2 处。

腹部第 1 节背板长约为基部宽的 6.3 倍，约为端宽的 3.3 倍，约为气门后背板最窄处的 8.0 倍；表面细纹状，具稠密的黄白色微毛，端部的纹相对细，端缘光滑光亮；背中脊消失，背侧脊在基部存在，腹侧脊完整；气门小，圆形隆凸，约位于背板中央。第 2 节背板梯形，长约为基部宽的 1.9 倍，约为端宽的 1.4 倍；表面细纹状，具均匀稠密的细毛刻点和黄白色微毛；窗疤近圆形，稍凹，近光亮。第 3 节及以后各节背板光亮，具均匀的细毛点和黄白色微毛。产卵器鞘阔，长约为自身最大宽的 5.1 倍。产卵器基半部粗壮，向端部渐尖，具背凹。

体黑色，下列部分除外：颜面（瘤突下方的纵斑褐色），额眼眶的斑，唇基，上颚（端齿红褐色），颊，上颊基部，下颚须，下唇须，触角（柄节、梗节、第 1 节的背面黑褐色；其余鞭节腹面黄褐色，背面暗褐色，端部数节背面褐色），前胸背板上缘及后上角（靠近内缘稍带红褐色），翅基片，翅基，翅基下脊，前胸侧板前缘的斑，中胸侧板下半部（腹板侧沟基部黄褐色），中胸腹板（中央的斜形大斑黄褐色稍带红褐色），前足（转节、腿节、胫节、跗节腹面黄褐色；跗节背面、爪暗褐色），中足（转节、腿节、胫节黄白色；跗节背面暗褐色，腹面褐色；爪褐色），后足基节腹面的狭斑并延伸至端部，腹部第 4～7 节背板侧缘、第 1 节腹板端半部、第 2～3 节腹板（亚中央的纵斑黑色）、第 4～6 节腹板中央的纵斑黄白色；前胸背板背面前缘的长斑，中胸盾片侧叶前缘的狭斑，后足第 1 转节端缘、第 2 转节、胫节（背面、腹面端半部暗褐色至黑褐色）黄褐色；中胸盾片侧叶大部、中叶亚基部少许红褐色；翅脉，翅痣（中央大部黄褐色）褐色。

正模 ♀，陕西安康宁陕县旬阳坝，2011-VI-27，谭江丽。

词源：本新种名源于中胸盾片具白色、黑色和褐色斑。

本新种与带长颚姬蜂 *M. cingulata* (Gravenhorst, 1829) 近似，可通过下列特征区分：前翅具小翅室；中胸盾片具宽的黑色纵带；小盾片黑色；腹部背板完全黑色。带长颚姬蜂：前翅无小翅室；中胸盾片无黑色纵带；小盾片褐色；腹部各节背板端缘黄色。

32. 浮姬蜂属 *Phobetes* Förster, 1869

Phobetes Förster, 1868. Verhandlungen des Naturhistorischen Vereins der Preussischen Rheinlande und Westfalens, 25:198. Type-species: *Tryphon fuscicornis* Holmgren. Designated as type of Phobetus by Viereck, 1914.

主要鉴别特征：前翅长 4.3～14.5 mm；唇基宽约为长的 2.3 倍；上颚下端齿等长或长于上端齿；具小翅室；后小脉在中部下方曲折；腹部第 1 节背板直或几乎直，具背中脊或通常明显伸达气门后。

全世界已知 49 种（盛茂领等，2013；Kasparyan and Khalaim，2007；Yu et al.，2016），我国已知 11 种。寄主：锤角叶蜂 *Cimbex* spp.等（Ozbek，2014；Yu et al.，2016）。

浮姬蜂属中国已知种检索表

1. 触角鞭节具白色环；颜面宽为长的 1.8～2.0 倍，中央稍隆起；并胸腹节中纵脊完整……………2
   触角无白色环；其他特征非完全同上述……………………………………………………………4
2. 并胸腹节中纵脊完整，向两端收敛；腹部端半部褐色至暗褐色……………………………………
   ……………………………………………………………白环浮姬蜂 *Ph. albiannularis* Sheng & Ding
   并胸腹节中纵脊基部强壮、平行，中部弱，向后稍离散；腹部几乎完全黑色……………………3
3. 颜面黄色，中央具黑色纵带；后足基节黑色…………………………黑浮姬蜂 *Ph. niger* Sheng & Sun
   颜面黑色；后足基节红色……………………… 凹浮姬蜂，新种 *Ph. concavus* Sheng, Sun & Li, sp.n.
4. 胸部和腹部背板红褐色………………………………………………………………………………10
   胸部黑色…………………………………………………………………………………………………5
5. 腹部第 1 节背板黑色，其余背板红褐色至暗褐色，或仅第 2 节背板中央具褐黑色斑……………9
   腹部背板黑色，至少基部和端部的背板黑色，中部的背板褐色、黄褐色或红褐色…………………6
6. 额具细皱；触角暗褐色，基部下侧浅色；后足基节浅黄色；后小脉在中部曲折……………………
   ………………………………………………………………台湾浮姬蜂 *Ph. taihorinensis* (Uchida)
   额具刻点，无皱；触角黑色；后足基节黑褐色至黑色，或红色；后小脉在中央或中央下方曲折‥7
7. 额具深中纵沟；后小脉在中央曲折；并胸腹节具强壮的中纵脊，具明显的基区和中区；后足黑色；腹部背板完全黑色…………………………………………桓仁浮姬蜂 *Ph. huanrenensis* Sheng & Sun
   额无深中纵沟；后小脉在中央下方曲折；并胸腹节无明显分区；后足转节和胫节基部浅黄色、褐色至暗褐色……………………………………………………………………………………………8
8. 后足转节和胫节基部暗褐色；后足基节黑色；腹部中部的背板红色或红褐色………………………
   ………………………………………………………………北海道浮姬蜂 *Ph. sapporensis* (Uchida)
   后足转节和胫节基部浅黄色；后足基节红褐色；腹部背板黑色……………………………………

……………………………………………红基浮姬蜂，新种 *Ph. ruficoxalis* Sheng, Sun & Li, sp.n.

9. 额具细皱；并胸腹节中纵脊强壮，具不均匀的浅褐色长毛；后小脉在中部曲折；腹部第 2 节背板粗糙，具稠密的浅刻点；颜面黑色……………………… 河南浮姬蜂 *Ph. henanensis* Sheng & Ding

   额具清晰稠密的刻点；并胸腹节均匀隆起，无纵脊，具清晰稠密且均匀的刻点和浅灰色短毛；后小脉在下方 0.35 处曲折；腹部第 2 节背板几乎光滑，表面稍呈细革质状；颜面完全浅黄色 ………………………………………………………………………………… 暗浮姬蜂 *Ph. opacus* Sheng & Sun

10. 颜面中部具皱；上颚下端齿长于上端齿；额具细皱刻点；中胸褐黑色至黑色；腹部第 5 节黑色…………………………………………………………………………………… 萨浮姬蜂 *Ph. sauteri* (Uchida)

   颜面具不清晰但均匀的细刻点；上颚下端齿等长于上端齿；额具模糊的细粒状表面；中胸和腹部完全红褐色……………………………………………… 黑头浮姬蜂 *Ph. nigriceps* (Gravenhorst)

(111) 白环浮姬蜂 *Phobetes albiannularis* Sheng & Ding, 2012

Phobetes albiannularis Sheng & Ding, 2012. Acta Zootaxonomica Sinica, 37(1): 161.

♀ 体长 11.5～13.0 mm。前翅长 10.5～10.8 mm。

颜面宽为长的 1.9～2.0 倍。唇基沟宽浅。唇基宽为长的 2.5～2.7 倍，具粗大的刻点；端缘粗糙，钝厚，具褐色长毛。上颚端齿强壮，下端齿约为上端齿长的 2.0 倍。颚眼距为上颚基部宽的 0.22～0.23 倍。侧单眼间距约为单复眼间距的 0.54 倍。额平坦。触角鞭节 43～46 节，第 1～5 节长度之比依次约为 10.0∶6.2∶5.8∶5.5∶5.2。后头脊完整，下端在上颚基部稍上方与口后脊相接。

胸部具清晰的细刻点。前沟缘脊不明显。盾纵沟弱，仅前部具浅痕。小盾片丘形隆起。后小盾片较隆起，前部深凹。胸腹侧脊强壮，背端达中胸侧板高的 0.7～0.8 倍，并抵中胸侧板前缘。小脉与基脉对叉或稍后叉；外小脉在中央曲折；后小脉在下方 0.2～0.3 处曲折。足细长；胫节具柔软的褐色毛及较硬的暗褐色刚毛；后足基节光亮，具清晰的细刻点；后足第 1～5 跗节长度之比依次约为 10.0∶4.8∶3.6∶2.2∶3.0；爪简单。并胸腹节具强壮且几乎直的中纵脊，由基部伸达端缘，脊之间在中部稍宽，纵脊间光滑光亮，中后部具不清晰的弱横皱；其余具清晰的刻点；基部中央深凹；侧纵脊强壮，基部（气门上方处至并胸腹节基缘）消失；外侧脊中段较弱或消失；无横脊；无分脊；气门几乎圆形，靠近外侧脊。

腹部具细浅的刻点，各背板端缘光滑。第 1 节背板狭长，几乎直，粗糙，长为端宽的 2.6～2.8 倍。第 2 节背板长约等于端宽。第 8 节背板背面中部几丁质化程度较低（明显软化）。产卵器鞘长约为腹末厚度的 0.5 倍。产卵器端部尖锐，背瓣的缺刻较宽。

体黑色，下列部分除外：触角鞭节第 4～9 节腹侧和第 10～17 节全部及第 18～19 节腹侧近白色（浅黄色），其余黑色或几乎黑色；唇基，上颚（端齿除外），下颚须，下唇须，前中足基节（基端或具黑色）和所有转节黄色；前中足腿节、胫节、跗节，后足胫节端部 0.7～0.8 处及跗节褐色至红褐色（跗节或稍暗）；翅基片褐黑色；腹部第 3～8 节背板红褐色，或具不规则且不清晰的暗斑；翅痣黑色，基部具浅色小斑；翅脉褐黑色。

♂ 体长 11.5～13.0 mm。前翅长 10.0～11.0 mm。

分布：中国（江西）。

观察标本：2♀♀4♂♂（副模），江西龙南九连山，2011-Ⅵ-06～20，集虫网。

(112) 凹浮姬蜂，新种 *Phobetes concavus* Sheng, Sun & Li, sp.n.（彩图 26）

♀ 体长约 7.4 mm。前翅长约 5.8 mm。产卵器鞘长约 0.4 mm。

复眼内缘向下稍收敛，在触角窝外侧微凹。颜面宽约为长的 1.6 倍，几乎平；光亮，具稠密的细毛点和黄褐色短毛，外侧缘的毛点非常稀疏；上缘中央具 1 瘤突；触角窝下缘与瘤突之间具细斜皱。唇基和颜面质地明显不同。唇基横阔，均匀隆起，宽约为长的 2.4 倍；光亮，具非常稀疏的黄褐色长毛；端缘弧形，平截。上颚强壮，细长；基半部具稀疏的细毛点和黄褐色长毛，端半部光亮；下端齿明显长于上端齿。颊区呈细粒状表面；颚眼距约为上颚基部宽的 0.25 倍。上颊中等阔，中央微隆起，向上稍变宽；光亮，具均匀的细毛点和黄褐色短毛。头顶质地同上颊，在侧单眼外侧几乎无毛；在单眼区后方均匀斜截。单眼区均匀抬高，中央稍平，光亮，呈细粒状表面；单眼小，强隆起；侧单眼间距约为单复眼间距的 0.6 倍。额相对平，呈细粒状表面，在中单眼前方近光亮；基半部在触角窝后方微凹，几乎光亮，具弧形细皱。触角线状，鞭节 36 节，第 1～5 节长度之比依次约为 1.6∶1.1∶1.1∶1.0∶1.0。后头脊完整，在上颚基部后方与口后脊相接。

前胸背板前缘光亮，具稠密的细毛点和黄褐色短毛；侧凹浅阔，光滑光亮，具稀疏的黄褐色短毛，下缘具短皱、伸达后缘；后上部光亮，具均匀的细毛点和黄褐色短毛。中胸盾片圆形隆起，具稠密的细毛点和黄褐色短毛；盾纵沟基部存在。盾前沟深阔，近光亮，具稠密的黄褐色短毛。小盾片圆形隆起，光亮，具非常稀疏的细毛点和黄褐色短毛，端部毛点相对稠密。后小盾片横向隆起，光亮，基半部光滑无毛，端半部具稀疏的细毛点和黄褐色短毛。中胸侧板稍隆起，中央大部均匀凹；中下部具稠密的细毛点和黄褐色短毛；上半部在翅基下脊下方具稀疏的黄褐色短毛；中央大部光滑光亮；镜面区非常大，光滑光亮；中胸侧板凹浅横沟状；中胸侧板凹下方光滑光亮；胸腹侧脊强壮，中部后方具短皱，末端靠近中胸侧板前缘，约为中胸侧板高的 0.7 倍。后胸侧板圆形稍隆起，光亮，具均匀的细毛点和黄褐色短毛，中央的毛点相对稀疏；下后角具短斜皱；后胸侧板下缘脊完整。翅黄褐色，透明；小脉位于基脉外侧，二者之间的距离约为小脉长的 0.2 倍；无小翅室，第 2 回脉位于肘间横脉外侧，二者之间的距离约等长于肘间横脉；外小脉约在下方 0.4 处曲折；后小脉约在下方 0.3 处曲折。后足第 1～5 跗节长度之比依次约为 4.5∶2.2∶1.6∶1.0∶1.2。并胸腹节圆形隆起，分脊消失，侧纵脊基部不存在，其他脊完整；基部中央深凹，近光滑光亮，外侧具短纵皱；中区近梯形，光滑光亮；端区扇形，光亮，中央具纵皱，外侧具斜皱；第 1、第 2 侧区的合并区光亮，具稠密的细毛点和黄褐色短毛；外侧区光亮，具稠密的细毛点和黄褐色短毛；气门大，圆形，靠近外侧脊，位于基部约 0.3 处。

腹部第 1 节背板长约为端宽的 2.2 倍；基半部在背中脊之间近光亮，端半部呈细网皱状表面，端缘光滑光亮；背中脊完整，伸达亚端部；背侧脊、腹侧脊完整；气门小，圆形稍隆起，约位于背板中央处。第 2 节背板梯形，长约为基部宽的 1.1 倍，约为端宽的 0.8 倍；光亮，呈细粒状表面，端缘光滑光亮，具稠密的细毛点和黄褐色微毛。第 3

节及以后各节背板光滑光亮，具均匀稠密的细毛点和黄褐色微毛。产卵器鞘细长，未达腹末，长约为最大宽的 5.0 倍。产卵器侧扁，向端部渐尖，具亚背瓣缺刻。

体黑色，下列部分除外：唇基，上颚（端齿红褐色），下颚须，下唇须，前胸侧板后上角，翅基片，翅基，翅基下脊，小盾片中央大部黄白色；前足（基节、转节黄白色至黄褐色；第 5 跗节背面、爪褐色），中足（基节、转节黄白色至黄褐色；第 1 跗节端半部、第 2～3 跗节、第 5 跗节背面、爪褐色；第 4 跗节、第 5 跗节腹面黄白色），后足（基节红褐色；转节黄褐色至红褐色；腿节端半部黑褐色，其余部分暗红褐色；胫节端半部黑褐色；爪褐色）黄褐色；腹部第 1～2 节背板后缘具浅黄色横带；后小盾片红褐色；触角（柄节、梗节腹面黄褐色；鞭节第 13～18 节、第 19 节基半部白色），翅痣，翅脉褐色至暗褐色。

正模 ♀，江西马头山，160~290 m，2017-Ⅴ-09，盛茂领。

词源：本新种名源于并胸腹节基部具深凹。

本新种与黑浮姬蜂 *Ph. niger* Sheng & Sun, 2014 近似，可通过下列特征区分：上颚下端齿明显长于上端齿；颚眼距约为上颚基部宽的 0.25 倍；颜面黑色；后足基节红色；腹部第 1～2 节背板后缘具浅黄色横带。黑浮姬蜂：上颚下端齿约等长于上端齿；颚眼距约为上颚基部宽的 0.64 倍；颜面黄色，中央具黑色纵带；后足基节黑色；腹部第 1～2 节背板后缘无浅黄色横带。

(113) 河南浮姬蜂 *Phobetes henanensis* Sheng & Ding, 2012

Phobetes henanensis Sheng & Ding, 2012. Acta Zootaxonomonica Sinica, 37(1): 163.

分布：中国（河南）。

观察标本：1♀（正模）1♀（副模），河南内乡宝天曼自然保护区，1280 m，2006-Ⅶ-20，申效诚。

(114) 桓仁浮姬蜂 *Phobetes huanrenensis* Sheng & Sun, 2014

Phobetes huanrenensis Sheng & Sun, 2014. Ichneumonid Fauna of Liaoning, p.166.

♀ 体长约 9.5 mm。前翅长约 7.5 mm。触角长约 8.0 mm。产卵器鞘短，刚伸出腹末。

头部具稠密的细刻点。颜面宽约为长的 1.79 倍，中央上方三角形稍隆起，上缘中央具 1 短的纵脊瘤（较弱）。唇基沟宽浅。唇基光亮，宽约为长的 2.9 倍；端缘粗糙，中央钝厚，几乎直。上颚下端齿约为上端齿长的 2.0 倍。颚眼距约为上颚基部宽的 0.47 倍。侧单眼间距约等于单复眼间距。额较平坦。触角鞭节 34 节，第 1～5 节长度之比依次约为 2.8∶1.8∶1.7∶1.6∶1.5。后头脊完整，下端在上颚基部稍上方与口后脊相接。

胸部具清晰的细刻点。前沟缘脊不明显。盾纵沟显著，伸达盾片亚端部。胸腹侧脊强壮，几乎伸达翅基下脊。小脉位于基脉的外侧，二者之间的距离约为小脉长的 0.4 倍；无小翅室，第 2 回脉远位于肘间横脉的外侧，二者之间的距离约为肘间横脉长的 2.0 倍；外小脉内斜，约在中央稍下方曲折；后小脉约在中央处曲折。后足第 1～5 跗节长度之比依次约为 2.8∶1.2∶1.0∶0.6∶0.8；爪简单。并胸腹节中纵脊和外侧脊强壮；侧纵脊存在，但非常弱；中纵脊约平行，由基部伸至并胸腹节长的 0.75 处，之间具强横皱，基区深凹；其余部分粗糙，具不规则的粗皱；无横脊；无分脊；气门圆形，隆起，距外侧脊的距离约等于距侧纵脊的距离。

腹部第 1 节背板向基部逐渐收敛，长约为端宽的 1.9 倍；背中脊明显，约达端部 0.7 处。第 2 节背板长约为端宽的 0.73 倍，基部两侧具横窗疤。第 3 节背板长约为基部宽的 0.64 倍，约为端宽的 0.72 倍，基部两侧也具横窗疤。端部几节稍侧扁。产卵器鞘长约为腹末厚度的 0.17 倍。

体黑色，下列部分除外：唇基，上颚（端齿除外），下颚须，下唇须，前足转节端部、腿节背侧和腹侧的纵斑、胫节和跗节，中足腿节基缘和端缘、胫节和跗节，后足第 2 转节背侧，翅基片端部及前翅翅基，翅基下脊上缘均为黄褐至红褐色；翅痣，翅脉褐黑色。

♂ 体长约 9.5 mm。前翅长约 6.5 mm。触角长约 8.0 mm。触角鞭节 32 节。中胸侧板腹侧具斜细皱。颜面中央的小斑（上端叉状），唇基，上颚（端齿除外），下颚须，下唇须黄褐色。前中足红褐色（基节和转节黑色）。其余特征同雌虫。

分布：中国（辽宁、北京）。

观察标本：2♂♂，北京门头沟，2009-Ⅷ-11，王涛；1♀（正模），辽宁桓仁老秃顶子自然保护区，2011-Ⅶ-08，集虫网；1♂（副模），辽宁桓仁老秃顶子自然保护区，2011-Ⅶ-13，集虫网；5♀♀3♂♂，北京门头沟，2014-Ⅵ-04～Ⅷ-20，宗世祥。

(115) 黑浮姬蜂 *Phobetes niger* Sheng & Sun, 2014

Phobetes niger Sheng & Sun, 2014. Ichneumonid Fauna of Liaoning, p.167.

♀ 体长约 7.0 mm。前翅长约 6.0 mm。触角长约 7.5 mm。产卵器鞘短，几乎不伸出腹末。

头胸部具细革质状表面和细刻点。颜面宽约为长的 1.8 倍，上缘中央具 1 小的弱脊瘤。唇基沟不明显。唇基宽约为长的 3.0 倍；端缘粗糙，中央钝厚、几乎直。上颚下端齿约等长于上端齿。颚眼距约为上颚基部宽的 0.64 倍。上颊中部稍隆起，侧面观约为复眼横径的 0.8 倍。额较平坦（触角窝上方稍凹），具 1 中纵脊（连接颜面上缘的纵瘤）。触角鞭节 42 节，第 1～5 节长度之比依次约为 3.0∶2.2∶2.0∶1.8∶1.8。后头脊完整，下端在上颚基部稍上方与口后脊相接。

前胸背板后上角突出呈角状。盾纵沟明显，伸达盾片亚端部；中叶前部较隆起。胸腹侧脊明显，几乎伸达翅基下脊。小脉位于基脉的内侧，二者之间的距离约为小脉长的 0.2 倍；无小翅室，第 2 回脉远位于肘间横脉的外侧，二者之间的距离约为肘间横脉长的 1.2 倍；外小脉稍内斜，约在中央曲折；后小脉约在中央曲折。后足胫节约为腿节长的 1.5 倍，基跗节长于胫节长度的 1/2；后足第 1～5 跗节长度之比依次约为 6.8∶3.6∶2.3∶1.2∶1.3；爪简单。并胸腹节具稠密模糊的皱粒状表面；中纵脊和外侧脊明显，侧纵脊较弱；无基横脊；可见端横脊，位于端部 0.25～0.3 处；基区和中区合并（基区基部光滑），纵长形、基部约 1/3 向基缘逐渐增宽；端区小，端区和第 3 侧区、第 3 外侧区相对光滑；气门小，圆形，约位于基部 0.3 处。

腹部第 1 节背板向基部逐渐收敛，长约为端宽的 2.2 倍，背面具稠密的弱细皱；近腹侧在基部至气门之间具纵沟；背中脊基部可见；背侧脊的端部（后柄部）清晰可见；端半部中央具浅纵凹；气门小，圆形，强烈隆起，约位于第 1 节背板中央。第 2、第 3 节背板具稠密的弱细皱（稍纵行）；第 2 节背板梯形，长约等于端宽，基部两侧具横窗疤。第 3 节背板侧缘近平行（基部稍宽），长约为宽的 0.87 倍；第 4 节及其余背板具细革质状表面和稠密的短毛，向端部逐渐收敛，端部几节稍侧扁。产卵器鞘长约为腹末厚度的 0.5 倍。

体黑色，下列部分除外：触角鞭节中段第 11～16 节和后足第 2～4 跗节白色；上颚亚端部红褐色；触角柄节和梗节腹侧，颜面（除中央的纵条斑），下颚须，下唇须，前胸背板后上角的瘤突，翅基片及前翅翅基，前足基节（除基缘）和转节，中足基节端部及背侧，后足第 2 转节均为黄褐色；前中足腿节端部、胫节和跗节，后足胫节或多或少带红褐色；腹部第 1、第 3 节背板端缘、第 3 节背板端部多少带红褐色，第 4 节背板端缘中央黄白色；翅痣红褐至黑褐色，翅脉暗褐色。

分布：中国（辽宁）。

观察标本：1♀（正模），辽宁新宾，2009-Ⅸ-24，集虫网。

(116) 黑头浮姬蜂 *Phobetes nigriceps* (Gravenhorst, 1829)（中国新纪录）

Tryphon nigriceps Gravenhorst, 1829. Ichneumonologia Europaea, 2: 202.

♀ 体长约 13.9 mm。前翅长约 12.2 mm。

颜面光滑光亮，具稠密的粗刻点和黄白色短毛，颜面眼眶的刻点相对细；中央均匀隆起，隆起上方在触角窝之间具 1 瘤状突；颜面宽约为长的 2.1 倍。唇基阔，宽约为长的 2.4 倍；光滑光亮，具非常稀疏的细刻点和黄褐色短毛；亚端部横向强烈隆起，端缘内陷。上颚强壮且阔，基半部具稠密的细毛点和黄褐色长毛，2 端齿等长，光滑光亮。颊区具细革质状表面；颚眼距约为上颚基部宽的 0.2 倍。上颊阔，均匀隆起，光滑光亮，具稠密的细毛点和黄褐色短毛。头顶质地同上颊，在单眼区后侧稍斜，中央纵向微凹。单眼区明显抬高，中间凹，呈细革质粒状表面，具非常稀疏的黄白色短毛；单眼大，侧单眼外缘深凹，其外侧具细革质粒状表面；侧单眼间距约为单复眼间距的 0.8 倍。额稍平，中单眼前方微凹，表面粒状，具细毛点和黄白色短毛。触角线状，鞭节 43 节，第 1～5 节长度之比依次约为 1.8∶1.3∶1.1∶1.0∶1.0。后头脊完整，在上颚基部上方与口后脊相接。

前胸背板前缘具稠密的细毛点和黄色短毛；侧凹浅阔，具短皱；后上部具均匀稠密的细毛点和黄褐色短毛。中胸盾片圆形隆起，具均匀稠密的细毛点和黄色短毛；盾纵沟基半部明显，伸达中胸盾片中部。盾前沟深阔，具稠密的细毛点和黄褐色短毛。小盾片圆形隆起，光滑光亮，具均匀稠密的细毛点和黄色短毛。后小盾片亚方形，隆起，具稀疏的细毛点和黄色短毛。中胸侧板稍隆起，具稠密的细毛点和黄色短毛；胸腹侧脊伸达中胸侧板上部之后，末端靠近中胸侧板前缘；镜面区大，光滑光亮；中胸侧板凹浅横沟状。后胸侧板稍隆起，具稠密的细毛点和黄色短毛；后缘具短皱；后胸侧板下缘脊完整。

翅黄褐色，透明；小脉与基脉对叉；第 2 肘间横脉消失，第 2 回脉位于第 1 肘间横脉外侧，二者之间的距离约为第 1 肘间横脉长的 1.4 倍；外小脉在下方约 0.4 处曲折；后小脉在下方约 0.4 处曲折。后足基节锥形膨大，第 1～5 跗节长度之比约为 4.1∶1.9∶1.5∶1.0∶1.1。并胸腹节圆形隆起，侧纵脊在气门后存在；基部中央稍凹，光滑光亮，其余部分具稠密的细毛点和黄色短毛；后半部中央具弱细皱状表面，端缘中央具细皱；气门大，圆形，靠近侧纵脊。

腹部第 1 节背板长约为端宽的 2.0 倍；基半部较光滑，气门间区域呈弱细皱状表面，端半部呈粒状表面，具稀疏的细毛点，端缘光滑；气门小，圆形隆起，位于背板中央稍后方。第 2 节背板长约为基部宽的 1.1 倍，约为端宽的 0.8 倍；呈细革质粒状表面，具稠密的细毛点和黄褐色短毛，端缘光滑光亮。第 3 节及以后各节背板光滑光亮，具稠密的细毛点和黄褐色短毛。产卵器未达腹末。

体棕褐色稍带红色，头部黑色，下列部分除外：唇基，上颚（端齿黑褐色），下颚须，下唇须，触角（末端数节暗褐色），翅基片，翅基，翅基下脊，小盾片，前足，中足黄褐色；后足（跗节黄褐色）黄褐色稍带红色；翅痣，翅脉暗褐色至黑褐色。

寄主：据报道（Ozbek，2014），寄生方斑锤角叶蜂 *Cimbex quadrimaculata* (Müller) 等。

分布：中国（辽宁）；日本，俄罗斯，白俄罗斯，捷克，斯洛伐克，芬兰，法国，意大利，德国，匈牙利，荷兰，挪威，波兰，瑞典，马其顿，罗马尼亚。

观察标本：1♀，辽宁海城岔沟红旗岭，2015-Ⅴ-15，孙淑萍。

(117) 暗浮姬蜂 *Phobetes opacus* Sheng & Sun, 2014

Phobetes opacus Sheng & Sun, 2014. Ichneumonid Fauna of Liaoning, p.169.

♀ 体长约 7.5 mm。前翅长约 6.0 mm。触角长约 7.0 mm。产卵器鞘几乎不伸出腹末。

头部具稠密的黄白色短毛，刻点不均匀。颜面宽约为长的 1.76 倍，上缘中央角状前突；上方中央具 1 极小的瘤状纵脊突。唇基沟不明显。唇基宽约为长的 2.5 倍。下端齿约为上端齿长的 2.5 倍。颚眼距约为上颚基部宽的 0.23 倍。侧单眼间距约为单复眼间距的 0.67 倍。额较平坦。触角鞭节 41 节，第 1～5 节长度之比依次约为 2.5∶1.4∶1.2∶1.2∶1.1。后头脊完整，下端在上颚基部稍上方与口后脊相接。

胸部具稠密的黄白色短毛，刻点较细。前胸背板后上角明显呈角状突出；前沟缘脊明显。盾纵沟前部较明显；中叶前部明显隆起。胸腹侧脊细弱，伸至中胸侧板前缘中央。小脉位于基脉的外侧，二者之间的距离约为小脉长的 0.3 倍；无小翅室，第 2 回脉位于肘间横脉的外侧，二者之间的距离约为肘间横脉长的 1.1 倍；外小脉稍内斜，约在中央曲折；后小脉约在下方 0.35 处曲折。后足第 1～5 跗节长度之比依次约为 4.2∶2.5∶2.0∶1.1∶2.2。爪简单。并胸腹节较强隆起；基部中央下凹；基半部具稠密的粗刻点；端后部及两侧具稠密模糊的弱细皱；无中纵脊，可见侧纵脊端部和外侧脊的基部；无横脊；气门圆形，约位于基部 0.25 处。

腹部第 1 节背板长约为端宽的 3.5 倍，基半部细柄状，后柄部逐渐加宽；背面较隆起，较光滑，具不明显的弱细皱，后柄部具稀疏的细刻点；近腹侧在基部至气门之间具纵沟；背中脊细弱，基部可见；背侧脊较细，在气门前明显；腹侧脊较强，完整；气门小，圆形，强烈隆起，约位于第1节背板中央稍后。第2节及以后背板较光滑，具细革质状表面和不明显的细毛刻点；第2、第3节背板长形，长约为宽的1.6倍（基部稍窄），基部两侧具横窗疤；第4节背板侧缘近平行，长约为宽的1.2倍；第5节及其余背板横形，端部几节稍侧扁。产卵器鞘长约为腹末厚度的0.43倍。

体黑色，下列部分除外：触角黄褐色；颜面，唇基，上颚（端齿黑褐色除外），前中足橙黄色；下颚须，下唇须，前中足转节浅黄色；前胸背板后上角，翅基片，后足（末跗节色深），腹部第1节背板端缘及以后各节背板棕褐色；翅痣黄褐色，翅脉暗褐色。

分布：中国（辽宁）。

观察标本：1♀（正模），辽宁本溪，2013-Ⅷ-25，集虫网。

(118) 红基浮姬蜂，新种 *Phobetes ruficoxalis* Sheng, Sun & Li, sp.n.（彩图27）

♀ 体长约5.9 mm。前翅长约4.9 mm。产卵器鞘长约0.4 mm。

复眼内缘近平行，在触角窝外侧微凹。颜面宽约为长的1.9倍；光亮，呈细粒状表面，具稠密的细毛点和黄褐色短毛，靠近复眼眼眶的毛点相对稀疏；上缘中央具1明显瘤突。唇基沟存在。唇基横阔，均匀隆起，宽约为长的3.2倍；光亮，具稀疏的黄褐色长毛；端缘弧形隆起。上颚强壮，细长；基半部具稠密的细毛点和黄褐色长毛，端半部光亮；下端齿明显长于上端齿。颊区光亮，呈细粒状表面；颚眼距约为上颚基部宽的0.3倍。上颊中等阔，中央纵向圆形稍隆起，向上稍变宽；光亮，具均匀的细毛点和黄褐色短毛，靠近后头脊的毛点相对稠密，靠近眼眶的毛点非常稀疏，眼眶处光滑无毛。头顶质地同上颊，毛点相对稠密；在单眼区后方均匀斜截。单眼区均匀抬高，中央光亮，几乎无毛；单眼小，强隆起；侧单眼间距约为单复眼间距的0.6倍。额相对平，呈粗粒状表面，具均匀的细毛点和黄褐色短毛；在触角窝基部微凹。触角线状，鞭节31节，第1～5节长度之比依次约为1.6∶1.3∶1.1∶1.1∶1.0。后头脊完整，在上颚基部上方与口后脊相接。

前胸背板前缘光亮，具稠密的细毛点和黄褐色短毛；侧凹浅阔，中上部具短皱，下部近光亮；后上部光亮，具均匀的细毛点和黄褐色短毛。中胸盾片圆形隆起，具稠密的细毛点和黄褐色短毛；中部后的刻点相对粗大且稀疏；中叶前缘近垂直；盾纵沟基半部存在。盾前沟深阔，近光亮，具弱纵皱。小盾片舌状隆起，光亮，具稀疏的细毛点和黄褐色短毛，中央的毛相对稀疏。后小盾片圆形隆起，光亮，具稀疏的细毛点和黄褐色短毛。中胸侧板相对平，中央微隆起，光亮，具均匀的细毛点和黄褐色短毛；中央大部光滑光亮；镜面区非常大，光滑光亮；中胸侧板凹浅横沟状；中胸侧板凹下方光滑光亮；胸腹侧脊强壮，末端靠近中胸侧板前缘，约为中胸侧板高的0.8倍。后胸侧板圆形稍隆起，光亮，具均匀的细毛点和黄褐色短毛；下后角内侧具短纵皱，靠近外缘具细长皱；后胸侧板下缘脊完整。翅黄褐色，透明；小脉与基脉对叉；无小翅室，第2回脉位于肘间横脉外侧，二者之间的距离约等长于肘间横脉；外小脉在中央处曲折；后小脉约在下方0.4处曲折。后足基节锥形膨大，第1～5跗节长度之比依次约为4.0∶1.9∶1.6∶1.0∶1.3。并胸腹节圆形稍隆起，横脊消失，侧纵脊基部不存在，其他脊完整；基部中央弧形深凹；中纵脊在中部缢缩，中间区域近光亮，具弱皱状表面；中纵脊在缢缩之后均匀变阔，呈三角形，光亮，具长纵皱；侧区光亮，具稀疏的细毛点和黄褐色短毛；外侧区光亮，具稀疏的细毛点和黄褐色短毛；气门小，圆形，紧挨外侧脊，位于基部约 0.3 处。

腹部第 1 节背板约为端宽的 2.2 倍；基半部在背中脊之间近光亮，在背中脊外侧至气门前呈细纵皱状，中部呈细粒状表面，亚端部呈细纹状，端缘光滑光亮；气门后的背板具均匀的细毛点和黄褐色微毛；背中脊向后稍收敛，伸达气门后；背侧脊近完整，腹侧脊完整；气门小，圆形强隆起，约位于背板中央处。第 2 节背板梯形，长约为基部宽的 1.1 倍；光亮，具均匀稠密的细毛点和黄褐色微毛。第 3 节背板基半部呈细纹状表面，端半部光亮，具均匀稠密的细毛点和黄褐色微毛。第 4 节及以后各节背板光滑光亮，具均匀稠密的细毛点和黄褐色微毛。产卵器鞘未达腹末。产卵器侧扁，向端部渐尖，具亚背瓣缺刻。

体黑色，下列部分除外：唇基，上颚（端齿红褐色），下颚须，下唇须，前胸背板后上角，翅基片，翅基，翅基下脊，前足（腿节黄褐色至红褐色；胫节、跗节、爪黄褐色），中足（腿节黄褐色至红褐色；胫节，第 1～2 跗节、第 3～4 跗节腹面黄褐色；第 3～4 跗节背面、第 5 跗节、爪褐色）黄白色；后足基节红褐色，转节、胫节基半部浅黄色，腿节背侧少许红褐色、其余部分黑褐色，胫节端半部、跗节、爪暗褐色；前胸侧板前缘中央少许，第 2～3 节背板端缘，产卵器鞘黄褐色；小盾片端半部少许黄褐色至红褐色；触角（柄节、梗节腹面稍带黄褐色），翅痣，翅脉褐色。

正模 ♀，江西马头山昌坪保护站，27º48′N，117º12′E，290 m，2017-Ⅳ-10，李涛。

词源：本新种名源于后足基节红褐色。

本新种与北海道浮姬蜂 *Ph. sapporensis* (Uchida, 1930)，可通过下列特征区分：颜面宽约为长的 1.9 倍；上颚下端齿明显长于上端齿；触角鞭节 31 节；后足基节红褐色；腹部背板黑色。北海道浮姬蜂：颜面宽为长的 1.5～1.6 倍；上颚下端齿稍长于上端齿；触角鞭节 36～39 节；后足基节黑色；腹部中部背板红色或红褐色。

(119) 北海道浮姬蜂 *Phobetes sapporensis* (Uchida, 1930)

Mesoleptus sapporensis Uchida, 1930. Journal of the Faculty of Agriculture, Hokkaido University, 25: 285.

♀ 体长 7.0～10.0 mm。前翅长 6.5～8.0 mm。

头部具大小不均的刻点。颜面宽为长的 1.5～1.6 倍。唇基沟弱。唇基端缘中央较平或弱弧形前突。上端齿稍短于下端齿。颚眼距为上颚基部宽的 0.3～0.33 倍。侧单眼间距为单复眼间距的 0.67～0.7 倍。额较平。触角鞭节 36～39 节。后头脊完整。

胸部具稠密的细刻点；颈部前缘具与侧凹相连的宽浅的弧形凹。盾纵沟在前缘处较明显，中叶前部稍向前突出。小盾片较隆起，基部约 1/3 具侧脊。胸腹侧脊背端伸达翅基下脊、上方约 1/3 处靠近前胸背板后缘。后胸侧板下缘脊强壮，前部稍隆起。翅带褐色，透明；小脉位于基脉外侧，二者之间的距离约为小脉长的 0.2 倍；无小翅室；第 2 回脉远位于肘间横脉的外侧，二者之间的距离约为肘间横脉长的 2.0 倍；外小脉约在中央处曲折；后小脉约在下方1/3处曲折。后足跗节较粗壮，第1～5跗节长度之比依次约为3.8∶1.5∶1.2∶0.7∶0.7。爪较强壮，简单。并胸腹节较短；基区光滑，基部凹；第1侧区的位置具清晰的刻点，其余区域具稠密的皱纹刻点；中纵脊在亚基部相互靠近，侧纵脊和外侧脊完整强壮，端横脊在中纵脊和侧纵脊之间存在或不明显；气门圆形，靠近外侧脊，约位于基部0.3处。

腹部第1、第2节背板具稠密的细皱，第3节（基部具细皱）及以后背板相对光滑。第1节背板长约为端宽的2.3倍，向基部显著收敛，背中脊仅基部可见；气门圆形，隆起，约位于第1节背板中央稍前方。第2节背板长约为端宽的0.95倍。第3节背板长约为基部宽的1.25倍，约为端部宽的1.1倍。第4节及以后背板向后渐收敛。下生殖板侧面观呈三角形。产卵器鞘短，不伸出腹末。产卵器背凹较阔。

体黑色，下列部位除外：触角鞭节腹侧带黄褐或红褐色；触角柄节和梗节腹侧，唇基，上颚（端齿褐黑色），下唇须，下颚须，前中足基节（基部黑色）、转节，前胸背板后上角，翅基片和前翅翅基黄褐色；前中足，腹部第2、第3、第4节背板（有时连同第1节背板端部）及整个腹板（有时端部带黑褐色）红褐色；后足转节（有时背侧黑褐色）、胫节基部和跗节（有时基跗节或多或少带黑色）暗褐色；翅痣（基部色淡），翅脉暗褐色或黑褐色。

♂ 体长8.5～10.0 mm。前翅长7.5～9.0 mm。触角鞭节38～40节。

分布：中国（江西）；日本。

观察标本：2♀♀3♂♂，江西全南，720～740 m，2008-Ⅴ-14～Ⅵ-10，集虫网；1♀，江西吉安双江林场，174 m，2009-Ⅳ-23，集虫网；1♀，江西宜丰官山，2010-Ⅴ-23，集虫网。

(120) 萨浮姬蜂 *Phobetes sauteri* (Uchida, 1932)

Mesoleptus sauteri Uchida, 1932. Journal of the Faculty of Agriculture, Hokkaido Imperial University, 33(2): 214.

分布：中国（台湾）。

(121) 台湾浮姬蜂 *Phobetes taihorinensis* (Uchida, 1932)

Mesoleptus taihorinensis Uchida, 1932. Journal of the Faculty of Agriculture, Hokkaido Imperial University, 33(2): 215.

分布：中国（台湾）。

（六）基凹姬蜂族 Mesoleiini

主要鉴别特征：前翅长3.4～15.4 mm；唇基中等小至大，端缘平截，稍拱起或中部微凹；上颚短至长，下端齿等长或长或短于上端齿；触角鞭节第1节长约为第2节长的1.6～2.2倍；盾纵沟长且强壮或缺；并胸腹节气门圆形或短椭圆形；具小翅室或无；后小脉在中部或上方或下方曲折，通常在下方曲折；产卵器鞘直，短于腹末厚度；产卵器直或下弯。

该族含 25 属，我国已知 14 属。

33. 扇脊姬蜂属 *Alcochera* Förster, 1869

Alcochera Förster, 1869. Verhandlungen des Naturhistorischen Vereins der Preussischen Rheinlande und Westfalens, 25(1868): 205. Type-species: *Mesoleius nikkoensis* Uchida; designated by Townes, Momoi, Townes, 1965.

主要鉴别特征：前翅长 4.8～8.5 mm；唇基宽，强烈隆起；上颚长，下端齿长于上端齿；盾纵沟无或非常短且弱；具小翅室；小脉位于基脉外侧，二者之间的距离为小脉长的 0.15～0.3 倍；后小脉几乎直或内斜，在中央下方曲折；雌虫下生殖板具向后的毛。

全世界已知 6 种，我国已知 5 种。参照作者的著作（盛茂领等，2013）编制世界已知种检索表如下。

扇脊姬蜂属世界已知种检索表

1. 触角中部具白色环；颜面黑色；腹部背板黑色，或仅第 1、第 2 节背板后缘具非常狭窄的白边；后足基节黑色，稍带暗红色……………………………… 白颈扇脊姬蜂 *A. albicervicalis* Sheng & Fan

   触角中部无白色环；颜面浅黄色或白色；腹部背板至少具较大的浅色斑；后足基节红色，或完全黑……………………………………………………………………………………2

2. 前翅第 2 回脉在小翅室下外角与小翅室相接；触角端部白色；颜面浅黄色，侧面具宽的黑色边；后足基节黑褐色至黑色，跗节白色……………………………… 端扇脊姬蜂 *A. albiapicalis* Sheng

   前翅第 2 回脉在小翅室下外角内侧与小翅室相接；触角端部黑色或褐色；颜面完全浅黄色；后足基节红色，若黑色，则跗节几乎完全黑色…………………………………………………3

3. 前翅第 1 肘间横脉与第 2 肘间横脉等长；小盾片黑色；后足基节黑色……………………………
   ……………………………………………………………………… 等扇脊姬蜂 *A. aequalis* Sheng

   前翅第 1 肘间横脉明显短于第 2 肘间横脉；小盾片白色或大部分白色；后足基节红色…………4

4. 小脉位于基脉外侧，二者之间的距离为小脉长的 0.33～0.40 倍；腹部第 1～4 节背板浅褐色 ……
   ………………………………………………………… 黄扇脊姬蜂 *A. flavipes* (Gravenhorst)

   小脉位于基脉外侧，二者之间的距离小于小脉长的 0.3 倍；腹部第 1～4 节背板黑色，或仅第 3 节黄褐色，或仅具黄色斑……………………………………………………………………5

5. 并胸腹节中纵脊基段消失；后足腿节红褐色，端部黑色；腹部第 3 节背板黑色，基部和端部黄色
   ………………………………………………………… 日本扇脊姬蜂 *A. nikkoensis* (Uchida)

   并胸腹节中纵脊基段存在；后足腿节背面黑色，腹面暗红褐色；腹部第 3 节背板几乎完全黄褐色
   ………………………………………………………… 单扇脊姬蜂 *A. unica* Sheng & Sun

(122) 等扇脊姬蜂 *Alcochera aequalis* Sheng, 1998

Alcochera aequalis Sheng, 1998. Entomotaxonomia, 20(1): 70.

分布：中国（贵州）。

观察标本：1♀（正模）6♂♂（副模），贵州天柱，1996-Ⅳ，李易汉。

(123) 端扇脊姬蜂 *Alcochera albiapicalis* Sheng, 2017

Alcochera albiapicalis Sheng, 2017. South China Forestry Science, 45: 33.

♀ 体长约 9.0 mm。前翅长约 7.6 mm。产卵器鞘长约 0.6 mm。

复眼内缘在触角窝外侧稍凹。颜面宽约为长的 1.5 倍，上部稍隆起；表面具细革质状质地和稀疏的细刻点。唇基沟阔，分界不清晰。唇基宽约为长的 3.2 倍，中部横向隆起，端缘平截。上颚强壮，基半部具稀疏的黄褐色长毛；2 端齿约等长，端齿光滑光亮。颊区具细革质状表面和稀疏的黄褐色短毛。颚眼距约为上颚基部宽的 0.2 倍。头顶具细革质状质地；单复眼之间的毛相对稀疏。侧单眼外缘深凹；侧单眼间距约为单复眼间距的 0.9 倍。额在触角窝上方均匀凹陷；上部具稀疏的细刻点；触角窝之间稍纵向隆起。触角鞭节 37 节，第 1～5 节长度之比依次约为 2.5∶1.2∶1.1∶1.1∶1.0。后头脊完整，在上颚基部上方与口后脊相接。

前胸背板具稀疏的黄褐色短毛；侧凹具短皱，下半部的皱抵达后缘；上缘和后上角具细刻点。中胸盾片具稠密的细刻点；盾纵沟仅具痕迹。盾前沟光滑光亮。小盾片圆形具稀疏的细刻点。后小盾片横向隆起，光滑光亮。中胸侧板在靠近前缘和下半部具细刻点；中央光滑光亮；胸腹侧脊高约为中胸侧板前缘高的 0.8 倍，背端几乎抵达中胸侧板前缘；镜面区大；中胸侧板凹浅横沟状。后胸侧板明显隆起，具稠密的刻点，后下角具短皱。翅黄褐色，透明；小脉位于基脉外侧，二者之间的距离约为小脉长的 0.4 倍；小翅室斜三角形，第 2 回脉约在它的下外角处与之相接；后小脉在中央稍下方曲折。后足第 1～5 跗节长度之比依次约为 5.1∶2.1∶1.8∶1.0∶1.2。并胸腹节光亮，具稠密的刻点；端横脊明显；中纵脊之间稍纵凹，粗糙；端区中央具不清晰的弱刻点；侧区光亮，具稠密的细刻点；气门圆形，靠近外侧脊。

腹部第 1 节背板长约为端宽的 1.4 倍；背中脊仅基部具痕迹；背侧脊完整；亚端部中央圆形稍隆起；气门圆形，位于中部稍内侧。第 2 节背板长约为端宽的 0.6 倍；具稠密的粗刻点和黄褐色毛，端缘光滑光亮。第 3 节背板具稠密的细刻点，端缘光滑无毛。第 4、第 5 节背板基缘和端缘光滑光亮，中部具均匀稠密的细刻点和黄褐色短毛。产卵器鞘几乎伸达腹末；产卵器基半部明显较粗，端部尖细。

体黑色，下列部分除外：颜面（上部中央的狭纵纹和侧缘黑色），唇基，上颚（端齿黑褐色），小盾片，后小盾片的斑浅黄色；下颚须，下唇须，触角鞭节端部，前胸背板背面和后上角，翅基片，翅基下脊，前足（腿节、胫节、跗节黄褐色），中足（腿节、胫节、基跗节、第 2～5 跗节腹面黄褐色；第 2～5 跗节背面褐色至暗褐色）黄白色；后足基节，腿节（腹面、背面大部暗红褐色），胫节（基半部黄白色稍带褐色）黑褐色至黑色；转节黄褐色；基跗节（基部黑褐色）、第 2～5 跗节黄白色；距褐色至暗褐色；腹部第 1 节背板基半部中央、端缘，第 2 节背板基缘和端缘，第 3 节背板基部和端缘，第 1～3 节腹板（亚侧缘的斑暗褐色）黄褐色；翅痣和翅脉褐色至暗褐色。

分布：中国（江西）。

观察标本：1♀（正模），江西武功山红岩谷，525 m，2016-Ⅵ-06，姚钰（集虫网）。

(124) 白颈扇脊姬蜂 *Alcochera albicervicalis* Sheng & Fan, 1995

Alcochera albicervicalis Sheng & Fan, 1995. Entomotaxonomia, 17(1): 44.

分布：中国（辽宁）。

观察标本：1♀（正模），辽宁沈阳，1991-Ⅴ-31，章英。

(125) 日本扇脊姬蜂 *Alcochera nikkoensis* (Uchida, 1930)

Mesoleius nikkoensis Uchida, 1930. Journal of the Faculty of Agriculture, Hokkaido University, 25: 294.

分布：中国（江西、福建）；日本。

观察标本：1♀，江西宜丰官山，450 m，2008-Ⅴ-27，庞晋洪；1♀，江西吉安双江林场，174 m，2009-Ⅳ-09，李达林；1♂，江西宜丰官山，430 m，2009-Ⅴ-14，易伶俐、李怡；2♀♀，江西宜丰官山，2010-Ⅴ-07～09，易伶俐、李怡；1♀1♂，江西宜丰官山，2010-Ⅴ-07～09，盛茂领、孙淑萍；1♀，江西武功山红岩谷，530 m，2016-Ⅵ-13，姚钰。

(126) 单扇脊姬蜂 *Alcochera unica* Sheng & Sun, 2013

Alcochera unica Sheng & Sun, 2013. Ichneumonid Fauna of Jiangxi (Hymenoptera: Ichneumonidae), p.267.

♀ 体长约 9.5 mm。前翅长约 9.0 mm。

颜面宽约为长的 1.4 倍。唇基基部具稠密的粗刻点，端缘中部稍凹。上颚下端齿长于上端齿。颚眼距 0.2 倍于上颚基部宽。侧单眼间距 0.6 倍于单复眼间距。额具于颜面相似的质地。触角稍长于体长，鞭节 37 节。

中胸盾片具稠密的细刻点，盾纵沟前部明显。小盾片具稠密的细刻点。后小盾片具细浅的刻点。胸腹侧脊伸达中胸侧板前缘高的 0.75 处。后胸侧板具稠密的刻点。翅带褐色，小脉位于基脉外侧，小翅室具短柄，外小脉在近中央处曲折；后小脉在中央稍下方曲折。爪简单。并胸腹节无基横脊，基区基部凹，气门约位于基部 0.25 处，圆形。

腹部第 1 节背板长约为端宽的 2.0 倍，气门圆形，位于背板中部。第 2 节背板长为端宽的 0.8 倍；基部具细横线纹。产卵器鞘长约为后足胫节长的 0.14 倍。产卵器具较大的背缺刻。

体黑色；颜面（上缘的黑色或黑褐色斑纹除外），唇基，上颚（端齿除外），上唇，颊，下唇须，下颚须，翅基片，前翅翅基，小盾片，后小盾片，前中足的基节、转节，腹部第 2 节背板端缘及第 3 节背板（具小暗斑）浅黄至污黄色；足红褐色（后足基节端部外侧、转节外侧、腿节外侧、胫节基部和端部和跗节黑色）。

分布：中国（江西）。

观察标本：1♀（正模），江西九连山，580 m，2011-Ⅴ-21，集虫网。

34. 亚力姬蜂属 *Alexeter* Förster, 1869

Alexeter Förster. 1869. Verhandlungen des Naturhistorischen Vereins der Preussischen Rheinlande und Westfalens. 25(1868): 199. Type: *Mesoleptus ruficornis* Gravenhorst=*sectato*r Thunberg. Designated by Viereck, 1914.

主要鉴别特征：前翅长 5.5～11.5 mm；唇基宽，稍隆起；上颚长，端齿等长；小翅室通常存在；小脉与基脉对叉或位于基脉外侧，二者之间的距离短于小脉长的 0.2 倍；后小脉在中部下方曲折；爪简单；并胸腹节中纵脊、侧纵脊通常完整；腹部第 1 节背板背中脊缺或弱且短（未达气门）；雌虫下生殖板具向后倾斜的毛。

寄主：本属的种类是叶蜂类的主要寄生天敌，已报道（Yu et al. 2016）的寄主：尖腹叶蜂 *Aglaostigma* spp.、黑叶蜂 *Allantus* sp.、榛扁跗叶蜂 *Craesus septentrionalis* (L.)、欧洲赤松叶蜂 *Diprion pini* (L.)、吉松叶蜂 *Gilpinia* spp.、丝角叶蜂 *Nematus ferrugineus* Förster、厚叶蜂 *Pachyprotasis* sp、节角百合叶蜂 *Rhadinoceraea nodicornis* Konow、齿唇叶蜂 *Rhogogaster* spp.、沟叶蜂 *Strongylogaster* spp.、合拟叶蜂 *Tenthredopsis* sp. 等。

该属全世界已知 32 种，此前我国仅知 2 种。这里介绍 11 种，其中含 2 新种。

亚力姬蜂属中国已知种检索表

1. 体黑色，或主要为黑色……………………………………………………………………3
   体褐色或红褐色，至少胸部和腹部中部背板褐色或红褐色……………………………2
2. 触角鞭节 46 节；侧单眼间距约为单复眼间距的 1.3 倍；颚眼距约为上颚基部的 0.15 倍；并胸腹节中纵脊清晰且完整；第 3 节背板长约为宽的 1.3 倍；上颊、头顶、额和腹部背板完全黄褐色……
   ……………………………………………………………… 棒亚力姬蜂 *A. clavator* (Müller)
   触角鞭节 50～51 节；侧单眼间距约等于单复眼间距；颚眼距约为上颚基部宽的 0.4 倍；并胸腹节无中纵脊；第 3 节背板长约为端宽的 0.9 倍；上颊、头顶和额黑色；腹部第 5～7 节背板褐黑色‥
   ……………………………………………………… 内亚力姬蜂 *A. nebulator* (Thunberg)
3. 头、胸和腹部黑色，或仅颜面黄色，或中胸盾片具白斑和翅基片、小盾片和后小盾片白色；后足胫节亚基部的宽环白色……………………………………………………………………4
   头、胸部黑色，腹部至少基半部或中部背板褐色至红褐色……………………………8
4. 并胸腹节中纵脊逐渐向前收敛；中胸盾片前侧面具白斑；翅基片、小盾片和后小盾片白色；后足胫节亚基部的宽环白色……………………………………………………………………5
   并胸腹节中纵脊自两端向中部收敛，或中纵脊退化；触角鞭节无白色环；中胸盾片完全黑色；小盾片和后小盾片黑色……………………………………………………………………6
5. 触角鞭节中部具白环（第 12～19 节）；中胸盾片前侧面具较大的白斑；腹部背板完全黑色；前中足基节全部或几乎全部，后足基节、转节和腿节完全黑色；后足第 2～5 跗节白色 ………………
   ………………………………………… 白斑亚力姬蜂，新种 *A. albimaculatus* Sheng, Sun & Li, sp.n.

触角鞭节几乎完全黑色，中部无白环；中胸盾片完全黑色；腹部背板第 2 节端缘和第 3 节基部具明显的黄色横带；前中足基节全部和后足转节黄褐色；后足基节和腿节完全红褐色；后足跗节完全褐黑色……………………………………………………………多亚力姬蜂 *A. multicolor* (Gravenhorst)

6. 前翅第 2 回脉在小翅室下外角内侧相接；小翅室几乎无柄；产卵器鞘向端部变窄；中足跗节和后足完全黑色……………………………………………………………角亚力姬蜂 *A. angularis* (Uchida)
前翅第 2 回脉在小翅室下外角或几乎下外角相接；产卵器鞘侧缘平行，向端部不变窄；后足胫节亚基部具较宽的白色环；中足跗节全部或第 3、第 4 节白色或黄色；后足跗节第 2～4 节和第 5 节基半部白色……………………………………………………………………………………………7

7. 唇基端缘平截；并胸腹节中纵脊完全；颜面黑色；触角黑色；翅基片黑色…………………………
……………………………………………………………………北京亚力姬蜂 *A. beijingensis* Sheng
唇基端缘稍前隆；并胸腹节中纵脊不明显；触角鞭节腹面黄褐色；颜面和翅基片黄色……………
……………………………………………………………………黑亚力姬蜂 *A. niger* (Gravenhorst)

8. 小盾片、后小盾片和腹部背板完全红褐色；后足基节、转节和腿节红褐色，跗节浅黄色…………
……………………………………………………………………朝亚力姬蜂 *A. shakojiensis* Uchida
小盾片和后小盾片黑色；腹部至少第 1 节背板黑色；后足基节、转节和腿节几乎全部黑色，跗节黑色或暗褐色……………………………………………………………………………………………9

9. 第 1 节背板长约为端宽的 1.9 倍，第 3 节长约为宽的 0.9 倍；颜面黄色或几乎全部黑色 …………
……………………………………………………………………节亚力姬蜂 *A. segmentarius* (Fabricius)
第 1 节背板长至少为端宽的 2.0 倍，第 3 节长至多约为端宽的 0.8 倍；颜面黑色 ………………10

10. 前翅无小翅室；并胸腹节中纵脊几乎完全消失；端横脊完整，中区与端区分隔；腹部第 3 节背板的中纵带及其后的背板红褐色…………………藏亚力姬蜂，新种 *A. zangicus* Sheng, Sun & Li, sp.n.
前翅具小翅室；并胸腹节中纵脊完整；端横脊中部消失，中区与端区合并；腹部第 2～4 节背板红褐色，第 5 节和其后的背板黑色……………………………………发亚力姬蜂 *A. fallax* (Holmgren)

(127) 白斑亚力姬蜂，新种 *Alexeter albimaculatus* Sheng, Sun & Li, sp.n.（彩图 28）

♀ 体长 9.5～10.0 mm。前翅长 8.0～8.5 mm。产卵器鞘短，几乎不露出腹末。

颜面宽约为长的 1.5 倍，具细革质状表面和稠密的细刻点，中央及亚中央稍有纵压痕，上部中央稍“V”形下凹，凹底具 1 不明显的小脊瘤。唇基沟清晰。唇基横长形，具细革质状表面和清晰的稀细毛刻点；基部稍隆起、中央横向隆起，端部向后倾斜，端缘中段几乎平截。上颚强壮，狭长，呈细革质状表面，具稠密的浅细刻点和较长的毛；下端齿约等长于上端齿。颊呈细革质状表面，颚眼距约为上颚基部的 0.3 倍。上颊具细革质状表面和稠密的细毛点，中部稍隆起，向后方明显加宽，侧面观（中央位置）其宽约为复眼横径的 0.8 倍。头顶稍隆起，呈细革质状表面；单眼区稍隆起，具“Y”形浅凹；侧单眼间距约为单复眼间距的 0.6 倍。额较平（触角窝上方微凹），质地同头顶，中央具 1 不明显的细纵脊。触角丝状，鞭节 37～39 节，第 1～5 节长度之比依次约为 4.7∶2.4∶2.0∶1.8∶1.6，端部稍细。后头脊完整。

前胸背板呈细革质弱皱状表面，前缘具弱细的纵纹，侧凹具稠密模糊的细横皱；前沟缘脊不明显。中胸盾片具细革质状表面和稠密均匀的浅细刻点；盾纵沟清晰，伸达中胸盾片中央之后；中叶前部较强隆起。小盾片较隆起，具细革质状表面和不明显的浅细刻点。后小盾片稍隆起，近方形，质地同小盾片。中胸侧板呈细革质状表面，稍均匀隆起；上部具稠密模糊的弱细皱，刻点不明显；下部具清晰且稍稀疏的细刻点；胸腹侧脊明显，背端约伸达中胸侧板高的 0.7 处（达中胸侧板前缘中央上方）；镜面区中等大、光滑光亮；中胸侧板凹横沟状。后胸侧板较隆起，具细革质粒状表面；后胸侧板下缘脊完整，前端稍突出。翅稍褐色，透明；小脉位于基脉外侧，二者之间的距离约为小脉长的 0.3 倍；小翅室三角形，具长柄；第 2 肘间横脉显著长于第 1 肘间横脉；第 2 回脉约在它的下外角稍内侧与之相接；外小脉约在下方 0.4 处曲折；后小脉约在下方 0.4 处曲折。足细长，胫节和跗节具明显的小棘刺；前足腿节稍侧扁并向下稍膨大；后足第 1～5 跗节长度之比依次约为 3.1∶1.5∶1.2∶0.8∶0.8；爪简单。并胸腹节均匀隆起，具细革质状表面，基部中央具横凹；无基横脊；端横脊仅存中纵脊和侧纵脊之间的部分；中纵脊细弱，基区、中区和端区合并，之间无横脊分隔，合并区上方表面稍呈细皱粒状；侧纵脊和外侧脊较完整；外侧区端部稍具弱细的横皱；并胸腹节气门圆形，约位于基部 0.25 处。

腹部具细革质状表面和稠密不明显的微细毛点。第 1 节背板细长，长约为端宽的 2.4 倍，向基部显著收敛，基半部表面具弱细皱；背中脊基部具弱痕，背侧脊细弱、在气门附近稍磨损；气门小，圆形，突出，约位于该背板中央稍前。第 2 节背板梯形，长约为端宽的 1.1 倍，基部两侧具近圆形小窗疤。第 3、第 4 节背板侧缘近平行，长分别约为宽的 1.1 倍和 0.9 倍；第 5 节及以后背板逐渐向后收敛。产卵器直，端部尖细，具较大的亚端背凹。

体黑色，下列部分除外：触角鞭节中段第 12～19 节，整个颜面和唇基，上唇，上颚基缘少许，前胸背板后上角，中胸盾片中叶前侧的 2 纵斑、侧叶前方的 2 小斑（或中叶外侧和侧叶前缘形成显著的钩状连斑），小盾片，后小盾片，翅基下脊，前足转节和腿节前侧、胫节、第 1～2 跗节前侧的纵斑、第 3～4 跗节，中后足胫节基半段（基部黑色）、中足第 2（3）～4 跗节，后足第 2～5 跗节（末跗节端部黑色）黄白色；下颚须（第 4 小节白色）和下唇须暗褐色；翅痣（中央带红褐色）褐黑色，翅脉暗褐色。

♂ 体长约 9.5 mm。前翅长约 8.0 mm。触角鞭节 35 节，第 14～19 节黄白色。前中足基节和转节，前足腿节前侧、胫节和跗节（末跗节背侧褐色），中足腿节前侧基部和端部的点斑黄白色；上颚基部（具黑色长三角斑），颊，下颚须和下唇须黄白色。其他特征同雌虫。

正模 ♀，宁夏六盘山，2005-Ⅷ-18，集虫网。副模：16♀♀4♂♂，宁夏六盘山，2005-Ⅶ-21～Ⅸ-08，集虫网。

词源：本新种名源于体具近白色斑。

本新种与黑亚力姬蜂 *Alexeter niger* (Gravenhorst, 1829) 近似，可通过下列特征区分：唇基端缘中段几乎平截；后小脉约在下方 0.4 处曲折；触角鞭节中段第 12～19 节黄白色；后足基节黑色；腹部背板完全黑色。黑亚力姬蜂：唇基端缘圆弧形前隆；后小脉在中央曲折，触角下侧浅红色，基节下侧黄色；前足黄-红色，基节基部黑色；腹部背板具近白色后缘。

(128) 角亚力姬蜂 *Alexeter angularis* (Uchida, 1952)

Genarches angularis Uchida, 1952. Insecta Matsumurana, 18(1-2): 23.

♀ 体长约 12.0 mm。前翅长约 10.5 mm。产卵器鞘短，几乎不伸出腹末。

复眼内缘在触角窝处凹陷较明显。颜面宽约为长的 1.4 倍，较平坦，具非常稠密的革质细皱状表面，上部中央小“V”形下凹，凹底具 1 不明显的小瘤。唇基沟不明显。唇基横长形，表面较颜面光滑，中部横隆起，基半部具几个稀疏的刻点；端缘中央向内稍凹陷。上颚强壮，较长，基部具细革质状表面和稀疏的毛细刻点；下端齿稍长于上端齿（几乎等长）。颊短，呈细革质皱粒状表面，颚眼距约为上颚基部的 0.35 倍。上颊具细革质状表面和稠密不明显的毛细浅刻点，向后方不加宽，侧面观（中央位置）其宽约为复眼横径的 0.6 倍。头顶质地同上颊，单眼区明显抬高，具浅中纵沟；侧单眼外侧稍凹；侧单眼间距约为单复眼间距的 0.7 倍。额在触角窝上方稍纵凹，质地接近于颜面。触角细丝状，鞭节 49 节，第 1～5 节长度之比依次约为 5.0∶2.3∶2.0∶1.9∶1.7，向端部渐弱细。后头脊完整。

前胸背板具细革质粒状表面；侧凹上方具稠密的细横皱；前沟缘脊不明显。中胸盾片均匀隆起，具细革质状表面和稠密不明显的浅细刻点；盾纵沟显著，约达盾片亚端部；中叶前部隆起较明显。小盾片三角形，具细革质状表面和不明显的细刻点，端部较强隆起。后小盾片稍隆起，近梯形，质地和刻点同小盾片相似。中胸侧板具细革质状表面和稠密不明显的浅细刻点；中部均匀隆起；胸腹侧脊明显，背端约伸达中胸侧板高的 0.7 处、背端（细弱）弯向前胸背板后缘中央；胸腹侧片具弱细皱；镜面区小、光滑光亮；中胸侧板凹坑状，具 1 短横沟与中胸侧缝相连。后胸侧板质地同中胸侧板，后下部具短纵皱；后胸侧板下缘脊完整，前端稍突出。翅黄褐色，透明；小脉位于基脉外侧，二者之间的距离约为小脉长的 0.4 倍；小翅室四边形，具结状短柄；第 2 回脉在它的下外角内侧约 0.2 处与之相接；外小脉内斜，在下方约 0.4 处曲折；后小脉在下方约 0.4 处曲折。足修长，胫节和跗节具成排的短刺毛；后足第 1～5 跗节长度之比依次约为 3.8∶1.8∶1.3∶0.8∶1.0；爪简单。并胸腹节均匀隆起；具中纵脊、侧纵脊和外侧脊；中纵脊基部弱、在亚基部几乎相互靠近，而后又向后外侧较强倾斜，最后在端区内合并为 1 中脊；端横脊仅中段存在；端区呈大的扇面状，表面稍粗糙；端外侧区稍粗糙；并胸腹节气门卵圆形，约位于基部 0.3 处，几乎位于侧纵脊和外侧脊中央。

腹部具细革质状表面；端部稍侧扁，具稠密不明显的细浅刻点。第 1 节背板长约为端宽的 2.6 倍，向基部显著渐细；背中脊基部可见，背侧脊完整（气门附近弱）；气门小，圆形，稍突出，约位于背板中央；第 2 节背板梯形，长约为端宽的 0.9 倍，基部两侧腹陷明显；第 3 节背板两侧近平行，长约为宽的 0.7 倍；第 4 节及以后背板逐渐向后收敛。产卵器鞘长约为腹末厚度的 0.5 倍；产卵器直，端部尖细，具较深的亚端背凹。

体黑色，下列部分除外：唇基端半部，上颚端半部（端齿黑褐色），前足腿节前侧黄褐至红褐色；前胸背板后上角的小斑，前足胫节、基跗节前侧乳白色；翅痣红褐色，翅脉褐黑色。

分布：中国（北京）；日本。

观察标本：1♀，北京门头沟落叶松林，2009-Ⅸ-29，王涛。

(129) 棒亚力姬蜂 *Alexeter clavator* (Müller, 1776)

Ichneumon clavator Müller, 1776. Zoologiae Danicae prodromus, seu animalium Daniae et Norvegiae indigenarum characteres, nomina et synomyma imprimis popularium, p.156.

♀ 体长约 11.5 mm。前翅长约 11.0 mm。产卵器鞘短，几乎不露出腹末。

颜面宽约为长的 1.4 倍，较平坦，具细革质粒状表面和稀疏不明显的浅细刻点，上部中央小“V”形下凹，凹底具 1 明显的纵脊瘤。唇基沟弱浅。唇基横长形；中央横隆起，基部细革质状，具几个稀疏的细刻点；端部具稀疏的清晰刻点，端缘中央稍内凹。上颚强壮，长形，具清晰的毛细刻点；下端齿几乎等于上端齿。颊呈细革质状表面，颚眼距约为上颚基部宽的 0.15 倍。上颊具细革质状表面和不明显的微细浅刻点，向后方稍加宽，侧面观（中央位置）其宽约为复眼横径的 0.7 倍。头顶质地同上颊，侧单眼间距约为单复眼间距的 1.3 倍。额平坦，质地同头顶。触角细丝状，鞭节 46 节，第 1～5 节长度之比依次约为 2.0∶1.2∶1.1∶1.0∶1.0，端部渐细。后头脊完整。

前胸背板具细革质粒状表面；侧凹上方具稠密的弱细横皱；前沟缘脊细弱。中胸盾片具细革质状表面和稀疏不明显的浅细刻点；中叶及侧叶表皮下具不规则鳞片状斑纹；盾纵沟仅前部清晰；中叶前部隆起较明显。小盾片舌状，亚端部较强隆起，具细革质状表面和稀疏不明显的微细刻点。后小盾片稍隆起，长形、前部两侧凹，具细革质状表面。中胸侧板具细革质状表面，中部均匀隆起；胸腹侧脊明显，背端约伸达中胸侧板高的 0.65 处（约达中胸侧板前缘中央）；镜面区小、光滑光亮，稍凸起；中胸侧板凹横沟状。后胸侧板具细革质状表面，后下角具细皱；后胸侧板下缘脊完整，前端稍突出。翅黄褐色，透明；小脉位于基脉外侧，二者之间的距离约为小脉长的 0.2 倍；小翅室三角形，具短柄；第 2 回脉约在它的下外角的稍内侧与之相接；外小脉约在中央稍下方曲折；后小脉约在下方 0.25 处曲折。足细长；后足第 1～5 跗节长度之比依次约为 4.2∶2.2∶1.8∶1.0∶1.0；爪简单。并胸腹节均匀隆起，前缘中央具横凹槽，具细革质状表面和少量不太明显的弱细皱，中纵脊、侧纵脊（或中段细弱不清晰）和外侧脊完整，中纵脊在亚基部稍内敛后又向后侧稍倾斜；端横脊存在；端区大致扇形，表面较光滑；端外侧区光滑，稍具弱细皱；并胸腹节气门圆形，约位于基部 0.3 处。

腹部细长，具细革质状表面，端部具不明显的细毛点。第 1 节背板细柄状，长约为端宽的 3.3 倍，向基部逐渐收敛；背中脊基部可见，背侧脊在气门附近磨损。气门小，圆形，稍突出，约位于背板中央；第 2 节背板长梯形，长约为端宽的 1.2 倍，基部两侧具圆形窗疤；第 3 节背板两侧近平行，长约为宽的 1.3 倍；以后背板逐渐向后收敛。产卵器直，端部尖细，具较大的亚端背凹。

体黄褐色，下列部分除外：触角腹侧，颜面，唇基，上颚（端齿黑色），颊，下唇须和下颚须，翅基片和前翅翅基，前中足基节和转节乳白至浅黄色；翅痣黄色，翅脉褐色。

♂ 体长 10.5～11.5 mm。前翅长 9.5～10.5 mm。触角鞭节 40～44 节。小脉与基脉相对。其余特征同雌虫。

分布：中国（宁夏、甘肃、陕西）；瑞士，瑞典，芬兰，德国，荷兰。

观察标本：105♀♀121♂♂，宁夏六盘山，1280 m，2005-Ⅶ-07～Ⅸ-19，集虫网；1♀，陕西秦岭，2017-Ⅶ-05，李涛。

(130) 北京亚力姬蜂 *Alexeter beijingensis* Sheng, 2019

Alexeter beijingensis Sheng, 2019. ZooKeys, 858: 80.

♀ 体长约 11.5 mm。前翅长约 10.0 mm。产卵器鞘短，几乎不露出腹末。

复眼内缘在触角窝上方稍凹陷。颜面宽约为长的 1.3 倍，较平坦，具稠密的细革质微粒状表面，上部中央“V”形下凹，凹底具 1 小的纵脊瘤。唇基沟清晰。唇基横长形；基部稍隆起、具细革质状表面和清晰的稀细刻点；中央横向隆起，端部光滑光亮、刻点不明显，端缘中央明显内凹。上颚强壮，狭长，呈细革质状表面，具稠密的浅细刻点和较长的毛；下端齿稍长于上端齿（近等长）。颊呈细革质状表面，颚眼距约为上颚基部的 0.5 倍。上颊呈细革质状表面，向后方明显加宽，侧面观（中央位置）其宽约为复眼横径的 0.8 倍。头顶较平，质地同上颊；单眼区稍隆起，具“Y”形浅凹；侧单眼间距约为单复眼间距的 0.5 倍。额较平（触角窝上方微凹），质地同头顶。触角丝状，鞭节 50 节，第 1～5 节长度之比依次约为 4.8∶2.2∶2.0∶1.9∶1.7，端部尖细，末节约为次末节长的 2.0 倍。后头脊完整。

前胸背板呈细革质粒状表面，侧凹在颈部具稠密的细横皱，后缘具成排的短纵皱；前沟缘脊较弱。中胸盾片具细革质状表面和稠密均匀的浅细刻点；盾纵沟清晰，伸达中胸盾片中央之后；中叶前部较强隆起。小盾片较隆起，具细革质状表面和稀疏的浅细刻点。后小盾片稍隆起，近方形，质地和刻点同小盾片。中胸侧板具细革质状表面和稠密均匀的浅细刻点，中部均匀隆起；胸腹侧脊明显，背端约伸达中胸侧板高的 0.7 处（达中胸侧板前缘中央上方）；镜面区小、光滑光亮；中胸侧板凹横沟状。后胸侧板质地和刻点与中胸侧板相似；下缘具短纵皱；后胸侧板下缘脊完整，前端稍突出。翅稍褐色，透明；小脉位于基脉外侧，二者之间的距离约为小脉长的 0.3 倍；小翅室三角形，具长柄；第 2 肘间横脉显著长于第 1 肘间横脉；第 2 回脉约在它的下外角处与之相接；外小脉约在下方 0.35 处曲折；后小脉约在下方 0.4 处曲折。足细长；前足腿节稍侧扁并向下膨大；中后足胫节和跗节具成排的刺状毛；后足第 1～5 跗节长度之比依次约为 4.0∶2.0∶1.5∶0.8∶1.0；爪简单。并胸腹节均匀隆起，具细革质状表面和稠密的细毛，基部中央具横凹；无基横脊；端横脊仅中段强壮（中央明显下折）；中纵脊上半段明显；侧纵脊和外侧脊较完整；基区与中区合并区中部缢缩收敛呈长花瓶状，稍纵凹；具完整的端区，端区中央稍纵隆起，具 1 不明显的细中纵脊，两侧具细弱的纵纹；侧区和外侧区具稠密的细革质粒状表面；并胸腹节气门圆形，约位于基部 0.25 处。

腹部具细革质状表面和稠密不明显的微细毛点。第 1 节背板细长，长约为端宽的 2.4 倍，向基部显著收敛；无背中脊，背侧脊细弱、在气门附近磨损；气门小，圆形，稍突出，约位于该背板中央。第 2 节背板梯形，长约为端宽的 1.1 倍，基部两侧具近圆形小窗疤。第 3、第 4 节背板侧缘近平行，长分别约为宽的 1.1 倍和 0.8 倍；第 5 节及以后背板逐渐向后收敛。产卵器直，端部尖细，具较大的亚端背凹。

体黑色，下列部分除外：唇基端半部，前足腿节前侧及端部红褐色；前胸背板后上角，前足胫节，中后足胫节基半段（基部黑色），中足第3～4跗节，后足第2～5跗节（末跗节背侧端半部黑色）黄白色；小盾片端缘中央下方具1小的黄色点斑；翅痣（中央红褐色），翅脉褐黑色。

分布：中国（北京）。

观察标本：1♀（正模），北京门头沟（油松林），2004-Ⅷ-20，宗世祥。

(131) 发亚力姬蜂 *Alexeter fallax* (Holmgren, 1857)（中国新纪录）

Mesoleius fallax Holmgren, 1857. Kongliga Svenska Vetenskapsakademiens Handlingar, N.F.1 (1) (1855): 168.

♀ 体长8.0～9.5 mm。前翅长6.5～8.0 mm。产卵器鞘短，几乎不露出腹末。

颜面宽为长的1.2～1.3倍，较平坦，具细革质粒状表面，上部中央“V”形下凹，凹底具1不明显的小瘤突。唇基沟清晰。唇基横长形；基部稍隆起、具稀疏不明显的细刻点；中央横棱状，端部光滑光亮，端缘中央明显内凹。上颚强壮，具细革质状表面和不明显的浅细刻点；下端齿稍长于上端齿。颊呈细革质状表面，颚眼距约为上颚基部宽的0.6倍。上颊呈细革质微粒状表面，中部稍隆起，向后方稍加宽，侧面观（中央位置）其宽为复眼横径的0.6～0.7倍。头顶稍隆起，质地同上颊，侧单眼间距约为单复眼间距的0.7倍。额较平（中央微凹），质地同头顶。触角细丝状，鞭节40～41节，第1～5节长度之比依次约为3.0∶1.5∶1.3∶1.2∶1.2，端部渐细。后头脊完整。

前胸背板具细革质粒状表面；侧凹具稠密的弱细横皱；前沟缘脊细弱。中胸盾片具细革质状表面；盾纵沟仅前部清晰；中叶前部较强隆起。小盾片较隆起，具不明显的微细刻点。后小盾片稍隆起，具稀疏不明显的微细刻点。中胸侧板具细革质状表面和稠密均匀的浅细刻点，中部均匀隆起；胸腹侧脊明显，背端约伸达中胸侧板高的0.65处（约达中胸侧板前缘中央）；镜面区小、光滑光亮，稍凸起；中胸侧板凹横沟状。后胸侧板质地和刻点与中胸侧板相似；后胸侧板下缘脊完整，前端稍突出。翅褐色，透明；小脉位于基脉稍外侧（几乎相对）；小翅室三角形，具短柄；第2回脉约在它的下外角处与之相接；外小脉约在中央稍下方曲折；后小脉在下方0.4处曲折。足细长；前足腿节稍侧扁并向下膨大；各足胫节（或跗节）具成排的刺状刚毛；后足第1～5跗节长度之比依次约为3.0∶1.5∶1.2∶0.7∶0.8；爪简单。并胸腹节均匀隆起，具细革质状表面和不明显不规则的弱细皱，端区（内具弱纵皱）及其外侧的皱稍粗糙；中纵脊细，在亚基部稍内敛后又向后长“八”字形外斜；侧纵脊和外侧脊细而清晰；端横脊中段弱；并胸腹节气门圆形，位于基部0.25～0.3处。

腹部纺锤形，端部膨大，具细革质状表面。第1节背板细长，长为端宽的2.0～2.2倍，向基部显著收敛；背中脊仅基部可见，背侧脊细而完整。气门小，圆形，稍突出，约位于基部0.4处；第2节背板梯形，长为端宽的0.7～0.8倍，基部两侧具圆形窗疤；第3节背板长为端宽的0.7～0.8倍，基部稍窄；第4、第5节背板两侧近平行，长分别约为宽的 0.7 倍和 0.8 倍；其余背板短，逐渐向后收敛。产卵器直，端部尖细，具较大的亚端背凹。

体黑色，下列部分除外：触角鞭节背侧暗褐色至褐黑色，腹侧黄色；唇基端部，上颚端部（端齿黑褐色）红褐色或暗褐色，下唇须和下颚须红褐色至黑褐色；前中足（基节和转节黑色），后足胫节（端部褐黑色）、跗节（末跗节黑色），腹部第 2～4 节背板红褐色；翅痣（基部色淡）和翅脉黑褐色。

♂ 体长约 8.0 mm。前翅长约 7.5 mm。触角鞭节 39 节。颜面，唇基，上颚，颊，下唇须和下颚须，前中足基节和转节，后足转节鲜黄色。

分布：中国（宁夏）；蒙古国，欧洲。

观察标本：6♀♀1♂♂，宁夏六盘山，2005-Ⅶ-28～Ⅸ-01，集虫网。

(132) 多亚力姬蜂 *Alexeter multicolor* (Gravenhorst, 1829)

Tryphon multicolor Gravenhorst, 1829. Ichneumonologia Europaea, 2: 168.

♀ 体长 4.9～10.1 mm。前翅长 4.6～7.8 mm。产卵器鞘长 0.6～0.7 mm。

复眼内缘近平行，在触角窝外侧微凹。颜面宽约为长的 1.5 倍，几乎平坦，中央微隆起，具细革质粒状表面；上缘中央具“V”形深凹，凹底具 1 不明显的小瘤突。唇基沟明显。唇基横阔，横向强隆起；光亮，具稀疏的黄褐色长毛；端半部近光亮，端缘中部几乎平截，稍内凹。上颚强壮，基半部具稀疏的黄褐色短毛，中部具细纵皱；端齿光亮，下端齿明显长于上端齿。颊区具细革质状表面，颚眼距约为上颚基部宽的 0.25 倍。上颊阔，具革质细纹状表面和均匀的细毛点及黄褐色短毛。头顶质地同上颊。单眼区明显抬高，中央凹，具细纹状表面和稀疏的黄褐色短毛；单眼中等大小，强隆起；侧单眼间距约为单复眼间距的 0.7 倍。额相对平，在中单眼前方微凹，具细粒状表面和稠密的黄褐色短毛；在触角窝上方微凹，周围呈弱皱状。触角线状，鞭节 37 节，第 1～5 节长度之比依次约为 2.3∶1.2∶1.1∶1.1∶1.0。后头脊完整，在上颚基部上方与口后脊相接。

前胸背板前缘表面呈细纹状，具稠密的细毛点和黄褐色短毛；侧凹浅阔，上部具细皱，中下部光亮，具均匀的细毛点和黄褐色短毛；后上部光亮，具均匀的细毛点和黄褐色短毛。中胸盾片圆形，稍隆起，具均匀稠密的细毛点和黄褐色短毛；盾纵沟前部明显，几乎伸达中部。盾前沟深阔，光滑光亮。小盾片圆形隆起，具均匀的细毛点和黄褐色短毛。后小盾片后部隆起，向前部倾斜。中胸侧板下部均匀微隆起，具均匀的细毛点和黄褐色短毛；上半部在翅脊下方具细横皱；中央在镜面区前侧方稍凹，上部光亮，下部具弱皱；镜面区大，光滑光亮；中胸侧板凹浅圆坑状；下后角具短皱；胸腹侧脊明显，背端靠近前缘，几乎伸达翅基下脊。后胸侧板圆形隆起，具稠密的细刻点和黄褐色短毛；下后角具短斜皱；后胸侧板下缘脊完整。翅稍带灰褐色，透明；小脉位于基脉外侧，二者之间的距离约为小脉长的 0.3 倍；小翅室斜四边形，具短柄，柄长约为第 1 肘间横脉长的 0.2 倍；第 2 回脉约在它的下外角内侧 0.25 处与之相接；外小脉约在中央处曲折；后小脉在下方 0.3 处曲折。后足第 1～5 跗节长度之比依次约为 4.2∶2.1∶1.6∶1.0∶1.4。并胸腹节圆形隆起；基缘中央凹；基区和中区合并，光亮，具非常弱且不规则的皱；中区中部宽，向前部和后部收敛；外侧区呈细粒状表面，第 3 外侧区近光亮；端区斜截，呈半圆形，近光亮，中央端半部具纵脊；其他区具稠密的细毛点和黄褐色毛；气门小，圆形，靠近外侧脊，约位于基部 0.23 处。

腹部第 1 节背板长约为端宽的 1.7 倍，向端部均匀变宽；表面呈细粒状，具黄褐色短毛，端缘光滑光亮；背中脊不明显；背侧脊在气门后稍间断；腹侧脊完整；基侧凹大；气门小，圆形，位于中部稍内侧。第 2 节背板梯形，长约为基部宽的 1.2 倍，约为端宽的 0.8 倍，中央大部呈细粒状表面，基缘和端缘光亮，亚端部呈微细粒状表面，具稠密的黄褐色毛，窗疤近圆形。第 3 节及以后各节背板几乎光亮，具稠密的细刻点和黄褐色毛；产卵器鞘短，伸达腹末。产卵器侧扁，基部粗壮，端部尖。

体黑色，下列部分除外：颜面（纵瘤突褐色除外），唇基，上颚（端齿暗红褐色），颊区，下颚须，下唇须，前胸背板后上角，翅基片，翅基，翅基下脊，小盾片（基部中央稍带褐色），后小盾片，前中足（基节、转节黄白色，中足第 3～4 跗节褐色，末跗节暗褐色），腹部第 2 节背板端缘、第 3 节背板（亚侧缘的三角形斑黑褐色）黄褐色；后足基节、转节（第 2 转节黄褐色）、腿节（端缘黑褐色）红褐色，胫节（亚基部中央黄褐色）、跗节黑褐色；触角（柄节、梗节背面黑褐色；鞭节背面暗褐色），翅痣，翅脉褐色。

♂ 体长 6.3～10.3 mm。前翅长 5.1～8.4 mm。触角鞭节 33～37 节。触角鞭节暗褐色；中胸盾片前侧缘的三角形斑（少数个体）黄色；后足基节和腿节红褐色；其他特征同雌虫。

分布：中国（河南、江西、贵州）；欧洲。

观察标本：1♀2♂♂，贵州天柱，1996-Ⅳ，李宜汉；1♀，江西九连山，2012-Ⅷ-05，集虫网；2♂♂，江西武功山，580 m，2016-Ⅴ-16，姚钰；1♂，河南宝天曼，1300~1500 m，1998-Ⅶ-12，盛茂领。

(133) 内亚力姬蜂 *Alexeter nebulator* (Thunberg, 1822)（中国新纪录）

Ichneumon nebulator Thunberg, 1822. Mémoires de l'Académie Imperiale des Sciences de Saint Petersbourg, 8: 261.

♀ 体长 11.5～12.0 mm。前翅长 10.0～11.0 mm。产卵器鞘长 0.6～1.0 mm。

颜面宽为长的 1.5～1.6 倍，具较稠密的黄白色短绒毛；较平坦，具细革质状表面和较稠密的微细刻点，刻点直径小于刻点间距；上部中央具 1 不明显的小纵脊。唇基沟不明显。唇基基半部光滑，具几个稀疏的细刻点；中部横向隆起；端部向下倾斜，具稠密的细刻点和内斜的细皱纹；端缘中段平截。上颚强壮，表面具稀疏的毛细刻点；上端齿稍短于下端齿。颊呈细革质状表面，具微细的短纵纹，颚眼距约为上颚基部宽的 0.4 倍。上颊呈细革质状表面，中部稍隆起，向后方稍加宽，侧面观（中央位置）其宽约等于复眼横径。头顶稍隆起，质地同上颊，侧单眼间距约等于单复眼间距。额平坦，具细革质状表面，中央具细弱的中纵脊。触角细丝状，鞭节 50～51 节，第 1～5 节长度之比依次约为 1.7∶1.0∶0.8∶0.7∶0.7，端部细弱。后头脊完整。

前胸背板具细革质状表面；侧凹稍粗糙、上方具不明显的弱细横皱；前沟缘脊细弱可见。中胸盾片均匀隆起，具细革质状表面；盾纵沟仅前部清晰；中叶前部及侧叶表皮下具斑驳的马赛克状碎斑。小盾片约呈舌状，稍隆起，具与中胸盾片相似的质地。后小盾片稍隆起，近方形（前部两侧凹），质地与小盾片相似，但较细腻。中胸侧板具细革质状表面和稠密均匀的浅细刻点，中部稍隆起；翅基下脊显著；胸腹侧脊强，背端约伸达中胸侧板前缘中央；镜面区光滑光亮，稍凸起；中胸侧板凹横沟状。后胸侧板质地和刻点与中胸侧板相似；后胸侧板下缘脊完整，前端稍突出。翅黄褐色，透明；小脉位于基脉稍外侧，二者之间的脉段增粗；小翅室亚三角形，具长柄；第2回脉约在它的下外角处与之相接；外小脉约在中央曲折；后小脉在下方0.3～0.35处曲折。足细长；各足胫节（或跗节）具成排的刺状刚毛；前中足基节短锥状膨大，后足胫节稍侧扁；后足跗节第1～5节长度之比依次约为3.6∶2.0∶1.4∶1.0∶1.1；爪简单。并胸腹节均匀隆起，具稍粗糙的革质状表面；基部中央具横凹槽；中纵脊端部可见，端横脊中段微弱，二者形成的小端区内具不明显的弱皱；外侧脊仅基部存在；并胸腹节气门卵圆形，约位于基部0.3处。

腹部长，为头胸部长之和的1.6～1.7倍，第4节端部达最宽，具相对光滑的细革质状表面。第1节背板长为端宽的3.2～3.6倍，向基部显著收敛；气门小，圆形，约位于基部0.4处；无背中脊，背侧脊中部不明显，气门位于中部稍前侧。第2节背板长为端宽的1.2～1.3倍，基部两侧具圆形窗疤；第3节背板长约为端宽的0.9倍；第4节背板长约为端宽的0.7倍；其余背板短，逐渐向后收敛。产卵器直，端部尖细，具较大的亚端背凹。

体黄褐色，下列部分除外：颜面（上方中央及两侧具3个褐色短纵斑，或不明显），唇基，上颚（端齿黑色），下唇须，下颚须，颊及上颊前缘，均为黄色；触角柄节和梗节侧方，颊上缘，上颊（前缘除外），头顶和额，均为黑色；前中足和小盾片或颜色稍浅；腹部第5～7节背板褐黑色；翅面和翅痣黄褐色，翅脉褐黑色。

♂ 体长11.0～12.0 mm。前翅长9.5～10.0 mm。触角鞭节44～46节。

分布：中国（宁夏、北京、吉林）；日本，蒙古国，俄罗斯远东地区，欧洲。

观察标本：1♀，吉林延吉大兴沟，1994-Ⅶ-09，盛茂领；3♀♀11♂♂，1280 m，宁夏六盘山，2005-Ⅶ-07～Ⅷ-04，集虫网；2♀♀，北京，2009-Ⅶ-28～Ⅷ-04，集虫网；1♀，北京，2010-Ⅷ-11，集虫网；1♀，北京，2013-Ⅷ-10，集虫网。

(134) 黑亚力姬蜂 *Alexeter niger* (Gravenhorst, 1829)（中国新纪录）

Tryphon niger Gravenhorst, 1829. Ichneumonologia Europaea, 2: 126.

♀ 体长约10.0 mm。前翅长约8.4 mm。产卵器鞘长约0.6 mm，未露出腹末。

复眼内缘向下微收窄。颜面宽约为长的1.5倍，几乎平坦，呈细革质粒状表面；上缘中央具“V”形凹刻。唇基沟缺，但唇基和颜面质地明显不同。唇基横阔，横向强隆起，宽约为长的3.3倍；光亮，具稀疏的黄褐色长毛；端缘弧形平截。上颚强壮，基半部具稀疏的黄褐色短毛，中部的毛相对长；端齿光亮，近等长。颊呈细革质状表面，颚眼距约为上颚基部宽的0.2倍。上颊阔，中央纵向圆形稍隆起；呈细纹状表面，具均匀的细毛点和黄褐色短毛。头顶质地同上颊。单眼区稍抬高，中央均匀凹，呈细粒状表面；

单眼中等大小，强隆起；侧单眼间距约为单复眼间距的 0.6 倍。额均匀稍凹，呈细粒状表面，具稠密的黄褐色短毛。触角线状，鞭节 39 节，第 1～5 节长度之比依次约为 2.1∶1.3∶1.2∶1.1∶1.0。后头脊完整，在上颚基部后方与口后脊相接。

前胸背板前缘呈细粒状表面，具稠密的细毛点和黄褐色短毛；侧凹浅阔，具细皱状表面；后上部光亮，具均匀的细毛点和黄褐色短毛。中胸盾片圆形稍隆起，光亮，呈细纹状表面，具均匀的细毛点和黄褐色短毛，中后部的毛点相对粗大。盾前沟浅阔，光滑光亮，具稠密的黄褐色短毛。小盾片圆形隆起，呈细粒状表面，具稀疏的细毛点和黄褐色短毛。后小盾片横向强隆起。中胸侧板相对平，光亮，呈细纹状表面，具均匀的细毛点和黄褐色短毛；中央在镜面区前方呈细弱皱状，上部在翅基下脊下方呈细皱状；镜面区中等大，光滑光亮；中胸侧板凹浅横沟状；胸腹侧脊明显，末端靠近前缘，后部具短皱，约为中胸侧板高的 0.7 倍。后胸侧板圆形稍隆起，光亮，呈细纹状表面，具均匀的细毛点和黄褐色短毛；下后角具短斜皱；后胸侧板下缘脊完整。翅浅褐色，透明；小脉位于基脉外侧，二者之间的距离约为小脉长的 0.3 倍；小翅室斜四边形，具短柄，柄长约为第 1 肘间横脉长的 0.3 倍；第 2 回脉约在它的下外角 0.1 处与之相接；外小脉约在下方 0.45 处曲折；后小脉约在中央稍下方曲折。后足第 1～5 跗节长度之比依次约为 4.3∶2.1∶1.7∶1.0∶1.1。并胸腹节圆形隆起，基横脊、中纵脊、侧纵脊基部消失，端横脊中央缺，外侧脊完整；呈细粒状表面，具均匀的细毛点和黄褐色短毛，中央纵向刻点相对细密；端区光亮，呈不规则网皱状表面；外侧区质地同侧区；气门中等大，近圆形，约位于基部 0.25 处。

腹部第 1 节背板长约为基部宽的 4.5 倍，约为端宽的 2.0 倍，侧缘向端部均匀变宽；呈细粒状表面，具均匀的细毛点和黄褐色微毛，端缘光滑光亮；背中脊缺；背侧脊、腹侧脊完整；基侧凹大；气门小，圆形，约位于基部 0.45 处。第 2 节背板梯形，长约为基部宽的 1.5 倍，约等长于端宽；呈细粒状表面，具均匀的细毛点和黄褐色微毛；窗疤近圆形，稍光亮。第 3 节背板基半部呈微细粒状表面，端半部呈微细纹状表面，具稠密的黄褐色微毛。第 4 节及以后各节背板光亮，具稠密的细毛点和黄褐色微毛。产卵器鞘短，未伸达腹末。产卵器侧扁，基半部粗壮，端半部尖细，具亚背瓣缺刻。

体黑色，下列部分除外：颜面，唇基，上颚（端齿红褐色），颊，下颚须，下唇须，前胸背板后上角，翅基片，翅基黄色；前足（基节大部暗褐色、端缘黄色；转节黄色），中足（基节大部黑褐色、端缘黄色；转节黄色；腿节腹面稍带褐色；第 1～4 跗节黄白色；末跗节、爪褐色），后足（基节、第 1 转节大部、腿节、胫节基缘及端半部黑褐色；第 1 跗节、末跗节，爪褐色；第 2～4 跗节背面稍带褐色）黄褐色；触角（柄节、梗节背面黑褐色，腹面黄色；鞭节腹面、端半部黄褐色），翅痣，翅脉，产卵器鞘褐色。

分布：中国（辽宁）；奥地利，比利时，保加利亚，芬兰，法国，德国，希腊，匈牙利，爱尔兰，挪威，波兰，俄罗斯，西班牙，土耳其，英国等。

观察标本：1♀，辽宁宽甸白石砬子，1000 m，2001-Ⅵ-03，盛茂领。

(135) 节亚力姬蜂 *Alexeter segmentarius* (Fabricius, 1787)

Ichneumon segmentarius Fabricius, 1787. Mantissa insectorum, 1: 262.

♀ 体长约 9.0 mm。前翅长约 7.0 mm。产卵器鞘短，几乎不露出腹末。

颜面宽约为长的 1.4 倍（下方稍收窄），较平坦，具细革质微粒状表面和稠密均匀的浅细刻点，上部中央稍“V”形下凹、凹底具 1 不明显的纵脊瘤。唇基沟清晰。唇基横长形；基部稍隆起、具清晰的细刻点；中央横向隆起，端部较光滑、刻点不明显，端缘中央微弱内凹。上颚强壮，狭长，具细革质状表面和稠密的浅细刻点；下端齿稍长于上端齿（近等长）。颊呈细革质状表面，颚眼距约为上颚基部宽的 0.5 倍。上颊呈细革质微粒状表面，中部较隆起，向后方明显加宽，侧面观（中央位置）其宽约为复眼横径的 0.7 倍。头顶稍隆起，质地同上颊，侧单眼间距约为单复眼间距的 0.8 倍。额较平（触角窝上方微凹），质地同头顶。触角粗丝状，鞭节 36 节，第 1～5 节长度之比依次约为 3.2∶1.6∶1.3∶1.2∶1.1，端部稍渐细。后头脊完整。

前胸背板前缘和后上角具细革质状表面和不明显的浅细刻点；侧凹具稠密的弱细横皱；后缘具稠密的短细纵皱；前沟缘脊弱。中胸盾片具细革质状表面和稠密均匀的浅细刻点；盾纵沟清晰，伸达中胸盾片中央之后；中叶前部较强隆起。小盾片较隆起，具稠密均匀的浅细刻点（刻点较中胸盾片更细）。后小盾片稍隆起，近方形，前部两侧凹，具不明显的微细刻点。中胸侧板具细革质状表面和稠密均匀的浅细刻点，中部均匀隆起；胸腹侧脊明显，背端约伸达中胸侧板高的 0.65 处（约达中胸侧板前缘中央）；镜面区小、光滑光亮，稍凸起；中胸侧板凹横沟状。后胸侧板质地和刻点与中胸侧板相似；后胸侧板下缘脊完整，前端稍突出。翅褐色，透明；小脉位于基脉外侧；小翅室三角形，几乎无柄；第 2 回脉约在它的下外角处与之相接；外小脉约在下方 0.4 处曲折；后小脉约在下方 0.4 处曲折。足细长；前足腿节稍侧扁并向下膨大；中后足胫节（或跗节）具成排的刺状毛；后足跗节第 1～5 节长度之比依次约为 2.7∶1.3∶0.9∶0.6∶0.7；爪简单。并胸腹节均匀隆起，具细革质粒状表面和稠密的细毛点，基部中央具横凹；中纵脊细而清晰，中段几乎平行向后；侧纵脊端部弱，外侧脊完整清晰；端横脊明显，形成完整的端区，端区内具 1 细中纵脊、两侧具细弱的纵纹；端区两侧区域具稠密的模糊细皱；并胸腹节气门圆形，约位于基部 0.3 处。

腹部呈细革质状表面。第 1 节背板细长，长约为端宽的 1.9 倍，向基部显著收敛；端部具不明显的弱细皱和微细刻点；无背中脊，无背侧脊；气门小，圆形，稍突出，约位于基部 0.4 处。第 2 节背板梯形，长约为端宽的 0.8 倍，表面具稠密不明显的弱细皱，基部两侧具三角形小窗疤。第 3 节两侧近平行，长约为宽的 0.9 倍；第 4 节及以后背板逐渐向后收敛。产卵器直，端部尖细，具较大的亚端背凹。

体黑色，下列部分除外：触角鞭节黄褐色（腹侧发黄）；下唇须和下颚须黑褐色；唇基（基缘除外），上颚端半部（端齿暗红褐色），前中足（基节和转节黑色，前足稍发黄，中足腿节基半部褐黑色），后足胫节（端部褐黑色）、末跗节（或末端 2 跗节），腹部第 2 节背板端缘直至腹末，均为红褐色；翅基片暗褐色，翅痣黑褐色，翅脉暗褐色。

寄主：据报道（Hinz, 1961），已知寄主有拟方颜叶蜂 *Pachyprotasis simulans* (Klug, 1814)、*Euura atra* (Jurine, 1807)。

分布：中国（宁夏、甘肃）；蒙古国，俄罗斯远东地区，欧洲等。

观察标本：1♀，宁夏六盘山，2005-Ⅷ-11，集虫网。

(136) 朝亚力姬蜂 *Alexeter shakojiensis* Uchida, 1930

Alexeter shakojiensis Uchida, 1930. Journal of the Faculty of Agriculture, Hokkaido University, 25: 292.

♀ 体长 12.5～17.0 mm。前翅长 11.5～16.0 mm。产卵器鞘长不超过 1.0 mm。

颜面宽为长的 1.6～1.7 倍，具细革质状表面和稠密的细刻点（上部具不明显的细横皱），触角窝下方至唇基沟之间具浅纵凹，上部中央具 1 明显的小瘤突。唇基沟直，中段较清晰。唇基横长形，中部无明显的横隆起；表面较颜面光滑，具稀疏的毛细刻点，端部具不明显的细横皱；端缘中段弱弧形前突。上颚强壮，表面具清晰的细刻点；上端齿约等于下端齿。颊具细革质状表面，颚眼距约为上颚基部宽的 0.4 倍。上颊呈细革质状表面和稠密不明显的浅细刻点，中部稍隆起，向后方稍明显加宽，侧面观（中央位置）其宽稍窄于复眼横径。头顶稍隆起，质地同上颊，侧单眼外侧几乎无刻点；单眼区外周（后部除外）显著凹陷；侧单眼间距为单复眼间距的 0.6～0.7 倍。额质地同头顶，触角窝上方稍凹。触角细丝状，鞭节 45～48 节，第 1～5 节长度之比依次约为 1.8∶1.0∶0.8∶0.8∶0.7，端部细弱。后头脊完整。

前胸背板具细革质皱粒状表面；侧凹上方具稠密的强横皱；前沟缘脊细弱。中胸盾片均匀隆起，具细革质状表面和稠密的细刻点，后部具不明显的弱细皱；盾纵沟清晰，伸达盾片端部约 0.3 处。小盾片约呈舌状，具与中胸盾片相似的质地，基部中央凹，中部较强隆起，基部具侧脊。后小盾片稍隆起，梯形（前部中央凹），质地与小盾片相似。中胸侧板具非常稠密的细纵皱，腹侧具较清晰的细刻点，中部稍隆起；翅基下脊较强且长；胸腹侧脊强，背端（较细弱）约伸达中胸侧板前缘中央；镜面区光滑光亮；中胸侧板凹横沟状。后胸侧板具稠密不规则的斜细皱；后胸侧板下缘脊完整，前端稍突出。翅黄褐色，半透明；小脉位于基脉稍外侧，二者之间的脉段增粗；小翅室亚三角形，具长柄；第 2 回脉约在它的下外角处（或稍内侧）与之相接；外小脉约在中央（或稍下方）曲折；后小脉约在下方 0.3 处曲折。足细长；各足胫节（或跗节）上的刺毛较弱；后足第 1～5 跗节长度之比依次约为 3.5∶1.8∶1.3∶0.8∶1.0；爪小，简单。并胸腹节均匀隆起，具细革质微皱状表面，后半部具弱皱；中纵脊、侧纵脊和外侧脊明显；2 中纵脊在亚基部稍相互靠近，之间具稀疏的短细横皱；端横脊中段较明显；端区约六边形，具弱皱；并胸腹节气门圆形，位于基部 0.25～0.3 处，几乎位于 2 纵脊之间。

腹部长，为头胸部之和的 1.7～1.8 倍，端部稍侧扁，具相对光滑的细革质状表面。第 1 节背板长为端宽的 2.7～2.8 倍，向基部显著收敛，基部细柄状；背中脊基部具痕迹；背侧脊在气门之前基段约 0.4 处可见，靠近气门之前的部分消失，在气门之后明显；气门小，圆形，突出，约位于背板中央。第 2 节背板长为端宽的 1.2～1.3 倍，基部两侧窗疤不显著；第 3 节背板长约为端宽的 1.1 倍；第 4 节背板长约为端宽的 0.8 倍；其余背板渐短，逐渐向后收敛。产卵器鞘长为腹末厚度的 0.6～0.7 倍；产卵器直，端部尖细，具较大的亚端背凹。

头胸部黑色，下列部分除外：触角鞭节端半部，颜面在唇基凹外侧及唇基，上颚（端齿黑色），下唇须，下颚须，后跗节黄色；触角基侧大半段，颜面下半部，前胸背板后上角的小斑，翅基片及前翅翅基，翅基下脊前部，小盾片和后小盾片，各足（后跗节除外，基节基部或黑色），均为红褐色；翅痣褐黄色，翅脉褐黑色；腹部全部为红褐色。

♂ 体长 13.0～15.0 mm。前翅长 11.5～13.0 mm。触角鞭节 45 节。颜面几乎全部黄色（上缘中央及两侧的纵条斑黑色）。

分布：中国（辽宁、北京、陕西）；朝鲜。

观察标本：6♀♀，北京门头沟，2008-Ⅷ-29～Ⅸ-22，王涛；1♀1♂，北京门头沟落叶松林，2009-Ⅷ-04～Ⅸ-08，王涛；1♂，北京延庆，2012-Ⅵ-12，宗世祥；1♀，辽宁本溪，1993-Ⅶ-01，刘振陆；1♀，陕西周至，2009-Ⅷ-04，盛茂领。

(137) 藏亚力姬蜂，新种 *Alexeter zangicus* Sheng, Sun & Li, sp.n.（彩图 29）

♀ 体长约 4.5 mm。前翅长约 4.0 mm。产卵器鞘短，不超过腹末。

颜面宽约为长的 1.6 倍，具细革质粒状表面和不明显的微细刻点，亚中央稍纵凹，上部中央稍“V”形下凹、中央具短的中纵沟，凹底下方具 1 明显的小脊瘤。唇基沟细弱。唇基横长形，相对光滑，具细革质状表面和清晰的稀细刻点；亚端部稍隆横起，端部向后倾斜，端缘中段几乎平直。上颚强壮，狭长，呈细革质状表面，稍具不明显的浅细刻点，亚端部具较长的褐毛；下端齿约等长于上端齿。颊呈细革质粒状表面，颚眼距约为上颚基部宽的 0.5 倍。上颊具细革质状表面和稠密的短细毛，中部稍隆起，向后方明显加宽，侧面观（中央位置）其宽约等于复眼横径。头顶稍隆起，具细革质状表面；单眼区稍抬高，具“Y”形浅凹；侧单眼间距约为单复眼间距的 0.8 倍。额在触角窝上方横凹，其余较平，质地同头顶。触角细丝状，稍长于体长，鞭节 33 节，第 1～第 5 节长度之比依次约为 2.7∶1.5∶1.4∶1.3∶1.1，端部稍细。后头脊完整。

前胸背板呈细革质状表面，侧凹显著、上方具短细横皱；前沟缘脊不明显。中胸盾片较强隆起，具细革质状表面和不明显的微细刻点；盾纵沟仅前部清晰，中叶前部强烈隆起。小盾片较隆起，具细革质状表面。后小盾片稍隆起，近方形，质地同小盾片。中胸侧板呈细革质弱皱状表面，刻点不清晰，中后部均匀隆起；胸腹侧脊细而明显，背端约伸达中胸侧板高的 0.7 处（达中胸侧板前缘中央稍上方）；镜面区中等大、光滑光亮；中胸侧板凹横沟状。后胸侧板较隆起，具细革质弱皱状表面；后胸侧板下缘脊完整，前端稍突出。翅稍褐色，透明；小脉位于基脉外侧，二者之间的距离约为小脉长的 0.4 倍；无小翅室；第 2 回脉远位于肘间横脉的外侧，二者之间的距离约为肘间横脉长的 1.6 倍；外小脉稍内斜，约在中央处曲折；后小脉约在下方 0.2 处曲折。足细长；后足第 1～5 跗节长度之比依次约为 4.0∶2.0∶1.5∶0.8∶1.0；爪简单，尖细。并胸腹节均匀隆起，具细革质弱皱状表面；中纵脊基部具细弱痕迹，显著内敛，形成 1 近三角形的小基区；侧纵脊仅存基部和端部、中段磨损；外侧脊细而完整；无基横脊；端横脊与侧纵脊的端部形成 1 近扇面形的小端区；并胸腹节气门圆形，约位于基部 0.2 处。

腹部具细革质状表面和不明显的细毛。第 1 节背板细长，长约为端宽的 2.4 倍，向基部显著收敛；基部中央深凹，凹内光滑；背板表面具弱细横皱；背中脊仅存基部，背侧脊仅在气门后具一小段弱痕；气门小，圆形，稍突出，约位于该背板中央稍前。第 2 节背板梯形，长约为端宽的 0.7 倍，基部两侧具横形小窗疤，背板表面具弱细横皱。第 3 节背板侧缘近平行（基部稍收敛），长约为端宽的 0.6 倍；第 4 节及以后背板逐渐向后收敛。产卵器鞘长约为最大宽的 4.3 倍；产卵器直，端部尖细。

体黑色，下列部分除外：唇基（基部中央及侧缘中央具小黑斑，端缘中段黑褐色），上颚（中央纵向具不规则黑褐色斑，端齿黑褐色），下颚须基部，下唇须，前胸背板颈前缘的细边及后上角的小斑，中胸盾片前方两侧的钩状斑，翅基片，翅基，前中足基节（腹侧基部黑色、背侧基部具黑斑）、转节（背侧基部黑色），后足第 2 转节腹侧，均为鲜黄色；下颚须大部，前中足（背侧带黑褐色），后足第 2 转节背侧、胫节和跗节（胫节端部及跗节背侧黑褐色）、腹部第 3 节及以后背板（第 3、第 4 节背板侧缘具大小不等的黑褐色大斑）红褐色；翅痣暗褐色，翅脉褐色。

正模 ♀，西藏巴青，2013-Ⅷ-01，李涛。

词源：本新种名源于模式标本采集地名。

本新种与发亚力姬蜂 *A. fallax* (Holmgren, 1857) 近似，可通过下列特征与后者区分：前翅无小翅室；并胸腹节中纵脊几乎完全消失；端横脊完整，中区与端区分隔；腹部第 3 节中纵带及其后的背板红褐色。发亚力姬蜂：前翅具小翅室；并胸腹节中纵脊完整；端横脊中部消失，中区与端区合并；腹部第 2～4 节背板红褐色，第 5 节及其后的背板黑色。

35. 无凹姬蜂属 *Anoncus* Townes, 1970（中国新纪录）

Anoncus Townes, 1970. Memoirs of the American Entomological Institute, 13(1969): 127. Type-species: *Mesoleius striatus* Davis.

主要鉴别特征：唇基端缘中央稍隆起；上颚 2 端齿等长；盾纵沟短，未触及中胸盾片前缘；中胸侧板常具弱的细皱；中纵脊在端横脊之前清晰，平行或几乎平行；中后足胫距等长或几乎等长，第 2～4 跗节端部稍膨胀，端部具棘刺状毛（特别是雌蜂）；无小翅室；小脉位于基脉外侧，二者之间的距离约为小脉长的 0.3 倍；后小脉内斜，约在下部 0.3 处曲折；腹部短，第 1 节背板相对宽；背中脊清晰，二者相距较近，气门之后扩展；第 2 节背板的刻点非常细；产卵器鞘狭窄，端部具长毛；产卵器无背凹。

全世界已知 21 种，所有已知种分布于欧洲和北美；此前我国尚无记录。该属已知的寄主是叶蜂科 Tenthredinidae 害虫（Kasparyan and Kopelke, 2009）。这里介绍在我国山东发现的本属 1 新种。

(138) 斑无凹姬蜂，新种 *Anoncus maculatus* Sheng, Sun & Li, sp.n.（彩图 30）

♀ 体长约 6.8 mm。前翅长约 5.0 mm。产卵器鞘长约 0.4 mm。

复眼内缘近平行，在触角窝外侧微凹。颜面中央稍隆起，宽约为长的 1.7 倍；呈细纹状表面，基部中央和中部的纹状表面相对更细小；具均匀的细毛点和黄褐色短毛；上缘中央具 1 强瘤突。颜面和唇基稍分开。唇基横阔，宽约为长的 2.5 倍，横向稍隆起；基部呈弱细纹状，中部光滑光亮，具非常稀疏的黄褐色长毛；端缘平截，中部稍凹。上颚强壮，基半部光亮，呈弱细纹状，具稀疏的细毛点和黄褐色长毛；端半部光亮，端齿等长。颊区呈细粒状表面，具稀疏的细毛点和黄褐色短毛；颚眼距约为上颚基部宽的 0.7

倍。上颊中等阔，中部纵向圆形隆起，向后稍收敛；光亮，呈细纹状表面，具均匀的细毛点和黄褐色短毛。头顶质地同上颊，细纹相对细密；在单眼区后方斜截。单眼区位于头顶正中央，中部均匀凹，呈细纹状表面，中央具 1 弱纵沟；侧单眼间距约为单复眼间距的 0.9 倍。额相对平，呈细粒状表面，在触角窝后缘稍凹。触角线状，鞭节 31 节，第 1～5 节节长度之比依次约为 2.0∶1.1∶1.1∶1.1∶1.0。后头脊完整，在上颚基部后方与口后脊相接。

前胸背板光亮，呈细纹状表面，具均匀的细毛点和黄褐色短毛；侧凹浅阔，光亮，呈细网皱状表面，中上部的网皱相对明显；后上部呈细纹状表面，具均匀的细毛点和黄褐色短毛。中胸盾片圆形稍隆起，呈细粒状表面，具均匀的细毛窝和黄褐色短毛；盾纵沟基半部稍明显，向后渐弱，几乎达中胸盾片中后部。盾前沟深阔，近光亮。小盾片圆形隆起，质地和毛点同中胸盾片。后小盾片横向稍隆起，呈细粒状表面。中胸侧板相对平，呈细网皱状表面；中部在镜面区前方的皱相对弱，近光亮；下缘呈细纹状表面；镜面区中等大小，光滑光亮；中胸侧板凹浅横沟状，其下方近光滑光亮，光亮区外围呈弱细纹状表面；胸腹侧脊明显，约为中胸侧板高的 0.7 倍。后胸侧板稍隆起，光亮，呈细纹状表面，具稠密的细毛点和黄褐色短毛；后胸侧板下缘脊完整。翅浅褐色，透明；小脉与基脉对叉；小翅室缺，第 2 回脉位于肘间横脉外侧，二者之间的距离约等长于肘间横脉；外小脉约在下方 0.4 处曲折；后小脉约在下方 0.4 处曲折。爪简单；后足第 1～5 跗节长度之比依次约为 4.6∶2.4∶1.7∶1.0∶1.4。并胸腹节圆形隆起，基横脊消失，其他脊存在；呈细粒状表面，具均匀的细毛点和黄褐色短毛；中区近长形，端半部稍阔，近光亮，端半部中央弱皱状；端区近半圆形，光亮，斜截，呈弱皱状表面；气门小，近圆形，位于基部约 0.2 处；第 3 外侧区近光亮。

腹部第 1 节背板长约为端宽的 1.3 倍；侧缘向端部渐变宽，光亮，呈细粒状表面，具稀疏的细毛点和黄褐色微毛；基部深凹，近光滑光亮，凹底部具弱皱；背中脊明显，向后稍收敛，伸达气门后；背侧脊在气门后完整，腹侧脊完整；基侧凹小；气门小，圆形，约位于背板基部 0.45 处。第 2 节背板梯形，长约为基部宽的 0.8 倍，约为端宽的 0.6 倍；呈细粒状表面，具均匀的细毛点和黄褐色微毛。第 3 节及以后各节背板光亮，呈细纹状表面，具稠密的细毛点和黄褐色微毛。产卵器鞘细长，未伸达腹末。产卵器向端部渐尖，具亚背瓣缺刻。

体黑色，下列部分除外：颜面亚端部的斜四边形斑及端缘，唇基，上颚（端齿暗红褐色），前中足（基节基缘黑褐色；转节黄白色；末跗节、爪褐色）黄褐色；下颚须，下唇须，前胸背板后上角，翅基片，翅基，翅基下脊，后足（基节基半部、腿节、胫节基缘和端部、跗节、爪暗褐色至黑褐色；胫节亚中部黄褐色）黄白色；触角（柄节、梗节、鞭节基半部腹面黄褐色，背面黑褐色；鞭节腹面黄褐色至褐色），翅脉，翅痣，产卵器鞘褐色至暗褐色；腹部第 1 节背板端缘中部少许、第 2 节背板（中部亚侧缘的小斑黑褐色）、第 3 节及以后各节背板黄褐色至红褐色。

分布：中国（山东）。

正模 ♀，山东青岛黄岛小珠山，2017-Ⅵ-21，集虫网。

词源：本新种名源于颜面具色斑。

本新种与瘿无凹姬蜂 *A. gallicola* Kasparyan & Kopelke, 2009 相近，可通过下列特征区分：触角鞭节 31 节；并胸腹节具清晰的中纵脊；中胸侧面和腹面完全黑色；腹部第 2～8 节背板红褐至黄褐色。瘿无凹姬蜂：触角鞭节 26～28 节；并胸腹节背面无脊；中胸侧板下半部和中胸腹板红色；腹部背板主要为褐黑色，后缘带白色。

36. 粮姬蜂属 *Azelus* Förster, 1869（中国新纪录）

Azelus Förster, 1869. Verhandlungen des Naturhistorischen Vereins der Preussischen Rheinlande und Westfalens, 25(1868): 205. Type-species: (*Tryphon erythropalpus* Gravenhorst) = *erythropalpus* Gmelin. Designated by Perkins, 1962.

主要鉴别特征：唇基稍隆起，端缘顿，向前隆起；上颚下端齿长于上端齿；上颊长 1.5 倍于复眼；盾纵沟弱；中胸侧板光滑，刻点粗且密；并胸腹节脊较弱，中纵脊弱或不完整；前翅具小翅室，第 2 回脉在它的下外角稍内侧相接；后小脉在靠近中部曲折；后足胫节的长距为后足基跗节长的 0.28～0.33 倍；腹部第 1 节背板具基侧凹；产卵器鞘未伸出或刚伸出腹末。

此前全世界仅知 1 种：红粮姬蜂 *A. erythropalpus* (Gmelin, 1790)，已知分布于欧洲。寄主：麦叶蜂 *Dolerus* spp.(Aubert, 2000)。这里介绍在我国发现的该属 1 新种。

粮姬蜂属世界已知种检索表

并胸腹节 2 中纵脊存在，端区无中纵脊；第 1 节背板背中脊仅基部具痕迹；产卵器鞘长约为最大宽的 6.4 倍，侧缘几乎平行；唇基和颜面完全黑色；腹部基部和端部背板黑色，中部（第 2～4 节）红褐色……………………………………………安康粮姬蜂，新种 *A. ankangicus* Sheng, Sun & Li, sp.n.

并胸腹节 2 中纵脊完全缺，端区具 1 中纵脊；第 1 节背板具强壮的背中脊；产卵器鞘较短，长不大于最大宽的 3 倍，强烈向端部变尖；唇基和颜面的 2 斜纹黄色；腹部几乎完全红色……………………………………………………………………………………………………红粮姬蜂 *A. erythropalpus* Gmelin

(139) 安康粮姬蜂，新种 *Azelus ankangicus* Sheng, Sun & Li, sp.n.（彩图 31）

♀ 体长约 10.6 mm。前翅长约 6.8 mm。产卵器鞘长约 0.8 mm。

复眼内缘向下微收敛，在触角窝外侧微凹。颜面中央均匀稍隆起，宽约为长的 1.8 倍；呈细粒状表面，具稠密的细毛窝和黄褐色短毛，窝直径大于窝间距，中部的毛窝相对稀疏；上缘中央具 1 瘤突。唇基沟缺。唇基阔，强隆起；光亮，基部具粗大的刻点和黄褐色短毛，中后部呈粗皱状表面夹杂黄褐色长毛；端缘平截。上颚强壮，基半部呈粗横皱状表面，中央近细粒状，具稠密的细毛点和黄褐色短毛，中部的毛相对长；端齿光亮，下端齿远长于上端齿。颊区呈细粒状表面，具稠密的细毛点和黄褐色短毛。颚眼距约为上颚基部宽的 0.5 倍。上颊中等阔，向上稍变宽，中央纵向微隆起，呈细粒状表面，具稠密的细毛点和黄褐色短毛。头顶质地同上颊。单眼区强抬高，中央相对平，具稀疏的细毛点和黄褐色短毛；单眼中等大，强隆起，侧单眼外侧沟明显；侧单眼间距约为单复眼间距的 0.5 倍。额相对平，呈细粒状表面，具稠密的粗大毛窝和黄褐色短毛，窝间距不等；在触角窝基部凹陷，光亮，具弱皱。触角线状，向端部渐细；鞭节 45 节，第 1～5 节长度之比依次约为 1.6∶1.2∶1.1∶1.0∶1.0。后头脊完整，在上颚基部后方与口后脊相接。

前胸背板光亮，具稠密的细毛点和黄褐色短毛；侧凹浅阔，光亮，具稠密的粗毛窝和黄褐色短毛；后上部具稠密的粗毛窝和黄褐色短毛；前沟缘脊存在。中胸盾片圆形稍隆起，呈细粒状表面，具稠密的细毛窝和黄褐色短毛，中部的毛窝相对稀疏。盾前沟深阔，近光亮，具黄褐色短毛。小盾片圆形稍隆起，光亮，质地同中胸盾片，毛点相对稀疏。后小盾片横向稍隆起，呈细粒状表面。中胸侧板相对平，上半部中央稍隆起，具稠密的粗毛点和黄褐色短毛，翅基下脊下方的毛点相对稀疏；中下部具稠密的粗毛点和黄褐色短毛，毛点直径大于毛点间距；镜面区中等大小，光滑光亮；中胸侧板凹浅横沟状，下方具稀疏的粗毛点；胸腹侧脊明显，约为中胸侧板高的 0.5 倍。后胸侧板稍隆起，光亮，具稠密的粗毛点和黄褐色短毛；下后角具弱斜皱；后胸侧板下缘脊完整。翅浅褐色，透明；小脉与基脉对叉；小翅室斜四边形，第 2 肘间横脉稍长于第 1 肘间横脉；第 2 回脉约在小翅室下外角内侧 0.2 处与之相接；外小脉约在下方 0.3 处曲折；后小脉约在上方 0.4 处曲折。爪简单；后足第 1～5 跗节长度之比依次约为 5.5∶2.5∶1.8∶1.0∶1.5。并胸腹节圆形隆起，基横脊消失，中纵脊弱，侧纵脊仅中段存在，其他脊完整；呈细粒状表面，具稠密的细毛点和黄褐色短毛；中区近长形，中部稍阔，光亮，毛点相对稀疏；端区长方形，稍斜，光亮，具稠密的细毛点和黄褐色短毛；气门小，椭圆形，位于基部约 0.25 处。

腹部第 1 节背板长约为端宽的 2.3 倍；侧缘向端部稍变宽阔，光亮，呈细粒状表面，具稠密的细毛点和黄褐色微毛；背中脊仅基部存在，背侧脊、腹侧脊完整；基侧凹中等大小；气门小，圆形，约位于背板基部 0.4 处。第 2 节背板梯形，长约为基部宽的 1.3 倍，约为端宽的 0.9 倍；呈细粒状表面，具稠密的细毛点和黄褐色微毛。第 3 节及以后各节背板光亮，具稠密的细毛点和黄褐色微毛。产卵器鞘细长，未伸达腹末，长约为自身最大宽的 6.4 倍；基半部具细纵皱，端半部光亮，具稀疏的黄褐色短毛。产卵器末端尖，中部具大的背凹。

体黑色，下列部分除外：下颚须，下唇须黄褐色；翅基，翅基片黄色；上颚（基半部黑色；端齿暗红褐色），前足（基节背面黑褐色，腹末红褐色至暗红褐色；胫节、基跗节、第 2～4 跗节腹面黄褐色；第 2～4 跗节背面，末跗节、爪褐色至暗褐色），中足（基节黑色；胫节、基跗节、第 2 跗节腹面黄褐色；第 2 跗节背面、第 3～5 跗节、爪褐色至暗褐色），腹部第 1 节背板端缘、第 2～4 节背板、第 5 节背板基部、第 6 节背板基缘黄褐色至红褐色；触角鞭节，后足（基节黑色；第 1 转节大部、腿节暗褐色至黑褐色）黄褐色至褐色；翅脉褐色，翅痣黄褐色。

正模 ♀，陕西安康宁陕县旬阳坝，2011-Ⅵ-28，谭江丽。

词源：本新种名源于模式标本采集地。

本新种可通过上述检索表与该属的唯一已知种：红粮姬蜂 *A. erythropalpus* (Gmelin, 1790) 进行鉴别。

37. 霸姬蜂属 *Barytarbes* Förster, 1869

Barytarbes Förster, 1869. Verhandlungen des Naturhistorischen Vereins der Preussischen Rheinlande und Westfalens, 25(1868): 212. Type species: *Tryphon colon* Gravenhorst. Designated by Viereck, 1914.

主要鉴别特征：唇基稍隆起，端缘通常凹；上颚下端齿宽且长于上端齿；盾纵沟缺，若存在则较弱；并胸腹节均匀隆起，无脊或中纵脊仅端部具痕迹；中后足胫节的距非常长；具小翅室；小脉位于基脉外侧；后小脉几乎垂直，在中部下方曲折；腹部第 1 节背板背中脊缺，背侧脊在气门后侧存在；具基侧凹，或无。

全世界已知 21 种，我国已知 4 种。

霸姬蜂属中国已知种检索表

1. 腹部第 1 节背板长且直，长至少为端宽的 2.5 倍，无基侧凹……………………………………………2
   腹部第 1 节背板相对较短，长约为端宽的 1.9 倍，具基侧凹；头胸部几乎完全褐黄色……………
   ………………………………………………………………… 斑霸姬蜂 *B. nigrimaculatus* Sheng & Sun
2. 并胸腹节气门圆形；小脉明显位于基脉外侧；胸部主要为黑色；腹部至少部分黑色………………3
   并胸腹节气门椭圆形；小脉与基脉对叉；第 1 节背板长约为端宽的 4.0 倍；胸腹部几乎完全黄褐色
   ……………………………………………………………………… 褐霸姬蜂 *B. fulvus* Sheng & Schönitzer
3. 第 1 节背板长为端宽的 2.5～2.6 倍；第 2 节背板长约为端宽的 1.1 倍；翅基片暗褐色至褐色；腹部第 3 节及其后的背板铁锈色……………………………… 拉拉山霸姬蜂 *B. lalashanense* (Kusigemati)
   腹部第 1 节背板长约为端宽的 3.8 倍；第 2 节背板长约为端宽的 1.7 倍；翅基片黑色；腹部第 5 节及其后的背板黑色……………………………… 墨脱霸姬蜂，新种 *B. motuoicus* Sheng, Li & Sun, sp.n.

(140) 褐霸姬蜂 *Barytarbes fulvus* Sheng & Schönitzer, 2008

Barytarbes fulvus Sheng & Schönitzer, 2008. Acta Zootaxonomica Sinica, 33(2): 391.

♀ 体长 11.5～15.0 mm；前翅长 11.0～13.5 mm。产卵器鞘长约 1.0 mm。

颜面具不清晰的稀细刻点。唇基光亮无刻点。上颚长，上下缘近平行，具黄褐色毛，2 端齿约等长。颊短，颚眼距约为上颚基部宽的 0.13 倍。侧单眼间距约 1.5 倍于单复眼间距。触角约与体等长，鞭节 42～47 节。

前胸背板无前沟缘脊。中胸盾片具不清晰的细刻点；盾纵沟伸达中胸盾片中央之后。中胸侧板具不清晰的细刻点。后胸侧板下缘脊亚前部强烈突起。翅带褐色，透明；小翅室约呈三角形，具短柄，第 2 回脉位于其下外角稍内侧；后小脉约在下方 0.2 处曲折，上段强烈内斜。爪基部具栉齿。并胸腹节均匀隆起，侧纵脊端段和外侧脊存在；气门椭圆形。

腹部背板几乎光滑。第 1 节背板长约为端宽的 4.0 倍，细长且直，端部稍变宽；无背中脊；无基侧凹；气门圆形，稍隆起，位于背板近中部。第 2 节背板长约为端宽的 1.1 倍，第 3 节背板约呈方形，其余背板横形。下生殖板几乎抵达腹末。产卵器背瓣亚端部具深缺刻。

体黄褐色，或具暗褐色斑。一些个体的颜面，唇基，上颚和额上半部分带黄白色。前翅翅脉黑褐色，翅痣黄色或褐色，亚前部白色。

♂ 体长 14.0～11.5 mm。前翅长 10.0～11.0 mm。触角鞭节 41～46 节。体黄褐色。

分布：中国（宁夏）。

观察标本：1♀（正模）19♀♀18♂♂（副模），宁夏六盘山，2005-Ⅷ-11～Ⅸ-26，盛茂领。

(141) 墨脱霸姬蜂，新种 *Barytarbes motuoicus* Sheng, Li & Sun, sp.n.（彩图 32）

♀ 体长约 13.3 mm，前翅长约 9.8 mm，产卵器鞘长约 0.4 mm。

复眼内缘在靠近触角窝处微凹。颜面宽约为长的 1.2 倍，基部中央微隆起；上缘中央具 1 小瘤突；呈细粒状表面，具稠密的细毛点和黄白色短毛。唇基沟明显。唇基阔，宽约为长的 2.9 倍，横向均匀隆起；光亮，基部具稠密的细刻点和黄白色短毛，中部的毛点相对稀疏，亚端部几乎光滑光亮；端缘平截，亚侧方稍隆起。上颚长且强壮，基半部呈细粒状表面，具稠密的细毛点和黄白色短毛；中部呈弱横皱状，夹杂黄白色长毛；端齿光亮，下端齿远大于上端齿。颊区呈细粒状表面，具稠密的黄白色微毛。颚眼距约为上颚基部宽的 0.2 倍。上颊中等阔，向后微收敛；呈细粒状表面，具稠密的细毛点和黄白色短毛。头顶质地同上颊，在单眼区后方斜截。单眼区稍抬高，中央微凹，呈细粒状表面，具稠密的细毛点和黄白色短毛；单眼中等大，强隆起，侧单眼外侧沟明显；侧单眼间距约为单复眼间距的 0.6 倍。额稍凹，呈细粒状表面，具稠密的细毛点和黄白色短毛；触角窝之间呈细纹状，光滑光亮。触角线状，鞭节 41 节，第 1～5 节长度之比依次约为 2.4∶1.3∶1.2∶1.0∶1.0。后头脊完整，在上颚基部后方与口后脊相接。

前胸背板前缘光亮，具稠密的细毛点和黄白色短毛；侧凹浅阔，上部具短皱，中部呈细纹状表面，下部具短斜皱直达后缘；后上部光亮，具均匀稠密的细毛点和黄白色短毛；前沟缘脊缺。中胸盾片圆形稍隆起，光亮，具均匀稠密的细毛点和黄白色短毛；盾纵沟基部明显；中胸盾片中叶前方斜截。盾前沟深阔，光亮，具稠密的细毛点和黄白色短毛。小盾片圆形隆起，光亮，具稠密的细毛点和黄白色短毛。后小盾片近圆形稍隆起，具稀疏的细毛点和黄白色短毛。中胸侧板相对平，上部中央稍隆起；光亮，具稠密的细毛点和黄白色短毛，中央大部的毛点相对稀疏，下后部的毛点非常稠密；镜面区中等大小，光滑光亮；下后角下半部深凹，近光亮；中胸侧板凹浅横沟状；胸腹侧脊明显，约伸达中胸侧板中部。后胸侧板稍隆起，呈细粒状表面，具稠密的细毛点和黄白色短毛；下后角具短皱；后胸侧板下缘脊完整，前缘齿状隆起。翅透明；小脉位于基脉外侧，二者之间的距离约为小脉长的 0.3 倍；小翅室斜三角形，具短柄，柄长约为第 1 肘间横脉长的 0.2 倍；第 2 肘间横脉稍长于第 1 肘间横脉，端半部具弱点；第 2 回脉在小翅室下外角处与之相接；外小脉约在中央稍下方曲折；后小脉约在中央处曲折。足胫节背面具许多小刺棘；后足第 1～5 跗节长度之比约为 4.5∶2.2∶1.7∶1.0∶1.5；爪简单。并胸腹节圆形隆起，端横脊、外侧脊完整，中纵脊弱，其他脊缺；呈细纹状表面，具稠密的细毛点和黄白色短毛；基部中央深凹；中纵脊非常靠近，之间几乎光亮；端区近扇形，斜截，呈细粒状表面，具稀疏的细毛点和黄白色短毛，中央纵向稍隆起；气门中等大小，圆形，强隆起，约位于并胸腹节基部 0.3 处。

腹部第 1 节背板细长，向端部渐阔，长约为基部宽的 7.6 倍，约为端宽的 3.8 倍；光亮，具稠密的细毛点和黄白色短毛；背中脊缺，背侧脊仅端缘存在，腹侧脊完整；气门小，圆形隆凸，约位于背板中部。第 2 节背板梯形，长约为基部宽的 2.6 倍，约为端宽的 1.7 倍；光亮，具均匀稠密的细毛点和黄白色微毛；窗疤小，近圆形，光亮。第 3 节背板光亮，具稠密的细毛点和黄白色微毛；基缘光亮，亚侧方稍凹；端半部侧扁。第 4 节及以后各节背板强烈侧扁，光亮，具稠密的细毛点和黄白色微毛。产卵器鞘短，未伸达腹末，长约为自身宽的 2.1 倍。产卵器末端尖，具亚背瓣缺刻。

体黑色，下列部分除外：颜面（中央的斑黑色），唇基（亚端部中央稍带褐色），上颚（基部黑色；端齿暗红褐色），触角柄节腹面，前足腿节前侧黄色；触角（柄节背面、梗节、鞭节基部数节背面、第 1 节腹面基部黑色；鞭节大部分背面、末端数节褐色至暗褐色），下颚须（第 1 节、第 2 节基半部黑褐色），前中足胫节、跗节（背面褐色至暗褐色）黄褐色；后足胫节（腹面中央少许褐色）、跗节、爪，翅痣，翅脉，产卵器鞘暗褐色至黑褐色；腹部第 2 节背板端部中央、第 3～4 节背板红褐色。

♂ 体长约 14.2 mm。前翅长约 8.7 mm。触角鞭节 42 节。体黑色，下列部分除外：颜面并延伸至额眼眶下部，唇基，上颚（端齿红褐色），下颚须，下唇须，触角柄节、梗节腹面，中胸腹板前缘的斑，前足（基节基缘、腿节后侧黑色；胫节后侧少许、末跗节、爪褐色），中足（基节基缘、腿节后侧黑色；胫节背侧、第 1～4 跗节端缘、末跗节、爪褐色至暗褐色），后足胫节基半部腹面黄色；触角鞭节（基部数节背面黑色；腹面大部黄褐色），翅痣，翅脉，后足跗节（第 4 节腹面褐色）暗褐色；腹部第 3～4 节背板（第 4 节背面末端少许暗褐色）红褐色。

正模 ♀，西藏墨脱，29º42′N，95º34′E，2750 m，2013-Ⅶ-13，李涛。副模：1♂，西藏波密县城东，29º46′N，95º55′E，2880 m，2013-Ⅶ-09，李涛。

词源：本新种名源于模式标本采集地名。

本新种与拉拉山霸姬蜂 *B. lalashanense* (Kusigemati, 1990) 近似，可通过上述检索表鉴别。

(142) 斑霸姬蜂 *Barytarbes nigrimaculatus* Sheng & Sun, 2017

Barytarbes nigrimaculatus Sheng & Sun, 2017. South China Forestry Science, 45: 38.

♀ 体长 13.5～14.5 mm。前翅长 11.0～11.2 mm。产卵器鞘长约 0.7 mm。

颜面光亮，宽约为颜面和唇基长度之和的 1.2 倍，上缘中央具 1 小瘤突。唇基横向稍隆起，具稀疏的黄褐色毛。上颚强壮，基半部具黄褐色毛；下端齿长于上端齿。颚眼距约为上颚基部宽的 0.3 倍。上颊中央稍隆起，光亮，具均匀的细刻点。侧单眼间距约为单复眼间距的 0.8 倍。额光亮，具稠密的细刻点。触角向端部渐细；鞭节 43～44 节，第 1～5 节长度之比依次约为 2.2∶1.4∶1.2∶1.2∶1.0。后头脊完整。

前胸背板和中胸盾片具稠密的细刻点。盾前沟光滑光亮。小盾片具均匀稠密的细刻点和黄褐色毛（中央的毛相对较稀）。胸腹侧脊背端伸达前胸背板后缘下部约 0.3 处。后胸侧板均匀隆起，质地同中胸侧板，中部光滑无毛。前翅小脉位于基脉外侧；小翅室约呈三角形，具柄，第 2 回脉约在其后下角处（稍外侧）与之相接；后小脉上段约为下段的 1.5 倍。足胫节后侧面具小棘刺；后足第 1～5 跗节长度之比依次约为 4.4∶2.0∶1.6∶1.0∶1.0。并胸腹节仅具不完整且弱的端横脊；具稠密的细刻点和黄褐色短毛；端区光亮，毛较稀疏；气门近圆形，位于基部 0.3 处。

腹部第 1 节背板长约为端部宽的 1.9 倍；光亮，具稠密的细刻点；气门圆形隆起，位于背板中部稍前方。第 2 节背板长约等于端宽；光亮，具均匀稠密的细刻点。第 3 节及以后各节背板光亮，具均匀稠密的细刻点和黄褐色微毛。产卵器鞘长约为宽的 3.9 倍；产卵器侧扁，向端部渐细，背瓣具深端凹。

体褐黄色，下列部分除外：颜面，唇基，上颚（端齿除外），颊区，下颚须，下唇须，上颊下部，额（上部中央的斑除外），翅基下脊，小盾片，前中足（腿节、胫节、跗节黄色至黄褐色）黄色；单眼区的斑，翅基下脊后方的斑，后胸侧板下缘，第 1 节背板亚端部的斑，第 2 节背板中央的斑，第 3 节背板亚基部的斑均为暗褐色至黑褐色；触角鞭节，中胸盾片中叶和侧叶的大斑，后足（基节大部黄褐色；转节黄色；胫节中央大部黄褐色，基部和端半部暗褐色；跗节暗褐色至黑褐色），第 4、第 5 节背板（亚基部的横带暗褐色至黑褐色），第 6～8 节背板均为褐红色；触角鞭节褐色；翅痣和翅脉褐色至暗褐色。

♂ 体长 12.3～12.6 mm。前翅长 9.4～10.0 mm。触角鞭节 40～42 节。腹部第 1 节背板端半部中央的大斑、第 2 节背板中央的大斑暗褐色至黑褐色。

分布：中国（江西）。

观察标本：1♀（正模），江西武功山红岩谷，538 m，2016-Ⅴ-30，姚钰；4♂♂（副模），江西武功山红岩谷，580 m，2016-Ⅴ-16～Ⅵ-06，姚钰；1♀（副模），江西武功山红岩谷，525 m，2016-Ⅵ-06，姚钰；2♂♂（副模），江西官山，400 m，2008-Ⅴ-13，集虫网；4♂♂（副模），江西官山，2010-Ⅴ-17～Ⅵ-22，李怡；3♂♂（副模），江西资溪马头山，2017-Ⅳ-18，李涛；1♂（副模），江西资溪马头山，2017-Ⅴ-16，集虫网；1♀，贵州梵净山亚盘林，2019-VII-07，集虫网；3♂♂，贵州梵净山冷家坝，2019-VI-08～15，集虫网。

38. 堪姬蜂属 *Campodorus* Förster, 1869

Campodorus Förster, 1869. Verhandlungen des Naturhistorischen Vereins der Preussischen Rheinlande und Westfalens, 25(1868): 213. Type-species: *Mesoleius melanogaster* Holmgren; designated by Perkins, 1962.

主要鉴别特征：唇基狭窄至中等宽，或多或少隆起，靠近端部中央隆起，端缘中线处圆形，侧面锐利，通常稍突出呈薄片状；上颚上端齿稍宽且长于下端齿，有些几乎等长；盾纵沟一般都较长且清晰；中胸侧板有时光滑，刻点小至非常小；并胸腹节具纵脊。前翅无小翅室，小脉位于基脉外侧；后小脉内斜，在中部下方曲折；腹部较粗壮，背中脊通常伸达气门之后，背侧脊完整；第 2 节背板的刻点较小至非常小。

迄今为止，全世界已知 146 种，我国已知 9 种。寄主：叶蜂科 Tenthredinidae，细蛾科 Gracillariidae，粉蝶科 Pieridae，巢蛾科 Yponomeutidae 等。

堪姬蜂属中国已知种检索表

1. 中胸大部分红色，至少具黄色或黄褐色大斑；后足基节红褐至黄褐色……………………………2
   胸部黑色或几乎完全黑色；后足基节黑色，或红至黄褐色…………………………………………3
2. 中胸盾片具细且不明显的刻点；中胸盾片（前中部的斑除外）和中胸侧板红色，部分褐黄色；颜面黑色；触角鞭节红褐色……………………………………………环堪姬蜂 *C. dauricus* Kasparyan
   中胸盾片具清新的刻点；中胸盾片和中胸侧板大部分黑色；颜面大部分黄色；触角鞭节黑色……
   ………………………………………………………………………杂色基凹姬蜂 C. *variegatus* (Jurine)
3. 并胸腹节中纵脊弱或不明显；腹部至少第 2～4 节背板红褐色；后足基节黑色 ……………………
   …………………………………………………………山东堪姬蜂 *C. shandongicus* Sheng, Sun & Li
   并胸腹节中纵脊完整、强壮；腹部背板黑色，至多后缘的狭边带白色；后足基节红褐色或黑色……4
4. 腹部第 2 节及其后的背板全部红褐色；后足基节基部黑色，端部红褐色…………………………
   ……………………………………………………………………小点堪姬蜂 *C. micropunctatus* (Uchida)
   腹部背板黑色，或仅后缘的白色；后足基节红至红褐色，或黑色…………………………………5
5. 产卵器鞘端部几乎平截；并胸腹节端区具中纵脊；后足基节黑色；后足胫节基半部浅黄色，端半部黑色……………………………………………………………截堪姬蜂 *C. truncatus* Sheng, Sun & Li
   产卵器鞘端部圆形；并胸腹节端区无中纵脊；后足基节褐色或红褐色；后足胫节基部黑色或亚基部或多或少黑色……………………………………………………………………………………………6
6. 并胸腹节中区与基区和端区之间无脊分隔，中纵脊均匀向后分散；颜面下方侧面具黄色大斑；腹部第 2～4 节腹板浅黄色，亚侧面具黑色纵斑 ……………………光堪姬蜂 *C. rasilis* Sheng, Sun & Li
   并胸腹节中区与基区和端区之间由明显的横脊分隔；颜面完全黑色；腹部腹板褐黑色，或基部灰白色………………………………………………………………………………………………………7
7. 并胸腹节中区长约与最大宽相等；产卵器鞘长为最大宽的 3.0 倍，背面中部明显较宽……………
   ……………………………………………………………………点堪姬蜂 *C. punctatus* Sheng, Sun & Li
   并胸腹节中区较长，长至少为最大宽的 1.6 倍；产卵器鞘长至少为最大宽的 3.6 倍，向端部渐宽 ·
   ……8
8. 并胸腹节中纵脊中部强烈狭窄；产卵器鞘长为最大宽的 4.2 倍；腹部背板几乎完全黑色；后足跗节第 1、2 节基部 0.7～0.8 白色，第 3 节基部 0.5 白色 ………………细堪姬蜂 *C. ciliatus* (Holmgren)
   并胸腹节中纵脊平行或几乎平行；产卵器鞘长为最大宽的 3.6 倍；腹部各节背板具宽的白色后缘；后足跗节完全黑色………………………………………白纹堪姬蜂 *C. albilineatus* Sheng, Sun & Li

(143) 白纹堪姬蜂 *Campodorus albilineatus* Sheng, Sun & Li, 2020

Campodorus albilineatus Sheng, Sun & Li, 2020. European Journal of Taxonomy, 658: 4.

♀ 体长 6.9～8.1 mm。前翅长 5.5～6.4 mm。产卵器鞘长 0.4～0.5 mm。

复眼内缘近平行，在触角窝处微凹。颜面宽约为长的 1.7 倍，中部均匀隆起，呈细粒状表面，具稠密的黄褐色短毛；上缘中央具1纵瘤状突。唇基沟无；唇基和颜面质地明显不同。唇基阔，宽约为长的2.2倍；横向隆起，光亮，具非常稀疏的黄褐色长毛；亚端部中央圆形隆起；端缘平截。上颚强壮，基半部具均匀稀疏的黄褐色短毛；端齿光亮，上端齿微大于下端齿。颊区呈微细革质状表面。颚眼距约为上颚基部宽的0.4倍。上颊中等阔，向后稍收敛，光亮，微细纹状表面，具稠密的黄褐色短毛。头顶质地同上颊，细粒状表面较明显，几乎无毛。单眼区稍抬高，中间微凹，质地同上颊；单眼中等大小，隆凸；侧单眼距约为单复眼距的0.9倍。额中部微隆起，在中单眼前方微凹，触角窝后方均匀凹，呈细粒状表面。触角鞭节33～34节，第1～5节长度之比依次约为1.7∶1.1∶1.0∶1.0∶1.0。后头脊完整，在上颚基部上方与口后脊相接。

前胸背板前缘光亮，上半部具细毛点；侧凹浅，中上部具短皱，上部的皱直达上缘，下部近光滑光亮；中后部光亮，具均匀的细毛点和黄褐色短毛。中胸盾片圆形隆起，光亮，具均匀稠密的黄褐色短毛，后部中央的毛相对稀疏；盾纵沟基半部明显，向后稍收敛。盾前沟深阔，光滑光亮，侧缘具短纵皱。小盾片圆形强隆起，具稠密的黄褐色短毛。后小盾片横向隆起，质地同小盾片。中胸侧板稍平，上半部中央微隆起，光亮，具均匀的细毛点和黄褐色短毛，中央大部光滑无毛；镜面区大，光滑光亮；中胸侧板凹浅横沟状；中胸侧板下后角具短皱；胸腹侧脊强壮，末端稍微靠近前缘，约为中胸侧板高的0.6倍。后胸侧板稍隆起，光亮，具稠密的细毛点和黄褐色短毛，下后角具短皱；后胸侧板下缘脊完整。爪简单；后足第1～5跗节长度之比依次约为5.2∶2.3∶1.8∶1.0∶1.4，胫距长为基跗节长的0.6倍。翅浅褐色，透明；小脉位于基脉外侧，二者之间的距离约为小脉长的0.5倍；小翅室缺；第2回脉位于肘间横脉外侧，二者之间的距离约为肘间横脉长的1.5倍；外小脉在下方约0.4处曲折；后小脉在下方0.3～0.4处曲折。并胸腹节圆形稍隆起，基横脊仅在中纵脊之间存在，端横脊强壮；基部中央深凹，近光亮；基区呈倒梯形，中部均匀凹，近光亮；中区呈扁长圆形，近光亮；端区半圆形，中部稍隆起，呈细皱状表面；第1和第2侧区的合并区具稠密的细毛点和黄褐色短毛，靠近内侧区的毛点相对稀疏，端半部呈细皱状；气门小，圆形，靠近外侧脊，位于基部约0.3处。

腹部第1节背板梯形，长约为基部宽的3.1倍，约为端宽的1.2倍；基部深凹，光滑光亮，其他部分呈细皱状表面，端部呈细粒状；背中脊伸达中部之后，背侧脊、腹侧脊完整；具基侧凹；气门小，圆形，位于基部约0.4处。第2节背板梯形，长约为基部宽的0.8倍，约为端宽的0.6倍；呈细粒状表面，基半部弱皱状，端缘呈细纹状表面，具稠密的黄褐色短毛；具窗疤。第3节背板基半部呈细粒状表面，端半部呈细纹状表面，具稠密的黄褐色短毛。第4节及以后各节背板呈细纹状表面，光亮，具均匀稠密的黄褐色短毛。产卵器鞘长约为自身宽的3.6倍，约为腹末厚度的0.7倍。产卵器基部阔，侧扁，末端尖；具亚端背缺刻。

体黑色，下列部分除外：唇基，颊区靠近唇基凹的斑，上颚（端齿暗红褐色），前胸背板后上角，翅基，翅基片，小盾片，后小盾片，翅基下脊，前足（腿节、胫节、跗节黄褐色），中足（腿节、胫节、第1～2跗节黄褐色；第1～3跗节基缘黑色；第3跗节褐色；第4～5跗节、爪暗褐色），后足（基节前侧、后侧，腿节大部红褐色；腿节端缘，胫节基部、端半部，跗节、爪黑褐色）黄色；颜面中央的斑（有时无）黄褐色至褐色；

触角（柄节腹面端缘的斑、梗节腹面黄褐色至褐色），翅痣，翅脉，产卵器鞘褐色至暗褐色；下颚须，下唇须，腹部第1～7节背板端缘，第1～6节腹板（第2～4节背板侧面的斑、第5～6节中央的不规则大斑暗褐色）黄白色。

分布：中国（广西）。

观察标本：1♀（正模），广西上思十万大山，2018-Ⅺ-20，集虫网；5♀♀4♂♂（副模），广西上思十万大山，2018-Ⅺ-20～27，集虫网。

(144) 细堪姬蜂 *Campodorus ciliatus* (Holmgren, 1857)

Mesoleius ciliatus Holmgren, 1857. Kongliga Svenska Vetenskapsakademiens Handlingar, N.F. 1(1) (1855): 151.

♀ 体长约5.5 mm。前翅长约4.5 mm。产卵器鞘短，不伸出腹末。

颜面（下方稍窄）宽约为长的1.5倍，较平坦，具细革质微皱状表面和不明显的浅细刻点，中部微弱隆起，上部中央小"V"形下凹，凹底具1明显的脊瘤。唇基沟弱浅。唇基横长形，宽约为长的2.9倍，表面较光滑，具稀疏的带毛粗刻点；中部两侧稍隆起，之间稍浅凹；端缘中央钝厚，两侧薄三角片状前突。上颚基部光滑，具稀疏的浅细毛刻点；下端齿稍短于上端齿。颊呈细革质皱状表面，颚眼距约为上颚基部宽的0.7倍。上颊具细革质状表面和不明显的微细毛点，向后方明显加宽，侧面观（中央位置）其宽约为复眼横径的0.6倍。头顶质地同上颊；单眼区稍抬高，中央具浅纵沟；侧单眼间距约等于单复眼间距。额质地同头顶，下半部稍凹。触角丝状，鞭节26节，第1～5节长度之比依次约为2.0∶1.6∶1.4∶1.3∶1.2，向端部渐短渐细。后头脊细而完整。

前胸背板具细革质微皱状表面，前下角膜质化显著突出，侧凹具不明显的弱短细横皱。中胸盾片均匀隆起，具细革质状表面和不明显的微细刻点；盾纵沟前部清晰；中叶前部较强隆起。小盾片较小，短舌状；中部较强隆起，具细革质状表面；基部侧脊不明显。后小盾片稍隆起，具细革质状表面。中胸侧板具细革质状表面和不明显的微细刻点，中部相对较平；胸腹侧脊细弱，背端伸达前胸背板后缘1/2处；镜面区小、光滑光亮，稍凸起，其下方具一光滑光亮的宽浅凹；中胸侧板凹横沟状。后胸侧板具细革质状表面，中部稍隆起；后胸侧板下缘脊完整。翅稍褐色，透明；小脉位于基脉外侧，二者之间的距离约为小脉长的0.3倍；无小翅室；第2回脉位于肘间横脉的外侧、二者之间的距离约为肘间横脉长的1.3倍；外小脉明显内斜，约在中央曲折；后小脉约在下方0.2处曲折，后盘脉退化。足较长，后足第1～5跗节长度之比依次约为3.7∶2.0∶1.5∶1.0∶1.0；爪下基部具长栉毛。并胸腹节均匀隆起，具细革质状表面和不明显的浅细刻点；无基横脊，端横脊外段缺失、中段弱化；基部中央具浅的横凹槽；基区和中区合并呈长颈的花瓶状；端区近圆形，具模糊的弱细纵皱；侧纵脊和外侧脊完整；外侧区端部具少许细横皱；并胸腹节气门圆形，约位于基部0.1处，距离外侧脊较近。

腹部长梭形，具细革质微皱状表面和不明显的浅细刻点。第1节背板长约为端宽的1.4倍，向基部逐渐收敛；背中脊明显，向后渐内敛，约达该节背板中央，2脊中央浅纵凹，具不明显的细横纹；背侧脊细弱但完整；气门圆形，稍突出，约位于背板基部0.3

处。第 2 节背板梯形，长约为端宽的 0.9 倍，基部两侧具窗疤；第 3 节背板倒梯形，长约为基部宽的 0.9 倍、约等于端宽；第 4 节及以后背板具较稠密的微细毛；第 4 节背板侧缘近平行，长约为宽的 0.7 倍；以后背板逐渐向后收敛。产卵器鞘短，约为腹端厚度的 0.7 倍；产卵器直，端部尖细，具亚端背凹。

体黑色，下列部分除外：触角黄褐色至暗褐色；唇基，上颚（端齿齿尖暗红褐色），下颚须和下唇须，前胸背板前下角、后上角，翅基片，翅基，翅基下脊，小盾片，后小盾片黄色；足黄褐色至红褐色，前中足基节和转节、后足转节、后足胫节（端部 0.2 黑色）、后足第 1 和第 2 跗节（端部黑色）乳黄色，后足跗节第 3～5 节黑色；腹部各节背板端缘具黄白色狭边；翅痣，翅脉黄褐色。

分布：中国（辽宁）；俄罗斯，德国，英国，法国，瑞典，芬兰。

观察标本：1♀，辽宁沈阳，1993-Ⅴ-23，盛茂领。

(145) 环堪姬蜂 *Campodorus dauricus* Kasparyan, 2005

Campodorus dauricus Kasparyan, 2005. Entomologicheskoe Obozrenie, 84(1): 186.

♀ 体长约 6.6 mm。前翅长约 5.1 mm。产卵器鞘长约 0.4 mm。

复眼内缘近平行，在触角窝处稍凹。颜面宽约为长的 1.7 倍，中央均匀稍隆起，触角外侧方稍凹，端缘中央微凹；呈细粒状表面，具均匀的黄褐色短毛，中部的细颗粒纵向近光亮；上缘中央具 1 纵瘤突。唇基沟无。颜面和唇基质地明显不同。唇基阔，宽约为长的 2.9 倍；横向强隆起，光亮，具非常稀疏的黄褐色长毛；端缘中部“U”形深凹。上颚强壮，基半部具稀疏的黄褐色短毛，端部光亮；上端齿微大于下端齿。颊区呈细革质状表面，具稀疏的黄褐色短毛。颚眼距约为上颚基部宽的 0.5 倍。上颊中等阔，中部纵向圆形稍隆起，向后均匀收敛；光亮，呈细纹状表面，具稠密的细毛点和黄褐色短毛。头顶质地同上颊，粒点相对细小，毛点相对稀疏，在单眼区后方均匀斜截。单眼区明显抬高，中部均匀凹，纵向光亮，质地同头顶；单眼中等大小，强隆起；侧单眼间距约为单复眼间距的 1.1 倍。额相对平，呈细粒状表面；在触角窝基部稍凹。触角鞭节 30 节，第 1～5 节长度之比依次约为 2.0∶1.2∶1.1∶1.0∶1.0。后头脊完整，在上颚基部后方与口后脊相接。

前胸背板前缘呈细纹状表面，光亮，具稠密的黄褐色短毛；侧凹浅阔，光亮，上半部具长横皱，中下部呈细纹状表面；后上部呈细粒状表面，具稀疏的黄褐色短毛。中胸盾片圆形隆起，光亮，具稠密的细毛点和黄褐色短毛，中后部的毛点相对稀疏；中叶前缘陡斜；盾纵沟基部痕迹存在。盾前沟深阔，近光滑光亮。小盾片圆形隆起，光亮，具稀疏的细毛点和黄褐色短毛。后小盾片横向隆起。中胸侧板微隆起，光亮，具均匀的细毛点和黄褐色短毛；中央大部稍凹，近光亮；镜面区大，光滑光亮；中胸侧板凹浅横沟状；中胸侧板凹下方呈弱斜皱状表面；胸腹侧脊明显，背端约伸达中胸侧板前缘高的 0.7 处，末端靠近中胸侧板前缘，后方具短皱。后胸侧板圆形稍隆起，光亮，具稠密的细毛点和黄褐色短毛；下后角具斜皱；后胸侧板下缘脊完整。后足第 1～5 跗节长度之比依次约为 4.4∶2.3∶1.6∶1.0∶1.6；爪简单。翅透明；小脉与基脉对叉；无小翅室；第 2 回脉位于肘间横脉外侧，二者之间的距离约为肘间横脉长的 1.1 倍；外小脉在下方约 0.4 处曲折；后小脉在下方约 0.2 处曲折。并胸腹节圆形稍隆起，基横脊缺，端横脊在外侧区稍弱，其他脊完整；基区和中区的合并区中部稍缢缩，端部稍阔，缢缩处具弱皱，其他区域近光亮；端区近扇形，斜截，光亮，中部纵向隆起，具纵脊；第 1、第 2 侧区的合并区光亮，具稠密的细毛点和黄褐色短毛；外侧区呈细皱状表面；气门中等大小，近圆形，位于基部约 0.25 处。

腹部第 1 节背板近梯形，长约为基部宽的 1.9 倍，约为端宽的 1.0 倍；光亮，基半部呈不规则细皱状表面，中部的皱相对细密，亚端部呈细粒状表面，端缘光滑光亮；背中脊明显，向后均匀收敛，伸达背板中部，背中脊之间深凹，凹内具短皱；背中脊和气门之间的区域靠近背中脊处稍凹；背侧脊近完整，腹侧脊完整；基侧凹小；气门小，圆形，位于背板基部约 0.4 处。第 2 节背板梯形，长约为基部宽的 0.7 倍，约为端宽的 0.6 倍；呈细粒状表面，基半部中央具细纹状皱，端缘光滑光亮，具均匀的细毛点和黄褐色微毛；窗疤小，近半月形，呈细粒状表面。第 3 节及以后各节背板光亮，呈微细纹状表面，具均匀稠密的细毛点和黄褐色微毛。产卵器鞘短，未伸达腹末，长约为自身宽的 3.0 倍。产卵器直，侧扁，向端部渐尖，中央背方具缺刻。

体黑色，下列部分除外：颜面侧缘稍带暗红褐色；唇基，上颚（端齿红褐色），上颊靠近上颚基部，下颚须，下唇须，翅基片，翅基，后小盾片，腹部第 1～7 节背板端缘黄色；前胸背板前缘下部少许、后上角，翅基片，小盾片（基部中央稍带红褐色），前足（基节、转节稍带黄白色；爪褐色），中足（基节、转节、腿节端缘、基跗节基半部稍带黄白色；第 4～5 跗节、爪褐色），后足（基节端半部、腿节末端、胫节中部黄白色；胫节基部和端部、跗节、爪暗褐色）黄褐色；触角柄节、梗节腹面少许，鞭节（第 1～3 节背板、第 1 节腹面基半部黑褐色）黄褐色至褐色；中胸盾片（中叶前部并延伸至中部的斑暗褐色，中叶前侧面和侧叶侧缘黄褐色），盾前沟，中胸侧板（下后角黄褐色），中胸腹板（前缘黄褐色）红色至红褐色；后胸侧板中下部稍带暗红褐色；翅痣（基部少许黄褐色），翅脉褐色；产卵器鞘暗褐色。

分布：中国（辽宁）；俄罗斯。

观察标本：1♀，辽宁沈阳，1991-Ⅵ-04，盛茂领；1♀，辽宁沈阳，1991-Ⅵ-25，盛茂领。

(146) 山东堪姬蜂 *Campodorus shandongicus* Sheng, Sun & Li, 2020

Campodorus shandongicus Sheng, Sun & Li, 2020. European Journal of Taxonomy, 658: 11.

♀ 体长约 5.5 mm。前翅长约 4.5 mm。产卵器鞘短，不伸出腹末。

颜面（下方稍窄）宽约为长的 1.9 倍，较平坦，呈细革质状表面，具稀疏不明显的浅细刻点；中部微弱隆起，表面稍粗糙，具不明显的弱细皱，上方刻点稍密且较清晰，上部中央小“V”形下凹，凹底具 1 明显的小脊瘤。唇基沟弱浅。唇基横长形，宽约为长的 2.7 倍，表面较颜面光滑，具稀少的细刻点；中部两侧横隆起、中间浅凹；端缘中央钝化、外形较膨肿。上颚基部光滑，具稀疏的浅细毛刻点；下端齿稍长于上端齿。颊呈细革质状微皱表面，颚眼距约为上颚基部宽的 0.7 倍。上颊具细革质状表面和不明显的微细浅刻点，向后方几乎不加宽，侧面观（中央位置）其宽约为复眼横径的 0.7 倍。头顶质地同上颊，单眼区稍抬高，侧单眼间距约为单复眼间距的 0.8 倍。额平坦，质地同头顶。触角丝状，鞭节 31 节，第 1～5 节长度之比依次约为 2.7∶1.6∶1.5∶1.5∶1.3，端部稍细。后头脊细而完整。

前胸背板前下缘具稠密的斜细纵皱，侧凹具稠密的弱细横皱（上方较明显）；后上部具细革质状表面。中胸盾片均匀隆起，具细革质状表面和较稠密的浅细刻点，后部中央的刻点稍粗；盾纵沟清晰，伸达中胸盾片端部约 0.3 处；中叶前部稍隆起。小盾片较小，三角形，具细革质状表面；基部中央凹陷，具细侧脊；端部稍隆起，具不明显的微细刻点。后小盾片稍隆起，刻点不明显。中胸侧板具不规则的弱细皱和相对清晰的细刻点，中部均匀隆起；胸腹侧脊明显，背端伸达前胸背板后缘 1/2 处；镜面区小、光滑光亮，稍凸起；中胸侧板凹横沟状。后胸侧板具细革质状表面和不明显的弱细皱；后胸侧板下缘脊完整，呈稍宽的边缘状，前端稍突出。翅稍褐色，透明；小脉位于基脉外侧，二者之间的距离约为小脉长的 0.25 倍；无小翅室；第 2 回脉远位于肘间横脉的外侧，二者之间的距离约为肘间横脉长的 1.5 倍；外小脉明显内斜，约在中央曲折；后小脉约在下方 0.2 处曲折，后盘脉退化。中后足较长，后足第 1～5 跗节长度之比依次约为 4.7∶2.2∶1.7∶1.0∶1.3；爪基部具细栉毛。并胸腹节均匀隆起，具细革质状表面和稠密的细纵纹，刻点不明显；基部中央具横凹槽；具 1 扇形的端区，内具稠密的稍粗的皱纹；侧纵脊（中段弱）和外侧脊完整；端外侧区具模糊的弱皱；并胸腹节气门小，圆形，约位于基部 0.3 处，位于侧纵脊和外侧脊中央。

腹部纺锤形，具细革质状表面。第 1 节背板长约为端宽的 1.6 倍，向基部逐渐收敛；背中脊细，超过该节背板中央；背侧脊几乎完整（气门附近不清晰）；气门圆形，稍突出，约位于背板中央稍前；第 2 节背板梯形，长约为端宽的 0.7 倍，基部两侧具窗疤；第 3 节背板倒梯形，长约为端宽的 0.8 倍；以后背板逐渐向后收敛。产卵器直，端部尖细，具较大的亚端背凹。

体黑色，下列部分除外：触角腹侧暗黄褐色；唇基，上颚（端齿黑色），下颚须和下唇须，前胸背板后上角，翅基片和前翅翅基，前中足基节、转节，后足基节端部和转节，均为乳黄色；前中足，后足胫节基段约 2/3（基缘黑色），腹部第 1 节背板端缘中央直至腹末均为红褐色；翅痣褐黑色，翅脉暗褐色。

♂ 体长约 5.8 mm。前翅长约 4.5 mm。并胸腹节具细革质状表面；基部中央具横凹槽；中纵脊完整，向后稍外斜；侧纵脊和外侧脊完整；具端横脊；端区具稍粗的皱纹；并胸腹节气门约位于基部 0.2 处，距离外侧脊稍近。腹部第 1 节背板长约为端宽的 2.0 倍，向基部逐渐收敛；背中脊明显，超过该节背板中央，2 脊之间稍纵凹；背侧脊完整；气门圆形，突出，约位于该节背板中部。第 3 节背板倒梯形，长约等于端宽。颜面（上缘中央的纵斑黑色），中胸盾片前缘两侧的小三角斑，前中足，后足基节端部和转节、胫节基段约 3/4（基缘黑色）均为黄至黄褐色；腹部第 1～3 节背板黄褐至红褐色。

分布：中国（山东）。

观察标本：1♀（正模），山东青岛崂山林场，2017-Ⅵ-26，集虫网；2♀♀3♂♂（副模），山东济南药乡林场，2017-Ⅴ-25～31，盛茂领。

(147) 小点堪姬蜂 *Campodorus micropunctatus* (Uchida, 1942)

Trematopygus micropunctatus Uchida, 1942. Insecta Matsumurana, 16: 129.

分布：据报道（Uchida，1924），该种分布于中国辽宁（铁岭）。

观察标本：1♀（正模），辽宁铁岭，1938-Ⅴ-11，I. Okada。

(148) 点堪姬蜂 *Campodorus punctatus* Sheng, Sun & Li, 2020

Campodorus punctatus Sheng, Sun & Li, 2020. European Journal of Taxonomy, 658: 14.

♀ 体长约 11.3 mm。前翅长约 8.7 mm。产卵器鞘长约 0.7 mm。

复眼内缘近平行，在触角窝处稍凹。颜面宽约为长的 1.9 倍，中央均匀稍隆起；呈细粒状表面，具均匀的黄褐色短毛，中部的细颗粒相对粗大；上缘中央具 1 瘤突；触角外侧方深凹。唇基沟无；唇基凹小，近圆形深凹。颜面和唇基质地明显不同。唇基阔，宽约为长的 3.1 倍；横向隆起，中部呈圆形隆凸；光亮，具稀疏的黄褐色长毛；端缘中部弧形深凹。上颚强壮，基半部具稀疏的黄褐色长毛，中部具弱横皱，端部光亮；上端齿稍大于下端齿。颊区呈细革质状表面，具稀疏的黄褐色短毛。颚眼距约为上颚基部宽的 0.4 倍。上颊中等阔，中部纵向稍圆形隆起；光亮，呈细纹状表面，具稠密的细毛点和黄褐色短毛。头顶质地同上颊，毛点相对稀疏，在单眼区后方均匀斜截。单眼区明显抬高，中部均匀凹，质地同头顶；单眼中等大小，强隆起；侧单眼间距约为单复眼间距的 0.6 倍。额相对平，呈细粒状表面；靠近触角窝处稍凹。触角鞭节 37 节，第 1～5 节长度之比依次约为 1.8∶1.2∶1.1∶1.0∶1.0。后头脊完整，在上颚基部后方与口后脊相接。

前胸背板前缘呈细纹状表面，光亮，具稠密的黄褐色短毛；侧凹浅阔，光亮，上半部具短皱，中部呈细粒状表面，下部的斜皱直达后缘；后上部呈细粒状表面，具稀疏的黄褐色短毛。中胸盾片圆形隆起，呈细粒状表面，具稠密的黄褐色短毛；中叶前缘几乎垂直；盾纵沟基半部明显。盾前沟深阔，近光滑光亮。小盾片圆形隆起，呈细粒状表面，具稀疏的细毛点和黄褐色短毛。后小盾片横向隆起，呈微细纹状表面。中胸侧板相对平，呈微细纹状表面，光亮，具均匀稠密的细毛点和黄褐色短毛；中央大部均匀凹入，光滑光亮，毛点非常稀疏；镜面区非常大，光滑光亮；中胸侧板凹浅横沟状；胸腹侧脊明显，背端约伸达中胸侧板前缘的 0.7 处，末端靠近中胸侧板前缘，后方具短皱。后胸侧板圆形稍隆起，呈细粒状表面，具稠密的黄褐色短毛；下后角具短皱；后胸侧板下缘脊完整。爪简单；后足第 1～5 跗节长度之比依次约为 5.1∶2.5∶1.9∶1.0∶1.4。翅浅黄褐色，透明；小脉位于基脉外侧，二者之间的距离约为小脉长的 0.4 倍；无小翅室；第 2 回脉位于肘间横脉外侧，二者之间的距离约为肘间横脉长的 1.3 倍；外小脉在下方约 0.4 处曲折；后小脉在中央稍下方曲折。并胸腹节圆形稍隆起，分脊缺，其他脊完整；基区呈倒梯形，均匀凹，近光亮；中区近梯形，稍凹，光滑光亮；端区斜，近半圆形，稍光亮，具稀疏的黄褐色短毛，中央具 1 纵脊；第 1、第 2 侧区的合并区呈细粒状表面，具稀疏的黄褐色短毛；气门小，近圆形，靠近外侧脊，位于基部约 0.25 处。

腹部第 1 节背板长约为端宽的 1.2 倍；侧缘向端部渐变宽，呈细粒状表面；背中脊向后均匀收敛，伸达气门后，基部深凹，近光亮；端缘光滑光亮；背侧脊在气门后完整，腹侧脊完整；基侧凹小；气门小，圆形，位于背板基部约 0.4 处。第 2 节背板梯形，长约为基部宽的 0.8 倍，约为端宽的 0.7 倍；呈细粒状表面，具均匀的细毛点和黄褐色微毛；窗疤小，近椭圆形，呈细粒状表面。第 3 节及以后各节背板光亮，呈微细纹状表面，具均匀的细毛点和黄褐色微毛。产卵器鞘短，稍伸出腹末，长约为自身宽的 3.0 倍。产卵器直，侧扁，向端部渐尖，中央背方具缺刻。

体黑色，下列部分除外：唇基（端半部褐色，中央的隆起处黑褐色），上颚（端齿黑褐色），下颚须，下唇须，前胸侧板后上角的小斑，翅基片，翅基黄色至黄褐色；前足（基节端半部内侧、转节黄色至黄褐色），中足（转节黄色至黄褐色；基跗节端半部、第 2～4 跗节褐色；末跗节、爪暗褐色至黑褐色）黄褐色；后足基节、转节、腿节（端缘黑褐色），胫节（亚基部稍带黄褐色）、跗节黑褐色，爪暗褐色；触角鞭节（第 1 节基半部腹面暗褐色，其余鞭节褐色），翅痣（基部少许黄褐色），翅脉，产卵器鞘暗褐色至黑褐色。

分布：中国（北京）；俄罗斯。

观察标本：1♀（正模），北京门头沟，2008-Ⅷ-22，王涛。

(149) 光堪姬蜂 *Campodorus rasilis* Sheng, Sun & Li, 2020

Campodorus rasilis Sheng, Sun & Li, 2020. European Journal of Taxonomy, 658: 17.

♀ 体长约 8.2 mm。前翅长约 7.1 mm。产卵器鞘长约 0.4 mm。

复眼内缘近平行，在触角窝处微凹。颜面宽约为长的 1.8 倍，中央均匀稍隆起，具稠密的细刻点和黄褐色短毛；眼眶处呈粒状表面，刻点非常细；上缘中央稍凹，中央具 1 瘤状突。颜面与唇基稍分开。唇基阔，宽约为长的 3.3 倍；横向隆起，光亮，具非常稀疏的黄褐色长毛，端半部毛相对密；亚端部中央圆形隆起，呈圆瘤状；外端缘片状，端缘中央凹。上颚强壮且阔，光亮，基半部具黄褐色的长毛；端齿光滑，等长。颊区呈粒状表面。颚眼距约为上颚基部宽的 0.4 倍。上颊阔，向上变宽，中部纵向隆起，向后收敛；呈细纹状表面，具均匀的细毛点和黄褐色短毛。头顶质地同上颊，靠近侧单眼处呈粒状表面，单眼区之后均匀凹入。单眼区稍抬高，中间凹，呈粒状表面；单眼中等大小，隆凸；侧单眼间距约为单复眼间距的 0.8 倍。额稍平，在触角窝后方微凹，呈粒状表面，具稠密的刻点，中部刻点相对稍粗；触角窝之间几乎光滑。触角鞭节 35 节，第 1～5 节长度之比依次约为 1.7∶1.2∶1.0∶1.0∶1.0。后头脊完整，在上颚基部上方与口后脊相接。

前胸背板前缘上半部呈粒状表面，具细皱和黄褐色短毛，下半部光滑光亮；侧凹阔，上缘中央具短皱、直达背部，中下部的斜纵皱直达后缘；后缘具短皱；后上部光亮，具均匀的细毛点和黄褐色短毛。中胸盾片圆形隆起，光亮，具均匀的细毛点和黄褐色短毛；盾纵沟基半部痕迹明显。盾前沟阔，外侧方具短皱，光亮，具黄褐色的短毛。小盾片圆形隆起，质地同中胸盾片，刻点相对稀疏。后小盾片横向隆起，质地同小盾片。中胸侧板稍隆起，光亮，具稠密的细毛点和黄褐色短毛，中央的毛点相对稀疏；下后角具短皱；镜面区非常大，光滑光亮；中胸侧板凹横沟状；胸腹侧脊明显，约为中胸侧板高的 0.6

倍。后胸侧板光亮，具均匀的细毛点和黄褐色短毛；下后角具短皱；后胸侧板下缘脊完整。前足胫节末端具 1 大齿；爪简单；后足第 1～5 跗节长度之比依次约为 5.3∶2.5∶1.8∶1.0∶1.7。翅浅黄褐色，透明；小脉位于基脉外侧，二者之间的距离约为小脉长的 0.3 倍；第 2 肘间横脉消失；第 2 回脉位于第 1 肘间横脉外侧，二者之间的距离约为第 1 肘间横脉长的 1.4 倍；外小脉在下方约 0.45 处曲折；后小脉在下方约 0.2 处曲折。并胸腹节圆形隆起，无基横脊；中区与基区、端区之间无脊分隔；中纵脊均匀向后分散，中纵脊之间光滑光亮；侧区光亮，具均匀的细毛点和黄褐色短毛；端区斜，光亮，呈细皱状表面，靠近端横脊的皱相对粗；外侧区质地同侧区，毛点相对密；气门小，圆形，位于基部约 0.3 处。

腹部第 1 节背板长约为端宽的 1.3 倍；基部深凹，光亮，后部具微细纹状表面，端缘光滑，具稀疏的细毛点和黄褐色短毛；背中脊向后收敛，达气门后；气门前侧方稍凹；背侧脊、腹侧脊完整；具基侧凹；气门小，圆形，约位于背板中央稍前方。第 2 节背板长约为基部宽的 0.7 倍，约为端宽的 0.5 倍；具窗疤；背板质地同第 1 节背板。第 3 节及以后各节背板呈微细纹状表面，光亮，具均匀的细毛点和黄褐色短毛。雌虫下生殖板近方形。产卵器鞘长约为自身宽的 3.5 倍，约为腹末厚度的 0.6 倍。产卵器基部阔，侧扁，末端尖；具非常大的亚端背缺刻。

体黑色，下列部分除外：颜面下外侧的斑，上颚（端齿暗红褐色），前胸背板上缘的横带、上后角，翅基片，翅基，翅基下脊，中胸盾片在盾纵沟基部的斑，小盾片（基部中央纵向少许、端半部红褐色），中胸背板后缘，中胸后侧片上缘，腹部第 1～7 节背板后缘黄色；唇基外侧部分黄色，中央大部黄褐色，中央的瘤突暗红褐色；颜面上缘的瘤突，触角柄节、梗节腹面、鞭节褐色；前足（腿节黄褐色稍带红褐色；胫节、跗节黄褐色），中足（基节基部、腿节黄褐色稍带红褐色；胫节、基跗节、第 2 跗节基半部黄褐色；第 2 跗节端半部、第 3 跗节褐色；第 4 跗节暗褐色；末跗节黑褐色）黄白色；后足基节红色，转节（第 1 转节基部稍带红褐色）黄白色至黄褐色，腿节（端缘黑褐色）暗红褐色；后足胫节基半部浅黄色，亚基部稍带黑色，端部约 0.4 和跗节黑色；翅脉，翅痣（基部少许黄褐色）暗褐色至黑褐色；腹部第 1 节腹板后半部、第 2～3 节腹板（亚侧缘的斑黑褐色）、第 4 节腹板（亚侧缘的斑黑褐色；中央少许褐色）、第 5～6 节腹板端半部黄白色；第 2～3 节背板折缘（中央大部褐色）黄褐色；产卵器鞘暗褐色。

分布：中国（北京）。

观察标本：1♀（正模），北京延庆，2012-Ⅶ-13，集虫网。

(150) 截堪姬蜂 *Campodorus truncatus* Sheng, Sun & Li, 2020

Campodorus truncatus Sheng, Sun & Li, 2020. European Journal of Taxonomy, 658: 20.

♀ 体长 7.0～7.5 mm。前翅长 7.0～8.0 mm。产卵器鞘短，不伸出腹末。

颜面（下方稍窄）宽约为长的 1.9 倍，较平坦，呈细革质微粒状表面，中部微弱隆起，上部中央小“V”形下凹，凹底具 1 不明显的小脊瘤。唇基沟弱浅。唇基横长形，宽约为长的 3.3 倍，表面较颜面光滑，具稀疏的细刻点；中部两侧稍隆起、之间稍浅凹；

端缘中央钝厚，两侧薄三角片状前突。上颚基部光滑，具稀疏的浅细毛刻点；下端齿稍短于上端齿。颊呈细革质状表面，颚眼距约为上颚基部的 0.7 倍。上颊具细革质状表面和不明显的微细毛，向后方明显加宽，侧面观（中央位置）其宽约为复眼横径的 0.9 倍。头顶质地同上颊；单眼区稍抬高，中央具浅纵沟；侧单眼间距约为单复眼间距的 0.8 倍。额平坦，质地同头顶。触角丝状，鞭节 38 节，第 1～5 节长度之比依次约为 2.8∶2.0∶1.7∶1.7∶1.6，向端部渐细渐短。后头脊细而完整。

前胸背板呈细革质微皱状表面，侧凹具稠密的弱细横皱（上方较明显）。中胸盾片均匀隆起，具较细腻的革质状表面，侧缘具不明显的微细刻点；盾纵沟细浅，约伸达前翅翅基连线处；中叶前部较隆起。小盾片较小，三角形；基部中央凹陷，端部稍隆起、具细革质状表面和不明显的微细刻点；基部具细侧脊。后小盾片稍隆起，具细革质状表面。中胸侧板具细革质微皱状表面和不明显的微细刻点，中部均匀隆起；胸腹侧脊明显，背端伸达前胸背板后缘 1/2 处；镜面区小、光滑光亮，稍凸起；中胸侧板凹横沟状。后胸侧板上方具细革质微皱状表面，下方具稠密模糊的细皱；后胸侧板下缘脊完整，呈稍宽的边缘状，前端稍突出。翅稍褐色，透明；小脉位于基脉外侧，二者之间的距离约为小脉长的 0.3 倍；无小翅室；第 2 回脉远位于肘间横脉的外侧，二者之间的距离约为肘间横脉长的 1.2 倍；外小脉明显内斜，约在中央曲折；后小脉约在中央稍下方曲折。中后足较长，后足第 1～5 跗节长度之比依次约为 5.7∶3.0∶2.5∶1.4∶2.0；爪下基部具长栉毛。并胸腹节均匀隆起，具细革质微粒状表面；基部中央具横凹槽；基区和中区合并呈长花瓶状；端区近圆形，稍具弱皱；侧纵脊和外侧脊完整；外侧区端部具少许细横皱；并胸腹节气门圆形，约位于基部 0.1 处，在侧纵脊和外侧脊中央。

腹部纺锤形，具细革质状表面。第 1 节背板长约为端宽的 1.4 倍，向基部明显收敛；背中脊细，超过该节背板中央，2 脊中央浅纵凹；背侧脊细而完整；气门圆形，稍突出，约位于背板中央之前；第 2 节背板梯形，长约为端宽的 0.6 倍，基部两侧具窗疤；第 3 节背板侧缘近平行，长约为宽的 0.5 倍；以后背板逐渐向后收敛。产卵器鞘粗短；产卵器直，端部尖细，具亚端背凹。

体黑色，下列部分除外：触角鞭节红褐色，背侧基半部带黑褐色；唇基，上颚（端齿黑色），下颚须和下唇须，前胸背板后上角，翅基片，翅基，翅基下脊黄色；足（基节和转节基部黑色、端部带黄色，后足胫节端半部及跗节黑色）红褐色；腹部端半部背板后缘的狭边和端部侧缘浅黄色；翅痣，翅脉黄褐色。

分布：中国（辽宁）。

观察标本：1♀（正模），辽宁新宾，1994-Ⅴ-29，盛茂领；1♀（副模），辽宁新宾，1994-Ⅴ-28，盛茂领。

(151) 杂色基凹姬蜂 *Campodorus variegatus* (Jurine, 1807)

Anomalon variegatum Jurine, 1807. Nouvelle méthode de classer les Hyménoptères et les Diptères. 1. Hyménoptères, p.116.

♀ 体长约 7.0 mm。前翅长约 7.5 mm。产卵器鞘短，不伸出腹末。

颜面宽约为长的 1.5 倍，较平坦，具细革质状表面和稀疏的细刻点，中部上方微弱隆起，上缘中央小“V”形下凹，凹底具 1 明显的脊瘤。唇基沟弱浅。唇基横长形，宽约为长的 2.8 倍，表面光滑，具稀疏的带毛粗刻点；中部两侧无明显隆起；端缘中央钝厚、稍前突，两侧为薄的缘片状、稍前突，亚中央稍内凹。上颚基部具稀疏的毛细刻点；下端齿稍长于上端齿。颊呈细革质微皱状表面，颚眼距约为上颚基部宽的 0.5 倍。上颊具细革质状表面和稀疏不明显的毛细刻点，向后方稍增宽，侧面观（中央位置）其宽约为复眼横径的 0.8 倍。头顶呈细革质状表面；单眼区稍抬高，中央纵沟明显；侧单眼间距约为单复眼间距的 0.8 倍。额下半部稍凹，质地同头顶，具压痕状中纵沟。触角丝状，明显长于体长，鞭节 36 节，第 1～5 节长度之比依次约为 3.7∶2.1∶1.9∶1.9∶1.9，向端部渐短渐细。后头脊细而完整。

前胸背板呈细革质状表面，前下角显著前突；侧凹上方具稠密的弱细横皱，下方及后缘具稠密的细纵皱。中胸盾片均匀隆起，具细革质状表面和稠密的细刻点；盾纵沟明显，约伸达前翅翅基连线处；中叶前部较强隆起。小盾片较小，三角形；基部中央凹陷，中部明显隆起，具细革质状表面和不明显的微细刻点。后小盾片稍隆起，具细革质状表面，前方中央凹。中胸侧板具细革质状表面和稠密的细刻点，中部均匀隆起；胸腹侧脊明显，背端伸达前胸背板后缘中央上方；镜面区中等大小、光滑光亮，稍凸起，其前方具一呈细革质状表面的浅横凹；中胸侧板凹横沟状。后胸侧板较强隆起，呈细革质状表面，刻点不明显，下方具稠密模糊的细皱；后胸侧板下缘脊完整，前端稍突出。翅稍褐色，透明；小脉位于基脉外侧，二者之间的距离约为小脉长的 0.4 倍；无小翅室；第 2 回脉位于肘间横脉的外侧，二者之间的距离约为肘间横脉长的 1.1 倍；外小脉明显内斜，约在中央曲折；后小脉约在下方 0.2 处曲折，后盘脉弱化。足较长，后足第 1～5 跗节长度之比依次约为 4.8∶2.4∶1.6∶0.9∶1.6；爪下基部具长栉毛。并胸腹节均匀隆起，具细革质微皱状表面；基部中央具横凹槽；无基横脊；基区和中区合并呈长筒状，在亚端部向外稍肿胀；端区近圆形，具稠密模糊的弱皱；侧纵脊和外侧脊完整；外侧区端部具少许细横皱；并胸腹节气门圆形，约位于基部 0.2 处，在侧纵脊和外侧脊中央。

腹部背面近梭形，具细革质状表面。第 1 节背板长约为端宽的 1.4 倍，向基部明显收敛；背中脊细，约伸达该节背板亚端部，2 脊中央浅纵凹；背侧脊细而完整；气门圆形，稍突出，约位于背板中央稍前。第 2 节背板梯形，长约为端宽的 0.7 倍，基部两侧具窗疤；第 3 节背板倒梯形，长约为基部宽的 0.7 倍、约为端宽的 0.8 倍；以后背板侧扁，显著向后收敛。产卵器鞘短，约为腹端厚度的 0.4 倍；产卵器直，端部尖细。

体黑色，下列部分除外：颜面两侧的方斑（上缘不整齐），唇基，上颚（端齿黑褐色），颊及上颊前缘，下颚须和下唇须，前胸侧板（上部黑色），前胸背板前下角、后上角及后上缘，中胸盾片中叶前部两侧、侧叶前缘，翅基片，翅基，翅基下脊，中胸侧板腹侧的长纵斑（不规则，前宽后窄，前中部具黑斑），前中足基节和转节，均为乳黄色至黄色；小盾片，后小盾片黄褐色至红褐色；足红褐色，中足跗节大部暗褐色，后足胫节端半部及跗节黑色；腹部第 2 节及以后背板端缘具黄色狭边；翅痣，翅脉（前缘脉黑色）暗褐色。

分布：中国（辽宁）；蒙古国，欧洲。

观察标本：1♀，辽宁新宾，2009-Ⅷ-26，集虫网。

39. 登姬蜂属 *Dentimachus* Heinrich, 1949

Dentimachus Heinrich,1949. Mitteilungen Münchener Entomologischen Gesellschaft, 35-39:86. Type-species: (*Dentimachus morio* Heinrich) = *politus* Habermehl.

全世界已知 9 种，我国已知 5 种。我国已知种检索表可参考相关文献（盛茂领等，2013）。

(152) 官山登姬蜂 *Dentimachus guanshanicus* Sun & Sheng, 2011

Dentimachus guanshanicus Sun & Sheng, 2011. Acta Zootaxonomica Sinica, 36: 419.

分布：中国（江西）。

观察标本：1♀（正模），江西官山，415 m，2010-Ⅴ-07，孙淑萍。

(153) 河南登姬蜂 *Dentimachus henanicus* Sheng, 2009

Dentimachus henanicus Sheng, 2009. Insect fauna of Henan, Hymenoptera: Ichneumonidae, p.126.

分布：中国（河南）。

观察标本：1♀（正模），河南内乡宝天曼自然保护区，1300 m，1998-Ⅶ-11，盛茂领。

(154) 无脊登姬蜂 *Dentimachus incarinalis* Sheng & Sun, 2013

Dentimachus incarinalis Sheng & Sun, 2013. Ichneumonid fauna of Jianxi (Hymenoptera: Ichneumonidae), p.269.

分布：中国（江西）。

观察标本：1♀（正模），江西全南，650 m，2008-Ⅶ-02，集虫网。

(155) 白斑登姬蜂 *Dentimachus pallidimaculatus* Kaur, 1989

Dentimachus pallidimaculatus Kaur, 1989. Oriental Insects, 23: 295.

分布：中国（江西、福建）。

观察标本：3♂♂，江西吉安，2008-Ⅴ-21～Ⅵ-15，集虫网；1♂，江西资溪马头山，400 m，2009-Ⅴ-01，集虫网；1♂，江西武功山，590 m，2015-Ⅴ-19，姚钰；13♂♂，江西武功山，525～620 m，2016-Ⅴ-03～Ⅵ-06，姚钰；5♂♂，江西修水县黄沙港林场，500 m，2016-Ⅵ-06，冷先平；1♀，江西官山东河站，2016-Ⅵ-28，方平福；3♀♀23♂♂，江西马头山，160～280 m，2017-Ⅴ-09～Ⅶ-04，盛茂领、李涛。

(156) 褐腹登姬蜂 *Dentimachus rufiabdominalis* Kaur, 1989

Dentimachus rufiabdominalis Kaur, 1989. Oriental Insects, 23: 296.

分布：中国（江西、福建）。

观察标本：1♀，江西全南，700 m，2008-Ⅴ-24，集虫网；1♀，江西资溪马头山，2009-Ⅴ-22，集虫网；1♂，江西全南，628 m，2008-Ⅴ-04，集虫网；2♂♂，江西吉安双江林场，174 m，2009-Ⅴ-10；集虫网；1♂，江西官山，400～450 m，2010-Ⅵ-22，集虫网；1♂，江西九连山，2012-Ⅷ-05，盛茂领；6♂♂，江西武功山红岩谷，620 m，2016-Ⅴ-16，姚钰；5♀♀，江西官山东河站，2016-Ⅴ-17～Ⅵ-14，方平福；2♀♀1♂，江西马头山，280 m，2017-Ⅳ-18～25，盛茂领。

40. 稀姬蜂属 *Himerta* Förster, 1869

Himerta Förster, 1869. Verhandlungen des Naturhistorischen Vereins der Preussischen Rheinlande und Westfalens, 25(1868): 200. Type-species: *Euryproctus* (*Himerta*) *bisannulatus* Thomson. Included by Thomson, 1883.

该属全世界已知 26 种我国已知 3 种（Yu et al., 2016）。已知寄主全部为叶蜂类。

稀姬蜂属中国已知种检索表

1. 并胸腹节无中纵脊和端横脊；颜面、唇基和后足完全黑色………………黑稀姬蜂 *H. piceus* Sheng

　并胸腹节至少具弱的中纵脊或端横脊；颜面浅黄色，或至少唇基浅黄色；后足至少胫节具白环‥2

2. 并胸腹节中部较隆起，无中纵沟，中纵脊端半部明显存在，无端横脊；颜面浅黄色；腹部第 2、第 3 节背板红褐色…………………………………………………………白额稀姬蜂 *H. albifrons* (Uchida)

　并胸腹节中央不隆起，具浅细的中纵沟，无中纵脊，具清晰的端横脊；颜面和腹部背板完全黑色 ……………………………………………………无点稀姬蜂 *H. impuncta* Sheng, Zhang & Hong

(157) 白额稀姬蜂 *Himerta albifrons* (Uchida, 1930)

Daisetsuzania albifrons Uchida, 1930. Journal of the Faculty of Agriculture, Hokkaido University, 25: 289.

♀ 体长约 9.0 mm。前翅长约 8.5 mm。触角长约 9.0 mm。

头部具细革质状表面和稠密的细刻点。复眼内缘近平行。颜面宽约为长的 2.0 倍，上方中央具 1 不明显的弱瘤突，亚中央具浅的纵凹痕。唇基沟弱浅。唇基亚基部横棱状隆起，端缘稍横凹，端缘中央稍弧形内凹。上颚端齿短钝，上端齿截面中央稍凹，上端齿稍长于下端齿。颚眼距约为上颚基部宽的 0.6 倍。上颊侧面观约为复眼横径的 0.7 倍，后上部明显加宽。侧单眼间距约等于单复眼间距。额呈细革质状表面，相对较平。触角鞭节 39 节，第 1～5 节长度之比依次约为 3.1∶1.8∶1.6∶1.4∶1.3，以后各小节相对均匀，端部稍细。后头脊背方中央稍磨损，此处稍抬高。

前胸背板后上角显著突出；前沟缘脊可见。中胸盾片较强隆起，中央前缘几乎垂直，盾纵沟仅前部具宽浅的弱痕。胸腹侧脊细弱，约伸至中胸侧板高的 0.5 处。镜面区小而光亮。小脉位于基脉外侧，二者之间的距离约为小脉长的 0.3 倍；基脉较直；盘肘脉明显向上弓曲；无小翅室；第 2 回脉位于肘间横脉外侧，二者之间的距离约为肘间横脉长的 0.8 倍；外小脉明显内斜，约在下方 0.4 处曲折；后小脉约在上方 0.35 处曲折。足强壮；后足第 1～5 跗节长度之比依次约为 3.2∶1.8∶1.1∶0.8∶1.0。爪小而简单、尖细。并胸腹节较强隆起，具稠密模糊的弱细皱；中纵脊细弱，在中部稍上方向内收敛且有一小段相互平行；基横脊中段具弱痕；侧纵脊弱而模糊，外侧脊细而完整；气门圆形，约位于基部 0.35 处。

腹部具细革质皱粒状表面，第 4 节至腹末各节端部具不明显的细刻点。第 1 节背板长约为端宽的 1.65 倍，向基部逐渐收敛，基部中央纵向深凹；背中脊、背侧脊基部明显；气门小，圆形，突出，约位于背板中央处。第 2 节背板梯形，长约为端宽的 0.76 倍。第 3 节背板侧缘近平行（基部稍窄），长约为宽的 0.6 倍。第 4 节及以后背板逐渐向后收敛。产卵器鞘短，未伸达腹末。

体黑色，下列部分除外：触角鞭节腹侧黄褐色，背侧棕褐色；触角柄节腹侧、鞭节中段第 14～26（27）节，颜面（上方中央的楔形斑黑色）及额眼眶下段，颊下半部，唇基，上唇，上颚（端齿基部红褐色，齿尖褐黑色），下唇须，下颚须，前胸背板后上角，翅基片外缘，均为黄色；小盾片前部，翅基下脊，腹部第 1 节背板端部、第 2～3 节背板及第 4 节背板基部红褐色；前足（胫节和转节黑色）红褐色；中后足转节端部、腿节基部红褐色，中足胫节端半部暗褐色，中后足跗节黄褐色（后足第 1 跗节中段褐黑色），各足胫节基段黄白色；翅痣黄褐色，翅脉褐色。

♂ 体长 8.5～9.5 mm。前翅长 7.5～8.0 mm。触角长 8.0～8.5 mm。触角鞭节 36 节，中段 13（15）～21 节黄色，鞭节背侧褐黑色。小盾片完全黑色。前中足红褐色（基节和转节黑色），基节腹侧端缘及转节腹侧、胫节外侧及跗节黄色；后足胫节基半部红褐色，跗节黑色。腹部第 2 节背板端部及第 3～4 节背板红褐色。体壁刻点较清晰。并胸腹节呈细革质状弱皱表面。

分布：中国（辽宁）；日本。

观察标本：1♀2♂♂，辽宁新宾，1994-Ⅴ-28～29，盛茂领。

(158) 无点稀姬蜂 *Himerta impuncta* Sheng, Zhang & Hong, 1998

Himerta impuncta Sheng, Zhang & Hong, 1998. Acta Zootaxonomica Sinica, 23(3): 299.

♀ 体长 7.0～9.0 mm。前翅长 6.0～8.0 mm。

颜面宽约为长的 1.9 倍，中央稍隆起，表面呈细革质状，具较稠密的细刻点。唇基宽约为长的 2.5 倍，端缘凹陷。上颚上端齿稍长于下端齿。颊区呈细革质状表面，颚眼距约为上颚基部宽的 1/2。侧单眼间距约等于单复眼间距。触角鞭节 32～35 节，第 1～5 节长度之比依次约为 9.0∶6.0∶5.5∶5.0∶5.0。后头脊完整。

前胸背板具细革质状表面和稠密的细刻点。中胸盾片质地同前胸背板，盾纵沟前端明显。中胸侧板光亮，刻点同中胸盾片；胸腹侧脊背端伸达中胸侧板高的 0.6 处；翅基下脊下方具弱横皱；镜面区光亮，周围具弱皱。后胸侧板隆起，具与中胸侧板相似的刻点，后胸侧板下缘脊完整。翅透明，无小翅室，小脉与基脉对叉或位于基脉的稍外侧；

第 2 回脉位于肘间横脉外侧，二者之间的距离等于或稍短于它至第 2 回脉间的距离；外小脉在下方约 0.4 处曲折；后小脉曲折，上段约为下段长的 1.5 倍。足较强壮，后足跗节第 1～5 节长度之比依次约为 18.0∶9.0∶7.0∶4.5∶5.0。并胸腹节均匀隆起，中纵脊弱，侧纵脊和外侧脊明显；端横脊强壮；端区具 1 中纵脊；并胸腹节气门卵圆形，约位于基部 0.3 处。

腹部第 1 节背板长约为端宽的 1.2 倍；具细革质状表面；背板中央稍纵凹，端半部隆起；气门小，圆形，位于中部稍内侧（0.45 处）。第 2 节背板长约为端宽的 0.6 倍。产卵器鞘长约为宽的 2.6 倍。

体黑色，下列部分除外：唇基，上颚（端齿暗红褐色除外），下颚须，下唇须，前胸背板后上角，翅基片，前足（基节、腿节红褐色除外），中足（基节、腿节红褐色除外）和后足胫节中部黄褐色；小盾片端部稍暗红褐色；后足基节、转节、腿节（端部稍黑褐色）红褐色，胫节基部、端部和跗节黑褐色；触角鞭节，翅痣，翅脉黑褐色。

♂ 体长 7.0～9.0 mm。前翅长 7.0～8.0 mm。颜面，唇基，上颚（端齿除外），下颚须，下唇须，前胸背板后上角，翅基片黄色。

寄主：落叶松叶蜂 *Pristiphora erichsonii* (Hartig)。

分布：中国（吉林、河北、内蒙古）。

观察标本：1♀（正模）（自落叶松叶蜂茧羽化），吉林汪清大兴沟，1994-Ⅴ-28，盛茂领；5♀♀4♂♂（副模），吉林汪清大兴沟，1994-Ⅴ-04～Ⅵ-20，盛茂领；1♂（自落叶松叶蜂茧羽化），河北秦皇岛祖山（老岭），1996-Ⅵ-08，盛茂领；6♂♂3♀♀，河北秦皇岛祖山（老岭），1997-Ⅳ-16～Ⅴ-20，盛茂领；2♀♀（自落叶松叶蜂茧羽化），吉林延吉帽儿山，400 m，2009-Ⅴ-28～29，李涛；15♂♂（自落叶松叶蜂茧羽化），吉林延吉帽儿山，400 m，2009-Ⅴ-24～Ⅵ-16，李涛。

(159) 黑稀姬蜂 *Himerta piceus* Sheng, 1999

Himerta piceus Sheng, 1999. Journal of Northeast Forestry University, 27(3): 81.

分布：中国（河北）。

观察标本：1♀（正模）2♀♀（副模），河北秦皇岛祖山自然保护区（老岭），1000～1200 m，1996-Ⅷ-20，盛茂领；1♀，辽宁宽甸，2017-VII-26，集虫网。

41. 拉加姬蜂属 *Lagarotis* Förster, 1869（中国新纪录）

Lagarotis Förster, 1869. Verhandlungen des Naturhistorischen Vereins der Preussischen Rheinlande und Westfalens, 25(1868): 205. Type: *Ichneumon semicaligatus* Gravenhorst. Designated by Viereck, 1914.

主要鉴别特征：前翅长 6.5～9.5 mm；唇基阔，稍隆起，具稀疏刻点；上颚长，下端齿稍长于上端齿；具小翅室，通常小，很少缺；小脉位于基脉外侧，二者之间的距离约为小脉长的 0.2～0.4 倍；后小脉在中央稍下方曲折；并胸腹节基横脊消失；腹部第 1

节背板背中脊弱，背侧脊完整。

该属已知寄主：三节叶蜂科 Argidae、叶蜂科 Tenthredinidae、锤角叶蜂科 Cimbicidae、扁叶蜂科 Pamphiliidae。

全世界仅已知 10 种，东古北区 2 种（也分布于西古北区），西古北区 10 种。这里介绍在我国发现的 2 新种。

拉加姬蜂属中国已知种检索表

触角鞭节 52～53 节；腹部第 1 节背板长约为端宽的 2.5 倍；触角黑色；腹部背板完全黑色………………………………………………………………京拉加姬蜂，新种 *L. beijingensis* Sheng, Sun & Li, sp.n.

触角鞭节 31 节；腹部第 1 节背板长约为端宽的 1.7 倍；触角背面黑褐色，腹面暗褐色；腹部第 2～4 节背板红褐色（折缘褐色至暗褐色）…………赣拉加姬蜂，新种 *L. ganica* Sheng, Sun & Li, sp.n.

(160) 京拉加姬蜂，新种 *Lagarotis beijingensis* Sheng, Sun & Li, sp.n.（彩图 33）

♀ 体长 8.6～11.6 mm。前翅长 7.0～8.8 mm。产卵器鞘长 0.6～0.7 mm。

复眼内缘近平行，在触角窝外侧稍凹。颜面宽约为长的 1.4 倍，稍平，中部微隆起；呈粒状表面，中央至端部呈粗糙的颗粒状，具稀疏的细毛点和黄白色短毛；上缘中央微凹，具 1 瘤突。唇基和颜面稍分开。唇基沟弱；唇基凹圆形，深凹。唇基阔，中央横向隆起至端缘，宽约为长的 3.6 倍，光亮，具非常稀疏的毛点和黄褐色长毛；端缘平截，中部均匀凹。上颚强壮，基半部呈细粒状表面，夹杂稠密的细毛点和黄褐色长毛；中部具细横皱，端齿光滑光亮，下端齿稍长于上端齿。颊呈细革质状表面。颚眼距约为上颚基部宽的 0.6 倍。颊中等阔，呈粒状表面，向后均匀斜截；具稠密的细毛点和黄白色短毛。头顶质地同上颊，颗粒状表面相对细密。单眼区稍抬高，中央凹，质地同头顶；单眼中等大小，隆凸；侧单眼间距约为单复眼间距的 0.9 倍。额稍凹，上半部呈粒状表面，在中单眼前方呈细纹状表面；中下部呈不规则皱状表面。触角鞭节 52～53 节，第 1～5 节长度之比依次约为 2.6∶1.4∶1.1∶1.1∶1.0。后头脊完整，在上颚基部上方与口后脊相接。

前胸背板前缘呈细皱状表面，具稠密的黄白色短毛；侧凹阔，呈不规则网皱状表面；后上部呈粗粒状表面。中胸盾片圆形隆起，具均匀稠密的细毛刻点和黄白色短毛，中央的毛窝相对粗大，后部呈网皱状，在盾前沟外侧具斜皱；盾纵沟基部痕迹存在，该区域毛窝相对粗大。盾前沟深阔，光滑光亮。小盾片圆形强隆起，质地和刻点同中胸盾片。后小盾片横形隆起，质地同小盾片，毛点相对细，前凹深阔。中胸侧板稍平，呈不规则网皱状表面，在镜面区前方呈斜皱状，中下部的网皱相对粗；镜面区小，光滑光亮；中胸侧板凹浅横沟状；胸腹侧脊明显，几乎达中胸侧板前缘，约为中胸侧板高的 0.5 倍，在其中部后方具短皱。后胸侧板圆形隆起，呈细网皱状表面；下后角具 1 明显粗斜皱；后胸侧板下缘脊完整，前缘强隆起。翅黄褐色，透明；小脉位于基脉外侧，二者之间的距离约为小脉长的 0.3 倍；小翅室斜三角形，具短柄，柄长约为第 1 肘间横脉长的 0.4 倍；第 2 肘间横脉稍长于第 1 肘间横脉；第 2 回脉约在小翅室下外角处与之相接；外小脉在中央稍下方曲折；后小脉在下方约 0.4 处曲折。爪简单，基半部具栉齿；后足第 1～

5 跗节长度之比依次约为 4.9∶2.4∶1.7∶1.0∶1.6。并胸腹节圆形稍隆起，基横脊消失，端横脊弱；中纵脊基部和端半部消失，中部明显，向后稍开放，该区域呈网皱状表面，端半部相对粗大；基部中央弧形深凹，近光亮；侧区呈粗毛窝状表面，端半部呈不规则细皱状表面；端区呈细皱状表面；外侧区质地同侧区，气门中等大，圆形，靠近外侧脊，位于基部约 0.2 处。

腹部第 1 节背板长约为基部宽的 4.4 倍，约为端宽的 2.5 倍；呈细皱状表面，具稠密的黄白色短毛，端缘几乎光滑光亮；基部深凹；背中脊缺，背侧脊在端半部明显，腹侧脊完整；基侧凹大；气门小，圆形强隆凸，位于基部约 0.4 处。第 2 节背板梯形，长约为基部宽的 1.5 倍，约等长于端宽，具细粒状表面，端部相对细密，端缘光滑无毛；窗疤近圆形深凹，位于基部外侧。第 3 节背板呈细革质粒状表面，端半部细纹状，具稠密细毛点和黄白色短毛。第 4 节及以后各节背板呈细纹状表面，具均匀稠密的细毛点和黄白色短毛。产卵器鞘短，未伸抵腹末，长约为自身宽的 4.1 倍。产卵器侧扁，末端尖，中部具亚背瓣缺刻。

体黑色，下列部分除外：唇基，上颚中部及上缘中央褐色至红褐色；端齿暗红褐色；下颚须，下唇，产卵器鞘暗褐色至黑褐色；翅基片褐色至黄褐色；翅基黄色；前足（基节、转节黑色；跗节除末跗节端半部褐色外为黄褐色），中足（基节、转节黑色；胫节端缘内侧少许、第 1～2 跗节除基半部黄褐色至褐色外、第 3～5 跗节暗褐色）红褐色；后足胫节基半部黄褐色；翅痣浅黄褐色，翅脉褐色。

♂ 体长约 10.2 mm，前翅长约 7.4 mm，触角鞭节 48 节。体黑色，下列部分除外：颜面，唇基，上颚（端齿红褐色），翅基片，翅基，翅基下脊黄色；下颚须，下唇须黄白色；前足（基节大部黑褐色，端缘黄白色；转节黄白色），中足（基节基部、背侧黑褐色，前部和端缘黄白色；转节黄白色；第 3～5 跗节、爪褐色），后足第 2 转节、腿节基缘、跗爪黄色至黄褐色；后足胫节基半部黄褐色至褐色；翅脉，翅痣（中央大部黄褐色至褐色）褐色至暗褐色。其他特征同雌虫。

正模 ♀，北京喇叭沟门，2016-Ⅹ-17，集虫网。副模：1♂，北京门头沟，2009-Ⅸ-22，王涛；4♀♀1♂，北京门头沟，2009-Ⅸ-29，王涛；1♀，北京门头沟，2012-Ⅸ-22，宗世祥；2♀♀，北京门头沟，2013-Ⅸ-28，宗世祥。

词源：本新种词源来自模式标本产地。

本新种与半拉加姬蜂 *L. semicaligata* (Gravenhorst, 1820) 近似，可通过下列特征区分：中胸盾片具均匀稠密的细刻点；后足腿节和腹部背板完全黑色。半拉加姬蜂：中胸盾片靠近翅基片处光滑光亮；后足腿节黄红色；腹部第 2、第 3 节背板红色。

(161) 赣拉加姬蜂，新种 *Lagarotis ganica* Sheng, Sun & Li, sp.n.（彩图 34）

♀ 体长约 7.4 mm。前翅长 5.4 mm。产卵器鞘长约 0.4 mm。

复眼内缘近平行。颜面宽约为长的 1.6 倍，稍平，中部微隆起，亚侧缘在触角窝下外侧稍凹；呈粒状表面，外侧较细，光亮，具均匀的细刻点和黄白色短毛；上缘中央微凹，具 1 瘤突，瘤突下方刻点稀疏。唇基和颜面稍分开。唇基阔，中央横向隆起，宽约为长的 2.7 倍，光亮，具非常稀疏的毛点和黄褐色长毛，端半部毛相对密；亚端缘稍凹，端缘平截。上颚强壮，基半部具稀疏的毛点和黄褐色长毛，端半部光滑光亮，下端齿稍长于上端齿。颊呈细革质状表面。颚眼距约为上颚基部宽的 0.6 倍。颊中等阔，光亮，中央纵向稍隆起；呈细纹状表面，具均匀的细毛点和黄白色短毛。头顶刻点同上颊，在单眼区后方斜截。单眼区稍抬高，中央凹，质地同头顶，刻点相对粗；单眼中等大小，隆凸；侧单眼间距约为单复眼间距的 0.8 倍。额刻点同头顶，在触角窝后方均匀凹。触角鞭节 31 节，第 1～5 节长度之比依次约为 2.2∶1.2∶1.1∶1.1∶1.0。后头脊完整，在上颚基部上方与口后脊相接。

前胸背板前缘具细皱；侧凹阔，上部具短皱，中下部的不规则皱直达后缘；中上部具长皱、直达后缘，上缘及后上角具均匀的细毛点和黄白色短毛。中胸盾片圆形隆起，呈粒状表面，具均匀稠密的黄白色短毛；中胸盾片中叶具均匀稠密的刻点，侧叶刻点稀疏；盾纵沟基半部明显，向后均匀收敛，伸达中胸盾片中部之后，盾纵沟基部具短皱。盾前沟深阔，几乎光滑光亮。小盾片圆形隆起，质地和刻点同中胸盾片中叶。后小盾片横形隆起，前凹深阔。中胸侧板稍平，中部具不规则长纵皱、夹杂细刻点，下部具细皱和粗刻点，翅基下脊具不规则斜皱；胸腹侧脊达中胸侧板高的 0.6 倍；镜面区中等大小，光滑光亮；中胸侧板凹横沟状，内具短皱。后胸侧板圆形稍隆起，具稠密的刻点和黄白色短毛，中后方具粗刻窝；下后角具短皱；后胸侧板下缘脊完整。翅透明；小脉位于基脉外侧，二者之间的距离约为小脉长的 0.3 倍；小翅室斜四边形，具柄，柄长约为第 1 肘间横脉长的 0.5 倍；第 2 肘间横脉稍长于第 1 肘间横脉，后半部缺；第 2 回脉在小翅室下外角内侧约 0.2 处与之相接；外小脉在下方约 0.4 处曲折；后小脉在下方约 0.4 处曲折。爪简单；后足第 1～5 跗节长度之比依次约为 4.9∶2.4∶1.7∶1.0∶1.6。并胸腹节稍隆起，基横脊消失，中纵脊基部靠拢，向中部变宽，后部弱；前缘凹深阔，光亮，内具短皱；中后部呈网皱状表面；侧脊基半部具稠密的刻点和黄白色短毛，后半部具网状皱；端区中央皱较粗，外侧缘稍光滑；气门圆形，靠近外侧脊，位于基部约 0.3 处。

腹部第 1 节背板长约为基部宽的 3.5 倍，约为端宽的 1.7 倍；呈细网皱状表面、夹杂细刻点，中央纵向稍粗，端缘光滑光亮；中纵脊基半部存在，几乎达气门；侧纵脊、腹侧脊完整；具基侧凹；气门小，圆形，位于中央稍后方。第 2 节背板梯形，长约为基部宽的 1.0 倍；呈微细网状皱表面，亚端部呈粒状表面，端缘光滑光亮；窗疤小，近圆形，光滑光亮。第 3 节背板质地同第 2 节背板，网皱相对细。第 4 节及以后各节背板光亮，具稠密的细毛点和黄白色短毛。雌虫下生殖板大，具向后倾斜的毛。产卵器鞘长约为自身宽的 4.1 倍。产卵器基部宽，侧扁，具亚背瓣缺刻。

体黑色，下列部分除外：唇基端半部暗褐色；上颚（基部中央的斑暗褐色；端齿暗红褐色），下颚须，下唇须，前胸背板后上角，翅基片，翅基黄白色至黄褐色；触角背面黑褐色，腹面暗褐色；前足（基节、转节黄白色至黄褐色；胫节、跗节、爪黄褐色），中足（基节、转节黄白色至黄褐色；胫节黄褐色；第 1～4 跗节褐色，末跗节暗褐色），后足（第 2 转节黄褐色；腿节端部少许、胫节基部少许和端半部、跗节、爪黑褐色），腹部第 2～4 节背板（第 2～3 节背板折缘、第 4 节背板外侧方及折缘褐色至暗褐色）红褐色；第 1 节腹板后半部、第 2～4 节腹板（亚纵带褐色）、第 5 节腹板中部黄白色；产卵器鞘褐色；翅痣，翅脉暗褐色。

正模 ♀，江西武功山红岩谷，538 m，2016-Ⅴ-30，姚钰（集虫网）。

词源：本新种名源于模式标本采集地名。

本新种与德拉加姬蜂 *L. debitor* (Thunberg, 1822) 近似，可通过下列特征区分：第 1 节背板均匀隆起，无纵沟；第 4 节背板红褐色。德拉加姬蜂：第 1 节背板在气门之间具弱纵沟；第 4 节背板黑色。

42. 侵姬蜂属 *Lamachus* Förster, 1869

Lamachus Förster, 1869. Verhandlungen des Naturhistorischen Vereins der Preussischen Rheinlande und Westfalens, 25(1868): 206. Type-species: *Tryphon lophyrum* Hartig. Original designation.

该属全世界已知 28 种，我国已知 5 种。已报道的寄主达 27 种，主要是叶蜂类。

侵姬蜂属中国已知种检索表

1. 并胸腹节具中纵脊；腹部第 1 节背板背中脊至少伸达气门……………………………………………2
   并胸腹节无中纵脊；腹部第 1 节背板背中脊不明显……………………………………………………3
2. 上颚端齿等长；颜面黑色，中央具黄色纵斑；后足腿节黑色；腹部背板黑色……………………………………………………………………………吉松叶蜂侵姬蜂 *L. gilpiniae* Uchida
   上端齿大于下端齿；颜面完全黑色；腹部中部背板（第 1 节端部、第 2～3 节、第 4 节大部分）和后足腿节红褐色……………………………阔侵姬蜂，新种 *L. dilatatus* Sheng, Li & Sun, sp.n.
3. 腹部第 1 节背板长约为端宽的 2.5 倍；触角鞭节 46～48 节；腹部第 2 节背板中部，第 3～5 节背板红色……………………………………………红腹侵姬蜂 *L. rufiabdominalis* Li, Sheng & Sun
   第 1 节背板长小于端宽的 2.1 倍；触角鞭节少于 46 节；腹部背板黑色……………………………4
4. 并胸腹节仅具较弱的外侧脊及端区两侧的脊；第 1 节背板长约为宽度的 2.1 倍，无背中脊；第 2 节背板长约为端宽的 1.1 倍；前胸背板后上角褐色；小盾片和后小盾片全部黑色；后足胫节基部约 0.7 白色……………………………………………………申氏侵姬蜂 *L. sheni* Sheng & Sun
   并胸腹节外侧脊明显；第 1 节背板长约为端宽的 1.4 倍，背中脊基部存在；第 2 节背板长约为端宽的 0.6 倍；前胸背板后上角，小盾片两侧斑、端部，后小盾片黄色；后足胫节黑色……………………………………………………………………黑侵姬蜂 *L. nigrus* Li, Sheng & Sun

(162) 阔侵姬蜂，新种 *Lamachus dilatatus* Sheng, Li & Sun, sp.n.（彩图 35）

♀ 体长 6.2～6.7 mm。前翅长 4.4～4.7 mm。产卵器鞘长 0.4～0.5 mm。

复眼内缘近平行，在触角窝外侧微凹。颜面中央均匀微隆起，宽约为长的 1.6 倍；光亮，呈细纹状表面，具均匀稀疏的细毛点和黄褐色短毛；亚基部中央具 1 瘤突；触角外侧方稍凹。颜面与唇基分界不明显，仅有颜色差别；唇基凹非常小，圆形深凹。唇基横阔，宽约为长的 2.9 倍；亚基部中央横向微隆起，光亮，具非常稀疏的黄褐色长毛，中央大部光滑无毛；亚端部稍凹，凹内具 1 排黄褐色长毛；端缘平截，稍上卷。上颚强壮，基半部具稀疏的黄褐色长毛，端缘光滑光亮；上端齿稍大于下端齿。颊区具细革质粒状表面，具稠密的黄褐色短毛。颚眼距约为上颚基部宽的 0.6 倍。上颊阔，中央纵向微隆起，光滑光亮，具均匀稠密的细毛点和黄褐色短毛；向后均匀收敛。头顶质地同上颊，在侧单眼外侧区呈细纹状表面，毛点相对稀疏；在单眼区后方斜截。单眼区稍抬高，中央凹，具稠密的细毛点和黄褐色短毛；单眼中等大；侧单眼间距约为单复眼间距的 1.3 倍。额相对平，表面细纹状，具稀疏的黄褐色短毛；在触角窝后方均匀凹。触角线状，鞭节 28～29 节，第 1～5 节长度之比依次约为 1.6∶1.3∶1.2∶1.1∶1.0。后头脊完整，在上颚基部后方与口后脊相接。

前胸背板前缘光亮，具稠密的黄白色短毛；侧凹浅阔，上半部具皱状表面，下半部中央的皱相对弱，下部的皱直达后缘；后上部光滑光亮，具均匀稀疏的细毛点和黄白色短毛；前沟缘脊强壮，几乎达上缘。中胸盾片圆形隆起，光滑光亮，具稠密的细毛点和黄白色短毛，中后部的毛点相对稀疏；盾纵沟前部存在。盾前凹深阔，光滑光亮。小盾片圆形隆起，光滑光亮，具稀疏的细毛点和黄白色短毛。后小盾片横向强隆起，光亮，具稀疏的黄白色短毛，前部深凹。中胸侧板微隆起，中部稍凹；光滑光亮，具稠密的细毛点和黄白色短毛，中央大部光滑无毛；镜面区非常大，光滑光亮；中胸侧板凹浅凹状；胸腹侧脊明显，末端靠近中胸侧板前缘，约为中胸侧板高的 0.6 倍。后胸侧板稍圆形隆起，上半部弱皱状，中央近光亮，下半部呈粗皱状表面；周缘短皱状；具稀疏的黄白色短毛；后胸侧板下缘脊完整。翅黄褐色，透明；小脉位于基脉外侧，二者之间的距离约为小脉长的 0.3 倍；外小脉在下方约 0.4 处曲折；小翅室斜三角形，具短柄，第 2 肘间横脉明显长于第 1 肘间横脉，第 2 回脉在小翅室下外角处与之相接；后小脉在下方约 0.3 处曲折。爪简单；后足第 1～5 跗节长度之比依次约为 3.8∶1.8∶1.4∶1.0∶1.2。并胸腹节稍隆起，中纵脊强壮，分区相对完整；基区近长方形，均匀凹，近光亮；中区近六边形，基部窄，向端部渐宽，近光亮，具短皱，靠近后缘具明显横皱；端区斜，表面呈弱皱状；第 1 侧区基半部近光亮，端半部具弱皱状表面，具稀疏的黄白色短毛；第 2 侧区具细皱状表面；外侧区具不规则细皱状表面，亚端部粗横皱状；气门中等大，近圆形，与外侧脊之间具宽脊相连，位于基部约 0.25 处。

腹部第 1 节背板长约为端宽的 1.4 倍；侧缘向端部渐宽；基部深凹，近光滑光亮，具稀疏的黄褐色微毛，中央和亚端部毛点相对稀疏，端缘光滑无毛；背中脊向后均匀收敛，几乎达气门；背侧脊在气门后短距离间断；腹侧脊完整；气门小，圆形，约位于背板中部。第 2 节背板梯形，长约为基部宽的 0.8 倍，约为端宽的 0.6 倍；光滑光亮，具均匀的细毛点和黄褐色微毛。第 3 节背板近长方形，长约为基部宽的 0.6 倍；光滑光亮，具均匀的细毛点和黄褐色微毛。第 4 节及以后各节背板光滑光亮，具均匀的细毛刻点和黄褐色微毛。产卵器鞘未达腹末，长约为自身最大宽的 3.7 倍；产卵器鞘基部阔，向端部渐尖，具亚端背凹。

体黑色，下列部分除外：唇基，上颚（基部暗褐色；端齿暗红褐色），下颚须，下唇须，前足（基节黑色；第 1 转节黑褐色，背缘黄褐色；腿节黄褐色至红褐色；末跗节、爪褐色），中足（基节黑色；第 1 转节基半部黑褐色，端缘黄褐色；腿节黄褐色至红褐色；末跗节、爪褐色至暗褐色），后足（基节、第 1 转节黑色；腿节红褐色；胫节端半部、跗节、爪暗褐色）黄褐色；翅基片，翅基黄色至黄白色；触角鞭节（基部数节背面黑褐色）

褐色至暗褐色；翅痣，翅脉褐色；腹部第1节背板端半部，第2～3节背板，第4节背板（基半部暗红褐色，有时不明显）红褐色。

正模 ♀，山东济南药乡林场，2017-Ⅷ-10，盛茂领（集虫网）。副模：1♀，山东济南药乡林场，2017-Ⅶ-12，盛茂领（集虫网）。

词源：本新种名源于产卵器鞘向后渐阔。

本新种与岩田侵姬蜂 *L. iwatai* Momoi，1962 近似，可通过下列特征鉴别：盾纵沟仅前端存在；触角鞭节28～29节；腹部第1节背板长约为端宽的1.4倍；第2节背板长约为端宽的0.6倍；后足腿节红褐色。岩田侵姬蜂：盾纵沟至少伸达中胸盾片中部；触角鞭节38～40节；腹部第1节背板长约为端宽的1.7倍；第2节背板长约等于端宽；后足腿节黑色。

(163) 吉松叶蜂侵姬蜂 *Lamachus gilpiniae* Uchida, 1955

Lamachus gilpiniae Uchida, 1955. Insecta Matsumurana, 19(1-2): 3.

♀ 体长9.0～10.0 mm。前翅长7.0～8.0 mm。

颜面宽为长的1.5～1.6倍，表面细革质状，具稀疏的细刻点；中央稍隆起。唇基基部光滑，端部较薄，端缘中央凹。上颚上端齿约与下端齿等长。颚眼距为上颚基部宽的0.35～0.5倍。上颊向后收敛，表面呈细革质状，具不明显的细刻点。侧单眼间距约等长于单复眼间距。触角鞭节38～40节。后头脊完整。

前胸背板具稠密的细刻点；上方中部具稠密的细横皱。中胸盾片均匀隆起，具稠密的细刻点；盾纵沟细。小盾片较光滑，具较清晰的细刻点。后小盾片较隆起，具细刻点。中胸侧板下部具较均匀稠密的细刻点；镜面区小。后胸侧板无基间脊。翅稍带褐色，透明；小脉位于基脉稍外侧；小翅室具短柄，第2肘间横脉长于第1肘间横脉；第2回脉位于小翅室下外角的稍内侧；外小脉几乎在中央曲折；后小脉上段约为下段的2.3倍。并胸腹节具清晰的中纵脊；基横脊中段存在；端横脊存在；基区几乎呈三角形，向后方收敛；中区细革质状；第1、第2侧区合并，具不清晰的细刻点，端区具粗糙的皱；气门圆形，位于基部0.25处。

腹部第1、第2节背板侧面具较稠密的细刻点。第1节背板长约为端宽的1.7倍；背中脊明显，几乎伸达背板端部；背侧脊完整；基部中央深凹，光滑光亮；气门圆形，位于中部稍内侧。第2节背板长为端宽的0.7～0.8倍。第3节背板长为基部宽的0.77～0.8倍。产卵器鞘长约为腹端厚度的0.5倍。产卵器直，具清晰的亚端背凹。

体黑色，下列部分除外：触角鞭节腹侧带红褐色；梗节腹侧的小斑，颜面中央的纵斑，唇基或仅基半部，上颚（端齿黑色），颊区下部，前胸背板后上角，小盾片前侧缘，翅基下脊，前中足基节外侧的斑黄色；下唇须和下颚须红褐色至暗褐色；前中足红褐色；后足黑色（基节背侧基部的小斑、腿节和胫节或多或少带红褐色，胫节外侧带黄色纵斑）；翅基片外侧黑褐色，内侧红褐色；翅痣褐色至黑褐色，翅脉褐黑色。

♂ 体长约8.0 mm。前翅长约6.5 mm。触角鞭节37节。颜面下侧缘及颊区黄色。

寄主：靖远松叶蜂 *Diprion jingyuanensis* Xiao & Zhang；国外的寄主：东平云杉吉松

叶蜂 *Gilpinia tohi* Takeuchi（Uchida, 1955）。

分布：中国（山西）；日本。

观察标本：2♀♀，山西太原，2009-Ⅸ-22，盛茂领；2♀♀，山西太原，2010-Ⅴ-25～Ⅵ-01，盛茂领；1♂，山西太原，2010-Ⅶ-26，李涛。

(164) 黑侵姬蜂 *Lamachus nigrus* Li, Sheng & Sun, 2012

Lamachus nigrus Li, Sheng & Sun, 2012. ZooKeys, 249: 40.

♀ 体长 8.0～10.0 mm。前翅长 7.5～9.0 mm。

复眼内缘在触角窝上方稍凹陷。颜面宽为长的 1.6～1.7 倍；在下方稍收敛，具稠密的细刻点，上部中央具弱细纵纹。唇基较平，宽约为长的 2.0 倍；相对光滑，具非常稀疏的细毛，端缘中央明显凹入。上颚基部光滑，具稀的细刻点和绒毛，上端齿稍长于下端齿。颊具细革质状表面，颚眼距为上颚基部宽的 0.4～0.5 倍。上颊具均匀稠密的细刻点，向后逐渐收敛。头顶后部刻点同上颊，单眼区及外侧具细革质状表面；单眼区稍抬高，单眼中间具细中纵沟，单眼外侧稍凹陷，侧单眼间距为单复眼间距的 1.5～1.6 倍。额区具细革质状表面，在触角窝上方稍凹陷。触角鞭节 39～40 节，第 1～5 节长度之比依次约为 9.0∶5.0∶4.5∶4.5∶4.0。后头脊完整，在上颚基部上方与口后脊相接。

前胸背板前缘具细革质状表面和稠密的细刻点；侧凹内具短皱；后上部具稠密的细刻点。中胸盾片明显隆起，具稠密的细刻点，盾纵沟基半部明显；盾前沟宽阔，具细纵纹；小盾片均匀隆起，刻点较中胸盾片稀疏且稍大；后小盾片横形，刻点较小盾片细密。中胸侧板均匀隆起，刻点同中胸盾片；镜面区呈细革质状；中胸侧板凹沟状；胸腹侧脊细弱，背端约伸达中胸侧板前缘高的 0.5 处；中胸腹板隆起。后胸侧板隆起，具稠密的刻点和细皱纹；后胸侧板下缘脊完整。各足胫节明显具短棘刺；后足基节短锥形膨大，第 1～5 跗节长度之比依次为 25.0∶11.0∶7.0∶4.0∶6.0。翅稍褐色，透明，小脉位于基脉外侧，二者之间的距离约为小脉长度的 0.5 倍；外小脉内斜，在下方约 0.4 处曲折；小翅室三角形，具短柄，第 2 肘间横脉明显长于第 1 肘间横脉，第 2 回脉在其下外角处伸出；后小脉在其下方约 0.4 处曲折。并胸腹节无分区，整个并胸腹节均匀隆起，刻点同中胸盾片，外侧脊明显；并胸腹节气门近圆形，位于基部约 0.3 处。

腹部第 1 节背板长约为端宽的 1.4 倍；背中脊基部存在；显著向中间靠拢；具基侧凹；气门圆形，位于背板中央处；背板刻点同中胸盾片。第 2 节背板长约为端宽的 0.6 倍，刻点同第 1 节背板，基部具窗疤。第 3 节背板端部及以后各节背板稍侧扁，具细革质状表面和稠密的细毛点。产卵器基部较宽且强壮，端部明显窄细，具亚端背缺刻；产卵器鞘长约为腹末厚度的 0.3 倍。

体黑色，下列部分除外：颜面中央纵斑，唇基（个体间有变异），上颚（端齿黑色），前足基节腹侧，翅基下脊中间部分，前胸背板后上角，小盾片两侧斑、端部，后小盾片黄色；下唇须、下颚须黑褐色；前足腿节前侧、胫节、跗节、中足胫节前半段带黄褐色；中足胫节及以后部分黑褐色；翅脉，翅痣褐黑色。

♂ 体长 7.0～9.0 mm。前翅长 6.0～7.0 mm。触角鞭节 37～39 节。体黑色，下列部

分除外：颜面中央大斑及侧面中央下部，唇基，上颚（端齿黑色），下颚须，前足基节前侧面，前胸背板后上角，翅基下脊，盾纵沟基部少许，小盾片侧面的 2 个斑，后小盾片黄色；下唇须，翅痣，翅脉黑褐色；前足（胫节中间大部黑褐色，第 1～4 跗节黄褐色），中足暗褐色。

寄主：会泽新松叶蜂 *Neodiprion huizeensis* Xiao & Zhou。

分布：中国（贵州）。

观察标本：1♀（正模），贵州威宁，2012-III-13，盛茂领、李涛；7♀♀5♂♂（副模），贵州威宁，2012-III-24，盛茂领、李涛。

(165) 红腹侵姬蜂 *Lamachus rufiabdominalis* Li, Sheng & Sun, 2012

Lamachus rufiabdominalis Li, Sheng & Sun, 2012. ZooKeys, 249: 42.

♀ 体长 7.0～10.0 mm。前翅长 7.0～9.0 mm。

复眼在触角窝上方稍凹。颜面向下方稍收敛，具稠密的细刻点；长约为宽的 0.9 倍；上缘中央具中纵沟，两侧具白色短毛。唇基基部稍隆起，光滑光亮，几乎无刻点；端缘明显凹入，具弱细皱；长约为端宽的 0.4 倍。上颚基部具稀疏的细刻点，上端齿稍长于下端齿。颊具细革质状表面，具稠密的细毛点；颚眼距约为上颚基部宽的 0.5 倍。上颊刻点同颊区。头顶具细革质状表面，几乎无刻点。单眼区稍抬高，侧单眼外缘稍凹；侧单眼间距约等长于单复眼间距。额中间刻点同头顶，稍隆起，两侧均匀凹入。触角鞭节 46～48 节，第 1～5 节长度之比依次约为 10.0∶6.0∶6.0∶6.0∶5.0。后头脊完整，在上颚基部上方与口后脊相接。

前胸背板前缘具细革质状表面，具稠密的细刻点；侧凹上端具弱皱纹，中下部具稠密的细刻点；后上部刻点同侧凹。中胸盾片圆形隆起，具均匀稠密的细刻点，盾纵沟略明显；盾前沟宽阔，具弱皱纹。小盾片圆形隆起，刻点同中胸盾片。后小盾片横形，刻点较中胸盾片细。中胸侧板中下部隆起，刻点同中胸盾片；上部刻点相对较粗；镜面区小，具细革质粒状表面，周围具稀疏刻点，下部稍凹入。后胸侧板均匀隆起，刻点同中胸侧板；后胸侧板下缘脊明显。后足基节短锥形膨大，第 1～5 跗节长度之比依次约为 10.0∶5.0∶3.5∶2.0∶2.0。翅褐色，透明，小脉位于基脉稍外侧；外小脉强度内斜，在下方约中央处曲折；小翅室三角形，具短柄，第 2 肘间横脉明显长于第 1 肘间横脉；第 2 回脉在其下外角处伸出；后小脉约在中央处曲折。并胸腹节无分区，圆形稍隆起，具白色短毛，刻点同中胸盾片；并胸腹节气门圆形，位于基部约 0.3 处。

腹部第 1 节背板长约为端宽的 2.5 倍，具细革质状表面，刻点同中胸盾片，相对稀疏；背侧脊在气门后明显，达背板端缘；腹侧脊完整；气门小，圆形隆起，位于腹部第 1 节中央。第 2 节背板长约为端宽的 0.8 倍，背面刻点同第 1 节背板，端缘刻点稀疏；窗疤圆形。产卵器基部较宽，向端部渐尖，亚端部具缺刻；产卵器鞘长约为后足胫节的 0.3 倍。

体黑色，下列部分除外：颜面中央（有变异），唇基，上颚（端齿黑褐色），前足基节前面部分、第 1 转节前面部分，中足基节前面少许，前胸背板后上角，并胸腹节的斑黄绿色；前足腿节前面部分及以后、中足腿节端部少许及以后黄褐色；翅脉，翅痣褐黑色；腹部第2节窗疤、背板中央大部、第3～5节背板红色。

♂ 体长7.0～9.0 mm。前翅长5.0～7.0 mm。触角柄节48节。颜面，前足基节、转节前面，中足基节、转节前面黄绿色。其他特征同雌虫。

寄主：会泽新松叶蜂 *Neodiprion huizeensis* Xiao & Zhou。

分布：中国（贵州）。

观察标本：1♀（正模），贵州威宁，2012-III-14，盛茂领、李涛；51♀♀26♂♂（副模），贵州威宁，2012-III-03～IV-15，盛茂领、李涛。

(166) 申氏侵姬蜂 *Lamachus sheni* Sheng & Sun, 2007

Lamachus sheni Sheng & Sun, 2007. Acta Zootaxonomica Sinica, 32(4): 959.

分布：中国（河南）。

观察标本：1♀（正模），河南内乡宝天曼自然保护区，2006-V-10，申效诚；1♀（副模），河南内乡宝天曼自然保护区，2006-V-17，申效诚。

43. 基凹姬蜂属 *Mesoleius* Holmgren, 1856

Mesoleius Holmgren, 1856. Kongliga Svenska Vetenskapsakademiens Handlingar, 75(1854): 69. Type-species: *Tryphon aulicus* Gravenhorst.

主要鉴别特征：唇基短，稍隆起，端缘锐利；上颚上端齿比下端齿稍宽，等于或稍长于下端齿；盾纵沟缺或短，或未抵达中胸盾片前缘；中胸侧板无光泽，刻点小至非常小；无小翅室；后小脉垂直或稍内斜；并胸腹节纵脊几乎全部消失；中后足胫距长，中足的长距稍弯曲；腹部短；第1节背板相对宽，背中脊弱，抵达气门之后，背侧脊完整；第2节背板无光泽，刻点小至非常小。

全世界已知156种，我国已知1种。

寄主：已记录的寄主57种，主要隶属于叶蜂类的锤角叶蜂科 Cimbicidae、松叶蜂科 Diprionidae、扁叶蜂科 Pamphiliidae，叶蜂科 Tenthredinidae 等。

(167) 深沟基凹姬蜂 *Mesoleius aulicus* (Gravenhorst, 1829)（中国新纪录）

Tryphon aulicus Gravenhorst, 1829. Ichneumonologia Europaea, 2: 173.

♀ 体长约7.0 mm。前翅长约7.8 mm。

复眼在触角窝上方稍凹陷。颜面宽约为长的1.8倍，具细革质状表面和不明显的微细刻点；上部中央稍“V”形隆起，“V”形底部具1不明显的弱瘤突，瘤突向上至2触角窝中央具1明显的中纵沟。唇基较光滑，中央横棱状稍隆起，宽约为长的2.0倍，基半部具几个稀疏的细刻点，端缘中央具深而宽的凹刻。上颚基部具稠密的细刻点和黄褐色短毛，上端齿稍长于下端齿。颊呈细革质状表面，颚眼距约为上颚基部宽的0.3倍。上颊具细革质状表面和稀疏的近白色短毛，中部稍隆起，向后上部明显增宽。头顶质地同上颊；单眼区明显抬高，中央具浅纵沟；侧单眼间距约等长于单复眼间距。额呈细革质状表面，下半部深凹。触角鞭节 37 节，第 1～5 节长度之比依次约为 2.5∶1.8∶1.6∶1.5∶1.5。后头脊完整。

前胸背板呈细革质状表面，侧凹上方具弱细的横皱，后上角显著突出。中胸盾片圆形隆起，呈细革质状表面；盾纵沟亚基段清晰，不伸达中胸盾片前缘。小盾片长舌状，背方稍隆起，呈细革质状表面。后小盾片呈细革质状表面；矩形，横向稍隆起，前方两侧深凹。中胸侧板呈细革质状表面，中后部明显下凹；胸腹侧脊高约为中胸侧板的 0.7 倍，伸抵中胸侧板前缘，上半段细弱；镜面区极小，光滑光亮；中胸侧板凹横沟状。后胸侧板圆形隆起，具细革质状表面和不明显的微细刻点；后胸侧板下缘脊完整。足正常；爪简单；后足特别长（约为体长的 1.3 倍），第 1～5 跗节长度之比依次约为 3.2∶2.0∶1.3∶0.7∶1.0。翅透明；小脉位于基脉外侧，二者之间的距离约为小脉长的 0.4 倍；第 2 肘间横脉消失；第 2 回脉与第 1 肘间横脉之间的距离约为第 1 肘间横脉长的 1.4 倍；第一回脉明显上弓；外小脉内斜，在下方约 0.4 处曲折；后小脉在下方约 0.25 处曲折。并胸腹节均匀隆起，具细革质状表面和不明显的毛细刻点；基横脊消失，端横脊细弱可见；中纵脊微具弱痕；侧纵脊细弱，中段磨损严重；外侧脊细弱完整；端区明显向后收敛。并胸腹节气门小，圆形，位于基部约 0.3 处。

腹部纺锤形，呈细革质状表面，第 3 节背板端半部向后可见不明显的浅细刻点。第 1 节背板长约为端宽的 1.2 倍，向基部显著收敛；背板中央具 1 浅的中纵沟，约伸达背板亚端部；背中脊基部显著，几乎平行；背侧脊、腹侧脊存在；基侧凹明显；气门小，圆形，稍突出，位于基部约 0.4 处。第 2 节背板梯形，长约为端宽的 0.5 倍；基部两侧具横三角形窗疤。第 3 节背板倒梯形，长约为基部宽的 0.6 倍、约为端宽的 0.7 倍。第 4 节及以后各节背板向后显著收敛。产卵器鞘长约为腹末厚度的 0.4 倍；产卵器具亚端背缺刻。

体黑色，下列部分除外：触角鞭节端半部带褐色；唇基，上颚（端齿黑色），下颚须，下唇须，前胸背板颈前缘中段及后上角，翅基片，翅基，小盾片，后小盾片黄色或黄褐色；足红褐色，后足腿节大部带褐黑色，胫节（亚基段白色）和跗节黑色；翅痣，翅脉褐色。

分布：中国（吉林）；奥地利，比利时，保加利亚，丹麦，芬兰，法国，德国，英国，波兰，俄罗斯，加拿大等。

观察标本：1♀，吉林大兴沟，1994-Ⅶ-09，盛茂领。

(168) 颜基凹姬蜂 *Mesoleius* (?*Campodorus*) *faciator* Kasparyan, 2001

Mesoleius (?*Campodorus*) *faciator* Kasparyan, 2001. Entomological Review. 81(6): 649.

♀ 体长约 9.1 mm。前翅长约 6.6 mm。产卵器鞘长约 0.4 mm。

复眼内缘向下稍开放，在触角窝处稍凹。颜面宽约为长的 1.8 倍，中央均匀稍隆起，呈粒状表面，具稠密的黄白色短毛，端缘中央毛相对稀疏；上缘微凹，中央具 1 短纵脊。颜面与唇基稍分开。唇基阔，宽约为长的 3.3 倍；横向隆起，光亮，具非常稀疏的黄褐色长毛；亚端缘凹。上颚强壮且阔，基半部具黄褐色短毛，中部毛相对长；端齿光滑，上端齿阔，稍大于下端齿。颊区呈细革质状表面。颚眼距约为上颚基部宽的 0.5 倍。上颊阔，中部纵向隆起，呈细纹状表面，具稠密的黄白色短毛。头顶质地同上颊。单眼区中间稍凹，呈粒状表面；单眼小，隆凸；侧单眼间距约为单复眼间距的 0.9 倍。额稍平，在触角窝后方和中单眼前方稍凹，呈稍粗的粒状表面。触角鞭节 39 节，第 1～5 节长度之比依次约为 1.6∶1.3∶1.2∶1.1∶1.0。后头脊完整，在上颚基部上方与口后脊相接。

前胸背板前缘呈细粒状表面；侧凹阔，上部具短皱，中下部具细网状皱与后缘的长皱相接；后上部呈细纹状表面。中胸盾片圆形隆起，呈细粒状表面，具稠密的黄白色短毛；盾纵沟基半部痕迹明显。盾前沟深阔，光滑光亮。小盾片圆形隆起，质地同中胸盾片，具稠密的黄白色短毛。后小盾片横向隆起，几乎光亮，具黄白色短毛；前缘凹深。中胸侧板稍平，呈粒状表面，中下部呈细网状；镜面区下方皱相对粗，前方皱几乎达翅基下脊；翅基下脊后方具粗长皱；胸腹侧脊明显，约为中胸侧板高的 0.7 倍，末端几乎达前缘，其上部和翅基下脊之间具短皱；镜面区中等大，光滑光亮；中胸侧板凹浅阔，横沟状。后胸侧板呈粒状表面，中央细纹状，下部的皱较粗；后胸侧板下缘脊完整。后足第 1～5 跗节长度之比依次约为 4.3∶2.1∶1.7∶1.0∶1.4；爪简单。翅浅黄褐色，透明；小脉位于基脉外侧，二者之间的距离约为小脉长的 0.2 倍；第 2 肘间横脉消失；第 2 回脉位于第 1 肘间横脉外侧，二者之间的距离约为第 1 肘间横脉长的 1.4 倍；外小脉在下方约 0.4 处曲折；后小脉在下方约 0.4 处曲折。并胸腹节稍隆起，基横脊仅在中纵脊之间存在，端横脊强壮；基区倒三角形，中部稍凹，光亮，具不规则弱皱；中区凹，光亮，具不规则弱皱；侧区基半部呈粒状表面，靠近侧纵脊和端半部具细皱状表面，具稠密的黄白色短毛；端区稍凹，光亮，呈粒状表面，中央具 1 中纵脊；第 1、2 外侧区呈不规则细网状皱表面，第 3 外侧区具相对较粗的不规则皱；气门小，圆形，靠近外侧脊，位于基部约 0.3 处。

腹部第 1 节背板长约为端宽的 1.4 倍；基部深凹，光亮，其余部分粒状表面，端缘光滑，具稠密的黄白色短毛；背中脊仅基部存在且向后收敛，外侧方稍凹；背侧脊、腹侧脊完整；具基侧凹；气门小，圆形，约位于背板中央稍后方。第 2 节背板长约为基部宽的 0.8 倍，约为端宽的 0.6 倍；基缘稍凹，具窗疤；背板质地同第 1 节背板。第 3 节背板基半部粒状表面，端半部具细纹状表面和稠密的黄白色短毛；基缘、端缘近光滑。第 4 节及以后各节背板光亮，具均匀稠密的黄白色短毛。下生殖板大，具向后倾斜的毛。产卵器鞘长约为自身宽的 4.1 倍，约为腹末厚度的 0.6 倍。产卵器基部阔，侧扁，末端尖；具亚端背缺刻。

体黑色，下列部分除外：颜面，唇基，上颚（端齿暗红褐色），颊区，上颊下缘，下颚须，下唇须，前胸背板上后角，翅基片，翅基，腹部第 1 节腹板端半部（亚侧方的纵带暗褐色至黑褐色），第 2～5 节腹板（亚侧方的纵带暗褐色至黑褐色），第 3～5 节背板折缘黄白色至黄褐色；前足（基节基部黑色；基节大部，转节黄白色；胫节、跗节、爪黄褐色），中足（基节基半部黑色；端半部、转节黄白色；胫节、第 1～4 跗节黄褐色；末跗节、爪褐色），后足（基节腹面少许、端缘黄白色，其余部分黑色；第 1 转节腹面和端缘黄白色，其余部分黑色；第 2 转节黄白色；胫节大部黄色，端部暗褐色至黑褐色；跗节、爪暗褐色至黑褐色）红色；触角（柄节、梗节腹面少许黄白色，其余部分黑褐色至黑色；鞭节基部数节背面暗褐色）黄褐色；翅脉，翅痣（基部少许黄褐色）暗褐色。

分布：中国（北京）；俄罗斯。

观察标本：1♀，北京怀柔喇叭沟门，2011-Ⅵ-20，田斌。

44. 前姬蜂属 *Protarchus* Förster, 1868（中国新纪录）

Protarchus Förster. 1869. Verhandlungen des Naturhistorischen Vereins der Preussischen Rheinlande und Westfalens. 25(1868):Ⅶ201. Type: (*Tryphon rufus* Gravenhorst) = *testatorius* Thunberg. Included by Woldstedt, 1877.

主要鉴别特征：唇基小，基部隆起，其余部分几乎平；上颚短，上端齿稍宽且长于下端齿；盾纵沟长且强壮；具小翅室；小脉位于基脉外侧，二者之间的距离为小脉长的0.2～0.5倍；后小脉在中央上方曲折；中后足胫节的胫距不等长；腹部第1节背板背中脊强壮，伸达气门后，背侧脊在气门前存在（气门后存在或无）；雌虫下生殖板具向后倾斜的毛。

全世界已知11种。这里介绍在我国发现的1新种和1中国新纪录种。

前姬蜂属中国已知种检索表

触角鞭节中部黄褐色，端部黑色；前中足基节几乎全部黑色；中胸侧板和中胸腹板完全黑色；腹部第3节及其后背板基半部或更宽黑色……….斑前姬蜂，新种 *P. maculatus* Sheng, Sun & Li, sp.n.

触角鞭节几乎全部黄褐色；前中足基节几乎全部黄色；中胸侧板前部和中胸腹板前部大部分黄色；腹部第3节及其后各节背板褐色至红褐色…………………………褐前姬蜂 *P. testatorius* (Thunberg)

(169) 斑前姬蜂，新种 *Protarchus maculatus* Sheng, Sun & Li, sp.n.（彩图36）

♀ 体长14.3～15.2 mm。前翅长10.9～11.5 mm。产卵器鞘长0.6～0.7 mm。

复眼内缘向下稍开放，在触角窝上方微凹。颜面宽约为长的1.3倍，中部纵向隆起，亚侧缘纵向稍凹；具稠密的粗刻点和黄褐色短毛，亚侧方的刻点相对小，端缘刻点稀疏；上缘中央具1小瘤突。唇基沟不明显。唇基宽约为长的3.1倍；基部稍隆起，其余部分较平，具非常稀疏的细毛点和黄褐色长毛，端缘的毛相对密。上颚阔，基部具粗刻点和黄褐色短毛；上端齿稍大于下端齿，光滑光亮。颊区呈粒状表面，具稠密的细刻点和黄褐色短毛；颚眼距约为上颚基部宽的0.4倍。上颊阔，向后均匀收敛，具稠密的细刻点和黄褐色短毛，眼眶处光滑无毛。头顶质地同上颊，单复眼之间稍凹；头顶在单眼区后方斜截。单眼区明显抬高，中间稍凹；单眼大；侧单眼间距约为单复眼间距的0.7倍。额深凹，具不均匀的粗刻点，亚侧方中央具微横纹。触角线状，鞭节44～46节，第1～5节长度之比依次约为2.8∶1.3∶1.2∶1.0∶1.0。后头脊完整，与口后脊在上颚基部上方相接。

前胸背板前缘具稀疏的细刻点；侧凹阔，上半部具长横皱，下部光亮，具稀疏的细刻点；后上部具均匀稠密的细刻点和黄褐色短毛。中胸盾片圆形隆起，具均匀稠密的细刻点和黄褐色短毛；盾纵沟基半部明显。盾前沟阔，光滑光亮。小盾片圆形稍隆起，光亮，具均匀稀疏的细毛点和黄褐色短毛。后小盾片横向隆起，前方深凹，具稀疏的细毛点和黄褐色短毛。中胸侧板稍隆起，光亮，具均匀稠密的细刻点和黄褐色短毛，中下部的刻点相对粗大且稠密；胸腹侧脊约为中胸侧板高的一半，上端亚后方具斜皱；翅基下脊前下方具短皱，侧后方与镜面区之间具短皱；镜面区中等大，光滑光亮；中胸侧板凹浅沟状；下后角具短皱。后胸侧板圆形稍隆起，具稠密的粗刻点和黄褐色短毛；下后角具不规则网状皱；后胸侧板下缘脊强壮，前缘稍突起，具短皱。翅黄褐色，透明，小脉位于基脉外侧，二者之间的距离约为小脉长的 0.3 倍；小翅室斜四边形，具柄，柄长约为第 1 肘间横脉长的 1.1 倍，第 2 肘间横脉明显长于第 1 肘间横脉；第 2 回脉约在小翅室下外角内侧约 0.3 处与之相接；外小脉约在中央稍上方曲折；后小脉约在上方 0.4 处曲折。前足胫节外侧端缘具小齿；后足基节锥形膨大，胫距不等长，长距约为基跗节长的 0.5 倍，后足第 1～5 跗节长度之比依次约为 5.7∶2.8∶2.0∶1.0∶2.0。并胸腹节阔，中纵脊和基横脊消失，其他脊明显，具稠密的细刻点和黄褐色短毛；纵向稍隆起，基部中央靠近前缘深凹，中央呈不规则粗网皱；端区斜，具稠密的细刻点和黄褐色短毛；外侧区刻点较侧区小；气门中等大小，横椭圆形，靠近外侧脊，约位于基部 0.3 处。

腹部第 1 节背板长约为端宽的 2.5 倍，侧缘向端部均匀变宽；基半部具稀疏的粗刻点，端半部刻点相对细密且小，端缘中央光亮，刻点相对稀疏；背中脊伸达气门后，脊间背板在气门后纵向稍凹；背侧脊完整；基侧凹中等大；气门小，圆形，约位于第 1 节背板中央处。第 2 节背板梯形，长约为基部宽的 1.3 倍，约为端宽的 0.9 倍；具稠密的细刻点和黄褐色微毛，端半部具均匀稠密的细毛点；基部亚侧方具椭圆形窗疤，稍凹，光滑光亮；气门小，圆形，气门前方具短脊。第 3 节背板质地同第 2 节背板，刻点相对细小。第 2～3 节背板折缘由褶缝将其与背板分开。第 4 节及以后背板具稠密的细刻点和黄褐色微毛。第 4～6 节背板折缘阔，无褶缝。产卵器鞘短，长约为自身宽的 4.4 倍；亚基部具细斜皱。产卵器侧扁，基部宽，向端部极度变尖，背瓣亚端部具背凹。

体黑色，下列部分除外：颜面大部，眼眶，上颊靠近眼眶直达头顶的大斑，下颚须（基节黑褐色），下唇须（基节黑褐色），鞭节中间大部（第 1 鞭节大部，末端 22～24 节暗褐色至黑褐色），前胸背板上后角少许，翅基，翅基片，翅基下脊，盾纵沟基部的斑（副模沿盾纵沟伸达中胸盾片后部的斑暗红褐色），后小盾片，并胸腹节中央的大斑（副模红褐色）黄褐色至红褐色；触角柄节腹面少许，中胸后侧片上部少许暗红褐色；唇基，上颚（基半部、端齿黑褐色；副模基部暗红褐色，中央大部黄褐色稍带红色），小盾片黄白色至黄褐色；前中足基节端半部，第 1 转节端部，第 2 转节，腿节（背面基半部暗褐色至黑褐色）黄褐色至红褐色；胫节，跗节黄褐色；后足基节端部少许，第 2 转节，腿节（中央大部黑褐色），胫节（端半部暗褐色）褐色至红褐色；跗节黄褐色至褐色；腹部第 1 节背板端半部黄褐色稍带红褐色；第 2 节背板窗疤黄褐色，端半部红褐色；第 3～7 节背板基半部暗红褐色至黑褐色，端半部红褐色；腹板（亚侧方红褐色至黑褐色）、第 2～3 节折缘黄褐色稍带红褐色；翅脉，翅痣褐色至暗褐色；产卵器鞘黄褐色。副模腹部第 3 节背板（亚基部外缘的不规则斑黑褐色），第 4～8 节背板红褐色。

♂ 体长 13.4～14.7 mm。前翅长 10.4～11.5 mm。触角鞭节 42～44 节。颜面，唇基，上颚（端齿黑褐色），颊区，下颚须，下唇须，前中足（腿节背面黄褐色稍带红褐色）黄白色至黄色。前胸背板下角，中胸侧板中央的斑（有时无），中胸腹板的小斑（有时大），中胸后侧片上部黄褐色至红褐色。残脉有或无。

正模 ♀，北京门头沟天然林，2012-Ⅵ-09，宗世祥（集虫网）。副模：6♂♂，北京门头沟天然林，2012-Ⅵ-09，宗世祥（集虫网）；1♀2♂♂，北京门头沟天然林，2012-Ⅵ-30，宗世祥（集虫网）。

词源：本新种名源于颜面具黑斑。

本新种与褐前姬蜂 *P. testatorius* (Thunberg, 1822)近似，可通过上述检索表鉴别。

(170) 褐前姬蜂 *Protarchus testatorius* (Thunberg, 1822)（中国新纪录）

Ichneumon testatorius Thunberg 1822. Mémoires de l'Académie Imperiale des Sciences de Saint Petersbourg, 8: 276.

♀ 体长 17.9～19.5 mm。前翅长 13.9～16.0 mm。产卵器鞘长约 1.0 mm。

复眼内缘向下稍阔，靠近触角窝处明显凹陷。颜面稍平，中央纵向稍隆起，亚侧方纵向微凹；具稠密的细毛点和黄色短毛，中央刻点相对粗；上部中央在触角窝之间具 1 小瘤突；颜面宽约为长的 1.6 倍。唇基凹近圆形，深凹。唇基沟不明显。唇基阔，光滑光亮，基半部具稀疏的刻点和黄色长毛；亚端部稍凹，毛点相对稀疏；端缘平截稍反卷，中央弧形微凹；唇基宽约为长的 2.1 倍。上颚强壮且阔，大部具稠密的毛点和黄色短毛；上端齿稍长且大于下端齿，光滑光亮。颊区呈粒状表面，具稠密的黄色短毛。颚眼距约为上颚基部宽的 0.6 倍。上颊阔，中央稍隆起；具稠密的细刻点和黄色短毛，靠近复眼外侧几乎无刻点。头顶在单复眼之间稍凹，呈细革质粒状表面，具稀疏的黄色短毛；侧单眼后方斜，刻点较密，且黄色毛相对长。单眼区大，中央凹，具稠密的刻点和黄褐色长毛；单眼非常大且圆凸，侧单眼外侧沟深且明显；侧单眼间距约等长于单复眼间距。额深凹，上半部在中单眼外侧呈粒状表面，其余部分具不规则细横皱。触角线状，鞭节 43～44 节，第 1～5 节节长度之比依次约为 2.6∶1.3∶1.1∶1.1∶1.0。后头脊完整，在上颚基部上方与口后脊相接。

前胸背板具稠密的刻点和黄褐色短毛；侧凹具不规则短皱。中胸盾片圆形隆起，前缘几乎陡斜；具均匀稠密的刻点和黄褐色短毛；盾纵沟伸达中部之后，向后稍收敛，基半部明显。盾前沟深阔，光滑光亮，具细毛点和黄褐色短毛。小盾片圆形强隆起，光滑光亮，具均匀稠密的细毛点和黄色短毛。后小盾片隆起，光滑光亮，具稠密的细毛点和黄褐色短毛。中胸侧板稍隆起，光滑光亮，下半部具稀疏的细毛点和黄褐色短毛，中央刻点相对密，翅基下脊下方刻点非常稠密并具斜皱；镜面区非常大，光滑光亮；胸腹侧脊弱，几乎达中胸侧板中部；中胸侧板凹横沟状。后胸侧板稍隆起，具稠密的刻点和黄褐色短毛；后部具不规则短皱；后胸侧板下缘脊完整，前侧角明显突起。翅黄褐色，透明；小脉位于基脉外侧，二者之间的距离约为小脉长的 0.4 倍；小翅室斜四边形，具长柄，柄长约为第 1 肘间横脉长的 0.6 倍；第 2 肘间横脉明显长于第 1 肘间横脉；第 2 回脉在小翅室下外侧 0.2 处与之相接；外小脉在上方约 0.4 处曲折；后小脉在上方约 0.4 处曲折。后足第 1～5 跗节长度之比依次约为 7.1∶3.3∶2.0∶1.0∶2.1。并胸腹节阔，稍隆起，横脊和中纵脊不明显，侧纵脊强壮；基区前凹深且横向阔，几乎光滑光亮；基区倒三角形，中央纵向凹，具稠密的刻点和黄褐色短毛；中区小，隆起；侧区大，具刻点；端区斜，具刻点和不规则皱状表面；气门斜椭圆形，靠近外侧脊，位于基部约 0.2 处。

腹部第 1 节背板长约为端宽的 2.0 倍，约为基部宽的 3.9 倍；背中脊明显，达背板中部之后，在中央靠近且隆起；背侧脊完整；基部倒三角形深凹，光滑光亮；基半部刻点粗大，端半部向端缘渐细，端缘几乎无刻点；气门中等大小，近圆形，位于中央稍前方；基侧凹明显。第 2 节背板梯形，长约为基部宽的 1.2 倍，约为端宽的 0.8 倍；具均匀稠密的刻点和黄褐色微毛，端缘刻点相对稀细；窗疤大，稍凹，几乎光滑；气门与背板前缘之间的脊强壮；气门小，圆形。第 3 节背板大部具稠密的细刻点，端缘毛点相对细。第 4 节及以后各节背板具稠密的微毛点和黄褐色微毛。产卵器鞘长约为后足胫节长的 0.2 倍，约为自身宽的 2.9 倍；产卵器侧扁，背凹非常大，末端尖细。

体黑色，下列部分除外：颜面（瘤突下的小纵斑褐色至红褐色），唇基，上颚（端齿黑褐色），下颚须，下唇须，前胸背板背面，中胸盾片侧缘的斑，小盾片，后小盾片，翅基片，翅基，翅基下脊的斑，中胸侧板中央的斑（有时红褐色至暗红褐色），中胸后侧片的斑，并胸腹节的斑，前足（腿节基半部黑褐色至黑色；爪暗褐色），中足（基节基部少许黑褐色；第 1 转节后侧、末跗节褐色；爪褐色至暗褐色）黄色；触角（柄节、梗节、第 1 鞭节背面暗褐色至黑褐色）黄褐色；前胸侧板的大斑（少许黄褐色），腹部第 1 节背板端半部（端缘少许黄褐色）、第 2 节背板（基半部的不规则带黑褐色，副模无）、第 3 节背板及以后各节红褐色；上颊的斑黄褐色至红褐色；中胸盾片中央的斑暗红褐色；后足基节端半部、第 1 转节（基半部黑褐色）、第 2 转节黄褐色至褐色；腿节端半部（端缘黄褐色），胫节（基部少许黄褐色；端半部褐色），跗节褐色至红褐色；爪褐色至暗褐色；翅脉褐色至暗褐色；翅痣褐色。

分布：中国（吉林、辽宁）；朝鲜，日本，俄罗斯远东地区，欧洲，北美。

观察标本：1♀，吉林长白山，1100 m，1986-Ⅶ-03；2♀♀，吉林长白山，2008-Ⅶ-09；1♀，吉林辉南三角龙湾，2011-Ⅶ-06，任炳忠；1♀，吉林长白山天池，2012-Ⅶ-22，李泽建；1♀，辽宁本溪，2015-Ⅶ-17，盛茂领；1♀，辽宁宽甸白石砬子自然保护区，2018-Ⅵ-22，李涛。

45. 犀姬蜂属 *Rhinotorus* Förster, 1869

Rhinotorus Förster, 1869. Verhandlungen des Naturhistorischen Vereins der Preussischen Rheinlande und Westfalens, 25(1868): 211. Type-species: *Spudaea longicornis* Schmiedeknecht.

主要鉴别特征：上颚上端齿稍长于下端齿；盾纵沟强壮，伸达中胸盾片中部之后；并胸腹节脊强壮，端区较大；前翅无小翅室；后小脉在中央下方曲折；第 2 回脉具 1 弱点；腹部第 1～2（3）节背板亚端部具明显的横沟；第 1 节背板宽，背中脊通常伸达气门；第 2 节背板具稠密的刻点。

全世界已知 16 种；我国已知 1 种。已记录的寄主 17 种，主要隶属于叶蜂科 Tenthredinidae (Kasparyan and Kopelke，2009；Reshchikov，2016；Yu et al.，2016；Li et al.，2020)。

(171) 黑犀姬蜂 *Rhinotorus nigrus* Sheng, Li & Sun, 2020

Rhinotorus nigrus Sheng, Li & Sun, 2020. Journal of Hymenoptera Research, 77:.

♀ 体长 6.0～7.0 mm。前翅长 6.0～6.5 mm。

复眼在触角窝上方稍凹陷。颜面宽约为长的 1.9 倍；中央稍隆起，具稠密的细刻点；侧缘具细革质状表面。唇基稍隆起，宽约为长的 2.4 倍，具稀疏的细毛点，端缘深凹。上颚基部具稠密的细毛点和褐色短毛，端齿等长。上颊具细革质状表面，光滑光亮，具稠密的细刻点；中部凸出，向后稍收敛。颚眼距约为上颚基部宽的 0.5 倍。头顶具细革质状表面，侧单眼间距约等长于单复眼间距。额具稠密的细刻点，中央稍隆起。触角鞭节 31 节，第 1～5 节长度之比依次约为 13.0∶8.0∶7.0∶7.0∶6.0。后头脊完整。

前胸背板前缘具稠密的细刻点和弱皱；侧凹内具弱横皱和稠密的细刻点；后上部具稠密的细刻点。中胸盾片圆形隆起，具稠密的细刻点；盾纵沟明显；小盾片刻点同中胸盾片；后小盾片小，刻点同小盾片，具弱皱。中胸侧板刻点同中胸盾片；胸腹侧脊背端约伸达中胸侧板的 0.6 处，伸抵中胸侧板前缘；中上部具清晰横皱，下部具弱皱；镜面区大，光滑光亮。后胸侧板圆形隆起，具稠密的细刻点和不规则弱皱；后胸侧板下缘脊完整。足正常；爪简单；后足第 1～5 跗节长度之比依次约为 20.0∶10.0∶7.0∶4.0∶5.0。翅透明；小脉位于基脉稍外侧；第 2 肘间横脉消失；第 2 回脉与第 1 肘间横脉之间的距离约为第 1 肘间横脉长的 2.0 倍；外小脉内斜，在下方约 0.4 处曲折；后小脉在下方约 0.4 处曲折。并胸腹节具稠密的细刻点和白色短毛；基横脊消失，端横脊明显；基区和中区合并，中间稍凹，中纵脊几乎平行；端区中央具 1 明显纵脊，其他区域具不规则皱纹。并胸腹节小，圆形，位于基部约 0.25 处。

腹部第 1 节背板长约为端宽的 0.8 倍；具稠密的细刻点和不规则短皱；背中脊存在，在气门后相互靠近，背板在背中脊之间光滑光亮；背侧脊、腹侧脊存在；基侧角三角形；气门小，圆形，位于基部约 0.4 处。第 2 节背板长约为端宽的 0.5 倍；刻点及皱纹同腹部第 1 节背板。第 3 节背板长约为端宽的 0.5 倍，刻点及皱纹同腹部第 1 节背板。第 4 节及以后各节背板刻点较第 1～3 节稀细。产卵器鞘长约为腹末厚度的 0.6 倍；产卵器具亚端背缺刻。

体黑色，下列部分除外：唇基，下颚须，下唇须，前胸背板后上角，翅基片，翅基黄褐色；上颚（基部、端齿黑褐色），前足（基节、转节黑色），中足（基节、转节黑色），后足腿节基部稍带红褐色，胫节基部下侧稍带黄色；触角，翅痣，翅脉黑褐色。

寄主：落叶松叶蜂 *Pristiphora erichsonii* (Hartig)。

分布：中国（吉林）。

观察标本：1♀（正模）3♀♀（副模），吉林延吉帽儿山，2009-Ⅴ-24～Ⅵ-05，李涛。

46. 视姬蜂属 *Scopesis* Förster, 1869（中国新纪录）

Scopesis Förster, 1869. Verhandlungen des Naturhistorischen Vereins der Preussischen Rheinlande und Westfalens, 25(1868): 207. Type species: *Mesoleius guttiger* Holmgren.

主要鉴别特征：前翅长 4.3～8.5 mm；唇基稍隆起，宽约为长的 3.2 倍；上颚非常短，2 端齿等长；盾纵沟不明显；小脉位于基脉的稍外侧；无小翅室；后小脉垂直或内斜，在中央下方曲折；腹部第 1 节背板无背中脊，有基侧凹。

全世界已知 19 种，迄今我国尚无记载。这里介绍在内蒙古发现的本属 1 中国新纪录种。

(172) 额视姬蜂 *Scopesis frontator* (Thunberg, 1824)（中国新纪录）

Ichneumon frontator Thunberg, 1824. Mémoires de l'Académie Imperiale des Sciences de Saint Petersbourg, 8: 266.

♀ 体长约 5.0 mm；前翅长约 4.3 mm。产卵器鞘长约 0.5 mm。

颜面宽约为长的 1.5 倍，具稠密的细刻点，两触角窝前缘向唇基亚中部各有 1 浅凹沟，使中央部分呈三角形隆起，两侧较平；两触角窝中央向前有 1 中纵沟，超过触角窝前缘。唇基光滑光亮，中央略隆起，具极稀的细刻点，端缘微隆（几乎平）。上颚具较密的粗刻点，上端齿稍长于下端齿。颊粗糙，具稠密的刻点，中央略凹。颚眼距约为上颚基部宽的 0.7 倍。上颊光滑光亮，中央略隆起，具稀疏的细刻点，向后几乎平行。头顶宽短，后缘强烈向内收敛，具稠密的细刻点；侧单眼间距约为单复眼间距的 1.2 倍。额稍平凹，具稠密的细刻点。触角丝状；鞭节 26 节，第 2～5 节长度依次渐短。后头脊完整。

前胸背板前缘具 1 浅纵沟，侧凹内具稠密的细横皱，后缘具不规则的斜细纵皱，前沟缘脊强。中胸盾片光亮，均匀隆起，具稠密的细刻点，中后部具不规则的细纵皱；盾纵沟细弱。小盾片光亮，均匀隆起，具稀疏的细刻点。后小盾片小，略隆起。中胸侧板具稠密的粗刻点，中上部隆起，胸腹侧脊较发达，略超过前胸背板前角；中胸侧板凹坑状；镜面区大而光亮。后胸侧板具稠密的细刻点，中央呈圆锥形隆起。翅淡褐色，透明。小脉位于基脉外侧，二者之间的距离稍短于小脉长；无小翅室；第 2 回脉远位于肘间横脉的外侧，二者之间距离约为肘间横脉长的 2.0 倍。外小脉内斜，约在下方 1/3 处曲折；后小脉近垂直，约在下方 1/3 处曲折。足正常，爪简单。并胸腹节粗糙，无明显的刻点；中纵脊、侧脊和外侧脊强壮，无分脊，端区上半部具横皱；气门斜椭圆形，几乎与侧纵脊相接。

腹部背板光滑，无明显的刻点。第 1 节背板无背中脊，背侧脊和腹侧脊完整强壮；长约为端宽的 1.5 倍。第 2 节背板倒梯形，长约为基部宽的 1.1 倍。第 3 节背板长方形，长约为端宽的 0.9 倍。第 4 节及以后背板横形。下生殖板强壮，宽三角形，末端远未达腹末。产卵器鞘长约为后足胫节长的 0.1 倍。产卵器直。

体黑色，下列部分除外：触角腹侧（梗节、第 1 鞭节基部黑褐色），唇基，上颚（端齿暗红褐色），颊区末端，下唇须，下颚须，足（后足基节背侧及腹侧基部、转节背侧及腹侧基半部黑色）褐黄色；触角腹侧暗褐色；后小盾片暗红褐色；腹部第 1～3 节背板（第 1 节背板基半部黑色；端半部中央有 2 个近圆形黑斑；第 2 节背板中央亚中部有 2 点状黑斑；第 3 节背板中央亚中部向两侧有 2 横条状黑斑）褐黄色；前翅翅脉及翅痣黑褐色，翅痣基部色淡；翅基片淡褐色。

寄主：据报道（Aubert，2000；Yu et al.，2016），已知寄主：玫瑰栉角叶蜂 *Cladius pectinicornis* (Geoffroy, 1785)、多斑钩瓣叶蜂 *Macrophya duodecimpunctata* (Linnaeus, 1758)、跗合叶蜂 *Tenthredopsis tarsata* (Fabricius, 1804)。

分布：中国（内蒙古）；奥地利，比利时，芬兰，英国，法国，德国，匈牙利，爱尔兰，拉脱维亚，挪威，荷兰，波兰，罗马尼亚，俄罗斯，瑞典，瑞士，乌克兰等。

观察标本：1♀，内蒙古东胜，2006-Ⅸ-18，盛茂领。

（七）波姬蜂族 Perilissini

主要鉴别特征：前翅长 3.5～22.0 mm；唇基中等宽至非常宽，端缘明显或钝；上颚长，下端齿等长于或长或短于上端齿；触角鞭节第 1 节长为第 2 节长的 1.0～2.0 倍；盾纵沟有时明显但弱且浅，或缺；后小脉在中部或上方或下方曲折；并胸腹节分区完整（分脊存在），或脊多少弱，很少缺失；爪通常具栉齿；基侧凹存在，深，通常仅由半透明的膜分隔；产卵器鞘几乎等长于腹端厚度（*Tetrambon* 和邻凹姬蜂属 *Lathrolestes* 的部分种类产卵器鞘长于腹端厚度）；产卵器直或稍上弯，亚端部的缺刻明显且浅，有时缺。

该族含 25 属，我国已知 9 属。

47. 后欧姬蜂属 *Metopheltes* Uchida, 1932

Metopheltes Uchida, 1932. Insecta Matsumurana, 6: 162. Type species: *Metopheltes petiolaris* Uchida.

主要鉴别特征：前翅长 9.0～12.0 mm；唇基端缘厚，均匀前隆；上颚上端齿稍长且宽于下端齿；后头脊在上颚基部上方与口后脊相接；单复眼间距约 1.6 倍于侧单眼直径；触角鞭节第 1 节长约 1.7 倍于第 2 节；中胸侧板具完整的中纵凹；并胸腹节基部均匀圆形，端部相对较长，端横脊不特别高，气门短椭圆形；基侧凹长且深，凹之间仅由几乎透明的膜分开；爪具完整的栉齿；腹陷存在；第 2、第 3 节背板几乎光滑，刻点不明显；尾须长约 3 倍于宽。

本属仅已知 3 种，我国已知 1 种。

(173) 中华后欧姬蜂 *Metopheltes chinensis* (Morley, 1913)

Opheltes chinensis Morley, 1913. A revision of the Ichneumonidae based on the collection in the British Museum (Natural History) with descriptions of new genera and species. Part II. Tribes Rhyssides, Echthromorphides, Anomalides and Paniscides, p.135.

♀ 体长约 13.6 mm。前翅长约 11.2 mm。产卵器鞘长约 0.7 mm。

复眼内缘向下微收敛，在触角窝外侧微凹。颜面宽约为长的 1.9 倍，约为颜面和唇基长度之和的 1.2 倍；中央纵向稍隆起，具稠密的细刻点和黄褐色短毛；上缘中央具 1 圆形瘤突。颜面和唇基无明显分界。唇基横阔，具稀疏的细毛点和黄褐色长毛，端缘平截。上颚强壮，基半部具稠密的细毛点和黄褐色短毛；上端齿稍长于下端齿。颊区具稠密的细毛点。颚眼距约为上颚基部宽的 0.6 倍。上颊中等阔，中央纵向圆形稍隆起，具稠密的细毛点和黄褐色短毛。头顶质地同上颊，刻点相对稠密。单眼区明显抬高，中间凹，近光滑光亮；单眼大，强隆起，侧单眼外侧缘深凹；侧单眼间距约为单复眼间距的 0.7 倍。额几乎平，具稠密的细毛点和黄褐色短毛，在中单眼前方纵向几乎无毛，触角窝基部外侧近光滑。触角线状，鞭节 44 节，第 1～5 节长度之比依次约为 1.6∶1.1∶1.0∶1.0∶1.0。后头脊完整，在上颚基部后方与口后脊相接。

前胸背板前缘光亮，具稠密的微细毛点和黄褐色短毛；侧凹浅阔，中央具 1 短皱，其余近光滑光亮；后上部具均匀稠密的细毛点和黄褐色短毛。中胸盾片圆形隆起，具稠密的细毛点和黄褐色短毛；盾纵沟基半部痕迹存在。盾前沟深凹，光滑光亮，具稀疏的黄褐色短毛。小盾片稍圆形隆起，相对长，具稀疏的细毛点和黄褐色短毛，端缘具短皱。后小盾片横向强隆起。中胸侧板中央具 1 明显横沟，将其分成明显的 2 个层面；上半部微隆起，具稠密的细毛点和黄褐色短毛，镜面区小，光滑光滑；下半部靠近横沟具短纵沟，均匀微隆起，具稠密的细毛点和黄褐色短毛；中胸侧板凹浅沟状；胸腹侧脊发达，伸达横沟，约为中胸侧板高的 0.5 倍。后胸侧板圆形隆起，具稠密的细毛点和黄褐色短毛；基间脊后半部明显，几乎与下缘平行；后胸侧板下缘脊强壮，前缘强脊状隆凸。翅透明；小脉位于基脉外侧，二者之间的距离约为小脉长的 0.2 倍；外小脉在上方约 0.3 处曲折；小翅室五边形，2 肘间横脉向上明显收敛，第 2 回脉在小翅室下后方约 0.4 处与之相接；后小脉约在上方 0.2 处曲折。爪栉状。后足第 1～5 跗节长度之比依次约为 6.0∶2.9∶1.8∶1.0∶1.3。并胸腹节稍隆起，基横脊消失，侧纵脊近基部存在，其他脊完整；基区呈倒三角形，近光滑光亮；中区长三角形，中纵脊在基部相接，中央具 1 长纵皱，其余部分近光滑；侧区在基部具稠密的细毛点和黄褐色短毛，中央相对稀疏，端缘几乎无毛；端区近扇形，中央具 1 明显中纵脊，侧缘具弱纵脊，其余光滑光亮；气门大，近圆形，位于基部约 0.3 处。

腹部第 1 节背板长约为端宽的 4.2 倍；光滑光滑，具稀疏的细毛点和黄褐色短毛，中央的毛相对稀疏；背中脊缺，背侧脊在气门前存在，腹侧脊完整；基侧凹大，深凹，中间仅由膜分割；气门中等大小，近圆形，约位于背板中部。第 2 节背板具稠密的细毛点和黄褐色短毛；窗疤近圆形，表面粒状。第 3 节背板端半部稍侧扁，具稠密的细毛点和黄褐色短毛。第 4 节及以后各节背板侧扁，具稠密的细毛点和黄褐色短毛。产卵器鞘未达腹末，长约为自身宽的 4.2 倍。产卵器侧扁，基部粗壮，向端部渐尖，具亚端背凹。

体黄褐色至红褐色，下列部分除外：后头，前胸背板（后上角黄褐色），中胸盾片，中胸侧板及腹板，后侧侧板及腹板暗褐色至暗红褐色；单眼区，额中央红褐色至暗红褐色；前中足胫节、跗节，后足跗节黄色；翅脉暗褐色，翅痣黄褐色；触角黄褐色。

寄主：杨简栉叶蜂 *Trichiocampus populi* Okamoto。

分布：中国（湖南、上海）。

观察标本：1♀，湖南桑植八大公山，1000 m，2000-Ⅳ-30，肖炜。

48. 欧姬蜂属 *Opheltes* Holmgren, 1859

Opheltes Holmgren, 1859. Öfversigt af Kongliga Vetenskaps-Akademiens Förhandlingar, 15(1858): 323. Type-species: *Ichneumon glaucopterus* Linnaeus.

主要鉴别特征：前翅长 14.0～22.0 mm；唇基与颜面分隔较弱，相对平，端缘厚，拱起或中央隐约呈角度；上颚短，上端齿稍宽，几乎等长于下端齿；额侧缘具纵隆脊；单复眼间距为侧单眼直径的 0.5～1.3 倍；触角鞭节第 1 节为第 2 节长的 1.5～2.0 倍；爪具栉齿；具小翅室；后中脉稍拱起或几乎直；后小脉在中部上方曲折；基侧凹非常长，仅由半透明的膜分隔；产卵器鞘长约为腹末厚度的 0.6 倍；产卵器较厚，直，具亚背侧缺刻；尾须长约为自身宽的 3.0 倍。

该属全世界仅已知 3 种，我国均有分布。

欧姬蜂属已知种检索表

1. 额侧缘的纵隆起非常弱，不明显的隆起；腹部第 2 节背板长约等于端宽；头、胸和腹部完全黄褐色，无暗色斑……………………………………………………………………赣欧姬蜂 *O. ganicus* Sheng

 额侧缘具明显的纵隆起；腹部第 2 节背板长明显大于端宽；体具黑斑，至少腹部端部黑色………2

2. 额亚侧缘具强壮的弯曲纵隆起；并胸腹节基区无侧脊，该处光滑，中纵脊中部合并呈棱锥状隆起；小盾片圆锥形隆起；头部具黑斑；中胸（背面除外）和并胸腹节黑色或几乎完全黑色…………………………………………………………………端斑银翅欧姬蜂 *O. glaucopterus apicalis* (Matsumura)

 额亚侧缘稍纵隆起；并胸腹节基区具侧脊，至少具侧脊的痕迹；中纵脊中部合并呈 1 强纵脊，小盾片匀称隆起；头部无黑斑；中胸和并胸腹节完全黄褐色或红褐色……………………………………………………………………………………日本欧姬蜂 *O. japonicus* (Cushman)

(174) 赣欧姬蜂 *Opheltes ganicus* Sheng, 2017

Opheltes ganicus Sheng, 2017. South China Forestry Science, 45: 30.

♀ 体长约 15.0 mm。前翅长约 13.0 mm。

复眼内缘几乎平行，仅触角窝外侧稍凹。颜面光滑光亮，具稠密的细毛刻点和黄色短毛，亚侧方毛刻点相对稀疏；中央纵向稍隆起，隆起上方在触角窝之间具 1 瘤状突；颜面宽约为颜面和唇基长度之和的 1.2 倍。唇基凹近亚圆形，深凹。唇基阔，横向隆起，光滑光亮，具稀疏的细毛刻点和黄褐色长毛；亚端缘陡斜，端缘几乎平截。上颚强壮且阔，端齿等长；基半部具稠密的刻点和黄褐色长毛。颊区光滑光亮，稍凹，具非常稀疏的短毛。颚眼距约为上颚基部宽的 0.4 倍。上颊阔，均匀隆起，光滑光亮，具稠密的细毛刻点和黄褐色短毛。头顶质地与上颊相似。单眼区明显抬高，中央凹，光滑光亮，具稀疏的黄褐色短毛；单眼大，侧单眼外缘深凹；侧单眼间距约为单复眼间距的 0.8 倍。额相对平，在中单眼外侧具稠密的细毛刻点和黄褐色短毛；中央凹，光滑光亮。触角鞭节 45 节，第 1～5 节长度之比依次约为 2.0∶1.2∶1.1∶1.1∶1.0。后头脊完整，在上颚基部上方与口后脊相接。

前胸背板光滑光亮，具稠密的细毛刻点和黄褐色短毛；侧凹浅阔，光滑光亮；前沟缘脊明显。中胸盾片近圆形隆起，具均匀稠密的细毛刻点和黄褐色短毛，中后部刻点相对稀疏；盾纵沟仅前部具痕迹。盾前沟深凹，光滑光亮。小盾片圆形隆起，光滑光亮，具稠密的细毛刻点和黄褐色短毛。后小盾片弧形隆起，前部深凹。中胸侧板光滑光亮，具均匀稠密的细毛刻点和黄褐色短毛；中部横沟明显，几乎贯穿侧板，侧板形成 2 个面，上半部隆起，下半部几乎平；胸腹侧脊背端伸达横沟；镜面区大，光滑光亮。后胸侧板稍隆起，几乎光滑光亮，具稠密的细毛点和黄褐色短毛；基间脊后半部明显，中部斜皱形间断；后胸侧板下缘脊强壮，前缘强脊状隆凸。翅褐黄色，几乎不透明；小脉位于基脉外侧，二者之间的距离约为小脉长的 0.2 倍；外小脉在中央稍上方曲折；小翅室斜五边形，第 2 肘间横脉明显长于第 1 肘间横脉，第 2 回脉在小翅室后方约 0.2 处与之相接；后小脉约在上方 0.3 处曲折。爪栉状；后足第 1～5 跗节长度之比依次约为 5.2∶2.4∶1.8∶1.0∶1.5。并胸腹节隆起，光滑光亮，具黄褐色短毛；基横脊消失，其他脊强壮；基区狭窄，倒三角形，光滑光亮；中区呈狭窄的三角形，脊强烈隆起；端区斜，中央具纵皱；侧区大；气门卵圆形，约位于基部 0.3 处，气门和侧纵脊之间由脊相连。

腹部第 1 节背板长约为端宽的 2.5 倍；光滑光亮，具稠密的细毛刻点和黄褐色微毛；端半部中央纵向凹；基侧凹大，深凹，中间仅由膜分割；气门小，圆形，约位于背板中部。第 2 节背板长约等于端宽，具稠密的细毛刻点和黄褐色细毛。第 3 节及以后各节背板侧扁，质地和刻点同第 2 节背板；第 3 节背板的褶缘无折缝将其与背板分开。产卵器鞘约为后足胫节长的 0.2 倍。产卵器稍侧扁，基部阔，末端尖，亚端部具深凹。

体黄褐色稍带红褐色，下列部分除外：上颚端齿黑褐色；触角鞭节黑色，腹面稍带暗褐色；后足胫节（端部暗褐色相对深）、跗节褐色至暗褐色；翅褐黄色，几乎不透明，外缘暗褐色；翅痣黄褐色；基脉、小脉、中脉、盘脉、亚缘脉、亚盘脉暗褐色，其余脉黄褐色。

分布：中国（江西）。

观察标本：1♀（正模），江西武功山红岩谷，585 m，2016-Ⅳ-18，姚钰。

(175) 端斑银翅欧姬蜂 *Opheltes glaucopterus apicalis* (Matsumura, 1912)

Astiphromma apicalis (Matsumura, 1912). Thousand insects of Japan. Supplement, 4: 111.

♀ 体长 19.0～24.0 mm。前翅长 18.0～22.0 mm。

头部具非常细密的刻点。复眼内缘在触角窝下方稍凹。颜面宽约为长的 1.7 倍，上缘中央具 1 小而光亮的瘤突。唇基沟弱。唇基凹大，封闭。唇基稍隆起；端缘弱弧形，较厚。上颚 2 端齿约等长。颚眼距为上颚基部宽的 0.39～0.41 倍。上颊较宽，背面观长等于或稍大于复眼横径。侧单眼间距约为单复眼间距的 1.25 倍。额稍凹，光滑光亮；触角窝之间具中纵沟，内有 1 弱的中纵脊；自触角窝外侧至复眼下缘具 1 强的弧形纵脊。

触角稍长于前翅，鞭节51～53节，第1～5节长度之比依次约为2.7∶1.5∶1.3∶1.2∶1.2。后头脊完整。

胸部具稠密的细刻点。前沟缘脊强壮。盾纵沟仅前部明显；中胸盾片中叶显著向前凸出。中胸侧板中间的横沟深且长，几乎横穿整个中胸侧板；胸腹侧脊细弱，约达中胸侧板高的0.5处；镜面区小而光亮。后胸侧板基间脊明显；后胸侧板下缘脊完整，前部显著耳状突出。小脉位于基脉的外侧；小翅室四边形，无柄；第2回脉位于它的下外角的稍内侧；外小脉约在上方0.35处曲折；后小脉约在上方0.3处曲折，下段强烈外斜。足细长；后足第1～5跗节长度之比依次约为3.2∶1.7∶1.1∶0.7∶0.7，爪相对较小，具长且细密的栉齿。并胸腹节具稠密的弱皱刻点及褐色细毛，脊非常强壮，分脊缺；中区狭长，上方近似三角形，下方2侧边近平行；端区小，围脊非常强壮；并胸腹节侧突侧扁；气门斜长圆形。

腹部表面较光滑，具非常弱而不明显的细刻点和稠密的褐色短柔毛。第1节细柄状，向端部渐膨大；长为端宽的3.1～3.2倍；柄部光滑光亮，几乎无刻点和毛；基部两侧具大、长且很深的基侧凹，两凹之间仅由1层透明的膜分隔；气门小，圆形，约位于该节背板中央稍前。第1节背板梯形，长为端宽的1.1～1.2倍。腹部自第3节背板向后侧扁。产卵器鞘扁，长稍短于腹部末端的厚度。产卵器直，亚端部的缺刻较大。

体黄褐色，下列部分除外：颜面上缘中央的小瘤突，上颚端齿，额中部，单眼区及头顶后部中央，后头区，胸部（前胸背板上缘、后缘及后上角、前缘下方，中胸盾片中叶两侧的纵带、侧叶全部或仅前侧缘的纵带，小盾片、后小盾片及其后部，中胸侧板的胸缝、翅基下脊除外），腹部端部4节黑色；各足基节基部多少带黑色。

♂ 体长12.0～24.0 mm。前翅长11.0～21.0 mm。触角鞭节42～51节。阳茎基侧突短棍棒状，稍向下弯曲。

寄主：据记载（Yu et al., 2016），寄主为日本锤角叶蜂 *Cimbex femorata japonica* Kby.、杨锤角叶蜂 *Cimbex taukushi* Marlatt 等。

分布：中国（辽宁、黑龙江、内蒙古、新疆）；朝鲜，日本，俄罗斯。

观察标本：1♂，辽宁沈阳，1992-Ⅴ-31，盛茂领；1♀1♂，辽宁桓仁，2002-Ⅷ-20，葛志菊、王庆敏；1♀，辽宁海城，2005-Ⅵ-13，陈天林；1♀，黑龙江牡丹江，1980-Ⅵ-10，彭佳新；1♀，内蒙古兴安盟扎赉特旗，1981-Ⅵ；1♀2♂♂，黑龙江黑河，2002-Ⅷ；1♂，新疆乌鲁木齐，2007-Ⅳ-27，孙淑萍。

(176) 日本欧姬蜂 *Opheltes japonicus* (Cushman, 1924)

Nephopheltes japonicus Cushman, 1924. Proceedings of the United States National Museum, 64: 17.

该种的色斑变异较大：河南内乡宝天曼的标本，其触角鞭节褐黑色，后足腿节端部及其胫节、跗节深褐色；个别标本的额所具横纹不明显；腹部端部黑色部分的大小有一定差异。

寄主：榆童锤角叶蜂 *Agenocimbex elmina* Li & Wu。

分布：中国（辽宁、吉林、河南、甘肃）；朝鲜，日本。

观察标本：1♀，辽宁新宾，1998-Ⅶ-20，盛茂领；1♀，辽宁桓仁，2002-Ⅵ-22，王庆敏；2♀♀，辽宁鞍山千山，2006-Ⅵ-21～23，王影；1♀，河南内乡宝天曼，2006-Ⅴ-10，申效诚；1♀1♂，河南内乡宝天曼，2006-Ⅵ-07，申效诚；2♀♀2♂♂，甘肃天水，2001-Ⅴ-16，武星煜；1♀，辽宁本溪，2015-Ⅵ-29，盛茂领；1♀，辽宁海城，2015-Ⅶ-09，李涛。

49. 折脉姬蜂属 *Absyrtus* Holmgren, 1859（中国新纪录）

Absyrtus Holmgren,1859.Öfversigt af Kongliga Vetenskaps-Akademiens Förhandlingar, 15(1858):323.
Type-species: (Absyrtus luteus Holmgren) = vicinator Thunberg.

主要鉴别特征：上颚下端齿长于上端齿；后头脊在上颚基部上方与口后脊相接；单复眼间距为侧单眼直径的 0.4～1.0 倍；触角鞭节第 1 节约为第 2 节的 1.2 倍；臂脉在近中部具角或向下稍弯曲；后小脉外斜；后中脉稍弓曲或几乎直；并胸腹节光滑，或具中区和端侧区；跗节具栉齿；腹部第 1 节较细长，气门位于中部稍前侧；基侧凹深，中间仅由膜相隔。第 2、3 节背板无明显的刻点；体色通常浅褐色，或具黑斑。

全世界已知 7 种；迄今为止，我国尚无记载。已记载寄生叶蜂类的寄主：浅环钩瓣叶蜂 *Macrophya albicincta* (Schrank, 1776)、白环钩瓣叶蜂 *Macrophya alboannulata* A. Costa、里比斯钩瓣叶蜂 *Macrophya ribis* (Schrank, 1781)、红基叶蜂 *Tenthredo rubricoxis* (Enslin, 1912) 。

(177) 邻折脉姬蜂 *Absyrtus vicinator* (Thunberg, 1822)（中国新纪录）(彩图 37)

Ichneumon vicinator Thunberg 1822. Mémoires de l'Académie Imperiale des Sciences de Saint Petersbourg, 8:261.

♀ 体长 9.5～12.3 mm。前翅长 7.5～10.0 mm。产卵器鞘长 0.7～1.2 mm。

复眼内缘在触角窝外侧均匀凹。颜面宽约为长的 1.8 倍；中央稍微隆起，呈粒状表面，中部相对粗；上缘中央具 1 强瘤突；具稠密的黄褐色短毛。唇基和颜面稍分开。唇基阔，横向均匀隆起，端缘平截；基半部呈细横纹状表面，具稠密的黄褐色短毛；端半部光亮，具非常稀疏的毛点和黄褐色长毛；宽约为长的 3.1 倍。上颚强大，基半部具稠密的细毛点和黄褐色短毛，中部毛相对长；端齿光滑光亮，下端齿明显长且宽于上端齿。颊区呈细革质粒状表面。颚眼距约为上颚基部宽的 0.2 倍。上颊中等阔，中央纵向隆起，向后均匀收敛；光亮，呈细纹状表面，具稠密的细毛点和黄褐色短毛。头顶质地同上颊，在单眼区后方斜截。单眼区明显抬高，中央几乎平，呈细革质粒状表面，具稀疏的黄褐色短毛；单眼非常大，强隆起，外侧沟明显；侧单眼间距约等长于单复眼间距。额较平，呈细纹状表面，在触角窝后方稍粗。触角丝状，鞭节 46 节；鞭节具黄褐色的微毛，末端具几根黄褐色长毛；第 1～5 节长度之比依次约为 1.3∶1.3∶1.1∶1.1∶1.0；端部渐细。后头脊完整，在上颚基部稍后方与口后脊相接。

前胸背板呈细纹状表面，具稠密的黄褐色短毛；侧凹阔，前沟缘脊在侧凹内呈短皱状，上方具弱皱。中胸盾片圆形隆起，中叶前部均匀斜，稍突出；盾纵沟基部具弱痕；呈细纹状表面，具均匀的黄褐色短毛。盾前沟深阔，几乎光滑光亮。小盾片稍隆起，三角形，后半部斜；基部具侧脊（弱）；质地同中胸盾片。后小盾片矩形，横向强隆起，前凹阔。中胸侧板相对平，稍隆起，光亮，呈细纹状表面，具黄褐色短毛；胸腹侧脊强，背端约达中胸侧板中部；镜面区小，光滑光亮；中胸侧板凹浅沟状。后胸侧板稍隆起，质地同中胸侧板；后胸侧板下缘脊完整。翅稍带褐色，透明；小脉位于基脉的外侧，二者之间的距离约为小脉长的 0.3 倍；小翅室斜四边形，具加粗的短柄，柄长约为第 1 肘间横脉长的 0.3 倍；第 2 肘间横脉明显长于第 1 肘间横脉；第 2 回脉约在小翅室下外角 0.2 处与之相接；外小脉约在中央处曲折；后小脉约在中央稍上方曲折。足正常，后足第 1～5 跗节长度之比依次约为 5.3∶2.3∶1.6∶1.0∶1.6；爪小，强栉齿状。并胸腹节圆形隆起，基缘中央稍凹；外侧脊完整，侧纵脊在端缘存在，其他脊缺；几乎光滑光亮，具黄褐色的短毛；气门斜椭圆形，靠近外侧脊，与外侧脊之间具短脊相连，位于基部约 0.3 处。

腹部第 1 节背板向端部渐宽，长约为基部宽的 5.5 倍，约为端宽的 3.1 倍；几乎光滑光亮，具均匀稠密的细毛点和黄褐色微毛；背侧脊、腹侧脊完整；气门小，近圆形，约位于背板中部。第 2 节背板梯形，长约为基部宽的 1.8 倍，约为端宽的 1.1 倍；质地同第 1 节背板；亚侧方中央具 1 小隆起；气门与背板之间的脊在基部明显。第 3 节背板质地同第 2 节背板，端半部侧扁。第 4 节及以后各节背板侧扁，质地同第 3 节背板。产卵器鞘长约为腹末厚度的 0.8 倍；产卵器侧扁，末端长矛状，具背缺刻。

体黄褐色，下列部分除外：上颚端齿暗红褐色；头顶，中胸盾片，腹部背板，后足腿节、胫节、跗节黄褐色至红褐色；触角鞭节端半部，翅脉暗褐色；翅痣黑褐色。

分布：宁夏、北京；日本，俄罗斯远东地区，欧洲。

观察标本：1♀，宁夏六盘山，2005-IX-01，集虫网；1♂，北京门头沟，2011-VII-09，宗世祥。

50. 波姬蜂属 *Perilissus* Holmgren, 1855

Perilissus Holmgren, 1855. Kongliga Svenska Vetenskapsakademiens Handlingar, 75: 63. Type: *Ichneumon filicornis* Gravenhorst.

主要鉴别特征：前翅长 4.0～8.5 mm；唇基与颜面分隔弱，有时明显分隔，稍平至强烈隆起，端缘厚，弱至强烈拱起；上颚下端齿长于上端齿；触角鞭节第 1 节长约为第 2 节长的 1.2 倍；盾纵沟弱或缺；并胸腹节分区完整或不完整；爪简单，栉齿状；具小翅室，很少缺；后小脉远在中央上方曲折，很少在中央下方曲折；基侧凹长且深，仅由半透明的膜分隔；产卵器鞘中等宽，约为腹末厚度的 0.8 倍；产卵器直，中等厚，背结阔且远离端缘；尾须长约为自身宽的 3.0 倍。

该属全世界已知 58 种，此前我国仅知 2 种。这里介绍 5 种，含 1 新种、1 新亚种和 1 中国新纪录种。

波姬蜂属（含折脉姬蜂属）中国已知种检索表

1. 并胸腹节中纵脊强壮，中区完整……2
   并胸腹节中纵脊缺，或仅基部具痕迹，无中区……4
2. 并胸腹节分脊在中区的前端相接；体（包括头、触角和足的全部）黄褐色……
   ……菊波姬蜂 *P. geniculatus geniculatus* (Uchida)

并胸腹节分脊在中区中部附近相接；头和胸部黑色，腹部基部和端部黑色，中部红褐色…………3

3. 唇基基部具相对稠密的细刻点，端缘具稠密的刻点；小翅室四边形；并胸腹节分脊在中区前部 1/3 处相接；腹部第 1 节背板端半部至第 4 节背板全部红褐色……………枯波姬蜂 *P. athaliae* Uchida

唇基具非常稀的刻点；小翅室三角形；并胸腹节分脊在中区中部相接；腹部第 2 节背板端缘的狭边、第 3 节端半部和第 4 节端缘的狭边暗红色……………………带波姬蜂 *P. cingulator* (Morley)

4. 腹部第 1 节背板向端部渐宽，长约为端宽的 3.1 倍；体（包括头和足全部）黄褐色…………………………………………………………………………邻折脉姬蜂 *Absyrtus vicinator* (Thunberg)

腹部第 1 节背板在气门之前明显变细，长约为端宽的 2.3 倍；头（包括颜面和唇基）和胸部黑色，腹部基部和端部黑色，中部红褐色；足红褐色（前中足基节黄褐色）………………………………………………………………缺脊波姬蜂，新种 *P. incarinatus* Sheng, Sun & Li, sp.n.

(178) 枯波姬蜂 *Perilissus athaliae* Uchida, 1936（中国新纪录）

Perilissus (*Spanotecnus*) *athaliae* Uchida, 1936. Insecta Matsumurana, 10: 121.

♀ 体长约 8.0 mm。前翅长约 7.0 mm。产卵器鞘短，不伸出腹末。

头胸部具非常稠密且较均匀的细刻点。颜面宽约为长的 1.7 倍，较平坦；上缘中央具 1 弱瘤突。唇基沟不明显。唇基平缓隆起且宽短，宽约为长的 2.4 倍；基部具相对稠密的细刻点，端缘具稠密粗大的深刻点。上颚强大，基半部具细纵皱和细长刻点；下端齿明显长且宽于上端齿。颊具稠密的细刻点，颚眼距约为上颚基部宽的 0.6 倍。上颊具非常稠密的细刻点，中部稍隆起，向后部明显增宽，侧面观长（中央）约为复眼横径的 1.3 倍。头顶具与上颊相似的质地和刻点；侧单眼间距约为单复眼间距的 0.4 倍。额平坦；质地和刻点同头顶。触角丝状，鞭节 44 节，第 1～5 节长度之比依次约为 2.2∶2.0∶1.8∶1.8∶1.7，端部渐细。后头脊细而完整，向外隆起呈缘状，后部中央弧形内凹。

胸部具与头部相似的细刻点。前胸背板具强壮的前沟缘脊。中胸盾片均匀隆起，中叶前部稍突出；盾纵沟前部具弱痕。小盾片稍隆起，三角形，较中胸盾片刻点稍细，基端具侧脊（弱）。后小盾片矩形，稍隆起，刻点与小盾片相近。中胸侧板均匀隆起，刻点清晰均匀；胸腹侧脊强，背端约达中胸侧板高的 0.6 处（不伸达中胸侧板前缘中央）；镜面区小，光滑光亮；中胸侧板凹沟状。后胸侧板中部稍隆起；后胸侧板下缘脊完整。翅稍带褐色，透明；小脉位于基脉的外侧，二者之间的距离约为小脉长的 0.3 倍；小翅室四边形，具结状短柄；第 2 回脉在它的下方中央稍外侧与之相接；外小脉约在下方 0.3 处曲折；后小脉约在上方 0.4 处曲折。足正常，后足第 1～5 跗节长度之比依次约为 5.3∶2.3∶1.6∶1.0∶1.6；爪小，简单。并胸腹节较隆起，具较完整的脊和分区（仅基横脊外段缺）；基区三角形；中区长五边形（上方趋于弧形），具模糊的弱细皱，分脊约在其前方 1/3 处横向伸出；端横脊后部具稀疏较强的纵皱（皱间具模糊的细皱和细刻点）；气门近圆形，位于基部约 0.25 处，距离外侧脊较远。

腹部纺锤形，具细革质状表面和不明显的毛细刻点。第 1 节背板长约为端宽的 2.4 倍，基半部明显较细；背中脊不明显；背侧脊细弱完整；背表面具稠密的短细纵纹和较清晰的细刻点；气门小，圆形，约位于第 1 节背板中部。第 2 节背板梯形，长约为端宽的 0.7 倍，基部两侧的窗疤弱；第 3 节背板侧缘近平行，长约为宽的 0.6 倍；以后背板向后逐渐收敛。产卵器鞘短，约为腹端厚度的 0.7 倍；产卵器直，强壮。

头黑色，下列部分除外：触角，唇基（基缘黑色），上颚（端齿齿尖黑褐色），下颚须和下唇须，前胸背板后上角，翅基片及前翅翅基，各足，腹部第 1 节背板端半部至第 4 节背板全部，产卵器鞘，均为红褐色；翅面褐黄色，翅痣黄褐色，翅脉褐色。

分布：中国（贵州）；日本。

观察标本：1♀，贵州天柱，1996-Ⅳ，李宜汉。

(179) 带波姬蜂 *Perilissus cingulator* (Morley, 1913)

Hypocryptus cingulator Morley, 1913. The fauna of British India including Ceylon and Burma, Hymenoptera, 3: 319.

寄主：蔬菜叶蜂 *Athalia proxima* (Klug, 1815)。

分布：中国（台湾）；印度。

(180) 菊波姬蜂 *Perilissus geniculatus geniculatus* (Uchida, 1928)

Astiphromma geniculatus Uchida, 1928. Journal of the Faculty of Agriculture, Hokkaido University, 21: 261.

分布：中国（江西）；日本、俄罗斯。

观察标本：4♀♀1♂，江西赣州全南，409~700 m，2008-Ⅵ-16～Ⅷ-31，李石昌；1♂，江西吉安，2008-Ⅴ-21，匡曦；1♀，江西官山国家级自然保护区东河站，240~320 m，2016-Ⅸ-21，方平福；1♀，江西马头山，240~320 m，2017-Ⅵ-09，集虫网。

(181) 缺脊波姬蜂，新种 *Perillissus incarinatus* Sheng, Sun & Li, sp.n.（彩图 38）

♀ 体长 6.5～7.0 mm。前翅长 5.5～6.0 mm。产卵器鞘短，不伸出腹末。

颜面宽约为长的 1.9 倍，具非常稠密均匀的细粒点，较平坦；上缘中央具 1 弱瘤突。唇基沟弱浅。唇基平缓隆起且宽短，宽约为长的 3.1 倍；基部具稠密的细横皱，端部具较粗大的刻点；前缘弧形。上颚强大，基半部具稠密的细横皱和细刻点；下端齿明显长且宽于上端齿。颊具细粒状表面。颚眼距约为上颚基部宽的 0.5 倍。上颊具非常稠密的细刻点，向后部渐增宽，侧面观其长（中央）约为复眼横径的 0.9 倍。头顶具与上颊相似的质地和刻点；侧单眼间距约为单复眼间距的 0.5 倍。额平坦；质地和刻点同头顶。触角丝状，鞭节 41～42 节，第 1～5 节长度之比依次约为 2.0∶1.6∶1.3∶1.3∶1.2，端部渐细。后头脊细而完整，向外隆起呈缘状，后部中央倒“V”形。

胸部具与头部一致的质地和刻点。前胸背板侧凹内具不明显的短横皱；前沟缘脊明显。中胸盾片均匀隆起，中叶前部稍突出；盾纵沟不明显。小盾片稍隆起，三角形，较中胸盾片刻点细弱，基端具侧脊。后小盾片横形，较平，刻点与小盾片相近。中胸侧板均匀隆起，后部中央具弱细皱且刻点稍粗；胸腹侧脊强，背端约达中胸侧板高的 0.65 处（几乎伸达中胸侧板前缘中央）；镜面区小，较平滑；中胸侧板凹沟状。后胸侧板中部稍隆起；后胸侧板下缘脊完整。翅稍带褐色，透明；小脉位于基脉的外侧，二者之间的距离约为小脉长的 0.3 倍；小翅室四边形，具结状短柄；第 2 回脉在它的下外侧约 0.2 处与之相接；外小脉在下方 0.3～0.35 处曲折；后小脉约在中央（或稍上方）曲折。足正常，后足第 1～5 跗节长度之比依次约为 5.0∶2.7∶2.0∶1.0∶1.2；爪小，简单。并胸腹节均匀隆起；仅外侧脊和端横脊完整；中纵脊和侧纵脊缺，或仅基部具弱痕；端横脊后部具几道稀疏的短纵脊（后部刻点不清晰）；气门较小、圆形，位于基部约 0.3 处，靠近外侧脊。

腹部纺锤形，具细革质状表面和不明显的浅细刻点。第 1 节背板长约为端宽的 2.3

倍，基半部明显较细；背中脊不明显；背侧脊细弱完整（中段不清晰）；背表面的细刻点较以后背板清晰；气门小，圆形，位于第 1 节背板基部约 0.4 处。第 2 节背板梯形，长约为端宽的 0.9 倍，基部两侧的窗疤弱；第 3 节背板侧缘近平行，长约为宽的 0.8 倍；以后背板向后逐渐收敛。产卵器鞘短，约为腹端厚度的 0.8 倍；产卵器背凹宽，距顶端较远。

头胸部黑色，下列部分除外：触角（柄节和梗节背侧黑褐色），上颚端半部（端齿齿尖黑褐色），下颚须和下唇须，足，翅基片及前翅翅基（色稍浅），腹部第 1 节背板端部至第 4 节背板全部，产卵器鞘，均为红褐色；翅面稍褐色，翅痣黄色，翅脉褐色。

♂ 体长约 7.5 mm。前翅长约 6.5 mm。触角鞭节 44 节。触角端半部黑褐色。腹部第 1 节背板仅端缘少许红褐色，第 2 节背板基部大部分、第 4 节背板端部大部分带褐黑色。其余特征同正模。

正模 ♀，贵州天柱，1996-IV，李宜汉。副模：1♀1♂，其他记录同正模。

词源：本新种名源于并胸腹节无中纵脊和侧纵脊。

本新种与异波姬蜂 *P. variator* (Müller, 1776) 近似，可通过下列特征区分：并胸腹节中纵脊和侧纵脊缺，或仅基部具弱痕，无中区；颜面和唇基完全黑色。异波姬蜂：并胸腹节具清晰的中纵脊和侧纵脊，具完整的中区；颜面和唇基黄色。

51. 锯缘姬蜂属 *Priopoda* Holmgren, 1856

Priopoda Holmgren, 1856. Kongliga Svenska Vetenskapsakademiens Handlingar, 75(1854): 63.
Type-species: *Ichneumon apicarius* Geoffroy, 1785. Designated by Horstmann, 1992.

主要鉴别特征：后头脊下端伸达上颚基部；下端齿明显长于上端齿；盾纵沟几乎缺或非常弱；爪至少基部具栉齿；小翅室存在；后小脉在中部下方曲折；腹部第 1 节背板狭长，气门位于中部内侧；基侧凹深，侧面观，中间仅由非常薄的“膜”隔开；产卵器较粗，亚端背凹距末端较远；雄性下生殖板端缘具 1~3 个深或浅的凹刻。

全世界 23 种，我国已知 12 种。我国已知种检索表可参考相关著作（盛茂领等，2013；盛茂领和孙淑萍，2014）。

(182) 阿氏锯缘姬蜂 *Priopoda auberti* Sheng, 1993

Priopoda Auberti Sheng, 1993. Nouvelle Revue d'Entomologie, 10(2): 108.

分布：中国（辽宁、江西）。

观察标本：1♀（正模），辽宁沈阳，1991-Ⅵ-28，盛茂领；2♀♀，江西宜丰官山自然保护区，400 m，2010-Ⅵ-11～22，集虫网。

(183) 橙锯缘姬蜂 *Priopoda aurantiaca* Sheng, 2009

Priopoda aurantiaca Sheng, 2009. Insect fauna of Henan, Hymenoptera:Ichneumonidae, p.132.

分布：中国（辽宁、河南）。

观察标本：1♀，辽宁本溪，2013-Ⅶ-04～12，集虫网；1♀（正模），河南嵩县白云山，1400 m，2003-Ⅶ-26，范吉星。

(184) 双凹锯缘姬蜂 *Priopoda biconcava* Sheng & Sun, 2012

Priopoda biconcava Sheng & Sun, 2012. Zootaxa, 3222: 48.

♀ 体长 9.5～10.5 mm。前翅长 8.8～9.2 mm。

头部具细革质状质地和细刻点。颜面宽为长的 1.7～1.8 倍，几乎平坦（非常微弱地隆起），上缘中央在触角之间不凹陷，具 1 小瘤突。唇基沟不明显。唇基宽为长的 3.0～3.1 倍；端缘粗糙，钝厚，具褐色长毛。上颚长，端齿强壮；下端齿约为上端齿长的 2.3 倍。颚眼距为上颚基部宽的 0.25～0.3 倍。上颊侧面观长约为复眼横径的 1.2 倍。侧单眼间距约为单复眼间距的 0.4 倍。头顶后缘中央明显前凹。额几乎平坦。触角鞭节 42～43 节，第 1~5 节长度之比依次约为 8.0∶6.0∶5.5∶5.2∶50。后头脊完整，下端伸抵上颚基部。

胸部具细弱不清晰的刻点。前胸背板后上角呈光滑的小角突；前沟缘脊弱且短。盾纵沟不明显。镜面区小而光亮。胸腹侧脊强壮，背端约达中胸侧板高的 1/2 处，远离中胸侧板前缘。小脉与基脉对叉；小翅室斜四边形，具短柄，第 2 回脉在其下外角 0.25～0.30 处与之相接；外小脉在中央下方曲折；后小脉几乎垂直，在下方 1/4～1/3 处曲折。足细长；后足第 1～5 跗节长度之比依次约为 10.0∶4.2∶3.3∶2.0∶2.6；爪具稠密的细栉齿。并胸腹节具细弱不清晰的刻点；基区的侧脊消失；中区的脊完整且强壮，中区前宽后窄，长约为前端最宽处的 1.3 倍；分脊完整，在中区的前缘相接；侧纵脊基部（气门之前）消失；端横脊和外侧脊完整；第 1、第 2 外侧区合并；气门几乎圆形，距侧纵脊的距离和外侧脊的距离相等。

腹部第 1 节背板长约为端宽的 2.0 倍，均匀纵隆起，或背面稍平，后柄部靠近侧缘处纵凹；具细革质状表面和清晰的细刻点；无背中脊；背侧脊完整；气门小，几乎圆形，约位于第 1 节背板中央（稍前部）。第 2 节背板长约为端宽的 0.8 倍，具细弱但清晰的刻点。第 3 节背板中部具细弱（稍清晰可见）的刻点。产卵器鞘中部明显弯曲，长为腹末厚度的 0.6～0.7 倍。产卵器较粗壮，端部尖锐，背瓣的缺刻宽浅。

体黑色，下列部分除外：颜面（中纵纹褐黑色除外），唇基，上颚（端齿除外），颊区，上颊下端，触角柄节腹侧，前中足基节及后足基节腹侧黄色；翅基片黄色至褐色；触角鞭节腹侧，下唇须，下颚须，前中足（中足胫节外侧顶端带褐黑色），额上部靠近复眼处的小斑，前中足，后足基节和转节腹侧、胫节（除背侧端缘），后足转节（第 1 转节背面具黑色斑）及胫节腹侧基部约 0.7，腹部第 2 节、第 3 节背板及第 4 节背板基部均为黄褐至红褐色；后足第 1 跗节、第 5 跗节浅褐色至暗褐色，第 2～4 节浅黄色；前胸背板后上角的角突暗红褐色；翅痣和翅脉褐黑色。

♂ 体长约 10.0 mm。前翅长约 8.5 mm。触角鞭节 42～44 节。下生殖板端缘具 2 凹刻。颜面全部及额侧缘的宽纵带黄色。前胸侧板具不规则的暗褐色斑。后足基节腹面及背面黄色，侧面黑色，跗节全部浅黄色。

变异：并胸腹节中区的围脊弱且不完整至围有完整的弱脊；中足腿节黄褐色，但一些个体的背侧或多或少呈黑褐色；后足转节褐色或背侧具不规则的深色斑。

分布：中国（江西）。

观察标本：1♀（正模），江西全南，650～740 m，2008-Ⅴ-24～Ⅵ-10，李石昌；3♀♀3♂♂（副模），江西全南，650～740 m，2008-Ⅴ-24～Ⅵ-10，李石昌；3♂♂（副模），江西吉安，2008-Ⅴ-21，匡曦；1♀（副模），江西官山，400 m，2010-Ⅴ-23，李怡、易伶俐。

(185) 齿锯缘姬蜂 *Priopoda dentata* Sheng & Sun, 2012

Priopoda dentata Sheng & Sun, 2012. Zootaxa, 3222: 50.

♀ 体长 10.5～11.5 mm。前翅长 9.0～9.5 mm。触角长 11.0～12.0 mm。

头部具非常稠密的细刻点。颜面宽约为长的 2.0 倍，较平；上缘中央具 1 小的纵瘤突。唇基稍隆起；端缘粗糙，钝厚，具稠密的褐色长毛。下端齿明显长于上端齿。颚眼距为上颚基部宽的 0.38～0.42 倍。上颊中部宽阔，长约与复眼横径相等。侧单眼间距为单复眼间距的 0.35～0.38 倍；头顶后缘中央明显前凹。额较平坦。触角鞭节 43 节，第 1～5 节长度之比依次约为 1.8∶1.6∶1.5∶1.2∶1.2。后头脊完整。

胸部具不清晰的细革质状表面和清晰的细刻点。前沟缘脊短，但清晰可见。盾纵沟不明显。小盾片均匀隆起。后小盾片几乎圆形隆起。镜面区小而光亮。胸腹侧脊强壮，背端约达中胸侧板高的 1/2 处。小脉与基脉相对；小翅室斜四边形，第 2 回脉约在它的下外侧 0.25 处与之相接；外小脉在中央稍下方曲折；后小脉约在下方 1/3 处曲折。足细长；后足第 1～5 跗节长度之比依次约为 4.2∶1.8∶1.4∶0.8∶0.9；爪具稠密的细栉齿。并胸腹节表面呈细革质状，具非常稀疏且不清晰的细刻点；中纵脊及分脊不完整，或仅具痕迹；分脊中段缺；侧纵脊、外侧脊和端横脊完整且强壮；气门小，圆形，稍隆起，距侧纵脊的距离等于距外侧脊的距离，约位于并胸腹节基部 0.3 处。

腹部端部侧扁。腹部第 1 节背板长约为端宽的 2.2 倍，均匀纵隆起，向基部显著变细，除基部、侧部光滑外具稠密的浅细刻点；背中脊不明显，背侧脊和腹侧脊完整；气门小，圆形，约位于第 1 节背板中央。第 2 节背板长为端宽的 0.8～0.9 倍，稍粗糙，刻点不明显。第 3 节背板的质地与第 2 节相似，但表面较细腻；第 4 节及其后的背板具明显且稠密的浅褐色短毛。产卵器鞘长为腹末厚度的 0.7～0.8 倍。产卵器较粗壮，背瓣的缺刻距离末端较远。

体黑色，下列部分除外：触角鞭节基半部腹侧浅黄色，背侧黑色具红褐色端缘，鞭节中段第 13～第 22（23）节白色；颜面，唇基，上颚（端齿除外），颊区，上颊下端，额上部靠近复眼处的小斑，前中足，后足基节及转节腹侧、胫节（除背侧端缘）均为黄褐色；腹部第 3 节背板红褐色；下唇须，下颚须，足第 2～5 跗节，腹部第 1～4 节腹板（第 4 节的侧面具黑褐色纵斑）均为浅黄至浅褐色；前胸侧板黑色至褐黑色；前胸背板后上角的角突红褐色；翅基片，翅痣及翅脉褐黑色。

♂ 体长约 12.0 mm。前翅长约 9.5 mm。触角鞭节 45 节。下生殖板端缘中央具 1 个半圆形大凹刻，凹刻中央具 1 小齿突。

变异：腹部第 2 节背板黑色或模糊不清的褐黑色。

分布：中国（江西）。

观察标本：1♀（正模），江西安福，2010-Ⅴ-24，喻中平；1♀1♂（副模），江西吉安，2008-Ⅴ-21，匡曦。

(186) 点背锯缘姬蜂 *Priopoda dorsopuncta* Sheng & Sun, 2012

Priopoda dorsopuncta Sheng & Sun, 2012. Zootaxa, 3222: 52.

♂ 体长 9.0～9.7 mm。前翅长 8.1～8.5 mm。触角长 11.0～11.5 mm。

头部具稠密的粒状表面。颜面宽约为长的 1.9 倍，上缘中央具 1 小瘤突。唇基沟不明显。唇基宽为长的 2.8～2.9 倍，向端部均匀隆起；端缘弧形，钝厚，具褐色长毛。下端齿长约为上端齿的 2.0 倍。颚眼距约为上颚基部宽的 1/3。上颊侧面观长为复眼横径的 1.2～1.3 倍。侧单眼间距约为单复眼间距的 0.44 倍。额几乎平坦或稍隆起，具绒毡状质地。触角鞭节 46 节，第 1～5 节长度之比依次约为 7.6∶5.9∶5.3∶5.0∶4.8。后头脊完整且强壮。

胸部具革质状质地。前胸背板粗糙，前部和后上部具不清晰的细刻点，后上角呈光滑的小角突。前沟缘脊弱且短。中胸盾片均匀隆起，具均匀稠密的细刻点，具清晰的侧缘，后部自翅基片至小盾片前侧角明显隆起；盾纵沟仅前端具凹痕。盾前沟阔且深。小盾片均匀隆起，具清晰均匀的刻点（稍稀于中胸盾片的刻点）；仅基侧角具脊。后小盾片粗糙，横隆起，前部具深横沟。中胸侧板具清晰的刻点（镜面区之前的刻点较稀）；前上方（胸腹侧脊背端上方）具短纵皱；胸腹侧脊强壮，背端约达中胸侧板高的 1/2 处，远离中胸侧板前缘；中胸侧板凹横细沟状；镜面区大。后胸侧板均匀隆起，具与中胸盾片相似的质地；基间脊仅前端存在；后胸侧板下缘脊完整且强壮，前部角状隆起。翅稍带灰褐色，透明，小脉与基脉对叉；第 1 肘间横脉短于第 2 肘间横脉；小翅室几乎呈三角形，具短柄，第 2 回脉在它的下外角稍内侧相接；外小脉约在下方 0.4 处曲折；后小脉在下方 0.3～0.45 处曲折。足细长；胫节外侧具短棘状毛；后足第 1～5 跗节长度之比依次约为 10.0∶4.6∶3.6∶2.2∶2.5；爪具清晰的栉齿。并胸腹节粗糙，具非常弱且不清晰的细刻点；基部中央深凹；分区完整，脊强壮；中区前宽后窄，长为最宽处的 1.6～1.9 倍；端区具脊状粗纵皱；气门小，圆形，距外侧脊的距离约等于距侧纵脊的距离。

腹部第 1 节背板长约为端宽的 2.5 倍，基部光滑；后柄部具清晰的细刻点，前半部中央稍纵凹；无背中脊；背侧脊完整（气门之前较弱）；气门小，圆形，位于第 1 节背板中央稍前部。第 2 节背板长约为端宽的 0.9 倍，具非常清晰且稠密的刻点，后缘的狭边稍光滑。第 3 节背板具与第 2 节背板相似的刻点，但后部的刻点稍稀。第 4 节背板刻点弱且不清晰。以后的背板稍光滑。第 8 节背板非常短。下生殖板端缘具 1“U”形深凹。

体黑色，下列部分除外：触角基部腹面褐色至暗褐色；鞭节第（14）15～第 21（22）节大部分白色；颜面，唇基，上颚（端齿除外），颊区，上颊下端，前中足基节及转节均为黄色至黄褐色；翅基片黑褐色；侧单眼至复眼的斑，前中足，后足转节及腿节基端黄褐色；后足胫节基部约 0.7 暗褐色；后足跗节乳白色（浅黄色）；腹部第 3 节背板暗红色，

第4～8节背板及抱握器红褐色至褐色；翅痣和翅脉褐黑色。

分布：中国（江西）。

观察标本：1♂（正模）1♂（副模），江西全南，740 m，2008-Ⅴ-24，集虫网。

(187) 黑脸锯缘姬蜂 *Priopoda nigrifacialis* Sheng & Sun, 2012

Priopoda nigrifacialis Sheng & Sun, 2012. Zootaxa, 3222: 54.

♀ 体长约7.5 mm。前翅长约6.8 mm。

头部具细革质状质地和清晰的细刻点。颜面宽约为长的1.8倍，几乎平坦（非常微弱地隆起），上缘中央具1小瘤突。唇基沟中段明显。唇基宽约为长的2.8倍；向端部逐渐隆起；端缘钝厚，弧形前隆，具褐色长毛。上颚下端齿约为上端齿长的1.6倍。颚眼距约为上颚基部宽的0.4倍。上颊长约为复眼横径的1.2倍。侧单眼间距约为单复眼间距的0.4倍。额平坦。触角鞭节端部断失，鞭节可见35节，第1～5节长度之比依次约为6.3∶4.9∶4.2∶4.0∶3.9。后头脊完整。

胸部具稠密均匀的细刻点。前沟缘脊较弱，但清晰可见。盾纵沟不明显，仅前部具凹痕。小盾片均匀隆起，基部约0.3具侧脊。后小盾片稍横圆形隆起。镜面区较大。胸腹侧脊强壮，背端约达中胸侧板高的0.5处（抵达中胸侧板的浅横凹）。小脉几乎与基脉对叉（位于基脉稍外侧）；小翅室四边形，具短柄，第2回脉在它的中央稍外侧与之相接；外小脉在中央下方曲折；后小脉几乎垂直，约在下方1/3处曲折。足细长；后足第1～5跗节长度之比依次约为10.0∶4.4∶3.3∶2.0∶2.2；爪具稠密的细栉齿。并胸腹节分区完整；基区与中区合并，中纵脊的基端和侧纵脊的基端消失；中区前部稍宽于后部；分脊完整；第1、第2外侧区合并；第1侧区几乎光滑，具不清晰的细刻点，其余的区稍粗糙，呈细绒毡状表面；气门圆形，稍隆起，距侧纵脊和外侧脊的距离几乎相等。

腹部端部稍侧扁。第1节背板长约为端宽的2.0倍；后柄部中央稍纵凹，具不清晰的细刻点；无背中脊；背侧脊完整且强壮；气门小，圆形，明显隆起，位于第1节背板中央。第2节背板长约为端宽的0.7倍，具细粒状表面。第3节及以后的背板稍光亮。产卵器鞘亚基部弯曲，长约为腹末厚度的0.7倍。产卵器较粗壮；背瓣的缺刻远位于端部之前。

体黑色，下列部分除外：上颚（端齿除外），下颚须，下唇须，颊区的斑，翅基片，前胸背板后上角均为黄色；触角腹面棕褐色，背面黑褐色；唇基端缘，前中足（第5跗节褐黑色除外），后足胫节腹面及其跗节（第1跗节背面呈不均匀的黑褐色）黄褐色；后足胫节基部褐黑色；后足基节、转节（外侧具模糊的暗色），腹部第1节背板端缘，第2～4节背板红褐色；翅痣和翅脉黄褐色。

分布：中国（江西）。

观察标本：1♀（正模），江西官山，450 m，2008-Ⅴ-27，集虫网。

(188) 黑斑锯缘姬蜂 *Priopoda nigrimaculata* Sheng & Sun, 2014

Priopoda nigrimaculata Sheng & Sun, 2014. Ichneumonid Fauna of Liaoning, p.177.

♀ 体长约 10.0 mm。前翅长约 10.0 mm。触角长约 11.5 mm。

头部具非常稠密的细皱刻点。颜面宽为长的 2.0～2.1 倍，几乎平坦，上缘中央具 1 纵瘤突。唇基沟不明显。唇基宽约为长的 1.8 倍；端缘弧形，粗糙、钝厚，具黄褐色长毛。下端齿约为上端齿长的 0.7 倍。颚眼距约为上颚基部宽的 0.5 倍。上颊长约为复眼横径的 1.3 倍。头顶单眼区中央具“Y”形中沟；侧单眼间距约等于单复眼间距。额几乎平坦。触角鞭节 42 节，第 1～5 节长度之比依次约为 2.3∶1.4∶1.3∶1.3∶1.2。后头脊完整。

胸部具稠密的细刻点。前沟缘脊短且弱。盾纵沟不明显。小盾片均匀隆起，长舌状，基半部具侧脊。后小盾片稍横隆起。中胸侧板中部具 1 明显的横沟；胸腹侧脊强壮，背端约达中胸侧板高的 1/2 处，远离中胸侧板前缘；镜面区小而光亮。小脉与基脉对叉；小翅室斜四边形，具结状短柄，第 2 回脉约在它的下外侧 0.3 处与之相接；外小脉明显内斜，在上方 0.35～0.4 处曲折；后小脉在上方 0.15～0.2 处曲折。足细长；后足第 1～5 跗节长度之比依次约为 4.5∶2.0∶1.6∶0.8∶1.0；爪下具长栉齿。并胸腹节光滑光亮，具不规则的弱皱表面；中纵脊弱，相距较近；基横脊缺如；侧纵脊具弱痕（基部较明显），外侧脊和端横脊强壮；端区完整清晰；气门小，近圆形，距外侧脊的距离约等于距侧纵脊的距离。

腹部第 1 节背板长约为端宽的 3.1 倍；后柄部的基半部中央稍纵凹；表面较光滑，具微细的短毛；背中脊基半部明显可见；背侧脊在气门之前清晰可见；气门小，圆形，位于该节背板中央稍后。第 2 节及以后背板表面较光滑，具褐色短毛；第 2 节背板长约为端宽的 1.3 倍，基部两侧具圆形浅窗疤；第 3 节及以后背板侧扁。产卵器鞘长约为后足胫节长的 0.2 倍。

体黄褐色，下列部分除外：颜面上缘中央的纵瘤突黑褐色；单眼区，上颚端齿，中胸盾片中叶，中胸腹板暗褐色；颜面，小盾片和后小盾片带黄色。

♂ 体长 10.0～11.5 mm。前翅长 9.5～10.5 mm。触角长 11.0～12.0 mm。触角鞭节 39～42 节。下生殖板端缘具 3 个凹，中间的凹呈狭窄的三角形。额下半部中央，前胸侧板，中胸侧板下侧，后胸侧板上部，并胸腹节基部中央，腹部第 1 节背板中部，或多或少带黑褐色。

分布：中国（辽宁、江西）。

观察标本：1♀（正模），辽宁宽甸，2007-Ⅵ-06，孙淑萍。副模 5♂♂（副模），辽宁新宾，2005-Ⅵ-16，集虫网；1♂（副模），辽宁宽甸，2007-Ⅴ-23，盛茂领；1♂（副模），辽宁新宾，2009-Ⅵ-02，集虫网；2♀♀（副模），江西宜丰官山自然保护区，400 m，2010-Ⅵ-11～22，集虫网。

(189) 小樽锯缘姬蜂 *Priopoda otaruensis* (Uchida, 1930)

Prionopoda otaruensis Uchida, 1930. Journal of the Faculty of Agriculture, Hokkaido University, 25: 281.

♂ 体长约 9.0 mm。前翅长约 7.0 mm。触角长约 8.5 mm。

头部具不清晰的细革质状质地和稠密的粗皱刻点。颜面宽约为长的 1.8 倍，几乎平坦，上缘中央具 1 弱小的纵瘤突。唇基沟不明显。唇基均匀隆起；端缘弧形，粗糙、钝厚，具黄褐色长毛。下端齿约为上端齿长的 1.7 倍。颚眼距约为上颚基部宽的 0.5 倍。上颊长约等于复眼横径。侧单眼间距约为单复眼间距的 0.39 倍。额几乎平坦。触角鞭节 41 节，第 1～5 节长度之比依次约为 2.0∶1.8∶1.7∶1.6∶1.5，向端部渐细。后头脊完整。

胸部具细革质粒状表面和稠密的刻点。前沟缘脊短且弱。盾纵沟不明显。小盾片均匀隆起，基部具侧脊。后小盾片横隆起。镜面区小而光亮，镜面区下方及下前方（中胸侧板凹的前方）具 1 细革质状区域；胸腹侧脊强壮，背端约达中胸侧板高的 0.6 处。小脉位于基脉稍内侧（几乎对叉）；小翅室四边形，具短柄，第 2 回脉约在它的下外侧 0.3 处与之相接；外小脉约在下方 0.3 处曲折；后小脉约在下方 0.3 处曲折。足细长；后足第 1～5 跗节长度之比依次约为 7.0∶3.4∶2.5∶1.7∶1.7；爪具稠密的栉齿。并胸腹节具细革质状表面；基区与中区合并，无明显的脊分隔，合并的区内具粗横皱；中纵脊基部不清晰，自基部至端横脊几乎平行；分脊内段（在靠近中区处）弱至不明显，外段清晰可见；侧纵脊（自基横脊至并胸腹节基部消失）、外侧脊和端横脊强壮；气门小，近圆形，距外侧脊的距离稍大于距侧纵脊的距离。

腹部第 1 节背板长约为端宽的 2.3 倍；基半部稍粗糙，后半部具细革质状表面和稠密的细皱刻点；无背中脊；背侧脊完整；气门小，几乎圆形，约位于第 1 节背板中央稍后。第 2 节背板长约等于端宽，呈细革质状表面，基半部具稠密的细皱刻点，端半部具不明显的浅细刻点。第 3 节及以后背板呈细革质状表面，相对光滑，刻点不明显；第 3 节背板长约为基部宽的 0.82 倍，约为端宽的 0.9 倍；以后背板稍侧扁。下生殖板端缘具 2 个小凹刻，凹刻之间由 1 小角状突起将二者分隔。

体黑色，下列部分除外：触角腹侧基半部黄色、端半部暗褐色至黑褐色；颜面并向上延至额眼眶（较宽，内侧中央凹），唇基，上颚（端齿齿尖黑褐色），颊区，上颊前部，下唇须，下颚须，前中足基节、转节，后足基节腹侧、转节腹侧乳黄色；前中足红褐色（末跗节端部及爪黑褐色，中足胫节背侧端部带黑褐色），下侧色稍浅；后足黑色，转节背侧黄褐色带不明显的黑斑，胫节腹侧的纵斑及跗节（端半部色较浅，末跗节端部及爪黑色）红褐色；前胸背板后上角，腹部第 3 节背板基部红褐色；翅基片及前翅翅基黄褐色；翅痣和翅脉暗褐色。

分布：中国（辽宁）；日本。

观察标本：2♂♂，辽宁本溪，2013-Ⅵ-27，集虫网。

(190) 鸥锯缘姬蜂 *Priopoda owaniensis* (Uchida, 1930)

Prionopoda owaniensis Uchida, 1930. Journal of the Faculty of Agriculture, Hokkaido University, 25: 280.

♀ 体长 8.0～8.5 mm。前翅长 7.0～7.5 mm。

头部具不清晰的细革质状质地和稠密的蜂窝状浅细刻点。颜面宽为长的 1.6～1.8 倍，几乎平坦，上缘中央具 1 小瘤突。唇基沟不明显。唇基宽为长的 2.7～2.8 倍。下端齿为上端齿长的 1.2～1.3 倍。颚眼距为上颚基部宽的 0.6～0.7 倍。上颊长为复眼横径的 1.1～1.2 倍。侧单眼间距为单复眼间距的 0.37～0.41 倍。额几乎平坦。触角鞭节 38～39 节，

第1～5节长度之比依次约为3.0∶2.0∶2.0∶2.0∶1.7。后头脊完整。

胸部具不清晰的细革质状表面和稠密的细刻点。前沟缘脊弱且短。盾纵沟不明显。小盾片和后小盾片稍隆起。中胸侧板镜面区小而光亮；胸腹侧脊强壮，背端约达中胸侧板高的0.6处。小脉位于基脉稍内侧；小翅室斜四边形，具短柄，第2回脉在其下外角0.33～0.35处与之相接；外小脉在中央下方曲折；后小脉几乎垂直，在下方1/4～1/3处曲折。足细长；后足第1～5跗节长度之比依次约为5.2∶2.2∶1.7∶1.0∶1.0；爪具稠密的细栉齿。并胸腹节稍粗糙，具细革质粒状质地；基区的侧脊消失；中区的脊完整且强壮，中区前宽后窄，长约为前端最宽处的1.3倍；分脊完整，在中区的前缘相接；侧纵脊基部（气门之前）消失；端横脊和外侧脊完整；第1、第2外侧区合并；气门几乎圆形，距侧纵脊和外侧脊的距离几乎相等。

腹部背板具细革质粒状表面。第1节背板长为端宽的1.9～2.0倍，均匀纵隆起，或背面稍平，后柄部靠近侧缘处纵凹；具清晰的细刻点；无背中脊；背侧脊完整；气门小，几乎圆形，约位于第1节背板中央之前。第2节背板长为端宽的0.7～0.8倍，具细弱但清晰的细刻点。第3节背板中部具细弱但清晰可见的刻点。产卵器鞘亚基部明显弯曲，长为腹末厚度的0.6～0.7倍。产卵器较粗壮；背瓣的缺刻宽而深，约位于产卵器的中部。

体黑色，下列部分除外：触角基半部暗褐色（柄节、梗节背侧带黑色；有的个体柄节、梗节腹侧趋于与颜面同色），端半部红褐色；颜面（或多或少带褐黑色斑），唇基（有的个体中央褐黑色），上颚（端齿除外），颊区（有的个体中央带黑色），上颊（有的个体下缘黑色），前胸侧板，前胸背板前缘、后上角，翅基片，翅基下脊（或黑色），各足（有的个体前中足基节、转节及后足基节腹侧稍带乳黄色），腹部自第1节背板端缘至腹末均为黄褐至红褐色；后足腿节和胫节端部外侧带黑褐色；翅痣黄褐色，翅脉褐至暗褐色。

分布：中国（江西）；日本。

观察标本：1♀，江西全南，2008-Ⅳ-26，集虫网；1♀，江西资溪马头山，2009-Ⅴ-08，集虫网。

(191) 萨哈林锯缘姬蜂 *Priopoda sachalinensis* (Uchida, 1930)

Perilissus sachalinensis Uchida, 1930. Journal of the Faculty of Agriculture, Hokkaido University, 25: 282.

♀ 体长约8.5 mm。前翅长约7.0 mm。触角长约9.5 mm。

头部具细革质状质地和较稠密的细浅皱刻点。颜面宽约为长的1.67倍，几乎平坦，上缘中央具1纵瘤突。唇基沟不明显。唇基宽约为长的2.2倍；端缘弧形，粗糙、钝厚，具黄褐色长毛。上端齿中部稍内侧明显弯曲；下端齿强壮、约为上端齿长的2.2倍。颚眼距约为上颚基部宽的0.61倍。上颊侧面观长约等于（稍大于）复眼横径。侧单眼间距约为单复眼间距的0.43倍。额几乎平坦。触角鞭节37节。后头脊完整。

胸部具细革质状表面和细刻点。前沟缘脊短且弱。盾纵沟仅前部清晰。小盾片均匀隆起，基半部具侧脊。后小盾片稍横隆起。镜面区小而光亮。胸腹侧脊强壮，背端约达中胸侧板高的1/2处。小脉与基脉对叉；小翅室斜四边形，具短柄，第2回脉约在它的下外侧 0.3 处与之相接；外小脉约在下方 1/3 处曲折；后小脉约在下方 0.4 处曲折。足细长。爪基部具长栉齿。并胸腹节具细革质粒状表面；中纵脊、基横脊及分脊仅部分具痕迹；侧纵脊（基部在气门之前消失）、外侧脊和端横脊强壮；气门小，近圆形，距外侧脊的距离稍大于距侧纵脊的距离。

腹部第 1 节背板长约为端宽的 2.2 倍；后柄部的基半部中央稍纵凹；具细革质状表面和稠密的不清晰细皱刻点；无背中脊；背侧脊细但完整；气门小，几乎圆形，约位于第 1 节背板中央。第 2 节背板长约为端宽的 0.8 倍，具细革质状表面。第 3 节及以后背板与第 2 节背板的质地相似，向后相对较光滑。下生殖板扁三角形。产卵器鞘短，端部伸至腹部末端，长约为后足胫节长的 0.28 倍。

体背侧黑色（小盾片及两侧黄褐色），包括下列部分：额上半部中央，头顶后部中央，前胸背板背侧（颈部），中胸盾片，后胸背板，并胸腹节，腹部第 1～3 节背板（端缘黄褐色除外）。体腹侧及其余部分主要为黄褐至红褐色；颜面，唇基，上颚（端齿齿尖黑色），颊，上颊前部，下颚须，下唇须，前中足基节和转节，翅基片及前翅翅基偏于乳黄色；中胸侧板上部，后足基节背侧的纵斑黑褐色。翅痣褐黄色，翅脉褐色。

♂ 体长约 8.0 mm。前翅长约 6.5 mm。

分布：中国（辽宁、江西）；俄罗斯。

观察标本：1♀，辽宁宽甸白石砬子，2011-Ⅸ-22，盛茂领；1♂，辽宁新宾陡岭林场，2013-Ⅶ-04，集虫网；1♂，江西吉安双江林场，400 m，2009-Ⅴ-10，集虫网；1♂，江西宜丰官山，400 m，2010-Ⅵ-11，集虫网。

(192) 单色锯缘姬蜂 *Priopoda unicolor* Sheng & Sun, 2014

Priopoda unicolor Sheng & Sun, 2014. Ichneumonid Fauna of Liaoning, p.180.

♂ 体长约 7.0 mm。前翅长约 6.5 mm。触角长约 7.8 mm。

头部具细革质粒状表面和稀浅的刻点。颜面宽约为长的 1.7 倍，几乎平坦；上缘中央具 1 纵瘤突。唇基沟不明显。唇基宽约为长的 2.1 倍；端缘弱弧形，粗糙、钝厚，具黄褐色长毛。上颚端齿强壮，上端齿中部稍内侧明显弯曲；下端齿约为上端齿长的 2.0 倍。颚眼距约为上颚基部宽的 0.57 倍。上颊长约等于复眼横径。侧单眼间距约为单复眼间距的 0.25 倍。额几乎平坦。触角鞭节 38 节，第 1～5 节长度之比依次约为 2.5∶1.9∶1.8∶1.8∶1.7，基部几节的端缘呈显著的斜截状。后头脊完整。

胸部具细革质状表面和浅细的刻点。前沟缘脊短且弱。中胸盾片均匀隆起，中叶前部及侧叶表皮之下具马赛克状暗斑纹；后部（自翅基片向后）具隆起的侧缘。盾纵沟不明显。盾前沟宽且深，光滑。小盾片均匀隆起，侧脊基半部显著。后小盾片小，稍横隆起。中胸侧板镜面区小而光亮；胸腹侧脊强壮，背端约达中胸侧板高的 0.6 处，远离中胸侧板前缘。后胸侧板下缘脊完整，前部耳状凸出。小脉位于基脉稍内侧（几乎对叉）；小翅室斜四边形，几乎无柄，第 2 回脉约在它的下外侧 0.35 处与之相接；外小脉约在下方 0.4 处曲折；后小脉约在下方 0.25 处曲折。足细长；后足第 1～5 跗节长度之比依次约为 6.1∶3.0∶2.2∶1.4∶1.6；爪基部具细栉齿。并胸腹节具细革质状表面；中纵脊较完整，基部2脊合一；基横脊在侧纵脊和外侧脊之间消失，分脊弱；具完整的五边形中区，侧边弱（中纵脊中段弱），内具弱细的横皱；侧纵脊（基部在气门附近及之前消失）、外侧脊和端横脊强壮；气门小，圆形，与外侧脊的距离稍大于与侧纵脊的距离，约位于基部0.25处。

腹部第1节背板长约为端宽的2.5倍，具细革质状表面；背中脊基部可见，并与背侧脊相连；背侧脊完整；基侧凹长；气门小，几乎圆形，约位于第1节背板中央。第2节及以后背板具细革质状表面和不明显的浅细刻点，第2节背板长约为端宽的1.1倍，第3节背板长约为端宽的0.8倍，第4节背板长约为端宽的0.6倍，以后背板横形，端部具较密的绒毛。下生殖板端缘中央具1较大的"U"形凹刻。

体黄褐色，下列部分除外：上颚端齿，头顶单眼区及周围，中胸盾片前缘中央的小横斑黑色；颜面，唇基，上颚，颊，上颊前部，下颚须，下唇须，前中足基节和转节，翅基片及前翅翅基稍带乳黄色。

分布：中国（辽宁）。

观察标本：1♂（正模），辽宁本溪，2013-Ⅷ-25，集虫网。

(193) 单凹锯缘姬蜂 *Priopoda uniconcava* Sheng & Sun, 2012

Priopoda uniconcava Sheng & Sun, 2012. Zootaxa, 3222: 56.

♀ 体长8.0～9.5 mm。前翅长7.0～7.5 mm。

头部具革质状质地和稠密的刻点。颜面宽为长的1.7～1.8倍，上缘中央具1小瘤突。唇基沟不明显。唇基稍隆起，具粗大的刻点；端缘粗糙，钝厚，具褐色长毛。下端齿约为上端齿长的2.5倍。颚眼距为上颚基部宽的0.56～0.61倍。上颊长约为复眼横径的1.2倍。侧单眼间距为单复眼间距的0.33～0.35倍。额较平坦。触角鞭节37～42节，第1～5节长度之比依次约为7.6∶6.0∶5.6∶5.2∶4.7。后头脊完整且强壮。

胸部具不清晰的细粒状表面和均匀稠密的细刻点。前胸背板亚前缘具1清晰的细纵脊，后上角突出呈光滑的角突状。前沟缘脊强壮。盾纵沟不明显。盾前沟阔且深，沟底光滑。小盾片均匀隆起，基部约0.3具强壮的侧脊。后小盾片横隆起，前部深凹，光滑。中胸侧板具光滑光亮的镜面区；胸腹侧脊强壮，背端伸达中胸侧板1/2高的稍上方，远离前胸背板后缘。后胸侧板下缘脊完整，前部强烈突起呈角状突。小脉与基脉对叉或位于它的稍内侧；小翅室斜四边形，上方尖或具短柄，第2回脉在它的下外侧1/4～1/3处与之相接；外小脉明显在中央下方曲折；后小脉约在下方1/3处曲折。后足胫节外侧具强壮的粗棘刺状毛；后足第1～5跗节长度之比依次约为10.0∶4.2∶3.2∶2.1∶2.2；爪具相对强壮的栉齿。并胸腹节具细皮革状表面；中纵脊基部（基区的侧脊）和侧纵脊的基部（气门上方至并胸腹节基部）消失，基横脊的中段较弱或缺；其余的脊完整且强壮；中区拉长，向后部收敛，内具不清晰的横皱；气门稍呈椭圆形，距侧纵脊的距离等于距外侧脊的距离，约位于并胸腹节基部0.3处。

腹部端部稍侧扁。第1节背板长约为端宽的2.0倍，向基部均匀变细，基部光滑，中部稍粗糙，刻点不清晰；后柄部具浅中纵凹和清晰的细刻点；无背中脊，背侧脊和腹侧脊完整；气门小，圆形，位于第 1 节背板中央稍内侧。第 2 节背板长为端宽的 0.8～0.9 倍，具稠密且清晰的细刻点。第 3～4 节背板的质地与第 2 节相似，但表面稍细腻，刻点较细弱。第 5 节及其后背板的刻点逐渐不明显。产卵器鞘亚基部稍狭窄、弯曲，长为腹末厚度的 0.6～0.7 倍。产卵器向端部均匀变尖，背瓣的缺刻距离末端较远。

体黑色，下列部分除外：颜面（中央的纵带褐色至黑褐色），唇基，上颚（端齿除外），下颚须，下唇须，颊区，上颊下端，触角柄节腹侧，前中足基节及转节黄色；触角基部鞭节腹面褐色，背面黑褐色，端部黄褐色；前中足及后足基节腹面、转节腹面及胫节腹面褐色至黄褐色，前中足腿节背面具不明显的暗褐色纵纹；后足跗节浅黄色；腹部第 2 节背板前后缘不均匀的横纹和以后各节背板红褐色；翅基片褐色；翅痣黑褐色；翅脉褐黑色。

♂ 体长约 9.0 mm。前翅长约 7.5 mm。触角鞭节 42 节。下生殖板端缘中央具 1 个"U"形深凹刻。上颊下部黄色，中部红褐色。颜面，前胸侧板，前胸背板下部，中胸侧板下部，中胸腹板均为黄色。

变异：后足基节腹面黄褐色至稍带黑褐色；腹部第 2 节背板几乎完全黑色或前后缘具不均匀的褐色横纹。

分布：中国（江西、贵州、河南、陕西、北京）。

观察标本：2♀♀1♂（副模），江西全南，530 m，2008-Ⅴ-15～Ⅵ-10，集虫网；1♀（正模）2♀♀（副模），江西吉安，174 m，2009-Ⅴ-10～Ⅵ-01，匡曦（集虫网）；2♀♀（副模），江西宜丰官山，400 m，2010-Ⅵ-11，集虫网；1♀（副模），贵州赤水金沙，950 m，2000-Ⅴ-28，肖炜；1♀（副模），北京门头沟，2008-Ⅷ-08，王涛；1♀（副模），河南白云山，2008-Ⅷ-17，李涛；1♀（副模），陕西安康火地塘，1539 m，2010-Ⅶ-13，灯诱；1♂，江西武功山，516 m，2016-Ⅴ-16，集虫网。

（八）针尾姬蜂族 Pionini

主要鉴别特征：额无中纵脊或角状突；上颚短至中等长，端齿等长；触角鞭节第 1 节长约为第 2 节长的 0.9～2.0 倍；并胸腹节气门圆形；小脉通常强烈内斜，远位于基脉外侧；后小脉在中央下方曲折；爪简单或多少栉齿状；窗疤有或无；产卵器鞘长为腹末厚度的 0.3～1.3 倍；产卵器通常上弯，或强烈向上弯曲，非常细（除基部外），无亚端背缺刻（*Hodostates* 具微弱缺刻）；尾须长约为自身宽的 2.0 倍。

该族含 19 属，我国已知 8 属，这里介绍 7 属。

52. 潜姬蜂属 *Celata* Wang, 1998

Celata Wang, 1998. Scientia Silvae Sinicae, 34(1): 42. Type-species: *Celata populs* wang, 1998.

主要鉴别特征：颜面侧缘平行，中央明显隆起；唇基沟明显；唇基宽，端缘稍呈弧形；上颚光滑，或具细刻点，上端齿短于下端齿；中胸盾片几乎不隆起，盾纵沟短，或仅呈痕迹状；胸腹侧脊伸达中胸侧板前缘；并胸腹节无分区，无横脊，仅端部侧面具短纵脊；爪具栉齿；前翅小脉与基脉对叉，具小翅室；后小脉在靠近下端曲折；第1节背板无背中脊；产卵器鞘长约等于腹端厚度。

本属仅知1种，分布于我国山东。

(194) 杨潜姬蜂 *Celata populs* Wang, 1998

Celata populs Wang, 1998. Scientia Silvae Sinicae, 34(1): 42.

♀ 体长4.5～5.0 mm。前翅长4.0～4.2 mm。产卵器鞘长0.5～0.6 mm。

复眼内缘近平行。颜面宽约为长的2.1倍，呈细革质粒状表面，光亮；中央圆形强隆起，隆起上缘中央具1弱小瘤突。唇基沟弱；唇基凹圆形深凹。唇基横阔，宽约为长的2.6倍；均匀隆起，光亮，基半部呈弱细纹状表面，端半部具非常稀疏的细毛点；端缘稍弧形，中部近平截。上颚强壮，近光滑光亮；下端齿稍长于或明显长于上端齿。颊区呈细革质粒状表面，光亮。颚眼距约为上颚基部宽的0.3倍。上颊中等阔，中央纵向圆形隆起，向上稍变宽；光滑光亮，具均匀稠密的细毛点和黄白色短毛。头顶质地同上颊，呈微细纹状表面，几乎无毛；在单眼区后方弧形深凹。单眼区稍抬高，中央凹，呈微细纹状表面，纵向具1明显凹沟；单眼中等大小，强隆起，侧单眼外侧沟存在；侧单眼间距约为单复眼间距的1.2倍。额相对平，呈细纹状表面，具稀疏的黄白色短毛；中央稍隆起，在触角窝后方微凹，凹内具弱斜皱。触角不完整，鞭节第1～5节长度之比依次约为1.1∶1.1∶1.1∶1.0∶1.0。后头脊在中央上方缺，在上颚基部与口后脊相接。

前胸背板前缘光滑光亮，具非常稀疏的黄白色短毛；侧凹阔，具细纹状表面；后上部近光滑光亮。中胸盾片圆形隆起，呈细纹状表面，光滑光亮，具非常稀疏的黄白色短毛。盾纵沟缺。盾前凹深凹，光亮。小盾片圆形强隆起，光滑光亮，几乎无毛。后小盾片横向隆起，近光亮，前缘凹深。中胸侧板平，呈弱细纹状表面，光滑光亮，下后角具非常稀疏的黄白色短毛；中央大部光滑光亮；镜面区非常大；中胸侧板凹浅横沟状；胸腹侧脊明显，约为中胸侧板高的0.3倍。后胸侧板稍隆起，光滑光亮，呈微细纹状表面，具稀疏的细毛点和黄白色短毛；后胸侧板下缘脊完整。翅透明；小脉与基脉对叉；小翅室斜四边形，具短柄或无柄；第2肘间横脉明显长于第1肘间横脉，第2肘间横脉在下方具透明的弱点；第2回脉在小翅室下外角内侧约0.4处与之相接；外小脉约在中央处曲折；后小脉直，约在下方0.3处曲折。爪弱栉齿状；后足第1～5跗节长度之比依次约为4.1∶1.8∶1.4∶1.0∶1.9。并胸腹节圆形隆起，外侧脊和端区周围的脊明显，其余脊消失；呈微细纹状表面，光滑光亮，具稀疏的黄白色短毛；端区弧形，上半部具细横皱；气门小，近圆形，位于基部约0.25处。

腹部第1节背板长约为端宽的1.4倍，中央纵向均匀隆起；呈微细纹状表面，光亮，具稀疏的细毛点和黄白色短毛；背中脊缺，背侧脊在气门前存在，腹侧脊完整；基侧凹非常大，深凹；气门小，圆形隆凸，位于背板中央稍前方。第2节背板梯形，长约为基部宽的0.7倍，约为端宽的0.6倍，呈微细纹状表面，光亮，具稠密的黄白色短毛。第3节及以后各节背板质地同第2节背板。第2～7节背板长度之比依次约为3.9∶3.2∶2.3∶

2.2∶1.5∶1.0。产卵器鞘长约为腹末厚度的 0.9 倍，约为自身宽的 6.3 倍；产卵器侧扁，均匀变尖，近亚中部具浅背凹。

体黑色，下列部分除外：唇基端缘，上颚（端齿暗红褐色），下颚须，下唇须，触角，前胸背板后上角，翅基片，翅基，翅基下脊，前足，中足（基节基部少许暗褐色），后足（基节基部黑褐色，爪暗褐色），腹部第 2～8 节背板后缘少许、第 2～6 节背板外侧缘、第 2～5 节腹板（中央的斑暗褐色），翅痣，翅脉黄褐色至褐色；下生殖板，产卵器鞘暗褐色。

♂ 体长 5.0～5.2 mm，前翅长 3.6～3.8 mm。触角不完整，鞭节第 1～5 节长度之比依次约为 1.3∶1.2∶1.2∶1.1∶1.0。体黑褐色，腹部第 2～7 节背板稍带红褐色，下列部分除外：头（单眼区及周围并延伸至后头区黑褐色；上颚端齿红褐色），前胸背板（颈部黑褐色），中胸盾片侧叶前方及外缘，翅基片，翅基，中胸侧板（后上部黑褐色），中胸腹板（中后部黑褐色），足，腹部第 3 节背板基部的大斑、第 4 节背板基部的小斑、第 5～7 节背板基部侧缘少许，腹板（第 1 节大部黑褐色），抱握器（上半部暗褐色），翅痣，翅脉黄褐色。

寄主：泰安丝潜叶蜂 *Fenusella taianensis* (Xiao & Zhou, 1983)。

分布：中国（山东）。

观察标本：9♀♀5♂♂，山东商河，1993~1995，闫家河。

53. 失姬蜂属 *Lethades* Davis, 1897

Lethades Davis, 1897. Transactions of the American Entomological Society, 24: 204. Type-species: *Adelognathus texanus* Ashmead; monobasic.

全世界已知 20 种，我国已知 4 种，这里介绍 3 种。已知的寄主主要为叶蜂类。

失姬蜂属中国已知种检索表

1. 并胸腹节分脊明显在中央前方（约在前部 0.35 处）与它相接；后足基节黑色或主要为黑色 ……2
   并胸腹节分脊在中央稍后方（约在后部 0.42 处）与它相接；后足基节红褐色 ………………………
   ………………………………………………………………………褐基失姬蜂 *L. ruficoxalis* Sheng & Sun
2. 第 1 节背板长约为端宽的 1.25 倍；第 2 节背板长约为端宽的 0.5 倍；颜面和唇基黑色；后足基节完全黑色…………………………………………………………黑基失姬蜂 *L. nigricoxis* Sheng & Sun
   第 1 节背板长约为端宽的 2.3 倍；第 2 节背板长约为端宽的 0.8 倍；颜面和唇基的侧面具较宽的黄褐色纵带；后足基节黑色，背侧基部和腹侧的长纵斑红褐色 …………………………………………
   ………………………………………………武功失姬蜂，新种 *L. wugongensis* Sheng, Sun & Li, sp.n.

(195) 黑基失姬蜂 *Lethades nigricoxis* Sheng & Sun, 2013

Lethades nigricoxis Sheng & Sun, 2013. Ichneumonid fauna of Jianxi (Hymenoptera: Ichneumonidae), p.286.

分布：中国（江西）。

观察标本：1♀（正模）1♂（副模），江西官山东河，430 m，2009-Ⅳ-11，集虫网。

(196) 褐基失姬蜂 *Lethades ruficoxalis* Sheng & Sun, 2013

Lethades ruficoxalis Sheng & Sun, 2013. Ichneumonid fauna of Jianxi (Hymenoptera: Ichneumonidae), p.287.

分布：中国（江西）。

观察标本：1♀（正模）1♀（副模），江西官山东河，430 m，2009-Ⅳ-20，盛茂领、孙淑萍。

(197) 武功失姬蜂，新种 *Lethades wugongensis* Sheng, Sun & Li, sp.n.（彩图 39）

♀ 体长约 9.0 mm。前翅长约 6.5 mm。触角长约 10.0 mm。产卵器鞘长不超过腹末端。

颜面宽约为长的 1.7 倍，较平，上部中央纵向弱隆起，具细革质状表面和非常稠密的细刻点（下方中央稍稀疏）；上方中央具 1 小纵瘤突。唇基沟不明显。唇基基部微弱隆起，基半部具与颜面相似的稠密细刻点，端半部刻点稍稀疏且粗大；端缘弱弧形。上颚强壮，上缘中部稍收敛；基部具稀细的刻点；上端齿细弱，明显短于下端齿。颊具细革质粒状表面和非常稠密的细刻点；颚眼距约为上颚基部宽的 0.67 倍。上颊具细革质状表面和非常稠密均匀的细刻点，中部稍隆起，侧面观约等于复眼横径，向后下方稍宽延。头顶和额区质地和刻点同上颊；单眼区稍隆起，刻点较周围细小，侧单眼间距约为单复眼间距的 0.3 倍；额较平坦。触角丝状，稍长于体长；柄节和梗节明显膨大，柄节端部稍斜；鞭节 43 节，第 1～5 节长度之比依次约为 3.2∶2.1∶2.0∶1.9∶1.8。后头脊完整。

前胸背板具细革质状表面和稠密均匀的细刻点，侧凹与周围质地一致；前沟缘脊细弱。中胸盾片明显隆起，具细革质状表面和非常稠密均匀的细刻点；盾纵沟不明显，仅前部呈宽浅的纵凹。盾前沟宽且深，较光滑。小盾片稍隆起，具非常稠密均匀的细刻点；侧脊在基半部显著。后小盾片稍隆起，具稠密的细刻点。中胸侧板中后部较隆起，具非常稠密的细刻点；胸腹侧脊背端约伸达中胸侧板高的 0.6 处，背端向后弯曲且细弱；镜面区呈光滑光亮的细革质状表面，其周围刻点相对稀疏；中胸侧板凹沟状。后胸侧板具非常稠密的细刻点；后胸侧板下缘脊完整，前部强烈角状突出。翅带褐色，透明；小脉与基脉几乎对叉（稍内侧），基脉明显向内弯曲；小翅室四边形，具短柄；2 肘间横脉几乎等长；第 2 回脉在它的下方中央稍外侧与之相接；外小脉内斜，约在下方 0.35 处曲折；后中脉向上稍均匀弓曲，后小脉约在下方 0.3 处曲折。足基节短锥形膨大，后足第 1～5 跗节长度之比依次约为 4.0∶1.8∶1.2∶0.7∶0.8。爪下具清晰的栉齿。并胸腹节均匀隆起，具稠密的细皱粒状表面和不明显的弱细皱；中纵脊在基区细弱不明显，端部消失；侧纵脊基部不明显；基横脊外段缺失；中区不规则，顶边波曲、间断且不对称，长约为分脊处宽的 1.3 倍，分脊处最宽，分脊约在前部 0.25 处横向伸出；端区大，六边形；气门圆形，约位于基部 0.3 处。

腹部约呈纺锤形，具细革质状表面和稠密的浅细刻点。第 1 节背板向基部强烈收敛，长约为端宽的 2.3 倍，具弱细皱；背中脊不明显，背侧脊在气门附近缺失、仅基部和端部明显；气门圆形，稍隆起，约位于该节背板中央。第 2 节背板梯形，长约为端宽的 0.8 倍；第 3 节背板两侧近平行（基部稍窄），长约为端部宽的 0.7 倍；第 4 节及以后背板向后缓慢收敛。产卵器鞘长约为腹端厚度的 0.8 倍，约为后足胫节长的 0.26 倍。

体黑色，下列部分除外：触角基半部褐黑色，端半部褐色；颜面连同唇基两侧的宽纵斑（内侧中央凹入），上颚（端齿黑色），颊基缘及上颊基部上方，下唇须，下颚须，前胸背板后上角，翅基片及前翅翅基，前中足基节和转节黄褐色；腹部第 2 节背板侧面及端部、第 3～8 节背板（表面或多或少具褐黑色斑）均为红褐色；前中足红褐色；后足黑色，基节背侧基部的小纵斑及腹侧的长纵斑、转节连接处及腹侧、胫节（背侧褐黑色）和跗节红褐色；翅痣褐黑色，翅脉暗褐色。

正模 ♀，江西武功山红岩谷，530 m，2016-Ⅴ-24，姚钰。

词源：本新种名源于模式标本产地名称。

本新种与黑基失姬蜂 *L. nigricoxis* Sheng & Sun, 2013 近似，可通过上述检索表鉴别。

54. 针尾姬蜂属 *Pion* Schiødte, 1839

Pion Schiødte, 1839. Naturhistorisk Tidskrift, 2: 318. Type-species: *Mesoleptus fortipes* Gravenhorst; monobasic.

主要鉴别特征：前翅长 6.0～8.0 mm。复眼内眼眶平行或向下收敛；唇基小，稍隆起；端缘平截；上颚下端齿明显大于上端齿，下缘脊状；胸腹侧脊末端伸达中胸侧板前缘；盾纵沟缺或呈宽阔凹痕；后足粗壮，爪简单；并胸腹节无分脊；基横脊中段将基区和中区分开；其余脊完整；腹部第 1 节背板细长，向端部渐宽；背侧脊完整；腹部第 2 节背板光滑或稍粗，刻点稀细；产卵器鞘长约为腹末厚度的 1.3 倍；产卵器强烈向上弯曲。

全世界已知 8 种，我国已知 3 种。已知寄主全部为叶蜂类害虫。

针尾姬蜂属中国已知种检索表

1. 并胸腹节中纵脊基部收敛；雌蜂腹部第 1 节气门约位于背板中部（雌）……………………………………………………………………………………宜丰针尾姬蜂 *P. yifengensis* Sheng
   并胸腹节中纵脊平行或几乎平行；雌蜂腹部第 1 节气门约位于背板基部 0.4 处……………………2
2. 并胸腹节中纵脊中部狭窄；颚眼间距约为上颚基部宽的 0.5 倍；触角鞭节 30～34 节；雌蜂后足腿节黑色具较大红色区；后足胫节全部黑色……… 沁源针尾姬蜂 *P. qinyuanensis* Chen, Sheng & Miao
   并胸腹节中纵脊平行；颚眼间距约为上颚基部宽的 0.4 倍；触角鞭节 28 节；雌蜂后足腿节黑色（很少具浅红色斑），后足胫节基部黄褐色，端部黑色；雄蜂腿节黑色腹面具纵纹；后足胫节全部黑褐色……………………………………………………………………日本针尾姬蜂 *P. japonicum* Watanabe

(198) 日本针尾姬蜂 *Pion japonicum* Watanabe, 2016（中国新纪录）

Pion japonicum Watanabe, 2016. Zootaxa, 4103(3): 290.

♀ 体长约 18.5 mm。前翅长约 6.6 mm。产卵器鞘长约 1.5 mm。

复眼向下稍收敛。颜面光滑光亮，具均匀稠密的细毛点和白色短毛；中央均匀隆起，上部中央在触角窝之间具 1 小瘤突，亚侧部纵向稍凹；颜面宽约为颜面和唇基长度之和的 1.1 倍。唇基凹圆形，深凹。唇基阔，横向隆起，亚端缘凹，端缘弧形；光滑光亮，具较颜面稀疏的刻点，毛相对长。上颚长且强壮，光滑光亮，基半部具稠密的黄褐色长毛，下端齿稍长于上端齿。颊区具稠密的白色短毛。颚眼距约为上颚基部宽的 0.4 倍。上颊向上稍阔，光滑光亮，具稠密的细毛点和白色短毛。头顶质地同上颊，在单眼区后侧稍斜。单眼区明显抬高，中间凹，光滑光亮，具稠密的白色短毛；单眼中等大，侧单眼间距约等长于单复眼间距。额上半部稍平，光滑光亮，具稠密的细毛点和白色短毛；下半部在触角窝上方稍凹，光滑光亮，无毛点。触角线状，鞭节 28 节，第 1～5 节长度之比依次约为 1.7∶1.2∶1.2∶1.1∶1.0。后头脊完整，在上颚基部上方与口后脊相接。

前胸背板侧凹浅阔，光滑光亮，中央具稀刻点，前侧靠近前沟缘脊具细皱；前沟缘脊强壮；后上部具均匀的细毛点和白色短毛；后缘和下角具短皱。中胸盾片圆形隆起，具均匀稠密的细毛点和白色短毛。盾前沟深阔。小盾片圆形隆起，光滑光亮，具均匀稠密的细毛点和白色短毛。后小盾片长形，稍隆起，光滑光亮，几乎无毛点。中胸侧板稍隆起，光滑光亮，具均匀稀疏的细毛点和白色短毛；胸腹侧脊伸达中胸侧板上部之后，末端达中胸侧板前缘；翅基下脊呈片状；镜面区大，光滑光亮；中胸侧板凹浅横沟状。后胸侧板稍隆起，质地和刻点同中胸侧板，下部具不规则皱；后胸侧板下缘脊完整；后胸背板亚侧缘的角状突与并胸腹节侧纵脊相对。翅透明；小脉位于基脉外侧，二者之间的距离约为小脉长的 0.4 倍；第 2 肘间横脉消失，第 2 回脉位于第 1 肘间横脉外侧，二者之间的距离约为第 1 肘间横脉长的 1.8 倍；外小脉在下方约 0.4 处曲折；后小脉约在下方约 0.2 处曲折。后足第 1～5 跗节长度之比依次约为 4.5∶2.1∶1.6∶1.0∶2.2。并胸腹节稍隆起，基横脊消失；基区和中区合并，长方形，长约为宽的 3.2 倍，光滑光亮；端区斜，具不规则皱和稀疏毛；侧区具稠密的细毛点和白色短毛；外侧区质地和毛同侧区；气门中等大小，斜椭圆形，约位于中部，靠近侧纵脊。

腹部第 1 节背板长柄状，长约为端宽的 2.4 倍；背中脊在气门后明显，且脊中间区域微凹，具微纹，光亮，无毛点；基半部毛非常稀疏，亚端部具均匀的细毛点和白色短毛，端缘光滑无毛；气门小，圆形隆起，约位于背板中部。第 2 节背板梯形，长约等长于基部宽，约为端宽的 0.6 倍；具均匀稠密的细毛点和白色短毛，亚端部刻点相对稀，端缘无毛。第 3 节及以后各节背板光滑光亮，具均匀稠密的细毛点和白色微毛。产卵器鞘长约为后足胫节长的 0.6 倍；产卵器稍上弯，末端尖细。

体黑色，下列部分除外：上颚亚端部（端齿暗红褐色至黑褐色），下颚须，下唇须，前足腿节前面、胫节、跗节，触角鞭节（背面暗褐色），翅基褐色；中足胫节、跗节暗褐色；后足胫节、跗节黑褐色；翅脉，翅痣褐色至暗褐色；腹部第 2～4 节背板棕褐色至暗棕红色。

分布：中国（辽宁）；日本。

观察标本：1♀，辽宁海城白云山，2015-Ⅵ-17，李涛。

(199) 沁源针尾姬蜂 *Pion qinyuanensis* Chen, Sheng & Miao, 1998

Pion qinyuanensis Chen, Sheng & Miao, 1998. Acta Entomologica Sinica, 41(2): 182.

分布：中国（河南、山西、陕西）。

观察标本：1♀（正模），山西沁源，1995-Ⅳ-20，陈国发；6♀♀，河南内乡宝天曼自然保护区，2006-Ⅵ-07～Ⅶ-30，申效诚；1♀，陕西安康平河梁，2090 m，2010-Ⅶ-11，李涛。

(200) 宜丰针尾姬蜂 *Pion yifengensis* Sheng, 2011

Pion yifengensis Sheng, 2011. Acta Zootaxonomica Sinica, 36(1): 198.

♀ 体长 8.0～9.0 mm。前翅长 6.7～6.9 mm。产卵器鞘长约 1.4 mm。

头部具均匀的近白色短毛和清晰的刻点。颜面宽为长的 1.6～1.7 倍，中央均匀隆起，上缘中央具 1 小瘤突。唇基沟弱，不清晰。唇基稍隆起，宽为长的 2.6～2.7 倍；端缘薄边缘状，中段（约 0.4）平截，呈弱弧形微凹。下端齿约为上端齿长的 2.0 倍。无眼下沟。颚眼距为上颚基部宽的 0.25～0.26 倍。上颊长为复眼宽的 0.7～0.8 倍。侧单眼间距为单复眼间距的 0.7～0.8 倍。额上部中央（靠近中单眼）具浅凹；下部亚侧面（触角窝上方）凹，光滑。触角鞭节 30～32 节；第 1～5 节长度之比依次约为 5.3∶3.9∶3.7∶3.4∶3.2。后头脊完整、强壮，下端在上颚基部上方与口后脊相接。

胸部具较均匀且清晰的刻点。具前沟缘脊。无盾纵沟。胸腹侧脊背端伸抵中胸侧板前缘。后胸侧板下缘脊完整。小脉位于基脉外侧，二者间的距离约为小脉长 0.5 倍；无小翅室；肘间横脉与第 2 回脉对叉或位于第 2 回脉内侧，二者间的最大距离约为脉宽的 2.0 倍；外小脉在近中央或中央上方曲折；后小脉约在下方 1/3 处曲折，上段稍内斜。足粗壮，后足基节光亮，具清晰的刻点；后足第 1～5 跗节长度之比依次约为 10.0∶5.3∶4.2∶2.6∶5.7；爪简单。并胸腹节具清晰完整的纵脊和端横脊，中纵脊之间及端区光亮无毛、无刻点；端区具 1 中纵脊；其余具稠密的浅黄色毛和均匀的刻点；无分脊；气门斜椭圆形，长径为短径的 2.0～2.1 倍，它与外侧脊之间的距离稍大于它与侧纵脊之间的距离。

腹部第 1 节背板长为端宽的 2.4～2.5 倍；自后柄部中部向后强烈变宽，几乎直（稍向上拱起），无基侧凹；背中脊不明显；背侧脊仅气门之前或多或少可分辨；具明显的中纵凹，该凹由基部伸达后柄部的中部；后柄部的后半部具清晰的刻点；背侧脊与腹侧脊之间具粗纵皱；气门小，圆形，突起，约位于该节背板的中部。第 2 节、第 3 节背板具清晰的细刻点（端部较稀）；第 2 节背板长约为端宽的 0.7 倍。第 3 节及其后的背板近似圆形隆起，具细刻点，但向后逐渐不清晰。下生殖板大，末端伸过产卵器鞘基部。产卵器鞘长约为后足胫节长的 0.5 倍。产卵器非常细，端部稍侧扁，稍向上弯曲。

体黑色，下列部分除外：翅基片暗褐色；触角腹面（柄节及梗节带不规则且模糊的暗色）红褐色，背面褐黑色；下颚须，下唇须，前足基节顶端，第 1 转节端部，第 2 转节腹侧浅黄褐色；唇基侧面，上颚（端齿除外）、前中足腿节黄褐色；前中足胫节及跗节和后足胫节大部分黄褐至褐色；后足腿节（端背面黑色除外）和腹部第 2～8 节背板及腹板红褐色；后足胫节端部褐黑色；后足跗节黑褐色；翅痣红褐色；翅脉黑褐色。

♂ 体长 8.5～10.5 mm。前翅长 7.0～7.8 mm。触角鞭节 32～34 节。颜面，唇基，上颚，颊区，下颚须，下唇须，柄节及梗节的腹侧，中胸腹板，前中足（第 5 跗节背面暗褐色除外），后足基节腹面、转节（背面具小黑斑）和腿节腹面、胫节腹面均为黄色。

分布：中国（江西）。

观察标本：6♀♀，江西武功山，2016-Ⅳ-26～Ⅴ-03，集虫网；13♀♀，江西武功山红岩谷，2016-Ⅳ-11～18，集虫网；1♀（正模）16♀♀8♂♂（副模），江西宜丰官山自然保护区，430 m，2009-Ⅳ-11～27，易伶俐、李怡；1♀，江西铅山武夷山，2012-Ⅶ-19，盛茂领。

55. 壮姬蜂属 *Rhorus* Förster, 1869

Rhorus Förster, 1869. Verhandlungen des Naturhistorischen Vereins der Preussischen Rheinlande und Westfalens, 25(1868): 195. Type-species: (*Tryphon mesoxanthus* Gravenhorst) = *punctus* Gravenhorst.

主要鉴别特征：唇基与颜面之间无明显的缝；唇基几乎平，或稍隆起，端缘厚；上颚 2 端齿约等长，或上端齿稍长于下端齿，少数种类的上端齿或下端齿特别长；爪栉状；胸腹侧脊背端抵达中胸侧板前缘；并胸腹节分区通常完整（有时中区和基区合并）；具小翅室；后小脉在中央下方曲折；腹部第 1 节背板通常具完整的背侧脊，背中脊伸至该节背板中部之后，具基侧凹；产卵器鞘长约为腹端厚的 0.4 倍；产卵器直。

全世界已知 106 种，此前我国仅知 3 种。这里介绍 27 种，含 18 新种、6 中国新纪录种。

壮姬蜂属中国已知种检索表

1. 上颚下端齿约等长于或明显短于上端齿……2
   上颚下端齿非常长，至少为上端齿长的 2 倍……4
2. 上颚下端齿明显短于上端齿，至多为上端齿的 0.5 倍……3
   上颚下端齿与上端齿等长，或稍短于上端齿……7
3. 唇基端缘均匀前隆；侧单眼间距约为单复眼间距的 1.1 倍；腹部第 7 节背板正常，后缘不凹陷；足完全红褐色；翅明显带暗褐色……简壮姬蜂 *Rh. jinjuensis* (Lee & Cha)
   唇基端缘中央稍隆起呈弱齿状；侧单眼间距约为单复眼间距的 0.8 倍；腹部第 7 节背板后缘背面均匀前凹；足基节、转节和腿节黑色；翅稍带暗色……齿唇壮姬蜂，新种 *Rh. denticlypealis* Sheng, Sun & Li, sp.n.
4. 唇基端缘均匀前突，黑色；腹部背板除第 1 节基部外，红褐色……柄壮姬蜂，新种 *Rh. petiolatus* Sheng, Sun & Li, sp.n.
   唇基端缘中央凹，至少中段平截，浅黄色；腹部背板黑色，至少端部黑色或具黑色斑、带或纹……5
5. 唇基端缘中段几乎平截（稍弧形内凹）；腹部背板几乎完全黑色（雌蜂不详）……颚壮姬蜂，新种 *Rh. mandibularis* Sheng, Sun & Li, sp.n.
   唇基端缘具中凹；腹部背板至少中部红褐色……6

6. 唇基端缘的中凹较大，无内凹；并胸腹节中区六边形；腹部背板除第 1 节基部外，红褐色………
……………………………………………………凹唇壮姬蜂，新种 *Rh. recavus* Sheng, Sun & Li, sp.n.
唇基端缘的中凹较小，具内凹和 2 齿；并胸腹节中纵脊几乎平行；腹部端部背板黑色……………
……………………………………………………………………岚壮姬蜂 *Rh. lannae* Reshchikov & Xu
7. 第 2 回脉在小翅室下外角或下外角外侧相接；后小脉上段强烈内斜，至少明显内斜………………8
第 2 回脉明显在小翅室下外角内侧相接；后小脉垂直或上段几乎垂直…………………………………14
8. 并胸腹节基区与中区由横脊分隔；基区的侧脊平行或几乎平行；前足的爪具 13～14 栉齿 ………9
并胸腹节基区与中区合并，二者之间无横脊；基区的侧脊或明显向后收敛；前足爪的栉齿较少…
………10
9. 侧单眼间距约等长于单复眼间距；触角鞭节 36～40 节；中区明显长大于宽；腹部第 1 节背板在气门之前向基部显著收敛，后柄部的背侧脊仅在靠近气门处存在且弱……………………………………
……………………………………………………脊壮姬蜂，新种 *Rh. carinatus* Sheng, Sun & Li, sp.n.
侧单眼间距约为单复眼间距的 1.4 倍；触角鞭节 33 节；中区宽大于长；腹部第 1 节背板自端缘向基部均匀收敛，背侧脊完整…………………………………………斑壮姬蜂 *Rh. maculatus* Sheng & Sun
10. 腹部第 1 节背板长为端宽的 1.6 倍，气门至基部的中部强烈收敛；前足的爪具 9 栉齿；颜面大部分淡黄色，周缘黑色，上方中央具 1 褐色的纵条斑………………………………………………………
……………………………………………………端凹壮姬蜂，新种 *Rh. concavus* Sheng, Sun & Li, sp.n.
腹部第 1 节背板长大于端宽的 1.6 倍，自端缘至基部均匀收敛；前足的爪至少 14 栉齿，否则，腹部第 1 节背板长至少为端宽的 2.0 倍；颜面完全黑色或完全浅黄色………………………………11
11. 腹部第 1 节背板长为端宽的 2.5 倍，背侧脊在气门之后缺；腹部第 2、3 节背板黄色……………
……………………………………………………黑足壮姬蜂，新种 *Rh. nigripedalis* Sheng, Sun & Li, sp.n.
腹部第 1 节背板长小于端宽的 2.5 倍，背侧脊完整；腹部背板完全或几乎完全黑色……………12
12. 颚眼区后端靠近口后脊具小凹陷；颜面浅黄色；唇基黑色；后足胫节下侧基部约 0.6 黄褐色……
……………………………………………………黄颜壮姬蜂，新种 *Rh. flavofacialis* Sheng, Sun & Li, sp.n.
颚眼区后端靠近口后脊处正常，无凹陷；颜面和唇基完全黑色，或完全浅黄色；后足胫节黑色，或亚基部约 0.6 黄色………………………………………………………………………………………13
13. 前足的爪具 15 栉齿；第 1 节背板长约为端宽的 1.67 倍；颜面和唇基完全浅黄色；后足胫节亚基部约 0.6 黄色；产卵器鞘黄色…………………………………黑腹壮姬蜂 *Rh. melanogaster* Kasparyan
前足的爪具 8 栉齿；第 1 节背板长约为端宽的 2.0 倍；颜面和唇基完全黑色；后足胫节几乎完全黑色；产卵器鞘主要为黑色……………………黑壮姬蜂，新种 *Rh. melanus* Sheng, Sun & Li, sp.n.
14. 腹部第 1 节背板自气门向基部强烈收敛；后小脉垂直或几乎垂直，至少上段几乎垂直，在下方 0.2 处或更下方处曲折；并胸腹节中区与基区由横脊分隔；并胸腹节端横脊不完整，至少部分较弱…
………15
腹部第 1 节背板自端缘向基部逐渐且均匀地收敛；后小脉强烈内斜，或至少上段强烈内斜，在下方 0.3～0.4 处曲折；并胸腹节中区与基区合并，二者之间无横脊；并胸腹节端横脊强壮………18
15. 口后脊在靠近上颚基部处明显隆起呈狭片状；腹部第 2 节背板黄色，第 3 节背板大部黄褐色至红褐色，外缘黄褐色…………………………辉南壮姬蜂，新种 *Rh. huinanicus* Sheng, Sun & Li, sp.n.
口后脊正常，不隆起；腹部背板黑色，至多第 2 节背板模糊的黑褐色…………………………16
16. 前足的爪约具 12 栉齿；第 2 回脉在小翅室中部稍外侧相接；并胸腹节基区深凹，光滑；第 2 节背板模糊的黑褐色……………………………双斑壮姬蜂，新种 *Rh. bimaculatus* Sheng, Sun & Li, sp.n.
前足的爪具 16～17 栉齿；第 2 回脉在小翅室下方外侧 0.3 处相接；并胸腹节基区不深凹，或具稠密的灰白色长毛；第 2 节背板黑色……………………………………………………………………17

17. 腹部第 1 节背板长约为端宽的 1.8 倍；颜面几乎全部和唇基（端缘黑色除外）黄色；后足胫节基部下侧黄色…………………………………………………………黑跗壮姬蜂 *Rh. nigritarsis* (Hedwig)
腹部第 1 节背板长约为端宽的 2.1 倍；颜面黑色，具浅黄色中斑；唇基完全黑色；后足胫节基部和端部黑色，中部约 0.5 黄色………………………辽壮姬蜂，新种 *Rh. liaoensis* Sheng, Sun & Li, sp.n.

18. 颜面和唇基合并呈明显较隆起的凸面；唇基端缘中央钝角状前突；侧单眼间距约为单复眼间距的 1.5 倍；腹部第 1 节背板特别宽短，长约等于端宽，第 2 节之后较膨大，似呈筒状；基部和端部背板黑色，中部（第 2～4 节）红褐色 ……………颜壮姬蜂，新种 *Rh. facialis* Sheng, Sun & Li, sp.n.
颜面和唇基由沟或凹痕分隔，若合并，表面较平，不呈隆起的凸面；唇基端缘中央无钝角状前突；侧单眼间距不大于单复眼间距的 1.4 倍；腹部第 1 节背板长明显大于端宽，第 2 节不特别膨大呈筒状；背板通常黑色或几乎全部红褐色（瓶壮姬蜂除外）……………………………………19

19. 腹部第 2 节及其后的背板（至少第 2～4 节）红褐色……………………………………………20
腹部背板黑色，或后缘浅黄色，或局部具浅黄色斑……………………………………………21

20. 腹部第 1 节背板长约为端宽的 2.0 倍；后盘脉弱，无色；颜面和唇基基部约 0.6 浅黄色；腹部第 2～4 节背板红褐色………………………………瓶壮姬蜂，新种 *Rh. urceolatus* Sheng, Sun & Li, sp.n.
腹部第 1 节背板长约为端宽的 1.5 倍；后盘脉明显，黑褐色；颜面黑色，上部中央具 2 个浅黄色斑；唇基完全黑色；腹部第 2 节及其后所有背板黄褐色………… 东方壮姬蜂 *Rh. orientalis* (Cameron)

21. 第 1 节背板长至少为端宽的 1.8 倍；前足的爪至少具 10 栉齿；颜面和唇基完全浅黄色或仅唇基黑色……………………………………………………………………………………22
第 1 节背板长不大于端宽的 1.5 倍；前足的爪至多 10 栉齿；颜面和唇基浅黄色或完全黑色 …… 24

22. 侧单眼间距小于单复眼间距；背侧脊自气门至后缘完整；前中足几乎全部，后足转节和胫节基部 0.7，小盾片端部均为浅黄色；产卵器鞘黑色 ……… 朝壮姬蜂 *Rh. koreensis* Kasparyan, Choi & Lee
侧单眼间距大于单复眼间距；背侧脊自气门至后缘缺或完整；至少中足基节主要为黑色，小盾片全部黑色；产卵器鞘黄色……………………………………………………………………23

23. 鞭节 28 节；口后脊明显片状隆起；并胸腹节中区宽稍大于长；第 1 节背板背侧脊完整；唇基浅黄色；后足腿节红褐色……………………黑角壮姬蜂，新种 *Rh. nigriantennatus* Sheng, Sun & Li, sp.n.
鞭节 34 节；口后脊正常，不隆起；并胸腹节中区明显长大于宽；第 1 节背板背侧脊自气门至后缘缺；唇基黑色；后足腿节黑色………… 黑唇壮姬蜂，新种 *Rh. nigriclypealis* Sheng, Sun & Li, sp.n.

24. 中区在分脊之后平行；颜面黑色，具浅黄色斑；唇基黑色；后足腿节红褐色………………………
…………………………………………………………………大壮姬蜂 *Rh. dauricus* Kasparyan
中区在分脊之后向后收敛（丽水壮姬蜂的纵脊消失）；颜面和唇基完全浅黄色；后足腿节黑色 · 25

25. 鞭节 40 节；侧单眼间距约为单复眼间距的 0.9 倍；第 2 回脉垂直；腹部第 2 节背板长约为端宽的 0.8 倍；触角前侧浅黄色 ………………………丽水壮姬蜂，新种 *Rh. lishuicus* Sheng, Sun & Li, sp.n.
鞭节至多 30 节；侧单眼间距等于或大于单复眼间距；第 2 回脉内斜，若垂直，则腹部第 2 节背板长为端宽的 0.6 倍；触角前侧黑色或主要为黑色……………………………………………26

26. 侧单眼间距为单复眼间距的 1.3 倍；第 1 节背板长为端宽的 1.27 倍；后足腿节褐黑色；腹部第 1

节、第 2 节背板后缘具较宽的黄色横带……………………丹东壮姬蜂 *Rh. dandongicus* Sheng & Sun

侧单眼间距约等于单复眼间距；第 1 节背板长约为端宽的 1.5 倍；后足腿节背面黄褐色，腹面褐黑色；腹部第 1 节、第 2 节背板后缘仅具不明显的黄色后缘……………………………………………………………………………………………………黄壮姬蜂，新种 *Rh. flavus* Sheng, Sun & Li, sp.n.

(201) 双斑壮姬蜂，新种 *Rhorus bimaculatus* Sheng, Sun & Li, sp.n.（彩图 40）

♀ 体长 11.0～11.5 mm。前翅长 8.5～9.0 mm。触角长 10.0～10.5 mm。

颜面侧缘近平行，宽约为长的 1.5 倍；中部纵向稍隆起，具非常稠密的细刻点和细纵皱，上部中央具 1 细纵脊，上方的纵脊瘤非常弱。唇基与颜面之间无明显分界；唇基凹较大，圆坑状。唇基具稠密的细刻点和弱皱；端缘中段弱弧形稍前突。上颚强壮，光滑光亮，具稀疏的细毛点；上端齿稍长于下端齿。颊稍平，具稠密的皱刻点；颚眼距约为上颚基部宽的 0.4 倍。口后脊正常，明显不隆起。上颊具非常稠密的细皱刻点，中部较隆起，侧面观约为复眼横径的 0.8 倍，后上部明显增宽。头顶质地同上颊，后部中央显著内凹。单眼区明显抬高，刻点细密，中央深凹；侧单眼外侧沟明显，侧单眼间距约为单复眼间距的 0.8 倍。额较平，具稠密的细刻点和细横皱，具 1 微细的中纵脊。触角线状，鞭节 41 节，第 1～5 节长度之比依次约为 3.0∶1.8∶1.3∶1.2∶1.3，基部几小节端缘明显斜截，各小节向端部渐短，末节向端部渐尖。后头脊完整。

前胸背板前缘具弱细皱，侧凹具模糊的刻点和短横皱，后上部具稠密的细皱刻点，前沟缘脊不明显。中胸盾片具非常稠密的细刻点，中叶前部稍隆起，无盾纵沟。盾前沟深，光滑。小盾片稍隆起，三角形，具非常稠密的细刻点，基半部具细侧脊。后小盾片稍隆起，具稠密模糊的细皱。中胸侧板具非常稠密的细皱刻点；胸腹侧脊不明显；腹板侧沟弱，仅前部可见；镜面区较大，光亮无刻点；中胸侧板凹横沟状。后胸侧板中部较隆起，具稠密模糊的弱皱；基间脊不明显；后胸侧板下缘脊完整，前部显著突出。翅浅褐色，透明；小脉位于基脉外侧，二者之间的距离为小脉长的 0.5～0.6 倍；小翅室斜四边形，具结状短柄，第 2 肘间横脉稍长于第 1 肘间横脉；第 2 回脉在它的下方中央外侧与之相接；外小脉稍内斜，约在中央曲折；后小脉垂直，在下方 0.3～0.4 处曲折。足腿节稍侧扁，胫节基部较细；前足跗节第 4 节长约等于端部最大宽，爪约具 12 栉齿；后足基节背侧端部显著内凹，第 1～5 跗节长度之比依次约为 6.4∶3.0∶2.2∶1.3∶2.3。并胸腹节较强隆起；基横脊仅见中段；端横脊外段缺；端横脊在侧纵脊和外侧脊之间存在；基区较长，向后明显收敛，表面稍凹，具弱皱；中区亚基部较宽，底边缺，表面具弱皱和浅刻点；中纵脊端部不明显；侧纵脊和外侧脊显著；基区外侧具稠密的细刻点，其余区域具稠密模糊的粗皱；气门大，椭圆形，稍突起，约位于基部约 0.2 处，由短脊与外侧脊相接。

腹部粗壮。第 1 节背板长约为端宽的 2.0 倍，气门之前强烈收缩，两侧明显内凹，基部两侧接近平行，气门之后向端部渐宽；背中脊显著，几乎平行（基部稍宽），伸达背板亚端部；基侧凹大；背侧脊在气门之后渐不明显，腹侧脊完整；背中脊之间浅纵凹；背板基半部具弱皱，端半部具稠密不均的粗皱刻点；气门近圆形，稍突出，约位于背板中央。第 2 节背板近方形，表面具稠密的粗皱刻点，具宽浅的基斜沟（此处褶皱粗糙），基部两侧具横形浅窗疤；第 3 节背板梯形，长约为端宽的 0.7 倍，具较第 2 节背板细弱的皱刻点；第 4 节及以后背板相对光滑，刻点细弱不明显，向后逐渐收敛。产卵器鞘短，约为腹端厚度的 0.6 倍。

体黑色，下列部分除外：触角腹侧基半部黄褐色；颜面上方中央具 2 三角形黄斑；上颚端齿基部红色；下唇须，下颚须，前中足腿节前侧端部、胫节前侧、前足跗节前侧，后足胫节前侧亚基段黄色；翅痣（中央红褐色）褐黑色，翅脉褐色；腹部第 2 节背板（基部表面多少带黑色）及第 3 节背板基部红褐色；产卵器鞘红褐色（或外侧黑色）。

♂ 体长约 11.5 mm。前翅长约 9.0 mm。触角长约 10.5 mm。触角鞭节 41 节。颜面几乎全部黄色。唇基大部分红褐色。前足腿节前侧、胫节几乎全部黄色。其余特征同雌虫。

正模 ♀，辽宁沈阳，1995-Ⅴ-21，盛茂领。副模：1♀1♂，辽宁新宾，1994-Ⅴ-29，盛茂领；1♂，辽宁本溪，2018-Ⅴ-13，盛茂领。

词源：本新种名源于颜面具两个黄色斑。

本新种与黑跗壮姬蜂 *Rh. nigritarsis* (Hedwig, 1956) 相近，可通过下列特征区分：并胸腹节中区明显存在；腹部第 1 节背板背中脊明显伸达后柄部中部之后；颜面黑色，上部中央具 2 个黄色斑；唇基黑色；腹部第 3 节背板黑色，前缘暗褐色。黑跗壮姬蜂：并胸腹节中区不明显；腹部第 1 节背板背中脊伸至气门；颜面黄色，上部具黑色中纵纹；唇基黄色；腹部第 3 节背板有时暗红褐色。

(202) 脊壮姬蜂，新种 *Rhorus carinatus* Sheng, Sun & Li, sp.n.（彩图 41）

♀ 体长 7.0～8.5 mm。前翅长 6.5～7.5 mm。触角长 8.0～9.5 mm。

体被较稠密的近白色短毛。复眼内缘弧形，在触角窝处稍凹陷。颜面宽约为长的 1.2 倍，向下方稍增宽；表面稍隆起，具非常稠密的细刻点，上部中央具 1 圆形小瘤突。颜面与唇基之间无明显分界。唇基具稠密的粗刻点和弱皱，端缘中段弧形稍前突。上颚强壮，表面具稠密的细刻点和弱皱，上端齿稍长于下端齿。颊明显横凹，具稠密的微细刻点；颚眼距约为上颚基部宽的 0.5 倍。口后脊强烈抬高呈片状。上颊具均匀稠密的浅细刻点，中部稍隆起，侧面观约等长于复眼横径。头顶质地同上颊，刻点相对稀疏，在单复眼之间几乎无毛；向后部显著倾斜。单眼区明显抬高，中央阔且凹，具稀疏的细毛点；侧单眼外侧沟明显；侧单眼间距约等长于单复眼间距。额较平坦，具均匀稠密的细刻点，具浅弱的中纵凹。触角柄节短柱形，背侧稍隆起，端缘近平截；鞭节 36～40 节，第 1～5 节长度之比依次约为 2.7∶1.5∶1.2∶1.2∶1.1，各小节均匀渐短，末节端部钝尖。后头脊完整。

前胸背板前部具模糊的弱皱；侧凹阔，上半部具均匀的细刻点，下半部具皱状表面；后上角具均匀的细毛点；前沟缘脊明显。中胸盾片具稠密均匀的细刻点，中叶前部较隆起，盾纵沟不明显。盾前沟宽阔，相对光滑。小盾片较强隆起，近三角形，刻点非常细密，基半部具细侧脊。后小盾片稍隆起，具稠密的微细刻点。中胸侧板具稠密的细刻点；胸腹侧脊强壮，伸至中胸侧板前缘中央；腹板侧沟弱，仅前部可见；镜面区光滑光亮；中胸侧板凹横沟状。后胸侧板中部较隆起，具稠密模糊的细皱，前上部稍具细刻点；基间脊明显；后胸侧板下缘脊完整，前部显著突出。翅暗褐色，透明；小脉位于基脉外侧，二者之间的距离约为小脉长的 0.6 倍；小翅室斜三角形，具柄，第 2 肘间横脉明显长于第 1 肘间横脉；第 2 回脉在它的下外角处与之相接或位于下外角稍外侧；外小脉明显内斜，约在中央稍下方曲折；后中脉向上稍弓曲；后小脉约在下方 0.3 处曲折；后盘脉弱，无色。足腿节稍侧扁，胫节基部较细；前足跗节第 4 节长约为端部最大宽的 0.7 倍，爪具 13 栉齿；后足基节背侧端部显著内凹，第 1～5 跗节长度之比依次约为 3.7∶1.8∶1.3∶1.0∶1.5。并胸腹节较强隆起，分区完整；中区与基区由清晰的脊分隔；端横脊外段清晰且完整；中区六边形，分脊处宽约为中区长的 0.75 倍，分脊约在其上方 0.3 处伸出；基区和中区相对光滑，表面稍具弱皱和不明显的细刻点；第 1 侧区具细刻点，基部相对稀疏；第 2 侧区具稠密的斜纵皱；端区呈纵皱状表面，光亮；其他区域具稠密模糊的弱皱；气门小，圆形，稍突起，约位于基部 0.3 处，由短脊与外侧脊相接。

腹部强壮，第 1 节背板端部至第 3 节背板具显著的折缘。第 1 节背板向基部显著收敛，长约为端宽的 1.8 倍；背中脊显著，几乎平行伸达背板亚端部；背侧脊细弱完整；基侧凹大；背中脊之间稍纵凹；背板光亮，具较长的细绒毛，端部具稠密的细刻点；气门小，圆形，明显隆起，位于背板中央稍前。第 2 节及以后背板具稠密的细刻点，向后愈渐细弱不明显；长约为端宽的 0.9 倍，具较浅的基斜沟，基部两侧具浅窗疤；第 3 节背板侧缘近平行，长约为宽的 0.8 倍；第 4 节及以后背板向后逐渐收敛。产卵器鞘短，伸达腹末。

体黑色，下列部分除外：颜面上方中央具 2 个黄色小斑；下唇须和下颚须暗褐色；前中足胫节和跗节前侧多少带褐色或不明显；产卵器鞘黄褐色；翅痣和翅脉暗褐色至黑褐色。

♂ 体长 8.5～9.5 mm。前翅长 7.0～8.0 mm。触角长 9.0～10.5 mm。触角鞭节 37～41 节。体黑色。其他特征同雌虫。

正模 ♀，西藏下亚东，3100 m，2013-VII-19，李涛。副模：1♀1♂，记录同正模；1♂，西藏鲁朗，3100 m，2013-VII-14，李涛。

词源：本新种名源于并胸腹节具完整且强壮的脊。

本新种与间壮姬蜂 *Rh. intermedius* Kasparyan, 2012 相近，可通过下列特征区分：上颚上端齿稍长于下端齿；第 2 回脉在小翅室的下外角处与之相接或位于下外角稍外侧；并胸腹节具强壮的分脊；眼眶黑色。间壮姬蜂：上颚上端齿特别长于下端齿；第 2 回脉在小翅室下外角内侧与之相接；并胸腹节无分脊；眼眶黄色。

(203) 端凹壮姬蜂，新种 *Rhorus concavus* Sheng, Sun & Li, sp.n.（彩图 42）

♀ 体长约 7.0 mm。前翅长约 5.5 mm。触角长约 6.0 mm。

体被稀疏的近白色短毛。颜面侧缘近平行，宽约为长的 1.4 倍；向中央均匀隆起，具非常稠密的细刻点，上部中央具 1 明显的纵脊瘤。颜面与唇基之间无明显分界。唇基具稠密的粗刻点和少数粗纵皱，端缘微弧形前突，具明显中隆起。上颚强壮，表面具细纵皱和浅细刻点；上端齿稍长于下端齿。颊明显横凹，相对光滑；颚眼距约为上颚基部宽的 0.25 倍。口后脊在靠近上颚处强烈片状隆起。上颊具非常稠密的浅细刻点，中部明显隆起，侧面观约为复眼横径的 0.9 倍，后上部稍收敛。头顶质地同上颊，后方稍隆起。

单眼区稍抬高，具稀细的刻点，中纵沟宽浅、与伸至后头脊中央的细纵沟相连；侧单眼间距约等长于单复眼间距。额较光滑，具稀疏不均匀的细刻点，相对较平（触角窝上方稍凹）。触角柄节柱形，端缘近平截；鞭节 32 节，第 1～5 节长度之比依次约为 2.6∶1.3∶1.2∶1.1∶1.1，中部各小节相对均匀，末节端部渐尖。后头脊完整。

前胸背板前缘具弱皱，侧凹具模糊的弱横皱及刻点，后上部具较稠密的细刻点；前沟缘脊明显。中胸盾片具稠密的细刻点，中叶前部较隆起，后部中央的刻点较粗；后缘中央显著内折；盾纵沟仅前部具弱痕。盾前沟宽阔，相对光滑。小盾片稍隆起，近三角形，具稠密的细刻点，前缘中央稍凹，基半部具细侧脊。后小盾片稍隆起，具细密的刻点。中胸侧板具稠密的细刻点；胸腹侧脊显著，伸至中胸侧板前缘中央；腹板侧沟弱，仅前部可见；镜面区大而光亮、无刻点；中胸侧板凹坑状，后部中央具 1 深的横斜沟。后胸侧板中部较隆起，具稠密模糊的浅细刻点，下部具模糊的细皱；基间脊基部可见；后胸侧板下缘脊完整，前部稍突出。翅褐色，半透明；小脉位于基脉外侧，二者之间的距离约为小脉长的 0.6 倍；小翅室亚三角形，具柄，第 2 肘间横脉明显长于第 1 肘间横脉；第 2 回脉在它的下外角与之相接；外小脉明显内斜，约在中央稍下方曲折；后中脉明显向上弓曲；后小脉约在下方 0.2 处曲折；后盘脉细弱。足腿节稍侧扁，胫节基部较细；前足跗节第 4 节长约为端部最大宽的 0.82 倍，爪具 9 栉齿；后足基节背侧端部显著内凹，第 1～5 跗节长度之比依次约为 3.6∶1.5∶1.2∶0.8∶1.2，爪具 5 栉齿。并胸腹节较强隆起，分区较完整；表面相对光滑；基横脊中段缺，基区与中区合并；中纵脊在基区位置平行；中区在分脊处明显外突；基区和中区相对光滑，稍具弱皱；端横脊外段完整且强壮；第 1 侧区刻点较清晰，其他区域具模糊的弱皱；端区中央具 1 细弱的中纵脊；气门小，圆形，稍突起，位于基部约 0.4 处，由短脊与外侧脊相连。

腹部粗壮。第 1 节背板向基部显著收敛，长约为端宽的 1.6 倍；背中脊显著，伸达第 1 节背板中部之后；基侧凹大；背侧脊和腹侧脊完整；背中脊之间浅纵凹；背板表面具细革质状，端部具清晰的细刻点；气门小，圆形，突出，约位于第 1 节背板中央。第 2 节背板长约为端宽的 0.8 倍，具稠密的斜细纵皱和细刻点（端部刻点细弱），具较浅的基斜沟。第 3 节及以后背板具稠密的细刻点，向端部逐渐细弱和稀疏；第 5 节及以后背板横形，逐渐向后收敛。产卵器鞘长约为腹部端部厚的 0.5 倍。

体黑色，下列部分除外：触角鞭节腹侧基部稍带黄色；颜面大部分淡黄色，周缘黑色，上方中央具 1 褐色的纵条斑；上颚端齿基部稍带红褐色；下唇须、下颚须黄色；前中足腿节端部、胫节和跗节黄褐至暗褐色；腹部第 2 节、第 3 节背板红褐色（第 3 节背板端部稍带黑褐色），第 4 节背板稍带红褐色；翅痣黑色，翅脉褐黑色；产卵器鞘黄色。

正模 ♀，江西马头山，260 m，2017-Ⅴ-16，盛茂领。

词源：本新种名源于产卵器鞘顶端具浅凹。

本新种与大壮姬蜂 *Rh. dauricus* Kasparyan, 2012 相近，可通过下列特征区分：唇基端缘具明显的中隆起；颜面淡黄色，周缘黑色，上方中央具 1 褐色纵条斑；腹部第 2 节、第 3 节背板红褐色。大壮姬蜂：唇基端缘无中隆起;；颜面黑色，具浅黄色斑；腹部第 2 节、第 3 节黑色，仅折缘黄褐色。

(204) 丹东壮姬蜂 *Rhorus dandongicus* Sheng & Sun, 2014

Rhorus dandongicus Sheng & Sun, 2014. Ichneumonid Fauna of Liaoning, p.182.

分布：中国（辽宁）。

观察标本：1♀（正模），辽宁宽甸，2006-Ⅹ-11，高纯。

(205) 大壮姬蜂 *Rhorus dauricus* Kasparyan, 2012（中国新纪录）

Rhorus dauricus Kaspanyan, 2012. Entomological Review, 92(6): 653.

♀ 体长约 6.0 mm。前翅长约 5.0 mm。触角长约 5.5 mm。

复眼内缘在触角窝处稍凹陷。颜面侧缘近平行，宽约为长的 1.5 倍；中央稍隆起，侧缘稍纵凹，表面具稠密的细刻点和细皱，上部中央具 1 较长的纵脊、具 1 纵脊瘤。唇基与颜面之间无明显分界；唇基凹显著深凹。唇基具稠密的细刻点，端部具稠密的短纵皱；端缘中段几乎平截。上颚强壮，表面较隆起，具稠密的细刻点；上端齿稍长于下端齿。颊稍横凹，相对光滑，具弱皱；颚眼距约为上颚基部宽的 0.5 倍。口后脊靠近上颚处强烈片状隆起。上颊具稠密的浅细刻点，中部明显隆起，侧面观约为复眼横径的 0.8 倍，后上部不收敛。头顶质地同上颊，后方中央较隆起。单眼区明显抬高，较光滑，中纵沟宽而明显、伸出侧单眼连线的后缘；侧单眼外侧沟明显；侧单眼间距约等于单复眼间距。额较平，具不明显的细刻点。触角柄节柱形，端缘稍斜截；鞭节 26 节，第 1～5 节长度之比依次约为 2.1∶1.5∶1.3∶1.2∶1.1，基部几小节端缘明显斜截，各小节向端部渐短，末节向端部渐尖。后头脊完整。

前胸背板前部具斜细皱，侧凹具模糊的细皱，后上部具稠密的细刻点，前沟缘脊明显。中胸盾片具稠密的浅细刻点，后部中央具模糊的弱皱；中叶前部较隆起、刻点不明显；盾纵沟仅前部清晰。盾前沟深，光滑。小盾片稍隆起，长舌状，具稠密的细刻点，基半部具细侧脊。后小盾片稍隆起，具模糊的细皱刻点。中胸侧板具非常稠密的细刻点；胸腹侧脊非常细弱，在腹板侧沟上方稍向后折曲，背端伸至中胸侧板前缘中央；腹板侧沟弱，不明显；镜面区较大，光亮无刻点；中胸侧板凹横沟状。后胸侧板中部较隆起，具稠密模糊的细皱，前上部具细刻点；基间脊明显；后胸侧板下缘脊完整，前部耳状突出。翅浅褐色，透明；小脉位于基脉外侧，二者之间的距离约为小脉长的 0.6 倍；小翅室斜四边形，具结状短柄，第 2 肘间横脉明显长于第 1 肘间横脉；第 2 回脉在它的下外角内侧约 0.25 处与之相接；外小脉明显内斜，约在下方 0.4 处曲折；后中脉明显弓曲，后小脉约在下方 0.2 以内曲折，后盘脉弱化。足腿节稍侧扁，胫节基部较细；前足跗节第 4 节长约为端部最大宽的 0.8 倍，爪约具 10 栉齿；后足基节背侧端部显著内凹，第 1～5 跗节长度之比依次约为 3.1∶1.3∶1.0∶0.7∶1.0，爪小、具较稀疏但明显的栉齿 5 个。并胸腹节较强隆起，分区较完整；基横脊中段缺；端横脊外段完整；基区与中区合并，表面相对光滑，稍具弱皱；中纵脊在基区位置几乎平行；分脊约在中区中央稍上方伸出；端区六边形，表面具弱皱，中央具 1 细中纵脊；第 1 侧区表面较光滑，外侧稍具不明显的弱皱和细刻点；其余区域具模糊的弱皱；气门小，圆形，稍突起，位于基部，由短脊与外侧脊相接。

腹部粗壮。第 1 节背板长约为端宽的 1.3 倍，向基部渐收敛；背中脊显著，先后逐渐收敛，伸达端部约 0.3 处；基侧凹大；背侧脊和腹侧脊完整；背中脊之间浅纵凹；背板基半部稍具弱皱，端半部具稠密的弱皱和浅刻点；气门近圆形，稍突出，约位于背板中央。第 2 节背板及以后背板具稠密的浅细刻点，向端部刻点逐渐细弱不明显；第 2 节背板长约为端宽的 0.6 倍，基半部具稠密的弱皱，具较浅的基斜沟；第 2 节、第 3 节背板基部两侧具横形浅窗疤；第 5 节及以后背板向后逐渐收敛。产卵器鞘短，约为腹末厚度的 0.5 倍。

体黑色，下列部分除外：颜面中央的 2 个长梭形纵斑，唇基端部，上颚（端齿齿尖黑色）、下唇须、下颚须、前胸背板后上角端缘、翅基片及前翅翅基浅黄色；足红褐色（基节黑色），各足基节端部和转节、前中足腿节端部浅黄色，后足胫节端部及跗节黑褐色；翅面褐色，翅痣黑色，翅脉褐黑色；腹部第 1 节、第 2 节背板端部两侧稍带红褐色，各节背板端缘稍具极窄的（或不明显）浅黄色横边，第 7 节、第 8 节背板红褐色；产卵器鞘黄色。

♂ 体长 3.5～6.0 mm。前翅长 3.2～4.5 mm。触角长 4.0～5.3 mm。触角鞭节 24～27 节。颜面中央具 2 较大且下方相连的黄色斜纵斑，触角或完全黄色。腹部第 1 节、第 2 节背板端部两侧无红褐色，第 7 节、第 8 节背板黑色或端部稍带黄色。

分布：中国（北京）；俄罗斯。

观察标本：1♀，北京怀柔喇叭沟门，2016-Ⅸ-26，集虫网；6♂♂，北京怀柔喇叭沟门，2016-Ⅷ-01～Ⅹ-03，集虫网。

(206) 齿唇壮姬蜂，新种 *Rhorus denticlypealis* Sheng, Sun & Li, sp.n.（彩图 43）

♀ 体长 8.5～10.5 mm。前翅长 7.0～8.0 mm。触角长 7.5～8.5 mm。

体被稠密的黄白色短毛。颜面侧缘近平行，宽约为长的 1.4 倍；向中央均匀隆起，具稠密的细皱及刻点，上部中央具 1 小的纵脊瘤。唇基沟仅侧方存在，颜面与唇基之间无明显分界。唇基具稠密的粗刻点，端缘弧形前突，端缘中央稍隆起呈弱齿状。上颚强壮，表面具稠密的浅粗刻点和较长的毛，上端齿明显长于下端齿。颊明显横凹，相对光滑，刻点稀少；颚眼距约为上颚基部宽的 0.4 倍；口后脊靠近上颚处强烈片状隆起。上颊具非常稠密的细刻点，中部明显隆起，宽约等于复眼横径，后上部渐收敛。头顶具与上颊相近的质地和刻点，后方均匀隆起；单眼区稍抬高，具稀疏的细刻点，中纵沟弱浅、伸至后头脊中央；侧单眼间距约为单复眼间距的 0.8 倍。额中央浅纵凹、光滑，具几个清晰的细刻点；两侧具稠密的细刻点。触角柄节柱形，端缘稍斜截；鞭节 37 节，第 1～5 节长度之比依次约为 3.2∶1.8∶1.6∶1.5∶1.3，基部几节端缘显著斜截，中部各小节相对均匀，末节端部钝尖。后头脊完整。

前胸背板具稠密的细刻点，前部及侧凹稍具弱皱；前沟缘脊可见。中胸盾片具稠密均匀的细刻点，中叶前部较隆起，后部中央的刻点较粗；后缘中央显著内折；盾纵沟弱浅、长度超过前翅翅基片。盾前沟深，光滑。小盾片中央隆起，短舌状，具稠密的细刻点，前缘中央稍凹，仅基部具侧脊。后小盾片稍隆起，具细密的刻点。中胸侧板具稠密的细刻点；胸腹侧脊细而明显，背端伸至中胸侧板前缘中央；腹板侧沟仅前部明显；镜面区大而光亮、无刻点；中胸侧板凹坑状，后部中央具1深的横斜沟。后胸侧板中部较隆起，上方具非常稠密的细刻点，下部具稠密稍粗的斜纵皱；基间脊显著；后胸侧板下缘脊完整，前部外延突出。翅褐色，半透明；小脉位于基脉外侧，二者之间的距离约为小脉长的0.4倍；小翅室三角形，具柄，第2肘间横脉明显长于第1肘间横脉；第2回脉在它的下外角处与之相接；外小脉明显内斜，约在中央稍下方曲折；后中脉均匀向上弓曲；后小脉约在下方0.2处曲折；后盘脉弱。足腿节稍侧扁，胫节基部较细；前足基跗节很长，其长约为第2～5跗节长度之和，腹侧基部显著内凹，第4节长约为端部最大宽的0.8倍，爪约具10栉齿。后足基节背侧端部显著内凹，第1～5跗节长度之比依次约为2.0∶0.9∶0.6∶0.4∶0.6，爪具6栉齿。并胸腹节较强隆起，分区较完整；基横脊中段缺；端横脊外段完整且强壮；基区与中区合并，表面相对光滑，稍具弱皱；中纵脊在基区位置向后稍收敛；端区广扇形，表面弱皱，中央具1细弱的中纵脊；第1侧区具清晰的细刻点；第2侧区具稀疏的刻点和弱皱，其余区域具模糊的弱皱；气门小，圆形，稍突起，位于基部约0.2处。

腹部粗壮。第1节背板自端缘均匀向基部强烈收敛，长约为端宽的1.6倍；背中脊显著，伸达背板亚端部约0.3处；基侧凹大；背侧脊在中段（气门附近）磨损，腹侧脊完整；背中脊之间具浅纵凹，中央一段近平行；背板基半部较光滑，端半部具不均匀的粗刻点；气门小，圆形，突出，位于背板中央稍前方。第2节及以后背板具稠密的细刻点，向端部逐渐细弱不明显，各节背板端缘光滑、刻点稀细；第2节背板长约为端宽的0.7倍，具较浅的基斜沟，基部两侧具横线形窗疤；第3节、第4节背板侧缘近平行；第5节及以后背板横形，逐渐向后收敛。产卵器鞘短，长约为腹端厚度的0.6倍。

体黑色，下列部分除外：触角鞭节腹侧大部黄褐色；颜面中央具1不规则淡黄色大斑；上颚端齿基部带红褐色；下唇须褐色，下颚须黄色；前足腿节前侧端部带红褐色，前中足胫节和跗节背侧褐色至黑褐色、前侧黄色；后足腿节和胫节内侧带红褐色；翅面暗褐色，前翅翅基稍带黄色，翅痣黑色，翅脉褐黑色；腹部第1节背板基半部黑色至黑褐色，其后各节背板红褐色。

♂ 体长约10.0 mm。前翅长约8.0 mm。触角长约8.5 mm。触角鞭节38节。颜面几乎全部黄色，唇基基部两侧各具1黄色横斑，复眼下方各具2黄色小斑。前足腿节前侧黄色，中足腿节前侧基部和端部稍带黄色。腹部第1节背板黑色（仅端部两侧红褐色），第2～4节背板红褐色，第5节背板（基部中央红褐色）及以后背板黑色。

正模 ♀，江西官山自然保护区东河站，2016-Ⅳ-20，集虫网。副模：1♀1♂，江西修水五梅山自然保护区，2016-Ⅶ-10，集虫网。

词源：本新种名源于唇基端缘具中齿。

本新种与因壮姬蜂 *Rh. inthanonensis* Reshchikov & Xu, 2017近似，可通过下列特征区分：颜面均匀地稍隆起；唇基具稠密的粗刻点，端缘前突，具浅中凹，凹侧缘呈弱齿状；并胸腹节具强壮的分脊；后足腿节黑色，仅端部带褐黑色。因壮姬蜂：颜面中央强烈隆起；唇基具细且稀的刻点，端缘平截；并胸腹节无分脊；后足腿节红褐色。

(207) 颜壮姬蜂，新种 *Rhorus facialis* Sheng, Sun & Li, sp.n.（彩图 44）

♀ 体长约 6.5 mm。前翅长约 6.0 mm。触角长约 7.5 mm。

复眼内缘在触角窝上方微弱内凹；颜面侧缘向下方稍收敛，宽约为长的 1.3 倍；颜面和唇基合并呈均匀隆起的凸面，表面具非常稠密的细刻点，上方中央具 1 较弱的纵脊瘤。唇基凹较大、坑状。唇基具较颜面稍粗且稀疏的刻点；亚端缘具浅横凹，内具稠密的短纵皱；端缘中央呈钝角状前突。上颚强壮，具稀疏的浅细刻点，上缘具弱细的纵皱；上端齿端部钝圆，稍长于下端齿。颊稍平凹，具稠密的细刻点；颚眼距约为上颚基部宽的 0.5 倍。口后脊正常，无特别隆起。上颊具稠密的细刻点，中部较强隆起，侧面观约为复眼横径的 1.1 倍，中部显著增厚。头顶具与上颊相近的质地和刻点；单眼区明显抬高，刻点细密，中纵沟弱浅、不明显；侧单眼外缘具显著的侧凹沟，侧单眼间距约为单复眼间距的 1.5 倍；侧单眼后缘形成 2 道稍内敛的浅凹，伸至后头脊。额较平，具特别稠密的细刻点。触角柄节柱形，背侧稍隆起，端缘近平截；鞭节 37 节，第 1～5 节长度之比依次约为 2.4∶1.7∶1.3∶1.2∶1.2，基部几小节端缘明显斜截，各小节向端部渐短渐细，末节向端部渐尖。后头脊完整。

前胸背板具稠密的细刻点，前下角稍具弱皱，侧凹宽浅，前沟缘脊明显。中胸盾片具稠密均匀的细刻点，中叶前部稍隆起，无盾纵沟。盾前沟深，光滑。小盾片稍隆起，三角形，具非常稠密的细刻点，侧脊几乎完整。后小盾片较平，倒梯形，具非常稠密的细刻点。中胸侧板较强隆起，具稠密且稍粗的刻点；胸腹侧脊显著，伸至中胸侧板前缘中央稍上方；腹板侧沟弱；镜面区较大，光亮无刻点；中胸侧板凹横沟状。后胸侧板中部稍隆起，表面具稠密的细刻点；基间脊弱而不明显，其下方具弱细皱；后胸侧板下缘脊完整，前部明显角状突出。翅浅褐色，透明；小脉位于基脉外侧，二者之间的距离约为小脉长的 0.5 倍；小翅室斜四边形，具短柄，第 2 肘间横脉明显长于第 1 肘间横脉；第 2 回脉在它的下外角内侧约 0.25 处与之相接；外小脉明显内斜，约在下方 0.3 处曲折；后小脉约在下方 0.25 处曲折，上段强烈内斜；后盘脉弱化。足腿节强壮；前足跗节第 4 节长约等于最大直径的 1.2 倍，爪具不等长的栉齿 12 个。后足基节背侧端部显著内凹，第 1～5 跗节长度之比依次约为 4.0∶2.0∶1.5∶1.0∶1.6。并胸腹节较强隆起，前中部光滑光亮；基横脊中段缺；基区与中区合并，中区位置稍具弱皱；基区向后稍内敛；侧纵脊中段较弱，外侧脊完整；第 1 侧区外侧具稠密的细刻点，第 2 侧区外侧具稀疏稍粗的刻点，整个外侧区具稠密的细刻点和模糊的细皱，端区具模糊的弱皱、中央具 2 条向后明显内敛的弱细纵脊；气门圆形，稍突起，约位于基部 0.2 处，由 1 细柄与外侧脊相接。

腹部粗壮，端半部较膨大。第 1 节背板长约等于端宽，向基部强烈收敛；背中脊显著，向后逐渐收敛伸至背板中央之后；基侧凹大；背侧脊和腹侧脊完整；背板基部中央浅纵凹；背中脊外侧及背板端半部（较强隆起）具稠密的粗刻点，背侧脊和腹侧脊之间具弱皱；气门圆形，稍突出，约位于背板中部。第 2 节及以后背板具稠密的粗刻点；第 2 节背板长约为端宽的 0.6 倍，基部两侧的窗疤不明显；第 3 节背板长约为端宽的 0.6 倍；第 4 节及以后背板向后逐渐收敛。产卵器鞘短，背缘稍均匀下凹，端部近圆形，长约为端部最大宽的 2.0 倍，约为腹端厚度的 0.2 倍。产卵器细弱，无背凹。

体黑色，下列部分除外：触角腹侧带褐色；上颚上缘红褐色；下唇须和下颚须黑褐色；前中足腿节、胫节和跗节多为红褐色，后足腿节端外侧和胫节基部暗红褐色；腹部第 1 节背板端部至第 4 节背板全部红褐色；翅痣（中央红褐色）黑色，翅脉褐黑色；产卵器鞘褐黄色。

正模 ♀，辽宁沈阳，1992-Ⅵ-14，章英。

词源：本新种名源于均匀隆起的颜面。

本新种较容易鉴别，主要体现在下列特征：颜面与唇基合并呈均匀隆起的凸面；唇基亚端缘具浅横凹，端缘中央隆起前突；第 1 节背板宽短，长约等于端宽；头和胸部完全黑色；第 1 节背板端部和第 2～4 节背板全部红褐色。

(208) 黄颜壮姬蜂，新种 *Rhorus flavofacialis* Sheng, Sun & Li, sp.n.（彩图 45）

♀ 体长约 8.0 mm。前翅长约 7.5 mm。触角长约 8.5 mm。

体被稠密的黄白色短毛。颜面侧缘近平行，宽约为长的 1.1 倍；中央稍隆起，具非常稠密的微细刻点，上部中央具 1 明显的纵脊瘤。唇基与颜面之间无明显分界，唇基凹深而显著。唇基具较颜面稍稀疏的细刻点，稍具弱皱；端缘中段弱弧形、几乎平。上颚表面具细刻点和较长的毛，上端齿稍长于下端齿。颊稍横凹，具弱且不明显的微细刻点；颚眼距约为上颚基部宽的 0.5 倍。颚眼区后端靠近口后脊具小凹陷。口后脊靠近上颚处强烈片状隆起。上颊具非常稠密的微细刻点，中部稍隆起，约为复眼横径的 0.8 倍。头顶具与上颊相近的质地和刻点，侧单眼连线的后缘横棱状隆起、向后部显著倾斜；单眼区稍抬高，刻点不明显，中纵沟宽浅、不伸至后头脊中央；侧单眼外缘具侧沟，其外侧相对光滑、刻点稀少；侧单眼间距约等于单复眼间距。额具稠密的浅细刻点，中央稍纵凹。触角柄节柱形，背侧稍隆起，端缘几乎平截；鞭节 37 节，第 1～5 节长度之比依次约为 3.0∶2.0∶1.8∶1.6∶1.6，基部几小节端缘明显斜截，中部各小节相对均匀，端部渐尖。后头脊完整。

前胸背板前部具弱细皱，侧凹具斜细皱，后上部具稠密的微细刻点，后上角稍外翘，前沟缘脊明显。中胸盾片具稠密的微细刻点，中叶前部较隆起，后缘中央显著内凹；盾纵沟仅前部可见。盾前沟深阔，光滑。小盾片较隆起，近三角形，具清晰的微细刻点，基半部具细侧脊。后小盾片稍隆起，具模糊的细密刻点。中胸侧板具非常稠密的细刻点及弱皱；胸腹侧脊细弱，不明显；腹板侧沟仅前部可见；镜面区大而光亮，无刻点；中胸侧板凹横沟状。后胸侧板中部稍隆起，具稠密模糊的细皱；基间脊明显；后胸侧板下缘脊完整，前部明显突出。翅稍褐色，透明；小脉位于基脉外侧，二者之间的距离约为小脉长的 0.3 倍；小翅室亚三角形，具柄，第 2 肘间横脉（中下部稍外折）明显长于第 1 肘间横脉；第 2 回脉在它的下外角处与之相接；外小脉明显内斜，约在下方 0.4 处曲折；后小脉约在下方 0.3 处曲折，上段明显内斜。足腿节稍侧扁，胫节基部较细；前足跗节第 4 节长为端部最大宽的 1.27 倍，爪具较强的栉齿 10 个。后足基节背侧端部显著内凹，第 1～5 跗节长度之比依次约为 2.0∶1.0∶0.7∶0.5∶0.8。并胸腹节较强隆起；基横脊中段缺；分脊细弱，自中区中部斜伸向侧前方；端横脊外段完整；基区与中区合并，表面相对光滑，稍具弱皱；中纵脊在基区位置几乎平行；端区扇形，表面较光滑，稍具弱皱，中央具1细弱的中纵脊；第1侧区表面与基区和中区合并区相似，较光滑；其余区域具模糊的弱皱；气门小，圆形，稍突起，位于基部约0.4处，由短脊与外侧脊相接。

腹部粗壮。第1节背板长约为端宽的2.4倍，向基部逐渐收敛；背中脊明显，几乎平行伸达背板中部之后；基侧凹大；背侧脊和腹侧脊完整；背中脊之间稍纵凹；背板基半部表面细革质状，端半部具稠密的微细刻点；气门小，圆形，突出，约位于背板中央。第2节、第3节背板具稠密的微细刻点，第4节及以后背板刻点不明显；第2节背板长约为端宽的0.9倍，具较浅的基斜沟，基部两侧具横形浅窗疤；第3节、第4节背板侧缘近平行，长分别约为端宽的0.8倍和0.7倍；第5节及以后背板向后逐渐收敛。产卵器鞘短，约为腹端厚度的0.5倍。

体黑色，下列部分除外：触角鞭节背侧暗褐色至黑褐色，腹侧黄褐色；颜面中央的盾形花斑，下唇须，下颚须，前翅翅基均为黄色；各足转节和腿节连接处，前中足腿节端部及前侧、胫节和跗节，后足胫节腹侧基部约2/3、跗节腹侧黄褐色至暗褐色；后足胫节和跗节背侧多少带红褐色；上颚端齿基部稍带红褐色；翅面褐色，翅痣黑色，翅脉暗褐色。

寄主：落叶松叶蜂 *Pristiphora erichsonii* (Hartig)。

正模 ♀，宁夏六盘山，1280 m，2005-Ⅷ-11，集虫网。副模：2♂♂，甘肃兴隆山，2011-Ⅴ-13～14，盛茂领。

词源：本新种名源于颜面黄色。

本新种与黑跗壮姬蜂 *Rh. nigritarsis* (Hedwig, 1956) 近似，可通过下列特征区分：前足的爪约具10个粗壮的栉齿；腹部第1节背板背侧脊完整；颜面下部和唇基黑色；腹部第3节背板黑色。黑跗壮姬蜂：前足的爪约具20个相对较细的栉齿；腹部第1节背板背侧脊仅气门内侧清晰；颜面和唇浅黄色；腹部第3节背板暗红褐色。

(209) 黄壮姬蜂，新种 *Rhorus flavus* Sheng, Sun & Li, sp.n.（彩图46）

♀ 体长约6.5 mm。前翅长约4.5 mm。触角长约5.0 mm。

体被稀疏的近白色短毛。颜面侧缘近平行，宽约为长的1.5倍；中央均匀稍隆起，具稠密的细刻点，上部中央具1明显的纵脊瘤。唇基与颜面之间无明显分界；唇基凹明显。唇基具较颜面稍粗的刻点，端部具弱纵皱；端缘中段弱弧形稍前突。上颚较短，表面较隆起，具稀疏的微细刻点和较长的毛，上端齿稍长于下端齿。颊稍横凹，具不明显的微细刻点；颚眼距约为上颚基部宽的0.4倍。口后脊靠近上颚处稍高于后头脊（下段）。上颊具不明显的微细刻点，中部明显隆起，侧面观约为复眼横径的1.2倍，后上部稍增宽。头顶质地同上颊，后方中央较隆起。单眼区明显抬高，较光滑，中纵沟宽而明显、伸至侧单眼连线之后；侧单眼外侧沟存在，侧单眼间距约等长于单复眼间距。额较平，具细密的刻点，中单眼前方中央稍纵凹。触角柄节柱形，背侧稍隆起，端缘稍斜截；鞭节28节，第1～5节长度之比依次约为2.2∶1.5∶1.3∶1.2∶1.1，基部几小节端缘明显斜截，各小节向端部渐短，末节向端部渐尖。后头脊完整。

前胸背板前部具弱细皱，侧凹具模糊的短横皱，后上部具稠密的细刻点，后上角稍外翘，前沟缘脊可见。中胸盾片具稠密的浅细刻点，中叶前部较隆起，后部中央的刻点稍粗；盾纵沟仅前部清晰。盾前沟深，光滑。小盾片稍隆起，三角形，表面具细刻点，基半部具细侧脊。后小盾片稍横隆起，具细密的刻点。中胸侧板具非常稠密的细刻点；胸腹侧脊细弱，在腹板侧沟上方向后折曲，背端伸至中胸侧板前缘中央；腹板侧沟弱，仅前部可见；镜面区较大，光亮无刻点；中胸侧板凹横沟状。后胸侧板中部较隆起，具稠密模糊的细皱，前上部具浅细的刻点；基间脊明显；后胸侧板下缘脊完整，前部稍突出。翅浅褐色，透明；小脉位于基脉外侧，二者之间的距离约为小脉长的 0.5 倍；小翅室斜四边形，具结状短柄，第 2 肘间横脉明显长于第 1 肘间横脉；第 2 回脉几乎垂直，在小翅室下外角的内侧约 0.3 处与之相接；外小脉明显内斜，约在下方 0.3 处曲折；后小脉约在下方 0.2 处曲折，上段强烈内斜。足腿节稍侧扁，胫节基部较细；前足跗节第 4 节长大于最大直径的 1.2 倍，爪具 9 个较细的栉齿。后足基节背侧端部显著内凹，第 1～5 跗节长度之比依次约为 3.2∶1.7∶1.2∶0.9∶1.2。并胸腹节较强隆起，分区较完整；基横脊中段缺；端横脊外段完整且强壮；基区与中区合并，表面相对光滑，稍具弱皱；中纵脊在基区位置几乎平行；端区扇形，较大，具弱皱，中央具 1 强中纵脊；第 1 侧区表面具弱皱和稠密的浅细刻点，第 2 侧区表面与基区和中区相近，其余区域具模糊的弱皱；气门小，圆形，稍突起，约位于基部 0.3 处。

腹部粗壮。第 1 节背板长约为端宽的 1.5 倍，向基部渐收敛；背中脊显著，稍渐内敛，伸达背板端部约 0.3 处；基侧凹大；背侧脊和腹侧脊完整；背中脊之间明显纵凹；背板基半部稍具弱皱，端部具稠密的浅细刻点；气门近圆形，稍突出，约位于背板中央稍前。第 2 节背板长约为端宽的 0.6 倍，具稠密的浅细刻点（端部不明显），具较浅的基斜沟；第 3 节及以后背板刻点渐稀细不明显；第 2 节、第 3 节背板基部两侧具横形浅窗疤；第 3 节、第 4 节背板侧缘近平行，长分别约为宽的 0.7 倍和 0.6 倍；第 5 节及以后背板向后逐渐收敛。产卵器鞘短，约为腹端厚度的 0.7 倍。

体黑色，下列部分除外：触角柄节和梗节腹侧黄色，鞭节腹侧基半部黄褐色；颜面，唇基，上颚（端齿黑褐色），下唇须，下颚须，前胸背板后上角，翅基片，翅基，翅基下脊，小盾片端缘，前足和中足（背侧带红褐色），后足基节端缘及腹侧的纵斑、转节（背侧带黑褐色）、腿节背侧的纵条斑、胫节大部分（基部约 2/3，分界不明显）均为黄色；后足除黄色部分外，基节基部黑色，腿节腹侧红褐色，跗节各小节基部多少浅色，其余黑褐色；翅面褐色，翅痣黑褐色，翅脉暗褐色；腹部第 1 节、第 2 节背板端部具黄色横带（中央间断），其余各节背板端缘稍具极窄的（或不明显）浅黄色细横边；产卵器鞘黄色。

♂ 体长 5.0～5.5 mm。前翅长 3.5～4.0 mm。触角长 4.5～5.0 mm。触角鞭节 27 节。足红褐色，转节黄白色；前中足基节基部，后足基节、腿节背侧端缘、胫节端部及跗节背侧褐黑色。腹部背板端缘无黄色横带，或仅第 1 节、第 2 节背板端部两侧稍带红褐色。

正模 ♀，北京怀柔喇叭沟门，2016-Ⅹ-17，集虫网。副模：3♂♂，北京怀柔喇叭沟门，2016-Ⅷ-01，集虫网。

词源：本新种名源于颜面和唇基黄色。

本新种与点壮姬蜂 *Rh. punctator* Kasparyan, 2012 近似，可通过下列特征区分：口后脊正常，不特别高；触角鞭节第 1 节端部强烈斜截，最短处的长约为端部直径的 4.2 倍；

前足的爪具9个清晰的栉齿；并胸腹节中区与基区合并；前中足基节和后足基节端半部几乎全部浅黄色。点壮姬蜂：口后脊靠近上颚处强烈隆起；触角鞭节第1节端部稍斜截，长约为端部直径的3.8倍；前足至多具5个短栉齿；并胸腹节中区与基区由脊分隔；所有的基节黑色，仅前中足基节端部带黄色。

(210) 辉南壮姬蜂，新种 *Rhorus huinanicus* Sheng, Sun & Li, sp.n.（彩图47）

♀ 体长约16.5 mm。前翅长约13.5 mm。触角长约15.0 mm。

颜面侧缘近平行，宽约为长的1.6倍；向中央稍隆起，具非常稠密的细刻点（中部兼具较稠密的细纵皱），上部中央具1明显的纵脊瘤。唇基与颜面之间无明显分界，唇基凹大而显著。唇基具非常稠密的刻点，具不清晰的纵皱；端缘中段弱弧形稍前突。上颚强壮，中央较隆起，具不明显的细刻点，端齿几乎等长。颊稍横凹，具特别稠密的细皱刻点；颚眼距约为上颚基部宽的0.5倍；口后脊靠近上颚基部明显隆起呈狭片状。上颊具非常稠密的细刻点，靠近眼眶处光滑光亮；中部明显隆起，侧面观约等长于复眼横径，后上部稍加宽。头顶质地同上颊，后方中央上部稍隆起、亚后缘明显横凹。单眼区明显抬高，中央阔且稍凹，具稠密的细刻点；单眼中等大，强隆起；侧单眼外侧沟明显；侧单眼间距约为单复眼间距的1.1倍。额具稠密模糊的斜横皱及细刻点，中央稍纵凹，纵凹内具1细中纵脊。触角柄节柱形，端缘稍斜截；鞭节48节，第1～5节长度之比依次约为4.5∶2.3∶1.9∶1.8∶1.7，基部几小节端缘明显斜截，中部各小节相对均匀，末节端部钝尖。后头脊完整。

前胸背板前部具弱细皱，侧凹具模糊的横皱及刻点，后上部具稠密的细刻点，后上角稍外翘；前沟缘脊明显。中胸盾片具稠密的细刻点，中部的刻点相对粗大；中叶前部较隆起；盾纵沟不明显。盾前沟深，光滑。小盾片稍隆起，舌状，具稠密的细刻点，中央稍浅纵凹，基半部具细侧脊。后小盾片稍隆起，具模糊的粗皱。中胸侧板具非常稠密的细刻点；胸腹侧脊非常细弱，基部模糊，背端伸至中胸侧板前缘中央稍上方；腹板侧沟弱，仅前部可见；镜面区较大，光亮无刻点；中胸侧板凹浅横沟状。后胸侧板中部较隆起，具稠密模糊的细皱；基间脊基部可见；后胸侧板下缘脊完整，前部明显突出。翅黄褐色，半透明；小脉位于基脉外侧，二者之间的距离约为小脉长的0.4倍；小翅室斜四边形，具结状短柄，第2肘间横脉稍长于第1肘间横脉；第2回脉在它的下外角的内侧约0.25处与之相接；外小脉明显内斜，约在下方0.4处曲折；后小脉几乎垂直，约在下方0.35处曲折。足腿节稍侧扁，胫节基部较细；前足跗节第4节长稍短于端部最大宽，爪具16栉齿。后足基节背侧端部显著内凹，第1～5跗节长度之比依次约为4.0∶2.0∶1.5∶1.0∶1.5。并胸腹节较强隆起；基区近方形，具稀疏的不规则粗横皱，中央具1斜横皱；中区近六边形，具稠密不规则的粗皱；分脊较弱，分脊处宽约与中区高近等长；端横脊外段不完整（外侧消失）；端区横宽，具稠密不规则的纵皱，中央具1清晰的细中纵脊；第1侧区具稠密的细刻点，其他区域具稠密模糊的粗皱；气门斜椭圆形，约位于基部0.2处。

腹部粗壮。第1节背板长约为端宽的1.9倍，自气门处向基部明显收敛；背中脊显著，几乎平行（基部稍宽），伸达背板亚端部；基侧凹大；背侧脊和腹侧脊完整；背中脊之间浅纵凹；背板基半部稍具弱皱，端半部具稠密的细皱刻点；气门椭圆形，强突出，约位于背板中央。第2节背板及以后背板具稠密的细刻点，向端部刻点逐渐细弱不明显；第2节背板长几乎等于端宽，具较浅的基斜沟，基部两侧具横形浅窗疤；第3节背板呈梯形，长约为端宽0.7倍；第4节背板侧缘近平行，长约等于端宽；第5节及以后背板向后逐渐收敛。产卵器鞘短，未伸达腹端。

体黑色，下列部分除外：触角鞭节背侧暗褐色（端半部褐黑色），腹侧黄褐色；颜面中央的菱形花斑（上部中央具黑纵斑），下唇须，下颚须，翅基外缘，小盾片端半部，前足腿节端部及前侧、胫节，中足腿节端部及胫节大部分（仅端部外侧褐色至黑色），后足胫节基部约0.7，腹部第2节背板（基缘及中央部分稍带红褐色）黄色；上颚端齿基部暗红褐色；前中足跗节背侧暗褐色、腹侧黄褐色，后足跗节腹侧多少带褐色、背侧暗褐色；翅面黄褐色，翅痣、翅脉褐色；腹部第3节背板大部黄褐色至红褐色，外缘黄褐色。

♂ 体长约12.0 mm。前翅长约8.5 mm。腹部第2节背板及第3节背板基部红褐色。

正模 ♀，吉林辉南榆树岔，1992-Ⅵ-15，孙淑萍。副模：1♂，辽宁清原，1985-Ⅵ，辽宁省林业学校。

词源：本新种名源于正模标本产地名称。

本新种与间壮姬蜂 *Rh. intermedius* Kasparyan, 2012相近，可通过下列特征区分：唇基具非常稠密的刻点；上颚2端齿几乎等长；触角鞭节48节；小盾片侧脊仅基半部存在；第1节背板长约为端宽的1.9倍，自气门处向基部明显收敛；后足胫节基部约0.7黄色（基端带黑褐色除外）；腹部第2节背板黄色；第3节背板主要为黄褐色，具不清晰的红褐色。间壮姬蜂：唇基具非常稀的粗刻点；上颚上端齿明显长于下端齿；触角鞭节33节；小盾片侧脊几乎伸达端缘；第1节背板长约为端宽的1.65倍，自端缘向基部均匀收敛；后足胫节黑褐色；腹部背板黑色，第7节背板具黄色后缘。

(211) 简壮姬蜂 *Rhorus jinjuensis* (Lee & Cha, 1993)（中国新纪录）

Monoblastus jinjuensis Lee& Cha, 1993. Entomological Research Bulletin, 19: 21.

♀ 体长约6.5 mm。前翅长约4.5 mm。触角长约5.5 mm。

体被稠密的黄白色短毛。颜面侧缘近平行，宽约为长的1.6倍；中央较强隆起，具非常稠密的细刻点，上部中央具明显的纵脊瘤。颜面与唇基之间无明显分界。唇基凹显著。唇基中部较隆起，具稠密稍粗的刻点和短纵皱，端缘中央弱弧形稍突出。上颚强壮，表面细革质状，上端齿明显长于下端齿。颊稍横凹，具浅刻点；颚眼距约为上颚基部宽的0.6倍。口后脊靠近上颚处稍高于后头脊（下段）。上颊具稍稀疏不明显的浅细刻点，中部明显隆起，侧面观其宽约为复眼横径的1.1倍，后上部稍增宽。头顶质地同上颊，刻点稍清晰，后方稍隆起。单眼区明显抬高，具细刻点，中纵沟宽且较深，与伸至后头脊中央的浅细中纵沟相连；侧单眼外侧沟显著；侧单眼间距约为单复眼间距的1.1倍。额较平坦，具稠密的细刻点，具1弱细中纵脊。触角柄节柱形，背侧稍隆起，端缘稍斜截；鞭节31节，第1～5节长度之比依次约为2.2∶1.6∶1.2∶1.1∶1.0，基部几小节端缘斜截明显，中部各小节相对均匀，末节端部锐尖。后头脊完整。

前胸背板前部具弱细纵皱，侧凹具模糊的弱皱及刻点，后上部具非常稠密的细刻点，前沟缘脊可见。中胸盾片前部具稠密的浅细刻点，中叶前部较隆起，后部中央具较粗的刻点和弱纵皱；盾纵沟不明显。盾前沟宽阔，相对光滑。小盾片较隆起，近三角形，具稠密的细刻点，基半部具侧脊。后小盾片稍隆起，具模糊细密的刻点。中胸侧板前部具稠密的细刻点；胸腹侧脊细而明显，在腹板侧沟上方明显折曲，背端伸至中胸侧板前缘中央；腹板侧沟前部显著；镜面区非常大、光滑光亮无刻点，几乎占据中胸侧板后半部；中胸侧板凹坑状，后部中央具1深的横斜沟。后胸侧板中部较隆起，前上部具细刻点，下侧具稠密模糊的弱皱；基间脊明显，中部向上折拱；后胸侧板下缘脊完整，上方宽边状，前部强烈角状突出。翅黑褐色，微透明；小脉位于基脉外侧，二者之间的距离约为小脉长的0.4倍；小翅室斜三角形，具柄，第2肘间横脉显著长于第1肘间横脉；第2回脉在它的下外角稍内侧与之相接；外小脉明显内斜，约在中央稍下方曲折；后中脉稍向上弓曲；后小脉约在下方0.25处曲折。足腿节稍侧扁，胫节基部较细；前足跗节第4节长约为端部最大宽的0.8倍；后足基节背侧端部显著内凹，第1～5跗节长度之比依次约为4.0∶1.8∶1.3∶0.9∶1.2。爪小、端部尖细，爪下栉齿相对较弱（约7齿）。并胸腹节较强隆起，分区较完整，但基横脊中段缺；端横脊外段完整；基区与中区合并，表面弱细皱；第1侧区具浅细的刻点，其余区域具稠密不规则的粗皱；端区近六边形，具1明显中纵脊；气门小，圆形，突起，位于基部约0.25处，由短脊与外侧脊相连。

腹部粗壮。第1节背板向基部显著收敛，长约为端宽的0.9倍；端部背表面较强隆起；背中脊强壮，向后均匀收敛，伸达背板中部之后；基侧凹大；背侧脊和腹侧脊完整；基半部稍具弱皱，端半部具稠密的细刻点；气门小，圆形，稍突出，约位于背板中央处。第2节背板长约为端宽的0.5倍，基部两侧具横窗疤；第3节背板侧缘近平行，长约为宽的0.6倍；第2节、第3节背板具不太均匀的细刻点和弱皱；第4节及以后背板具不明显的微细刻点，各背板向后逐渐收敛，第6～8节背板显著收缩于腹下。产卵器鞘短，约为腹端厚度的0.4倍。

体黑色，下列部分除外：触角黄褐色，背侧大部分黑褐色；颜面，唇基，上颚（边缘黑褐色，端齿暗红褐色），下唇须，下颚须，前胸背板后上角，翅基片外侧及前翅翅基均为黄色；腹部，足褐色至红褐色；翅痣黑色，翅脉褐黑色。

分布：中国（福建）；朝鲜。

观察标本：1♀1♂，福建上杭白砂，2011-Ⅵ-14，集虫网。

(212) 朝壮姬蜂 *Rhorus koreensis* Kasparyan, Choi & Lee, 2016（中国新纪录）

Rhorus koreensis Kasparyan, Choi & Lee, 2016. Zootaxa, 4158(4): 570.

♀ 体长约7.5 mm。前翅长约6.5 mm。触角长约8.0 mm。

颜面侧缘近平行，宽约为长的1.4倍；表面较平坦，具稠密的细刻点，上部中央具1弱的纵脊瘤。唇基与颜面之间无明显分界；唇基凹明显。唇基具稀疏的细刻点和弱纵皱；端缘中段弱弧形稍前突。上颚强壮，表面较隆起，具稀疏的细刻点，上端齿几乎与下端齿等长。颊稍横凹，相对光滑；颚眼距约为上颚基部宽的0.5倍。口后脊正常，无隆起。

上颊具稍稀疏的细刻点，中部明显隆起，侧面观约等长于复眼横径，后上部稍收敛。头顶质地同上颊，刻点较细密，后方中央较隆起。单眼区明显抬高，较光滑；侧单眼外侧沟存在；侧单眼间距约为单复眼间距的 0.8 倍。额较平，具较颜面细密的刻点，中单眼前方中央稍纵凹。触角柄节柱形，背侧稍隆起，端缘稍斜截；鞭节 30 节，第 1～5 节长度之比依次约为 2.5∶1.8∶1.5∶1.5∶1.3，基部几小节端缘明显斜截，各小节向端部渐短，末节向端部渐尖。后头脊完整。

前胸背板前部具弱细皱，侧凹具模糊的短横皱，后上部具稠密的细刻点，后上角稍外翘；后缘下半部具明显的短皱；前沟缘脊明显。中胸盾片具稠密的浅细刻点，中叶前部较隆起、刻点不明显；盾纵沟仅前部清晰。盾前沟深，光滑。小盾片稍隆起，短舌状，表面较光滑、刻点不明显，基半部具细侧脊。后小盾片稍隆起，具不明显的微细刻点。中胸侧板具均匀稠密的细刻点；胸腹侧脊明显，背端伸至中胸侧板前缘中央；腹板侧沟弱，仅前部可见；镜面区较大，光亮无刻点；中胸侧板凹横沟状。后胸侧板中部较隆起，具稠密模糊的细皱，前上部具细刻点；基间脊明显；后胸侧板下缘脊完整。翅浅褐色，透明；小脉位于基脉外侧，二者之间的距离约为小脉长的 0.3 倍；小翅室斜四边形，具结状短柄，第 2 肘间横脉明显长于第 1 肘间横脉；第 2 回脉在它的下外角内侧约 0.3 处与之相接；外小脉明显内斜，约在中央曲折；后小脉约在下方 0.2 处曲折，后盘脉弱化。足腿节稍侧扁，胫节基部较细；前足跗节第 4 节长约为端部最大宽的 1.4 倍；爪具 14 栉齿。后足基节背侧端部显著内凹，第 1～5 跗节长度之比依次约为 4.5∶2.0∶1.7∶1.1∶1.7。并胸腹节较强隆起；基横脊中段缺；端横脊外段完整；基区与中区合并，表面相对光滑，稍具弱皱；中纵脊在基区位置几乎平行；端区近六边形，皱状表面，光亮，中央具 1 细中纵脊；第 1 侧区表面具弱皱和细刻点；其余区域具模糊的弱皱；气门小，圆形，稍突起，约位于基部 0.3 处，由短脊与外侧脊相接。

腹部粗壮。第 1 节背板长约为端宽的 1.8 倍，向基部渐收敛；背中脊显著，基部明显收敛，中后部几乎平行，伸达背板端部约 0.3 处；基侧凹大；背侧脊和腹侧脊完整；背中脊之间浅纵凹；背板基半部稍具弱皱，端半部具较稠密的细刻点；气门近圆形，稍突出，约位于背板中央稍前。第 2 节及以后背板具稠密的细刻点，向端部刻点逐渐细弱不明显；第 2 节背板长约为端宽的 0.9 倍，具较浅的基斜沟，基部两侧具横形浅窗疤；第 3 节背板侧缘近平行，长约为宽的 0.9 倍；第 4 节及以后背板向后逐渐收敛。产卵器鞘短，约为腹端厚度的 0.4 倍。

体黑色，下列部分除外：触角柄节和梗节背侧黑色，鞭节背侧暗褐色，腹侧均为黄色；颜面全部及触角窝外侧，唇基，上颚（端齿暗红褐色），颊及上颊前部，下唇须，下颚须，前胸背板后上角，翅基片，翅基，翅基下脊，小盾片（前缘黑色），后小盾片，前足，中足，后足基节端缘及腹侧的纵斑、转节、胫节大部分（端部黑褐色）、跗节（基跗节端部，第 2～4 跗节褐色至暗褐色）均为浅黄色；翅痣，翅脉暗褐色至黑褐色；腹部第 1、2 节背板后缘外侧角黄褐色，其余背板端缘稍具极窄的（或不明显）浅黄色横边。

分布：中国（辽宁）；朝鲜。

观察标本：1♀，辽宁沈阳，2014-Ⅷ-10，孙淑萍。

(213) 岚壮姬蜂 *Rhorus lannae* Reshchikov & Xu, 2017（中国新纪录）

Rhorus lannae Reshchikov & Xu, 2017. Journal of Hymenoptera Research, 2017: 86.

♀ 体长约 9.4 mm。前翅长约 6.1 mm。产卵器鞘长约 0.5 mm。

复眼内缘稍弧形。颜面中央微隆起，宽约为长的 1.3 倍；光亮，具均匀稠密的细刻点和黄白色长毛。唇基凹小，圆形深凹。唇基沟缺。唇基宽约为长的 2.0 倍，端缘中央稍凹，凹的内侧具 2 齿。上颚强壮，中部具稀疏的细毛点和黄褐色长毛；端齿光滑光亮；上端齿小；下端齿特别长，约为上端齿长的 2.5 倍。颊区光滑光亮，具均匀的细毛点和黄褐色短毛。颚眼距约为上颚基部宽的 0.7 倍。口后脊正常，无明显隆起（雄性强烈隆起）。上颊中等阔，稍隆起，向后均匀收敛；光滑光亮，具均匀的细毛点和黄褐色短毛。头顶质地同上颊，侧单眼外侧区稍光滑；在单眼区后方斜截。单眼区稍隆起，中央均匀凹，光滑光亮，具稀疏的细毛点和黄褐色短毛；单眼稍隆起，中等大小；侧单眼外侧沟存在。侧单眼间距约为单复眼间距的 0.9 倍。额稍凹，具稠密的细毛点和黄褐色短毛。触角线状，鞭节 37 节，第 1～5 节长度之比依次约为 2.1∶1.2∶1.1∶1.0∶1.0。后头脊完整，在上颚基部后方与口后脊相接，该连接处的口后脊强隆起。

前胸背板前缘具稠密的细点和黄白色短毛；侧凹阔，光亮，中下部具弱皱，直达后缘；中上部具均匀的细毛点和黄白色短毛；前沟缘脊明显。中胸盾片圆形隆起，具均匀的细毛点和黄褐色短毛，中后部毛点相对稀疏。盾前沟浅阔，光亮。小盾片圆形隆起，光亮，具均匀的细毛点和黄褐色短毛，端半部具网皱状表面。后小盾片横向隆起，具细皱状表面；前凹深。中胸侧板稍隆起，具均匀的细毛点和黄白色短毛；镜面区大，光滑光亮；中胸侧板凹浅横沟状；胸腹侧脊明显，末端伸抵中胸侧板前缘。后胸侧板稍隆起，具均匀的细毛点和黄白色短毛；下后角具斜皱；后胸侧板下缘脊完整，前缘叶状隆起。翅浅褐色，透明；小脉位于基脉外侧，二者之间的距离约为小脉长的 0.25 倍；小翅室斜四边形，具长柄，柄长约为第 1 肘间横脉长的 0.5 倍；第 2 肘间横脉明显长于第 1 肘间横脉；第 2 回脉在小翅室下后部 0.2 处与之相接；外小脉约在下方 0.4 处曲折；后小脉约在下方 0.25 处曲折。前足跗节第 4 节长约为端部最大宽的 1.4 倍；前足的爪具 6 个细弱的浅黄色栉齿；后足第 1～5 跗节长度之比约为 4.0∶2.0∶1.6∶1.0∶1.4。并胸腹节圆形隆起；端横脊外段完整；基区和中区的合并区近长方形，光滑光亮，中央稍凹；端区斜，中央和外侧具细纵皱，其余部分光滑光亮；第 1、第 2 侧区的合并区内侧光滑光亮，具稀疏的细毛点，外侧具稠密的细毛点和黄白色短毛；外侧区光滑光亮，具均匀稠密的细毛点和黄白色短毛；气门小，近圆形，位于基部约 0.25 处。

腹部第 1 节背板长约为端宽的 1.8 倍，约为基部宽的 3.9 倍；基部浅凹，光滑光亮；背中脊仅基部存在，该区域光滑光亮；其余部分具均匀的细毛点和黄白色短毛，中央纵向近光滑，亚端部中央毛相对稀疏；背侧脊在气门前完整，腹侧脊完整；气门小，圆形，约位于背板中央；基侧凹大。第 2 节背板梯形，长约为基部宽的 1.1 倍，约为端宽的 0.8 倍；光亮，具均匀稠密的细毛点和黄白色短毛。第 3 节及以后各节背板光亮，质地同第 2 节背板；第 3 节背板长约等于端宽。产卵器鞘长约为最大宽的 4.7 倍，约为后足胫节长的 0.25 倍，稍露出腹末。

体黑色，下列部分除外：颜面，唇基（基部中央的圆斑褐色；端缘暗褐色至黑褐色），下颚须，下唇须，触角鞭节（背面暗褐色），翅基，前中足（基节黑褐色，端缘褐色；第1 转节褐色，端缘黄褐色；腿节黄褐色至红褐色，中足腿节腹面暗红褐色；爪暗褐色），腹部第 1 节腹板端半部、第 2～4 节腹板黄褐色；翅基片，足第 1 转节褐色；胫节（基部褐色）、跗节暗褐色；腹部第 2 节背板（亚中部的斑暗褐色）、第 3～4 节背板红褐色；翅痣，翅脉暗褐色。

分布：中国（辽宁）；泰国。

观察标本：1♀，辽宁丹东宽甸，2007-Ⅶ-21，盛茂领。

(214) 辽壮姬蜂，新种 *Rhorus liaoensis* Sheng, Sun & Li, sp.n.（彩图 48）

♀ 体长约 15.5 mm。前翅长约 12.5 mm。

体被稠密的近白色短毛。颜面侧缘近平行，宽约为长的 1.6 倍；中部纵向稍隆起（隆起部分中央稍纵凹），两侧宽纵凹，表面具非常稠密的细皱刻点，上部中央具 1 不明显的小脊瘤。唇基与颜面之间无明显的分界。唇基表面与颜面相近，端缘中段平直。上颚强壮，具稠密的细刻点和较长的毛；上端齿稍长于下端齿。口后脊正常。颊稍凹，具特别稠密的细刻点；颚眼距约为上颚基部宽的 0.4 倍。上颊具特别稠密的粗刻点，中部较隆起，侧面观约为复眼横径的 0.8 倍，中后部稍增宽。头顶质地同上颊，在侧单眼外侧区光滑光亮，单复眼之间的刻点稍粗。单眼区明显抬高，中央宽且稍凹，刻点细密；侧单眼外侧沟显著；侧单眼间距约等长于单复眼间距。额较平，具特别稠密模糊的弱细皱，具微细的中纵脊痕迹。触角不完整（端部折断），柄节柱形，背侧稍隆起，端缘稍斜截；第 1～5 鞭节长度之比依次约为 4.0∶2.0∶1.8∶1.7∶1.4。后头脊完整。

前胸背板满布非常稠密的细皱刻点，前沟缘脊强壮。中胸盾片具非常稠密的细皱刻点，中后部刻点相对稀疏；中叶前部较隆起；无盾纵沟。盾前沟深，光滑。小盾片均匀隆起，长舌状，具非常稠密的细皱刻点，基半部具侧脊。后小盾片稍隆起，具特别细密的皱刻点。中胸侧板具非常稠密的细皱刻点；胸腹侧脊显著，伸至中胸侧板前缘中央；腹板侧沟前部明显；镜面区大，光亮无刻点；中胸侧板凹浅横沟状。后胸侧板中部较隆起，具稠密模糊的细皱，前上部具细刻点；基间脊相对弱；后胸侧板下缘脊完整，前部强烈角状突出。翅浅褐色，透明；小脉位于基脉外侧，二者之间的距离约为小脉长的 0.3 倍；小翅室四边形，具短柄，第 2 肘间横脉长于第 1 肘间横脉；第 2 回脉在它的下方外侧约 0.3 处与之相接；外小脉稍内斜，约在下方 0.4 处曲折；后小脉约在下方 0.4 处曲折。足胫节基部较细；前足跗节第 4 节约为端部最大宽的 0.9 倍，爪具 16 栉齿。后足基节背侧端部显著内凹，第 1～5 跗节长度之比依次约为 3.8∶1.8∶1.2∶0.8∶1.2。并胸腹节较强隆起；基横脊仅见中段，端横脊外段缺，或仅具弱痕；中纵脊端部缺失，侧纵脊端部存在，外侧脊完整；基区向后稍收敛，表面具弱皱；侧区基部刻点相对稀细，其余区域具稠密的细皱刻点，端区皱状表面夹杂粗刻点，中央具 1 纵脊；气门大，椭圆形，稍突起，约位于基部 0.2 处，由短脊与外侧脊相接。

腹部强壮，表面具稠密的细皱刻点，向后部逐渐细弱。第 1 节背板长约为端宽的 2.1 倍，气门之前两侧明显内凹、基部两侧接近平行，气门之后向端部稍渐加宽；背中脊显著，几乎平行伸达背板亚端部；基侧凹大；背侧脊在气门之后较弱，腹侧脊完整；背中脊之间浅纵凹；气门椭圆形，稍突出，约位于背板中央。第2节背板侧缘近平行，长约为端宽的1.1倍，具宽浅的基斜沟（此处褶皱稍粗糙），基部两侧具横形浅窗疤；第3节背板梯形，长约为端宽的0.8倍；第4节及以后背板刻点微细不明显，向后逐渐收敛。产卵器鞘短，几乎达腹末。

体黑色，下列部分除外：触角腹侧基半部，下唇须和下颚须（外侧稍带褐色），产卵器鞘黄褐色；上颚端齿基部暗红色；颜面中央的大斑，前中足腿节前侧端部、胫节前侧、前足跗节前侧，后足胫节亚基段均为黄色；翅痣，翅脉暗褐色；腹部第2节背板端部两侧及第3节背板基部两侧带红褐色。

正模 ♀，辽宁清原，1991-Ⅵ，李燕杰。

词源：本新种名源于模式标本产地名。

本新种与朝壮姬蜂 *Rh. koreensis* Kasparyan, Choi & Lee, 2016 相近，可通过下列特征区别：上颚上端齿稍长于下端齿；腹部第1节背板自气门至基部明显收敛；颜面黑色，中央具浅黄色大斑；唇基黑色；小盾片和前中足基节黑色；产卵器鞘红褐色。朝壮姬蜂：上颚上端齿稍短于下端齿；腹部第1节背板自端缘至基部均匀收敛；颜面和唇基浅黄色；小盾片和前中足基节主要为浅黄色；产卵器鞘黑色。

(215) 丽水壮姬蜂，新种 *Rhorus lishuicus* Sheng, Sun & Li, sp.n.（彩图49）

♀ 体长约10.5 mm。前翅长约8.0 mm。触角长约9.0 mm。

体被稀疏的近白色短毛。颜面侧缘近平行，宽约为长的1.3倍；向中央均匀隆起，具非常稠密的粗褶皱，上部中央具1小的纵脊瘤。颜面与唇基之间无分界；唇基凹显著。唇基质地同颜面，端缘中段弱弧形前突。上颚强壮，表面具浅细刻点和较长的毛，上端齿稍长于下端齿。颊稍横凹，具短纵皱；颚眼距约为上颚基部宽的0.4倍。口后脊明显隆起。上颊具非常稠密的粗刻点，中部明显隆起，侧面观约等长于复眼横径，后上部稍加宽。头顶质地同上颊，后方稍隆起；单复眼之间光滑光亮。单眼区稍抬高，中间阔且稍凹，具细皱刻点；侧单眼外侧沟明显；侧单眼间距约为单复眼间距的0.9倍。额相对较平，具稠密的细刻点，具浅的中纵沟。触角柄节粗柱状，端缘近平截；鞭节40节，第1～5节长度之比依次约为2.2∶1.8∶1.5∶1.3∶1.3，中部各小节相对均匀，末节端部渐尖。后头脊完整。

前胸背板前缘具稠密的细刻点，侧凹具粗皱状表面夹杂粗刻点，下角具细皱；后上部具稠密的粗皱刻点；前沟缘脊明显。中胸盾片具稠密的细刻点，中叶前部显著隆起、前侧近垂直，后部中央的刻点明显粗糙；盾纵沟不明显。盾前沟宽阔，相对光滑。小盾片较强隆起，近三角形，具不均匀的粗刻点，前缘中央稍凹，基半部具极细的侧脊。后小盾片横隆起，具粗刻点。中胸侧板具稠密的粗刻点和弱皱；胸腹侧脊明显，背端伸至中胸侧板前缘中央；腹板侧沟前部明显；镜面区大而光亮、无刻点；中胸侧板凹横沟状。后胸侧板中部较隆起，前上部具稠密的细刻点，下部具稠密模糊的粗皱；基间脊不明显；后胸侧板下缘脊完整，前部强烈耳状突出。翅浅褐色，透明；小脉位于基脉外侧，二者之间的距离约为小脉长的0.4倍；小翅室斜四边形，具柄，第2肘间横脉明显长于第1

肘间横脉；第 2 回脉在它的下外角内侧约 0.2 处与之相接；外小脉明显内斜，约在下方 0.4 处曲折；后中脉明显向上弓曲；后小脉约在下方 0.25 处曲折；后盘脉较弱。足腿节稍侧扁，胫节基部较细；前足跗节第 4 节长约为端部最大宽的 1.4 倍，爪具 8 栉齿；后足基节背侧端部显著内凹，第 1～5 跗节长度之比依次约为 4.3∶2.3∶1.7∶1.2∶1.5。并胸腹节较强隆起，分区完整；端横脊外段完整强壮；基区近方形，基部凹陷、光滑光亮，端部具粗横皱；基横脊和端横脊强壮，端横脊约位于并胸腹节中央，横脊相距较近，之间具粗纵皱；中区特别宽，宽约为长的 2.2 倍；端区大扇形，光亮，具不规则粗皱状表面，中央具 1 显著的中纵脊；第 1 侧区两侧具清晰的细刻点、中部光滑；其他区域具稠密不规则的粗皱；气门较大，圆形，约位于基部 0.2 处，由短脊与外侧脊相连。

腹部粗壮。第 1 节背板向基部均匀收敛，长约为端宽的 1.4 倍，基部中央深凹；背中脊非常强壮，向后渐收敛，伸达背板后部约 0.65 处；基侧凹大；背侧脊和腹侧脊完整；背中脊之间浅纵凹，内具稠密的细横皱；背板基半部具弱皱，端部具稠密的皱状粗刻点；气门小，圆形，稍突出，约位于基部 0.4 处。第 2 节背板长约为端宽的 0.8 倍，具稠密的皱状粗刻点，基部两侧的窗疤不明显，基斜沟较浅。第 3 节背板侧缘近平行，长约为宽的 0.7 倍，表面具稠密的细刻点，基半部的相对粗大；第 4 节及以后背板向后逐渐收敛，第 4 节背板表面刻点愈渐细弱，第 5 节及以后背板刻点不明显。产卵器鞘短，约为腹端厚度的 0.8 倍。

体黑色，下列部分除外：触角背侧褐黑色，腹侧黄色；颜面（脊瘤褐黑色），额眼眶处的三角斑，唇基（唇基凹暗褐色），颊及上颊前部，上颚（端齿暗红褐色），下唇须及下颚须，前胸背板后上角的小斑，翅基片，翅基，小盾片，后小盾片，前中足基节和转节、腿节前侧及端部、胫节和跗节前侧，后足基节腹侧端部、转节，产卵器鞘均为浅黄色；前中足胫节和跗节背侧、后足胫节基半段（基部黑色）黄褐色；腹部第 1 节背板端部、第 2 节背板端部（两侧的三角斑黄褐色）暗红褐色；翅痣、翅脉暗褐色至黑褐色。

正模 ♀，浙江丽水市莲都区百果园，170 m，2015-Ⅳ-23，李泽建。

词源：本新种名源于模式标本产地名称。

本新种与朝壮姬蜂 *Rh. koreensis* Kasparyan, Choi & Lee, 2016 和辽壮姬蜂 *Rh. liaoensis* Sheng, Sun & Li 相近，可通过下列特征区别于朝壮姬蜂：上端齿长于下端齿；第 1 节背板长为端宽的 1.4 倍；产卵器鞘浅黄色。朝壮姬蜂：上端齿短于下端齿；第 1 节背板长为端宽的 1.8 倍；产卵器鞘黑色。本新种可通过下列特征与辽壮姬蜂区分：并胸腹节端横脊强壮；后小脉强烈内斜，在下方 0.25 处曲折；颜面、唇基和颚眼区浅黄色。辽壮姬蜂：并胸腹节无端横脊；后小脉几乎垂直，在下方 0.4 处曲折；颜面黑色，主要具浅黄色大斑；唇基和颚眼区黑色。

(216) 斑壮姬蜂 *Rhorus maculatus* Sheng & Sun, 2014

Rhorus maculatus Sheng & Sun, 2014. Ichneumonid Fauna of Liaoning, p.185.

♀ 体长 7.8～9.1 mm。前翅长 5.2～5.7 mm。触角长约 8.0 mm。

体被稠密的近白色短毛。复眼内侧稍弧形，在触角窝处微凹。颜面宽约为长的 1.1

倍；光亮，具稠密的细刻点和黄白色短毛，外缘毛点相对细小；中央纵向微隆起，上缘中央“V”形深凹，凹下方具1小瘤突。颜面与唇基之间无明显分界；唇基凹圆形深凹。唇基质地同颜面，毛相对长；端缘弧形平截，毛点稍粗。上颚强壮，具稠密的细毛点和黄褐色短毛；端齿光亮，上端齿稍长于下端齿。颊区具细粒状表面，具稠密的细毛点。颚眼距约为上颚基部宽的0.4倍。口后脊靠近上颚处明显片状隆起。上颊阔，向上变宽，中央纵向圆形隆起，光亮，具稠密的细毛点和黄白色短毛；侧面观上颊宽约为复眼横径的0.9倍。头顶质地同上颊，毛点相对稀疏，单复眼之间几乎无毛；单眼区后方均匀斜截。单眼区明显抬高，中央阔且稍凹，光亮，具稠密的细毛点；单眼中等大，强隆起，侧单眼外侧沟明显；侧单眼间距约为单复眼间距的1.4倍。额均匀凹，上半部光亮，具稠密的细毛点；中单眼前方凹，凹内具弱细皱；下半部在触角窝之间深凹，在触角窝外侧具皱状表面，毛点相对粗。触角柄节短柱形，背侧稍隆起，端缘近平截；鞭节33节，第1～5节长度之比依次约为1.9∶1.3∶1.1∶1.1∶1.0，中后部各小节均匀渐短，末节端部渐尖。后头脊完整，在上颚基部与口后脊相接；口后脊在该区域强隆起。

前胸背板前缘具微细网皱状表面；侧凹阔，光亮；后上部光亮，具均匀的细毛点，上缘的毛点非常稠密；后缘中下部具短皱；前沟缘脊强壮。中胸盾片圆形隆起，具稠密的细毛点，中后部的毛点相对粗大；盾纵沟几乎无，但在前缘处稍凹。盾前沟宽阔，光滑光亮。小盾片较强隆起，近三角形，光亮，具稠密的细刻点，端半部毛点相对稠密。后小盾片横向隆起，光亮，具稠密的微细毛点；前凹深。中胸侧板均匀微隆起；中下部光亮，具均匀的细毛点；下后角具短斜皱；中上部在翅基下脊下方具皱状表面，夹杂稠密的细刻点；中央呈细斜皱状表面，光亮；镜面区中等大，光滑光亮；中胸侧板凹浅横沟状，下方光滑光亮；胸腹侧脊强壮，伸至中胸侧板前缘中央；腹板侧沟前部呈浅凹状。后胸侧板稍隆起，上部具稠密的细毛点，中下部具斜皱状表面；基间脊明显；后胸侧板下缘脊完整，前部强隆起。翅浅褐色，透明；小脉位于基脉外侧，二者之间的距离约为小脉长的0.5倍；小翅室斜三角形，具长柄，柄长约为第1肘间横脉长的0.6倍；第2肘间横脉明显长于第1肘间横脉；第2回脉在它的下外角与之相接；外小脉明显内斜，约在下方0.4处曲折；后中脉明显向上弓曲；后小脉约在下方0.2处曲折，上段强烈内斜。前足跗节第4节长约等长于端部最大宽。爪具强栉齿；前足爪栉齿约15齿；后足爪栉齿约11齿；后足第1～5跗节长度之比依次约为3.6∶2.0∶1.5∶1.0∶1.5。并胸腹节较强隆起，分区完整；端横脊外段完整；基区近长方形，基部深凹，光亮，具弱横皱；中区近长方形，光滑光亮，均匀稍凹，中纵脊在分脊处稍外突，分脊处宽约为中区高的1.5倍；分脊约在中区上方约0.25处伸出，外侧部弱；端区扇形，光亮，中部纵向呈细皱状表面，侧缘几乎无皱；第1侧区基部和内侧光滑无毛，其余细皱状表面夹杂细刻点；第2侧区呈不规则细皱状表面；第1、第2外侧区呈细皱状表面，在气门前几乎光滑；气门中等大，近圆形，位于基部约0.25处，由短脊与外侧脊相连；第3外侧区与第2侧区之间的脊强壮，呈规则皱状表面。

腹部强壮。第1节背板向基部均匀收敛，长约为端宽的1.6倍；背中脊显著，几乎平行伸达背板亚端部，背中脊之间稍纵凹；背侧脊和腹侧脊完整；基部深凹；端半部光亮，具均匀稠密的细毛点；气门小，圆形，稍突出，约位于背板中央稍前方；基侧凹大。

第 2 节背板梯形，长约为基部宽的 1.1 倍，约为端宽的 0.8 倍；基半部具稠密的细刻点，端半部刻点相对稀疏。第 3 节及以后各节背板光亮，具均匀的细毛点和黄白色短毛。产卵器鞘短，伸达腹末；产卵器基半部阔，端半部非常细，末端尖。

体黑色，下列部分除外：颜面，唇基（端缘黑褐色），上颚（端齿黑褐色，端齿内侧黄褐色），颊区，上颊下方，下颚须，下唇须，翅基片，翅基，前足（基节基半部，腿节背面、腹面和外侧黑色；胫节背面少许、爪暗褐色），中足（基节基半部、腿节中央大部黑色；胫节背面褐色；爪暗褐色），后足第 1 转节端缘、第 2 转节、胫节（背面和腹面端半部暗褐色）、跗节（背面暗褐色，有时全部暗褐色）黄白色；触角（柄节、梗节背面、鞭节基部数节褐色；鞭节大部暗褐色），腹部第 1 节腹板端半部、第 2～4 节腹板（中央的斑暗褐色），产卵器鞘黄褐色至褐色；翅痣，翅脉褐色至暗褐色。

♂ 体长约 7.0 mm。前翅长约 4.5 mm。触角长约 6.0 mm。

分布：中国（辽宁、北京）。

观察标本：1♀（副模），辽宁宽甸白石砬子国家级自然保护区，2011-Ⅶ-07，集虫网；♂（正模），辽宁本溪，2013-Ⅵ-19，盛茂领；1♀，辽宁本溪，2014-Ⅵ-15，集虫网；1♂，辽宁本溪，2014-Ⅷ-06，集虫网；1♀，北京怀柔喇叭沟门，2016-Ⅶ-09，宗世祥。

(217) 颚壮姬蜂，新种 *Rhorus mandibularis* Sheng, Sun & Li, sp.n.（彩图 50）

♂ 体长 6.5～7.0 mm。前翅长 5.0～5.5 mm。触角长 5.5～6.0 mm。

颜面侧缘近平行，宽约为长的 1.2 倍；向中央均匀隆起，中部具稠密的粗皱刻点，侧缘的刻点稍细，上部中央具 1 小瘤突。唇基与颜面之间无明显分界。唇基具非常稠密的细纵皱，端缘中段几乎直。上颚强壮，狭长，表面具稀且细的刻点，下端齿特别长，约为上端齿的 2.5 倍。颊明显横凹，稍具弱皱和细刻点；颚眼距约为上颚基部宽的 0.25 倍。口后脊正常，无特别隆起。上颊具非常稠密的细刻点，中部明显隆起，其宽约等于复眼横径，后上部稍增宽。头顶具稠密的细刻点，后部中央的刻点稍稀粗；单眼区稍抬高，具浅细的刻点，中纵沟不明显；侧单眼间距约等于单复眼间距。额较平坦，具稠密的弱细横皱，上半部具细刻点，具 1 细中纵沟。触角柄节柱形，端缘近平截；鞭节 34 节，第 1～5 节长度之比依次约为 5.8∶4.6∶4.1∶4.1∶3.7，末节端部锐尖。后头脊完整。

前胸背板前部具弱皱，侧凹具模糊的弱横皱，后上部具较稠密的弱皱和细刻点，前沟缘脊明显。中胸盾片具稠密的细刻点，中叶前部较隆起，后部中央的刻点较粗；无盾纵沟。盾前沟宽阔，相对光滑。小盾片稍隆起，近三角形，具稠密的细刻点，前缘中央稍凹，基部稍具细侧脊。后小盾片稍隆起，具弱细皱刻点。中胸侧板具稠密的细刻点；胸腹侧脊不显著，约伸至中胸侧板前缘下方；腹板侧沟不明显；镜面区大，光滑光亮无刻点；中胸侧板凹横沟状。后胸侧板中部较隆起，上方具稠密模糊的浅细刻点，中下部具稠密模糊的细皱；基间脊细而可辨；后胸侧板下缘脊完整，前部角状突出。翅褐色，透明；小脉位于基脉外侧，二者之间的距离约为小脉长的 0.5 倍；小翅室四边形，具长柄，第 2 肘间横脉明显长于第 1 肘间横脉；第 2 回脉在它的下外角内侧约 0.25 处与之相接；外小脉明显内斜，约在下方 0.3 处曲折；后中脉明显向上弓曲；后小脉约在下方 0.3 处曲折；后盘脉较明显。足腿节稍侧扁，胫节基部较细；前足跗节第 4 节长小于最大直径的1.2倍，爪具4栉齿（中间2个较高，两端的较矮小）。后足基节背侧端部显著内凹，第1～5跗节长度之比依次约为3.2∶1.8∶1.4∶1.0∶1.5。并胸腹节较强隆起，分区较完整；基横脊中段缺，端横脊外段完整且强壮；基区与中区合并，该合并区光滑光亮、表面具弱皱；2中纵脊在基区位置近平行；第1侧区光滑光亮、具稀疏的细刻点，其他区域具模糊的弱皱；端区中央具1细弱的中纵脊；气门小，圆形，稍突起，约位于基部0.3处，由1细横脊与外侧脊相连。

腹部粗壮，背板具稠密的细刻点。第1节背板向基部显著收敛，长约为端宽的1.9倍；背中脊显著，伸达第1节背板中部之后；基侧凹大；背侧脊和腹侧脊完整；背板基半部具弱皱，端部刻点稍粗；气门小，圆形，突出，约位于第1节背板中央。第2节背板长约为端宽的0.8倍，基半部具稠密的弱皱。第3节背板侧缘近平行，长约为端宽的0.7倍；以后背板逐渐向后收敛。

体黑色，下列部分除外：触角鞭节腹侧基半部稍带黄色；颜面，唇基（端缘黑褐色，唇基凹黑色），上颚（端齿暗红褐色），下唇须，下颚须黄色；前中足（转节黄色）红褐色；后足转节黄色，腿节外侧或带红褐色，胫节基半部隐约带黄褐或红褐色，各跗节基缘多多少少浅色；腹部第2节、第3节背板两侧或带红褐色，第3节、第4节背板端缘或色稍浅；翅基片黄褐色（外缘稍黑），翅痣黑色，翅脉暗褐色。

正模 ♂，江西武功山红岩谷，615 m，2016-Ⅴ-3，集虫网。副模：1♂，江西武功山红岩谷，585 m，2016-Ⅳ-18，集虫网。

词源：本新种名源于上颚具差异悬殊的齿。

这里介绍的种类中，有3种（含本新种）的上颚具特别长的下端齿，其长至少为上端齿长的2倍，可通过上述检索表区分。本新种与岚壮姬蜂 *Rh. lannae* Reshchikov & Xu, 2017相近，可通过下列特征区分：触角鞭节基部6节的顶端几乎平截；并胸腹节中区明显比基区宽，中纵脊自分脊分别向前、向后收敛；第3节背板长约为端宽的0.7倍；腹部背板几乎完全黑色。岚壮姬蜂：触角鞭节基部6节的顶端强烈斜截；并胸腹节中区几乎与基区同宽，中纵脊几乎平行；第3节背板长约等于端宽；腹部第2～4节背板红褐色。

(218) 黑腹壮姬蜂 *Rhorus melanogaster* Kasparyan, 2012

Rhorus melanogaster Kasparyan, 2012. Entomological Review, 92(6): 670.

分布：中国（辽宁）；俄罗斯。

观察标本：1♀，辽宁本溪，2012-Ⅵ-21，集虫网。

(219) 黑壮姬蜂，新种 *Rhorus melanus* Sheng, Sun & Li, sp.n.（彩图51）

♀ 体长约8.0 mm。前翅长约6.5 mm。触角长约7.0 mm。

体被稠密的近白色短毛。复眼内侧稍弧形，在触角窝处微凹。颜面宽约为长的1.4倍；表面较平坦，具稠密的粗刻点，外缘及下外角几乎无或具细刻点；中央纵向稍隆起，具细皱；上部中央具1明显的纵脊瘤。颜面与唇基之间无明显分界。唇基两侧凹陷，表面具稠密的浅细刻点和弱皱，端缘中段弱弧形。上颚强壮，表面具稠密的浅细刻点，上端齿约等长于下端齿。颊明显横凹，具不清晰的微细刻点；颚眼距约为上颚基部宽的 0.5 倍。口后脊明显片状抬高。上颊具非常稠密的微细刻点，眼眶处光滑光亮；中央均匀隆起，长约为复眼横径的 1.3 倍，后上部稍增宽。头顶质地同上颊，毛点相对稀疏。单眼区稍抬高，中央阔且稍凹，具稀疏的细毛点；侧单眼间距约为单复眼间距的 0.9 倍。额较平坦，具均匀稠密的细刻点，中单眼前方稍纵凹。触角柄节短柱形，背侧稍隆起，端缘近平截；鞭节 35 节，第 1～5 节长度之比依次约为 2.6∶1.6∶1.4∶1.3∶1.2，中部各小节均匀渐短，末节端部渐尖。后头脊完整。

前胸背板前部、侧凹及后缘具稠密的细纵皱，后上部具稠密的细刻点；前沟缘脊明显。中胸盾片具稠密的细刻点，后部中央的刻点稍粗且相对稀疏；中叶前部稍隆起；盾纵沟不明显。盾前沟宽阔，相对光滑。小盾片较强隆起，近三角形，具稠密清晰的细刻点，基半部具细侧脊。后小盾片稍隆起，具不清晰的细密刻点。中胸侧板满布非常稠密的细刻点；胸腹侧脊细弱，伸至中胸侧板前缘中央；腹板侧沟前部明显；镜面区小，光亮；中胸侧板凹坑状。后胸侧板中部较隆起，具稠密模糊的细皱，前上部具细密的浅刻点；基间脊明显；后胸侧板下缘脊完整，前部明显角状突出。翅暗褐色，透明；小脉远位于基脉外侧，二者之间的距离约为小脉长的 0.8 倍；小翅室斜四边形，具结状短柄，第 2 肘间横脉明显长于第 1 肘间横脉；第 2 回脉在它的下外角处与之相接；外小脉明显内斜，约在下方 0.4 处曲折；后中脉明显向上弓曲；后小脉约在下方 0.3 处曲折，上段明显内斜；后盘脉弱，无色。前足跗节第 4 节长约为最大宽的 1.2 倍，爪具 8 栉齿。后足基节背侧端部显著内凹，第 1～5 跗节长度之比依次约为 4.0∶1.6∶1.2∶1.0∶1.2。并胸腹节较强隆起，分区完整；端横脊外段完整；基区近倒梯形，表面具弱细的横皱；中区六边形，表面具弱皱，分脊处宽约为中区长的 1.3 倍；分脊在中区后部约 0.4 处伸出；端区大而宽阔，近扇形，呈纵皱状表面；第 1 侧区光亮，具非常稀疏的细毛点，其他区域具稠密模糊的弱皱；气门较大，圆形，稍突起，位于基部约 0.25 处，由短脊与外侧脊相接。

腹部强壮。第 1 节背板向基部显著收敛，长约为端宽的 2.0 倍；背中脊显著，几乎平行伸达背板亚端部；基侧凹大；背侧脊和腹侧脊完整；背中脊之间稍纵凹；表面具弱皱，端部两侧具稍粗的浅刻点；气门小，圆形，稍突出，约位于背板中央稍前。第 2 节背板长约为端宽的 0.9 倍，基半部具稠密的弱皱和细刻点，端半部刻点相对稀疏，基斜沟浅弱；第 3 节背板长约为端宽的 0.7 倍，基半部具稠密的细刻点，端半部刻点逐渐稀疏，第 2 节、第 3 节背板基部两侧具浅窗疤；第 4 节背板侧缘近平行，长约为宽的 0.5 倍，具稠密的细刻点；第 5 节及以后背板向后显著收敛；第 5 节背板具稠密的细刻点，端部较光滑，刻点稀少；第 6～8 节背板表面光滑。产卵器鞘短，稍露出腹末。

体黑色，下列部分除外：翅面暗褐色；下颚须，下唇须，翅痣，翅脉暗褐色至黑褐色。

正模 ♀，西藏亚东乃堆拉山，3650 m，2013-Ⅶ-18，李涛。

词源：本新种名源于体完全黑色。

本新种与间壮姬蜂 *Rh. intermedius* Kasparyan, 2012 相近，可通过下列特征区分：上颚上端齿约等长于下端齿；小盾片基半部具侧脊；第 2 回脉在小翅室的下外角处与之相接；前足跗节第 4 节长明显大于最大直径；并胸腹节具强壮的分脊；第 1 节背板长约为端宽的 2.0 倍；颜面完全黑色。间壮姬蜂：上颚上端齿特别长于下端齿；小盾片侧脊几乎抵达端缘；第 2 回脉在小翅室下外角内侧与之相接；前足跗节第 4 节直径明显大于长；并胸腹节无分脊；第 1 节背板长约为端宽的 1.65 倍；颜面侧缘黄色。

(220) 黑角壮姬蜂，新种 *Rhorus nigriantennatus* Sheng, Sun & Li, sp.n.（彩图 52）

♀ 体长约 7.0 mm。前翅长约 4.5 mm。触角长约 5.5 mm。

体被稀疏的近白色短毛。颜面侧缘近平行，宽约为长的 1.4 倍；向中央均匀隆起，具稠密的细刻点，上部中央具 1 明显的纵脊瘤。颜面与唇基之间无明显分界，唇基凹大而显著。唇基质地同颜面，端缘细锯齿状，中央微弱突出。上颚强壮，表面较隆起，具稠密的浅细刻点和较长的毛，上端齿稍长于下端齿。颊明显横凹，具稠密的细皱刻点；颚眼距约为上颚基部宽的 0.3 倍。口后脊明显隆起。上颊具非常稠密的浅细刻点，中部明显隆起，侧面观约为复眼横径的 0.9 倍。头顶质地同上颊，后方稍隆起；单眼区稍抬高，中央阔且稍凹，具稠密的细刻点；侧单眼外侧沟明显；侧单眼间距约为单复眼间距的 1.2 倍。额具稠密清晰的细刻点，相对较平。触角柄节柱形，端缘稍斜截；鞭节 28 节，第 1～5 节长度之比依次约为 2.0∶1.4∶1.3∶1.2∶1.0，基部几节端缘明显斜截，中部各小节相对均匀，末节端部渐尖。后头脊完整。

前胸背板前部具细刻点；侧凹浅阔，光亮，具稠密细刻点；后上部具非常稠密的细刻点，后缘下半部具短皱；前沟缘脊不明显。中胸盾片具稠密的刻点，后部刻点较前部稍粗，中叶前部较隆起；盾纵沟细浅、仅前部可见。盾前沟深，相对光滑。小盾片稍隆起，长舌状，具稠密的细刻点，基半部具细侧脊。后小盾片稍隆起，具细密的皱刻点。中胸侧板具稠密的细刻点；胸腹侧脊非常细弱，背端约伸至中胸侧板前缘中央；腹板侧沟弱，仅前部可见；镜面区大而光亮、无刻点；中胸侧板凹弱坑状，后部中央具 1 深的横斜沟。后胸侧板中部较隆起，具稀疏的细刻点，下部具稠密的细皱；基间脊不明显；后胸侧板下缘脊完整，前部稍突出。翅褐色，半透明；小脉位于基脉外侧，二者之间的距离约为小脉长的 0.4 倍；小翅室四边形，具柄，第 2 肘间横脉明显长于第 1 肘间横脉；第 2 回脉在它的下外角内侧约 0.3 处与之相接；外小脉明显内斜，约在下方 0.3 处曲折；后小脉约在下方 0.2 处曲折；前足跗节第 4 节长约等长于端部最大宽，爪具较强的栉齿 10 齿。后足基节背侧端部显著内凹，第 1～5 跗节长度之比依次约为 3.0∶1.7∶1.2∶0.8∶1.2。并胸腹节较强隆起，表面具模糊的弱皱；第 1 侧区可见清晰的细刻点；分区较完整；基横脊中段缺；端横脊外段完整强壮；中区六边形，宽大于长，分脊在中部相接；中纵脊在基区向后稍渐收敛；中区六边形（缺顶边），分脊在其中央处伸出，分脊处宽约为中区高的 1.5 倍；端区六边形，中央具 1 清晰的中纵脊；气门小，圆形，稍突起，约位于基部 0.25 处。

腹部粗壮。第 1 节背板向基部逐渐收敛，长约为端宽的 1.8 倍；背中脊显著，几乎平行伸达背板亚端部；基侧凹大；背侧脊和腹侧脊完整；背中脊之间浅纵凹；背板基半部稍具弱皱，端半部具细刻点；气门小，圆形，突出，约位于背板中央稍前。第 2 节背板长约为端宽的 0.6 倍，具稠密的细刻点，具较浅的基斜沟，基部两侧窗疤较明显；第 3 节背板及以后背板表面光滑，刻点不明显；第 3 节背板倒梯形，长约为基部宽的 0.5 倍、约为端宽的 0.6 倍；第 4 节及以后背板向后逐渐收敛。产卵器鞘短，约为腹端厚度的 0.8 倍。

体黑色，下列部分除外：触角鞭节腹侧稍带褐色；颜面（中央的纵脊瘤褐色），唇基（唇基凹黑色），上颚（端齿黑褐色），下唇须和下颚须，前胸背板后上角的小斑，翅基片，翅基，小盾片端部均为浅黄色；前中足基节和转节乳白色，其余黄褐至红褐色；后足红褐色，基节基部黑色，胫节端部及跗节暗褐色；翅痣，翅脉暗褐色；腹部第 1、2 节背板端部两侧稍带红褐色，第 7～8 节背板浅黄色。

正模 ♀，江西官山，400 m，2010-Ⅴ-23，集虫网。副模：1♀，北京怀柔喇叭沟门，2016-Ⅷ-15，宗世祥。

词源：本新种名源于触角黑色。

本新种与朝壮姬蜂 *Rh. koreensis* Kasparyan, Choi & Lee 近似，可通过下列特征与后者区分：侧单眼间距大于单复眼间距；触角黑色；小盾片全部黑色；产卵器鞘黄色。朝壮姬蜂：侧单眼间距小于单复眼间距；触角腹面黄色至黄褐色；小盾片端部浅黄色；产卵器鞘黑色。

(221) 黑唇壮姬蜂，新种 *Rhorus nigriclypealis* Sheng, Sun & Li, sp.n.（彩图 53）

♀ 体长约 7.0 mm。前翅长约 5.0 mm。触角长约 6.5 mm。

体被稠密的近白色短绒毛。复眼内缘稍弧形弯曲，在触角窝外侧微凹。颜面宽约为长的 1.2 倍；表面向中央微弱隆起，具稠密的细刻点和弱皱，上部中央具 1 明显的纵脊瘤。唇基与颜面之间无明显分界；唇基凹明显。唇基具稀疏的细刻点，端部具弱纵皱；端缘中段弱弧形稍前突。上颚强壮，具不明显的弱皱和细刻点，上端齿稍长于下端齿。颊稍横凹，具模糊的弱皱；颚眼距约为上颚基部宽的 0.4 倍。颊区后部在上颊下端具明显的凹陷，凹陷内具灰白色长毛；口后脊靠近上颚处正常，无明显隆起。上颊具均匀的微细刻点，中部较隆起，侧面观约为复眼横径的 0.5 倍。头顶具稠密不明显的浅细刻点，后方中央较隆起。单眼区明显抬高，中央阔，具稀疏的细毛点；单眼大，强隆起；侧单眼间距约为单复眼间距的 1.1 倍。额较平，刻点不明显，中纵沟弱浅。触角柄节柱形，端缘近平截；鞭节 34 节，第 1～5 节长度之比依次约为 2.7∶1.3∶1.2∶1.1∶1.0，基部几小节端缘无明显斜截，各小节向端部渐短，末节向端部渐尖。后头脊完整。

前胸背板前缘具细刻点；侧凹浅阔，光亮，具稠密的细刻点；后上部具稀疏的细刻点；下后角呈不规则皱状表面；前沟缘脊强壮。中胸盾片前部具不明显的微细刻点，中叶前部较隆起，后部中央刻点较明显；盾纵沟仅前部具细弱痕迹。盾前沟宽阔，光滑。小盾片稍隆起，短舌状，具稀疏的微细刻点，基半部具细侧脊。后小盾片稍隆起，具非常稠密的微细刻点。中胸侧板具均匀的细刻点和黄白色短毛；胸腹侧脊强壮，背端伸至中胸侧板前缘中央；腹板侧沟弱，仅前部可见；镜面区大，光亮；中胸侧板凹横沟状，其下方光滑光亮。后胸侧板圆形隆起，具稠密模糊的细皱，前上部具细刻点；基间脊不完整；后胸侧板下缘脊完整，前部明显突出。翅浅褐色，透明；小脉位于基脉外侧，二者之间的距离约为小脉长的 0.3 倍；小翅室斜四边形，具短柄，第 2 肘间横脉明显长于第 1 肘间横脉；第 2 回脉在它的下外角内侧约 0.2 处与之相接；外小脉明显内斜，约在下方 0.4 处曲折；后小脉约在下方 0.25 处曲折，后盘脉弱化。足腿节稍侧扁，胫节基部较细；前足跗节第 4 节长约等长于端部最大宽，爪具 11 栉齿。后足基节背侧端部显著内凹，第 1～5 跗节长度之比依次约为 3.5∶1.7∶1.2∶0.8∶1.3。并胸腹节较强隆起，分区较完整；基横脊中段缺；端横脊外段完整；基区与中区合并，表面具弱皱；中纵脊在基区位置几乎平行；端区大扇形，相对光滑，表面稍具弱纵皱，中央的纵脊近端半部存在；第 1 侧区表面具稀疏的弱细刻点；第 2 侧区具皱状表面和稀疏细刻点；其余区域具模糊的弱皱；气门小，圆形，稍突起，位于基部约 0.25 处，由短脊与外侧脊相接。

腹部粗壮。第 1 节背板长约为端宽的 2.1 倍，向基部均匀收敛；背中脊显著，近平行（基部稍宽），伸达背板端部约 0.3 处；基侧凹大；背侧脊仅气门前明显；背中脊之间浅纵凹；背板表面稍具弱皱，端部具细刻点；气门圆形，稍突出，位于基部约 0.4 处。第 2 节及以后背板具均匀稠密的浅细刻点，向端部刻点逐渐细弱不明显；第 2 节背板长约为端宽的 0.9 倍，具较浅的基斜沟，基部两侧具横形浅窗疤；第 3～4 节背板侧缘近平行，长分别约为宽的 0.8 倍和 0.7 倍；第 5 节及以后背板向后逐渐收敛，第 7～8 节背板强烈收缩。产卵器鞘短，未达腹末。

体黑色，下列部分除外：触角黄褐色，端部黑褐色；颜面（下缘黑色），下唇须及下颚须，足转节浅黄色；上颚黄褐色，端齿暗红褐色；前足和中足（腹侧色较浅；基节基部黑色），后足腿节背侧的纵条斑、胫节（端部暗褐色），腹部第 1～2 节背板端半部，产卵器鞘黄褐色；翅痣（中央红褐色），翅脉暗褐色至黑褐色；腹部第 3～5 节背板端半部褐色至红褐色。

正模 ♀，辽宁新宾，2009-Ⅶ-29，集虫网。

词源：本新种名源于唇基黑色。

本新种与色壮姬蜂 *Rh. tinctor* Kasparyan, 2012 相近，可通过下列特征区分：触角鞭节 34 节，第 1 节最短处为最大直径的 4.8 倍；并胸腹节中纵脊在分脊处明显呈角状；唇基黑色。色壮姬蜂：触角鞭节 27 节，第 1 节长为端部直径的 4.3 倍；并胸腹节中纵脊几乎平行；唇基黄色。

(222) 黑足壮姬蜂，新种 *Rhorus nigripedalis* Sheng, Sun & Li, sp.n.（彩图 54）

♀ 体长 6.5～9.0 mm。前翅长 5.5～7.0 mm。触角长 8.0～9.5 mm。

体被稀疏的近白色短毛。复眼内缘弧形弯曲，在触角窝处稍凹陷。颜面宽约为长的 1.2 倍，向下方稍增宽；表面较平坦，具非常稠密的细刻点和弱皱，上部中央具 1 明显的纵脊瘤。颜面与唇基之间无明显分界。唇基具稠密的细刻点和弱纵皱，端缘中段几乎平截。上颚强壮，表面具细纵皱和浅细刻点，上端齿稍长于下端齿。颊明显横凹，具细刻点和细纵皱；颚眼距约为上颚基部宽的 0.4 倍。口后脊明显较隆起。上颊具非常稠密的浅细刻点和细皱，中部稍隆起，侧面观约为复眼横径的 1.2 倍，后上部稍增宽。头顶质地同上颊，在侧单眼之后显著倾斜。单眼区明显抬高，中央宽阔，具不明显的细刻点；侧单眼外侧沟明显；侧单眼间距约等长于单复眼间距。额较平坦，具非常稠密的细密刻点，具浅弱的中纵凹。触角柄节短柱形，背侧稍隆起，端缘近平截；鞭节 35～38 节，第 1～5 节长度之比依次约为 2.9∶1.8∶1.5∶1.4∶1.2，各小节均匀渐短，末节端部钝尖。

后头脊完整。

前胸背板前部、侧凹及后缘具稠密网皱状表面，后上部具稠密的细刻点和弱细的纵皱。前沟缘脊强壮。中胸盾片圆形隆起，具稠密的细刻点，中央大部刻点相对粗大，中叶前部较隆起，盾纵沟不明显。盾前沟宽阔，相对光滑。小盾片稍隆起，近三角形，具稠密的细刻点，基半部具细侧脊。后小盾片稍隆起，具细密的皱刻点。中胸侧板具非常稠密的粗刻点，镜面区前方呈细皱状；胸腹侧脊明显，伸至中胸侧板前缘中央；腹板侧沟弱，仅前部可见；镜面区非常小；中胸侧板凹横沟状。后胸侧板中部较隆起，具稠密模糊的细皱，前上部具细密的浅刻点；基间脊明显；后胸侧板下缘脊完整，前部明显突出。翅浅褐色，透明；小脉位于基脉外侧，二者之间的距离约为小脉长的 0.3 倍；小翅室近三角形，具长柄，第 2 肘间横脉明显长于第 1 肘间横脉；第 2 回脉在它的下外角处与之相接；外小脉明显内斜，约在下方 0.3 处曲折；后中脉明显向上弓曲；后小脉约在下方 0.25 处曲折；后盘脉弱，无色。足腿节稍侧扁，胫节基部较细；前足跗节第 4 节长约等长于端部最大宽，爪具细密的栉齿 14 齿；后足基节背侧端部显著内凹，第 1～5 跗节长度之比依次约为 3.7∶1.7∶1.3∶1.0∶1.4。并胸腹节较强隆起；基横脊中段缺，基区与中区合并，表面稍具弱皱；中纵脊几乎平行（中部稍微收敛）；端横脊外段完整；端区大而宽阔，光亮，具弱皱，中纵脊不明显；第 1 侧区内侧较光滑，外侧具细刻点，其他区域具稠密模糊的弱皱；气门小，圆形，稍突起，约位于基部 0.3 处，由短脊与外侧脊相接。

腹部强壮。第 1 节背板向基部显著收敛，长约为端宽的 2.5 倍；背中脊细弱，伸达气门后；基侧凹大；无背侧脊；背表面中央明显纵凹达亚端部；背板表面细革质状，端部具清晰的细刻点；气门小，圆形，突出，约位于背板中央稍前。第 2 节及以后背板具稠密的微细刻点，向后愈渐不明显；第 2 节背板长约为端宽的 1.1 倍，具较浅的基斜沟，基部两侧具浅窗疤；第 3 节、第 4 节背板侧缘近平行，长分别约为宽的 0.9 倍和 0.7 倍；第 5 节及以后背板向后逐渐收敛。产卵器鞘短，伸达腹末。

体黑色，下列部分除外：触角鞭节腹侧稍带黄褐色；颜面中央的大斑，腹部第 1 节腹板后半部、第 2～3 节腹板、第 4 节腹板中央黄色；下唇须，下颚须黄褐色至褐色，仅末节黑色；前足胫节和跗节前侧或部分跗节黄褐色，中后足跗节腹侧多少带褐黑色；腹部第 2 节背板（除基缘），第 3 节背板，第 4 节背板大部（部分个体）红褐色；翅痣，翅脉黑褐色。

正模 ♀，西藏亚东，3600 m，2013-Ⅶ-20，李涛。副模：3♀♀，记录同正模；1♀，四川炉霍，3040 m，2013-Ⅷ-05，李涛；3♀♀，四川卧龙银厂沟，2200 m，2013-Ⅷ-08，李涛。

词源：本新种名源于足几乎完全黑色。

本新种与黑腹壮姬蜂 *Rhorus melanogaster* Kasparyan, 2012 近似，可通过下列特征区分：第 1 节背板长约为端宽的 2.5 倍；唇基，上颚和翅基片完全黑色；所有的基节和转节黑色。黑腹壮姬蜂：第 1 节背板长约为端宽的 1.67 倍；唇基浅黄色；上颚基部黑色，中部浅黄色，端齿红褐色；翅基片黄色；前足基节主要黄色；前中足转节黄色。

(223) 黑跗壮姬蜂 *Rhorus nigritarsis* (Hedwig, 1956)（中国新纪录）

Dolichoblastus nigritarsis Hedwig, 1956. Nachrichten des Naturwissenschaftlichen Museums der Stadt Aschaffenburg, 50: 30,

♂ 体长约 12.5 mm。前翅长约 9.5 mm。触角不完整。

复眼内缘弧形稍弯曲。颜面宽约为长的 1.8 倍；中部纵向稍隆起，具非常稠密的细刻点和细纵皱，上方中央的纵脊瘤非常弱。唇基与颜面之间无明显的分界；唇基凹明显。唇基质地同颜面，端部具短纵皱，端缘中段弧形前突。上颚强壮，光滑光亮，具非常稀疏的微细毛点；上端齿稍长于下端齿。颊稍横凹，具弱皱和浅细刻点；颚眼距约为上颚基部宽的 0.4 倍。口后脊正常，无特别隆起。上颊具非常稠密的细皱刻点，眼眶处光滑光亮；中部圆形隆起，侧面观约为复眼横径的 1.1 倍，后上部明显增宽。头顶质地同上颊，单眼区后方刻点相对细密。单眼区明显抬高，中央阔且凹，刻点细密；侧单眼外缘各具 1 显著的圆凹坑；侧单眼间距约等长于单复眼间距。额较平，具特别稠密模糊的弱皱，具 1 微细的中纵脊。触角柄节柱形，背侧稍隆起，端缘稍斜截；鞭节不完整，仅余 23 节，第 1～5 节长度之比依次约为 3.5∶1.8∶1.7∶1.3∶1.7，基部几小节端缘明显斜截。后头脊完整。

前胸背板前部具细刻点；侧凹深阔，具稠密的细横皱，后上部具稠密的皱刻点；前沟缘脊明显。中胸盾片具非常稠密的细刻点，中央的刻点相对稀疏；中叶前部稍隆起，无盾纵沟。盾前沟深，光滑。小盾片稍隆起，三角形，具非常稠密的细刻点（端半部具细纵皱），基半部具细侧脊。后小盾片稍隆起，基部光亮，具稠密的细刻点，端半部呈细网皱状表面。中胸侧板具非常稠密的细皱刻点；胸腹侧脊非常细，背端伸至中胸侧板前缘中央；腹板侧沟弱，仅前部可见；镜面区较大，光亮无刻点；中胸侧板凹横沟状。后胸侧板中部较隆起，具稠密模糊的弱皱；基间脊明显；后胸侧板下缘脊完整，前部明显突出。翅浅褐色，透明；小脉位于基脉外侧，二者之间的距离约为小脉长的 0.6 倍；小翅室四边形，具结状短柄，第 2 肘间横脉明显长于第 1 肘间横脉；第 2 回脉在它的下外角内侧约 0.3 处与之相接；外小脉稍内斜，约在中央稍下方曲折；后小脉约在下方 0.3 处曲折。足腿节稍侧扁，胫节基部较细；前足的爪约具 17 栉齿；后足基节背侧端部显著内凹，第 1～5 跗节长度之比依次约为 4.6∶2.3∶1.7∶1.0∶1.4。并胸腹节较强隆起；分脊缺；基区较长，向后稍渐收敛，基部稍凹，表面弱皱；中区亚基部较宽，侧边向后弧形渐收敛，表面具弱皱；基区外侧具稠密的细刻点；端区稍凹，具稠密的弱细横皱；其余区域具稠密模糊的粗皱；气门大，椭圆形，强隆起，约位于基部 0.25 处，由短脊与外侧脊相接。

腹部粗壮。第 1 节背板长约为端宽的 1.8 倍，气门之前两侧明显内凹、基部两侧接近平行，气门之后向端部稍渐加宽；背中脊显著，向后稍渐内敛，伸达背板亚端部；基侧凹大；背侧脊在端部不明显，腹侧脊完整；背中脊之间、背中脊与侧纵脊之间都具明显纵凹；纵凹相对光滑、稍具弱皱，侧方具稍粗糙模糊的皱，端部具稠密不均的粗皱刻点；气门卵圆形，强突出，位于基部约 0.4 处。第 2 节背板长约为端宽 0.9 倍，表面具稠密的粗皱刻点，具宽浅的基斜沟（此处褶皱粗糙），基部两侧具横形浅窗疤；第 3 节背板梯形，长约为端宽 0.7 倍，具稠密的细刻点，端半部刻点渐稀疏；第 4 节背板侧缘近平行，长约为宽的 0.7 倍。

体黑色，下列部分除外：触角腹侧黄褐色，背侧（柄节、梗节和第 1 鞭节背侧黑色）暗褐色；上颚中部红褐色；颜面几乎全部（仅外缘上方和下方少许黑色），唇基（唇基凹及端缘黑色），下唇须和下颚须，前足转节和腿节前侧、胫节和跗节大部分（仅背侧稍具褐色），中足腿节端部及胫节基部和前侧，后足胫节前侧亚基段的纵斑均为黄色；翅痣、翅脉暗褐色；腹部第 2 节背板端部两侧及第 3 节背板基部两侧红褐色。

分布：中国（辽宁）；德国。

观察标本：1♂，辽宁清原，1981-Ⅵ，辽宁省林校。

(224) 东方壮姬蜂 *Rhorus orientalis* (Cameron, 1909)（中国新纪录）

Monoblastus orientalis Cameron, 1909. Journal of the Bombay Natural History Society, 19: 727.

♀ 体长 6.4～6.6 mm，前翅长 4.1～4.6 mm，产卵器鞘长 0.3～0.4 mm。

复眼内缘在触角窝外侧稍凹。颜面中央纵向均匀隆起，宽约为长的 1.2 倍；光亮，具均匀的细刻点和黄褐色长毛；上缘中央在触角窝之间稍凹；亚中部具 1 瘤突；触角窝下方具细横皱。唇基凹圆形，深凹。唇基沟缺。唇基阔，宽约为长的 2.3 倍；光亮，具稀疏细毛点和黄褐色长毛，端缘刻点相对稠密且弧形稍上卷。上颚强壮，基半部具稠密毛点和黄褐色长毛；端齿光滑光亮，上端齿稍大于下端齿。颊区光滑光亮，具稠密的细毛点和黄褐色短毛。颚眼距约为上颚基部宽的 0.4 倍。口后脊弱至强烈隆起。上颊阔，圆形稍隆起，向上均匀变宽，向后均匀收敛；光滑光亮，具均匀的细毛点和黄褐色短毛。头顶质地同上颊，单复眼之间毛点相对稀疏，在单眼区后方斜截。单眼区稍隆起，中央均匀凹，光滑光亮，具稠密的细毛点和黄褐色短毛；单眼强隆起，中等大小；侧单眼外侧沟明显。侧单眼间距约为单复眼间距的 1.2 倍。额稍凹，具稠密的细毛点和黄褐色短毛。触角线状，鞭节 30 节，第 1～5 节长度之比依次约为 1.8∶1.2∶1.1∶1.0∶1.0。后头脊完整，在上颚基部稍后方与口后脊相接，该连接处的口后脊强隆起。

前胸背板前缘具稠密的细毛点和黄白色短毛；侧凹阔，光亮，具不规则弱皱，中央近光滑；中上部具均匀的细毛点和黄白色短毛；后缘具短皱；前沟缘脊明显。中胸盾片圆形隆起，具均匀的细毛点和黄褐色短毛，中央毛点相对稀疏。盾前沟深阔，光亮，几乎无毛。小盾片圆形稍隆起，光亮，具均匀的细毛点和黄褐色短毛。后小盾片横向隆起，具稠密的细毛点和黄褐色短毛；前凹深。中胸侧板稍隆起，具均匀稀疏的细毛点和黄白色短毛，翅基下脊下方刻点相对稠密；镜面区大，光滑光亮；中胸侧板凹浅横沟状；中胸侧板凹下方光滑光亮；胸腹侧脊明显，末端伸抵中胸侧板前缘。后胸侧板稍隆起，具均匀的细毛点和黄白色短毛；下后角具强斜皱；后胸侧板下缘脊完整。翅浅褐色，透明；小脉位于基脉外侧，二者之间的距离约为小脉长的 0.3 倍；小翅室斜四边形，具短柄，柄长约为第 1 肘间横脉长的 0.3 倍；第 2 肘间横脉明显长于第 1 肘间横脉；第 2 回脉在小翅室下后部 0.2 处与之相接；外小脉约在中央稍下方曲折；后小脉约在下方 0.2 处曲折，上段强烈内斜。前足爪约具 6 栉齿；后足第 1～5 跗节长度之比依次约为 4.2∶1.9∶1.4∶

1.0∶1.6，爪具5栉齿。并胸腹节稍隆起，脊强壮，具分脊；端横脊外段完整；基区和中区合并，之间无脊分隔，合并区的基半部中纵脊相对窄，在分脊相接处最阔，光滑光亮，几乎无毛，向下稍收敛，基半部均匀凹入；端区中央具细皱状纵隆起，其余部分光滑光亮；第2侧区光滑光亮；外侧区具斜皱和黄白色短毛；气门中等大，圆形，与外侧脊之间由脊相连，位于基部约0.25处。

腹部第1节背板长约为端宽的1.5倍，约为基部宽的3.3倍；自端缘向基部均匀收敛；基部深凹，光亮，其余部分具细毛点和黄白色短毛，端缘相对稀疏；背中脊达亚端部，背侧脊和腹侧脊完整；气门小，圆形，约位于背板中央；基侧凹大。第2节背板梯形，长约为基部宽的0.8倍，约为端宽的0.6倍；具均匀稠密的细毛点和黄褐色短毛，端缘光滑无毛。第3节及以后各节背板光亮，质地同第2节背板。产卵器鞘长约为后足胫节长的0.2倍，约为自身最大宽的2.6倍，未超过腹末。

体黑色，下列部分除外：颜面上半部的大斑，下颚须，下唇须，翅基片（有时暗褐色），翅基黄白色至黄褐色；上颚亚端部褐色，端齿暗红褐色至黑褐色；前中足（基节、转节、腿节基半部暗褐色；爪褐色），腹部第1节腹板端半部、第2～6节腹板，产卵器鞘黄褐色；后足腿节背面端半部暗红褐色，胫节、跗节暗褐色；腹部第1节背板端缘、第2～7节背板黄褐色至红褐色；翅痣，翅脉暗褐色至黑褐色。

♂ 体长5.0～6.9 mm，前翅长3.8～4.3 mm。触角鞭节28～30节。第2节背板端缘、第3～4节背板黄褐色至红褐色；第5～7节背板暗褐色。

分布：中国（山东、江西）；印度。

观察标本：1♀，江西官山，400 m，2010-Ⅵ-11，集虫网；1♀，山东青岛黄岛区小珠山，2017-Ⅴ-24，集虫网；3♀♀3♂♂，山东青岛黄岛区小珠山，2017-Ⅴ-31，集虫网；1♂，山东青岛黄岛区小珠山，2017-Ⅵ-14，集虫网。

(225) 柄壮姬蜂，新种 *Rhorus petiolatus* Sheng, Sun & Li, sp.n.（彩图55）

♀ 体长约7.5 mm。前翅长约5.5 mm。触角长约6.0 mm。

体被稠密的黄白色短毛。复眼内缘稍弧形弯曲。颜面宽约为长的1.3倍，具皱状表面，向中央均匀隆起，上部中央具1小的纵脊瘤。唇基沟仅侧方存在，颜面与唇基之间无明显分界。唇基具非常稠密的粗纵皱，端缘中段几乎平（微弧形）。上颚强壮，表面具稠密的浅粗刻点和较长的毛，上端齿明显短于下端齿。颊明显横凹，相对光滑；颚眼距约为上颚基部宽的0.2倍。口后脊明显隆起。上颊具非常稠密的细刻点，中部明显隆起，长约为复眼横径的0.9倍，后上部稍加宽。头顶质地同上颊，单复眼之间的刻点相对稀疏。单眼区稍抬高，中央稍凹，具稠密的刻点；侧单眼外侧沟明显；侧单眼间距约为单复眼间距的0.9倍。额具稠密清晰的细刻点，相对较平（触角窝上方稍凹）。触角柄节柱形，端缘稍斜截；鞭节35节，第1～5节长度之比依次约为2.1∶1.1∶1.0∶1.0∶0.9，中部各小节相对均匀，末节端部渐尖。后头脊完整，下端几乎伸抵上颚基部。

前胸背板前部具弱皱；侧凹阔，具模糊的皱刻点，下部具皱状表面；后上部具稠密的细刻点；前沟缘脊明显。中胸盾片具稠密的细刻点，中叶前部较隆起，后部中央的刻点较粗；盾纵沟细浅，仅前部可见。盾前沟深，相对光滑。小盾片稍隆起，近三角形，具稠密的细刻点，前缘中央稍凹，基半部具细侧脊。后小盾片稍隆起，具细密的刻点。中胸侧板光亮，中下部具稠密的细刻点，后角相对稀疏；胸腹侧脊非常细弱，背端伸至中胸侧板前缘下方；腹板侧沟弱，仅前部可见；镜面区大而光亮、无刻点；中胸侧板凹坑状。后胸侧板中部较隆起，上方具稠密模糊的浅细刻点，下部具稠密的细皱；基间脊基部可见；后胸侧板下缘脊完整，前部稍突出。翅褐色，半透明；小脉位于基脉外侧，二者之间的距离约为小脉长的 0.5 倍；小翅室斜四边形，具柄，第 2 肘间横脉明显长于第 1 肘间横脉；第 2 回脉在它的下外角内侧约 0.25 处与之相接；外小脉明显内斜，约在下方 0.4 处曲折；后中脉明显向上弓曲；后小脉约在下方 0.3 处曲折；后盘脉弱。足腿节稍侧扁，胫节基部较细；前足第 4 跗节长约为端部最大宽的 0.86 倍；后足基节背侧端部显著内凹，第 1～5 跗节长度之比依次约为 2.0∶1.0∶0.8∶0.4∶0.8，爪小、尖细，具较强的稀栉齿（约 8 齿）。并胸腹节较强隆起，分区完整；表面相对光滑，稍具弱皱；基区长柱状，中纵脊平行；中区六边形，端半部中央具 1 长纵皱，分脊在其上方约 0.25 处伸出，分脊处宽约为中区高的 0.7 倍；端横脊外段完整且强壮；端区中央具 1 清晰的中纵脊；气门小，圆形，稍突起，约位于基部 0.25 处，由短脊与外侧脊相连。

腹部粗壮。第 1 节背板长约为端宽的 2.0 倍；背中脊显著，伸达背板亚端部；基侧凹大；背侧脊和腹侧脊完整；背中脊之间浅纵凹，中央一段向内收敛；背板基部深凹，近光亮，其余具稠密的细毛点和白色短毛；气门小，圆形，突出，约位于背板中央稍前。第 2 节及以后背板相对光滑，表面具稠密的浅细刻点，向端部逐渐细弱不明显；第 2 节背板长约为端宽的 0.7 倍，具较浅的基斜沟，基部两侧具斜线形窗疤；第 3 节、第 4 节背板侧缘近平行；第 5 节及以后背板横形，逐渐向后收敛。产卵器鞘短，几乎达腹末。

体黑色，下列部分除外：触角鞭节背侧暗褐色（端半部褐黑色），腹侧黄褐色；颜面淡黄色（侧缘及下缘黑色），上颚亚基部带黄色（基缘暗褐色，端齿暗红褐色）；下唇须，下颚须，翅基片，翅基黄色；前中足黄褐色（腿节背侧红褐色）；后足基节端缘、转节、胫节基部约 3/4 均为黄褐色，腿节腹侧暗红褐色，后足跗节暗褐色（各小节基部多少褐色），其余部分黑色；翅面褐色，翅痣，翅脉暗褐色；腹部第 1 节背板基半部黑色，其后各节背板全部红褐色。

正模 ♀，江西官山东河，2016-Ⅳ-20，集虫网。

词源：本新种名源于小翅室具柄。

本新种与金壮姬蜂 *Rh. chrysopus* (Gmelin, 1790) 相近，可通过下列特征区分：内眼眶几乎平行；唇基黑色；上颊完全黑色。金壮姬蜂：颜面向下明显增宽；唇基黄色；上颊下部具黄斑。

(226) 凹唇壮姬蜂，新种 *Rhorus recavus* Sheng, Sun & Li, sp.n.（彩图 56）

♀ 体长 11.8～12.5 mm。前翅长 9.2～9.4 mm。产卵器鞘长 0.7～0.8 mm。

复眼内缘弧形，在颜面上缘最窄，向下均匀开阔。颜面均匀隆起，网皱状表面，具稠密的黄色长毛；宽约为长的 1.1 倍。唇基凹圆形，深凹。唇基沟缺。唇基阔，宽约为长的 2.8 倍；具长纵皱状表面，侧缘网皱状，具黄色长毛；中部深凹，侧缘强齿状隆起，端缘具半圆形中凹。上颚强壮，大部具稠密的毛点和黄色长毛；端齿光滑光亮，下端齿明显长且大于上端齿。颊区光滑光亮，靠近眼眶具黄褐色短毛。颚眼距约为上颚基部宽的 0.3 倍。口后脊靠近上颚处强烈片状隆起。上颊阔，纵向稍隆起；具稠密的细刻点和黄褐色长毛，中下部刻点相对稀疏。头顶质地同上颊，刻点相对稀细；靠近侧单眼处光滑无毛；在单眼区后斜截，中部刻点非常稀疏。单眼区明显抬高，中央稍凹，具稀疏的细毛点；单眼中等大，侧单眼外侧沟明显。侧单眼间距约为单复眼间距的 0.7 倍。额稍凹，光亮，具分布不均的细毛点和黄褐色短毛；中央纵脊状隆起，脊上具弱皱。触角线状，鞭节 40 节，第 1～5 节长度之比依次约为 2.1∶1.1∶1.0∶1.0∶1.0。后头脊完整，在上颚基部后方与口后脊相接。

前胸背板前缘具非常稠密的黄白色短毛；侧凹阔，具细毛点和黄白色短毛，下方的短皱直达后缘；中上部具均匀稠密的细毛点和黄白色短毛；前沟缘脊强壮。中胸盾片均匀稍隆起，前缘光滑无毛；中叶具稀疏的细毛点和黄褐色短毛，侧缘的毛点相对粗；侧叶具稠密不均的细毛点和黄褐色短毛；中后部具均匀稠密的刻点和黄褐色短毛。盾前沟深阔，光亮，具细毛点。小盾片圆形隆起，光亮，具稀疏的细毛点和黄褐色短毛，基部具侧脊。后小盾片横向隆起，具稠密的细毛点和黄褐色短毛；前凹深。中胸侧板稍隆起，具稀疏的细刻点和黄白色短毛，中央光滑光亮；翅基下脊强脊状隆起，下方具非常稠密的细毛点；镜面区非常大，光滑光亮；中胸侧板凹浅凹状；胸腹侧脊明显，约为中胸侧板高的 0.6 倍，末端与中胸侧板前缘之间具短皱。后胸侧板稍隆起，具稀疏的刻点和黄白色短毛；下后部具不规则皱，下后角具 2 条强皱；后胸侧板下缘脊完整，前缘强脊状隆起。翅浅褐色，透明，端缘带烟色；小脉位于基脉外侧，二者之间的距离约为小脉长的 0.4 倍；小翅室斜四边形，具长柄，柄长约为第 1 肘间横脉长的 0.5 倍；第 2 肘间横脉明显长于第 1 肘间横脉；第 2 回脉在小翅室下后部 0.2 处与之相接；外小脉约在下方 0.4 处曲折；后小脉约在下方 0.2 处曲折。前足跗节第 4 节长约为端部最大宽的 0.7 倍，爪约具 13 栉齿；后足第 1～5 跗节长度之比依次约为 4.0∶2.0∶1.7∶1.0∶2.0。并胸腹节均匀隆起，分区完整；基区和中区之间的横脊仅侧缘处存在；端横脊外段完整且强壮；基区倒梯形，光亮，具非常稀疏的细毛点和黄白色长毛；中区六边形，中央稍凹，具稀疏的细毛点和黄白色短毛，分脊约从中区基部 0.3 处与之相接，分脊之后稍收敛；端区斜，中央具斜皱，靠近端横脊处具黄白色长毛；第 1 侧区光亮，具稀疏的细毛点和黄白色长毛；第 2 侧区具稠密的细毛点和黄白色长毛；侧纵脊前缘与后胸背板后缘的强齿相对；气门小，近圆形，与外侧脊之间由脊相连，位于基部约 0.2 处。

腹部第 1 节背板长约为端宽的 2.2 倍，约为基部宽的 4.3 倍；基部深凹，中央纵向光亮，伸达中后部，基半部侧缘具稀疏的黄褐色短毛；端半部具均匀的细毛点和黄褐色短毛，端缘光滑光亮；背侧脊在气门前完整；气门小，圆形，位于背板中央稍后方；基侧凹非常大。第 2 节背板梯形，长约为基部宽的 1.3 倍，约为端宽的 1.0 倍；具均匀稠密的细毛点和黄褐色微毛，端缘光亮。第 3 节背板近方形，长约为基部宽的 1.0 倍；刻点及毛同第 2 节背板。第 4 节及以后各节背板刻点及毛同第 2 节背板。产卵器鞘长约为后足胫节长的 0.2 倍，未超过腹末。产卵器末端尖细。

体黑色，下列部分除外：颜面，唇基（端缘暗红褐色至黑褐色），上颚（端齿暗红褐色至黑褐色），下颚须，下唇须，触角（柄节、梗节背面黑褐色；鞭节背面、末端数节暗褐色至黑褐色），翅基，翅基片（内侧大部暗红褐色），前足，中足（基节基半部、腿节腹面中部黑褐色；腿节背面黄褐色至红褐色；爪暗红褐色），后足（基节背面黑褐色，腹面黄褐色至褐色；腿节黑褐色，端缘红褐色；胫节基部褐色，端半部暗褐色；跗节暗褐色；爪暗褐色至暗红褐色）黄白色至黄色；小盾片端半部，后小盾片黄褐色；腹部第 1 节背板（基部黑褐色至黑色）、第 2 节背板黄褐色至红褐色；其余背板（端缘暗红褐色）红褐色；第 2～5 节腹板褐色，第 6 节腹板、产卵器鞘暗褐色至黑褐色；翅脉，翅痣暗褐色至黑褐色。

正模 ♀，江西资溪马头山国家级自然保护区昌坪站，280 m，2017-Ⅳ-25，李涛。副模：2♀♀，江西九连山国家级自然保护区，2011-Ⅴ-04，盛茂领；1♀，江西资溪马头山国家级自然保护区昌坪站，280 m，2017-Ⅶ-04，集虫网；1♂，福建上杭白沙，2011-Ⅴ-17，集虫网。

词源：本新种名源于唇基端缘中央具凹。

主要鉴别特征：唇基端缘具较大的半圆形中凹；唇基、上颚和并胸腹节具较长且稠密的黄白色长毛，可与本属其他种区分。

(227) 瓶壮姬蜂，新种 *Rhorus urceolatus* Sheng, Sun & Li, sp.n.（彩图 57）

♀ 体长 7.0～7.5 mm。前翅长 5.0～5.5 mm。触角长 6.5～7.0 mm。

体被稀疏的近白色短毛。复眼内缘稍弧形，在触角窝处微凹。颜面宽约为长的 1.2 倍；向中央稍均匀隆起，具非常稠密的细刻点和弱细的纵皱，上部中央具 1 明显的纵脊瘤。颜面与唇基之间无明显分界。唇基较宽短，宽约为长的 3.2 倍；具弱细的横皱，刻点较颜面稍稀疏，端缘中央稍齿状隆起。上颚强壮，具非常稀疏的细毛点和黄褐色短毛；端齿短而钝，上端齿稍长于下端齿。口后脊靠近上颚处稍隆起。颊明显横凹，具模糊的细皱；颚眼距约为上颚基部宽的 0.3 倍。上颊具非常稠密的浅细刻点，中部明显隆起，长约为复眼横径的 1.3 倍。头顶质地同上颊，刻点相对稀疏，后方稍隆起。单眼区稍抬高，中央阔且稍凹，具稀细的刻点；侧单眼间距约等长于单复眼间距。额较平坦，具稠密的浅细刻点，具宽浅的中纵沟，经触角窝之间伸至颜面上缘中央。触角柄节柱形，背侧稍隆起，端缘近平截；鞭节 35～36 节，第 1～5 节长度之比依次约为 2.3∶1.4∶1.2∶1.2∶1.0，基部几小节端缘显著斜截，向端部均匀渐短，末节端部渐尖。后头脊完整。

前胸背板前部具斜细纵皱；侧凹阔，具模糊的弱细皱，下半部呈细皱状表面；后上部具稠密的细刻点；前沟缘脊明显。中胸盾片具非常稠密的浅细刻点，中叶前部较隆起，盾纵沟不明显。盾前沟宽阔，相对光滑。小盾片稍隆起，近三角形，具稀疏的细刻点，具细侧脊。后小盾片稍隆起，具细密的刻点。中胸侧板具均匀稠密的细刻点；胸腹侧脊细弱，伸至中胸侧板前缘中央；腹板侧沟弱，仅前部可见；镜面区大而光亮、无刻点；中胸侧板凹坑状。后胸侧板中部较隆起，具稠密模糊的细皱，后上部具浅细刻点；基间脊明显；后胸侧板下缘脊完整，前部明显角状突出。翅褐色，透明；小脉位于基脉外侧，二者之间的距离约为小脉长的 0.3 倍；小翅室亚三角形，具长柄，第 2 肘间横脉明显长于第 1 肘间横脉；第 2 回脉在它的下外角稍内侧与之相接；外小脉明显内斜，约在下方 0.4 处曲折；后中脉明显向上弓曲；后小脉约在下方 0.2 处曲折，上段明显内斜，后盘脉细弱，无色。足腿节稍侧扁，胫节基部较细；前足跗节第 4 节长约为端部最大宽的 0.82 倍；爪具 14 栉齿；后足基节背侧端部显著内凹，第 1～5 跗节长度之比依次约为 4.0∶2.0∶1.4∶1.0∶1.4。并胸腹节较强隆起，分区较完整；基横脊中段缺；端横脊外段弱；基区与中区合并；中纵脊在基区向后稍内敛；基区和中区相对光滑，稍具弱皱；第 1 侧区具模糊的浅细刻点，其他区域具模糊的弱皱；端区扇形，无中纵脊；气门圆形，突起，约位于基部 0.3 处，由短脊与外侧脊相连。

腹部粗壮。第 1 节背板长约为端宽的 2.0 倍，自端缘向基部均匀收敛；背中脊显著，几乎平行伸达背板亚端部；基侧凹大；背侧脊和腹侧脊完整；背中脊之间具浅纵凹；背板基半部稍具弱皱，端部具稠密的细刻点和弱皱；气门小，圆形，突出，位于基部约 0.4 处。第 2 节背板长约为端宽的 0.8 倍，具稠密的细刻点，端半部刻点相对稀细；具较浅的基斜沟，基部两侧具横窗疤。第 3 节及以后背板具稠密的浅细刻点，向端部逐渐细弱不明显；第 3 节、第 4 节背板侧缘近平行，长分别约为宽的 0.7 倍和 0.6 倍；第 5 节及以后背板向后逐渐收敛。产卵器鞘较宽短，长约为最宽处的 2.7 倍；伸达腹部末端。

体黑色，下列部分除外：触角鞭节黄褐色；颜面大部分淡黄色，侧缘黑色，上缘中央具 1 小黑斑；唇基黄色，中央（或不明显）和唇基凹排成 3 个大小相近的黑色小圆斑，端缘黑色；上颚上半部，下唇须，下颚须，颊区的小圆点，翅基片，翅基黄色；前中足基节黑色，基节端缘和转节黄色，其余红褐色（胫节和跗节稍黄褐色）；后足黑色，第 2 转节、腿节内侧、胫节大部分、跗节腹侧，腹部第 1 节背板端缘、第 2～4 节背板红褐色；第 5 节及以后背板端缘稍带横线状黄边（或不明显），产卵器鞘鲜黄色；翅痣，翅脉暗褐色。

正模 ♀，江西资溪马头山国家级自然保护区昌坪站，280~290 m，2017-Ⅳ-18，盛茂领。副模：1♀，江西官山国家级自然保护区东河，2016-Ⅳ-20，方平福。

词源：本新种名源于并胸腹节中区与基区合并呈花瓶状。

本新种与岚壮姬蜂 *Rh. lannae* Reshchikov & Xu, 2017 相近，可通过下列特征区分：唇基宽短，宽约为长的 3.2 倍，端缘几乎平截，中央稍齿状隆起；上颚上端齿稍长于下端齿；产卵器鞘较短，长约为最宽处的 2.7 倍；产卵器鞘鲜黄色。岚壮姬蜂：唇基相对较长，宽约为长的 2.0 倍，端缘微弱弧形前隆，中央稍凹，凹的内侧具 2 齿；上颚上端齿明显短于下端齿；产卵器鞘较长，约为最宽处的 4.7 倍；产卵器鞘黑色。

56. 利姬蜂属 *Sympherta* Förster, 1869

Sympherta Förster, 1869. Verhandlungen des Naturhistorischen Vereins der Preussischen Rheinlande und Westfalens, 25(1868): 196. Type-species: *Tryphon burrus* Cresson. Designated by Viereck, 1914.

主要鉴别特征：唇基端缘钝圆，中部稍突出、平截或微凹；上颚下端齿长于上端齿；胸腹侧脊几乎伸达中胸侧板前缘；无小翅室，若有，则为三角形；爪简单；并胸腹节无分脊，通常具清晰的中纵脊；腹部第 1 节背板较狭长，后柄部宽，具完整的背侧脊；第 2 节背板粗糙，或稍光滑，或具细皱，刻点细弱至较粗大；产卵器鞘长约为腹端厚度的

0.8 倍，弱至强地向上弯曲。

全世界已知 33 种，我国已知 10 种，这里介绍 9 种。

利姬蜂属中国已知种检索表

1. 前翅无小翅室；小脉位于基脉外侧，或几乎对叉……2
   前翅具小翅室；小脉明显位于基脉内侧……6
2. 前翅小脉明显位于基脉外侧，二者之间的距离至少为小脉长的 0.25 倍……3
   前翅小脉位于基脉内侧，或几乎与基脉对叉……4
3. 唇基具稠密的粗刻点，端缘稍前隆；并胸腹节侧纵脊完整；腹部第 1 节背板长约为端宽的 2.2 倍；第 2 节背板长约为端宽的 0.8 倍；腹部基部和端部背板黑色，第 2、3 节及第 4 节基部背板红褐色……本溪利姬蜂，新种 *S. benxica* Sheng, Sun Li, sp.n.
   唇基具稀刻点，端缘平截；并胸腹节侧纵脊基段缺；腹部第 1 节背板长约为端宽的 2.8 倍；第 2 节背板长约为端宽的 1.4 倍；腹部第 2 节及其后的背板暗红褐色……东方利姬蜂 *S. orientalis* Kusigemati
4. 触角鞭节 24 节；体黑色，胸部局部暗红色；触角鞭节具白环；后足跗节全部黄褐色……墨脱利姬蜂，新种 *S. motuoensis* Sheng, Li & Sun, sp.n.
   触角鞭节至少 27 节；胸部黑色，无或几乎无暗红色斑；触角鞭节无或部分下侧浅黄色，或具白环；后足跗节或非完全黄褐色……5
5. 触角鞭节至少 36 节，背面褐黑色，腹面褐色，无白环；体（包括头部）、所有的基节、后足腿节和胫节完全黑色……汤利姬蜂 *S. townesi* Hinz
   触角鞭节 29～30 节，具白环；中后足基节，后足转节和腿节的基部，腹部第 1 节背板（除基部多少黑褐色）端部，第 2～3 节及第 4 节背板基部红褐色……弓脉利姬蜂 *S. curvivenica* Sheng
6. 触角较短，鞭节 26～27 节，具白环；并胸腹节中纵脊平行；胸部局部深红色，或具深红色大斑；腹部部分背板深红色……7
   触角较长，鞭节至少 32 节，无白环；并胸腹节中纵脊不平行；胸部黑色；腹部背板黑色，中部背板红褐色……8
7. 小翅室亚三角形；小脉明显位于基脉内侧；颜面完全褐红色；中胸侧板几乎完全黑色；腹部第 1、2 节背板完全黑色……林芝利姬蜂，新种 *S. linzhiica* Sheng, Li & Sun, sp.n.
   小翅室四边形；小脉几乎与基脉对叉；颜面具不均匀的褐黑色斑纹；中胸侧板几乎完全暗红褐色；腹部第 1、2 节背板具不均匀且不清晰的暗红褐色斑纹……多利姬蜂，新种 *S. polycolor* Sheng, Sun & Li, sp.n.
8. 并胸腹节中纵脊强壮；腹部第 1 节背板长约为端宽的 3.1 倍；颜面和唇基（至少部分）红褐至暗褐色……现利姬蜂 *S. factor* Hinz
   并胸腹节中纵脊退化或细弱；腹部第 1 节背板长不大于端宽的 2.5 倍；颜面和唇基黑色……9
9. 侧单眼间距约为单复眼间距的 0.5 倍；并胸腹节脊不明显；后足跗节第 3 节为第 4 节的 1.6 倍……喀利姬蜂 *S. kasparyani* Hinz
   侧单眼间距约等于单复眼间距；并胸腹节具细弱的中纵脊；后足跗节第 3 节为第 4 节的 2 倍……凹利姬蜂 *S. recava* Sheng & Sun

(228) 本溪利姬蜂，新种 *Sympherta benxica* Sheng, Sun & Li, sp.n.（彩图 58）

♀ 体长约 11.3 mm。前翅长约 8.2 mm。

复眼内缘向下稍收敛。颜面中部均匀稍隆起，上缘中央微凹，具 1 短中纵脊，触角窝下侧方深凹；宽约为长的 1.4 倍；具稠密的刻点和黄褐色短毛，中央刻点相对稀疏，外侧缘刻点相对稀细。颜面与唇基分界不明显。唇基阔，向端缘均匀隆起，端缘弧形，平截；具粗刻点和黄褐色短毛；宽约为长的 2.5 倍。上颚长且强壮，光滑光亮，近中部具稠密的黄褐色长毛，下端齿明显长于上端齿。颊区光滑光亮，具几根黄褐色短毛。颚眼距约为上颚基部宽的 0.5 倍。上颊阔，中央纵向稍隆起，向后稍收敛，光亮，具均匀的细毛点和黄褐色短毛。头顶质地同上颊，侧单眼外侧区呈细粒状表面，侧单眼后方斜截。单眼区稍抬高，中间凹，具细刻点；单眼中等大小，隆凸，侧单眼外侧沟明显；侧单眼间距约为单复眼间距的 0.8 倍。额呈粒状表面，具稠密的细刻点；在触角窝后方深凹，凹内具不规则细横皱；中央纵向隆起，呈脊状。触角线状，鞭节 38 节，第 1～5 节长度之比依次约为 5.2∶1.3∶1.3∶1.1∶1.0。后头脊完整，在上颚基部上方与口后脊相接。

前胸背板前缘具细皱，光亮；侧凹浅阔，具不规斜纵皱，达后缘；前沟缘脊强壮；后上部具稠密的细毛点。中胸盾片圆形隆起，前缘陡斜；具均匀稠密的细毛点和黄褐色短毛，后部中央的刻点相对密；盾纵沟基半部痕迹存在。盾前凹深阔，几乎光滑光亮。小盾片圆形隆起，光亮，具稀疏的细毛点和黄褐色短毛，端半部具不规则皱。后小盾片稍隆起，具细皱，前缘凹深阔。后胸背板的舌状隆起与并胸腹节侧纵脊相对。中胸侧板下半部稍平，上半部中央稍隆起；具均匀稀疏的细毛点和黄褐色短毛，上半部隆起处的毛点相对稀疏；前缘具短皱，翅基下脊具纵皱，上半部隆起后方具细纹皱，下后角具 1 短斜皱；镜面区中等大小，光滑光亮；中胸侧板凹短横沟状；中胸侧板凹下方光亮；胸腹侧脊强壮，伸达前胸背板前缘，约为中胸侧板高的 0.6 倍，该脊后缘具短皱。后胸侧板圆形隆起，具稠密的细毛点和黄褐色短毛，后半部的不规则皱达下后角和后胸侧板下缘脊；下后角具 1 斜皱；后胸侧板下缘脊完整。翅黄褐色，透明；前翅小脉位于基脉外侧，二者之间的距离约为小脉长的 0.25 倍；第 2 肘间横脉消失，第 2 回脉位于第 1 肘间横脉外侧，二者之间的距离约为第 1 肘间横脉长的 0.3 倍；外小脉在下方约 0.3 处曲折；后小脉在下方约 0.4 处曲折。后足第 1～5 跗节长度之比依次约为 5.2∶2.6∶1.7∶1.0∶1.3。并胸腹节稍隆起，基横脊消失；基区和中区的合并区光亮，具粗横皱，两侧中纵脊几乎平行；端区斜，具不规则粗皱；侧区几乎光滑光亮，后缘靠近外侧脊和端横脊具弱皱，具黄褐色短毛；第 1～2 外侧区呈细纹状，后缘的皱相对粗；第 3 外侧区具粗斜皱；气门小，圆形向后隆凸，位于基部约 0.3 处。

腹部第 1 节背板长约为基部宽的 5.3 倍，约为端宽的 2.2 倍；背中脊明显，几乎达亚端部；背侧脊、腹侧脊完整；腹柄呈不规则纹状；后柄部呈粒状表面，亚端部和端缘光滑光亮，亚侧缘具斜脊；气门小，圆形，强烈隆凸，约位于背板中央。第 2 节背板梯形，长约为基部宽的 1.2 倍，约为端宽的 0.8 倍；亚侧缘中部具 1 小瘤突；呈粒状表面，基半部相对粗，端缘光滑光亮。第 3 节及以后各节背板呈微细纹状表面，具均匀稠密的细毛点和黄褐色短毛。产卵器鞘稍上弯；产卵器基部阔，其余部分细长，弧形上弯，末端尖。

体黑色，下列部分除外：上颚（基部黑褐色，亚端部红褐色，端齿暗红褐色至黑褐色），下颚须，下唇须黄色至黄褐色；触角腹面黄褐色至褐色，背面（柄节、梗节黑褐色）褐色；前足腿节（基部少许黑褐色）红褐色，胫节、跗节黄褐色；中足腿节背面端半部黄褐色稍带红褐色，胫节、跗节（末跗节黑褐色）褐色；翅基片，翅基，后足第 3～4 跗节暗褐色；腹部第 2～3 节背板、第 4 节背板（端半部、基半部中央和侧缘暗红褐色至黑褐色）红褐色；第 1 节背板端缘中部暗红褐色；翅痣，翅脉暗褐色至黑褐色。

正模 ♀，辽宁本溪，2015-Ⅶ-02，盛茂领。

词源：本新种名源于标本采集地名。

本新种与东方利姬蜂 *S. orientalis* Kusigemati 近似，可通过上述检索表鉴别。

(229) 弓脉利姬蜂 *Sympherta curvivenica* Sheng, 1998

Sympherta curvivenica Sheng, 1998. Entomologia Sinica, 1998, 5(1): 32.

♀ 体长 7.5～9.0 mm。前翅长 6.0～7.0 mm。触角长约 5.0 mm。

头部具清晰的刻点。颜面中央上方稍隆起。唇基稍隆起，基部具稠密的刻点，端部光亮，具几个刻点；端缘中段几乎平截，中央微凹。上颚 2 端齿尖锐，下端齿明显长于上端齿。上颊具细弱的刻点，向后弧形收敛。头顶具与上颊相似的质地。额几乎平（向中央稍凹），具稠密清晰的细刻点。触角稍短于体长，鞭节 29～30 节。后头脊完整。

前胸背板具稠密不清晰的刻点；前沟缘脊强壮。中胸盾片前部及侧面稍光亮，刻点弱且不明显；后部中央具稠密且清晰的刻点；盾纵沟伸至中胸盾片中央。小盾片丘状隆起。中胸侧板前部及下部具弱但清晰的刻点；胸腹侧脊上端几乎伸抵（未伸达）中胸侧板前缘；镜面区光滑；镜面区前方、翅基下脊的下方具弱的短皱纹。并胸腹节具清晰的纵脊和端横脊；基区和中区合并，形成一窄的细长区，其间具横皱；端区具不规则的纵脊；其余部分稍粗糙，刻点不明显。翅稍带褐色，透明；小翅室无；小脉与基脉对叉，或位于其稍内侧；后小脉在下方 0.2 处曲折，上段弱至较强地内斜。

腹部第 1、第 2 节背板稍粗糙。第 1 节背板微隆起，长约为端宽的 2.0 倍；背侧脊完整，背中脊无或仅中部存在；气门突起。第 3、第 4 节背板几乎光滑。其余背板具清晰的短毛。产卵器鞘长为腹末厚度的 0.8～1.0 倍。产卵器向上均匀翘起。

体黑色，下列部分除外：触角鞭节第 1～3 节（或仅腹侧）黄白色，第（8）9～12（13）节和前翅基部白色；内眼眶，触角下方的 2 块斑，柄节前面和梗节，前胸背板的后角，后胸侧板上方部分的前缘，翅基下脊（有时不清晰），上颚中部，下颚须，下唇须的端部，中后足基节和跗节，后足转节和腿节的基部，产卵器，腹部第 1 节背板（除基部多少黑褐色）端部、第 2～3 节及第 4 节背板基部红褐色；前足黄褐色（除基节、第 1 转节和腿节的后部黑褐色）；中足转节、腿节和胫节，后足腿节的端部和胫节，翅基片黑褐色。

♂ 前翅长约 11.5 mm。触角鞭节 32 或 33 节。小脉与基脉对叉或位于基脉稍内侧。小盾片稍隆起。颜面，唇基，上颚基半部，下颚须，下唇须，柄节及梗节的腹侧，前翅基部白色；前中足灰褐色（基节黑色除外）；后足腿节褐黑色，胫节和跗节暗褐色；腹部第 1 节背板端缘、第 2～3 节和第 4 节背板基部红褐色；第 2 节背板侧面具暗斑。

分布：中国（辽宁、江西）。

观察标本：1♀（正模），辽宁沈阳，1992-Ⅵ-05，盛茂领；3♀♀3♂♂（副模），辽宁沈阳，1991-Ⅵ-09，盛茂领；24♀♀，江西官山自然保护区，430 m，2009-Ⅳ-11～20，集虫网；2♀♀，江西资溪，400 m，2009-Ⅳ-17～24，集虫网；2♀♀，江西吉安双江林场，174 m，2009-Ⅳ-09，集虫网；6♀♀，江西武功山红岩谷，2016-Ⅳ-11～Ⅵ-20，集虫网。

(230) 现利姬蜂 *Sympherta factor* Hinz, 1991

Sympherta factor Hinz, 1991. Spixiana, 14(1): 35.

♀ 体长 10.1～10.3 mm。前翅长 7.4～7.9 mm。产卵器鞘长 0.9～1.0 mm。

复眼内缘近平行。颜面稍平，宽约为长的 1.5 倍；中央微隆起，上缘中央具 1 短纵脊，亚侧缘在触角窝下外侧稍凹；呈粒状表面，中央具稠密的细刻点和黄褐色短毛。唇基沟存在。唇基横阔，宽约为长的 1.8 倍；稍隆起，光亮，具大小不均的细刻点和黄褐色短毛，端缘外侧方的毛相对长且密；端缘平截，中部几乎光滑。上颚阔且长，光滑光亮，中部具稀疏的细毛点和黄褐色长毛；下端齿稍长于上端齿。颊区具细革质粒状表面。颚眼距约为上颚基部宽的 0.7 倍。上颊阔，向上稍变宽，中部纵向稍隆起；呈粒状表面，具稠密的细毛点和黄白色短毛。头顶质地同上颊。单眼区稍抬高，中央凹，质地同头顶；单眼中等大小，侧单眼外侧沟明显；侧单眼间距约为单复眼间距的 0.8 倍。额在触角窝后方深凹；呈粒状表面，具不规则细横皱，中央具 1 弱纵脊。触角线状，鞭节 32～35 节，第 1～5 节长度之比依次约为 2.5∶1.5∶1.2∶1.1∶1.0。后头脊完整，在上颚基部上方与口后脊相接。

前胸背板侧凹阔，呈细网皱状表面；前沟缘脊强壮；后上角呈粒状表面；具白色短毛。中胸盾片圆形稍隆起，前缘几乎垂直；呈粒状表面，具白色短毛；盾纵沟基部明显。盾前凹深阔，具短纵皱。小盾片圆形稍隆起，呈粒状表面，具细刻点和白色短毛；端半部（或全部）具不规则网状皱。后小盾片近梯形，稍隆起，具不规则皱。中胸侧板稍平，呈粒状表面，具稠密的细刻点和白色短毛，中下部具细皱；前缘具短纵皱，翅基下脊下方具细横皱和网状皱，下后角具 1 短皱；胸腹侧脊明显，约为中胸侧板高的 0.5 倍；镜面区小，前方具细网皱。后胸侧板稍隆起，呈粒状表面，中央具细网状皱，下后角具斜皱；后胸侧板下缘脊强壮，内侧具短皱。前翅小脉位于基脉内侧，二者之间的距离约为小脉长的 0.2 倍；小翅室斜四边形，具短柄，第 2 肘间横脉明显长于第 1 肘间横脉；第 2 回脉约在其下外角内侧 0.25 处与之相接；外小脉约在下方 0.3 处曲折；后小脉约在下方 0.2 处曲折。后足第 1～5 跗节长度之比依次约为 5.7∶2.5∶2.0∶1.0∶1.5。并胸腹节稍隆起，基横脊仅在中纵脊之间存在，中纵脊强壮；呈细网皱状表面，具白色长毛；基区纵长方形，端部稍窄，光亮，具微皱；中区纵长形，基半部均匀收敛，光亮，具微皱，端半部横皱明显；端区网状皱稍粗；侧区、外侧区呈细网皱状表面；气门小，圆形，隆凸，与外侧脊之间具 1 脊相连（或无），约位于基部 0.3 处。

腹部第 1 节背板长约为基部宽的 6.6 倍，约为端宽的 3.1 倍；背板大部呈细网状表面，端部具稠密的细刻点，亚端部中央刻点相对细密，端缘几乎光滑；气门小，圆形隆起，约位于背板中部。第 2 节背板梯形，长约为基部宽的 2.0 倍，约为端宽的 1.0 倍；呈粒状表面，具稠密的细毛点和黄褐色微毛，端缘光滑光亮。第 3 节及以后各节背板光亮，具稠密的细毛点和黄褐色微毛。产卵器均匀上弯，侧扁，末端尖。

体黑色，下列部分除外：颜面（中央的小斑或中央大部黑色），唇基（侧缘或大部黑褐色），上颚（端齿暗红褐色）红褐色至暗红褐色；触角腹面（柄节、梗节背面黑褐色；鞭节背面暗褐色），下颚须，下唇须褐色；触角窝外侧黄褐色；翅基片（有时黑褐色），翅基暗褐色；前足基节、第 1 转节黑色，第 2 转节（有时黑褐色）、腿节（基半部或大部黑褐色）、胫节褐色至红褐色，跗节褐色；中足腿节端部暗红褐色，胫节褐色至暗褐色，跗节（第 3～4 节黄褐色，有时褐色）褐色；后足腿节（端部少许黑褐色）暗红褐色或黑褐色，胫节（端部少许黑褐色）暗红褐色，跗节（第 2～4 节黄白色至黄褐色）褐色；腹部第 1 节背板端缘（有时黑褐色）、第 2～3 节背板、第 5 节背板基半部（有时无）暗红褐色；翅面黄褐色；翅痣，翅脉暗褐色；产卵器鞘褐色至暗褐色。

分布：中国（宁夏、四川）；俄罗斯。

观察标本：1♀，宁夏六盘山，2005-Ⅶ-14，集虫网；1♀，宁夏六盘山，2005-Ⅶ-21，集虫网。

(231) 喀利姬蜂 *Sympherta kasparyani* Hinz, 1991

Sympherta kasparyani Hinz, 1991. Spixiana, 14: 37.

分布：中国（吉林、辽宁）；日本，俄罗斯。

观察标本：1♂，吉林辉南榆树岔，1992-Ⅵ-14，孙淑萍；1♂，吉林辉南榆树岔，1992-Ⅵ-20，孙淑萍；1♀，吉林辉南四岔林场，1992-Ⅵ-21，孙淑萍；2♀♀，辽宁沈阳，1992-Ⅵ，娄巨贤；1♀，辽宁桓仁，2002-Ⅸ-21，王庆敏。

(232) 林芝利姬蜂，新种 *Sympherta linzhiica* Sheng, Li & Sun, sp.n.（彩图 59）

♀ 体长约 8.0 mm。前翅长约 6.5 mm。产卵器鞘长约 1.0 mm。

复眼大而凸出。颜面两侧近平行（下方稍收敛），宽约为长的 1.7 倍；表面几乎平坦，具细革质微粒状质地；上缘中央几乎不凹陷，具 1 不明显的小瘤突。唇基沟清晰。唇基大，明显隆起，宽约为长的 2.8 倍，具细革质状表面和稀疏的浅细刻点；端部较厚且光滑，端缘中段弱弧形内凹。上颚尖而长；表面光滑，具不明显的浅细刻点；上端齿弱小，贴附于下端齿基部上方，下端齿非常强壮，约为上端齿长的 3.0 倍。颊呈细革质粒状表面；颚眼距约为上颚基部宽的 0.5 倍。上颊具细革质状表面，中部较隆起；侧面观约为复眼横径的 0.8 倍，向后上部明显增宽。头顶和额具较均匀的细革质状表面；单眼区抬高；侧单眼间距约为单复眼间距的 0.8 倍。额下半部稍凹；具 1 较清晰的细中纵脊。触角明显短于体长，鞭节 27 节，基节长、细柄状，鞭节中段稍粗壮，端部节间短且相对均匀、稍变细；第 1～5 节长度之比依次约为 2.8∶1.4∶1.3∶1.2∶1.0。后头脊细而完整，后部中央浅“V”形内凹。

前胸背板具细革质状表面和稠密的细网皱；侧凹宽阔；颈部具稠密的短纵皱；前沟

缘脊强壮，斜向。中胸盾片均匀隆起，具细革质粒状表面；中叶前部较强隆起；盾纵沟明显，向后伸达中胸盾片亚端部（端部浅弱）。小盾片小，近三角形，背面平缓，具细革质状表面和弱细皱，基半部侧脊显著。后小盾片梯形，具弱皱。中胸侧板较强隆起，具稠密模糊的细网皱；翅基下脊下方浅横凹，内具近平行的短细纵皱；胸腹侧片具清晰的细纵皱；胸腹侧脊显著，背端约达中胸侧板高的 0.6 处，远离中胸侧板前缘；具光滑光亮的镜面区；中胸侧板凹横沟状。后胸侧板具较粗糙的斜纵皱；后胸侧板下缘脊完整，前角和后角都相对突出。翅浅褐色半透明；小脉位于基脉稍内侧，二者之间的距离约为小脉长的 0.35 倍；小翅室亚三角形，具短柄（几乎无柄）；第 2 肘间横脉显著长于第 1 肘间横脉；第 2 回脉位于它的下外角的稍内侧；外小脉约在下方 0.3 处曲折；后中脉弧形；后小脉约在下方 0.2 处曲折。足细长，表面细革质状，胫节外侧和跗节腹侧具成排的刺状刚毛；后足跗节第 1～5 节长度之比依次约为 4.0∶1.8∶1.3∶0.8∶0.8。爪简单，基部具栉状毛。并胸腹节相对短小，约为整个胸长的 0.3 倍；基横脊缺失，2 中纵脊之间有几道清晰的平行短横皱，端横脊外段缺失；中纵脊在端横脊之前显著；侧纵脊和外侧脊完整强壮；侧区呈细革质皱粒状表面，具模糊不清的细横皱；外侧区粗糙，具稠密的粗横皱；2 中纵脊接近平行，向端横脊方向略微收敛；端区六边形，具 1 明显的中纵脊，表面具稠密模糊的弱横皱；气门明显，圆形，约位于基部 0.2 处。

腹部第 1 节呈细柄状，背板表面具稠密模糊的弱细皱，端部具模糊的细纵皱；第 1 节背板长约为端宽的 2.3 倍；背中脊仅基部可见，背侧脊细而完整；气门小，圆形，突起，约位于该节背板中央。第 2 节背板梯形，长约为端宽的 0.67 倍，具稠密模糊的弱细网皱。第 3～5 节背板呈细革质状表面；第 3 节背板向基部稍收敛，长约为端宽的 0.6 倍；第 4 节背板侧缘接近平行，长约为宽的 0.4 倍；第 5 节及以后背板向后显著收敛。产卵器鞘短，约为后足胫节长的 0.24 倍；产卵器尖细（仅基部粗壮），均匀上弯。

头部红褐色，下列部分除外：触角基部和端部黑色（柄节、梗节及第 1 鞭节或第 2 鞭节腹侧红褐色），第 7～12 鞭节白色；唇基凹，唇基端缘，上颚基部及端齿黑色；下颚须，下唇须基节褐黑色，其余浅黄褐色。胸部主要为黑色，下列部分除外：前胸背板前部的小斑及后上部，中胸侧板后上部的大斑，中胸盾片大部（中叶前部带黑色），小盾片，后小盾片红褐色。腹部黑色，第 3 节背板红褐色；第 4、5 节背板端部两侧多多少少红褐色，第 6 节背板端半部及腹末红褐色。足基节暗红色，前中足基节腹侧端部及后足基节腹侧黑色；第 1 转节黑色，第 2 转节暗褐色；前足红褐色，腿节背侧带褐黑色，跗节除末跗节黑褐色外其余黄褐色；中后足腿节褐黑色，胫节（中足胫节端部多少暗褐色，后足胫节端部约 1/4 黑色）和跗节红褐色。翅面黄褐色，翅基片红褐色，前翅翅基黄白色，翅痣黑褐色，翅脉暗褐色。

正模 ♀，西藏鲁朗，3100 m，2013-Ⅶ-14，李涛。

词源：本新种名源于标本采集地名。

本新种较特殊，可通过上述检索表与其他种区分。

(233) 墨脱利姬蜂，新种 *Sympherta motuoensis* Sheng, Li & Sun, sp.n.（彩图 60）

♀ 体长约 6.2 mm。前翅长约 5.2 mm。产卵器鞘长约 0.7 mm。

复眼内缘向下稍收敛。颜面中央纵向稍隆起，上缘中央具 1 短纵脊，亚侧缘在触角窝外侧稍凹；呈粒状表面，具稠密的黄褐色短毛；宽约为长的 1.8 倍。唇基沟存在。唇基凹圆形，深凹。唇基横阔，稍平；基半部呈粒状表面，具稠密的黄褐色短毛；中央呈微细纹状，具几根稀疏的黄褐色长毛；端半部光滑光亮；宽约为长的 2.3 倍；端缘弧形，平截。上颚阔且长，光滑光亮，中部具稀疏的细毛点和黄褐色长毛；下端齿稍长于上端齿。颊区具细革质粒状表面。颚眼距约为上颚基部宽的 0.6 倍。上颊阔，向上稍变宽，中部微隆起；呈粒状表面，具稠密的黄褐色短毛。头顶质地同上颊。单眼中等大小，侧单眼外侧沟明显；侧单眼间距约等长于单复眼间距。额在触角窝后方稍凹；呈粒状表面。触角线状，鞭节 24 节，第 1～5 节长度之比依次约为 2.6∶1.4∶1.2∶1.0∶1.0。后头脊完整，在上颚基部上方与口后脊相接。

前胸背板侧凹阔；前沟缘脊存在；后上角呈粒状表面；具黄褐色短毛。中胸盾片圆形稍隆起，呈粒状表面，具黄褐色短毛；盾纵沟基部明显。盾前凹浅阔。小盾片圆形隆起。后小盾片稍隆起。中胸侧板稍平，呈粒状表面，具稠密的细刻点和黄褐色短毛，中上部的毛相对稀疏；胸腹侧脊明显，末端几乎达中胸侧板中部；镜面区小，前方具细网皱。后胸侧板稍隆起，呈粒状表面，中央具细网状皱，下后角具斜皱；后胸侧板下缘脊强壮。翅黄褐色，小脉与基脉对叉；第 2 肘间横脉消失，第 2 回脉位于第 1 肘间横脉外侧，二者之间的距离约为第 1 肘间横脉长的 0.9 倍；外小脉约在下方 0.3 处曲折；后小脉约在下方 0.2 处曲折。后足第 1～5 跗节长度之比依次约为 4.3∶2.1∶1.5∶1.0∶1.4。并胸腹节稍隆起，基横脊消失，其他脊明显；侧区基半部呈粒状表面，端半部具细网状皱，具稀疏的黄褐色短毛；端区网状皱相对粗；外侧区质地同端区，具黄褐色长毛；气门小，圆形，隆凸，靠近侧纵脊，约位于基部 0.2 处。

腹部第 1 节背板长约为基部宽的 6.6 倍，约为端宽的 3.1 倍；背板呈细网皱状表面，具稀疏的黄褐色短毛，端缘光滑；气门小，圆形隆起，约位于背板基部 0.4 处。第 2 节背板梯形，长约为基部宽的 1.3 倍，约为端宽的 0.7 倍；呈细网皱状表面，端缘近光滑，具稠密的黄褐色短毛。第 3 节背板呈细粒状表面，具均匀稠密的黄褐色短毛。第 4 节及以后各节背板光亮，呈微细纹状表面，具均匀稠密的黄褐色短毛。产卵器鞘均匀上弯。产卵器稍上弯，侧扁，基部阔，向端部渐尖。

体黑色，下列部分除外：头部（颜面亚中部的斜纵带、端缘中部黑褐色；唇基中央大部暗褐色至黑褐色；上颚基部黑褐色，中央大部黄褐色；下颚须、下唇须黄褐色；复眼褐色；触角柄节、梗节内侧黑褐色，外侧黄褐色至红褐色，鞭节第 7 节少许、第 8～11 节黄白色，其余鞭节暗褐色至黑褐色），前胸侧板后上部，中胸盾片，小盾片，中胸侧板大部，后胸侧板中央的斑，前足（基节端半部、转节、腿节腹面黑褐色；胫节、跗节黄褐色至褐色），中足（端部少许、转节、腿节黑褐色；胫节、跗节褐色），后足（基节腹面及端缘、转节、腿节、胫节端部黑褐色；跗节黄褐色），腹部第 2 节背板端缘、第 3 节背板（基半部的斑暗红褐色至黑褐色，端缘稍带黄褐色）红褐色；翅痣，翅脉褐色。

正模 ♀，西藏墨脱县，3272 m，2009-Ⅵ-17，牛耕耘。

词源：本新种名源于标本采集地名。

本新种与林芝利姬蜂 *S. linzhiica* Sheng, Li & Sun 近似，可通过下列特征区分：前翅小脉位于基脉外侧；无小翅室；中胸侧板几乎完全深红色。林芝利姬蜂：前翅小脉位于基脉内侧；具亚三角形小翅室；中胸侧板几乎完全黑色。

(234) 多利姬蜂，新种 *Sympherta polycolor* Sheng, Sun & Li, sp.n.（彩图 61）

♀ 体长约 6.5 mm。前翅长约 5.0 mm。产卵器鞘长约 0.8 mm。

复眼大而凸出。颜面两侧近平行（下方稍收敛），宽约为长的 1.5 倍，具细革质微粒状表面，中央稍纵隆起，亚侧面（触角窝下方）不明显纵凹；上缘中央呈长“V”形纵凹，凹底具 1 光滑的小瘤突。唇基沟弱。唇基大，明显隆起，宽约为长的 2.5 倍，具细革质状表面和几个稀疏的浅细刻点；端部厚且光滑，端缘具 1 排平行的长毛、中段弱弧形内凹。上颚尖而长；基部稍宽阔，表面光滑，具不明显的浅细刻点；上端齿弱小，贴附于下端齿基部上方，下端齿特别强壮，约为上端齿长的 4.0 倍。颊呈细革质粒状表面；颚眼距约为上颚基部宽的 0.35 倍。上颊具细革质状表面，中部较隆起；侧面观约等于复眼横径宽，中央处达最宽。头顶和额具较均匀的细革质状表面；单眼区抬高；侧单眼间距约等于单复眼间距。额下半部稍凹；2 触角窝之间具细中纵脊（端部不明显）。触角明显短于体长，鞭节 26 节，基节长、细柄状，鞭节中段稍粗壮，端部节间短且相对均匀、稍变细；第 1～5 节长度之比依次约为 2.3∶1.2∶1.1∶1.0∶0.9。后头脊细而完整，后部中央浅“V”形内凹。

前胸背板具细革质状表面，后下方具弱细皱；侧凹宽阔；前沟缘脊直，强壮，与颈前缘近平行。中胸盾片均匀隆起，具细革质状表面；中叶前部较强隆起；盾纵沟明显向后渐内敛，伸达翅基片后缘连线之后。小盾片小，近三角形，背面稍隆起，表面细革质状，基半部具细侧脊。后小盾片梯形，稍隆起，具皱。中胸侧板较强隆起，具稠密模糊的细皱粒状表面；胸腹侧脊细而明显，背端约达中胸侧板高的 0.6 处，远离中胸侧板前缘；胸腹侧片粗糙，具不清晰的细皱；具光滑光亮的镜面区；中胸侧板凹横沟状。后胸侧板较中胸侧板更为粗糙，后下部具较明显的短纵皱；后胸侧板下缘脊完整，前角和后角都相对突出。翅浅褐色半透明；小脉几乎与基脉相对（稍内侧）；小翅室四边形，具短柄；第 2 肘间横脉明显长于第 1 肘间横脉；第 2 回脉位于它的下方中央稍外侧；外小脉约在下方 0.4 处曲折；后中脉弧形；后小脉约在下方 1/3 处曲折。足细长，表面细革质状，胫节外侧和跗节腹侧具成排的刺状刚毛；后足跗节第 1～5 节长度之比依次约为 3.0∶1.3∶1.0∶0.7∶0.7。爪简单。并胸腹节相对短小，约为整个胸长的 0.33 倍；基横脊缺失（仅在 2 中纵脊之间有一段细横脊），端横脊外段不明显；中纵脊在端横脊之前显著；侧纵脊和外侧脊完整强壮；中部区域呈细革质状表面；外侧区较粗糙，具稠密模糊的细横皱；2 中纵脊接近平行，仅在到达端横脊之前稍向两侧外突；端区六边形，具 1 细中纵脊，表面具模糊的弱皱；气门明显，圆形，约位于基部 0.2 处。

腹部第 1 节呈细柄状，背板具细革质皱粒状表面，端部具模糊的细纵皱；第 1 节背板长约为端宽的 2.2 倍；背中脊仅基部可见，背侧脊细而完整；基侧方具短横皱；气门小，圆形，突起，位于该节背板中央稍前。第 2 节背板梯形，长约为端宽的 0.68 倍，具细革质皱粒状表面。第 3～5 节背板呈较光滑的细革质状表面；第 3 节背板侧缘近平行，长约为宽的 0.55 倍；第 4～5 节背板向后渐收敛；其余背板藏于腹下。产卵器鞘短，约为后足胫节长的 0.3 倍；产卵器端半部尖细，明显上弯。

头部红褐色，下列部分除外：触角基部和端部黑色（柄节、梗节及第 1 鞭节腹侧黄褐色），第 6～11 鞭节白色；唇基及上颚基部黑色；下颚须，下唇须基节褐黑色，其余浅黄褐色；上颊眼眶后段黑色；颜面和单眼区具不明显的暗褐色散斑。胸部主要红褐色，下列部分除外：前胸侧板，胸缝，小盾片侧缘及端部，后小盾片及其凹槽背面，中胸腹板，后胸侧板周缘及下部，并胸腹节大部（仅端区及其上方稍见黄褐色）黑色；中胸盾片中叶背侧、侧叶内缘多多少少带黑色。腹部黑色，第 2 节背板端半部及第 3 节背板红褐色；腹末带黄褐色。足基节红褐色，第 1 转节黑色，第 2 转节红褐色；前中足腿节和胫节背侧褐黑色、腹侧红褐色；后足腿节背侧褐黑色、腹侧红褐色，胫节基半部红褐色、端部约 1/4 黑色；跗节黄褐色至暗褐色。翅面黄褐色，翅基片褐黑色，前翅翅基黄白色，翅痣和翅脉褐色。

正模 ♀，陕西安康平河梁，2382 m，2010-Ⅶ-12，李涛。

词源：本新种名源于体具很多黑色斑。

本新种与林芝利姬蜂 *S. linzhiica* Sheng, Li & Sun 和墨脱利姬蜂 *S. motuoensis* Sheng, Li & Sun 近似，可通过下列特征与后 2 种区分：前翅小脉几乎与基脉对叉；小翅室四边形，具短柄；唇基明显革质，几乎完全黑色。林芝利姬蜂：小脉明显位于基脉内侧；小翅室缺，唇基几乎光滑，红褐色。

(235) 凹利姬蜂 *Sympherta recava* Sheng & Sun, 2014

Sympherta recava Sheng & Sun, 2014. Ichneumonid Fauna of Liaoning, p.188.

分布：中国（辽宁）。

观察标本：1♀（正模），辽宁宽甸白石砬子，2001-Ⅵ-01，盛茂领。

(236) 汤利姬蜂 *Sympherta townesi* Hinz, 1991

Sympherta townesi Hinz, 1991. Spixiana, 14: 42.

分布：中国（江西）；日本，俄罗斯。

观察标本：1♀，江西官山东河站，2015-V-17，集虫网；2♀♀，江西修水县黄沙港林场五梅山，500 m，216-VII-10，集虫网。

57. 合姬蜂属 *Syntactus* Förster, 1869

Syntactus Förster, 1869. Verhandlungen des Naturhistorischen Vereins der Preussischen Rheinlande und Westfalens, 25(1868): 210. Type-species: *Ichneumon delusor* Linnaeus. Designated by Perkins, 1962.

主要鉴别特征：复眼内缘向下方收敛；唇基沟通常深凹；唇基横向，端缘钝，弧形前突；唇基凹开放；上颚较宽，基部无横凹，下缘亚基部锐利呈脊状；下端齿通常稍长于上端齿；胸腹侧脊背端伸抵中胸侧板前缘；盾纵沟约为中胸盾片长的 1/3；并胸腹节分区完整，或中区的端脊及第2侧区的端脊消失；爪简单；无小翅室；小脉位于基脉的稍外侧；后小脉垂直或几乎垂直，在中央下方曲折或不曲折；腹部第1节背板细长，端部阔；无基侧凹；背中脊不明显；背侧脊或多或少清晰；基部约0.65具纵皱；第2节背板光滑光亮，刻点小；产卵器鞘长约为腹端厚的0.8倍；产卵器直，或稍上弯。

全世界已知9种，我国已知4种。

寄主：据报道（Bauer，1958；Hedwig，1944；Yu et al.，2016），已知的寄主主要有斑腹长背叶蜂 *Strongylogaster macula* (Klug)、四点苔蛾 *Lithosia quadra* (L.)、瘤状松梢小卷蛾 *Rhyacionia resinella* (L.)。

合姬蜂属东洋区和东古北区已知种检索表

1. 中胸侧板无皱，具不清晰或清晰的刻点……2
 中胸侧板具清晰稠密的斜皱……5
2. 上颚上端齿稍长于下端齿；颜面具清晰稠密的刻点；所有的腿节和胫节褐色至红褐色；胸部黑色……瓦合姬蜂 *S. varius* (Holmgren)
 上颚上端齿明显短于下端齿；颜面几乎光滑，无刻点或具刻点；至少后足腿节黑色，或中胸侧板和中胸腹板黄至黄褐色……3
3. 并胸腹节中区长大于宽，分脊在它的中部之前相接；中胸侧板和中胸腹板黄色；后胸侧板红褐色（♀）或黄色（♂）；后足红褐色……九连合姬蜂 *S. jiulianicus* Sun & Sheng
 并胸腹节中区长约等于宽，分脊在它的中部相接；中胸侧板、中胸腹板、后胸侧板和后足黑色‥4
4. 小脉与基脉几乎对叉；并胸腹节基区向后变宽，宽稍大于长；翅基片前部具白斑；腹部第2～3节背板褐色至红色……乐合姬蜂 *S. leleji* Kasparyan
 小脉位于基脉外侧，二者之间的距离约为小脉长的0.3倍；并胸腹节基区的侧脊近平行，长稍大于宽；翅基片黑色；腹部背板完全黑色……皱合姬蜂，新种 *S. rugosus* Sheng, Sun & Li, sp.n.
5. 颜面几乎光亮，无明显的刻点；后足腿节红褐色……德合姬蜂 *S. delusor* (Linnaeus)
 颜面具稠密的刻点；后足腿节黑色或褐黑色……6
6. 后头脊在上颚基部与口后脊相接；并胸腹节基区侧脊平行；小脉与基脉对叉；腹部第2～4节背板红色……小合姬蜂 *S. minor* (Holmgren)
 后头脊在上颚基部上方与口后脊相接；并胸腹节基区强烈向后收敛；小脉位于基脉外侧，二者之间的距离约为小脉长的0.5倍；腹部背板完全黑色……全黑合姬蜂，新种 *S. niger* Sheng, Sun & Li, sp.n.

(237) 德合姬蜂 *Syntactus delusor* (Linnaeus, 1758)

Ichneumon delusor Linnaeus, 1758. Systema naturae per regna tria naturae, secundum classes, ordines, genera, species cum characteribus, differentiis, synonymis locis, Edition 10, 1: 564.

分布：中国（山西）；俄罗斯远东地区，欧洲。

(238) 九连合姬蜂 *Syntactus jiulianicus* Sun & Sheng, 2012

Syntactus jiulianicus Sun & Sheng, 2012. ZooKeys, 170: 23.

分布：中国（江西）。

观察标本：1♀（正模）1♂（副模），江西九连山，2011-Ⅳ-27，盛茂领。

(239) 全黑合姬蜂，新种 *Syntactus niger* Sheng, Sun & Li, sp.n.（彩图 62）

♀ 体长约 6.9 mm。前翅长约 4.8 mm。产卵器鞘长约 0.6 mm。

复眼内缘向下均匀收敛。颜面宽约为长的 2.0 倍，光亮，具均匀的细毛点和黄褐色短毛；中央均匀隆起，刻点相对稀疏且粗大。唇基沟痕迹存在；唇基凹，椭圆形深凹。唇基横阔，稍隆起，宽约为长的 2.8 倍；光亮，具稀疏的细毛点和黄褐色短毛；端缘平截。上颚强壮，基半部具稀疏的细毛点和黄褐色长毛，中央短纵皱状夹杂细毛点；端齿光滑光亮，下端齿稍大于上端齿。颊区光滑光亮，具稠密的细毛点和黄褐色短毛。颚眼距约为上颚基部宽的 0.3 倍。上颊中等阔，中央纵向圆形隆起，光滑光亮，具均匀的细毛点和黄褐色短毛。头顶质地同上颊，在侧单眼外侧方无毛。单眼区稍抬高，中央微凹，光亮，质地同头顶；单眼中等大，稍隆起，侧单眼外侧沟存在；侧单眼间距约为单复眼间距的 1.1 倍。额上半部相对平，具细毛点和黄褐色短毛；中单眼前方稍隆起，毛点粗大且稀疏；触角窝后方均匀凹，触角窝之间光滑光亮；额眼眶的毛点相对细密。触角线状，鞭节 28 节，第 1～5 节长度之比依次约为 1.2∶1.2∶1.1∶1.0∶1.0。后头脊上部中央间断，在上颚基部稍上方与口后脊相接。

前胸背板前缘光亮，具稀疏的细毛点和黄褐色短毛；侧凹深阔，光亮，呈粗皱状表面，下缘短皱直达后缘；后上部光亮，具稠密的细毛点和黄褐色短毛。中胸盾片圆形隆起，光亮，具稠密的细毛点和黄褐色短毛，中后部毛点相对稀疏；盾纵沟弱，向后收敛，几乎达中部后方。盾前沟深阔，光亮。小盾片圆形稍隆起，光亮，具稀疏的细毛点和黄褐色短毛，中央几乎无毛；端半部呈细皱状表面。后小盾片横向隆起，具稠密的细刻点。中胸侧板微隆起，中后部相对凹；光亮，上半部具稀疏的细毛点和黄褐色短毛，下半部毛点相对稠密；翅基下脊下方前半部呈细皱状表面，后半部长斜皱状；上半部中央粗横皱状，下半部上缘中央的皱较弱；镜面区中等大，光滑光亮；中央部分光滑光亮；中胸侧板凹浅横沟状；下后角具短皱；胸腹侧脊明显，约为中胸侧板高的 0.6 倍。后胸侧板稍隆起，光亮，上半部具稀疏的细毛点和黄褐色短毛；中下部呈粗皱状表面；基间脊存在；后胸侧板下缘脊完整。翅褐色，透明，小脉位于基脉外侧，二者之间的距离约为小脉长的 0.5 倍；无小翅室，第 2 回脉位于肘间横脉外侧，二者之间的距离约为肘间横脉长的 0.7 倍；外小脉在下方约 0.4 处曲折；后小脉在下方约 0.35 处曲折。爪简单，后足第 1～5 跗节长度之比依次约为 4.1∶2.2∶1.6∶1.0∶1.2。并胸腹节圆形稍隆起，分区完整；基区倒梯形，光亮，具弱皱；中区六边形，中央近光亮，周缘呈细皱状表面；分脊约从中区中央稍上方与之相接；端区斜，基半部具 1 条对称的弧形靠拢强脊；第 1 侧区光亮，具稠密的细毛点和黄褐色短毛；第 2 侧区呈斜皱状表面；外侧区在气门前具稠密的细毛点，气门后呈细皱状表面；气门小，斜椭圆形，靠近侧纵脊，与外侧脊直接由脊相连，位于基部约 0.3 处。

腹部第 1 节背板长约为端宽的 1.8 倍；背板侧缘在气门前近平行，在气门后向端部渐开阔；基半部近光亮，端半部具稠密的细毛点和黄褐色短毛，端缘光滑无毛；背中脊强壮，向后均匀收敛，伸达亚端部；背侧脊、腹侧脊完整；气门小，圆形，强隆起，约位于背板中部。第2节背板近梯形，长约为基部宽的0.9倍，约为端宽的0.6倍；具稠密的细毛点和黄褐色短毛，端半部毛点相对稀疏，端缘光滑无毛。第3节及以后各节背板光亮，具均匀的细毛点和黄褐色短毛。产卵器鞘长，伸达腹末。产卵器细长，末端尖。

体黑色，下列部分除外：上颚（基半部暗褐色；端齿暗红褐色），前足（基节、第1转节大部、第2转节、腿节背面黑褐色；胫节端部背面、跗节背面褐色）黄褐色；触角鞭节（背面黑褐色），中足转节端缘、腿节、胫节（腹面稍带黄褐色）、跗节，产卵器鞘褐色至暗褐色；后足胫节、跗节，翅痣，翅脉暗褐色至黑褐色。

正模 ♀，江西马头山昌坪站，290 m，2017-Ⅶ-04，集虫网。

词源：本新种名源于体完全黑色。

本新种与小合姬蜂 *S. minor* (Holmgren, 1857) 相近，可通过前述检索表鉴别。

(240) 皱合姬蜂，新种 *Syntactus rugosus* Sheng, Sun & Li, sp.n.（彩图63）

♀ 体长约7.0 mm。前翅长约6.5 mm。触角长约等于体长。产卵器鞘短，不超过腹末。体被稠密的白色短柔毛。

颜面宽约为长的2.0倍，较平坦，具稠密不均匀的细刻点；上缘中央稍下凹。唇基沟宽而浅显。唇基横宽，约为长的2.5倍，向端部稍平缓隆起，具稠密的细刻点和弱皱；端缘钝，弧形前突；唇基凹开放。上颚狭长，基部具细纵皱；端齿钝圆，上端齿明显短于下端齿。颊呈细革质微皱状表面；颚眼距约为上颚基部宽的0.5倍。上颊宽阔，中部明显隆起，侧面观其宽约等于复眼横径，具稠密的白色短柔毛。头顶质地与上颊相似；侧单眼外侧较光滑，具稀疏不明显的细毛点，侧单眼外缘稍凹；单眼区稍隆起，中央稍纵凹；侧单眼间距约为单复眼间距的0.8倍。额下半部稍凹，凹内具稠密的细横皱；上半部较平，具稠密不明显的细毛点。触角柄节显著膨大，端缘几乎平截；鞭节33节，第1～5节长度之比依次约为1.3∶1.2∶1.2∶1.2∶1.1。后头脊细弱，背方中央不清晰；下端伸抵上颚基部。

前胸背板前部具细纵皱，侧凹浅、具与前部相连的细纵皱，后上部稍隆起、具不明显的浅细刻点；前沟缘脊较弱。中胸盾片均匀隆起，具非常稠密的浅细刻点；盾纵沟在前部0.4处较明显，中叶前部稍突出。小盾片较强隆起，具细刻点；基部约1/3具侧脊。后小盾片稍隆起，倒梯形，具弱细刻点。中胸侧板均匀隆起，具均匀稠密的浅细刻点；胸腹侧脊强壮，背端伸达中胸侧板前缘中央；镜面区大，光滑光亮，无刻点；中胸侧板凹沟状。后胸侧板稍隆起，具不明显的弱细刻点，下缘具斜细皱；基间脊明显；后胸侧板下缘脊较强，前部明显突出。翅稍褐色，透明；小脉位于基脉外侧，二者之间的距离约为小脉长的0.3倍；无小翅室；第2回脉位于肘间横脉的外侧，二者之间的距离约为肘间横脉长的0.6倍；外小脉内斜，约在下方0.35处曲折；后小脉约在下方中央处曲折。后足长且强壮，基节呈锥状显著膨大，腿节明显膨大；后足第1～5跗节长度之比依次约为5.0∶2.7∶1.9∶1.1∶1.7。并胸腹节明显隆起；基区两侧近平行，光滑，稍具弱细的横皱；中区阔六边形，与基区合并，较光滑，周缘具几个稀细的刻点；分脊约位于其中部；第1侧区具稠密的微细刻点；第2侧区和第1、第2外侧区较光滑，周缘具几个稀细的刻点；端区和第 3 侧区、第 3 外侧区具粗皱；外侧脊向气门处角状弯曲；气门扁圆形，由 1 明显的脊连接至外侧脊的弯角，内侧毗邻侧纵脊。

腹部光滑光亮，具稠密的毛细刻点。第 1 节背板长约为端宽的 2.1 倍；基半部细柄状，中央纵向光滑，侧方具细纵皱；背中脊细弱，长度超过气门；背侧脊弱细，几乎完整；气门圆形，较隆起，约位于第 1 节背板中央。第 2 节背板梯形，长约为端宽的 0.64 倍，其端缘达腹部最宽处。第 3 节背板倒梯形，长约为基部宽的 0.57 倍、约为端宽的 0.7 倍。第 4 节及以后背板向后显著收敛。下生殖板侧面观呈扁三角形。产卵器鞘长约为腹端厚度的 0.7 倍，亚端部明显宽于基部；产卵器除基部外非常细。

体黑色，下列部分除外：触角鞭节腹侧带红褐色；上颚端部红褐色（端齿黑色）；下颚须和下唇须褐黑色；前足腿节腹侧、胫节和跗节（末跗节黑褐色）黄褐色；中足腿节腹侧多多少少、胫节及跗节腹侧黄褐色；前翅翅基白色；翅痣黑色，翅脉暗褐色。

正模 ♀，江西马头山，280～290 m，2017-Ⅳ-18，李涛。

词源：本新种名源于上颚具稠密的纵皱。

本新种与乐合姬蜂 *S. leleji* Kasparyan, 2007 近似，可通过前述检索表鉴别。

58. 凹足姬蜂属 *Trematopygus* Holmgren, 1857

Trematopygus Holmgren, 1857. Kongliga Svenska Vetenskapsakademiens Handlingar, N.F.1 (1) (1855): 179. Type-species: *Trematopygus ruficornis* Holmgren, 1857. Designated by Viereck, 1912.

主要鉴别特征：体粗壮；前翅长 3.2～6.5 mm；复眼内缘弱至强烈向下收敛；唇基沟存在；唇基宽短，具刻点；上颚端齿等长或下端齿稍长于上端齿；胸腹侧脊末端未伸达中胸侧板前缘；前翅小翅室存在或无，若存在，则第 2 回脉在其下外角处与之相接；小脉远位于基脉外侧；后小脉强烈内斜，在中央下方曲折；并胸腹节无分脊；基区和中区合并；其他脊完整；腹部第 1 节背板基部具短的基侧凹；背侧脊完整；第 2 节背板具稠密的粗刻点；产卵器鞘约等长于腹末厚度；产卵器向上弯曲。

全世界已知 22 种；我国已知 2 种。已报道的寄主：玫瑰叶蜂 *Athalia rosae* (L.)、麦叶蜂 *Dolerus* spp.等（Hinz，1986；Yu et al.，2016）。

(241) 敞凹足姬蜂 *Trematopygus apertor* Hinz, 1985

Trematopygus apertor Hinz, 1985. Spixiana, 8(3): 269.

分布：中国（江西、福建）。

观察标本：6♀♀7♂♂，江西官山自然保护区，430 m，2009-III-31～Ⅳ-20，集虫网；1♂，江西吉安双江林场，174 m，2009-Ⅳ-09，集虫网；1♀，江西资溪，2009-Ⅳ-17，集虫网；1♀，江西官山自然保护区，450 m，2010-Ⅴ-09，集虫网；3♀♀，江西资溪，2017-Ⅳ-10～18，集虫网。

(242) 半圆凹足姬蜂 *Trematopygus hemikrikos* Sheng & Su, 1996

Trematopygus hemikrikos Sheng & Su, 1996. Acta Entomologica Sinica, 39(2): 206.

分布：中国（辽宁）。

观察标本：1♀（正模），辽宁沈阳，1992-Ⅴ-16，盛茂领；1♀，辽宁沈阳，1994-Ⅴ-08，盛茂领。

（九）齿胫姬蜂族 Scolobatini

主要鉴别特征：前翅长 3.5～11.0 mm；唇基沟弱或缺；唇基宽，稍隆起或几乎平，端缘平截或稍前突，具 1 中齿或无；上颚阔，中等长，下端齿通常稍长于上端齿；触角鞭节第 1 节长约为第 2 节长的 1.65 倍；盾纵沟缺；并胸腹节短，仅端区两侧具纵脊的痕迹；无小翅室；后小脉在中央或下方曲折；基侧凹小且浅；产卵器鞘长约为腹末厚度的 0.3 倍；产卵器具缺刻。

该族含 5 属，我国仅知 1 属。

59. 齿胫姬蜂属 *Scolobates* Gravenhorst, 1829

Scolobates Gravenhorst, 1829. Ichneumonologia Europaea, 2: 357. Type-species: (*Scolobates crassitarsus* Gravenhorst) = *auriculatus* Fabricius. Designated by Westwood, 1840.

主要鉴别特征：唇基沟不明显；唇基端缘中央具 1 齿；无小翅室；肘间横脉强烈内斜；腹部第 1 节背板侧缘几乎平行，亚基部通常相对稍宽。

此前全世界已知 13 种，我国已知 6 种。本文介绍 17 种（含 9 新种，2 中国新纪录种）。该属已知的寄主为叶蜂类，据报道（Yu et al.，2016），主要寄主为玫瑰三节叶蜂 *Arge pagana* (Panzer)、古北三节叶蜂 *A. enodis* L.、细角三节叶蜂 *A. gracilicornis* Klug、柳黄锤角叶蜂 *Cimbex lutea* L.等。

齿胫姬蜂属中国已知种检索表（17 种）

1. 腹部第 1 节背板长至多为端宽的 2.6 倍，侧缘自气门至端缘平行或几乎平行，或自端缘向基部均匀收敛……2
   腹部第 1 节背板长至少为端宽的 2.7 倍，侧缘自气门至端缘均匀收敛，或几乎平行……9
2. 腹部第 1 节背板较宽短，长约为端宽的 1.4 倍，侧缘自端缘向基部均匀收敛；并胸腹节侧纵脊仅端部存在；胸部主要为黑色……节齿胫姬蜂，新种 *S. tergitalis* Sheng, Sun & Li, sp.n.
   腹部第 1 节背板较长，长至少约为端宽的 1.9 倍，侧缘至少自气门至端缘平行；其他非完全同上述……3
3. 体火红色至红褐色，无深色斑；腹部第 1 节背板长约为端宽的 2.4～2.6 倍，气门位于基部的 0.25 处……火红齿胫姬蜂 *S. pyrthosoma* He & Tong

体至少具黑色斑，或胸部，或部分，或完全黑色……………………………………………………………4

4. 头和中胸完全红至红褐色；腹部背板黑色，后缘或多或少白色；第1节背板长约为端宽的2.5倍，侧缘在气门至后缘之间向后稍收敛…… 红头齿胫姬蜂红胸亚种 *S. ruficeps mesothoracica* He & Tong

头和中胸黑色，至少具黑色斑；腹部背板或红褐色，至少部分黑色，中部背板后缘无白色横带（亮齿胫姬蜂除外）……………………………………………………………………………………5

5. 胸部、腹部背板和后足腿节黑色；触角鞭节34节；后足跗节明显增粗，第2节为第4节长的2.0倍…………………………………………… 黄齿胫姬蜂，新种 *S. fulvus* Sheng, Sun & Li, sp.n.

胸部或腹部至少部分红褐色，或至少后足腿节红褐色；触角鞭节至少36节；后足跗节正常，不增粗（对脉齿胫姬蜂除外），第2节或大于第4节长的2.0倍…………………………………………6

6. 腹部第1节背板长约为端宽的1.9倍；触角鞭节43～48节；腹部中部（第2～4背板）和后足腿节红褐色………………………………………… 叶蜂齿胫姬蜂，新种 *S. argeae* Sheng, Sun & Li, sp.n.

腹部第1节背板长约为端宽的2.6倍；触角鞭节至多40节；腹部背板全部黑褐色或全部红褐色，或至少后足腿节基半部黑色…………………………………………………………………………7

7. 前胸、中胸盾片、小盾片、后小盾片、并胸腹节、腹部背板黄褐至红褐色………………………………………………………………………… 长角齿胫姬蜂 *S. longicornis* Gravenhorst

前胸、中胸盾片、小盾片、后小盾片、并胸腹节黑色，或主要为黑色；腹部背板黑色或黑褐色，至少基部和端部黑色……………………………………………………………………………8

8. 侧单眼间距约为单复眼间距的0.6倍；前翅小脉与基脉对叉；并胸腹节侧纵脊端部存在；后足跗节明显增粗；腹部第1节背板侧缘自气门至端部平行；第2、3节背板褐色至红褐色……………………………………………………………对脉齿胫姬蜂，新种 *S. oppositus* Sheng, Sun & Li, sp.n.

侧单眼间距约为单复眼间距的0.4倍；前翅小脉明显位于基脉内侧；并胸腹节侧纵脊缺；后足跗节正常，不增粗；腹部第1节背板侧缘自气门向后稍收敛；腹部背板褐黑色，后缘白色………………………………………………………………亮齿胫姬蜂，新种 *S. shinicus* Sheng, Sun & Li, sp.n.

9. 腹部第1节背板侧缘自气门向后明显收敛；并胸腹节至少端半部具明显的侧纵脊；前翅在翅痣下方具深色纵斑，翅端缘具宽的深色纵带………………………………………………………10

腹部第1节背板侧缘自气门至端缘平行；并胸腹节无或具明显的侧纵脊；前翅翅痣无深色斑；翅端缘或无深色纵带…………………………………………………………………………12

10. 腹部第1节背板长约为端宽的3.8倍；颜面上部中央具黑斑；胸部几乎全部黑色；后足腿节主要黑褐色……………………………………… 斑齿胫姬蜂，新种 *S. maculatus* Sheng, Sun & Li, sp.n.

腹部第1节背板长至多为端宽的3.3倍；颜面全部、胸部几乎全部、后足腿节主要为黄褐色…… 11

11. 触角36节；腹部第1节背板长为端宽的3.0倍；中胸盾片无深色纵带；腹部第3节及其后的背板主要为黑色……………………………………………… 黑腹齿胫姬蜂 *S. nigriventralis* He & Tong

触角42～44节；腹部第1节背板长为端宽的4.4倍；中胸盾片具深色纵带；腹部第3节及其后的背板主要为褐色…………………………………………………… 黄褐齿胫姬蜂 *S. testaceus* Morley

12. 胸部、腹部、所有基节、后足全部黑色；颜面不均匀的浅黄色；翅稍带灰色，透明………………………………………………………………………… 黑齿胫姬蜂 *S. nigriabdominalis* Uchida

胸部或腹部红褐色，或腹部背板（至少中部）红褐或黄褐色；后足至少部分黄褐色；颜面具黑斑或纵纹，或完全浅黄色；翅外缘带烟灰色或透明………………………………………………13

13. 头明显较大；胸短，中胸盾片长约等于最大宽；第 1 节背板长约为端宽的 4.0 倍；颜面黄色，上部中央具大黑斑；触角鞭节基半部红褐色，端半部黄色……………………………………………………黑胸齿胫姬蜂 *S. melanothoracicus* Sheng & Sun
头正常，不明显大；中胸盾片长明显大于最大宽；第 1 节背板长至多为端宽的 3.2 倍；颜面黄色无黑斑，或具黑色纵纹；触角鞭节至少部分黑色……………………………………………………14
14. 颜面不均匀的黄褐色，亚侧面具黑色纵纹；后足胫节和跗节黑色；腹部第 2、3 节背板黄褐至红褐色……………………………………………………耳齿胫姬蜂 *S. auriculatus* (Fabricius)
颜面完全浅黄色；后足胫节和跗节黄色至黄褐色；腹部背板完全黄褐色，或背板侧缘具黑色斜带……………………………………………………15
15. 后足跗节第 2 节长为最大宽的 2.8 倍，为第 4 节长的 2.0 倍；腹部背板完全黄褐至红褐色……………………………………………………褐腹齿胫姬蜂，新种 *S. rufiabdominalis* Sheng, Sun & Li, sp.n.
后足跗节第 2 节长为最大宽的 3.6 倍，或为第 4 节长的 2.3 倍；腹部至少第 2、3 节背板侧面黑色……………………………………………………16
16. 腹部第 1 节背板长约为端宽的 3.0 倍；前胸背板、中胸侧板下部及腹板全部、并胸腹节黄至黄褐色；后足腿节红褐色……………………………………平齿胫姬蜂，新种 *S. parallelis* Sheng, Sun & Li, sp.n.
腹部第 1 节背板长约为端宽的 2.7 倍；前胸、中胸侧板和腹板全部、并胸腹节侧面黑色，中部红褐色；后足腿节几乎完全黑色……………………梯齿胫姬蜂，新种 *S. trapezius* Sheng, Sun & Li, sp.n.

(243) 叶蜂齿胫姬蜂，新种 *Scolobates argeae* Sheng, Sun & Li, sp.n.（彩图 64）

♀ 体长 9.0～10.7 mm。前翅长 7.8～9.8 mm。产卵器鞘长 0.5～0.7 mm。

复眼内缘近平行，靠近触角窝处微凹。颜面宽约为长的 2.0 倍，光滑光亮，具稠密的细毛点和黄褐色短毛，外缘毛点相对稀疏；靠近基部中央微隆起，上缘具 1 小瘤突。唇基和颜面界限不明显；唇基凹斜椭圆形，深凹。唇基光滑光亮，具非常稀疏的黄褐色短毛；端缘平截，中央具 1 强齿状突。上颚强壮，基半部具稠密的细毛点和黄褐色短毛；端齿光滑光亮，等长。颊区光滑光亮，具稠密的细毛点和黄褐色短毛；颚眼距约为上颚基部宽的 0.7 倍。上颊宽阔，中央均匀隆起，光滑光亮，具均匀的细毛点和黄褐色短毛，靠近眼眶处光滑无毛。头顶光滑光亮，具非常稀疏的细毛点和黄褐色短毛；在单眼区后方弧形深凹。单眼区稍抬高，中央凹，具稠密的细毛点；单眼中等大，强隆起，单眼外侧沟明显；侧单眼间距约为单复眼间距的 0.4 倍。额相对平，具稠密的细毛点和黄褐色短毛；在中单眼前方稍凹，光滑无毛；下半部在触角窝后方均匀凹，光滑无毛。触角丝状，鞭节 43～48 节，第 1～5 节长度之比依次约为 1.8∶1.3∶1.2∶1.1∶1.0。后头脊在上方中央缺，在上颚基部与口后脊相接。

前胸背板光滑光亮，具稠密的细毛点和黄褐色短毛；侧凹阔，光滑无毛；后上部光滑无毛，后上角具稠密的细毛点；前沟缘脊缺。中胸盾片圆形隆起，光滑光亮，几乎无毛；中叶亚侧缘具 2 纵凹沟。盾前沟浅，光亮，具短纵皱。小盾片舌状稍隆起，中央具稠密的细毛点和黄褐色短毛，其余部分光滑无毛。后小盾片横向隆起，光滑无毛。中胸侧板相对平，光滑光亮，具均匀的细毛点和黄褐色短毛，中央大部光滑无毛；镜面区非常大；中胸侧板凹浅横沟状；胸腹侧脊明显，背端约为中胸侧板高的 0.5 倍。后胸侧板稍隆起，光滑光亮，具均匀的细毛点和黄褐色短毛；后胸侧板下缘脊完整。翅褐色，透明，小脉位于基脉内侧，二者之间的距离约为小脉长的 0.4 倍；无小翅室，第 2 回脉位于肘间横脉外侧，二者之间的距离约为肘间横脉长的0.6倍；外小脉在上方约0.4处曲折；后小脉在下方约 0.4 处曲折；后臂脉明显。前足的爪具 9 强栉齿，后足第 1～4 跗节长度之比依次约为 6.1∶2.2∶1.6∶1.0∶1.5，第 2 跗节长约为其最大宽的 2.7 倍。并胸腹节横阔，稍隆起，中央稍凹，光亮无毛，其他区域具稀疏的细毛点和黄褐色短毛，侧区靠近气门处毛点相对稠密；侧纵脊仅端缘存在，外侧脊完整，其余脊消失；气门小，斜椭圆形，位于基部约 0.4 处。

腹部第 1 节背板长约为端宽的 1.9 倍，光滑无毛，近端缘具稀疏的黄褐色短毛；背中脊缺，背侧脊基部存在，腹侧脊完整；背板基半部中央稍凹，侧缘自气门向后缘稍收敛；气门小，圆形，强隆起，位于基部约 0.4 处。第 2 节背板近梯形，亚基部稍凹，具均匀的细毛点和黄褐色短毛，基部毛点相对稀疏。第 3 节及以后各节背板具均匀的细毛点和黄褐色短毛。产卵器鞘短，未达腹末，长约为自身宽的 2.8 倍。产卵器侧扁，末端尖，具亚背瓣缺刻。

体黑色，下列部分除外：颜面（瘤突红褐色），额眼眶下半部，唇基（齿突红褐色），上颚（端齿暗红褐色），颊区黄色；下颚须，下唇须，触角（柄节、梗节背面黑褐色，腹面黄褐色；鞭节基部数节背面暗褐色），前足（基节、第 1 转节背面黑褐色；爪暗褐色），中足（基节、转节黑色；腿节基部、爪暗褐色），后足（基节、转节黑色；腿节基部暗褐色，其余大部红褐色；胫节内侧、跗节、爪暗褐色）黄褐色至褐色；上颊，腹部第 1 节背板端半部及气门后的侧缘、第 2～4 节背板（第 2 节背板端缘中央少许、第 3～4 节背板端缘黄色）、第 5 节背板（中央纵斑及亚端缘暗褐色，端缘黄褐色）红褐色；腹部第 1～5 节腹板、下生殖板（端半部暗褐色）黄褐色；翅痣（基部少许黄褐色），翅脉，产卵器鞘暗褐色。

寄主：榆红胸三节叶蜂 *Arge captiva* (Smith)。

正模 ♀，甘肃天水，2001-Ⅴ-20，武星煜。副模：1♀，黑龙江哈尔滨，1975-Ⅴ-07；1♀，吉林辉南三角龙湾，2011-Ⅶ-17，任炳忠；1♂，宁夏六盘山，2005-Ⅶ-28，集虫网；1♀，宁夏六盘山，2005-Ⅷ-04，集虫网。

词源：本新种名源于寄主名。

本新种与耳齿胫姬蜂 *S. auriculatus* (Fabricius, 1804) 近似，可通过下列特征区分：腹部第 1 节背板长约为端宽的 1.9 倍，侧缘自气门向后缘稍收敛；后足胫节红褐色；腹部第 1 节背板端部、第 2～4 节、第 5 节背板大部分红褐色。耳齿胫姬蜂：腹部第 1 节背板长约为端宽的 2.7 倍；侧缘在气门后近平行；后足胫节（基端带红褐色除外）黑色；腹部通常仅第 2、3 节背板黄褐至红褐色。

(244) 耳齿胫姬蜂 *Scolobates auriculatus* (Fabricius, 1804)（中国新纪录）

Ichneumon auriculatus Fabricius, 1804. Systema Piezatorum, p.69.

♀ 体长 8.2～9.5 mm。前翅长 6.5～7.8 mm。产卵器鞘长 0.4～0.5 mm。

复眼内缘近平行，靠近触角窝处微凹。颜面宽约为长的 2.0 倍，具均匀的细毛点和黄褐色短毛，亚侧缘的毛点相对稠密；中央纵向微隆起，光亮；上缘中央具 1 瘤突。唇基沟无；唇基凹斜椭圆形，深凹。唇基横阔，光亮，具非常稀疏的细毛点和黄褐色短毛；端缘中央具 1 强齿状突。上颚强壮，光亮，基半部具稀疏的细毛点和黄褐色短毛；端齿等长，光滑无毛。颊区光滑光亮，具均匀的细毛点和黄褐色短毛。颚眼距约为上颚基部宽的 0.7 倍。上颊阔，中央稍隆起，光亮，具均匀稀疏的细毛点和黄褐色短毛，靠近眼眶几乎无毛。头顶质地同上颊，刻点在单眼区后方相对稠密；侧单眼外侧区几乎光滑无毛；在单眼区后方弧形深凹。单眼区稍隆起，中间深凹，具稠密的黄褐色短毛；单眼中等大小，强隆起；侧单眼间距约为单复眼间距的 0.6 倍。额相对平，具稠密的细毛点和黄褐色短毛；中单眼前侧凹陷，光滑无毛；下半部在触角窝后方均匀凹陷，基部光滑无毛。触角鞭节 38 节，第 1～5 节长度之比依次约为 1.8∶1.3∶1.2∶1.1∶1.0。后头脊在中央上方缺，在上颚基部与口后脊相接。

前胸背板前缘光亮，具稠密的细毛点和黄褐色短毛；侧凹阔，靠近前缘具毛点，其余光滑光亮；前沟缘脊缺；后上部光滑光亮，近后上角具几根黄褐色短毛。中胸盾片圆形隆起，光滑光亮，具非常稀疏的细毛点和黄褐色短毛；盾纵沟缺。盾前沟深阔，光亮，具短纵皱。小盾片舌状稍隆起，光亮，基半部具稀疏的细毛点和黄褐色短毛，端半部光滑无毛。后小盾片横形，光滑光亮，前缘凹深阔。中胸侧板相对平，光滑光亮，具均匀的细毛点和黄褐色短毛，翅基下脊下方和胸腹侧片的刻点相对稠密，中央大部光滑无毛；镜面区非常大，光滑光亮；中胸侧板凹浅沟状，周围光滑光亮；胸腹侧脊强壮，约为中胸侧板高的 0.6 倍。后胸侧板稍隆起，光滑光亮，具稠密的细毛点和黄褐色短毛；下后角具短斜皱；后胸侧板下缘脊完整。翅浅褐色，透明；小脉与基脉对叉；第 2 肘间横脉消失，第 2 回脉位于第 1 肘间横脉外侧，二者之间的距离约为第 1 肘间横脉长的 0.7 倍；外小脉在上方约 0.4 处曲折；后小脉在下方约 0.4 处曲折；后臂脉明显。爪强栉齿状；后足第 1～5 跗节长度之比依次约为 5.8∶2.3∶1.7∶1.0∶1.6，第 2 跗节长约为其最大宽的 2.7 倍。并胸腹节圆形稍隆起，横阔，外侧脊明显，其余脊消失；具稠密的细毛点和黄褐色短毛，中央大部光滑无毛；气门小，斜椭圆形，位于基部约 0.3 处。

腹部第 1 节背板长约为端宽的 2.7 倍；侧缘在气门后近平行；基部凹，光滑光亮，几乎无毛，其余具非常稀疏的细毛点和黄褐色短毛；背中脊无，背侧脊基部存在，腹侧脊完整；基侧凹小；气门小，近圆形隆凸，位于背板中央稍前方。第 2 节及以后背板光滑光亮，具均匀的细毛点和黄褐色短毛。产卵器鞘未达腹末，长约为自身宽的 3.0 倍；产卵器侧扁，末端尖，具亚背瓣缺刻。

体黑色，下列部分除外：颜面（瘤突黑褐色，唇基凹上方褐色），唇基（中央大部黑褐色），上颚（端齿暗红褐色），颊区，下颚须，下唇须，翅基，前足（基节、转节、腿节背面基半部黑色；末跗节、爪褐色至暗褐色），中足腿节端缘、胫节、跗节（末跗节、爪褐色至暗褐色）黄褐色；后足胫节基部，翅基片暗褐色；触角鞭节（腹面少许黄褐色，有时无）、梗节黑色，鞭节（腹面褐色，有时中央大部褐色）暗褐色；腹部第 2 节背板（中央的横斑暗褐色）、第 3 节背板黄褐色至红褐色；翅痣（基部少许黄褐色），翅脉褐色至暗褐色。

分布：中国（吉林、辽宁、北京）；印度，俄罗斯远东地区，欧洲，北美等。

观察标本：1♂，吉林白河，2002-Ⅶ-17；1♀，吉林长白山，2008-Ⅶ-29，盛茂领；1♀，辽宁宽甸县，2008-Ⅶ-28，高纯；1♀，北京门头沟，2008-Ⅷ-22，王涛；2♀♀，北京门头沟，2013-Ⅵ-29～Ⅶ-05，宗世祥；1♀，北京喇叭沟门，2014-Ⅸ-27，宗世祥；1♀，辽宁本溪，2015-Ⅶ-17，盛茂领；1♂，辽宁本溪，2016-Ⅵ-26，李涛；1♀，北京平谷区镇罗营镇，2016-Ⅵ-22，宗世祥；5♀♀，北京喇叭沟门，2016-Ⅶ-23～Ⅷ-15，宗世祥；1♀，辽宁宽甸县白石砬子国家级自然保护区黑沟，2017-Ⅷ-16，集虫网。

(245) 黄齿胫姬蜂，新种 *Scolobates fulvus* Sheng, Sun & Li, sp.n.（彩图 65）

♀ 体长约 8.3 mm。前翅长约 7.3 mm。产卵器鞘长约 0.4 mm。

复眼内缘近平行，靠近触角窝处微凹。颜面宽约为长的 1.9 倍，具均匀的细毛点和黄褐色短毛，亚侧缘的毛点相对稠密；中央均匀隆起，光亮，几乎无毛；上缘中央具 1 纵瘤突。唇基沟无；唇基凹斜长形，深凹。唇基横阔，光亮，具非常稀疏的细毛点和黄褐色短毛；端缘中央具 1 强齿状突。上颚强壮，光亮，具稀疏的细毛点和黄褐色短毛；端齿近光滑，几乎等长。颊区光滑光亮，具均匀的细毛点和黄褐色短毛。颚眼距约为上颚基部宽的 0.6 倍。上颊阔，向上均匀变宽，光亮，具均匀的细毛点和黄褐色短毛。头顶质地同上颊，刻点相对稠密；侧单眼外侧区几乎光滑无毛；在单眼区后方弧形深凹。单眼区稍抬高，中间深凹，具稠密的黄褐色短毛；单眼中等大小，强隆起；侧单眼间距约为单复眼间距的 0.6 倍。额上半部相对平，在中单眼前方微凹，中央圆形隆凸；具稠密的细毛点和黄褐色短毛；下半部在触角窝后方深凹，光滑无毛。触角线状，鞭节 34 节，第 1～5 节长度之比依次约为 1.7∶1.1∶1.1∶1.0∶1.0。后头脊在中央上方缺，在上颚基部与口后脊相接。

前胸背板前缘光亮，几乎无毛；侧凹阔，光滑光亮，下方具 2 条短皱；前沟缘脊缺；后上部光滑光亮，近后上角具几根黄褐色短毛。中胸盾片圆形隆起，光滑光亮，具非常稀疏的细毛点和黄褐色短毛；盾纵沟缺。盾前沟深阔，光滑光亮，靠近外侧方具短纵皱。小盾片舌状较平，光亮，具均匀稀疏的细毛点和黄褐色短毛，端半部光滑无毛。后小盾片横形，光滑光亮，前缘凹深阔。中胸侧板相对平，光滑光亮，具稠密的细毛点和黄褐色短毛，中央大部光滑无毛；镜面区非常大，光滑光亮；中胸侧板凹浅横沟状，周围光滑光亮；胸腹侧脊强壮，约为中胸侧板高的 0.5 倍。后胸侧板稍隆起，光滑光亮，具稠密的细毛点和黄褐色短毛；下后角具短皱；后胸侧板下缘脊完整。翅褐，透明；小脉位于基脉内侧，二者之间的距离约为小脉长的 0.2 倍；第 2 肘间横脉消失，第 2 回脉位于第 1 肘间横脉外侧，二者之间的距离约为第 1 肘间横脉长的 0.5 倍；外小脉在上方约 0.4 处曲折；后小脉在下方约 0.4 处曲折；后臂脉明显。爪强栉齿状；后足第 1～5 跗节长度之比依次约为 4.8∶2.0∶1.5∶1.0∶1.3，第 2 跗节长约为最大宽的 2.9 倍。并胸腹节稍隆起，横阔，侧纵脊仅端部存在，外侧脊明显，其余脊消失；中央纵向稍凹，光滑光亮；气门中等大，斜椭圆形，位于基部约 0.3 处，气门周围的毛点相对稠密。

腹部第 1 节背板长约为端宽的 2.6 倍；侧缘在气门后平行；基部均匀凹陷，光亮，几乎无毛，背板大部具稠密的细毛点和黄褐色短毛，中央纵向毛点相对稀疏；背中脊缺，背侧脊在气门前完整，腹侧脊完整；基侧凹小；气门小，圆形隆凸，约位于背板基部 0.4 处。第 2 节及以后背板光滑光亮，具均匀稠密的细毛点和黄褐色短毛。产卵器鞘未达腹末，长约为自身宽的 2.9 倍；产卵器末端尖。

体黑色，下列部分除外：颜面（瘤突褐色），额眼眶的斑，头顶靠近眼眶的小斑，颊，触角柄节、梗节（背面黑褐色），翅基黄色；唇基（中央少许暗褐色），上颚（端齿暗红褐色），下颚须，下唇须，翅基片，前足（基节、转节黑色；腿节基部背面、爪暗褐色），中足（基节、转节、腿节大部黑色；爪暗褐色）黄褐色；上颊浅红褐色；后足胫节（大部褐色）、跗节、爪暗褐色；触角鞭节（基部数节背面少许、端部数节暗褐色），产卵器鞘褐色；翅痣，翅脉褐色至暗褐色。

正模 ♀，辽宁宽甸，2006-Ⅸ-27，高纯。

词源：本新种名源于产卵器鞘黄褐色。

本新种与黑胸齿胫姬蜂 *S. melanothoracicus* Sheng & Sun, 2009 近似，可通过下列特征区分：头顶后缘直，不前凹；腹部第 1 节背板长约为端宽的 2.6 倍；颜面几乎完全黄色；小盾片、后小盾片黑色，仅侧缘带黄色纹。黑胸齿胫姬蜂：头顶后缘强烈弧形前凹；第 1 节背板长约为端宽的 4.0 倍；颜面黄色，上部中央具黑色大斑；小盾片、后小盾片黄色。

(246) 长角齿胫姬蜂 *Scolobates longicornis* Gravenhorst, 1829

Scolobates longicornis Gravenhorst, 1829. Ichneumonologia Europaea, 2: 359.

分布：中国（河南）；朝鲜，日本，拉脱维亚，爱沙尼亚，乌克兰，芬兰，德国，波兰，瑞典。

观察标本：1♂，河南嵩县白云山，2003-Ⅶ-18，申效诚；2♀♀，河南内乡宝天曼，2006-Ⅷ-07～15，申效诚。

(247) 斑齿胫姬蜂，新种 *Scolobates maculatus* Sheng, Sun & Li, sp.n.（彩图 66）

♀ 体长 7.4～9.2 mm。前翅长 6.5～8.1 mm。产卵器鞘长 0.4～0.5 mm。

复眼内缘向下稍变宽。颜面宽约为长的 1.8 倍，光滑光亮，具稠密的细毛点和黄褐色短毛，靠近眼眶的毛非常稀疏；中央均匀隆起，毛点非常稀疏，上缘中央具 1 瘤突。唇基沟无；唇基凹斜椭圆形，深凹。唇基横阔，光亮，具稀疏的细毛点和黄褐色短毛；端缘稍平，中央具 1 强齿状突。上颚强壮，光亮，基半部具稠密的细毛点和黄褐色短毛；端齿光亮，下端齿稍大于上端齿。颊区光滑光亮，具均匀的细毛点和黄褐色短毛。颚眼距约为上颚基部宽的 0.6 倍。上颊阔，中央均匀隆起，光亮，具稠密的细毛点和黄褐色短毛。头顶质地同上颊，单复眼之间较平，光滑光亮；在单眼区后方弧形深凹。单眼区稍抬高，中间深凹，光亮，具稀疏的细毛点；单眼大，强隆起，外侧沟明显；侧单眼间距约为单复眼间距的 0.6 倍。额上半部相对平，在中单眼前方微凹，凹内光亮，中央稍隆起；具稠密的细毛点和黄褐色短毛；下半部在触角窝后方深凹，凹内光滑无毛。触角线状，鞭节 38～40 节，第 1～5 节长度之比依次约为 1.7∶1.2∶1.1∶1.0∶1.0。后头脊在中央上方缺，在上颚基部与口后脊相接。

前胸背板前缘光亮，具稠密的细毛点和黄褐色短毛；侧凹浅阔，光亮，具非常稀疏的黄褐色短毛；前沟缘脊缺；后上部光滑光亮。中胸盾片圆形隆起，光滑光亮，几乎无毛；中叶基半部具2条平行的长纵沟；盾纵沟缺。盾前沟深阔，光滑光亮。小盾片舌状稍隆起，光亮，具稠密的细毛点和黄褐色短毛，端半部毛点相对稀疏。后小盾片横形，光滑光亮。中胸侧板相对平，光滑光亮，具均匀的细毛点和黄褐色短毛，中央大部光滑无毛；镜面区非常大，光滑光亮；中胸侧板凹浅横沟状；胸腹侧脊强壮，背端约为中胸侧板高的0.6倍。后胸侧板稍隆起，光滑光亮，具均匀的细毛点和黄褐色短毛；后胸侧板下缘脊完整，基半部强隆起。翅黄褐色，透明；小脉位于基脉内侧，二者之间的距离约为小脉长的0.2倍；第2肘间横脉消失，第2回脉位于第1肘间横脉外侧，二者之间的距离约为第1肘间横脉长的0.5倍；外小脉约在中央处曲折；后小脉在下方约0.25处曲折；后臀脉明显。爪强栉齿状；后足第1～5跗节长度之比依次约为5.2∶1.9∶1.5∶1.0∶1.5，第2跗节长约为最大宽的3.8倍。并胸腹节稍隆起，横阔，侧纵脊端半部存在，外侧脊明显，其余脊消失；中央大部光滑光亮，其余光亮、具稀疏的细毛点和黄褐色短毛；气门小，斜椭圆形，位于基部约0.25处。

腹部第1节背板长约为端宽的3.8倍，自气门向后缘明显收敛，气门处的宽约为端宽的1.3倍；基部均匀凹陷，光亮，几乎无毛；背板大部分具稀疏的细毛点和黄褐色短毛，中央纵向毛点相对稀疏；背中脊基部存在，背侧脊缺，腹侧脊完整；基侧凹小；气门小，圆形隆凸，位于基部约0.3处。第2节及以后背板光滑光亮，具均匀稠密的细毛点和黄褐色短毛。产卵器鞘未达腹末，长约为自身宽的4.5倍；产卵器侧扁，末端尖，具亚背瓣缺刻。

体黑色，下列部分除外：颜面（基部中央的斑黑褐色），额眼眶的斑，唇基，上颚（端齿暗红褐色），颊，中胸盾片中叶外缘的长纵带，小盾片（中央的斑暗褐色），翅基下脊黄色；下颚须，下唇须，上颊（上半部稍带红褐色），翅基片，翅基，前足（基节大部、第1转节内侧、腿节基部腹面暗褐色；爪黑褐色），中足（腿节黑褐色；第1转节、腿节腹面暗褐色；爪黑褐色），腹部第2节背板（中央的近梯形斑暗褐色至黑褐色）、第3节背板（亚中央的弧形斑暗褐色至黑褐色）、第4～6节背板（亚中部的斑暗褐色），产卵器鞘黄褐色至褐色；触角（柄节基部、鞭节末端少许暗褐色至黑褐色），后足（基节黑色；转节、腿节大部暗褐色至黑褐色；爪黑褐色）褐色；头顶，中胸盾片侧叶（外缘黑褐色）红褐色；翅面黄褐色，外缘和翅痣下方带烟斑，翅痣（基部黄褐色）和翅脉暗褐色至黑褐色。

正模 ♀，辽宁宽甸天华山，2015-Ⅸ-3，集虫网。副模：1♀，辽宁沈阳，1993-Ⅵ-30，盛茂领；1♂，吉林汪清大兴沟，2005-Ⅶ-18，集虫网；1♀，辽宁宽甸，2008-Ⅶ-28，高纯；1♀，辽宁沈阳棋盘山，2009-Ⅶ-22，张瑶琦；1♀，辽宁沈阳棋盘山，2013-Ⅸ-02，张瑶琦；1♀，辽宁沈阳棋盘山，2014-Ⅶ-04，张瑶琦；1♂，辽宁本溪，2014-Ⅶ-23，盛茂领。

词源：本新种名源于腹部背板具黄斑。

本新种与黄褐齿胫姬蜂 *S. testaceus* Morley, 1913 相近，可通过下列特征区分：腹部

第 1 节背板长约为端宽的 3.8 倍，气门处的宽约为端宽的 1.3 倍；胸部几乎完全黑色。黄褐齿胫姬蜂：腹部第 1 节背板近长形，长约为端宽的 4.4 倍，气门处的宽约为端宽的 1.6 倍；胸部几乎完全黄褐色。

(248) 黑胸齿胫姬蜂 *Scolobates melanothoracicus* Sheng & Sun 2009

Scolobates melanothoracicus Sheng & Sun 2009. Insect fauna of Henan, Hymenoptera: Ichneumonidae, p.136.

分布：中国（吉林、辽宁、河南、陕西、湖南、湖北、江西）。

观察标本：1♂，湖南石门壶瓶山，2002-Ⅴ-30，600 m，姜吉刚；1♀1♂，河南内乡宝天曼，1280 m，2006-Ⅴ-25～Ⅵ-7，申效诚；1♀，辽宁宽甸，2008-Ⅶ-28，高纯；1♀，陕西安康，2011-Ⅵ-24，谭江丽；1♀，湖北宜昌神农架阴峪河，31°34.005′N，110°23.370′E，2100 m，2011-Ⅶ-18，魏美才、牛耕耘；1♀，吉林长白山，2012-Ⅶ-16，红松针阔混交林，孙淑萍；1♀，江西武夷山中奄，1450 m，2016-Ⅷ-20，盛茂领。

(249) 黑齿胫姬蜂 *Scolobates nigriabdominalis* Uchida, 1952（中国新纪录）

Scolobates auriculatus nigriabdominalis Uchida, 1952. Insecta Matsumurana, 18(1-2): 24.

♀ 体长 6.8～7.7 mm。前翅长 5.5～6.9 mm。产卵器鞘长 0.4～0.5 mm。

复眼内缘近平行。颜面宽约为长的 1.8 倍，具均匀的细毛点和黄褐色短毛，中央的毛点相对稀疏；中央均匀隆起，光亮，上缘中央具 1 瘤突。唇基沟无；唇基凹斜椭圆形，深凹。唇基横阔，光亮，具非常稀疏的细毛点和黄褐色短毛；端缘中央具 1 强齿状突。上颚强壮，光亮，基半部具稀疏的细毛点和黄褐色短毛；端齿光亮，下端齿稍大于上端齿。颊区光滑光亮，具均匀的细毛点和黄褐色短毛。颚眼距约为上颚基部宽的 0.6 倍。上颊阔，中央稍隆起，光亮，具均匀的稀疏细毛点和黄褐色短毛。头顶质地同上颊，刻点在单眼区后方相对稠密；侧单眼外侧区几乎光滑无毛；在单眼区后方弧形深凹。单眼区中间深凹，具稠密的黄褐色短毛；单眼中等大小，强隆起；侧单眼间距约为单复眼间距的 0.6 倍。额上半部相对平，在中单眼前方微凹，凹内光亮，中央稍隆起；具稠密的细毛点和黄褐色短毛；下半部在触角窝后方深凹，光滑无毛。触角线状，鞭节 35～39 节，第 1～5 节长度之比依次约为 1.7∶1.2∶1.1∶1.0∶1.0。后头脊在中央上方缺，在上颚基部与口后脊相接。

前胸背板前缘光亮，具稠密的细毛点和黄褐色短毛；侧凹浅阔，光亮，具短皱，下半部的皱相对长；前沟缘脊缺；后上部光滑光亮，近后上角具稀疏的黄褐色短毛。中胸盾片圆形隆起，光滑光亮，具非常稀疏的细毛点和黄褐色短毛；盾纵沟缺。盾前沟深阔，光亮，具短纵皱。小盾片舌状稍隆起，光亮，具稀疏的细毛点和黄褐色短毛，端半部光滑无毛。后小盾片横形，光滑光亮，前缘凹深阔。中胸侧板相对平，光滑光亮，具均匀的细毛点和黄褐色短毛，中央大部光滑无毛；镜面区非常大，光滑光亮；中胸侧板凹浅凹状，周围光滑光亮；胸腹侧脊强壮，约为中胸侧板高的 0.5 倍。后胸侧板稍隆起，光滑光亮，具均匀的细毛点和黄褐色短毛；下后角具斜皱；后胸侧板下缘脊完整。翅稍带灰色，透明；小脉位于基脉内侧，二者之间的距离约为小脉长的 0.2 倍；第 2 肘间横脉消失，第 2 回脉位于第 1 肘间横脉外侧，二者之间的距离约为第 1 肘间横脉长的 0.2 倍；外小脉在上方约 0.4 处曲折；后小脉在下方约 0.4 处曲折；后臂脉明显。爪强栉齿状；后足第 1～5 跗节长度之比依次约为 5.4∶2.3∶1.7∶1.0∶1.6，第 2 跗节长约为最大宽的 3.7 倍。并胸腹节稍隆起，横阔，侧纵脊仅端部存在，外侧脊明显，其余脊消失；中央纵向稍凹，光滑光亮，其余具稀疏的细毛点和黄褐色短毛；气门中等大，近圆形，位于基部约 0.4 处。

腹部第 1 节背板长约为端宽的 3.2 倍；侧缘平行；光亮，基部均匀凹，几乎无毛，背板大部具非常稀疏的细毛点和黄褐色短毛；背中脊缺，背侧脊在气门前完整，腹侧脊完整；基侧凹小；气门小，圆形隆凸，约位于背板中央稍前方。第 2 节及以后背板光滑光亮，具均匀稀疏的细毛点和黄褐色短毛。产卵器鞘未达腹末，长约为自身宽的 4.9 倍；产卵器侧扁，末端尖，具亚背瓣缺刻。

体黑色，下列部分除外：颜面（瘤突黑褐色），额眼眶下半部的斑，颊区（靠近复眼有时黑褐色），翅基黄白色至黄褐色；上颚（端齿红褐色），下颚须，下唇须，上颊眼眶的斑（有时无），前足腿节端缘、内侧端半部、胫节、跗节（末跗节背面暗褐色），中足腿节端缘、胫节、跗节（末跗节暗褐色）黄褐色至褐色；触角柄节、梗节（腹面有时黄褐色）黑褐色，鞭节（腹面褐色）暗褐色；翅基片，翅痣，翅脉暗褐色至黑褐色。

♂ 体长 7.6～9.0 mm。前翅长 6.4～6.9 mm。触角鞭节 35 节。体黑色，中足胫节褐色，跗节暗褐色，其余特征同雌虫。

分布：中国（辽宁）；朝鲜，日本，俄罗斯。

观察标本：1♀，辽宁丹东宽甸，2007-Ⅶ-30，盛茂领；1♀，辽宁新宾县，2009-Ⅸ-24，集虫网；1♀，辽宁宽甸白石砬子国家级自然保护区，2011-Ⅶ-14，盛茂领；1♀，辽宁桓仁老秃顶子，2011-Ⅶ-27，集虫网；1♀，辽宁新宾县，2013-Ⅶ-22，盛茂领；1♀，辽宁本溪，2013-Ⅶ-26，盛茂领；1♀1♂，辽宁本溪，2013-Ⅸ-12～16，盛茂领；1♂，辽宁本溪，2013-Ⅸ-30，盛茂领；1♀，辽宁本溪，2014-Ⅶ-15，盛茂领。

(250) 黑腹齿胫姬蜂 *Scolobates nigriventralis* He & Tong, 1992

Scolobates nigriventralis He & Tong, 1992. Iconography of Forest Insects in Hunan, China, p.1228.

分布：中国（湖南）。

(251) 对脉齿胫姬蜂，新种 *Scolobates oppositus* Sheng, Sun & Li, sp.n.（彩图 67）

♂ 体长约 9.6 mm。前翅长约 8.3 mm。

复眼内缘向下稍开阔。颜面宽约为长的 2.2 倍，具稠密的细毛点和黄褐色短毛；中央稍隆起，光亮，毛点相对稀疏；上缘中央具 1 瘤突。唇基沟无；唇基凹斜长形，深凹。唇基横阔，光亮，具非常稀疏的细毛点和黄褐色短毛；端缘中央具 1 强齿状突。上颚强壮，光亮，基半部具稠密的细毛点和黄褐色短毛；端齿等长，光滑无毛。颊区光滑光亮，具稀疏的细毛点和黄褐色短毛。颚眼距约为上颚基部宽的 0.4 倍。上颊阔，中央圆形隆起，光滑光亮，具均匀稀疏的细毛点和黄褐色短毛。头顶质地同上颊，刻点相对稠密；侧单眼外侧区几乎光滑无毛；在单眼区后方弧形深凹。单眼区稍抬高，中间凹，光亮；单眼中等大小，强隆起；侧单眼间距约为单复眼间距的 0.6 倍。额上半部相对平，在中单眼前方微凹，凹内光滑无毛，中央稍隆起；具稠密的细毛点和黄褐色短毛；下半部在触角窝后方稍凹，光滑无毛。触角线状，鞭节 36 节，第 1～5 节长度之比依次约为 1.9∶1.2∶1.1∶1.0∶1.0。后头脊在中央上方缺，在上颚基部与口后脊相接。

前胸背板前缘光亮，具稠密的细毛点和黄褐色短毛；侧凹浅阔，光滑光亮；前沟缘脊缺；后上部光滑光亮，近后上角具稀疏的黄褐色短毛。中胸盾片圆形隆起，光滑光亮，几乎无毛；盾纵沟缺。盾前沟深阔，光滑光亮。小盾片圆形稍隆起，光亮，具均匀的细毛点和黄褐色短毛，端半部光滑无毛。后小盾片横形，光滑光亮，前缘凹深阔。中胸侧板相对平，光滑光亮，具稠密的细毛点和黄褐色短毛，翅基下脊下方毛点相对稠密，中下部毛点相对稀疏，中央大部光滑无毛；镜面区非常大，光滑光亮；中胸侧板凹几乎无，周围光滑光亮；胸腹侧脊强壮，背端约为中胸侧板高的 0.6 倍。后胸侧板稍隆起，光滑光亮，具稠密的细毛点和黄褐色短毛；下后角具皱状表面；后胸侧板下缘脊完整。翅褐色，透明；小脉与基脉对叉；第 2 肘间横脉消失，第 2 回脉位于第 1 肘间横脉外侧，二者之间的距离约为第 1 肘间横脉长的 0.6 倍；外小脉在上方约 0.4 处曲折；后小脉在下方约 0.3 处曲折；后臂脉明显。爪强栉齿状；后足跗节中部明显增粗，第 1～5 跗节长度之比依次约为 5.3∶2.0∶1.4∶1.0∶1.3，第 2 跗节长约为其最大宽的 2.3 倍。并胸腹节稍隆起，横阔，侧纵脊仅端部存在，外侧脊明显，其余脊消失；光亮，具均匀的细毛点和黄褐色短毛；中央纵向稍凹，几乎无毛；气门大，斜长形，位于基部约 0.3 处。

腹部第 1 节背板长约为端宽的 2.6 倍；侧缘在气门后近平行，亚端部稍隆起；光亮，具非常稀疏的细毛点和黄褐色短毛；基部均匀凹，凹内具弧形细皱，中央在气门间稍凹；背中脊在气门之前存在，背侧脊缺，腹侧脊完整；基侧凹中等大小；气门小，圆形隆凸，约位于背板基部 0.4 处。第 2 节及以后背板光滑光亮，具均匀的细毛点和黄褐色短毛。

体黑色，下列部分除外：颜面并延伸至额眼眶，唇基，上颚（端齿黑褐色），颊，上颊，后头下部，下颚须，下唇须，前胸背板后上角，翅基，翅基片，前足，中足（基节基半部暗褐色）黄褐色至浅红褐色；触角（柄节、梗节、第 1 鞭节背面暗褐色至黑褐色），中胸盾片中央大部至后缘，小盾片，后小盾片，后足基节端缘、转节内侧、腿节端半部及内侧、胫节、跗节，腹部第 1 节背板气门间和端半部、第 2～3 节背板、第 4 节背板基半部褐色至红褐色；爪，翅痣（基部少许黄褐色），翅脉褐色至暗褐色。

正模 ♂，西藏察隅县古玉乡，29°18′N，97°11′E，3600 m，2013-Ⅶ-06，李涛。副模：1♂，四川康定县折多山，2013-Ⅶ-03，李涛。

词源：本新种名源于小脉与基脉对叉。

本新种与耳齿胫姬蜂 *S. auriculatus* (Fabricius, 1804) 近似，可通过下列特征区分：头顶后缘强烈前凹；小脉与基脉对叉；后足跗节明显肿胀，第 2 跗节长约为最大宽的 2.3 倍，为第 4 节长的 2.0 倍。耳齿胫姬蜂：头顶后缘稍前凹；小脉与基脉对叉；后足跗节正常，不肿胀，第 2 跗节长约为最大宽的 2.7 倍，为第 4 节长的 2.3 倍。

(252) 平齿胫姬蜂，新种 *Scolobates parallelis* Sheng, Sun & Li, sp.n.（彩图 68）

♀ 体长约 9.6 mm。前翅长约 8.2 mm。产卵器鞘长约 0.5 mm。

复眼内缘向下稍阔，在触角窝处微凹。颜面宽约为长的 2.1 倍，具均匀的细毛点和黄褐色短毛，亚侧缘的毛点相对稠密；中央均匀隆起，光亮，几乎无毛；上缘中央具 1 瘤突。唇基沟无；唇基凹斜长形，深凹。唇基横阔，光亮，具非常稀疏的细毛点和黄褐色短毛，端缘的毛相对稠密；端缘中央具 1 强齿状突。上颚强壮，光亮，具稀疏的细毛点和黄褐色短毛；端齿近光滑，下端齿稍长于上端齿。颊区光滑光亮，具均匀的细毛点和黄褐色短毛。颚眼距约为上颚基部宽的 0.6 倍。上颊阔，中央圆形稍隆起，光亮，具均匀稀疏的细毛点和黄褐色短毛。头顶质地同上颊，侧单眼外侧区光滑无毛，在单眼区后方弧形深凹。单眼区稍抬高，中间深凹，具稀疏的黄褐色短毛；单眼大，强隆起；侧单眼间距约为单复眼间距的 0.6 倍。额上半部相对平，在中单眼前方微凹，凹内光滑无毛；具稠密的细毛点和黄褐色短毛；下半部在触角窝后方深凹，光滑无毛。触角线状，鞭节 38 节，第 1～5 节长度之比依次约为 2.1∶1.2∶1.2∶1.0∶1.0。后头脊在中央上方缺，在上颚基部与口后脊相接。

前胸背板前缘光亮，具稀疏的细毛点和黄褐色短毛；侧凹阔，光滑光亮；前沟缘脊缺；后上部光滑光亮，近后上角具稀疏的黄褐色短毛。中胸盾片圆形隆起，光滑光亮，具非常稀疏的细毛点和黄褐色短毛；盾纵沟缺。盾前沟深阔，光亮，具弱纵皱。小盾片舌状稍隆起，光亮，基半部具均匀的细毛点和黄褐色短毛，端半部光滑无毛。后小盾片横形，光滑光亮，前缘凹深阔。中胸侧板相对平，光滑光亮，具均匀的细毛点和黄褐色短毛，中央大部光滑无毛，下部的毛点相对稀疏；镜面区非常大，光滑光亮；中胸侧板凹浅横沟状，周围光滑光亮；胸腹侧脊强壮，背端约为中胸侧板高的 0.5 倍。后胸侧板稍隆起，光滑光亮，具稠密的细毛点和黄褐色短毛；后胸侧板下缘脊完整。翅浅褐色，透明；小脉位于基脉内侧，二者之间的距离约为小脉长的 0.3 倍；第 2 肘间横脉消失，第 2 回脉位于第 1 肘间横脉外侧，二者之间的距离约为第 1 肘间横脉长的 0.75 倍；外小脉在上方约 0.4 处曲折；后小脉在下方约 0.4 处曲折；后臂脉明显。爪强栉齿状；后足第 1～5 跗节长度之比依次约为 5.7∶2.1∶1.6∶1.0∶1.4，第 2 跗节长约为最大宽的 3.6 倍。并胸腹节圆形隆起，外侧脊明显，其余脊消失；具稠密的细毛点和黄褐色短毛，中央光滑无毛；气门斜半圆形，位于基部约 0.3 处。

腹部第 1 节背板长约为端宽的 3.0 倍，侧缘在气门后近平行；基部均匀凹，光滑无毛；具非常稀疏的细毛点和黄褐色短毛，亚端部的毛点相对稠密；中央纵向几乎无毛；背中脊基部存在，背侧脊缺，腹侧脊完整；基侧凹小；气门小，圆形隆凸，约位于背板基部 0.4 处。第 2 节及以后背板光滑光亮，具均匀稠密的细毛点和黄褐色短毛。产卵器鞘未达腹末，长约为自身宽的 3.1 倍。

体黄褐色稍带红褐色，下列部分除外：颜面并延伸至额眼眶，唇基，上颚（端齿暗红褐色），颊，腹部第 3～7 节背板端缘、第 4～7 节背板中央的纵斑黄色；额中部，单眼区，头顶向后延伸部分，中胸盾片中叶的长形斑、侧叶大部，中胸侧板上半部黑色；盾前沟，中胸腹板的斜斑，后胸侧板下半部，后足基节前侧的斑、第 1 转节、腿节基部少许，腹部第 1 节背板气门后至后缘的长斑，第 2 节背板外缘的斜斑，第 3 节背板基缘及外侧，第 4～6 节背板亚侧部的大斑褐色至暗红褐色；触角柄节、梗节（腹面黄褐色）暗褐色至黑褐色，鞭节基部背面和端部数节暗褐色，中央大部褐色；后足腿节红褐色，胫节、跗节褐色；爪，翅痣，翅脉暗褐色至黑褐色。

正模 ♀，江西官山东河站，2016-Ⅵ-14，方平福。副模：1♀，吉林汪清县大兴沟，2005-VII-20，集虫网。

词源：本新种名源于腹部第 1 节背板后柄部侧缘平行。

本新种与黄褐齿胫姬蜂 *S. testaceus* Morley, 1913 相近，可通过下列特征区分：并胸腹节无侧纵脊；腹部第 1 节背板在气门和后缘之间平行；前翅小脉位于基脉内侧；翅痣下方无深色带。黄褐齿胫姬蜂：并胸腹节侧纵脊至少端半部存在且强壮；腹部第 1 节背板自气门向后缘强烈收敛；前翅小脉与基脉对叉或位于基脉稍内侧；翅痣下方和外缘具深色带。

(253) 火红齿胫姬蜂 *Scolobates pyrthosoma* He & Tong, 1992

Scolobates pyrthosoma He & Tong, 1992. Iconography of forest insects in Hunan China, p.1229.

♂ 体长 6.0～7.5 mm。前翅长 6.5～8.0 mm。

头部具稀浅的细刻点。颜面宽约为长的 1.8 倍，光滑光亮，具长毛；上缘中央具 1 小瘤突；亚中部稍纵凹。唇基中部稍隆起，端部两侧稍凹；端缘中央具强突起。上颚强壮，宽阔；上端齿稍短于下端齿。颊较光滑，颚眼距约为上颚基部宽的 0.7 倍。上颊宽，较光滑。头顶光亮光滑，具非常稀浅的细刻点，在单眼区的外侧稍凹；侧单眼间距约为单复眼间距的 0.4 倍。额光滑。触角丝状，长于体长，鞭节 33～37 节，第 1～5 节长度之比依次约为 12.0∶9.0∶8.0∶8.0∶8.0，中段各节较均匀。

前胸背板光滑光亮。中胸盾片均匀隆起，光滑光亮，侧叶具暗斑花纹。小盾片较隆起，具非常稀且细的浅刻点。后小盾片光滑光亮，约呈“凸”字形，前部侧面深凹。中胸侧板光滑，具非常浅的细刻点；中胸侧板凹浅，靠近中胸侧缝。后胸侧板具稀浅的细刻点，后胸侧板下缘脊强烈隆起，片状，最高处在中部。翅带褐色，透明，翅痣下方的斑及翅外缘的宽带暗褐色；小脉位于基脉的内侧；无小翅室，第 2 回脉在肘间横脉的外侧与之相接，二者之间的距离为肘间横脉长的 0.4～0.5 倍；外小脉约在中央曲折；后小脉强烈内斜，约在下方 2/5 处曲折。后足第 1～5 跗节长度之比依次约为 37.0∶13.0∶10.0∶7.0∶10.0；爪具稠密的栉齿。并胸腹节光滑光亮，仅端区侧面具纵脊；气门椭圆形。

腹部背板具稠密的细刻点和长毛。第 1 节背板长为端宽的 2.4～2.6 倍；最宽处位于气门处，由此处向端部微弱地收敛；背中脊仅基部明显；气门隆起，圆形，约位于基部 1/4 处。

体火红色至红褐色，下列部分除外：触角鞭节端部，小盾片前凹，爪黑褐色；颜面，唇基，上颚（端齿黑褐色除外），下唇须，下颚须，颊黄色；前胸背板侧凹上方，中胸盾片 3 条宽纵带，并胸腹节端部中央，腹部第 1 节背板末端和第 2 节背板基部中央及腹部末端色较暗（带黑褐色）；翅痣和翅脉黑褐色。

♀ 体长约 11.5 mm。前翅长约 10.5 mm。触角长约 12.0 mm。触角鞭节 45 节。产卵器鞘长约 0.7 mm。中胸侧板具黑色横纹。

分布：中国（河南、山东、江西、湖南、江苏）。

观察标本：4♂♂，河南罗山灵山，400～500 m，1999-Ⅴ-24，盛茂领；1♀，河南内乡宝天曼，2006-Ⅶ-10，申效诚；1♂，江西宜丰，450 m，2008-Ⅴ-13，集虫网；2♂♂，江西全南，2008-Ⅷ-23～Ⅹ-31，集虫网；1♂，江西全南，2009-Ⅳ-14，盛茂领；2♂♂，江西全南，2009-Ⅵ-23～Ⅸ-11，集虫网；1♀，江苏南京，1993-Ⅵ-14，盛茂领；2♀♀26♂♂，山东青岛小珠山，2017-Ⅶ-05，集虫网；8♀♀20♂♂，山东济南药乡林场，2017-Ⅶ-12，集虫网。

(254) 褐腹齿胫姬蜂，新种 *Scolobates rufiabdominalis* Sheng, Sun & Li, sp.n.（彩图 69）

♀ 体长约 8.7 mm。前翅长约 8.6 mm。产卵器鞘长约 0.5 mm。

复眼内缘近平行，在触角窝处微凹。颜面宽约为长的 1.9 倍，光亮，具稀疏的细毛点和黄褐色短毛，亚中部纵向毛点相对稠密；中央微隆起，上缘中央具 1 瘤突。唇基和颜面分界不明显；唇基凹斜长形，深凹。唇基横阔，光亮，具非常稀疏的细毛点和黄褐色短毛，端缘的毛相对长；端缘平截，中央具 1 强齿状突。上颚强壮，光亮，具稀疏的细毛点和黄褐色短毛；端齿光滑，几乎等长。颊区光滑光亮，具均匀的细毛点和黄褐色短毛。颚眼距约为上颚基部宽的 0.5 倍。上颊阔，稍隆起，中央纵向相对平，光滑光亮，具稠密的细毛点和黄褐色短毛。头顶质地同上颊，在单复眼之间光滑无毛；单眼区后方弧形深凹。单眼区稍抬高，中间凹，具稠密的黄褐色短毛；单眼大，强隆起，侧单眼外侧沟明显；侧单眼间距约为单复眼间距的 0.6 倍。额相对平，光亮，具稠密的细毛点，在触角窝后方深凹。触角线状，鞭节 40 节，第 1～5 节长度之比依次约为 2.1∶1.3∶1.2∶1.2∶1.0。后头脊在中央上方缺，在上颚基部与口后脊相接。

前胸背板前缘光亮，具稠密的细毛点和黄褐色短毛；侧凹阔，光亮，具短皱；前沟缘脊缺；后上部光滑光亮，近后上角具稀疏的黄褐色短毛。中胸盾片圆形隆起，光滑光亮，具非常稀疏的细毛点和黄褐色短毛；盾纵沟缺。盾前沟深阔，光亮，具短纵皱。小盾片舌状隆起，光滑光亮，几乎无毛。后小盾片横形，光滑光亮，前缘凹深阔。中胸侧板较平，光滑光亮，具均匀的细毛点和黄褐色短毛，中央大部光滑无毛，胸腹侧片毛点相对稠密；镜面区非常大，光滑光亮；中胸侧板凹浅凹状，周围光滑光亮；胸腹侧脊强壮，约为中胸侧板高的 0.5 倍。后胸侧板稍隆起，光滑光亮，具稠密的细毛点和黄褐色短毛；后胸侧板下缘脊完整。翅浅褐色，透明；小脉位于基脉内侧，二者之间的距离约为小脉长的 0.3 倍；第 2 肘间横脉消失，第 2 回脉位于第 1 肘间横脉外侧，二者之间的距离约为第 1 肘间横脉长的 0.6 倍；外小脉在上方约 0.4 处曲折；后小脉在下方约 0.3 处曲折；后臂脉明显。爪栉齿状；后足第 1～5 跗节长度之比依次约为 5.3∶2.0∶1.6∶1.0∶1.3，第 2 跗节长约为其最大宽的 2.8 倍。并胸腹节圆形隆起，外侧脊明显，其余脊消失；光滑光亮，具非常稀疏的黄褐色短毛；气门中等大，斜半圆形，位于基部约 0.3 处。

腹部第 1 节背板长约为端宽的 3.2 倍，侧缘自气门至后缘近平行；光亮，具稠密的细毛点和黄褐色短毛，中央纵向毛点非常稀疏；背侧脊在气门前存在，腹侧脊完整；基侧凹小；气门小，圆形隆凸，约位于背板中央。第 2 节背板长约为端宽的 0.8 倍。第 2 节及以后背板光滑光亮，具均匀稠密的细毛点和黄褐色短毛。产卵器鞘未达腹末，长约为自身宽的 3.3 倍。

体黑色，下列部分除外：颜面，唇基（端缘翘红褐色），上颚（端齿红褐色），颊区，额眼眶的不规则斑黄色；下颚须，下唇须，前足，中足（爪暗褐色），前胸侧板，前胸背板前缘中部的斑、上缘，翅基片，翅基，小盾片，后小盾片，下生殖板，产卵器鞘黄褐色；触角（柄节、梗节背面黑褐色；鞭节末端少许暗褐色），上颊，后头（上部亚侧缘的斜斑黑褐色），头顶在单眼区中央后方延伸至后头的三角形斑，中胸盾片（中叶前半部黑褐色），中胸侧板前缘，后足（基节基部和外侧、转节背面、爪黑褐色；腿节背面大部暗红褐色），腹部第 1 节背板端半部、第 2～8 节背板（第 4～6 节背板侧缘暗褐色）、第 1～5 节腹板（中央黄褐色）黄褐色至红褐色；并胸腹节中央大部暗红褐色；翅痣，翅脉暗褐色。

正模 ♀，河北秦皇岛祖山，1100 m，1996-Ⅶ-22，盛茂领。

词源：该新种名源于其腹部红色。

本新种与黄褐齿胫姬蜂 *S. testaceus* Morley, 1913 近似，可通过下列特征区分：并胸腹节无侧纵脊；腹部第 1 节背板长约为端宽的 3.2 倍，侧缘自气门至后缘平行；中胸侧板和腹板黑色；腹部背板几乎完全黄褐色。黄褐齿胫姬蜂：并胸腹节侧纵脊至少端半部强壮；腹部第 1 节背板长约为端宽的 4.4 倍，侧缘自气门至后缘强烈收敛；中胸侧板和腹板几乎完全红褐色；腹部背板具黑斑。

(255) 红头齿胫姬蜂红胸亚种 *Scolobates ruficeps mesothoracica* He & Tong, 1992

Scolobates ruficeps mesothoracica He & Tong, 1992. Iconography of Forest Insects in Hunan, China, p.1229.

♀ 体长约 6.5 mm。前翅长约 8.5 mm。产卵器鞘短，未伸出腹末。

头部具稀疏的浅细刻点。颜面宽约为长的 2.2 倍，光滑光亮，中央稍隆起，亚侧部稍凹；上部中央具 1 小瘤突。具唇基沟。唇基基部稍隆起，具与颜面近似的表面和质地；端缘中央具 1 强壮的尖突，亚中部稍凹。上颚基部较光滑；上端齿稍短于下端齿。颊光滑，具稀浅的细刻点；颚眼距约为上颚基部宽的 0.5 倍。上颊宽阔，中部较强隆起，长约为复眼横径宽的 1.5 倍（最宽处），光滑光亮，中部向后稍加宽。头顶光亮光滑，与上颊质地相似，头顶后部中央明显凹；中单眼前侧凹陷，侧单眼外侧稍凹；单眼区稍隆起，侧单眼间距约为单复眼间距的 0.5 倍。额下部凹，上部具稠密的细刻点。触角明显长于体长，鞭节 34 节，中段各节较均匀。后头脊非常细，完整。

前胸背板光滑光亮，无刻点；亚后缘具 1 横沟，沟内具短纵皱；横沟的后缘具 1 细横脊。中胸盾片均匀隆起，光滑光亮，表层下隐现砖块状斑纹；盾纵沟不明显。小盾片和后小盾片光滑光亮，无刻点，前者隆起明显。中后胸侧板光滑光亮，无刻点；胸腹侧脊约达中胸侧板高的 2/3 处；中胸侧板凹浅沟状。翅暗褐色，不透明；小脉位于基脉内侧，二者间的距离大于脉宽；无小翅室；第 2 回脉位于肘间横脉的外侧，二者之间的距离约为肘间横脉长的 0.5 倍；外小脉在中央稍上方曲折；后小脉约在下方 1/3 处曲折，上段强烈内斜。后足基节显著膨大；后足跗节较粗壮；爪小，具稠密强壮的栉齿。并胸腹节非常短，光滑光亮；可见明显的侧纵脊和外侧脊；气门卵圆形。

腹部约为头胸部之和的 0.8 倍。第 1 节背板光滑光亮，两侧约平行，气门处稍宽，长约为端宽的 2.5 倍，后柄部侧面具三角形膜质边缘；气门圆形，隆起，位于背板中部之前；背中脊几乎抵达背板后缘。第 2 节背板为腹部背板最宽处，光滑，具稀疏的细毛，横形，长约为端宽的 0.22 倍。第 3 节以后背板横形，向后明显收敛，质地与第 2 节背板近似。各节背板后缘具波状的膜质边缘。下生殖板侧面观呈三角形。产卵器鞘短，几乎约与腹端厚度相等（0.9 倍），约为后足胫节长的 0.3 倍。

头部和前中胸部（包括后小盾片）褐红色，后胸及腹部黑色。触角鞭节腹侧中后部带红褐色，腹侧基部及背侧褐黑色。前中足褐红色，但爪及中足的基节和转节带黑色；后足黑色，但胫节腹侧带红褐色。腹部背板黑色，但各节背板后缘及侧缘、腹侧的膜质边缘浅黄色。翅痣及翅脉褐黑色。

分布：中国（河南、陕西、安徽、江西、浙江、湖南、贵州）。

观察标本：4♂♂，河南罗山灵山，400～500 m，1999-Ⅴ-24，盛茂领；1♀，河南内乡宝天曼，2006-Ⅶ-10，申效诚；1♀，江西全南，628 m，2008-Ⅶ-02，李石昌；2♀♀，安徽潜山，2009-Ⅴ-26，盛茂领；1♀，陕西商洛，2009-Ⅶ-24，王培新；4♀♀，河南三门峡，2009-Ⅵ-08～Ⅷ-07，张改香；1♀，江西全南，628 m，2008-Ⅶ-02，集虫网；1♀，江西安福，200~210 m，2011-Ⅴ-29，盛茂领；1♀，浙江临安清凉峰龙塘山，1000 m，2011-Ⅵ-08，牛耕耘。

(256) 亮齿胫姬蜂，新种 *Scolobates shinicus* Sheng, Sun & Li, sp.n.（彩图 70）

♀ 体长 7.3～10.1 mm。前翅长 6.7～9.4 mm。产卵器鞘长 0.3～0.4 mm。

复眼内缘向下均匀变宽，靠近触角窝处微凹。颜面宽约为长的 2.2 倍，具均匀的细毛点和黄褐色短毛；中央纵向微隆起，光亮，毛点相对稀疏；上缘中央具 1 瘤突；亚侧缘在触角窝外侧均匀凹。唇基沟无；唇基凹斜半圆形，深凹。唇基和颜面稍分开，横阔，光亮，宽约为长的 2.8 倍；具非常稀疏的细毛点和黄褐色短毛，中央光滑无毛，端缘的毛点相对稠密；端缘中央具 1 钝圆齿状突。上颚阔且强壮，光亮，基半部具均匀的细毛点和黄褐色短毛；端齿等长，光滑无毛。颊区光滑光亮，具均匀的细毛点和黄褐色短毛。颚眼距约为上颚基部宽的 0.7 倍。上颊阔，中央圆形稍隆起，光亮，具均匀的细毛点和黄褐色短毛。头顶质地同上颊，刻点在单眼区后方相对稠密；侧单眼外侧区几乎光滑无毛；在单眼区后方弧形深凹。单眼区稍隆起，中间深凹，具黄褐色短毛；单眼中等大小，强隆起；侧单眼间距约为单复眼间距的 0.4 倍。额相对平，具稠密的细毛点和黄褐色短毛，触角窝后方基部微凹，凹内光滑无毛。触角线状，鞭节 37～38 节，第 1～5 节长度之比依次约为 1.8∶1.3∶1.1∶1.0∶1.0。后头脊在中央上方缺，在上颚基部与口后脊相接。

前胸背板前缘光亮，具稠密的细毛点和黄褐色短毛；侧凹阔，光滑光亮；前沟缘脊缺；后上部光滑光亮，近后上角具几根黄褐色短毛。中胸盾片圆形隆起，光滑光亮，具非常稀疏的细毛点和黄褐色短毛；盾纵沟缺。盾前沟深阔，光滑光亮。小盾片圆形隆起，光亮，具稀疏的细毛点和黄褐色短毛，端缘光滑无毛。后小盾片横形，光滑光亮，前缘凹深阔。中胸侧板相对平，光滑光亮，具均匀的细毛点和黄褐色短毛，中央大部光滑无毛；镜面区非常大，光滑光亮；中胸侧板凹圆形深凹，周围光滑光亮；胸腹侧脊强壮，背端约为中胸侧板高的 0.6 倍。后胸侧板稍隆起，光滑光亮，具稠密的细毛点和黄褐色短毛；下后角具 1 短皱；后胸侧板下缘脊完整。翅褐色，透明；小脉位于基脉内侧，二者之间的距离约为小脉长的 0.3 倍；第 2 肘间横脉消失，第 2 回脉位于第 1 肘间横脉外侧，二者之间的距离约为第 1 肘间横脉长的 1.1 倍；外小脉约在中央处曲折；后小脉在下方约 0.3 处曲折；后臂脉无。爪强栉齿状；后足第 1～5 跗节长度之比依次约为 5.3∶2.4∶1.8∶1.0∶1.4，第 2 跗节长约为最大宽的 3.4 倍。并胸腹节圆形稍隆起，横阔，外侧脊明显，其余脊消失；具稠密的细毛点和黄褐色短毛，中央纵向光滑无毛；气门小，圆形，位于基部约 0.3 处。

腹部第 1 节背板长约为端宽的 2.6 倍，侧缘在气门后向后稍收敛；基部凹陷，光亮，背板大部具非常稀疏的细毛点和黄褐色短毛；背中脊基部存在，背侧脊无，腹侧脊完整；基侧凹小；气门小，圆形隆凸，位于基部约 0.4 处。第 2 节及以后背板光滑光亮，具均匀的细毛点和黄褐色短毛。产卵器鞘未达腹末，长约为自身宽的 2.8 倍；产卵器侧扁，末端尖，具亚背瓣缺刻。

体黑色，下列部分除外：颜面（中央的纵斑黑褐色），唇基，上颚（端齿暗红褐色），颊区，上颊下部少许，额眼眶的斑，前足（基节大部黑色），中足（基节黑色），翅基片，翅基，翅基下脊，小盾片，后小盾片，后足跗节（个别基跗节褐色），并胸腹节亚侧缘的 2 个小斑（仅正模存在），腹部第 3～6 节背板端缘，第 1 节腹板、第 2～5 节腹板（中央的斑褐色至红褐色），下生殖板、末腹节，产卵器鞘黄色至黄褐色；触角（鞭节末端部分黄色至黄褐色），上颊并延伸到头顶（头顶后侧的弧形斑黄褐色，有时无），中胸盾片亚侧缘的纵斑，后足转节（第 1 转节背面黑褐色）、腿节、胫节褐色至红褐色；腹部第 2 节背板（亚侧部暗褐色至黑褐色）、第 3～7 节背板（第 4～6 节背板中央、第 6～7 节背板侧后缘黄色至黄褐色）褐色至暗红褐色；翅面褐色，翅缘带暗褐色，翅痣（基部少许黄褐色）、翅脉褐色至暗褐色。

正模 ♀，辽宁本溪，2015-Ⅶ-10，盛茂领。副模：1♀，北京门头沟，2008-Ⅶ-11，王涛；2♀♀，北京门头沟，2008-Ⅶ-25，王涛；1♀，北京门头沟（落叶松林），2012-Ⅶ-07，宗世祥；2♀♀，北京门头沟（落叶松林），2013-Ⅵ-29～Ⅶ-05，宗世祥。

词源：本新种名源于腹部背板光亮。

本新种与黑胸齿胫姬蜂 *S. melanothoracicus* Sheng & Sun 2009 相似，可通过下列特征区分：触角鞭节倒数第 1 节明显长于倒数第 2 节；肘间横脉明显短于它至第 2 回脉之间的距离；上颊上部和头背面几乎完全红褐色，仅单眼区和额黑色；中胸盾片具 2 红褐色纵纹；并胸腹节具 2 小黄斑。黑胸齿胫姬蜂：触角鞭节倒数第 1 节约等长于倒数第 2 节；肘间横脉明显长于它至第 2 回脉之间的距离；上颊上部和头背面黑色，仅具黄褐色侧斑；中胸盾片和并胸腹节完全黑色。

(257) 节齿胫姬蜂，新种 *Scolobates tergitalis* Sheng, Sun & Li, sp.n.（彩图 71）

♀ 体长约 11.2 mm。前翅长约 10.0 mm。产卵器鞘长约 0.5 mm。

复眼内缘近平行。颜面宽约为长的 2.2 倍，具黄褐色短毛；中央纵向稍隆起，亚侧缘在触角窝下方稍凹；光亮，中央至端缘具非常稀疏的细毛点，亚侧缘刻点相对稠密，外缘具均匀稀疏的细毛点，唇基凹侧上方光滑无刻点；中央具 1 纵瘤突。唇基沟无；唇基凹斜长形，深凹。唇基横阔，宽约为长的 2.4 倍；光亮，具非常稀疏的细毛点和黄褐色短毛；端缘稍弧形，中央具 1 强齿状突。上颚强壮，光亮，中部具横皱状表面，具均匀的细毛点和黄褐色短毛，中部的毛相对长；端齿近光滑，下端齿稍大于上端齿。颊区光滑光亮，具均匀稀疏的黄褐色短毛。颚眼距约为上颚基部宽的 0.6 倍。上颊阔，中央纵向圆隆起，光亮，具非常稀疏的黄褐色短毛。头顶质地同上颊，刻点相对稀疏；单复眼之间几乎平，光滑无毛；在单眼区后方弧形深凹。单眼区稍抬高，中间深凹，几乎光亮；单眼中等大小，强隆起，单眼外侧沟明显；侧单眼间距约为单复眼间距的 0.4 倍。额在中单眼下方斜形稍隆起，具均匀的细毛点和黄褐色短毛；下半部在触角窝后方圆形凹陷，光滑光亮；亚侧方至外缘几乎平，具均匀稠密的细毛点和黄褐色短毛；触角窝之间具稠密的粗刻点和黄褐色短毛。触角线状，鞭节 42 节，第 1～5 节长度之比依次约为 2.3∶1.3∶1.2∶1.1∶1.0。后头脊在中央上方缺，在上颚基部与口后脊相接。

前胸背板前缘光亮，具稠密的细毛点和黄褐色短毛；侧凹阔，光亮，几乎无毛，下方具不规则皱状表面；前沟缘脊缺；后上部具稠密的细毛点和黄褐色短毛，靠近侧凹的毛点相对稀疏。中胸盾片圆形隆起，光滑光亮，几乎无毛；盾纵沟缺。盾前沟深阔，光滑光亮。小盾片舌状隆起，光亮，具均匀的细毛点和黄褐色短毛，中央的毛点相对稀疏。后小盾片横形，几乎平，光滑光亮，前缘凹深阔。中胸侧板几乎平，中央微隆起，光亮，具稠密的细毛点和黄褐色短毛，靠近镜面区的毛点非常稀疏；中下部具均匀的细毛点和黄褐色短毛；镜面区非常大，光滑光亮；中胸侧板凹浅横沟状，周围光滑光亮；胸腹侧脊强壮，上端向前弯曲接近前胸背板前缘，高约为中胸侧板高的 0.6 倍。后胸侧板稍隆起，上半部具稀疏的细毛点和黄褐色短毛；下半部皱状表面夹杂粗刻点；下后角具粗皱；后胸侧板下缘脊完整。翅黄褐色，透明；前翅小脉位于基脉内侧，二者之间的距离约为小脉长的 0.3 倍；第 2 肘间横脉消失，第 2 回脉位于第 1 肘间横脉外侧，二者之间的距离约为第 1 肘间横脉长的 0.6 倍；外小脉在上方约 0.4 处曲折；后小脉在下方约 0.4 处曲折；后臂脉明显。爪强栉齿状；后足第 1～5 跗节长度之比依次约为 5.4∶2.3∶1.7∶1.0∶1.4。并胸腹节稍隆起，横阔，侧纵脊仅端部存在，外侧脊明显，其余脊消失；中央纵向稍凹；光滑光亮，具非常稀疏的细毛点和黄褐色短毛；气门中等大，斜椭圆形，位于基部约 0.4 处，气门周围的毛点相对稠密。

腹部第 1 节背板长约为基部宽的 2.3 倍，约为端宽的 1.4 倍，侧缘自端缘向基部均匀收敛，端部中央稍隆起；基部均匀凹陷，光亮，几乎无毛，背板大部具非常稀疏的黄褐色短毛，靠近背侧脊的毛相对稠密；背中脊缺，背侧脊在气门前完整，腹侧脊完整；基侧凹小；气门小，圆形，约位于背板中央稍前方。第 2 节及以后背板光亮，具均匀稠密的细毛点和黄褐色微毛。产卵器鞘未达腹末，长约为自身宽的 3.0 倍；产卵器侧扁，末端尖，具亚背瓣凹。

体黄褐色，下列部分除外：颜面，额眼眶，颊黄色；上颚端齿暗红褐色；触角窝之间至额中央的大斑，单眼区，头顶大部并延伸至后头脊，后头，前胸侧板，前胸背板（上缘的长斑和后缘中央的斑黄褐色），中胸盾片中叶的长方形斑、侧叶的大斑，盾前沟，并胸腹节前缘及气门上方的斑，中胸侧板（前上部的斑黄褐色；中胸后侧片、中胸侧板下后角褐色），后胸侧板（后半部褐色），后足基节（端部及背侧少许黄褐色）、第 1 转节（腹面黄褐色至褐色）、第 2 转节（腹面少许黄褐色）、腿节（端缘黄褐色，腹面褐色）黑色；触角柄节、梗节背面黑色，腹面黄褐色，鞭节（末端 16 节暗褐色）褐色；腹部（第 1 节背板基部，外侧缘的斑，第 2、3 节背板在气门周围的斑，第 4、5 节背板基半部外侧的斑暗褐色至黑褐色）黄褐色至红褐色；前翅外缘稍带褐色，翅脉、翅痣（基部少许黄褐色）褐色；中足基节基部少许、后足基节基半部暗褐色；爪黑褐色。

♂ 体长约 9.5 mm。前翅长约 8.2 mm。触角鞭节 37 节。后翅小脉约在中央处曲折。头顶后方中央的长斑、后头黄褐色至红褐色；中胸盾片褐色至红褐色，中叶的斑暗褐色，侧叶少许暗红褐色；并胸腹节（中央褐色）、后胸侧板黑色；后足基节（内侧黄褐色至褐色）、转节（内侧褐色）、腿节基部黑色，腿节大部黄褐色至红褐色；腹部红褐色，第 1 节背板基部沿着背侧脊延伸至外缘的斑，第 2、3 节背板外侧，第 3、4 节背板大部暗褐色。其余特征同正模。

正模 ♀，福建武夷山，200~300 m，2008-Ⅹ-26，孙淑萍。副模：1♂，陕西太白县青峰峡桃花源，34º01′N，107º26′E，1545 m，2014-Ⅵ-11，祁立威、康玮楠。

词源：本新种名源于较宽的腹部第 1 节背板。

本新种与火红齿胫姬蜂 *S. pyrthosoma* He & Tong, 1992 相近，可通过下列特征区分：小盾片仅基侧角具侧脊；并胸腹节侧纵脊仅端部存在；前翅小脉位于基脉内侧；腹部第 1 节背板长约为端宽的 1.4 倍，气门位于基部约 0.45 处；胸部主要为黑色。火红齿胫姬蜂：小盾片侧脊基部约 0.5 存在；并胸腹节侧纵脊端部 0.7 存在；腹部第 1 节背板长约为端宽的 2.4～2.6 倍，气门位于基部约 0.25 处；胸部火红色。

(258) 黄褐齿胫姬蜂 *Scolobates testaceus* Morley, 1913

Scolobates testaceus Morley, 1913. The fauna of British India including Ceylon and Burma, Hymenoptera, 3: 339; He et al., 1992: 1230; He et al., 1996: 288.

分布：中国（辽宁、北京、河南、湖北、湖南、江苏、四川、陕西、福建、广西、贵州、江西、浙江、台湾）；印度，日本，俄罗斯。

观察标本：1♀1♂，辽宁沈阳，1993-Ⅵ-30～Ⅷ-22，盛茂领；1♀，河南内乡宝天曼，1300~1500 m，1998-Ⅶ-11，孙淑萍；1♀，福建武夷山，800~1000 m，2004-Ⅴ-17，梁旻雯；1♂，贵州赤水金沙，650 m，2000-Ⅴ-27，肖炜；3♂♂，陕西周至，2009-Ⅵ-20～Ⅸ-01，王培新；2♀♀1♂，河南三门峡，2009-Ⅶ-15～Ⅷ-15，张改香；1♂，北京房山周口店，2010-Ⅶ-26，宗世祥；2♀♀3♂♂，江西安福，2011-Ⅵ-13～Ⅺ-10，盛茂领。

(259) 梯齿胫姬蜂，新种 *Scolobates trapezius* Sheng, Sun & Li, sp.n.（彩图 72）

♀ 体长 6.4～8.7 mm。前翅长 5.8～8.0 mm。产卵器鞘长 0.4～0.5 mm。

复眼内缘近平行，靠近触角窝处微凹。颜面宽约为长的 1.9 倍；光滑光亮，具稀疏的细毛点和黄褐色短毛，中央的毛相对稀疏，亚侧缘的相对稠密；中央微隆起，上缘中央具 1 瘤突。唇基沟无；唇基凹斜椭圆形，深凹。唇基横阔，质地同颜面，基半部具非常稀疏的细毛点，亚端缘毛点相对稠密；端缘中央具 1 强齿状突。上颚强壮，光亮，具均匀稀疏的细毛点和黄褐色短毛；端齿光亮，下端齿稍大于上端齿。颊区光滑光亮，具均匀稀疏的细毛点和黄褐色短毛。颚眼距约为上颚基部宽的 0.5 倍。上颊阔，均匀稍隆起，光亮，具均匀稀疏的细毛点和黄褐色短毛。头顶质地同上颊，侧单眼外侧区光滑无毛；单眼区后方弧形深凹。单眼区稍抬高，中间稍凹，具稀疏的黄褐色短毛；单眼中等大小，强隆起；侧单眼间距约为单复眼间距的 0.5 倍。额稍平，具均匀稠密的细毛点和黄褐色短毛；下半部在触角窝后方稍凹。触角线状，鞭节 37～38 节，第 1～5 节长度之比依次约为 1.9∶1.2∶1.2∶1.1∶1.0。后头脊在中央上方缺，在上颚基部与口后脊相接。

前胸背板前缘光亮，具稠密的细毛点和黄褐色短毛；侧凹阔，光亮，下半部具短皱；前沟缘脊缺；后上部具稠密的细毛点和黄褐色短毛。中胸盾片圆形隆起，光滑光亮；盾纵沟缺。盾前沟阔，后半部具短皱。小盾片稍隆起，光亮，具稀疏的细毛点和黄褐色短毛，后半部光滑无毛。后小盾片横向隆起，光滑光亮，前缘凹深。中胸侧板相对平，光亮，具均匀的细毛点和黄褐色短毛，中央大部光滑无毛；镜面区非常大，光滑光亮；中胸侧板凹浅沟状；胸腹侧脊约为中胸侧板高的 0.5 倍。后胸侧板稍隆起，光亮，具稠密的细毛点和黄褐色短毛；后下角具短皱；后胸侧板下缘脊完整。翅褐色，透明；小脉位于基脉内侧，二者之间的距离约为小脉长的 0.3 倍；第 2 肘间横脉消失，第 2 回脉位于第 1 肘间横脉外侧，二者之间的距离约为第 1 肘间横脉长的 0.7 倍；外小脉在上方约 0.3 处曲折；后小脉在下方约 0.4 处曲折；后臂脉明显。爪强栉齿状；后足第 1～5 跗节长度之比依次约为 5.4∶2.3∶1.7∶1.0∶1.4，第 2 跗节长约为自身最大宽的 2.8 倍。并胸腹节均匀隆起，外侧脊完整，其余脊消失；光滑光亮，具非常稀疏的细毛点和黄褐色短毛，中央大部光滑无毛；气门小，斜椭圆形，位于基部约 0.4 处。

腹部第 1 节背板近长方形，两侧缘平行，长约为宽的 2.7 倍；光亮，基部均匀凹，几乎无毛，背板大部具非常稀疏的黄褐色短毛；背中脊缺，背侧脊在气门前存在，腹侧脊完整；基侧凹小；气门小，圆形，约位于基部 0.4 处。第 2 节背板长约为基部宽的 0.6 倍。第 2 节及以后背板光亮，具均匀的细毛点和黄褐色微毛。产卵器鞘未达腹末，长约为自身宽的 3.7 倍；产卵器具亚背瓣凹。

体黄褐色至浅红褐色，下列部分除外：颜面，额眼眶，颊，唇基，上颚（端齿暗红褐色）黄色；额中央的斑，单眼区，头顶（单眼区后方的三角形斑浅红褐色，该特征仅正模存在），前胸侧板，前胸背板，中胸盾片外缘少许，中胸侧板，中胸腹板，后胸侧板，并胸腹节侧面（中部红褐色），腹部第 1 节背板（基部中央的斑、端半部褐色），中足基节、第 1 转节大部，后足基节、转节、腿节（端缘黄褐色）黑色；触角柄节、梗节背面黑褐色，鞭节基部和端部暗褐色；腹部第 2 节侧缘、第 3 节侧缘的三角形斑、第 4～6

节（中央少许、端缘黄褐色至褐色），翅痣，翅脉，爪暗褐色至黑褐色（副模：中胸盾片暗褐色，侧叶稍带黄褐色；小盾片暗褐色）。

♂ 体长 6.4～9.2 mm。前翅长 5.5～8.5 mm。触角鞭节 35～39 节。其余特征同雌虫。

正模 ♀，北京门头沟（天然林），2011-Ⅷ-05，宗世祥。副模：1♂，四川雅安碧峰峡，1200～1300 m，2003-Ⅶ-08，刘卫星；5♂♂，宁夏六盘山，2005-Ⅶ-21～Ⅷ-04，集虫网；1♀，北京门头沟，2008-Ⅷ-29，王涛；1♂，北京延庆，2012-Ⅵ-21，宗世祥；1♀，北京门头沟（天然林），2012-Ⅷ-18，宗世祥；1♀，湖北恩施百户湾，2014-Ⅷ-13，盛茂领；1♀1♂，江西武功山红岩谷，580 m，2016-Ⅴ-03，集虫网。

词源：本新种名源于腹部第 2 节背板具梯形斑。

本新种与黑腹齿胫姬蜂 *S. nigriventralis* He & Tong, 1992 近似，可通过下列特征区分：并胸腹节无侧脊；中胸侧板和腹板黑色；并胸腹节侧面黑色，中部红褐色；腹部端部背板黄褐色。黑腹齿胫姬蜂：并胸腹节侧脊端部存在；中胸侧板和腹板黄褐色；并胸腹节黑色，端区浅褐色；腹部端部黑色。

（十）淞姬蜂族 Seleucini

该族是 V. Vikberg 和 M. Koponen 于 2000 年基于淞姬蜂属 *Seleucus* Holmgren, 1860 建立的新族。该族仅含 1 属 1 种。

60. 淞姬蜂属 *Seleucus* Holmgren, 1860

Seleucus Holmgren, 1860. Kongliga Svenska Vetenskapsakademiens Handlingar, 2(8): 1-158. Type-species: *Seleucus cuneiformis* Holmgren,1860

主要鉴别特征：额具 1 强壮的中纵脊；上颚上端齿约等长于下端齿；中胸侧板光滑，具中等粗糙的刻点；小翅室呈三角形或不规则四边形；第 2 肘间横脉弱；腹部第 1 节背板细长，端部稍宽，气门位于中部稍后，基侧凹缺；产卵器鞘长约为前翅长的 0.1 倍，稍上弯。

全世界知 1 种。已知寄主：四节叶蜂科 Blasticotomidae。

(260) 楔形淞姬蜂 *Seleucus cuneiformis* Holmgren, 1860

Seleucus cuneiformis Holmgren, 1860. Kongliga Svenska Vetenskapsakademiens Handlingar, 2(8): 111.

寄主：尽管于 1860 年就已经发现了本种，并已知分布于日本、朝鲜、我国东北部及欧洲的瑞典，但直到 2013 年，才由 Achterberg 和 Altenhofer 首次报道了它的第 1 个寄主：四节叶蜂 *Blasticotoma filiceti* Klug 其他寄主尚待发现。

分布：中国（辽宁、吉林、河南）；朝鲜，日本，俄罗斯，捷克，斯洛伐克，芬兰，德国，波兰，瑞典。

观察标本：1♀，吉林汪清大兴沟，2005-Ⅷ-18，集虫网；1♀，河南内乡宝天曼，2006-Ⅶ-20，申效诚；1♀，辽宁本溪，2012-Ⅷ-26，盛茂领、李涛；2♀♀，辽宁沈阳，2013-Ⅶ-10，集虫网。

七、优姬蜂亚科 Eucerotinae

该亚科仅含2属，我国已知1属。

61. 优姬蜂属 *Euceros* Gravenhorst, 1829

Euceros Gravenhorst, 1829. Ichneumonologia Europaea, 3: 368. Type-species: *Euceros crassicornis* Gravenhorst.

全世界已知49种，中国已知13种。这里介绍7种。检索表参考相关文献（Barron，1978；Kasparyan and Tolkanitz，1999；Kasparyan and Khalaim，2007）。

(261) 短脉优姬蜂 *Euceros brevinervis* Barron, 1978（中国新纪录）

Euceros brevinervis Barron, 1978. Naturaliste Canadien, 105: 353.

♂ 体长8.2～9.6 mm。前翅长6.2～7.4 mm。

复眼内缘近平行。颜面宽约为长的1.8倍，光亮，具稠密的细毛点和黄色短毛，外缘毛点相对稀细；相对平，在触角窝外侧方稍凹；上缘中央具1瘤突。唇基沟无。唇基凹圆形。唇基横阔，光亮，具稀疏的细毛点和黄色短毛；亚端缘弧形隆凸，端缘弧形。上颚强壮，基半部具稠密的细毛点和黄色短毛；上端齿稍长于下端齿。颊区光亮，具稠密的细毛点和黄色短毛。颚眼距约为上颚基部宽的0.7倍。上颊阔，向上均匀收敛，中央纵向圆形隆起，光滑光亮，具稠密的细毛点和黄色短毛。头顶质地同上颊，单复眼之间毛点相对稀疏。单眼区中央稍平，具稀疏的细毛点和黄色短毛；单眼中等大小，侧单眼外侧沟明显；侧单眼间距约为单复眼间距的0.9倍。额相对平，具稠密的细毛点和黄色短毛；触角窝后方均匀凹；额眼眶的毛点几乎无。触角鞭节34～38节，第5～20节膨大且侧扁，其中第10～14节强烈膨大，第1～5节长度之比依次约为2.2∶1.3∶1.2∶1.1∶1.0。后头脊完整，在上颚基部与口后脊相接。

前胸背板前缘光亮，几乎无毛；侧凹浅阔，具短皱；上缘中央具2叶状强突起；后上部光滑光亮，后上角具细毛点和黄白色短毛。中胸盾片圆形稍隆起，光亮，具稠密的细刻点和黄白色短毛；中叶前缘几乎垂直；盾纵沟基半部非常明显，向后均匀收敛。盾前沟深，几乎光滑光亮。小盾片舌状隆起，光亮，具稀疏的细毛点和黄白色短毛。后小盾片横向强隆起，光滑光亮。中胸侧板相对平，光亮，具均匀的细毛点和黄白色短毛，中央大部几乎无毛；镜面区非常小，光滑光亮；中胸侧板凹浅凹状；胸腹侧脊强壮，约为中胸侧板高的0.5倍。后胸侧板稍隆起，具稠密的细毛点和黄白色短毛；后胸侧板下缘脊完整，前缘稍呈片状隆起。翅透明；小脉位于基脉外侧，二者之间的距离约为小脉长的 0.4 倍；无小翅室；第 2 回脉位于肘间横脉外侧，二者之间的距离约为肘间横脉长的 0.5 倍；外小脉内斜，约在下方 0.4 处曲折；后小脉约在下方 0.3 处曲折。爪具稀栉齿；后足第 1～5 跗节长度之比依次约为 5.4∶2.3∶1.8∶1.0∶1.4。并胸腹节圆形稍隆起，基横脊、侧纵脊，中纵脊基半部消失，外侧脊弱，端横脊强壮；具稠密的细毛点和黄白色短毛，中央毛点相对稀疏或光滑无毛；端区斜，弱皱状表面夹杂细刻点；气门小，近圆形，靠近外侧脊，位于基部约 0.3 处。

腹部第 1 节背板长约为端宽的 0.8 倍；背板稍隆起，具稠密的粗刻点和黄色短毛，端缘几乎光滑光亮；基部均匀凹，几乎光亮；背中脊基部明显，向后强收敛，伸达气门后；背侧脊在气门前存在，腹侧脊完整；基侧凹非常小；气门小，圆形，位于基部约 0.3 处。第 2 节背板梯形，长约为基部宽的 0.7 倍，约为端宽的 0.6 倍；具稠密的粗刻点和黄色短毛，端缘光亮；基缘呈细纵皱状；窗疤大，横向，光亮。第 3～4 节背板质地同第 2 节背板，刻点相对细小。第 5～6 节背板具稠密的细毛点和黄色短毛。

体黑色，下列部分除外：颜面（瘤突稍带黄褐色），唇基（端缘黄褐色），额（上缘，触角窝后方的斑黑色）黄色；上颚（端齿暗红褐色至黑褐色），颊，上颊，下唇须，下颚须，前胸背板前缘下半部、后上角，中胸盾片中央的纵斑，中叶侧缘的斑，侧叶前缘的斑，小盾片（中央大部黑色），后小盾片（基半部黑色），翅基，翅基片，翅基下脊，中胸前侧片，中胸侧板中下部的大斜斑，中胸后侧片，后胸侧板后部的小斑（有时无），并胸腹节沿着端横脊的细带（大部分无该特征），前足（腿节腹面、内侧及端缘，胫节，跗节，爪黄褐色），中足（腿节腹面及后侧，胫节，跗节黄褐色；爪褐色），后足基节端部、转节腹面，腹部第 1 节背板基缘（有时无）、端带，第 2～7 节背板端缘及折缘黄白色；触角鞭节外侧褐色（端缘数节黑褐色），内侧黑褐色，第 10～14 节外侧基部稍带黄褐色；后足腿节端缘，胫节基部，距，腹部第 2 节窗疤黄褐色；翅痣，翅脉暗褐色。

分布：中国（辽宁）；日本。

观察标本：4♂♂，辽宁本溪，2015-V-28～VII-17，集虫网；1♂，辽宁宽甸，2017-VII-12，集虫网。

(262) 唇优姬蜂 *Euceros clypealis* Barron, 1978（中国新纪录）

Euceros clypealis Barron, 1978. Naturaliste Canadien, 105: 351.

♀ 体长约 10.1 mm。前翅长约 7.6 mm。产卵器鞘长约 0.3 mm。

复眼内缘近平行。颜面宽约为长的 1.9 倍，光亮，具稠密的细毛点和黄褐色短毛，亚侧缘毛点相对稀疏，外缘毛点非常细；中央纵向隆起，触角窝外侧方均匀凹；上缘中央具 1 瘤突。唇基沟无。唇基凹非常小。唇基横阔，中央微凹；光亮，具稀疏的细毛点和黄褐色短毛；端缘弧形，中央隆起。上颚强壮，基半部具稠密的细毛点和黄褐色短毛；端齿等长。颊区光亮，具稠密的细毛点和黄褐色短毛。颚眼距约等长于上颚基部宽。上颊阔，向上稍阔，中央纵向圆形隆起，光滑光亮，具稠密的细毛点和黄褐色短毛。头顶质地同上颊，在侧单眼外侧方光滑无毛。单眼区中央稍平，具较头顶粗大的稀疏细毛点和黄褐色短毛；单眼中等大小，侧单眼外侧沟明显；侧单眼间距约为单复眼间距的 0.7 倍。额稍隆起，具稠密的细毛点和黄褐色短毛；在中单眼前方微凹，凹内几乎光亮；触角窝后方均匀凹；额眼眶的毛点几乎无。触角鞭节 34 节，第 1～5 节长度之比依次约为 1.7∶1.0∶1.0∶1.0∶1.0。后头脊完整，在上颚基部与口后脊相接。

前胸背板前缘光亮，具稠密的细毛点和黄褐色短毛；侧凹浅阔，靠近上方具 1 斜皱，凹内近光亮；后上部光滑无毛。上缘及后上角具稠密的细毛点和黄褐色短毛。中胸盾片稍隆起，光亮，具稠密的细刻点和黄褐色短毛；中叶前缘几乎垂直；盾纵沟基半部非常明显，向后均匀收敛。盾前沟深，具稀疏的细毛点。小盾片舌状隆起，光亮，具稀疏的细毛点和黄褐色短毛，中央的毛点相对稀疏。后小盾片横向强隆起，光亮，具稀疏的黄褐色短毛。中胸侧板相对平，光亮，具稠密的细毛点和黄褐色短毛，中央大部几乎无毛；镜面区中等大，光滑光亮；中胸侧板凹深凹状；胸腹侧脊强壮，约为中胸侧板高的 0.6 倍。后胸侧板稍隆起，具稠密的细毛点和黄褐色短毛；下后角具短皱；后胸侧板下缘脊完整，前缘稍呈片状隆起。翅透明；小脉位于基脉外侧，二者之间的距离约为小脉长的 0.4 倍；无小翅室；第 2 回脉位于肘间横脉外侧，二者之间的距离约为肘间横脉长的 0.7 倍；外小脉内斜，约在中央稍下方曲折；后小脉约在下方 0.35 处曲折。爪具稀栉齿；后足第 1～5 跗节长度之比依次约为 4.4∶2.0∶1.6∶1.0∶1.3。并胸腹节阔，稍隆起，基横脊消失，侧纵脊基半部消失，其他脊完整；基部中央深凹，凹内光亮，中央具 1 明显短纵皱；中纵脊稍收敛，然后均匀变阔，基区和中区的合并区光亮，基半部具横皱，中央近光亮，端部具皱状表面；端区近扇形，中央具 1 粗纵脊，其他部分具稠密的细毛点和黄褐色短毛；侧区具稠密的细刻点和黄褐色短毛，中央的毛点相对稀疏，端缘具短纵皱；外侧区质地同侧区，气门小，近圆形，靠近外侧脊，位于基部约 0.3 处。

腹部第 1 节背板长约为端宽的 0.9 倍；背板稍隆起，具稠密的粗刻点和黄褐色短毛，端缘几乎光滑光亮；背中脊基部明显，向后强收敛，伸达气门后；背侧脊在气门前存在，腹侧脊完整；基侧凹非常小；气门小，圆形，位于基部约 0.35 处。第 2 节背板梯形，长约为基部宽的 0.7 倍，约为端宽的 0.5 倍；具稠密的粗刻点和黄褐色短毛，中央纵向刻点相对稠密；亚侧缘稍隆起；基缘细纵皱状，端缘光滑无毛。第 3 节背板长约为基部宽的 0.5 倍；具稠密的粗刻点和黄褐色短毛，端半部毛点相对稀疏；亚侧缘稍隆起。第 4 节背板质地同第 3 节背板。产卵器鞘未达腹末。

体黑色，下列部分除外：颜面（基半部中央并延伸至唇基的不规则斑黑褐色），唇基（唇基凹周围、端缘黑褐色），上颚（端齿暗红褐色；亚端缘中央稍微带褐色），额眼眶的斑，下颚须，下唇须，颊，上颊中央的不规则斑，前胸背板后上角，翅基片（后缘褐色），翅基下脊，后小盾片，中胸侧板靠近前缘的斑及下后角的斑，中胸后侧片上缘，前足（基节基缘黑褐色；腿节、胫节、第 1～2 跗节黄褐色；第 3～4 跗节背面褐色，腹面黄白色；末跗节、爪暗褐色），中足（基节基缘及内侧少许暗褐色至黑褐色；腿节黄褐色稍带红褐色；胫节、基跗节黄褐色；第 2～4 跗节背面褐色，腹面黄褐色；末跗节、爪暗褐色），并胸腹节侧区的斑，腹部第 1～4 节背板外侧缘的斑黄白色；前胸背板中叶外侧的斑、侧叶前缘的斑，小盾片后半部黄色；后胸侧板上方部分，后胸侧板，后足（基节端半部腹面、第 1 转节基半部、胫节端缘、基跗节、第 2 跗节大部、末跗节端半部、爪暗褐色至黑褐色；第 1 转节端半部、第 2 转节、第 2 跗节端缘、第 3～4 跗节、末跗节基半部黄白色；胫节大部黄褐色至红褐色）红色至红褐色；翅痣，翅脉褐色。

分布：中国（西藏）；日本。

观察标本：1♂，西藏墨脱，29º52′N，95º34′E，2750 m，2013-Ⅶ-13，李涛。

(263) 霜优姬蜂 *Euceros pruinosus* (Gravenhorst, 1829)

Tryphon pruinosus Gravenhorst, 1829. Ichneumonologia Europaea, 2: 189.

寄主：据报道，主要为东平云杉吉松叶蜂 *Gilpinia tohii* Takeuchi、欧洲新松叶蜂 *Neodiprion sertifer* (Geoffroy)（Kangas，1941；Uchida，1955）；也是重寄生蜂（Barron，1978）。

分布：中国（辽宁、吉林）；日本，蒙古国，俄罗斯远东地区，欧洲。

观察标本：4♂♂，辽宁新宾，2005-Ⅵ-30～Ⅶ-17，集虫网；1♀，辽宁新宾，2012-Ⅷ-26，李涛；1♂，辽宁宽甸，2017-Ⅶ-12，集虫网。

(264) 赤优姬蜂 *Euceros rufocincta* (Ashmead, 1906)（中国新纪录）

Asthenara rufocincta Ashmead, 1906. Proceedings of the United States National Museum, 30: 183.

♂ 体长 7.5～7.9 mm；前翅长 5.6～5.8 mm。

复眼内缘近平行。颜面宽约为长的 2.4 倍；基半部中央呈倒三角形稍隆起，侧缘具细斜皱，具稠密的细刻点和黄褐色短毛，上缘中央具 1 强瘤突；在触角窝下侧方相对平，光亮，具稀疏的黄褐色短毛。颜面和唇基分界不明显。唇基横阔，宽约为长的 2.6 倍；光亮，具稀疏的细毛点和黄褐色短毛，中央大部光滑无毛；端缘弧形平截，亚端部强隆起。上颚强壮，基半部具稠密的细毛点和黄褐色短毛，中央具细横皱，端部光亮；端齿等长。颊区阔，光滑光亮，具稠密的细毛点和黄褐色短毛；颚眼距约为上颚基部宽的 0.6 倍。上颊阔，向上稍变宽，中央纵向圆形稍隆起，光亮，具稠密的细毛点和黄褐色短毛。头顶质地同上颊，毛点相对稀疏；在单眼区后方“V”形深凹，陡斜。单眼区中央稍凹，光亮，具稀疏的细毛点和黄褐色短毛；单眼中等大小，侧单眼外侧沟明显；侧单眼间距约为单复眼间距的 0.8 倍。额稍隆起，具稠密的细毛点和黄褐色短毛；在中单眼前方稍凹，毛点相对稀疏；触角窝之间具 1 纵沟，几乎达中部；触角窝后方稍凹，基部近光亮。触角丝状；鞭节 29～31 节，第 1～5 节长度之比依次约为 1.7∶1.1∶1.0∶1.0∶1.0，中段稍侧扁。后头脊强壮，上方中央“U”形深凹，与口后脊在上颚基部相接。

前胸背板前缘光亮，具稠密的细毛点和黄褐色短毛；侧凹浅阔，光滑光亮，几乎无毛；后上部光滑无毛，靠近上缘具稠密的黄褐色短毛。中胸盾片圆形隆起，光滑光亮，具稠密的细毛点和黄褐色短毛，中后部的毛点相对稀疏；中叶前缘陡斜；盾纵沟基半部明显，向后稍收敛。盾前沟深凹，近光滑光亮。小盾片圆形隆起，呈舌状；光亮，具稠密的细毛点和黄褐色短毛，中央大部光滑无毛。后小盾片横向强隆起，光滑光亮。中胸侧板圆形稍隆起，光亮，具稠密的细毛点和黄褐色短毛，中下部的毛点相对稀疏；中央大部光滑无毛；镜面区中等大小，光滑无毛；中胸侧板凹深凹状，下方光滑无毛；胸腹侧脊显著，约达中胸侧板中部。后胸侧板圆形隆起，光亮，具稠密的细毛点和黄褐色短毛；下后角具短皱；后胸侧板下缘脊完整。翅褐色，透明；小脉位于基脉的外侧，二者之间的距离约为小脉长的 0.2 倍；无小翅室，第 2 回脉位于肘间横脉的外侧，二者之间的距离约为肘间横脉长的 0.7 倍；外小脉约在中央处曲折；后小脉约在下方 0.3 处曲折。爪稀栉齿状；后足第 1～5 跗节长度之比依次约为 3.8∶2.1∶1.5∶1.0∶1.2。并胸腹节稍隆起，横阔；端横脊强壮，端区及第 3 外侧区周围的脊完整，其他脊消失；基部中央扁椭圆形深凹；中央大部光亮，具稠密的细毛点和黄褐色短毛，中部毛点相对稀疏；端区斜截，近四边形，光亮，中央纵向隆起；第 3 外侧区光亮，具短纵皱；气门小，圆形，约位于基部 0.3 处。

腹部第 1 节背板近梯形，长约为基部宽的 2.1 倍，约为端宽的 1.1 倍；侧缘向端部渐变阔；光亮，具稠密的细毛点和黄褐色短毛，向端部毛点逐渐变稀疏，端缘光滑光亮；背中脊基部存在，向后强烈收敛，几乎伸达气门处；背板在背中脊之间均匀凹，近光亮；背侧脊在气门前完整；腹侧脊完整；气门小，圆形，位于背板基部约 0.4 处。第 2 节背板梯形，长约为基部宽的 0.8 倍，约为端宽的 0.7 倍；光亮，具均匀稠密的细毛点和黄褐色短毛，端缘光亮无毛；基部具短纵皱；窗疤长形，呈细粒状表面。第 3 节及以后各节背板具稠密的细毛点和黄褐色短毛，端缘光滑光亮；第 3～4 节背板基缘具短纵皱。

体黑色，下列部分除外：颜面（基半部中央的不规则斑黑色），唇基基半部，额眼眶的纵斑，颊区靠近复眼处的斑，下颚须，下唇须，上颊中部的斑黄白色；上颚基部黑褐色，中部稍带黄褐色，端齿暗红褐色；前足（基节、腿节大部暗褐色至黑褐色；第 1 转节腹面褐色，背面和第 2 转节黄白色；末跗节褐色），中足（基节、腿节暗褐色至黑褐色；第 1 转节黄白色，基半部稍带褐色；第 2 转节黄白色；胫节端半部、跗节、爪褐色），翅基黄褐色；翅痣，翅脉褐色至暗褐色；后足胫节、跗节暗褐色至黑褐色。

分布：中国（宁夏）；朝鲜，日本，俄罗斯，尼泊尔。

观察标本：2♂♂，宁夏六盘山，2005-Ⅷ-11～18，集虫网。

(265) 异优姬蜂 *Euceros schizophrenus* Kasparyan, 1984（中国新纪录）

Euceros schizophrenus Kasparyan, 1984. Systematics of insects from the Far East. Collected scientific papers. Akad. Nauk. SSR, Vladivostok, p.78.

♀ 体长 7.0～10.0 mm；前翅长 6.0～8.5 mm。

颜面侧缘近平行，宽为长的 2.5～2.7 倍。颜面具均匀稠密的细刻点（侧缘光滑）；中央上方稍隆起，具一稍隆起的中纵突（上方中央具 1 圆瘤突）；自触角窝外侧向下呈斜内凹，形成明显的浅凹沟。唇基沟不明显。唇基光滑，宽短，较平，宽约为长的 2.6 倍；具较颜面稀疏且清晰的细刻点；端缘中央稍弧形隆起。上颚表面具稠密的细刻点，亚端部具弱细皱，上端齿稍长于下端齿。颊区稍凹，具稠密且模糊不清的细刻点。颚眼距约为上颚基部宽的 0.5 倍。上颊及头顶光亮，具较稠密的浅细刻点；侧单眼外侧具明显的沟；单眼区稍隆起，具模糊的皱刻点；侧单眼间距约为单复眼间距的 0.8 倍。额稍隆起，具稠密模糊的细皱刻点。触角丝状，鞭节 30～34 节，第 1～5 节长度之比依次约为 2.1∶

1.6∶1.6∶1.4∶1.3，中段稍粗。后头脊强壮，后方中央间断，向内深凹，形成明显的凹窝。

前胸背板光滑光亮，侧凹内具弱皱刻点，前侧缘具细柔毛。中胸盾片具稠密的细刻点和褐色短绒毛；盾纵沟明显；中胸盾片中叶前部几乎垂直，表面中央具1光滑的浅纵沟。盾前沟深阔，具模糊的弱皱。小盾片近三角形，稍隆起，具与中胸盾片相似的表面。后小盾片稍隆起，横形，具模糊的弱皱。中胸侧板较隆起，中后部光滑光亮，前上角和前下部具非常细弱的刻点；胸腹侧脊明显，背端约达中胸侧板高的0.8处，远离中胸侧板前缘；中胸侧板凹坑状。后胸侧板稍隆起，具不清晰的细刻点，下方具弱皱；后胸侧板下缘脊前角隆起。翅褐色，透明；小脉位于基脉的外侧，二者之间的距离约为小脉长的0.3倍；无小翅室，第2回脉位于肘间横脉的外侧，二者之间的距离约为肘间横脉长的0.8倍；外小脉在中央稍下方曲折；后小脉约在下方1/3处曲折。足的基节和腿节相对光滑，具浅细刻点和褐色短绒毛，腿节侧扁；后足第1～5跗节长度之比依次约为5.7∶2.7∶2.1∶1.6∶1.9。并胸腹节较强隆起，端横脊明显；端横脊之前相对光滑，具弱皱（两侧皱较明显），中纵脊和侧纵脊前段弱化；端横脊之后具稠密的皱、后部中央具1中纵脊。并胸腹节气门小，卵圆形，约位于基部0.3处。

腹部第1节背板强烈向基部收敛，长约为端宽的0.8倍；背中脊和背侧脊仅基部存在；基部中央明显凹且光滑光亮；背板表面具稠密的粗纵皱和弱刻点；气门约位于背板中央。第2节背板具稠密的弱纵皱和细密的刻点，长约为端宽的0.4倍。第3节及以后背板横形，具非常清晰且稠密的刻点。产卵器鞘极短，外观不易观察。

体黑色，下列部分除外：内眼眶，头顶眼眶的小斑，上颚基部中央的小斑，中胸盾片中叶前侧角的斑和侧叶前端的长斑，翅基片和翅基下脊，腹部第1节背板端部两侧的横斑、第2节背板端部两侧的三角形大斑或第3节背板端部两侧的小斑鲜黄色；下颚须和下唇须浅黄色（末节暗褐色），或全部暗褐色；上颚上缘及亚端部，前中足腿节端部或多或少、胫节（中足胫节外侧或带黑褐色）和跗节，或后足跗节多少黄褐色至红褐色；翅痣黑色；翅脉褐色。

分布：中国（吉林）；朝鲜，俄罗斯，哈萨克斯坦。

观察标本：1♀，吉林长白山国家级自然保护区，1870 m，2008-Ⅶ-23，盛茂领；1♀，吉林松江河前川林场，890 m，2014-Ⅷ-05，褚彪。

(266) 显优姬蜂 *Euceros sensibus* Uchida, 1930

Euceros sensibus Uchida, 1930. Journal of the Faculty of Agriculture, Hokkaido Imperial University, 25(4): 276.

♀ 体长7.5～8.5 mm；前翅长6.5～7.0 mm。

颜面侧缘近平行，宽为长的2.1～2.5倍。颜面具均匀稠密的细刻点（侧缘光滑）；中央上方稍隆起，具一稍隆起的中纵枕（上方中央具1小瘤突）；自触角窝外侧向下斜内凹，形成不太明显的浅凹沟。唇基沟弱浅。唇基光滑，宽短较平，宽为长的2.9～3.1倍；具较颜面稀疏且稍大的刻点；端缘中央稍弧形隆起。上颚具稠密的弱皱刻点，上端齿稍长于下端齿。颊区稍凹，表面较光滑。颚眼距为上颚基部宽的0.7～0.8倍。上颊及头顶具不明显的浅细刻点和较颜面稀疏的短柔毛；侧单眼外侧沟明显；单眼区稍隆起，具模糊的弱皱刻点；侧单眼间距为单复眼间距的0.7～0.8倍。额中部稍隆起，具不明显的浅细刻点；触角窝上方明显凹。触角丝状；鞭节31～32节，第1～5节长度之比依次约为2.4∶1.7∶1.4∶1.3∶1.3，中段稍粗。后头脊完整强壮。

前胸背板光滑光亮，侧凹内几乎完全光滑，前侧缘柔毛弱。中胸盾片具稠密不明显的浅细刻点和褐色短绒毛；中叶前部几乎垂直，中央的浅纵沟不明显；侧叶表面相对光滑，刻点或不明显；盾纵沟显著。盾前沟深阔，光滑。小盾片近三角形，稍平隆起，具较稠密的浅细刻点。后小盾片稍隆起，横形，刻点不明显。中胸侧板较隆起，上方及后部光滑光亮，前下部具非常稀疏的细毛点；胸腹侧脊显著，背端约达中胸侧板高的0.7处，远离中胸侧板前缘；中胸侧板凹坑状。后胸侧板稍隆起，具非常稀疏的细毛点，下方稍具弱皱；后胸侧板下缘脊前角耳状突出。翅褐色，透明；小脉位于基脉的外侧，二者之间的距离约为小脉长的0.3倍；无小翅室，第2回脉位于肘间横脉的外侧，二者之间的距离约为肘间横脉长的0.7倍；外小脉在中央稍下方曲折；后小脉约在下方1/4处曲折。足腿节稍侧扁；后足第1～5跗节长度之比依次约为4.0∶2.0∶1.7∶1.0∶1.4。并胸腹节较强隆起，表面呈模糊的弱皱状（侧方皱稍强），端横脊显著；中纵脊上半段缺失，端后部中央具1明显的中纵脊；侧纵脊细弱完整，外侧脊仅端部可见。并胸腹节气门小，圆形，约位于基部0.3处。

腹部第1节背板强烈向基部收敛，长约为端宽的0.9倍；背中脊和背侧脊基部明显；基部中央稍凹；背板表面具稠密的细刻点（端部两侧光滑）；气门约位于背板中央稍前。第2节及以后背板具稠密的细刻点，第2～4节背板近等长。产卵器鞘短，约为腹末厚度的0.5倍。

体黑色，下列部分除外：内眼眶，上颊眼眶后侧的小斑，唇基基部两侧的圆斑（或不明显），上颚基部中央的小斑（或不明显），中胸盾片中叶前部两侧的点斑和侧叶前方的点斑（或不明显），翅基片（或全黑色）内侧，腹部第1节背板端部两侧的横三角形斑、第2节背板端部两侧的横斑带鲜黄色；下颚须和下唇须浅黄色（末节暗褐色）；上颚上缘及亚端部，前中足腿节端部或多或少、胫节和跗节（末跗节色深）黄褐色至红褐色；翅痣近黑色，翅脉暗褐色。

♂ 体长5.5～7.5 mm；前翅长4.5～6.0 mm。触角鞭节28～33节，第5～15节显著栉状膨粗。鞭节中段膨粗部分黄褐色。中胸盾片侧叶前方的黄斑条状。翅基片黄色。后足胫节和跗节黄褐色至红褐色。

分布：中国（吉林、北京、宁夏、湖北、西藏、台湾）；朝鲜，日本，俄罗斯，尼泊尔。

观察标本：4♀♀25♂♂，宁夏六盘山，2005-Ⅶ-7～Ⅸ-8，盛茂领；1♀，吉林长白山自然保护区，2008-Ⅶ-23盛茂领；1♀，北京，2011-Ⅷ-27，落叶松林，宗世祥；1♂，西藏墨脱，2013-Ⅶ-10，李涛；1♀，湖北神农架，2015-Ⅶ-20，肖炜。

(267) 锯角优姬蜂 *Euceros serricornis* (Haliday, 1838)

Bassus serricornis Haliday, 1838. Annals of Natural History, 2 (October 1838): 117.

寄主：锈三节叶蜂 *Arge rustica* (Linnaeus)、单锉叶蜂 *Pristiphora monogyniae* (Hartig, 1840)（Fulmek，1968；Hinz，1961）、舞毒蛾 *Lymantria dispar* (L.)（Constantineanu and Constantineanu，1994）。

分布：中国（吉林、辽宁、河南、宁夏）；朝鲜，日本，蒙古国，俄罗斯远东地区，欧洲。

观察标本：1♀，河南内乡宝天曼自然保护区，2006-Ⅶ-20，申效诚；9♀♀51♂♂，宁夏六盘山，2005-Ⅶ-07～Ⅸ-01，盛茂领；1♀，吉林松江河前川，2014-Ⅷ-05，褚彪；2♀♀，辽宁本溪，2014-Ⅵ-14～Ⅶ-17，盛茂领；1♀，辽宁宽甸，2015-Ⅷ-10，集虫网；1♀，辽宁海城，2017-Ⅵ-10，李涛。

八、菱室姬蜂亚科 Mesochorinae

主要鉴别特征：颜面和唇基无分隔，二者形成一个面；通常小翅室非常大，菱形；爪通常具栉齿；腹部第1节背板的基侧凹非常大，气门位于该节背板近中部；雄性阳茎基侧突较特殊，非常细且长；雌性下生殖板大，侧面观约呈三角形；产卵器鞘一般都非常光滑且坚硬；产卵器非常细。

该亚科含12属，我国已知5属。有寄生和重寄生两种类型。这里介绍1属。

62. 菱室姬蜂属 *Mesochorus* Gravenhorst, 1829

Mesochorus Gravenhorst, 1829. Ichneumonologia Europaea, 2: 960. Type-species: *Mesochorus splendidulus* Gravenhorst; designated by Curtis, 1833.

该属是一个非常大的属，全世界已知约 700 种，我国已知 27 种。

(268) 短尾菱室姬蜂 *Mesochorus brevicaudus* Sheng, 2009

Mesochorus brevicaudus Sheng, 2009. Insect fauna of Henan, Hymenoptera: Ichneumonidae, p.164.

♀ 体长 8.5～9.0 mm。前翅长 7.0～7.5 mm。

复眼在触角窝上方稍凹。颜面宽约为长的 1.4 倍，光滑光亮，具均匀稠密的粗刻点；中央稍隆起，上半部具 1 中纵脊，上部中央在触角窝之间“V”形凹陷；唇基光滑光亮，均匀隆起，具稀疏的细刻点；亚端部光滑光亮，具 1 排细刻点和白色短毛；端缘稍弧形。上颚强壮，较长，光滑光亮，具稀疏的细刻点；端齿近等长。眼下沟深，光滑光亮，具细横皱；颚眼距约为上颚基部宽的 0.6 倍。上颊光滑光亮，具均匀稠密的细刻点，向后均匀收敛。头顶质地同上颊，单眼区稍抬高，侧单眼外侧稍凹；侧单眼间距约等长于单复眼间距。额光滑光亮，均匀凹陷，在触角窝之间具 1 明显的中纵沟。触角鞭节 46～49 节，第 1～5 节长度之比依次约为 17.0∶10.0∶9.0∶8.0∶7.0。后头脊完整，背方中央稍凹。

前胸背板光滑光亮，具均匀稠密的细刻点；侧凹中央具横皱。中胸盾片均匀隆起，质地同前胸背板，盾纵沟略明显；中央的刻点稍粗；小盾片稍隆起，光滑光亮，具均匀稠密的细刻点；后小盾片横形隆起，光滑光亮，无刻点。中胸侧板稍平，光滑光亮，具稀疏的细刻点；中央大部光滑光亮，无刻点；胸腹侧脊明显，约为中胸侧板高的 0.5 倍；腹板侧沟基部明显；镜面区大，光滑光亮，中胸侧板凹深沟状。后胸侧板稍平，光滑光亮，具均匀稠密的细刻点，后胸侧板下缘脊完整。足正常，后足第 1～5 跗节长度之比依次约为 25.0∶10.5∶7.5∶5.0∶6.0。翅无色，透明，小脉与基脉对叉；小翅室大，菱形，具短柄，第 2 回脉约在其下方中央处与之相接；外小脉内斜，在上方约 0.3 处曲折；后小脉直，不曲折。并胸腹节均匀隆起，分区完整；基区狭长，两侧的脊在下方几乎靠拢；中区狭长，五边形，光滑光亮，无刻点，长约为分脊处宽的 2.0 倍，分脊从中央前部约 0.4 处与之相接，两侧的中纵脊几乎平行；端区五边形，光滑光亮，具稀疏的细刻点；第 1 侧区光滑光亮，具均匀稠密的细刻点；第 2 侧区质地同第 1 侧区，刻点相对稀疏；气门大，圆形，靠近外侧脊，位于基部约 0.2 处。

腹部第 1 节背板长约为端宽的 3.0 倍，光滑光亮，具非常稀疏的细毛点；气门小，圆形，约位于中央处；基侧凹大，深凹。第 2 节背板长约为端宽的 1.2 倍，质地同第 1 节背板。产卵器鞘长约为后足胫节长的 0.4 倍；产卵器直，细长。

体黑色，下列部分除外：颜面眼眶，额在触角窝外侧的大斑，上颚（端齿暗红褐色），颊区，上颊下部，下颚须，下唇须，前胸背板后上角，翅基片，翅基，翅基下脊，前足，中足（末跗节褐色），后足（基节、转节、腿节红褐色；胫节基部及端缘黑褐色；基跗节末端、第 2～5 跗节暗褐色至黑褐色）黄褐色；唇基，上颊眼眶，前胸背板前缘、后上部部分，中胸侧板（中央大部暗红褐色），中胸盾片中央、后部，盾前沟，小盾片（中央少许暗褐色），后小盾片红褐色；触角，翅痣（中央褐色），翅脉黑褐色。

♂ 体长 9.0～10.0 mm。前翅长 6.5～7.0 mm。触角鞭节 43～47 节。体黑色，下列部分除外：颜面，唇基，上颚（端齿暗红褐色），颊区，上颊基部，下颚须，下唇须，前胸背板前缘，后上角，翅基片，翅基，翅基下脊，前足，中足，后足（腿节浅红褐色；胫节基部、端缘，末跗节黑褐色；第 3～4 跗节褐色），腹部第 2 节背板端缘黄褐色；前胸背板中央大部，中胸侧板（镜面区上方少许暗褐色），中胸盾片中央，盾前沟，小盾片红褐色。

寄主：从寄生于松阿扁叶蜂 *Acantholyda posticalis* (Matsumura) 的栉足姬蜂 *Ctenopelma* sp. 越冬茧养出。

分布：中国（河南、江西、陕西）。

观察标本：1♀（正模），河南内乡宝天曼，1300～1500 m，1998-Ⅶ-12，盛茂领；1♀，2009-Ⅲ-31，集虫网；7♀♀2♂♂，陕西永寿，2010-Ⅳ-20～Ⅴ-03，李涛。

(269) 盘背菱室姬蜂 *Mesochorus discitergus* (Say, 1835)

Cryptus discitergus Say, 1835. Boston Journal of Natural History, 1(3): 231.

分布：中国（辽宁、吉林、河南、湖北、湖南、江苏、安徽、江西、浙江、福建、广东、广西、四川、贵州、云南）；日本，印度，俄罗斯，匈牙利，英国，奥地利，意大利，南非，美国，加拿大，墨西哥。

观察标本：3♂♂，辽宁新宾，2005-Ⅵ-23～30，集虫网。

(270) 棕菱室姬蜂 *Mesochorus fuscicornis* Brischke, 1880

Mesochorus fuscicornis Brischke, 1880. Schriften der Naturforschenden Gesellschaft in Danzig, 4(4): 185.

寄主：自寄生于落叶松腮扁叶蜂 *Cephalcia lariciphila* (Wachtl) 的栉足姬蜂 *Ctenopelma* sp. 越冬茧育出。

分布：中国（北京、吉林）；欧洲。

观察标本：2♀♀1♂，北京门头沟，2012-Ⅴ-19，李涛。

(271) 吉菱室姬蜂 *Mesochorus giberius* (Thunberg, 1822)

Ichneumon giberius Thunberg, 1822. Mémoires de l'Académie Imperiale des Sciences de Saint Petersbourg, 8: 263.

分布：东洋区、古北区、新北区、新热带区均有分布（Yu et al.，2016）；我国已知辽宁有分布（Suh et al.，1997）。

(272) 依菱室姬蜂 *Mesochorus ichneutese* Uchida, 1955

Mesochorus ichneutese Uchida, 1955. Insecta Matsumurana, 19: 7.

寄主：榆红胸三节叶蜂 *Arge captiva* (Smith)、桦三节叶蜂 *Arge pullata* (Zaddach)。

分布：中国（辽宁、河南、湖北、江西）；朝鲜，日本。

观察标本：12♀♀8♂♂，辽宁沈阳，2003-Ⅶ-20～Ⅷ-30，盛茂领、孙淑萍；2♀♀，河南内乡宝天曼，1280 m，2006-Ⅶ-10，申效诚；1♀，河南嵩县白云山，2008-Ⅷ-16，李涛；5♀♀8♂♂，江西全南，2008-Ⅴ-04～Ⅸ-20，集虫网；1♀，江西全南，2009-Ⅸ-19，集虫网；8♀♀，江西吉安，2008-Ⅴ-21～Ⅷ-30，集虫网；4♀♀，江西资溪马头山，2009-Ⅳ-10～17，集虫网；1♀，江西武夷山，2009-Ⅸ-22，集虫网；3♀♀，江西官山，2010-Ⅴ-09，集虫网；1♀，江西安福，2011-Ⅶ-17～Ⅺ-04，集虫网；6♀♀3♂♂，湖北神农架，2010-Ⅴ-23～Ⅵ-01，盛茂领。

(273) 黑菱室姬蜂 *Mesochorus niger* (Kusigemati, 1967)（中国新纪录）

Plectochorus niger Kusigemati, 1967. Insecta Matsumurana, 30(1): 28.

♂ 体长约 8.0 mm。前翅长约 6.5 mm。

头稍宽于胸部，复眼在触角窝上方稍凹陷。颜面宽约为长的 1.7 倍，具稠密的粗刻点；中央纵脊及其侧缘光滑光亮，无刻点；颜面眼眶光滑光亮，无刻点。唇基稍隆起，光滑光亮，几乎无刻点，端缘稍平。上颚基部具稀疏的刻点和弱横皱，端齿约等长。颊光滑光亮，具弱的细刻点和弱斜皱；颚眼距约为上颚基部宽的 0.4 倍。眼下沟明显。上颊光滑光亮，具均匀稠密的细刻点，中央稍隆起，向后稍收敛。头顶刻点同上颊，单眼区稍抬高，侧单眼外侧浅沟状，侧单眼间距约为单复眼间距的 0.9 倍。额光滑光亮，均匀深凹，具 1 中纵沟。触角线状，鞭节 47 节，第 1～5 节长度之比依次约为 18.0∶11.0∶

9.5∶9.0∶9.0。后头脊背方中央缺失。

前胸背板前缘光滑光亮，无刻点；前沟缘脊发达；侧凹具弱横皱和细刻点；后上部具均匀稠密的细刻点和弱横皱。中胸盾片均匀隆起，具清晰稠密的细刻点，盾纵沟弱；小盾片圆形隆起，刻点较中胸盾片细；后小盾片横形，光滑光亮，无刻点。中胸侧板刻点同前胸侧板，中央大部光滑光亮、无刻点；胸腹侧脊远离中胸侧板前缘，背端约伸达中胸侧板高的 0.6 处；镜面区大，光滑光亮，无刻点；中胸侧板凹浅沟状。后胸侧板稍隆起，刻点较中胸侧板稠密，后胸侧板下缘脊强壮。足正常，后足第 1～5 跗节长度之比依次约为 18.0∶8.5∶6.0∶4.0∶5.0。翅无色，透明；小脉与基脉对叉；小翅室大，菱形，具短柄；第 2 回脉在其下方中央处与之相接；外小脉内斜，在上方约 0.3 处曲折；后中脉强烈弓曲；后小脉直，不曲折。并胸腹节圆形隆起，具稠密的细刻点和短白毛；中纵脊在基区稍靠近；基横脊在基区和中区间消失，合并区域光滑光亮、无刻点；气门小，圆形，靠近外侧脊，位于基部约 0.2 处。

腹部第 1 节背板长约为端宽的 2.8 倍，光滑光亮，无刻点；背中脊消失，背侧脊在气门前存在，腹侧脊完整；基侧凹大且深；气门小，圆形，位于背板中央处。第 2 节背板长约为端宽的 1.2 倍，光滑光亮，无刻点，具窗疤。第 3 节及以后各节背板光滑光亮，具短白毛。阳茎基侧突长约为后足胫节长的 0.5 倍。

体黑色，下列部分除外：颜面（中纵脊上端少许褐色），唇基，上颚（端齿黑褐色），颊，下颚须，下唇须，额眼眶的大斑，前胸背板后上角，翅基片，翅基，翅基下脊，前足基节、转节黄色；前胸背板前缘，前足腿节及以后各节，中足，后足（胫节基部少许，端部少许黑褐色；第 1、2 跗节端部少许、第 3～4 跗节褐色；第 5 跗节暗褐色）黄褐色；上颊眼眶，前胸背板大部，中胸盾片盾纵沟基部，中胸盾片中央大部及侧缘部分，小盾片，后小盾片，中胸侧板（镜面区上方少许、中胸侧板凹下方部分暗红褐色）红褐色；爪黑褐色；翅脉暗褐色；翅痣中央大部黄褐色，周围暗褐色。

寄主：从寄生于松阿扁叶蜂 *Acantholyda posticalis* (Matsumura) 的栉足姬蜂属 *Ctenopelma* sp. 越冬茧养出。

分布：中国（山西）。

观察标本：1♂，山西平陆，2012-Ⅳ-19，李涛。

(274) 纹菱室姬蜂 *Mesochorus vittator* (Zetterstedt, 1838)

Tryphon (*Mesoleptus*) *vittator* Zetterstedt, 1838. Insecta Lapponica, 1: 387.

♀ 体长 4.0～5.0 mm。前翅长 4.0～5.0 mm。

复眼在触角窝上方稍凹。颜面宽约为长的 1.6 倍，具稠密的粗刻点，侧缘刻点相对稀疏，中央纵向隆起，隆起处较光滑；上缘中央下凹。唇基几乎平坦，刻点同颜面，端缘弧形。上颚基部光滑，具弱纵皱；上下端齿等长。眼下沟浅。颊区光滑光亮，具斜皱，颚眼距约为上颚基部宽的 0.7 倍。上颊稍隆起，具稠密的细刻点，向后明显收敛。头顶光滑光亮，具非常稀疏的细刻点，侧单眼外侧具凹沟，侧单眼间距约为单复眼间距的 0.8 倍。额光滑光亮，具稀疏的细刻点，均匀下凹，触角窝间具中纵沟。触角丝状，鞭节 31～

33 节，第 1～5 节长度之比依次约为 13.0∶7.0∶7.0∶6.0∶6.0。后头脊完整，但背面中线处弱。

前胸背板具稀疏的细毛点；前缘光滑，上部具弱皱；侧凹光滑光亮，前沟缘脊发达。中胸盾片均匀隆起，具稠密的细刻点，盾纵沟弱；小盾片光滑光亮，具较中胸盾片稀的细毛点；后小盾片横形，光滑光亮。中胸侧板光滑光亮，具稀疏的细毛点；镜面区大；中胸侧板凹横沟状。后胸侧板质地同中胸侧板，后胸侧板下缘脊完整。足正常；后足基节短锥形膨大，第 1～5 跗节长度之比依次约为 17.0∶6.0∶5.0∶4.0∶5.0；爪栉状。翅淡色，透明；小脉与基脉对叉；小翅室大，菱形，第 2 回脉在其下外角约 0.4 处与之相接；外小脉约在上方 0.2 处曲折；后小脉直，后盘脉消失。并胸腹节光滑光亮，明显隆起；分区明显；基区小，几乎呈倒三角形；中区五边形，狭长，分脊约位于前部 0.4 处；端区正常；气门小，圆形，位于基部约 0.2 处。

腹部光滑光亮。第 1 节背板长约为端宽的 2.1 倍；基部较细；基侧凹大；气门小，圆形，稍突出，位于基部约 0.5 处。第 2 节背板梯形，长约为端宽的 0.7 倍，具窗疤。第 3 节背板及以后各节明显向后收敛。下生殖板大，侧面观呈三角形，超过腹末。产卵器鞘约为后足胫节长的 0.5 倍。

体黄褐色，下列部分除外：上颚端齿，单眼区，后头，中胸盾片，小盾片，后小盾片，并胸腹节，腹部第 1 节背板、第 2 节背板（端缘黄褐色）黑褐色；触角，翅痣，翅脉，第 3 节及以后各节背板暗褐色。

♂ 体长 5.0～6.0 mm。前翅长 4.0～5.0 mm。触角鞭节 31～33 节。阳茎基侧突约为后足胫节长的 0.4 倍。

寄主：落叶松叶蜂 *Pristiphora erichsonii* (Hartig)。

分布：中国（吉林）。

观察标本：11♀♀13♂♂，吉林延吉帽儿山，2009-Ⅴ-22～Ⅵ-05，李涛。

九、瘦姬蜂亚科 Ophioninae

本亚科含 32 属，全世界已知 1109 种（Yu et al.，2016），我国已知 10 属 139 种。已知寄生叶蜂类的种类较少。

63. 棒角姬蜂属 *Hellwigia* Gravenhorst, 1823

Hellwigia Gravenhorst, 1823. Nova Acta Physico Medico Acad. Caesareae Leopoldino-Carolinae Nat. Curio, 11: 318. Type-species: *Hellwigia elegans* Gravenhorst.

主要鉴别特征：触角窝之间，自颜面上缘中央至额中部或几乎伸达至中单眼，具强壮的双脊状突起；翅无小翅室，肘间横脉位于第 2 回脉外侧，且强烈向后弯曲；后小脉在中央或中央上方曲折；后足的爪弯曲，或呈直角状或呈钩状；并胸腹节无脊。

本属是一个非常小的属，全世界仅已知 3 种，我国已知 1 种。本属已知寄主甚少，已报道的寄主：胡叶蜂 *Tenthredo vespa* Retzius, 1783（Rudow，1917）。

(275) 暗棒角姬蜂 *Hellwigia obscura* Gravenhorst, 1823

Hellwigia obscura Gravenhorst, 1823. Nova Acta Physico Medico Acad. Caesareae Leopoldino-Carolinae Nat. Curio, 11: 315-322.

分布：中国（辽宁、北京、宁夏）；蒙古国，俄罗斯远东地区，欧洲。

观察标本：3♀♀4♂♂，宁夏六盘山，2005-Ⅶ-14～28，集虫网；1♀，辽宁新宾，2005-Ⅶ-14，集虫网；2♀♀3♂♂，北京门头沟，2009-Ⅶ-21～28，集虫网；9♂♂，辽宁沈阳，2017-Ⅺ-19，李涛；1♀2♂♂，辽宁海城，2018-Ⅺ-07～09，盛茂领。

64. 瘦姬蜂属 *Ophion* Fabricius, 1798

Ophion Fabricius, 1798. Supplementum entomologiae systematicae. Hafniae, p.210, 235. Type-species: *Ichneumon luteus* Linnaeus; designated by Curtis, 1835.

主要鉴别特征：单眼非常大，特别凸起，单复眼间距非常小，靠近或几乎触及复眼；具完整的后头脊；盾纵沟非常深，约伸达中胸盾片中部；中胸腹板后横脊仅在外侧缘具残痕；后小脉明显在中央下方曲折；盘脉室在翅痣下方处具 1 无毛区；并胸腹节具分区。

全世界已知 138 种，我国已知 16 种。

(276) 夜蛾瘦姬蜂 *Ophion luteus* (Linnaeus, 1758)

Ichneumon luteus Linnaeus, 1758. Systema naturae per regna tria naturae, secundum classes, ordines, genera, species cum characteribus, differentiis, synonymis locis. Edition 10, 1: 566.

寄主：已报道的寄主 56 种，主要为鳞翅目害虫，也有报道寄生黄尾突瓣叶蜂 *Nematus salicis* (Linnaeus, 1758) (Salt, 1936；Yu et al., 2016)。

分布：我国大部分地区都有分布记录。

十、瘤姬蜂亚科 Pimplinae

主要鉴别特征：唇基端部凹陷，端缘薄，中央具凹刻或无；上唇不外露；小翅室三角形或无；爪具大的基齿；腹部第 1 节背板气门位于中部之前或近中部，背板和腹板不愈合；产卵器背瓣无背缺刻。

该亚科含 3 族，我国均有分布，很多种类是林业害虫的重要天敌，部分种类寄生叶蜂类昆虫。

（十一）德姬蜂族 Delomeristini

65. 德姬蜂属 *Delomerista* Förster, 1869

Delomerista Förster, 1869. Verhandlungen des Naturhistorischen Vereins der Preussischen Rheinlande und Westfalens, 25: 164. Type-species: *Pimpla mandibularis* Gravenhorst. Designated by Schmiedeknecht, 1888.

全世界已知 18 种。已知寄主：松叶蜂科 Diprionidae、叶蜂科 Tenthredinidae；也寄生鳞翅目 Lepidoptera 和象甲科 Curculionidae 害虫。

德姬蜂属中国已知种检索表

1\. 并胸腹节分区不完整，无分脊或分脊弱且不完整；产卵器端部正常，不特别增粗；前中足基节红褐色……2

并胸腹节分区完整，分脊明显且完整；产卵器端部特别增粗；前中足基节黄色或红褐色……3

2\. 并胸腹节中区长明显大于宽，向基部均匀收敛，具分脊的痕迹；产卵器鞘长约为后足胫节长的 3.1 倍；产卵器端部上弯；上颚基半部白色……长尾凹唇姬蜂 *D. longicauda longicauda* Kasparyan

并胸腹节无分脊；产卵器鞘长约为后足胫节长的 2.2 倍；产卵器直；上颚基半部红褐色；翅基片黑褐色，侧缘黄色……新德姬蜂欧洲亚种 *D. novita europa* Gupta

3\. 后小脉在中央下方曲折；产卵器鞘长约为后足胫节长的 2.0 倍；唇基红褐色，或具不明显的黄色；前中足基节红褐色……颚德姬蜂 *D. mandibularis* (Gravenhorst)

后小脉在中央曲折；产卵器鞘长约为后足胫节长的 1.2 倍；唇基黑色；前中足基节褐黄色……印度德姬蜂 *D. indica* Gupta

(277) 印度德姬蜂 *Delomerista indica* Gupta, 1982（中国新纪录）

Delomerista indica Gupta, 1982. Contributions to the American Entomological Institute, 19(1): 23.

♀ 体长 9.0～12.0 mm。前翅长 7.5～9.5 mm。

复眼在触角窝处稍凹陷。颜面向下方稍收敛，宽为长的 1.3～1.5 倍；中央稍隆起，具稠密的粗刻点；侧缘光滑。唇基平坦，相对光滑，具弱细横皱，宽约为长的 2.0 倍，唇基沟明显，唇基端缘微凹，端侧角稍凸出。上颚基部具稀的细刻点，端齿等长。颊区具细革质状表面，颚眼距约为上颚基部宽的 0.4 倍。上颊具均匀稠密的细毛刻点。头顶后部刻点同上颊；单眼区外侧光滑光亮，具稀的细刻点，单眼区稍抬高，外侧深凹，中间中纵沟明显，侧单眼间距约为单复眼间距的 0.8 倍。额具中纵沟，下半部明显凹入，凹内光滑、具细横皱，上半部刻点细。触角柄节端部显著斜截，鞭节 31 节，第 1～5 节长度之比依次约为 10.0∶7.0∶6.5∶6.0∶6.0。

前胸背板前缘具弱皱，侧凹光滑光亮，后缘具稠密的细斜皱。中胸盾片稍隆起，具均匀稠密的细刻点，盾纵沟前部明显；盾前沟宽阔；小盾片稍隆起，刻点同中胸盾片。后小盾片横形，光滑。中胸侧板显著隆起，具较中胸盾片稀疏的细刻点；胸腹侧脊达中胸侧板高的 0.6 倍；镜面区大，光滑光亮；中胸侧板凹浅沟状。后胸侧板稍隆起，表面刻点同中胸侧板；后胸侧板下缘脊完整。后足基节明显短锥形膨大；第 1～5 跗节长度之比依次为 15.0∶8.0∶5.0∶3.0∶5.0。翅淡黄色，透明；小脉与基脉对叉；小翅室四边形，第 2 回脉在小翅室下外角约 0.2 处与之相接；外小脉内斜，在下方约 0.4 处曲折；后小脉约在中央稍下方曲折。并胸腹节圆形隆起，分区完整；基区呈倒梯形，光滑光亮；中区六边形，高约等长于分脊处宽，光滑光亮；分脊在中区中央处相接；端区宽阔，上部具细横皱；第 1 侧区具不均匀的皱刻点；第 2 侧区具弱皱；基横脊在外侧区缺失，该合并区具稠密的弱细皱；并胸腹节气门近卵圆形，位于基部约 0.1 处。

腹部第 1 节背板长约为端宽的 1.4 倍；气门小，圆形，位于端部约 0.4 处；背板基部中央深凹，背中脊基部可见，具稠密的细皱状表面；第 2 节背板长约为端宽的 0.9 倍，具明显的斜沟，基部具横形稍斜的窗疤，表面具稠密的细刻点和弱皱，端部刻点稍稀；第 3 节背板长约为端宽的 0.7 倍，中间部分稍隆起，具弱细横皱，刻点同第 2 节背板。产卵器鞘约为后足胫节长的 1.2 倍；产卵器直，粗壮，腹瓣端部具 7～8 条纵脊；下生殖板三角形，距腹末甚远。

体黑色，下列部分除外：上颚（端齿黑色），下颚须，下唇须，颊区，前胸背板后上角，翅基片（后部黑褐色），前翅翅基，前足（腿节外侧红褐色），中足（腿节外侧红褐色，末跗节黑褐色），后足（基节、腿节红褐色；胫节背侧和端部、第 1 跗节大部、第 2～5 跗节黑褐色）黄白色；触角鞭节端部腹侧带褐色；翅脉，翅痣褐黑色。

♂ 体长 5.0～10.0 mm。前翅长 5.0～8.0 mm。体黑色，下列部分除外：颜面，唇基，上颚（端齿黑褐色），下颚须，下唇须，前胸背板后上角，翅基片，翅基，前足（爪黑褐色），中足（末跗节及爪褐色），后足（基节大部、腿节红褐色；胫节背侧大部及端部、第 1 跗节大部及以后各节黑褐色）黄白色；触角鞭节，翅痣，翅脉黑褐色。

寄主：会泽新松叶蜂 *Neodiprion huizeensis* Xiao & Zhou。

分布：中国（贵州）；印度。

观察标本：63♀♀24♂♂（自会泽新松叶蜂越冬茧羽化），贵州威宁，2012-Ⅱ-19～Ⅲ-06，李涛，盛茂领；50♀♀22♂♂（自会泽新松叶蜂越冬茧羽化），贵州威宁，2013-Ⅱ-01～15，李涛。

(278) 长尾凹唇姬蜂 *Delomerista longicauda* Kasparyan, 1973

Delomerista longicauda Kasparyan, 1973. Zoologicheskii Zhurnal, 52(12): 1877.

分布：中国（辽宁）；俄罗斯，奥地利，瑞典，美国，加拿大。

观察标本：1♀，辽宁沈阳，1993-Ⅵ-20，盛茂领。

(279) 颚德姬蜂 *Delomerista mandibularis* (Gravenhorst, 1829)（中国新纪录）

Pimpla mandibularis Gravenhorst, 1829. Ichneumonologia Europaea, 3: 180.

♀ 体长 9.8～12.4 mm。前翅长 7.8～9.2 mm。产卵器鞘长 4.8～5.9 mm。

复眼内缘向内稍收敛，触角窝外侧明显凹陷。颜面宽约为长的 1.6 倍；中央均匀隆起，光亮，具稀疏的细刻点和黄褐色短毛，亚侧缘毛点相对稠密，端缘和外侧几乎无毛点。唇基沟明显。唇基较平，光亮，具非常稀疏的黄褐色长毛；宽约为长的 3.0 倍；端缘亚侧方呈突起状，中央弧形内凹，凹内具不清晰的弱细皱。上颚强壮，基半部具稀疏的黄褐色短毛；端齿等长。颊区呈细革质粒状表面。颚眼距约为上颚基部宽的 0.4 倍。上颊中等阔，光滑光亮，中央稍隆起，具稠密的细毛点和黄褐色短毛，靠近复眼处几乎光滑无毛。头顶质地同上颊。单眼区稍抬高，中央凹，几乎光滑光亮；单眼中等大小，侧单眼外侧沟明显；侧单眼间距约为单复眼间距的 0.9 倍。额上半部具稠密的细毛点；中下部在触角窝后方均匀凹陷，光滑光亮；中央纵向具 1 凹沟。触角鞭节 29～31 节，第 1～5 节长度之比依次约为 1.5∶1.2∶1.2∶1.1∶1.0。后头脊完整，在上颚基部后方与口后脊相接。

前胸背板前缘光亮，具稠密的细毛点和黄褐色短毛；侧凹浅阔，光滑光亮；后上部近光滑，靠近上缘及后上角具稀疏的细毛点和黄褐色短毛；前沟缘脊强壮。中胸盾片均匀隆起，具稠密的细毛点和黄褐色短毛，中后部毛点相对稀疏；盾纵沟基部明显，向后均匀收敛。盾前沟浅阔，具稠密的黄褐色短毛。小盾片圆形隆起，光亮，具稠密的细毛点和黄褐色短毛，中央的毛点相对稀疏。后小盾片横向强隆起，几乎无毛。中胸侧板均匀隆起，光亮，具均匀的细毛点和黄褐色短毛；中央稍凹，毛点相对稀疏；镜面区大，光滑光亮；中胸侧板凹深凹，下方光滑光亮；胸腹侧脊明显，背端约伸达中胸侧板高的 0.6 处。后胸侧板圆形隆起，光亮，具均匀的细毛点和黄褐色短毛；下后角具短皱；后胸侧板下缘脊完整。翅浅褐色，透明，小脉与基脉对叉；小翅室斜四边形，第 2 肘间横脉具 2 个弱点，明显长于第 1 肘间横脉，第 2 回脉约在小翅室下外角内侧 0.2 处与之相接；外小脉约在下方 0.4 处曲折；后小脉约在下方 0.4 处稍曲折。后足第 1～5 跗节长度之比依次约为 4.7∶2.4∶1.6∶1.0∶1.7。并胸腹节近圆形隆起，分区完整；基区倒梯形，基部深凹，端缘呈细弱皱状表面；中区六边形，上缘呈弧状，几乎光滑光亮，分脊处宽约为长的 1.1 倍；分脊约从中区中央稍上方伸出；端区亚圆形，基半部具细横皱夹杂细粒，中央大部分呈细粒状表面；第 1 侧区稍隆起，几乎光滑光亮；第 2 侧区呈弱细皱状表面，中央几乎光滑；外侧区呈细皱状表面；气门小，斜椭圆形，靠近外侧脊，位于基部约 0.2 处。

腹部第 1 节背板长约为端宽的 1.1 倍；基部深凹，凹内近光亮，后缘呈细粒状表面；中后部强隆起，中央稍凹，表面呈细皱状，夹杂细颗粒；背中脊完整，向后收敛，伸达亚端部；背侧脊几乎完整，腹侧脊完整；端缘近光滑；基侧凹小；气门小，圆形，约位于背板中央。第 2 节背板近梯形，长约等长于基部宽，约为端宽的 0.8 倍；窗疤大，长斜形，近光亮；背板大部具不规则细皱状表面，亚端部呈细粒状表面，端缘近光亮；基部中央向亚侧方具“八”字形凹沟，中央呈三角形稍隆起。第 3 节背板近长方形，长约为宽的 0.8 倍；表面细皱状，夹杂细刻点，亚端部呈细粒状，端缘光滑光亮。第 4～5 节背板大部分呈细横皱状表面，亚端部呈细粒状，端缘光滑光亮。第 6～7 节背板呈细粒状表面，具稠密的黄褐色微毛。产卵器鞘长，约为后足胫节长的 2.0 倍；产卵器粗壮，侧扁，末端稍上弯，钝尖，腹瓣约具10条弱脊。

体黑色，下列部分除外：颜面下外角（有时无），上颚（中央红褐色，端齿暗红褐色至黑褐色），下颚须，前胸背板后上角，翅基，翅基片（中央大部褐色至暗褐色）黄褐色；前足（基节背侧暗褐色；转节、腿节端缘、胫节、跗节黄褐色至褐色；末跗节暗褐色），中足（转节、胫节、第1～4跗节黄褐色至褐色；末跗节暗褐色），后足（胫节大部黑褐色，基半部腹侧黄褐色；跗节黑褐色，仅基跗节基部为黄褐色；爪黑褐色）红褐色；触角鞭节背面黑褐色，腹面和端部数节褐色；下唇须，翅脉，翅痣暗褐色；产卵器鞘暗褐色至黑褐色，近端缘稍带黄褐色。

分布：中国（辽宁、吉林、西藏）；俄罗斯，奥地利，瑞典，美国，加拿大。

观察标本：1♀，辽宁沈阳，1993-Ⅵ-20，盛茂领；1♀，吉林白河，2002-Ⅶ-14；2♀♀，西藏拉萨，2009-Ⅴ-25，盛茂领。

(280) 新德姬蜂欧洲亚种 *Delomerista novita europa* Gupta, 1982

Delomerista novita europa Gupta, 1982. Contributions to the American Entomological Institute, 19(1): 13.

寄主：拟松叶蜂 *Diprion similis* (Hartig) （Gupta，1982）、红木蠹象 *Pissodes nitidus* Roelofs（何俊华，1996）。

分布：中国（辽宁、吉林、黑龙江）；奥地利，芬兰，德国，波兰，瑞典，英国。

观察标本：1♀，辽宁新宾，1994-Ⅴ-28，盛茂领。

（十二）长尾姬蜂族 Ephialtini

66. 曲姬蜂属 *Scambus* Hartig, 1838

Scambus Hartig, 1838. Jahresber. Fortschr. Forstwiss. Forstl. Naturk. Berlin, 1: 267. Type-species: *Pimpla* (*Scambus*) *sagax* Hartig, 1838. Designated by Viereck,1914.

该属全世界已知152种，我国已知11种。

寄主：已知寄主有720多种，叶蜂类主要隶属于锤角叶蜂科 Cimbicidae、松叶蜂科 Diprionidae、叶蜂科 Tenthredinidae，但一些寄主为叶蜂的种类尚待进一步研究。这里介绍3种。

中国寄生叶蜂类的曲姬蜂属已知种检索表

1. 腹部第1节背板长约为端宽的0.8倍；后足跗节第2节约为第4节长的4倍；基节黑色；前胸背板后角黑色……………………………………………………………………沙曲姬蜂 *S. sagax* (Hartig)

腹部第1节背板长约等于或大于端宽；后足跗节第2节至多为第4节长的3倍；基节红褐色；前胸背板后角黑色……………………………………………………………………………………2

2. 上颚端齿等长；触角鞭节22～27节；后小脉在中央处曲折；并胸腹节中纵脊不明显；腹部第1节背板长约等于端宽；产卵器鞘长约为后足胫节长的3.3倍…… 平曲姬蜂 *S. calobatus* (Gravenhorst)
上端齿稍长于下端齿；触角鞭节20节；后小脉在下方约0.3处曲折；并胸腹节中纵脊明显；腹部第1节背板长约为端宽的1.2倍；产卵器鞘长约为后足胫节长的2.4倍 ……………………………………………………………………………… 青海曲姬蜂，新种 *S. qinghaiicus* Sheng, Sun & Li, sp.n.

(281) 平曲姬蜂 *Scambus calobatus* (Gravenhorst, 1829)

Pimpla calobatus Gravenhorst, 1829. Ichneumonologia Europaea, 3: 176.

寄主：斑背近脉三节叶蜂 *Aproceros maculatus* Wei，夏栎铗茎蜂 *Janus femoratus* Curtis；寄主还有微红梢斑螟 *Dioryctria rubella* Hampson、欧松梢小卷蛾 *Rhyacionia buoliana* (Denis & Schiffermüller) 等鳞翅目害虫和欧洲栎实象 *Curculio nucum* L.、柞剪枝象 *Cyllorhynchites ursulus* (Roelofs) 等鞘翅目害虫。

分布：中国（辽宁、吉林）；朝鲜，日本，俄罗斯远东地区，欧洲，北美等。

观察标本：1♀（自斑背近脉三节叶蜂茧羽化），沈阳棋盘山，2009-Ⅶ-06，盛茂领；16♀♀4♂♂，辽宁沈阳，2005-Ⅲ-31～Ⅳ-06，盛茂领；2♀♀，吉林伊通，2005-Ⅳ-09，盛茂领；65♀♀63♂♂，辽宁宽甸，2006-Ⅻ-27～2007-Ⅱ-01，盛茂领。

(282) 青海曲姬蜂，新种 *Scambus qinghaiicus* Sheng, Sun & Li, sp.n.（彩图73）

♀ 体长约5.0 mm。前翅长约4.5 mm。

复眼在触角窝上方微凹。颜面向下收敛，光滑光亮，具稀疏的细毛点；宽约为长的1.1倍；中央稍圆形隆起，在触角窝上方稍凹陷。唇基沟明显。唇基质地同颜面，中央大部深凹，端缘深凹。上颚光滑光亮，基部具稀疏的细毛点，上端齿稍长于下端齿。颊区具细革质粒状表面，颚眼距约为上颚基部宽的0.3倍。上颊光滑光亮，具稀疏的细毛点，向上稍变宽，中央稍隆起。头顶质地同上颊，后方斜截；单眼区中间具1中纵沟，侧单眼间距约等长于单复眼间距。额质地同上颊，在触角窝上方均匀凹陷，凹陷处光滑光亮、无刻点。触角鞭节20节，第1～5节长度之比依次约为9.0∶6.0∶6.0∶5.5∶5.0。后头脊在头顶上方中央弱，颊脊与口后脊在上颚基部上方相接。

前胸背板光滑光亮，后上角具稀疏的细毛点。中胸盾片圆形隆起，光滑光亮，具稠密的细毛点；盾纵沟前部明显。小盾片圆形隆起，质地同中胸盾片，毛点相对稀疏。后小盾片横形隆起，光滑光亮，几乎无刻点。中胸侧板质地同中胸盾片；胸腹侧脊明显，约为中胸侧板高的0.6倍；镜面区大，光滑光亮，无刻点；中胸侧板凹浅沟状。后胸侧板稍隆起，质地同中胸侧板，后胸侧板下缘脊完整。足正常，爪具1大基齿，后足第1～5跗节长度之比依次约为13.0∶6.0∶4.0∶2.0∶5.0。翅透明，小脉与基脉对叉；小翅室斜四边形，第2肘间横脉明显长于第1肘间横脉，第2回脉在其下外角约0.2处与之相接；外小脉内斜，约在中央处曲折；后小脉在下方约0.3处曲折。并胸腹节均匀隆起，光滑光亮，具稠密的细毛点；中纵脊明显，中央光滑光亮，几乎无毛点；横脊消失；气门小，圆形，靠近外侧脊，位于基部约0.2处。

腹部第 1 节背板长约为端宽的 1.2 倍；基半部中央稍凹，光滑光亮，亚端部中央具细皱，端缘具粗刻点；背中脊完整，末端稍收敛，背侧脊、腹侧脊完整；气门小，圆形，位于基部约 0.4 处。第 2 节背板长约等于端部宽，光滑光亮，具均匀稠密的粗刻点。第 3～4 节质地及刻点同第 2 节背板。产卵器鞘长约为后足胫节的 2.4 倍；产卵器直，细长，末端尖，腹瓣具明显的脊。

体黑褐色，下列部分除外：颜面，唇基，前胸背板，中胸侧板，并胸腹节，后小盾片暗褐色；下颚须，下唇须，前胸侧板后上角，翅基，翅基片，前足，中足（末跗节褐色），后足（胫节基部和端缘、末跗节褐色）黄褐色；腹部第 1 节背板、第 2 节背板（端缘暗褐色）、第 3～8 节背板，翅痣，翅脉褐色。

♂ 体长 4.0～5.0 mm。前翅长 3.0～4.0 mm。触角鞭节 16～18 节。体黑色，下列部分除外：下颚须，下唇须，触角柄节腹面，梗节腹面，前胸背板后上角，翅基片，翅基，前足，中足（跗节黄褐色），后足（基节大部、腿节稍带黄褐色；胫节端部、末跗节黑褐色；第 1～4 跗节褐色）黄色；爪黑褐色；翅痣、翅脉黄褐色；触角鞭节褐色；腹部第 2 节及以后各节背板暗红褐色，端缘黑褐色。

寄主：瘿叶蜂 *Pontania* sp.。

正模 ♀，青海湟源，2011-Ⅸ-23，盛茂领。副模：8♂♂，青海湟源，2011-Ⅹ-05～20，李涛，盛茂领。

词源：本新种名源自模式标本采集地名。

本新种与平曲姬蜂 *S. calobatus* (Gravenhorst, 1829) 相似，可通过上述检索表区别。

(283) 沙曲姬蜂 *Scambus sagax* (Hartig, 1838)

Pimpla (*Scambus*) *sagax* Hartig, 1838. Jahresber. Fortschr. Forstwiss. Forstl. Naturk. Berlin. 1: 267.

寄主：锉叶蜂 *Pristiphora* spp.（Fitton et al.，1988）；也寄生茎蜂科 Cephidae 及鳞翅目、鞘翅目等其他害虫（盛茂领和孙淑萍，2010；Fitton et al.，1988；Yu et al.，2016）。

分布：中国（内蒙古）；俄罗斯远东地区，欧洲等。

观察标本：13♀♀，内蒙古红花尔基，2004-Ⅲ-28～Ⅳ-18，盛茂领；1♀，内蒙古红花尔基，1987-Ⅷ-29，侯德海；228♀♀42♂♂，内蒙古红花尔基，2004-Ⅲ-28～Ⅳ-18，盛茂领。

（十三）瘤姬蜂族 Pimplini

该族含 15 属，已知 736 种；我国已知 10 属 109 种。已知寄生叶蜂者甚少，有待进一步研究。这里介绍 1 属 1 种。

67. 埃姬蜂属 *Itoplectis* Förster, 1869

Itoplectis Förster, 1869. Verhandlungen des Naturhistorischen Vereins der Preussischen Rheinlande und

Westfalens, 25(1868): 164. Type-species: (*Ichneumon scanicus* Villers) = *maculator* Fabricius; designated by Viereck, 1914.

主要鉴别特征：前翅长2.5～12.5 mm；颜面均匀隆起，具稠密的刻点；复眼内缘在触角窝处强烈凹陷；上颚等长；前沟缘脊存在；盾纵沟不明显；具小翅室；并胸腹节短，具中纵脊；雌虫前足的爪通常具辅齿，中后足的爪简单；雄虫的爪简单；产卵器直，末端不弯曲。

全世界已知61种，我国已知9种。该属的种类是林业害虫的重要寄生性天敌，已知的寄主570多种（Yu et al.，2016），但对寄生叶蜂的种类研究甚少。

(284) 松毛虫埃姬蜂 *Itoplectis alternans epinotiae* Uchida, 1928

Itoplectis epinotiae Uchida, 1928. Journal of the Faculty of Agriculture, Hokkaido University, 25: 55.

寄主：已知的寄主达50多种，其中叶蜂类主要有榆红胸三节叶蜂 *Arge captiva* (Smith)、斑背近脉三节叶蜂 *Aproceros maculatus* Wei 等。

分布：中国（黑龙江、吉林、辽宁、内蒙古、山东、山西、河北、河南、陕西、四川、甘肃、江苏、浙江、江西、湖北、湖南、贵州、云南等）；朝鲜，日本，蒙古国，俄罗斯。

观察标本：5♀♀1♂，辽宁沈阳（棋盘山），2005-Ⅶ-05～15；1♀，辽宁宽甸，2007-Ⅶ-08，盛茂领；3♀♀，辽宁宽甸，2008-Ⅶ-28～Ⅹ-11，高纯；8♀♀1♂（从斑背近脉三节叶蜂的蛹养得），沈阳棋盘山，2009-Ⅶ-06，盛茂领；8♀♀，辽宁沈阳，2009-Ⅸ-25，盛茂领；1♀，辽宁沈阳，2009-Ⅸ-30，孙淑萍；1♀，甘肃天水小陇山，2005-Ⅴ-30，盛茂领；1♀，河北秦皇岛，1990-Ⅷ-19，盛茂领；1♀，吉林通化，1992-Ⅵ-30，盛茂领；1♀，吉林大兴沟，1994-Ⅶ-09，盛茂领；1♀，河南内乡宝天曼，1998-Ⅶ-11，盛茂领；1♀，山东沂源鲁山，2018-Ⅴ-21，集虫网；4♀♀，山东沂源鲁山，2018-Ⅵ-04～25，集虫网。

十一、短须姬蜂亚科 Tersilochinae

本亚科的种类主要为鞘翅目Coleoptera（象甲科Curculionidae、叶甲科Chrysomelidae、露尾甲科Nitidulidae等）幼虫的内寄生蜂，也寄生于形成柳树叶瘿瘤的瘿叶蜂 *Pontania* sp. 和危害桦类 *Betula* sp. 的鳞翅目 Lepidoptera 毛顶蛾科 Eriocraniidae 的潜叶类和危害松类的长节锯蜂科 Xyelidae 害虫（Khalaim，2011）。

本亚科含34属，我国已知7属。我国已知属检索表可参考相关著作（何俊华等，1996；盛茂领等，2013；Townes，1971）。我国已知寄生叶蜂类的仅1属。

68. 光姬蜂属 *Gelanes* Horstmann, 1981

Gelanes Horstmann, 1981. Spixiana, Suppl. 4(1980): 10. Type-species: *Thersilochus fusculus* Holmgren; original designation.

世界已知 33 种，仅知分布于全北区；我国已知 2 种。我国寄生叶蜂类的仅知 1 种。

(285) 尖光姬蜂 *Gelanes cuspidatus* Khalaim, 2002

Gelanes cuspidatus Khalaim, 2002. Vestnik Zoologii, 36(6): 8.

寄主：高山长节叶蜂 *Xyela alpigena* (Strobl) (Khalaim and Blank, 2011)。
寄主植物：瑞士五针松 *Pinus cembra* L. (Khalaim and Blank, 2011)。
分布：中国（辽宁）；韩国，俄罗斯，奥地利，瑞士。
观察标本：1♀，辽宁新宾，2009-Ⅵ-17，集虫网。

十二、柄卵姬蜂亚科 Tryphoninae

随着科技进步和研究水平的逐渐提高，对本亚科的研究也逐渐深入，族的定义和属的归类也有不同程度的变动。Bennett（2015）出版的专著，主要变动是将原来的外姬蜂族撤销，所含的属归入柄卵姬蜂族，编制了世界属和部分地理区属检索表。这里采用他的分类系统。

主要鉴别特征：唇基端缘阔，通常具 1 排毛，若无，则后足无胫距或仅具 1 胫距；下颚须 5 节；前沟缘脊强壮，或弱至消失；腹部侧沟弱，至多不超过中胸侧板长的 0.6 倍；爪通常或多或少具栉齿，也有一些种类简单，绝无辅齿或匙状毛；具小翅室或无小翅室；第 2 回脉常具 2 弱点；后小脉在中央或上方或下方曲折，很少不曲折；第 1 节背板的气门通常位于该节背板的 0.3～0.6 处；背中脊通常强壮；产卵器长度小于腹末厚度（部分种类除外），无亚端背凹；一些类群的产卵器附带 1 枚或多枚卵。

本亚科含 7 族，我国已知 4 族。该亚科的很多种类是叶蜂的重要寄生性天敌，一些种类产卵的方式比较特殊，可参看相关著作（何俊华等，1996；赵修复，1976；Kasparyan，1990；Kasparyan and Tolkanitz，1999；Townes，1969）。我国的种类非常丰富，但很多种类还有待进一步研究。

（十四）犀唇姬蜂族 Oedemopsini

主要鉴别特征：唇基较长且非常大；后头脊完整（*Leptixys* 除外）；盾纵沟长，伸达中胸盾片中部之后；前翅无小翅室（*Leptixys* 除外）；后小脉在中央下方曲折；腹部第 1 节背板特别细长；气门位于中央或靠近中央处，气门之前的长度至少为最狭处的 1.6 倍；大部分种类都有基侧凹；产卵器鞘长通常为腹末厚度的 1.0～2.5 倍。

该族含 12 属，我国已知 5 属。属检索表可参考 Bennett（2015）的著作。

69. 差齿姬蜂属 *Thymaris* Förster, 1869

Thymaris Förster, 1868. Verhandlungen des Naturhistorischen Vereins der Preussischen Rheinlande und Westfalens, 25: 151. Type-species: (*Thymaris pulchricornis* Brischke) = *tener* Gravenhorst, 1829.

主要鉴别特征：复眼内缘向下方弱至强烈收敛（雄蜂较弱，雌蜂较强），具稠密的短细毛；唇基均匀隆起，端缘具 1 排较稠密的长毛；上颚下端齿约为上端齿长的 0.3 倍；前翅无小翅室；腹部第 1 节背板的气门约位于该节中部，具基侧凹；第 2 节背板具较细的刻点和纵皱纹；产卵器鞘长约为腹部端部厚度的 2.5 倍，中部稍阔；产卵器或多或少向下弯曲。

全世界已知 25 种，我国已知 5 种。国外已报道的寄主主要有欧洲新松叶蜂 *Neodiprion sertifer* (Geoffrey)、矛纹云斑野螟 *Perinephela lancealis* (Denis & Schiffermüller, 1775) 等。我国本属的种检索表可参考相关著作（盛茂领等，2013）。

(286) 纺差齿姬蜂 *Thymaris clotho* Morley, 1913

Thymaris clotho Morley, 1913. The fauna of British India including Ceylon and Burma, Hymenoptera, 3. Ichneumonidae, p.53.

♀ 体长约 8.5 mm。前翅长约 5.0 mm。触角长约 8.0 mm。产卵器鞘长约 1.8 mm。

颜面下方最窄处的宽约为长的 1.1 倍，上缘中央具“V”形凹。唇基宽约为长的 1.75 倍，明显隆起，与颜面中央的质地相似，端缘中段几乎平截。上颚上端齿尖锐，约为下端齿长的 3.0 倍。颚眼距为上颚基部宽的 0.13～0.15 倍。上颊强烈向后方收敛。侧单眼间距约为单复眼间距的 0.8 倍。触角稍短于体长，鞭节 39 节。

前胸背板侧凹较光滑；后部具不清晰的细皱刻点；前沟缘脊约抵达前胸背板后上缘。盾纵沟向后收敛，伸达中胸盾片中部之后，后端几乎相接。小盾片基部约 0.2 具侧脊。胸腹侧脊约伸达中胸侧板高的 0.6，未伸达中胸侧板前缘；腹板侧沟前部较深。后胸侧板基间脊完整。翅浅褐色，半透明。爪简单。并胸腹节具完整的分区；中区长六边形，分脊位于其基部约 0.3 处；气门小，圆形。

腹部第 1 节背板具稠密的细纵皱，长约为端宽的 2.8 倍；基侧凹深，呈横缝状；气门稍突起，约位于该节背板中部。第 2 节背板具稠密的弱纵皱，皱间具细刻点。第 3 节背板具不均匀的弱纵皱。第 4～6 节背板具稠密的细刻点；第 7～8 节背板背面较短，几乎膜质，侧面较宽大。产卵器鞘长约为后足胫节长的 0.6 倍；产卵器端部稍向下弯曲。

体黑色，下列部分除外：触角柄节腹面、梗节、第 1～3 鞭节的两端缘红褐色，第 11～15 节白色；唇基端部，上颚（端齿除外），前胸背板后上角，足，翅基片，第 1 节背板基部，第 1～3 节背板端缘红褐色；下唇须，下颚须（外侧带红褐色），前中足基节和转节黄褐色；中后足腿节端部外侧、胫节外侧及端部和跗节外侧或多或少带黑色；腹部第 6 节背板端缘和第 7 节、第 8 节背板端部中央白色；翅痣褐色，翅脉黑褐色。

分布：中国（辽宁、江西）；印度，斯里兰卡。

观察标本：1♀，江西全南窝口，2009-Ⅳ-07，集虫网；1♀，辽宁本溪，2013-Ⅷ-12，集虫网。

(287) 黄足差齿姬蜂 *Thymaris flavipedalis* Sheng & Sun, 2011

Thymaris flavipedalis Sheng & Sun, 2011. Acta Zootaxonomica Sinica, 36: 961.

♂ 体长 3.0～5.7 mm。前翅长 2.5～3.8 mm。触角长 3.5～6.5 mm。

颜面下方最窄处的宽约为长的 0.8 倍，上缘中央“V”形凹内具 1 小突起。唇基宽约为长的 2.0 倍，中部隆起；端缘弱弧形前突。上颚具不清晰的细刻点，上端齿为下端齿长的 3.0～3.5 倍。颚眼距为上颚基部宽的 0.20～0.25 倍。侧单眼间距约等长于单复眼间距。额具稠密的细刻点。触角约与体等长，鞭节 32～34 节。

前胸背板侧凹向下部渐宽，前沟缘脊处呈三角状加宽；前沟缘脊存在。中胸盾片具稠密的细刻点；中央具不规则的皱；盾纵沟约伸达中胸盾片中部。小盾片具清晰的细刻点。中胸侧板具稠密的细刻点；前下部具不规则的皱；胸腹侧脊背端约伸达中胸侧板中部稍下方；腹板侧沟前部深横凹状。后胸侧板具完整的基间脊。翅稍带褐色，透明；第 2 回脉位于肘间横脉的外侧，二者之间的距离为肘间横脉长的 1.5～1.8 倍；后中脉强烈上弓。后小脉强烈内斜，在靠近下端处曲折。爪小，简单。并胸腹节具稠密不规则的皱，中区长六边形，长为最大宽的 1.5～1.9 倍；分脊在中区中部之前与其相接；端区具较密的横皱；气门小，圆形。

腹部第 1 节背板长 2.8～2.9 倍于端宽，具稠密的细纵皱；气门稍突起，位于该节背板中央稍前侧。第 2 节背板长 1.4～1.5 倍于端宽，具稠密的细纵皱。第 3 节背板侧缘几乎平行，具非常稠密的细刻点。第 4 节及以后背板具弱且清晰的细刻点。

体黑色，下列部分除外：触角的柄节、梗节和鞭节基部及鞭节腹侧黄褐色，鞭节背侧呈黑褐色；唇基，上颚，下唇须，下颚须，翅基片和足黄褐色（或下唇须，下颚须，翅基片，前中足基节、转节乳黄色）；腹部第 1、2 节背板端缘黄褐至红褐色，第 7 节背板端缘中央和第 8 节背板黄褐色；翅痣黄褐色；翅脉暗褐色。

分布：中国（江西）。

观察标本：1♂（副模），江西全南，2009-Ⅳ-22，集虫网；3♂♂（副模），江西全南，2009-Ⅳ-14～Ⅴ-13，集虫网；3♂♂（副模），江西全南，2009-Ⅳ-14～Ⅵ-02，集虫网；1♂（正模），江西资溪马头山国家级自然保护区，2009-Ⅵ-12，集虫网；2♂♂（副模），江西安福，2010-Ⅴ-28～Ⅶ-04，集虫网。

(288) 红颈差齿姬蜂 *Thymaris ruficollaris* Sheng & Sun, 2011

Thymaris ruficollaris Sheng & Sun, 2011. Acta Zootaxonomica Sinica, 36: 963.

♀ 体长 4.5～5.5 mm。前翅长 3.0～3.2 mm。触角长 4.8～5.0 mm。产卵器鞘长 1.2～1.5 mm。

复眼内缘向下方明显收敛。颜面具细弱的刻点。唇基沟深。唇基宽约为长的 2.0 倍；具细且不清晰的刻点。上颚长而尖；基部稍宽；上端齿 3.5～4.0 倍于下端齿长。颚眼距约为上颚基部宽的 0.15 倍。上颊向后均匀收敛。头顶与上颊质地相似。侧单眼间距约为单复眼间距的 0.6 倍。额具稠密的细刻点。触角稍长于体长，鞭节 31～37 节。

前胸背板具稀且不清晰的细刻点；前沟缘脊凹弧形，伸至前胸背板背缘。中胸盾片具弱且不清晰的刻点；盾纵沟伸至中胸盾片中部之后；中央具“U”形浅凹。中胸侧板具较稠密的细刻点，胸腹侧脊背端伸达中胸侧板高的 1/2，远离中胸侧板前缘；腹板侧沟伸至中足基节基部，但后部较弱且浅；镜面区缺。后胸侧板具完整的基间脊。翅浅褐色，半透明；第 2 回脉位于肘间横脉外侧，二者之间的距离为肘间横脉长的 1.2～1.5 倍；后中脉强烈弓起；后小脉在下方 0.2～0.25 处曲折。爪小，简单。并胸腹节具不明显的细刻点，侧面稍粗糙；具完整的分区；中区光亮，六边形，长为最宽处的 1.6～1.7 倍，分脊在它的基部 0.3～0.4 处相接；气门小，圆形。

腹部第 1 节背板具稠密的细纵皱；长约为端宽的 3.0 倍；基侧凹深，侧面观几乎透明；气门小，约位于背板中部。第 2 节背板长约为端宽的 1.3 倍，具稠密的细纵皱纹。第 3 节背板具斜细纵皱，侧边几乎平行，长约等于端宽，基部侧面具横线形凹。其余背板具不清晰的细刻点；第 8 节背板骨化程度较低，背面中央表面几乎呈膜状。产卵器鞘长约为后足胫节长的 0.8 倍；产卵器端部稍下弯。

体黑色，下列部分除外：触角柄节、梗节，鞭节基部 3～4 节黄褐色，鞭节的其余部分暗褐色至黑色，第 10～15 节白色；唇基，上颚，前胸背板，翅基片，足，腹部第 1 节背板基部两侧、第 1～3 节背板端缘红褐色；下唇须，下颚须，前中足基节、转节，腹部第 4～7 节背板端缘及第 8 节背板浅黄色；翅痣和翅脉褐色。

♂ 体长 3.5～6.5 mm。前翅长 3.0～5.0 mm。触角长 4.0～8.5 mm。触角鞭节 31～38 节。内眼眶几乎平行。下唇须、下颚须和足均为黄褐至褐色。腹部背板黑褐色，各节狭窄的端缘或多或少浅褐色。

分布：中国（辽宁、江西）。

观察标本：1♀（正模），江西全南，2009-Ⅳ-07，集虫网；1♂（副模），江西吉安天河，2008-Ⅵ，集虫网；1♂（副模），江西资溪马头山，2009-Ⅴ-22，集虫网；1♂（副模），江西铅山武夷山国家级自然保护区，2009-Ⅵ-04，李涛；2♂♂（副模），江西全南，2008-Ⅳ-16～29，集虫网；1♂（副模），江西全南，2009-Ⅳ-07，集虫网；3♂♂（副模），江西官山东河，430 m，2009-Ⅳ-20～Ⅵ-01，集虫网；1♂（副模），江西吉安，174 m，2009-Ⅵ-08，集虫网；2♂♂（副模），江西官山东河，400 m，2009-Ⅶ-18～Ⅷ-01，集虫网；4♂♂（副模），江西铅山武夷山自然保护区，1170～1200 m，2009-Ⅵ-22～Ⅶ-02，集虫网；1♀（副模），江西全南，2010-Ⅵ-18，集虫网；2♀♀，辽宁新宾，2001-Ⅵ-04，孙淑萍；1♀，辽宁宽甸，2007-Ⅵ-06，集虫网；1♀，辽宁本溪，2013-Ⅸ-30，集虫网。

(289) 沟差齿姬蜂 *Thymaris sulcatus* Sheng & Sun, 2011

Thymaris sulcatus Sheng & Sun, 2011. Acta Zootaxonomica Sinica, 36: 966.

♂ 体长 3.8～7.0 mm。前翅长 3.5～5.5 mm。触角长 4.0～8.0 mm。

复眼内缘几乎平行。颜面宽约为长的 1.5 倍，具稠密清晰的细刻点；上缘在触角窝之间具“V”形凹。唇基约 2.0 倍宽于长；端缘中段几乎平截。上颚非常狭长，基部稍宽，基部下缘具宽且半透明的突边；上端齿为下端齿长的 4.5～5.0 倍。颚眼距为上颚基部宽的 0.3～0.4 倍。上颊具浅细刻点和细柔毛。侧单眼间距约等长于单复眼间距。额上部具稠密的细刻点，下部几乎光滑。触角稍长于体长，鞭节 36～38 节。

前胸背板侧凹的上部具短横皱，下部具斜纵皱；后上角具清晰的细刻点；前沟缘脊直，几乎伸至前胸背板后上缘。中胸盾片具稠密的细刻点；盾纵沟深，伸达中胸盾片端部 0.3 处；后部中央具“U”形浅凹。小盾片具稠密的细刻点。中胸侧板具稠密且较均匀的刻点；胸腹侧脊约伸达中胸侧板中部；腹板侧沟宽且深，几乎伸达中足基节；镜面区具清晰的刻点。后胸侧板具强壮的基间脊。翅褐色，半透明；后中脉稍拱起；后小脉在下方 0.2～0.3 处曲折。爪较小，简单。并胸腹节具完整的分区；中区长六边形，长为分脊处宽的 1.6～1.7 倍；分脊在中区基部 0.3 处相接；具模糊不清的细刻点；第 3 侧区具纵皱；气门较大，圆形。

腹部第 1 节背板长约为端宽的 2.8 倍，具稠密的细纵皱；背中脊不明显；背侧脊在气门至背板后缘之间较明显；基侧凹大且深，侧面观几乎透明；气门小，稍突起，约位于背板中部稍后方。第 2 节背板长为端宽的 1.2～1.3 倍，具稠密的细纵皱。第 3 节背板长约等于或稍大于宽，侧缘平行。

体黑色，下列部分除外：触角柄节和梗节腹侧，唇基端部，上颚，前胸背板前缘和后缘，翅基片，中胸侧板前上缘，足红褐色；鞭节背侧褐黑色，腹侧棕褐色；下唇须，下颚须，前中足基节、转节黄色；后足腿节外侧端部、胫节外侧稍带黑色；腹部第 1～3 节背板端缘黄褐至红褐色，第 4～7 节背板端缘及第 8 节背板乳白色；翅痣，翅脉暗褐色。

分布：中国（江西、山东）。

观察标本：1♂（正模）7♂♂（副模），江西铅山武夷山自然保护区，900～1370 m，2009-Ⅶ-02～Ⅸ-22，集虫网；1♂（副模），江西资溪马头山自然保护区，2010-Ⅵ-07，集虫网；1♀，山东徂徕山里峪，2018-Ⅷ-04，集虫网。

(290) 台湾差齿姬蜂 *Thymaris taiwanensis* Uchida, 1932

Thymaris taiwanensis Uchida, 1932. Journal of the Faculty of Agriculture, Hokkaido University, 33: 215.

分布：中国（江西、台湾）；日本。

观察标本：3♀♀，江西全南，530～680 m，2008-Ⅳ-22～Ⅶ-28，集虫网；6♀♀，江西全南，320～335 m，2009-Ⅳ-07～Ⅵ-17，集虫网；1♀，江西全南，2010-Ⅷ-21，集虫网；1♀，江西官山东河，450～470 m，2009-Ⅴ-09，集虫网；1♀，江西铅山武夷山自然保护区，1170 m，2009-Ⅵ-22，集虫网；1♀，江西资溪马头山自然保护区，2010-Ⅶ-09，集虫网；3♀♀，江西安福，180～220 m，2010-Ⅴ-17～Ⅺ-01，集虫网；1♂，江西安福，140～160 m，2010-Ⅺ-10，集虫网。

（十五）柄卵姬蜂族 Tryphonini

在 Bennett（2015）的著作中，将原来的外姬蜂族并入该族，而将一些相近的属组成一些属团。该族含 38 属，我国 17 属，分属检索表可参考该著作。

70. 平唇姬蜂属 *Acrotomus* Holmgren 1857（中国新纪录）

Acrotomus Holmgren 1857. Kongliga Svenska Vetenskapsakademiens Handlingar. N.F.1 (1)(1855): 222.
Type-species: *Tryphon lucidulus* Gravenhorst.

主要鉴别特征：唇基长约等于宽，中部约 0.3 前突，方形平截，侧角锐利；上颚端部宽，中部有些扭曲，下端齿长于上端齿；头后部和上部饱满，头顶有些隆；盾纵沟弱；翅基下脊正常；后足胫节末端圆形，跗节窝与端缘的毛列之间无光滑区；并胸腹节具分区；腹部第 1 节背板由基部至端部均匀增宽；背侧脊穿过气门或靠气门上缘；第 2～4 节背板具细刻点，光亮；第 4～6 节背板的毛不斜向中央；产卵器微弱下弯。

迄今为止，全世界仅知 5 种，我国已知 3 种。

平唇姬蜂属中国已知种检索表

1. 唇基端缘强烈前突的中段（平截处）稍凹；腹部第 1 节背板无明显的基侧角突；产卵器鞘端部宽，端部伸过腹部末端；卵褐色；雄蜂的颜面和腹部背板侧缘黄色……………………………………………………………………………………………… 速平唇姬蜂 *A. succinctus* (Gravenhorst)
   唇基端缘强烈前突的中段直；腹部第 1 节背板具明显的基侧角突；雄蜂的腹部背板侧缘黑色，或有例外的浅色……………………………………………………………………………………………… 2
2. 产卵器细，向下弯曲；产卵器鞘平，腹面不凹且无明显的毛，明显伸出腹部末端；后足基节背面浅黄色，腹面红褐色……………………………………………… 白平唇姬蜂 *A. albidulus* Kasparyan
   产卵器粗，几乎直；产卵器鞘钝尖，腹面稍凹且具稠密的毛，未伸达腹部末端；后足基节完全黄褐色稍带红褐色…………………………………………………… 卢平唇姬蜂 *A. lucidulus* (Gravenhorst)

(291) 白平唇姬蜂 *Acrotomus albidulus* Kasparyan, 1986（中国新纪录）

Acrotomus albidulus Kasparyan, 1986. Systematics and ecology of insects from the Far East. Akad. Nauk. SSSR, p.54.

♀ 体长 6.0～6.4 mm。前翅长 4.4～4.6 mm。产卵器鞘长约 0.4 mm。

复眼内缘近平行。颜面宽约为长的 2.0 倍，中部均匀稍隆起；具均匀的细毛点和黄白色短毛，靠近眼眶处的毛点相对稀疏；上缘中央具 1 瘤突。唇基沟的痕迹存在。唇基横阔，稍隆起，宽约为长的 2.1 倍；光亮，具稀疏的细毛点和黄白色短毛；端缘中部平截，具 1 排稠密的黄褐色短毛，侧缘斜截。上颚强壮，基半部具均匀的黄白色短毛，端半部光滑光亮；端齿扭曲，下端齿稍长于上端齿。颊区光滑光亮，具稠密的细毛点和黄白色短毛。颚眼距约为上颚基部宽的 0.5 倍。上颊阔，向上均匀变宽，中央圆形微隆起；光亮，具均匀的细毛点和黄白色短毛。头顶质地同上颊。单眼区中央相对平，光亮，具非常稀疏的黄白色短毛；单眼小，稍隆起；侧单眼外侧沟存在；侧单眼间距约为单复眼间距的 0.5 倍。额几乎平，具稠密的细毛点和黄白色短毛，中央纵向毛点相对稀疏。触角线状，鞭节 26 节，第 1～5 节长度之比依次约为 1.7∶1.2∶1.2∶1.1∶1.0。后头脊完整，在上颚基部后方与口后脊相接。

前胸背板前缘光亮，具均匀的细毛点和黄白色短毛；侧凹浅阔，光亮，毛点同前胸背板前缘；后上部具均匀的细毛点和黄白色短毛；前沟缘脊短。中胸盾片圆形稍隆起，具稠密的细毛点和黄褐色短毛；盾纵沟基半部明显，端半部仅有痕迹，伸达中胸盾片中部之后。盾前沟浅阔，光亮，具稀疏的黄褐色短毛。小盾片圆形隆起，光亮，具稀疏的细毛点和黄褐色短毛，中央大部几乎无毛。后小盾片横向隆起，具稀疏的黄褐色短毛。中胸侧板相对平，光亮，具均匀的细毛点和黄褐色短毛，中央大部光滑无毛；镜面区中等大小，光滑光亮；中胸侧板凹深凹；胸腹侧脊存在，几乎达中胸侧板中央。后胸侧板圆形稍隆起，光亮，具稠密的细毛点和黄褐色短毛；下后角具短皱；后胸侧板下缘脊完整。翅浅褐色，透明，小脉位于基脉外侧，二者之间的距离约为小脉长的 0.5 倍；小翅室斜三角形，具短柄，柄长约为第 1 肘间横脉长的 0.4 倍；第 2 肘间横脉明显长于第 1 肘间横脉；第 2 回脉在小翅室下外角处与之相接；外小脉约在中央处曲折；后小脉约在下方 0.2 处曲折。爪稀栉齿状；后足第 1～5 跗节长度之比依次约为 5.6∶2.4∶1.8∶1.0∶1.2。并胸腹节均匀隆起，光亮，具稠密的细毛点和黄白色短毛；分区完整；基区倒梯形；中区近长方形，基部稍缢缩，分脊在基部约 0.3 处与之相接；端区近半圆形；气门小，近圆形，与外侧脊之间由脊相连，位于基部约 0.25 处。

腹部第 1 节背板长约端宽的 1.7 倍；侧缘向端部稍变宽，背板近光亮，具稠密的细毛点和黄白色短毛，中央纵向毛点相对稀疏；背中脊几乎伸达亚端部；背侧脊、腹侧脊完整；基侧齿明显；基侧凹小；气门小，圆形，位于背板基部约 0.4 处。第 2 节背板近梯形，长约为基部宽的 1.0 倍；光亮，具均匀稠密的细毛点和黄白色微毛；基部亚侧缘稍凹，窗疤近半月形。第 3 节及以后各节背板具均匀稠密的细毛点和黄白色微毛。产卵器鞘稍长于腹末，约为自身最大宽的 3.2 倍。产卵器稍下弯，末端尖。

体黑色，下列部分除外：颜面（上缘及瘤突黑褐色），唇基，颊，上颚（端齿暗红褐色），上颊（下半部），下颚须，下唇须，前胸侧板，翅基片，翅基，中胸腹板中央的斑，前中足（腿节、胫节、跗节黄白色至黄褐色；爪褐色），腹部第 2 节背板及以后各节背板端缘和侧缘、腹板黄白色；前胸背板前缘，翅基下脊，小盾片（基部中央的斑暗褐色），后小盾片，中胸侧板前侧片下半部、下后角，后足（基节背面黄色，腹面红褐色；第 1 转节、胫节前侧和后侧、跗节、爪暗褐色；腿节背面褐色至暗褐色，腹面红褐色），产卵器鞘黄色至黄褐色；触角鞭节（基半部黑褐色，末端数节黄褐色），翅脉，翅痣褐色。

分布：中国（辽宁）；俄罗斯。

观察标本：1♀，辽宁本溪，2015-Ⅵ-12，集虫网；1♀，辽宁本溪，2015-Ⅶ-15，集虫网。

(292) 卢平唇姬蜂 *Acrotomus lucidulus* (Gravenhorst, 1829)（中国新纪录）

Tryphon lucidulus Gravenhorst, 1829. Ichneumonologia Europaea, 2: 162.

♀ 体长 5.1～6.7 mm。前翅长 3.9～5.1 mm。

复眼内缘近平行。颜面宽约为长的 1.9 倍，中央微隆起；具稠密的细毛点和黄白色短毛，靠近眼眶处的毛点相对稀疏；上缘中央具1瘤突。唇基沟的痕迹存在。唇基横阔，稍隆起，宽约为长的1.8倍；光亮，具稀疏的细毛点和黄白色短毛；端缘中部平截，具1排稠密的黄褐色短毛，侧缘斜截。上颚强壮，基半部具均匀的黄白色短毛，端半部光滑光亮；端齿扭曲，下端齿等长于上端齿。颊区光滑光亮，具稠密的细毛点和黄白色微毛。颚眼距约为上颚基部宽的0.8倍。上颊阔，向上均匀变宽，中央圆形微隆起；光亮，具均匀的细毛点和黄白色短毛，靠近眼眶几乎无毛点。头顶质地同上颊，在侧单眼外侧区光滑无毛。单眼区中央相对平，光亮，质地和毛点同头顶；单眼小，稍隆起；侧单眼外侧沟存在；侧单眼间距约为单复眼间距的0.4倍。额相对平，具稠密的细毛点和黄白色短毛，在触角窝基部稍凹。触角线状，鞭节26～28节，第1～5节长度之比依次约为1.9∶1.2∶1.1∶1.0∶1.0。后头脊完整，在上颚基部后方与口后脊相接。

前胸背板前缘光亮，具稠密的细毛点和黄白色短毛；侧凹浅阔，光亮，毛点相对稀细；后上部具均匀稀疏的细毛点和黄白色短毛；前沟缘脊强壮。中胸盾片圆形稍隆起，具稠密的细毛点和黄白色短毛，中后部的毛点相对稀疏；盾纵沟基部稍明显。盾前沟浅阔，近光滑光亮。小盾片圆形稍隆起，光亮，具稀疏的细毛点和黄白色短毛，中央大部光滑无毛。后小盾片横向隆起。中胸侧板相对平，光亮，具均匀的细毛点和黄白色短毛，中央大部光滑无毛；镜面区中等大小，光滑光亮；中胸侧板凹深凹；胸腹侧脊存在，约为中胸侧板高的0.4倍。后胸侧板圆形稍隆起，光亮，具稠密的细毛点和黄白色短毛；基间脊、后胸侧板下缘脊完整。翅浅褐色，透明，小脉位于基脉外侧，二者之间的距离约为小脉长的0.3倍；小翅室斜四边形，具短柄，柄长约为第1肘间横脉长的0.6倍；第2肘间横脉明显长于第1肘间横脉，端半部具弱点；第2回脉在小翅室下外角内侧约0.2处与之相接；外小脉约在下方0.4处曲折；后小脉约在下方0.25处曲折。爪稀栉齿状；后足第1～5跗节长度之比依次约为5.5∶2.5∶1.7∶1.0∶1.4。并胸腹节均匀隆起，光亮，具稠密的细毛点和黄白色短毛；分区完整；基区倒梯形；中区六边形，中部稍阔，毛点非常稀疏；分脊在基部约0.3处与之相接；端区近扇形，斜截，中央端半部具1明显纵脊；气门小，近圆形，与外侧脊之间由脊相连，位于基部约0.3处。

腹部第1节背板长约为端宽的1.7倍；基半部近光滑光亮，具稀疏的细毛点和黄白色短毛，亚端部呈弱细皱状表面，端部具均匀的细毛点和黄白色短毛；背中脊完整，伸达亚端部，脊间区域光滑无毛；背侧脊、腹侧脊完整；基侧齿存在；基侧凹小；气门小，圆形，位于背板基部约0.4处。第2节背板近梯形，长约等于基部宽，约为端宽的0.9倍；光亮，具稠密的细毛点和黄白色微毛，中部的毛点相对稀疏，端部的毛点相对稀细；基部亚侧缘斜形稍凹，窗疤中等大，近光滑光亮。第3节及以后各节背板具均匀稠密的细毛点和黄白色微毛，端缘的毛相对稀疏。产卵器鞘未伸达腹末。

体黑色，下列部分除外：颜面（上缘并延伸到中央的不规则斑黑色），唇基，颊，上颚（端齿暗红褐色），上颊（下半部），下颚须，下唇须，前胸侧板前缘的斑，前胸背板前缘的长斑（中央有间断），翅基片，前中足（腿节、胫节、跗节黄褐色；爪褐色），腹部第2～7节背板端缘、腹板，产卵器鞘黄白色；触角柄节、梗节背面黑褐色，腹面褐色，鞭节（基部数节褐色至暗褐色）；翅基，小盾片端半部，后小盾片黄色；后足基节、第1转节、腿节（端缘褐色）、胫节（端部褐色）黄褐色稍带红褐色，第2转节黄色，第1～

2 跗节（基半部黄褐色）、第 3～5 跗节、爪褐色；翅脉，翅痣褐色。

♂ 体长约 6.0 mm。前翅长约 4.0 mm。触角鞭节 26 节。体黑色，下列部分除外：颜面亚侧方的方形斑纹，唇基（端缘褐色），颊区下半部，上颚（端齿暗红褐色），前胸侧板（有时无），前胸背板前缘的斑（有时无）、后上角，翅基片，翅基，前足（腿节、胫节、跗节黄褐色），中足（腿节、胫节、第 1 跗节黄褐色；第 2～5 跗节、爪褐色），腹部第 2～7 节背板端缘黄白色；小盾片端半部，后小盾片黄色；后足基节、转节、腿节红褐色，胫节背面大部黄褐色，其余部分暗褐色，跗节、爪暗褐色；触角鞭节（基半部、背面暗褐色至黑褐色）黄褐色；翅痣，翅脉褐色至暗褐色。

分布：中国（吉林、辽宁）；奥地利，比利时，阿塞拜疆，保加利亚，捷克，芬兰，法国，德国，希腊，匈牙利，伊朗，意大利，拉脱维亚，荷兰，波兰，西班牙，土耳其，英国，瑞典，乌克兰，罗马尼亚，日本，韩国，蒙古国，俄罗斯等。

观察标本：1♀，吉林大兴沟，2005-Ⅷ-04，盛茂领；1♀，辽宁本溪，2015-Ⅶ-17，集虫网；1♂，辽宁本溪，2015-Ⅷ-21，盛茂领。

(293) 速平唇姬蜂 *Acrotomus succinctus* (Gravenhorst, 1829)（中国新纪录）

Tryphon succinctus Gravenhorst, 1829. Ichneumonologia Europaea, 2: 166.

♂ 体长 5.5～6.4 mm。前翅长 4.0～4.9 mm。

复眼内缘近平行。颜面宽约为长的 1.6 倍，中央微隆起；光亮，具均匀稀疏的细毛点和黄褐色短毛，亚侧缘纵向毛点相对稠密；上缘中央在触角窝之间具 1 纵凹沟，伸达颜面亚中部。唇基沟弱。唇基横阔，稍隆起，宽约为长的 1.9 倍；光亮，具稀疏的细毛点和黄褐色短毛；端缘中部平截，具 1 排稠密的黄褐色短毛，侧缘斜截。上颚强壮，基半部具稀疏的黄褐色短毛，端半部光滑光亮；端齿扭曲，下端齿明显长于上端齿。颊区光滑光亮，具稠密的细毛点和黄白色微毛。颚眼距约为上颚基部宽的 0.3 倍。上颊阔，向上均匀变宽，中央圆形微隆起；光亮，具均匀的细毛点和黄褐色短毛，靠近眼眶光滑无毛。头顶质地同上颊，在侧单眼外侧区光滑无毛。单眼区中央稍凹，光亮，具稀疏的细毛点；单眼小，稍隆起；侧单眼外侧沟明显；侧单眼间距约为单复眼间距的 0.5 倍。额相对平，具稠密的细毛点和黄褐色短毛，中央纵向微凹；在触角窝基部稍凹，近光滑光亮；触角窝之间具 1 纵凹沟。触角线状，鞭节 24～27 节，第 1～5 节长度之比依次约为 1.7∶1.2∶1.1∶1.1∶1.0。后头脊完整，在上颚基部后方与口后脊相接。

前胸背板前缘光亮，具稀疏的细毛点和黄褐色短毛；侧凹浅阔，光亮，毛点相对稀细，后下角靠近后缘具短皱；后上部具稀疏的细毛点和黄褐色短毛；前沟缘脊强壮。中胸盾片圆形稍隆起，具稠密的细毛点和黄褐色短毛；盾纵沟基部稍明显，向后收敛并渐弱，几乎伸达中部。盾前沟浅阔，光亮，具稀疏的细毛点。小盾片圆形稍隆起，光亮，具稀疏的细毛点和黄褐色短毛，中央大部光滑无毛。后小盾片横向隆起。中胸侧板微隆起，光亮，具稀疏的细毛点和黄褐色短毛，中央大部光滑无毛；镜面区中等大小，光滑光亮；中胸侧板凹深凹状；胸腹侧脊存在，约伸达中胸侧板中部。后胸侧板圆形稍隆起，光亮，具均匀的细毛点和黄褐色短毛；下后角具短皱；后胸侧板下缘脊完整。翅浅褐色，透明，小脉与基脉对叉；小翅室斜四边形，第2肘间横脉明显长于第1肘间横脉，端半部具弱点；第2回脉在小翅室下外角内侧约0.2处与之相接；外小脉约在上方0.4处曲折；后小脉约在下方0.3处曲折。爪具稀栉齿；后足第1～5跗节长度之比依次约为5.5∶2.4∶1.9∶1.0∶1.7。并胸腹节均匀隆起，光亮，具稀疏的细毛点和黄褐色短毛；分区相对完整；基区和中区的合并区近长形，中部稍阔；分脊在端部约0.4处与之相接；端区四边形，斜截，几乎光滑光亮，具非常稀疏的细毛点；气门小，近圆形，与外侧脊之间由脊相连，位于基部约0.25处。

腹部第1节背板长约为基部宽的4.9倍，约为端宽的2.5倍；光亮，具稀疏的细毛点和黄褐色短毛，端缘光滑无毛；背中脊完整，伸达亚端部，脊间区域光滑无毛；背侧脊在气门前完整；腹侧脊完整；基侧齿缺；基侧凹小；气门小，圆形，位于背板基部约0.4处。第2节背板长约为基部宽的1.4倍；光亮，具稠密的细毛点和黄褐色微毛，端半部的毛点相对稀疏，端缘光滑无毛；窗疤中等大，近半圆形，光滑光亮。第3节背板光亮，基半部具稠密的细毛点和黄褐色微毛，端半部毛点相对稀疏，端缘光滑无毛。第4节及以后各节背板具均匀稠密的细毛点和黄褐色微毛，端缘光滑无毛。

体黑色，下列部分除外：颜面（中央的纵凹沟黑色），额眼眶下半部，唇基（外角靠近上颚基部褐色），颊，上颚（端齿暗红褐色），上颊（基部少许），下颚须，下唇须，翅基片，翅基，翅基下脊，前足（腿节后侧、胫节、跗节、爪黄褐色），中足（腿节、胫节、第1～2跗节黄褐色；第3～5跗节、爪褐色）黄白色；前胸背板后上角，小盾片端半部，后足（基节大部、第1转节背面少许、腿节黑褐色；胫节、跗节、爪暗褐色），腹部第1节背板端部少许、第2～6节背板端缘黄褐色；触角（柄节腹面少许黄褐色；柄节背面、梗节、鞭节基部数节暗褐色至黑褐色；鞭节端半部腹面褐色），翅脉，翅痣褐色。

分布：中国（辽宁）；朝鲜，蒙古国，俄罗斯远东地区，印度，欧洲，北美等。

观察标本：2♂♂，辽宁本溪，2015-Ⅵ-12，集虫网。

71. 角姬蜂属 *Cosmoconus* Förster, 1869

Cosmoconus Förster, 1869. Verhandlungen des Naturhistorischen Vereins der Preussischen Rheinlande und Westfalens, 25(1868): 203. Type-species: *Ichneumon elongator* Fabricius. Included by Wolstedt, 1877.

主要鉴别特征：前翅长6.0～9.0 mm；唇基阔，中央具横脊，端缘具短毛；颚眼距为上颚基部宽的0.4～0.9倍；额中央具1角突；小翅室具短柄；第2肘间横脉稍长于第1肘间横脉；后小脉在下方0.35～0.45处曲折；爪仅基部具栉齿，有时基部0.67具栉齿；产卵器稍下弯或几乎直。

该属已知27种，此前我国已知7种。这里介绍12种，含3新种。

角姬蜂属中国已知种（♀）检索表

作者未镜检到德角姬蜂 *C. dlabolai* Šedivý, 1971 雌蜂标本，下面的检索表未包含此种。

1. 产卵器鞘端部平截；头（除唇基端缘的狭边）、胸、所有的基节、转节、腿节完全黑色；腹部背板仅第 3 节红褐色，其余黑色……………………截角姬蜂，新种 *C. truncatus* Sheng, Sun & Li, sp.n.
   产卵器鞘端部钝圆或几乎尖；其他非完全同上述，腹部至少 2 节背板褐色或红褐色……………2
2. 腹部背板自第 1 节气门至第 4 节全部红色；颜面宽为长的 1.5～1.75 倍；产卵器鞘均匀向端部变窄；雄性的后足跗节第 2 节为第 5 节长的 1.2～1.4 倍…………………中角姬蜂 *C. meridionator* Aubert
   腹部主要为黑色，或基部和端部黑色，中部黄色或黄褐色；其他非完全同上述……………………3
3. 颜面和唇基全部黄至黄褐色……………………………………………………………………………4
   颜面黑色，或模模糊糊稍带暗红色；唇基基部黑色……………………………………………………8
4. 触角鞭节褐色，端部黑褐色；腹部第 2 节及其后的（第 4、5 节侧缘带黑斑）背板黄褐色………
   ……………………………………………………………宗角姬蜂，新种 *C. zongi* Sheng, Sun & Li, sp.n.
   触角鞭节端部和基部的颜色一致；腹部基部和端部背板黑色………………………………………5
5. 触角鞭节黄褐色或红褐色；腹部第 2、3 节背板基半部黑色，或基部侧面具大黑斑，端半部黄褐色，或第 2～5 节背板侧面具大黑斑……………………………………………………………………6
   触角鞭节腹面和背面颜色不同，或全部黑色；腹部第（2）3～4 节背板全部黄（红）褐色；腹部第 1 节背板的背侧脊完整；产卵器鞘狭长…………………………………………………………………7
6. 腹部第 1 节背板的背侧脊在气门之后消失；产卵器鞘相对宽短，产卵器稍弯曲……………………
   ………………………………………………………………………………斑角姬蜂 *C. maculiventris* Sheng
   腹部第 1 节背板的背侧脊完整，气门至后缘之间可见；产卵器鞘相对较长；产卵器强烈向下弯曲
   ……………………………………………………………川角姬蜂，新种 *C. chuanicus* Sheng, Sun & Li, sp.n.
7. 上颊圆弧形向后收敛，无纵凹；中胸侧板在中胸侧板凹附近的刻点较稀；腹部第 2 节背板浅褐色
   ……………………………………………………………………………中国角姬蜂 *C. chinensis* Kasparyan
   上颊中部具浅纵凹痕，仅后部明显向后收敛；中胸侧板在中胸侧板凹附近的刻点较细且稠密；第 2 节背板黑色，端缘的狭边黄褐色………………………………………西峡角姬蜂 *C. xixiaensis* Sheng
8. 产卵器鞘背面端部直；产卵器直；后小脉在中央或下方曲折………………………………………9
   产卵器鞘背面端部强烈向下倾斜；产卵器向下弯曲；后小脉在中央下方曲折……………………10
9. 颜面上半部中央深凹；并胸腹节粗糙，中区具不规则的皱，端区具 1 中纵脊；触角鞭节黑色，仅腹面稍带红褐色………………………………………………………凹角姬蜂 *C. recavus* Sheng & Sun
   颜面正常，仅上缘中央下凹；并胸腹节光滑，中区光滑光亮，无皱，无刻点或侧面具不清晰的细刻点，端区无中纵脊………………………………………沈阳角姬蜂 *C. shenyangensis* Fan & Sheng
10. 颚眼距为上颚基部宽的 0.6～0.7 倍；产卵器鞘相对较长；卵柄较长；触角鞭节红褐色……………
    ………………………………………………………………………黑角姬蜂 *C. nigriventris* Kasparyan
    颚眼距约等于上颚基部宽；产卵器鞘较宽，粗壮；卵柄较短；触角鞭节暗褐色，端部几乎褐色…
    ………………………………………………………………………尾角姬蜂 *C. caudator* Kasparyan

(294) 尾角姬蜂 *Cosmoconus caudator* Kasparyan, 1971（中国新纪录）

Cosmoconus caudator Kasparyan, 1971. Trudy Vsesoyuznogo Entomologicheskogo Obshchestva, 54: 291.

♀ 体长 8.5～11.0 mm。前翅长 8.0～11.0 mm。触角长 7.0～9.0 mm。产卵器鞘长 0.5～0.8 mm。

复眼内缘在触角窝上方稍凹陷。颜面宽（上方较窄处）为长的 1.2～1.3 倍；触角窝外侧明显纵凹；中央纵向稍均匀隆起，具稠密的皱状粗刻点（侧方刻点稍细），上缘中央“V”形下凹，其下方中央瘤突不明显。唇基沟明显。唇基宽大，宽为长的 2.0～2.1 倍，中央横向隆起；基半部表面凹凸不平，具不均匀且大小不一的刻点和短毛；端半部光滑平坦，仅近端缘具几个浅刻点；端缘弱弧形，具 1 排较长的毛。上颚狭长，具不明显的浅刻点和较长的毛；上端齿明显短且小于下端齿。颊具细革质状表面；颚眼距约等于上颚基部宽。上颊具稠密的细刻点和短柔毛，后上方稍增宽。头顶质地同上颊，后部中央刻点不明显；单眼区明显抬高，具“Y”形中沟，表面光滑；侧单眼间距约为单复眼间距的 0.9 倍。额具特别细密的细刻点，中央具 1 光滑无刻点的纵沟，下半部深凹，凹的中央具 1 较强的角状突。触角丝状，鞭节 33 节，第 1～5 节长度之比依次约为 2.7∶2.0∶1.9∶1.9∶1.8，向端部依次渐短渐细。后头脊完整。

胸部具相对均匀稠密的细刻点。前胸背板前缘及侧凹具细皱；前沟缘脊强壮。中胸盾片均匀隆起，具均匀细密的刻点；盾纵沟不明显（仅具弱的压痕）。小盾片较平坦，具均匀的细刻点，端部中央具 1 弱的中纵脊；侧脊基半部明显。后小盾片稍凹，具模糊的刻点。中胸侧板中部较隆起，具稠密的斜细纹和细刻点；腹板侧沟前部具弱痕；胸腹侧脊细弱，约达中胸侧板高的 0.6 处、在腹板侧沟上方折曲；中胸侧板凹呈 1 浅横沟，前端呈 1 小凹陷；镜面区极小。后胸侧板具稠密的细刻点，后下方具斜细皱；基间脊明显。翅褐色，透明；小脉位于基脉外侧，二者之间的距离为小脉长的 0.2～0.25 倍；小翅室四边形，具结状短柄，第 2 肘间横脉稍长于第 1 肘间横脉，第 2 回脉在它的下方中央稍外侧与之相接；第 2 回脉在中央上方强烈曲折；外小脉明显内斜，约在下方 0.3 处曲折；后小脉约在下方 0.3 处曲折。足粗壮；后足胫距不足基跗节长的一半，第 1～5 跗节长度之比依次约为 4.4∶2.6∶1.8∶1.1∶2.0；爪基部具短栉齿。并胸腹节表面具模糊的皱刻点和短毛；中纵脊基部较明显，向后稍收敛后有一小段平行（此段细弱）；侧纵脊和外侧脊明显；基横脊仅亚中段稍具弱痕；端横脊完整，较细弱；端区中央具 1 细中纵脊；端部区域表面较光滑，具弱皱；气门椭圆形，长径约为短径的 1.6～2.0 倍，约位于基部 0.2 处。

腹部端部稍侧扁。第 1 节背板长为端宽的 2.0～2.2 倍，向基部渐收敛，表面具稠密的粗刻点和斜细皱（端缘光滑），侧方具弱皱；背中脊明显，自亚基部向后平行伸达背板中央之后；背侧脊在气门附近磨损；气门约位于背板中央。第 2 节及以后背板相对光滑，具不明显的细刻点；第 2 节背板长为端宽的 0.6～0.7 倍，基部稍横凹，两侧具横窗疤；第 3、第 4 节背板侧缘近平行，长分别约为端宽的 0.7 倍和 0.6 倍；第 5 节及以后背板向后渐收敛；下生殖板大，三角形，端部尖。产卵器鞘亚基部宽，短于腹末厚度。产卵器端部尖细，向下弯曲。

体黑色，下列部分除外：触角腹侧红褐色，梗节和柄节背侧、鞭节背侧端半部褐黑色；颜面下方或具隐约的红褐色暗斑；下颚须和下唇须暗褐色；唇基端半部，上颚（端齿褐黑色），前翅翅基，前中足腿节端部（或多或少）、胫节，后足胫节基部约 2/3（基缘除外）均为黄色；额的角突尖部、翅基片、所有足跗节、腹部第 2～3 节背板及第 4 节背板中央红褐色；翅痣黄褐色，翅脉暗褐色。

分布：中国（北京、辽宁）；俄罗斯。

观察标本：1♂，北京门头沟，2008-Ⅸ-12，王涛；1♂，北京门头沟，2011-Ⅷ-27，集虫网；1♀，辽宁新宾平山，2014-Ⅸ-09，集虫网；1♀，辽宁新宾平山，2014-Ⅹ-15，盛茂领。

(295) 中国角姬蜂 *Cosmoconus chinensis* Kasparyan, 1973

Cosmoconus (*Cosmoconus*) *chinensis* Kasparyan, 1973. Fauna of the USSR Hymenoptera Vol. 3, Number 1. Ichneumonidae (Subfamily Tryphoninae) Tribe Tryphonini, p.110.

♀ 体长 9.0～11.0 mm。前翅长 7.0～8.0 mm。触角长 5.5～6.0 mm。产卵器鞘长 0.5～0.7 mm。

颜面宽（上方较窄处）为长的 1.3～1.4 倍；表面平坦，具非常稠密的横纹皱和细刻点，上缘中央“V”形下凹，其下方中央具 1 不明显的瘤突。唇基沟明显。唇基宽大，宽为长的 1.8～1.9 倍，中央横向隆起；基半部表面凹凸不平，具深浅不一的稀刻点和短毛；端半部具模糊的细纵皱；端缘呈粗糙的边缘状，具 1 排毛，中段几乎平。上颚狭长，密生刻点和毛；上端齿稍短于下端齿。颊具细革质粒状表面；颚眼距为上颚基部宽的 0.6～0.7 倍。上颊具稠密的细刻点和短柔毛，向后均匀收敛。头顶质地同上颊，单眼区稍抬高、具“Y”形中沟，侧单眼间距为单复眼间距的 0.8～0.9 倍；侧单眼与后头脊（在上水平线上方）之间具微弱压痕。额具特别细密的细刻点，中央具 1 光滑无刻点的纵沟，下半部深凹，凹的中央具 1 角状突。触角丝状，鞭节 30～31 节，第 1～5 节长度之比依次约为 2.8∶1.8∶1.6∶1.4∶1.3，向端部依次渐短渐细。后头脊完整。

胸部刻点细密。前胸背板前缘及侧凹具细皱；前沟缘脊强壮。中胸盾片均匀隆起，具均匀细密的刻点；盾纵沟不明显（仅具弱的压痕）。小盾片较平坦，具均匀的细刻点，端半部中央具 1 弱的中纵脊；侧脊明显。后小盾片较平，具模糊的细皱。中胸侧板中部较隆起，具稠密的细刻点；腹板侧沟前部具弱痕；胸腹侧脊细弱，约达中胸侧板高的 0.5 处、在腹板侧沟上方折曲；中胸侧板凹呈 1 浅横沟，前端呈 1 小凹陷；镜面区小。后胸侧板具细密的刻点，后下方具斜皱；基间脊明显。翅褐色，透明；小脉位于基脉外侧，二者之间的距离约为小脉长的 0.25～0.3 倍；小翅室四边形，具结状短柄，2 肘间横脉近等长，第 2 回脉约在它的下方中央与之相接；第 2 回脉在中央上方强烈曲折；后小脉明显内斜，约在下方 0.3 处曲折；后小脉约在下方 0.35 处曲折。足粗壮；后足胫距约为基跗节长的一半，第 1～5 跗节长度之比依次约为 4.8∶2.4∶1.8∶1.2∶2.8；爪基部具稀栉齿。并胸腹节具模糊的弱细皱和较长的毛；基区与中区合并，相对光滑，合并区的长约为并胸腹节长（中线长）的 0.58 倍，向端部稍收敛；端横脊中段较弱；端区中央具细纵皱；气门椭圆形，长径约为短径的 2.25 倍，约位于基部 0.3 处。

腹部具弱而不明显的细刻点和稠密的短毛，端部稍侧扁。第 1 节背板长为端宽的 1.6～1.7 倍，侧面具模糊的弱皱；背面中央纵向浅凹；背中脊明显，伸达背板亚端部；

背侧脊完整；气门约位于中部。第 2 节背板长约为端宽的 0.7 倍，基部稍横凹，两侧具横窗疤；第 3 节背板长约为端宽的 0.6 倍；第 4 节背板侧缘近平行，长约为宽的 0.63 倍；第 5 节及以后背板向后渐收敛；下生殖板大，三角形，端部尖。产卵器鞘亚基部宽，短于腹末厚度。产卵器直，携带 1 枚卵。

体黑色，下列部分除外：触角腹侧黄褐至红褐色；颜面（上方中央的褐黑色斑除外），唇基，上颚（端齿除外），下颚须，下唇须，前翅翅基，前中足腿节端部、胫节大部分，后足胫节亚基部黄色；额的角突尖部，翅基片，前足转节端部、腿节前部及端部、胫节前侧，中足第 1 转节端部及第 2 转节、腿节端部、胫节前侧端部，后足第 1 转节端部及第 2 转节、胫节黄色部分的两端，所有跗节，腹部第 2～4 节背板红褐色；产卵器鞘黑色；翅痣黄褐色，翅脉褐黑色。

♂ 体长 9.0～11.0 mm。前翅长 7.5～8.0 mm。触角长 6.5～7.5 mm。鞭节 30～32 节。小翅室具柄，第 2 回脉在它的中央稍外侧相接。前中足（基节黑色，腿节黑色或背侧具黑褐色纵斑）黄色，后足转节黄色。腹部第 1 节背板端部（或黑色）和第 5 节背板基部或大部亦为红褐色。其余特征与雌性相同。

分布：中国（辽宁、四川、宁夏）。

观察标本：2♂♂，辽宁新宾，2005-Ⅸ-08，集虫网；6♀♀2♂♂，宁夏六盘山，2005-Ⅶ-14～Ⅷ-11，集虫网。

(296) 川角姬蜂，新种 *Cosmoconus chuanicus* Sheng, Sun & Li, sp.n.（彩图 74）

♀ 体长 7.4～10.0 mm。前翅长 6.2～8.4 mm。产卵器鞘长 0.7～1.1 mm。

复眼内缘向上均匀收敛，靠近触角窝处微凹。颜面宽约为长的 1.3 倍，中央微隆起，触角窝下侧方稍凹；上缘中央深凹，凹内近光亮，下端具 1 明显瘤突；中央大部呈皱状表面夹杂稠密的细刻点和黄褐色短毛，外缘毛点相对细密。唇基沟存在。唇基凹近圆形深凹。唇基宽阔，中央横向均匀隆起，宽约为长的 2.3 倍；光亮，具稀疏的细毛点和黄褐色短毛，亚端缘的毛非常长；端缘弧形。上颚强壮，基半部具稀疏的黄褐色长毛，端半部光滑光亮；端齿近等长。颊区呈细革质粒状表面，具稀疏的黄褐色短毛。颚眼距约等长于上颚基部宽。上颊阔，向后稍均匀斜截；光亮，具稠密的细毛点和黄褐色短毛，靠近眼眶几乎无毛。头顶质地同上颊；在单眼区后方均匀斜截。单眼区明显抬高，中央均匀凹陷，光亮，具稀疏的黄褐色短毛；单眼中等大小，强隆起；侧单眼间距约为单复眼间距的 0.8 倍。额均匀凹陷，靠近额眼眶处具均匀的细毛点和黄褐色短毛，下部近触角窝处的毛点相对稠密；中央近光滑光亮；角状突相对短，周围具弧形细皱。触角线状，鞭节 31～32 节，第 1～5 节长度之比依次约为 1.7∶1.4∶1.2∶1.0∶1.0。后头脊强壮且完整，在上颚基部后方与口后脊相接。

前胸背板前缘光亮，具稠密的细刻点和黄褐色短毛；侧凹深阔，具稠密的细刻点，中央呈不规则短皱状表面；后上部具稠密的细刻点和黄褐色短毛；前胸背板后缘下半部具短皱；前沟缘脊强壮。中胸盾片圆形隆起，具稠密的细毛点和黄褐色短毛，中后部的毛点相对粗大。盾前沟深凹，近光亮。小盾片舌状隆起，具稠密的细刻点和黄褐色短毛；端半部呈斜皱状表面。后小盾片稍隆起，呈细皱状表面，中央近光亮。中胸侧板相对平，上半部中央稍隆起；具均匀稠密的细刻点和黄褐色短毛，后缘和下后角的毛点相对细密；中胸侧板前缘中央具短皱；镜面区非常小；中胸侧板凹浅横沟状；下后角斜皱状；胸腹侧脊中段明显，约为中胸侧板高的 0.5 倍。后胸侧板稍隆起，光亮，上半部具稠密的细毛点和黄褐色短毛，下半部呈网皱状表面；下后角具斜皱；后胸侧板下缘脊完整。翅黄褐色，透明，小脉位于基脉外侧，二者之间的距离约为小脉长的 0.4 倍；小翅室斜四边形，第 2 肘间横脉明显长于第 1 肘间横脉，第 2 回脉在小翅室下外角内侧约 0.3 处与之相接；外小脉约在下方 0.3 处曲折；后小脉约在下方 0.3 处曲折。后足第 1～5 跗节长度之比依次约为 4.3∶2.1∶1.6∶1.0∶2.1。并胸腹节稍隆起，基区和中区间的基横脊消失，分脊弱，其他脊完整；基区和中区的合并区近长方形，基部深凹，近光亮，靠近中纵脊具弱皱，中央大部近光亮，具非常稀疏的细毛点；第 1 侧区具稠密的细毛点和黄褐色短毛；第 2 侧区呈细皱状表面，夹杂稠密的黄褐色长毛；端区斜截，中央纵向稍隆起，呈不规则皱状表面；气门中等大小，斜椭圆形，靠近外侧脊，位于基部约 0.3 处。

腹部第 1 节背板长约为基部宽的 3.8 倍，约为端宽的 2.3 倍；均匀隆起，具稠密的细刻点和黄褐色短毛，端半部近光滑无毛；基部深凹，光滑光亮；背中脊向后均匀收敛，伸达气门后；背侧脊在气门前完整且强壮，腹侧脊完整；基侧凹小；气门小，圆形，位于基部约 0.4 处。第 2 节背板梯形，长约为基部宽的 1.1 倍，约为端宽的 0.7 倍；光亮，具均匀的细毛点和黄褐色短毛，端缘光滑无毛；窗疤中等大小，横椭圆形，呈细粒状表面。第 3 节及以后各节背板光滑光亮，具均匀稠密的细毛点和黄褐色短毛。产卵器鞘宽短，长约为自身最大宽的 2.4 倍，基半部具横皱，端半部具稠密的黄褐色微毛。产卵器强烈下弯，均匀变细。卵长椭圆形，乳白色，卵壳表面具花纹。

体黑色，下列部分除外：颜面（上缘中央的凹黑色；凹下方的纵斑黄褐色），唇基，上颚（端齿暗红褐色），翅基，前足（基节基部少许、腿节大部黄褐色），中足（基节基半部暗褐色至黑褐色；腿节大部黄褐色），后足（基节黑色，仅端缘侧面稍带褐色；腿节黑色；胫节基缘、端半部暗褐色）黄色；下颚须，下唇须，触角（柄节腹面黄色），角状突，翅基片（外侧稍带黄色），腹部第 1 节背板端缘、第 7～8 节背板，产卵器鞘，翅痣黄褐色；腹部第 2 节背板（窗疤黄褐色；基半部亚侧缘的斑黑褐色）、第 3 节背板（基部亚侧缘的近三角形斑黑褐色）黄白色；腹部第 4 节背板（基半部侧缘的斑黑褐色）、第 5 节背板（基半部黑褐色）红褐色；腹部第 6 节背板（侧缘黑褐色）红褐色，端缘稍带黄褐色；翅脉褐色至暗褐色。

♂ 体长 9.9～11.1 mm。前翅长 7.8～8.6 mm。触角鞭节 34～35 节。颜面（亚侧缘的弱纵纹、中央的纵斑黄褐色至褐色）黄色；触角柄节、梗节（腹面褐色）黑褐色，鞭节（基部数节腹面褐色）暗褐色至黑褐色；前中足腿节腹面基半部黑色；腹部第 1 节背板端半部的斑、第 2 节背板（窗疤黄褐色；基半部不规则的斑黑色；端缘黄褐色）、第 3 节背板（亚基部的小斑黑褐色；中央及端半部黄色至黄褐色）、第 4 节背板（基半部侧方及侧缘黑褐色）、第 5～6 节背板中央的不规则纵斑并延伸至端缘红褐色；其余特征同正模。

正模 ♀，四川卧龙银厂沟，2200 m，2013-Ⅷ-07，李涛。副模：2♀♀，记录同正模；1♀1♂，四川四姑娘山猫鼻梁，3340 m，2013-Ⅷ-06，李涛；1♂，四川四姑娘山猫鼻梁，

3340 m，2013-Ⅷ-09，李涛。

词源：本新种名源于模式标本采集地名。

本新种与斑角姬蜂 *C. maculiventris* Sheng, 2002 近似，可通过下列特征区分：腹部第1节背板的背侧脊完整；产卵器强烈向下弯曲；第2、3节背板大部分黄白色；第4～6节背板至少后部红褐色或黄褐色。斑角姬蜂：腹部第1节背板的背侧脊在气门之后缺；产卵器包被在产卵器鞘内，稍弯曲；第2～3节背板基部或基部侧面黑色，后部黄褐色，第4节大部分及其后的背板黑色。

(297) 德角姬蜂 *Cosmoconus dlabolai* Šedivý, 1971（中国新纪录）

Cosmoconus dlabolai Šedivý, 1971. Acta Faunistica Entomologica Musei Nationalis Pragae, 14: 76.

♂ 体长9.5～10.0 mm。前翅长8.0～8.5 mm。触角长8.5～9.0 mm。

复眼内缘在触角窝上方稍有凹痕。颜面宽（上方较窄处）约为长的1.4倍；表面较平坦，具稠密的黄褐色短毛；中部具稠密的纵纹皱和粗刻点，侧方具较中部细密的横纹皱和细刻点，上方中央具1较明显的瘤突。唇基沟较明显。唇基宽大，宽为长的1.8～1.9倍，中央横向隆起；基半部具稠密的皱状粗刻点和较长的毛；端半部光滑光亮，无毛，刻点不明显；端缘细锯齿状，中段几乎平，具长毛。上颚狭长，密生刻点和长毛；上端齿约等长于下端齿。颊下方具细革质粒状表面，上方具细纵皱；颚眼距约等于上颚基部宽。上颊具稠密的细刻点和短柔毛，向后上方明显增宽。头顶质地和刻点同上颊；单眼区稍抬高、具“Y”形中沟，表面细革质状、刻点不明显；侧单眼间距约为单复眼间距的0.9倍；侧单眼与后头脊之间具微弱压痕。额具特别细密的细刻点，中央具1光滑无刻点的纵沟，下半部深凹，凹的中央具1长角状突。触角丝状，鞭节30～36节，第1～5节长度之比依次约为2.8∶2.1∶1.7∶1.7∶1.6，向端部依次渐短渐细。后头脊完整。

胸部具均匀稠密的细刻点。前胸背板前缘及侧凹具细皱；前沟缘脊强壮。中胸盾片均匀隆起，盾纵沟不明显（仅具弱的压痕）。小盾片较平坦，具细横皱和细刻点；侧脊明显。后小盾片较平，具细刻点。中胸侧板中部较隆起；胸腹侧脊细弱，约达中胸侧板高的0.4处，背端伸近中胸侧板前缘；中胸侧板凹呈1浅横沟，前端呈1小凹陷；无镜面区。后胸侧板具细密刻点，后下方具斜纵皱；基间脊明显；后胸侧板下缘脊完整，前部耳状突出。翅褐色，透明；小脉位于基脉外侧，二者之间的距离约为小脉长的0.3倍；小翅室斜四边形，具结状短柄，第2肘间横脉明显长于第1肘间横脉，第2回脉在它的下外角内侧约0.3处与之相接；第2回脉在中央处强烈曲折；外小脉明显内斜，约在下方0.35处曲折；后小脉约在下方或中央曲折。足修长；后足胫距约为基跗节长的一半，第1～5跗节长度之比依次约为4.0∶2.3∶1.8∶1.0∶2.0；爪基部具细密的短栉齿。并胸腹节表面具稠密模糊的弱细皱；中纵脊仅基部具短痕，向后明显收敛；无基横脊；端横脊、侧纵脊和外侧脊完整；端部区域相对光滑，具稀疏的弱皱；气门卵圆形，约位于基部0.25处。

腹部较长，具细革质状表面和不明显的细刻点，端部稍侧扁。第1节背板长为端宽的2.0～2.1倍，表面具模糊的弱皱，仅端部光滑光亮；基部中央明显凹；背中脊明显，约伸达气门位置；背侧脊完整，在气门后有一段细弱；气门位于背板中央之前。第2节背板长约为端宽的0.9倍，具弱细的纵皱和不明显的刻点，基部两侧具横窗疤。第3节背板及以后背板表面相对光滑；第3（基部两侧具横窗疤）～5节背板侧缘近平行，第6节及以后背板向后渐收敛。抱握器扁阔，强壮。

体黑色，下列部分除外：下颚须，下唇须黄褐色至暗褐色；唇基端半部，上颚端半部（端齿暗褐色），前翅翅基，前中足腿节端部或多或少、胫节全部，后足胫节基半段（基部黑色）黄色；额的角突尖部，翅基片（内侧带黑色），腹部第2～4节背板端部或全部，或者端部几节背板的端缘红褐色；所有足跗节黄色至黄褐色；翅痣黄褐色，翅脉褐色。

分布：中国（宁夏）；蒙古国，俄罗斯。

观察标本：2♂♂，宁夏六盘山，2005-Ⅸ-08～15，集虫网。

(298) 斑角姬蜂 *Cosmoconus maculiventris* Sheng, 2002

Cosmoconus maculiventris Sheng, 2002. Acta Entomologica Sinica, 45 (Suppl.): 97.

分布：中国（河南、宁夏）。

观察标本：1♀（正模）3♀♀6♂♂（副模），河南西峡老界岭自然保护区，1550 m，1998-Ⅶ-17，盛茂领、孙淑萍；3♀♀12♂♂，宁夏泾源六盘山国家级自然保护区，1800 m，2005-Ⅷ-11～Ⅸ-8，盛茂领。

(299) 中角姬蜂 *Cosmoconus meridionator* Aubert, 1963

Cosmoconus elongator meridionator Aubert, 1963. Les Ichneumonides du rivage Méditerranéen français (5e série, Départment du Var), p.851.

寄主：据Kasparyan（1973b）报道，寄主为梯斑齿唇叶蜂 *Rhogogaster viridis* (Linnaeus, 1758)。

分布：中国（新疆）；蒙古国，俄罗斯远东地区，欧洲。

(300) 黑角姬蜂 *Cosmoconus nigriventris* Kasparyan, 1971

Cosmoconus nigriventris Kasparyan, 1971. Trudy Vsesoyuznogo Entomologicheskogo Obshchestva, 54: 304.

寄主：据国外报道 (Kasparyan, 1971, 1973b)，已知的寄主为黄缘叶蜂 *Tenthredo arcuata* Förster、阿莫叶蜂 *T. amoena* Gravenhorst。

分布：中国（北京、辽宁）；朝鲜，俄罗斯，德国，法国，罗马尼亚，波兰，意大利，芬兰，奥地利，捷克，斯洛伐克，挪威。

观察标本：1♀，辽宁新宾，1997-Ⅷ-12，盛茂领；1♂，辽宁新宾，2005-Ⅸ-02，盛茂领；1♀，辽宁宽甸，2006-Ⅸ-15，孙淑萍；1♀，辽宁新宾，2009-Ⅷ-25，盛茂领。

(301) 凹角姬蜂 *Cosmoconus recavus* Sheng & Sun, 2014

Cosmoconus recavus Sheng & Sun, 2014. Ichneumonid Fauna of Liaoning, p.336.

♀ 体长 9.5～10.5 mm。前翅长 8.5～9.5 mm。触角长 7.0～7.5 mm。产卵器鞘长 0.7～1.0 mm。

颜面宽为长的 2.1～2.2 倍，内缘近平行，具非常稠密的粗皱纹和浅刻点，触角窝下方明显凹，中央具 1 明显的瘤突。唇基沟明显。唇基宽大，宽为长的 2.2～2.3 倍，中央横向隆起；基半部表面具稀疏粗大的刻点和短毛；端半部具稠密的细刻点；端缘呈粗糙的边缘状，具 1 排毛，中段弱弧形前突。上颚狭长，具细纵皱且密生刻点和长毛；上端齿约等于下端齿。颊具细革质粒状表面；颚眼距为上颚基部宽的 0.8～0.9 倍。上颊具稠密的细刻点和短柔毛，向后均匀收敛，中后部明显加宽，长约等于复眼横径。头顶质地同上颊，单眼区稍抬高、具“Y”形中沟，侧单眼间距为单复眼间距的 1.1～1.2 倍；侧单眼与后头脊（在上水平线上方）之间具微弱的中压痕。额具特别稠密的粗糙刻点，中央具 1 光滑无刻点的纵沟，下半部深凹，凹的中央具 1 稍弯曲的锥状强角状突。触角丝状，鞭节 35 节，第 1～5 节长度之比依次约为 2.4∶1.8∶1.7∶1.6∶1.3，向端部依次渐短渐细。后头脊完整。

前胸背板具稠密的粗皱点，后上部刻点较清晰；前沟缘脊强壮。中胸盾片均匀隆起，具均匀稠密的粗刻点；盾纵沟不明显（仅前部具弱痕）。小盾片稍隆起，具稠密的粗刻点，端部中央具 1 弱瘤；侧脊基半部明显。后小盾片较平，具模糊的细皱和刻点。中胸侧板均匀隆起，具稠密的且相对均匀的粗刻点；腹板侧沟前部明显；胸腹侧脊细弱，约达中胸侧板高的 0.5 处，在腹板侧沟上方弱折曲；中胸侧板凹呈 1 浅横沟，前端呈 1 小凹陷；镜面区不明显。后胸侧板具稠密的刻点，中下部具稠密的斜纵皱；基间脊可见。翅褐色，透明；小脉位于基脉外侧，二者之间的距离为小脉长的 0.25～0.3 倍；小翅室四边形，具短柄，第 2 肘间横脉长于第 1 肘间横脉，第 2 回脉在它的下方外侧约 0.4 处与之相接；第 2 回脉在中央上方强烈曲折；后小脉明显内斜，约在下方 0.3 处曲折；后小脉在下方 0.3～0.35 处曲折。足粗壮；后足胫距不及基跗节长的一半，第 1～5 跗节长度之比依次约为 5.8∶2.4∶1.8∶1.0∶2.0；爪基部具稀栉齿。并胸腹节具模糊的细皱和较长的毛，第 1、2 侧区刻点较清晰；具完整的脊和分区；基区基部凹，基区与中区合并（之间的横脊弱），合并区的长约为并胸腹节长（中线长）的 0.62～0.65 倍；端区相对光滑，中央具 1 纵脊；气门椭圆形，长径约为短径的 2.0 倍，约位于基部 0.3 处。

腹部相对光滑光亮，端部稍侧扁。第 1 节背板长为端宽的 1.3～1.4 倍，侧面具模糊的细纵皱；背面具不明显的弱皱和稠密的细刻点，端部光滑，中央纵向浅凹；背中脊明显，伸达背板亚端部（末端细弱）；背侧脊完整；气门约位于中央稍前。第 2 节及以后背板具不明显的微细刻点和短毛，长为端宽的 0.6～0.7 倍，基部稍横凹，两侧具横窗疤；第 3、第 4 节背板侧缘近平行，长分别约为宽的 0.66 倍和 0.56 倍；第 5 节及以后背板横形，向后渐收敛；下生殖板大，三角形，端部尖。产卵器鞘亚基部宽，短于腹末厚度。产卵器直，携带 1 枚卵。

体黑色，下列部分除外：触角鞭节腹侧（基部稍发红）带棕褐色；唇基端半部（或带黄色），上颚端半部（端齿黑色）黄红色；下颚须，下唇须，翅基片（内侧黑色）暗褐色；前翅翅基，前中足腿节（前足基部、中足基半部黑色）、胫节，后足胫节（端部黑色）黄色；所有跗节，腹部第 1 节背板端部、第 2、3 节背板及第 4 节背板基部橙黄色；产卵器鞘黑色；翅痣橙黄色（基部具淡斑），翅脉暗褐色。

分布：中国（辽宁）。

观察标本：1♀（正模），辽宁新宾，2005-Ⅹ-13，集虫网；1♀（副模），辽宁新宾，2005-Ⅸ-22，集虫网。

(302) 沈阳角姬蜂 *Cosmoconus shenyangensis* Fan & Sheng, 1997

Cosmoconus shenyangensis Fan & Sheng, 1997. Acta Entomologica Sinica, 40(2): 210.

分布：中国（辽宁）。

观察标本：1♀（正模），辽宁沈阳，1991-Ⅹ-05，盛茂领；1♂（副模），辽宁沈阳，1992-Ⅸ-14，盛茂领；4♀♀1♂（副模），辽宁沈阳，1994-Ⅸ-25，盛茂领；1♂，辽宁宽甸，2007-Ⅷ-20，集虫网；2♂♂，辽宁新宾，2013-Ⅸ-09～16，集虫网。

(303) 截角姬蜂，新种 *Comoconus truncatus* Sheng, Sun & Li, sp.n.（彩图 75）

♀ 体长 11.3～11.8 mm。前翅长 7.9～8.4 mm。产卵器鞘长 0.7～0.8 mm。

复眼内缘近平行，靠近触角窝处微凹。颜面宽约为长的 1.4 倍，中央微隆起，触角窝下侧方稍凹，凹内斜皱状，上缘中央深凹，具 1 明显瘤突；具稠密的细刻点和黄褐色短毛，中央刻点相对稀疏，外缘毛点相对细密。唇基沟存在。唇基凹圆形，深凹。唇基宽阔，中央横向均匀隆起，宽约为长的 1.9 倍；光亮，外角具稠密的细毛点和黄褐色短毛，中央大部光滑无毛；亚端缘具 1 排均匀的黄褐色长毛；端缘弧形。上颚强壮，基半部具稠密的黄褐色长毛，端半部光滑光亮；上端齿稍长于下端齿。颊区呈细革质粒状表面，具稠密的黄褐色短毛。颚眼距约为上颚基部宽的 1.1 倍。上颊阔，向下变宽，中央纵向微隆起，向后均匀收敛；光亮，具稠密的细毛点和黄褐色短毛，中上部的毛点相对稠密，靠近眼眶几乎无毛。头顶质地同上颊，刻点相对稀疏；单复眼之间具细皱状窄带；在单眼区后方均匀斜截。单眼区明显抬高，中央稍凹，光亮，具稀疏的黄褐色短毛；单眼中等大小，强隆起；侧单眼外侧沟明显；侧单眼间距约为单复眼间距的 0.9 倍。额具稠密的细刻点和黄褐色短毛；中央深凹，凹内近光亮，靠近触角窝具 1 长角状突，角状突周围呈细皱状表面。触角线状，鞭节 36 节，第 1～5 节长度之比依次约为 1.8∶1.3∶1.2∶1.1∶1.0。后头脊完整，在上颚基部上方与口后脊相接。

前胸背板前缘光亮，具稠密的细刻点和黄褐色短毛；侧凹浅阔，光亮，具不规则皱状表面；后上部具稠密的细刻点和黄褐色短毛；前沟缘脊强壮。中胸盾片圆形隆起，具稠密的细毛点和黄褐色短毛，中后部的毛点相对粗大；盾纵沟具弱痕迹。盾前沟深凹，几乎光滑光亮。小盾片稍隆起，相对平坦，呈不规则皱状表面，夹杂细刻点和黄褐色短毛；端半部斜截，呈不规则皱状表面。后小盾片横向隆起，具细皱状表面。中胸侧板稍隆起，中央大部微凹；具稠密的细毛点和黄褐色短毛，中下部的毛点相对稀疏；中胸前侧片中央处具短皱；翅基下脊下方具细纵皱；镜面区几乎无，该区域具稀疏的细毛点，前方具细横皱；中胸侧板凹深凹，与中胸后侧片横沟状相连；下后角斜皱状；胸腹侧脊明显，约为中胸侧板高的 0.5 倍，亚端部间断，端部弧形。后胸侧板稍隆起，光亮，具稠密的细毛点和黄褐色短毛；下后角具斜皱；基间脊完整，基间区呈纵皱状表面；后胸侧板下缘脊完整。翅黄褐色，透明，小脉位于基脉外侧，二者之间的距离约为小脉长的0.25倍；小翅室斜四边形，第2肘间横脉稍长于第1肘间横脉，第2回脉在小翅室下外角约0.4处与之相接；外小脉在下方约0.3处曲折；后小脉约在下方0.35处曲折。后足第1～5跗节长度之比依次约为5.4∶2.4∶1.6∶1.0∶2.1。并胸腹节稍隆起，分区完整；基区倒梯形，基半部深凹，光滑光亮，端缘靠近中区处具弱皱；基区和中区间的基横脊消失，但彼此间界限明显；中区近长方形，不规则皱状表面夹杂稀疏的黄褐色短毛；端区斜，呈不规则粗皱状表面；第1侧区大部具细刻点和黄褐色短毛，靠近基横脊处呈皱状表面；第2侧区呈粗皱状表面，夹杂稀疏的黄褐色短毛；外侧区在气门前近光亮，在气门后呈皱状表面；气门小，近圆形，位于基部约0.25处；第3外侧区靠近端横脊处呈皱状表面，其他部分光亮，具稀疏的黄褐色短毛。

腹部第1节背板长约为端宽的1.6倍；均匀隆起，具稠密的粗刻点，端部刻点相对稀细，端缘光滑无毛点；基部深凹；背中脊向后均匀收敛，伸达气门后；背侧脊、腹侧脊完整；基侧凹小；气门小，圆形，位于基部约0.4处。第2节背板梯形，长约为基部宽的0.9倍，约为端宽的0.7倍；光亮，具稠密的细刻点和黄褐色短毛，亚端部毛点相对稀细，端缘光滑无毛；窗疤大，横形，呈粒状表面。第3节及以后各节背板光滑光亮，具均匀的细毛点和黄褐色短毛。产卵器鞘宽短，长约为自身最大宽的1.8倍，基半部具横皱，端半部具稠密的黄褐色微毛，末端平截。产卵器稍下弯，均匀变细。

体黑色，下列部分除外：颜面亚中央的小斑（有时无），唇基端半部，上颚（基部黑褐色，端齿暗褐色至黑褐色），下颚须（第1～2节暗褐色至黑褐色），前足腿节端部、跗节（末跗节褐色），中足跗节（第2～4跗节暗褐色；末跗节黑褐色），后足跗节（第1～3跗节背面、第4～5跗节暗褐色至黑褐色）黄褐色；前足胫节，中足胫节（端缘暗褐色），后足胫节（基端和端部暗褐色至黑褐色），腹部第2节背板端缘、第3节背板黄色；翅基片（外侧缘褐色），触角鞭节（基部数节的腹面黄褐色至褐色），翅脉暗褐色至黑褐色；翅痣，腹部第4节背板基缘，产卵器鞘（下缘黑褐色）褐色至红褐色。

♂ 体长8.8～11.4 mm，前翅长6.5～7.5 mm。触角鞭节32～37节。颜面（瘤突周围黑褐色），唇基，前足腿节端半部、胫节，中足腿节端部、胫节（端缘褐色），后足胫节（基缘、端部黑褐色），腹部第3～4节背板（第4节背板端缘中央有时暗褐色）黄色。

正模 ♀，北京门头沟天然林，2014-Ⅸ-3，宗世祥。副模：1♂，四川安康，2011-Ⅵ-24，谭江丽；1♀，北京门头沟（落叶松林），2009-Ⅸ-01，王涛；5♀♀35♂♂，北京门头沟（落叶松林），2011-Ⅷ-01～Ⅸ-02，宗世祥；5♀♀30♂♂，北京门头沟（油松林），2011-Ⅷ-19～Ⅸ-02，宗世祥；1♂，北京门头沟（天然林），2011-Ⅷ-27，宗世祥；3♀♀3♂，北京门头沟（落叶松林），2014-Ⅷ-20～27，宗世祥。

词源：本新种名源于产卵器鞘端部平截。

本新种可通过雌蜂的产卵器鞘端部平截及腹部背板第2节背板端缘、第3节背板黄色,与本属其他已知种区分。

(304) 西峡角姬蜂 *Cosmoconus xixiaensis* Sheng, 2002

Cosmoconus xixiaensis Sheng, 2002. Acta Entomologica Sinica, 45 (Suppl.): 96.

分布：中国（河南）。

观察标本：1♀（正模）1♀2♂♂（副模），河南西峡老界岭自然保护区，1550 m，1998-Ⅶ-17，盛茂领；1♀1♂（副模），河南内乡宝天曼自然保护区（平房），1300～1500 m，1998-Ⅶ-11～12，盛茂领、孙淑萍；1♂（副模），河南卢氏，1850 m，1996-Ⅷ-25，申效诚。

(305) 宗角姬蜂，新种 *Cosmoconus zongi* Sheng, Sun & Li, sp.n.（彩图 76）

♀ 体长约 8.0 mm。前翅长约 7.5 mm。产卵器鞘长约 0.6 mm。

颜面宽约为长的 1.5 倍，侧缘近平行，中部纵向稍均匀隆起，具稠密稍粗的纵皱和刻点；亚侧缘稍纵凹，外侧具细密的皱刻点。唇基宽约为长的 2.3 倍，中央横向较强隆起，相对光滑；上半部具较稀的细刻点，基部具弱细的横皱；下半部具较弱的短纵皱；端缘几乎平，具一排短毛。上颚狭长，密生长毛，下端齿约与上端齿等长。颊具革质细粒状表面；颚眼距约为上颚基部宽的 1.1 倍。上颊具稠密均匀的细刻点，强烈向后收敛，中央纵向具微弱的压痕；后上部渐增宽。头顶的质地和刻点同上颊；单眼区光滑无刻点，具短中纵沟；侧单眼间距约为单复眼间距的 0.7 倍。侧单眼与后头脊之间微凹。额具稠密的皱刻点，中央具一光滑无刻点的纵沟，下方中央凹，凹的中央具一粗短且稍微前弯的角状突。触角丝状，中段稍粗，鞭节 32 节，第 1～5 节长度之比依次约为 2.3∶2.0∶1.8∶1.7∶1.7。后头脊完整，细且强壮。

前胸背板前缘具细纵皱，侧凹具短横皱，后上部具非常稠密的细刻点；前沟缘脊强壮。中胸盾片具均匀细密的刻点，盾纵沟仅前部呈宽浅的纵凹。小盾片长三角形，具密刻点，基半部具明显的侧脊，端部中央具一较明显的纵突起。后小盾片稍隆起，具细密的刻点。中胸侧板具密刻点（下部的刻点比上部的大），上后部具稠密的细纵皱；胸腹侧脊明显，背端约达中胸侧板高的 0.5 处；中胸侧板凹呈一浅横沟，沟的前端深凹；镜面区不明显。后胸侧板上部具细刻点，下部具斜细皱，基间脊清晰，后胸侧板下缘脊呈宽边状，前角明显突出。并胸腹节无明显的刻点，基区相对光滑，其余部分较粗糙；基区与中区合并，具不规则的弱细横皱；第 1 侧区呈模糊的细粒状表面；第 2 侧区具稠密的细纵皱；其他区域具模糊的弱细横皱；气门长椭圆形，长径约为短径的 1.6 倍。足粗壮；后足第 1 胫距稍长；后足第 1～5 跗节长度之比依次约为 5.0∶2.1∶1.5∶1.0∶2.0，第 5 跗节稍弯曲。爪基部具栉齿。翅带褐色，透明，小脉位于基脉的外侧，二者之间的距离约为小脉长的 0.3 倍；小翅室四边形，上方尖，具结状短柄；第 2 回脉强烈曲折，在其下方中央稍外侧与之相接；外小脉约在下方 0.3 处曲折；后小脉约在下方 0.4 处曲折。

腹部大部光滑光亮。第 1 节背板长约为端宽的 1.9 倍，向基部显著收敛；表面具稠密的弱皱，刻点不明显；背中脊基半部明显，背侧脊伸达端缘；气门位于中部之前。第 2 节背板具稠密的细纵皱和细刻点（端部光滑），长约为端宽的 0.7 倍。第 3 节及以后背板光滑。下生殖板大，三角形。产卵器稍短于腹部端部厚度。产卵器鞘短且直，约为腹末厚度的 0.4 倍。

体黑色，下列部分除外：触角（端部黑褐色），额上的角突，颜面（触角窝之间凹陷处及上方中央的小斑黑色除外），唇基基半部，前中足（转节腹侧、胫节黄色），后足转节（腹侧色浅）、胫节基部内侧、胫距和跗节，腹部第 1 节背板端缘的狭边及其余背板（第 4、5 节背板侧缘带黑斑）红褐色；唇基端半部，上颚（端齿黑褐色），下唇须，下颚须，后足胫节基部约 2/3（基缘黑色）浅黄色；翅基片红褐色（内侧黑褐色），前翅翅基黄白色，翅痣黄褐色，翅脉深褐色。

♂ 体长约 9.0 mm。前翅长约 8.0 mm。触角鞭节 34 节。触角端半部黑色部分较多。颜面和唇基浅黄色。腹部端半部两侧黑色部分较多。翅痣暗褐色。

正模 ♀，北京门头沟落叶松林，2012-Ⅸ-22，宗世祥。副模：1♂，北京门头沟油松林，2014-Ⅸ-10，宗世祥。

词源：本新种名源于模式标本采集人姓氏。

本新种与日本角姬蜂 *C. japonicus* Kasparyan, 1999 近似，可通过下列特征区分：颚眼距约为上颚基部宽的 1.1 倍；并胸腹节具完整的中纵脊和不清晰的刻点，基区和中区的合并区光滑，其余部分具稠密的灰色毛，气门长椭圆形，长径约为短径的 1.6 倍；颜面红褐色；唇基基部红褐色，端部浅黄色；触角褐黄色，端部（♀）或端半部（♂）褐黑色。日本角姬蜂：颚眼距为上颚基部宽的 0.4～0.65 倍；并胸腹节光滑，无刻点，中纵脊不明显或仅基部具痕迹，气门圆形或稍呈椭圆形；脸（或具黄色斑）和唇基黑色；触角下侧浅棕黄色，背侧黄褐色。

72. 缺距姬蜂属 *Ctensicus* Haliday 1832

Cteniscus Haliday 1832. In Curtis: British Entomology, illustrations and descriptions of the genera of insects found in Great Britain and Ireland, 3: 399. Type-species: *Tryphon sexlituratus* Gravenhorst.

主要鉴别特征：前翅长 3.5～8.2 mm；上颚下端齿不大于上端齿；盾纵沟存在，通常强壮；腹部第 1 节背板短且阔，具明显的基侧角；背中脊完整；第 2 节背板基部侧缘具强壮的凹陷；产卵器短且直，稍上弯或下弯。

全世界已知 23 种，我国已知 2 种，已知的寄主为叶蜂类害虫。

(306) 中华缺距姬蜂 *Cteniscus sinensis* Gupta, 1993

Cteniscus sinensis Gupta, 1993. Japanese Journal of Entomology, 61(3): 435.

分布：中国（北京）。

(307) 上缺距姬蜂 *Cteniscus maculiventris boreoalpinus* Kerrich, 1952（中国新纪录）

Eudiaborus boreoalpinus Kerrich, 1952. Bulletin of the British Museum (Natural History), 2: 417.

♀ 体长约 8.0 mm。前翅长约 8.0 mm。触角长约 6.5 mm。

复眼内缘向下方开阔。颜面上方宽约为长的 2.4 倍；表面光滑，具稠密不明显的浅细刻点（中部刻点较侧缘密集），上缘中央具 1 小瘤突；触角窝外侧及颜面亚中央明显纵凹。唇基光滑光亮，中部较强横隆起，基半部具不明显的稀细刻点，端半部几乎无刻点；端缘细锯齿状，中段几乎平，具一排平行的黄白色长毛；宽约为长的 2.3 倍。上颚宽阔，具不明显的稀细刻点，上端齿稍长于下端齿。颊具不均匀的细刻点，颚眼距约为上颚基部宽的 0.8 倍。上颊显著宽延，中部较强隆起，具稠密均匀的细刻点。头顶质地同上颊，后部中央的刻点细密，后缘中央显著向内凹陷；侧单眼外侧沟显著；单眼区稍抬高，具浅中纵沟；侧单眼间距约为单复眼间距的 0.8 倍。额具稠密的细刻点，侧缘较光滑；下半部深凹；具 1 细的中纵脊。触角鞭节 29 节，较粗壮，第 1～5 节长度之比依次约为 3.0∶2.0∶1.8∶1.7∶1.6，末节端部钝圆。后头脊完整。

前胸背板前缘相对光滑，刻点不明显；侧凹及后部具特别稠密的斜细皱；上缘光滑，刻点不明显；前沟缘脊显著。中胸盾片较强圆隆起，具均匀清晰的细刻点；盾纵沟显著，约伸达翅基片连线的前缘。小盾片表面平缓，具非常稠密的细刻点，无侧脊。后小盾片横形，较平，光滑无刻点。中胸侧板中部较强隆起，具非常稠密的细刻点；胸腹侧脊细弱，背端约达中胸侧板高的 0.6 处，在腹板侧沟上方显著折曲；镜面区较小，光滑光亮；中胸侧板凹横沟状。后胸侧板稍隆起，上部较光滑，下部具稠密模糊的弱细皱，基间脊明显；后胸侧板下缘脊完整。爪栉状；后足胫节无距；后足第 1～5 跗节长度之比依次约为 5.8∶3.0∶2.0∶1.0∶1.5。翅稍褐色，透明；小脉位于基脉外侧，二者之间的距离约为小脉长的 0.3 倍；小翅室斜四边形，具柄；第 2 肘间横脉显著长于第 1 肘间横脉；第 2 回脉在小翅室下外角的稍内侧与之相接；外小脉在下方约 0.4 处曲折；后小脉在下方约 0.2 处曲折。并胸腹节圆形强隆起，端半部向后陡斜；基区倒梯形，向后显著收敛，表面具弱细皱；中区六边近壶形，上侧边显著长且向上强收敛，表面具模糊的弱皱；分脊约在下方 0.3 处伸出；端后部呈一陡截面，具非常稠密的细横皱；第 1 侧区和第 2 侧区横宽；侧区和外侧区均具模糊的弱细皱，刻点浅弱不明显；气门小，卵圆形，位于基部约 0.25 处，由 1 细横脊连接外侧脊。

腹部第 1 节背板长约为端宽的 0.9 倍，向基部逐渐收敛；背中脊完整强壮，几乎平行伸达背板端部；背侧脊细弱，在气门后有一段不清晰；亚基部呈侧突状；具模糊的弱皱（大致为细纵皱）；气门小，圆形，稍突出，位于第 1 节背板约 0.5 处。第 2 节背板扁梯形，长约为端宽的 0.5 倍，表面具模糊的弱细皱，刻点不明显；基侧沟显著，呈“八”字形伸达背板亚端部。第 3 节及以后背板横形，逐渐向后收敛；表面相对光滑，具稠密的微细毛刻点。产卵器鞘短钩状，稍下弯；携单卵。

体黑色，下列部分除外：触角鞭节背侧基半部褐黑色、端半部暗红褐色，鞭节腹侧红褐色；柄节和梗节腹侧，颜面及额眼眶，唇基，上颚（端齿黑色），颊及上颊前半部分，前胸侧板，前胸背板前下部及后上缘，小盾片端部，后小盾片，翅基片，翅基，中胸侧板前下部的横条斑、翅基下脊，整个中胸腹板，前中足基节、转节，后足基节和转节腹侧，腹部各节背板端部中央的块斑（向后逐渐增大，大致呈横三角形）、各背板侧缘（向后渐增宽）及腹板均为鲜黄色；足红褐色，后足跗节黑褐色，爪暗褐色；翅痣褐色（基部具浅斑），翅脉暗褐色。

分布：中国（辽宁）；俄罗斯，德国，瑞士，瑞典，英国，挪威，波兰，芬兰，保加利亚，奥地利。

观察标本：1♀，辽宁新宾，1994-Ⅴ-29，盛茂领。

73. 阔鞘姬蜂属 *Ctenochira* Förster, 1855

Ctenochira Förster, 1855. Verhandlungen des Naturhistorischen Vereins der Preussischen Rheinlande und Westfalens, 12: 226. Type-species: *Ctenochira bisinuata* Förster; monobasic.

全世界已知 95 种，我国仅已知 3 种。

已知寄主约 40 种（Yu et al.，2016），主要是酸模巨顶叶蜂 *Ametastegia tener* Fallén、美芽瘿叶蜂 *Euura amerinae* L.、欧洲柳潜叶小黑叶蜂 *Heterarthrus microcephalus* Klug、网锥额野螟 *Loxostege sticticalis* L.、伯氏丝角叶蜂 *Nematus bergmanni* Dahlbom、北美柳丝角叶蜂 *N. limbatus* Cresson、黑头丝角叶蜂 *N. melanocephalus* Hartig、寡针丝角叶蜂 *N. oligospilus* Forster、茶藨子黄丝角叶蜂 *N. ribesii* (Scopoli)、黄点丝角叶蜂 *N. ventralis* Say、桦主绿丝角叶蜂 *N. viridescens* Cameron、云杉迪氏厚丝角叶蜂 *Pachynematus dimmockii* Cresson、柯氏厚丝角叶蜂 *P. kirbyi* Dahlbom、冷杉厚丝角叶蜂 *P. montanus* Zaddach、小壳厚丝角叶蜂 *P. scutellatus* Hartig、云杉黄头叶胸丝角叶蜂 *Phyllocolpa alaskensis* (Rohwer)、柳梢瘿叶蜂 *Pontania proxima* Lepeletier、毛柳瘿叶蜂 *Pontania triandrae* Benson、柳豌豆瘿叶蜂 *Pontania viminalis* L.、云杉锉叶蜂 *Pristiphora abietina* Christ、落叶松锉叶蜂 *Pristiphora laricis* (Hartig)、杨简栉叶蜂 *Trichiocampus populi* Okamoto、青杨毛怪叶蜂 *Tr. viminalis* (Fallén) 等。

阔鞘姬蜂属中国已知种检索表

1. 前翅无小翅室；颚眼距约为上颚基部宽的 0.5 倍；后小脉在下方 0.35 处曲折；翅基片、小盾片浅黄色；至少前中足基节浅褐色，腿节红褐色；腹部背板后缘浅褐色……………………………………东方阔鞘姬蜂 *C. orientalis* Kasparyan
   前翅有小翅室；其他特征非完全同上述……………………………………2
2. 颜面光滑，无明显的毛；并胸腹节中区宽约为长的 1.7 倍，分脊在它的中部之前相接；前足第 3 跗节长明显大于宽；颜面完全黑色；腹部背板完全黑色；胫节黑色，亚基部具较宽的白环…………………………………………斑阔鞘姬蜂 *C. maculata* Sheng &Sun
   颜面具稠密且较长的近白色毛；并胸腹节中区宽约为长的 1.2 倍，分脊在它的中部相接；前足第 3 跗节长明显短于宽；颜面下部侧面具浅黄色大斑；腹部第 2、3 节背板和中后足胫节红褐色，胫节无白环；后足跗节红褐色……………………因阔鞘姬蜂 *C. infesta* (Holmgren)

(308) 因阔鞘姬蜂 *Ctenochira infesta* (Holmgren, 1857)（中国新纪录）

Polyblastus infesta Holmgren, 1857. Kongliga Svenska Vetenskapsakademiens Handlingar, N.F.1 (1) (1855): 204.

♀ 体长约 7.5 mm。前翅长约 6.0 mm。触角长约 6.0 mm。产卵器鞘长约 0.5 mm。

复眼内缘向下方稍收敛。颜面下方宽约为长的 1.8 倍，具非常稠密的浅细刻点和短绒毛，上部中央稍隆起，上缘中央具 1 小瘤突；触角窝外侧明显纵凹并斜延至唇基凹内侧。唇基宽约为长的 1.5 倍，亚基部横棱状，中部较隆起，表面光滑光亮，稍具微细皱，具较颜面稀疏的长柔毛，端缘弧形。上颚较短，表面光亮，具不明显的微细毛刻点，上端齿明显长于下端齿。颊具非常稠密的细刻点，眼下沟明显，颚眼距约为上颚基部宽的 0.8 倍。上颊中部稍隆起，具非常稠密均匀的细刻点和短绒毛，后上部几乎不增宽。头顶质地同上颊；单眼区稍抬高，刻点稍稀疏，中央稍凹；侧单眼间距约等于单复眼间距。额相对平坦，具非常稠密的细刻点。触角鞭节 27 节，第 1～5 节长度之比依次约为 2.3∶1.8∶1.7∶1.6∶1.5，依次渐短渐细，端部细弱。后头脊完整。

前胸背板具非常稠密不清晰的细刻点，侧凹具稠密模糊的弱细横皱；前沟缘脊强壮。中胸盾片均匀隆起，具非常稠密均匀的细刻点和短绒毛；无盾纵沟。小盾片稍隆起，较光滑，刻点不明显，基半部具侧脊。后小盾片横形，稍隆起，具细刻点。中胸侧板较平缓，具非常稠密的细刻点和短绒毛；胸腹侧脊强壮，背端约达中胸侧板前缘中央；镜面区光滑，呈细革质状表面，无刻点；中胸侧板凹横沟状。后胸侧板稍隆起，具稠密模糊的细刻点和弱细皱，基间脊细弱；后胸侧板下缘脊完整。前足胫节明显侧扁。后足第 1～5 跗节长度之比依次约为 4.4∶1.4∶1.0∶0.7∶2.0。爪栉状。翅褐色，透明；小脉位于基脉外侧，二者之间的距离约为小脉长的 0.5 倍；小翅室亚三角形，具柄；第 2 肘间横脉显著长于第 1 肘间横脉；第 2 回脉在小翅室下外角的稍内侧与之相接；外小脉内斜明显，在下方约 0.3 处曲折；后小脉在下方约 0.25 处曲折。并胸腹节圆形隆起；无基横脊；基区与中区合并，表面较光滑，稍具弱皱，中部稍收敛；端区六边形，呈一陡截面，强烈向后倾斜，具非常稠密的弱细横皱，具 1 中纵脊；第 1 侧区和第 2 侧区合并区较光滑，稍具弱皱；其他区域具模糊的弱细皱；气门卵圆形，位于基部约 0.3 处，由 1 横脊连接外侧脊。

腹部第 1 节背板长约等于端宽，向基部逐渐收敛；亚基部两侧具侧突；基部中央稍凹，稍具弱细的横皱；表面呈细革质状，端部稍具弱纵皱；背中脊完整强壮（端部细弱不明显），向后逐渐内敛；背侧脊细弱完整；气门小，圆形，位于第 1 节背板约 0.5 处。第 2 节及以后背板具细革质状表面和微细毛，第 2、第 3 节背板表面稍粗糙，刻点不明显；第 2 节背板梯形，长约为端宽的 0.5 倍，基部两侧具横窗疤；第 3 节背板侧缘近平行，长约为宽的 0.4 倍；以后背板横形，显著向后收敛。产卵器鞘短，扁阔，长约为其自身最大宽的 2.0 倍。

体黑色，下列部分除外：触角鞭节红褐色；柄节和梗节腹侧、颜面下部两侧的三角斑、上颚基半部（基缘黑色）、上颊前缘、腹部末端背板的斑均为黄白色；唇基（基缘稍具浅色横带），上颚端半部（端齿黑色），下颚须和下唇须，翅基，前足（基节黑色、腿节背侧基部稍带黑褐色），中后足胫节和跗节，腹部第 2、第 3 节背板全部红褐色；翅痣黑色（基部具浅斑），翅脉暗褐色。

分布：中国（辽宁）；蒙古国，俄罗斯，欧洲。

观察标本：1♀，辽宁宽甸白石砬子自然保护区黑沟，2017-Ⅵ-17，集虫网。

(309) 斑阔鞘姬蜂 *Ctenochira maculata* Sheng & Sun, 2014

Ctenochira maculata Sheng &Sun, 2014. Ichneumonid Fauna of Liaoning, p.338.

分布：中国（辽宁）。

观察标本：1♀（正模），辽宁宽甸，2008-Ⅶ-28，高纯。

(310) 东方阔鞘姬蜂 *Ctenochira orientalis* Kasparyan, 1993

Ctenochira orientalis Kasparyan, 1993. Vestnik Zoologii, 1993(5): 53.

分布：中国（台湾）；俄罗斯。

74. 迷姬蜂属 *Cycasis* Townes, 1965（中国新纪录）

Cycasis Townes, 1965. Memoirs of the American Entomological Institute, 5: 601. Type-species: *Tryphon rubiginosus* Gravenhorst.

主要鉴别特征：唇基宽，呈横椭圆形；端缘弧形；上颚端部稍宽，下端齿稍长且大于上端齿；盾纵沟无或不明显；翅基下脊后部 0.4 深纵凹状；胸腹侧脊未靠近前胸背板后角；后足胫节末端从后侧看腹面圆形，具明显的毛列，端面无明显光滑的平面区，末端前侧无齿；腹部背板向前均匀收敛，具非常弱的基侧角；第 2 节背板基部侧面具非常弱的斜凹痕；雌性下生殖板宽且非常薄，稍隆起，端缘圆形；产卵器细，向下弯曲。

全世界仅知 2 种：赤迷姬蜂 *C. rubiginosus* (Gravenhors, 1829)、转迷姬蜂 *C. trochanteratus* Kasparyan, 1976；迄今为止，我国尚无记录。这里介绍在我国吉林发现的 1 新种。

(311) 吉林迷姬蜂，新种 *Cycasis jilinica* Sheng, Sun & Li, sp.n.（彩图 77）

♀ 体长约 10.9 mm。前翅长约 8.7 mm。产卵器鞘长约 0.4 mm。

复眼内缘平行。颜面宽约为长的 1.7 倍，中央圆形稍隆起；光亮，具稠密的细毛点和黄褐色短毛，外缘的毛点相对均匀；上缘中央具 1 瘤突，在触角窝下方呈细横皱状。唇基沟明显。唇基横阔，宽约为长的 2.0 倍；中央横向圆形隆起，光亮，具非常稀疏的黄褐色短毛，中部几乎光滑无毛；端缘弧形，具 1 排稠密的黄褐色短毛。上颚强壮，基半部具稠密的细毛点和黄褐色长毛，端半部光滑光亮；下端齿明显大于上端齿。颊区光亮，呈弱细粒状表面，具稠密的细毛点和黄褐色短毛。颚眼距约为上颚基部宽的 0.6 倍。上颊非常阔，向上稍变宽，中央纵向微隆起，光亮，具稠密的细毛点和黄褐色短毛，中下部的毛点相对稀疏。头顶质地同上颊。单眼区稍抬高，中央纵向凹，光亮，具非常稀疏的细毛点和黄褐色短毛；单眼小，强隆起，侧单眼外侧沟明显；侧单眼间距约为单复眼间距的 0.8 倍。额相对平，光亮，具稠密的细毛点和黄褐色短毛；在触角窝基部稍凹，具细皱。触角线状，鞭节 38 节，第 1～5 节长度之比依次约为 2.1∶1.4∶1.3∶1.1∶1.0。后头脊完整，远在上颚基部后方与口后脊相接。

前胸背板前缘光亮，具稠密的细毛点和黄褐色短毛；侧凹浅阔，光亮，基部具斜皱，中下部的斜皱直达后缘；后上部具均匀稠密的细毛点和黄褐色短毛；前沟缘脊强壮。中胸盾片圆形稍隆起，光亮，具稠密的细毛点和黄褐色短毛。盾前沟深阔，近光亮。小盾片圆形隆起，光亮，具稠密的细毛点和黄褐色短毛，中央的毛点相对稀疏。后小盾片横向隆起。中胸侧板相对平，光亮，具均匀的细毛点和黄褐色短毛，翅基下脊下方的毛点相对细小；镜面区中等大小，光滑光亮；中胸侧板凹浅凹状；下后角具短皱；胸腹侧脊明显，约为中胸侧板高的 0.5 倍。后胸侧板稍隆起，光亮，具稠密的细毛点和黄褐色短毛；基间脊、后胸侧板下缘脊完整。翅浅褐色，透明；小脉与基脉对叉；小翅室斜四边形，具短柄，柄长约为第 1 肘间横脉长的 0.3 倍；第 2 肘间横脉明显长于第 1 肘间横脉，端半部具弱点；第 2 回脉约在小翅室下外角内侧 0.2 处与之相接；外小脉约在下方 0.4 处曲折；后小脉约在下方 0.2 处曲折。爪栉齿状；前中足单距，后足缺距；后足第 1～5 跗节长度之比依次约为 4.1∶2.1∶1.5∶1.0∶1.3。并胸腹节圆形隆起，分区完整；基区倒梯形，光亮，端缘具细皱；中区近长方形，中部在分脊处稍阔，光亮，中央靠近中纵脊具短横皱，亚端部具细横皱；分脊约在中区中央稍前方与之相接；端区斜，近半圆形，光亮，中央具 1 纵脊；第 1 侧区光亮，具稠密的细毛点和黄褐色短毛；第 2 侧区光亮，毛点相对稀疏；外侧区光亮，具稀疏的细毛点和黄褐色短毛；气门小，椭圆形，与外侧脊由脊相连，位于基部约 0.3 处。

腹部第 1 节背板长约为端宽的 1.3 倍，侧缘向端部渐阔；光亮，呈弱细皱状表面，具稠密的细毛点和黄褐色微毛；基部深凹；背中脊完整，伸达亚端部；背侧脊、腹侧脊完整；基侧凹中等大小；气门小，圆形，约位于背板基部 0.4 处。第 2 节背板梯形，长约为基部宽的 0.8 倍，约为端宽的 0.6 倍；光亮，具稠密的细毛点和黄褐色微毛，基部的毛点相对粗；窗疤横向稍凹，几乎光亮。第 3～7 节背板光亮，具均匀稠密的细毛点和黄褐色微毛。第 8 节背板基缘光亮，端半部舌状，具稠密的褐色长毛。下生殖板大，三角形，末端尖。产卵器鞘斜三角形，基部光亮，端半部具稠密的褐色长毛。

体黑色，下列部分除外：颜面下侧方的斑，上颚（端齿红褐色），翅基黄色；下颚须，下唇须，前胸侧板后上角，翅脉褐色；翅基片暗黄色，翅痣黄褐色；前中足（胫节、第 1～4 跗节黄褐色至褐色；末跗节、爪暗褐色），后足（胫节端半部、跗节、爪暗褐色）红褐色；触角鞭节端半部暗褐色。

正模 ♀，吉林汪清大兴沟，2005-Ⅹ-03，盛茂领。

词源：本新种名源于模式标本采集地名。

本新种可通过下列特征与本属已知种区分：颚眼距约为上颚基部宽的 0.6 倍；腹部背板完全黑色。已知种：颚眼距至多为上颚基部宽的 0.46 倍；腹部背板至少部分褐色或红褐色或暗褐色。

75. 切顶姬蜂属 *Dyspetes* Förster, 1869

Dyspetes Förster, 1869. Verhandlungen des Naturhistorischen Vereins der Preussischen Rheinlande und Westfalens, 25(1868): 201. Type-species: *Dyspetus praerogator* Thomson.

全世界已知 14 种，我国已知 8 种，已知的寄主为叶蜂类等。我国已知种检索表可参考相关报道（何俊华和万兴生，1987）。

(312) 具区切顶姬蜂 *Dyspetes areolatus* He & Wan, 1987

Dyspetes areolatus He & Wan, 1987. Acta Zootaxonomica Sinica, 12(1): 90.

分布：中国（河南、四川、宁夏）。

观察标本：1♀，河南内乡宝天曼，1300 m，1998-Ⅶ-12，盛茂领；2♀♀，河南西峡老界岭，1550 m，1998-Ⅶ-17，盛茂领；4♀♀，宁夏六盘山，2005-Ⅷ-11～18，许效仁、盛茂领。

(313) 欧亚切顶姬蜂 *Dyspetes arrogator* Heinrich, 1949

Dyspetes arrogator Heinrich, 1949. Mitteilungen Münchener Entomologischen Gesellschaft, 35-39: 107.

寄主：已报道的寄主（Horstmann，2006；Kasparyan，1973b）有阿钝颊叶蜂 *Aglaostigma aucupariae* (Klug, 1814)、褐钝颊叶蜂 *A. fulvipes* (Scopoli, 1763)、锈三节叶蜂 *Arge rustica* (L. 1758)、青叶蜂 *Tenthredo livida* Linnaeus, 1758、红基叶蜂 *T. rubricoxis* (Enslin, 1912)、存合叶蜂 *Tenthredopsis excise* (Thomson, 1870)、纳合叶蜂 *T. nassata* (L. 1767)等。

分布：中国（四川）（Kasparyan，1973）；朝鲜，俄罗斯。

(314) 黑切顶姬蜂 *Dyspetes nigricans* He & Wan, 1987

Dyspetes nigricans He & Wan, 1987. Acta Zootaxonomica Sinica, 12(1): 89.

分布：中国（宁夏、湖北）；朝鲜。

观察标本：1♂，宁夏六盘山，2005-Ⅶ-21，许效仁、盛茂领；4♀♀，宁夏六盘山，2005-Ⅷ-11，许效仁、盛茂领。

(315) 东方切顶姬蜂 *Dyspetes orientalis* Kasparyan, 1976

Dyspetes orientalis Kasparyan, 1976. Trudy Biologo-Pochvennogo Instituta, Novaya Seriya, 43(146): 108.

分布：中国（宁夏）；日本，俄罗斯，印度。

观察标本：1♀，宁夏六盘山，2005-Ⅶ-21，许效仁、盛茂领。

(316) 微切顶姬蜂 *Dyspetes parvifida* Sheng & Sun, 2013

Dyspetes parvifida Sheng & Sun, 2013. Ichneumonid Fauna of Jiangxi, p.449.

分布：中国（江西）。

观察标本：1♀（正模），江西九连山，580 m，2011-Ⅴ-21，集虫网。

76. 鼓姬蜂属 *Eridolius* Förster, 1869

Eridolius Förster, 1869. Verhandlungen des Naturhistorischen Vereins der Preussischen Rheinlande und Westfalens, 25(1868): 195. Type-species: *Exenterus pygmaeus* Holmgren. Included by Thomson, 1883.

主要鉴别特征：唇基端缘侧面圆形，中部平截或稍前隆；盾纵沟伸达中胸盾片中部；翅基下脊简单，不形成向翅基片靠拢的片状隆起，后部 0.4 无纵凹；后足胫节末端圆（不平截），无长毛列，前侧无刺状齿，端面内侧在跗节窝与毛列之间无光滑区；腹部第 1 节背板由端部向基部均匀收敛，无基侧角或基侧角较弱；第 2 节背板无斜凹；第 4 节及其后背板的折缘无褶缝分开；产卵器粗且短，直或稍向下弯曲。

全世界已知 59 种；此前我国已知 4 种。这里介绍 2 种，其中含 1 新种。寄主主要是叶蜂科害虫（Bennett，2015；Watanabe et al.，2018；Yu et al.，2016）。

(317) 京鼓姬蜂，新种 *Eridolius beijingicus* Sheng, Sun & Li, sp.n.（彩图 78）

♀ 体长约 8.7 mm。前翅长约 5.3 mm。

复眼内缘近平行。颜面宽约为长的 1.9 倍，光亮，具稀疏的细毛点和黄褐色短毛，外侧缘的毛点相对稀疏，端缘几乎光滑无毛；上缘中央具 1 瘤突；中部均匀稍隆起，亚侧缘纵向稍凹。唇基沟明显；唇基凹椭圆形深凹。唇基横阔，中央横向圆形稍隆起，宽约为长的 2.4 倍；光亮，具稀疏的细毛点和黄褐色短毛，亚端缘的毛相对较长；端缘弧形，中央稍上卷，具 1 排稠密的黄褐色短毛。上颚强壮，基半部具稀疏的黄褐色短毛，端半部光滑光亮；端齿等长。颊区光亮，具稠密的细毛点和黄褐色微毛，靠近上颚基部呈细粒状表面。颚眼距约为上颚基部宽的 0.6 倍。上颊阔，向上均匀变宽，中央圆形微隆起；光亮，具均匀的细毛点和黄褐色短毛，靠近眼眶的毛点相对稀疏。头顶质地同上颊。单眼区稍抬高，中央微凹，光滑光亮；单眼中等大小，强隆起；侧单眼外侧沟明显；侧单眼间距约为单复眼间距的 0.5 倍。额相对平，具稠密的细刻点和黄褐色短毛；触角窝基部稍凹，具弱皱，几乎光亮。触角线状，鞭节 29 节，第 1～5 节长度之比依次约为 2.1∶1.4∶1.3∶1.1∶1.0。后头脊完整，在上颚基部后方与口后脊相接。

前胸背板前缘光亮，具稀疏的细毛点和黄褐色短毛；侧凹浅阔，光亮，呈细斜皱状表面伸达后缘；后上部光滑光亮，具稠密的细毛点和黄褐色短毛；前沟缘脊强壮，端部斜上方具斜皱。中胸盾片圆形隆起，具非常细的刻点和黄褐色短毛，中后部的毛点相对稀疏；盾纵沟基部明显。盾前沟浅阔，几乎光滑光亮，具稠密的细毛点。小盾片圆形稍隆起，光亮，具稀疏的细毛点和黄褐色短毛。后小盾片横向隆起，几乎光滑光亮。中胸侧板微隆起，光亮，具稠密的细毛点和黄褐色短毛，中部的毛点相对稀疏；镜面区中等大小，光滑光亮；中胸侧板前缘中部具短皱；中胸侧板凹深凹状；胸腹侧脊存在，约为中胸侧板高的 0.4 倍。后胸侧板稍隆起，光亮，具稠密的细毛点和黄褐色短毛；下后角具短皱；基间脊几乎完整；后胸侧板下缘脊完整，前缘强隆起。翅浅褐色，透明，小脉位于基脉外侧，二者之间的距离约为小脉长的 0.4 倍；小翅室斜四边形，具短柄，柄长约为第1肘间横脉长的0.4倍；第2肘间横脉明显长于第1肘间横脉；第2回脉在小翅室下外角内侧约 0.25 处与之相接；外小脉约在下方 0.25 处曲折；后小脉约在下方 0.3 处曲折。爪基半部具稠密的栉齿；前中足单胫距，后足胫节缺距；后足第1～5跗节长度之比依次约为5.1∶2.6∶2.0∶1.0∶1.9。并胸腹节圆形隆起，基横脊在基区和中区间消失，其他脊完整；基区近倒梯形，基部深凹，光亮，具稀疏的细毛点和黄褐色短毛；中区近长形，中央大部光滑光亮，靠近中纵脊处呈短皱状；分脊靠近侧纵脊处相对弱；端区斜，近扇形，呈弱皱状表面，中央的纵脊明显；侧区和外侧区光亮，具稠密的细毛点和黄褐色短毛；气门中等大小，圆形，与外侧脊之间由脊相连，位于基部约0.25处。

腹部第1节背板长约为端宽的1.6倍；侧缘向端部稍变宽，背板均匀隆起，近光亮；端半部亚侧方呈细长皱状表面，端缘光滑无毛；背板基部深凹，亚端部中央微凹；背中脊完整，伸达亚端部，背中脊之间光滑光亮；背侧脊、腹侧脊完整；基侧凹中等大小；气门小，圆形，位于背板基部约0.处。第2节背板梯形，长约为基部宽的0.8倍，约为端宽的0.6倍；光亮，具均匀的细毛点和黄褐色微毛，基缘的毛点相对稠密；窗疤横向，几乎光亮。第3节及以后各节背板光亮，具均匀稠密的细毛点和黄褐色微毛。产卵器鞘短，稍露出腹部末端。

体黑色，下列部分除外：颜面中央的斜四边形大斑，唇基，上颚（端齿暗红褐色），上颊下端的椭圆形斑，下颚须，下唇须，前胸背板后上角，翅基片，翅基，前足（基节基半部黑褐色，端半部褐色；腿节，胫节，跗节黄褐色至红褐色；爪褐色），中足（基节基半部黑褐色，端半部红褐色；腿节、胫节、第1～4跗节黄褐色至红褐色；末跗节、爪褐色）黄色至黄褐色；后足（基节黑色，端部腹面红褐色；第1转节背面暗褐色；第2转节黄褐色；末跗节和爪褐色至暗褐色），腹部第2～3节背板、第4节背板基半部（侧缘、端半部侧方的三角形长斑黑色）红褐色；下生殖板黄褐色至褐色；触角鞭节（腹面褐色），翅脉，翅痣（基部黄褐色）暗褐色。

正模 ♀，北京怀柔喇叭沟门，2016-Ⅸ-26，盛茂领。副模：1♀，北京怀柔喇叭沟门，2016-Ⅹ-10，宗世祥。

词源：本新种名源于模式标本产地。

本新种与中华鼓姬蜂 *E. sinensis* Gupta，1993 近似，可通过下列特征区分：颜面下侧面具非常大的近方形黄斑；后足腿节、胫节及跗节第1～4节，腹部第2～3节背板红褐色。中华鼓姬蜂：颜面黑色；后足腿节、胫节及跗节黑色；腹部背板黑色，至多第3节后缘带红色。

(318) 辽宁鼓姬蜂 *Eridolius liaoningicus* Sheng & Sun, 2014

Eridolius liaoningicus Sheng & Sun, 2014. Ichneumonid Fauna of Liaoning, p.323.

♀ 体长约4.5 mm。前翅长约4.0 mm。触角长约3.2 mm。

颜面具稀疏的细刻点，宽约为长的2.7倍；上缘中央具1小纵瘤。唇基光亮，宽约为长的1.9倍，端缘弧形前隆，具1排黄褐色毛。上颚端齿尖锐，下端齿长于上端齿。颚眼距约为上颚基部宽的 1/3。上颊具稀疏不清晰的细刻点，向后增宽。单眼区小；侧单眼间距约 0.5 倍于单复眼间距。额具稀疏的细刻点。触角鞭节 19 节，末节端部尖细。

前胸背板后上角较隆起。中胸盾片光亮，具稠密的黄褐色短毛。盾前沟光滑。小盾片光滑。中胸侧板具稠密的黄褐色毛；胸腹侧脊背端伸达中胸侧板前缘中部。后胸侧板具稀疏的细刻点。翅稍带褐色，透明；小翅室具短柄，斜三角形，第 2 回脉约在它的下外角处与之相接；外小脉约在中央曲折；后小脉明显内斜，几乎在下端（下方 0.1 处）曲折。爪仅基部具细栉齿。并胸腹节分区较完整；中区稍凹且光滑，六边形，端部稍收敛，分脊约在其上方 0.3 处相接；其余部分具不明显的皱和稀疏的细毛。

腹部第 1 节背板长约为端宽的 1.7 倍；背中脊和背侧脊完整；气门非常小，圆形，稍隆起。其余背板较光滑，具稠密的黄褐色短毛；第 2 节背板长约为端宽的 0.6 倍；窗疤浅，横形；中部背板（第 3、4 节）侧缘几乎平行。下生殖板侧面观约呈三角形。产卵器鞘较粗壮，刀状，稍微上弯。产卵器长约为后足胫节长的 1/3。

体黑色，下列部分除外：柄节和梗节黄褐色，鞭节的腹侧褐色，背侧（基部稍带红褐色）黑褐色；唇基，上颚（端齿黑褐色除外），颚眼区及上颊前部，下颚须，下唇须，翅基片，翅基下脊，前中足基节和转节，后足转节和跗节（端部色深）鲜黄色；前胸背板前缘及后上角的斑，各足黄褐色；后足胫节端部带暗褐色；小盾片和腹部背板（第 1 节背板暗褐黑色；各节背板端缘黄褐色）暗红褐色；翅痣和翅脉褐色。

分布：中国（辽宁）。

观察标本：1♀（正模），辽宁宽甸，2006-Ⅹ-11，高纯。

77. 峨姬蜂属 *Erromenus* Holmgren, 1857

Erromenus Holmgren, 1857. Kongliga Svenska Vetenskapsakademiens Handlingar, N.F.1(1) (1855): 221. Type-species: *Tryphon brunnicans* Gravenhorst.

主要鉴别特征：体和足较粗壮；唇基约呈卵圆形，稍隆起；颚眼距 0.2～0.4 倍于上颚基部宽；上颚基部具较大的刻点；前胸背板后上角有些增厚且稍突起；翅基下脊突起，若翅基片不上扬，将触及翅基片；小翅室有或无，若有，则呈斜形；第 2 回脉均匀弯曲，具 2 相距较远的弱点；后小脉在靠近下端处至下方 0.35 处曲折；爪通常具栉齿；腹部第 2 节背板光滑，或基侧角具浅斜沟，具粗刻点至无刻点；产卵器鞘上弯，通常较短。

全世界已知 41 种；此前我国已知 1 种：汤峨姬蜂 *Erromenus townesi* (Kasparyan，1993)，分布于台湾。已知寄主 30 多种，大部分都是叶蜂类害虫（Yu et al.，2016）。这里介绍在我国辽宁发现的本属 1 中国新纪录种。

峨姬蜂属中国已知种检索表

触角鞭节 23 节；颚眼距为上颚基部宽的 0.37 倍；后小脉强烈内斜，在下方 0.15 处曲折；腹部第 1 节背板长为端宽的 1.15 倍；后足腿节红棕色；所有的胫节和跗节单一的棕色，无深色斑；腹部背板和产卵器鞘棕黄色；第 1 节背板色浅（几乎黄色）；腹部腹板（最后 2 节除外）浅黄色 ………
………………………………………………………………………… 汤峨姬蜂 *E. townesi* (Kasparyan)

触角鞭节 30 节；颚眼距为上颚基部宽的 0.25 倍；后小脉上段明显内斜，在下方 0.35 处曲折；腹部第 1 节背板长为端宽的 1.4 倍；后足腿节暗褐色至黑褐色，胫节基部黄色，端部黑褐色；后足跗节各节基部或多或少黄色，端部褐黑色；腹部第 1 节背板黑色，第 2 节背板基部黑褐色，端部及第 3～5 节背板红褐色，第 6 节及其后的背板黑褐色；腹板黄色，亚侧面具褐色纵斑…… 山峨姬蜂 *E. alpinator* Aubert

(319) 山峨姬蜂 *Erromenus alpinator* Aubert, 1969（中国新纪录）

Erromenus alpinator Aubert, 1969. Bulletin de la Société Entomologique de Mulhouse, 1969(mai-juin): 39.

♀ 体长约 7.5 mm。前翅长约 5.1 mm。产卵器鞘长约 0.7 mm。

复眼内缘向下均匀收敛。颜面宽约为长的 1.7 倍；中部稍隆起，上缘中央具 1 小瘤突；光亮，具稠密的细毛点和黄白色短毛。唇基沟明显。唇基横阔，宽约为长的 2.6 倍；中央横向稍隆起，基半部具稠密的细毛点和黄褐色短毛，中央大部光滑无毛；端缘弧形，具 1 排稠密的黄褐色短毛。上颚强壮，基半部具稀疏的黄褐色短毛，端半部光滑光亮；上端齿明显长于下端齿。颊区呈细粒状表面，光亮。颚眼距约为上颚基部宽的 0.25 倍。上颊向上均匀变宽，中央圆形微隆起；光亮，具稠密的细毛点和黄褐色短毛，靠近眼眶光滑无毛。头顶质地同上颊，单复眼之间的毛点相对稀疏。单眼区稍抬高，中央稍平，光亮，具稠密的细毛点和黄褐色短毛，中央纵向毛点非常稀疏；单眼中等大小，强隆起；侧单眼外侧沟明显；侧单眼间距约为单复眼间距的 0.8 倍。额相对平，具稠密的细刻点和黄白色短毛，中央纵向毛点相对稀疏；触角窝基部稍凹，光滑光亮。触角线状，鞭节 30 节，第 1～5 节长度之比依次约为 1.8∶1.3∶1.1∶1.1∶1.0。后头脊下端明显在上颚基部上方与口后脊相接。

前胸背板前缘光亮，具稠密的微细毛点和黄褐色短毛；侧凹浅阔，光亮，具稠密的细毛点和黄褐色短毛，下后角的短皱直达后缘；后上部光亮，具均匀稠密的细毛点和黄褐色短毛；前沟缘脊强壮。中胸盾片圆形稍隆起，具稠密的细毛点和黄褐色短毛，中后部的毛点相对较大且稀疏；盾纵沟缺。盾前沟浅阔，几乎光滑光亮。小盾片圆形稍隆起，光亮，具稀疏的细毛点和黄褐色短毛，中央大部光滑无毛。后小盾片横向隆起，几乎光滑光亮，中央稍凹。中胸侧板相对平，微隆起，光亮，具稠密的细毛点和黄褐色短毛，中部的毛点相对稀疏；镜面区大，光滑光亮；中胸侧板凹深凹状，下方光滑光亮；胸腹侧脊存在，约为中胸侧板高的 0.5 倍。后胸侧板稍隆起，光亮，具稠密的细毛点和黄褐色短毛；下后角具短皱；后胸侧板下缘脊完整，前缘强隆起。翅浅褐色，透明，小脉位于基脉外侧，二者之间的距离约为小脉长的 0.2 倍；小翅室斜四边形，具短柄，柄长约为第 1 肘间横脉长的 0.25 倍；第 2 肘间横脉明显长于第 1 肘间横脉，端半部具弱点；第 2 回脉在小翅室下外角内侧约 0.25 处与之相接；外小脉约在下方 0.4 处曲折；后小脉约在下方 0.35 处曲折。爪简单；后足第 1～5 跗节长度之比依次约为 4.8∶2.2∶1.6∶1.0∶1.5。并胸腹节圆形稍隆起，基横脊在基区和中区间消失，分脊在靠近侧纵脊处缺失，其他脊完整；光亮，具稠密的细毛点和黄褐色短毛；基区和中区的合并区域光亮，基部深凹，基半部长形，几乎无毛，端半部稍阔，具稀疏的细毛点；端区斜截，中央的纵脊仅端半部存在；气门小，椭圆形，与外侧脊之间由脊相连，位于基部约 0.25 处。

腹部第 1 节背板长约为端宽的 1.4 倍；侧缘向端部稍变宽，背板均匀隆起，近光亮，具稠密的细毛点和黄褐色短毛；基部均匀凹，在背中脊之间光亮，具稀疏的细毛点和黄褐色短毛；背中脊完整，向后稍收敛，伸达气门后；背侧脊、腹侧脊完整；基侧凹小；气门小，圆形，位于背板基部约 0.4 处。第 2 节背板梯形，长约为基部宽的 1.1 倍，约为端宽的 0.7 倍；光亮，具稠密的细毛点和黄褐色微毛，端部的毛点相对细小，端缘光滑无毛；窗疤小，横形，中央稍凹，近光滑光亮。第 3 节及以后各节背板光亮，具稠密的细毛点和黄褐色微毛。产卵器鞘细长，稍露出腹部末端，基半部具稠密的细纵皱，端半部具稠密的黄褐色短毛。产卵器细长，稍侧扁，末端极尖。

体黑色，下列部分除外：上颚（端齿暗红褐色），下颚须，下唇须，翅基，翅基片，前足（基节大部暗褐色，端缘黄褐色；腿节、胫节、跗节、爪黄褐色），中足（腿节大部暗褐色，端缘黄褐色；腿节、第 2～5 跗节、爪黄褐色），后足（基节、腿节暗褐色至黑褐色；胫节端缘和端半部腹面暗，基跗节端半部、第 2～5 跗节、爪褐色至暗褐色）黄白色；触角（腹面黄褐色），翅脉，翅痣（基部少许黄褐色），产卵器鞘（端缘黄褐色）褐色至暗褐色；腹部第 1 节背板端缘中央褐色，第 2 节背板（基半部中央及外缘暗褐色）、第 3～5 节背板红褐色，第 6 节及其后的背板黑褐色。

分布：中国（辽宁）；朝鲜，法国（Lee and Cha，1993）。

观察标本：1♀，辽宁宽甸，500 m，2001-Ⅵ-04，孙淑萍。

78. 密栉姬蜂属 *Excavarus* Davis, 1897

Excavarus Davis, 1897. Transactions of the American Entomological Society, 24: 233. Type-species: *Cteniscus annulipes* Cresson, 1868.

主要鉴别特征：胸腹侧脊在前胸背板下侧角处向前弯曲，但背端未抵达其后缘；小盾片后部阔，后部中央凹陷；后足胫节通常无端齿；爪具相对稠密的栉齿；腹部第 1 节背板长约为端宽的 1.3 倍，具强烈突起的基侧角。

全世界已知 8 种，我国已知 2 种。已报道的寄主（Mason，1956）有日本扁足叶蜂 *Croesus japonicas* (Takeuchi)、落叶松叶蜂 *Pristiphora erichsonii* (Hartig) 等。

密栉姬蜂属中国已知种检索表

颜面宽约为长的 1.7 倍；口后脊强烈片状隆起，靠近上颚与后头脊相交处明显凹陷；上端齿长于下端齿；侧单眼间距约为单复眼间距的 0.7 倍；第 1 节背板和并胸腹节完全黑色……………………………………………………………………………………中华密栉姬蜂 *E. sinensis* Mason

颜面宽约为长的 2.0 倍；口后脊仅稍微隆起，靠近上颚与后头脊相交处无凹陷；上端齿等长于下端齿；侧单眼间距约为单复眼间距的 0.5 倍；第 1 节背板端侧面和并胸腹节基部或沿脊的纹黄色…………………………………………………………………………台湾密栉姬蜂 *E. taiwanus* Gupta & Gupta

(320) 中华密栉姬蜂 *Excavarus sinensis* Mason, 1962

Excavarus sinensis Mason, 1962. The Canadian Entomologist, 94: 1294.

♀ 体长约 11.9 mm。前翅长约 8.1 mm。触角长约 6.8 mm。

复眼内缘向下稍开阔，在触角窝外侧微凹。颜面宽约为长的 1.7 倍，中央均匀强隆起，光亮，呈粗皱状表面夹杂粗大毛窝和黄褐色短毛，靠近眼眶的毛点相对稀细；上缘中央稍凹，具 1 纵瘤突。唇基沟明显。唇基横阔，横向稍隆起，宽约为长的 1.9 倍；光亮，具非常稀疏的细毛点和黄褐色短毛，亚端部具褐色长毛；端缘弧形，具 1 排稠密的褐色短毛。上颚强壮且宽阔，基半部具稠密的细毛点和黄褐色短毛，端半部光滑光亮；上端齿明显长于下端齿。颊区光亮，具稀疏的细毛点和黄褐色短毛。颚眼距约为上颚基部宽的 0.6 倍。上颊阔，向下均匀变宽，向后稍收敛，中央纵向圆形隆起；光亮，具稀疏的粗刻点和黄褐色短毛，中上部的毛点相对稠密。头顶质地同上颊，毛点分布不均；在单眼区后方均匀斜截，该区域毛点相对细小。单眼区位于头顶中央，稍抬高，中央均匀凹陷，光亮，具稠密的细刻点和黄褐色短毛；单眼小，强隆起；侧单眼外侧沟存在；侧单眼间距约为单复眼间距的 0.7 倍。额具分布不均的粗大刻点和黄褐色短毛；在触角窝后方稍凹，凹内近光亮。触角线状，鞭节 30 节，第 1～5 节长度之比依次约为 2.0∶1.1∶1.1∶1.0∶1.0。后头脊完整，在上颚基部后方与口后脊相接。

前胸背板前缘近光亮；侧凹浅阔，具稠密的细刻点和黄白色短毛；中后部具较侧凹稍粗的稠密刻点和黄白色短毛；前沟缘脊强壮。中胸盾片圆形稍隆起，具稠密的粗刻点和黄白色短毛，中后部的毛点相对稀疏；盾纵沟基半部痕迹存在。盾前沟深阔，光滑光亮。小盾片强隆起，表面粗皱状夹杂粗刻点；侧脊几乎伸达亚端部；中央具 1 方形强脊，下端开放，脊内区域深凹；端半部斜截，中央纵向稍凹，侧缘具稠密的黄褐色长毛。后小盾片横向稍隆起，呈细皱状表面。中胸侧板均匀稍隆起，光亮，具分布不均的粗毛点和黄白色短毛，中央大部光滑无毛；镜面区中等大小，光滑光亮；中胸侧板凹浅横沟状；翅基下脊下后方具粗皱；中胸侧板后缘具粗短皱；下后角具短皱；胸腹侧脊仅基部存在。后胸侧板稍隆起，呈粗皱状表面；下后角具 1 强斜皱；后胸侧板下缘脊完整。翅暗褐色，透明，小脉位于基脉外侧，二者之间的距离约为小脉长的 0.25 倍；小翅室斜三角形，具短柄，柄长为第 1 肘间横脉长的 0.3 倍；第 2 肘间横脉稍长于第 1 肘间横脉，第 2 回脉在小翅室下外角内侧约 0.2 处与之相接；外小脉约在中央处曲折；后小脉约在下方 0.25 处曲折。前中足单距，后足距缺；后足第 1～5 跗节长度之比依次约为 5.8∶2.5∶1.6∶1.0∶1.7；爪具稀疏栉齿。并胸腹节横阔，分区完整，呈粗皱状表面；中区近方形，分脊从基部约 0.4 处与之相接；气门中等大小，椭圆形，靠近外侧脊并与外侧脊由脊相连，位于基部约 0.2 处。

腹部第 1 节背板长约为端宽的 1.3 倍；侧缘向端部逐渐变宽；背板端部均匀强度隆起，基部在背中脊之间深凹；呈不规则皱状表面，背中脊之间的区域大部分皱相对弱，在端半部呈强横皱状；背中脊向端部稍收敛，几乎伸达后缘；背侧脊、腹侧脊完整；气门小，圆形，约位于背板中央。第 2 节背板梯形，长约为基部宽的 0.8 倍，约为端宽的 0.6 倍；呈细皱状表面，基部的皱相对粗大，端部呈细刻点状，端缘光滑光亮；窗疤横向，呈细粒状表面。第3～6节背板光滑光亮，具稠密的细刻点和黄褐色短毛，端半部毛点相对稀疏。产卵器鞘未伸达腹末。产卵器不外露。

卵黑褐色，斜椭球形，卵壳表面具花纹。

体黑色，下列部分除外：颜面（上缘中央并延伸至亚中部的斑、亚中部的纵带黑色），额眼眶下半部，唇基（沿唇基沟黑色；端缘褐色），上颚（基部中央的斑、端齿黑褐色），颊，上颊下部，前胸背板前缘的条斑，小盾片端半部的横斑，后小盾片中央的小斑，中胸侧板前部中央的大斑和沿着胸腹侧脊向下的延伸部分，翅基下脊，前足（基节、转节、腿节后侧黑褐色；胫节、跗节前侧黄褐色，胫节后侧暗褐色，跗节后侧褐色），中足（基节基半部和后侧、第1转节除端缘外、第2转节、腿节背面和后侧黑褐色；胫节、跗节腹侧黄褐色至褐色，背侧暗褐色），腹部第2节背板端半部、第3～6节背板端缘的横带黄色；腹部第7节背板黄褐色；下颚须，下唇须，翅基，翅基片（基部少许黄褐色），后足胫节腹面大部褐色；触角鞭节基半部黑褐色，端半部腹面黄褐色，背面暗褐色；翅脉暗褐色至黑褐色，翅痣褐色。

♂ 体长约11.6 mm，前翅长约6.9 mm。触角鞭节29节。体黑色，下列部分除外：颜面（上缘中央的“V”形深凹、亚中部的宽纵斑并延伸至唇基沟黑色），唇基（基半部侧缘黑色，端半部褐色），颊区靠近上颚基部中央的弱斑，小盾片端半部的斑，后小盾片的横斑，前足（基节大部、转节、腿节后侧黑色至黑褐色；胫节、跗节背侧褐色，腹侧黄褐色），腹部第2～6节背板端缘的横带黄色；中足腿节前侧黄褐色，后侧黑褐色，胫节、跗节背侧暗褐色，腹侧黄褐色至褐色；后足胫节基缘及腹面褐色，背面暗褐色，跗节暗褐色；其余特征同雌虫。

寄主：大跗叶蜂 *Nematus japonicus* (Takeuchi, 1921)（寄主新纪录）、突瓣叶蜂 *Nematus* sp.（寄主新纪录）。

分布：中国（辽宁、河北、福建）。

观察标本：1♀，辽宁本溪铁刹山，2014-Ⅷ-30，盛茂领；1♂，河北承德双桥区，2018-Ⅴ-23，唐冠忠；1♀1♂，辽宁桓仁老黑山，2018-Ⅻ-03，姜碌。

79. 外姬蜂属 *Exenterus* Hartig, 1837

Exenterus Hartig, 1837. Archiv für Naturgeschichte, 3: 156. Type-species: (*Ichneumon marginatorius* Fabricius)= *amictorius* Panzer. Monobasic.

主要鉴别特征：体通常具粗糙的刻点和黄色斑；上颚2端齿等长；无盾纵沟；翅基下脊正常（无纵凹）；腹部第1节背板宽，背面平，在基侧凹上方呈突边状侧突；第2～4节背板具非常粗糙的刻点；产卵器粗且短，向下弯曲；雌性下生殖板大。

全世界已知32种；此前我国已知6种。该属种类的寄主为危害针叶树的松叶蜂类（Diprionidae）害虫（Gupta，1993a）。

(321) 锯角叶蜂外姬蜂 *Exenterus abruptorius* (Thunberg, 1822)（中国新纪录）

Ichneumon abruptorius Thunberg, 1822. Mémoires de l'Académie Imperiale des Sciences de Saint Petersbourg. 8: 279.

♀ 体长 7.0～13.5 mm。前翅长 4.5～8.0 mm。

头部宽短。颜面宽约为长的 1.8 倍，具稠密的粗刻点和弱皱；中部稍纵隆起，侧方稍纵凹；上部中央具 1 纵脊瘤。唇基沟明显。唇基凹横长形。唇基宽约为长的 2.3 倍，中央横向隆起；基半部具稀疏的粗刻点和黄白色短毛；端部相对光滑，近端缘中央具弱细的横纹；端缘弧形前突，具膜质的边缘和 1 排黄褐色长毛。上颚宽短、强壮，基部具稠密的粗刻点和黄褐色短毛；端齿强壮、尖锐，下端齿稍短于上端齿（近等长）。颊稍粗糙；颚眼距约为上颚基部宽的 0.4 倍。上颊具稠密的粗刻点和黄白色短毛，中部较隆起，向后部显著加宽。头顶具与上颊相似的质地和刻点，后部较隆起；单眼区稍隆起，侧单眼间距约为单复眼间距的 1.3 倍。额几乎平坦（侧缘稍高），具稠密的粗刻点，中央具 1 清晰的中纵脊（与颜面上缘的纵脊瘤相接）。触角丝状，柄节粗壮、端缘斜截，梗节小；鞭节 36 节，第 1～5 节长度之比依次约为 3.0∶1.6∶1.4∶1.3∶1.3，向端部渐短渐细。后头脊完整。

胸部具稠密的粗刻点。前胸背板侧凹（下方）具横皱，后上部较隆起；前沟缘脊强壮。中胸盾片均匀隆起，刻点相对均匀；盾纵沟仅前部具压痕。盾前沟宽阔，深而光亮。小盾片稍隆起，刻点相对稀粗。后小盾片稍隆起，光滑光亮无刻点。中胸侧板上部刻点稍细；胸腹侧脊明显，背端约达中胸侧板高的 0.5 处；镜面区较大且光滑光亮；中胸侧板凹浅坑状。后胸侧板上方刻点较弱，下部具模糊的粗皱，基间脊明显；后胸侧板下缘脊完整，前角耳状突出。翅稍带褐色，透明；小脉位于基脉外侧，二者之间的距离约为小脉长的 0.3 倍；小翅室四边形，稍具短柄，第 2 肘间横脉稍长于第 1 肘间横脉（几乎等长）；第 2 回脉约在它的下方中央与之相接；外小脉明显内斜，约在中央稍下方曲折；后小脉约在下方 0.4 处曲折。后足基节短锥状膨大，第 1～5 跗节长度之比依次约为 5.0∶2.2∶1.7∶0.9∶1.4；爪小，端部尖细，基部具稀栉齿。并胸腹节半圆形隆起；基横脊不完整，端横脊强壮，侧纵脊细弱（或不明显）；基区倒梯形，横宽，具粗皱；中区呈上窄下宽的六边形，具不规则粗皱；端后区呈一平面向后显著倾斜，具稠密不规则的粗横皱；分脊约在中区下方 0.3 处伸出；第 1、第 2 侧区具稠密的粗皱刻点；第 1、第 2 外侧区合并，具稠密的粗皱；具较弱的侧突；气门椭圆形，位于基部约 0.3 处，由 1 横脊连接外侧脊。

腹部第 1 节背板向基部均匀收敛，长约为端宽的 1.5 倍，具突边状基侧突；表面较平，具显著的粗皱及刻点；背中脊、背侧脊完整强壮；气门非常小，圆形，稍突出，位于第 1 节背板中央稍前。第 2 节背板梯形，长约为端宽的 0.7 倍，基部两侧具较深的三角形窗疤和较强的基斜沟，表面具稠密的粗皱（稍弱于第 1 节背板）及粗刻点；第 3、第 4 节背板具粗刻点，以后背板刻点稍细弱；第 3 节及以后各背板基部明显横凹；腹端背板蜷于腹下。下生殖板大，片状。产卵器鞘短，不伸出腹末。产卵器粗短，携单卵。

体黑色，下列部分除外：触角鞭节腹侧红褐色，背侧端部带褐色；下颚须、下唇须黄褐色；柄节、梗节腹侧，颜面（中央具黑色中纵条）延至额眼眶，额眼眶后方的小点斑，唇基（唇基沟黑色），上颚（基缘及端齿黑色），颊及上颊前部，前胸背板前缘及颈前部，中胸盾片前侧角的三角斑、后部中央的2点斑，小盾片，后小盾片，前翅翅基，翅基下脊，中胸侧板前部中央的斑，并胸腹节两侧（端横脊上方）的斑，腹部各节背板端缘的横带（中部或不规则前突），前中足基节（背侧带黑斑）、转节、腿节前侧及背侧端部的斑、胫节前侧，后足转节（带黑斑）、胫节基半段（基部黑色）均为黄色；前中足胫节背侧和跗节黄褐色至黑褐色；翅基片、翅痣黑色，翅脉褐黑色。

♂ 体长9.5～10.5 mm。前翅长6.0～7.0 mm。触角鞭节37节。前中足胫节黄色（中足胫节端部外侧或暗褐色）。

寄主：据记载（Yu et al.，2016），寄主是松叶蜂科幼虫：欧洲赤松叶蜂 *Diprion pini* (L.)、欧洲赤松吉松叶蜂 *Gilpinia frutetorum* (Fabricius)、同伴吉松叶蜂 *Gilpinia socia* (Klug)、红头新松叶蜂 *Neodiprion lecontei* (Fitch)、欧洲新松叶蜂 *Neodiprion sertifer* (Geoffroy) 等。

分布：中国（江西）；朝鲜，日本，俄罗斯远东地区，欧洲，北美。

观察标本：1♀，江西全南，650 m，2008-Ⅶ-02，李石昌；1♂，江西全南，740 m，2008-Ⅷ-09，李石昌；1♂，江西资溪马头山林场，2009-Ⅳ-17，楼枚娟；2♀♀，江西安福，240～260 m，2010-Ⅸ-08，集虫网；1♀，江西修水黄沙港五梅山，2016-Ⅶ-20，集虫网。

(322) 洒外姬蜂 *Exenterus adspersus* Hartig, 1838

Exenterus adspersus Hartig, 1838. Jahresber. Fortschr. Forstwiss. Forstl. Naturk, 1: 271.

寄主：我国寄主不详。据报道（Yu et al.，2016），已知的主要寄主有日本松叶蜂 *Diprion nipponicus* Rohwer、欧洲赤松叶蜂 *D. pini* (L.)、拟松叶蜂 *D. similis* (Hartig)、欧洲云杉吉松叶蜂 *Gilpinia hercyniae* (Hartig)、北美松吉松叶蜂 *G. pallida* (Klug)、云杉吉松叶蜂 *G. polytoma* (Hartig)、同伴吉松叶蜂 *G. socia* (Klug)、欧洲新松叶蜂 *Neodiprion sertifer* (Geoffroy)。

分布：中国（辽宁）（赵修复，1976）；朝鲜，日本，俄罗斯，拉脱维亚，乌克兰，英国，法国，德国，奥地利，瑞典，瑞士，比利时，爱沙尼亚，芬兰，希腊，匈牙利，荷兰，波兰，西班牙。

(323) 中国外姬蜂 *Exenterus chinensis* Gupta, 1993

Exenterus chinensis Gupta, 1993. Japanese Journal of Entomology, 61(3): 431.

寄主：靖远松叶蜂 *Diprion jingyuanensis* Xiao & Zhang、丰宁新松叶蜂 *Neodiprion fengningensis* Xiao & Zhou、浙江黑松烟翅吉松叶蜂 *Gilpinia infuscalae* Wang & Wei。

分布：中国（辽宁、山西、江西、浙江、福建、甘肃）。

观察标本：7♀♀7♂♂（从靖远松叶蜂茧羽化），山西沁源，1995-Ⅵ-20，盛茂领；4♀♀18♂♂（室内自丰宁新松叶蜂茧羽化），甘肃哈思山，1999-Ⅳ-20～Ⅵ-02，盛茂领；1♀，辽宁新宾，2006-Ⅵ-23，集虫网；7♀♀2♂♂（从烟翅吉松叶蜂饲养），江西会昌，2013-Ⅰ-04～Ⅳ-12，盛茂领。

(324) 褐外姬蜂 *Exenterus phaeopyga* Gupta, 1993

Exenterus phaeopyga Gupta, 1993. Entomofauna, 14(10): 213.

由于未能镜检到模式标本，根据原著描述（Gupta，1993a，1993b），主要鉴别特征简述如下。

体长 9～10 mm；前翅长 6.6～7.5 mm；产卵器鞘长 0.8 mm。

♀ 唇基稍隆起，基部具分散的刻点，端部具革质状质地，端缘中部平截。侧单眼间距 0.85 倍于单复眼间距。并胸腹节分区完整，具皱或皱刻点，中区宽大于长，分脊明显，端横脊强壮，向前弯曲。腹部相对较粗；第 1 节背板长 1.75 倍于端宽，背中脊伸至背板端部 0.2 处，背侧脊强壮，伸至背板端部。第 2 节背板宽 1.3 倍于长，具深且长的基侧沟。第 1、2 节背板具皱刻点。第 3、4 节背板具刻点。

体黑色，具黄色斑，腹部端半部褐色。腹部第 1 节背板具强皱，背中脊和背侧脊强壮，伸达背板端缘；第 2 节背板具皱，中部具细线纹。第 3、4 节背板（与雌的相比）具较粗的刻点。翅基片大部分黑色；腹部背板第 1～6 节各节端部黄色。

♂ 侧单眼间距等长于单复眼间距。

分布：中国（台湾）。

(325) 赤外姬蜂 *Exenterus rutiabdominalis* Gupta, 1993

Exenterus rutiabdominalis Gupta, 1993. Japanese Journal of Entomology, 61(3): 432.

♀ 体长 8.5～9.0 mm。前翅长 6.0～7.0 mm。

颜面向下稍收敛，宽约为长的 1.5 倍；光滑光亮，具均匀稠密的粗刻点；中央上方微弱隆起，具 1 小瘤突。唇基沟明显。唇基基半部质地同颜面，刻点稍稀；中央均匀隆起；端半部光滑光亮，无刻点；端缘弧形，中央具 1 排稠密的褐色短毛；宽约为长的 1.9 倍。上颚光滑光亮，质地同颜面，上端齿稍长于下端齿。颊区具细革质状表面，颚眼距约为上颚基部宽的 0.5 倍。上颊光滑光亮，质地同颜面，向上变宽。头顶稍隆起，质地同上颊，刻点稍粗，侧单眼间距约等长于单复眼间距。额稍平，质地及刻点同头顶，中央具 1 中纵脊。触角鞭节 36～37 节，第 1～5 节长度之比依次约为 10.0∶5.0∶4.5∶4.5∶4.0。后头脊完整，颊脊与口后脊在上颚基部相接。

前胸背板前缘光滑光亮，具均匀稠密的细刻点；侧凹具细斜皱和刻点；前沟缘脊强壮，完整；后上部具均匀稠密的粗刻点。中胸盾片均匀稍隆起，质地及刻点同前胸背板后上角；小盾片稍隆起，质地及刻点同中胸盾片；后小盾片横形，光滑光亮，几乎无刻点。中胸侧板均匀稍隆起，质地同中胸盾片，中央刻点相对较大；胸腹侧脊约为中胸侧板高的 0.5 倍；中胸侧板下后角具细纵皱；镜面区大，光滑光亮，无刻点；中胸侧板凹浅沟状。后胸侧板稍隆起，上半部具均匀稠密的粗刻点，下半部具不规则纵皱；后胸侧板下缘脊强壮，完整。足正常，中足仅具 1 距，后足无距，后足第 1～5 跗节长度之比依次约为 17.0∶8.5∶5.5∶4.0∶6.0。翅透明，小脉位于基脉稍外侧；小翅室四边形，具短柄，第 2 肘间横脉明显长于第 1 肘间横脉，第 2 回脉在其下外角约 0.4 处与之相接。外小脉内斜，在下方约 0.4 处曲折；后小脉在下方约 0.4 处曲折。并胸腹节均匀隆起，光滑光亮，具均匀稠密的粗刻点；侧纵脊消失；基区和中区间的横脊消失，基区处中纵脊稍收敛，该处中央稍凹，相对光滑，中区具粗横皱和不规则皱；端横脊强壮，弧形，端区斜截，具粗横皱和稠密的粗刻点；气门椭圆形。

腹部第 1 节背板长约为端宽的 2.0 倍，具稠密的粗凹坑和不规则皱；背板纵向隆起，中央凹坑相对大；背中脊达气门后，完整；背侧脊、腹侧脊完整；基侧角明显；背板侧缘具 1 排白色长毛；气门小，圆形，位于基部约 0.4 处。第 2 节背板长约等于端宽，质地同第 1 节背板，具纵皱；端缘相对光滑。第 3 节背板基半部具稠密的粗刻点，端半部具稠密的细刻点。

体黑色，下列部分除外：颜面（中央纵带黑色），唇基（唇基沟黑色；端缘褐色），上颚（基部、端齿黑褐色），颊区，上颊在复眼下的斑纹，触角梗节腹面，额眼眶的斑，前胸背板前缘，中胸盾片前缘的斑，小盾片的斑，后小盾片的斑（有些个体无）黄绿色；前足（基节、转节、腿节前面黄绿色；胫节前面黄绿色稍带褐色；跗节黄褐色），中足（基节前面的斑，有时无斑，第 1 转节前面，腿节前面的纵斑黄绿色；胫节前面黄绿色稍带褐色；第 2 转节暗褐色；跗节黄褐色），后足（胫节的斑黄绿色；跗节黑褐色）黑色；翅基片黄褐色；触角鞭节（腹面黄褐色），翅痣，翅脉黑褐色；腹部第 2 节背板、第 3 节背板（亚端部两侧的斑暗红褐色）、第 3 节背板基部中央红色。

寄主：会泽新松叶蜂 *Neodiprion huizeensis* Xiao & Zhou。

寄主植物：华山松 *Pinus armandii* Franch.。

分布：中国（云南、贵州）。

观察标本：6♀♀，贵州威宁，2012-Ⅱ-25～28，盛茂领。

(326) 相似外姬蜂 *Exenterus similis* Gupta, 1993

Exenterus similis Gupta, 1993. Japanese Journal of Entomology, 61(3): 433.

♀ 体长 8.0～10.0 mm。前翅长 5.5～7.5 mm。

头部宽短。颜面宽约为长的 2.1 倍，具稠密的皱状粗刻点；表面相对平坦，中部上方稍纵隆起；上缘中央具 1 小的弱瘤。唇基沟明显。唇基凹椭圆形。唇基宽约为长的 2.2 倍，中央横向较强隆起；基半部具稠密的粗刻点；端半部相对光滑，中央稍具弱皱痕；端缘中段几乎平直，具膜质的宽边缘和 1 排黄褐色长毛。上颚宽短、强壮，基部具较颜面细弱的刻点和黄褐色毛；端齿强壮、尖锐，下端齿约等长于上端齿。颊呈细皱粒状表面；颚眼距约为上颚基部宽的 0.6 倍。上颊具清晰的粗刻点（后部稍稀疏）和黄白色短毛，中部较隆起，向后部显著加宽。头顶具与上颊相似的质地和刻点，后部较隆起，后部中央的刻点密集；单眼区具密刻点，具“Y”形细沟，侧单眼间距约等于单复眼间距。额几乎平坦（侧缘稍高），具稠密的皱状粗刻点，中央具 1 清晰的中纵脊（与颜面上缘的弱瘤相接）。触角丝状，柄节粗壮、端缘稍斜截，梗节小；鞭节 37～40 节，第 1～5 节长度之比依次约为 2.7∶1.6∶1.4∶1.3∶1.2，向端部渐短渐细。后头脊完整。

胸部具稠密的粗刻点。前胸背板侧凹（下方）具横皱，后上部较隆起；前沟缘脊强壮。中胸盾片均匀隆起，后部中央的刻点密集；盾纵沟仅前部具压痕。盾前沟宽阔，深而光亮。小盾片稍隆起，刻点稠密。后小盾片稍隆起，光滑光亮，无刻点。中胸侧板上部的刻点稍细，下部刻点清晰；胸腹侧脊明显，背端约达中胸侧板高的 0.5 处；镜面区较大且光滑光亮；中胸侧板凹浅坑状。后胸侧板上方刻点较弱，下部具模糊的粗皱，基间脊明显；后胸侧板下缘脊完整，前角耳状突出。翅稍带褐色，透明；小脉位于基脉外侧，二者之间的距离约为小脉长的 0.3 倍；小翅室四边形，稍具短柄，第 2 肘间横脉长于第 1 肘间横脉；第 2 回脉约在它的下方中央稍外侧与之相接；外小脉明显内斜，约在中央稍下方曲折；后小脉约在下方 0.4 处曲折。后足基节短锥状膨大，第 1～5 跗节长度之比依次约为 5.3∶2.4∶1.7∶1.0∶1.3；爪小，端部尖细、下弯，基部具稀栉齿。并胸腹节半圆形隆起；基横脊不完整，端横脊和外侧脊强壮，侧纵脊细弱，中纵脊端部消失；基区倒梯形，横宽，具粗皱；中区上窄下宽，大致六边形，具不规则粗皱；端后区呈一平面向后显著倾斜，具稠密不规则的粗横皱；分脊约在中区下方 0.4 处伸出；第 1 侧区具稠密的粗皱刻点，第 2 侧区具稠密的斜纵皱；第 1、第 2 外侧区合并，具稠密模糊的粗皱（多为纵皱）和刻点；具较弱的侧突；气门椭圆形，位于基部约 0.2 处，由 1 横脊连接外侧脊。

腹部第 1 节背板较平，向基部均匀收敛，长约为端宽的 1.6 倍，具较强的突边状基侧突；具显著的粗皱及刻点；背中脊、背侧脊完整强壮；气门非常小，圆形，稍突出，约位于第 1 节背板中央。第 2 节背板梯形，长约为端宽的 0.8 倍，基部两侧具较深的三角形窗疤和较强的基斜沟，表面具稠密的粗皱（稍弱于第 1 节背板）及粗刻点；第 3 节及以后背板具稠密的中等刻点，各节基部明显横凹；腹端背板向下蜷曲。下生殖板大，片状。产卵器鞘短，不伸出腹末。产卵器粗短，携单卵。

体黑色，下列部分除外：触角鞭节腹侧红褐色，背侧端部带褐色；下颚须、下唇须黄褐色；柄节、梗节腹侧，颜面（中央上方具短的黑纵条）延至额眼眶（宽三角形），额眼眶后方的小点斑（不明显），唇基（端半部暗褐色；唇基沟和唇基凹黑褐色），上颚（端齿黑色），颊及上颊前部，前胸背板前缘及颈前部、前沟缘脊背端的斑及前胸背板后上角的小斑，中胸盾片前侧角的三角斑、后部中央的 2 长三角斑，小盾片，后小盾片，前翅翅基，翅基下脊，中胸侧板前部中央的斑，并胸腹节两侧的大斑（端横脊上方，近长方形），腹部各节背板端缘的横带，前中足基节（背侧基缘黑色）、转节、腿节前侧及背侧端部、胫节（背侧端部黄褐色或黑褐色），后足基节前侧端部的小斑、转节、胫节基半段（基部黑色）均为黄色；前中足跗节黄褐色至黑褐色，后足跗节近黑色；腹部第 3 节及以后背板主要为红褐色，各节基部或两侧具不规则或不明显的黑斑；翅基片黄色（外缘黑褐色），翅痣黑色，翅脉褐黑色。

寄主：烟翅吉松叶蜂 *Gilpinia infuscalae* Wang & Wei

分布：中国（辽宁、山西、陕西、江西、湖南、浙江）。

观察标本：1♂，山西沁源，1997-Ⅵ-03；2♀♀，江西全南，320～340 m，2009-Ⅳ-14～29，李石昌；1♀，江西安福，180 m，2010-Ⅴ-17，集虫网；6♀♀3♂♂，江西安福，140～210 m，2011-Ⅳ-26～Ⅵ-05，集虫网；1♂，陕西商洛，2009-Ⅴ-08；1♂，陕西商洛，2011-Ⅵ-24，谭江丽；12♀♀8♂♂（从烟翅吉松叶蜂饲养），江西会昌，2012-Ⅺ-26～2013-Ⅴ-13，盛茂领；1♀，江西修水黄沙港五梅山，500 m，2016-Ⅶ-20，冷先平；1♀，江西武

功山，2016-Ⅷ-20，盛茂领；1♀，辽宁本溪，2014-Ⅵ-14，盛茂领；1♂，浙江龙泉凤阳山，2018-Ⅴ-16，李泽建；1♂，浙江幕阜山，2018-Ⅶ-10，魏美才。

80. 易刻姬蜂属 *Exyston* Schiødte, 1839

Exyston Schiødte, 1839. Magasin de Zoologie (Insects), 9(2): 12. Type-species: (*Ichneumon cinctulus* Gravenhorst, 1820) = *sponsorius* Fabricius 1781.

主要鉴别特征：翅基下脊沿后缘具 1 延长的沟；爪非栉状；腹部棒状，细长；第 1 节背板相对较长，基侧部呈片状隆凸；第 4～6 节背板强烈隆起，具毛（通常斜向中央）；第 4 节背板折缘无或非常窄，仅具折痕；雌性下生殖板不特化。

寄主：乌三节叶蜂 *Arge ustulata* (L.)、美芽瘿叶蜂 *Euura amerinae* (L.)、榉叶蜂 *Fagineura crenativora* Vikberg & Zinovjev、落叶松锉叶蜂 *Pristiphora laricis* (Hartig)、双带锉叶蜂 *P. bivittata* (Norton)、环锉叶蜂 *P. cincta* Newman、驮鞍厚丝叶蜂 *Pachynematus clitellatus* (Serville)、依厚丝叶蜂 *P. imperfectus* (Zaddach)、蜷叶丝角叶蜂 *Phyllocolpa oblita* (Serville) 等 (Hinz, 1961；Zinnert, 1969；Carlson, 1979；Weiffenbach, 1988；Kasparyan and Kopelke, 2009；Yu et al., 2016；Watanabei et al., 2018)。

全世界已知 34 种；此前我国已知 1 种。这里介绍 4 种，其中 2 新种、1 中国新纪录种。

易刻姬蜂属中国已知种检索表

1. 第 2 回脉明显在小翅室下外角外侧与肘脉外段相接；小盾片具完整的侧脊；腹部第 1 节背板细柄状，长约为端宽的 3.4 倍；第 2 节背板两侧几乎平行，长约为端宽的 1.3 倍 ……………………………………………………………………… 西藏易刻姬蜂，新种 *E. xizangicus* Sheng, Li & Sun, sp.n.
   第 2 回脉在小翅室下外角内侧与其相接；小盾片侧脊或不完整；腹部第 1 节背板通常后部明显较宽，长不大于端宽的 2.5 倍；第 2 节背板通常后部宽，长不大于端宽的 1.1 倍 ……………………2
2. 上颚端齿等长；颚眼距约为上颚基部宽的 0.7 倍；侧单眼间距约为单复眼间距的 0.5 倍；腹部第 1 节背板长约为端宽的 1.4 倍……………………………………………… 中华易刻姬蜂 *E. chinensis* Gupta
   上颚上端齿稍长于下端齿；其他特征非完全同上述…………………………………………………………3
3. 触角鞭节 26 节（♀）；并胸腹节中纵脊和侧纵脊强壮，分脊完整；腹部第 1 节背板长约为端宽的 1.5 倍；后足主要为灰褐色，胫节基部白色 ………………… 西伯利亚易刻姬蜂 *E. sibiricus* (Kerrich)
   触角鞭节 37～39 节（♀）；并胸腹节中纵脊弱，仅基部存在，侧纵脊缺，分脊不完整；腹部第 1 节背板长约为端宽的 2.0 倍；后足几乎完全黑色，胫节基部非白色……………………………………………………………………………纹易刻姬蜂，新种 *E. lineatus* Sheng, Li & Sun, sp.n.

(327) 中华易刻姬蜂 *Exyston chinensis* Gupta, 1993

Exyston chinensis Gupta, 1993. Japanese Journal of Entomology, 61(3): 437.

♀ 体长 9.0～10.0 mm。前翅长 7.5～8.0 mm。

颜面向下稍收敛，宽约为长的 1.8 倍，具均匀稠密的粗刻点；中央稍隆起，上方中央具 1 小瘤突。唇基微隆起，光滑光亮，基部具稀疏的细刻点；中央大部无刻点，具弱细横皱；端缘弧形，中央具 1 排褐色短毛。上颚基部光滑光亮，具稀疏的细刻点，上端齿等长于下端齿。颊区具细革质粒状表面，颚眼距约为上颚基部宽的 0.7 倍。上颊具均匀稠密的刻点，中央稍隆起，向上变宽。头顶宽阔，质地同上颊，侧单眼间距约为单复眼间距的 0.5 倍。额质地及刻点同头顶，中央具 1 中纵脊。触角鞭节 39 节，第 1～5 节长度之比依次约为 14.0∶8.0∶7.0∶7.0∶7.0。后头脊完整。

前胸背板前缘具均匀稠密的细毛点；侧凹具斜纵脊；前沟缘脊强壮；后上部具均匀稠密的细刻点。中胸盾片均匀隆起，质地及刻点同前胸背板后上部；小盾片均匀隆起，质地及刻点同中胸盾片；后小盾片横形，光滑光亮无刻点。中胸侧板稍隆起，质地及刻点同中胸盾片；镜面区大，光滑光亮；中胸侧板凹浅沟状。后胸侧板稍隆起，质地及皱纹同中胸侧板；下部靠近基间脊处具弱皱；基间脊弱，后胸侧板下缘脊完整。足正常，中足具 1 距，后足无距，后足第 1～5 跗节长度之比依次约为 18.0∶9.0∶6.5∶4.0∶6.0。翅浅褐色，透明，小脉位于基脉稍外侧，二者之间的距离约为小脉长的 0.2 倍；小翅室斜四边形，具短柄，第 2 肘间横脉稍长于第 1 肘间横脉，第 2 回脉约在其下方中央与之相接；外小脉内斜，在下方约 0.4 处曲折；后小脉在下方约 0.4 处曲折。并胸腹节稍隆起，具稠密的粗刻点和不规则皱；基区和中区间的横脊消失，合并区两侧的中纵脊不明显，中央稍光滑，具纵皱和不规则短皱；端横脊强壮，端区斜截，具粗刻点和不规则皱；第 1 侧区具稠密的细刻点，第 2 侧区质地同第 1 侧区，刻点相对稍粗；气门椭圆形，位于基部约 0.3 处。

腹部第 1 节背板长约为端宽的 1.4 倍，具稠密的粗刻点和不规则皱；背板均匀隆起；背中脊明显，达气门之后；背侧脊、腹侧脊完整；气门小，圆形，位于基部约 0.4 处。第 2 节背板长约为端宽的 0.8 倍，质地同第 1 节背板，具不规则短皱，刻点相对较小；窗疤大，光滑光亮无刻点。第 3 节背板基缘具短纵皱，其他大部具均匀稠密的细刻点。第 4 节及以后各节背板质地及刻点同第 3 节背板端部。

体黑色，下列部分除外：颜面（中央的纵斑黑色），唇基（端缘黄褐色），颊区，上颊基部的斑，额眼眶的斑，触角柄节腹面，上颚（基节、端齿黑褐色），前胸背板前缘，前足（基节、转节、腿节背面黑褐色；胫节背面暗褐色；跗节褐色），中足转节前面的斑、腿节前面的纵带、胫节前面的纵带，后足腿节的斑，腹部第 1 节背板端缘，第 2 节背板端部，第 3 节背板端缘少许黄色；触角鞭节（背面黑褐色），下颚须，下唇须，翅基，前足跗节黄褐色；中后足跗节，翅痣，翅脉黑褐色。

♂ 体长 9.0～11.0 mm。前翅长 7.0～8.5 mm。触角鞭节 35～36 节。体黑色，下列部分除外：颜面（中央的纵斑黑色），唇基（基部黑色，端缘黄褐色），上颚（基部、端齿黑褐色），颊区，上颊基部的斑，触角柄节腹面，前足基节、转节、腿节、胫节前面，中足第 2 转节前面，腿节前面纵带，胫节前面，后足胫节中央的斑，腹部第 1 节背板端缘的斑，第 2 节背板端缘的斑黄色；触角鞭节（背面黑褐色），下颚须，下唇须，前足胫节背面、跗节黄褐色；中足胫节端部、跗节，翅基暗褐色；后足跗节、翅痣、翅脉黑褐色。

腹部第 2～4 节背板端缘少许红褐色。

寄主：靖远松叶蜂 *Diprion jingyuanensis* Xiao & Zhang、丰宁新松叶蜂 *Neodiprion fengningensis* Xiao& Zhou、会泽新松叶蜂 *N. huizeensis* Xiao & Zhou、烟翅吉松叶蜂 *Gilpinia infuscalae* Wang & Wei。

分布：中国（吉林、辽宁、山西、陕西、甘肃、江西、湖南、浙江、贵州）。

观察标本：1♀，山西沁源，1995-Ⅵ-20，盛茂领；2♀♀13♂♂，山西沁源，1995-Ⅵ-20，盛茂领；2♀♀12♂♂，山西沁源（寄生于靖远松叶蜂），1996-Ⅳ-20，盛茂领；1♂，山西沁源，1997-Ⅵ-03；1♀18♂♂，甘肃哈思山（寄生于丰宁新松叶蜂），1999-Ⅳ-20～Ⅵ-02，盛茂领；1♂，辽宁新宾，2005-Ⅵ-23，集虫网；6♂♂，吉林大兴沟，2005-Ⅸ-19～Ⅹ-07，集虫网；1♂，湖南幕阜山云腾山庄，28°58.236′N，113°49.129′E，1100 m，2008-Ⅶ-12，魏美才；1♂，陕西商洛，2009-Ⅴ-08，王培新；1♂，陕西安康，2009-Ⅵ-24，谭江丽；2♀♀3♂♂，江西安福，140～210 m，2011-Ⅳ-20～Ⅴ-16，集虫网；2♂♂，贵州威宁（寄生于会泽新松叶蜂），2013-Ⅱ-07，李涛；2♀♀4♂♂，江西会昌青溪（寄生于烟翅吉松叶蜂），490 m，2012-Ⅻ-16，盛茂领；7♀♀19♂♂，江西会昌（寄生于烟翅吉松叶蜂），2013-Ⅰ-04～Ⅳ-23，盛茂领；1♀，辽宁本溪，2014-Ⅵ-14，盛茂领；1♂，浙江龙泉市凤阳山，27.893°N，119.186°E，1935 m，2018-Ⅴ-16，李泽建、刘萌萌。

(328) 纹易刻姬蜂，新种 *Exyston lineatus* Sheng, Li & Sun, sp.n.（彩图 79）

♀ 体长 9.0～10.0 mm。前翅长 7.0～8.0 mm。

颜面下方稍收敛，宽约为长的 1.8 倍；具稠密的粗刻点；中央稍隆起，具 1 小瘤突；上部亚侧方稍凹陷。唇基稍隆起，光滑光亮；基部具稀的细刻点，中间横棱状隆起；亚端缘稍平，光滑光亮；端缘弧形，中央具 1 排平行的褐色短毛。上颚基部具稠密的细刻点，上端齿稍长于下端齿。颊区呈细革质状表面，具弱细皱纹，颚眼距约为上颚基部宽的 0.5 倍。上颊宽阔，具均匀稠密的细刻点，中部稍隆起，向头顶变宽，向后稍收敛。头顶均匀隆起，刻点同上颊，单眼区及周围刻点密集，侧单眼间距约为单复眼间距的 0.7 倍。额区稍平，具稠密的刻点，较头顶稍粗，中央具细中纵脊。触角鞭节 37～39 节，第 1～5 节长度之比依次约为 10.0∶7.0∶6.0∶6.0∶6.0。后头脊完整。

前胸背板前缘光滑光亮，具稠密的细毛点；前沟缘脊明显；侧凹具细斜皱；后上部具均匀稠密的细刻点。中胸盾片均匀隆起，刻点同前胸背板后上部；盾纵沟基部存在。小盾片刻点较中胸盾片稍粗。后小盾片横形，刻点较中胸盾片稀细，相对光滑。中胸侧板稍隆起，刻点同中胸盾片；胸腹侧脊约为中胸侧板高的 0.4 倍；镜面区大，光滑光亮；中胸侧板凹浅沟状。后胸侧板稍隆起，质地及刻点同中胸侧板；下半部具斜皱；基间脊基部可见，后胸侧板下缘脊完整。足正常，中足具 1 距，后足无距；后足第 1～5 跗节长度之比依次约为 21.0∶10.0∶7.0∶4.5∶6.0。翅淡褐色，透明；小脉位于基脉外侧，二者之间的距离约为小脉长度的 0.5 倍；小翅室斜四边形，具短柄，第 2 肘间横脉明显长于第 1 肘间横脉，第 2 回脉在其下外角约 0.3 处与之相接；外小脉内斜，约在中央稍下方曲折；后小脉在下方约 0.4 处曲折。并胸腹节稍隆起，具均匀稠密的粗刻点；中纵脊基部存在；基区和中区间无横脊；中区小，近六边形，具不规则皱；分脊弱，不完整，在中区中央稍下方相接；端横脊明显；端区斜截，具稠密的粗横皱；并胸腹节气门椭圆形，位于基部约 0.2 处。

腹部第 1 节背板长约为端宽的 2.0 倍，具不规则的粗刻点和纵皱；背中脊明显，达气门之后，脊间具稠密的弱细皱纹；背侧脊、腹侧脊完整；气门小，圆形，位于基部约 0.4 处；基侧角三角形突出。腹部第 2 节背板长约为端宽的 0.9 倍；背面刻点及皱纹同第 1 节背板端部；窗疤大，中间稍凹，光滑无刻点。第 3 节背板基部具稠密的细皱纹，其他部分具稠密的细刻点。第 4 节及以后各节背板质地同第 3 节背板端部。

体黑色，下列部分除外：颜面亚中央纵斑，眼眶纵条斑（边缘不整齐），颊区，唇基（基部黑色，端半部褐色），上颚中央少许，前胸背板前缘中间部分（个体有差异），颈前缘，小盾片端缘的弱斑，后小盾片，前足基节前面的小斑，转节前面的条斑，腿节、胫节（后面黑褐色），中足腿节端部少许、胫节（后面黑褐色），后足胫节不明显的斑，腹部第 1 节背板端部、第 2 节背板端部中央黄色；下颚须，下唇须，跗节，触角，翅痣，翅脉黑褐色。

♂ 体长 8.0～10.0 mm。前翅长 6.0～8.0 mm。触角鞭节 37～38 节。体黑色，下列部分除外：颜面亚中央纵斑，眼眶纵条斑（边缘不整齐），颊区，唇基（基部黑色，端缘黄褐色），上颚（基半部及中央下部、端齿黑褐色），前足腿节前面的纵斑，中足腿节前面的斑，腹部第 1 节背板端缘的斑黄色；前足胫节前面的纵带，中足胫节前面的纵带，后足胫节基部的斑，腹部第 2 节背板端缘的斑黄褐色；触角，下颚须，下唇须，翅基，跗节、翅痣、翅脉黑褐色。

寄主：会泽新松叶蜂 *Neodiprion huizeensis* Xiao & Zhou。

寄主植物：华山松 *Pinus armandii* Franch。

正模 ♀，贵州威宁，2012-III-16，李涛、盛茂领。副模：9♀♀12♂♂，贵州威宁，2012-II-18～III-22，李涛、盛茂领。

词源：本新种名源自该虫颜面具黄色纵纹。

本新种与西伯利亚易刻姬蜂 *E. sibiricus* (Kerrich, 1952) 相似，可通过下列特征区分：触角鞭节 37～39 节（♀）；并胸腹节主要具稠密的粗刻点，中纵脊非常弱，不完整，侧纵脊缺，分脊侧面消失；腹部第 1 节背板长约为端宽的 2.0 倍；后足几乎完全黑色。西伯利亚易刻姬蜂：触角鞭节 26 节（♀）；并胸腹节大部分具强壮的皱，中纵脊和侧纵脊强壮，分脊完整；腹部第 1 节背板长约为端宽的 1.5 倍；后足主要为灰褐色，胫节基部白色。

(329) 西伯利亚易刻姬蜂 *Exyston sibiricus* (Kerrich, 1952)（中国新纪录）

Smicroplectrus sibiricus Kerrich, 1952. Bulletin of the British Museum (Natural History), Entomology, 2: 403.

♂ 体长约 7.9 mm。前翅长约 5.3 mm。

复眼内缘近平行。颜面宽约为长的 1.8 倍，具均匀的细毛点和黄褐色短毛，亚侧缘纵向毛点相对粗大，中央纵向毛点相对稀疏；中部均匀隆起，上缘中央具 1 纵瘤突。唇基沟明显。唇基横阔，均匀稍隆起，宽约为长的 1.9 倍；光亮，基半部具稀疏的细毛点和黄褐色短毛，端半部近光亮；端缘弧形，具 1 排稠密的黄褐色长毛。上颚强壮，基半部具均匀的细毛点和黄褐色短毛，端半部光滑光亮；上端齿稍长于下端齿。颊区光滑光亮，具稠密的细毛点和黄褐色短毛。颚眼距约为上颚基部宽的 0.3 倍。上颊阔，向上均匀变宽，中央纵向圆形隆起；光亮，具均匀稠密的细毛点和黄褐色短毛，靠近眼眶处几乎无毛。头顶质地同上颊，在单眼区后方斜截。单眼区稍抬高，中央稍凹，光亮，具稀疏的黄褐色短毛；单眼小，强隆起；侧单眼外侧沟明显。侧单眼间距约为单复眼间距的 0.6 倍。额上半部稍平，具稠密的细毛点和黄褐色短毛；下半部在触角窝后方均匀凹，凹内光滑光亮；上半部在中单眼前方光亮；触角窝之间具 1 长纵脊。触角线状，鞭节 26 节，第 1～5 节长度之比依次约为 1.8∶1.2∶1.1∶1.1∶1.0。后头脊完整，在上颚基部后方与口后脊相接。

前胸背板前缘光亮，具稠密的细毛点和黄褐色短毛；侧凹浅阔，中下部呈细皱状表面直达后缘；上后部具稀疏的细毛点和黄褐色短毛；前沟缘脊强壮。中胸盾片圆形稍隆起，具稠密的细毛点和黄褐色短毛，中后部的毛点相对稀疏；盾纵沟基部的痕迹存在。盾前沟深阔，近光滑光亮。小盾片圆形隆起，光亮，具稀疏的细毛点和黄褐色短毛，中央的毛点非常稀疏。后小盾片横向隆起，具稀疏的细毛点和黄褐色短毛。中胸侧板圆形稍隆起，光亮，具均匀的细毛点和黄褐色短毛，中央大部光滑无毛；镜面区小，光滑光亮；翅基下脊上方中央具 1 纵脊，几乎呈片状；中胸侧板凹横沟状；胸腹侧脊存在，约达中胸侧板中央。后胸侧板稍隆起，光亮，呈弱皱状表面，具稠密的细刻点和黄褐色短毛；下后角具斜皱；后胸侧板下缘脊完整。翅黄褐色，透明，小脉位于基脉外侧，二者之间的距离约为小脉长的 0.2 倍；小翅室斜四边形，第 2 肘间横脉明显长于第 1 肘间横脉，第 2 回脉在小翅室下外角内侧约 0.2 处与之相接；外小脉约在下方 0.4 处曲折；后小脉约在下方 0.4 处曲折。爪具非常稀疏的栉齿；后足第 1～5 跗节长度之比依次约为 4.5∶2.1∶1.6∶1.0∶1.4。并胸腹节稍隆起，基横脊在基区和中区间相对较弱，其他脊完整；基区近长方形，呈细横皱状，中央大部光亮；中区倒梯形，近光亮，具弱皱；端区斜，呈细皱状表面，具 1 中脊；第 1 侧区近光亮，具稠密的细毛点和黄褐色短毛；第 2 侧区光亮，呈细皱状表面；气门小，圆形，靠近外侧脊，由 1 脊与外侧脊相连，位于基部约 0.2 处。

腹部第 1 节背板长约为端宽的 1.5 倍；侧缘向端部均匀变阔，背板均匀隆起，呈不规则的细皱状表面；基部深凹，具弱基侧突；背中脊向后均匀收敛，几乎伸达亚端部；背侧脊、腹侧脊完整；基侧凹小；气门小，圆形，约位于背板中央。第 2 节背板梯形，长约为基部宽的 0.8 倍，约为端宽的 0.6 倍；光亮，基半部呈细皱状表面夹杂细刻点，端半部具细毛点和黄白色微毛，端缘光滑无毛；窗疤大，横向，近光亮。第 3 节背板具稠密的细毛点和黄褐色微毛，基部的毛点相对稠密，端半部的毛点相对稀疏，端缘光滑无毛。第 4 节及以后各节背板光亮，具稠密的细毛点和黄褐色微毛。

体黑色，下列部分除外：颜面（上缘并延伸到靠近眼眶的三角形斑，中央的纵瘤突黑色；唇基沟侧上方的不规则斑暗褐色），唇基，上颚（端齿红褐色），颊区靠近上颚基部少许，下颚须，下唇须，前胸背板下角的小斑，翅基，翅基片，小盾片端半部的斑，后小盾片，前足（基节基半部暗褐色；腿节黄褐色稍带红褐色；爪褐色），中足（基节基半部暗褐色；腿节黄褐色至红褐色；胫节、跗节黄褐色；爪褐色），腹部第3～7节背板端缘黄色；触角鞭节（腹面褐色），后足（基节大部黑色，端缘黄褐色；第1转节端缘黄色；第2转节黄褐色至褐色；腿节暗红褐色至黑褐色；胫节基半部黄褐色，端半部褐色）暗褐色；翅痣，翅脉褐色至暗褐色；窗疤，第2节背板端缘（稍带黄褐色）红褐色。

分布：中国（吉林）；日本，蒙古国，俄罗斯。

观察标本：1♂，吉林白河，2002-Ⅶ-14，集虫网。

(330) 西藏易刻姬蜂，新种 *Exyston xizangicus* Sheng, Li & Sun, sp.n.（彩图80）

♀ 体长约7.0 mm。前翅长约6.0 mm。

颜面宽约为长的2.3倍，表面光滑光亮，具稀疏不明显的微细毛点；中央稍纵隆起，上缘中央具1小瘤突；触角窝外侧方稍凹陷。唇基稍隆起，光滑光亮，几乎无刻点；亚端部稍平；端缘弧形，中段薄边状，具刻点和1排平行的褐色短毛；宽约为长的1.2倍。上颚基部较光滑，刻点不明显，端齿尖而长，上端齿稍长于下端齿。颊区较光滑，刻点不明显，颚眼距约为上颚基部宽的0.8倍。上颊较宽阔，中部较隆起，具较稠密的细毛点，向头顶稍变宽。头顶均匀隆起，后部中央稍平凹，刻点和质地同上颊；单眼区小，稍抬高，具“Y”形浅凹；侧单眼外侧沟明显；侧单眼间距约为单复眼间距的0.3倍。额区刻点和质地同头顶，下半部深凹。触角鞭节25节，第1～5节长度之比依次约为3.5∶1.8∶1.7∶1.5∶1.4，末节约为次末节长的1.7倍、端部渐尖。后头脊完整。

前胸背板光滑光亮，刻点不明显，后缘沟内具1排细刻点；前沟缘脊明显。中胸盾片均匀隆起，表面光滑光亮，具较稠密的不明显的微细毛；盾纵沟基部可见。小盾片稍隆起，光滑光亮，无明显的刻点，具完整的侧脊。后小盾片平凹，相对光滑。中胸侧板稍隆起；前缘横凹，内具1排皱刻点；中后部具1宽横凹，横凹及其上方（含镜面区）相对光滑、无明显的刻点，横凹下方具稠密的细刻点和短毛；胸腹侧脊显著，背端约伸达中胸侧板前缘中央（与之相接）；腹板侧沟前部显著；中胸侧板凹沟状。后胸侧板稍隆起，光滑光亮，刻点稀细不明显，基间脊基部可见；后胸侧板下缘脊完整，前角稍突出。中足具1距，后足无距；后足胫节亚基部外侧稍隆起；后足第1～5跗节长度之比依次约为4.0∶2.0∶1.5∶0.7∶1.4。翅淡褐色，透明；小脉位于基脉外侧，二者之间的距离约为小脉长度的0.5倍；小翅室三角形，具短柄，第2肘间横脉明显长于第1肘间横脉，第2回脉明显在它的下外角外侧与肘脉外段相接；外小脉内斜，约在下方0.3处曲折；后小脉在下方约0.25处曲折。并胸腹节稍隆起，脊和分区相对完整，具稠密模糊的弱细皱和稠密的短毛，刻点不明显；基区和中区之间无横脊分隔，基部较光滑；中纵脊在基部几乎平行，自分脊向后强烈收敛；分脊在中区中部前方与中区相接；并胸腹节气门圆形，位于基部约0.2处。

腹部背板光滑光亮，具稀疏的短毛。第1节背板细柄状，长约为端宽的3.4倍；背中脊细而完整，脊间稍有纵凹痕；无背侧脊，腹侧脊完整；气门小，圆形，突出，位于基部约0.35处。第2节背板相对短小，两侧几乎平行，长约为端宽的1.3倍，窗疤大。自第3节背板向后显著膨大，第3节背板长约为端宽的0.7倍，第4节背板长约为端宽的 0.6 倍；第 5 节背板侧缘近平行，长约为宽的 0.6 倍；以后各节背板强烈向后收敛，末节端部尖。产卵器鞘相对宽短，粗壮，刚露出腹末，粗于末节端部。

体黑色，下列部分除外：颜面两侧的近三角形大斑，唇基端半部黄色；上颚端半部（齿尖暗褐色）污黄色；前中足腿节前侧、胫节和跗节黄褐色至暗褐色；腹部第 1 节背板端半部两侧的纵斑、第 2 节背板基半部两侧的纵斑及窗疤黄白色；下颚须，下唇须暗褐色；翅痣黑色，翅脉褐色。

正模 ♀，西藏樟木德庆塘，3150 m，2013-Ⅶ-22，李涛。

词源：本新种名源于模式标本采集地名。

本新种可通过下列特征与本属其他种区分：小翅室三角形，具短柄，第 2 回脉明显在它的下外角外侧与肘脉外段相接；第 1 节背板细柄状，长约为端宽的 3.4 倍；颜面两侧具黄色近三角形大斑。

81. 镰尾姬蜂属 *Grypocentrus* Ruthe, 1855

Grypocentrus Ruthe, 1855. Stettiner Entomologische Zeitung, 16(2): 52. Type-species: *Grypocentrus incisulus* Ruthe. Designated by Viereck, 1912.

主要鉴别特征：体短小但相对较粗壮；头和翅较大；唇基短且宽；颚眼距较短，为上颚基部宽的 0.1～0.2 倍；并胸腹节具分脊；小翅室无柄；爪具栉齿；产卵器鞘短，向上弯曲；产卵器长约等于腹端厚，端部向上弯曲呈钩状。

该属全世界已知 21 种，我国已知 4 种，这里记录 2 种。

据报道（Jordan，1998；Townes et al.，1992；Yu et al.，2016），该属已知的寄主为叶蜂类和毛顶蛾类：褐背昧潜叶蜂 *Metallus lanceolatus* (Thomson, 1871)、桦潜叶蜂 *Fenusa pumila* Leach、纹潜叶蜂 *F. ulmi* Sundevall、欧洲简栉叶蜂 *Trichiocampus aeneus* (Zaddach)、红胸原潜叶蜂 *Profenusa canadensis* (Marlatt)、小原潜叶蜂 *P. pygmaea* (Klug)、斑毛顶蛾 *Eriocrania cicatricella* Zetterstedt、桑氏毛顶蛾 *E. sangii* (Wood)、半紫毛顶蛾 *E. semipurpurella* (Stephens)、高山毛顶蛾 *E. semipurpurella alpina* Xu、撕毛顶蛾 *E. sparrmannella* Bosc、单斑毛顶蛾 *E. unimaculella* (Zetterstedt)。

镰尾姬蜂属中国寄生叶蜂的已知种检索表

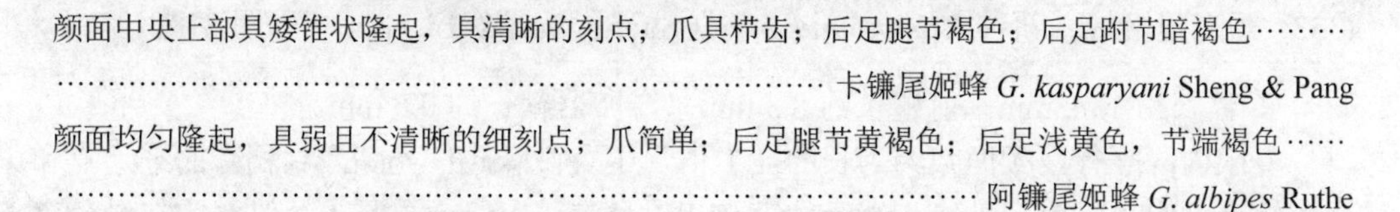
颜面中央上部具矮锥状隆起，具清晰的刻点；爪具栉齿；后足腿节褐色；后足跗节暗褐色………
…………………………………………………………………… 卡镰尾姬蜂 *G. kasparyani* Sheng & Pang
颜面均匀隆起，具弱且不清晰的细刻点；爪简单；后足腿节黄褐色；后足浅黄色，节端褐色……
…………………………………………………………………………… 阿镰尾姬蜂 *G. albipes* Ruthe

(331) 阿镰尾姬蜂 *Grypocentrus albipes* Ruthe, 1855

Grypocentrus albipes Ruthe, 1855. Stettiner Entomologische Zeitung, 16(2): 56.

分布：中国（辽宁、宁夏）；朝鲜，俄罗斯，乌克兰，英国，德国，法国，波兰，芬兰，荷兰，奥地利，比利时，挪威，保加利亚，匈牙利，伊朗，摩尔多瓦，瑞典，美国等。

观察标本：2♀♀，辽宁沈阳，1992-Ⅵ-04～09，盛茂领；1♀1♂，辽宁沈阳，1993-Ⅴ-30，盛茂领；1♀，辽宁沈阳，1999-Ⅵ-16，盛茂领；1♀，宁夏六盘山，2005-Ⅸ-15，集虫网。

(332) 卡镰尾姬蜂 *Grypocentrus kasparyani* Sheng & Pang, 1996

Grypocentrus kasparyani Sheng & Pang, 1996. Entomologia Sinica, 3(3): 221.

分布：中国（辽宁）。

观察标本：1♀（正模），辽宁沈阳，1991-Ⅵ-09，盛茂领；1♀（副模）1♂（配模），辽宁沈阳，1991-Ⅵ-09，盛茂领；2♀♀2♂♂（副模），辽宁沈阳，1993-Ⅴ-30，盛茂领；3♀♀3♂♂，辽宁沈阳，2001-Ⅴ-27，盛茂领；1♀，辽宁沈阳，1999-Ⅵ-04，盛茂领；6♀♀，辽宁沈阳，2001-Ⅴ-27，盛茂领。

82. 克里姬蜂属 *Kristotomus* Mason, 1962

Kristotomus Mason, 1962. The Canadian Entomologist, 94: 1274. Type-species: *Tryphon ridibundus* Gravenhorst. Original designation.

主要鉴别特征：前翅长 3.3～9.5 mm；唇基端缘前拱，或中部约 0.4 近似平截；上颚下端齿大于上端齿，有时约等长；柄节亚球形，长为宽的 1.3～1.6 倍，但有时更长；后头脊在上颚基部上方与口后脊相接；盾纵沟清晰或缺；翅基下脊简单；后足胫节端部平截；第 1 节背板均匀向端部变宽，具基侧凹，腹板与背板不融合，背中脊至少基部清晰；产卵器鞘简单；产卵器细，直或向下弯曲，端部无明显的齿。

全世界已知 41 种，我国已知 25 种。种类检索表可参考相关著作（Gupta，1990；Kasparyan，1976，1990）。

寄主：据报道（Gupta，1990；Hinz，1961），已知的寄主有托秋叶蜂 *Apethymus braccatus* (Gmelin, 1790)、樱秋叶蜂 *Apethymus serotinus* (Müller, 1776)、黑跗方颜叶蜂 *Pachyprotasis rapae* (Linnaeus, 1767)等。

(333) 短克里姬蜂，新种 *Kristotomus brevis* Sheng, Sun & Li, sp.n.（彩图 81）

♀ 体长约 13.2 mm。前翅长约 8.3 mm。产卵器鞘长约 0.6 mm。

复眼内缘平行。颜面宽约为长的 1.7 倍，中央微隆起；光亮，具稠密的细毛点和黄褐色短毛，中央纵向、外缘和端缘的毛点相对稀疏；上缘中央具 1 短纵脊，在触角窝下方呈细横皱状。唇基沟明显。唇基横阔，宽约为长的 2.2 倍；中央横向圆形隆起，光亮，具非常稀疏的黄褐色短毛，中央大部光滑无毛；端缘弧形，具 1 排稠密的黄褐色短毛。上颚强壮，基半部具稀疏的细毛点和黄褐色长毛，端半部光亮；端齿尖，下端齿明显大于上端齿。颊区呈细皱状表面。颚眼距约为上颚基部宽的 0.2 倍。上颊阔，向上稍变宽，中央纵向圆形微隆起，光亮，具均匀的细毛点和黄褐色短毛，中下部的毛点相对稀疏，上部的毛点相对稠密。头顶质地同上颊，单复眼之间的毛点相对稀疏。单眼区稍抬高，中央稍凹，光亮，具非常稀疏的细毛点和黄褐色短毛；单眼小，强隆起，侧单眼外侧沟明显；侧单眼间距约为单复眼间距的 0.7 倍。额相对平，光亮，具稠密的细毛点和黄褐色短毛；中央纵向具 1 弱脊；在触角窝基部稍凹，近光亮。触角线状，鞭节 36 节，第 1～5 节长度之比依次约为 4.3∶2.1∶1.8∶1.6∶1.5。后头脊完整，在上颚基部后方与口后脊相接。

前胸背板前缘光亮，具稠密的细毛点和黄褐色短毛；侧凹浅阔，光亮，具短皱，下部的皱直达后缘；后上部具均匀稠密的细毛点和黄褐色短毛；前沟缘脊缺。中胸盾片微隆起，光亮，具稠密的细毛点和黄褐色短毛，中后部的毛点相对稀疏；盾纵沟基部存在。盾前沟深阔，光亮，具稠密的细毛点和黄褐色短毛。小盾片圆形稍隆起，光亮，具稠密的细毛点和黄褐色短毛，中央大部光滑无毛；侧脊完整。后小盾片横向隆起，光亮，具稀疏的细毛点和黄褐色短毛。中胸侧板相对平，光亮，具稠密的细毛点和黄褐色短毛；镜面区小，光滑光亮；中胸侧板凹浅凹状；胸腹侧脊下半段明显，约为中胸侧板高的 0.4 倍。后胸侧板稍隆起，光亮，具稠密的细毛点和黄褐色短毛；基间脊缺；后胸侧板下缘脊完整。翅浅褐色，透明；小脉位于基脉内侧，二者之间的距离约为小脉长的 0.2 倍；小翅室斜四边形，具短柄，柄长约为第 1 肘间横脉长的 0.3 倍；第 2 肘间横脉明显长于第 1 肘间横脉，端半部具弱点；第 2 回脉约在小翅室下外角稍内侧相接；外小脉约在下方 0.4 处曲折；后小脉约在下方 0.3 处曲折。爪栉齿状；前中足单距，后足缺距；后足第 1～5 跗节长度之比依次约为 5.2∶2.3∶1.6∶1.0∶1.6。并胸腹节圆形隆起，分区近完整；基区的侧脊消失，仅基缘呈小突状存在，后缘中央具 1 瘤状突；中区五边形，前端几乎尖，长约为宽的 1.25 倍，中央大部光滑光亮，侧缘具稀疏的黄褐色短毛；分脊在它的中部稍前方相接；端区斜，近扇形，光亮，具稠密的细毛点和黄褐色短毛，中央具 1 纵脊；侧区光亮，具稠密的细毛点和黄褐色短毛；外侧区光亮，具稠密的细毛点和黄褐色短毛；气门中等大小，近圆形，位于基部约 0.25 处。

腹部第 1 节背板长约为端宽的 2.3 倍，侧缘向端部渐阔；光亮，具稠密的细毛点和黄褐色微毛，端缘光滑无毛；背中脊完整，伸达亚中部；亚端部中央稍凹；背侧脊、腹侧脊完整；基侧凹小；气门小，圆形，约位于背板基部 0.35 处。第 2 节背板梯形，长约为基部宽的 1.1 倍，约为端宽的 0.7 倍；光亮，具稠密的细毛点和黄褐色微毛，端部光滑无毛；窗疤近半圆形，光亮。第 3 节及以后各节背板光亮，具均匀稠密的细毛点和黄褐色微毛。下生殖板大，三角形，末端尖。产卵器稍露出腹末，较阔，具稠密的黄褐色短毛。

体黑色，下列部分除外：颜面（上缘，中央的纵斑，靠近唇基沟处黑色），唇基（端缘褐色），上颚（暗红褐色），翅基，小盾片端半部中央的斑，后小盾片的小斑，前足（基节基半部黑色；腿节腹面基半部暗褐色；胫节、跗节黄褐色；第 3～5 跗节背面、爪褐色），中足（基节基半部黑色；腿节腹面基半部、前侧基部少许暗褐色至黑褐色；胫节、跗节黄褐色；第 1 跗节褐色；第 2～5 跗节、爪暗褐色），后足（基节大部、转节背面、腿节黑色；胫节腹面褐色；胫节背面、跗节、爪暗褐色）黄色；下颚须，下唇须，前胸背板后上角褐色；翅基片不均匀的褐黑色，前缘黄色；腹部第 1 节背板基半部中央的纵带，侧缘，端缘（中央暗褐色），第 2 节背板（中央大部黑色至黑褐色；端半部红褐色，亚侧缘稍带暗褐色；端缘黄褐色）黄白色；腹部第 3 节背板（基部中央稍暗褐色）及以后各节背板褐红色；触角（柄节、梗节腹面黄色，背面黑色；鞭节腹面黄褐色至褐色，端部数节腹面褐色），翅脉，翅痣褐色至暗褐色。

正模 ♀，江西资溪马头山国家级自然保护区昌坪站，290 m，2018-Ⅳ-10，盛茂领。

词源：本新种名源于产卵器较短。

本新种与拉克里姬蜂 *K. laetus* (Gravenhorst, 1829) 近似，可通过下列特征区分：触角鞭节第 1 节为第 2 节长的 2.0 倍；唇基宽约为长的 2.2 倍；腹部第 1 节背板长约为端宽的 2.3 倍；腹部第 1 节背板黑色，侧面和基半部的中带黄白色；第 3 节及其后各节背板褐红色。拉克里姬蜂：触角鞭节第 1 节为第 2 节长的 1.7 倍；唇基宽不大于长的 2.0 倍；腹部第 1 节背板长约为端宽的 2.0 倍；腹部第 1 节背板完全黑色；第 2 节及其后各节背板黄褐色。

(334) 宁夏克里姬蜂 *Kristotomus ningxiaensis* Sun & Sheng, 2007

Kristotomus ningxiaensis Sun & Sheng, 2007. Acta Zootaxonomica Sinica, 32(1): 212.

分布：中国（宁夏）。

观察标本：1♀（正模），宁夏六盘山，2005-Ⅸ-29，盛茂领、孙淑萍；8♀♀3♂♂（副模），宁夏六盘山，2005-Ⅷ-25～Ⅸ-29，盛茂领、孙淑萍。

(335) 笑克里姬蜂 *Kristotomus ridibundus* (Gravenhorst, 1829)

Tryphon ridibundus Gravenhorst, 1829. Ichneumonologia Europaea, 2: 188.

分布：中国（宁夏、台湾）；朝鲜，日本，俄罗斯远东地区，欧洲。

观察标本：6♀♀5♂♂，宁夏六盘山，2005-Ⅷ-04～Ⅸ-22，盛茂领、孙淑萍。

(336) 申氏克里姬蜂 *Kristotomus sheni* Sheng, 2002

Kristotomus sheni Sheng, 2002. Acta Entomologica Sinica, 45 (Suppl.): 94.

分布：中国（河南）。

观察标本：1♀（正模）6♀♀10♂♂（副模），栾川龙峪湾，1000 m，1998-Ⅴ-19，申效诚、任应党；8♀♀26♂♂（副模），嵩县白云山，1500 m，1999-Ⅴ-20，盛茂领。

(337) 角克里姬蜂 *Kristotomus triangulatorius* (Gravenhorst, 1829)

Tryphon triangulatorius Gravenhorst, 1829. Ichneumonologia Europaea, 2: 205.

分布：中国（宁夏、四川）；欧洲。

观察标本：2♀♀1♂，宁夏六盘山，2005-Ⅵ-09～16，盛茂领、孙淑萍。

83. 耳柄姬蜂属 *Otoblastus* Förster, 1869

Otoblastus Förster, 1869. Verhandlungen des Naturhistorischen Vereins der Preussischen Rheinlande und Westfalens, 25(1868): 201. Type-species: *Tryphon luteomarginatus* Gravenhorst.

本属仅已知 6 种，此前我国已知 1 种：汤耳柄姬蜂 *O. townesi* Kasparyan，1993，分布于中国台湾。已报道的寄主(Kasparyan and Tolkanitz，1999)：敛片叶蜂 *Tomostethus* sp.。这里介绍在我国辽宁发现的本属 1 中国新纪录种。

耳柄姬蜂属中国已知种检索表

腹部基部 4 节背板具较细的刻点；第 2、3、4 节背板长为自身端宽的 0.5 倍；第 1～4 节背板主要浅褐色……………………………………………………………… 汤耳柄姬蜂 *O. townesi* Kasparyan

腹部基部 4 节背板具较粗的刻点；第 2、3、4 节背板长依次为端宽的 0.6 倍、0.7 倍、0.6 倍；第 1～4 节背板主要黑色…………………………………………………… 斑耳柄姬蜂 *O. maculator* Kasparyan

(338) 斑耳柄姬蜂 *Otoblastus maculator* Kasparyan, 1999（中国新纪录）

Otoblastus maculator Kasparyan, 1999. Ichneumonidae subfamily Tryphoninae: tribes Sphinctini, Phytodietini, Oedemopsini, Tryphonini (Addendum), Idiogrammatini. Subfamilies Eucerotinae, Adelognathinae (addendum), Townesioninae, p.258.

♀ 体长约 6.0 mm。前翅长约 4.5 mm。产卵器鞘长约 0.3 mm。

颜面下方稍收敛，宽约为长的 1.7 倍；具非常稠密的微细刻点（侧缘刻点较弱），中部较强隆起（中央稍高），触角窝外侧及亚侧缘稍纵凹；上缘中央具 1 纵瘤突。唇基沟明显。唇基凹圆形。唇基宽约为长的 2.8 倍，稍隆起，具稍稀疏的粗刻点；端部中央钝角形下凹；端缘中央几乎平直，具 1 排黄褐色长毛。上颚较小，基部具细刻点和较长的毛，端部狭长、具细纵纹，下端齿稍短于上端齿。颊具稠密的短纵皱；颚眼距约为上颚基部宽的 0.3 倍。上颊具非常稠密的微细刻点和短毛，中部较隆起，后上部稍增宽。头顶与上颊的质地相似；侧单眼间距约为单复眼间距的 0.8 倍。额稍平凹，具非常稠密的微细刻点，下半部中央具细脊状皱；触角粗丝状，鞭节 25 节，第 1～5 节长度之比依次约为 1.4∶1.1∶1.0∶1.0∶1.0。后头脊完整。

胸部具稠密的细刻点和近白色短毛。前沟缘脊强壮，伸至前胸背板上缘。中胸盾片均匀隆起；盾纵沟弱浅。小盾片较平缓，端部刻点稍稀，具侧脊。后小盾片不明显。中胸侧板前部较强隆起，后部中央明显凹；胸腹侧脊不明显；中胸侧板凹沟状，周围呈宽浅凹；镜面区小。后胸侧板较隆起，下缘具短皱；基间脊不明显；后胸侧板下缘脊完整，前角稍强。翅稍带褐色，透明；小脉位于基脉外侧，二者之间的距离约为小脉长的 0.3 倍；小翅室斜三角形，具短柄，第 2 肘间横脉显著长于第 1 肘间横脉；第 2 回脉在它的下外角稍内侧与之相接；外小脉约在下方 0.3 处曲折；后小脉约在下方 0.2 处曲折。足较粗壮；后足第 1～5 跗节长度之比依次约为 3.0∶1.6∶1.0∶0.7∶1.0；爪小，简单，端部尖细。并胸腹节半圆形隆起，脊和分区较完整，表面具弱细皱，刻点不明显；基区和中区合并，似花瓶状；分脊约于合并区下方0.35处伸出；端区扇面状，具稍粗的弱皱；气门非常小，圆形，约位于基部0.3处，由1横脊连接外侧脊。

腹部粗壮，具均匀稠密的刻点（向端部刻点稍渐细弱）和近白色短毛。第1节背板长约为端宽的1.2倍，向基部逐渐收敛，基侧突显著；背中脊显著，向后稍收敛，几乎伸达背板端缘（端部细弱）；背侧脊完整，纤细；气门非常小，圆形，约位于基部0.4处。第2～4节背板梯形，长分别约为端宽的0.6倍、0.7倍和0.6倍，第2节、第3节背板基部两侧具横形小窗疤；第5节背板侧缘近平行，长约为宽的0.6倍，以后背板显著向后收敛。下生殖板短三角形。产卵器鞘粗壮，扁刀状，约为后足胫节长的0.3倍。

体黑色，下列部分除外：触角黑褐色，腹侧稍带黄褐色；颜面（上部中央具黑褐色短纵斑）延至额眼眶下半段，唇基（端缘暗褐色），上颚（端半部及端齿暗褐色），颊，下颚须，下唇须，翅基均为乳黄色；前中足红褐色（基节基部外侧稍带黑褐色）；后足基节、腿节和胫节端部黑色，转节红褐色，其余污黄色；腹部第1节背板、第2节背板端部的横三角斑污黄色，其余背板端缘具暗红褐色窄边（或不明显）；翅基片暗红褐色，翅痣及前缘脉褐黑色，翅脉褐色。

分布：中国（辽宁）；日本，俄罗斯。

观察标本：1♀，辽宁沈阳，1992-Ⅵ，娄巨贤。

84. 多卵姬蜂属 *Polyblastus* Hartig, 1837

Polyblastus Hartig, 1837. Archiv für Naturgeschichte, 3: 155. Type-species: *Tryphon varitarsus* Gravenhorst. Designated by Viereck, 1912.

主要鉴别特征：体较粗壮，头和翅相对较大，足相对较细长；唇基较大，均匀隆起，或具弱的横中脊；唇基端缘具长毛；颚眼距为上颚基部宽的0.15～0.3倍；上颚基部或多或少隆起，具分散的刻点；小翅室有或无，若有则斜型；第2回脉均匀弯曲，具2相对分开的弱点；后小脉在下方0.2～0.45处曲折；腹部第2节背板无横凹痕；产卵器直（个别种例外），携带多枚卵。

寄主：已知寄主主要是叶蜂科Tenthredinidae和尺蛾科Geometridae，叶蜂类主要是柳梢瘿叶蜂 *Pontania proxima* (Serville)、云杉锉叶蜂 *Pristiphora abietina* (Christ)、落叶松叶蜂 *P. erichsonii* (Hartig)、魏氏锉叶蜂 *P. wesmaeli* (Tischbein)、桦潜叶黑叶蜂 *Scolioneura betuleti* (Klug)、杨扁角叶蜂 *Stauronematus platycerus* (Hartig)；也有报道（Kasparyan and Tolkanitz，1999）寄生短梨实蜂 *Hoplocampa brevis* (Klug)等。

该属含3亚属，我国均有分布；全属已知57种，此前我国已知5种。这里介绍2亚属7种及亚种。

多卵姬蜂属分亚属

1. 前翅小翅室开放（无第2肘间横脉）；产卵器鞘通常端部膨大；卵通常黑色，或褐色或近白色 ····

………………………………………………………………… 无室多卵姬蜂亚属 *Labroctonus* Förster

前翅小翅室封闭（具第 2 肘间横脉）；产卵器鞘通常中部膨大；卵近白色 …………………………2

2. 并胸腹节基横脊侧段存在，在靠近中纵脊处与端横脊相接；唇基宽为长的 2.0～4.5 倍；产卵器背瓣粗且圆……………………………………………拉多卵姬蜂亚属 *Cophenchus* Townes & Townes

并胸腹节基横脊侧段缺或存在，若存在，在端横脊之前与中纵脊相接；唇基宽小于 3.0 倍长；产卵器背瓣向端部渐尖至非常尖…………………………………… 多卵姬蜂亚属 *Polyblastus* Hartig

无室多卵姬蜂亚属 *Labroctonus* Förster, 1869

Labroctonus Förster, 1869. Verhandlungen des Naturhistorischen Vereins der Preussischen Rheinlande und Westfalens, 25(1868): 195. Type-species: (*Tryphon articulates* Cresson) = *stenocentrus* Holmgren.

该亚属已知 23 种，我国已知 2 种。

无室多卵姬蜂亚属中国已知种检索表

上颚上端齿明显长于下端齿；并胸腹节分区完整，脊强壮；颜面完全黑色；后足基节和腿节褐色；腹部第 1～3 节背板主要为黑色，其余棕褐色 ………… 高氏多卵姬蜂 *P.* (*Labroctonus*) *gaoi* Sheng

上颚上端齿约等长于下端齿；并胸腹节脊较弱，部分脊缺，分区不完整；颜面黄色，中央具较宽的黑色纵带；后足基节红褐色，腿节黑褐色；腹部所有背板黑色，仅后缘具白色狭边……………
……………………………………………………… 魏多卵姬蜂 *P.* (*Labroctonus*) *westringi* Holmgren

(339) 高氏多卵姬蜂 *Polyblastus* (*Labroctonus*) *gaoi* Sheng, 2014

Polyblastus (*Labroctonus*) *gaoi* Sheng, 2014. Ichneumonid Fauna of Liaoning, p.340.

分布：中国（辽宁）。

观察标本：1♀（正模），辽宁宽甸，2006-Ⅸ-29，高纯。

(340) 魏多卵姬蜂 *Polyblastus* (*Labroctonus*) *westringi* Holmgren, 1857

Polyblastus westringi Holmgren, 1857. Kongliga Svenska Vetenskapsakademiens Handlingar, 1(1) (1855): 210.

♀ 体长约 5.5 mm。前翅长约 6.0 mm。

颜面宽约为长的 2.1 倍；中央纵行隆起，具 1 小瘤突，隆起上具稠密的细刻点；侧缘光滑光亮，具稀疏的细毛点。唇基基半部均匀隆起，具稀疏的细毛点；端半部平截，光滑，端缘具 1 排平行褐色毛；宽约为长的 2.1 倍。上颚基部光滑光亮，上端齿稍长于下端齿。颊区窄，颚眼距约为上颚基部宽的 0.5 倍。上颊光滑光亮，均匀隆起，具稀疏的细毛点。头顶刻点同上颊，单眼区外侧具深沟，侧单眼间距约为单复眼间距的 0.6 倍。额平坦，具稠密的细刻点。触角鞭节 30 节，第 1～5 节长度之比依次约为 10.0∶6.0∶5.0∶

5.0∶5.0。后头脊完整。

前胸背板光滑光亮，具稀疏的细毛点，前沟缘脊存在。中胸盾片圆形隆起，具均匀稠密的细毛点；小盾片刻点同中胸盾片；后小盾片横形，几乎无刻点。中胸侧板稍隆起，具稠密的细毛点；镜面区大，光滑光亮。后胸侧板均匀隆起，刻点同中胸侧板，后胸侧板下缘脊完整。足正常；爪栉状；后足第1～5跗节长度之比依次约为18.0∶8.0∶6.0∶4.0∶6.0。翅透明；小脉位于基脉稍外侧；第2肘间横脉缺失；第2回脉与第1肘间横脉之间的距离约为第2回脉的0.4倍；外小脉在下方约0.4处曲折；后小脉在下方约0.1处曲折。并胸腹节圆形隆起，光滑光亮，具稀疏的细毛点；端横脊明显；气门小，圆形，位于基部约0.3处。

腹部光滑光亮，具稠密的细毛点。第1节背板长约为端宽的1.2倍；背侧脊、腹侧脊完整；具基侧凹；气门小，圆形突出，位于第1节背板约0.5处。第2节背板长约为端宽的0.4倍。第3节背板长约为端宽的0.4倍。产卵器鞘约为后足胫节长的0.4倍；产卵器直。

体黑色，下列部分除外：颜面（中央隆起处黑褐色），唇基，上颚（端齿黑褐色），下颚须，下唇须，前胸背板后上角，翅基片，翅基，后足胫节（端部黑褐色）黄白色；前足（腿节、胫节红褐色），中足（腿节红褐色），后足（基节红褐色，腿节黑褐色，跗节暗褐色），腹部第1节背板端部少许、第2节背板端缘、第3节背板端缘黄褐色；爪，翅痣，翅脉黑褐色。

寄主：落叶松叶蜂 *Pristiphora erichsonii* (Hartig)；国外报道的寄主有落叶松锉叶蜂 *P. laricis* (Hartig)、魏氏锉叶蜂 *P. wesmaeli* (Tischbein) (Zinnert, 1969)。

分布：中国（吉林）；奥地利，白俄罗斯，保加利亚，捷克，斯洛伐克，丹麦，芬兰，法国，德国，爱尔兰，拉脱维亚，立陶宛，蒙古国，荷兰，挪威，波兰，俄罗斯，瑞典，乌克兰，英国。

观察标本：7♀♀4♂♂，吉林大兴沟，2005-Ⅵ-29～Ⅷ-18，集虫网；1♀，吉林延吉帽儿山，2009-Ⅴ-19，李涛。

多卵姬蜂亚属 *Polyblastus* Hartig, 1837

Polyblastus Hartig, 1837. Archiv für Naturgeschichte, 3: 155. Type-species: *Tryphon varitarsus* Gravenhorst. Designated by Viereck, 1912.

全世界已知29种，我国已知5种及亚种。

多卵姬蜂亚属中国已知种检索表

1. 产卵器鞘较细长，其长约为后足胫节长的0.75倍，基部至端部几乎等宽；腹部第2及其后各节背板红褐色；产卵器鞘黄褐色……………………………汤多卵姬蜂 *P.* (*Polyblastus*) *townesi* Kasparyan

   产卵器鞘不细长，其长至多不大于后足胫节长的0.65倍，基部明显较宽，或向端部渐狭；腹部背板第2节或端部背板黑色……………………………………………………………………………2

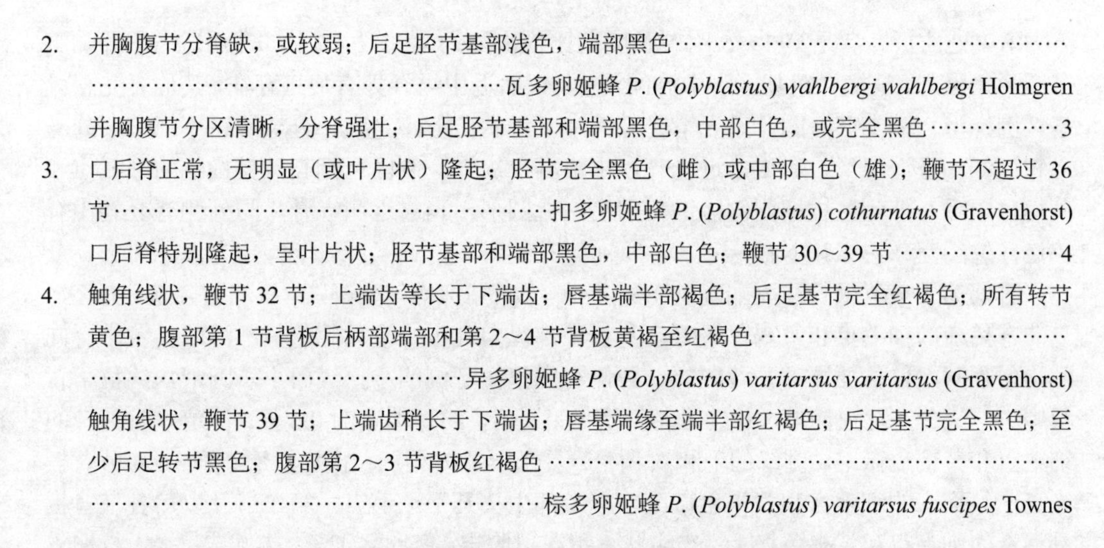

2. 并胸腹节分脊缺，或较弱；后足胫节基部浅色，端部黑色……………………………………………………瓦多卵姬蜂 *P.* (*Polyblastus*) *wahlbergi wahlbergi* Holmgren

并胸腹节分区清晰，分脊强壮；后足胫节基部和端部黑色，中部白色，或完全黑色……………3

3. 口后脊正常，无明显（或叶片状）隆起；胫节完全黑色（雌）或中部白色（雄）；鞭节不超过 36 节……………………………………………………扣多卵姬蜂 *P.* (*Polyblastus*) *cothurnatus* (Gravenhorst)

口后脊特别隆起，呈叶片状；胫节基部和端部黑色，中部白色；鞭节 30～39 节 …………………4

4. 触角线状，鞭节 32 节；上端齿等长于下端齿；唇基端半部褐色；后足基节完全红褐色；所有转节黄色；腹部第 1 节背板后柄部端部和第 2～4 节背板黄褐至红褐色 ……………………………………………………异多卵姬蜂 *P.* (*Polyblastus*) *varitarsus varitarsus* (Gravenhorst)

触角线状，鞭节 39 节；上端齿稍长于下端齿；唇基端缘至端半部红褐色；后足基节完全黑色；至少后足转节黑色；腹部第 2～3 节背板红褐色 ……………………………………………………棕多卵姬蜂 *P.* (*Polyblastus*) *varitarsus fuscipes* Townes

(341) 扣多卵姬蜂 *Polyblastus* (*Polyblastus*) *cothurnatus* (Gravenhorst, 1829)（中国新纪录）

Tryphon cothurnatus Gravenhorst, 1829. Ichneumonologia Europaea, 2: 285.

♀ 体长约 6.9 mm。前翅长约 5.7 mm。产卵器鞘长约 0.7 mm。

复眼内缘向下稍收敛。颜面宽约为长的 1.6 倍，具稠密的细刻点和黄褐色短毛，外缘毛点非常稀细；中央微隆起。唇基沟明显。唇基横阔，均匀稍隆起，宽约为长的 2.3 倍；光亮，基半部具稀疏的细毛点和黄褐色短毛，端半部近光亮；端缘弧形，具 1 排稠密的黄褐色长毛。上颚强壮，基半部具稠密的黄褐色短毛，端半部光滑光亮；端齿近等长。颊区光亮，具稀疏的细毛点和黄褐色短毛，靠近上颚基部具细皱。颚眼距约为上颚基部宽的 0.3 倍。上颊阔，向上均匀变宽，中央纵向圆形隆起；光亮，具均匀稀疏的细毛点和黄褐色短毛。头顶质地同上颊，在单眼区后方斜截。单眼区稍抬高，中央稍凹，光亮，具稀疏的黄褐色短毛；单眼小，强隆起；侧单眼间距约为单复眼间距的 0.6 倍。额相对平，具稠密的细毛点和黄褐色短毛，上半部毛点相对稀细。触角线状，鞭节 32 节，第 1～5 节长度之比依次约为 2.3∶1.2∶1.1∶1.1∶1.0。后头脊完整，在上颚基部后方与口后脊相接。

前胸背板前缘光亮，具稀疏的细毛点和黄褐色短毛；侧凹浅阔，光亮，上半部具稀疏的细毛点，下半部呈弱皱状表面；后上部具均匀稀疏的细毛点和黄褐色短毛；前沟缘脊强壮。中胸盾片圆形稍隆起，背面平，具均匀稀疏的细毛点和黄褐色短毛，前缘的毛点相对稠密；盾纵沟基半部的痕迹存在。盾前沟深阔，几乎光亮。小盾片稍隆起，光亮，具稀疏的细毛点和黄褐色短毛。后小盾片横向隆起，几乎光亮。中胸侧板圆形稍隆起，光亮，具稀疏的细毛点和黄褐色短毛，中部的毛点相对稀疏；镜面区中等大小，光滑光亮；中胸侧板凹横沟状；胸腹侧脊存在，几乎达中胸侧板中央。后胸侧板圆形隆起，光亮，具稀疏的细刻点和黄褐色短毛；下后角具斜皱；后胸侧板下缘脊完整。翅黄褐色，透明，小脉位于基脉外侧，二者之间的距离约为小脉长的 0.25 倍；小翅室斜四边形，第 2 回脉在小翅室下外角内侧约 0.2 处与之相接；外小脉约在下方 0.3 处曲折；后小脉约在下方 0.4 处曲折。后足第 1～5 跗节长度之比依次约为 4.9∶2.5∶1.7∶1.0∶1.5。并胸腹节圆形稍隆起，基横脊在基区和中区间消失，仅靠近中纵脊处有痕迹存在，其他脊完整；基区倒梯形，基半部深凹，近光滑光亮；中区近六边形，光亮，分脊约在下部 0.3 处与之相接；端区近扇形，斜截，近光亮，中央具 1 纵脊；侧区近光亮，具稀疏的细毛点和黄褐色短毛；外侧区质地同侧区，气门小，近圆形，稍靠近侧纵脊，与外侧脊之间由脊相连，位于基部约 0.3 处。

腹部第 1 节背板长约为端宽的 1.3 倍；侧缘向端部均匀变阔，背板均匀隆起，光亮，具非常稀疏的细毛点和黄褐色短毛，背板中部纵向几乎光滑无毛；基部深凹；背中脊向后均匀收敛，伸达亚端部；背侧脊、腹侧脊完整；基侧凹小；气门小，圆形，约位于背板中央。第 2 节背板梯形，长约为基部宽的 0.8 倍，约为端宽的 0.6 倍；光亮，具稀疏的细毛点和黄褐色微毛，侧缘的毛相对稠密；基部亚侧方稍凹；窗疤横形。第 3～4 节背板光亮，具稠密的细毛点和黄褐色微毛，端半部中央几乎无毛点。第 5 节及以后各节背板具稠密的细毛点和黄褐色微毛。产卵器鞘稍露出腹末。产卵器细长，末端尖，携大量卵。

体黑色，下列部分除外：唇基端半部（端缘暗褐色），上颚（基半部黑褐色，上缘黄褐色；端齿暗红褐色），腹部第 1 节背板端缘、第 2 节背板、第 3 节背板基半部及端缘黄褐色至红褐色；下颚须，下唇须，翅基，前足（基节、转节黑褐色；腿节基半部黄褐色稍带红褐色；爪暗褐色），中足（基节、转节黑褐色；腿节基缘及背面基半部暗褐色；跗节、爪褐色）黄褐色；触角鞭节，翅基片，后足暗褐色至黑褐色；翅脉，翅痣（基部稍带黄褐色）褐色至暗褐色。

分布：中国（吉林）；俄罗斯远东地区，欧洲。

观察标本：1♀，吉林白河，1200 m，2000-Ⅸ-10，孙淑萍。

(342) 汤多卵姬蜂 *Polyblastus* (*Polyblastus*) *townesi* Kasparyan, 1993

Polyblastus (*Polyblastus*) *townesi* Kasparyan, 1993. Vestnik Zoologii, (5): 51.

♀ 体长约 7.3 mm。前翅长约 4.9 mm。产卵器鞘长约 0.8 mm。

复眼内缘向下微收敛。颜面宽约为长的 2.2 倍，具稠密的粗刻点和黄褐色短毛，外缘毛点相对稀细；中央稍隆起，上缘中央具 1 瘤突。唇基沟无。唇基凹，椭圆形深凹。颜面和唇基明显分开；唇基横阔，稍隆起，宽约为长的 2.6 倍；光亮，具非常稀疏的细毛点和黄褐色长毛；端缘弧形平截，具 1 排稠密黄褐色长毛。上颚强壮，基半部具稀疏的黄褐色长毛，端半部光滑光亮；上端齿稍长于下端齿。颊区光亮，具稠密的细毛点和黄褐色短毛，中央部分呈细革质粒状表面。颚眼距约为上颚基部宽的 0.25 倍。上颊阔，向上均匀变宽，中央纵向微隆起；光亮，具稠密的细刻点和黄褐色短毛。头顶质地同上颊，刻点相对粗大；侧单眼外侧区近光亮。单眼区中央稍凹，光亮，具稀疏的黄褐色短毛；单眼小，强隆起；侧单眼外侧沟存在；侧单眼间距约为单复眼间距的 0.5 倍。额几乎平，具稠密的细刻点和黄褐色短毛；触角窝基部呈细皱状。触角线状，鞭节 29 节，第 1～5 节长度之比依次约为 1.5∶1.3∶1.1∶1.1∶1.0。口后脊片状隆起。后头脊下部靠近上颚处不明显；上颚基部上方沿口后脊外侧深凹。

前胸背板前缘光亮，具稠密的细毛点和黄褐色短毛；侧凹浅阔，光亮，上半部具稠密的细刻点，下半部斜皱状直达后缘；后上部具稠密的细刻点和黄褐色短毛；前沟缘脊强壮。中胸盾片圆形微隆起，背面平，具稀疏的细毛点和黄褐色短毛，中后部的毛点相对粗大且稠密；盾纵沟缺。盾前沟浅阔，几乎光滑光亮。小盾片强隆起，光亮，具稀疏的细毛点和黄褐色短毛；端半部陡斜，刻点相对细小。后小盾片横向隆起，具稠密的细毛点和黄褐色短毛。中胸侧板中央稍隆起，光亮，具稠密的粗刻点和黄白色短毛，中部的毛点相对稀疏；镜面区小，光滑光亮；中胸侧板凹深凹；胸腹侧脊存在，几乎达中胸侧板中央。后胸侧板稍隆起，光亮，具稠密的细刻点和黄白色短毛；下后角具斜皱；后胸侧板下缘脊完整。翅黄褐色，透明，小脉位于基脉稍外侧；小翅室斜四边形，具短柄，柄长约为第 1 肘间横脉长的 0.35 倍；第 2 肘间横脉明显长于第 1 肘间横脉，端半部具弱点；第 2 回脉在小翅室下角内侧约 0.3 处与之相接；外小脉在下方约 0.3 处曲折；后小脉在下方约 0.4 处曲折。后足第 1～5 跗节长度之比依次约为 5.2∶2.4∶2.0∶1.0∶1.6。并胸腹节稍隆起，基横脊在基区和中区间消失，其他脊完整；基区和中区的合并区近长方形，在分脊处稍外扩，光亮，具非常稀疏的细毛点；端区六边形，斜截，光亮，具稀疏的细毛点和黄白色长毛；其他区域具稠密的细毛点和黄白色长毛；气门小，近圆形，隆凸，与外侧脊之间由脊相连，位于基部约 0.3 处。

腹部第 1 节背板长约为端宽的 1.5 倍；侧缘向端部均匀变阔，背板均匀隆起，具稠密的细刻点和黄褐色短毛，中央的毛点相对稀疏，端缘光滑无毛点；基部稍凹，毛点非常稀疏；背中脊向后均匀收敛，伸达气门后；背侧脊、腹侧脊完整；基侧凹小；气门小，圆形，位于背板中央稍前方。第 2 节背板梯形，长约为基部宽的 0.7 倍，约为端宽的 0.5 倍；光亮，具均匀的细毛点和黄褐色短毛。第 3 节及以后各节背板具稠密的细毛点和黄褐色短毛。产卵器鞘细长，明显长于腹末厚度。产卵器细长，末端尖，携大量卵。

体黑色，下列部分除外：唇基端半部，腹部第 2 节及其后的背板完全红褐色；上颚（端齿暗红褐色），下颚须，下唇须，翅基，翅基片，前中足（腿节、胫节、跗节黄褐色），后足（基节背面、腿节黑褐色；胫节基部和端半部暗褐色，中央褐色；跗节和爪暗褐色）黄白色；产卵器鞘黄褐色；翅痣，翅脉褐色；触角鞭节暗褐色。

分布：中国（北京、台湾）。

观察标本：1♀，北京怀柔喇叭沟门，2011-Ⅵ-05，田斌（集虫网）。

(343) 棕多卵姬蜂 *Polyblastus* (*Polyblastus*) *varitarsus fuscipes* Townes, 1992（中国新纪录）

Polyblastus (*Polyblastus*) *varitarsus fuscipes* Townes, 1992. Memoirs of the American Entomological Institute, 50: 80.

♀ 体长约 7.8 mm。前翅长约 6.5 mm。产卵器鞘长约 1.0 mm。

复眼内缘向下均匀收敛，在触角窝外侧微凹。颜面宽约为长的 1.6 倍，中部均匀稍隆起；具稠密的细毛点和黄白色长毛，侧缘的毛点相对稀疏。唇基沟明显。唇基横阔，稍隆起，宽约为长的 2.9 倍；光亮，具稀疏的细毛点和黄褐色长毛，中央大部光滑无毛；亚端缘具弧形凹沟；端缘弧形，中部稍褶状隆起，具 1 排稠密的黄褐色长毛。上颚强壮，基半部具均匀的黄褐色长毛，端半部光滑光亮；上端齿稍长于下端齿。颊区呈细粒状表面。颚眼距约为上颚基部宽的 0.3 倍。上颊阔，向上均匀变宽，中央圆形微隆起；光亮，具均匀稠密的细毛点和黄白色长毛。头顶质地同上颊，刻点非常稀疏。单眼区稍隆起，中央相对平，光亮，具稀疏的黄白色短毛；单眼小，强隆起；侧单眼外侧沟存在；侧单眼间距约为单复眼间距的 0.7 倍。额几乎平，具稠密的细刻点和黄白色长毛，上半部在中单眼外侧的毛点相对稀疏。触角线状，鞭节 39 节，第 1～5 节长度之比依次约为 2.3∶1.2∶1.2∶1.0∶1.0。后头脊完整，在上颚基部后方与口后脊相接；口后脊强烈片状隆起。

前胸背板前缘光亮，具稠密的细毛点和黄白色长毛；侧凹浅阔，光亮，表面细皱状直达后缘；后上部具稀疏的细毛点和黄白色长毛；前沟缘脊强壮。中胸盾片圆形稍隆起，具稠密的细毛点和黄褐色长毛，中后部的毛点相对稀疏；盾纵沟缺。盾前沟深阔，几乎光滑光亮。小盾片圆形稍隆起，光亮，具稀疏的细毛点和黄褐色长毛，中央大部几乎无毛。后小盾片横向隆起，几乎光亮。中胸侧板相对平，上半部稍隆起，光亮，具稀疏的细毛点和黄白色长毛，中部的毛点相对稀疏；镜面区小，光滑光亮；中胸侧板前缘具短皱；中胸侧板凹深坑状；胸腹侧脊存在，几乎达中胸侧板中央。后胸侧板稍隆起，光亮，上半部具稀疏的细毛点和黄褐色长毛，中下部呈细皱状表面；后胸侧板下缘脊完整。翅浅褐色，透明，小脉位于基脉外侧，二者之间的距离约为小脉长的 0.2 倍；小翅室斜四边形，具短柄，柄长约为第 1 肘间横脉长的 0.4 倍；第 2 肘间横脉明显长于第 1 肘间横脉，端半部具弱点；第 2 回脉在小翅室下外角内侧约 0.2 处与之相接；外小脉约在下方 0.3 处曲折；后小脉约在下方 0.4 处曲折。爪栉齿状；后足第 1～5 跗节长度之比依次约为 4.2∶2.2∶1.6∶1.0∶1.4。并胸腹节均匀隆起，基横脊在基区和中区间消失，其他脊完整；基区和中区的合并区光滑光亮，具几根黄白色长毛，基半部近长方形，端半部近六边形；端区六边形斜截，呈斜皱状表面，中央具 1 明显纵脊；第 1～2 侧区光亮，具稀疏的黄白色长毛；第 1～2 外侧区的合并区光亮，具稀疏的黄白色长毛；第 3 外侧区呈不规则皱状表面；气门近圆形，靠近侧纵脊，与外侧脊之间由脊相连，位于基部约 0.3 处。

腹部第 1 节背板长约为基部宽的 3.5 倍，约为端宽的 1.5 倍；侧缘向端部均匀变宽，背板均匀隆起，具稀疏的细毛点和黄白色短毛；背中脊几乎伸达亚端部，后半部几乎平行；背中脊之间几乎光滑无毛；背侧脊、腹侧脊完整；基侧凹小；气门小，圆形，位于背板中央稍前方。第 2 节背板梯形，长约为基部宽的 0.9 倍，约为端宽的 0.6 倍；光亮，具稀疏的细毛点和黄褐色微毛；基部亚侧缘稍斜形凹入，基部的窗疤横形。第 3 节及以后各节背板具均匀稠密的细毛点和黄褐色微毛。产卵器鞘稍长于腹末。产卵器末端尖；携大量卵。卵底稍带暗褐色，其余部分乳白色。

体黑色，下列部分除外：上颚（基部黑色；端齿暗红褐色），下颚须，下唇须，翅基黄褐色；所有的基节黑色；前足（第 1 转节背面黑褐色，腹面黄褐色；第 2 转节黄褐色；胫节、跗节黄褐色至红褐色），中足（第 1 转节背面黑褐色，腹面黄褐色；第 2 转节黄褐色；胫节、第 1 跗节、第 2～3 跗节腹面黄褐色至红褐色；第 2～3 跗节背面、第 4～5 跗节、爪褐色至暗褐色），后足（第 1 转节除腹面端部少许褐色，第 2 转节背面、腿节端缘、胫节基部和端半部、跗节黑褐色；第 2 转节腹面黄褐色；胫节中部黄白色），腹部第 1 节背板端缘、第 2～3 节背板红褐色；触角鞭节，翅脉，翅痣暗褐色至黑褐色。

♂ 体长 6.6～9.4 mm。前翅长 5.1～6.3 mm。触角鞭节 34～37 节。体黑色，下列部分除外：上颚（亚端部红褐色；端齿暗红褐色），下颚须，下唇须，翅基，前足（基节黑色；腿节红褐色；爪暗褐色），中足（腿节大部黑色，端缘前侧黄褐色；第 1 转节背面稍带褐色；腿节红褐色；第 1～2 跗节端半部、第 3～5 跗节、爪褐色至暗褐色），后足（基节、第 1 转节基半部黑色；腿节大部红褐色，端缘黑色；胫节基部和端半部、第 1 跗节除基缘黄褐色外、第 2～5 跗节、爪黑褐色）黄色至黄褐色；腹部第 1 节背板端缘、第 2～4 节背板红褐色。

分布：中国（新疆）；日本。

观察标本：1♀5♂♂，新疆乌鲁木齐奇台县一万泉，43º33′N，89º46′E，2100 m，2018-Ⅶ-29，李涛、孙淑萍。

(344) 异多卵姬蜂 *Polyblastus* (*Polyblastus*) *varitarsus varitarsus* (Gravenhorst, 1829)（中国新纪录）

Tryphon varitarsus Gravenhorst, 1829. Ichneumonologia Europaea, 2: 222.

♀ 体长 5.8～6.7 mm。前翅长 4.8～5.4 mm。产卵器鞘长约 0.5 mm。

复眼内缘向下均匀收敛，在触角窝外侧微凹。颜面宽约为长的 1.5 倍，中部微隆起；具稠密的细毛点和黄白色长毛，侧缘的毛点相对稀疏。唇基沟明显。唇基横阔，稍隆起，宽约为长的 2.0 倍；光亮，具非常稀疏的细毛点和黄褐色长毛；端缘弧形，中部稍上卷，具 1 排稠密的黄褐色长毛。上颚强壮，基半部具稀疏的黄褐色长毛，端半部光滑光亮；上端齿等长于下端齿。颊区光亮，具稀疏的黄白色短毛。颚眼距约为上颚基部宽的 0.2 倍。上颊阔，向上均匀变宽，中央纵向圆形隆起；光亮，具均匀稠密的细刻点和黄白色短毛，靠近眼眶处的毛点非常稀疏。头顶质地同上颊，刻点相对稀疏。单眼区中央相对平，光亮，具稀疏的黄白色短毛；单眼小，强隆起；侧单眼间距约为单复眼间距的 0.5 倍。额几乎平，具稠密的细刻点和黄白色长毛，在触角窝后方毛点相对稠密。触角线状，鞭节 32 节，第 1～5 节长度之比依次约为 1.8∶1.3∶1.0∶1.0∶1.0。后头脊完整，在上颚基部与口后脊相接。后头脊下部强烈角状弯曲至口后脊；口后脊强烈片状隆起。

前胸背板前缘光亮，具稠密的细毛点和黄白色长毛；侧凹浅阔，上半部近光亮，下半部具细斜皱直达后缘；后上部具稠密的细毛点和黄白色长毛；前沟缘脊强壮。中胸盾片圆形微隆起，具稠密的细毛点和黄白色长毛，中后部的毛点相对稀疏；盾纵沟缺。盾前沟深阔，几乎光滑光亮。小盾片圆形稍隆起，光亮，具稠密的细毛点和黄白色长毛。后小盾片横向隆起，几乎光亮。中胸侧板稍隆起，光亮，具稠密的细毛点和黄白色长毛，中部的毛点非常稀疏；镜面区中等大小，光滑光亮；中胸侧板凹深坑状；胸腹侧脊存在，几乎达中胸侧板中央。后胸侧板稍隆起，光亮，上半部具稀疏的细毛点和黄白色长毛，中下部呈弱皱状表面；基间脊几乎完整；后胸侧板下缘脊完整，前缘片状隆起。翅浅褐色，透明，小脉位于基脉外侧，二者之间的距离约为小脉长的 0.3 倍；小翅室斜四边形，第 2 肘间横脉稍长于第 1 肘间横脉，端半部具弱点；第 2 回脉在小翅室下外角内侧约 0.3 处与之相接；外小脉约在下方 0.4 处曲折；后小脉约在下方 0.4 处曲折。后足第 1～5 跗节长度之比依次约为 5.1∶2.3∶1.6∶1.0∶1.5。并胸腹节稍隆起，基横脊在基区和中区间消失，其他脊完整；基区和中区的合并区近长方形，基部均匀凹陷，其余部分较平，光亮，具非常稀疏的黄白色长毛；端区斜，近扇形，呈细皱状表面，中央纵向微隆起；第1～2 侧区光亮，具稀疏的黄白色长毛；气门近圆形，隆凸，与外侧脊之间由脊相连，位于基部约 0.25 处。

腹部第 1 节背板长约为端宽的 1.5 倍；侧缘向端部均匀变宽，背板均匀隆起，具稀疏的细毛点和黄白色短毛；背中脊几乎伸达亚端部，后半部几乎平行；背中脊之间的背板几乎光滑无毛；背侧脊、腹侧脊完整；基侧凹小；气门小，圆形，约位于背板中央。第 2 节背板梯形，长约为基部宽的 0.9 倍，约为端宽的 0.6 倍；光亮，具稠密的细毛点和黄褐色短毛；基部中央稍"八"字形凹入，侧缘具窗疤。第 3 节及以后各节背板具稠密的细毛点和黄褐色短毛。产卵器鞘细长，稍长于腹末。产卵器细长，末端尖；携大量卵。卵底端黑褐色，其余部分乳白色。

体黑色，下列部分除外：唇基端半部，触角（背面暗褐色；柄节背面大部有时稍带红褐色）褐色；上颚（端齿暗红褐色），翅基，前足（基节基半部、腿节中央大部黄褐色至红褐色；第 3～5 跗节黄褐色；爪暗褐色）黄色；中足（基节端半部、转节、腿节端缘黄色；胫节、第 1～3 跗节黄白色；第 4～5 跗节黄褐色；爪暗褐色），后足（转节黄色；腿节端缘、胫节基部和端半部、第 1～3 跗节端半部暗褐色至黑褐色；胫节中段、第 1～3 跗节基半部黄白色至黄褐色；第 4～5 跗节、爪暗褐色），腹部第 1 节背板端部、第 2～4 节背板（第 4 节背板端部稍带暗褐色）黄褐色至红褐色；翅脉，翅痣暗褐色。

分布：中国（黑龙江、辽宁）；日本，蒙古国，俄罗斯远东地区，欧洲，北美等。

观察标本：1♀，黑龙江大兴安岭，2002-Ⅷ-10；1♀，辽宁本溪草河城，2014-Ⅷ-31，盛茂领。

(345) 瓦多卵姬蜂 *Polyblastus* (*Polyblastus*) *wahlbergi wahlbergi* Holmgren, 1857

Polyblastus wahlbergi Holmgren, 1857. Kongliga Svenska Vetenskapsakademiens Handlingar, N.F.1 (1) (1855): 213.

寄主：据记载（Yu et al.，2016），寄生叶蜂的主要寄为杨扁角叶蜂 *Stauronematus platycerus* (Hartig)、落叶松锉叶蜂 *Pristiphora laricis* (Hartig)、美芽瘿叶蜂 *Euura amerinae* L.、云杉黄头叶胸丝角叶蜂 *Pikonema alaskensis* (Rohwer) 等。

分布：中国（辽宁、吉林、湖北）；朝鲜，日本，蒙古国，俄罗斯，欧洲，北美。

观察标本：1♀2♂♂，吉林敦化，2002-Ⅶ-12；1♂，吉林白河，2002-Ⅶ-16；4♀♀18♂♂，吉林大兴沟，2005-Ⅶ-Ⅺ2～Ⅷ-18，集虫网；2♀♀，湖北神农架阴峪河，2011-Ⅷ-15～22，集虫网；1♀，辽宁本溪，2013-Ⅸ-16，集虫网；1♀，辽宁本溪，2014-Ⅸ-30，集虫网；3♀♀，2015-Ⅴ-28～Ⅶ-17，盛茂领；1♀，辽宁本溪八盘岭，2018-Ⅴ-13，李涛。

85. 联姬蜂属 *Smicroplectrus* Thomson, 1883（中国新纪录）

Smicroplectrus Thomson, 1883. Opuscula Entomologica, 9: 888. Type-species: *Exenterus jucundus* Holmgren.

主要鉴别特征：翅基下脊片状隆起，触及或几乎触及翅基片侧缘；盾纵沟较清晰；后足胫节端部前侧具 1 棘刺状短齿；腹部第 1 节背板较短且粗；第 2～4 节背板较粗糙，具稍粗的刻点；第 2 节背板的基侧沟痕状。

全世界已知 30 种；东古北区已知 19 种；此前，我国尚无纪录。这里介绍 1 新种。

(346) 柳联姬蜂，新种 *Smicroplectrus salixis* Sheng, Li & Sun, sp.n.（彩图 82）

♀ 体长 10.8～11.8 mm。前翅长 8.0～8.5 mm。

复眼内缘向下稍变宽，靠近触角窝处微凹。颜面宽约为长的 2.1 倍，具稠密的细毛点和黄色短毛，外侧缘的毛点相对细小，中央纵向毛点相对稀疏；上缘中央具 1 纵瘤突，伸达触角窝之间。唇基沟明显；唇基凹椭圆形，深凹。唇基横阔，中央横向强隆起，宽约为长的 2.3 倍；光亮，具稀疏的细毛点和黄褐色短毛，亚端缘的毛相对较长；端缘弧形，中央稍上卷，具 1 排稠密的黄褐色短毛。上颚强壮，基半部具稀疏的黄褐色短毛，端半部光滑光亮；上端齿稍长于下端齿。颊区光亮，具稠密的细毛点和黄白色微毛。颚眼距约为上颚基部宽的 0.5 倍。上颊阔，向上均匀变宽，中央微隆起；光亮，具均匀的细毛点和黄褐色短毛，靠近眼眶的毛点几乎无。头顶质地同上颊，刻点相对稀疏，在侧单眼外侧区光滑无毛。单眼区稍隆起，中央凹，光亮，具稀疏的黄褐色短毛；单眼中等大小，强隆起；侧单眼外侧沟明显；侧单眼间距约为单复眼间距的 0.7 倍。额相对平，具稠密的细刻点和黄褐色短毛，外缘的毛点相对细小；中单眼前方光滑无毛；触角窝基部稍凹，几乎光滑光亮。触角线状，鞭节 30～32 节，第 1～5 节长度之比依次约为 1.8∶1.3∶1.1∶1.1∶1.0。后头脊完整，在上颚基部后方与口后脊相接。口后脊强烈片状抬高，半透明。

前胸背板光亮，具稠密的细毛点和黄褐色短毛；侧凹浅阔，上半部的毛点相对稀疏；前沟缘脊强壮。中胸盾片圆形微隆起，具稠密的细毛点和黄褐色短毛；盾纵沟基半部明显，端半部弱，向后伸达亚端部。盾前沟深阔，几乎光滑光亮。小盾片均匀隆起，光亮，具稀疏的细毛点和黄褐色短毛；中央大部均匀深凹，几乎光亮；侧脊明显，几乎伸达亚端部。后小盾片横向隆起，光亮，具稀疏的细毛点和黄褐色短毛，端半部的毛点相对稠密；前凹深阔。中胸侧板相对平，光亮，具稠密的细毛点和黄褐色短毛，中部的毛点相对稀疏；镜面区中等大小，光滑光亮；翅基下脊特化呈片状，几乎与翅基片相接；中胸侧板凹深凹状；胸腹侧脊存在，未达中胸侧板中央。后胸侧板稍隆起，光亮，具稠密的细毛点和黄褐色短毛，中央的毛点相对稀疏；下后角具短皱；后胸侧板下缘脊完整，前缘强隆起。翅浅褐色，透明，小脉位于基脉外侧，二者之间的距离约为小脉长的 0.3 倍；小翅室斜四边形，具短柄，柄长约为第 1 肘间横脉长的 0.25 倍；第 2 肘间横脉明显长于第 1 肘间横脉；第 2 回脉在小翅室下外角内侧约 0.25 处与之相接；外小脉约在下方 0.4

处曲折；后小脉约在下方 0.3 处曲折。爪稀栉齿状；后足胫节端部侧缘具 1 长齿，第 1～5 跗节长度之比依次约为 5.4∶2.5∶1.7∶1.0∶1.5。并胸腹节均匀隆起，基横脊在基区和中区间较弱，其他脊完整；基区倒梯形，深凹，呈弱皱状表面；中区向后稍变阔，端缘弧形，中央近光亮，具非常稀疏的黄褐色短毛；分脊从中区端部约 0.3 处与之相接；端区斜，呈弱皱状表面；侧区和外侧区光亮，具稠密的细毛点和黄褐色短毛；气门小，近圆形，靠近外侧脊，与外侧脊之间由脊相连，位于基部约 0.25 处。

腹部第 1 节背板长约为端宽的 1.4 倍；侧缘向端部稍变宽，背板均匀隆起，呈细皱状表面，具稠密的细毛点和黄褐色短毛；背中脊完整，伸达亚端部，基半部光亮，具稀疏的黄褐色短毛，亚端部稍凹，具弱皱状表面，端部具稀疏的细毛点和黄褐色短毛；腹侧脊完整；基侧齿呈强齿状突；基侧凹小；气门小，圆形，约位于背板中央。第 2 节背板梯形，长约为基部宽的 1.1 倍，约为端宽的 0.9 倍；基半部呈细皱状表面，端半部具稠密的细毛点和黄褐色微毛，毛点向端部渐稀疏，端缘光滑无毛；窗疤大，横阔，中部稍凹，光滑光亮。第 3 节背板基缘呈弱细皱状表面，其余部分具稠密的细毛点和黄褐色微毛，毛点向端部渐稀疏，端缘光滑无毛。第 4 节及以后各节背板具稠密的细毛点和黄褐色微毛。产卵器鞘未露出腹部末端。产卵器携 1 枚卵。

体黑色，下列部分除外：颜面（上缘黑褐色；中部稍带黄色），额眼眶下半部，唇基，颊，上颚（端齿红褐色），上颊基部，下颚须，下唇须，翅基片，翅基，腹部第 1 节背板端缘中央、第 2～6 节背板端缘及侧缘、第 7 节背板大部黄白色；触角（背面及鞭节端部数节暗褐色至黑褐色），前胸侧板，前胸背板前缘下部、后上角少许，中胸盾片靠近翅基的纵斑，小盾片（基半部红褐色），后小盾片，中胸前侧片、翅基下脊、中胸后侧片，前足（基节、转节黄白色；腿节后侧红褐色），中足（基节基半部红褐色，端半部黄白色；转节黄白色；腿节后侧红褐色；末跗节、爪暗褐色）黄褐色；后足（基节端部、第 1 转节端缘、第 2 转节黄褐色；腿节端部少许暗褐色；胫节、跗节、爪暗褐色至黑褐色）红褐色；并胸腹节第 2 侧区暗红褐色；翅脉、翅痣（基部少许黄褐色）褐色至暗褐色。

♂ 体长约 9.5 mm。前翅长约 6.1 mm。触角鞭节 28 节。体黑色，下列部分除外：小盾片端半部黄色；翅基片白色；前胸侧板、前胸背板、中胸侧板黑色。

正模 ♀，北京门头沟，2012-Ⅵ-16，集虫网。副模：1♂，北京喇叭沟门，2014-Ⅴ-15，集虫网；1♀，北京喇叭沟门，2014-Ⅵ-06，集虫网。

寄主：河曲突瓣叶蜂 *Nematus hequensis* Xiao.

寄主植物：柳 *Salix* sp.

词源：本新种名源自寄主植物名。

本新种与坡联姬蜂 *S. perkinsorum* Kerrich, 1952 近似，可通过下列特征区分：小盾片背面稍凹，侧脊伸达端部；第 1 节背板长约为端宽的 1.4 倍，基侧角强壮，较尖锐；第 1 节几乎光滑；第 2、3 节基部稍粗糙，但非皱状；后足基节、第 1 转节和腿节红褐色，后足胫节和跗节完全黑色。坡联姬蜂：小盾片隆起，侧脊伸达中部；第 1 节背板长为端宽的 1.8~2.2 倍，基侧角非常钝圆；第 1 节大部分和第 2、3 节基部粗糙，呈皱状：后足基节和转节主要为黑色，后足腿节颜色较深，后足胫节和跗节常褐色。

86. 柄卵姬蜂属 *Tryphon* Fallén, 1813

Tryphon Fallen, 1813. Specimen novam Hymenoptera disponendi methodum exhibens, p.16. Type-species: *Ichneumon rutilator* Linnaeus.

该属是一个大属，全世界已知 102 种（Yu et al.，2016）；我国仅已知 3 种，但我国的种类非常丰富，很多种类有待研究。一些种类是叶蜂的寄生天敌。

(347) 短柄卵姬蜂 *Tryphon* (*Symboethus*) *brevipetiolaris* Uchida, 1955

Tryphon brevipetiolaris Uchida, 1955. Journal of the Faculty of Agriculture, Hokkaido University, 50: 130.

观察标本：10♀♀1♂，宁夏六盘山国家级自然保护区，1280 m，2005-Ⅷ-11～Ⅸ-8，宝山，盛茂领。

分布：中国（宁夏）；朝鲜，蒙古国，俄罗斯远东地区，欧洲。

(348) 褐柄卵姬蜂 *Tryphon* (*Symboethus*) *brunniventris* Gravenhorst, 1829

Tryphon brunniventris Gravenhorst, 1829. Ichneumonologia Europaea, 2: 281.

寄主：据报道（Horstmann，2000），本种已知的寄主是黑麦叶蜂 *Dolerus nigratus* (Müller)等。

观察标本：2♀♀，辽宁宽甸，2016-Ⅴ-16，集虫网。

分布：中国（辽宁）；朝鲜，俄罗斯远东地区，欧洲。

英 文 摘 要

ICHNEUMONIDS PARASITIZING SAWFLIES IN CHINA (HYMENOPTERA, ICHNEUMONIDAE)

By

SHENG Mao-Ling, SUN Shu-Ping, LI Tao

Summary

This book deals with 348 species and subspecies belonging to 86 genera, 12 subfamilies of the family Ichneumonidae, of which 81 species are new to science; 12 genera and 45 species are the first record for China. Some new host records are included. Most species in this book are described or redescribed in detail. The comparative characters of the new species with their similar species included in this book are briefly presented.

Most specimens were collected with interception traps (IT) (Li et al., 2012a) and entomological nets, and parts were reared from sawflies. All type specimens are deposited in the Insect Museum, General Station of Forest and Grassland Pest Management (GSFGPM), National Forestry and Grassland Administration, People's Republic of China.

Subfamily Campopleginae

4. *Diadegma* Förster, 1869

(7) *Diadegma neodiprionis* Sheng, Sun & Li, sp.n. (Figure 1)

The new species is similar to *D. adelungi* (Kokujev, 1915), but can be distinguished from the latter by the following combinations of characters: apical portions of second and following tergites reddish brown; hind tarsus black. *D. adelungi*: second and the following tergites black;

median portion of hind tarsus yellow.

Holotype. ♀, Weining County, Guizhou Province, 25 February 2012, Mao-Ling Sheng.

Etymology. The name of the new species is based on the host's name.

Host: *Neodiprion huizeensis* Xiao & Zhou.

6. *Enytus* Cameron, 1905

New record for China.

(9) *Enytus apostatus* (Gravenhorst, 1829)

New record for China.

Specimen examined: 1♂, Mt. Maoer, 400 m, Yanbian, Jilin Province, 18 May 2009, Tao Li.

Host: *Pristiphora erichsonii* (Hartig).

(10) *Enytus ganicus* Sheng, Sun & Li, sp.n. (Figure 2)

The new species is similar to *E. apostatus* (Gravenhorst, 1829), but can be distinguished from the latter by the following combinations of characters: Upper tooth of mandible almost as long as lower tooth; posterior transverse carina of propodeum almost complete; median longitudinal carinae between anterior and posterior transverse carinae entirely absent; second tergite distinctly longer than apical width; fore and middle legs and hind femora (basal and apical ends black) almost entirely yellow. *E. apostatus*: Upper tooth of mandible distinctly longer than lower tooth; posterior transverse carina of propodeum between median longitudinal carinae entirely absent; median longitudinal carinae strong, reaching to posterior 0.8 of propodeum; second tergite approximately as long as apical width; all femora brown to reddish brown.

Holotype ♀, Quannan, 700 m, Jiangxi Province, 26 November 2008, Shi-Chang Li. Paratype: 1♂, Quannan, 650 m, Jiangxi Province, 10 June 2008, Shi-Chang Li.

Etymology. The name of the new species is based on the type locality.

9. *Nemeritis* Holmgren, 1860

New record for China.

(13) *Nemeritis pilosa* Sheng, Li & Sun, sp.n. (Figure 3)

The new species is similar to *N. specularis* Horstmann, 1975, but can be distinguished from the latter by the following combinations of characters: area superomedia approximately 1.4 times as long as width between costulae; first tergite about 3.0 times as long as apical width; ovipositor sheath about 0.6 times as long as hind tibia. *N. specularis*: area superomedia approximately 1.9 times as long as width between costulae; first tergite about 2.7 times as long as apical width; ovipositor sheath about 1.2 times as long as hind tibia.

Holotype. ♀, Weining County, Guizhou Province, 16 May 2013, Mao-Ling Sheng. Paratype: 1♂, Weining County, Guizhou Province, 15 April 2013, Tao Li.

Etymology. The name of the new species is based on the face being with dense hairs.

Host: *Neodiprion* sp.

(14) *Nemeritis niger* Sheng, Li & Sun, sp.n. (Figure 4)

The new species is similar to *N. detersa* Dbar, 1984, but can be distinguished from the latter by the following combinations of characters: clypeus coriaceous, without puncture; second tergite approximately 1.8 times as long as apical width, thyridium almost touching anterior margin of second tergite; ovipositor sheath about 1.6 times as long as hind tibia; second tergite entirely black. *N. detersa*: basal half of clypeus with distinct dense punctures, apical portion with sparse fine punctures; second tergite approximately 1.6 times as long as apical width, distance between thyridium and anterior margin of second tergite 3 times as long as diameter of thyridium; ovipositor sheath about 3.4 times as long as hind tibia; second tergite with wide red posterior margin.

Holotype. ♀, Mentougou, Beijing, 12 September 2008, Tao Wang.

Etymology. The specific name is derived from the body being entirely black.

Key to species of *Nemeritis* Holmgren known in China

Area superomedia approximately 1.4 times as long as width between costulae. First tergite 3.0 times as long as apical width. Second tergite about as long as apical width. Ovipositor sheath about 0.6 times as long as hind tibia. Third and subsequent tergites mainly reddish brown (dorsal portions more or less black) ………………………………………………………………………… *N. pilosa* Sheng, Li & Sun, sp.n.

Area superomedia 2.5 times as long as width between costulae. First tergite 3.6 times as long as maximum width of postpetiole. Second tergite 1.8 times as long as apical width. Ovipositor sheath about 1.6 times as long as hind tibia. All tergites entirely black ………………… *N. niger* Sheng, Li & Sun, sp.n

10. *Olesicampe* Förster, 1869

(15) *Olesicampe albibasalis* Sheng, Li & Sun, sp.n. (Figure 5)

The new species is similar to *O. flavicornis* (Thomson, 1887), but can be distinguished from the latter by the following combinations of characters: upper tooth slightly longer than lower tooth; area superomedia combined with area petiolaris, the combined area with irregular wrinkles, without median longitudinal carina; second tergite approximately as long as apical width. *O. flavicornis*: upper tooth distinctly shorter than lower tooth; area superomedia with median longitudinal carina; second tergite distinctly longer than apical width.

Holotype. ♀, reared from *Gilpinia tabulaeformis* Xiao, Mt. Hasi, 2215 m, Jingyuan County, Gansu Province, 10 January 2011, Tao Li. Paratypes: 1♀2♂♂, Mt. reared from *Gilpinia tabulaeformis* Xiao, Hasi, 2215 m, Jingyuan County, Gansu Province, 9-20 June 2010, Tao Li.

Etymology. The specific name is derived from the basal portion of hind tibia being white.

Host: *Gilpinia tabulaeformis* Xiao.

(19) *Olesicampe jingyuanensis* Sheng, Li & Sun, sp.n. (Figure 6)

The new species is similar to *O. errans* (Holmgren, 1860), but can be distinguished from the latter by the following combinations of characters: Postocellar line 1.8 times as long as ocular-ocellar line; face finely granular, irregularly ruguloso-punctate; area superomedia 1.4 times as long as wide; second tergite and basal median portion of third tergite black; ovipositor sheath yellowish brown. *O. errans*: postocellar line about as long as ocular-ocellar line; face with rough indistinct wrinkles; area superomedia about as long as wide; second and third tergites reddish brown; ovipositor sheath black.

Holotype. ♀, Mt. Hasi, 2215 m, Jingyuan County, Gansu Province, 14 June 2010, Tao Li. Paratypes: 2♀♀, Mt. Hasi, 2215 m, Jingyuan County, Gansu Province, 13-14 June 2010, Tao Li.

Etymology. The name of the new species is based on type locality.

Host: *Diprion jingyuanensis* Xiao & Zhang.

(20) *Olesicampe melana* Sheng, Li & Sun, sp.n. (Figure 7)

The new species is similar to *O. erythropyga* (Holmgren, 1860), but can be distinguished from the latter by the following key.

Holotype. ♀, Linkou, Heilongjiang Province, 13 July 2003. Paratypes: 2♀♀, Linkou, Heilongjiang Province, 13 July 2003, De-Jun Hao.

Etymology. The name of the new species is based on the body entirely black.

Host: *Pristiphora erichsonii* (Hartig).

(21) *Olesicampe populnea* Sheng, Li & Sun, sp.n. (Figure 8)

The new species is similar to *O. erythropyga* (Holmgren, 1860), but can be distinguished from the latter by the following combinations of characters: face with indistinct short hairs; areolet receiving vein 2m-cu at posterior corner; hind fourth tarsomere 0.8 times as long as fifth tarsomere. *O. erythropyga*: face with dense and distinct hairs; areolet receiving vein 2m-cu basad of posterior corner; hind fourth tarsomere as long as fifth tarsomere.

Holotype. ♀, Shenyang, Liaoning Province, 23 September 2012, Tao Li. Paratypes: 2♀♀, same data as holotype.

Etymology. The name of the new species is based on the name of the host plant.

Host: *Pristiphora beijingensis* Zhou & Zhang.

Key to species of genus *Olesicampe* Förster known in China

1. Face yellow ························ *O. flavifacies* Kasparyan
   Face black ························ 2
2. Upper tooth of mandible as long as lower tooth. Malar space approximately 0.6 times as long as basal width of mandible. Postocellar line approximately as long as ocular-ocellar line. Areolet petiolate, receiving vein 2m-cu approximately at its middle. First tergite approximately 2.8 times as long as apical width. Ovipositor sheath approximately 0.8 times apical depth of metasoma ························ *O. melana* Sheng, Li & Sun, sp.n.
   Upper tooth of mandible slightly longer than lower tooth. Malar space at most 0.5 times as long as basal width of mandible. Others not entirely the same as above ························ 3
3. Fore wing vein 1cu-a distal to 1-M by about 0.2 times length of 1cu-a. Malar space approximately 0.3 times as long as basal width of mandible. Face about 1.6 times as wide as long. Postocellar line approximately 1.8 times as long as ocular-ocellar line. Antenna with 37 flagellomeres. First tergite approximately 2.3 times as long as apical width ························ *O. jingyuanensis* Sheng, Li & Sun, sp.n.
   Fore wing with vein 1cu-a opposite or slightly distal of 1-M. Malar space approximately 0.5 times as long as basal width of mandible. Others not entirely the same as above ························ 4
4. Postocellar line approximately 1.7 times as long as ocular-ocellar line. Areolet receiving vein 2m-cu approximately at lower-outer corner. Vein 1cu-a opposite 1-M. Antenna with 26 to 27 flagellomeres. Hind tarsomere 4 distinctly shorter than hind tarsomere 5. First tergite approximately 2.1 times as long as apical width ························ *O. populnea* Sheng, Li & Sun, sp.n.
   Postocellar line distinctly longer (2.0 times) or shorter (1.3 times) than ocular-ocellar line. Areolet receiving vein 2m-cu distinctly basad of lower-outer corner. Others not entirely the same as above ························ 5
5. Antenna with 29 to 30 flagellomeres. Areolet receiving vein 2m-cu approximately 0.8 times distance from vein 2rs-m to 3rs-m. Hind tarsomere 4 as long as hind tarsomere 5. First tergite approximately 2.1 to 2.3 times as long as apical width ························ *O. erythropyga* (Holmgren)
   Antenna with 37 to 39 flagellomeres. Areolet receiving vein 2m-cu approximately 0.6 times distance from vein 2rs-m to 3rs-m. First tergite approximately 1.8 to 1.9 times as long as apical width ························ *O. albibasalis* Sheng, Li & Sun, sp.n.

Subfamily Cryptinae

12. *Agrothereutes* Förster, 1850

(25) *Agrothereutes aprocerius* Sheng, Li & Sun, sp.n. (Figure 9)

The new species is similar to *A. macroincubitor* (Uchida, 1931), but can be distinguished from the latter by the following key.

Holotype. ♀, Fengning County, Hebei Province, 23 August 2010, Tao Li. Paratype: 1♀, same data as holotype.

Etymology. The name of the new species is based on the host's generic name.

Host: *Aproceros maculatus* Wei.

Key to species of genus *Agrothereutes* Förster known in China

1. Wing of female vestigial; fore wing shorter than mesosoma. Antenna black, basal portion reddish brown, dorsal media portion white. Apical portion of first tergite, parts of tergites 2 and 3 red to reddish brown ·································· *A. abbreviatus* (Fabricius)
   Wing of female fully developed; fore wing longer than mesosoma. Others not entirely the same as above ·································· 2
2. Tergites 1 mostly, 2 and 3 entirely or almost entirely red or reddish brown ·································· 3
   All tergites black, or at most with posterior margins narrowly red ·································· 4
3. Posterior transverse carina of propodeum complete, spiracle large, elongate. Ramulus long. Second tergite approximately quadrate, as long as apical width ·································· *A. ramuli* (Uchida)
   Posterior transverse carina of propodeum almost absent, only present at propodeal apophysis, spiracle small, circular. Ramulus absent. Second tergite trapezium, 0.7 times as long as apical width ·································· *A. aprocerius*, Sheng, Li & Sun, sp.n.
4. Malar space approximately 1.1 times as long as basal width of mandible. Antenna with 24 flagellomeres. Speculum smooth, without wrinkle. Hind tarsomeres black brown, basal portions almost white ·································· *A. macroincubitor* (Uchida)
   Malar space approximately 0.6 times as long as basal width of mandible. Antenna with 30 to 33 flagellomeres. Speculum with wrinkles. Hind tarsomeres 2 to 4 white ············ *A. minousubae* Nakanishi

13. *Caenocryptus* Thomson, 1873

(31) *Caenocryptus weiningicus* Sheng, Li &Sun, sp.n. (Figure 10)

The new species is similar to *C. albimaculatus* Sheng, Wang & Shi, 1998, but can be distinguished from the latter by the following Key.

Holotype. ♀, Weining County, Guizhou Province, 24 February 2012, Mao-Ling Sheng. Paratypes: 1♂, Weining County, Guizhou Province, 20 February 2012, Tao Li; 3♀♀1♂, Weining County, Guizhou Province, 3-8 February 2013, Tao Li.

Etymology. The name of the new species is based on the type locality.

Host: *Neodiprion huizeensis* Xiao & Zhou.

Key to species of genus *Caenocryptus* Thomson known in China

1. Ovipositor sheath approximately 0.9 times as long as hind tibia. Face with a central "T-shaped" yellow spot. Apical portion of hind tarsomere 1 and tarsomeres 2 to 4 entirely white ……… *C. striatus* Jonathan
   Not entirely as above: ovipositor sheath less than 0.7 or more than 1.1 times the length of hind tibia; face black, or with lateral margin yellow, without "T-shaped" yellow spot; or hind tarsomeres 2 to 4 not white ………2
2. Postocellar line 2.0 to 2.1 times as long as ocular-ocellar line. Ovipositor sheath approximately 1.7 times as long as hind tibia. Apical portion of ovipositor slightly curved upward……………………………… ……………………………………………………………………… *C. salicius* Sheng, Wang & Shi
   Postocellar line 1.5 or 1.6-1.8 times as long as ocular-ocellar line. Ovipositor sheath 1.1 to 1.2 times or 0.6 to 0.7 times as long as hind tibia………………………………………………………………………3
3. Median section of posterior transverse carina between propodeal apophyses absent. Apical portion of ovipositor abruptly sharped. Middle and hind legs, mesopleuron, propodeum, tergites entirely black …… ……………………………………………………………… *C. weiningicus* Sheng, Li & Sun, sp.n.
   Posterior transverse carina complete, strong. Apical portion of ovipositor evenly pointed backward. Middle and hind legs, mesopleuron, propodeum and tergites with large buff spots ……………………… ……………………………………………………………… *C. albimaculatus* Sheng, Wang & Shi

14. *Goryphus* Holmgren, 1868

(33) *Goryphus pristiphorae* Sheng, Li & Sun, sp.n. (Figure 11)

The new species is similar to *G. isshikii* (Uchida, 1931), but can be distinguished from the latter by the following combinations of characters: face coriaceous, median portion with dense punctures and short irregular wrinkles; median lobe of mesoscutum with dense, relatively large punctures, lateral lobes with fine punctures; second tergite coriaceous, median portion with irregular fine wrinkles; hind tibia black, basal portion white. *G. isshikii*: face with fine sparse punctures; mesoscutum finely coriaceous; second tergite with dense fine punctures; hind tibia yellowish brown, basal end brownish black.

Holotype. ♀, Mt. Xiaolongshan, Tianshui, Gansu Province, 5 May 2010, Tao Li.

Etymology. The name of the new species is based on the host's generic name.

Host: *Pristiphora erichsonii* (Hartig).

(34) *Goryphus weiningicus* Sheng, Li & Sun, sp.n. (Figure 12)

The new species is similar to *G. muelleri* Betrem, 1941, but can be distinguished from the latter by the following combinations of characters: median portion of frons with indistinct fine wrinkles, lateral portion coriaceous, without puncture; second tergite finely coriaceous, without puncture; face and tegula black. *G. muelleri*: median portion of frons with longitudinal wrinkles, lateral portion with sparse fine punctures; second tergite with punctures; face and tegula white.

Holotype. ♀, reared from *Neodiprion huizeensis* Xiao & Zhou, Weining County, Guizhou Province, 16 February 2012, Mao-Ling Sheng. Paratypes: 2♀♀, Weining County, 6-10 August 2011, Heng-Hu Pu; 1♀2♂♂, Weining County, 10-18 February 2012, Tao Li & Mao-Ling Sheng; 2♀♀, Weining County, Guizhou Province, 2-4 February 2013, Tao Li.

Etymology. The name of the new species is based on the type locality.

Host: *Neodiprion huizeensis* Xiao & Zhou.

Key to species of *Goryphus* Holmgren parasitizing sawflies in China

1. Fore wing with large dark spot. Mesopleuron, mesosternum and propodeum red ··· *G. basilaris* Holmgren
   Fore wing without dark spot. Mesosoma black ························· 2
2. Areolet wider than its height. Hind wing vein 1-cu about 4.0 times as long as cu-a. Propodeal apophysis vestigial. Flagellomeres 1 to 2 brown. Hind coxa, trochanter and basal half of femur yellow brown. Apical portions of hind femur and tibia black. Basal portion of hind tibia white ························ *G. pristiphorae* Sheng, Li & Sun, sp.n.
   Areolet higher than or as high as its width. Hind wing vein 1-cu about 1.9 times as long as cu-a. Propodeal apophysis distinct, compressed, convex. Flagellomeres 1 to 2 black. Hind coxa and trochanter black. Hind femur and tibia reddish brown ························ *G. weiningicus* Sheng, Li & Sun, sp.n.

16. *Pleolophus* Townes, 1962

(41) *Pleolophus larvatus* (Gravenhorst, 1829)

New record for China.

Specimens examined: 2♀♀, Xinbin County, Liaoning Province, August 1993, Jian-Wen Sun.

Host: *Pachynematus itoi* Okutani.

(42) *Pleolophus rugulosus* Sheng, Sun & Li, sp.n. (Figure 13)

The new species is similar to *P. larvatus* (Gravenhorst, 1829), but can be distinguished from the latter by the following combinations of characters: first tergite 1.7 times as long as apical width, postpetiole with distinct longitudinal wrinkles; coxae black; apical portion of hind tibia and hind tarsus black. *P. larvatus*: first tergite 1.4 times as long as apical width, postpetiole smooth, without wrinkle; coxae dark brown; hind tibia and tarsus almost entirely brown.

Holotype. ♀, Mt. Wutai, Shanxi Province, 28 May 2008, Mao-Ling Sheng. Paratypes: 1♀, Mt. Wutai, Shanxi Province, 26 May 1995, Zhan-Kui Hou; 1♀, sama data as holotype; 1♂, Mt. Hasi, Jingyuan County, Gansu Province, 2 June 1999, Bing-Tang Guo; 1♀, Mt. Hasi, Jingyuan County, Gansu Province, 22 April 1999, Bing-Tang Guo; 1♀, Mt. Liupan, 2300 m, Pengyang County, Ningxia, 10 December 2003, Mao-Ling Sheng.

Etymology. The name of the new species is based on the postpetiole being with distinct longitudinal wrinkles.

Hosts: *Pristiphora erichsonii* (Hartig), *Neodiprion fengningensis* Xiao & Zhou.

(45) *Pleolophus vestigialis* (Förster, 1850)

New record for China.

Specimens examined: 2♀♀, Mt. Liupan, Ningxia Hui Autonomous Region, 20 May 2012, Tao Li.

Host: *Pristiphora erichsonii* (Hartig).

Key to species of *Pleolophus* Townes parasitizing sawflies in China

1. Wing of female vestigial, fore wing shorter than mesosoma. Ovipositor sheath approximately 0.8 times as long as hind tibia. Body mainly red brown. Tergite 2 mostly buff; tergites 3 to 5 darkish brown ………… ………… *P. vestigialis* (Förster)
   Wing normal, not vestigial, at least reaching metasoma.. Others not entirely the same as above ………… 2
2. Upper tooth of mandible about as long as lower tooth. Tergites black or black with slightly dark brown ·· 3
   Upper tooth of mandible slightly longer than lower tooth. At least part of tergites red or reddish brown ·· 4
3. Postocellar line 1.7 times as long as ocular-ocellar line. Antenna with 29 to 31 flagellomeres. Lateral sides of areolet almost parallel, vein 2-Cu as long as 2cu-a ………… *P. suigensis* (Uchida)
   Postocellar line slightly longer than ocular-ocellar line. Antenna with 20 to 25 flagellomeres. Lateral sides of areolet distinctly convergent forward, vein 2-Cu distinctly longer than 2cu-a ………… ………… *P. setiferae* (Uchida)

4. Postpetiole smooth, without wrinkles. Coxae darkish brown. Hind tibia and tarsus almost entirely brown·
………………………………………………………………………………*P. larvatus* (Gravenhorst)

Postpetiole with distinct wrinkles. Coxae black; apical portion of hind tibia and hind tarsus entirely black
……………………………………………………………………… *P. rugulosus* Sheng, Sun & Li, sp.n.

17. *Bathythrix* Förster, 1869

(49) *Bathythrix rufiscuta* Sheng, Li & Sun, sp.n. (Figure 14)

The new species is similar to *B. kuwanae* Viereck, 1912, but can be distinguished from the latter by the following combinations of characters: first tergite with distinct longitudinal wrinkles; scutellum and postscutellum red to red brown. *B. kuwanae*: first tergite smooth, without distinct longitudinal wrinkles; scutellum and postscutellum black.

Holotype. ♀, Mt. Liupan, Ningxia, 20 May 2012, Mao-Ling Sheng. Paratypes: 2♀♀, Mt. Liupan, Ningxia, 20-25 May 2012, Mao-Ling Sheng & Tao Li.

Etymology. The name of the new species is based on the scutellum being red.

Host: *Pristiphora erichsonii* (Hartig).

Key to species of *Bathythrix* Förster parasitizing sawflies in China

1. First tergite approximately 3.1 times as long as apical width, with dense longitudinal wrinkles. Hind tarsomere 3 approximately 1.4 times as long as hind tarsomere 5. Ovipositor sheath approximately 0.8 times as long as hind tibia. Scutellum red to red brown …………… *B. rufiscuta* Sheng, Li & Sun, sp. n.

First tergite at least 3.6 times as long as apical width, without wrinkles, but punctures. Ovipositor sheath at least 1.2 times as long as hind tibia. Scutellum black ……………………………………………………2

2. Hind tarsomere 3 approximately 2.0 times as long as hind tarsomere 5. First tergite approximately 5.0 times as long as apical width. Ovipositor sheath at least 1.5 times as long as hind tibia. Tergites black·····
…………………………………………………………………………………*B. hirticeps* (Cameron)

Not entirely as above: hind tarsomere 3 not more than 2.0 times as long as hind tarsomere 5, or first tergite less than 5.0 times apical width, or ovipositor sheath more short; tergites at least with light spots ··
…………………………………………………………………………………………………3

3. Face with particular fine short hairs. Malar space 0.25 times as long as basal width of mandible. Area superomedia 2.0 times as long as wide. Second and subsequent tergites mainly brown yellow, basal lateral portions of tergites 2 to 4 with triangular black spots; basaes of tergites 5 and 6 black……………
……………………………………………………………………………………… *B. kuwanae* Viereck

Face with dense long white hairs. Malar space 0.4 times as long as basal width of mandible. Area superomedia 0.7 times as long as wide. Tergites 2 to 4 red brown. Fifth and subsequent tergites black·····
……………………………………………………………………………………… *B. cilifacialis* Sheng

18. *Endasys* Förster, 1869

(55) *Endasys proteuclastae* Sheng, Sun & Li, sp.n. (Figure 15)

The new species is similar to *E. sheni* Sheng, 1999, but can be distinguished from the latter by the following key.

Holotype. ♀, Lingwu, Ningxia, 28 August 2007, Mao-Ling Sheng. Paratypes: 1♀, Haoshan Forest Farm, Zhibo, Shandong Province, 10 May 2018, IT; 2♂♂, Zhongjunzhang, Mt Culai, Shandong Province, 4 May 2018, IT.

Etymology. The name of the new species is based on the host's generic name.

Host. *Proteuclasta stotzneri* (Caradja).

Key to species of *Endasys* Förster parasitizing sawflies in China

The following key does not include *Endasys morulus* (Kokujev, 1909).

1. Fore and mid tibiae yellowish brown, without white band. Hind tibia darkish redbrown, apical portion brownish black. Speculum with punctures ··· 2
   Tibiae black, or fore tibiae slightly brown, or out sides of fore and mid tibiae with distinct whitebands. Speculum smooth, shiny, with punctures or wrinkles ··· 6
2. Antenna with white ring; flagellomeres 1 to 3 (4) black or brownish black. Hind coxa and first tergite black ··· 5
   Antenna without white ring; basal half of flagellum buff. Hind coxa light or blackish brown. First tergite red brown, yellow brown or black ··· 3
3. Hind coxa and femur blackish brown, tibia and tarsus evenly darkish brown. First tergite, at least basal portion, black ··· *E. sheni* Sheng
   Hind coxa brown or red brown. Hind tibia and tarsus irregularly brown or darkish brown, or at least apical portion of tibia brownish black. First tergite entirely brown or red brown ··· 4
4. Areolet approximately as wide as long, receiving vein 2m-cu approximately at its middle. Hind tibia thick; basal 0.7 of hind femur red brown, apical 0.3 brownish black ··· *E. proteuclastae* Sheng, Sun & Li, sp.n.
   Areolet distinctly wide, approximately 1.7 times as wide as long, receiving vein 2m-cu approximately 0.7 times distance from vein 2rs-m to 3rs-m. Hind tibia relatively thin, hind femur brownish black, basal portion yellowish brown ··· *E. pristiphorae* Sheng
5. Areolet approximately as wide as long, receiving vein 2m-cu approximately at its middle. Hind wing vein 1-cu about 4.0 times as long as cu-a. Hind tibia and tarsus black brown to brown. Median tergites brownish black or brown ··· *E. liaoningensis* Wang, Sun, Ma & Sheng
   Areolet distinctly wider than long, receiving vein 2m-cu approximately 0.7 times distance from vein

2rs-m to 3rs-m. Hind wing vein 1-cu slightly longer than cu-a. Hind leg entirely black. All tergites almost entirely black ············ *E. parviventris nipponicus* (Uchida)

6. Outsides of fore and mid tibiae with distinct longitudinal white bands. Tergites black or only apical slightly brownish black ············ 7

Fore and mid tibiae without white bands. Second and subsequent tergites brown to red brown ············ *E. sugiharai* (Uchida)

7. Frons with weak and indistinct fine punctures. Area superomedia approximately 2.1 times as wide as long, 1.8 times as long as area basalis. Hind tibia entirely black ············ *E. xinbinicus* Sheng & Sun

Frons with dense distinct, relatively large punctures. Area superomedia approximately as wide as long, as long as area basalis. Outside of hind tibia with distinct longitudinal white band ············ *E. albimaculatus* Sheng & Sun

19. *Glyphicnemis* Förster, 1869

(60) *Glyphicnemis qinica* Sheng, Li & Sun, sp.n. (Figure 16)

The new species is similar to *G. ganica* Sheng & Li, 2017, but can be distinguished from the latter by the following key.

Holotype. ♂, Pingheliang, 33º29′N, 108º29′E, 2382 m, Qinling, Ankang, Shaanxi Province, 12 July 2010, Tao Li. Paratype: 1♂, same data as holotype.

Key to species of genus *Glyphicnemis* Förster known in China

1. ♀♀ ············ 2

♂♂ ············ 3

2. Anterior portion of postpetiole with transverse wrinkles, posterior portion with longitudinal wrinkles. Second tergite distinct and relatively dense fine punctures. Hind coxa and femur almost entirely black ············ *G. satoi* (Uchida)

Tergites 1 to 3 smooth, shiny, without wrinkle, almostly without punctures. Hind coxa and femur red brown ············ *G. ganica* Sheng & Li

3. Clypeus entirely black. Dorsal profile of hind femur red brown, ventral side brownish black. Hind tarsus black (Female unknown) ············ *G. qinica* Sheng, Li & Sun, sp.n.

Clypeus yellow, at least apical portion redish brown; or hind coxa and femur red brown ············ 4

4. Postpetiole without evident wrinkles. Second tergite almost smooth, without evident punctures. Hind femur red brown ············ *G. ganica* Sheng & Li

Postpetiole with evident longitudinal wrinkles. Second tergite with distinct punctures. Dorsal side of hind femur black ············ *G. satoi* (Uchida)

20. *Gelis* Thunberg, 1827

(62) *Gelis weiningicus* Sheng, Li & Sun, sp.n. (Figure 17)

The new species is similar to *G. yunnanensis* Schwarz, 2009, but can be distinguished from the latter by the following combinations of characters: malar space 0.8 times as long as basal width of mandible; area superomedia 0.8 times as long as wide, costula connecting at its posterior 0.25; inner portion of tegula yellowish brown, outer portion blackish brown; third and subsequent tergites entirely black. *G. yunnanensis*: malar space as long as basal width of mandible; area superomedia 1.1 times as long as wide, costula connecting at its middle; tegula white; third and subsequent tergites mainly orange to reddish brown.

Holotype. ♀, Weining County, Guizhou Province, 15 February 2012, Tao Li. Paratypes: 27♀♀9♂♂, Weining County, Guizhou Province, 15-22 February 2012, Tao Li & Mao-Ling Sheng. All types were reared from *Neodiprion huizeensis* Xiao & Zhou.

Etymology. The name of the new species is based on the type locality.

Host: *Neodiprion huizeensis* Xiao & Zhou.

21. *Distathma* Townes, 1970

New record for China.

(63) *Distathma ningxiaica* Sheng, Li & Sun, sp.n. (Figure 18)

The new species is similar to *D. tumida* Townes, 1970, but can be distinguished from the latter by the following combinations of characters: subapical portion of clypeus slightly concave; notaulus reaching beyond middle of mesoscutum; mesoscutum with dense fine even punctures; tergites 2 and 3 red brown. *D. tumida*: subapical portion of clypeus not concave; notaulus reaching to middle of mesoscutum; posterior median portion of mesoscutum with longitudinal wrinkles; all tergites black.

Holotype. ♀, Mt. Liupan, Ningxia, 20 May 2012, Tao Li & Mao-Ling Sheng. Paratype: 1♀, Mt. Liupan, Ningxia, 19 May 2012, Tao Li & Mao-Ling Sheng.

Etymology. The name of the new species is based on the type locality.

Host: *Pristiphora erichsonii* (Hartig).

23. *Mastrus* Förster, 1869

(67) *Mastrus luicus* Sheng, Sun & Li, sp.n. (Figure 19)

The new species is similar to *M. tenuibasalis* (Uchida, 1940), but can be distinguished from the latter by the following combinations of characters: ovipositor sheath 0.3 times as long as hind tibia; coxae red brown; hind tarsus black. *M. tenuibasalis*: ovipositor sheath about as long as hind tibia; coxae black; hind tarsus brown. It can be distinguished from other Chinese species of *Mastrus* by the provided key.

Holotype. ♀, Haoshan Forest Farm, Zibo, Shandong Province, 1 June 2018, IT. Paratypes: 1♀, Chashankou, Mt. Culai, Shandong Province, 19 May 2018, IT. 1♂, Haoshan Forest Farm, Zibo, Shandong Province, 25 May 2018, IT.

Etymology. The name of the new species is based on the type locality.

24. *Phygadeuon* Gravenhorst, 1829

(72) *Phygadeuon yanjiensis* Sheng, Li & Sun , sp.n. (Figure 20)

The new species is similar to *Ph. rugulosus* Gravenhorst, 1829, but can be distinguished from the latter by the following key.

Holotype. ♂, Mt. Maoer, 400 m, Yanji, Jilin Province, 25 May 2009, Tao Li.

Etymology. The name of the new species is based on the type locality.

Host. Hyperparasite of *Cleptes semiauratus* (L.).

Key to species of *Phygadeuon* Gravenhorst parasitizing sawflies in China

1. Face approximately 2.5 times as wide as long. Hind wing vein 1-cu about 2.3 times as long as cu-a. Mesopleuron with relative sparse and large punctures, without or almost without wrinkles. Hind leg black ······ *Ph. bidentatus* (Uchida)

   Face approximately 2.0 times as wide as long. Hind wing vein 1-cu about 4.0 times as long as cu-a. Mesopleuron, at least part, with dense oblique wrinkles. Hind leg, at least part, yellowish brown or reddish brown ······ 2

2. Malar space approximately 0.8 times as long as basal width of mandible. Postocellar line approximately 0.5 times as long as ocular-ocellar line. First tergite, before spiracle, abruptly convergent anteriorly, spiracle evidently convex. Postpetiole with distinct longitudinal wrinkles. Apical portion of hind femur and tibia black ······ *Ph. rugulosus* Gravenhorst

   Malar space approximately as long as basal width of mandible. Postocellar line approximately as long as ocular-ocellar line. First tergite evenly convergent forward, spiracle not convex. Postpetiole without wrinkle, or with indistinct wrinkles. Hind femur red brown; at least basal 0.7 of hind tibia brownish yellow ·· *Ph. yanjiensis* Sheng, Li & Sun, sp.n.

Subfamily Ctenopelmatinae

26. *Homaspis* Förster, 1869

(85) *Homaspis rufina* (Gravenhorst, 1829)

New record for China.

Specimens examined: 1♀, Mt. Changbai, Jilin Province, 22 August 1999, Ji-Fu Chen; 1♀, Benxi County, Liaoning Province, 12 June 2015, IT.

Hosts: *Acantholyda erythrocephala* (L.), *A. posticalis* Matsumura, *Cephalcia abietis* (L.), *Pamphilius* sp., et al.

(86) *Homaspis sichuanica* Sheng, Sun & Li, sp.n. (Figure 21)

The new species can be easily distinguished from other species of *Homaspis* Förster by frons with strong median compressed horn. The new species is similar to *H. rufina* (Gravenhorst, 1829), but can be distinguished from the latter by the following combinations of characters: areolet absent; apical portion of metasoma almost terete (♀); face yellow (female also with brown spot); dorsal profile of hind coxa with black longitudinal band, ventral profile red brown. *H. rufina*: areolet present; apical portion of metasoma distinctly depressed (♀); face black; hind coxa entirely darkish red brown.

Holotype. ♀, Mt. Zheduo, 3590 m, Kangding County, Sichuan Province, 3 July 2013, Tao Li. Paratype: 1♂, same data as Holotype.

Etymology. The name of the new species is based on the type locality.

Key to species of genus *Homaspis* Förster known in China

1. Fore wing without areolet. Hind wing vein 1-cu shorter than cu-a. Fore and mid claws fully pectinate. Postpetiole without median dorsal and dorsolateral carinae. Tergites 2 and 3 red. Ovipositor evenly narrowed backwardly ·· *H. divergator* Aubert

   Areolet present, if absent, then hind wing vein 1-cu as long as cu-a. Others not entirely the same as above ·· 2

2. Claw pectinate. Fore wing without areolet, or areolet very small, or indistinct ························· 3

   Claw simple. Areolet present, relatively large ·· 4

3. Frons simple, without median compressed horn. Fore wing with vein 1cu-a slightly basad of or opposite 1/M; areolet small or indistinct. Lower portion of mesopleuron, mesosternum and apical portion of

propodeum redish to yellowish brown ·· *H. varicolor* (Thomson)

Frons with strong median compressed horn. Fore wing with vein 1cu-a distinctly distad of 1/M; areolet absent. Mesosoma entirely black ···*H. sichuanica* Sheng, Sun & Li, sp.n.

4. Dorsal profile of tergites 6 and 7 evidently flat. Hind femur brown. Tergites, except basal portion of first tergite, yellowish brown··*H. rufina* (Gravenhorst)

Dorsal profile of tergites 6 and 7 normal, evenly convex. Hind femur black; apical tergites black ·········
··· *H. sorbariae* Sheng & Sun

28. *Xenoschesis* Förster, 1869

(93) *Xenoschesis* (*Polycinetis*) *melana* Sheng, Sun & Li, sp.n. (Figure 22)

The new species is similar to *X.* (*Polycinetis*) *ustulata* (Desvignes, 1856), but can be distinguished from the latter by the following combinations of characters: clypeus except narrow apical margin, antenna, tegula and all legs entirely black. *X.* (*Polycinetis*) *ustulata*: clypeus at least apical half yellowish brown; antenna dark brown to red brown; tegula brown to darkish brown; fore and mid femora yellow brown; hind femur red brown.

Holotype. ♀, Songlinkou, 3900 m, Milin County, Xizang, 28 July 2014, Wei Xiao & Yi-Lin Xiao.

Etymology. The name of the new species is based on the body being black.

29. *Euryproctus* Holmgren, 1857

New record for China.

(100) *Euryproctus annulatus* (Gravenhorst, 1829)

New record for China.

Specimens examined: 1♀, Mentougou, Beijing, 15 September 2009, Tao Wang; 1♀, Mentougou, Beijing, 17 September 2011, IT; 1♂, Mentougou, Beijing, 14 September 2014, IT; 1♀, Mentougou, Beijing, 15 October 2014, IT; 1♀, Labagoumen, Huairou, Beijing, 3 October 2016, IT; 1♀2♂♂, Jiulongchuan, Haicheng, Liaoning Province, 7 July 2015, Tao Li; 1♀, Benxi County, Liaoning Province, 12 June 2015, Mao-Ling Sheng; 1♀, Benxi County, Liaoning Province, 15 July 2015, Mao-Ling Sheng.

(101) *Euryproctus foveolatus* Uchida, 1955

New record for China.

Specimens examined: 1♀, Mt. Changbai, Jilin Province, 5 September 2008, Mao-Ling Sheng.

(102) *Euryproctus wugongensis* Sheng, Sun & Li, sp.n. (Figure 23)

The new species can be easily distinguished from other species of *Euryproctus* Holmgren by the following combinations of characters: median longitudinal carina of propodeum weak or vestigial; posterior transverse carina present, later side not complete; face and clypeus yellow; second and subsequent tergites entirely brownish red.

Holotype. ♀, Mt. Wugong, Jiangxi Province, 3 September 2012, Mao-Ling Sheng. Paratypes: 1♀, same data as holotype; 1♀1♂, Mt. Wugong, Jiangxi Province, 18 July 2012, Mao-Ling Sheng.

Etymology. The name of the new species is based on the type locality.

(103) *Euryproctus zongi* Sheng, Sun & Li, sp.n. (Figure 24)

The new species is similar to *E. nemoralis* (Geoffroy, 1785), but can be distinguished from the latter by the following combinations of characters: lateral side of face yellow; lateral portion of clypeus yellowish yellowish brown; apical margin of second tergite and basal margin of third tergite reddish to darkish redbrown; apical half of third tergite darkish brown. *E. nemoralis*: face and clypeus black; tergites 2 to 4 entirely reddish brown.

Holotype. ♀, Labagoumen, Huairou, Beijing, 3 October 2016, Shi-Xiang Zong.

Etymology. The name of the new species is based on the name, Shi-Xiang Zong, who collected the type specimen.

31. *Mesoleptidea* Viereck, 1912

(110) *Mesoleptidea maculata* Sheng, Sun & Li, sp.n. (Figure 25)

The new species is similar to *M. cingulata* (Gravenhorst, 1829), but can be distinguished from the latter by the following combinations of characters: areolet present; mesoscutum with wide longitudinal black band; scutellum and all tergites entirely black. *M. cingulata*: areolet absent; mesoscutum without longitudinal black band; scutellum brown; apical margins of tergites yellow.

Holotype. ♀, Xunyangba, Ningshan County, Ankang, Shaanxi Province, 27 June 2011, Jiang-Li Tan.

Etymology. The name of the new species is based on the mesoscutus being with white, red and black spots.

32. *Phobetes* Förster, 1869

(112) *Phobetes concavus* Sheng, Sun & Li, sp.n. (Figure 26)

The new species is similar to *Ph. niger* Sheng & Sun, 2014, but can be distinguished from the latter by the following combinations of characters: lower tooth of mandible evidently longer than upper tooth; malar space approximately 0.25 times as long as basal width of mandible; face black; hind coxa red; posterior margins of tergites 1 and 2 with buff bands. *Ph. niger*: lower tooth of mandible about as long as upper tooth; malar space approximately 0.64 times as long as basal width of mandible; face yellow, with median longitudinal black band; hind coxa black; posterior margins of tergites 1 and 2 without buff bands.

Holotype. ♀, Matoushan, Jiangxi Province, 160-290 m, 9 May 2017, Mao-Ling Sheng.

Etymology. The name of the new species is based on the propodeum with basal deep concavity.

(116) *Phobetes nigriceps* (Gravenhorst, 1829)

New record for China.

Specimens examined: ♀, Hongqiling, Chagou, Haicheng, Liaoning Province, 15 May 2015, Shu-Ping Sun.

Host: *Cimbex quadrimaculata* (Müller) (Ozbek, 2014).

(118) *Phobetes ruficoxalis* Sheng, Sun & Li, sp.n. (Figure 27)

The new species is similar to *Ph. sapporensis* (Uchida, 1930), but can be distinguished from the latter by the following combinations of characters: face about 1.9 times as wide as long; lower tooth distinct longer than upper tooth; antenna with 31 flagellomeres; hind coxa red; tergites black. *Ph. sapporensis*: face 1.5 to 1.6 times as wide as long; lower tooth slightly longer than upper tooth; antenna with 36 to 39 flagellomeres; hind coxa black; median tergites red to reddish brown.

Holotype. ♀, Changping, Matoushan, Jiangxi Province, 27º48′N, 117º12′E, 290 m, 10 April 2017, Tao Li.

Etymology. The name of the new species is based on hind coxa reddish brown.

Key to species of genus *Phobetes* Förster known in China

1. Antenna with white ring; face slightly convex, 1.8 to 2.0 times as wide as long. Median longitudinal carina of propodeum complete ······ 2

   Antenna without white ring. Others not entirely as above ······ 4

2. Median longitudinal carina of propodeum strong, convergent forward and backward. Apical half of

metasomal tergites brown to darkish brown ································ *Ph. albiannularis* Sheng & Ding

Median longitudinal carina of propodeum almost parallel, median portion weak, lightly divergent backwardly. All tergites almost entirely black ·· 3

3. Face yellow, with median longitudinal black band. Hind coxa black ················ *Ph. niger* Sheng & Sun

Face black. Hind coxa red ·· *Ph. concavus* Sheng, Sun & Li, sp.n.

4. Mesosoma and tergites reddish brown ··· 10

Mesosoma black·· 5

5. First tergite black, the remainder of tergites reddish brown to darkish brown, or second tergite with large median brownish black spot ·· 9

Tergites black, or at least basal and apical tergites black, median ones brown, yellowish brown or reddish brown ··· 6

6. Frons with fine wrinkles. Antenna darkish brown, basal ventral side light. Hind coxa buff. Hind wing vein 1-cu as long as cu-a ·· *Ph. taihorinensis* (Uchida)

Frons with punctures, without wrinkle. Antenna black. Hind coxa blackish brown to black, or red. Hind wing vein 1-cu as long as or longer than cu-a ·· 7

7. Frons with deep median longitudinal groove. Hind wing vein 1-cu as long as cu-a. Median longitudinal carina of propodeum strong. Area basalis and area superomedia distinct. Hind coxa and all tergites entirely black ··· *Ph. huanrenensis* Sheng & Sun

Frons without median longitudinal groove. Hind wing vein 1-cu longer than cu-a. Areas or propodeum indistinct or incomplete ·· 8

8. Hind coxa black. Hind trochanter and basal portion of tibia brown to darkish brown. Median tergites of metasoma red or red brown ··· *Ph. sapporensis* (Uchida)

Hind coxa red. Hind trochanter and basal portion of tibia buff. All tergites all most entirely black ········· ·· *Ph. ruficoxalis* Sheng, Sun & Li, sp.n.

9. Frons with fine wrinkles. Median longitudinal carina of propodeum strong, with long irregular light brown hairs. Hind wing vein 1-cu as long as cu-a. Second tergite rough, with dense shallow punctures. Face black ·· *Ph. henanensis* Sheng & Ding

Frons with distinct dense punctures. Propodeum evenly convex, without longitudinal carina, with distinct dense punctures and short gray-white hairs. Hind wing vein 1-cu longer than cu-a. Second tergite almost smooth, with fine leathery texture. Face entirely buff ································ *Ph. opacus* Sheng & Sun

10. Central portion of face with wrinkles. Lower tooth of mandible longer than upper tooth. Frons with fine wrinkle-punctures. Mesothorax brownish black to black. Fifth tergite black ··········· *Ph. sauteri* (Uchida)

Face with indistinct fine punctures. Lower tooth of mandible as long as upper tooth. Frons finely granulated. Mesothorax and all tergites entirely red brown ······················ *Ph. nigriceps* (Gravenhorst)

34. *Alexeter* Förster, 1869

(127) *Alexeter albimaculatus* Sheng, Sun & Li, sp.n. (Figure 28)

The new species is similar to *A. niger* (Gravenhorst, 1829), but can be distinguished from the latter by the following combinations of characters: median section of apical margin of clypeus almost truncate; hind wing vein 1-cu approximately 1.5 times as long as cu-a; flagellomeres 12 to 19 yellowish white; hind coxa and all tergites entirely black. *A. niger*: apical margin of clypeus arched forward; hind wing vein 1-cu approximately as long as cu-a; ventral side of flagellomeres light red; ventral side of coxae yellow; posterior margins of tergites almost white.

Holotype. ♀, Mt. Liupan, Ningxia, 18 August 2005, IT. Paratypes: 16♀♀4♂♂, Mt. Liupan, Ningxia, 21 July to 8 September 2005, IT.

Etymology. The name of the new species is based on body with white spots.

(131) *Alexeter fallax* (Holmgren, 1857)

New record for China.

Specimens examined: 6♀♀1♂♂, Mt. Liupan, Ningxia, 28 July to 1 September 2005, IT.

(133) *Alexeter nebulator* (Thunberg, 1822)

New record for China.

Specimens examined: 1♀, Daxinggou, Yanji, Jilin Province, 9 July 1994, Mao-Ling Sheng; 3♀♀11♂♂, Mt. Liupan, 1280 m, Ningxia, 7 July to 4 August 2005, IT; 2♀♀, Beijing, 28 July to 4 August 2009, IT; 1♀, Beijing, 11 August, 2010, IT; 1♀, Beijing, 10 August, 2013, IT.

(134) *Alexeter niger* (Gravenhorst, 1829)

New record for China.

Specimens examined: 1♀, Baishilazi, Kuandian, Liaoning Province, 3 June 2001, Mao-Ling Sheng.

(137) *Alexeter zangicus* Sheng, Sun & Li, sp.n. (Figure 29)

The new species is similar to *A. fallax* (Holmgren, 1857), but can be distinguished from the latter by the following combinations of characters: forewing without areolet; median longitudinal carina of propodeum almost entirely absent; posterior transverse carina complete; area superomedia separated from area petiolaris by transverse carina; median longitudinal band of tergite 3 and subsequent tergites reddish brown. *A. fallax*: areolet present; median longitudinal carina of propodeum complete; median portion of posterior transverse carina absent; area superomedia not separated from area petiolaris by transverse carina; tergites 2 to 4 reddish brown, tergite 5 and subsequent black.

Holotype. ♀, Baqing, Xizang , 1 August 2013, Tao Li.

Etymology. The name of the new species is based on the type locality.

35. *Anoncus* Townes, 1970

New record for China.

(138) *Anoncus maculatus* Sheng, Sun & Li, sp.n. (Figure 30)

The new species is similar to *A. gallicola* Kasparyan & Kopelke, 2009, but can be distinguished from the latter by the following combinations of characters: antenna with 31 flagellomeres; dorsal profile with distinct longitudinal carinas; mesopleuron and mesosternum entirely black; tergites 2 to 8 reddish brown to yellowish brown. *A. gallicola*: antenna with 26-28 flagellomeres; dorsal profile of propodeum without any carina; lower half of mesopleuron and mesosternum red; tergites mainly brownish black with narrow whitish band on hind margin.

Holotype. ♀, Mt. Xiaozhushan, Huangdao, Qingdao, Shandong Province, 21 June 2017, IT.

Etymology. The name of the new species is based on the macular face.

36. *Azelus* Förster, 1869

New record for China.

(139) *Azelus ankangicus* Sheng, Sun & Li, sp.n. (Figure 31)

Holotype. ♀, Xunyangba, Ningshan County, Ankang, Shaanxi Province, 28 June 2011, Jiang-Li Tan.

Etymology. The name of the new species is based on the type locality.

The new species can be distinguishes from the only known species, *A. erythropyga* (Gmelin, 1790), by the following key.

Key to the world species of *Azelus* Förster

Median longitudinal carinae of propodeum present. Area petiolaris without median longitudinal carina. Median dorsal carinae of first tergite weakly present at basal portion. Ovipositor sheath approximately 6.4 times as long as wide, upper and lower margins almost parallel. Face and clypeus entirely black. Basal and apical tergites of metasoma black; median (tergites 2 to 4) brownish red ………………………… ………………………………………………………………………… *A. ankangicus* Sheng, Sun & Li, sp.n.

Median longitudinal carinae of propodeum entirely absent. Area petiolaris with median longitudinal carina. Median dorsal carinae of first tergite strong. Ovipositor sheath thick and short, less 3 times width, strongly convergent backwardly. Face and clypeus with two oblique yellow lines. Tergites of metasoma almost entirely red ······ *A. erythropalpus* Gmelin

37. *Barytarbes* Förster, 1869

(141) *Barytarbes motuoicus* Sheng, Li & Sun, sp.n. (Figure 32)

Holotype. ♀, Motuo County, 2750 m, Xizang, 13 July 2013, Tao Li. Paratype: 1♂, Bomi County, 2880 m, Xizang, 9 July 2013, Tao Li.

Etymology. The name of the new species is based on the holotype locality.

The new species is similar to *B. lalashanense* (Kusigemati, 1990), but can be distinguished from the latter by the following key.

Key to the species of genus *Barytarbes* Förster known in China

1. First tergite straight, at least 2.5 times as long as apical width; without glymma ······ 2

   First tergite relatively short, approximately 1.9 times as long as apical width; with glymma. Head and mesosoma almost entirely brownish yellow ······ *B. nigrimaculatus* Sheng & Sun

2. Propodeal spiracle circular. Fore wing with vein 1cu-a distinctly distad of 1/M. Mesosoma mainly black. At least part tergites black ······ 3

   Propodeal spiracle elliptical. Fore wing with vein 1cu-a opposide 1/M. First tergite approximately 4.0 times as long as apical width. Mesosoma and tergites almost entirely yellowish brown ······ *B. fulvus* Sheng & Schönitzer

3. First tergite 2.5 to 2.6 times as long as apical width. Second tergite about 1.1 times as long as apical width. Tegula darkish brown to brown. Third and subsequent tergites ferruginous ······ *B. lalashanense* (Kusigemati)

   First tergite approximately 3.8 times as long as apical width. Second tergite about 1.7 times as long as apical width. Tegula black. Fifth and subsequent tergites black ······ *B. motuoicus* Sheng, Li & Sun, sp.n.

41. *Lagarotis* Förster, 1869

New record for China.

(160) *Lagarotis beijingensis* Sheng, Sun & Li, sp.n. (Figure 33)

Holotype. ♀, Labagoumen, Huairou, Beijing, 17 October 2016, IT. Paratypes: 1♂, Mentougou, Beijing, 22 September 2009, Tao Wang; 4♀♀1♂, Mentougou, Beijing, 29 September 2009, Tao Wang; 1♀, Mentougou, Beijing, 22 September 2012, Shi-Xiang Zong;

2♀♀, Mentougou, Beijing, 28 September 2013, Shi-Xiang Zong.

Etymology. The name of the new species is based on the type locality.

The new species is similar to *L. semicaligata* (Gravenhorst, 1820), but can be distinguished from the latter by the following combinations of characters: mesoscutum with even dense fine punctures. Hind femur and all tergites entirely black. *L. semicaligata*: lateral portion of mesoscutum near tegula smooth, shiny. Hind femur yellowish red. Tergites 2 and 3 red.

(161) *Lagarotis ganica* Sheng, Sun & Li, sp.n. (Figure 34)

Holotype. ♀, Hongyangu, 538 m, Mt. Wugong, Jiangxi Province, 30 May 2016, Yu Yao, IT.

Etymology. The name of the new species is based on the type locality.

The new species is similar to *L. debitor* (Thunberg, 1822), but can be distinguished from the latter by the following combinations of characters: first tergite evenly convex, without median longitudinal groove; fourth tergite reddish brown. *L. debitor*: median portion of first tergite, between spiracles, with weak median longitudinal groove; fourth tergite black.

Key to the species of genus *Lagarotis* Förster known in China

Antenna with 52 to 53 flagellomeres. First tergite approximately 2.5 times as long as apical width. Antenna black. All tergites entirely black··························· *L. beijingensis* Sheng, Sun & Li, sp.n

Antenna with 31 flagellomeres. First tergite approximately 1.7 times as long as apical width. Dorsal profile of antenna black brown, ventral profile darkish brown. Tergites 2 to 4 red brown (epipleurum brown to dark brown)··· *L. ganica* Sheng, Sun & Li, sp.n.

42. *Lamachus* Förster, 1869

(162) *Lamachus dilatatus* Sheng, Li & Sun, sp.n. (Figure 35)

Holotype. ♀, Yaoxiang Forest Farm, Jinan, Shandong Province, 10 August 2017, Mao-Ling Sheng (IT). Paratype: 1♀, Yaoxiang, Jinan, Shandong Province, 12 July 2017, Mao-Ling Sheng (IT).

Etymology. The name of the new species is based on the ovipositor sheath being widened backwardly.

The new species is similar to *L. iwatai* Momoi, 1962, but can be distinguished from the latter by the following combinations of characters: Antenna with 28 to 29 flagellomeres. Anterior end of notaulus present. First tergite 1.4 times as long as apical width. Second tergite approximately 0.6 times as long as apical width. Hind femora reddish brown. *L. iwatai*: antenna with 38 to 40 flagellomeres. Notaulus at least reaching to middle of mesoscutum. First tergite 1.7 times as long as apical width. Second tergite approximately as long as apical width. Hind femora black.

Key to species of genus *Lamachus* Förster known in China

1. Propodeum with distinct median longitudinal carinae; median dorsal carina of first tergum at least reaching to spiracle ············ 2
   Propodeum without median longitudinal carinae; median dorsal carina of first tergum indistinct ········· 3
2. Upper tooth of mandible as long as lower tooth. Face black, with median longitudinal yellow spot. Hind femur and all tergites black. ························ *L. gilpiniae* Uchida
   Upper tooth of mandible longer than lower tooth. Face entirely black. Apical portion of tergite 1, tergites 2 and 3 entirely, tergite 4 mostly, basal portion of tergite 4, hind femur red brown··························· ························ *L. dilatatus* Sheng, Li & Sun, sp.n.
3. First tergite approximately 2.5 times as long as apical width. Antenna with 46 to 48 flagellomeres. Median portion of tergite 2, tergites 3 to 5 entirely red ················· *L. rufiabdominalis* Li, Sheng & Sun
   First tergite at most 2.1 times as long as apical width. Antenna at most with 46 flagellomeres. Tergites black ························ 4
4. Pleural carinae of propodeum weakly and lateral carinae of area petiolaris present. First tergite 2.1 times as long as apical width, without median dorsal carina. Tergite 2 approximately 1.1 times as long as apical width. Dorsoposterior portion of pronotum brown. Scutellum and postscutellum entirely black. Basal 0.7 of hind tibia white························ *L. sheni* Sheng & Sun
   Pleural carinae of propodeum evidently present. First tergite approximately 1.4 times as long asapical width, basal portion of median dorsal carina present. Tergite 2 approximately 0.6 times as long as apical width. Dorsoposterior portion of pronotum, lateral sides and apex of scutellum and postscutellum yellow. Hind tibia black ························ *L. nigrus* Li, Sheng & Sun

43. *Mesoleius* Holmgren, 1856

(167) *Mesoleius aulicus* (Gravenhorst, 1829)

New record for China.

Specimen examined: 1♀, Daxinggou, Jilin Province, 9 July 1994, Mao-Ling Sheng.

44. *Protarchus* Förster, 1868

New record for China.

(169) *Protarchus maculatus* Sheng, Sun & Li, sp.n. (Figure 36)

The new species is similar to *P. testatorius* (Thunberg, 1822), but can be distinguished from the latter by the following key.

Holotype. ♀, Mentougou, Beijing, 9 June 2012, Shi-Xiang Zong (IT). Paratypes: 6♂♂, Mentougou, Beijing, 9 June 2012, Shi-Xiang Zong (IT); 1♀2♂♂, Mentougou, Beijing, 30 June 2012, Shi-Xiang Zong (IT).

Etymology. The name of the new species is based on the face being with black spot.

(170) *Protarchus testatorius* (Thunberg, 1822)

New record for China.

Specimen examined: 1♀, Mt. Changbai, 1100 m, Jilin Province, 3 July 1986; 2♀♀, Mt. Changbai, Jilin Province, 9 July 2008; 1♀, Sanjiaolongwan, Huinan, Jilin Province, 6 July 2011, Bing-Zhong Ren; 1♀, Tianchi, Mt. Changbai, Jilin Province, 22 July 2012, Ze-Jian Li; 1♀, Benxi County, Liaoning Province, 17 July 2015, Mao-Ling Sheng; 1♀, Baishilazi National Natural Reserve, Kuandian County, Liaoning Province, 22 June 2018, Tao Li.

Key to species of *Protarchus* Förster known in China

Median portion of flagellum yellowish brown, apical portion black; fore and mid coxae almost entirely black; mesopleuron and mesosternum entirely black; basal halves or more of tergites 3 to 8 black ……… ……………………………………………………………………………… *P. maculatus* Sheng, Sun & Li

Flagellum almost entirely yellowish brown; fore and mid coxae almost entirely yellow; anterior portions of mesopleuron and mesosternum mainly yellow; tergites 3 to 8 brown to reddish brown ……………… ……………………………………………………………………………… *P. testatorius* (Thunberg)

46. *Scopesis* Förster, 1869

New record for China.

(172) *Scopesis frontator* (Thunberg, 1824)

New record for China.

Specimen examined: ♀, Dongsheng, Neimenggu, 18 September 2006, Mao-Ling Sheng.

49. *Absyrtus* Holmgren, 1859

New record for China.

(177) *Absyrtus vicinator* (Thunberg, 1822) (Figure 37)

New record for China.

Specimens examined: 1♀, Liupanshan, Ningxia, 1 September 2005, IT. 1♂. Mentougou, Beijing, 9 July 2011, Shi-Xiang Zong.

50. *Perilissus* Holmgren, 1855

(178) *Perilissus athaliae* Uchida, 1936

New record for China.

Specimen examined: 1♀, Tianzhu, Guizhou Province, April 1996, Yi-Han Li.

(181) *Perillissus incarinatus* Sheng, Sun & Li, sp.n. (Figure 38)

The new species is similar to *P. variator* (Müller, 1776), but can be distinguished from the latter by the following combinations of characters: lateral and median longitudinal carinae of propodeum absent or vestige, area superomedia absent. Face and clypeus black. *P. variator*: propodeum with evident lateral and median longitudinal carinae, area superomedia complete. Face and clypeus yellow.

Holotype: 1♀, Tianzhu, Guizhou Province, April 1996, Yi-Han Li. Paratypes: 1♀1♂, same data as holotype.

Etymology. The specific name is derived from the lateral and median longitudinal carinae of propodeum absent.

Key to the species of *Perilissus* Holmgren and *Absyrtus* Holmgren known in China

1. Median longitudinal carinae of propodeum strong, area superomedia complete ······························ 2
   Median longitudinal carinae of propodeum absent or vestige, area superomedia absent ····················· 4
2. Costula connecting area superomedia near its anterior portion. Body, including head, antennae and all legs entirely yellowish brown ·· *P. geniculatus geniculatus* Uchida
   Costula connecting area superomedia at its middle. Head and mesosoma black. Basal and apical tergites black, median tergites red brown ··· 3
3. Basal portion of clypeus with relative dense fine punctures, apical with dense large punctures. Areolet quadrangular. Costula connecting area superomedia approximately at its anterior 0.33. Apical half of first tergite and subsequent three entirely red brown ·· *P. athaliae* Uchida
   Clypeus with sparse punctures. Areolet triangular. Costula connecting area superomedia at its middle.

Posterior margins of tergite 2 and 4 narrowly, apical half of tergite 3 darkish red ································ *P. cingulator* (Morley)

4. First tergite evenly convergent forwar, 3.1 times as long as its apical width. Body including head and legs yellow brown ································ *Absyrtus vicinator* (Thunberg)

First tergite from spiracle strongly convergent forwar, 2.3 times as long as its apical width. Head and mesosoma black. Basal and apical tergites black, median red brown. Legs red brown ································ *P. incarinatus* Sheng, Sun & Li, sp.n.

53. *Lethades* Davis, 1897

(197) *Lethades wugongensis* Sheng, Sun & Li, sp.n. (Figure 39)

The new species is similar to *L. nigricoxis* Sheng & Sun, 2013, but can be distinguished from the latter by the following key.

Holotype. ♀, Hongyangu, 530 m, Mt. Wugong, Jiangxi Province, 24 May 2016, Yu Yao.

Etymology. The name of the new species is based on the type locality.

Key to species of genus *Lethades* Davis known in China

1. Costula connecting area superomedia at its anterior 0.35. Hind coxa black or mainly black ································ 2

Costula connecting area superomedia at its posterior 0.42. Hind coxa red brown ································ *L. ruficoxalis* Sheng & Sun

2. First tergite approximately 1.25 times as long as apical width. Second tergite about 0.5 times as long as apical width. Face, clypeus and hind coxa black ································ *L. nigricoxis* Sheng & Sun

First tergite approximately 2.3 times as long as apical width. Second tergite about 0.8 times as long as apical width. Face and clypeus with wide lateral longitudinal yellow brown spots. Lateral sides of hind coxa black, dorsal and ventral sides with longitudinal red brown spots ································ *L. wugongensis* Sheng Sun & Li, sp.n.

54. *Pion* Schiødte, 1839

(198) *Pion japonicus* Watanabei, 2016

New record for China.

Specimen examined: 1♀, Mt. Baiyun, Haicheng, Liaoning Province, 17 June 2015, Tao Li.

Key to species of genus *Pion* Schiødte known in China

1. Median longitudinal carina of propodeum convergent forward. Spiracle of first tergite located at its middle (♀) ································ *P. yifengensis* Sheng

Median longitudinal carina of propodeum parallel or almost parallel. Spiracle of first tergite located at basal 0.4 (♀) ·· 2

2. Median longitudinal carina of propodeum divergent forward and backward (♀). Malar space approximately 0.5 times as long as basal width of mandible. Antenna with 30 to 34 flagellomeres. Hind femur of female black, with large red portion. Hind tibia entirely black ·· *P. qinyuanensis* Chen, Sheng & Miao

Median longitudinal carina of propodeum parallel. Malar space approximately 0.6 times as long as basal width of mandible. Antenna with 28 to 29 flagellomeres. Hind femur of female black, basal portion of tibia yellow brown, apical black. Ventral profile of hind femur of male longitudinally brown, tibia entirely black ·· *P. japonicum* Watanabe

55. *Rhorus* Förster, 1869

(201) *Rhorus bimaculatus* Sheng, Sun & Li, sp.n. (Figure 40)

The new species is similar to *Rh. nigritarsis* (Hedwig, 1956), but can be distinguished from the latter by the following combinations of characters: upper tooth of mandible longer than lower tooth. Area superomedia present. Median dorsal carinae of first tergite evidently reaching middle of postpetiole. Face black, upper portion with two yellow spots. Clypeus black. Tergite 3 black, apical margin dark brown. *Rh. nigritarsis*: upper tooth of mandible as long as lower tooth. Area superomedia indistinct. Median dorsal carinae of first tergite reaching to the level of spiracle. Face yellow, upper portion with median longitudinal black line. Clypeus yellow. Tergite 3 sometimes darkish redbrown.

Holotype. ♀, Shenyang, Liaoning Province, 21 May 1995, Mao-Ling Sheng. Paratypes: 1♀1♂, Xinbin County, Liaoning Province, 29 May 1994, Mao-Ling Sheng; 1♂, Benxi, Liaoning Province, 13 May 2018, Mao-Ling Sheng.

Etymology. The name of the new species is based on the face with two yellow spots.

(202) *Rhorus carinatus* Sheng, Sun & Li, sp.n. (Figure 41)

The new species is similar to *Rh. intermedius* Kasparyan, 2012, but can be distinguished from the latter by the following combinations of characters: upper tooth of mandible slightly longer than lower tooth. Areolet receiving vein 2m-cu at lower-outer corner or beyond the corner. Costula present and strong. Orbits black. *Rh. intermedius*: upper tooth of mandible much longer than lower tooth. Areolet receiving vein 2m-cu basad of lower-outer corner. Costula absent. Orbits yellow.

Holotype. ♀, Xiayadong, 27°21′N, 88°58′E, 3100 m, Xizang, 19 July 2013, Tao Li. Paratypes: 1♀1♂, same data as holotype; 1♂, Lulang County, 29°52′N, 94°47′E, 3100 m, 14

July 2013, Tao Li.

Etymology. The name of the new species is based on the propodeum with complete strong carina.

(203) *Rhorus concavus* Sheng, Sun & Li, sp.n. (Figure 42)

The new species is similar to *Rh. dauricus* Kasparyan, 2012, but can be distinguished from the latter by the following combinations of characters: apical margin of clypeus with distinct median convex. Hind claw with five teeth. Face buff, lateral margins black, upper portion with median longitudinal spot. Tergites 2 and 3 red brown. *Rh. dauricus*: apical margin of clypeus without median convex. Hind claw with four teeth. Face black, with buff spot. Tergites 2 and 3 black, epipleurum yellowish brown.

Holotype. ♀, Mt. Matou, 260 m, Jiangxi Province, 16 May 2017, Mao-Ling Sheng.

Etymology. The name of the new species is based on the apex of ovipositor sheath with shallow concavity.

(205) *Rhorus dauricus* Kasparyan, 2012

New record for China.

Specimens examined: 1♀, Labagoumen, Huairou, Beijing, 26 September 2016, IT; 6♂♂, Labagoumen, Huairou, Beijing, 1 August to 3 October 2016, IT (Shi-Xiang Zong & Mao-Ling Sheng).

(206) *Rhorus denticlypealis* Sheng, Sun & Li, sp.n. (Figure 43)

The new species is similar to *Rh. inthanonensis* Reshchikov & Xu, 2017, but can be distinguished from the latter by the following combinations of characters: face evenly slightly convex. Clypeus with dense large punctures; apical margin convex forward; with shallow median concavity, inside with a tooth. Costula strong. Hind femur black, apex slightly brownish black. *Rh. inthanonensis*: face strongly convex centrally. Clypeus with sparse fine punctures; apical margin truncate. Costula absent. Hind femur red brown.

Holotype. ♀, Donghe Station, Mt. Guan Natural Reserve, Jiangxi Province, 20 April 2016, IT. Paratypes: 1♀1♂, Mt. Wumei Natural Reserve, Xiushui, Jiangxi Province, 10 July 2016, IT.

Etymology. The name of the new species is based on the median portion of apical concavity of clypeus with a tooth.

(207) *Rhorus facialis* Sheng, Sun & Li, sp.n. (Figure 44)

The new species is easily distinguished from other species of *Rhorus* Förster by the following combinations of characters: face completely combined with clypeus, evidently convex. Subapical portion of clypeus transversely concave, apical margin elevated medially. First tergite short and wide, approximately as long as apical width. Head and mesosoma entirely black. Apical portion of first tergite, and second to fourth tergites entirely reddish brown.

Holotype. ♀, Shenyang, Liaoning Province, 14 June 1992, Ying Zhang.

Etymology. The name of the new species is based on the face evenly strongly convex.

(208) *Rhorus flavofacialis* Sheng, Sun & Li, sp.n. (Figure 45)

The new species is similar to *Rh. nigritarsis* (Hedwig, 1956), but can be distinguished from the latter by the following combinations of characters: fore claw with 10 teeth. Dorsolateral carinae of first tergite complete. Lower portion of face, clypeus and third tergite black. *Rh. nigritarsis*: fore claw with 20 teeth. Dorsolateral carinae of first tergite present between spiracle and base. Face and clypeus buff. Third tergite red brown.

Holotype. ♀, Mt. Liupan, 1280 m, Ningxia, 11 August 2005, IT. Paratypes: 2♂♂, Mt. Xinglong, Gansu Province, 13-14 May 2011, Mao-Ling Sheng.

Etymology. The name of the new species is based on the face being yellow.

Host: *Pristiphora erichsonii* (Hartig).

(209) *Rhorus flavus* Sheng, Sun & Li, sp.n. (Figure 46)

The new species is similar to *Rh. punctator* Kasparyan, 2012, but can be distinguished from the latter by the following combinations of characters: lobe of oral carina normal, slightly elevated behind mandible. First flagellomere with apical truncation strongly oblique, minimum length approximately 4.2 times as long as maximum width. Fore claw with 9 teeth. Area superomedia combined with area basalis. Fore and mid coxae and apical half of hind coxa almost entirely buff. *Rh. punctator*: lobe of oral carina strongly elevated behind mandible. First flagellomere with apical truncation slightly oblique, minimum length approximately 3.8 times as long as maximum width. Fore claw with or less than 5 teeth. Area superomedia separated from area basalis by distinct transverse carina. All coxae black, but apexes of fore and mid coxae slightly yellow.

Holotype. ♀, Labagoumen, Huairou, Beijing, 17 October 2016, IT. Paratypes: 3♂♂, Labagoumen, Huairou, Beijing, 1 August 2016, IT.

Etymology. The name of the new species is based on the face and clypeus being yellow.

(210) *Rhorus huinanicus* Sheng, Sun & Li, sp.n. (Figure 47)

The new species is similar to *Rh. intermedius* Kasparyan, 2012, but can be distinguished from the latter by the following combinations of characters: clypeus with dense punctures. Upper tooth almost as long as lower tooth. Antenn with 48 flagellomeres. Basal halves of lateral carinae of scutellum present. First tergite approximately 1.9 times as long as apical width, evidently convergent from spiracle to base. Basal 0.7 of hind tibia except base end, second tergite yellow. Third tergite mainly yellow brown, partly indistinct red brown. *Rh. intermedius*: clypeus with very sparse large punctures. Upper tooth distinctly longer than lower tooth. Antenn with 33 flagellomeres. Lateral carinae of scutellum almost reaching to its apex. First tergite approximately 1.65 times as long as apical width, evenly convergent from apical margin to base. Hind tibia black brown. All tergites black except posterior margin of tergite 7 narrowly yellow.

Holotype. ♀, Yushucha, Huinan, Jilin Province, 15 June 1992, Shu-Ping Sun. Paratype: 1♂, Qingyuan County, June 1985, Liaoning Forestry School.

Etymology. The name of the new species is based on the holotype locality.

(211) *Rhorus jinjuensis* (Lee & Cha, 1993)

New record for China.

Specimens examined: 1♀1♂, Baisha, Shanghang County, Fujian Province, 14 June 2011, IT.

(212) *Rhorus koreensis* Kasparyan, Choi & Lee, 2016

New record for China.

Specimen examined: 1♀, Shenyang, Liaoning Province, 10 August 2014, Shu-Ping Sun.

(213) *Rhorus lannae* Reshchikov & Xu, 2017

New record for China.

Specimen examined: 1♀, Kuandian County, Dandong, Liaoning Province, 21 July 2017, Mao-Ling Sheng.

(214) *Rhorus liaoensis* Sheng, Sun & Li, sp.n. (Figure 48)

The new species is similar to *Rh. koreensis* Kasparyan, Choi & Lee, 2016, but can be distinguished from the latter by the following combinations of characters: upper tooth of mandible slightly longer than lower tooth. First tergite from spiracle evidently convergent forward. Face except median yellow spot, clypeus, scutellum, fore and mid coxae black. Ovipositor sheath red brown. *Rh. koreensis*: upper tooth of mandible slightly shorter than lower tooth. First tergite from apical margin to base evenly convergent. Face, clypeus, scutellum, most portions of fore and mid coxae buff. Ovipositor sheath black.

Holotype. ♀, Qingyuan County, Liaoning Province, June 1991, Yan-Jie Li.

Etymology. The name of the new species is based on the type locality.

(215) *Rhorus lishuicus* Sheng, Sun & Li, sp.n. (Figure 49)

The new species is similar to *Rh. koreensis* Kasparyan, Choi & Lee, 2016 and *Rh.*

liaoensis Sheng, but can be distinguished from *Rh. koreensis* by the following combinations of characters: upper tooth of mandible longer than lower tooth. First tergite approximately 1.4 times as long as apical width. Ovipositor sheath buff. *Rh. koreensis*: upper tooth of mandible shorter than lower tooth. First tergite approximately 2.0 times as long as apical width. Ovipositor sheath black. The new species can be distinguished from *Rh. Liaoensis* by: posterior transverse carina of propodeum strong. Hind wing vein 1-cu strongly reclivous, approximately 3.0 times as long as cu-a. Face, clypeus and malar area buff. *Rh. liaoensis*: posterior transverse carina of propodeum absent. Hind wing vein 1-cu almost vertical, approximately 1.5 times as long as cu-a. Face black, with large buff spot. Clypeus and malar area black.

Holotype. ♀, Baiguoyuan, 170 m, Liandu district, Lishui, Zhejiang Province, 23 April 2015, Ze-Jian Li.

Etymology. The name of the new species is based on the type locality.

(217) *Rhorus mandibularis* Sheng, Sun & Li, sp.n. (Figure 50)

The new species is similar to *Rh. lannae* Reshchikov & Xu, 2017, but can be distinguished from the latter by the following combinations of characters: apexes of basal six flagellomeres almost truncate. Median longitudinal carina of propodeum distinctly expanded at the place of costula. Area superomedia distinctly wider than area basalis. Third tergite approximately 0.7 times as long as apical width. Metasomal tergites almost entirely black. *Rh. lannae*: apexes of basal six flagellomeres strongly oblique. Median longitudinal carina of propodeum almost parallel. Area superomedia almost as wide as area basalis. Third tergite approximately as long as apical width. Tergites 2 to 4 red brown.

Holotype. ♂, Hongyangu, 615 m, Mt. Wugong, Jiangxi Province, 3 May 2016, IT. Paratype: 1♂, Hongyangu, 585 m, Mt. Wugong, Jiangxi Province, 18 April 2016, IT.

Etymology. The name of the new species is based on the both teeth of mandible are great disparity.

(219) *Rhorus melanus* Sheng, Sun & Li, sp.n. (Figure 51)

The new species is similar to *Rh. intermedius* Kasparyan, 2012, but can be distinguished from the latter by the following combinations of characters: upper tooth of mandible approximately as long as lower tooth. Basal half of scutellum with lateral carina. Areolet receiving vein 2m-cu at lower-outer corner. Fore tarsomere 4 distinctly longer than its maximum diameter. Costula strong. First tergite approximately 2.0 times as long as apical width. Face entirely black. *Rh. intermedius*: upper tooth of mandible much longer than lower tooth. Lateral carinae of scutellum almost reaching to apex. Areolet receiving vein 2m-cu basad of lower-outer corner. Fore tarsomere 4 distinctly shorter than its maximum diameter. Costula absent. First tergite approximately 1.65 times as long as apical width. Lateral sides of face yellow.

Holotype. ♀, Mt. Naiduila, 3650 m, Yadong County, Xizang, 18 July 2013, Tao Li.

Etymology. The name of the new species is based on the body being entirely black.

(220) *Rhorus nigriantennatus* Sheng, Sun & Li, sp.n. (Figure 52)

The new species is similar to *Rh. koreensis* Kasparyan, Choi & Lee, 2016, but can be distinguished from the latter by the following combinations of characters: postocellar line longer than ocular-ocellar line; antenna and scutellum black; ovipositor sheath yellow. *Rh. koreensis*: postocellar line shorter than ocular-ocellar line; ventral profile of antenna yellow to yellowish brown; apocal portion of scutellum buff; ovipositor sheath black.

Holotype ♀, Guanshan National Natural Reserve, 400 m, Jiangxi Province, 23 May 2010, IT. Paratype: 1♀, Labagoumen, Huairou, Huairou, Beijing, 15 August 2016, Shi-Xiang Zong.

Etymology. The name of the new species is based on the antenna being black.

(221) *Rhorus nigriclypealis* Sheng, Sun & Li, sp.n. (Figure 53)

The new species is similar to *Rh. tinctor* Kasparyan, 2012, but can be distinguished from the latter by the following combinations of characters: antenna with 34 flagellomeres. First flagellomere 4.8 times as long as maximum width. Median longitudinal carina of propodeum distinct angled at the place of costula. Clypeus black. *Rh. Tinctor*: antenna with 27 flagellomeres. First flagellomere 4.3 times as long as maximum width. Median longitudinal carina of propodeum almost parallel. Clypeus yellow.

Holotype. ♀, Xinbin County, Liaoning Province, 29 July 2009, IT.

Etymology. The name of the new species is based on the clypeus being black.

(222) *Rhorus nigripedalis* Sheng, Sun & Li, sp.n. (Figure 54)

The new species is similar to *Rh. melanogaster* Kasparyan, 2012, but can be distinguished from the latter by the following combinations of characters: First tergite approximately 2.5 times as long as apical width. Clypeus, mandible and tegula, all coxae and trochanters black. *Rh. melanogaster*: First tergite approximately 1.67 times as long as apical width. Clypeus buff. Base of mandible black, median portion buff, teeth reddish brown. Tegula yellow. Fore coxa mainly yellow. Fore and mid trochanters yellow.

Holotype. ♀, Yadong County, 3600 m, Xizang, 20 July 2013, Tao Li. Paratypes: 3♀♀, same data as holotype; 1♀, Luhuo County, 3040 m, Sichun Province, 5 August 2013, Tao Li; 3♀♀, Yinchanggou, 2200 m, Wolong, Sichuan Province, 8 August 2013, Tao Li.

Etymology. The name of the new species is based on the legs almostly being black.

(223) *Rhorus nigritarsis* (Hedwig, 1956)

New record for China.

Specimen examined: 1♂, Qingyuan County, Liaoning Province, June 1981, Liaoning Forestry School.

(224) *Rhorus orientalis* (Cameron, 1909)

New record for China.

Specimens examined: 1♀, Mt. Guan, 400 m, Jiangxi Province, 11 June 2010, IT; 1♀, Mt. Xiaozhushan, Huangdao, Qingdao, Shandong Province, 24 May 2017, IT; 3♀♀3♂♂, Mt. Xiaozhushan, Huangdao, Qingdao, Shandong Province, 31 May 2017, IT; 1♂, Mt. Xiaozhushan, Huangdao, Qingdao, Shandong Province, 14 June 2017, IT.

(225) *Rhorus petiolatus* Sheng, Sun & Li, sp.n. (Figure 55)

The new species is similar to *Rh. chrysopus* (Gmelin, 1790), but can be distinguished from the latter by the following combinations of characters: lateral margins of face almost parallel. Clypeus and gena entirely black. *Rh. chrysopus*: lateral margins of face evidently divergent ventrally. Clypeus yellow. Lower portion of gena with yellow spot.

Holotype. ♀, Donghe Station, Mt. Guan, Jiangxi Province, 20 April 2016, IT.

Etymology. The name of the new species is based on the areolet being with petiole.

(226) *Rhorus recavus* Sheng, Sun & Li, sp.n. (Figure 56)

The new species can be easily distinguished from other species of *Rhorus* by the following combinations of characters: apical margin of clypeus with relative large median semicircular concavity. Clypeus, mandible and propodeum with dense and relative long yellowish white hairs.

Holotype. ♀, Changping Station, 280 m, Mt. Matoushan National Natural Reserve, Zixi County, Jiangxi Province, 25 April 2017, Tao Li. Paratypes: 2♀♀, Mt. Jiulian National Natural Reserve, Jiangxi Province, 4 May 2011, Mao-Ling Sheng; 1♀, Changping Station, 280 m, Mt. Matoushan National Natural Reserve, Zixi County, Jiangxi Province, 4 July 2017, IT. 1♂, Baisha, Shanghang, Fujian Province, 17 May 2011, IT.

Etymology. The name of the new species is based on the apical margin of clypeus with median concavity.

(227) *Rhorus urceolatus* Sheng, Sun & Li, sp.n. (Figure 57)

The new species is similar to *Rh. lannae* Reshchikov & Xu, 2017, but can be distinguished from the latter by the following combinations of characters: clypeus approximately 3.2 times as wide as long, apical margin almost truncate, apical median slightly tooth-shaped convex. Upper tooth of mandible slightly larger than lower tooth. Ovipositor sheath 2.7 times as long as maximum width, buff. *Rh. lannae*: clypeus approximately 2.0 times as wide as long, apical margin weakly convex forward, with apical median concavity, inside the concavity with two teeth. Upper tooth of mandible distinctly longer than lower tooth. Ovipositor sheath 4.7 times as long as maximum width, black.

Holotype. ♀, Changping Station, 280-290 m, Mt. Matoushan National Natural Reserve, Zixi County, Jiangxi Province, 18 April 2017, Mao-Ling Sheng. Paratype: 1♀, Donghe Station, Mt. Guan National Natural Reserve, Jiangxi Province, 20 April 2016, Ping-Fu Fang.

Etymology. The name of the new species is based on the area superomedia as vase-shaped.

56. *Sympherta* Förster, 1869

(228) *Sympherta benxica* Sheng, Sun & Li, sp.n. (Figure 58)

The new species is similar to *S. orientalis* Kusigemati, 1989, but can be distinguished from the latter by the provided key.

Holotype. ♀, Benxi County, Liaoning Province, 2 July 2015, Mao-Ling Sheng.

Etymology. The name of the new species is based on the type locality.

(232) *Sympherta linzhiica* Sheng, Li & Sun, sp.n. (Figure 59)

The new species can be distinguished from other species of *Sympherta* by the provided key.

Holotype. ♀, Lulang County, 29°52′N, 94°47′E, 3100 m, Xizang, 14 July 2013, Tao Li.

Etymology. The name of the new species is based on the type locality.

(233) *Sympherta motuoensis* Sheng, Li & Sun, sp.n. (Figure 60)

The new species is similar to *S. linzhiica* Sheng, Li & Sun, but can be distinguished from the latter by the following combinations of characters: fore wing with vein 1cu-a distad of 1/M; areolet absent; mesopleuron almost entirely deep red. *S. linzhiica*: fore wing with vein 1cu-a basad of 1/M; areolet present, triangular; mesopleuron almost entirely black.

Holotype. ♀, Motuo County, 3272 m, Xizang, 17 April 2009, Gen-Yun Niu.

Etymology. The name of the new species is based on the type locality.

(234) *Sympherta polycolor* Sheng, Sun & Li, sp.n. (Figure 61)

The new species is similar to *S. linzhiica* Sheng, Li & Sun, but can be distinguished from the latter by the following combinations of characters: fore wing with vein 1cu-a almost opposite 1/M; areolet quadrangular, with short petiole; clypeus distinctly alutaceous, almost entirely black. *S. linzhiica*: forewing with vein 1cu-a distinctly distad of 1/M; areolet absent; clypeus almost smooth, reddisn brown.

Holotype. ♀, Pingheliang, Ankang, 33°29′N, 108°29′E, 2382 m, Shaanxi Province, 12

July 2010, Tao Li.

Etymology. The name of the new species is based on the body with many black spots.

57. *Syntactus* Förster, 1869

(239) *Syntactus niger* Sheng, Sun & Li, sp.n. (Figure 62)

The new species is similar to *S. minor* (Holmgren, 1857), but can be distinguished from the latter by the following key.

Holotype. ♀, Changping Station, 290 m, Mt. Matoushan National Natural Reserve, Zixi County, Jiangxi Province, 4 July 2017, IT.

Etymology. The name of the new species is based on the body being black.

(240) *Syntactus rugosus* Sheng, Sun & Li, sp.n. (Figure 63)

The new species is similar to *S. leleji* Kasparyan, 2007, but can be distinguished from the latter by the following key.

Holotype. ♀, Mt. Matoushan National Natural Reserve, 280-290 m, Zixi County, Jiangxi Province, 18 April 2017, Tao Li.

Etymology. The name of the new species is based on the mandible with dense longitudinal wrinkles.

Key to species of genus *Syntactus* Förster known in Oriental and East Palaearctic Region

1. Mesopleuron without wrinkle, with distinct or indistinct punctures ············ 2
   Mesopleuron with dense distinct oblique wrinkles ············ 5
2. Upper tooth of mandible slightly longer than lower tooth. Face with dense distinct punctures. All femora and tibiae brown to red brown. Mesosoma black ············ *S. varius* (Holmgren)
   Upper tooth of mandible distinctly shorter than lower tooth. Face almost smooth, with or without punctures. Femora, at least hind femur black, or mesopleuron and mesosternum yellow to yellowish brown ············ 3
3. Area superomedia longer than width, receiving vein 2m-cu before its middle. Mesopleuron and mesosternum yellow. Metapleuron red brown (♀) or yellow (♂). Hind leg red brown ············ *S. jiulianicus* Sun & Sheng
   Area superomedia as long as wide, receiving vein 2m-cu at its middle. Mesopleuron, mesosternum, metapleuron and hind leg black ············ 4
4. Fore wing with vein 1cu-a almost opposite 1/M. Area basalis of propodeum divergent backwardly, slightly wider than long. Anterior portion of tegula with white spot. Tergites 2 and 3 brown to red ············ *S. leleji* Kasparyan
   Fore wing with vein 1cu-a distad of 1/M, approximately 0.3 times length of 1cu-a. Lateral carinae of area

basalis of propodeum parallel, slightly longer than its width. Tegula black. All tergites entirely black……
…………………………………………………………………………………… *S. rugosus* Sheng, sp.n.

5. Face almost shiny, indistinctly punctate. Hind femur red brown ……………………*S. delusor* (Linnaeus)
Face with distinct dense punctures. Hind femur black or brownish black ……………………………………6

6. Lower end of occipital carina joining oral carina at base of mandible. Lateral carinae of area basalis of propodeum parallel. Fore wing with vein 1cu-a opposite 1/M. Tergites 2 to 4 red ···· *S. minor* (Holmgren)
Lower end of occipital carina joining oral carina above base of mandible. Area basalis of propodeum strongly convergent backwardly. Fore wing with vein 1cu-a distad of 1/M, approximately 0.5 times length of 1cu-a. All tergites entirely black……………………………… *S. niger* Sheng, Sun & Li, sp.n.

59. *Scolobates* Gravenhorst, 1829

(243) *Scolobates argeae* Sheng, Sun & Li, sp.n. (Figure 64)

The new species is similar to *S. auriculatus* (Fabricius, 1804), but can be distinguished from the latter by the following combinations of characters: first tergite approximately 1.9 times as long as apical width, lateral sides of postpetiole slightly convergent backwardly. Hind tibia red brown. Apical portion of first tergite, tergites 2 to 4 and main portion of tergite 5 red brown. *S. auriculatus*: first tergite approximately 2.7 times as long as apical width, lateral sides of postpetiole almost parallel. Hind tibia black with basal end redish brown. Tergites 2 and 3 red brown.

Holotype. ♀, Tianshui, Gansu Province, 20 May 2001, Xing-Yu Wu. Paratypes: 1♀, Haerbin, Heilongjiang Province, 7 May 1975; 1♀, Sanjiaolongwan, Huinan, Jilin Province, 17 July 2011, Bing-Zhong Ren; 1♂, Mt. Liupan, Ningxia, 28 July 2005, IT; 1♀, Mt. Liupan, Ningxia, 4 August 2005, IT.

Etymology. The name of the new species is based on the host's generic name.

Host: *Arge captiva* (Smith).

(244) *Scolobates auriculatus* (Fabricius, 1804)

New record for China.

Specimens examined: 1♂, Baihe, Jilin Province, 17 July 2002; 1♀, Mt. Changbai, Jilin Province, 29 July 2008, Mao-Ling Sheng; 1♀, Kuandian County, Liaoning Province, 28 July 2008, Chun Gao; 1♀, Mentougou, Beijing, 22 August 2008, Tao Wang; 2♀♀, Mentougou, Beijing, 29 June to 5 July 2013, Shi-Xiang Zong; 1♀, Labagoumen, Huairou, Beijing, 27 September 2014, Shi-Xiang Zong; 1♀, Benxi County, Liaoning Province, 17 July 2015, Mao-Ling Sheng; 1♂, Benxi County, Liaoning Province, 26 June 2016, Tao Li; 1♀, Zhenluoying town, Pinggu District, Beijing, 22 June 2016, Shi-Xiang Zong; 5♀♀, Labagoumen, Huairou, Beijing, 23 July to 15 August 2016, Shi-Xiang Zong; 1♀, Heigou,

Baishilazi National Natural Reserve, Kuandian County, Liaoning Province, 16 August 2017, IT.

(245) *Scolobates fulvus* Sheng, Sun & Li, sp.n. (Figure 65)

The new species is similar to *S. melanothoracicus* Sheng & Sun, 2009, but can be distinguished from the latter by the following combinations of characters: dorsoposterior margin of head straight. First tergite approximately 2.6 times as long as apical width. Face almost entirely yellow. Scutellum and postscutellum black, with lateral yellow lines. *S. melanothoracicus*: dorsoposterior margin of head evenly concave medially. First tergite approximately 4.0 times as long as apical width. Face yellow, upper portion with large median black spot. Scutellum and postscutellum yellow.

Holotype. ♀, Kuandian County, Liaoning Province, 27 September 2006, Chun Gao.

Etymology. The name of the new species is based on the ovipositor sheath being yellowish brown.

(247) *Scolobates maculatus* Sheng, Sun & Li, sp.n. (Figure 66)

The new species is similar to *S. testaceus* Morley, 1913, but can be distinguished from the latter by the following combinations of characters: first tergite approximately 3.8 times as long as apical width. Mesosoma almost entirely black. *S. testaceus*: first tergite approximately 4.4 times as long as apical width. Mesosoma almost entirely yellowish brown.

Holotype. ♀, Mt. Tianhua, Kuandian County, Liaoning Province, 3 September 2015, IT. Paratypes: 1♀, Shenyang, Liaoning Province, 30 June 1993, Mao-Ling Sheng; 1♂, Daxinggou, Wangqing County, Jilin Province, 18 July 2005, IT; 1♀, Kuandian County, Liaoning Province, 28 July 2008, Chun Gao; 1♀, Mt. Qipan, Shenyang, Liaoning Province, 22 July 2009, Yao-Qi Zhang; 1♀, Mt. Qipan, Shenyang, Liaoning Province, 2 September 2013, Yao-Qi Zhang; 1♀, Mt. Qipan, Shenyang, Liaoning Province, 4 July 2014, Yao-Qi Zhang; 1♂, Benxi County, Liaoning Province, 23 July 2014, Mao-Ling Sheng.

Etymology. The name of the new species is based on the tergites with yellow spot.

(249) Scolobates nigriabdominalis Uchida, 1952

New record for China.

Specimens examined: 1♀, Kuandian County, Dandong, Liaoning Province, 30 July 2007, Mao-Ling Sheng; 1♀, Xinbin County, Liaoning Province, 24 September 2009, IT; 1♀, Baishilazi National Natural Reserve, Kuandian County, Liaoning Province, 14 July 2011, Mao-Ling Sheng; 1♀, Laotudingzi, Huanren County, Liaoning Province, 27 July 2011, IT; 1♀, Xinbin County, Liaoning Province, 22 July 2013, Mao-Ling Sheng; 1♀, Benxi County, Liaoning Province, 26 July 2013, Mao-Ling Sheng; 1♀1♂, Benxi County, Liaoning Province, 12-16 September 2013, Mao-Ling Sheng; 1♂, Benxi County, Liaoning Province, 30

September 2013, Mao-Ling Sheng; 1♀, Benxi County, Liaoning Province, 15 July 2014, Mao-Ling Sheng.

(251) *Scolobates oppositus* Sheng, Sun & Li, sp.n. (Figure 67)

The new species is similar to *S. auriculatus* (Fabricius, 1804), but can be distinguished from the latter by the following combinations of characters: dorsoposterior margin of head strongly concave. Fore wing with vein 1cu-a opposite 1/M. Hind tarsus distinctly swelling, second tarsomere 2.3 times as long as maximum width, 2.0 times as long as length of tarsomere 4. *S. auriculatus*: dorsoposterior margin of head slightly concave. Fore wing with vein 1cu-a opposite 1/M. Hind tarsus normal, not swelling, second tarsomere 2.7 times as long as maximum width, 2.3 times as long as length of tarsomere 4.

Holotype. ♂, Guyu Town, Chayu County, 29°18′N,97°11′E, 3600 m, Xizang, 6 July 2013, Tao Li. Paratype: 1♂, Mt. Zheduo, Kangding County, Sichuan Province, 3 July 2013, Tao Li.

Etymology. The name of the new species is based on the fore wing with vein 1cu-a opposite 1/M.

(252) *Scolobates parallelis* Sheng, Sun & Li, sp.n. (Figure 68)

The new species is similar to *S. testaceus* Morley, 1913, but can be distinguished from the latter by the following combinations of characters: lateral longitudinal carina of propodeum absent. Lateral margins of postpetiole behind spiracles parallel. Fore wing with vein 1cu-a distinctly basad of 1/M. Fore wing beneath stigma without dark spot. *S. testaceus*: apical half or more of lateral longitudinal carina of propodeum present and strong. Lateral margins of postpetiole behind spiracles strongly convergent backwardly. Fore wing with vein 1cu-a opposite or slightly basad of 1/M. Fore wing beneath stigma and apical margin with dark bands.

Holotype. ♀, Donghe Station, Mt. Guan, Jiangxi Province, 14 June 2016, Ping-Fu Fang. Paratype: 1♀, Daxinggou, Wangqing County, Jilin Province, 20 July 2005, IT.

Etymology. The name of the new species is based on the lateral sides of postpetiole being parallel.

(254) *Scolobates rufiabdominalis* Sheng, Sun & Li, sp.n. (Figure 69)

The new species is similar to *S. testaceus* Morley, 1913, but can be distinguished from the latter by the following combinations of characters: lateral longitudinal carina of propodeum absent. First tergite 3.2 times as long as apical width, lateral margins of postpetiole parallel. Mesopleuron and mesosternum black. Tergites almost entirely yellow brown. *S. testaceus*: apical half of lateral longitudinal carina of propodeum present, strong. First tergite 4.4 times as long as apical width, lateral margins of postpetiole strongly convergent backwardly.

Mesopleuron and mesosternum almost entirely red brown. Tergites with black spots.

Holotype. ♀, Mt. Zu, Qinghuangdao, 1100 m, Hebei Province, 22 July 1996, Mao-Ling Sheng.

Etymology. The name of the new species is based on the metasoma being red.

(256) *Scolobates shinicus* Sheng, Sun & Li, sp.n. (Figure 70)

The new species is similar to *S. melanothoracicus* Sheng & Sun 2009, but can be distinguished from the latter by the following combinations of characters: apical flagellomere distinctly longer than penultimate. Intercubitus distinctly shorter than the distance between it and 2m-cu. Upper portion of gena and vertex almost red brown. Mesoscutum with two longitudinal red brown spots. Propodeum with two yellow spots. *S. melanothoracicus*: apical flagellomere as long as penultimate. Intercubitus distinctly longer than the distance between it and 2m-cu. Upper portion of gena and vertex black, with lateral yellowish brown spots. Mesoscutum and propodeum entirely black.

Holotype. ♀, Benxi County, Liaoning Province, 10 July 2015, Mao-Ling Sheng. Paratypes: 1♀, Mentougou, Beijing, 11 July 2008, Tao Wang; 2♀♀, Mentougou, Beijing, 25 July 2008, Tao Wang; 1♀, Mentougou, Beijing, 7 July 2012, Shi-Xiang Zong; 2♀♀, Mentougou, Beijing, 29 June to 5 July 2013, Shi-Xiang Zong.

Etymology. The name of the new species is based on the tergites shiny.

(257) *Scolobates tergitalis* Sheng, Sun & Li, sp.n. (Figure 71)

The new species is similar to *S. pyrthosoma* He & Tong, 1992, but can be distinguished from the latter by the following combinations of characters: lateral carinae of scutellum almost absent. lateral longitudinal carina of propodeum absent. Hind wing vein 1-cu 1.5 times as long as cu-a. First tergite 1.4 times as long as apical width. Mesosoma mainly black. *S. pyrthosoma*: lateral carinae of scutellum reaching its half length. Lateral longitudinal carina of propodeum present at apical 0.7. Hind wing vein 1-cu 3.3 times as long as cu-a. First tergite 2.5 times as long as apical width. Mesosoma reddish yellow to buff.

Holotype. ♀, Mt. Wuyi, 200-300 m, Fujian Province, 26 October 2008, Shu-Ping Sun. Paratype: 1♂, Taohuayuan, 34º01′N, 107º26′E, 1545 m, Qingfengxia, Taibai County, Shaanxi Province, 11 June 2014, Li-Wei Qi & Wei-Nan Kang.

Etymology. The name of the new species is based on the first tergite expanded.

(259) *Scolobates trapezius* Sheng, Sun & Li, sp.n. (Figure 72)

The new species is similar to *S. nigriventralis* He & Tong, 1992, but can be distinguished from the latter by the following combinations of characters: propodeum without Lateral longitudinal carina. Mesopleuron and mesosternum black. Median portion of propodeum red brown, lateral black. Apical tergites yellow brown. *S. nigriventralis*: apical portion of lateral longitudinal carina of propodeum present. Mesopleuron and mesosternum yellow brown. Propodeum black, except area petiolaris light brown. Apical tergites black.

Holotype. ♀, Mentougou, Beijing, 5 August 2011, Shi-Xiang Zong. Paratypes: 1♂, Bifengxia, 1200-1300 m, Yaan, Sichuan Province, 8 July 2003, Wei-Xing Liu; 5♂♂, Mt. Liupan, Ningxia, 21 July to 4 August 2005, IT; 1♀, Mentougou, Beijing, 29 August 2008, Tao Wang; 1♂, Yanqing, Beijing, 21 June 2012, Shi-Xiang Zong; 1♀, Mentougou, Beijing, 18 August 2012, Shi-Xiang Zong; 1♀, Baihuwan, Enshi, Hubei Province, 13 August 2014, Mao-Ling Sheng; 1♀1♂, Hongyangu, 580 m, Mt. Wugong, Jiangxi Province, 3 May 2016, IT.

Etymology. The name of the new species is based on second tergite with trapezoid spot.

Subfamily Eucerotinae

61. *Euceros* Gravenhorst, 1829

(261) *Euceros brevinervis* Barron, 1978

New record for China.

Specimens examined: 4♂♂, Benxi County, Liaoning Province, 28 May to 17 July 2015, IT; 1♂, Kuandian County, Liaoning Province, 12 July 2017, IT.

(262) *Euceros clypealis* Barron, 1978

New record for China.

Specimen examined: 1♂, Motuo County, 29º52′N, 95º34′E, 2750 m, Xizang, 13 July 2013, Tao Li.

(264) *Euceros rufocincta* (Ashmead, 1906)

New record for China.

Specimens examined: 2♂♂, Mt. Liupan, Ningxia, 11-18 August 2005, IT.

(265) *Euceros schizophrenus* Kasparyan, 1984

New record for China.

Specimens examined: 1♀, Mt. Changbai National Natural Reserve, 1870 m, Jilin Province, 23 July 2008, Mao-Ling Sheng; 1♀, Qianchuan Forest Farm, 890 m, Songjianghe, Jilin Province, 5 August 2014, Biao Chu.

Subfamily Mesochorinae

62. *Mesochorus* Gravenhorst, 1829

(273) *Mesochorus niger* Kusigemati, 1967

New record for China.

Specimen examined: 1♂, Pinglu County, Shanxi Province, 19 April 2012, Tao Li.

Host: Reared from cocoon of *Ctenopelma* sp. parasitizing on *Acantholyda posticalis* (Matsumura).

Subfamily Pimplinae

65. *Delomerista* Förster, 1869

(277) *Delomerista indica* Gupta, 1982

New record for China.

Specimens examined: 63♀♀24♂♂, Weining County, Guizhou Province, 19 February to 6 March 2012, Tao Li & Mao-Ling Sheng; 50♀♀22♂♂, Weining County, Guizhou Province, 1-15 February 2013, Tao Li.

Host: *Neodiprion huizeensis* Xiao & Zhou.

(279) *Delomerista mandibularis* (Gravenhorst, 1829)

New record for China.

Specimens examined: 1♀, Shenyang, Liaoning Province, 20 June 1993, Mao-Ling Sheng; 1♀, Baihe, Jilin Province, 14 July 2002; 2♀♀, Lasa, Xizang, 25 May 2009, Mao-Ling Sheng.

66. *Scambus* Hartig, 1838

(282) *Scambus qinghaiicus* Sheng, Sun & Li, sp.n. (Figure 73)

The new species is similar to *S. calobatus* (Gravenhorst, 1829), but can be distinguished from the latter by the provided key.

Holotype. ♀, Huangyuan County, Qinghai Province, 23 September 2011, Mao-Ling

Sheng. Paratypes: 8♂♂, Huangyuan County, Qinghai Province, 5-20 October 2011, Tao Li & Mao-Ling Sheng.

Etymology. The name of the new species is based on the type locality.

Host: *Pontania* sp.

Subfamily Tryphoninae

70. *Acrotomus* Holmgren 1857

New record for China.

(291) *Acrotomus albidulus* Kasparyan, 1986

New record for China.

Specimens examined: 1♀, Benxi County, Liaoning Province, 12 June 2015, IT; 1♀, Benxi County, Liaoning Province, 15 July 2015, IT.

(292) *Acrotomus lucidulus* (Gravenhorst, 1829)

New record for China.

Specimens examined: 1♀, Daxinggou, Jilin Province, 4 August 2005, Mao-Ling Sheng; 1♀, Benxi County, Liaoning Province, 17 July 2015, IT; 1♂, Benxi County, Liaoning Province, 21 August 2015, Mao-Ling Sheng.

(293) *Acrotomus succinctus* (Gravenhorst, 1829)

New record for China.

Specimens examined: 2♂♂, Benxi County, Liaoning Province, 12 June 2015, IT.

71. *Cosmoconus* Förster, 1869

(294) *Cosmoconus caudator* Kasparyan, 1971

New record for China.

Specimens examined: 1♂, Mentougou, Beijing, 12 September 2008, Tao Wang; 1♂, Mentougou, Beijing, 27 August 2011, IT; 1♀, Xinbin County, Liaoning Province, 9 September 2014, IT. ;1♀, Pingshan, Xinbin County, Liaoning Province, 15 October 2014, Mao-Ling Sheng.

(296) *Cosmoconus chuanicus* Sheng, Sun & Li, sp.n. (Figure 74)

The new species is similar to *C. maculiventris* Sheng, 2002, but can be distinguished from the latter by the following combinations of characters: dorsolateral carinae of first tergite complete. Ovipositor strongly curved downward. Tergites 2 to 5 yellow brown, lateral portions with large black spots. Sixth and subsequent tergites yellow brown. *C. maculiventris*: apical section of dorsolateral carinae of first tergite from spiracle to apical margin absent. Ovipositor enveloped by large subgenital plate, slightly curved downward. Basal or basolateral portions of tergites 2 and 3 black, posterior portions yellow brown. Main portion of fourth and subsequent tergites black.

Holotype. ♀, Yinchanggou, 2200 m, Wolong, Sichuan Province, 7 August 2013, Tao Li. Paratypes: 2♀♀, same data as holotype; 1♀1♂, Maobiliang, 3340 m, Mt. Siguniang, Sichuan Province, 6 August 2013, Tao Li; 1♂, Maobiliang, 3340 m, Mt. Siguniang, Sichuan Province, 9 August 2013, Tao Li.

Etymology. The name of the new species is based on the type locality.

(297) *Cosmoconus dlabolai* Šedivý, 1971

New record for China.

Specimens examined: 2♂♂, Mt. Liupan, Ningxia, 8-15 September 2005, IT.

(303) *Comoconus truncatus* Sheng, Sun & Li, sp.n. (Figure 75)

The new species can be easily distinguished from other species of *Comoconus* Förster by its apex of ovipositor sheath truncated and third tergite yellow.

Holotype. ♀, Mentougou, Beijing, 3 September 2014, Shi-Xiang Zong. Paratypes: 1♂, NAnkang, Shaanxi Province, 24 June 2011, Jiang-Li Tan; 1♀, Mentougou, Beijing, 1 September 2009, Tao Wang; 5♀♀35♂♂, Mentougou, Beijing, 1 August to 2 September 2011, Shi-Xiang Zong; 5♀♀30♂♂, Mentougou, Beijing, 19 August to 2 September 2011, Shi-Xiang Zong; 1♂, Mentougou, Beijing, 27 August 2011, Shi-Xiang Zong; 3♀♀3♂♂, Mentougou, Beijing, 20-27 August 2014, Shi-Xiang Zong.

Etymology. The name of the new species is based on the apical portion of ovipositor sheath truncate.

(305) *Cosmoconus zongi* Sheng, Sun & Li, sp.n. (Figure 76)

The new species is similar to *C. japonicus* Kasparyan, 1999, but can be distinguished from the latter by the following combinations of characters: malar space 1.1 times as long as basal width of mandible. Propodeum indistinctly punctated, median longitudinal carinae complete, areas basalis and superomedia combined and smooth, the remaining portion with dense gray hairs. Propodeal spiracle elliptical, maximum diameter 1.6 times as long as minimum diameter. Face and basal portion of clypeus reddish brown. Apical portion of clypeus buff. Antenna brownish yellow, apicalportion (♀) or apical half (♂) brownish black. *C. japonicus*: malar space 0.4 to 0.65 times as long as basal width of mandible. Propodeum smooth, without puncture, median longitudinal carina indistinct or vestigial basally. Propodeal spiracle circular or slightly to short elliptic. Face (with yellow spot) and clypeus black. Ventral profile of antenna brownish yellow, dorsal profile yellowish brown.

Holotype. ♀, Mentougou, Beijing, 22 September 2012, Shi-Xiang Zong. Paratype: 1♂, Mentougou, Beijing, 10 September 2014, Shi-Xiang Zong.

Etymology. The name of the new species is based on the name, Shi-Xiang Zong, who collected the type specimens.

72. *Ctensicus* Haliday 1832

(307) *Ctensicus maculiventris boreoalpinus* Kerrich, 1952

New record for China.

Specimens examined: 1♀, Xinbin County, Liaoning Province, 29 May 1994, Mao-Ling Sheng.

73. *Ctenochira* Förster, 1855

(308) *Ctenochira infesta* (Holmgren, 1857)

New record for China.

Specimen examined: 1♀, Heigou, Baishilazi National Natural Reserve, Kuandian County, Liaoning Province, 17 June 2017, IT.

74. *Cycasis* Townes, 1965

New record for China.

(311) *Cycasis jilinica* Sheng, Sun & Li, sp.n. (Figure 77)

The new species is easily distinguished from other species of *Cycasis* Townes by the following combinations of characters: malar space 0.6 times as long as basal width of mandible. Metasoma tergites entirely black. All known species of *Cycasis* Townes: malar space at most 0.46 times as long as basal width of mandible. Metasoma tergites at least partly brown, or reddish brown, or darkish brown.

Holotype. ♀, Daxinggou, Wangqing County, Jilin Province, 3 October 2005, Mao-Ling

Sheng.

Etymology. The name of the new species is based on the type locality.

76. *Eridolius* Förster, 1869

(317) *Eridolius beijingicus* Sheng & Sun, sp.n. (Figure 78)

The new species is similar to *E. sinensis* Gupta, 1993, but can be distinguished from the latter by the following combinations of characters: lower lateral portion of face with large yellow spot. Hind leg, tibia and first to fourth tarsomeres, tergites 2 and 3 reddish brown. *E. sinensis*: face, hind leg, tibia and tarsus black. All tergites black, at most posterior margin of tergite 3 narrowly red.

Holotype. ♀, Labagoumen, Huairou, Beijing, 26 September, 2016, Mao-Ling Sheng. Paratype: 1♀, Labagoumen, Huairou, Beijing, 10 October 2016, Shi-Xiang Zong.

77. *Erromenus* Holmgren, 1857

(319) *Erromenus alpinator* Aubert, 1969

New record for China.

Specimens examined: 1♀, Kuandian, 500 m, Liaoning Province, 4 June 2001, Shu-Ping Sun.

79. *Exenterus* Hartig, 1837

(321) *Exenterus abruptorius* (Thunberg, 1822)

New record for China.

Specimens examined: 1♀, Quannan County, 650 m, Jiangxi Province, 2 July 2008, Shi-Chang Li; 1♂, Quannan County, 740 m, Jiangxi Province, 9 August 2008, Shi-Chang Li; 1♂, Mt. Matou, Zixi County, Jiangxi Province, 17 April 2009, Mei-Juan Lou; 2♀♀, Anfu County, 240-260 m, Jiangxi Province, 8 September 2010, IT; 1♀, Mt. Wumei, Huangshagang, Xiushui County, Jiangxi Province, 20 July 2016, IT.

80. *Exyston* Schiødte, 1839

(328) *Exyston lineatus* Sheng, Li & Sun, sp.n. (Figure 79)

The new species is similar to *E. sibiricus* (Kerrich, 1952), but can be distinguished from the latter by the following combinations of characters: antenna with 37 to 39 flagellomeres (♀). Main portion of propodeum with dense large punctures; median longitudinal carinae very weak, at least basal portion absent; lateral longitudinal carinae absent; lateral portion of costula vestigial. First tergite approximately 2.0 times as long as apical width. Hind leg almost entirely black. *E. sibiricus*: antenna with 23 flagellomeres (♀). Main portion of propodeum with strong wrinkles; median and lateral longitudinal carinae strong; costula complete. First tergite approximately 1.5 times as long as apical width. Hind leg mainly gray brown, basal portion of tibia white.

Holotype. ♀, Weining County, Guizhou Province, 16 March 2012, Tao Li & Mao-Ling Sheng. Paratypes: 9♀♀12♂♂, Weining, Guizhou Province, 18 February to 22 March 2012, Tao Li & Mao-Ling Sheng.

Etymology. The name of the new species is based on the longitudinal yellow stripes of face.

Host: *Neodiprion huizeensis* Xiao & Zhou.

Host plant: *Pinus armandii* Franch.

(329) *Exyston sibiricus* (Kerrich, 1952)

New record for China.

Specimens examined: 1♂, Baihe, Jilin Province, 14 July 2002, IT.

(330) *Exyston xizangicus* Sheng, Li & Sun, sp.n. (Figure 80)

The new species is easily distinguished from other species of *Exyston* Schiødte by the following combinations of characters: Areolet triangular, with petiole, receiving vein 2m-cu distinctly beyond posterior corner. First tergite very narrow and elongate, approximately 3.4 times as ling as apical width. Face with large triangular yellow spots.

Holotype. ♀, Deqingtang, 3150 m, Zhangmu, Xizang, 22 July 2013, Tao Li.

Etymology. The name of the new species is based on the type locality.

82. *Kristotomus* Mason, 1962

(333) *Kristotomus brevis* Sheng, Sun & Li, sp.n. (Figure 81)

This new species is similar to *K. laetus* (Gravenhorst, 1829), but can be distinguished from the latter by the following combinations of characters: first flagellomere 2.0 times longer than second. Clypeus 2.2 times as wide as long. First tergite 2.3 times as long as apical width. First tergite back, basal median half and lateral portion yellowish white. Third and subsequent tergites brownish red. *K. laetus*: first flagellomere 1.7 times longer than second. Clypeus at most 2.0 times as wide as long. First tergite 2.0 times as long as apical width. First tergite entirely back. Second and subsequent tergites yellowish brown.

Holotype. ♀, Changping Station, 27º48′N, 117º12′E, 290 m, Mt. Matou National Natural Reserve, Zixi County, Jiangxi Province, 10 April 2018, Mao-Ling Sheng.

Etymology. The name of the new species is based on the ovipositor being short.

83. *Otoblastus* Förster, 1869

(338) *Otoblastus maculator* Kasparyan, 1999

New record for China.

Specimens examined: 1♀, Shenyang, Liaoning Province, June 1992, Ju-Xian Lou.

84. *Polyblastus* Hartig, 1837

(341) *Polyblastus* (*Polyblastus*) *cothurnatus* (Gravenhorst, 1829)

New record for China.

Specimens examined: 1♀, Baihe, 1200 m, Jilin Province, 10 September 2000, Shu-Ping Sun.

(343) *Polyblastus* (*Polyblastus*) *varitarsus* fuscipes Townes, 1992

New record for China.

Specimens examined: 1♀5♂♂, Yiwanquan, 43º33′N, 89º46′E, 2100 m, Qitai County, Urumqi, Xinjiang, 29 July 2018, Tao Li & Shu-Ping Sun.

(344) *Polyblastus* (*Polyblastus*) *varitarsus varitarsus* (Gravenhorst, 1829)

New record for China.

Specimens examined: 1♀, Daxing'anling, Heilongjiang Province, 10 August 2002; 1♀, Caohecheng, Benxi County, Liaoning Province,31 August 2014, Mao-Ling Sheng.

85. *Smicroplectrus* Thomson, 1883

New record for China.

(346) *Smicroplectrus salixis* Sheng, Li & Sun, sp.n. (Figure 82)

The new species is similar to *S. perkinsorum* Kerrich, 1952, but can be distinguished from the latter by the following combinations of characters: dorsal profile of scutellum slightly concave, lateral carina reaching to its apex. First tergite almost smooth, 1.4 times as long as apical width, basal lateral convex strong and sharp. Basal portions of second and third tergites roughened. Hind coxa, first trochanter and femur reddish brown. Hind tibia and tarsus entirely black. *S. perkinsorum*: dorsal convex, lateral carina reaching to its middle. First tergite mostly rugose-shagreened, 1.8 to 2.2 times as long as apical width, basal lateral convex blunt. Main portion of first tergite, basal portions of second and third tergites slightly rugose-shagreened. Hind coxa and trochanter mainly black, femur dark, tibia and tarsus usually brown.

Holotype. ♀, Mentougou, Beijing,16 June 2012, IT. Paratypes: 1♂, Labagoumen, Huairou, Beijing, 15 May 2014, IT; 1♀, Labagoumen, Huairou, Beijing, 6 June 2014, IT.

Etymology. The name of the new species is based on host plant's name.

Host: *Nematus hequensis* Xiao, 1990.

Host plant: *Salix* sp.

主要参考文献

宝山，孙淑萍，盛茂领. 2007. 宁夏发现柄卵姬蜂属一中国新纪录. 宁夏农林科技，6: 1, 9.

陈国发, 盛茂领，苗振旺. 1998. 中国针尾姬蜂属一新种 (膜翅目: 姬蜂科). 昆虫学报, 41(2): 182-183.

陈天林, 盛茂领. 2007. 红头阿扁叶蜂的重要天敌——厚角跃姬蜂. 昆虫分类学报, 29(1): 79-80.

陈天林, 肖克仁, 李光, 唐巍伟, 张阔, 徐东艳. 2007. 珍珠梅纽扁叶蜂生物学特性及防治技术研究. 中国森林病虫, 26(6): 7-8, 45.

丁冬荪, 罗俊根, 盛茂领. 2009a. 江西省姬蜂科 (膜翅目) 新纪录. 江西林业科技, (3): 41-42.

丁冬荪, 罗俊根, 孙淑萍. 2009b. 江西省姬蜂昆虫资源. 江西林业科技, (5): 25-30.

樊尚仁, 盛茂领. 1997. 角姬蜂属一新种 (膜翅目: 姬蜂科). 昆虫学报, 40(2): 210-211.

何俊华. 1985. 中国畸脉姬蜂属三新种记述 (膜翅目: 姬蜂科). 动物分类学报, 10(3): 316-320.

何俊华, 陈学新, 马云. 1996. 中国经济昆虫志. 第五十一册 膜翅目 姬蜂科. 北京: 科学出版社: 697.

何俊华, 汤玉清, 陈学新, 马云, 童新旺. 1992. 姬蜂科. 湖南森林昆虫图鉴. 长沙: 湖南科学技术出版社: 1211-1249.

何俊华，万兴生. 1987. 切顶姬蜂属五新种记述(膜翅目: 姬蜂科). 动物分类学报, 12(1): 87-92.

何俊华等. 2004. 浙江蜂类志. 北京: 科学出版社: 1373.

贺凤财, 李涛, 栾庆书, 盛茂领. 2013. 寄生叶蜂的栉足姬蜂属 (膜翅目: 姬蜂科) 中国一新纪录种. 辽宁林业科技, (2): 4-6.

李涛, 盛茂领, 邹青池. 2012. 寄生靖远松叶蜂的姬蜂科 (膜翅目) 中国一新纪录种. 动物分类学报, 37(2): 463-465.

李涛, 盛茂领, 王培新. 2013. 陕西发现寄生落叶松叶蜂的都姬蜂属 (膜翅目, 姬蜂科)一新种. 动物分类学报, 38(1): 147-150.

罗俊根, 李永成, 陈国发. 2005. 叶蜂类天敌姬蜂研究进展. 江西林业科技, (4): 34-37.

闵水发, 王满困, 黄贤斌, 陈晓光, 赵飞, 陈亮. 2011. 桦三节叶蜂生物学特性及防治试验. 中国森林病虫, 25(2): 109-111.

闵水发, 王满困, 盛茂领. 2010. 寄生桦黑毛三节叶蜂的姬蜂科一中国新纪录种——日本恩姬蜂 (膜翅目, 姬蜂科). 动物分类学报, 35(1): 251-253.

盛茂领. 2011. 针尾姬蜂属 (膜翅目, 姬蜂科) 及一新种记述. 动物分类学报, 36(1): 198-201.

盛茂领, Schönitzer K. 2008. 霸姬蜂属 (膜翅目, 姬蜂科) 一新种. 动物分类学报, 33(2): 391-394.

盛茂领, 丁冬荪. 2012. 浮姬蜂属二新种(膜翅目, 姬蜂科) 并附中国已知种检索表. 动物分类学报, 37(1): 160-164.

盛茂领, 樊尚仁. 1995. 扇脊姬蜂属一新种 (膜翅目: 姬蜂科). 昆虫分类学报, 17(1): 44-46.

盛茂领, 高立新, 孙淑萍, 章英, 张海涛, 黄劲松, 张洪斌. 2002. 伊藤厚丝叶蜂寄生天敌及控制作用研究. 辽宁林业科技, (2): 1-3.

盛茂领, 高立新, 张宏斌. 1998. 中国寄生伊藤厚丝叶蜂的泥甲姬蜂属一新种(膜翅目: 姬蜂科, 叶蜂科). 林业科学, 34(5): 79-82.

盛茂领, 黄维正. 1999. 伏牛山凿姬蜂属研究 (膜翅目: 姬蜂科)//申效诚等. 1999. 河南昆虫分类区系研究，4. 伏牛山南坡及大别山区昆虫. 北京: 中国农业科学技术出版社: 87-91.

盛茂领, 李涛, 郭正福, 丁冬荪. 2017a. 东洋区发现欧姬蜂属 (膜翅目: 姬蜂科: 栉足姬蜂亚科). 南方林业科学, 45(5): 29-32, 41.

盛茂领, 李涛, 郭正福, 丁冬荪. 2017b. 扇脊姬蜂属一新种 (姬蜂科: 膜翅目). 南方林业科学, 45(5): 33-36.

盛茂领, 裴海潮. 2002. 河南角姬蜂属二新种 (膜翅目: 姬蜂科). 昆虫学报, 45(Z1): 96-98.

盛茂领, 孙淑萍. 1999. 伏牛山恩姬蜂族二新种 (膜翅目: 姬蜂科) //申效诚等. 1999. 河南昆虫分类区系研究, 4. 伏牛山南坡及大别山区昆虫. 北京: 中国农业科学技术出版社: 74-78.

盛茂领, 孙淑萍. 2002. 中国的克里姬蜂及一新种记述 (膜翅目: 姬蜂科). 昆虫学报, 45(Z1): 93-95.

盛茂领, 孙淑萍. 2007. 中国发现侵姬蜂属 (膜翅目: 姬蜂科)及一新种. 动物分类学报, 32(4): 959-961.

盛茂领, 孙淑萍. 2009. 河南昆虫志 膜翅目 姬蜂科. 北京: 科学出版社: 340.

盛茂领，孙淑萍. 2010. 中国林木蛀虫天敌姬蜂. 北京: 科学出版社: 378.

盛茂领, 孙淑萍. 2014. 辽宁姬蜂志. 北京:科学出版社: 464.

盛茂领, 孙淑萍, 丁冬荪, 罗俊根. 2013. 江西姬蜂志. 北京: 科学出版社: 569.

盛茂领, 孙淑萍, 郭正福, 丁冬荪. 2017. 霸姬蜂属一新种 (膜翅目: 姬蜂科)及中国已知种检索表. 南方林业科学, 45(5): 37-41.

盛茂领, 孙淑萍, 李涛. 2016. 西北地区荒漠灌木林害虫寄生性天敌昆虫图鉴. 北京: 中国林业出版社: 267.

盛茂领, 王立忠, 史振学. 1998. 中国锥唇姬蜂属两新种 (膜翅目: 姬蜂科). 动物分类学报, 23(1): 52-56.

盛茂领, 魏东营. 1999. 河北稀姬蜂属一新种 (膜翅目: 姬蜂科). 东北林业大学学报, 27(3): 81-82.

盛茂领, 武星煜. 2003. 寄生柳丝叶蜂的卷唇姬蜂属一新种 (膜翅目: 姬蜂科). 昆虫分类学报, 25(2): 148-150.

盛茂领, 武星煜, 骆有庆. 2004. 寄生榆童锤角叶蜂的姬蜂种类研究 (膜翅目: 姬蜂科). 动物分类学报, 29(3): 549-552.

盛茂领, 杨春英, 孙建文. 1995. 中国曲趾姬蜂属新种——黑尾曲趾姬蜂 (膜翅目: 姬蜂科). 沈阳农业大学学报, 26(1): 76.

盛茂领, 张庆贺, 陈国发. 1998. 寄生靖远松叶蜂的卷唇姬蜂属一新种(膜翅目: 姬蜂科, 锯角叶蜂科). 昆虫学报, 41(3): 316-318.

孙淑萍, 盛茂领. 2011. 中国登姬蜂属 (膜翅目, 姬蜂科) 及一新种记述. 动物分类学报, 36(2): 419-422.

孙淑萍, 张松山, 盛茂领. 2008. 中国发现淞姬蜂属 (膜翅目: 姬蜂科) //申效诚等. 1999.河南昆虫分类区系研究, 6. 宝天曼自然保护区昆虫. 北京: 中国农业科学技术出版社: 24-26.

孙静双, 曹宁, 田文东, 耿春丽, 屈海学, 穆希凤. 2013. 河曲丝叶蜂在北京地区的生物学特性及防治研究. 中国森林病虫，32(3): 24-25.

王革, 孙建文, 马世超, 盛茂领. 1996. 寄生伊藤厚丝叶蜂的恩姬蜂属一新种 (膜翅目: 姬蜂科). 昆虫分类学报, 18: 230-232.

王淑芳, 阎家河. 1998. 针尾姬蜂族一新属一新种 (膜翅目: 姬蜂科 栉足姬蜂亚科). 林业科学, 34(1): 42-44.

王西南, 盛茂领. 2006. 中国寄生叶蜂类的卷唇姬蜂. 昆虫分类学报, 28(1): 75-76.

萧刚柔. 1990. 中国叶蜂四新种 (膜翅目, 广腰亚目: 扁叶蜂科、叶蜂科). 林业科学研究, 3(6): 548-552.

萧刚柔. 2002. 中国扁叶蜂 (膜翅目: 扁叶蜂科). 北京: 中国林业出版社: 123.

萧刚柔, 黄孝运, 周淑芷. 1983. 中国松叶蜂属 (*Diprion*) 昆虫研究 (膜翅目: 广腰亚目). 林业科学, 19(3): 277-283.

萧刚柔, 黄孝运, 周淑芷, 吴坚, 张培义. 1991. 中国经济叶蜂志（Ⅰ）(膜翅目: 广腰亚目). 杨陵: 天则出版社: 221.
徐公天, 盛茂领. 1994. 宽唇姬蜂属一新种. 林业科学, 30(4): 331-332.
杨秀元, 吴坚. 1981. 中国森林昆虫名录. 北京: 中国林业出版社: 444.
俞东波, 李涛, 郭正福, 丁冬荪, 盛茂领. 2018. 中国新纪录种记述及江西姬蜂补充名录. 南方林业科学, 46(2): 28-31.
云南水稻害虫天敌资源调查协作组. 1986. 云南水稻害虫天敌种类鉴别. 昆明: 云南科技出版社: 270.
张辉, 高纯, 盛茂领. 2008. 辽宁的角姬蜂属种类 (膜翅目: 姬蜂科) 及一中国新记录. 辽宁林业科技, 3: 1-2,7.
张艳星, 盛茂领. 2009. 优姬蜂属中国一新纪录 (膜翅目, 姬蜂科). 动物分类学报, 34(1): 191-192.
张真, 王鸿斌, 陈国发. 2003. 松叶蜂//张星耀, 骆有庆. 中国森林重大生物灾害. 北京: 中国林业出版社: 157-185.
张真, 周淑芷. 1996. 我国松叶蜂天敌研究. 昆虫天敌, 18(4): 182-186.
赵修复. 1976. 中国姬蜂分类纲要. 北京: 科学出版社: 343.
赵修复. 1987. 寄生蜂分类纲要. 北京: 科学出版社: 281.
周淑芷. 1994. 我国松叶蜂研究. 林业科技通讯, 11: 10-12.
Ashmead W H. 1906. Descriptions of new Hymenoptera from Japan. Proceedings of the United States National Museum, 30: 169-201.
Aubert J F. 1963. Les Ichneumonides du rivage Méditerranéen français (5e série, Départment du Var). Vie et Milieu, 14: 847-878.
Aubert J F. 1969. Supplément aux Ichneumonides non pétiolées inédites et révision du genre Erromenus Holm. Bulletin de la Société Entomologique de Mulhouse, mai-juin: 37-46.
Aubert J F. 1983. Nouvelles descriptions en vue d'une monographie des Ichneumonides d'Israël. Bulletin de la Société Entomologique de Mulhouse , octobre-décembre: 49-51.
Aubert J F. 1985. Ichneumonides Scolobatinae des collections suédoises (suite) et du Musée de Léningrad. Bulletin de la Société Entomologique de Mulhouse. octobre-décembre: 49-58.
Aubert J F. 1987. Deuxième prélude à une révision des Ichneumonides Scolobatinae. Bulletin de laSociété Entomologique de Mulhouse, 1987: 33-40.
Aubert J F. 1989. Ichneumonides non pétiolées inédites et quatriéme suppl. aux Scolobatinae (Ctenopelmatinae): les Homaspis Foerst. Bulletin de la Société Entomologique de Mulhouse, janvier-mars: 1-11.
Aubert J F. 2000. Les ichneumonides oeust-palearctiques et leurs hotes. 3. Scolobatinae (=Ctenopelmatinae) et suppl. aux volumes precedents. Litterae Zoologicae, 5: 1-310.
Babendreier D. 2000. Life history of *Aptesis nigrocincta* (Hymenoptera: Ichneumonidae) a cocoon parasitoid of the apple sawfly, *Hoplocampa testudina* (Hymenoptera: Tenthredinidae). Bulletin of Entomological Research, 90(4): 291-297.
Babendreier D, Hoffmeister T S. 2003. Facultative hyperparasitism by the potential biological control agent *Aptesis nigrocincta* (Hymenoptera: Ichneumonidae). European Journal of Entomology, 100: 205-207.
Barron J R. 1978. Systematics of the world Eucerotinae (Hymenoptera, Ichneumonidae). Ⅱ. Non-Nearctic species. Le Naturaliste Canadien, 105: 327-374.
Barron J R. 1981. The Nearctic species of *Ctenopelma* (Hymenoptera, Ichneumonidae, Ctenopelmatinae). Le Naturaliste Canadien, 108(1): 17-56.
Barron J R. 1986. A revision of the Nearctic species of *Rhorus* (Hymenoptera, Ichneumonidae,

Ctenopelmatinae). Le Naturaliste Canadien, 113(1): 1-37.

Barron J R. 1990. The Nearctic species of *Homaspis* (Hymenoptera, Ichneumonidae, Ctenopelmatinae). The Canadian Entomologist, 122: 191-216.

Barron J R. 1994. The Nearctic species of *Lathrolestes* (Hymenoptera, Ichneumonidae, Ctenopelmatinae). Contributions of the American Entomological Institute, 28(3): 1-135.

Barthélémy C, Broad G R. 2012. A new species of *Hadrocryptus* (Hymenoptera, Ichneumonidae, Cryptinae), with the first account of the biology for the genus. Journal of Hymenoptera Research, 24: 47-57.

Bauer R. 1958. Ichneumoniden aus Franken (Hymenoptera, Ichneumonidae). Beiträge zur Entomologie, 8: 438-477.

Bennett A M R. 2015. Revision of the world genera of Tryphoninae (Hymenoptera: Ichneumonidae). Memoirs of the American Entomological Institute, 86: 1-387.

Betrem J G. 1941. Notes on *Goryphus* Holmgren, 1868 and *Ancaria* Cameron, 1902. Treubia, 18: 45-101.

Blank S M, Groll E K, Liston A D, Prous M, Taeger A. 2012. ECatSym – Electronic World Catalog of Symphyta (Insecta Hymenoptera). 4.0 beta, data version 39 (18.12.2012). Digital Entomological Information, Müncheberg. http://sdei.senckenberg.de/ecatsym

Bobb M L. 1965. Insect parasites and predator studies in a declining sawfly population. Journal of Economic Entomology, 58(5): 925-926.

Broad G R. 2011. Identification key to the subfamilies of Ichneumonidae (Hymenoptera). http://www.nhm.ac.uk/resources-rx/files/ich_subfamily_key_2_11_compressed-95113.pdf. Online publication; accessed 03/08/2012.

Broad G R, Shaw M R, Fitton M G. 2018. Ichneumonid Wasps (Hymenoptera: Ichneumonidae): their Classification and Biology. Royal Entomological Society and the Field Studies Council, Handbooks for the Identification of British Insects, 7 (12): i-vi, 418.

Cameron P. 1899. Hymenoptera Orientalia, or contributions to a knowledge of the Hymenoptera of the Oriental Zoological Region. Part VIII. The Hymenoptera of the Khasia Hills. First paper. Memoirs and Proceedings of the Manchester Literary and Philosophical Society, 43(3): 1-220.

Cameron P. 1901. On a collection of Hymenoptera made in the neighbourhood of Wellington by Mr. G. V. Hudson, with descriptions of new genera and species. Transactions of the New Zealand Institute, 33: 104-120.

Cameron P. 1903a. Descriptions of twelve new genera and species of Ichneumonidae (Heresiarchini and Amblypygi) and three species of *Ampulex* from the Khasia Hills, India. Transactions of the Entomological Society of London, 51: 219-238.

Cameron P. 1903b. Hymenoptera Orientalia, or Contributions to the Knowledge of the Hymenoptera of the Oriental zoological region. Part Ⅸ. The Hymenoptera of the Khasia Hills. Part Ⅱ. Section 2. Memoirs and Proceedings of the Manchester Literary and Philosophical Society, 47(14): 1-50.

Cameron P. 1903c. Descriptions of new genera and species of Hymenoptera from India. Zeitschrift für Systematische Hymenopterologie und Dipterologie, 3: 298-304, 337-344.

Cameron P. 1904. Descriptions of new species of Cryptinae from the Khasia Hills, Assam. Transactions of the Royal Entomological Society of London, 52: 103-122.

Cameron P. 1905a. A third contribution to the knowledge of the Hymenoptera of Sarawak. Journal of the Straits Branch of the Royal Asiatic Society, 44: 93-168.

Cameron P. 1905b. On some Hymenoptera (chiefly undescribed) collected by Prof. C. F. Baker in Nevada and southern California. Invertebrata Pacifica, 1: 120-132.

Cameron P. 1907. On the parasitic Hymenoptera collected by Major C.G. Nurse in the Bombay presidency. Journal of the Bombay Natural History Society, 17: 584-595.

Cameron P. 1909. Descriptions of new genera and species of Indian Ichneumonidae. Journal of the Bombay Natural History Society, 19: 722-730.

Carl K P. 1976. The natural enemies of the pear-slug, *Caliroa cerasi* (L.) (Hym., Tenthredinidae), in Europe. Zeitschrift für Angewandte Entomologie, 80(1/4): 138-161.

Carlson R W. 1979. Family Ichneumonidae. *In*: Krombein K V, Hurd P D, Smith D R, Burks B D. Catalog of Hymenoptera in America North of Mexico. Vol. 1. Symphyta and Apocrita (Parasitica). Washington, D. C.: Smithsonian Press: 315-739.

Cha J Y, Ku D S, Cheong S W, Lee J W. 2001.Hymenoptera (Ichneumonidae). Economic Insects of Korea, 17 (Suppl. 24): 1-178.

Ciochia V. 1973. De nouvelles espèces pour la science des *Trachysphyroides*, découvertes dans la zone du "Portile de Fier" ansi que dans la "Reserve des Dunes d'Agigea". Lucrarile Statiunii Stejarul Ecologie Terestra si Genetica: 143-154.

Clément E. 1938. Opuscula Hymenopterologica Ⅳ. Die paläarktischen Arten der Pimplinentribus Ischnocerini, Odontomerini, Neoxoridini und Xylomini (Xoridini Schm.). Festschrift für 60 Geburtst. Prof. Embrik Strand, 4: 502-569.

Constantineanu I, Constantineanu R. 1994. Contributions of parasitoid Hymenoptera to limiting the outbreak of some defoliator Lepidoptera populations in the oak woods. Revue Roumaine De Biologie Serie de Biologie Animale, 39(2):151-157.

Constantineanu M I, Voicu M C. 1980. Ichneumonidae (Hymenoptera) bred from insect pests of pastures from the nature reserve Ponoare, Suceava region (note 3). Studii si Cercetari de Biologie Seria Zoologie, 32(1): 7-10.

Coppel H C. 1954. Notes on the parasites of *Neodiprion nanulus* Schedl (Hymenoptera: Tenthredinidae). The Canadian Entomologist, 86(4): 167-168.

Coulon L. 1935. Catalogue de la collection d'Hyménoptères de la famille des Ichneumonidae du Musée d'Histoire Naturelle d'Elbeuf. Bulletin de la Société des Sciences Naturelles Elbeuf, 53: 28-40.

Cushman R A. 1924. On the genera of Ichneumon-flies of the tribe Paniscini Ashmead, with description and discussion of related genera and species. Proceedings of the United States National Museum, 64(2510): 1-48.

Cushman R A. 1937. New Japanese Ichneumonidae parasite on pine sawflies. Insecta Matsumurana, 12: 32-38.

Cushman R A. 1939. New Ichneumon-flies parasitic on the hemlock sawfly (*Neodiprion tsugae* Middleton). Journal of the Washington Academy of Sciences, 29: 391-402.

Dasch C E. 1971. Ichneumon-flies of America north of Mexico: 6. Subfamily Mesochorinae. Memoirs of the American Entomological Institute, 16: 1-376.

Drooz A T, Quimby J W, Thompson L C, Kulman H M. 1985. Introduction and establishment of *Olesicampe benefactor* Hinz (Hymenoptera: Ichneumonidae) a parasite of the larch sawfly, *Pristiphora erichsonii* (Hartig) (Hymenoptera: Tenthredinidae) in Pennsylvania. Environmental Entomology, 14: 420-423.

Drooz A T, Thompson L C. 1986. Collecting, rearing, shipping, and monitoring *Olesicampe benefactor* (Hymenoptera: Ichneumonidae), a parasite of the larch sawfly, *Pristiphora erichsonii* (Hymenoptera:

Tenthredinidae). The Great Lakes Entomologist, 19: 181-184.

Drooz A T, Wilkinson R C, Fedde V H. 1977. Larval and cocoon parasites of three *Neodiprion* sawflies in Florida. Environmental Entomology, 6(1): 60-62.

Duan C-H, Li T, Wu H-W, Sheng M-L. 2020. A new species of genus *Endasys* Förster (Ichneumonidae, Cryptinae) parasitizing Pristiphora (Tenthredinidae) and a key to species from China. Zootaxa, 4743(1): 111-118.

Eichhorn O. 1988. Untersuchungen über die Fichtengespinstblattwespen *Cephalcia* spp. Panz. (Hym., Pamphiliidae). Ⅱ. Die Larven- und Nymphenparasiten. Journal of Applied Entomology, 105(2): 105-140.

Finlayson L R, Finlayson T. 1958a. Notes on parasites of Diprionidae in Europe and Japan and their establishment in Canada on *Diprion hercyniae* (Htg.) (Hymenoptera: Diprionidae). The Canadian Entomologist, 90(9): 557-563.

Finlayson L R, Finlayson T. 1958b. Notes on parasitism of a spruce sawfly, *Diprion polytomum* (Htg.) (Hymenoptera: Diprionidae), in Czechoslovakia and Scandinavia. The Canadian Entomologist, 90(9): 584-589.

Finlayson L R, Finlayson T. 1958c. Parasitism of the European pine sawfly, *Neodiprion sertifer* (Geoff.) (Hymenoptera: Diprionidae), in southwestern Ontario. The Canadian Entomologist, 90(9): 223-225.

Finlayson T. 1961. Effects of temperatures of rearing on reproduction of *Aptesis basizona* (Grva.) (Hymenoptera: Ichneumonidae). The Canadian Entomologist, 93(9): 799-801.

Fitton M G, Gauld I D, Shaw M R. 1982. The taxonomy and biology of the British Adelognathinae (Hymenoptera: Ichneumonidae). Journal of Natural History, 16: 275-283.

Fitton M G, Shaw M R, Gauld I D. 1988. Pimpline Ichneumon-flies. Hymenoptera, Ichneumonidae (Pimplinae). Handbook for the Identification of British Insects, 7: 1-110.

Förster A. 1850. Monographie der Gattung Pezomachus, Grav. Archiv für Naturgeschichte, 16(1): 49-232.

Förster A. 1869. Synopsis der Familien und Gattungen der Ichneumonen. Verhandlungen des Naturhistorischen Vereins der Preussischen Rheinlande und Westfalens, 25(1868): 135-221.

Fulmek L. 1968. Parasitinsekten der Insektengallen Europas. Beiträge zur Entomologie, 18(7/8): 719-952.

Gauld I D. 1991. The Ichneumonidae of Costa Rica, 1. Introduction, keys to subfamilies, and keys to the species of the lower Pimpliform subfamilies Rhyssinae, Poemeniinae, Acaenitinae and Cylloceriinae. Memoirs of the American Entomological Institute, 47: 1-589.

Gauld I D, Wahl D B. 2006. The relationship and taxonomic position of the genera *Apolophus* and *Scolomus* (Hymenoptera: Ichneumonidae). Zootaxa, 1130: 35-41.

Gauld I D, Wahl D B, Bradshaw K, Hanson P, Ward S. 1997. The Ichneumonidae of Costa Rica, 2. Introduction and keys to species of the smaller subfamilies, Anomaloninae, Ctenopelmatinae, Diplazontinae, Lycorininae, Phrudinae, Tryphoninae (excluding *Netelia*) and Xoridinae, with an appendices on the Rhyssinae. Memoirs of the American Entomological Institute, 57: 1-485.

Gravenhorst J L C. 1820. Monographia Ichneumonum Pedemontanae Regionis. Memorie della Reale Accademia delle Scienze di Torino, 24: 275-388.

Gravenhorst J L C. 1829a. Ichneumonologia Europaea. Pars Ⅰ, Vratislaviae: 827 .

Gravenhorst J L C. 1829b. Ichneumonologia Europaea. Pars Ⅱ, Vratislaviae: 989.

Gravenhorst J L C. 1829c. Ichneumonologia Europaea. Pars Ⅲ, Vratislaviae: 1097.

Gupta V K. 1974. Studies on certain Porizontine Ichneumonids reared from economic hosts (parasitic

Hymenoptera). Oriental Insects, 8(1): 99-116.

Gupta V K. 1982. A revision of the genus *Delomerista* (Hymenoptera: Ichneumonidae). Contributions to the American Entomological Institute, 19(1): 1-42.

Gupta V K. 1985. The tribe Triphonini in India with descriptions of new species (Hym., Ichneumonidae). Oriental Insect, 18(1984): 173-186.

Gupta V K. 1987. The Ichneumonidae of the Indo-Australian area (Hymenoptera). Memoirs of the American Entomological Institute, 41: 1-1210.

Gupta V K. 1990. The taxonomy of the *Kristotomus*-Complex of genera and a revision of *Kristotomus* (Hymenoptera: Ichneumonidae: Tryphoninae). Contributions to the American Entomological Institute, 25(6): 1-88.

Gupta V K. 1991. Taxonomy of the Oriental genus *Kerrichia* Mason, with description of a new species from Nepal (Hymenoptera: Ichneumonidae: Tryphoninae). Proceedings of the Entomological Society of Washington, 93: 751-755.

Gupta V K. 1993a. The Exenterine genus *Exenterus* Hartig, 1837, in the Oriental region (Hymenoptera, Ichneumonidae). Entomofauna, 14(10): 209-220.

Gupta V K. 1993b. The Exenterine Ichneumonids (Hymenoptera, Ichneumonidae) of China. Japanese Journal of Entomology, 61(3): 425-441.

Gupta V K, Maheshwary S. 1977. Ichneumonologia Orientalis, Part Ⅳ. The tribe Porizontini (=Campoplegini) (Hymenoptera: Ichneumonidae). Oriental Insects Monograph, 5: 1-267.

Habermehl H. 1922. Neue und wenig bekannte paläarktische Ichneumoniden (Hym.). Deutsche Entomologische Zeitschrift, 1922: 348-359.

Habermehl H. 1926. Neue und wenig bekannte paläarktische Ichneumoniden (Hym.). IV. Nachtrag. Deutsche Entomologische Zeitschrift, 1926(4): 321-331.

Hedwig K. 1944. Verzeichnis der bisher in Schlesien aufgefundenen Hymenopteren. V. Ichneumonidae. Zeitschrift für Entomologie, 19(3): 1-5.

Hedwig K. 1956. Neue Ichneumoniden. Nachrichten des Naturwissenschaftlichen Museums der Stadt Aschaffenburg, 50: 25-31.

Hedwig K. 1962. Mitteleuropäische Schlupfwespen und ihre Wirte. Nachrichten des Naturwissenschaftlichen Museums der Stadt Aschaffenburg, 68: 87-97.

Heinrich G H. 1949. Ichneumoniden des Berchtesgadener Gebietes (Hym.). Mitteilungen Münchener Entomologischen Gesellschaft, 35-39: 1-101.

Heinrich G H. 1952. Ichneumonidae from the Allgaeu, Bavaria. Annals and Magazine of Natural History, 12(5): 1052-1089.

Heinrich G H. 1953. Ichneumoniden der Steiermark (Hym.). Bonner Zoologische Beiträge, 4: 147-185.

Herz A, Heitland W. 2005. Species diversity and niche separation of cocoon parasitoids in different forest types with endemic populations of their host, the common pine sawfly *Diprin pini* (Hymenoptera: Diprionidae). European Journal of Entomology, 102: 217-224.

Hinz R. 1961. Über Blattwespenparasiten (Hym. und Dipt.). Mitteilungen der Schweizerischen Entomologischen Gesellschaft, 34: 1-29.

Hinz R. 1976. Zur Systematik und Ökologie der Ichneumoniden Ⅴ. Deutsche Entomologische Zeitschrift, 23: 99-105.

Hinz R. 1985. Die paläerktischen Arten der Gattung *Trematopygus* Holmgren (Hymenoptera, Ichneumonidae).

Spixiana, 8(3): 265-276.

Hinz R. 1991. Die palaearktischen Arten der Gattung *Sympherta* Förster (Hymenoptera, Ichneumonidae). Spixiana, 14: 27-43.

Hinz R. 1996. Übersicht über die europäischen Arten von *Lethades* Davis (Insecta Hymenoptera, Ichneumonidae, Ctenopelmatinae). Spixiana, 19(3): 271-279.

Hinz R, Horstmann K. 2004. Revision of the eastern Palearctic species of *Dusona* Cameron (Insecta, Hymenoptera, Ichneumonidae, Campopleginae). Spixiana, Supplement, 29: 1-183.

Holmgren A E. 1856. Entomologiska anteckningar under en resa i södra Sverige ar 1854. Kongliga Svenska Vetenskapsakademiens Handlingar, 75(1854):1-104.

Holmgren A E. 1857. Försök till uppställning och beskrifning af de i Sverige funna Tryphonider. Kongliga Svenska Vetenskapsakademiens Handlingar, N.F. 1(1)(1855): 93-246.

Holmgren A E. 1858. Försök till uppställning och beskrifning af de i sverige funna Tryphonider (Monographia Tryphonidum Sueciae). Kongliga Svenska Vetenskapsakademiens Handlingar, N.F.1 (2)(1856): 305-394.

Holmgren A E. 1859. Conspectus generum Pimplariarum Sueciae. Öfversigt af Kongliga Vetenskaps-Akademiens Förhandlingar, 16: 121-132.

Holmgren A E. 1859. Conspectus generum Ophionidum Sueciae. Öfversigt af Kongliga Vetenskaps-Akademiens Förhandlingar, 15(1858): 321-330.

Holmgren A E. 1860. Försök till uppställning och beskrifning af de i Sverige funna Ophionider. Kongliga Svenska Vetenskapsakademiens Handlingar, 2(8): 1-158.

Holuša J, Holý K, Baňař P. 2011. Ecological and morphological notes on *Notopygus bicarinatus* (Hymenoptera: Ichneumonidae). Journal of Forest Science, 57(7): 281-284.

Horstmann K. 1975. Neubearbeitung der Gattung *Nemeritis* Holmgren (Hymenoptera, Ichneumonidae). Polskie Pismo Entomologiczne, 45: 251-266.

Horstmann K. 1992. Revisionen einiger von Linnaeus, Gmelin, Fabricius, Gravenhorst und Förster beschriebener Arten der Ichneumonidae (Hymenoptera, Ichneumonidae). Mitteilungen Münchener Entomologischen Gesellschaft, 82: 21-33.

Horstmann K. 1997. Über infrasubspezifische Namen von Formen und Varietäten der Autoren Kriechbaumer, Athimus, Pfankuch, Ulbricht und Hedwig in der Families Ichneumonidae (Hymenoptera). Zeitschrift der Arbeitsgemeinschaft Österreichischer Entomologen, 49: 47-56.

Horstmann K. 1999. Zur Interpretation der von Thunberg in der Gattung Ichneumon Linnaeus beschriebenen oder benannten Arten (Hymenoptera). Zeitschrift der Arbeitsgemeinschaft Österreichischer Entomologen, 51: 65-74.

Horstmann K. 2000. Revisionen von Schlupfwespen-Arten Ⅳ (Hymenoptera: Ichneumonidae). Mitteilungen Münchener Entomologischen Gesellschaft, 90: 39-50.

Horstmann K. 2006. Revisionen von Schlupfwespen-Arten Ⅸ (Hymenoptera, Ichneumonidae). Mitteilungen der Münchener Entomologischen Gesellschaft, 95: 75-86.

Horstmann K. 2007. Typenrevisionen der von Kiss beschriebenen Taxa der Ctenopelmatinae (Hymenoptera, Ichneumonidae). Linzer Biologische Beiträge, 39: 313-322.

Horstmann K. 2008. Neue westpalaarktische Arten der Campopleginae (Hymenoptera: Ichneumonidae). Zeitschrift der Arbeitsgemeinschaft Oesterreichischer Entomologen, 60(1-2): 3-27.

Horstmann K. 2009a. Revision of the European species of *Isadelphus* Foerster, 1869 (Hymenoptera, Ichneumonidae, Cryptinae). Entomofauna, 30(28): 473-492.

Horstmann K. 2009b. Revision of the Western Palearctic species of *Dusona* Cameron (Hymenoptera, Ichneumonidae, Campopleginae). Spixiana, 32(2): 45-110.

Idar M. 1979. Revision of the European species of the genus *Hadrodactylus* Foerster (Hymenoptera: Ichneumonidae). Entomologica Scandinavica, 10: 303-313.

Idar M. 1981. Revision of the European species of the genus *Hadrodactylus* Foerster (Hymenoptera: Ichneumonidae). Part 2. Entomologica Scandinavica, 12: 231-239.

Idar M. 1983. A new Nearctic species of *Hadrodactylus*. Contributions to the American Entomological Institute, 20: 48.

Jahn E. 1978. Über das Auftreten parasitischer Insekten von *Cephalcia abietis* L. im Waldviertel (Niederösterreich). Anzeiger für Schädlingskunde Pflanzenschutz Umweltschutz, 51(8): 119-122.

Jonathan J K. 1999. Four new species of *Caenocryptus* Thomson from India, Myanmar and Taiwan (Hymenoptera: Ichneumonidae). Records of the Zoological Survey of India, 97(2): 1-13.

Jonathan J K, Gupta V K. 1973. Ichneumonologia Orientalis, Part Ⅲ. The *Goryphus*-complex (Hymenoptera: Ichneumonidae). Oriental Insects Monograph, 3: 1-203.

Jordan T. 1998. Eiformen und Lebenweise zweier Artengruppen der Gattung *Grypocentrus* (Ichneumonidae: Tryphoninae), spezifische Parasitoiden der im Frühjahr an Birken minierenden Trugmotten-Arten (Lepidoptera: Eriocraniidae). Entomologia Generalis, 23(3/4): 223-231.

Kangas E. 1941. Beitrag zur Biologie und Gradation von *Diprion sertifer* Geoffr. (Hym., Tenthredinidae). Annales Entomologici Fennici, 7: 1-31.

Kasparyan D R. 1970. Palearctic Ichneumonids of the genus *Polyblastus* Hartig (Hymenoptera, Ichneumonidae). Entomologicheskoye Obozreniye, 49: 852-868.

Kasparyan D R. 1971. Revision of the Palearctic species of the genus *Cosmoconus* Förster (Hymenoptera, Ichneumonidae). Trudy Vsesoyuznogo Entomologicheskogo Obshchestva, 54: 286-307.

Kasparyan D R. 1973a. A new species of the genus *Delomerista* (Hymenoptera, Ichneumonidae). Zoologicheskii Zhurnal, 52(12): 1877-1878.

Kasparyan D R. 1973b. Fauna of the USSR Hymenoptera Vol. 3, Number 1. Ichneumonidae (Subfamily Tryphoninae) Tribe Tryphonini. Leningrad: Nauka Publishers: 320.

Kasparyan D R. 1976. The new species of Ichneumonids of the subfamily Campopleginae (Hymenoptera: Ichneumonidae) from the eastern Palearctic. Trudy Zoologicheskogo Instituta, 64: 68-75.

Kasparyan D R. 1976. New species of Ichneumonid flies tribe Tryphonini (Hymenoptera, Ichneumonidae) from the southern part of the Far East. Trudy Biologo-Pochvennogo Instituta, Novaya Seriya, 43(146): 107-120.

Kasparyan D R. 1981. A guide to the insects of the European part of the USSR. Hymenoptera, Ichneumonidae. 11 Ctenopelmatinae. 12 Phrudinae. 13 Tersilochinae. 14 Cremastinae. 15 Campopleginae. 16 Ophioninae. Opredeliteli Faune SSSR, 3(3): 316-431.

Kasparyan D R. 1985. New species of Ichneumonidae (Hymenoptera) from central Asia and Caucasia, USSR. Vestnik Zoologii, 3: 16-19.

Kasparyan D R. 1986a. New species of the Ichneumonids of the genus *Adelognathus* Holmgren (Hymenoptera, Ichneumonidae). *In*: Ler P A, Belokobylskij S A, Storozheva N A. Hymenoptera of eastern Siberia and the Far East. Collected works. Acad Sci USSR Vladivostok: 19-21.

Kasparyan D R. 1986b. Towards a revision of the Ichneumonids genus *Adelognathus* Holmgren (Hymenoptera, Ichneumonidae). Leningrad: Proceedings of the Zoological Institute, 159: 38-56.

Kasparyan D R. 1990. Fauna of USSR. Insecta Hymenoptera. Vol.Ⅲ(2). Ichneumonidae. Subfamily Tryphoninae: Tribe Exenterini. Subfamily Adelognathinae. Leningrad: Nauka Publishing House: 342.

Kasparyan D R. 1992. New east Palaearctic species of the Ichneumonid genera *Idiogramma* Forst., *Sphinctus* Grav. and *Euceros* Grav. (Hymenoptera, Ichneumonidae). Entomologicheskoye Obozreniye, 71(4): 887-899.

Kasparyan D R. 1993. Five new Ichneumonid fly species of the tribe Tryphonini (Hymenoptera, Ichneumonidae) from Taiwan and Far East Russia. Vestnik Zoologii, (5): 50-56.

Kasparyan D R. 1998. New species of ichneumonid wasps (Hymenoptera, Ichneumonidae) collected by R. Malaise in Burma. Entomological Review, 78(3): 273-279.

Kasparyan D R. 2002. Analysis of the fauna of parasitoids (Diptera & Hymenoptera) of sawflies of the family Pamphiliidae (Hymenoptera). A review of the Palaearctic ichneumonids of the genus *Notopygus* Holmg. (Hymenoptera, Ichneumonidae). Entomologicheskoye Obozreniye, 81(4): 890-917.

Kasparyan D R. 2003. Palaearctic species of the ichneumonid-wasp genus *Campodorus* Foerster (s.str.) (Hymenoptera, Ichneumonidae) with pectinate tarsal claws. Entomologicheskoe Obozrenie, 82(3): 758-766.

Kasparyan D R. 2004b. A review of Palaearctic species of the tribe Ctenopelmatini (Hymenoptera, Ichneumonidae). The genera *Ctenopelma* Holmgren and Homaspis Foerster. Entomological Review, 84: 332-357.

Kasparyan D R. 2005. Palaearctic species of the ichneumon-fly genus *Campodorus* Foerster (Hymenoptera, Ichneumonidae). Ⅱ. The species with red mesothorax and the species with yellow face. Entomologicheskoe Obozrenie, 84(1): 177-195.

Kasparyan D R. 2006. Palaearctic species of the ichneumon-fly genus *Campodorus* Forster (Hymenoptera; Ichneumonidae). Ⅲ. Species with long-haired ovipositor sheath, species with uniformly rufous hind tibiae, and species with white-banded tibiae. Entomologicheskoe Obozrenie, 85(3): 632-661.

Kasparyan D R. 2011. Review of the Palaearctic species of the genus *Hadrodactylus* Förster (Hymenoptera, Ichneumonidae, Ctenopelmatinae) with description of 5 new species. Entomologicheskoe Obozrenie, 90(2): 388-415.

Kasparyan D R. 2012. Review of the Ichneumon-flies of the Genus *Rhorus* Förster, 1869 (Hymenoptera, Ichneumonidae: Ctenopelmatinae): Ⅰ. The Species from the Far East (with Description of 24 New Species and with a Key). Entomological Review, 92(6): 650-687.

Kasparyan D R. 2014. Review of the Western Palaearctic ichneumon-flies of the genus *Rhorus* Förster, 1869 (Hymenoptera, Ichneumonidae: Ctenopelmatinae). Ⅱ. The Species of the punctus, longicornis, chrysopygus, and substitutor Groups, the Species with the black metasoma and some others. Entomological Review, 94(5): 712-755.

Kasparyan D R. 2015. Review of the Western Palaearctic ichneumon-flies of the genus *Rhorus* Förster, 1869 (Hymenoptera, Ichneumonidae: Ctenopelmatinae). Part Ⅲ. The species with the reddish metasoma and black face. Entomological Review, 95(9): 1257-1291.

Kasparyan D R. 2017. Review of the Western Palaearctic ichneumon-flies of the genus *Rhorus* Förster, 1869 (Hymenoptera, Ichneumonidae: Ctenopelmatinae). Part Ⅳ. The species with the reddish metasoma and black face (Addendum). Entomological Review, 97 (1): 116-131.

Kasparyan D R, Choi J K, Lee J W. 2016. New species of *Rhorus* Förster, 1869 (Hymenoptera: Ichneumonidae: Ctenopelmatinae) from South Korea. Zootaxa, 4158(4): 569-576.

Kasparyan D R, Khalaim A I. 2007. Ichneumonidae. *In*: Lelej A S. Key to the insects of Russia Far East. Vol.Ⅳ. Neuropteroidea, Mecoptera, Hymenoptera. Pt5. Vladivostok: Dalnauka: 1052.

Kasparyan D R, Kopelke J P. 2009. Taxonomic review and key to European ichneumon flies (Hymenoptera, Ichneumonidae), parasitoids of gall-forming sawflies of the genera *Pontania* Costa, *Phyllocolpa* Benson, and *Euura* Newman (Hymenoptera, Tenthredinidae) on willows: Part Ⅰ. Entomologicheskoe Obozrenie, 88(4): 852-879.

Kasparyan D R, Tolkanitz V I. 1999. Ichneumonidae subfamily Tryphoninae: tribes Sphinctini, Phytodietini, Oedemopsini, Tryphonini (Addendum), Idiogrammatini. Subfamilies Eucerotinae, Adelognathinae (addendum), Townesioninae. Fauna of Russia and Neighbouring Countries. Insecta Hymenoptera. 3(3). Saint Petersburg: Nauka: 404.

Kaur R. 1989. A revision of the Mesoleiine genus *Dentimachus* Heinrich (Hymenoptera: Ichneumonidae). Oriental Insects, 23: 291-305.

Kerrich G J. 1952. A review, and a revision in greater part, of the Cteniscini of the Old World (Hym., Ichneumonidae). Bulletin of the British Museum (Natural History), 2: 307-460.

Kerrich G J. 1962. Systematic notes on Tryphoninae, Ichneumonidae (Hym.). Opuscula Entomologica, 27: 45-56.

Khalaim A I, Kasparyan D R. 2007. Cryptinae, Campopleginae. *In*: Lelej A S. Key to the insects of Russia Far East. Vol.Ⅳ. Neuropteroidea, Mecoptera, Hymenoptera. Pt 5. Vladivostok: Dalnauka: 423-427, 597-632.

Khalaim A I. 2011. Tersilochinae of South, Southeast and East Asia, excluding Mongolia and Japan (Hymenoptera: Ichneumonidae). Zoosystematica Rossica, 20(1): 96-148.

Khalaim A I, Blank S M. 2011. Review of the European species of the genus *Gelanes* Horstmann (Hymenoptera: Ichneumonidae: Tersilochinae), parasitoids of xyelid sawflies (Hymenoptera: Xyelidae). Proceedings of the Zoological Institute RAS, 315(2): 154-166.

Kokujev N R. 1909. Ichneumonidae (Hymenoptera) a clarissimis V. J. Roborovski et P. K. Kozlov annis 1894-1895 et 1900-1901 in China, Mongolia et Tibetia lecti. Annales du Musée Zoologique. Académie Imperiale des Sciences, 14: 12-47.

Kokujev N R. 1915. Ichneumonidea (Hym.) a clarissimis V. J. Roborowski et P. K. Kozlov annis 1894-1895 et 1900-1901 in China, Mongolia et Tibetia lecti 2. Annales du Musée Zoologique. Académie Imperiale des Sciences, 19: 535-553.

Kolarov J, Gübüz M F. 2009. *Aptesis cavigena* sp. nov. (Hymenoptera: Ichneumonidae: Cryptinae) From Turkey. Entomological News, 120(1): 91-94.

Kopelke J P. 1994. Der Schmarotzerkomplex (Brutparasiten und Parasitoide) der gallenbildenden *Pontania*-Arten (Insecta: Hymenoptera: Tenthredinidae). Senckenbergiana Biologica, 73: 83-133.

Kusigemati K. 1967. On the species of *Plectochorus* Uchida in Japan with description of a new species. Insecta Matsumurana, 30: 27-28.

Kusigemati K. 1986a. New host records of Ichneumonidae (Hymenoptera) from Japan (V). Kontyu, 54(1): 25-28.

Kusigemati K. 1986b. A new Ichneumonid parasite of Sciomyzid fly, *Sepedon aenescens*, in Japan (Hymenoptera). Kontyu, 54: 257-260.

Leblanc L. 1999. The Nearctic species of *Protarchus* Foerster (Hymenoptera: Ichneumonidae: Ctenopelmatinae). Journal of Hymenoptera Research, 8(2): 251-267.

Lee C K, Lee S G, Park K. 2009. Biological characteristics of *Endasys liaoningensis* (Hymenoptera:

Ichneumonidae), as a parasitoid of *Pachynematus itoi* (Hymenoptera: Tenthredinidae). Korean Journal of Applied Entomology, 48 (4): 553-556.

Lee J W, Cha J Y. 1993. A systematic study of the Ichneumonidae (Hymenoptera) from Korea. ⅩⅤ. Review of tribe Tryphonini (Tryphoninae). Entomological Research Bulletin, 19: 10-34.

Lee J W, Suh K I. 1991. A systematic study of the Ichneumonidae (Hymenoptera) from Korea 13. Genus *Mesochorus* (Mesochorinae). Entomological Research Bulletin, 17: 11-32.

Lejeune R R, Hildahl V. 1954. A survey of parasites of the larch sawfly (*Pristiphora erichsonii* (Hartig) in Manitoba and Saskatchewan. The Canadian Entomologist, 86(8): 337-345.

Li T, Sheng M L, Sun S P. 2012a. Species of the genus *Lamachus* Förster (Hymenoptera, Ichneumonidae) parasitizing diprionid sawflies (Hymenoptera, Diprionidae) with descriptions of two new species and a key to Chinese species. ZooKeys, 249: 37-49.

Li T, Sheng M L, Sun S P. 2013. Chinese species of the genus *Aptesis* Förster (Hymenoptera, Ichneumonidae) parasitizing sawflies, with descriptions of three new species and a key to species. ZooKeys, 290: 55-73.

Li T, Sheng M L, Sun S P, Chen G F, Guo Z H. 2012b. Effect of the trap color on the capture of ichneumonids wasps (Hymenoptera). Revista Colombiana de Entomología, 38(2): 338-342.

Li T, Sheng M L, Sun S P, Luo Y Q. 2012c. Parasitoids of the sawfly, *Arge pullata*, in the Shennongjia National Natural Reserve. Journal of Insect Science, 12(97): 1-8.

Li T, Sheng M L, Sun S P, Luo Y Q. 2014. Parasitoids of larch sawfly, *Pristiphora erichsonii* (Hartig) (Hymenoptera: Tenthredinidae) in Changbai Mountains. Journal of Natural History, 48(3-4): 123-131.

Li T, Sheng M L, Sun S P, Luo Y Q. 2016. Parasitoid complex of overwintering cocoons of *Neodiprion huizeensis* (Hymenoptera: Diprionidae) in Guizhou, China. Revista Colombiana de Entomología, 42: 43-47.

Li T, Sheng M L, Watanabe K, Guo Z F. 2017. Discovery of the genus *Glyphicnemis* Förster (Hymenoptera, Ichneumonidae, Cryptinae) from the Oriental Region with a key to Asian species. ZooKeys, 678: 129-137.

Li T, Sun S-P, Sheng M-L. 2020. A new species of genus *Rhinotorus* Förster (Ichneumonidae, Ctenopelmatinae) parasitizing *Pristiphora erichsonii* (Hymenoptera, Tenthredinidae) and a key to Eastern Palaearctic species. Journal of Hymenoptera Research, **77:** .

Luhman J C. 1981. Descriptions of three new species of Nearctic Ctenopelmatinae (Hymenoptera: Ichneumonidae). Great Lakes Entomologist, 14: 117-122.

Luhman J C. 1990. A taxonomic revision of Nearctic *Endasys* Foerster 1868 (Hymenoptera: Ichneumonidae, Gelinae). University of California Publications in Entomology, 109: 1-185.

Luhman J C. 1991. A revision of the world *Amphibulus* Kriechbaumer (Hymenoptera: Ichneumonidae, Phygadeuontinae). Insecta Mundi, 5(3-4): 129-152.

Lyons L A. 1977. Parasitism of *Neodiprion sertifer* (Hymenoptera: Diprionidae) by *Exenterus* spp. (Hymenoptera: Ichneumonidae) in Ontario, 1962-1972, with notes on the parasites. Canadian Entomologist, 109(4): 555-564.

Martinek V. 1989. Parasites of web-spinning sawflies of the genus *Cephalcia* Pz. (Hymenoptera, Pamphiliidae) in the Czech. Socialist Republic, Part IV. Voltinism of Ichneumonid wasps of the genus *Homaspis* Foerst. and *Notopygus nigricornis* Kriech. (Hymenoptera, Ichneumonidae). Lesnictvi, 35: 783-806.

Mason W R M. 1956. A revision of the Nearctic *Cteniscini* (Hymenoptera: Ichneumonidae) II. Acrotomus Hlgr. and *Smicroplectrus* Thom. Canadian Journal of Zoology, 34(2): 120-151.

Mason W R M. 1962. Some new Asiatic species of Exenterini (Hymenoptera: Ichneumonidae) with remarks on generic limits. The Canadian Entomologist, 94: 1273-1296.

Mason W R M. 1966. A primitive new species of *Kristotomus* Mason (Hymenoptera, Ichneumonidae). The Canadian Entomologist, 98: 46-49.

Meyer N F. 1927. Parasites (Ichneumonidae and Braconidae) bred in Russia from injurious insects during 1881-1926. Izvestiya Otdela Prikladnoi Entomologii, 3: 75-91.

Meyer N F. 1933. Tables systématiques des hyménoptères parasites (Fam. Ichneumonidae) de l'URSS et des pays limitrophes, Vol.2. Leningrad: 1-325.

Meyer N F. 1934. Tables systématiques des hyménoptères parasites (Fam. Ichneumonidae) de l'URSS et des pays limitrophes, Vol.3. Leningrad: 1-271.

Meyer N F. 1935. Tables systématiques des hyménoptères parasites (Fam. Ichneumonidae) de l'URSS et des pays limitrophes, Vol.4. Leningrad: 1-535.

Meyer N F. 1936a. Tables systématiques des hyménoptères parasites (Fam. Ichneumonidae) de l'URSS et des pays limitrophes, Vol.5. Leningrad: 1-340.

Meyer N F. 1936b. Tables systématiques des hyménoptères parasites (Fam. Ichneumonidae) de l'URSS et des pays limitrophes, Vol.6. Leningrad: 1-356.

Momoi S. 1962. On four Ichneumonid parasites of defoliators on poplar, with description of a new species (Hymenoptera: Ichneumonidae). Science Reports of the Hyogo University of Agriculture, 5(2): 46-52.

Momoi S. 1968. A key to Ichneumonid parasites of rice stem borers in Asia (Hymenoptera: Ichneumonidae). Mushi, 41: 175-184.

Morley C. 1911. Ichneumonologia Britannica, Ⅳ. The Ichneumons of Great Britain. Tryphoninae. London: 344.

Morley C. 1913. A revision of the Ichneumonidae based on the collection in the British Museum (Natural History) with descriptions of new genera and species. Part Ⅱ. Tribes Rhyssides, Echthromorphides, Anomalides and Paniscides. London: British Museum: 140.

Morley C. 1913. The Fauna of British India Including Ceylon and Burma, Hymenoptera, Vol.3. Ichneumonidae. London: 1-531.

Morris K R S, Cameron E, Jepson W F. 1937. The insect parasites of the Spruce sawfly (*Diprion polytomum* Thg.) in Europe. Bulletin of Entomological Research, 28(3): 341-393.

Ozbek H. 2014. Ichneumonid parasitoids of the sawfly *Cimbex quadrimaculata* (Müller) feeding on almonds in Antalya, along with a new parasitoid and new record. Turkish Journal of Zoology, 38 (5): 657-659.

Ozols E Ya, Djanelidze B M. 1966. Eine neue Art der Schlupfwespen der Gattung *Scolobates* Grav. aus Grusien (Ichneumonidae, Hym.). Latvijas Entomologs, 11: 55-58.

Park J D, Lee J W, Park II K, Kim C S, Lee S G, Shin S C, Yang Z Q, Sheng M L, Jeon M J, Byun B K. 2007. The first record of *Endasys liaoningensis* (Hymenoptera: Ichenumonidae) parasitizing on *Pachynematus itoi* (Hymenoptera: Tenthredinidae) in Korea. Journal of Asia-Pacific Entomology, 10(4): 297-299.

Quednau F W, Lim K P. 1983. *Olesicampe geniculatae*, a new Palaearctic Ichneumonid parasite of *Pristiphora geniculata* (Hymenoptera: Tenthredinidae). The Canadian Entomologist, 115(2): 109-113.

Quicke D L J, Laurenne N M L, Fitton M G, Broad G R. 2009. A thousand and one wasps: a 28S rDNA and morphological phylogeny of the Ichneumonidae (Insecta: Hymenoptera) with an investigation into alignment parameter space and elision. Journal of Natural History, 43: 1305-1421.

Reshchikov A. 2012a. *Lathrolestes* (Hymenoptera, Ichneumonidae) from Central Asia, with a key to the species of the tripunctor species-group. Zootaxa, 3175: 24-44.

Reshchikov A. 2012b. *Priopoda* Holmgren, 1856 (Hymenoptera, Ichneumonidae) from Nepal with a key to the Oriental and Eastern Palaearctic species. Zootaxa, 3478: 133-142.

Reshchikov A V. 2010. Two new species of *Lathrolestes* Foerster (Hymenoptera, Ichneumonidae) from Taiwan and Japan. Tijdschrift voor Entomologie, 153(2): 197-202.

Reshchikov A V. 2011. *Lathrolestes* (Hymenoptera, Ichneumonidae) from Turkey with description of three new species and new synonymy. Journal of the Entomological Research Society, 13(1): 83-89.

Reshchikov A V. 2016. A revision of the genus *Rhinotorus* Förster, 1869 (Hymenoptera, Ichneumonidae, Ctenopelmatinae), with descriptions of three new species and an illustrated identification key. European Journal of Taxonomy, 235: 1-40

Reshchikov A, Choi J K, Xu Z F, Pang H. 2017. Two new species of the genus *Rhorus* Förster, 1869 from Thailand (Hymenoptera, Ichneumonidae). Journal of Hymenoptera Research, 54: 79-92.

Reshchikov A, van Achterberg K. 2014. Review of the genus *Metopheltes* Uchida, 1932 (Hymenoptera, Ichneumonidae) with description of a new species from Vietnam. Biodiversity Data Journal, 2: e1061.

Riedel M. 2018. *Euceros trispina*, a new species with exceptional flagella from China (Hymenoptera, Ichneumonidae, Eucerotinae). Entomofauna, 39(2): 529-532.

Rudow F. 1917. Ichneumoniden und ihre Wirte. Entomologische Zeitschrift, 31: 58-59.

Salt G. 1936. Miscellaneous records of parasitism. II. Journal of the Society for British Entomology, 1: 125-127.

Sawoniewicz J. 2003. Zur Systematik und Faunistik europäischer Ichneumonidae Ⅱ(Hymenoptera, Ichneumonidae). Entomofauna, 24(15): 209-227.

Sawoniewicz J. 1980. Revision of European species of the genus *Bathythrix* Förster (Hym., Ichneumonidae). Annales Zoologici, 35: 319-365.

Sawoniewics J. 2008. Hosts of the world Aptesini (Hymenoptera, Ichneumonidae, Cryptinae). Olsztyn: Mantis: 150.

Sawoniewicz J, Luhman J C. 1992. Revision of European species of the subtribe Endaseina, Ⅲ Genus: *Endasys* Foerster, 1868 (Hymenoptera, Ichneumonidae). Entomofauna, 13: 1-96.

Schmidt K, Zmudzinski F. 2004. Beitraege zur Kenntnis der badischen Schlupfwespenfauna (Hymenoptera, Ichneumonidae) 4. Adelognathinae und Ctenopelmatinae. Carolinea, 62: 113-127.

Schmiedeknecht O. 1914. Opuscula Ichneumonologica. Ⅴ. Band. (Fasc. XXXVI-XXXVII.) Tryphoninae. Blankenburg in Thüringen: 2803-2962.

Schwarz M. 1988. Die europäischen Arten der Gattung *Idiolispa* Foerster (Ichneumonidae, Hymenoptera). Linzer Biologische Beiträge, 20(1): 37-66.

Schwarz M. 2009. Ostpalaearktische und orientalische *Gelis*-Arten (Hymenoptera, Ichneumonidae, Cryptinae) mit macropteren Weibchen. Linzer Biologische Beiträge, 41(2): 1103-1146.

Schwarz M, Shaw M R. 2011. Western Palaearctic Cryptinae (Hymenoptera: Ichneumonidae) in the National Museums of Scotland, with nomenclatural changes, taxonomic notes, rearing records and special reference to the British check list. Part 5.Tribe Phygadeuontini, subtribe Phygadeuontina, with descriptions of new species. Entomologist's Gazette, 62: 175-210.

Šedivý J. 1971. Ergebnisse der mongolisch-tschechoslowakischen entomologisch-botanischen Expeditionen in der Mongolei: 24. Hymenoptera, Ichneumonidae. Acta Faunistica Entomologica Musei Nationalis Pragae, 14: 73-91.

Seyrig A. 1952. Les Ichneumonides de Madagascar. Ⅳ Ichneumonidae Cryptinae. Mémoires de l'Académie Malgache. Fascicule, 39: 1-213.

Shaw M R, Kasparyan D R, Fitton M G. 2003. Revision of the British checklist of Ctenopelmatini (Hymenoptera: Ichneumondae, Ctenopelmatinae). Entomologist's Gazette, 54: 137-141.

Shaw M R, Jennings M T, Quicke D L J. 2011. The identity of *Scambus planatus* (Hartig, 1838) and *Scambus ventricosus* (Tschek, 1871) as seasonal forms of *Scambus calobatus* (Gravenhorst, 1829) in Europe (Hymenoptera, Ichneumonidae, Pimplinae, Ephialtini). Journal of Hymenoptera Research, 23: 55-64.

Shaw M R, Wahl D B. 2014. Biology, early stages and description of a new species of *Adelognathus* Holmgren (Hymenoptera: Ichneumonidae: Adelognathinae). Zootaxa, 3884(3): 235-252.

Sheng M L. 1993. A new species of genus *Priopoda* (Hymenoptera Ichneumonidae). Nouvelle Revue d'Entomologie, 10(2): 108.

Sheng M L. 2002. A new species of genus *Barycnemis* from China (Hymenoptera: Ichneumonidae). 2002, *In*: Shen X, Zhao Y. The fauna and taxonomy of insects in Henan, 5. Insects of the mountains Taihang and Tongbai Regions. Beijing: China Agricultural Scientech Press: 39-41.

Sheng M L, Chang G B. 2004. The species of *Hadrodactylus* Förster, 1869 of China (Hymenoptera, Ichneumonidae). Entomofauna, 25(10): 157-161.

Sheng M L, Chen G F. 2001. Ichneumonidae parasitizing sawflies from China (Hymenoptera). Entomofauna, 22(21): 413-420.

Sheng M L, He F C. 1998. A new species of the genus *Sympherta* (Hymenoptera: Ichneumonidae). Entomologia Sinica, 5(1): 32-34.

Sheng M L, Li H Y. 1998. Notes on *Alcochera* Foerster with description of a new species (Hymenoptera: Ichneumonidae). Entomotaxonomia, 20: 69-72.

Sheng M L, Sun S P. 1999. A new species of genus *Idiolispa* from China (Hymenoptera: Ichneumonidae). *In*: Shen X, Pei H. The fauna and taxonomy of insects in Henan, 4. Insects of the Mountains Funiu and Dabie Regions. Beijing: China Agricultural Science and Technology Press: 84-86.

Sheng M L, Sun S P. 2012. The species of *Priopoda* Holmgren (Hymenoptera: Ichneumonidae) from China with a key to species known in Oriental and Eastern Palaearctic Regions. Zootaxa, 3222: 46-60.

Sheng M L, Sun S P, Wang T. 2013. *Xenoschesis* Förster (Hymenoptera: Ichneumonidae) parasitizing webspinning and leafrolling sawflies with descriptions of four new species and a key to Chinese species. Zootaxa, 3626(4): 543-557.

Sheng M L, Xu D H. 1999. A new species of genus *Perispuda* Foerster (Hymenoptera: Ichneumonidae) from China. Entomologia Sinica, 6: 5-7.

Sheng M L, Zeng X F. 2010. Species of genus *Mastrus* Förster (Hymenoptera, Ichneumonidae) of China with description of a new species parasitizing *Arge pullata* (Zaddach) (Hymenoptera, Argidae). ZooKeys, 57: 63-73.

Sheng M L, Zhang T D, Hong X. 1998. A new species of genus *Himerta* parasitizing *Pristiphora erichsonii* (Hymenoptera: Ichneumonidae, Tenthredinidae). Acta Zootaxonomica Sinica, 23(3): 299-301.

Sheng M L, Zhang Y, Yang C Y. 1997. A new species of genus *Arentra* Holmgren from China (Hymenoptera: Ichneumonidae). Entomologia Sinica, 4(1): 15-17.

Suh K I, Lee J W, Choi W Y. 1997. A systematic study of the Mesochorinae (Hymenoptera: Ichneumonidae) from the eastern Palearctic region 1. - A review of the genus *Mesochorus*. Entomological Research Bulletin, 23: 1-28.

Sun S P, Li T, Sheng M L, Gao C. 2019. The species of *Ctenopelma* Holmgren (Hymenoptera, Ichneumonidae) from China. European Journal of Taxonomy, 545: 1-31.

Sun S P, Li T, Sheng M L, Lü J. 2020. The species of *Campodorus* Förster (Hymenoptera, Ichneumonidae) from China. European Journal of Taxonomy, 658: 1-26.

Sun S P, Sheng M L. 2012. A new species of genus *Syntactus* Förster (Hymenoptera, Ichneumonidae, Ctenopelmatinae) with a key to Oriental and Eastern Palearctic species. ZooKeys, 170: 21-28.

Sun S P, Sheng M L. 2014. Species of genus *Notopygus* Holmgren (Hymenoptera, Ichneumonidae, Ctenopelmatinae) with description of a new species from China. ZooKeys, 387: 1-10.

Sun S P, Wang T, Sheng M L, Zong S X. 2019. A new species and new records of the genus *Alexeter* Förster (Hymenoptera, Ichneumonidae, Ctenopelmatinae) from Beijing with a key to Chinese species. ZooKeys, 858: 77-89.

Taeger A, Blank S M, Liston A D. 2010. World Catalog of Symphyta (Hymenoptera). Zootaxa, 2580: 1-1064.

Taeger A, Liston A D, Prous M, Groll E K, Gehroldt T, Blank S M. 2018. ECatSym – Electronic World Catalog of Symphyta (Insecta, Hymenoptera). Program version 5.0 (19 Dec 2018), data version 40 (23 Sep 2018). –Senckenberg Deutsches Entomologisches Institut (SDEI), Müncheberg. https://sdei.de/ecatsym/Access: 16 Apr 2020.

Takagi G. 1931. The studies with control of larch-sawfly. Chosen Ringyo Shikenjo Hokoku, 12: 1-35.

Thirion C, Leclercq J, Hinz R, Magis N. 1993. On the presence of *Campodorus amictus* (Holmgren, 1855) in Belgium (Hym. Ichneumonidae Scolobatinae), parasite of *Pristiphora aquilegiae* (Vollenhoven, 1866) (Hym. Tenthredinidae Nematinae). Bulletin et Annales de la Societe Royale Belge d'Entomologie, 129(10-12): 291-294.

Thomson C G. 1883. XXXII. Bidrag till kännedom om Skandinaviens Tryphoner. Opuscula Entomologica, 9: 873-936.

Thomson C G. 1887. XXXV. Försök till uppställning och beskrifning af aterna inom slägtet *Campoplex* (Grav.). Opuscula Entomologica, 11: 1043-1182.

Thomson C G. 1892. XLIX. Bidrag till kännedom om slägtet Mesoleius. Opuscula Entomologica, 17: 1865-1886.

Thomson C G. 1894. XLIX. Bidrag till kännedom om Tryphonider. Opuscula Entomologica, 19: 1971-2024.

Thunberg C P. 1822. Ichneumonidea, Insecta Hymenoptera illustrata. Mémoires de l'Académie Imperiale des Sciences de Saint Petersbourg, 8: 249-281.

Tosquinet J. 1903. Ichneumonides nouveaux. (Travail posthume). Mémoires de la Société Entomologique de Belgique, 10: 1-403.

Townes H K. 1944. A Catalogue and Reclassification of the Nearctic Ichneumonidae (Hymenoptera). Part Ⅰ. The subfamilies Ichneumoninae, Tryphoninae, Cryptinae, Phaeogeninae and Lissonotinae. Memoirs of the American Entomological Society, 11: 1-477.

Townes H K. 1945. A Catalogue and Reclassification of the Nearctic Ichneumonidae (Hymenoptera). Part Ⅱ. The Subfamilies Mesoleiinae, Plectiscinae, Orthocentrinae, Diplazontinae, Metopiinae, Ophioninae, Mesochorinae. Memoirs of the American Entomological Society, 11: 478-925.

Townes H K. 1969. The genera of Ichneumonidae, Part 1. Memoirs of the American Entomological Institute, 11: 1-300.

Townes H K. 1970a. The genera of Ichneumonidae, Part 2. Memoirs of the American Entomological Institute, 12(1969): 1-537.

Townes H K. 1970b. The genera of Ichneumonidae, Part 3. Memoirs of the American Entomological Institute, 13(1969): 1-307.

Townes H K. 1971. The genera of Ichneumonidae, Part 4. Memoirs of the American Entomological Institute, 17: 1-372.

Townes H K. 1983. Revisions of twenty genera of Gelini (Ichneumonidae). Memoirs of the American Entomological Institute, 35: 1-281.

Townes H K. 1984. A list of the Ichneumonidae types in Taiwan (Hymenoptera). Journal of Agricultural Research, 33: 190-205.

Townes H K, Gupta V K. 1962. Ichneumon-flies of America north of Mexico: 4. Subfamily Gelinae, tribe Hemigasterini. Memoirs of the American Entomological Institute, 2: 1-305.

Townes H K, Gupta V K, Townes M. 1992. The Ichneumon-flies of America north of Mexico Part 11. Tribes Oedemopsini, Tryphonini and Idiogrammatini (Hymenoptera: Ichneumonidae: Tryphoninae). Memoirs of the American Entomological Institute, 50: 1-296.

Townes H K, Momoi S, Townes M. 1965. A catalogue and reclassification of the eastern Palearctic Ichneumonidae. Memoirs of the American Entomological Institute, 5: 1-661.

Townes H K, Townes M, Gupta V K. 1961. A catalogue and reclassification of the Indo-Australian Ichneumonidae. Memoirs of the American Entomological Institute, 1: 1-522.

Uchida T. 1928a. Zweiter Beitrag zur Ichneumoniden-Fauna Japans. Journal of the Faculty of Agriculture, Hokkaido Imperial University, 21(5): 177-297.

Uchida T. 1928b. Dritter Beitrag zur Ichneumoniden-Fauna Japans. Journal of the Faculty of Agriculture, Hokkaido Imperial University, 25(1): 1-115.

Uchida T. 1930a. Vierter Beitrag zur Ichneumoniden-Fauna Japans. Journal of the Faculty of Agriculture, Hokkaido Imperial University, 25 (4): 243-298.

Uchida T. 1930b. Fuenfter Beitrag zur Ichneumoniden-Fauna Japans. Journal of the Faculty of Agriculture, Hokkaido Imperial University, 25(4): 299-347.

Uchida T. 1932a. Beiträge zur Kenntnis der japanischen Ichneumoniden. Insecta Matsumurana, 6: 145-168.

Uchida T. 1932b. H. Sauter's Formosa-Ausbeute. Ichneumonidae (Hym.). Journal of the Faculty of Agriculture, Hokkaido University, 33: 133-222.

Uchida T. 1935. Beiträge zur Kenntnis der Ichneumonidenfauna der Kurilen. Insecta Matsumurana, 9: 108-122.

Uchida T. 1936. Drei neue Gattungen sowie acht neue und fuenf unbeschriebene Arten der Ichneumoniden aus Japan. Insecta Matsumurana, 10: 111-122.

Uchida T. 1952. Einige neue oder wenig bekannte Ichneumonidenarten aus Japan. Insecta Matsumurana, 18(1-2): 18-24.

Uchida T. 1955. Neue oder wenig bekannte Schmarotzer der Nadelholz-Blattwespen nebst einem neuen sekundären Schmarotzer. Insecta Matsumurana, 19: 1-8.

Uchida T. 1955. Die von Dr.K. Tsuneki in Korea gesammelten Ichneumoniden. Journal of the Faculty of Agriculture, Hokkaido University, 50:95-133.

Underwood G R. 1967. Parasites of the red-pine sawfly, *Neodiprion nanulus nanulus* (Hymenoptera: Diprionidae) in New Brunswick. The Canadian Entomologist, 99: 1114-1116.

van Achterberg C, Altenhofer E. 2013. Notes on the biology of *Seleucus cuneiformis* Holmgren (Hymenoptera, Ichneumonidae, Ctenopelmatinae). Journal of Hymenoptera Research, 31: 97-104.

Vas Z. 2020. Contributions to the taxonomy and biogeography of *Nemeritis* Holmgren (Hymenoptera: Ichneumonidae: Campopleginae). Zootaxa, 4758(1): 486-500.

Viereck H L. 1911. Descriptions of six new genera and thirty-one new species of Ichneumon flies. Proceedings of the United States National Museum, 40(1812): 173-196.

Viereck H L. 1914. Type species of the genera of Ichneumon flies. United States National Museum Bulletin, 83: 1-186.

Viereck H L. 1925. A preliminary revision of the Campopleginae in the Canadian National Collection, Ottawa. Canadian Entomologist, 57: 176-181, 198-204, 223-228, 296-303.

Viitasaari M. 1979. A study on the Palaearctic species of the genus *Protarchus* Förster (Hymenoptera, Ichneumonidae). Notulae Entomologicae, 59: 33-39.

Vikberg V, Koponen M. 2000. On the taxonomy of *Seleucus* Holmgren and the European species of Phrudinae (Hymenoptera: Ichneumonidae). Entomologica Fennica, 11: 195-228.

Wahl D B, Gauld I D. 1998. The cladistics and higher classification of the Pimpliformes (Hymenoptera: Ichneumonidae). Systematic Entomology, 23(3): 265-298.

Watanabe K, Taniwaki T, Kasparyan D R. 2918. Revision of the tryphonine parasitoids (Hymenoptera: Ichneumonidae) of a beech sawfly, *Fagineura crenativora* Vikberg & Zinovjev (Hymenoptera: Tenthredinidae: Nematinae). Entomological Science, 21: 433-446.

Weber B C. 1977. Parasitoids of the introduced pine sawfly, *Diprion similis* (Hymenoptera: Diprionidae), in Minnesota.The Canadian Entomologist, 109(3): 359-364.

Weiffenbach H. 1988. Über einige aus Blattwespenlarven (Hymenoptera, Symphyta) gezogene Ichneumoniden (Hymenoptera, Ichneumonidae). Nachrichtenblatt der Bayerischen Entomologen, 37(4): 103-107.

Yu D S, Horstmann K. 1997. A catalogue of world Ichneumonidae (Hymenoptera). Memoirs of the American Entomological Institute, 58: 1-1558.

Yu D S, van Achterberg K, Horstmann K. 2005. World Ichneumonoidea 2004. Taxonomy, Biology, Morphology and Distribution. Taxapad, CD/DVD, Vancouver, Canada.

Yu D S, van Achterberg C, Horstmann K. 2016. Taxapad 2016, Ichneumonoidea 2015. Database on flash-drive. www.taxapad.com, Nepean, Ontario, Canada.

Zhaurova K, Wharton R. 2009. Recognition of Scolobatini and Westwoodiini (Hymenoptera, Ctenopelmatinae) and revision of the component genera. Contributions of the American Entomological Institute, 35(5): 1-77.

Zinnert K D. 1969. Vergleichende Untersuchungen zur Morphologie und Biologie der Larvenparasiten (Hymenoptera Ichneumonidae und Braconidae) mitteleuropäischer Blattwespen aus der Subfamily Nematinae (Hymenoptera: Tenthredinidae). Teil I. Zeitschrift für Angewandte Entomologie, 64: 180-217.

中 名 索 引

（按汉语拼音排序）

D

E

F

G

H

J

K

L

M

N

Y

Z

学 名 索 引

G

H

I

K

L

R

S

X

Z

寄主中名索引

（按汉语拼音排序）

J

K

L

M

N

O

P

Q

R

S

T

W

X

Y

Z

寄主学名索引

F

G

H

J

L

M

N

X

Y

彩 图

彩图 1　叶蜂弯尾姬蜂，新种 *Diadegma neodiprionis* Sheng, Li & Sun, sp.n.

a. 体侧面观；b. 头正面观；c. 头背面观；d. 并胸腹节；e. 后足跗节；f. 腹部第 1、2 节背板

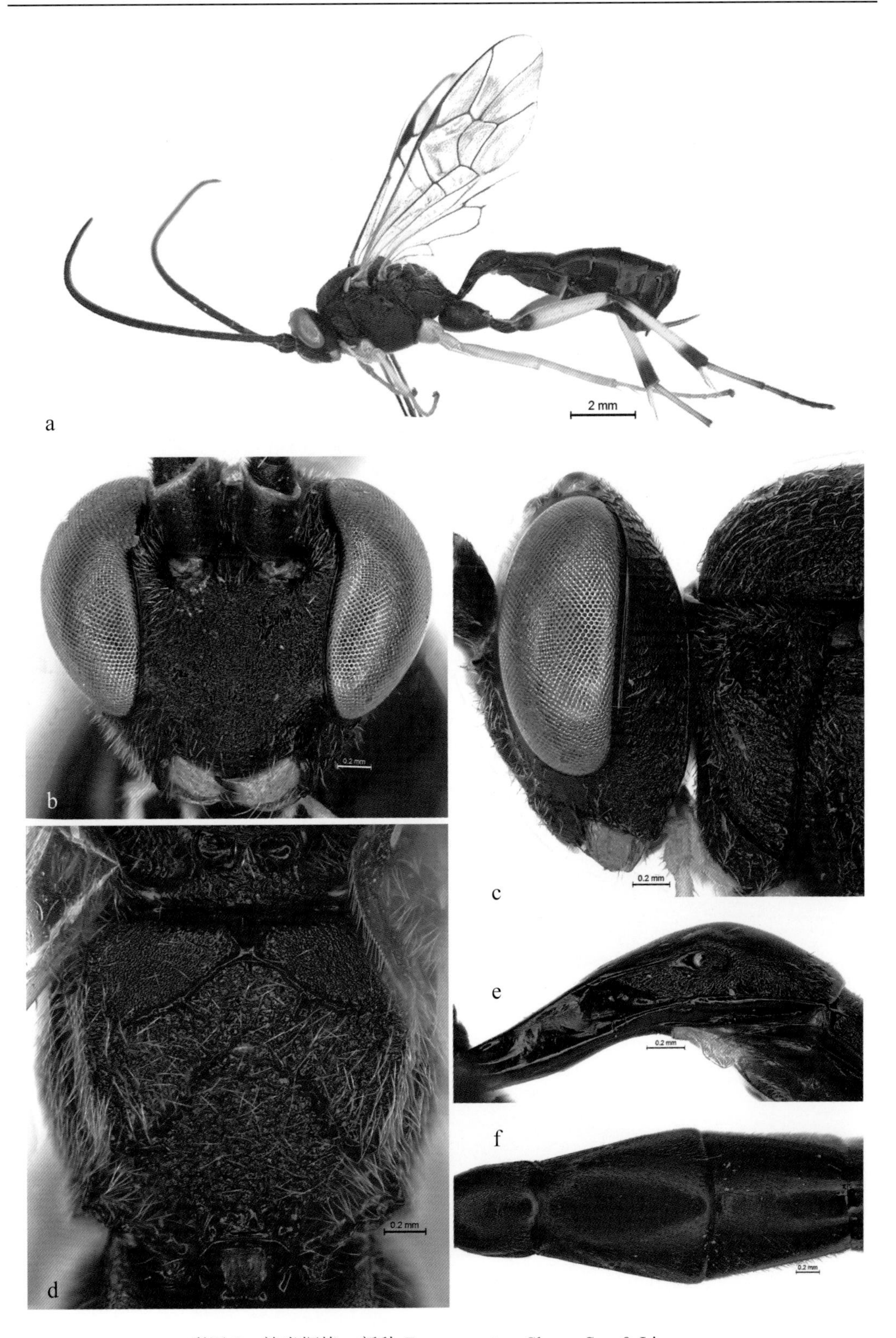

彩图 2 赣尚姬蜂，新种 *Enytus ganicus* Sheng, Sun & Li, sp.n.

a. 体侧面观；b. 头正面观；c. 头和前胸背板侧面观；d. 并胸腹节；e. 腹部第 1 节背板侧面观；f. 腹部第 2、3 节背板

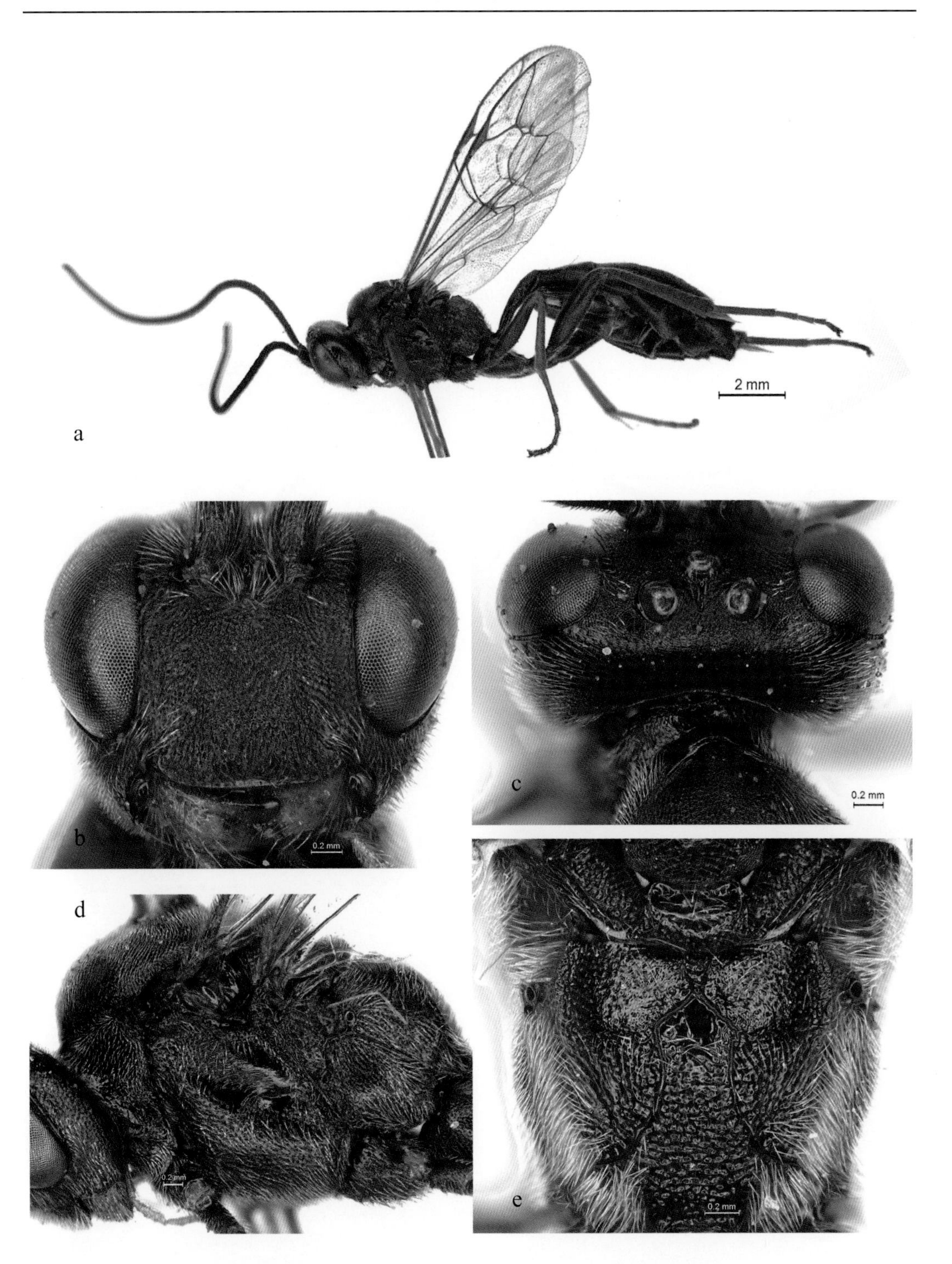

彩图 7　黑除螟姬蜂，新种 *Olesicampe melana* Sheng, Li & Sun, sp.n.

a. 体侧面观；b. 头正面观；c. 头背面观；d. 胸部侧面观；e. 并胸腹节

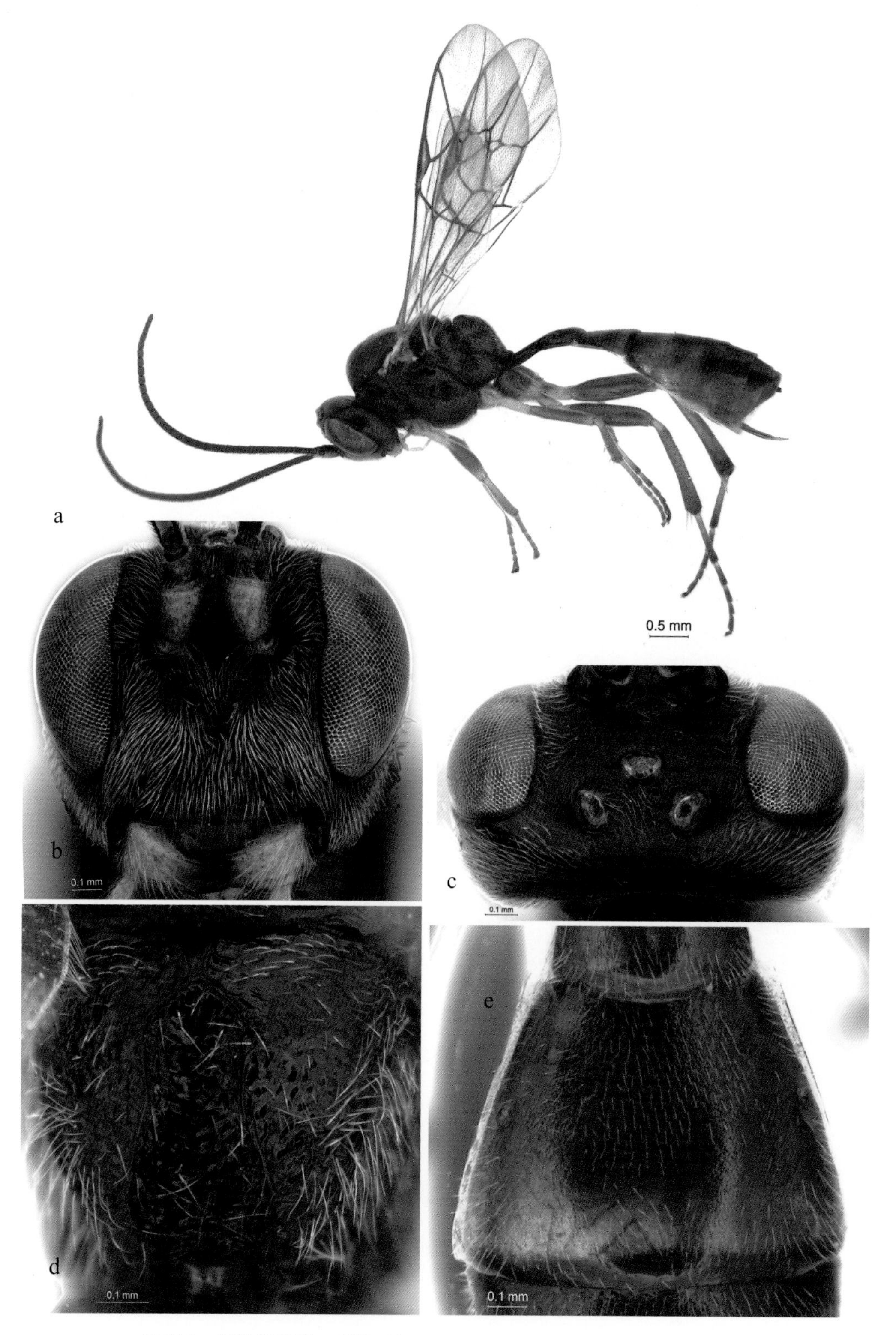

彩图 8　杨除蠋姬蜂，新种 *Olesicampe populnea* Sheng, Li & Sun, sp.n.

a. 体侧面观；b. 头正面观；c. 头背面观；d. 并胸腹节；e. 腹部第 2 节背板

彩图 9 叶蜂田猎姬蜂，新种 *Agrothereutes aprocerius* Sheng, Li & Sun, sp.n.

a. 体侧面观；b. 头正面观；c. 头背面观；d. 并胸腹节；e. 腹部第 2、3 节背板

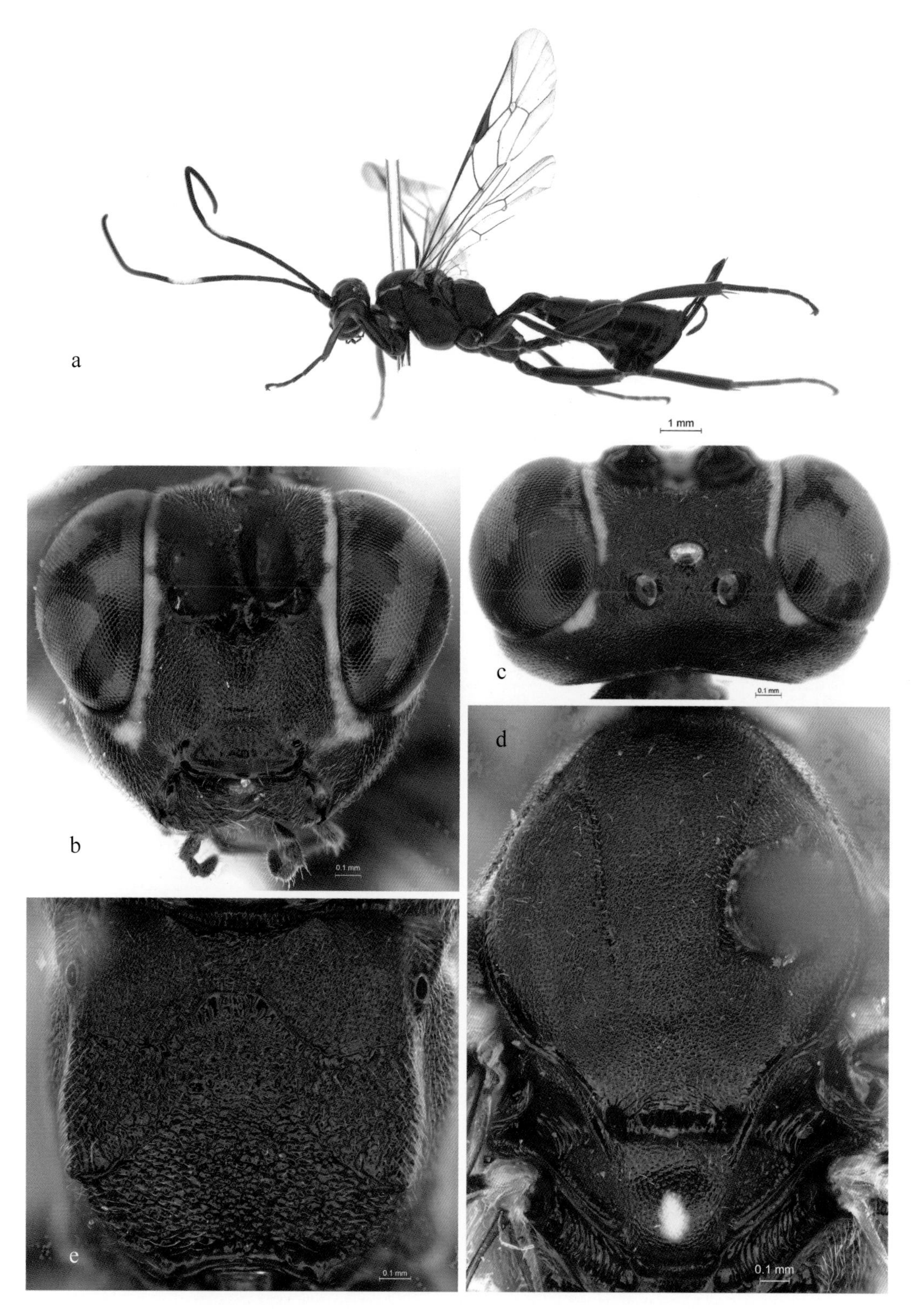

彩图 10　威宁锥唇姬蜂，新种 *Caenocryptus weiningicus* Sheng, Li & Sun, sp.n.

a. 体侧面观；b. 头正面观；c. 头背面观；d. 中胸盾片和小盾片；e. 并胸腹节

彩图 11　叶蜂驼姬蜂，新种 *Goryphus pristiphorae* Sheng, Li & Sun, sp.n.

a. 体侧面观；b. 头正面观；c. 头前背面观；d. 翅；e. 并胸腹节；f. 产卵器端部侧面观

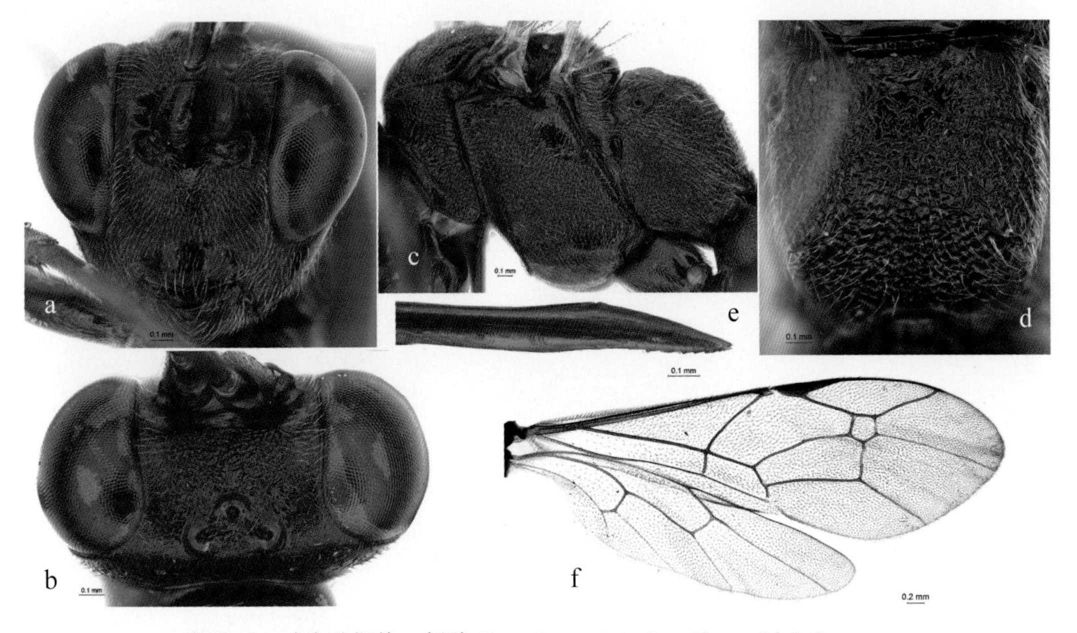

彩图 12　威宁驼姬蜂，新种 *Goryphus weiningicus* Sheng, Li & Sun, sp.n.

a. 头正面观；b. 头前背面观；c. 胸部侧面观；d. 并胸腹节；e. 产卵器端部侧面观；f. 翅

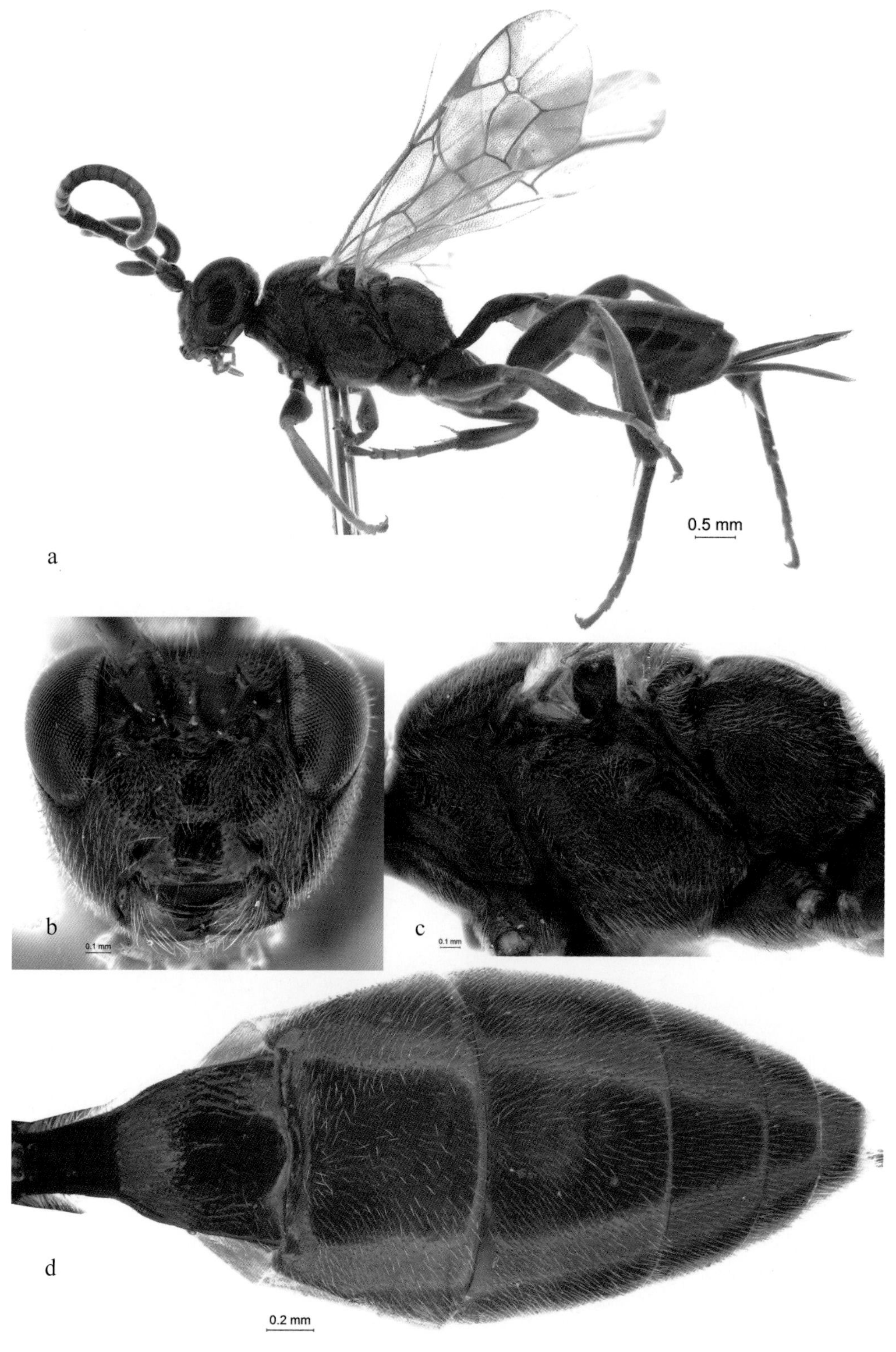

彩图 13 皱瘤角姬蜂，新种 *Pleolophus rugulosus* Sheng, Sun & Li, sp.n.

a. 体侧面观；b. 头正面观；c. 胸部侧面观；e. 腹部背板

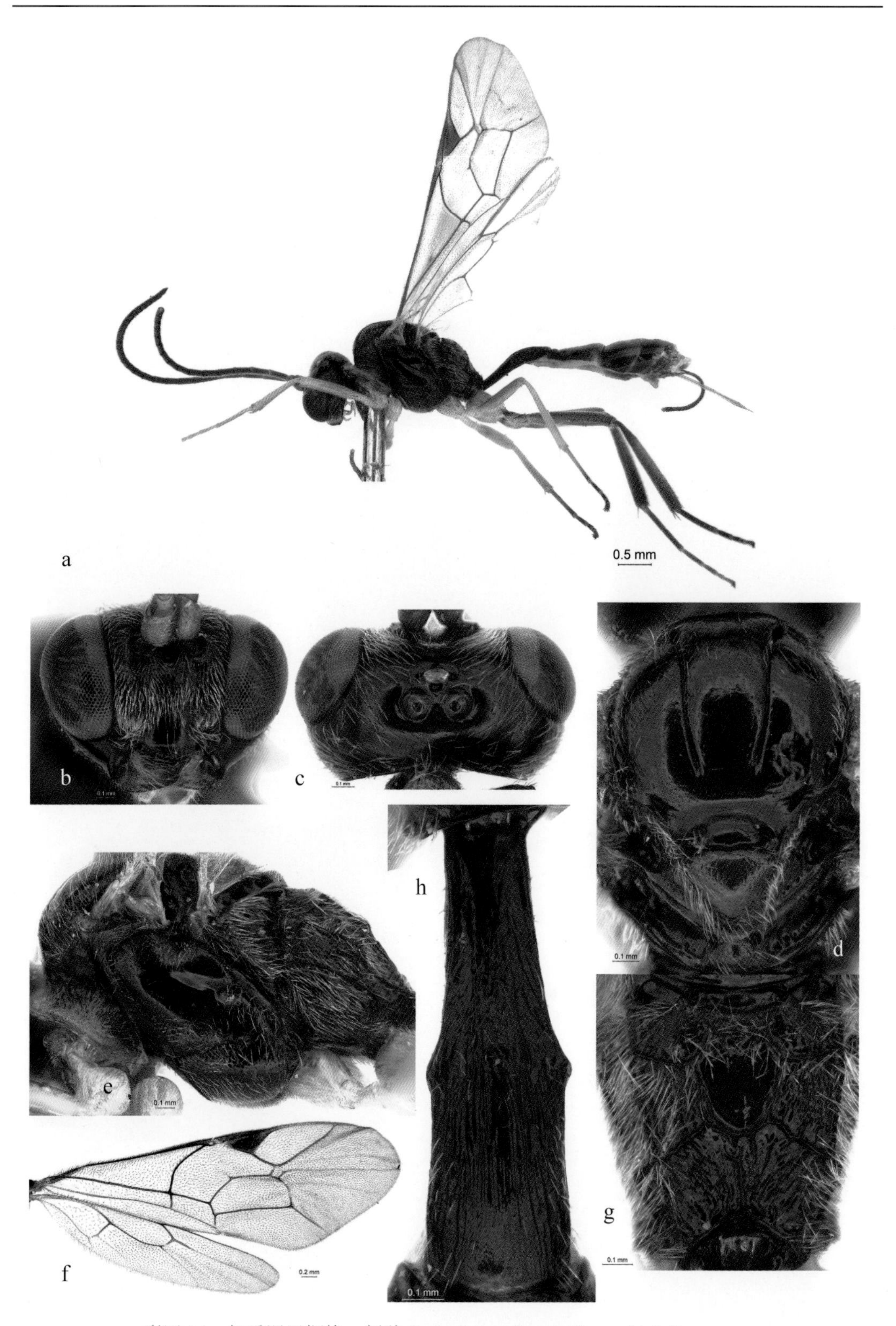

彩图 14　红盾泥甲姬蜂，新种 *Bathythrix rufiscuta* Sheng, Li & Sun, sp.n.

a. 体侧面观；b. 头正面观；c. 头背面观；d. 中胸盾片和小盾片；e. 胸部侧面观；f. 翅；g. 并胸腹节；h. 腹部第 1 节背板

彩图 15　螟恩姬蜂，新种 *Endasys proteuclastae* Sheng, Sun & Li, sp.n.

a. 体侧面观；b. 头正面观；c. 头背面观；d. 并胸腹节

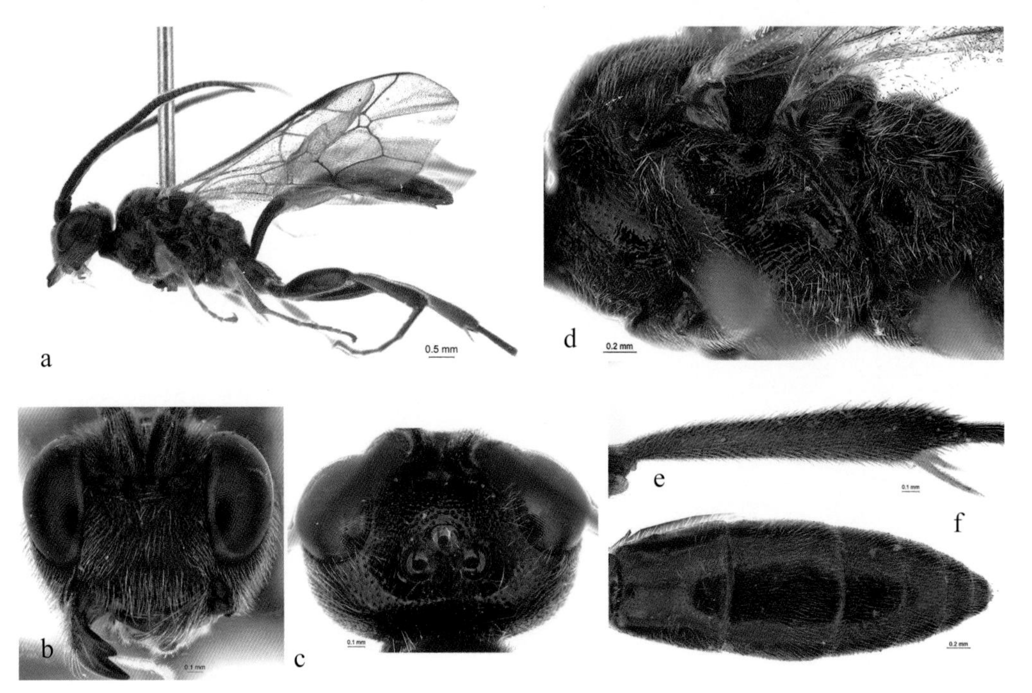

彩图 16　秦离距姬蜂，新种 *Glyphicnemis qinica* Sheng, Li & Sun, sp.n.

a. 体侧面观；b. 头正面观；c. 头背面观；d. 胸部侧面观；e. 后足胫节；f. 腹部第 2~7 节背板

彩图 17　威宁沟姬蜂，新种 *Gelis weiningicus* Sheng, Li & Sun, sp.n.

a. 体侧面观；b. 雌虫及羽化孔；c. 头正面观；d. 头背面观；e. 胸部侧面观；f. 腹部背板

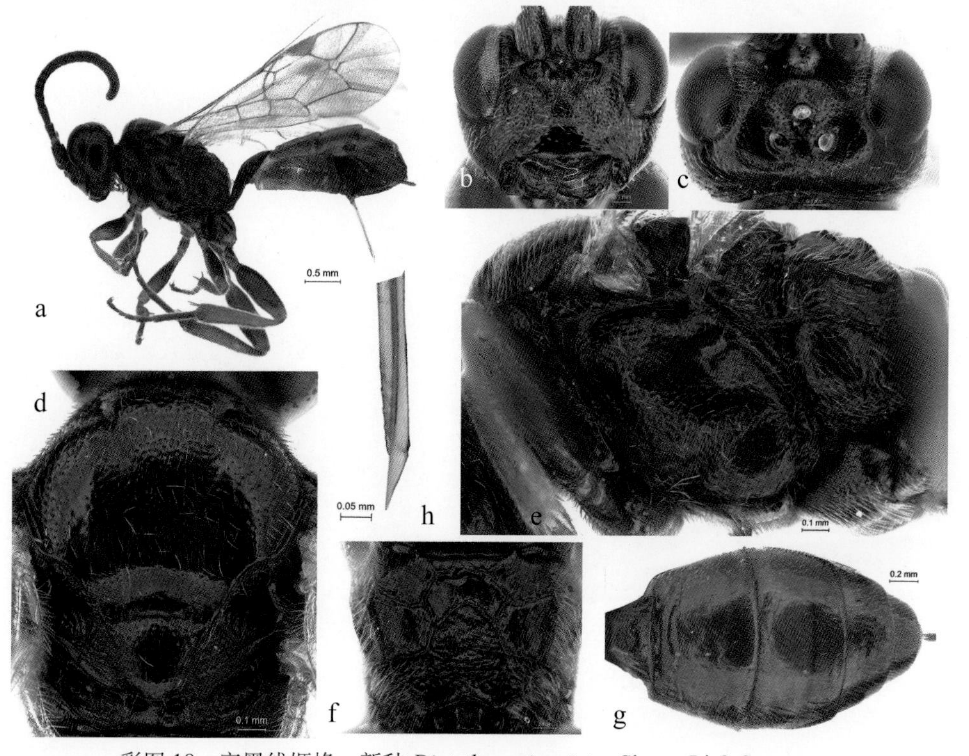

彩图 18　宁墨线姬蜂，新种 *Distathma ningxiaica* Sheng, Li & Sun, sp.n.

a. 体侧面观；b. 头正面观；c. 头背面观；d. 中胸盾片和小盾片；e. 胸部侧面观；f. 并胸腹节；g. 腹部背板；h. 产卵器末端侧面观

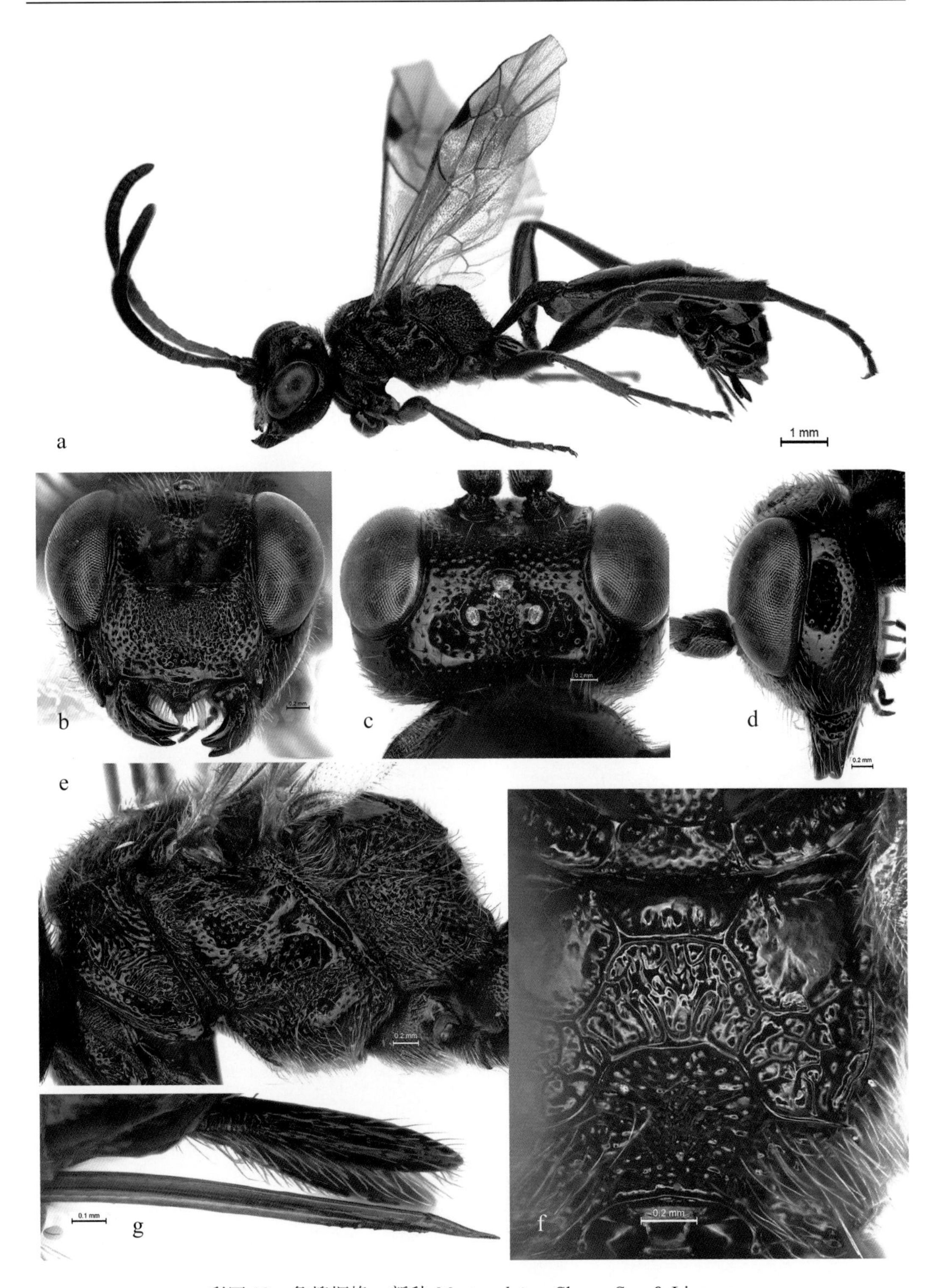

彩图 19 鲁搜姬蜂，新种 *Mastrus luicus* Sheng, Sun & Li, sp.n.

a. 体侧面观；b. 头正面观；c. 头背面观；d. 头侧面观；e. 胸部侧面观；f. 并胸腹节；g. 产卵器鞘和产卵器

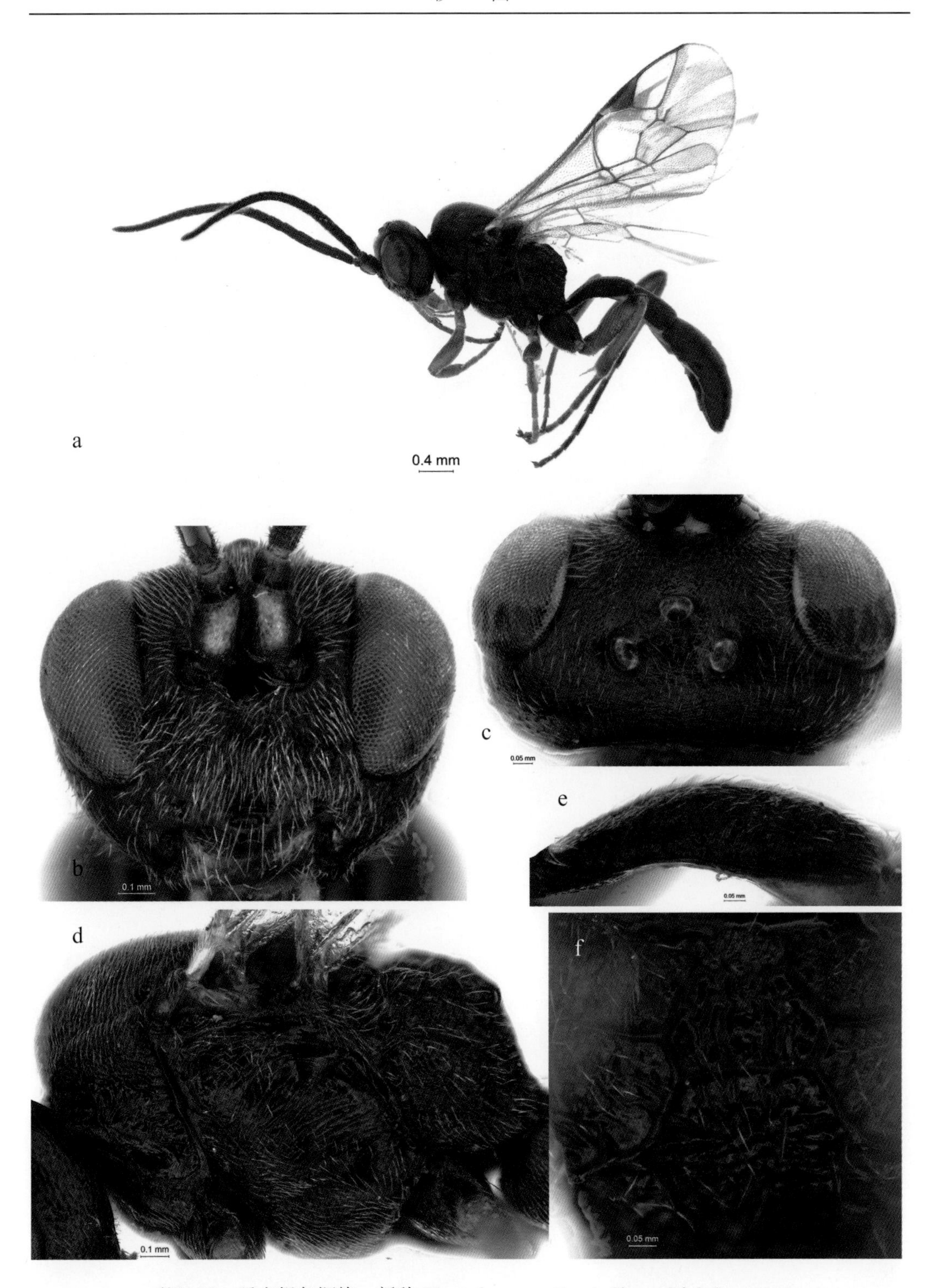

彩图 20　延吉粗角姬蜂，新种 *Phygadeuon yanjiensis* Sheng, Li & Sun, sp.n.

a. 体侧面观；b. 头正面观；c. 头背面观；d. 胸部侧面观；e 腹部第 1 节背板侧面观；f. 并胸腹节

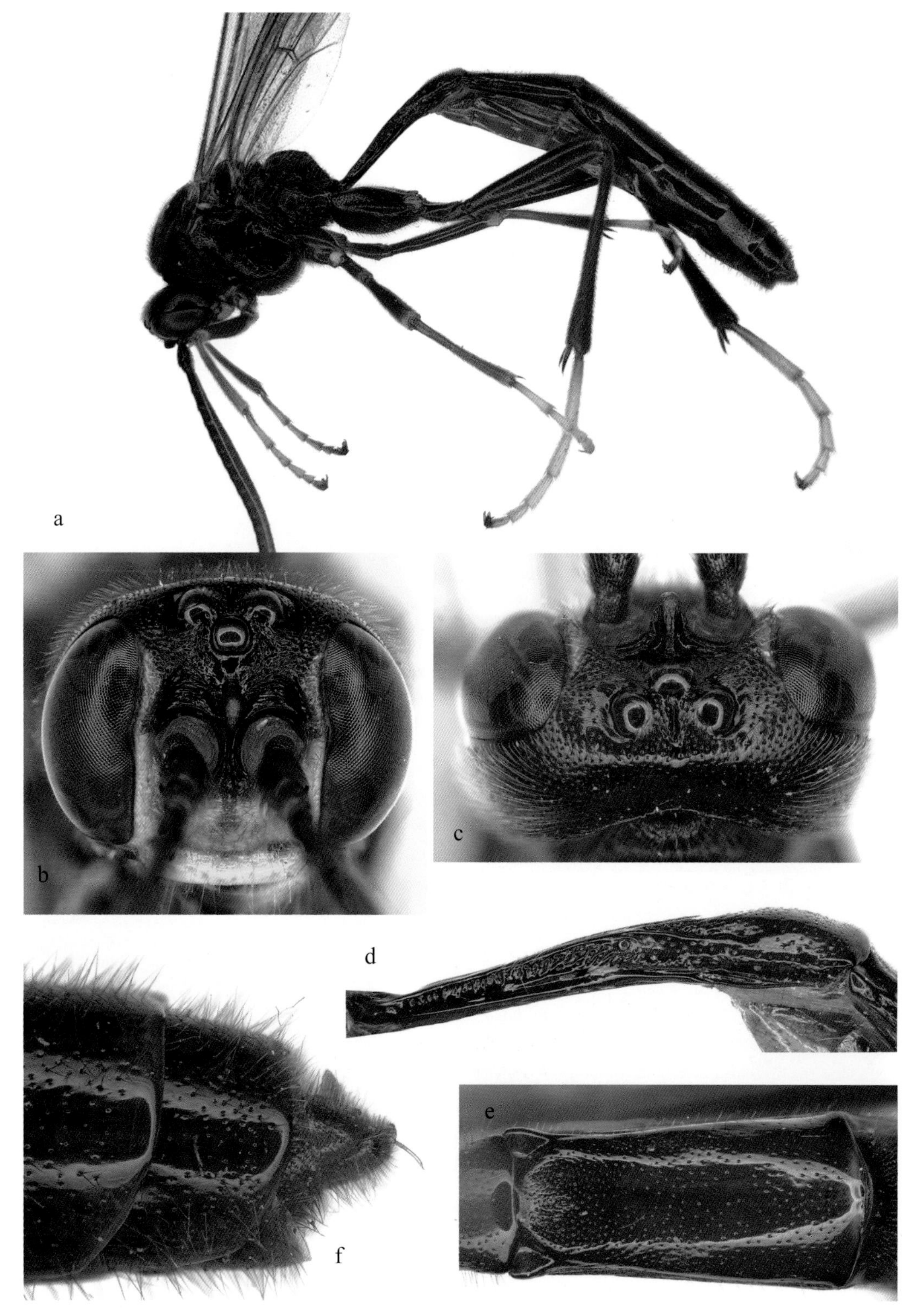

彩图 21 川拟姬蜂，新种 *Homaspis sichuanica* Sheng, Sun & Li, sp.n.

a. 体侧面观；b. 头上部正面观；c. 头背面观；d. 腹部第 1 节背板侧面观；e. 腹部第 2 节背板；f. 腹部末端侧面观

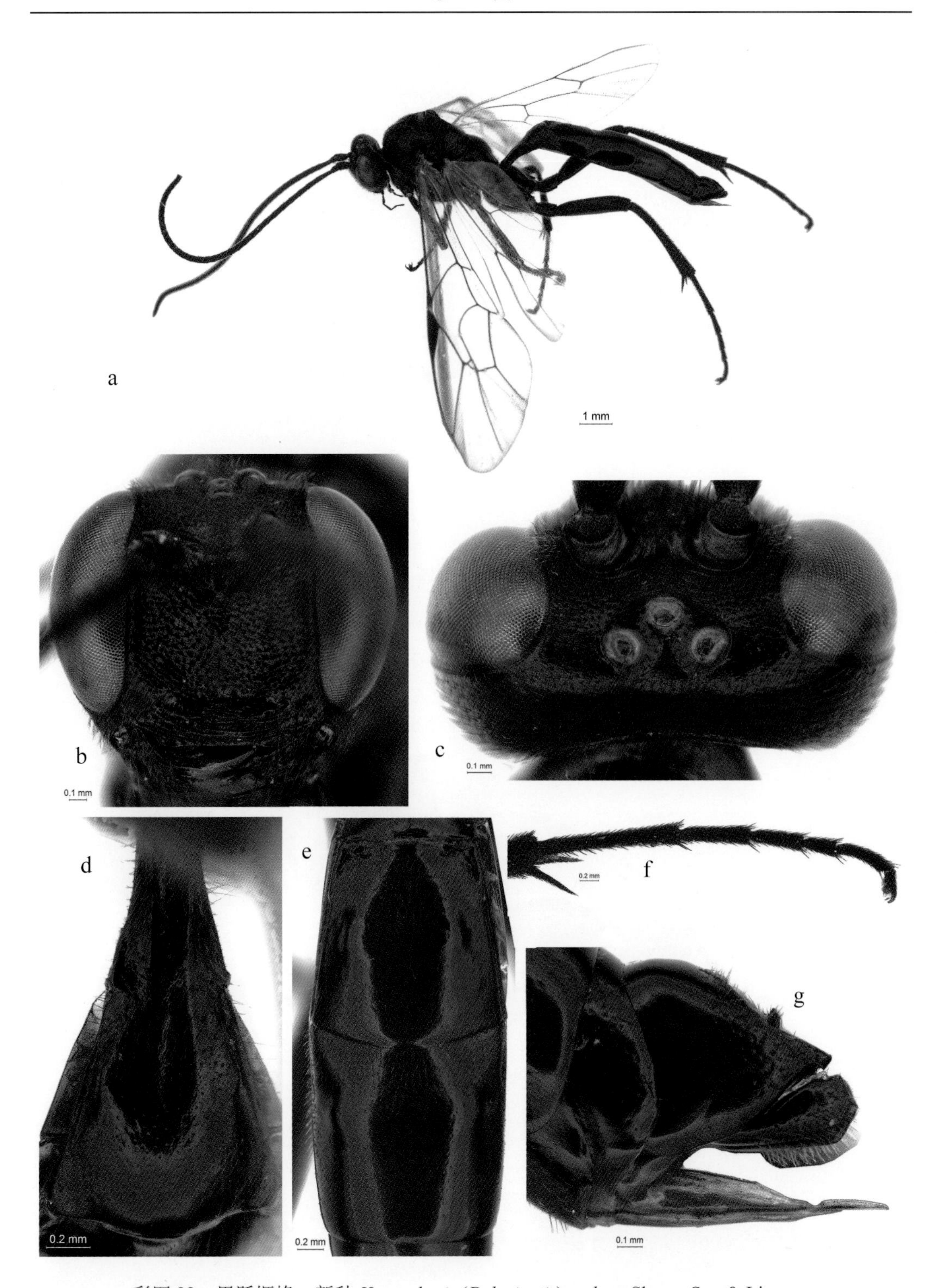

彩图 22 黑跃姬蜂，新种 *Xenoschesis* (*Polycinetis*) *melana* Sheng, Sun & Li, sp.n.

a. 体侧面观；b. 头正面观；c. 头背面观；d. 腹部第 1 节背板；e. 腹部第 2、3 节背板；f. 后足跗节；g. 腹部末端侧面观

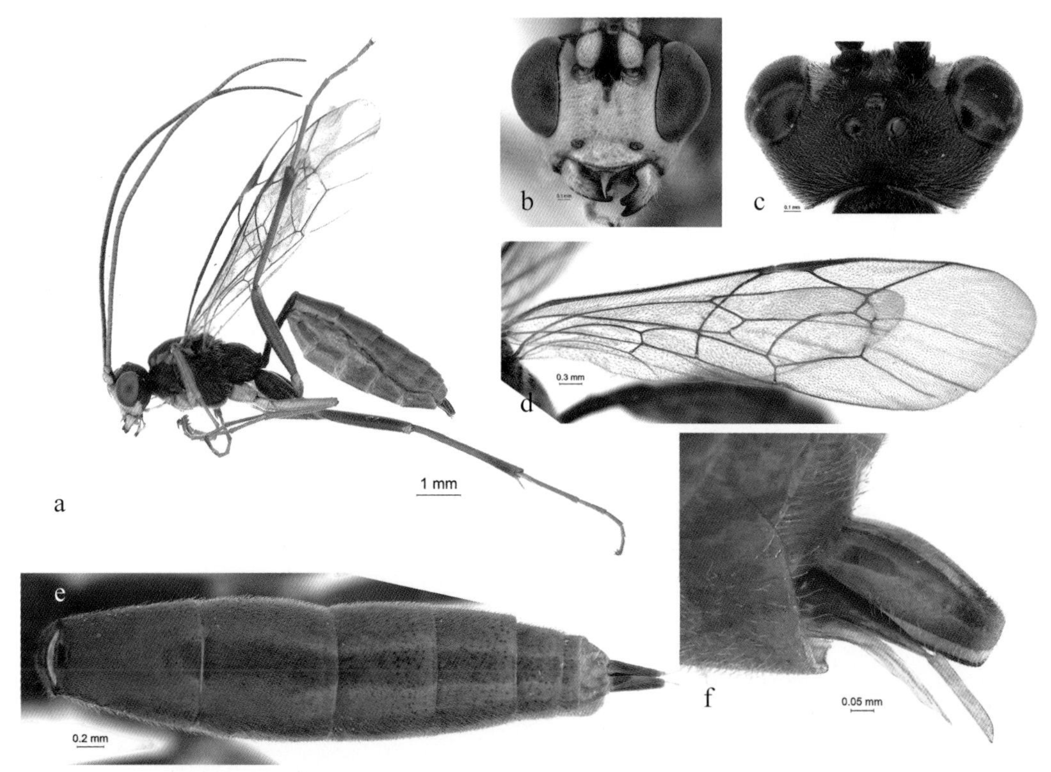

彩图 23 武功阔肛姬蜂，新种 *Euryproctus wugongensis* Sheng, Sun & Li, sp.n.

a. 体侧面观；b. 头正面观；c. 头背面观；d. 翅；e. 腹部第 2~8 节背板；f. 产卵器鞘和产卵器

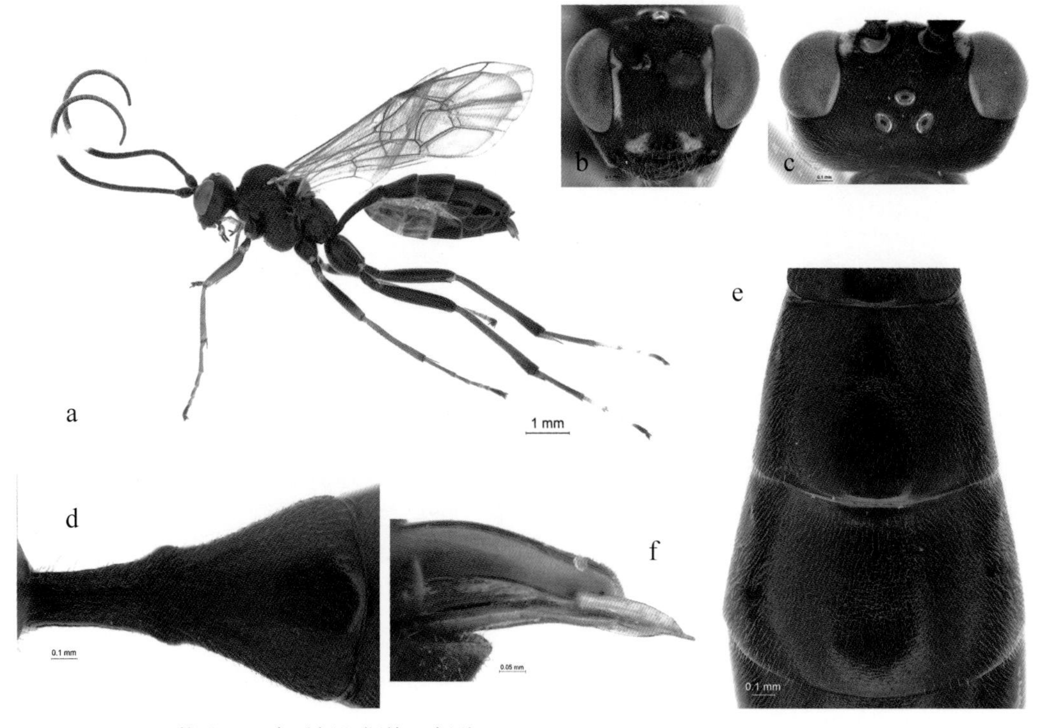

彩图 24 宗氏阔肛姬蜂，新种 *Euryproctus zongi* Sheng, Sun & Li, sp.n.

a. 体侧面观；b. 头正面观；c. 头背面观；d. 腹部第 1 节背板；e. 腹部第 2、3 节背板；f. 产卵器鞘和产卵器

彩图 25　斑长颚姬蜂，新种 *Mesoleptidea maculata* Sheng, Sun & Li, sp.n.

a. 体侧面观；b. 头正面观；c. 头背面观；d. 中胸盾片和小盾片；e. 腹部第 1 节背板；f. 腹部端半部侧面观

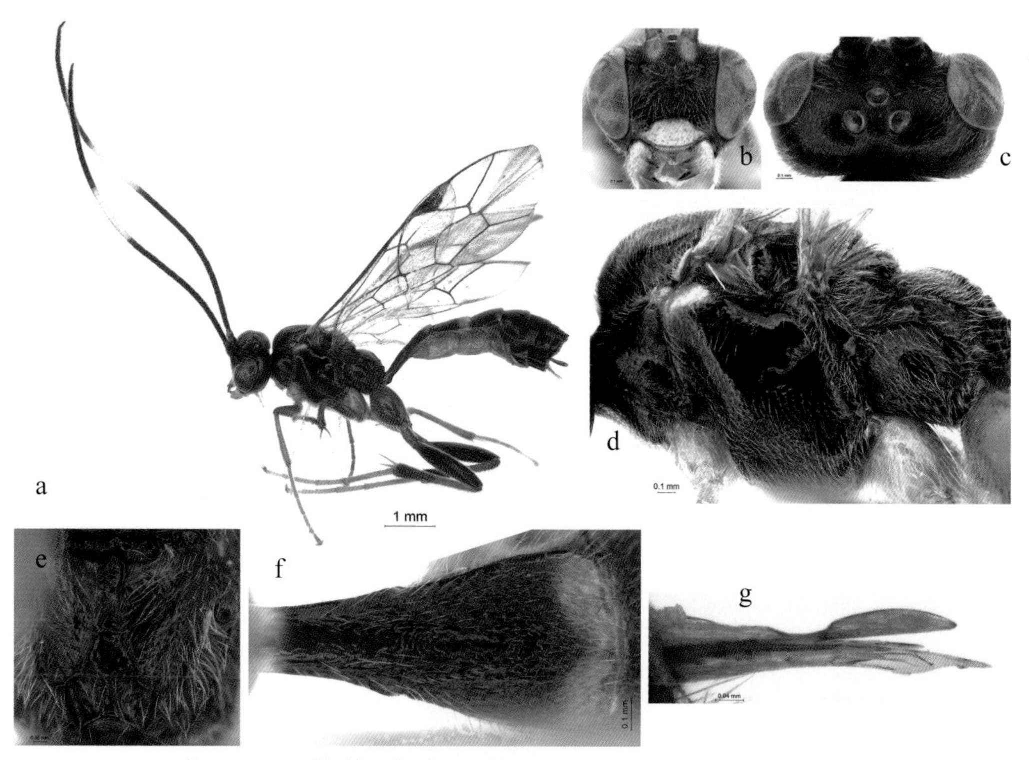

彩图 26 凹浮姬蜂，新种 *Phobetes concavus* Sheng, Sun & Li, sp.n.

a. 体侧面观；b. 头正面观；c. 头背面观；d. 胸部侧面观；e. 并胸腹节；f. 腹部第 1 节背板；g. 产卵器

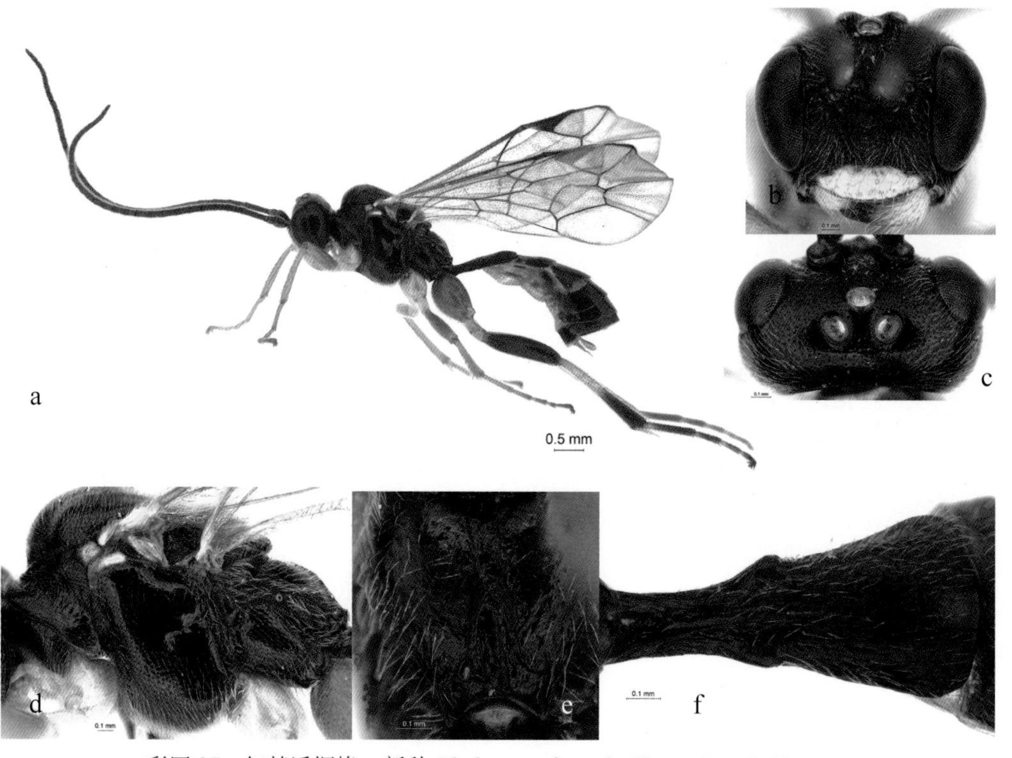

彩图 27 红基浮姬蜂，新种 *Phobetes ruficoxalis* Sheng, Sun & Li, sp.n.

a. 体侧面观；b. 头正面观；c. 头背面观；d. 胸部侧面观；e. 并胸腹节；f. 腹部第 1 节背板

彩图 28　白斑亚力姬蜂，新种 *Alexeter albimaculatus* Sheng, Sun & Li, sp.n.

a. 体侧面观；b. 头正面观；c. 头背面观；d. 中胸盾片和小盾片；e. 并胸腹节；f. 腹部第 1、2 节背板

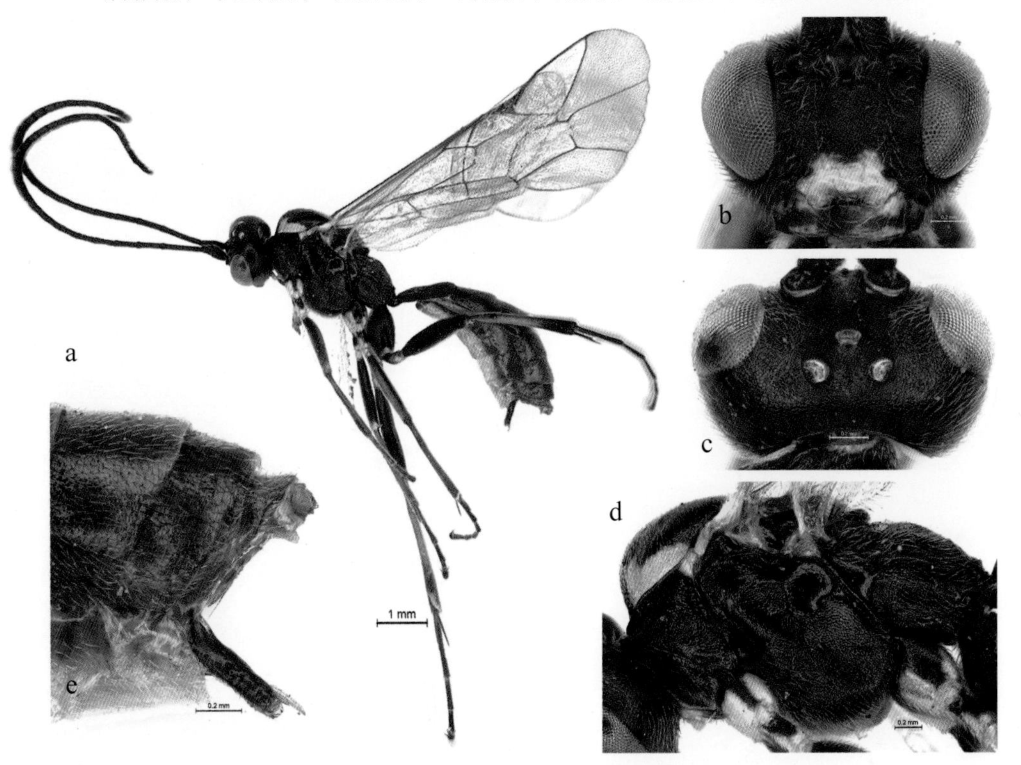

彩图 29　藏亚力姬蜂，新种 *Alexeter zangicus* Sheng, Sun & Li, sp.n.

a. 体侧面观；b. 头正面观；c. 头背面观；d. 胸部侧面观；e. 腹部端部侧面观

彩图 30 斑无凹姬蜂，新种 *Anoncus maculatus* Sheng, Sun & Li, sp.n.

a. 体侧面观；b. 头正面观；c. 头侧面观；d. 并胸腹节；e. 腹部第 1 节背板；e. 腹部第 2~6 节背板

彩图 31 安康粮姬蜂，新种 *Azelus ankangicus* Sheng, Sun & Li, sp.n.

a. 体侧面观；b. 头正面观；c. 头背面观；d. 胸部侧面观；e. 腹部第 1 节背板；f. 腹部第 2 节背板

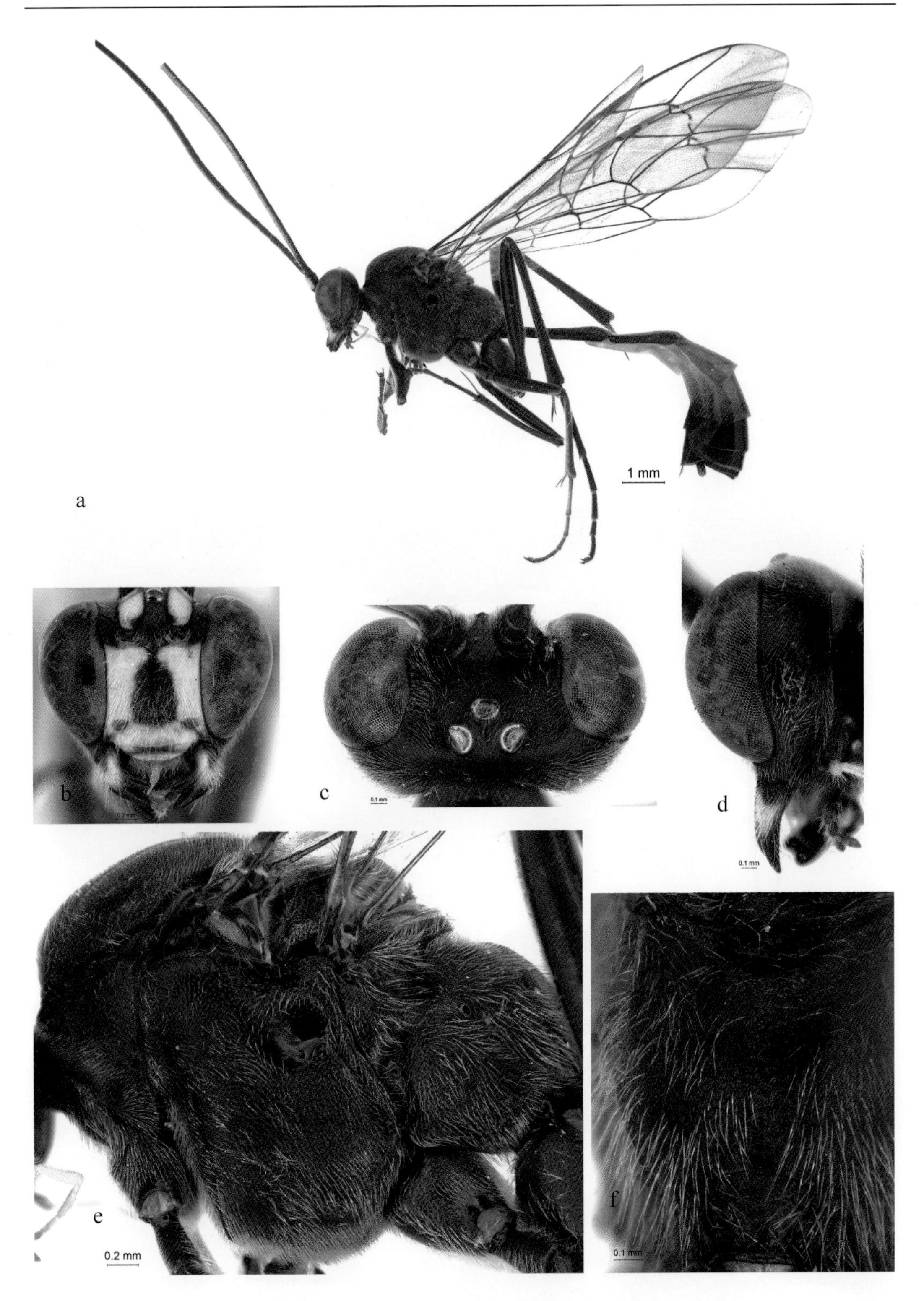

彩图 32　墨脱霸姬蜂，新种 *Baryterbes motuoicu* Sheng, Li & Sun, sp.n.

a. 体侧面观；b. 头正面观；c. 头背面观；d. 头侧面观；e. 胸部侧面观；f. 并胸腹节

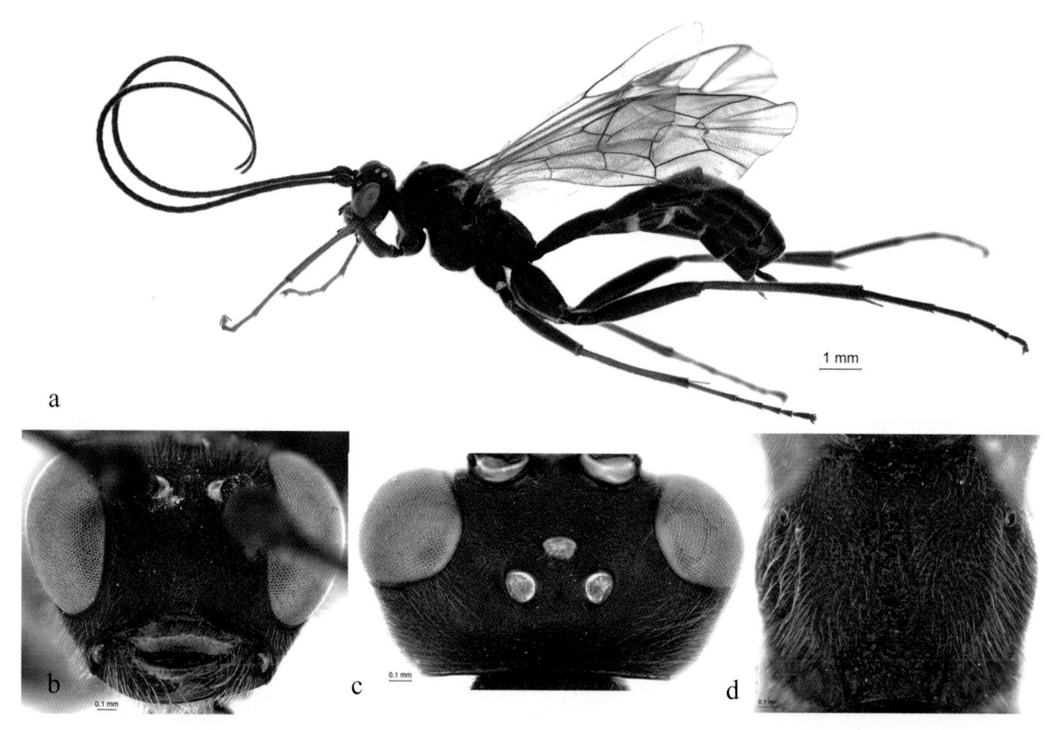

彩图 33 京拉加姬蜂，新种 *Lagarotis beijingensis* Sheng, Sun & Li, sp.n.
a. 体侧面观；b. 头正面观；c. 头背面观；d. 并胸腹节

彩图 34 赣拉加姬蜂，新种 *Lagarotis ganica* Sheng, Sun & Li, sp.n.
a. 体侧面观；b. 头正面观；c. 头背面观；d. 胸部侧面观；e. 腹部第 1、2 节背板侧面观；f. 产卵器侧面观

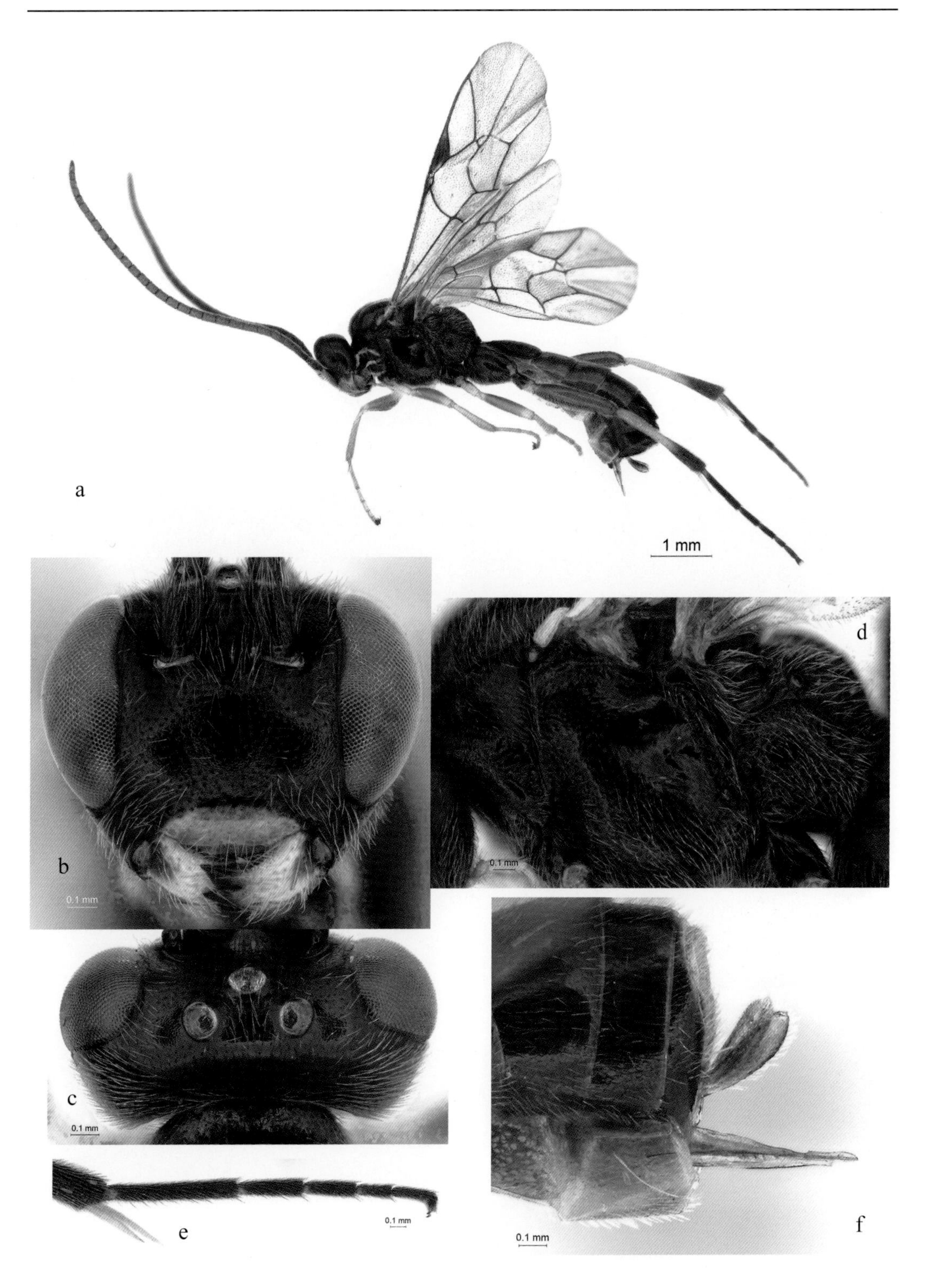

彩图 35　阔侵姬蜂，新种 *Lamachus dilatatus* Sheng, Li & Sun, sp.n.

a. 体侧面观；b. 头正面观；c. 头背面观；d. 胸部侧面观；e. 后足跗节；f. 腹部端部侧面观

彩图 36 斑前姬蜂，新种 *Protarchus maculatus* Sheng, Sun & Li, sp.n.

a. 体侧面观；b. 头正面观；c. 头背面观；d. 胸部侧面观；e. 并胸腹节；f. 腹部第 2、3 节背板

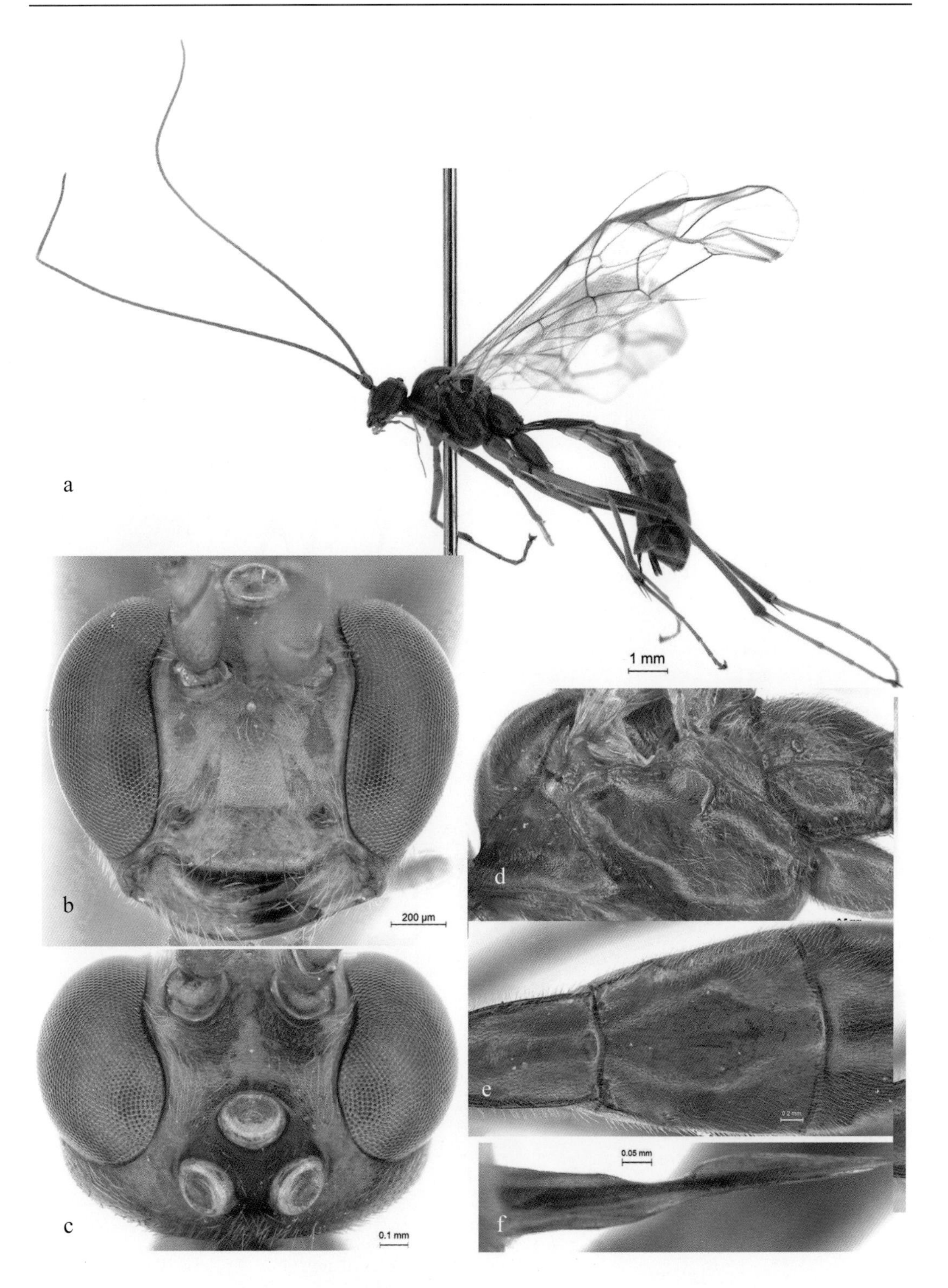

彩图 37　邻折脉姬蜂 *Absyrtus vicinator* (Thunberg, 1822)

a. 体侧面观；b. 头正面观；c. 头背面观；d. 中胸侧面观；e. 腹部后柄部和第 2 节背板；f. 产卵器

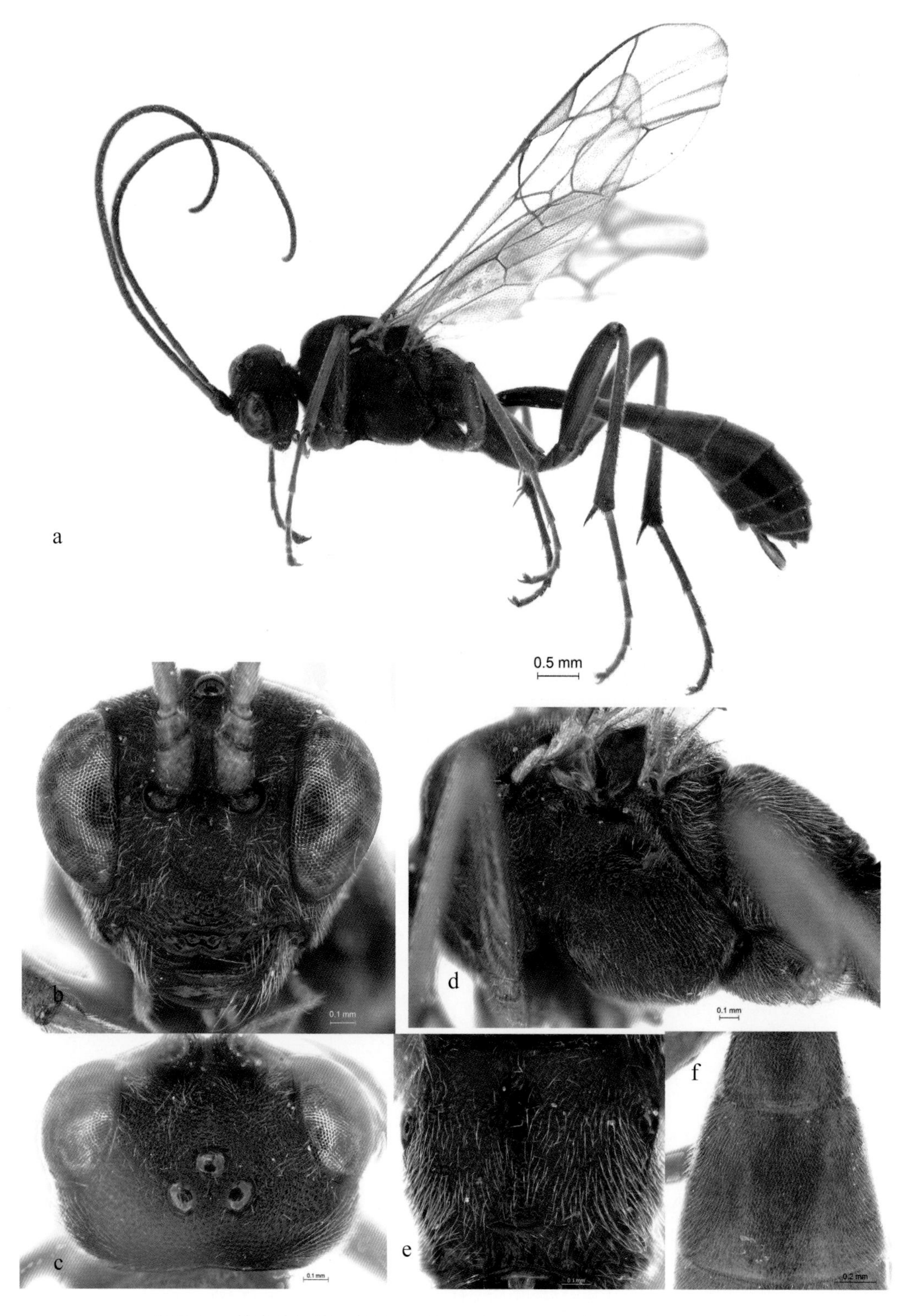

彩图 38 缺脊波姬蜂，新种 *Perilissus incarinatus* Sheng, Sun & Li, sp.n.

a. 体侧面观；b. 头正面观；c. 头背面观；d. 胸部侧面观；e. 并胸腹节；f. 腹部第 1 节后柄部和第 2 节背板

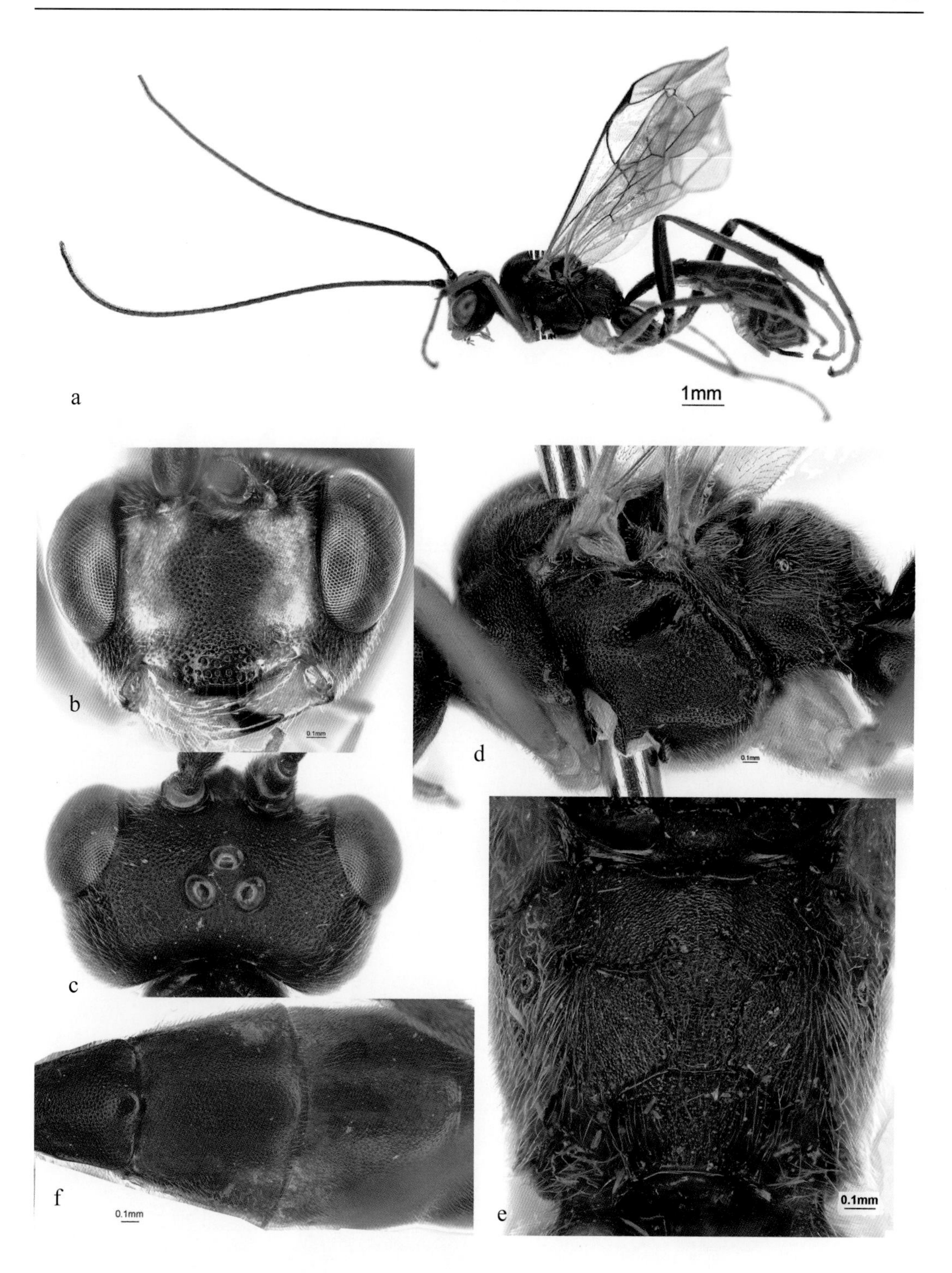

彩图 39　武功失姬蜂，新种 *Lethades wugongensis* Sheng, Sun & Li, sp.n.

a. 体侧面观；b. 头正面观；c. 头背面观；d. 胸部侧面观；e. 并胸腹节；f. 腹部第 1 节后柄部和第 2、3 节背板

彩图 40 双斑壮姬蜂，新种 *Rhorus bimaculatus* Sheng, Sun & Li, sp.n.

a. 体侧面观；b. 头正面观；c. 头背面观；d. 胸部侧面观；e. 腹部第 1 节背板；f. 腹部第 2、3 节背板；g. 前足爪和栉齿

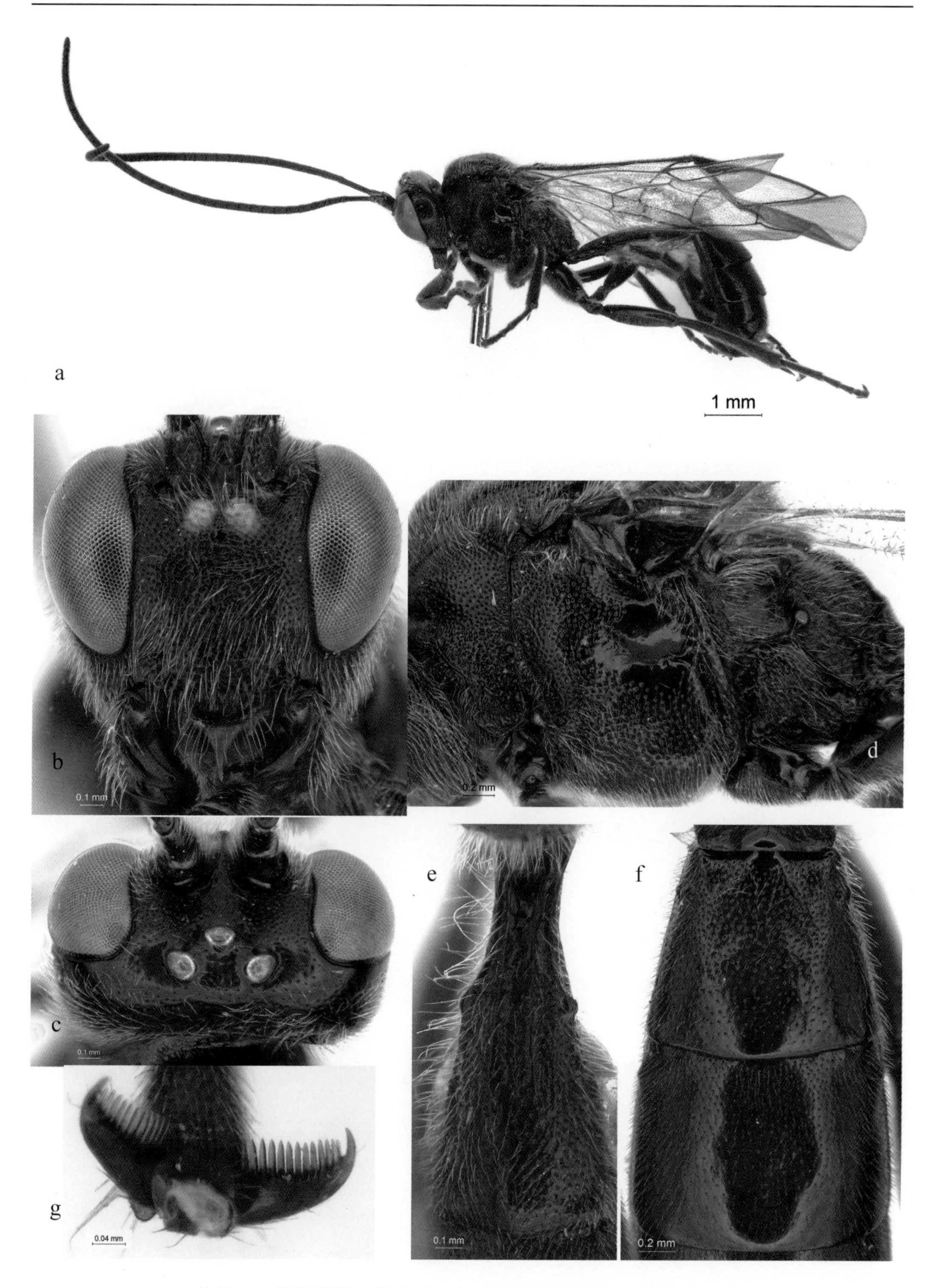

彩图 41　脊壮姬蜂，新种 *Rhorus carinatus* Sheng, Sun & Li, sp.n.

a. 体侧面观；b. 头正面观；c. 头背面观；d. 胸部侧面观；e. 腹部第 1 节背板；f. 腹部第 2、3 节背板；g. 前足爪和栉齿

彩图 42 端凹壮姬蜂，新种 *Rhorus concavus* Sheng, Sun & Li, sp.n.

a. 体侧面观；b. 头正面观；c. 头背面观；d. 并胸腹节；e. 腹部背板；f. 后足跗节；g. 前足爪和栉齿

彩图 43　齿唇壮姬蜂，新种 *Rhorus denticlypealis* Sheng, Sun & Li, sp.n.

a. 体侧面观；b. 头正面观；c. 头背面观；d. 并胸腹节；e. 腹部背板；f. 后足跗节；g. 前足爪和栉齿

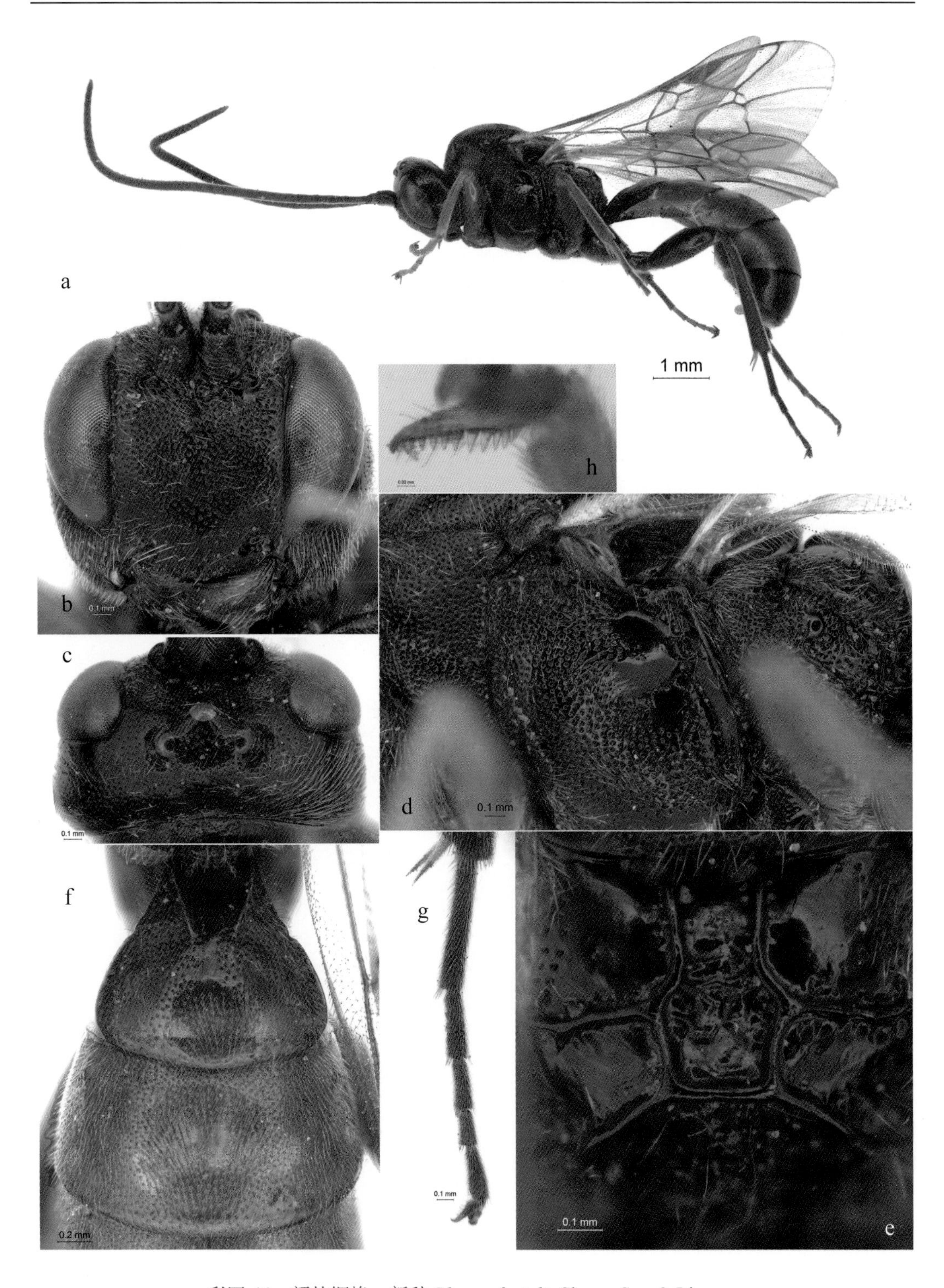

彩图 44 颜壮姬蜂，新种 *Rhorus facialis* Sheng, Sun & Li, sp.n.

a. 体侧面观；b. 头正面观；c. 头背面观；d. 中胸侧板；e. 并胸腹节；f. 腹部第 1、2 节背板；g. 后足跗节；h. 前足爪和栉齿

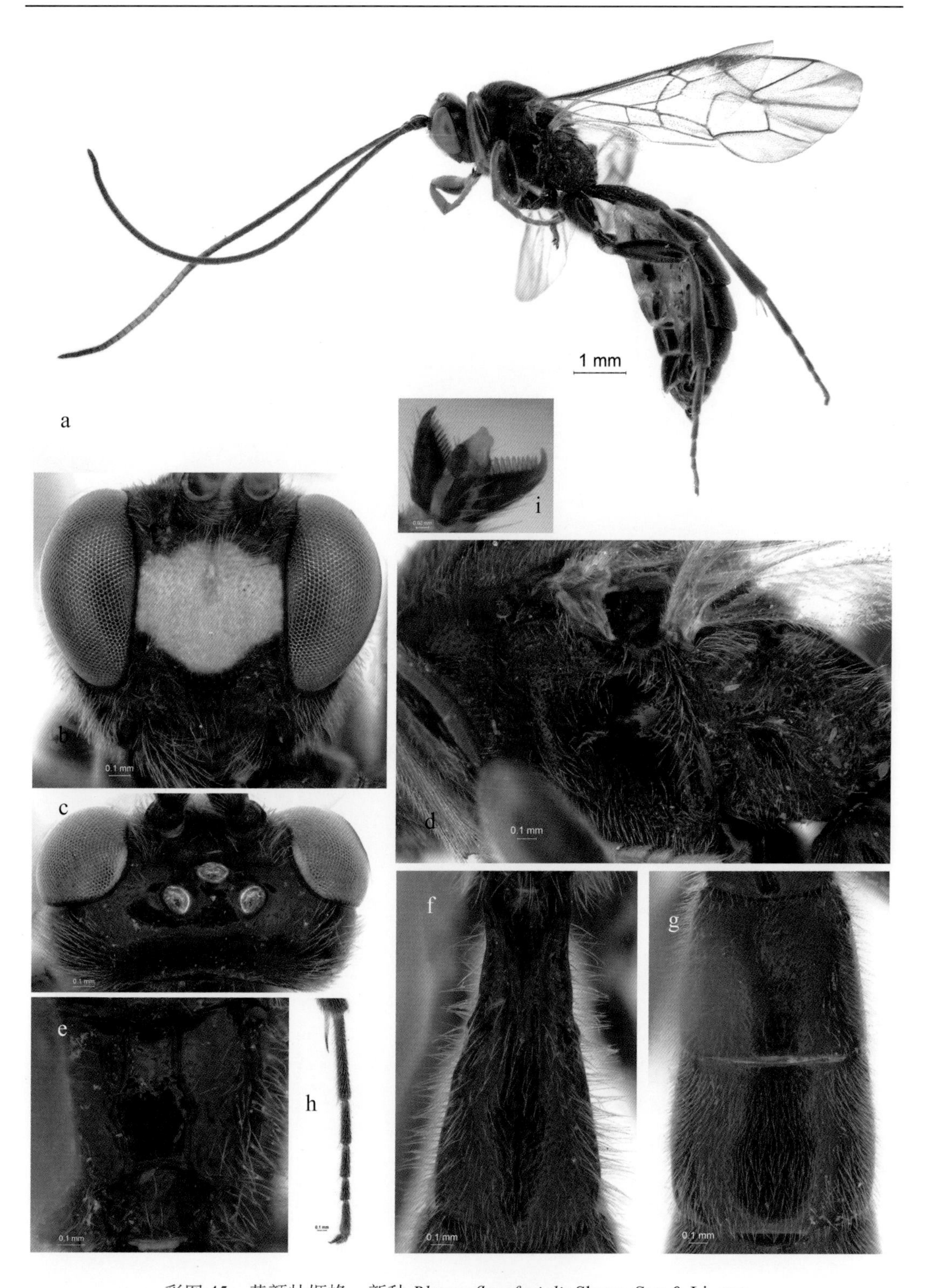

彩图 45　黄颜壮姬蜂，新种 *Rhorus flavofacialis* Sheng, Sun & Li, sp.n.

a. 体侧面观；b. 头正面观；c. 头背面观；d. 胸部侧面观；e. 并胸腹节；f. 腹部第 1 节背板；g. 腹部第 2、3 节背板；h. 后足跗节；i. 前足爪和栉齿

彩图 46　黄壮姬蜂，新种 *Rhorus flavus* Sheng, Sun & Li, sp.n.

a. 体侧面观；b. 头正面观；c. 头背面观；d. 中胸盾片和小盾片；e. 并胸腹节；f. 腹部第 1、2 节背板；g. 腹部末端侧面观；h. 前足爪和栉齿

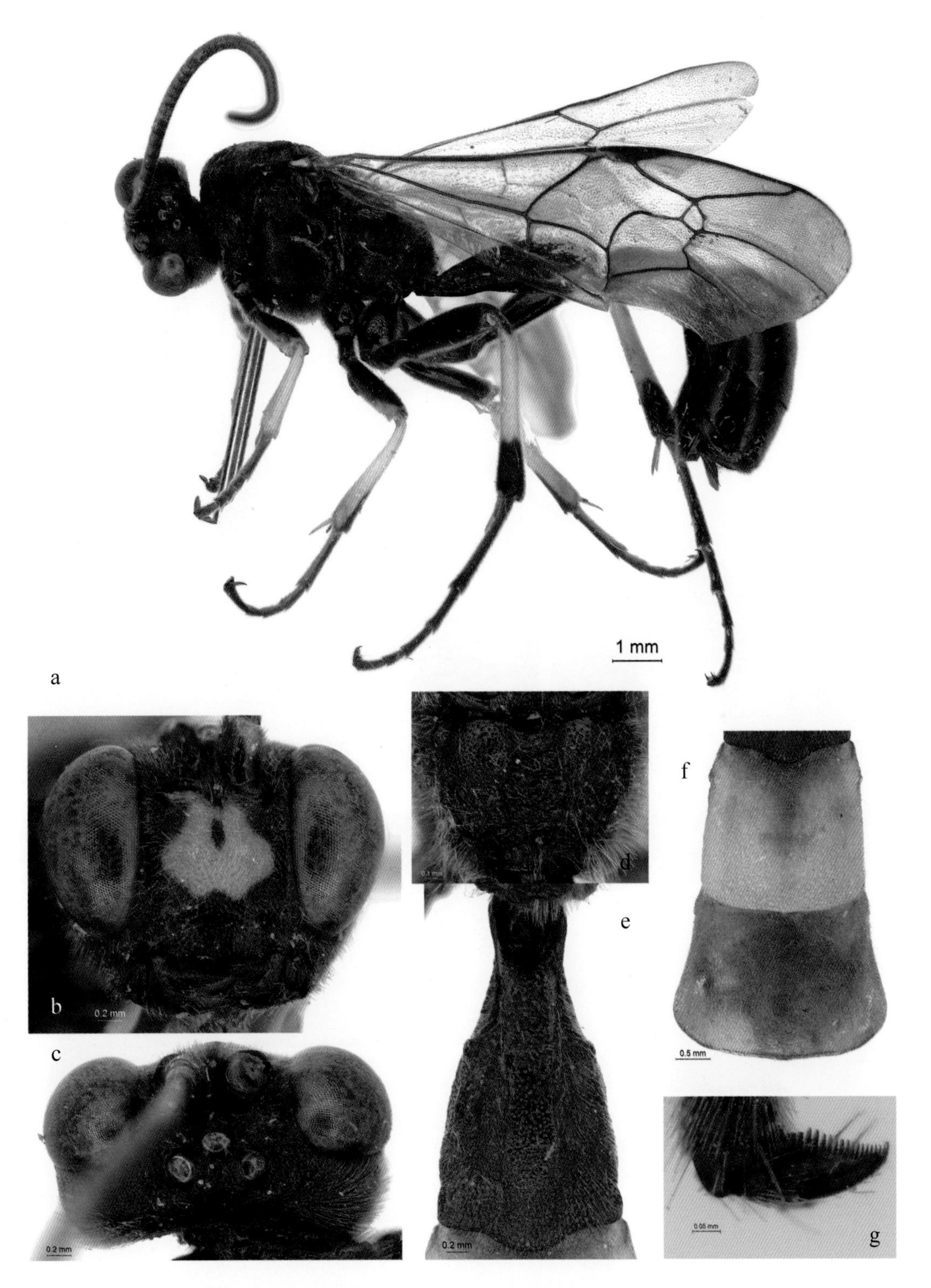

彩图 47　辉南壮姬蜂，新种 *Rhorus huinanicus* Sheng, Sun & Li, sp.n.

a. 体侧面观；b. 头正面观；c. 头背面观；d. 并胸腹节；e. 腹部第 1 节背板；f. 腹部第 2、3 节背板；g. 前足爪和栉齿

彩图 48 辽壮姬蜂，新种 *Rhorus liaoensis* Sheng, Sun & Li, sp.n.

a. 体侧面观；b. 头正面观；c. 头背面观；d. 触角鞭节基部；e. 翅；f. 并胸腹节；g. 腹部第 1 节背板；h. 前足爪和栉齿

彩图 49　丽水壮姬蜂，新种 *Rhorus lishuicus* Sheng, Sun & Li, sp.n.

a. 体侧面观；b. 头正面观；c. 头背面观；d. 并胸腹节；e. 腹部第 1 节背板；f. 腹部第 2、3 节背板；g. 后足跗节；h. 前足爪和栉齿

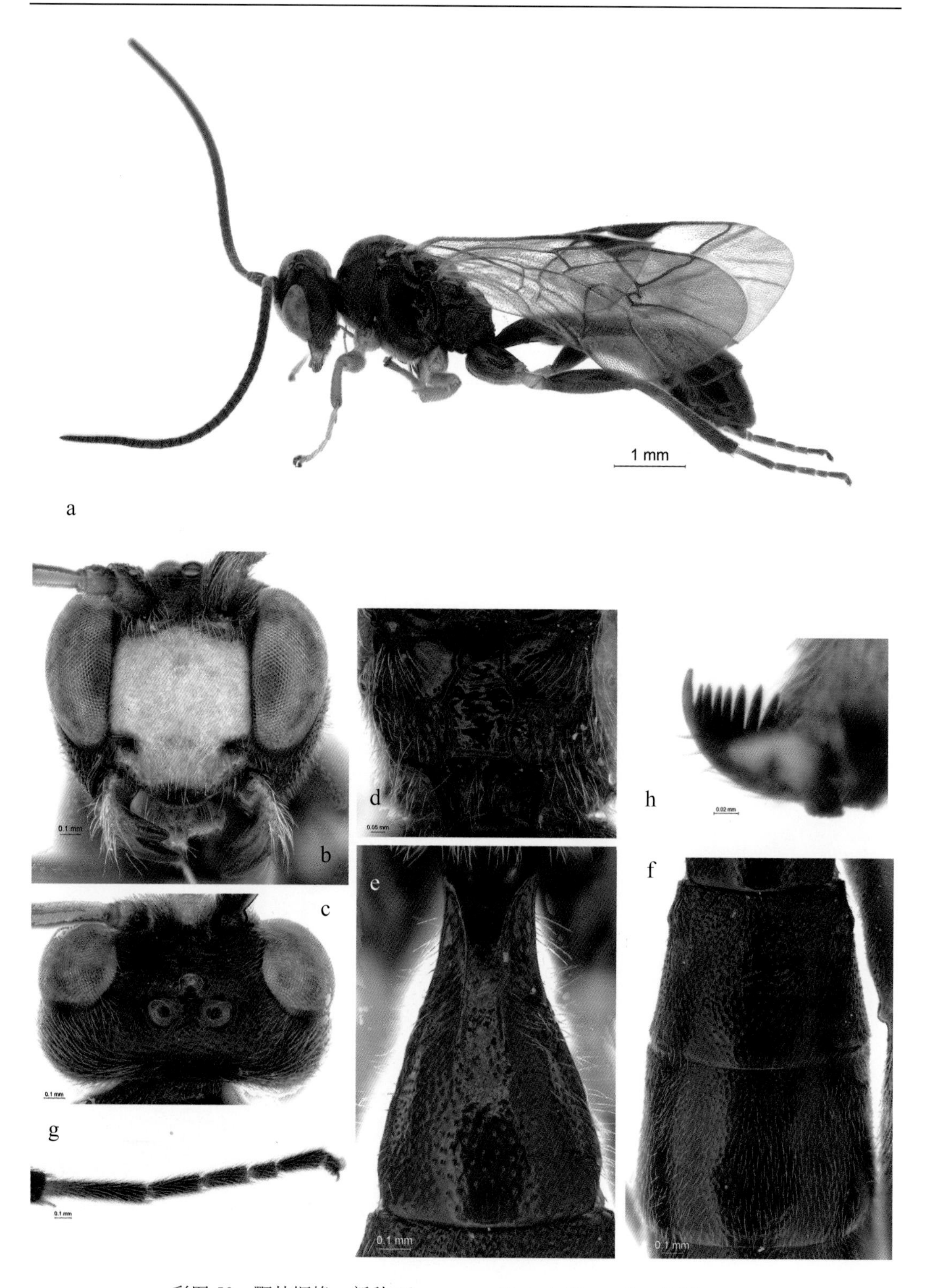

彩图 50 颚壮姬蜂，新种 *Rhorus mandibularis* Sheng, Sun & Li, sp.n.

a. 体侧面观；b. 头正面观；c. 头背面观；d. 并胸腹节；e. 腹部第 1 节背板；f. 腹部第 2、3 节背板；g. 后足跗节；h. 前足爪和栉齿

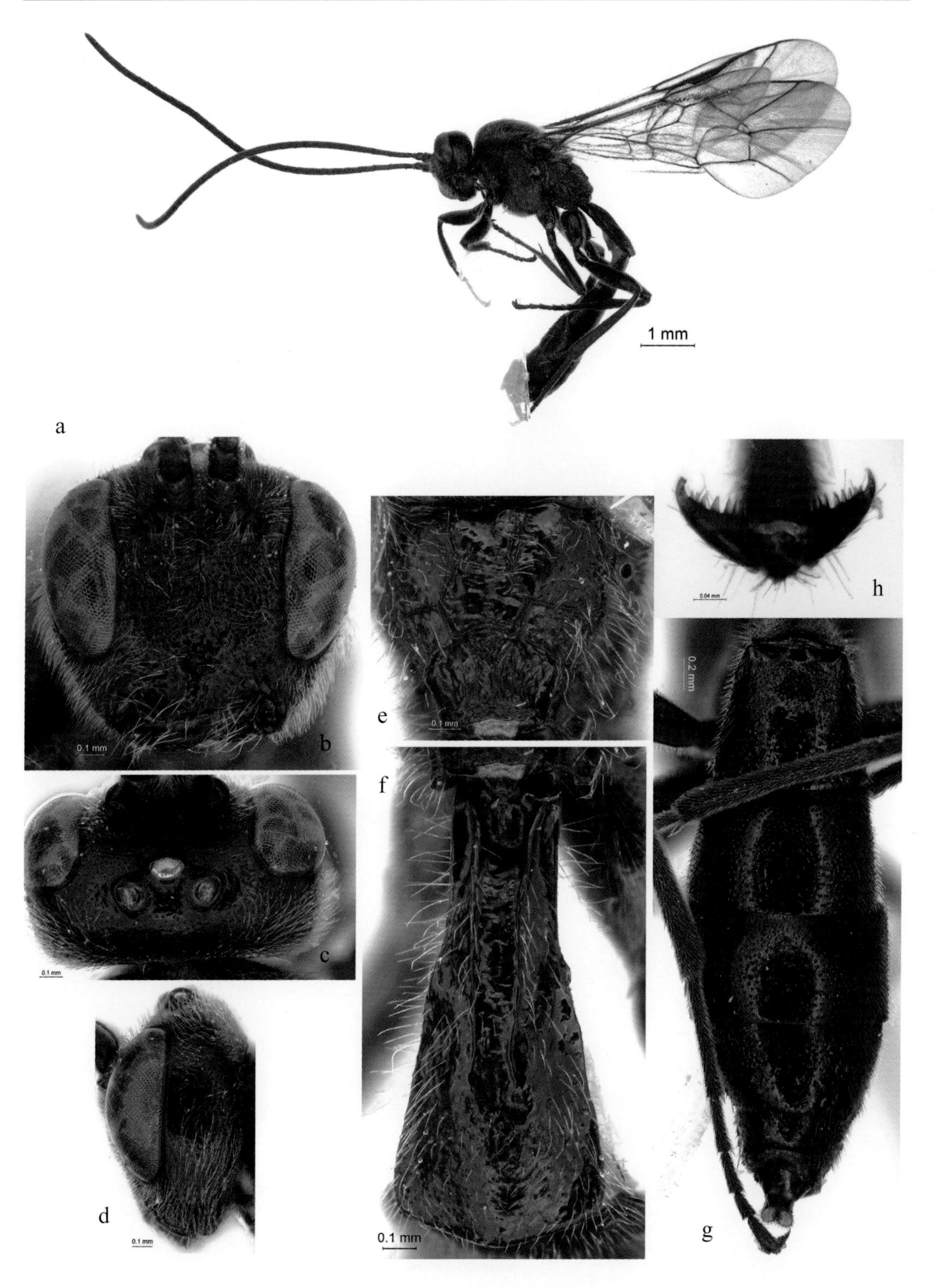

彩图 51　黑壮姬蜂，新种 *Rhorus melanus* Sheng, Sun & Li, sp.n.

a. 体侧面观；b. 头正面观；c. 头背面观；d. 头侧面观；e. 并胸腹节；f. 腹部第 1 节背板；g. 腹部第 2~8 节背板；h. 前足爪和栉齿

彩图 52 黑角壮姬蜂，新种 *Rhorus nigriantennatus* Sheng, Sun & Li, sp.n.

a. 体侧面观；b. 头正面观；c. 头背面观；d. 胸部侧面观；e. 后足跗节；f. 前足爪和栉齿

彩图 53　黑唇壮姬蜂，新种 *Rhorus nigriclypealis* Sheng, Sun & Li, sp.n.

a. 体侧面观；b. 头正面观；c. 头背面观；d. 并胸腹节；e. 腹部第 1、2 节背板；f. 后足跗节；g. 前足爪和栉齿

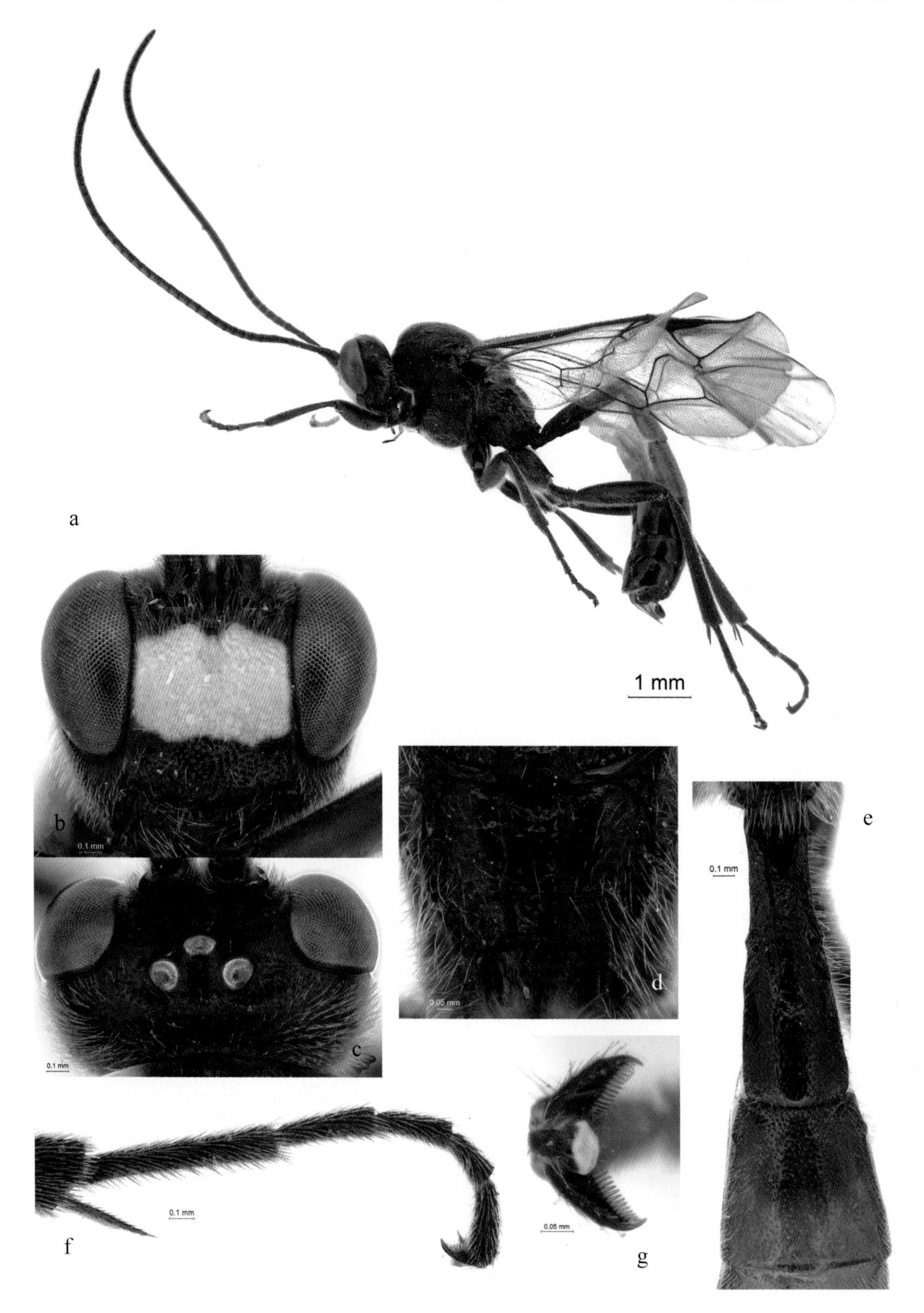

彩图 54　黑足壮姬蜂，新种 *Rhorus nigripedalis* Sheng, Sun & Li, sp.n.

a. 体侧面观；b. 头正面观；c. 头背面观；d. 并胸腹节；e. 腹部第 1、2 节背板；f. 后足跗节；g. 前足爪和栉齿

彩图 55　柄壮姬蜂，新种 *Rhorus petiolatus* Sheng, Sun & Li, sp.n.

a. 体侧面观；b. 头正面观；c. 头背面观；d. 并胸腹节；e. 腹部第 2、3 节背板；f. 后足跗节；g. 前足爪和栉齿

彩图 56　凹唇壮姬蜂，新种 *Rhorus recavus* Sheng, Sun & Li, sp.n.

a. 体侧面观；b. 头正面观；c. 头背面观；d. 并胸腹节；e. 腹部第 1 节背板；f. 后足跗节

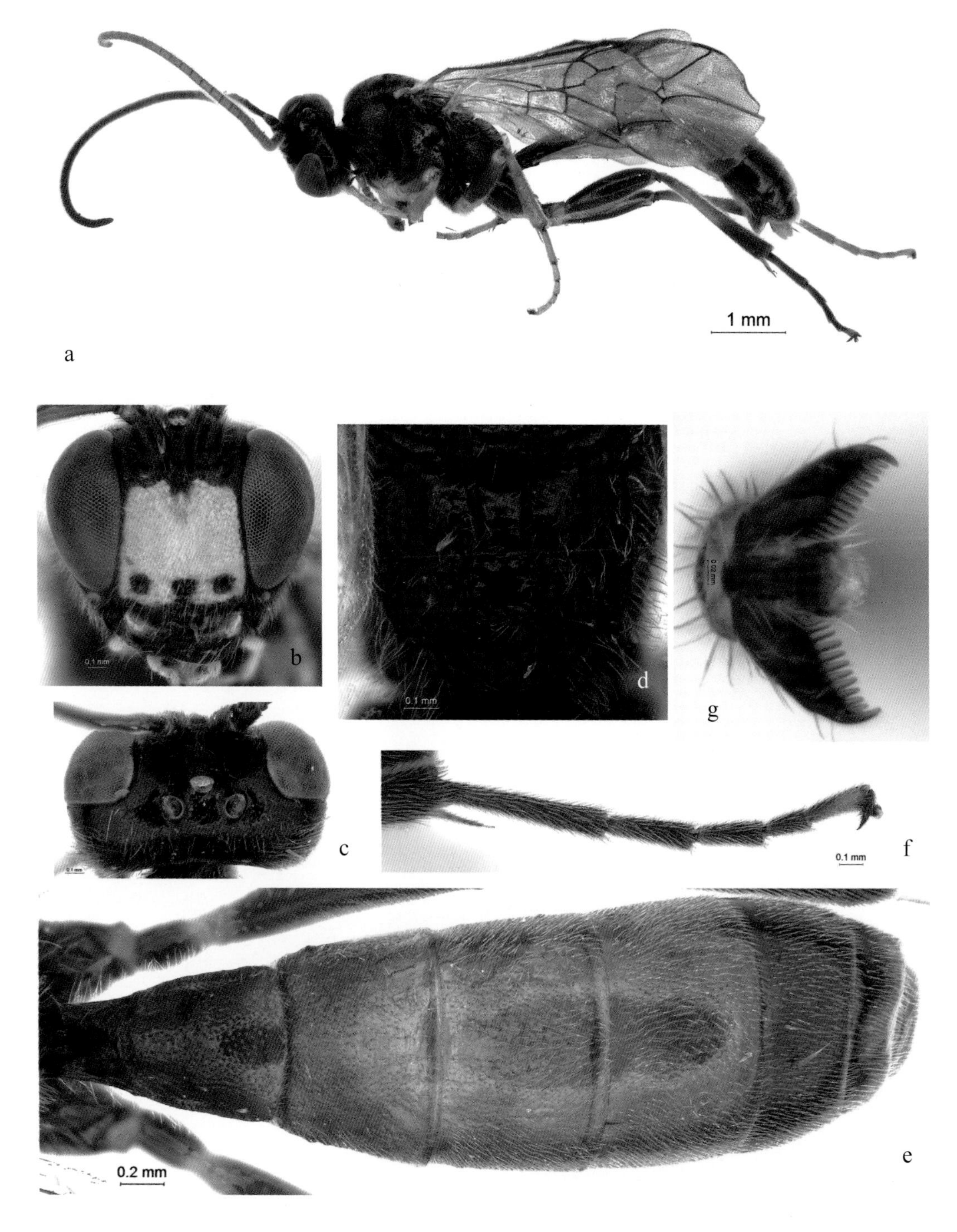

彩图 57 瓶壮姬蜂，新种 *Rhorus urceolatus* Sheng, Sun & Li, sp.n.

a. 体侧面观；b. 头正面观；c. 头背面观；d. 并胸腹节；e. 腹部背板；f. 后足跗节；g. 前足爪和栉齿

彩图 58　本溪利姬蜂，新种 *Sympherta benxica* Sheng, Sun & Li, sp.n.

a. 体侧面观；b. 头正面观；c. 额；d. 并胸腹节；e. 腹部第 2~7 节背板；f. 后足跗节；g. 产卵器

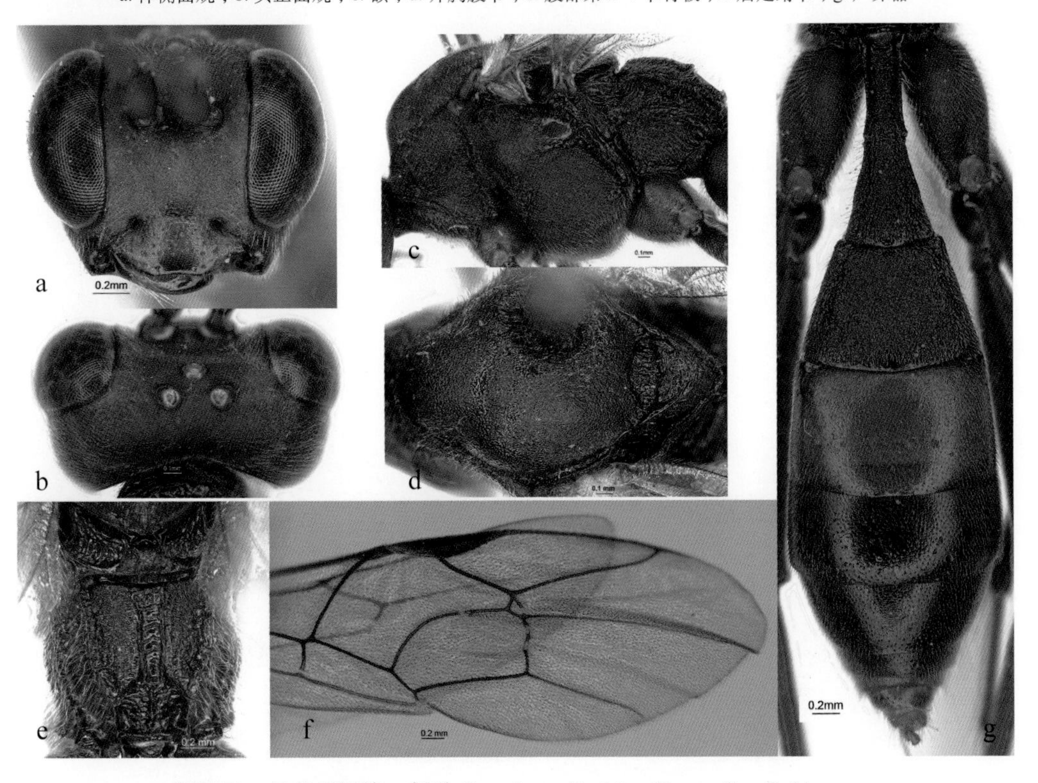

彩图 59　林芝利姬蜂，新种 *Sympherta linzhiica* Sheng, Sun & Li, sp.n.

a. 头正面观；b. 头背面观；c. 胸部侧面观；d. 中胸盾片和小盾片；e. 并胸腹节；f. 前翅端半部；g. 腹部背板

彩图 60 墨脱利姬蜂，新种 *Sympherta motuoensis* Sheng, Sun & Li, sp.n.

a. 体侧面观；b. 头正面观；c. 头背面观；d. 并胸腹节；e. 腹部第 1 节背板；f. 腹部第 2~5 节背板；g. 产卵器鞘和产卵器

彩图 61 多利姬蜂，新种 *Sympherta polycolor* Sheng, Sun & Li, sp.n.

a. 体侧面观；b. 头正面观；c. 胸部侧面观；d. 并胸腹节；e. 腹部背板

彩图 62　全黑合姬蜂，新种 *Syntactus niger* Sheng, Sun & Li, sp.n.

a. 体侧面观；b. 头正面观；c. 头背面观；d. 胸部侧面观；e. 并胸腹节；f. 腹部第 1 节背板；g. 腹部第 2、3 节背板

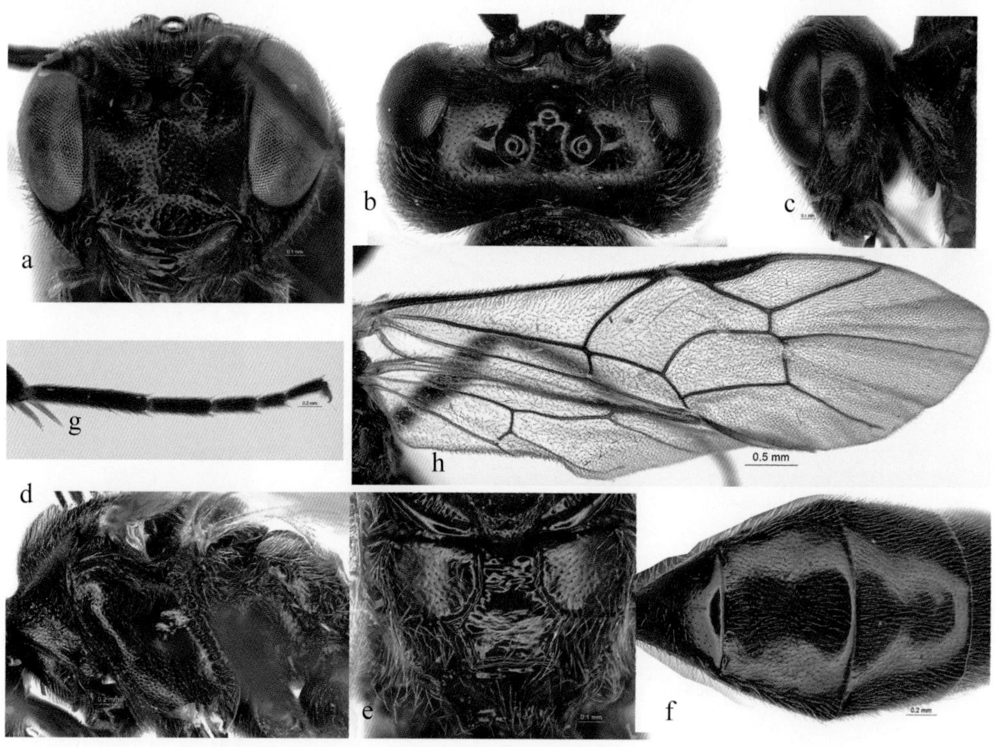

彩图 63　皱合姬蜂，新种 *Syntactus rugosus* Sheng, Sun & Li, sp.n.

a. 头正面观；b. 头背面观；c. 头侧面观；d. 胸部侧面观；e. 并胸腹节；f. 腹部第 2、3 节背板；g. 后足跗节；h. 翅

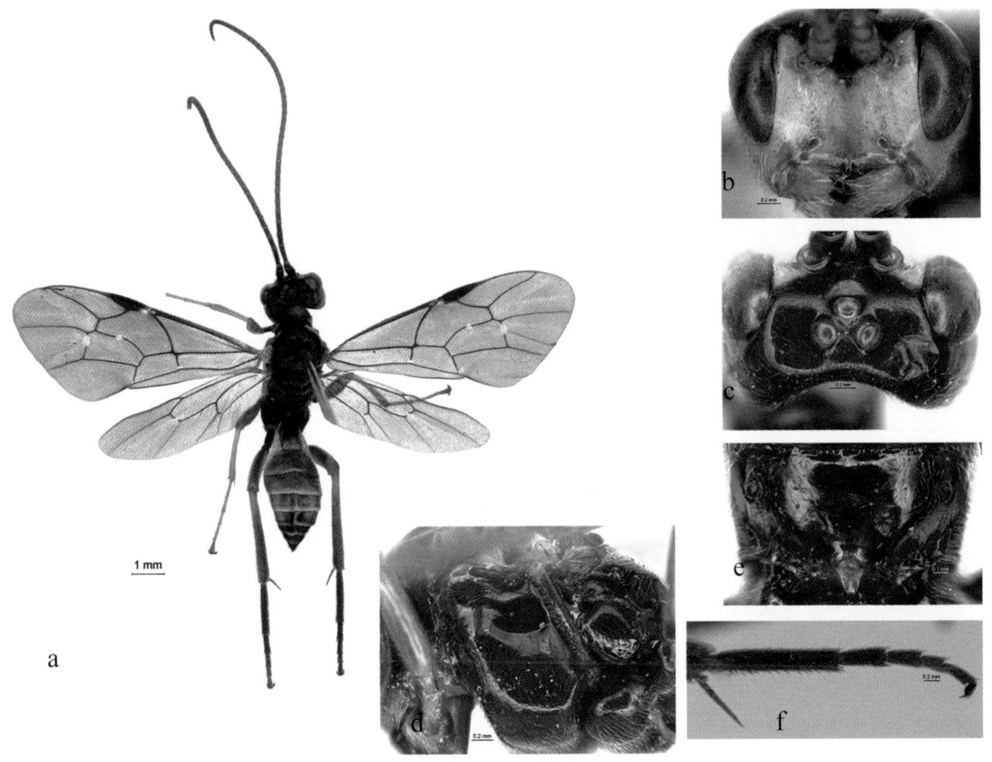

彩图 64 叶蜂齿胫姬蜂，新种 *Scolobates argeae* Sheng, Sun & Li, sp.n.

a. 体背面观；b. 头正面观；c. 头背面观；d. 胸部侧面观；e. 并胸腹节；f. 后足跗节

彩图 65 黄齿胫姬蜂，新种 *Scolobates fulvus* Sheng, Sun & Li, sp.n.

a. 体侧面观；b. 头正面观；c. 头背面观；d. 胸部侧面观；e. 后足跗节；f. 腹部端部侧面观

彩图 66　斑齿胫姬蜂，新种 *Scolobates maculatus* Sheng, Sun & Li, sp.n.

a. 体侧面观；b. 头正面观；c. 头背面观；d. 头侧面观；e. 中胸盾片和小盾片；f. 胸部侧面观；g. 并胸腹节；h. 后足跗节

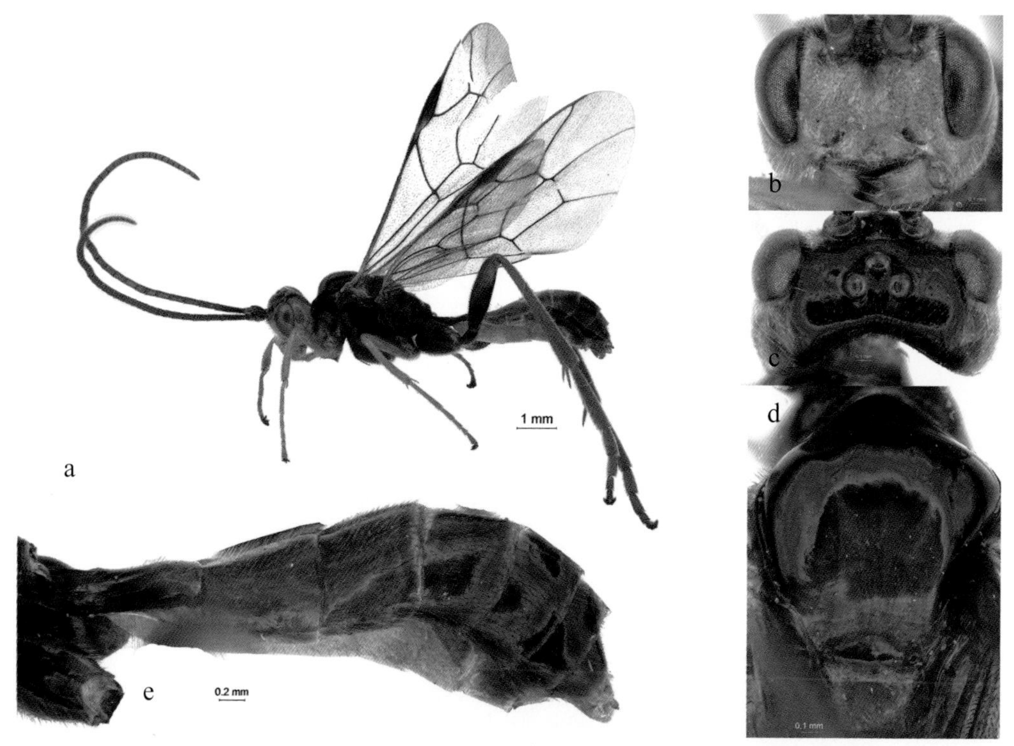

彩图 67　对脉齿胫姬蜂，新种 *Scolobates oppositus* Sheng, Sun & Li, sp.n.

a. 体侧面观；b. 头正面观；c. 头背面观；d. 中胸盾片和小盾片；e. 腹部侧面观

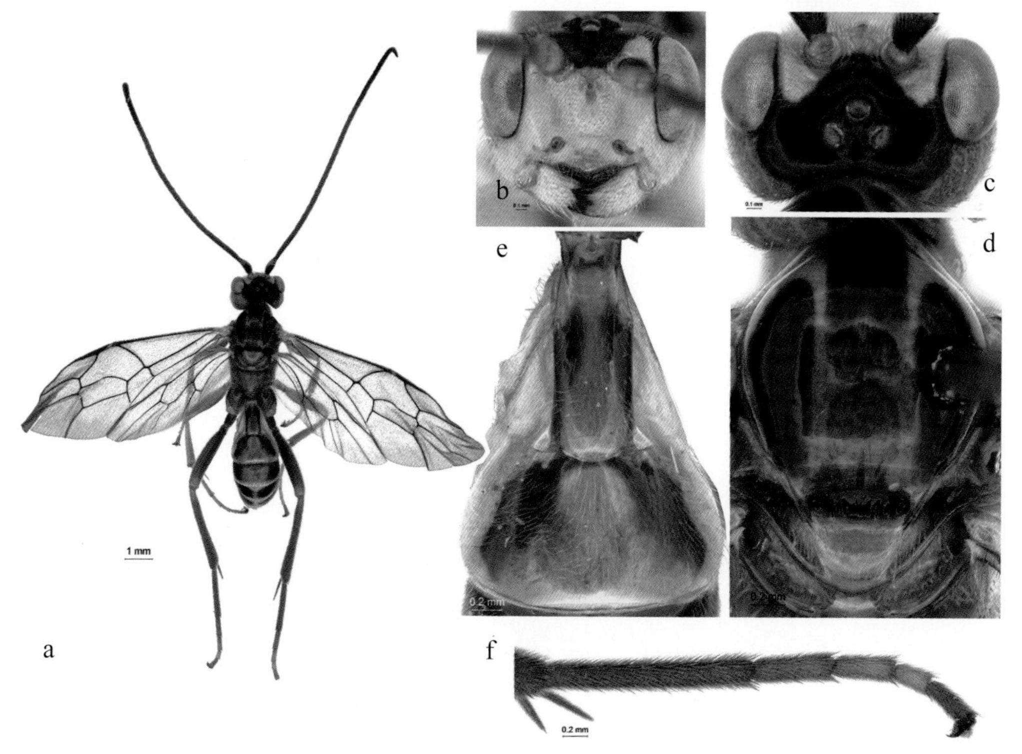

彩图 68　平齿胫姬蜂，新种 *Scolobates parallelis* Sheng, Sun & Li, sp.n.

a. 体背面观；b. 头正面观；c. 头背面观；d. 中胸盾片和小盾片；e. 腹部第 1、2 节背板；f. 后足跗节

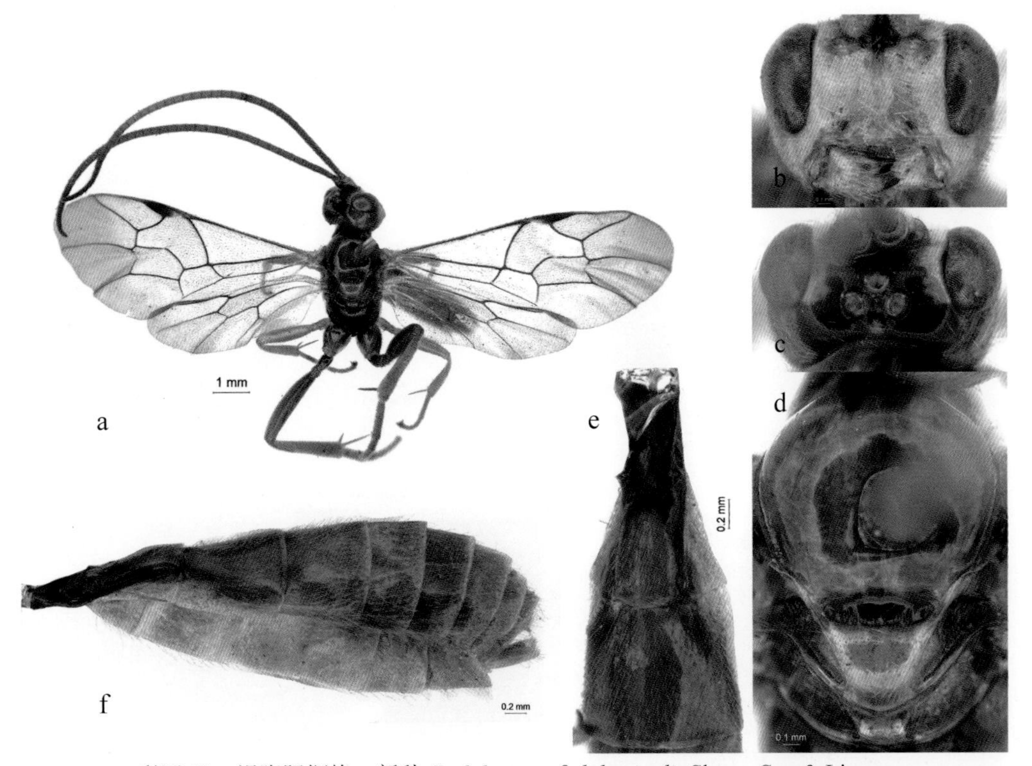

彩图 69　褐腹胫姬蜂，新种 *Scolobates rufiabdominalis* Sheng, Sun & Li, sp.n.

a. 体背面观；b. 头正面观；c. 头背面观；d. 中胸盾片和小盾片；e. 腹部第 1、2 节背板；f. 腹部侧面观

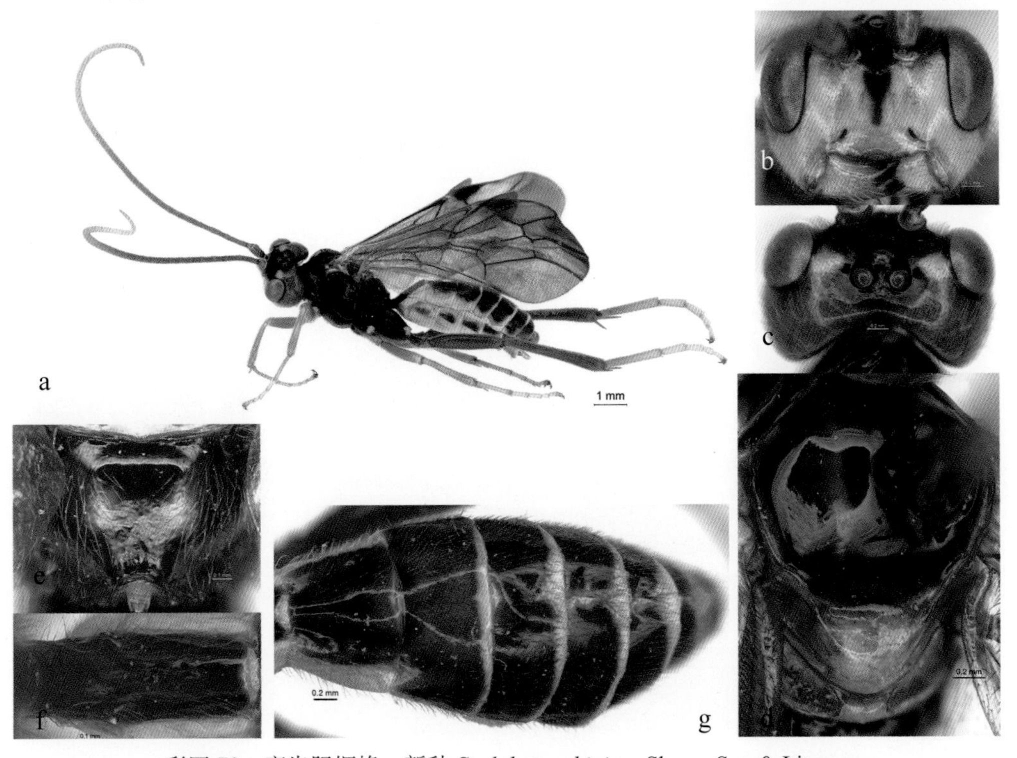

彩图 70　亮齿胫姬蜂，新种 *Scolobates shinicus* Sheng, Sun & Li, sp.n.

a. 体侧面观；b. 头正面观；c. 头背面观；d. 中胸盾片和小盾片；e. 并胸腹节；f. 腹部第 1 节背板；g. 腹部第 2~7 节背板

彩图 71　节齿胫姬蜂，新种 *Scolobates tergitalis* Sheng, Sun & Li, sp.n.

a. 体侧面观；b. 头正面观；c. 头前背面观；d. 翅；e. 腹部第 1 节背板；f. 腹部第 1 节后柄部和第 2、3 节背板

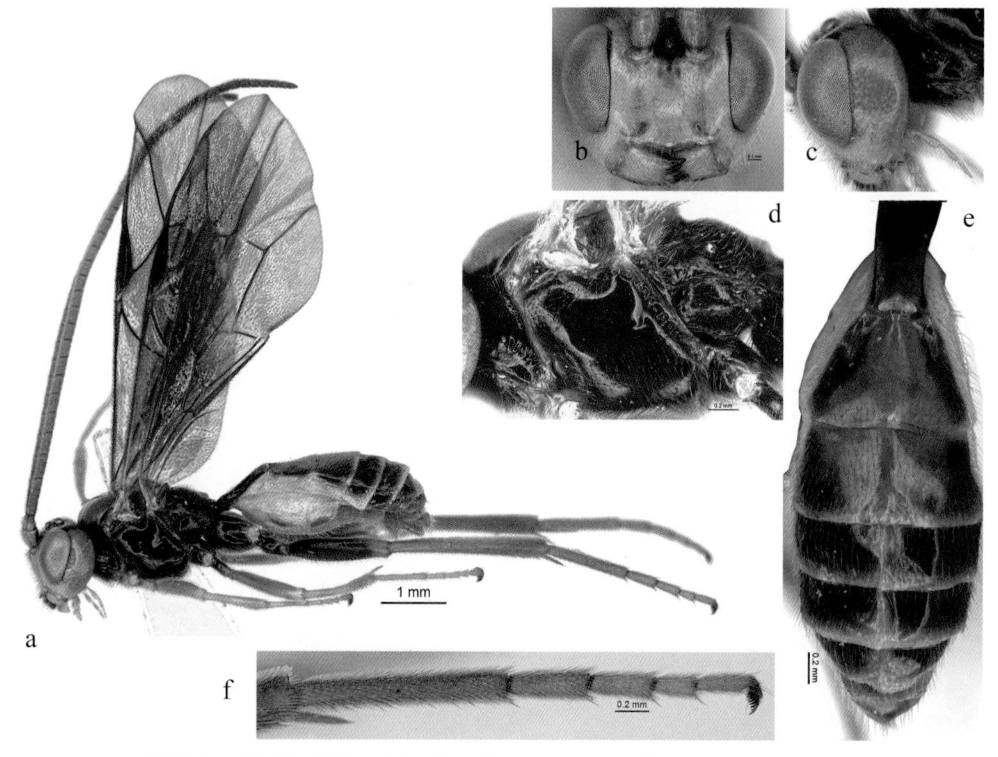

彩图 72　梯齿胫姬蜂，新种 *Scolobates trapezius* Sheng, Sun & Li, sp.n.

a. 体侧面观；b. 头正面观；c. 头侧面观；d. 胸部侧面观；e. 腹部背板；f. 后足跗节

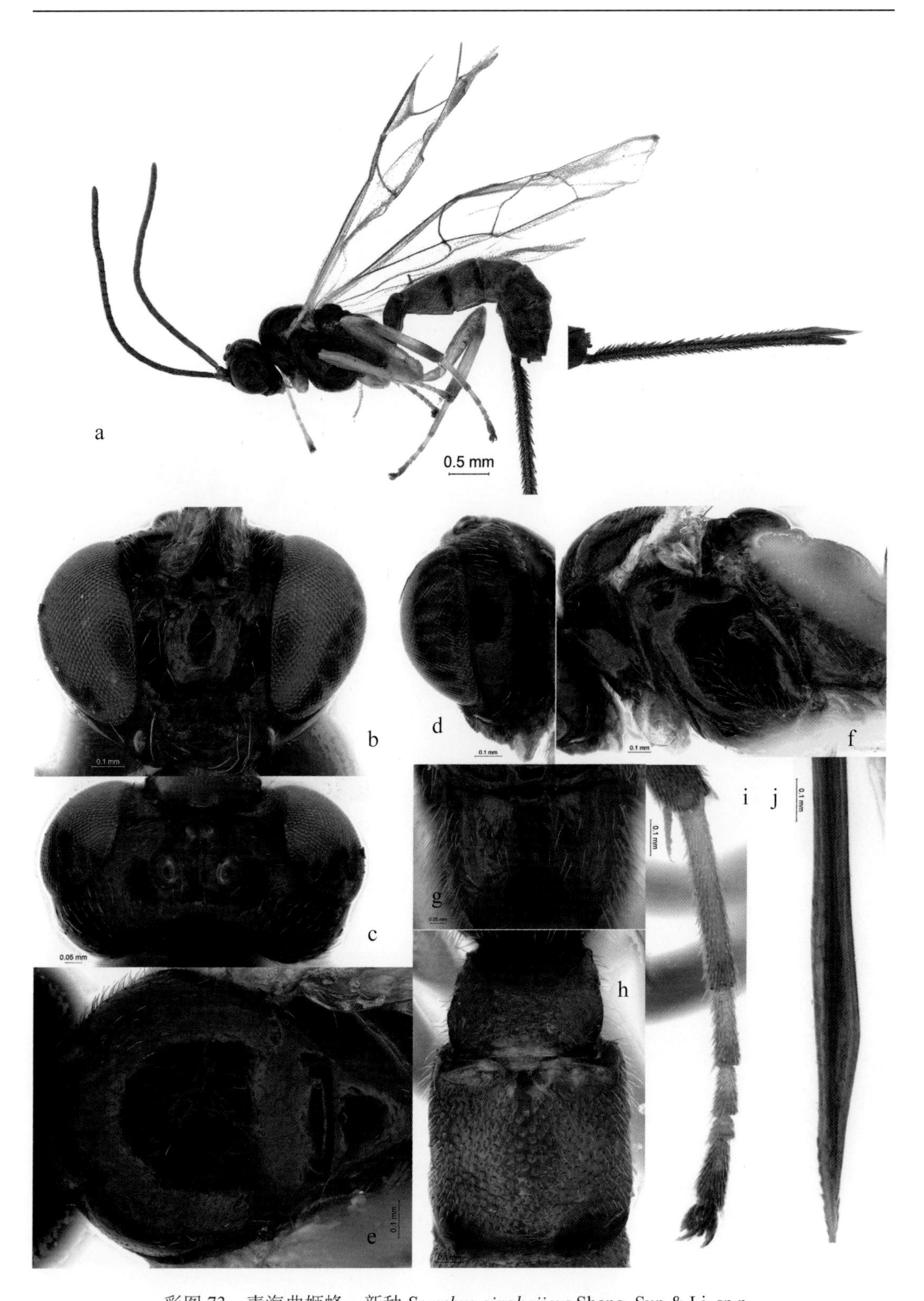

彩图 73 青海曲姬蜂，新种 *Scambus qinghaiicus* Sheng, Sun & Li, sp.n.

a. 体侧面观；b. 头正面观；c. 头背面观；d. 头侧面观；e. 中胸盾片和小盾片；f. 胸部侧面观；g. 并胸腹节；h. 腹部第 1、2 节背板；i. 后足跗节；j. 产卵器端部侧面观

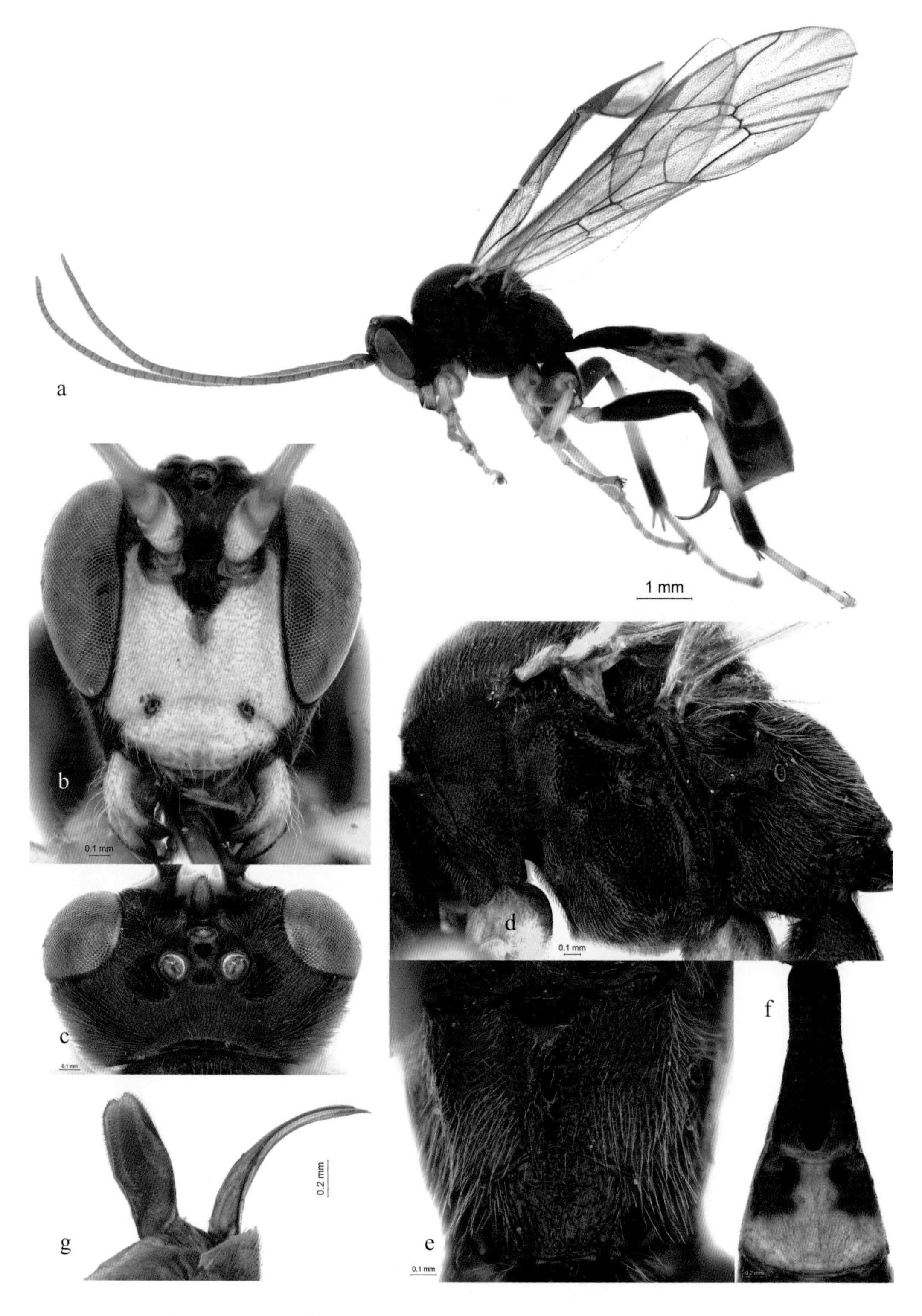

彩图 74 川角姬蜂，新种 *Cosmoconus chuanicus* Sheng, Sun & Li, sp.n.

a. 体侧面观；b. 头正面观；c. 头背面观；d. 胸部侧面观；e. 并胸腹节；f. 腹部第 1、2 节背板；g. 产卵器鞘和产卵器

彩图 75　截角姬蜂，新种 *Cosmoconus truncatus* Sheng, Sun & Li, sp.n.

a. 体侧面观；b. 头正面观；c. 头背面观；d. 并胸腹节；e. 腹部背板；f. 产卵器鞘

彩图 76　宗角姬蜂，新种 *Cosmoconus zongi* Sheng, Sun & Li, sp.n.

a. 体侧面观；b. 头正面观；c. 头背面观；d. 并胸腹节；e. 腹部第 1、2 节背板；f. 后足跗节；g. 产卵器鞘

彩图 77 吉林迷姬蜂，新种 *Cycasis jilinica* Sheng, Sun & Li, sp.n.

a. 体侧面观；b. 头正面观；c. 头背面观；d. 胸部侧面观；e. 并胸腹节；f. 腹部第 1 节背板；g. 后足跗节

彩图 78　京鼓姬蜂，新种 *Eridolius beijingicus* Sheng, Sun & Li, sp.n.

a. 体侧面观；b. 头正面观；c. 头背面观；d. 胸部侧面观；e. 并胸腹节；f. 腹部第 1、2 节背板；g. 后足跗节

彩图 79 纹易刻姬蜂，新种 *Exyston lineatus* Sheng, Li & Sun, sp.n.

a. 体侧面观；b. 头正面观；c. 头背面观；d. 胸部侧面观；e. 并胸腹节；f. 腹部第 1~3 节背板；g. 寄主茧

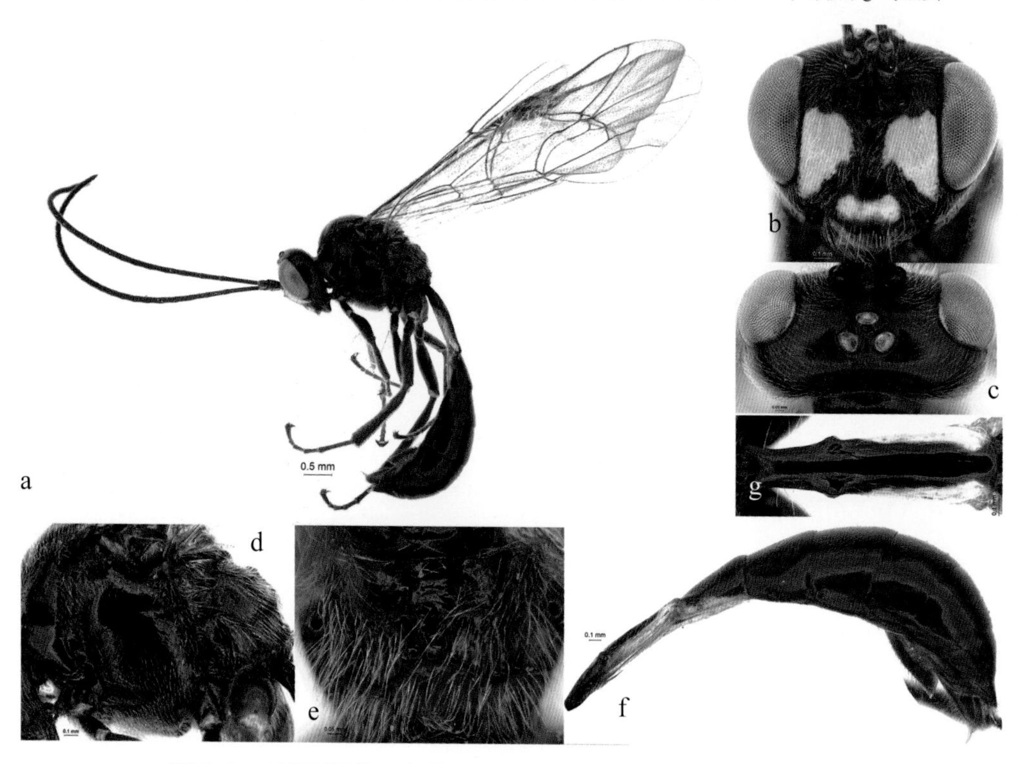

彩图 80 西藏刻姬蜂，新种 *Exyston xizangicus* Sheng, Li & Sun, sp.n.

a. 体侧面观；b. 头正面观；c. 头背面观；d. 胸部侧面观；e. 并胸腹节；f. 腹部侧面观；g. 腹部第 1 节背板

彩图 81 短克里姬蜂，新种 *Kristotomus brevis* Sheng, Sun & Li, sp.n.

a. 体侧面观；b. 头正面观；c. 头背面观；d. 胸部侧面观；e. 并胸腹节；f. 腹部第 2、3 节背板

彩图 82 柳联姬蜂，新种 *Smicroplectrus salixis* Sheng, Li & Sun, sp.n.

a. 体侧面观；b. 头正面观；c. 头背面观；d. 胸部侧面观；e. 并胸腹节；f. 腹部第 1、2 节背板；g. 卵

www.sciencep.com

（Q-4593.01）

ISBN 978-7-03-065470-0

9 787030 654700 >

定 价：368.00元